シルヴァーマン代数学

代数学への統一的入門

ジョセフ・H・シルヴァーマン 著

木村 巌 訳

丸善出版

ABSTRACT ALGEBRA

AN INTEGRATED APPROACH

by

Joseph H. Silverman

Originally published in English under the title *Abstract Algebra: An Integrated Approach*, © 2022 by the author. All rights reserved. This edition has been translated and published under authorized license from the American Mathematical Society.

Japanese translation rights arranged with AMERICAN MATHEMATICAL SOCIETY through Japan UNI Agency, Inc., Tokyo.

目　次

序　文 　　　　　　　　　　　　　　　　　　　　　　　　　　　　vii

第 1 章　予備的な話題のポプリ　　　　　　　　　　　　　　　　1

1.1　定義，公理，そして証明とは何だろうか？ . . . . 　1

1.2　生活の指針とすべき数学的信条 . . . . 　2

1.3　数理論理学と証明の技巧をほんの少し . . . . 　3

1.4　集合論をほんの少し . . . . 　11

1.5　関数 . . . . 　13

1.6　同値関係 . . . . 　16

1.7　数学的帰納法 . . . . 　19

1.8　数論をほんの少し . . . . 　20

1.9　組合せ論をほんの少し . . . . 　25

　　　演習問題 . . . . 　31

第 2 章　群——第 1 部　　　　　　　　　　　　　　　　　　　41

2.1　群への導入 . . . . 　41

2.2　抽象群 . . . . 　45

2.3　群のおもしろい例 . . . . 　48

2.4　群準同型写像 . . . . 　50

2.5　部分群，剰余類，ラグランジュの定理 . . . . 　54

2.6　群の積 . . . . 　60

　　　演習問題 . . . . 　61

第 3 章　環——第 1 部　　　　　　　　　　　　　　　　　　　73

3.1　環への導入 . . . . 　73

3.2　抽象的な環と環準同型写像 . . . . 　73

3.3　環のおもしろい例 . . . . 　75

3.4　重要で特別な環 . . . . 　79

3.5　単元群と環の積 . . . . 　80

3.6　イデアルと剰余環 . . . . 　83

3.7　素イデアルと極大イデアル . . . . 　89

　　　演習問題 . . . . 　92

ii 目次

第4章	ベクトル空間——第1部	**107**
4.1	ベクトル空間への導入	107
4.2	ベクトル空間と線形変換	108
4.3	ベクトル空間のおもしろい例	110
4.4	基底と次元	111
	演習問題	118

第5章	体——第1部	**123**
5.1	体への導入	123
5.2	抽象的な体と準同型写像	123
5.3	体のおもしろい例	124
5.4	部分体と拡大体	126
5.5	多項式環	129
5.6	拡大体の構成	131
5.7	有限体	136
	演習問題	141

第6章	群——第2部	**147**
6.1	正規部分群と剰余群	147
6.2	集合への群作用	154
6.3	軌道固定部分群の数え上げ定理	158
6.4	シローの定理	163
6.5	2つの数え上げ補題	168
6.6	両側剰余類とシローの定理	172
	演習問題	175

第7章	環——第2部	**181**
7.1	既約元と一意分解整域	181
7.2	ユークリッド整域と単項イデアル整域	183
7.3	単項イデアル整域での因子分解	190
7.4	中国の剰余定理	193
7.5	分数体	198
7.6	多変数多項式と対称式	203
	演習問題	208

第8章	体——第2部	**217**
8.1	代数的数と超越数	217
8.2	多項式の根と乗法的な部分群	221

目次　*iii*

8.3	分解体，分離性，既約性	224
8.4	有限体再訪	232
8.5	ガウスの補題とアイゼンシュタインの既約性判定法	233
8.6	定規とコンパスによる作図	240
	演習問題	249

第 9 章　ガロア理論：体 ＋ 群　　　　　　　　　　　　　　　　　**257**

9.1	ガロア理論とは何か？	257
9.2	多項式と体の拡大の復習	257
9.3	代数的数の体	259
9.4	代数閉体	263
9.5	体の自己同型写像	264
9.6	分解体——第 1 部	266
9.7	分解体——第 2 部	272
9.8	原始元定理	277
9.9	ガロア拡大	281
9.10	ガロア理論の基本定理	287
9.11	応用：代数学の基本定理	291
9.12	有限体のガロア理論	295
9.13	ガロア拡大のたくさんの同値な言い換え	298
9.14	円分体とクンマー体	306
9.15	応用：冪根による方程式の非可解性	313
9.16	体の自己同型写像の線形独立性	326
	演習問題	331

第 10 章　ベクトル空間——第 2 部　　　　　　　　　　　　　　　**343**

10.1	ベクトル空間の準同型写像（またの名を線形写像）	343
10.2	自己準同型写像と自己同型写像	343
10.3	線形写像と行列	346
10.4	部分空間と剰余空間	353
10.5	固有値と固有ベクトル	355
10.6	行列式	360
10.7	行列式，固有値，特性多項式	367
10.8	無限次元ベクトル空間	370
	演習問題	372

第 11 章　加群——第 1 部：環 ＋ ベクトルのようなものの空間　　**379**

11.1	加群とは何か？	379

iv　目　次

11.2	加群の例	380
11.3	部分加群と剰余加群	382
11.4	自由加群と有限生成加群	385
11.5	準同型写像，自己準同型写像，行列	387
11.6	ネーター環と加群	390
11.7	ユークリッド整域に成分を持つ行列	398
11.8	ユークリッド整域上の有限生成加群	402
11.9	構造定理の応用	410
	演習問題	415

第 12 章　群——第 3 部　　431

12.1	置換群	431
12.2	ケーリーの定理	440
12.3	単純群	442
12.4	組成列	448
12.5	自己同型群	451
12.6	半直積	453
12.7	有限アーベル群の構造	456
	演習問題	456

第 13 章　加群——第 2 部：多重線形代数　　461

13.1	多重線形写像と多重線形形式	461
13.2	対称ならびに交代形式	463
13.3	自由加群上の交代形式	466
13.4	行列式写像	470
	演習問題	475

第 14 章　追加の話題を手短に　　479

14.1	可算集合と非可算集合	479
14.2	選択公理	484
14.3	テンソル積と多重線形代数	489
14.4	可換代数	494
14.5	圏論	505
14.6	グラフ理論	515
14.7	表現論	521
14.8	楕円曲線	531
14.9	代数的整数論	540
14.10	代数幾何学	547

目　次　*v*

14.11　ユークリッド格子 556
14.12　非可換環 570
14.13　数理暗号 580
　　　　演習問題 590

シラバスの例　　　　　　　　　　　　　　　　　　　　　　　611

訳者あとがき　　　　　　　　　　　　　　　　　　　　　　615

記号一覧　　　　　　　　　　　　　　　　　　　　　　　　617

図一覧　　　　　　　　　　　　　　　　　　　　　　　　　621

索　引　　　　　　　　　　　　　　　　　　　　　　　　　623

エレン，アレクサンダー，ジェイコブ，
エゼキエル，リリアン，ルシアン

本書を次世代のために

序　文

　本書の全体のテーマは

数学における代数的構造

である．大まかにいって，代数的構造とは対象の集合と，それらの対象を操作する際の規則
の集合である．次の例にはなじみがあるだろう．

例 0.1　対象は数 $1, 2, 3, \ldots$ である．これらを操作する 2 つの方法，加法 $a + b$ と乗法 $a \cdot b$
は知っていることだろう．

例 0.2　対象は平面上の 3 角形である．これらを操作する方法として平行移動や裏返しがあ
る．

例 0.3　対象は関数 $f \colon \mathbb{R} \to \mathbb{R}$ である．これらを足したり $f(x) + g(x)$，掛けたり $f(x) \cdot g(x)$
できるし，さらに合成すること $f(g(x))$ もできる．

　我々の主な目標は，これらの例を取り上げて一般化すること，あるいは数学の用語でいえ
ば**抽象化**することである．そのために，本質的でないことを削ぎ落とし，（加法や乗法のよ
うな）操作であって，いくつかの規則，あるいは**公理**[1]を満たすことを要請されたものの集
合からなる，抽象的な記述に還元する．我々は次の 5 種類の対象とそれらに伴う規則に集
中する．
- 第 2 章，第 6 章，第 12 章では群
- 第 3 章，第 7 章では環
- 第 4 章，第 10 章ではベクトル空間
- 第 5 章，第 8 章，第 9 章では体
- 第 11 章，第 13 章では加群

群，環，ベクトル空間，体，そして加群は同じではないが，これら 5 種類の話題には共通
の主題がある．それぞれについて，代数的な構造を持つ対象を記述するために公理を用い，
これらの対象の間の構造を保つような写像を調べる．大雑把にいって，導入的な第 2 章か
ら第 5 章までの各章は次のような構成である．ただし，章によって多少の前後はある：
- ある種の代数的構造の例を与える．

---

[1] 公理はときおり，「法則」とも呼ばれる．たとえば，加法の「交換法則」$a + b = b + a$ にはなじみがあるだろ
う．しかし，実際にはこれは法則ではないことが，立法府により議論され認可されている！　加法は 2 つの数を
どのように組み合わせて 3 番目の数を得るかを説明する規則であって，むしろ「交換法則」は「加法の法則」に
我々が課す 1 つの性質である．

- 公理を用いて，代数的構造の正式な定義を与える．
- 定義から直ちに従う基本的な性質を証明する．
- 「代数的な構造を保つ」写像がどうあるべきか議論する．
- さらなる例を与える．
- より深い性質を考察し証明する．

本書の統一されたアプローチに関するメモ　代数学の教科書の多くは，群論を一通り議論することから始めて，典型的な講義だとそれに学期の半分を当てる．次いで，環論の長い説明に移り，それが残りの学期の大半を占め，最後に体論のために少し時間が残されている．その結果，著者の経験だと，学生はいろいろな種類の樹木や花，苔や蔦について多くを学ぶが，これらの植物相がどのように組み合わさって森を形作るかについての広い視野を得ることはない．本書のねらいは，森を，それを構成する断片を絡み合わせることにより，あらわにすることである．そこで，群，環，ベクトル空間や体のそれぞれを，（おおよそ）1から2週間の単位で紹介することから始め，それぞれの単位は「見せ場」で，つまり，興味深くて非自明な結果で締めくくられる．これらの代数的構造を短い繰り返しでどんどん見ていくことで，学生はそれらの間の類似性を認識でき，とくに，それらが公理的な枠組みにはまること，そして「構造を保つ写像」の重要性を学ぶことができる．

　この慌ただしい導入は，4つの主題のそれぞれがさらに追求され，より深い結果が証明される続編の章により補われる．これらの各章は，どのくらいの話題を取り扱うかにもよるが1から2週かかるように設計されている．そして，これらの背景を身につけたうえで，残りの時間は，4つの主題のうちの1つ以上をより深く掘り下げるか，たとえば加群やガロア理論といった他の種類の代数的構造を調べることか，またはその両方に費やされる．

　典型的な代数学の教科書とは異なる門出の仕方として，始めに環の商を導入し，群については後回しにする．このアプローチをとる理由は，多くの学生が，イデアルの方が正規部分群より易しいと思うからであり，また，多くの学生が環 $\mathbb{Z}/m\mathbb{Z}$ を，一般的な構成で，あるいは，少なくとも $m = 12$ の場合を時計の計算で目にしているからである．

　そして，群論が解説のほとんどを占めてしまうことを防ぐもう1つの試みとして，しかし一方では群論が代数学のすべてにおいて普遍的であることを強調するために，ときどき「いま買って後払い」的なアプローチをとる．とくに，第10章で，行列式の内在的な展開のために置換の性質を使い，第9章では A_n の単純性を，次数が5次以上の方程式の冪根による非可解性の証明のために使う．しかし，これらの結果の証明は，群論の諸相を展開する3番目の章である第12章まで遅らせる．しかしながら，必須となる群論が使われる前に証明されることを好む読者は，第12章の一部もしくは全部を講義の早い時点で読むこともできる．

背景と予備知識についての覚え書き　抽象代数学一般の，主だった形式的な予備知識は，そしてとくに本書については，線形代数学である．もちろん，多変数の解析学で修得できる数学的な成熟度も助けになる．証明つきの真面目な線形代数学の授業をとった学生にとっては，最初の線形代数についての章（第4章）は手短な復習を要するのみだろうが，私の経

験では，すぐれた背景を持つ学生にも，ベクトル空間の次元が矛盾なく定義されていることの証明を再訪することは有益である．線形代数学についての背景が，「1次方程式系を解くために行列をいじってみよう」である学生にとっては，第4章により時間を割くことは重要である．同様に，第11章の加群についての内容に触れる前に，背景に応じて，2つめの線形代数の章（第10章）を手短に復習するか，もしくはより詳細に勉強するかしておくことは重要である．

　学生の背景には非常にばらつきがあるので，2つの目的のために導入的な章を含めた．最初の目標は，その構成要素である定義，公理，そして証明によって抽象代数学にどのようにアプローチするかを案内することである．これは極めて重要な材料で，著者でありあなたの教師である私は

> **1.1節と1.2節を読んでください――あなたに言っています！！**

とせき立てたい．この材料はあなたの，問題を解くだけの学生から証明を生み出す数学者への移行を促すだろう．

　第1章のもう1つの目標は，本書のあちこちで使われるさまざまな論理，集合論，関数，数論，そして組合せ論についてのいくつもの話題を簡潔に提示し復習することである．この材料について2つのアプローチがある．1つは1.3–1.9節に最初の数週間を費やすこと．これは何も悪くないが，代数学の主要高速道路の手招きがあるのに，横道に時間をたくさん費やしているように感じるかもしれない．2番目のアプローチは，最初の代数学についての章である第2章から第5章に飛び込んで[2]，そこから始めることである．これは華やぎに直行するもので，その後で1.3–1.9節の一部もしくは全部に戻ることもできる．

教科書か参考書かについての覚え書き　ある主題に関する導入の教科書として設計された書籍と，教科書でもあり参考書でもある書籍との間には自ずと緊張がある．それぞれのタイプの書籍には果たすべき役割がある．導入としての教科書は百科事典的であろうとすべきではなく，重要な結果を特別な場合にだけ証明してよしとすることがしばしばある．それにより，初めてその主題に出会った学生が把握しやすくなる．こういった教科書の1つの例がHersteinの *Topics in Algebra*[3]で，本書の着想となっている．教科書と参考書の両方の書籍は，より内容豊富，幅広く奥深い書籍であり，しばしば働く数学者の書棚にある．たとえば，Langの *Algebra*[4]（914ページ）やDummitとFooteの *Abstract Algebra*[5]（932ページ）がある．書籍がマントラを持つことができるなら，あなたがいま読んでいる本のそれは，

> **私は教科書であって，百科事典ではない．**

---

[2] 整数を法 m で考えることに慣れていないなら，1.8節の内容を考えておくことが必須になるだろう．

[3] I. N. Herstein, *Topics in algebra*, 2nd edition, Xerox College Publishing, Lexington, Mass.-Tronto, Ont., 1975.

[4] S. Lang, *Algebra*, 3rd edition, GTM 211, Springer-Verlag, New York, 2002.

[5] D. S. Dummit and R. M. Foote, *Abstract Algebra*, 3rd edition, John Wiley & Sons, Inc., Hoboken, NJ, 2004.

記号，定義と用語集についての覚え書き　善きにつけ悪しきにつけ，代数学の主題は，典型的な授業で見たことがあるよりも多くの定義とたくさんの記号からなる．記号の表を載せ，用語がどこで定義されたか探せるように索引も付した．しかし，読者には，新しい素材に出会うたびに，独自の用語集を作り，自分の記号表を作ることを強くお勧めする．定義を簡潔に要約し，記号を記述することは学び覚えるためのすぐれた方法である．検索可能な電子的文書を作成すれば，便利な参考文献にも学習のガイドにもなるだろう．

数学的な見せ場　よい数学の授業にはたくさんの見せ場，つまり，美しくて意外な結果や，述べるのは容易だがその証明は驚くほど繊細であるような結果がある．抽象代数学の最初の授業には，そのような結果がたくさんあり，その授業の目標または山場と見なされる．本書のいくつかの見せ場の簡潔なリストは次の通りである：

- ラグランジュの定理，群論——第 1 部（定理 2.48）
- 素数冪位数の体，体論——第 1 部（定理 5.31），体論——第 2 部（定理 8.28），ガロア理論（9.12 節）
- シローの定理，群論——第 2 部（定理 6.29，定理 6.35）
- ガロアの基本定理，ガロア理論（定理 9.52）
- ヒルベルトの基底定理，加群——第 1 部（定理 11.43）
- ユークリッド整域上の有限生成加群の構造定理，加群——第 1 部（定理 11.50）

スケジュールの例　ほとんどの講師は，第 2 章から第 5 章の群，環，ベクトル空間，体についての導入から授業を始めることを望むだろう．それらはさらに詳細な第 6 章，第 7 章，第 8 章，第 12 章に続いている（これらの章から取捨選択すると半期の授業になるだろうし，ほとんどまたは全部を取り上げれば 3 学期のうちの 2 学期を占めるだろう）．残りの半期，もしくは 3 学期のうちの最後の 1 学期の旅には多くの道がある．講師の助けとして，611 ページから 1 日ごとのスケジュールの例を 3 つ挙げておいた．最初のものは，最初の学期の典型的な週 3 日の授業で，著者が用いたものを反映している．2 番目と 3 番目のものは，後期の授業としてありうるもので，ガロア理論と加群の理論をある程度深く学ぶものと，多くの話題を概観するものである．

代数学の道は果てなく続く　本書の内容は現代代数学の主要な一角の導入である．その意味するところは，600 ページあまりを費やしても，代数学の広大な世界の限られた片隅を探検したにすぎないということである．さらなる代数学をめぐる冒険へ赴く食欲を刺激するために，最後の章では代数学とそれに関連する領域から，パン屋の 1 ダース[6]として追加の話題を提供する．これらの切れ端が，数学の旅人としてのあなたを勇気づけ，代数学の道をふみしめながら，多くの数学と多くの話題が落ち合うより広い道へいつかゆきあうよすがとなることを祈る[7]．

---

[6] 訳注：1 ダースは 12 個だが，パン屋の 1 ダースは 13 個である．第 14 章は 13 の節からなる．

[7] ビルボとフロドの素晴らしい「旅の歌」の微修正版である．（訳注：トールキン『指輪物語』（瀬田貞二・田中明子訳）の訳を参考とした．）

謝辞 本書は部分的に，著者がブラウン大学で行った講義である数学 760（高等数学への導入）のノートに基づいている．これらのノートは次いでブラウン大学の講義である数学 1530-1540（抽象代数学）の教科書へと拡充された．著者は，たくさんの訂正と示唆を寄せてくれた次の方々に感謝したい：Rob Benedetto, Melody Cha, Alex Izmailov, Alan Landman, Eric Larson, Josiah Lim, Michelle Manes, Steven J. Miller, Lorenzo Sadun．著者はまた，本書の仮の版のテストドライブを助けてくれたブラウン大学の多くの学生に，たくさんの示唆を与えてくれた査読者たちに，そしてすばらしい編集作業，出版作業を行ってくれたアメリカ数学会のスタッフにも感謝する．さらに，ランダル・マンローに特別な感謝の声をかけたい．彼は素敵な xkcd のマンガをほぼどこにでも転載することを許可してくれている．もしあなたがそれらを楽しんだなら，`https://xkcd.com/`を訪れて，さらに xkcd のマンガと，xkcd の商品を堪能してほしい．

第1章 予備的な話題のポプリ

1.1 定義，公理，そして証明とは何だろうか？

高等数学における定義，公理，そして証明の役割　少なくともユークリッド (Euclid) の，つまり紀元前約 300 年のころから数学的な厳密さの究極のテストは，数学的な主張の証明を構成することにあった．哲学の深いところに立ち入ることなくいえば，証明とは，すでに知られている事実から出発して望みの最後の主張に至る，一連のステップである．各ステップは，次のものたちの 1 つないし複数の組み合わせから論理的に従うことが求められる：

- 証明の，すでに完了した部分のステップ．
- 以前に証明した主張．
- 公理，すなわち，真であることを仮定した主張．
- 定義，すなわち，対象が満たす性質を述べるもの．

定義についてのさらなる議論　定義について魔法めいたことは何もないし，原則として何が定義されるかについても制約はない．たとえば，私が紫色の羽の生えた豚を Zyglx と定義するとしよう．そして私がこの定義を，Zyglx は空を飛ぶ，なぜならそれには羽が生えているから，のように使うかもしれない．これは便利だろうか？　いや，私が知っている範囲では "Zyglx" 理論が適用できるものは現実社会にない．つまり，定義というものは，ある程度は自由だが，定義の便利さというのは（現実的な状況で）適用可能な範囲により決められる．そのような定義の例，とくに**群**，**環**，**体**，**ベクトル空間**を見るだろう．理論的な数学の，また同様に本書の第一の目標は，数学的に興味深い主張を定式化して証明することで，我々の場合は群や環その他についてそうすることである．取り掛かる唯一の手は，研究しようとしている対象の定義をしっかりと理解することである．定義を理解し適用することは現代数学の極めて重要な点であり，読者が定義を見たときに時間をかけてそれを研究すべきであり，物事を証明しようとする際に定義を用いるべきである理由がこれである．

公理についてのさらなる議論　ギリシャの数学では，公理は，自明であるから真であるべき主張と見なされていた．現代の視点では，原則として，必要な公理の一揃いを自由に使うことができる．しかし，すべての公理系が同じように作られているわけではない．最良の興味深い公理系は，ごく少数の公理から始めて，非常にたくさんの，便利で，興味深く，意外で，そして美しい主張が証明できるようなものである．ユークリッドの仕事に見られる幾何学の公理はその例である．しかし，その公理のうちの 1 つ，**平行線公準** (parallel postulate) は，数学の革命を引き起こした．この公理は，平面上の直線 L と，L 上にない点 P に対して，P を含み L とは交わらない直線 L' がただ 1 つ存在することを主張するものである．理

にかなっているように思えるが，まったく自明とはいいがたくも思える．そこで，数学者た
ちは何世紀にもわたって，平行線公準をユークリッドの他の公理から証明しようと試みた．
そしてすべて失敗に終わった．最終的に，ユークリッドの幾何学と同じくらい正しい幾何
学を与えるような，平行線公準の代替が発見されたのだった．これら非ユークリッド幾何
学は，現代数学と物理学で非常によく使われていて，実は，我々が住んでいる宇宙そのもの
が非ユークリッド的である可能性もある．

1.2 生活の指針とすべき数学的信条

この短い節に，数学者への道を行く読者の助けとなるようなアドバイスをいくつか集めて
おく．数学者になることが人生の最重要の目標でないにしても（！），最も知的な冒険にお
いて，広く活用できる知恵だと思ってもらえると信じる．

- 試してみた問題がどれも解けるなら，十分に挑戦しているとはいえないし，十分おも
  しろい問題に取り組んでいるともいえない！
- 系：問題が解けなくてもがっかりしないこと[1]．がんばって取り組み続けること．
- 問題が解けないなら：
  - 例を試してみる
  - 特別な場合を解いてみる
  - 似たような問題を解いてみる
  - 何時間か，何日かほうっておいて，それからもう一度やってみる．
- 問題を解いて，できたと思ったなら，まだあなたは数学の真の精神を吸収していな
  い．解決した興味深い問題はどれも，研究すべき新たな現象や，あなたの能力を試す
  新しい問題を示唆するはずである．よって，問題を解いた後ですべきことは：
  - より一般の状況を調べる
  - 特別な場合に，より詳細な情報を得る
  - 類似の問題を研究する
  - 自分が知っている数学を使って，解いた問題をより広い文脈の中で位置づける．

最後に，数学を学ぶにはいくら言っても言いすぎではないが，あなたは積極的な参加者で
なければならない．

数学は観るスポーツではない！！

本書には，学ぶべきで，自らの気概を試すことができて，自分の能力を磨くことのできる興
味深い問題がたくさんある．勝利を楽しんでほしいが，ときおりの敗北を恐れず，むしろ失
敗を転じて学ぶ機会にしてほしい．

---

[1]「数学に困難を感じてもあまり心配しすぎないこと．私の方がもっと大変であることを請け合います．」A. アイ
ンシュタイン．

1.3 数理論理学と証明の技巧をほんの少し

1.1 節での「証明とは何か」の記述には，「各ステップは既知の事実から論理的に従うことを要請する」とある．しかし，論理的に従うとは何だろうか．その全体がこの疑問に捧げられた数学の一分野がある．この節では，証明を構成するのに用いられる論理学の基礎的な方針を手短に示そう．

この節での例のいくつかは集合を用いる．我々は集合を，対象の集まりと非形式的に考えることにする．対象 a が集合 S の元（要素）であることを $a \in S$ と書き，そうでないとき $a \notin S$ と書く．元を持たない集合を $\emptyset$ と表す．集合論に関する追加事項については 1.4 節を見てほしい．

1.3.1 基礎的な論理演算

基礎的な論理演算は，1 つもしくは複数の主張から他の主張を組み立てるために用いられる．たとえば，英単語 "not" や "and" に対応する基礎的な論理演算がある．説明するために，

$$P は「家は赤い」という主張$$
$$Q は「家は新しい」という主張$$

としよう．すると，新しい主張をたとえば，

$$\text{"not } P\text{" で「家は赤くない」という主張,}$$
$$\text{"}P \text{ and } Q\text{" で「家は赤いし新しい」という主張,}$$
$$\text{"}P \text{ or } Q\text{" で「家は赤いか新しい（かその両方）」という主張}$$

のように作ることができる．

注意してほしいのは，我々はこれらの主張のどれについても，真偽を主張していないことである．それはまったく別のことである．実際，我々は何かしらの主張，すなわち**公理**と呼ばれ，我々はそれらが真であると仮定するものから始めて，ある主張の真偽を，公理とすでに証明したものを組み合わせて導くのである．

P や Q の真理値がわかればすぐに，論理の基本的法則から他の主張の真理値が決まる．たとえば，P が真なら，"not P" は偽であり，一方で "P and Q" は P と Q の両方が真のとき，そのときに限り真である．こういった演繹は，図 1 にあるように，**真理値表**により記述される．図 1 の最初の 2 つの列は，対 (P, Q) がとりうる 4 通りの真理値の組み合わせであり，第 3 列は "not P" の結論，第 4 列は "P and Q" の結論をそれぞれ与えている．引き続く列も，以下で説明する論理演算を与えていて，同時に，数学者がそれを記述するために使う記号も書いてある．

否定 ¬ (Not)

P が主張のとき，次の主張

4   第1章　予備的な話題のポプリ

		Not ↓	And ↓	Or ↓	Xor ↓	Implies ↓	Equivalent ↓
P	Q	$\neg P$	$P \wedge Q$	$P \vee Q$	$P \veebar Q$	$P \Longrightarrow Q$	$P \Longleftrightarrow Q$
T	T	F	T	T	F	T	T
T	F	F	F	T	T	F	F
F	T	T	F	T	T	T	F
F	F	T	F	F	F	T	T

図 1　真理値表.

$$\neg P$$

は P が偽のとき，そのときに限って真である．この $\neg P$ を **P の否定**といい，$\neg P$ を「P でない」という．

例 1.1（排中律） 排中律は，P または $\neg P$ のどちらか一方だけが真であることを主張する．

例 1.2（背理法） 背理法，つまり，P が真であることを証明するためには $\neg P$ が偽であると示せば十分であることが，排中律から導かれる．

連言 ∧ (And)

　P と Q が主張のとき，次の主張

$$P \wedge Q$$

が真であるのは，P と Q の両方が真であるとき，そのときに限る．この主張 $P \wedge Q$ を **P と Q の連言**といい，$P \wedge Q$ を「P かつ Q」という．

選言 ∨ (Or)

　P と Q が主張のとき，次の主張

$$P \vee Q$$

が真であるのは，P と Q の少なくとも一方が真であるとき，そのときに限る．$P \vee Q$ を **P と Q の選言**といい，$P \vee Q$ を「P または Q」という．

排他的選言 ⊻ (Xor)

　別種の "or" があって，これを

$$P \veebar Q$$

と表し[2]，**排他的選言**，またはしばしば手短に xor と呼ぶ．主張 $P \veebar Q$ が真であるのは，P または Q のちょうど 1 つが真であるときで，そのときに限る．"or" の 2 つのありうる解釈に対して，多くの自然言語で 1 つの単語しかないのは欠陥である．

含意 $\Longrightarrow$ (Implies)

P と Q が主張のとき，

$$P \Longrightarrow Q$$

は次の主張を表す：

主張 P が真ならば主張 Q もやはり真である．

$P \Rightarrow Q$ を**含意**と呼び，式 $P \Rightarrow Q$ を「P ならば Q」と読む．

主張 P と Q の，可能な 4 つの真偽の組み合わせに対して，$P \Rightarrow Q$ の真偽はどうなるだろうか？ 答えは図 1 の対応する列に書いてある通りである．P が偽であるとき，Q の真偽にかかわらず，P が Q を導くのは驚きかもしれない．しかし，少し考えてみるとこれは筋が通っていることがわかる．たとえば，次の主張は真である．というのも，豚は羽を持っていないのだから[3]！

$P \Longrightarrow Q$: もし $\underbrace{\text{豚が羽を持っている}}_{\text{主張}\,P}$ なら，$\underbrace{\text{月は生チーズでできている}}_{\text{主張}\,Q}$.

論理的同値 $\Longleftrightarrow$ (Equivalent)

P と Q が主張のとき，

$$P \Longleftrightarrow Q$$

により次の主張を表す：

主張 P は Q が真のとき，そのときに限って真である．

$P \Leftrightarrow Q$ を「P と Q は論理的に同値」と読み[4]，人によっては "P iff Q" のように略記する．

$P \Leftrightarrow Q$ は「$P \Rightarrow Q$ かつ $Q \Rightarrow P$」と同値であること，あるいは論理学の記号だと

$$P \Longleftrightarrow Q \quad \text{は} \quad (P \Rightarrow Q) \wedge (Q \Rightarrow P) \quad \text{と等しい}$$

ことに注意しておこう．

---

[2] 排他的選言はまた，$P \oplus Q$ とも表される．というのは，P や Q は，偽なら 0，真なら 1 とすることでビットを表しているとも考えることができて，$P \veebar Q$ はバイナリの加算，つまり $0 \oplus 0 = 1 \oplus 1 = 0, 0 \oplus 1 = 1 \oplus 0 = 1$ に等しいからである．

[3] 訳注：ここの生チーズは原文では green cheese. サルビアの葉で色づけしたチーズを指すこともある．

[4] 訳注：原文の "P if and only if Q" は対応する日本語はないように思われる．

6 第1章 予備的な話題のポプリ

1.3.2 論理的な同値性と論理演算の代数

1.3.1 節では一連の論理演算について述べた．次に，それらがお互いにどのように関連するかを考えよう．さきに述べたように，もし 論理式$_1$ と 論理式$_2$ が論理的な主張と論理演算からなる論理式[5]なら，次の式

$$論理式_1 \Longleftrightarrow 論理式_2$$

で，2つの論理式は同じ真理値を持つことを表し，2つの論理式は**論理的に同値**であるという．

これはやや抽象的だが，少し例を見るとわかりやすいだろう．P, Q, R が主張だとする．すると，"and" と "or" は結合法則，

$$(P \land Q) \land R \Longleftrightarrow P \land (Q \land R), \tag{1.1}$$

$$(P \lor Q) \lor R \Longleftrightarrow P \lor (Q \lor R) \tag{1.2}$$

を満たす．論理的な同値性は我々の直観と合っている．というのも，式 (1.1) のどちらの式も，P, Q, R の3つすべてが真のときに真だからである．同様に，式 (1.2) のどちらの式も，P, Q, R の3つのうち，少なくとも1つが真のときに真である．

同様にして，主張の二重否定はもとの主張と同じであること，つまり，次の論理的な同値性で表される事実を我々は知っている：

$$\lnot(\lnot P) \Longleftrightarrow P. \tag{1.3}$$

もう少し複雑な例を見よう．"and" と "or" の，次の論理的な同値性で表される分配法則がある：

$$P \lor (Q \land R) \Longleftrightarrow (P \lor Q) \land (P \lor R), \tag{1.4}$$

$$P \land (Q \lor R) \Longleftrightarrow (P \land Q) \lor (P \land R). \tag{1.5}$$

"and" と "or" の否定についての分配法則もあるが，ちょっとした切り替えがある：

$$\lnot(P \lor Q) \Longleftrightarrow (\lnot P) \land (\lnot Q), \quad \lnot(P \land Q) \Longleftrightarrow (\lnot P) \lor (\lnot Q). \tag{1.6}$$

式 (1.4)，式 (1.5)，式 (1.6) のような論理的な同値性について，その裏側にある論理学を措いて話を続けることもできるので，それは各自でやってほしい．しかし数学者としては，厳密な証明を与えたい．2つの論理的な主張が同値であることをどのようにして証明すればよいだろうか？　答えは，真理値表を使うことである．図2が，式 (1.6) の最初の同値性をどのように示すかを表している．その証明は，太字になっている2つの列が一致していることを確認することである．

図2が P と Q の真偽の組み合わせをすべて尽くしていること，そのために表が4行からなることを確認してほしい．3つの主張 P, Q, R を含む主張，たとえば式 (1.4)，式 (1.5) の

---

[5] 訳注：論理式の定義はされていない．

P	Q	$P \vee Q$	$\neg(P \vee Q)$	$\neg P$	$\neg Q$	$\neg P \wedge \neg Q$
T	T	T	**F**	F	F	**F**
T	F	T	**F**	F	T	**F**
F	T	T	**F**	T	F	**F**
F	F	F	**T**	T	T	**T**

図 2　$\neg(P \vee Q)$ と $(\neg P) \wedge (\neg Q)$ が論理的に同値であることを確かめるための真理値表.

真理値表は，したがって 8 行が必要になる．演習問題 1.11 を見よ．

　論理式の間の関係は他にもたくさんあり，そのうちのいくつかは演習問題 1.2 に述べておいた．さらに，いくつかの公式を証明したら，それらを他の公式の証明に（真理値表まで戻らずに）使うことができる．たとえば，二重否定の公式 (1.3) や否定の分配則 (1.6)，"or" の "and" に関する分配法則 (1.4) を確かめるのに真理値表を使ったとする．"and" の "or" に関する分配則 (1.5) を証明するのに，次のように議論できる:

$$P \vee (Q \wedge R) \Longleftrightarrow (P \vee Q) \wedge (P \vee R) \qquad \text{まず式 (1.3) から,}$$
$$\neg(P \vee (Q \wedge R)) \Longleftrightarrow \neg((P \vee Q) \wedge (P \vee R)) \qquad \text{両辺を否定し,}$$
$$\neg P \wedge \neg(Q \wedge R) \Longleftrightarrow \neg(P \vee Q) \vee \neg(P \vee R) \qquad \text{"not" の分配則 (1.6),}$$
$$\neg P \wedge (\neg Q \vee \neg R) \Longleftrightarrow (\neg P \wedge \neg Q) \vee (\neg P \wedge \neg R) \qquad \text{"not" の分配則 (1.6).}$$

最後の同値が真であることを示したので，P, Q, R がどのような主張であってもこれを適用できる．とくに，P, Q, R を $\neg P, \neg Q, \neg R$ に置き換えることができる．そのようにしたうえで式 (1.3) を使って $\neg(\neg P), \neg(\neg Q), \neg(\neg R)$ をそれぞれ P, Q, R に置き換えれば，

$$P \wedge (Q \vee R) \Longleftrightarrow (P \wedge Q) \vee (P \wedge R),$$

すなわち，証明しようとしていた式 (1.5) である．

1.3.3　量化子

　論理的な主張は，埋めるべき箱があるともっとおもしろくなる．2 つの例を見よう:

　●すべての ☐☐☐☐☐ は哺乳類である．　　●ある ☐☐☐☐☐ は哺乳類である．

　箱の箇所はある集合の元で埋めることができ，そうしてできた主張の真偽を問題にしたい．次の 3 つの集合で考えよう:

$$\{動物\}, \quad \{犬\}, \quad \{昆虫\}.$$

6 つの主張が得られて，どれが真でどれが偽かを次のようにまとめられる:

8　第1章　予備的な話題のポプリ

すべての 動物 は哺乳類である.（偽）	ある 動物 は哺乳類である.（真）
すべての 犬 は哺乳類である.（真）	ある 犬 は哺乳類である.（真）
すべての 昆虫 は哺乳類である.（偽）	ある 昆虫 は哺乳類である.（偽）

数学用語としての「すべての」は「任意の」であり，数学用語としての「ある」は「が存在する」である．そして，これらの用語それぞれに専用の数学記号があって，**量化子**と呼ばれる．

量化子：任意のの ∀ と，〜が存在するの ∃

量化子の記号を使うと，さきの6つの主張を次の簡潔な形に書き直すことができる：

$\forall a \in \{動物\},\quad a \in \{哺乳類\},$	$\exists a \in \{動物\},\quad a \in \{哺乳類\},$
$\forall d \in \{犬\},\qquad d \in \{哺乳類\},$	$\exists d \in \{犬\},\qquad d \in \{哺乳類\},$
$\forall i \in \{昆虫\},\quad i \in \{哺乳類\},$	$\exists i \in \{昆虫\},\quad i \in \{哺乳類\}.$

しばしば「任意の」と「〜が存在する」の量化子は一緒に使われる．自然数全体の集合 $\mathbb{N}$ と，整数全体の集合 $\mathbb{Z}$ を，非形式的に次のように導入して[6]，いくつか例を挙げよう．

$$\mathbb{N} = \{1, 2, 3, 4, \ldots\} \quad と \quad \mathbb{Z} = \{\ldots, -3, -2, -1, 0, 1, 2, 3, 4, \ldots\}.$$

自然数全体の集合 $\mathbb{N}$ のより形式的な定義については，定義1.9を見よ．それぞれの例で，主張をまず言葉で述べて，それから量化子を使って書き，その主張の真偽を考える．

(1)「任意の自然数に対して，より大きい自然数が存在する.」

$$\forall n \in \mathbb{N} \; \exists m \in \mathbb{N}, \; m > n.$$

これは真である．与えられた自然数 n に対して $m = n + 1$ とすればよい．

(2)「任意の自然数に対して，より小さい自然数が存在する.」

$$\forall n \in \mathbb{N} \; \exists m \in \mathbb{N}, \; m < n.$$

これは偽である．$n = 1$ に対しては $m < n$ となる自然数 m は存在しないからである．

(3)「最小の自然数が存在する.」

$$\exists n \in \mathbb{N} \; \forall m \in \mathbb{N}, \; m \geq n.$$

これは真である．$n = 1$ とすれば，任意の自然数 m に対して $m \geq n$ である．

(4)「任意の整数に対して，より小さい整数が存在する.」

---

[6] 人によっては，自然数に 0 を含めることを好むが，我々がそうしたいときには記号 $\mathbb{N}_0 = \{0\} \cup \mathbb{N} = \{0, 1, 2, \ldots\}$ を使うことにする．

1.3 数理論理学と証明の技巧をほんの少し

図 3　XKCD #1856：存在証明 (https://xkcd.com/1856).

$$\forall n \in \mathbb{Z} \; \exists m \in \mathbb{Z}, \; m < n.$$

これは真である．任意の $n \in \mathbb{Z}$ に対して $m = n-1 \in \mathbb{Z}$ とすればよい．(2) の $\mathbb{N}$ を (4) では $\mathbb{Z}$ に変えることで，偽の命題が真の命題に変わったことに注意せよ．

例 1.3　もう少し複雑な例を見よう．素数には間違いなくなじみがあるだろう．自然数 $n \in \mathbb{N}$ が**素数**であるとは，1 ではなく，n を割り切る数が 1 と n のみであることをいうのだった．数学的な記号を使えば，素数の集合 $\mathbb{P}$ は次のように定義できる：

$$n \in \mathbb{P} \iff (n \in \mathbb{N}) \wedge (n \neq 1) \wedge (\underbrace{\forall m, k \in \mathbb{N}, \; n = mk \Rightarrow (m = n) \vee (k = n)}_{n \text{ を因数分解したとき，一方の因数は } n \text{ ということ．}}).$$

次に「が存在する」の変種を見よう．次の主張を考える：

「飛ぶことのできるダーレクが存在する．」

この主張[7]は，飛ぶことのできるダーレクが少なくとも 1 つ存在することを述べている．しかし，空飛ぶダーレクの大群が我々を滅ぼそうと待ち構えている可能性が排除できない．空飛ぶダーレクが 1 つしかいないなら，明らかに我々はもっと，もしくはほんの少し安心できる．一意性を指定することでこれができる．したがって，空飛ぶダーレクがちょうど 1 つしかいないことを主張するためには，次のようにいう：

「飛ぶことのできるダーレクが 1 つだけ存在する．」

ここで，

「1 つだけ存在する」は $\exists!$

という数学記号で表す．感嘆符が，1 つであることを示している．もう少し真面目な例として，自然数全体の集合が持つ基本性質を挙げる：

---

[7] ドクター・フーのしつこい敵役になじみがない読者には，暗い小道で，むしろ十分明るくても，ダーレクに出会いたくはないものなのだと思ってもらえればよい．（訳注：ダーレクは通常は階段を上れないとされていた．）

$$\forall S \subseteq \mathbb{N}, \ (S = \emptyset) \lor (\exists! n \in S, \ (m \in S \Rightarrow m \geq n)). \tag{1.7}$$

これは，自然数の集合で空でないものには，ただ 1 つの最小元が存在することを主張している．

注意 1.4　量化子を含む主張を証明する際には，どこから出発してどこへたどり着こうとしているかを知ることが重要である．とくに，「……が存在して，しかも唯一である」という主張を証明するときには，最初の主張が少なくとも 1 つある（存在する）ことを述べていて，2 つめの主張が高々 1 つ（唯一性）を主張している．

次の 3 つの主張[8]のそれぞれの証明の，最初と最後のステップを述べることで説明しよう．もちろん，「云々」と書いた箇所は，論理的に正しいステップの列に置き換える必要がある：

(1) **すべての foozle は wizzle である．**
　　証明．F を任意の foozle とする．「云々」．よって F は wizzle である．

(2) **wizzle であるような foozle が存在する．**
　　証明．特別な foozle F が存在する．「云々」．よってこの F は wizzle である．

(3) **wizzle である foozle がただ 1 つ存在する．**
　　証明．（存在）：特別な foozle F が存在する．「云々」．よってこの F は wizzle である．
　　（一意性）：F_1, F_2 を wizzle である foozle とする．「云々」．よって $F_1 = F_2$ である．

注意 1.5　量化子の順番は非常に重要である．$L(x, y)$ を，x, y を含むある論理式とする．このとき，主張

$$(1) \ \forall x \, \exists y, \ L(x, y) \quad \text{と} \quad (2) \ \exists y \, \forall x, \ L(x, y)$$

はまったく違う意味である．これらの論理式をゲームだと考えてみよう．ゲーム (1) では，まず相手が値 x をあなたに手渡してきて，あなたはそれに勝つ値 y を探さなければならない．一方ゲーム (2) では，あなたの値 y を先に選んで，相手がどのような値 x を選ぶかによらず，y の値で勝たなければならない．ゲーム (2) の方が難しいことに注意しよう．以前の例に戻って，次の 2 つの主張を考える：

$$\forall n \in \mathbb{N} \ \exists m \in \mathbb{N}, \ m > n \quad \text{と} \quad \exists m \in \mathbb{N} \ \forall n \in \mathbb{N}, \ m > n.$$

ここでは，単純に $\forall$ と $\exists$ が入れ替わっている．最初の主張は真である．というのは，任意の n が与えられたときに，m として $n + 1$ をとればよいからである．一方で，2 番目の主張

---

[8]　これらの主張を書いたときに，"foozle" とか "wizzle" という単語をこしらえたと考えていた．しかし foozle は実在の単語で，「格好の悪い不出来な試み，とくにゴルフでショットを打つとき」といった意味だとわかった．"wizzle" については，各自で定義を与えてほしい．

は偽である．なぜなら，m をどうとっても，あなたの相手は $n = m + 1$ ととることができて，m は n よりも大きくないから．

注意 1.6 混乱のよくある原因は，考えている主張より強い主張が当然真であっても，考えている主張が真になりうることである．たとえば，

$$\forall x \in \mathbb{R}, \ x \leq x \quad \text{「任意の実数 } x \text{ に対して，} x \leq x \text{ である．」}$$

は，より強い次の主張が真であるが，やはり真である：

$$\forall x \in \mathbb{R}, \ x = x \quad \text{「任意の実数 } x \text{ に対して，} x = x \text{ である．」}$$

1.4 集合論をほんの少し

集合についての膨大かつ公式の理論があるが，我々の目的のためには，集合とは元の集まりである，という非形式的な観点で十分である．

定義 1.7 **集合**とは，元の（空かもしれない）集まりである．S が集合ならば，それぞれの対象 a は S の元であるか，そうでないかのいずれかである．

$$a \text{ が } S \text{ の元ならば } a \in S，\text{そうでないならば } a \notin S$$

と書くことにする．**空集合**とは，集合であって元を含まないもののことであり，$\emptyset$ と表す．任意の対象について $a \notin \emptyset$ である．S が有限集合なら，$\#S$，または $|S|$ により，S が含む元の個数を表す．

例 1.8 集合を，その元を明示的に書き出すことで表すことができる．たとえば，

$$\{1, 2, 3\}，\quad \{-11, 23, 19\}，\quad \{\text{アリス}, \text{ボブ}, \text{カール}\}.$$

集合は，規則によっても記述できる．たとえば，

$$\{\text{正の整数 } n: n \text{ は } 5 \text{ の倍数}\}.$$
$$\uparrow$$
$$\text{このコロンを「であって」と読むこと．}$$

この規則はときどき，繰り返しの類型により暗黙のうちに記述されることがある．つまり，上の例は

$$\{5, 10, 15, 20, \ldots\}$$

と書かれる．つまり，読者が上の点々を，5 の倍数を付け加え続けるという意味だと直観的に理解することが期待されている．

定義 1.9 集合の非常に重要な例として，**自然数全体の集合**がある．非形式的な定義は

$$\mathbb{N} = \{\text{自然数}\} = \{1, 2, 3, 4, \ldots\}$$

である．より形式的には，自然数全体の集合は次のようにして構成される[9]：

(1) $\mathbb{N}$ は最初の元 1 を持つ．

(2) 各元 $n \in \mathbb{N}$ に対して，次の元 $n+1$ を作り出す**増加の規則**がある．

(3) $\mathbb{N}$ のどの元へも，1 から始めて増加の規則を繰り返し適用することで到達できる．

1 から始めて増加の規則を繰り返し適用したときに，もし m が n よりも先に出てくるなら，**m は n より小さい**といって $m < n$ と書く．m と n が等しいことを許すなら $m \le n$ と書く．自然数全体の集合は**全順序集合**[10]の例である．というのは，任意の元 m と n のペアに対して，$m \le n$ または $n \le m$ のいずれかが定まるからである．（ここで，「または」は排他的ではなく包含的であることに注意せよ！）

2つかそれ以上の集合があるとき，それらのいろいろな組み合わせ，たとえば合併や共通部分を考えることができる．2, 3 の重要な例を挙げよう．

定義 1.10 S と T を集合とする．

(a) 集合 S が T の**部分集合**であるとは，S のどの元も T の元であることで，このとき $S \subseteq T$ と書く．とくに，集合 T はそれ自身の部分集合である．また，約束として，空集合は任意の集合の部分集合である．

(b) 集合 S と T の**合併**とは，S もしくは T のいずれかの元であるものからなる集合である：
$$S \cup T = \{c : c \in S \text{ または } c \in T\}.$$

(c) S と T の**共通部分**とは S と T の両方の元であるもの全体がなす集合である：
$$S \cap T = \{c : c \in S \text{ かつ } c \in T\}.$$

(d) $S \subseteq T$ なら，T における S の**補集合**とは，T の元であって S の元でないもの全体のなす集合である．補集合の記号はいろいろあるが，次を用いる：
$$S^c = T \smallsetminus S = \{c : c \in T \text{ かつ } c \notin S\}.$$

より一般に，S が T の部分集合ではないときにも，S と T の**集合差**とは
$$T \smallsetminus S = \{c : c \in T \text{ かつ } c \notin S\}$$

である．

(e) S と T の**積**とは，順序対の集合
$$S \times T = \{(a, b) : a \in S \text{ かつ } b \in T\}$$

---

[9] $\mathbb{N}$ のこのような公理化を**ペアノ** (Peano) **の公理**という．

[10] 半順序集合と全順序集合についての追加の話題は，14.2 節にある．

である．積には，例 1.16 にあるように，射影という写像が伴う．

より一般に，2 つよりたくさんの集合について，合併，共通部分，直積を定義できる．

定義 1.11 集合 $S_1, \ldots, S_n$ の合併，共通部分，直積を次のように定義する：

$$S_1 \cup S_2 \cup \cdots \cup S_n = \bigcup_{i=1}^{n} S_i = \{c \colon 1 \leq i \leq n \text{ の少なくとも } 1 \text{ つについて } c \in S_i\}.$$

$$S_1 \cap S_2 \cap \cdots \cap S_n = \bigcap_{i=1}^{n} S_i = \{c \colon \text{すべての } 1 \leq i \leq n \text{ について } c \in S_i\}.$$

$$S_1 \times S_2 \times \cdots \times S_n = \prod_{i=1}^{n} S_i = \{(c_1, c_2, \ldots, c_n) \colon \text{すべての } 1 \leq i \leq n \text{ に対して } c_i \in S_i\}.$$

さらにより一般に，無限個の集合に対しても合併，共通部分，積を定義できる．演習問題 1.8 を見よ．

これから証明する自然数の基本性質は，$\mathbb{N}$ の部分集合は最小元を持つというものである．有理数全体の集合の部分集合で，これが成り立たないものも存在することに注意せよ．たとえば，正の有理数全体の集合には最小の元は存在しない．実際，ある有理数 r が最小元だとあなたが提案したとしても，私は $r/2$ がより小さい正の有理数だと反駁できる．

定理 1.12（$\mathbb{N}$ の整列原理）　$S \subseteq \mathbb{N}$ を自然数全体の集合の空でない部分集合とする．このとき，S には最小元が存在する．つまり，元 $m \in S$ で，すべての $n \in S$ に対して，$n \geq m$ を満たすようなものが存在する．

証明　S は空集合ではないから，$k \in S$ をとることができる．$\mathbb{N}$ の定義により，1 から始めて，繰り返し増加させることで $2, 3, 4, \ldots$ を得ることができる．よって，k 以下の $\mathbb{N}$ の元は k 個しかない．言い換えると，

$$1 < 2 < 3 < \cdots < k-1 < k.$$

m を，このリストの中で，S の元であって一番左にあるものとする．すると S は m より左にある元を含まず，つまり任意の $n \in S$ は $n \geq m$ を満たす． $\square$

1.5 関数

定義 1.13　S と T を集合とする．非形式的には，S から T への**関数** f とは，S の各元に T の元を対応させる規則のことである．規則 f は，公式で，または，公式の集まりで，もしくはアルゴリズムで，さらに別の方法のいずれかで与えられる．唯一の要件は S のそれぞれの元に対して，T の元が 1 つ対応することだけである．S から T への関数を表すのに

$$f \colon S \longrightarrow T \quad \text{または} \quad S \overset{f}{\longrightarrow} T$$

と書くことにする．矢印は，$a \in S$ を $f(a) \in T$ に対応させることを記号で表したものであ

14 第 1 章　予備的な話題のポプリ

る．集合 S を f の**定義域**，集合 T を f の**値域**という．関数には別の数学的名称があって，それは**写像**である．なので，「f は S から T への写像である」ともいう．

より形式的に，関数は $S \times T$ の部分集合 $\mathcal{F}$ であって，各 $a \in S$ は，ただ 1 つの対 $(a, b) \in \mathcal{F}$ の第 1 成分である，という性質を満たすものである．$f(a)$ を，$(a, f(a)) \in \mathcal{F}$ となるただ 1 つの T の元と定義する．

関数は他の関数と，定義域と値域がしかるべく合致しているときには合成できる．

定義 1.14　$f\colon S \to T,\ g\colon T \to U$ を関数とする．f と g の**合成**を $g \circ f$ と書くが，それは次のように定義される関数である：

$$g \circ f\colon S \longrightarrow U, \quad (g \circ f)(a) = g(f(a)).$$

$g \circ f$ を次のように図示できる：

$$S \xrightarrow{\ f\ } T \xrightarrow{\ g\ } U.$$
$$\underbrace{\phantom{S \xrightarrow{\ f\ } T \xrightarrow{\ g\ } U}}_{g \circ f}$$

写像の持つ重要な性質をいくつか述べる．

定義 1.15　$f\colon S \to T$ を写像とする．

  (a) f が**単射**であるとは，S の相異なる元が T の相異なる元に行くことである．より形式的には，関数 f が単射であるのは，$f(a) = f(b)$ ならば $a = b$ のときである．

  (b) f が**全射**であるとは，T のすべての元が S から来ていることである．より形式的には，関数 f が全射であるのは，任意の $c \in T$ に対して，$a \in S$ が存在して，$f(a) = c$ となるときである．

  (c) 最後に，関数 f が**全単射**であるとは，f が単射かつ全射のときである．

例 1.16　定義 1.10 を思い出すと，2 つ集合の積 $S \times T$ とは，順序対の集合 $\{(a, b)\colon a \in S,\ b \in T\}$ のことだった．積には**射影写像**

$$\mathrm{proj}_1\colon S \times T \longrightarrow S, \quad \mathrm{proj}_1(a, b) = a,$$
$$\mathrm{proj}_2\colon S \times T \longrightarrow T, \quad \mathrm{proj}_2(a, b) = b,$$

が伴う．これら射影写像は全射であるが，S や T が 1 つより多い元を持てば単射ではない．論理記号では，S から T への関数は，部分集合 $\mathcal{F} \subset S \times T$ で，次の性質を満たすものである：

$$\forall a \in S\ \exists!\, \phi \in \mathcal{F},\ \mathrm{proj}_1(\phi) = a.$$

このとき $f(a)$ は $\mathrm{proj}_2(\phi)$ と定義される．

注意 1.17　S と T が有限集合で元の個数が同じなら，関数 $f\colon S \to T$ が単射であることと全射であることは同値である．この便利な事実の証明は読者に委ねる．演習問題 1.16 を見

よ．また，S と T が無限個の元を持てばこの主張は真ではないことも注意しておこう．演習問題 1.17 を見よ．

注意 1.18 　単射，全射，全単射に，それぞれ異なる用語があることに注意してほしい．いくつか挙げておくと：

$$\text{単射} = 1 \text{ 対 } 1 \text{（中への射）} = \text{単型}$$

$$\text{全射} = \text{上への射} = \text{全型}$$

$$\text{全単射} = 1 \text{ 対 } 1 \text{ かつ上への射} = \text{同型}.$$

定義 1.19 　$f\colon S \to T$ を関数とする．f が**可逆**であるとは，逆向きの関数 $g\colon T \to S$ で次の性質を満たすものが存在することである[11]：

　　任意の $a \in T$ に対して $f \circ g(a) = a$，かつ，任意の $c \in S$ に対して $g \circ f(c) = c$.

　可逆性と全単射性は，実は同値である．証明しよう．

定理 1.20 　$f\colon S \to T$ を関数とする．このとき，f が全単射である必要十分条件は f が可逆であることである．

証明 　いつもの通り，「必要十分」は実際には 2 つの主張であり，それら両方を証明する．

　まず f が可逆であると仮定し，$g\colon T \to S$ を逆関数とする．f が全単射であること，つまり，f は全射かつ単射であることを示したい．単射性を示すために，$f(a) = f(b)$ と仮定して $a = b$ を示したい．$f(a) = f(b)$ の両辺に g を施し，g が f の逆写像であることから，

$$a = g(f(a)) = g(f(b)) = b.$$

よって f は単射である．次に全射性を示すために，$c \in T$ を任意にとって，$a \in S$ で $f(a) = c$ となるものを探し当てたい．$a = g(c)$ とすると，$f(a) = f(g(c)) = c$ だからこれでよい．以上から，f が可逆なら全単射であることがわかった．

　次いで，f が全単射と仮定する．つまり，各 $c \in T$ に対して，ちょうど 1 つ $a \in S$ が存在して $f(a) = c$ を満たす．よって，関数 g を，

$$g\colon T \longrightarrow S, \quad g(c) = (a \in S \text{ で } f(a) = c \text{ を満たすただ } 1 \text{ つの元 } a)$$

という規則で決めることができる．$f(g(c)) = c$ であることは直ちにわかるから，g が f の逆写像である証明のほぼ半分が済んだ．残りの半分として，各 $a \in S$ について $g(f(a)) = a$ であることを示さなければならない．g の定義から，$c = f(a)$ とすれば，

$$f(g(f(a))) = f(a) \tag{1.8}$$

---

[11]訳注：g を f の逆関数ということにする．f の逆関数は存在すれば f に対してただ 1 つ定まる．実際，g' も f の逆関数とすると，$g(c) = g(f(g'(c))) = g'(c)$ が任意の $c \in T$ に対して成り立つ．つまり $g' = g$ である．

16 第 1 章 予備的な話題のポプリ

である．しかし，f が全単射であることを仮定しているから，とくに f は単射であり，(1.8)
から $g(f(a)) = a$ である．以上から g は f の逆写像であることが示され，よって f は可逆
である． □

1.6 同値関係

集合を，その交わりのない部分集合による合併に分割し，それぞれの部分集合の元たちを
「同一」もしくは「同値」と見なすと便利なことがしばしばある．たとえば，動物の集合

$$S = \{ネコ, トカゲ, イヌ, アリ, ゾウ, クジラ, マス, 蚊, コウモリ\}$$

を考える．S を非交和 (disjoint union) で次のように表すことができる：

$$S = \underbrace{\{ネコ, イヌ, ゾウ, クジラ, コウモリ\}}_{哺乳類} \cup \underbrace{\{トカゲ, アリ, マス, 蚊\}}_{非哺乳類}.$$

目的によっては，各部分集合の元を同一と見なすことが便利なことがある．すると，もとの
集合の元の「同値類」を元とする新しい集合が得られる：

$$\{哺乳類, 非哺乳類\}.$$

ここで，「哺乳類」は 5 つの元を持つ集合であり，「非哺乳類」は 4 つの元を持つ集合であ
る．集合 S の自然な分割の仕方はこれ 1 つではない．たとえば，S を次のように分割する
こともできるだろう：

$$S = \underbrace{\{コウモリ, 蚊\}}_{飛ぶもの} \cup \underbrace{\{ネコ, イヌ, ゾウ, トカゲ, アリ\}}_{歩くもの} \cup \underbrace{\{クジラ, マス\}}_{泳ぐもの}.$$

これにより，同値類の集合

$$\{飛ぶもの, 歩くもの, 泳ぐもの\}$$

を得る．

このアイデアは鍵となる概念であり，代数系の研究で普遍的なものへと我々を導いてくれ
る．次のように定式化しよう．

定義 1.21 S を集合とし，$S_1, \ldots, S_n$ を S の部分集合とする．S が $S_1, \ldots, S_n$ の**非交和**で
あるとは，

$$S = S_1 \cup \cdots \cup S_n \text{ かつ, } i \neq j \text{ ならつねに } S_i \cap S_j = \emptyset$$

が成り立つことである．言い換えると，S が $S_1, \ldots, S_n$ の非交和であるのは，S のすべて
の元が，どれか 1 つだけの部分集合の元であることである．

以前に述べたように，S が $S_1, \ldots, S_n$ の非交和のとき，各 S_i の元たちを互いに同値と見
なすと便利なことが多い．これに関して，集合 S から始めて，「同値」が持つべき性質を述

べていこう.

定義 1.22 S を集合とする.S 上の**同値関係**とは順序対の集合

$$\mathcal{R} \subseteq S \times S$$

で次の性質を満たすものである:

反射律:	$(a,a) \in \mathcal{R}$	任意の $a \in S$ に対して.
対称律:	$(a,b) \in \mathcal{R} \Longleftrightarrow (b,a) \in \mathcal{R}$	任意の $a,b \in S$ に対して.
推移律:	$(a,b) \in \mathcal{R}$ かつ $(b,c) \in \mathcal{R} \Longrightarrow (a,c) \in \mathcal{R}$	任意の $a,b,c \in S$ に対して.

$a, b \in S$ が $\mathcal{R}$ **同値**であるとは,$(a,b) \in \mathcal{R}$ であるとき,またそうでないときには a と b は $\mathcal{R}$ **非同値**と定義する.同値を表す記号として,$\sim_{\mathcal{R}}$,もしくは,$\mathcal{R}$ がすでに指定されていれば単に $\sim$ の記号を用いる.よって,

$$(a,b) \in \mathcal{R} \text{ のとき } a \sim b, \text{ そして } (a,b) \notin \mathcal{R} \text{ のとき } a \nsim b.$$

同値関係が満たす 3 つの性質は,簡潔に次のように書くことができる:

反射律:	$a \sim a$	任意の $a \in S$ に対して.
対称律:	$a \sim b \Longleftrightarrow b \sim a$	任意の $a,b \in S$ に対して.
推移律:	$a \sim b$ かつ $b \sim c \Longrightarrow a \sim c$	任意の $a,b,c \in S$ に対して.

例 1.23 $m \geq 1$ を整数とする.整数全体の集合上の関係を

$$a - b \text{ が } m \text{ の倍数のとき } a \sim b$$

と定義する.これが同値関係になることを主張する.反射律は $a - a = 0 \cdot m$ からわかる.対称律については,$a \sim b$ なら $a - b = k \cdot m$ となる整数 k が存在し,よって $b - a = (-k) \cdot m$ は再び m の倍数だからよい.最後に推移律を確かめるために,$a \sim b$, $b \sim c$ と仮定する.つまり,整数 j,整数 k が存在して,$a - b = k \cdot m$, $b - c = j \cdot m$ が成り立つ.両辺を加えると

$$a - c = (a - b) + (b - c) = k \cdot m + j \cdot m = (k + j) \cdot m,$$

すなわち $a \sim c$ である.

定義 1.24 S を集合,$\sim$ を S 上の同値関係とし,$a \in S$ とする.a の**同値類**とは,集合

$$\{b \in S : b \sim a\}$$

のことである.a の同値類は S の部分集合であることを強調しておこう.同値類を表す記号はたくさんあって,たとえば $\bar{a}, [a], S_a, \ldots$ である.この節では,添え字を使った記法 S_a を使うことにするが,本書の他の部分では上線の記法 $\bar{a}$ や,積の記法 Sa (たとえば,群作用を考察する 6.2 節),さらに他の記法も用いる.たとえば,合同の記号 "$a \pmod{m}$" は例

1.23 の同値関係に対して使われる.

次の結果は**非常に重要である**. 無数の構成で用いられるし, 集合の大きさを計算する道具も提供してくれる.

定理 1.25 S を集合として, $\sim$ をその上の同値関係とする.

(a) $a, b \in S$ とする. このとき, 次のどちらか一方だけが成り立つ:

$$S_a = S_b \quad \text{または} \quad S_a \cap S_b = \emptyset.$$

(b) 集合 S は相異なる同値類の非交和である. とくに, S が有限集合で, $\mathcal{C}_1, \ldots, \mathcal{C}_n$ が S の相異なる同値類のすべてなら,

$$S = \mathcal{C}_1 \cup \cdots \cup \mathcal{C}_n \text{ は非交和で, さらに } \#S = \#\mathcal{C}_1 + \cdots + \#\mathcal{C}_n.$$

証明 (a) もし $S_a \cap S_b = \emptyset$ ならそれでよい. そこで, 少なくとも 1 つの元

$$c \in S_a \cap S_b$$

が存在したと仮定しよう. 最初の仕事は, この仮定から a と b が同値であることを示すことである.

$c \in S_a$ という事実は, c は a と同値であることを意味する. 同様に $c \in S_b$ から c は b とも同値である. このことから, 次の推論の連鎖が可能になる:

$$\begin{array}{ll} c \sim a \text{ かつ } c \sim b & c \in S_a \text{ で } c \in S_b \text{ だから,} \\ a \sim c \text{ かつ } c \sim b & \text{対称律から,} \\ a \sim b & \text{推移律から.} \end{array}$$

よって $a \sim b$ がわかったので, 次の仕事は, これを使って $S_a = S_b$ を示すことである. そこで, $d \in S_a$ を S_a の任意の元として, $d \in S_b$ を示したい. この最後の主張を, 次の議論で示す:

$$\begin{array}{ll} d \in S_a & \text{最初の仮定から,} \\ d \sim a & d \in S_a \text{ だから,} \\ a \sim b & \text{さきほど示したこと,} \\ d \sim b & \text{上の 2 行と推移律から,} \\ d \in S_b & S_b \text{ の定義から.} \end{array}$$

これで $S_a \subseteq S_b$ の証明が終わった. 逆の包含関係 $S_b \subseteq S_a$ は, 上の証明で, a と b の役割を入れ替えればできる. よって $S_a = S_b$ であり, これで (a) が示された.

(b) $a \in S$ とする. 反射律から $a \sim a$ であり, よって $a \in S_a$ である. これにより, どの $a \in S$ も, 少なくとも 1 つの同値類の元であり, よって S は同値類の合併である. しかし, (a) により, 各 a は 1 つ以上の同値類に属することはできない. よって, (b) の前半部分が

示された．有限集合の非交和の元の個数は，各集合の元の個数の総和であるから，後半も直ちにわかる． □

1.7 数学的帰納法

数学的帰納法の底にあるアイデアは非常に単純である．自然数全体の集合 $\mathbb{N}$ は，最初の元 1 から出発して，繰り返し増加させることで $\mathbb{N}$ のすべての元を得るように作られたという事実に依存している．

我々が証明したい主張のリストが，自然数の各元に対して 1 つずつ，P_1, P_2, P_3, ... とあるとしよう．帰納法は 2 つのステップからなる：

- **初期化のステップ**：主張 P_1 が真であることを確かめよ．
- **帰納法のステップ**：$n \geq 1$ とする．主張 P_1, ..., P_n が真であることを知っていると仮定する．このとき P_{n+1} が真であることを示せ．

初期化のステップと帰納法のステップをどちらも済ませたとしよう．なぜこれで P_1, P_2, P_3, ... のすべてが真であることが導かれるのだろうか？　そう，まず初期化のステップによって P_1 が真であり，ここから出発する．帰納法のステップによって，P_2 も真である．よろしい，これで我々は P_1, P_2 の両方が真であることを知って，$n = 2$ についての帰納法のステップによって P_3 も真である，という具合である．この非形式的な議論は，数学的帰納法が証明の方法として成り立っているという説得力があるだろう．しかし，数学的帰納法が機能することの形式的な証明が「という具合である」という一節に依存するわけにはいかない．ここで，整列原理を使う形式的な証明を述べる．

定理 1.26 初期化のステップと帰納法のステップとして述べた数学的帰納法は，主張 P_n がすべての n に対して真であることを示す正当な方法である．

証明 次の集合を考えよう：

$$\{n \geq 1 \colon P_n \text{ が偽}\}. \tag{1.9}$$

もし集合 (1.9) が空集合なら，すべての P_n が真ということだからおしまいである．したがって，我々の目標は，集合 (1.9) が空でないと仮定し矛盾を引き起こすことである．

集合 (1.9) が空ではないと仮定したから，整列原理（定理 1.12）により，この集合は最小元を持つ．これを m と書こう．よって，P_m は偽であるが，$n < m$ となる n に対しては P_n は真である．もし $m = 1$ なら，初期化のステップにより P_1 は真だったはずだから矛盾である．しかし，もし $m \geq 2$ なら，P_1, ..., P_{m-1} は真であるから，$n = m - 1$ に対する帰納法のステップにより P_m は真となり，やはり矛盾である．よって集合 (1.9) は空であって，つまり P_n はどれも真である． □

例 1.27 帰納法による証明の典型例を挙げておこう．各自然数 $n \in \mathbb{N}$ に対して，主張 P_n を次の公式で与えられるものとする：

20 第1章 予備的な話題のポプリ

$$\boxed{\text{主張 } P_n: \quad 1^2 + 2^2 + \cdots + n^2 = \frac{2n^3 + 3n^2 + n}{6}.}$$

まず P_1 が真であることを確認する．主張 P_1 は

$$1^2 = \frac{2 \cdot 1^3 + 3 \cdot 1^2 + 1}{6}.$$

ちょっとした算数でこれは真であることがわかる．

自然数 $n \geq 1$ をとる．主張 $P_1, \ldots, P_n$ が真であることを仮定し，P_{n+1} が真であることを証明したい．そのために，計算すると

$$1^2 + 2^2 + \cdots + n^2 + (n+1)^2 = (\underbrace{1^2 + 2^2 + \cdots + n^2}_{\substack{P_n \text{ が真だから} \\ (2n^3 + 3n^2 + n)/6 \text{ に等しい}}}) + (n+1)^2$$

$$= \frac{2n^3 + 3n^2 + n}{6} + (n+1)^2$$

$$= \frac{3(n+1)^2 + 3(n+1)^2 + (n+1)}{6},$$

最後の等式は簡単な代数であり，読者に委ねたい．

1.8 数論をほんの少し

定義 1.28 整数全体の集合を次のように表す：

$$\mathbb{Z} = \{\ldots, -3, -2, -1, 0, 1, 2, 3, \ldots\}.$$

整数を足したり引いたり掛けたりすることは知っての通りで，これらの演算のさまざまな性質についても知っていると思う．たとえば，これらの演算は分配法則を満たす：

$$a \cdot (b + c) = a \cdot b + a \cdot c.$$

後で見るように，整数全体の集合は環の例であり，また乗法を忘れて単に加法だけに注目すれば，（無限巡回）群の例でもある．しかし，それはどれも先の話である．この節では，いくつか基本的な定義を与え，後で便利な，$\mathbb{Z}$ のいくつかの基本的な性質を証明する．その多くが，第3章や第7章で拡張される．

定義 1.29 $a, b \in \mathbb{Z}$, $b \neq 0$ とする．ある整数 $c \in \mathbb{Z}$ により $a = bc$ となるとき，b が a を**割り切る**といって $b \mid a$ と書く．

一般に，a を b で割るときは，小学校以来，商と余りを得ること，そして余りは $|b|$ よりも小さいことを知っているだろう．この事実の厳密な証明を得るためには，整列原理が必要であり，それは読者に委ねたい．演習問題 1.26 を見よ．非形式的な証明は以下の通りである．

1.8 数論をほんの少し **21**

命題 1.30（余りのある割り算） $a, b \in \mathbb{Z}$, $b \neq 0$ とする．このとき，整数 $q, r \in \mathbb{Z}$ がただ 1 つ定まり，次を満たす：

$$a = bq + r \quad \text{かつ} \quad 0 \leq r < |b|.$$

q を**商**，r を**余り**という．

証明 a に b の倍数を足したり引いたりする．すると整数のリスト

$$\ldots, a - 2b, a - b, a, a + b, a + 2b, \ldots \tag{1.10}$$

を得る．$b \neq 0$ で，正の方向，負の方向の任意の大きさの b の倍数を考えているから，リスト (1.10) は負の整数も含んでいる．b の倍数を適切に選ぶことで，

$$a - qb \text{ は } 0 \text{ と } |b| - 1 \text{ の範囲にある}$$

ようにできる．この q の選び方は一通りしかない．たとえば，$b > 0$ なら，q を $a/b - 1 < q \leq a/b$ となるただ 1 つの整数とする．すると，$r = a - qb$ とおくことで $a = bq + r$, $0 \leq r \leq |b| - 1$ を得る． $\square$

定義 1.31 $a, b \in \mathbb{Z}$ を整数で，両方が 0 ではないとする．a と b の**最大公約数**とは自然数 $d \in \mathbb{N}$ で，$d \mid a$ かつ $d \mid b$ を満たす最大のものとする．これを $\gcd(a, b)$ と書く．$\gcd(a, b) = 1$ のとき，a と b は**互いに素**であるという．

a と b の公約数の集合は，必ず 1 を含むから空ではないことに注意する．またこの集合は，$\min\{|a|, |b|\}$ より大きな数を含みえないから，有限集合である．最大公約数についての，一見すると無味乾燥な次の事実は広い応用を持つ．

定理 1.32 $a, b \in \mathbb{Z}$ を整数で，両方が 0 ではないとする．このとき，整数 $u, v \in \mathbb{Z}$ で次を満たすものが存在する：

$$au + bv = \gcd(a, b).$$

例 1.33 整数 7 と 11 は互いに素である．そして，次が成り立つ：

$$8 \cdot 7 - 5 \cdot 11 = 1 = \gcd(7, 11).$$

もちろん，他の可能性もあり，たとえば $-3 \cdot 7 + 2 \cdot 11 = 1$ である．

証明（定理 1.32） ユークリッドのアルゴリズム[12]という，$\gcd(a, b)$ と u, v を効率よく計算する方法を用いる構成的な証明がある．演習問題 1.27 を見よ．ここでは整列原理を用いる証明を与える．

次の集合を考えよう：

---

[12]訳注：ユークリッドのアルゴリズムはまたユークリッドの互除法の名でも知られている．

$$S = \{am + bn : m, n \in \mathbb{Z}\}.$$

言い換えると，S は a の倍数すべてと b の倍数すべてを加えた数全体の集合である．m と n は，任意に正の値も負の値もとり，a と b のどちらか一方は 0 ではないので，S は正の数をたくさん含んでいる．とくに，$S \cap \mathbb{N}$ は空ではないので，整列原理（定理 1.12）から $S \cap \mathbb{N}$ は最小元 d を持つ．つまり，

$$\underbrace{\text{適切な } u, v \in \mathbb{Z} \text{ により } d = au + bv,}_{d \in S \text{ だから}} \quad \underbrace{d \geq 1,}_{d \in \mathbb{N} \text{ だから}} \quad \underbrace{k \in S \cap \mathbb{N} \text{ すべてについて } k \geq d.}_{d \text{ が最小だから}}$$

我々の主張は $d = \gcd(a, b)$ であり，示すべきは次の 3 つである：

$$(1)\ d \mid a. \qquad (2)\ d \mid b. \qquad (3)\ e \mid a \text{ かつ } e \mid b \text{ なら } e \leq d.$$

やや意外なことに，これらのうちで最も易しいのは (3) である．$d = au + bv$ であり，よってもし a も b も e で割り切れるなら，d も e で割り切れ，つまり $e \mid d$ である．これは $e \leq d$ よりもっと強い．

次に (1) に取り組もう．a を d で割って商と余りを得る：

$$a = dq + r \quad \text{ここで} \quad 0 \leq r < d.$$

我々の目標は $d \mid a$ であり，つまり $r = 0$ を示したい．そのために，次のことに注意する：

$$r = a - dq = a - (au + bv)q = a(1 - uq) + b(-vq).$$

ここから，r は a の倍数に b の倍数を加えたものであること，つまり $r \in S$ がわかる．しかし，$0 \leq r < d$ であり，d が S の正の元のうちで最小であることから，$r = 0$ である．よって $a = dq$，つまり $d \mid a$ であり，(1) が示された．a と b の役割を入れ替えると $d \mid b$ もわかり，よって (2) が真であること，つまりは $d = \gcd(a, b)$ もわかった． $\square$

> **証明のコツ**：$\gcd(a, b) = 1$ がわかっているなら，この事実を，
> 次の方程式の解を使って活用できるか試すべきである： $\hspace{2em}$ (1.11)
> $$au + bv = 1.$$

定義 1.34 自然数 $p \in \mathbb{N}$ が**素数**とは，$p \neq 1$ かつ，p を割り切る数が 1 と p のみであることをいう．

最初のいくつかの素数は

$$2,\ 3,\ 5,\ 7,\ 11,\ 13,\ 17,\ 19,\ \ldots$$

である．素数は無数に存在する．これはユークリッドも知っていた事実である．演習問題

1.29 を見よ.

次の結果は，一見，当たり前に真である．しかし，よく考えると見かけほど明らかではないことがわかる．ポイントは，素数の定義は p を割り切る数についてのものであり，次の命題は p で割り切れる数に関するものである点である.

命題 1.35 $a, b \in \mathbb{Z}$ として，$p \in \mathbb{N}$ を素数で，$p \mid ab$ を満たすものとする．このとき，$p \mid a$ または $p \mid b$ である[13].

証明 $\gcd(a, p)$ がとりうる値を考える．$\gcd(a, p)$ は p を割り切り，p は素数なのだから，$\gcd(a, p) = p$ もしくは $\gcd(a, p) = 1$ のみがありうる．これらのそれぞれを順に考える．つまり，証明は 2 つの場合に分岐する:

$\boxed{\text{場合 1：} \gcd(a, p) = p}$ $\gcd(a, p)$ は a を割るので，つまり $p \mid a$.

$\boxed{\text{場合 2：} \gcd(a, p) = 1}$ $\gcd(a, p) = 1$ だから，整数 $u, v \in \mathbb{Z}$ で，次を満たすものが存在する:

$$au + pv = 1. \tag{1.12}$$

仮定 $\gcd(a, p) = 1$ はとくに $p \nmid a$ を導くから，我々の目標は $p \mid b$ を示すことである．残念ながら，b は式 (1.12) には現れない．しかし我々はまだ，仮定 $p \mid ab$ を使っていない．このことは，式 (1.12) の両辺に b を掛けるべきだと示唆する．これによって

$$abu + pbv = b.$$

ab が p の倍数であることは仮定であり，pbv は確かに p の倍数であり，よって b が p の倍数であることが結論される．つまり $p \mid b$ である． □

命題 1.35 の応用として，$\sqrt{p}$ が無理数であることを示そう.

系 1.36 $p \in \mathbb{N}$ を素数とする．このとき $\sqrt{p}$ は無理数である.

証明 背理法による古典的な証明を与える．$\sqrt{p}$ が有理数，たとえば $\sqrt{p} = a/b$，であると仮定する．ここで分数は既約分数，つまり $\gcd(a, b) = 1$ としよう．両辺に b を掛けてから両辺を 2 乗して，次の等式を得る:

$$pb^2 = a^2. \tag{1.13}$$

とくに，p は a^2 を割り切るが，これは p が $a \cdot a$ を割り切るということであり，命題 1.35 から p は a を割り切る．つまり，ある整数 c により $a = pc$ となる．式 (1.13) において $a = pc$ とすると，

$$pb^2 = a^2 = (pc)^2 = p^2 c^2,$$

---

[13] この「または」は「包含的なまたは」であり，つまり，p が a と b の双方を割り切ることもありうる.

24　　第 1 章　予備的な話題のポプリ

この両辺を p で割れば $b^2 = pc^2$ である．よって p は b^2 を，つまり $b \cdot b$ を割り切るから，再び命題 1.35 から p は b を割り切る．

要約すると，$\sqrt{p}$ が既約分数 a/b に等しいという我々の仮定から，a も b も p で割り切れるという結論が導かれ，つまり a/b は既約分数ではない．この矛盾は，我々の仮定が偽だということを示し，よって $\sqrt{p}$ は有理数にはなりえない．　　　　　　　　$\square$

命題 1.35 のもう 1 つ重要な，たぶん数論の授業で見たことがあるだろう応用は，整数 $a \geq 2$ は素数の積に一通りに分解されるというものである．後の 7.3 節で，この主張の大幅な一般化を証明する．定理 7.19 を見よ．よって，いまは整数の場合の結果を述べて，証明は演習として読者に委ねたい．演習問題 1.30, 1.31, 1.32 を見よ．

定理 1.37（$\mathbb{Z}$ における素因数分解の一意性）　任意の整数 $a \geq 2$ は，素数の積に一通りに分解できる[14]．

可除性は非常に重要な概念なので，ガウス (Gauss) はそのための特別な概念を考案した．

定義 1.38　$m \in \mathbb{N}$ とし，$a, b \in \mathbb{Z}$ とする．**a と b が法 m で合同である**とは，$a - b$ が m で割り切れることであり，このとき $a \equiv b \pmod{m}$ と書く．言い換えると，

$$a \equiv b \pmod{m} \text{ とは，} m \mid a - b \text{ の別の言い方である．}$$

例 1.23 で議論したように，$\equiv$ が $\mathbb{Z}$ における同値関係であることを注意しておきたい．**法 m の整数の集合 $\mathbb{Z}/m\mathbb{Z}$** は，この同値関係についての同値類 $a \pmod{m}$ の集合である．つまり，$\mathbb{Z}/m\mathbb{Z}$ によって，$\equiv$ に関する m 個の同値類の集合

$$\{0 \ (\mathrm{mod}\ m),\ 1 \ (\mathrm{mod}\ m),\ \ldots,\ m-1 \ (\mathrm{mod}\ m)\} \tag{1.14}$$

を表す．

合同の素晴らしいところは，少なくとも加法，減法，乗法については，ほとんど等式のように振る舞うことである．（除法についてはちょっとしたコツがいる．）

$$\text{もし}\quad a_1 \equiv b_1 \pmod{m} \quad \text{かつ} \quad a_2 \equiv b_2 \pmod{m} \quad \text{なら}$$
$$a_1 \pm a_2 \equiv b_1 \pm b_2 \pmod{m} \quad \text{かつ} \quad a_1 a_2 \equiv b_1 b_2 \pmod{m}. \tag{1.15}$$

この事実の証明は読者に委ねたい．演習問題 1.34 を見よ．

式 (1.15) は，加法，減法，乗法が法 m の整数を考えるときに期待した通りに振る舞うことを述べている．除法についてはどうか？　法 m の整数を考えたときに，除法とは何だろうか？　実数のときに b を a で割るとは何だっただろうか？　除法について一切触れずに商を

---

[14]「素因数分解の一意性」という主張には，もう少し説明が必要だろう．というのは，$12 = 2 \cdot 2 \cdot 3 = 3 \cdot 2 \cdot 2$ であるからだ．定理 1.37 の主張には，実は 2 つの主張が潜んでいる．最初のものは，素数 $p_1, \ldots, p_n$ であって，$a = p_1 \cdot p_2 \cdots p_n$ となるものが存在することである．ここでは $n = 1$ でもよい．2 つめのものは，もし $a = q_1 \cdot q_2 \cdots q_m$ と別の素因数分解が，素数 $q_1, \ldots, q_m$ でもってできたときにも，$n = m$ であり，$q_1, \ldots, q_m$ を並べ替えれば，$q_i = p_i$ が $1 \leq i \leq n$ について成り立つことである．

述べるには，b を a で割った商とは方程式 $ax = b$ の解だといえばよい．等号を法 m の合同にすれば，それでできる合同式が解を持つかと問うのは自然なことである．これには次の結果により完全な解答が与えられる．

定理 1.39 $m \in \mathbb{N}$ とし，$a, b \in \mathbb{Z}$ で $a \neq 0$ とする．このとき合同式

$$ax \equiv b \pmod m$$

が解を持つ必要十分条件は $\gcd(a, m) \mid b$ である．とくに

$$ax \equiv 1 \pmod m \ \text{が解を持つ必要十分条件は} \ \gcd(a, m) = 1.$$

証明 最初に $ax \equiv b \pmod m$ が解 $x = c$ を持つと仮定する．これは $m \mid ac - b$ を意味するから，ある整数 k で $ac - b = mk$ と書ける．よって $b = ac - mk$ となるが，$ac - mk$ は $\gcd(a, m)$ で割り切れて，つまり $\gcd(a, m) \mid b$ である．

次に，$\gcd(a, m) \mid b$，つまり，ある整数 c で $b = \gcd(a, m)c$ と書けると仮定する．定理1.32 を使うと整数 u, v で

$$au + mv = \gcd(a, m)$$

となるものが見つかる．両辺に c を掛けて

$$auc + mvc = \gcd(a, m)c = b, \quad \text{よって} \quad m \mid auc - b.$$

合同の記号を使うと，これは $auc \equiv b \pmod m$ である．よって，$x = uc$ が合同式 $ax \equiv b \pmod m$ の解である． $\square$

1.9 組合せ論をほんの少し

組合せ論は数え上げることの数学である．これは

$$1, \ 2, \ 3, \ \ldots,$$

と同じくらい簡単に聞こえるだろうが，実際には我々はしばしば非常に込み入った量を数え上げる必要がある．したがって，計算を簡単にする道具を開発することは割に合うのである．

1.9.1 順列と組合せ

順列の話題から始めよう．

定義 1.40 集合 S の順列とは，S の元を特定の順番で並べたリストである．

たとえば，S が集合

$$S = \{A, B, C\}$$

とする．すると，S の順列とは次のリストたちである：

$$(A,B,C),\ (A,C,B),\ (B,A,C),\ (B,C,A),\ (C,A,B),\ (C,B,A).$$

よって，S の順列はちょうど 6 個ある．集合 $S = \{1, 2, \ldots, 17\}$ が与えられたとして，相異なる順列の個数を計算するよう求められたとしよう．$\{A, B, C\}$ に対してしたように，それらを列挙することから始めることは，原理的にはできる．しかしあっという間に忍耐力と紙が尽きてしまうだろう．そこで，もう少し賢い数え方を探そう．

一般に，集合 S が n 個の元を持ち，$S = \{A_1, A_2, \ldots, A_n\}$ とする．これらの元をリストアップしたいので，まず 1 回につき 1 個の元を挙げることでリストを作ろう．最初の元は，S から任意に 1 つ選べばよいから，n 個の選択肢がある．2 つめの元には，すでに使ってしまった最初の元以外の $n-1$ 個の選択肢がある．ここまでで 2 つの元を使ったので，3 番目の元には $n-2$ 個の選択肢がある，という調子である．これは次のように図示できる．左から右に，箱に数字を入れていく：

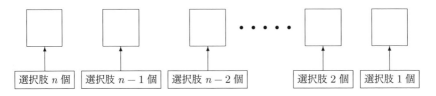

n 個の元を持つ集合 S の順列の個数は全部で，

$$n \cdot (n-1) \cdot (n-2) \cdots 2 \cdot 1$$

となり，言い換えると S の順列は $n!$ 個ある．この重要な結果を命題として記録しておこう．

命題 1.41 S を n 個の元からなる集合とする．このとき S の元の順列はちょうど $n!$ 個ある．

例 1.42 集合 $\{1, 2, \ldots, 17\}$ はちょうど 17! 個の順列を持つ．

$$17! = 355687428096000 \approx 10^{14.55}$$

だから，これらを明示的に書き下したら長い時間がかかるだろう．演習問題 1.36 を見よ．これはたった 17 個の元しかない集合についてである．

次に，S の元すべてではなく，そのうちのいくつかのリストが欲しいとしよう．たとえば S の k 個の元からなるものである．4 個の元からなる集合 $S = \{A, B, C, D\}$ を考える．S の 2 個の元からなるリストは

$$(A,B),\ (B,A),\ (A,C),\ (C,A),\ (A,D),\ (D,A),$$
$$(B,C),\ (C,B),\ (B,D),\ (D,B),\ (C,D),\ (D,C).$$

つまり 4 元集合から 2 元リストを作る方法は 12 通りある．これらを全部書き出さずに個数を求める方法があったのだった．最初の元の選び方が 4 通り，次の元の選び方が 3 通りだから，それで 12 通りである．この事実を記録しておく：

命題 1.43 S を n 個の元からなる集合とする．S の k 個の相異なる元からなる順序つきリストの個数は

$$n \cdot (n-1) \cdot (n-2) \cdots (n-k+1)$$

である．

　最後に，n 元集合のうちから k 個の元からなるリストを作りたいが，元の順番は気にしないとしよう．たとえば，集合 $S = \{A,B,C,D\}$ から 2 元をとるが，(A,B) と (B,A) は同じと見なすのである．別の言葉では，S の部分集合で k 個の元を持つものすべてを見つけることに興味があるともいえる．というのは，集合というものは元の並び順は考えないからである．集合 $S = \{A,B,C,D\}$ の 2 元集合を列挙する問題に戻ると，それらは対で現れ，よって S には 2 つの元からなる部分集合が 6 個あることがわかる．

命題 1.44 S を n 個の元からなる集合とする．S のちょうど k 個の元からなる部分集合の個数は

$$\frac{n \cdot (n-1) \cdot (n-2) \cdots (n-k+1)}{k!} \quad \text{あるいは} \quad \frac{n!}{k!(n-k)!}.$$

証明　まず S の相異なる k 個の元からなるリストを数えることから始める．命題 1.43 から，そのような順序つきリストの個数は $n(n-1) \cdots (n-k+1)$ である．しかし我々はこれらのリストの元の順序を無視したい．各リストは k 個の元を持ち，命題 1.41 によれば，これら k 個の元を異なる仕方で並べ替えて $k!$ 個のリストをつくることができるのだった．よって，リストの個数を $k!$ で割れば，順序なしリストの個数がわかる．これで最初の公式が得られ，2 番目の公式は次の計算からわかる：

$$\frac{n \cdot (n-1) \cdot (n-2) \cdots (n-k+1)}{k!}$$

$$= \frac{n \cdot (n-1) \cdot (n-2) \cdots (n-k+1)}{k!} \cdot \overbrace{\frac{(n-k)(n-k-1)\cdots 2 \cdot 1}{(n-k)(n-k+1)\cdots 2 \cdot 1}}^{\text{この分数は 1}}$$

$$= \frac{n!}{k!(n-k)!}.$$

以上で命題 1.44 の証明が完了する．　□

28 第 1 章 予備的な話題のポプリ

定義 1.45 命題 1.44 に現れる量は非常に重要なので，さまざまな名前や記号を持っている．我々はこれを **2 項係数** と呼び，次のように表すことにする：

$$\binom{n}{k} = \frac{n \cdot (n-1) \cdots (n-k+1)}{k!} = \frac{n!}{k!(n-k)!}.$$

別のよく使われる記号として，$_nC_k$ や $C(n,k)$ に出くわすだろう．また，習慣として次のようにすることも注意しておく：

$$0! = 1 \quad \text{かつ} \quad \binom{n}{0} = 1.$$

1.9.2 2 項定理

$\binom{n}{k}$ が 2 項係数と呼ばれる理由は，それが有名な定理の係数として現れるためである．

定理 1.46（2 項定理） 任意の $n \geq 0$ に対して，

$$(x+y)^n = \sum_{k=0}^{n} \binom{n}{k} x^k y^{n-k}.$$

証明 2 項定理の証明はたくさんある．ここでは組合せ論的な証明を与える．n 個の積

$$(x+y)(x+y)(x+y) \cdots (x+y)$$

を考える．この積を分配法則を使って計算するとき，x の k 個の複製と y の $n-k$ 個の複製からなる積が何個出てくるだろうか？ 答えは，x の寄与する分として k 個の因子を，y の寄与する分として $n-k$ 個の因子をそれぞれ選んだときに，$x^k y^{n-k}$ を得る．よって，$x^k y^{n-k}$ の複製を $\binom{n}{k}$ 個得る．$k=0$ から $k=n$ まで足し上げれば，目的の公式を得る． □

この節を，2 項係数と素数とを結び付ける結果で締めくくろう．そこから，フェルマー (Fermat) の有名な結果を導く．

命題 1.47 p を素数とする．$0 \leq k \leq p$ なる k について，次を得る：

$$\binom{p}{k} \equiv \begin{cases} 0 \pmod{p} & 1 \leq k \leq p-1 \text{ のとき,} \\ 1 \pmod{p} & k = 0 \text{ もしくは } k = p \text{ のとき.} \end{cases}$$

証明 $k=0$ または $k=p$ なら，$\binom{p}{0} = \binom{p}{p} = 1$．$1 \leq k \leq p-1$ と仮定しよう．このとき

$$\binom{p}{k} = \frac{p \cdot (p-1) \cdot (p-2) \cdots (p-k+1)}{k \cdot (k-1) \cdot (k-2) \cdots 2 \cdot 1}.$$

分子は素因数 p を持っていて，分母のすべての項は p より真に小さいから，分母は p では割り切れない[15]．よって，分子の p は分母の項によって相殺されず，つまり $\binom{p}{k}$ は p で割り

---

[15]厳密にいうと，ここで命題 1.35 の拡張である演習問題 1.35 を用いている．この演習問題は次のことを主張している：もし素数 p が，それぞれの整数 $a_1, a_2, \ldots, a_r$ を割り切らないならば，p は積 $a_1 a_2 \cdots a_r$ も割り切らな

切れる.   □

系 1.48（フェルマーの小定理） p を素数とする．このとき任意の $a \in \mathbb{Z}$ に対して次が成り立つ：

$$a^p \equiv a \pmod{p}. \tag{1.16}$$

とくに，$p \nmid a$ なら，

$$a^{p-1} \equiv 1 \pmod{p}.$$

証明 a についての帰納法で証明するが，群論を用いた，より見やすい証明については演習問題 2.40 を見よ．まず式 (1.16) が $a = 0$, $a = 1$ のときは真であることを確認することから始める．次に，a について式 (1.16) が真であると仮定し，2 項定理（定理 1.46）を使って $(a+1)^p$ を展開すると，

$$(a+1)^p = \binom{p}{0}a^p + \binom{p}{1}a^{p-1} + \binom{p}{2}a^{p-2} + \cdots + \binom{p}{p-1}a + \binom{p}{p}$$

$$\equiv a^p + 1 \pmod{p} \quad \text{命題 1.47 から}$$

$$\equiv a + 1 \pmod{p} \quad \text{帰納法の仮定 } a^p \equiv a \pmod{p} \text{ より.}$$

帰納法により式 (1.16) は任意の非負整数 a について真である．しかし，すべてが $a \pmod{p}$ にのみよっているから，これで式 (1.16) が任意の整数について真であることを示すに十分である．

2 番目の主張については，式 (1.16) から

$$p \text{ は } a^p - a \text{ を割り切る，よって } p \text{ は } a(a^{p-1} - 1) \text{ を割り切る.}$$

命題 1.35 から p は a または $a^{p-1} - 1$ のどちらかを割り切るが，$p \nmid a$ を仮定しているから $p \mid a^{p-1} - 1$ である．よって $a^{p-1} \equiv 1 \pmod{p}$ である．   □

1.9.3 包除原理

S と T を有限集合で互いに交わりがない，つまり，共通の元が存在しないとする．これらの合併 $S \cup T$ の元の個数はいくつになるだろうか？ 答えは：

$$S \text{ と } T \text{ に交わりがなければ，} \#(S \cup T) = \#S + \#T.$$

もし交わりがないという仮定を落としたらどうなるだろう．$\#S + \#T$ は $\#(S \cup T)$ よりも大きいだろう，なぜなら，S にも T にも含まれている元を二重に数えただろうから．この二重計上を，共通の元の個数，つまり $S \cap T$ の元の個数を引くことで補正できる．ここから，有用な**包除公式**が得られる：

い．なお p を素数でない数に置き換えると，これは偽である．

$$\#(S \cup T) = \underbrace{\#S + \#T}_{S と T の元すべてを入れる.} - \underbrace{\#(S \cap T)}_{共通の元を除外する.}. \tag{1.17}$$

3つの集合 R, S, T があって，我々が $\#(R \cup S \cup T)$ を求めたいとしたらどうなるだろうか？　まず和 $\#R + \#S + \#T$ から始めるが，1つより多くの集合に登場する元は多重に数えられている．そこで，多重計上を補正するために $\#(R \cap S)$, $\#(R \cap T)$, $\#(S \cap T)$ を引かなくてはならない．しかし，3つの集合すべてに含まれる元 x について何が起きるだろうか？　我々は x を3回数えることから始めて，ペアごとの3つの共通部分に入っているから x の寄与を3回引く．おっと！　x を数えるためにはもう一度数えなければならない．よって，3つの共通部分 $R \cap S \cap T$ の元すべてについて，もう一度数えなければならない．これによって，次のような，式 (1.17) の3つの集合への拡張が得られる：

$$\#(R \cup S \cup T) = \#R + \#S + \#T - \#(R \cap S) - \#(R \cap T) - \#(S \cap T)$$
$$+ \#(R \cap S \cap T). \tag{1.18}$$

図4は式 (1.18) を次の集合について図示したものである：

$$R = \{a, b, c, d, e\}, \quad S = \{a, c, f, g\}, \quad T = \{b, c, d, f\}.$$

図4の右側の図は，ヴェン (Venn) 図と呼ばれるもので，7つの元 a, b, c, d, e, f, g が3つの集合 R, S, T にどのように散らばっているかを表したものである．

包除原理の一般的なバージョンは，集合 $S_1, \ldots, S_n$ の合併の元の個数を表す公式である．最初に個々の S_i を数え，それからペアごとの共通部分 $S_i \cap S_j$ の元の個数を引く，しかしこれは引きすぎだから，3つの共通部分 $S_i \cap S_j \cap S_k$ を加え直す，という具合である．一般的な主張を与えるが，証明は省略する．

定理 1.49（包除原理） $S_1, \ldots, S_n$ を有限集合とする．このとき，

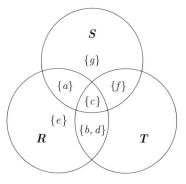

	集合	±#集合
R	$\{a, b, c, d, e\}$	+5
S	$\{a, c, f, g\}$	+4
T	$\{b, c, d, f\}$	+4
$R \cap S$	$\{a, c\}$	−2
$R \cap T$	$\{b, c, d\}$	−3
$S \cap T$	$\{c, f\}$	−2
$R \cap S \cap T$	$\{c\}$	+1
	総計：	**7**
$R \cup S \cup T$	$\{a, b, c, d, e, f, g\}$	**7**

図4 集合 R, S, T についての包除．

$$\#(S_1 \cup S_2 \cup \cdots \cup S_n) = \sum_{\emptyset \neq I \subseteq \{1,2,\ldots,n\}} (-1)^{\#I-1} \cdot \# \bigcap_{i \in I} S_i.$$

この公式において，和は添え字集合 $\{1,\ldots,n\}$ の空でないすべての部分集合にわたる．

演習問題

1.3 節　数理論理学と証明の技巧をほんの少し

1.1　図 5 は論理的な同値性

$$P \vee (Q \wedge R) \Longleftrightarrow (P \vee Q) \wedge (P \vee R)$$

を確かめるためのものだが，ところどころ空欄がある．空欄を埋めよ．

P	Q	R	$Q \wedge R$	$P \vee (Q \wedge R)$	$P \vee Q$	$P \vee R$	$(P \vee Q) \wedge (P \vee R)$
T	T	T		**T**	T	T	**T**
T	T	F	F		T	T	**T**
T	F	T	F	**T**		T	**T**
T	F	F	F	**T**	T		**T**
F	T	T	T		T	T	**T**
F	T	F					
F	F	T	F		F		**F**
F	F	F	F		F	F	

図 5　$P \vee (Q \wedge R) \Longleftrightarrow (P \vee Q) \wedge (P \vee R)$ を確認するための真理値表．

1.2　次の論理的な同値性を，真理値表を使って証明せよ：
(a) $P \Longleftrightarrow \neg(\neg P)$.
(b) $\neg(P \vee Q) \Longleftrightarrow (\neg P) \wedge (\neg Q)$.
(c) $(P \Rightarrow Q) \Longleftrightarrow (\neg Q \Rightarrow \neg P)$.
(d) $(P \Rightarrow Q) \Longleftrightarrow (\neg P) \vee Q$.
(e) $(P \Leftrightarrow Q) \Longleftrightarrow \neg(P \veebar Q)$.
(f) $P \veebar Q \Longleftrightarrow (P \wedge \neg Q) \vee (\neg P \wedge Q)$.
(g) $P \veebar Q \Longleftrightarrow (P \vee Q) \wedge \neg(P \wedge Q)$.
(h) $P \wedge (Q \vee R) \Longleftrightarrow (P \wedge Q) \vee (P \wedge R)$.
(i) $P \vee (Q \wedge R) \Longleftrightarrow (P \vee Q) \wedge (P \vee R)$.

1.3　P と Q を命題とする．
(a) 次の主張が真であることを示せ：

$$P \veebar \neg P. \tag{1.19}$$

　　この式 (1.19) がなぜ，例 1.1 で述べた排中律を正当化するか説明せよ．
(b) 次の主張が真であることを示せ：

$$(\neg Q \Rightarrow \neg P) \Rightarrow (P \Rightarrow Q). \tag{1.20}$$

　　この式 (1.20) がなぜ，例 1.2 で述べた背理法を正当化するか説明せよ．

32   第1章   予備的な話題のポプリ

1.4   次のそれぞれの主張を量化子を使って書き換え，さらにそれぞれの主張の真偽を決定せよ：

(a) すべての鳥は飛ぶ．

(b) 飛ぶことのできる鳥が存在する．

(c) 任意の自然数 $n \in \mathbb{N}$ について，数 $n^2 + n + 41$ は素数である．

(d) すべての foozle は wizzle である．

1.5   (a) $\mathbb{E}$ を偶数である自然数全体の集合とする．$\mathbb{E}$ の数学的な記述を，素数全体の集合 $\mathbb{P}$ のような形で与えよ．

(b) ゴールドバッハの予想[16]は，2 以外のすべての偶数は 2 つの素数の和であることを主張する．ゴールドバッハ予想の数学的な記述を与えよ．$\mathbb{P}$ を素数全体の集合に，$\mathbb{E}$ を偶数である自然数全体の集合に用いてよい．

1.6 $L(x)$ を x に関する論理式とする．量化子が否定とどのようにかかわるかを説明する，次の主張を証明せよ：

(a) $\neg(\forall x \in X, \ L(x)) \iff \exists x \in X, \ \neg L(x)$.

(b) $\neg(\exists x \in X, \ L(x)) \iff \forall x \in X, \ \neg L(x)$.

1.4 節   集合論をほんの少し

1.7 S, T, U を集合とする．次のそれぞれの公式を証明せよ：

(a) $S \cap (T \cup U) = (S \cap T) \cup (S \cap U)$.

(b) $S \cup (T \cap U) = (S \cup T) \cap (S \cup U)$.

(c) S と T は U の部分集合とする．このとき，

$$(S \cup T)^c = S^c \cap T^c \quad \text{かつ} \quad (S \cap T)^c = S^c \cup T^c.$$

(d) S と T の**対称差**とは，S もしくは T の一方に，ただし同時に両方にではなく含まれる元全体の集合とし，$S \,\Delta\, T$ と表す．次を示せ：

$$S \,\Delta\, T = (S \cup T) \smallsetminus (S \cap T) = (S \smallsetminus T) \cup (T \smallsetminus S).$$

1.8   この演習問題では，無限個の集合 $S_1, S_2, S_3, \ldots$ に対して，そしてより一般に，I を任意の添え字集合とする集合の族 $\{S_i : i \in I\}$ に対して合併，共通部分，直積をどのように構成するかを説明する．

集合の族 $S_i, i \in I$ に対する**合併**とは次の集合である：

$$\bigcup_{i \in I} S_i = \{c : \text{少なくとも 1 つの } i \in I \text{ に対して } c \in S_i\},$$

また集合の族 $S_i, i \in I$ の**共通部分**とは次の集合である：

$$\bigcap_{i \in I} S_i = \{c : \text{すべての } i \in I \text{ に対して } c \in S_i\}.$$

(a) 次を示せ：

$$\left(\bigcup_{i \in I} S_i \right) \cap T = \bigcup_{i \in I} (S_i \cap T) \quad \text{かつ} \quad \left(\bigcap_{i \in I} S_i \right) \cup T = \bigcap_{i \in I} (S_i \cup T).$$

(b) 集合 S_i はすべて U の部分集合と仮定する．次を示せ：

---

[16] ゴールドバッハ (Goldbach) とオイラー (Euler) との間で 1742 年に交わされた文通に端を発する有名な予想．

$$\left(\bigcup_{i\in I} S_i\right)^c = \bigcap_{i\in I} S_i^c \quad \text{かつ} \quad \left(\bigcap_{i\in I} S_i\right)^c = \bigcup_{i\in I} S_i^c.$$

(c) 集合の族 S_i, $i \in I$ に対する**直積**とは次の集合である：

$$\prod_{i\in I} S_i = \left\{ \text{関数 } c\colon I \to \bigcup_{i\in I} S_i\colon \text{すべての } i \in I \text{ に対して } c_i \in S_i \right\}.$$

たとえば，$I = \mathbb{N}$ ならば，直積は「∞ 列」$(c_1, c_2, c_3, \ldots)$ で $c_i \in S_i$ なるもの全体からなる．$I = \mathbb{N}$ とし，$S_1 = S_2 = S_3 = \cdots = \{0,1\}$ とする．つまり，各 S_i は 2 元からなるものとする．このとき $\prod_{i\in\mathbb{N}} S_i$ は無限集合であることを示せ．

1.9 $\mathbb{N}$ に関する整列原理（定理 1.12）とは，$\mathbb{N}$ の空でない部分集合は最小元を持つというものだった．整列原理を 1.3 節のように論理記号を用いて表せ．

1.10 $\mathcal{R} \subset S \times S$ を定義 1.22 で述べた同値関係とする．$\mathcal{R}$ を使って関数 R を次のように定義する：

$$R\colon S \times S \longrightarrow \{0,1\}, \quad R(a,b) = \begin{cases} 1 & \text{もし } a \sim b, \\ 0 & \text{もし } a \not\sim b. \end{cases}$$

よって，R は a と b が $\mathcal{R}$ 同値であるかを示す関数であり，$R(a,b) = 1$ は「はい」，$R(a,b) = 0$ が「いいえ」を意味する．同値関係の定義にある 3 つの性質を R を使って書き直せ．

1.11 整数の集合 $\mathbb{Z}$ において以下のどれが同値関係になっているだろうか？ 同値関係に対しては，異なる同値類を挙げ，同値関係でないものに対しては同値関係の定義にある 3 つの性質のうちどれが成り立たないか説明せよ：

(a) $a \sim b$ であるのは $a - b$ が 5 の倍数のとき．

(b) $a \sim b$ であるのは $a + b$ が 5 の倍数のとき．

(c) $a \sim b$ であるのは $a^2 - b^2$ が 5 の倍数のとき．

(d) $a \sim b$ であるのは $a - b^2$ が 5 の倍数のとき．

(e) $a \sim b$ であるのは $a - b$ が素数のとき．

1.12 集合 $S = \{1,2,3,4,6,8,9\}$ において，S 上の同値関係を次のルールで定める：

$$a \sim b \text{ となる必要十分条件は } a - b \text{ が偶数のとき．} \tag{1.21}$$

(a) 式 (1.21) が S 上の同値関係になることを示せ．より一般に，これが $\mathbb{Z}$ 上の同値関係を定めることを示せ．

(b) S を式 (1.21) の同値関係による同値類の非交和で表せ．

1.13 この演習問題は定理 1.25 の逆を与えるものである．S を集合とし，その非交和による表示 $S = S_1 \cup S_2 \cup \cdots \cup S_n$ が与えられているとする．$a, b \in S$ に対して，次のように定義する：

$$a \sim b \text{ となる必要十分条件は } a, b \text{ が同じ } S_i \text{ に属すること．}$$

(a) $\sim$ が同値関係であることを示せ．

(b) $\sim$ が同値関係であるから，定理 1.25 により S は部分集合の非交和で表される．この非交和が出発点としたものとちょうど一致することを示せ．

1.14 S を集合とする．S 上の **2 項関係**とは，非形式的には，元 $a, b \in S$ に対して「a が b と関係があるか」を調べる規則である．より形式的には，2 項関係とは単に部分集合 $\mathcal{B} \subset S \times S$ のことで，

34 第 1 章 予備的な話題のポプリ

$$\text{「}a \text{ は } b \text{ と関係がある」必要十分条件は } (a, b) \in \mathcal{B}$$

である. このとき, $a \, \mathsf{R}_\mathcal{B} \, b$ と書くことにする.

2 項関係が持つ性質のうち興味深いものは:

    $\mathcal{B}$ **が反射的** $\forall a \in S$ に対して $a \, \mathsf{R}_\mathcal{B} \, a$ が成り立つとき.
    $\mathcal{B}$ **が対称的** $\forall a, b \in S$ に対して $a \, \mathsf{R}_\mathcal{B} \, b \Longrightarrow b \, \mathsf{R}_\mathcal{B} \, a$ が成り立つとき.
    $\mathcal{B}$ **が推移的** $\forall a, b, c \in S$ に対して $a \, \mathsf{R}_\mathcal{B} \, b$ かつ $b \, \mathsf{R}_\mathcal{B} \, c \Longrightarrow a \, \mathsf{R}_\mathcal{B} \, c$ が成り立つとき.
    $\mathcal{B}$ **が反対称的** $\forall a, b \in S$ に対して $a \, \mathsf{R}_\mathcal{B} \, b$ かつ $b \, \mathsf{R}_\mathcal{B} \, a \Longrightarrow a = b$ が成り立つとき.

そして次のようにいう,

        $\mathcal{B}$ **は同値関係**   反射的, 対称的, 推移的のとき.
        $\mathcal{B}$ **は半順序**[17]   反射的, 反対称的, 推移的のとき.

以下に挙げる 2 項関係のどれが反射的, 対称的, 反対称的, 推移的, またはそのいくつかだろうか? どれが同値関係で, どれが半順序だろうか?

  (a) $S = \mathbb{R}$, $a \, \mathsf{R}_\mathcal{B} \, b$ は $a \geq b$ のときでそのときに限る.
  (b) $S = \mathbb{N}$, $a \, \mathsf{R}_\mathcal{B} \, b$ は $\gcd(a, b) = 1$ のときでそのときに限る.
  (c) $S = \mathbb{N}$, $a \, \mathsf{R}_\mathcal{B} \, b$ は $a \mid b$ のときでそのときに限る.
  (d) S はあなたの学校の生徒全員で, $a \, \mathsf{R}_\mathcal{B} \, b$ は誕生日が同じときでそのときに限る.
  (e) S はグラフで, $a \, \mathsf{R}_\mathcal{B} \, b$ は $a = b$ もしくは a から b への辺が存在するときでそのときに限る[18].
  (f) S はグラフで, $a \, \mathsf{R}_\mathcal{B} \, b$ は $a = b$ もしくは, いくつかの辺をたどって a から b が結ばれているときでそのときに限る.
  (g) $S = \mathbb{R}$ で $f: S \to \mathbb{R}$ を関数とする. $a \, \mathsf{R}_\mathcal{B} \, b$ は $f(a) = f(b)$ のときでそのときに限る.
  (h) $S = (\text{集合 } \Sigma \text{ の部分集合全体})$ で, $A \, \mathsf{R}_\mathcal{B} \, B$ は $A \subseteq B$ のときでそのときに限る.
  (i) $S = (\text{集合 } \Sigma \text{ の部分集合全体})$ で, $A \, \mathsf{R}_\mathcal{B} \, B$ は $A \cap B \neq \emptyset$ のときでそのときに限る.
  (j) $S = (\text{集合 } \Sigma \text{ の部分集合全体})$ で, $A \, \mathsf{R}_\mathcal{B} \, B$ は $A \cap B = \emptyset$ のときでそのときに限る.

1.5 節 関数

1.15 $\mathcal{F} \subset S \times T$ として, 射影を

$$p: \mathcal{F} \longrightarrow S, \quad p(s, t) = s$$

と定義する. つまり, 順序対の最初の元を取り出すのである. 次が同値であることを示せ:

  (a) $\mathcal{F}$ は定義 1.13 で述べた関数 $f: S \to T$ を定義する.
  (b) 写像 $p: \mathcal{F} \to S$ は全単射である.

1.16 S と T を元の個数が同じである有限集合とする. $f: S \to T$ を S から T への関数とする. 次が同値であることを示せ:

  (a) f は単射である.
  (b) f は全射である.
  (c) f は全単射である.

1.17 (a) 関数 $f: \mathbb{N} \to \mathbb{N}$ で, 単射だが全射ではない例を挙げよ.
  (b) 関数 $f: \mathbb{N} \to \mathbb{N}$ で, 全射だが単射ではない例を挙げよ.

---

[17] 半順序を持つ集合を **半順序集合** (partially ordered set) と呼び, しばしば **ポセット** と略す. ポセットについては 14.2 節を見よ.

[18] グラフとは, 頂点の集合と, それらのいくつかを結ぶ辺のことである. グラフについては 14.6 節を見よ.

演習問題 **35**

1.18 S と T を有限集合，$f\colon S \to T$ を S から T への関数とする．次を示せ：
$$\#S = \sum_{t \in T} \#\{s \in S \colon f(s) = t\}.$$

1.19 $f\colon S \to T$ を関数とする．
(a) 論理記号を用いて全射の定義を述べよ．（ヒント：解答は $\forall$ と $\exists$ を含む．）
(b) 論理記号を用いて単射の定義を述べよ．

1.7 節　数学的帰納法

1.20 次の主張をそれぞれ数学的帰納法により証明せよ：

(a) $1^3 + 2^3 + \cdots + n^3 = \dfrac{n^2(n+1)^2}{4}$.
(b) $1 \cdot 2 + 2 \cdot 3 + \cdots + (n-1)n = \dfrac{n^3 - n}{3}$.
(c) $\displaystyle\sum_{k=1}^{n} \dfrac{k(k+1)}{2} = \dfrac{n(n+1)(n+2)}{6}$.

1.21 フィボナッチ (Fibonacci) 数列 $1, 1, 2, 3, 5, 8, 13, 21, \ldots$ は，$F_1 = F_2 = 1$ として，続きの項が
$$F_{n+2} = F_{n+1} + F_n, \quad n \geq 1$$
によって定義される数列である．
(a) 数学的帰納法により次を示せ：
$$F_1 + F_2 + \cdots + F_n = F_{n+2} - 1.$$

(b) 数学的帰納法により，ビネ (Binet) の公式を示せ：
$$F_n = \frac{1}{\sqrt{5}} \left[\left(\frac{1 + \sqrt{5}}{2} \right)^n - \left(\frac{1 - \sqrt{5}}{2} \right)^n \right].$$

(c) リュカ (Lucas) 数列は，$L_1 = 1$, $L_2 = 3$ として，続きの項はフィボナッチ数列のように $L_{n+2} = L_{n+1} + L_n$ によって定義される数列である．リュカ数列の最初の 10 項を書き下し，フィボナッチ数列に対する (a), (b) に似た性質を見つけよ．さらに，その公式が正しいことを数学的帰納法を用いて証明せよ．

1.22 帰納法で証明を与える際にときどき，初期化のステップを 1 以外の数から始めたいと思うことがある．たとえば，次を示せ：
$$\text{任意の } n \geq 6 \text{ に対して } n! \leq \left(\frac{n}{2} \right)^n.$$
$n = 1$ からこの主張を示そうとすると何がまずいだろうか？

1.23 数学的帰納法は初期化のステップと帰納法のステップがある．これらは，主張 P_n が任意の $n \in \mathbb{N}$ に対して真であることを示すのに用いられる．数学的帰納法の原理を，1.3 節のような論理記号を用いて述べよ．

1.24 次は，すべての馬が同じ色であることの証明である．馬の頭数に関する帰納法による証明を与える．より正確には，P_n を次の主張とする：

主張 P_n：S を n 頭の馬の集合とすると，S に含まれる馬はすべて同じ色である．

36 第 1 章 予備的な話題のポプリ

- **初期化のステップ**：主張 P_1 は真である．なぜなら，馬が 1 頭しか含まれていないなら，馬の色は同じであるから．
- **帰納法のステップ**：P_n が真と仮定し，P_{n+1} が真であることを示したい．S を $n+1$ 頭の馬の集合，たとえば $S = \{H_1, H_2, \ldots, H_{n+1}\}$ とする．最後の馬を無視して，集合 $\{H_1, H_2, \ldots, H_n\}$ は n 頭の馬を含むから，帰納法の仮定からすべて同じ色である．同様に，$\{H_2, \ldots, H_n, H_{n+1}\}$ も n 頭の馬を含むから，帰納法の仮定からすべて同じ色である．これらの 2 つの 1 色集合を組み合わせると，$n+1$ 頭の馬の色が同一であることがわかる．

異なる色の馬は存在するから，我々の証明はどこかがかなり変である．何が変だろうか？

1.8 節　数論をほんの少し

1.25 $a, b, c \in \mathbb{N}$ とする．次の主張が真であることを示せ：

(a) $a \mid b$ かつ $a \mid c$ なら $a \mid (b+c)$ かつ $a \mid (b-c)$．

(b) $a \mid b$ かつ $b \mid c$ なら $a \mid c$ である（可除性が推移的であることを述べている．$a \mid a$ だから反射的でもある．しかし対称ではない．）

(c) $a \mid b$ かつ $b \mid a$ ならば $a = b$ である．

1.26 この演習問題では，余りのある商のより形式的な証明を与える（命題 1.30 を見よ）．整数 $a, b \in \mathbb{Z}$，$b \neq 0$ が与えられているとする．整数 q, r がそれぞれただ 1 つ存在して，$a = bq + r$，$0 \leq r \leq |b| - 1$ を満たす．

(a) 次の整数の集合を考える：

$$S = \{a - bk \colon k \in \mathbb{Z}\} = \{\ldots, a - 2b, a - b, a, a + b, a + 2b, \ldots\}.$$

S が非負の最小元を持つことを示せ．

(b) (a) で見つけた，S の非負の最小元を $a - bq$ と書こう．$r = a - bq$ とおく．$0 \leq r \leq |b| - 1$ を示せ．

(c) $a = bq + r = bq' + r'$ が，どちらも 0 以上で $|b| - 1$ 以下の整数 r, r' について成り立つとする．このとき $q = q'$ かつ $r = r'$ を示せ．

1.27 $a, b \in \mathbb{N}$ とする．**ユークリッドのアルゴリズム**は，$\gcd(a, b)$ を計算する手続きであり，また，$au + bv = \gcd(a, b)$ の解を求めるのにも使うことができる．

(a) ユークリッドのアルゴリズムは，次のような，余りのある商を続けて計算する手続きである：

$$a = q_1 b + r_1 \qquad \text{ここで } 0 \leq r_1 < b,$$
$$b = q_2 r_1 + r_2 \qquad \text{ここで } 0 \leq r_2 < r_1,$$
$$r_1 = q_3 r_2 + r_3 \qquad \text{ここで } 0 \leq r_3 < r_2,$$
$$\vdots \qquad\qquad \vdots$$
$$r_{n-3} = q_{n-1} r_{n-2} + r_{n-1} \qquad \text{ここで } 0 \leq r_{n-1} < r_{n-2},$$
$$r_{n-2} = q_n r_{n-1} + \boxed{r_n} \qquad \text{ここで } 0 \leq r_n < r_{n-1},$$
$$r_{n-1} = q_{n+1} r_n + 0.$$

余りは単調減少だから，必ず 0 になる．非零の余りの最後のものを四角で囲んでいる．これが $\gcd(a, b)$ に等しいことを示せ．

(b) ユークリッドのアルゴリズムを用いて $\gcd(12345, 67890)$ を計算せよ．すべてのステップを書き下すこと．

(c) ユークリッドのアルゴリズムを用いて $\gcd(1160718174, 316258250)$ を計算せよ．すべてのス

テップを書き下すこと.

(d) 余りが単調減少だから，ユークリッドのアルゴリズムの計算ステップ数は b を超えないが，実際にはそれよりずっと早く終了する．2 つのステップごとに，余りが次の式を満たすことを示せ:

$$r_{n+2} < \frac{1}{2}r_n.$$

これを用いて，ユークリッドのアルゴリズムのステップ数はおおよそ $2\log_2(b)$ ステップを超えないことを示せ．つまり，コンピュータを使えば，a, b が数千桁の数であっても $\gcd(a,b)$ を計算できる.

(e) $au + bv = \gcd(a,b)$ の解を計算する 1 つの方法は，ユークリッドのアルゴリズムの計算式の各行を次々と置き換えていって，a, b と最後の非零の余り r_n を孤立させることである．図 6 は，より効率的な方法をアルゴリズムの形に書いたものである．図 6 の出力 (g, u, v) が $g = \gcd(a,b)$ であり，また $au + bv = g$ を満たすことを示せ.

> (1)　$u = 1, g = a, j = 0, k = b$ とおく.
> (2)　$k = 0$ なら $v = (g - au)/b$ として (g, u, v) を返す.
> (3)　g を k で割り，$g = qk + t, 0 \leq t < k$ を求める.
> (4)　$s = u - qj$ とする.
> (5)　$(u, g) = (j, k)$ とする.
> (6)　$(j, k) = (s, t)$ とする.
> (7)　(2) に行く.

図 6　$au + bv = \gcd(a,b)$ を解く効率的なアルゴリズム.

(f) 図 6 のアルゴリズムを用いて次を解け．すべてのステップを書き下すこと:

$$12345u + 67890v = \gcd(12345, 67890).$$

(g) (d) と同様に，図 6 のアルゴリズムの計算ステップ数がおおよそ $2\log_2(b)$ ステップを超えないことを示せ.

1.28 $a, b, c \in \mathbb{Z}$ とし，さらに，$\gcd(a, b) = 1, a \mid c, b \mid c$ と仮定する.

(a) $ab \mid c$ を示せ．（ヒント：1 つの方法は素因数分解の一意性を使うことだが，証明のコツ (1.11) で与えられたアドバイスを使うともっとよい.）

(b) $\gcd(a, b) = 1$ の仮定がなくても，ab が $\gcd(a, b)c$ を割り切ることを示せ.

1.29 素数が無数に存在することを，次の主張を証明することで示せ:

> もし $P \subset \mathbb{N}$ が素数の有限集合なら，
> P に含まれない素数が存在する.

（ヒント：ユークリッドに従って，$P = \{p_1, p_2, \ldots, p_n\}$ とする．$N = 1 + p_1 p_2 \cdots p_n$ とおくと，N の任意の素因数 q は $q \notin P$ であることを示す.）

1.30 自然数 $n \in \mathbb{N}$ は，1 であるか，素数であるか，あるいは素数の積であることを示せ．言い換えると，$n \geq 2$ なら，素数 $p_1, p_2, \ldots, p_r$ があって，$n = p_1 p_2 \cdots p_r$ が成り立つ．（$r = 1$ も許されていることに注意せよ.）ヒント：n についての帰納法を使う.

38 第 1 章 予備的な話題のポプリ

1.31 命題 1.35 の次のような拡張を証明せよ：$a_1, \ldots, a_n \in \mathbb{Z}$ とし，$p \in \mathbb{N}$ を素数で $p \mid a_1 a_2 \cdots a_n$ とする．このとき，ある $1 \leq i \leq n$ に対して $p \mid a_i$．

1.32 $p_1, \ldots, p_m \in \mathbb{N}$ を素数として，$q_1, \ldots, q_n \in \mathbb{N}$ もやはり素数とする（重複も許す）．これらの積が一致するとしよう：

$$p_1 p_2 \cdots p_m = q_1 q_2 \cdots q_n.$$

$m = n$ であって，適当に並べ替えれば $p_i = q_i$, $1 \leq i \leq n$ が成り立つことを示せ．これにより，整数の素因数分解が，因数の順番を除いて一通りであることがわかる．ヒント：素数を 1 つずつ見つけるのに，演習問題 1.31 を用いる．

1.33 $n \geq 2$ を整数とする．演習問題 1.30 により，n を素数の積に表すことができる：

$$n = p_1^{e_1} p_2^{e_2} \cdots p_r^{e_r},$$

ここで $p_1, \ldots, p_r$ は相異なる素数で，$e_1, \ldots, e_r \in \mathbb{N}$ である．$\sqrt{n}$ が有理数である必要十分条件は，すべての指数 $e_1, \ldots, e_r$ が偶数であることを示せ．

1.34 $m \in \mathbb{N}, a_1, a_2, b_1, b_2 \in \mathbb{Z}$ として，さらに次を仮定する：

$$a_1 \equiv b_1 \pmod{m} \quad \text{かつ} \quad a_2 \equiv b_2 \pmod{m}.$$

(a) $a_1 + a_2 \equiv b_1 + b_2 \pmod{m}$ かつ $a_1 - a_2 \equiv b_1 - b_2 \pmod{m}$ を示せ．
(b) $a_1 a_2 \equiv b_1 b_2 \pmod{m}$ を示せ．

1.35 $m \in \mathbb{N}, a, b \in \mathbb{Z}$ で $a \neq 0$，さらに $\gcd(a, m) \mid b$ と仮定する．このとき，定理 1.39 により次の方程式は少なくとも 1 つ解を持つ：

$$ax \equiv b \pmod{m}. \tag{1.22}$$

式 (1.22) が，法 m でちょうど $\gcd(a, m)$ 個の異なる解を持つことを示せ．

1.9 節　組合せ論をほんの少し

1.36 S を 17 個の元を含む集合とする．もしあなたが，1 秒当たり 1000 個の順列を書き下すことができるとしたら，S の順列をすべて書き下すのに，おおよそ何年かかるだろうか．

1.37 2 項係数はいろいろなおもしろい関係式を満たす．次の公式を証明せよ．（ヒント：これらの多くが数学的帰納法で証明できるが，組合せ論的な証明や 2 項定理を用いた方がより納得のいくものになるだろう．）

(a) $\binom{n}{k} = \binom{n}{n-k}$.
(b) $\binom{n}{k-1} + \binom{n}{k} = \binom{n+1}{k}$.
(c) $\binom{n}{0} + \binom{n}{1} + \binom{n}{2} + \cdots + \binom{n}{n-1} + \binom{n}{n} = 2^n$. （ヒント：2 項定理の式で $x = y = 1$ とする．）
(d) $\binom{n}{0} + \binom{n}{2} + \binom{n}{4} + \binom{n}{6} + \cdots = \binom{n}{1} + \binom{n}{3} + \binom{n}{5} + \binom{n}{7} + \cdots$. （ヒント：2 項定理の式で $x = -1$, $y = 1$ とする．）
(e) $\binom{n}{0}^2 + \binom{n}{1}^2 + \binom{n}{2}^2 + \cdots + \binom{n}{n-1}^2 + \binom{n}{n}^2 = \binom{2n}{n}$. （ヒント：2 項定理と，$(x+y)^{2n} = (x+y)^n (x+y)^n$ の両辺の $x^n y^n$ の係数を見よ．）

1.38 p を素数とする．$n \geq 1, k \geq 1$ を整数とする．

(a) もし $p \mid n$ かつ $p \nmid k$ なら，$\binom{n}{k} \equiv 0 \pmod{p}$.
(b) もし $p^2 \mid n$ かつ $p^2 \nmid k$ なら，$\binom{n}{k} \equiv 0 \pmod{p}$.
(c) より一般的に，$t \geq 1$ として，$p^t \mid n$ かつ $p^t \nmid k$ なら，$\binom{n}{k} \equiv 0 \pmod{p}$ を示せ．

1.39 p を素数とする.$n \geq 1$ に対して,$n!$ を割り切る p の最大の冪を $p^{e_p(n)}$ と書くことにする.

(a) 次を証明せよ[19]:

$$e_p(n) = \sum_{k=1}^{\infty} \left\lfloor \frac{n}{p^k} \right\rfloor.$$

(b) 次を証明せよ:

$$e_p(n) < \frac{n}{p-1}.$$

(c) より正確に,次が成立することを示せ:

$$e_p(n) \leq \frac{n-1}{p-1},$$

ここで等号成立は n が p の冪であることが必要十分条件である.

1.40 2 つの集合についての包除原理 (1.17) は $\#(S \cup T)$ を 3 つの項の和で表している.同様に,3 つの集合についての包除原理 (1.18) は $\#(R \cup S \cup T)$ を 7 つの項の和で表している.

(a) 4 つの集合 R, S, T, U について同様の公式を与えよ.それらは何個の項を持つだろうか?

(b) 定理 1.49 において,$\#(S_1 \cup S_2 \cup \cdots \cup S_n)$ についての公式では,何個の項を持つだろうか?

1.41 n 個の集合についての一般的な包除原理を証明せよ.つまり,定理 1.49 を証明せよ.

---

[19] 標準的な記号 $\lfloor t \rfloor$ を,実数 t に対して,その床関数,つまり t 以下の最大の整数を表すものとして使っている.言い換えると,$\lfloor t \rfloor$ は,$t - 1 < m \leq t$ なるただ 1 つの整数 m である.

第2章 群——第1部

2.1 群への導入

単純な質問から始めよう．数字のリスト 1, 2, 3, 4 を並べ替える方法は何通りあるだろうか？ たとえば，1 を 2 へ，2 を 3 へ，3 を 4 へ移し，4 を 1 に移すと，並べ替えられたリスト 2, 3, 4, 1 を得る．次のように図示できる：

$$
\begin{array}{cccc}
1 & 2 & 3 & 4 \\
\downarrow & \downarrow & \downarrow & \downarrow \\
2 & 3 & 4 & 1
\end{array}
\tag{2.1}
$$

別の並べ替えとしては，1 と 2 を入れ替え，3 と 4 を入れ替えるものがあり，できるリスト 2, 1, 4, 3 を図示すると：

$$
\begin{array}{cccc}
1 & 2 & 3 & 4 \\
\downarrow & \downarrow & \downarrow & \downarrow \\
2 & 1 & 4 & 3
\end{array}
\tag{2.2}
$$

この種の並べ替えを数学用語では**置換**という．図 (2.1) や図 (2.2) は集合 $\{1, 2, 3, 4\}$ の 2 つの異なる置換を表している．一般に，集合 $\{1, 2, 3, 4\}$ の置換は，集合 $\{1, 2, 3, 4\}$ のそれぞれの元に集合 $\{1, 2, 3, 4\}$ の元を対応させる規則と，どの元も 2 度は割り当てないというただし書きにより記述される．

注意 2.1 集合 $\{1, 2, 3, 4\}$ の置換は何個あるだろうか？ 1 の行き先として 1, 2, 3, 4 のどれかを選ぶことができるから，1 には 4 通り，次に 2 の行き先を残りの 3 つの値から選び，3 についても残りの 2 つから，4 の行き先は最後に残った値を選ぶ．つまり，$4 \cdot 3 \cdot 2 \cdot 1$ の 24 通りの，$\{1, 2, 3, 4\}$ の異なる置換がある．より一般に，1.9.1 節で説明したように，集合 $\{1, 2, \ldots, n\}$ の異なる置換は $n!$ 個ある．

注意 2.2 $\{1, 2, 3, 4\}$ の置換が 2 つあったら，それらを「合成」すること，つまり，最初の置換を行い，次いでもう 1 つの置換をすることができる．たとえば，σ が (2.1) で説明した置換，τ を (2.2) で説明した置換として，$\sigma \circ \tau$ を次のように $\{1, 2, 3, 4\}$ に作用する置換とするのである：

42 第 2 章 群——第 1 部

$$
\begin{array}{cccc}
1 & 2 & 3 & 4 \\
\downarrow \tau & \downarrow \tau & \downarrow \tau & \downarrow \tau \\
2 & 1 & 4 & 3 \\
\downarrow \sigma & \downarrow \sigma & \downarrow \sigma & \downarrow \sigma \\
3 & 2 & 1 & 4
\end{array}
$$

おもしろいことに，σ と τ を別の順序で合成すると，異なる置換を得る．合成 $\tau \circ \sigma$ は次で与えられる：

$$
\begin{array}{cccc}
1 & 2 & 3 & 4 \\
\downarrow \sigma & \downarrow \sigma & \downarrow \sigma & \downarrow \sigma \\
2 & 3 & 4 & 1 \\
\downarrow \tau & \downarrow \tau & \downarrow \tau & \downarrow \tau \\
1 & 4 & 3 & 2
\end{array}
$$

一般に，集合 X 上の置換は X の元をかき混ぜる規則である．我々の最初の仕事は，いまの一節

「集合をかき混ぜる規則」

の正確な数学的意味を与えることである．我々はすでに，集合 X の元をとって集合 Y の元に割り当てる「規則」の数学的な名称を持っている．これらの規則は，**定義域が X で値域が Y である関数**と呼ばれる．よって，集合 X 上の置換とは，定義域と値域の両方が X であるような関数で，しかし，像の元がどれも，定義域のちょうど 1 つの元から来ているという追加の条件を満たすものである．

定義 2.3 集合 X 上の**置換**とは，その定義域と値域がどちらも X であるような全単射な関数[1]である．言い換えると，X の置換は関数

$$
\pi \colon X \longrightarrow X
$$

で，次の性質を満たすものである：任意の $x \in X$ に対して，ちょうど 1 つ $x' \in X$ が存在し，$\pi(x') = x$ を満たす．これにより，π の**逆写像**

$$
\pi^{-1} \colon X \longrightarrow X
$$

を，$\pi^{-1}(x)$ は $\pi(x') = x$ を満たすただ 1 つの元 $x' \in X$ のことである，として定義できる．最後に，X の**恒等置換**を，恒等写像

---

[1] 1.5 節を思い出そう．関数 $\phi \colon S \to T$ が**単射**であるとは，任意の $t \in T$ に対して $s \in S$ で $\phi(s) = t$ を満たすものが高々 1 つ存在することで，ϕ が全射であるとは，任意の $t \in T$ に対して $\phi(s) = t$ となる s が少なくとも 1 つ存在することだった．関数が単射かつ全射であるとき，全単射というのだった．単射の別の呼び方として，1 対 1 があり，全射の別の呼び方として上への射があったことも思い出しておこう．（訳注：原文を尊重して関数としたが写像といっても同じである．定義 1.13 を見よ．）

$$e\colon X \longrightarrow X, \quad 任意の x \in X に対して e(x) = x$$

と定義する．

例 2.4 3角形，正方形，円からなる集合

$$\{\triangle, \square, \bigcirc\}$$

を考える．この集合の上の置換 π_1, π_2 を次の図で定義する：

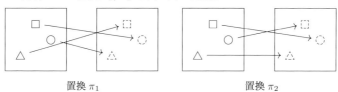

この図で，定義域と値域のそれぞれにある形に別の線種を用いたが，これは単に定義域と値域を区別するためだけのことである．置換に対して，線種は問題ではなく，つまり △ = △ であり，四角や丸についても同様である．

　最初に π_1 を行い，次いで π_2 を行ったらどうなるだろうか？　これは，π_1 の値域と π_2 の定義域を重ねる効果があり，次のように図示できる：

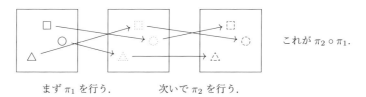

これが $\pi_2 \circ \pi_1$．

　同様に，最初に π_2 を行い，次いで π_1 を行えば，つまり置換を逆順に行えば，π_2 の値域と π_1 の定義域を重ねることになり，似ているが同じではない次の図を得る：

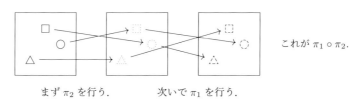

これが $\pi_1 \circ \pi_2$．

　興味深い観察として，置換の順番が大事だということがある．実際，以前の2つの図を用いると，$\pi_2 \circ \pi_1$ は $\pi_1 \circ \pi_2$ とは異なることが見てとれる：

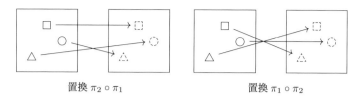

置換 $\pi_2 \circ \pi_1$ 置換 $\pi_1 \circ \pi_2$

例 2.5（正方形の対称性）　次に，正方形で，その頂点に A, B, C, D と次の図のようにラベルづけされたものを考える．

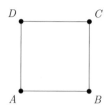

正方形を持ち上げて，回転させたり裏返したりして，またもとのところに置くとする[2]．3つ例を挙げる：

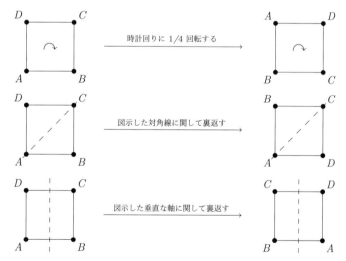

これらの図の回転と裏返しは，集合 $\{A, B, C, D\}$ の置換である．具体的には，これらを r, f_1, f_2 と名づけるとすると，次の規則でこれらを記述できる：

r	f_1	f_2
$A \to D$	$A \to A$	$A \to B$
$B \to A$	$B \to D$	$B \to A$
$C \to B$	$C \to C$	$C \to D$
$D \to C$	$D \to B$	$D \to C$

---

[2] 多くの数学者は，動きの多い感じの**裏返し**という単語より，**鏡映**という言い方を好む．

しかし，正方形を曲げたり辺を折ったりはできないから，$\{A, B, C, D\}$ 上のすべての置換が許されているわけではない．たとえば，正方形を持ち上げてもとのところに置いて，次のようにすることは，辺を曲げたり折ったりせずにはできない：

$$A \to A, \quad B \to B, \quad C \to D, \quad D \to C.$$

正方形の対称性の族は，集合 $\{A, B, C, D\}$ の置換の一部しか含んでいない．集合 $\{A, B, C, D\}$ の 24 個の置換のうち，正方形の対称性としては 8 つしか許されないことを確認してほしい．

2.2 抽象群

定義 2.6　**群**とは，集合 G と，次の公理を満たす合成則

$$G \times G \longrightarrow G,$$
$$(g_1, g_2) \longmapsto g_1 \cdot g_2,$$

からなる：

(a)（**単位元の公理**）元 $e \in G$ が存在して次を満たす：

$$e \cdot g = g \cdot e = g \text{ が任意の } g \in G \text{ に対して成り立つ．}$$

この元 e を G の**単位元**という．

(b)（**逆元の公理**）任意の $g \in G$ に対して，$h \in G$ が存在して次を満たす：

$$g \cdot h = h \cdot g = e.$$

この元 h を g^{-1} と書いて，g の**逆元**という．

(c)（**結合則**）$g_1, g_2, g_3 \in G$ に対して，結合則が成り立つ．つまり，

$$g_1 \cdot (g_2 \cdot g_3) = (g_1 \cdot g_2) \cdot g_3.$$

(d)（**オプション：可換則**）もしさらに次が成り立つならば，G は**可換**である，もしくは**アーベル**であるという[3,4]：

$$\text{任意の } g_1, g_2 \in G \text{ に対して} \quad g_1 \cdot g_2 = g_2 \cdot g_1.$$

注意 2.7　群の鍵となる性質は，群の 2 つ元から 3 つめの元を作り出す，3 つの（もしくは 4 つの）公理を満たす「規則」，「操作」または「法則」を持つことである．文脈によって，

---

[3] 「アーベル」という語は，ノルウェーの数学者ニールス・ヘンリク・アーベル (Niels Henrik Abel, 1802–1829) に由来する．アーベルは多くの発見，とくに，一般の 5 次方程式が冪根によっては解けないことを示したことで有名である．ノーベル賞をモデルとして，2002 年以降に毎年授与されている数学のアーベル賞は彼の名誉にちなんだものである．

[4] もう少し真面目ではない注として，ひどい冗談を楽しめる人向けに：「紫で可換なものはなんだ？　アーベルなグレープ！」（訳注：群は英語だと group なので，アーベル群は abelian group である．）

46　第2章　群——第1部

群の演算則を「加法」といったり「乗法」または「合成」といったりするが，群の演算則に名前をつけるのは単に言語学的な便宜である[5]．もしそうしたいのなら，お気に入りの群の演算則に，たとえば "xzyglpqz" といった他の名前をつけることもできる[6]．

注意 2.8　群の演算にいくつも名前があるように，記号もたくさんある．たとえば

$$g_1 \cdot g_2, \quad g_1 g_2, \quad g_1 \circ g_2, \quad g_1 + g_2, \quad g_1 \star g_2, \quad \cdots.$$

群演算を明記しなくてはならないときには，たとえば $(G, \cdot)$, $(G, +)$ のように群を対の形で書く．

　群の3つの公理から直ちに従う基本性質がたくさんある．次の命題で，そのいくつかを列挙しよう．

命題 2.9（群の基本性質）　G を群とする．
　(a) G はただ1つの単位元を持つ．
　(b) G の各元はただ1つの逆元を持つ．
　(c) $g, h \in G$ とする．$(g \cdot h)^{-1} = h^{-1} \cdot g^{-1}$.
　(d) $g \in G$ とする．$(g^{-1})^{-1} = g$.

証明　(b) を示す．他は演習問題とする．演習問題 2.5 を見よ．
　(b) $g \in G$ として，$h_1, h_2 \in G$ がどちらも g の逆元だったとしよう．すると，

$$\begin{aligned}
h_1 &= h_1 \cdot e & & e \text{ は単位元だから，}\\
&= h_1 \cdot (g \cdot h_2) & & h_2 \text{ は } g \text{ の逆元だから，}\\
&= (h_1 \cdot g) \cdot h_2 & & \text{結合則，}\\
&= e \cdot h_2 & & h_1 \text{ は } g \text{ の逆元だから，}\\
&= h_2 & & e \text{ は単位元だから．}
\end{aligned}$$

これで証明完了である． □

　次の命題の証明も，群の公理をどう使うかの説明になっている．

命題 2.10（群の簡約規則）　G を群とし，$g, h, k \in G$ とする．$g \cdot h = g \cdot k$ なら $h = k$ である．同様に，$h \cdot g = k \cdot g$ なら $h = k$.

証明　まず $g \cdot h = g \cdot k$ から始めて，群の公理を使って $h = k$ を導くことが目標である．証明は以下の通り：

---

[5] あるいは，ジュリエットがロミオに言ったように，「群の演算則を別の名前にしてみても美しい香りはそのまま」．（訳注：シェイクスピア『ロミオとジュリエット』（小田島雄志訳）第2幕第2場の "That which we call a rose by any other name would smell as sweet" の訳を参考とした．）
[6] しかし実際には，可換でない演算則を「加法」と呼ぶことはないだろう．

$$g \cdot h = g \cdot k \qquad \text{これは与えられたもの,}$$
$$g^{-1} \cdot (g \cdot h) = g^{-1} \cdot (g \cdot k) \qquad \text{両辺に } g^{-1} \text{ を掛ける,}$$
$$(g^{-1} \cdot g) \cdot h = (g^{-1} \cdot g) \cdot k \qquad \text{結合則,}$$
$$e \cdot h = e \cdot k \qquad g^{-1} \text{ が } g \text{ の逆元だから,}$$
$$h = k \qquad e \text{ は単位元だから.}$$

これで命題の最初の主張は証明完了である．2番目の主張についても同様なので読者に委ねたい． □

定義 2.11 群 G の**位数**とは，集合としての濃度のことで，$\#G$ と表す．とくに G が有限集合なら，$\#G$ は単に G の元の個数のことである．群の位数を表す記号で他によく使われるものとして，$o(G), |G|$ があることを注意しておこう．

定義 2.12 G を群，$g \in G$ とする．各整数 $n \geq 1$ に対して，g^n を g とそれ自身の n 回の積を表すものとする[7]：

$$g^n = \underbrace{g \cdot g \cdot g \cdots g}_{n \text{ 個の } g}.$$

元 g の**位数**とは $g^n = e$ を満たす最小の整数 $n \geq 1$ のこととする．もしそのような n が存在しなければ，g は無限位数を持つという．

命題 2.13 G を群，$g \in G$ とする．さらに $n \geq 1$ を $g^n = e$ なる整数とする．このとき g の位数は n を割り切る．

証明 $g^n = e$ という仮定から，g は有限の位数を持つ．m を g の位数，つまり，$g^m = e$ なる最小の正整数とする．n を m で割って商と余りを求めると（命題 1.30），

$$n = mq + r, \quad 0 \leq r < m. \tag{2.3}$$

すると，式 (2.3) と，$g^n = g^m = e$ により，

$$e = g^n = g^{mq+r} = (g^m)^q \cdot g^r = e^q \cdot g^r = g^r.$$

よって $g^r = e$ で，$0 \leq r < m$ である．しかし，m の取り方から，g を正整数乗して e となる最小の冪乗が g^m なのだから，$r = 0, n = mq$ である．よって m が，つまり g の位数が n を割り切ることが示された． □

---

[7] 慣習として $g^0 = e$ とし，また $n < 0$ なら g^n は g^{-1} の $|n|$ 個の積とする．

48 第2章 群——第1部

2.3 群のおもしろい例

2.1節で，群の例をいくつか見た．もう少しレパートリーを増やそう．

例 2.14（整数と，m を法とする整数の群） 整数の集合 $\mathbb{Z} = \{\ldots, -2, -1, 0, 1, 2, \ldots\}$ は，群演算として加法をとれば群である．これは無限群の，つまり無数に元を持つ群の例である．一方，演算として積をとれば $\mathbb{Z}$ は群ではない．なぜ群ではないかわかるだろうか？ m を法とする整数の集合 $\mathbb{Z}/m\mathbb{Z}$ は加法を群演算として群になる．これは位数 m の有限群の例である．

例 2.15（実数，有理数，複素数の加法群） 実数全体の集合 $\mathbb{R}$ は群演算として加法をとれば群である．同様に，有理数全体の集合 $\mathbb{Q}$，複素数全体の集合 $\mathbb{C}$ も加法に関して群である．これらの群は，演算が加法であることを強調するために，$\mathbb{R}^+, \mathbb{Q}^+, \mathbb{C}^+$ のように書かれることもある．

例 2.16（実数，有理数，複素数の乗法群） 零でない実数の全体は群演算として乗法をとれば群である．零でない有理数全体，零でない複素数全体についても同様である．これらの群をそれぞれ，$\mathbb{R}^*, \mathbb{Q}^*, \mathbb{C}^*$ と表す．また，正の実数の全体，正の有理数の全体も乗法に関して群をなすことを注意しておきたい．

定義 2.17 群 G が**巡回群**であるとは，$g \in G$ で次の性質を満たすものが存在することをいう：

$$G = \{\ldots, g^{-3}, g^{-2}, g^{-1}, e, g, g^2, g^3, \ldots\}.$$

（g^{-k} は k 回の掛け算 $g^{-1} \cdot g^{-1} \cdots g^{-1}$ の略記）．元 g を G の**生成元**というが，g^{-1} も生成元であることに注意せよ．有限巡回群は複数の生成元を持つことがよくある．

例 2.18（巡回群） 巡回群の例はすでに見ている．整数全体の群 $(\mathbb{Z}, +)$ は無限巡回群であり，1で生成されている．法 m の整数の群 $(\mathbb{Z}/m\mathbb{Z}, +)$ は位数 m の有限巡回群であり，1で生成されている．しかし，$\mathbb{Z}$ も $\mathbb{Z}/m\mathbb{Z}$ もそれぞれ，別の生成元を持っている．たとえば -1 は $\mathbb{Z}$ の別の生成元だし，$\mathbb{Z}/m\mathbb{Z}$ は $\gcd(a, m) = 1$ である整数 a について，$a \pmod m$ で生成されている．演習問題 2.10 を見よ．

別の群演算を持つ群の例を見よう．集合 $\{1, -1\}$ は群演算として乗法をとれば，位数2の巡回群である．より一般に，$n \geq 1$ に対して，$\zeta = e^{2\pi i/n} \in \mathbb{C}$ とし，集合

$$\{1, \zeta, \zeta^2, \ldots, \zeta^{n-1}\}$$

を考えると，これは位数 n の巡回群である．これは **1 の n 乗根の群** と呼ばれる．

より一般に，$n \geq 1$ に対して，位数 n の抽象巡回群（$\mathcal{C}_n$ と書く）を

$$\mathcal{C}_n = \{e, g, g^2, \ldots, g^{n-1}\}$$

と，演算法則

$$g^i \cdot g^j = g^{i+j \bmod m}$$

によって定義できる．もちろん，$g^0 = e$, $g^1 = g$ としており，とくに e が $\mathcal{C}_n$ の単位元である．また，$1 \leq i < n$ なる i に対して，g^i の逆元が g^{n-i} であることを注意しておこう．

例 2.19（置換群） X を集合とする．X 上の**置換**とは全単射

$$\pi \colon X \longrightarrow X$$

のことだった．X 上の**対称群**[8]とは，X 上の置換全体の集合と，群演算として置換の合成をとったものである．対称群を $\mathcal{S}_X$ と書くことにする．X が 1 から n までの整数のなす集合 $X = \{1, 2, \ldots, n\}$ という特別な場合には，$\mathcal{S}_n$ と書く．2.1 節で，$\mathcal{S}_4$ の位数が 24 であることと，$\sigma, \tau \in \mathcal{S}_4$ に対して $\sigma\tau \neq \tau\sigma$ であることから，アーベル群ではないことを見た．$\mathcal{S}_n$ の位数を求めることが演習問題 2.2 の内容である．

注意 2.20 $\mathcal{S}_X$ の単位元は恒等写像 $\pi_0(x) = x$ であり，$\pi \in \mathcal{S}_X$ の逆元は，π が全単射であることから存在がわかる，その逆写像 π^{-1} である．しかし，置換の合成が結合則を満たすのだろうか？ 2 つの置換 $\pi_1, \pi_2 \in \mathcal{S}_X$ の合成は次で**定義**される：

$$(\pi_1 \circ \pi_2)(x) = \pi_1(\pi_2(x)).$$

したがって，次のように形式的に計算する：

$$((\pi_1 \circ \pi_2) \circ \pi_3)(x) = (\pi_1 \circ \pi_2)(\pi_3(x)) = \pi_1(\pi_2(\pi_3(x))),$$
$$(\pi_1 \circ (\pi_2 \circ \pi_3))(x) = \pi_1((\pi_2 \circ \pi_3)(x)) = \pi_1(\pi_2(\pi_3(x))).$$

別の見方として，置換を，値をとって値を吐き出す関数と見ることもできる．すると，合成 $(\pi_1 \circ \pi_2) \circ \pi_3$ と $\pi_1 \circ (\pi_2 \circ \pi_3)$ は次のように図示できる．左側から入力があり，右側に出力する：

例 2.21（行列群） 2 行 2 列の行列の積が次で与えられることを思い出そう：

$$\begin{pmatrix} a_1 & b_1 \\ c_1 & d_1 \end{pmatrix} \begin{pmatrix} a_2 & b_2 \\ c_2 & d_2 \end{pmatrix} = \begin{pmatrix} a_1 a_2 + b_1 c_2 & a_1 b_2 + b_1 d_2 \\ c_1 a_2 + d_1 c_2 & c_1 b_2 + d_1 d_2 \end{pmatrix}. \tag{2.4}$$

2 行 2 列の行列の集合

---

[8] 訳注：原書の permutation group を置換群，symmetric group を対称群と訳した．

$$\mathrm{GL}_2(\mathbb{R}) = \left\{ \begin{pmatrix} a & b \\ c & d \end{pmatrix} : a, b, c, d \in \mathbb{R},\ ad - bc \neq 0 \right\}$$

は行列の積を群演算として群である．演習問題 2.15 を見よ．より一般に，2 行 2 列ではなく n 行 n 列の行列で $\det(A) \neq 0$ であるもの全体を考えることもできる．この群は $\mathrm{GL}_n(\mathbb{R})$ と書かれ，**一般線形群**と呼ばれる．この群の元は，$\mathbb{R}^n$ の可逆な線形変換である．実数全体の集合 $\mathbb{R}$ を，有理数全体の集合 $\mathbb{Q}$ や複素数全体の集合 $\mathbb{C}$ に置き換えることもできて，それぞれ $\mathrm{GL}_n(\mathbb{Q})$, $\mathrm{GL}_n(\mathbb{C})$ が得られる．

例 2.22（2 面体群） P を正 n 角形とする．P の頂点に 1, 2, ..., n と番号を振る．$n = 6$ の場合は図 7 のようになる．2.1 節で正方形の場合を扱ったのと同じく，P を持ち上げて回したり，裏返したりしてから，もとのところに置くことで P の頂点 $\{1, 2, \ldots, n\}$ を置換できる．n 角形のそのような置換の全体がなす群を，**n 次 2 面体群**と呼び $\mathcal{D}_n$ と書く．（動かさないことを自明な回転だと思うと）ちょうど n 個の回転がある．また，ちょうど n 個の裏返しがあるから，$\mathcal{D}_n$ は $2n$ 個の元を持つ．演習問題 2.12 を見よ．

例 2.23（4 元数群） 4 元数群 $\mathcal{Q}$ は，8 個の元からなる非可換群で，

$$\mathcal{Q} = \{\pm 1, \pm \boldsymbol{i}, \pm \boldsymbol{j}, \pm \boldsymbol{k}\}$$

である．プラスとマイナスはいつもの通りに働き，$(-1)^2 = 1$．1 は単位元で，-1 は他のどの元とも可換である．残りの元 $\boldsymbol{i}, \boldsymbol{j}, \boldsymbol{k}$ の間の乗法は，次の公式で与えられる：

$$\boldsymbol{i} \cdot \boldsymbol{i} = -1, \quad \boldsymbol{j} \cdot \boldsymbol{j} = -1, \quad \boldsymbol{k} \cdot \boldsymbol{k} = -1, \quad \boldsymbol{i} \cdot \boldsymbol{j} \cdot \boldsymbol{k} = -1.$$

この乗法から，たとえば $\boldsymbol{j} \cdot \boldsymbol{i} = -\boldsymbol{i} \cdot \boldsymbol{j}$ が証明できる．演習問題 2.17 を見よ．

2.4 群準同型写像

G, G' を群として，G から G' への関数 ϕ を考える：

$$\phi \colon G \longrightarrow G'.$$

そのような関数はたくさんあるが，G も G' も群なのだから，関数のうち，「群らしさ」を

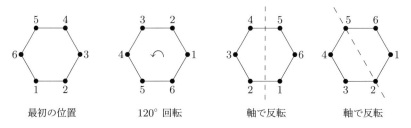

図 7 正 n 角形の回転と 2 つの裏返し．$n = 6$ の場合．

2.4 群準同型写像 **51**

尊重してくれるようなものを考えたい.

> **質問**：群を群たらしめるものは？
> **答え**：群は演算則と，単位元と逆元を持つ.

したがって，関数 $\phi: G \to G'$ について次の緒性質を要請する：

- $\phi(g_1 \cdot g_2) = \phi(g_1) \cdot \phi(g_2)$ がすべての $g_1, g_2 \in G$ について成り立つ.
- $\phi(e) = e'$，ただし e と e' はそれぞれ G と G' の単位元である.
- $\phi(g^{-1}) = \phi(g)^{-1}$ がすべての $g \in G$ について成り立つ.

重要な観察　公式のなかに2つの「ドット」があるが，この2つは同じドットではないことに気がついただろうか?!!

$$\phi(g_1 \cdot g_2) = \phi(g_1) \cdot \phi(g_2)$$

$$\uparrow \qquad\qquad \uparrow$$

$$\boxed{G \text{ の群演算}} \quad \boxed{G' \text{ の群演算}} \tag{2.5}$$

これは，$\phi(g_1 \cdot g_2)$ のドットは，G の群演算で g_1 と g_2 の積を計算していて，$\phi(g_1) \cdot \phi(g_2)$ のドットは，群 G' の群演算で $\phi(g_1)$ と $\phi(g_2)$ の積を計算しているからである．よって式 (2.5) が述べているのは，ϕ は，G と G' の群演算を巧妙に結び付けているということである．また，これだけから残りの2つの性質も導くことができることがわかり，次の基本的な定義に至る：

定義 2.24　G, G' を群とする．G から G' への**準同型写像**とは，次の性質を満たす関数である：

$$\text{任意の } g_1, g_2 \in G \text{ について} \quad \phi(g_1 \cdot g_2) = \phi(g_1) \cdot \phi(g_2).$$

我々が欲しい他の2つの性質を得るのに，これで十分であることを確認しよう.

命題 2.25　$\phi: G \to G'$ を群の準同型写像とする.

(a) $e \in G$ を G の単位元とする．$\phi(e)$ は G' の単位元である.

(b) $g \in G$ とする．$\phi(g^{-1})$ は $\phi(g)$ の G' における逆元である.

証明　(a) e が G の単位元であることから始めよう．つまり任意の $g \in G$ に対して $g \cdot e = g$ である．両辺に ϕ を施し，ϕ が準同型写像であることを使うと，

$$
\begin{aligned}
g \cdot e &= g & &e \text{ は } G \text{ の単位元だから,} \\
\phi(g \cdot e) &= \phi(g) & &\phi \text{ を両辺に施し,} \\
\phi(g) \cdot \phi(e) &= \phi(g) & &\phi \text{ は準同型写像だから,} \\
\phi(g) \cdot \phi(e) &= \phi(g) \cdot e' & &e' \text{ は } G' \text{ の単位元だから.}
\end{aligned}
$$

52 第 2 章 群——第 1 部

命題 2.10 により最後の方程式の両辺から $\phi(g)$ を消去できる．よって $\phi(e) = e'$ を得る．

(b) $\phi(g^{-1})$ が $\phi(g)$ の逆元としての性質を満たすことを示したい．次のように計算する：

$$\phi(g^{-1}) \cdot \phi(g) = \phi(g^{-1} \cdot g) \qquad \phi \text{ は準同型写像だから,}$$
$$= \phi(e) \qquad g^{-1} \text{ は } g \text{ の逆元だから,}$$
$$= e' \qquad \text{(a) で示したことから.}$$

$\phi(g) \cdot \phi(g^{-1}) = e'$ であることも同様に証明できる．これによって $\phi(g^{-1})$ が $\phi(g)$ の逆元であることがわかる． □

例 2.26 例 2.22 で 2 面体群 $\mathcal{D}_n$ を正 n 角形の回転と裏返しの集まりとして定義した．これは $2n$ 個の元を持ち，その半分が回転である．$\mathcal{D}_n$ から 2 個の元からなる群 $\{\pm 1\}$ への準同型写像を次のように決める（例 2.18）：

$$\phi: \mathcal{D}_n \longrightarrow \{\pm 1\}, \quad \phi(\sigma) = \begin{cases} 1 & \sigma \text{ が回転のとき,} \\ -1 & \sigma \text{ が裏返しのとき.} \end{cases}$$

ϕ が準同型写像であることを確認するには，次のことを確認すればよい：

$$\text{回転} \circ \text{回転} = \text{回転}, \qquad \text{回転} \circ \text{裏返し} = \text{裏返し},$$
$$\text{裏返し} \circ \text{回転} = \text{裏返し}, \qquad \text{裏返し} \circ \text{裏返し} = \text{回転}, \tag{2.6}$$

これは演習問題 2.22 とする．

例 2.27 整数 $n \geq m \geq 1$ に対して，単射準同型写像

$$\phi: \mathcal{S}_m \longrightarrow \mathcal{S}_n \quad \text{を次のようにする：} \quad \phi(\pi)(k) = \begin{cases} \pi(k) & 1 \leq k \leq m \text{ なら,} \\ k & m < k \leq n \text{ なら.} \end{cases}$$

言い換えると，もし π が $\{1, 2, \ldots, m\}$ の置換なら，π を $\{1, 2, \ldots, n\}$ の置換であって，1, 2, $\ldots$, m を置換し，$m + 1$, $m + 2$, $\ldots$, n を動かさないようなものと見なすということである．

例 2.28 非常に重要な群準同型写像は知っての通りである．つまり，（任意の底に対する）対数関数であり，これは次の準同型写像を与える：

$$\log: \{\alpha \in \mathbb{R}^*: \alpha > 0\} \longrightarrow \mathbb{R}^+.$$

（$\mathbb{R}^*$ や $\mathbb{R}^+$ といった記号については例 2.22 を見よ．）対数関数が準同型写像であるのは，乗法を加法に変換するからである[9]：

$$\log(ab) = \log(a) + \log(b).$$

---

[9] 対数は，ネイピア（Napier, 1550–1617）により発見された．昔むかし，計算が手で行われていたころ，天文学，工学や物理学では，人びとは数値計算のために対数表を使っていた．

2.4 群準同型写像 **53**

例 2.29 線形代数学で，行列式写像について次の重要な定理とその証明を学んだだろう．行列式写像も群準同型写像である：

$$\det\colon \mathrm{GL}_n(\mathbb{R}) \longrightarrow \mathbb{R}^*, \tag{2.7}$$

ただし，そういう用語ではなかったかもしれない．式 (2.7) が準同型写像であるという主張は次の主張である：

$$\det(AB) = \det(A) \cdot \det(B).$$

定義 2.30 2 つの群 G_1, G_2 が**同型**であるとは全単射な準同型写像

$$\phi\colon G_1 \longrightarrow G_2$$

が存在することをいう．写像 ϕ を G_1 から G_2 への**同型写像**という．同型な群は本質的には同一の群であるが，それらの元に異なる名前がついているのである[10]．

例 2.31 群 $\mathcal{C}_2$ と $\mathcal{S}_2$ は同型であり，$\mathcal{D}_3$ と $\mathcal{S}_3$ も同型である．p が素数なら，p 個の元からなる体は $\mathcal{C}_p$ と同型であることをこの章の後の方で示す（命題 2.51 を見よ）．対数写像（例 2.28）は正の実数のなす乗法群から，実数全体のなす加法群への同型写像である．

注意 2.32 同型な群は同一の構造的な性質を持つ．たとえば，G_1 と G_2 が同型なら，
  (1) 一方が有限なら他方も有限であり，$\#G_1 = \#G_2$ である．
  (2) 一方がアーベル群なら他方もアーベル群である．
  (3) G_1 が位数 n の元を持てば，G_2 も位数 n の元を持つ．
  (4) より一般に，G_1 が k 個の異なる位数 n の元を持てば，G_2 も k 個の異なる位数 n の元を持つ．
これら 4 つの主張を証明することが演習問題 2.23 である．

注意 2.33（群が同型で「ない」ことをどうやって示すか）　G_1 と G_2 が同型であることを示したいときは，群の同型写像 $G_1 \to G_2$ を書き下そうと試してみればよい．しかし，G_1 と G_2 が同型でないことを示したいときにはどうすればよいだろうか？　写像 $G_1 \to G_2$ のすべてを書き出して，それらのどれもが全単射な群準同型写像ではないのを示すことはしたくないだろう．答えは，注意 2.32 を逆に使うのである．G_1 と G_2 が同型でないことを示すのに，G_1 がある構造的な性質を持つのに，G_2 はそうではないということを示す．

　たとえば，$\#G_1 \neq \#G_2$ なら G_1 と G_2 は同型ではない．もし $\#G_1 = \#G_2$ だとしても，ある n で，G_1 は位数 n の元を k 個持つのに，G_2 は位数 n の元を k 個持っていないというものが見つかったとする．このとき G_1 と G_2 は同型ではない．具体例として，3 つの群 $\mathcal{C}_8$,

---

[10] あなたが研究しようとしている群は真実である．無辜の人を守るため，名前だけが変えられている．（訳注：この台詞は，1950 年代から 60 年代，80 年代，また 2000 年代に入ってからも制作されている刑事ドラマ『ドラグネット』（ラジオ，テレビシリーズの他，映画化もされている）の導入の台詞「あなたが見る物語は真実である．無辜の人を守るため，名前だけが変えられている」のもじりである．）

54   第 2 章　群——第 1 部

$\mathcal{D}_4$, $\mathcal{Q}$ を考える．これらはどれも位数 8 だが，演習問題 2.24 で確認するように，位数 2 の元，もしくは位数 4 の元の個数が異なっている．したがってこれらは同型ではない．

2.5　部分群，剰余類，ラグランジュの定理

複雑な数学的対象を調べる際に，必ず次の原則を心にとどめておいてほしい：

数学的な対象を調べる際の 3 ステップ
ステップ 1（脱構築）：対象を小さく簡単な部分に分割する
ステップ 2（解析）：小さく簡単な部分を解析する
ステップ 3（再構築）：部分を元通りに戻す

群 G に対して，「小さく簡単な部分」を作り出す自然な方法は，G の部分集合 H で，それ自身が群であるものをとることである．ここから次の定義に至る．

定義 2.34　G を群とする．G の**部分群** $H \subset G$ とは，G の群演算でそれ自身が群である部分集合である．具体的には，H は次の条件を満たす：

(i) $h_1, h_2 \in H$ に対して，その積 $h_1 \cdot h_2$ が H の元である．数学的には，H は G の群演算で閉じているという．

(ii) 単位元 e が H の元である．

(iii) 任意の $h \in H$ に対して，その逆元 h^{-1} が H の元である．

H は G と同じ群演算を用いることから，H の元は自動的に結合則を満たし，したがってそれを要請しなくてもよい．H が有限集合なら，H の**位数**といえばその元の個数のこととする．

注意 2.35　G の部分集合 H が部分群であることを示すためには，$H \neq \emptyset$ であることと，$h_1, h_2 \in H$ に対して，$h_1 h_2^{-1}$ が H の元であることを示せば十分である．演習問題 2.28 を見よ．

例 2.36　任意の群 G は少なくとも 2 つ部分群を持つ．すなわち，単位元のみからなる**自明な部分群** $\{e\}$ と群全体 G である．多くの群は他にも部分群を持つ．演習問題 2.38 を見よ．

例 2.37　G を群，$g \in G$ を位数 n の元とする．このとき，g で生成された G の**巡回部分群** $\langle g \rangle$ とは，集合

$$\langle g \rangle = \{e, g, g^2, g^3, \ldots, g^{n-1}\}$$

のことである．これは巡回群 $\mathcal{C}_n$ と同型である．

より一般に，位数が有限もしくは無限の $g \in G$ に対して，G の巡回部分群とは

$$\langle g \rangle = \{\ldots, g^{-3}, g^{-2}, g^{-1}, e, g, g^2, g^3, \ldots\}$$

である．g の位数が無限なら，$\langle g \rangle$ は $\mathbb{Z}$ と同型である．

例 2.38 $d \in \mathbb{Z}$ に対して，$\mathbb{Z}$ の部分群を d の倍数全体

$$d\mathbb{Z} = \{dn : n \in \mathbb{Z}\}$$

と定義できる．

例 2.39 2面体群 $\mathcal{D}_n$ の回転の全体は $\mathcal{D}_n$ の部分群である．

例 2.40 対称群 $\mathcal{S}_n$ の元で n を固定するものの全体は $\mathcal{S}_n$ の部分群をなす．この部分群の元は $1, 2, \ldots, n-1$ の置換だから，自然に $\mathcal{S}_{n-1}$ と同型になる．

群準同型写像には**核**と呼ばれる部分群が付随する．この部分群を用いて，準同型写像の単射性を検査する便利な判定法が得られる．

定義 2.41 $\phi\colon G_1 \to G_2$ を群準同型写像とする．ϕ の核とは，G の元で ϕ により G' の単位元に移されるもの全体のなす集合である：

$$\ker(\phi) = \{g \in G : \phi(g) = e'\}.$$

例 2.42 例 2.26 の準同型写像

$$\phi\colon \mathcal{D}_n \longrightarrow \{\pm 1\}$$

の核は

$$\ker(\phi) = \{\mathcal{D}_n \text{ の回転}\}$$

である．ここで恒等写像を（自明な）回転と見なしている．

例 2.43 例 2.29 の行列式準同型写像

$$\det\colon \mathrm{GL}_n(\mathbb{R}) \longrightarrow \mathbb{R}^*$$

の核は

$$\ker(\det) = \{A \in \mathrm{GL}_n(\mathbb{R}) : \det(A) = 1\}$$

である．$\mathrm{GL}_n(\mathbb{R})$ のこの部分群を $\mathrm{SL}_n(\mathbb{R})$ と書いて，**特殊線形群**と呼ぶ．

命題 2.44 $\phi\colon G \to G'$ を群準同型写像とする．
   (a) $\ker(\phi)$ は G の部分群である．
   (b) ϕ が単射である必要十分条件は $\ker(\phi) = \{e\}$.

証明 (a) 命題 2.25 (a) より $\phi(e) = e'$ であるから $e \in \ker(\phi)$. 次に $g_1, g_2 \in \ker(\phi)$ とする．準同型写像 ϕ の性質から，

$$\phi(g_1 \cdot g_2) = \phi(g_1) \cdot \phi(g_2) = e' \cdot e' = e', \quad \text{よって} \quad g_1 \cdot g_2 \in \ker(\phi).$$

56 第 2 章 群——第 1 部

最後に，$g \in \ker(\phi)$ に対して，命題 2.25 (b) より

$$\phi(g^{-1}) = \phi(g)^{-1} = e'^{-1} = e', \quad \text{よって} \quad g^{-1} \in \ker(\phi).$$

以上から $\ker(\phi)$ は G の部分群である．

(b) 命題 2.25 (a) より $e \in \ker(\phi)$．もし ϕ が単射なら，$g \in G$ で $\phi(g) = e'$ となる元は高々 1 個である．よって $\ker(\phi) = \{e\}$ がわかる．

逆に，$\ker(\phi) = \{e\}$ を仮定し，ϕ が単射であることを示すことを目標とする．$g_1, g_2 \in G$ が $\phi(g_1) = \phi(g_2)$ とすると，

$$\begin{aligned}
\phi(g_1 \cdot g_2^{-1}) &= \phi(g_1) \cdot \phi(g_2^{-1}) && \phi \text{ が準同型写像だから，} \\
&= \phi(g_1) \cdot \phi(g_2)^{-1} && \text{命題 2.25 (b) から，} \\
&= \phi(g_1) \cdot \phi(g_1)^{-1} && \phi(g_1) = \phi(g_2) \text{ だから，} \\
&= e' && \text{逆元の定義から．}
\end{aligned}$$

よって $g_1 \cdot g_2^{-1} \in \ker(\phi) = \{e\}$，つまり $g_1 = g_2$．ϕ は単射である． $\square$

H を G の部分群とする．H を使って G を，H の剰余類と呼ばれる部分に分割できる．これは次のように定義される：

定義 2.45 G を群，$H \subset G$ を部分群とする．各 $g \in G$ に対して，g の H による**左剰余類**を

$$gH = \{gh \colon h \in H\}$$

と定義する．言い換えると，gH は，H のすべての元に左から g を掛けて得られる元全体の集合である．しかし，G の異なる元が，同一の剰余類を与えうることが重要である．

例 2.46 正 3 角形に付随する 2 面体群

$$\mathcal{D}_3 = \{e, r_1, r_2, f_1, f_2, f_3\}$$

を考える．例 2.22 を見よ．図 8 にあるように，2 つの回転 r_1, r_2 と，3 つの裏返し（鏡映）f_1, f_2, f_3 がある．

部分群 $\{e, f_1\}$ の剰余類は

$$e\{e, f_1\} = \{e, f_1\}, \quad r_1\{e, f_1\} = \{r_1, f_2\}, \quad r_2\{e, f_1\} = \{r_2, f_3\},$$

$$f_1\{e, f_1\} = \{f_1, e\}, \quad f_2\{e, f_1\} = \{f_2, r_1\}, \quad f_3\{e, f_1\} = \{f_3, r_2\}$$

である．この中には重複があることに注意しよう．部分群 $\{e, f_1\}$ には 3 つの相異なる剰余類がある：

$$\{e, f_1\}, \quad \{r_1, f_2\}, \quad \{r_2, f_3\}.$$

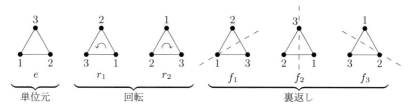

図 8 $\mathcal{D}_3$：正3角形の回転と裏返し．

同様に，部分群 $\{e, r_1, r_2\}$ に対しては次のようになる：

$$e\{e, r_1, r_2\} = \{e, r_1, r_2\}, \quad f_1\{e, r_1, r_2\} = \{f_1, f_3, f_2\},$$
$$r_1\{e, r_1, r_2\} = \{r_1, r_2, e\}, \quad f_2\{e, r_1, r_2\} = \{f_2, f_1, f_3\},$$
$$r_2\{e, r_1, r_2\} = \{r_2, e, r_1\}, \quad f_3\{e, r_1, r_2\} = \{f_3, f_2, f_1\}.$$

よって，部分群 $\{e, r_1, r_2\}$ には2つの相異なる剰余類がある．うち1つは部分群そのもので，もう1つはすべての裏返しからなる $\{f_1, f_2, f_3\}$ である．

剰余類のいくつかの性質を証明して，なぜそれが重要なのかを説明しよう．

命題 2.47 G を有限群，$H \subset G$ を G の部分群とする．
 (a) G の任意の元は H のある剰余類に含まれる．
 (b) H のどの剰余類も，同数の元からなる．
 (c) $g_1, g_2 \in G$ とする．剰余類 $g_1 H$ と $g_2 H$ は次のいずれか一方を満たす：

$$g_1 H = g_2 H \quad \text{または} \quad g_1 H \cap g_2 H = \emptyset.$$

集合論的な用語でいえば，H の剰余類は等しいか交わりがないかのいずれかである．

証明 (a) $g \in G$ とする．部分群 H は単位元 e を含むから，剰余類 gH は $g \cdot e = g$ を含む．
 (b) $g \in G$ とする．gH と H が同数の元を持つことを，写像

$$F \colon H \longrightarrow gH, \quad F(h) = gh$$

が全単射であると示すことにより示そう．

最初に F が単射であることを確認する．$h_1, h_2 \in H$ が $F(h_1) = F(h_2)$ とする．つまり $gh_1 = gh_2$ であるから，両辺に g^{-1} を左から掛けることで $h_1 = h_2$ を得る．よって F は単射である．

次に F が全射であることを確認する．gH の任意の元は $gh, h \in H$ の形であり，よって $F(h) = gh$ であるから，gH の任意の元は H の元の F による像である．よって F は全射である．

我々は $F \colon H \to gH$ が全単射であることを示したから，とくに H と gH は同数の元からなる．これが任意の $g \in G$ に対して成り立つのだから，H のすべての剰余類は同数の元を

58　第 2 章　群——第 1 部

持つことが示された.

(c) $g_1H \cap g_2H = \emptyset$ なら完了だから, 2 つの剰余類に交わりがあるとしよう. つまり, $h_1, h_2 \in H$ であって, $g_1h_1 = g_2h_2$ となるものがある. これを書き換えて $g_1 = g_2h_2h_1^{-1}$ である. $g \in g_1H$ を任意にとる. g が g_2H にも属することを示したい. $h \in H$ を, g が $g = g_1h$ となるようにとる. すると,

$$g = g_1h = g_2h_2h_1^{-1}h \in g_2H,$$

である. というのは, H が部分群という仮定から $h_2h_1^{-1}h \in H$ だからである. よって g_1H の任意の元は g_2H の元であることがわかり, 同様の議論で逆の包含関係も示される. あるいは, (b) の g_1H と g_2H が同数の元からなるという事実から, 一方が他方の部分集合なら, それらは一致しなくてはならない, ということもできる. $\square$

命題 2.47 で示した剰余類の諸性質を使って, 部分群の位数に関する基本的な可除性を導きたい.

定理 2.48（ラグランジュ (Lagrange) の定理）　G を有限群, H を G の部分群とする. このとき次が成り立つ:

$$\#G = \#H \cdot \# (G\ \text{での}\ H\ \text{の相異なる剰余類}),$$

よってとくに, H の位数は G の位数を割り切る.

証明　$g_1, \ldots, g_k \in G$ を $g_1H, \ldots, g_kH$ が H の相異なる剰余類すべてを尽くすようにとることから始めよう. 命題 2.47 (a) から, G のどの元も, H のある剰余類のどれかの元であり, よって合併の次の等式が成り立つ:

$$G = g_1H \cup g_2H \cup \cdots \cup g_kH. \tag{2.8}$$

一方, 命題 2.47 (c) により, 異なる剰余類は共通元を持たない, つまり, $i \neq j$ なら $g_iH \cap g_jH = \emptyset$. よって式 (2.8) は非交和であり, G の元の個数はそれぞれの剰余類の元の個数に等しい:

$$\#G = \#g_1H + \#g_2H + \cdots + \#g_kH. \tag{2.9}$$

さらに, 命題 2.47 (b) を使うと, どの剰余類も元の個数は同じであり, とくに $\#g_iH = \#eH = \#H$ である. 式 (2.9) から,

$$\#G = k\#H. \tag{2.10}$$

以上から, G の位数は H の位数の倍数であり, これでラグランジュの定理の証明が終わった. $\square$

定義 2.49　G を群, H をその部分群とする. H の G における**指数**とは, H の相異なる剰余類の個数のことと定義し, $(G : H)$ と書く. ラグランジュの定理の証明で, 指数 $(G :$

H) は k と書かれていた量である．したがって，証明の中の式 (2.10) は次のことを示していた：

$$\#G = (G:H)\#H. \tag{2.11}$$

系 2.50 G を有限群とし，$g \in G$ とする．このとき，g の位数は G の位数を割り切る．

証明 g が生成する部分群 $\langle g \rangle$ の位数は g の位数と等しく，定理 2.48 から $\langle g \rangle$ の位数は G の位数を割り切る． $\square$

ラグランジュの定理の応用を 1 つ与えよう．これは，有限群をその位数で分類しようとする努力という，いまもなお続いている長い数学の旅への門出である．

命題 2.51 p を素数とし，G を位数 p の有限群とする．このとき G は巡回群 $\mathcal{C}_p$ と同型である．

証明 $p \geq 2$ より，G は単位元以外の元も含んでいるから，$g \in G$ を単位元以外の元としてとる．ラグランジュの定理（定理 2.48）により，g が生成する部分群 $\langle g \rangle$ は G の位数を割り切る．しかし，$\#G = p$ が素数だから，$\#\langle g \rangle$ は 1 か p のいずれかで，$\langle g \rangle$ が e と g を含んでいることから 1 ではない．よって $\#\langle g \rangle = p = \#G$．つまりこの部分群は全体の群と同じ位数を持ち，$G = \langle g \rangle$．実際，次が成り立つ：

$$G = \{e, g, g^2, \ldots, g^{p-1}\},$$

群演算は $g^i \cdot g^j = g^{i+j \bmod p}$ である．よって G は $\mathcal{C}_p$ と同型である．これは例 2.18 で見たことである． $\square$

有限群論という広大な理論は，たくさんのうっとりするような，またしばしば予期しない結果であって，その主張を述べるのは容易だが証明は驚くほど精妙であるもので満ちている．群論をより学びたいという食欲を刺激するために，ここで 2 つの定理を述べよう．

定理 2.52 p を素数として，G を位数が p^2 である群としよう．このとき G はアーベル群である．

一方，位数が p^3 の非アーベル群が存在することが知られている．たとえば，2 面体群 $\mathcal{D}_4$（例 2.22）や 4 元数群 $\mathcal{Q}$（例 2.23）が位数 8 の非アーベル群である．定理 2.52 は 6.2 節で証明する．

次の結果はラグランジュの定理の部分的な逆として重要である．

定理 2.53（シローの定理） G を有限群とする．p を素数で，ある自然数 $n \geq 1$ について p^n が $\#G$ を割り切るとする．このとき，G は位数 p^n の部分群を持つ．

より一般に，d が G の位数の任意の約数として，G が位数 d の部分群を持つことを期待するかもしれない．まだ反例となる群を見ていないが，残念ながらこれは真ではない．定理

2.6 群の積

前の節で,複雑な対象を調べる際の3ステップについて議論した.最後のステップは再構築,すなわち,部分を元通りに戻すことだった.この節では,2つの小さな群を使ってより大きな群を構築する1つの方法を述べる.より手の込んだ方法については12.6節を見よ.

定義 2.54 G_1 と G_2 を群とする.G_1 と G_2 の**積**とは,その元が順序対からなり,群演算は各成分ごとに個別に行うことで定義される群である:

$$G_1 \times G_2 = \{(a,b) : a \in G_1 \text{ かつ } g_2 \in G_2\}.$$

言い換えると,$G_1 \times G_2$ の2つの元の積は,次の式で**定義される**ものである:

$G_1 \times G_2$ の単位元は (e_1, e_2) で,$(a,b) \in G_1 \times G_2$ の逆元は次のようになる:

$$(a,b)^{-1} = (a^{-1}, b^{-1}).$$

より一般には,群のリスト $G_1, \ldots, G_n$ を持ってきて,その積

$$G_1 \times \cdots \times G_n$$

の元に,成分ごとの群演算を施すことで直積群を構成できる.

例 2.55 零でない整数 m, n に対して,準同型写像

$$\begin{aligned}
\mathbb{Z}/mn\mathbb{Z} &\longrightarrow (\mathbb{Z}/m\mathbb{Z}) \times (\mathbb{Z}/n\mathbb{Z}), \\
a \bmod mn &\longmapsto (a \bmod m, a \bmod n),
\end{aligned} \tag{2.12}$$

が存在する.$\gcd(m,n) = 1$ ならば,この写像は同型写像である.これを見るために,$a \bmod mn$ が核に属するとしよう.そこで,

$$a \equiv 0 \pmod{m} \quad \text{かつ} \quad a \equiv 0 \pmod{n}$$

とする.つまり,a は m でも n でも割り切れるから,$\gcd(m,n) = 1$ の仮定より,a は mn で割り切れる.よって $a \equiv 0 \pmod{mn}$ であり,式 (2.12) の準同型写像の核が $\{0\}$ であることがわかった.したがって,命題 2.44 (b) から,式 (2.12) の準同型写像が単射であることが示された.$\mathbb{Z}/mn\mathbb{Z}$ と $\mathbb{Z}/m\mathbb{Z} \times \mathbb{Z}/n\mathbb{Z}$ は同じ個数の元を持つ有限集合であるから,式 (2.12) は全射でもある.よって,これは同型写像である.この例についてのさらなる詳細については,定理 7.22,注意 7.24 を見よ.

例 2.55 の 1 つの言い換えは，$\gcd(m, n) = 1$ なら大きな群 $\mathbb{Z}/mn\mathbb{Z}$ がより小さな 2 つの群 $\mathbb{Z}/m\mathbb{Z}$ と $\mathbb{Z}/n\mathbb{Z}$ の積に分解できる，というものである．この例を繰り返し用いれば，任意の有限巡回群は素数冪位数の巡回群の積と同型であることがわかる．演習問題 2.43 を見よ．その一般化は次のように主張を任意の有限アーベル群にまで拡張するものである．証明は第 11 章まで先延ばしする．

定理 2.56（有限アーベル群の構造定理）　G を有限アーベル群とする．整数 $m_1, \ldots, m_r$ が存在して，次が成り立つ：

$$G \cong (\mathbb{Z}/m_1\mathbb{Z}) \times (\mathbb{Z}/m_2\mathbb{Z}) \times \cdots \times (\mathbb{Z}/m_r\mathbb{Z})$$

さらに，$m_1, \ldots, m_r$ を素数冪にとることができる．

証明　11.9.1 節を見よ．　□

例 2.57　群の積には，2 つの自然な**射影準同型写像**が伴う：

$$p_1 \colon G_1 \times G_2 \longrightarrow G_1, \qquad p_2 \colon G_1 \times G_2 \longrightarrow G_2,$$
$$(a, b) \longmapsto a, \qquad\qquad (a, b) \longmapsto b.$$

また，2 つの自然な**埋め込み準同型写像**も伴う：

$$\iota_1 \colon G_1 \longrightarrow G_1 \times G_2, \qquad \iota_2 \colon G_2 \longrightarrow G_1 \times G_2,$$
$$a \longmapsto (a, e_2), \qquad\qquad b \longmapsto (e_1, b).$$

埋め込み写像は単射だが，射影は核を持つ：

$$\ker(p_1) = \{e_1\} \times G_2 \quad \text{および} \quad \ker(p_2) = G_1 \times \{e_2\}.$$

演習問題

2.1 節　群への導入

2.1　次の集合を考える：

$$\{\triangle, \square, \bigcirc\}.$$

この集合の置換 σ_1, σ_2 を

$$\sigma_1(\triangle) = \bigcirc, \quad \sigma_1(\square) = \square, \quad \sigma_1(\bigcirc) = \triangle,$$
$$\sigma_2(\triangle) = \square, \quad \sigma_2(\square) = \triangle, \quad \sigma_2(\bigcirc) = \bigcirc$$

と定める．

(a) 例 2.4 のように，σ_1, σ_2 を矢印を使った図で表せ．
(b) 例 2.4 のように，「最初に σ_1，次に σ_2」を矢印を使った図で表せ．
(c) 例 2.4 のように，「最初に σ_2，次に σ_1」を矢印を使った図で表せ．
(d) (b) と (c) で描いた図を $\sigma_2 \circ \sigma_1$ と $\sigma_1 \circ \sigma_2$ の図を描くのに使え．これらは等しいか？

62 第 2 章 群——第 1 部

2.2 n を正の整数，例 2.19 のように，$\mathcal{S}_n$ を集合 $\{1, 2, \ldots, n\}$ 上の置換の群とする．$\mathcal{S}_n$ が有限群であることを示し，$\mathcal{S}_n$ の位数を与える公式を与えよ．

2.3 (a) S を有限集合，$\phi: S \to S$ を関数とする．次が同値であることを示せ：

$$\text{(i) } \phi \text{ は単射.} \qquad \text{(ii) } \phi \text{ は全射.} \qquad \text{(iii) } \phi \text{ は全単射.}$$

(b) 無限集合 S と関数 $\phi: S \to S$ で，ϕ は単射だが全射ではない例を挙げよ．
(c) 無限集合 S と関数 $\phi: S \to S$ で，ϕ は全射だが単射ではない例を挙げよ．
（この演習問題は演習問題 1.16 と演習問題 1.17 の繰り返しに近いが，非常に重要なので，まだやっていなければここですぐにやってほしい．）

2.4 63 ページの図 9 は，正方形の回転や鏡映を図示したものである．示された操作に応じて，空欄に頂点のラベルを正しく記入せよ．

2.2 節 抽象群

2.5 G を群とする．この問題では，命題 2.9 の残りの部分を証明する．議論の各ステップを，群の公理もしくはすでに証明した事実により正当化するよう心がけよ．
(a) G はただ 1 つの単位元を持つ．
(b) $g, h \in G$ とする．このとき $(g \cdot h)^{-1} = h^{-1} \cdot g^{-1}$．
(c) $g \in G$ とする．このとき $(g^{-1})^{-1} = g$．

2.6 G を群，g, h を G の元として，g の位数は n で，h の位数は m とする．
(a) G がアーベル群で，$\gcd(m, n) = 1$ なら gh の位数が mn であることを示せ．
(b) $\gcd(m, n) > 1$ なら (a) が必ずしも成り立つとは限らない例を挙げよ．
(c) G がアーベル群でなければ，$\gcd(m, n) = 1$ であっても (a) が必ずしも成り立たないとは限らない例を挙げよ．
(d) G がアーベル群だと仮定して，$\ell = mn/\gcd(m, n)$ とする[11]．G は位数 ℓ の元を持つことを示せ．（ヒント：元 gh は位数 ℓ を持つとは限らないので，g の冪乗と h の冪乗の積をとる必要がある．）

2.7 定義 2.6 によれば，群とは 3 つの公理を満たす群演算を備えた集合のことである．とくに，G には，どちら側から掛けてもよい単位元 $e \in G$ と，任意の $g \in G$ に対して，どちら側から掛けてもよい逆元が存在するのだった．ここで，要求を弱めて，単位元や逆元の存在を一方だけからのものだけ要請するとしよう．言い換えると，G を，次の弱めた公理を満たす群演算を備えた集合とする：
(a) （**右単位元の公理**）$e \in G$ で $g \cdot e = g$ が任意の $g \in G$ に対して成り立つ．
(b) （**右逆元の公理**）すべての $g \in G$ に対して，$h \in G$ が存在して $g \cdot h = e$．
(c) （**結合則**）$g_1 \cdot (g_2 \cdot g_3) = (g_1 \cdot g_2) \cdot g_3$ がすべての $g_1, g_2, g_3 \in G$ について成り立つ．
G が群であることを証明せよ．（ヒント：g の右逆元が左逆元でもあることを初めに示せ．その後，右単位元が左単位元であることを示す．）

2.8 他の代数系で，群と似たものがある．集合 S で，演算

$$S \times S \longrightarrow S, \quad (s_1, s_2) \longmapsto s_1 \cdot s_2$$

であって，群よりも少ない，もしくは異なる公理を満たすものである．この演習問題では，そういったもののうちの 2 つを見よう．
- 演算を備えた集合 S で，単位元 $e \in S$ を持ち，結合則を満たすが，逆元を持つことは要請され

---

[11] 整数 ℓ は m と n の**最小公倍数**と呼ばれ，しばしば $\mathrm{LCM}(m, n)$ と表記される．

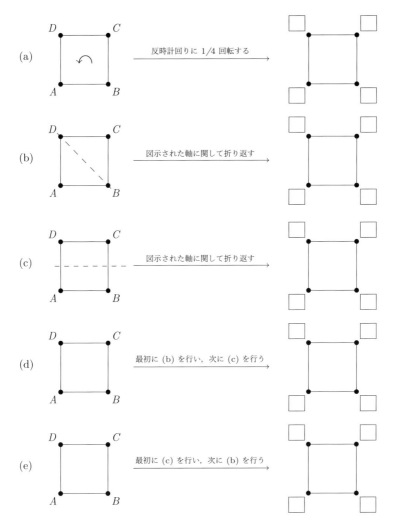

図 9 演習問題 2.4 のための正方形の運動の図.

ないものを**モノイド**という．（演習問題 2.19 でモノイドの例を扱う．）
- 演算を備えた集合 S で，演算が結合的だが，単位元や逆元を持つことは要請されないもの（単位元なしでは逆元の定義が意味をなさない）を**半群**という．

以下の集合 S とその演算 $\cdot$ のそれぞれについて，$(S, \cdot)$ が群，モノイド，半群のいずれであるかを決めよ：
(a) 自然数の集合 $\mathbb{N} = \{1, 2, 3, \ldots\}$ と演算として加法をとったもの．
(b) 拡張された自然数の集合 $\mathbb{N}_0 = \{0, 1, 2, 3, \ldots\}$ と演算として加法をとったもの．
(c) 整数の集合 $\mathbb{Z} = \{\ldots, -3, -2, -1, 0, 1, 2, 3, \ldots\}$ と演算として加法をとったもの．
(d) 自然数の集合 $\mathbb{N}$ と演算として乗法をとったもの．

(e) 拡張された自然数の集合 $\mathbb{N}_0$ と演算として乗法をとったもの.
(f) 整数の集合 $\mathbb{Z}$ と演算として積をとったもの.
(g) 整数の集合 $\mathbb{Z}$ と演算として $m \cdot n = \max\{m, n\}$ をとったもの.
(h) 整数の集合 $\mathbb{N}$ と演算として $m \cdot n = \max\{m, n\}$ をとったもの.
(i) 整数の集合 $\mathbb{N}$ と演算として $m \cdot n = \min\{m, n\}$ をとったもの.
(j) 整数の集合 $\mathbb{N}$ と演算として $m \cdot n = mn^2$ をとったもの.

2.9 他にも,数学者が調べている未開の素晴らしい代数構造,**マグマ**や**ムーファン** (Moufang) **ループ**,**カンドル**,**マトロイド**といったものがある.興味本位でもこういった風変わりな生き物の定義を調べ,群の定義と見比べてみてほしい.(注意:この演習問題には正解も誤答もない,というより,どのような解答もありうる! むしろ,これは探検への勧誘である.)

2.3 節 群のおもしろい例

2.10 G を有限巡回群で位数が n とし,g を G の生成元とする.g^k が G の生成元であることと $\gcd(k, n) = 1$ が同値であることを示せ.

2.11 図 10 は正 6 角形の最初の配置と,可能な 3 つの配置を表している.つまり,2 面体群 $\mathcal{D}_6$ の元 e, r_1, f_1, f_2 で,e は単位元,r_1 は回転,f_1, f_2 は図にある直線に関する鏡映を図示したものでもある.図 10 の鏡映は図 7 のそれと同じだが,回転は違うことを注意しておこう.
  (a) 残りの 8 個の回転や鏡映を書き下し,名前をつけよ.それらの 12 個の図は,$\mathcal{D}_6$ の 12 個の元を表している.
  (b) r_1, f_1, f_2 のそれぞれについて,その冪乗が恒等変換 e と等しくなる最小の冪乗はいくつか?
  (c) 積 $r_1 f_1, f_1 r_1, r_1 f_2$ と $f_2 r_1$ に対応する配置を描け.r_1 は f_1 や f_2 と可換か?
  (d) $f_1 f_2$ ならびに $f_2 f_1$ に対応する正 6 角形の配置を描け.これらが r_1 の冪と等しいことを示せ.つまり,これら鏡映の積は回転を与える.
  (e) すべての回転は r_1 のある冪乗と等しいことを示せ.
  (f) すべての鏡映は,f_1 と,r_1 のある冪乗との積と等しいことを示せ.
  (g) (e) と (f) を用いて,全体の群 $\mathcal{D}_6$ は次の 12 個の元からなる集合と等しいことを示せ:
  $$\{f_1^i r_1^j : 0 \leq i \leq 1 \text{ かつ } 0 \leq j \leq 5\}.$$
  (h) $r_1 f_1$ を $f_1^i r_1^j$ の形で表せ.
  (i) より一般に,$(f_1^k r_1^\ell)(f_1^m r_1^n)$ を $f_1^i r_1^j$ の形に表す公式をできれば複数,与えよ.

2.12 2 面体群 $\mathcal{D}_n$ の元の個数は,例 2.22 で述べたように,$2n$ であることを示せ.

2.13 (a) $\mathbb{Q}^*$ を零でない有理数全体の集合とし,演算として積をとる.$\mathbb{Q}^*$ が群であることを示せ.

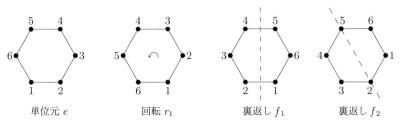

図 10 正 6 角形の回転と裏返し.

(b) p を素数とする．$\mathbb{Z}/p\mathbb{Z}$ の零でない元全体の集合は，演算として積をとると群であることを示せ．

(c) $m \geq 4$ を整数として，素数ではないとする．このとき，$\mathbb{Z}/m\mathbb{Z}$ の零でない元全体の集合は，積に関して群ではないことを示せ．（最初に $m = 4$ のとき，$m = 6$ のときを試し，何が起きているのかを見よ）．

(d) $m \geq 2$ を整数として，

$$(\mathbb{Z}/m\mathbb{Z})^* = \{a \in \mathbb{Z}/m\mathbb{Z} \colon \gcd(a, m) = 1\}$$

とする．$(\mathbb{Z}/m\mathbb{Z})^*$ が積に関して群であることを示せ．

2.14 $\mathbb{C}$ を複素数全体の集合，すなわち，$x, y \in \mathbb{R}$, $i^2 = -1$ なる i に対して $x + yi$ という数全体の集合とする．

(a) $\mathbb{C}$ を加法に関して群と見なしたい．単位元は何か？　$z \in \mathbb{C}$ の逆元は何か？

(b) $\mathbb{C}^*$ を零でない複素数全体の集合とする．$\mathbb{C}^*$ を乗法に関して群と見なしたい．単位元は何か？　$z \in \mathbb{C}^*$ の逆元は何か？　答えが実数に実数倍の i を加えたもの，という形をしているか確認せよ．

2.15 (a)

$$\mathrm{GL}_2(\mathbb{R}) = \left\{ \begin{pmatrix} a & b \\ c & d \end{pmatrix} : a, b, c, d \in \mathbb{R}, \ ad - bc \neq 0 \right\}$$

を 2 行 2 列の行列のうち，示した条件を満たすもの全体の集合とする．演算として，例 2.21 で説明した行列の積をとる．このとき $\mathrm{GL}_2(\mathbb{R})$ が群であることを示せ．

(b) $\mathrm{SL}_2(\mathbb{R})$ を次の 2 行 2 列の行列の集合とする：

$$\mathrm{SL}_2(\mathbb{R}) = \left\{ \begin{pmatrix} a & b \\ c & d \end{pmatrix} : a, b, c, d \in \mathbb{R}, \ ad - bc = 1 \right\}.$$

$\mathrm{SL}_2(\mathbb{R})$ が行列の積を演算として群であることを示せ．

(c) ここでは n 次元の線形代数を使う．$n \geq 1$ を固定する．次の n 行 n 列行列の全体が行列の積を演算として群であることを示すことで，(a), (b) を拡張せよ：

$$\mathrm{GL}_n(\mathbb{R}) = \{n \text{ 行 } n \text{ 列の行列 } A \text{ で，} \det(A) \neq 0\},$$
$$\mathrm{SL}_n(\mathbb{R}) = \{n \text{ 行 } n \text{ 列の行列 } A \text{ で，} \det(A) = 1\}.$$

$\mathrm{GL}_n(\mathbb{R})$ を**一般線形群**，$\mathrm{SL}_n(\mathbb{R})$ を**特殊線形群**とそれぞれ呼ぶ．

2.16 $\mathrm{GL}_2(\mathbb{R})$ を例 2.21 と演習問題 2.15 (a) の一般線形群とする．$\mathrm{GL}_2(\mathbb{R})$ の以下に挙げる部分集合が群になることを証明，もしくは反証せよ．群にならない場合，群の条件のどれが成り立たないのか指摘すること．

(a) $\left\{ \begin{pmatrix} a & b \\ c & d \end{pmatrix} \in \mathrm{GL}_2(\mathbb{R}) \colon ad - bc = 2 \right\}$.

(b) $\left\{ \begin{pmatrix} a & b \\ c & d \end{pmatrix} \in \mathrm{GL}_2(\mathbb{R}) \colon ad - bc \in \{-1, 1\} \right\}$.

(c) $\left\{ \begin{pmatrix} a & b \\ c & d \end{pmatrix} \in \mathrm{GL}_2(\mathbb{R}) \colon c = 0 \right\}$.

(d) $\left\{ \begin{pmatrix} a & b \\ c & d \end{pmatrix} \in \mathrm{GL}_2(\mathbb{R}) \colon d = 0 \right\}$.

66　第 2 章　群——第 1 部

(e) $\left\{ \begin{pmatrix} a & b \\ c & d \end{pmatrix} \in \mathrm{GL}_2(\mathbb{R}) : a = d = 1 \text{ かつ } c = 0 \right\}.$

2.17　$\mathcal{Q} = \{\pm 1, \pm i, \pm j, \pm k\}$ を例 2.23 で見た 4 元数群とする. そこでは, $\mathcal{Q}$ の群演算が次の公式で特徴づけられると主張した:

$$i \cdot i = -1, \quad j \cdot j = -1, \quad k \cdot k = -1, \quad i \cdot j \cdot k = -1.$$

これらの公式を使って, 次の公式を示せ. これにより $\mathcal{Q}$ の群演算は完全に決まる:

$$i \cdot j = k, \quad j \cdot k = i, \quad k \cdot i = j,$$
$$j \cdot i = -k, \quad k \cdot j = -i, \quad i \cdot k = -j.$$

2.18　足し算, 引き算, 掛け算ができる代数系があれば, その元を成分とする行列の群を考えることができる. たとえば, $m \geq 2$ を任意の整数として, 次のように定義する:

$$\mathrm{SL}_2(\mathbb{Z}/m\mathbb{Z}) = \left\{ \begin{pmatrix} a & b \\ c & d \end{pmatrix} : a, b, c, d \in \mathbb{Z}/m\mathbb{Z}, \ ad - bc \equiv 1 \ (\mathrm{mod} \ m) \right\}.$$

行列の積 (2.4) について $\mathrm{SL}_2(\mathbb{Z}/m\mathbb{Z})$ が非可換群になることを示せ.

2.19　X を集合とする. 例 2.19 で, 置換（全単射）$\pi \colon X \to X$ 全体の集合は, 関数の合成を群演算として, X の対称群 $\mathcal{S}_X$ をなすことを見た. さて, 集合

$$\mathcal{E}_X = \{\text{関数 } \phi \colon X \longrightarrow X\}$$

を考える. ϕ には全単射であることを要求しない. 関数の合成によって $\mathcal{E}_X$ にも演算を定義できる.
(a) $\mathcal{E}_X$ はモノイドであることを示せ（モノイドの定義は演習問題 2.8 を見よ）.
(b) X が n 個の元からなる有限集合なら, $\mathcal{E}_X$ は有限モノイドであることを示し, その元の個数を求めよ.
(c) $\#X \geq 3$ なら, $\mathcal{E}_X$ は可換ではない, つまり, $\phi, \psi \in \mathcal{E}_X$ で $\phi \circ \psi \neq \psi \circ \phi$ となるものが存在することを示せ.

2.4 節　群準同型写像

2.20　2 つの群 G_1, G_2 が**同型**であるとは, 全単射な準同型写像

$$\phi \colon G_1 \longrightarrow G_2$$

が存在することをいうのだった. ϕ が全単射であることは, 逆写像 $\phi^{-1} \colon G_2 \to G_1$ が存在することを意味する. ϕ^{-1} が G_2 から G_1 への群準同型写像であることを示せ.

2.21　G を群とし,

$$\phi \colon G \longrightarrow G, \quad \phi(g) = g^{-1}$$

という関数を考える.
(a) $\phi(\phi(g)) = g$ が任意の $g \in G$ に対して成り立つことを示せ.
(b) ϕ が全単射であることを示せ.
(c) ϕ が群準同型写像であるのは, G がアーベル群であるときで, そのときに限ることを示せ.

2.22　例 2.26 の $\mathcal{D}_n \to \{\pm 1\}$ が準同型写像であることの証明を, 回転と鏡映の合成が式 (2.6) を満たすことを確認して完了せよ.

演習問題　**67**

2.23　G_1 と G_2 を群，$\phi: G_1 \to G_2$ を同型写像とする.

(a) G_1 が有限ならば G_2 も有限であること，そして $\#G_1 = \#G_2$ を示せ.

(b) G_1 がアーベル群とする. G_2 もアーベル群であることを示せ.

(c) $a \in G_1$ が位数 n であるとする. $\phi(a) \in G_2$ も位数 n であることを示せ.

(d) G_1 が位数 n の相異なる元を k 個持つとする. G_2 にも位数 n の相異なる元が k 個あることを示せ.

2.24　この演習問題では，C_n を位数 n の巡回群，D_n を n 次の 2 面体群，S_n を n 次の対称群とする（ヒント：ある群同士が同型でないことを示すのに，演習問題 2.23 が役立つだろう）:

(a) C_2 と S_2 が同型であることを示せ.

(b) D_3 と S_3 が同型であることを示せ.

(c) $m \geq 3$ とする. 任意の n に対して，C_m と S_n が同型でないことを示せ.

(d) 任意の $n \geq 4$ について，群 D_n と S_n が同型でないことを示せ.

(e) より一般に，$m \geq 4$ と $n \geq 4$ に対して，D_m と S_n が同型でないことを示せ.

(f) 巡回群 C_8 と 2 面体群 D_4（例 2.22）と 4 元数群 Q（例 2.23）は位数 8 の非アーベル群である. これらが同型でないことを示せ.（ヒント：C_8, D_4, Q のそれぞれに，位数 2, 位数 4 の元が何個あるか？）

2.25　$\mathrm{SL}_2(\mathbb{Z}/2\mathbb{Z})$ を演習問題 2.18 で定義した群とする.

(a) $\# \mathrm{SL}_2(\mathbb{Z}/2\mathbb{Z}) = 6$ を示せ.

(b) $\mathrm{SL}_2(\mathbb{Z}/2\mathbb{Z})$ が対称群 S_3 と同型であることを示せ.（ヒント：$\mathrm{SL}_2(\mathbb{Z}/2\mathbb{Z})$ の元である行列は，集合 $\{(1,0),(0,1),(1,1)\}$ のベクトルを置換することを示せ. ただしベクトルの成分は法 2 で考える.）

2.5 節　部分群，剰余類，ラグランジュの定理

2.26　G を群，$g \in G$ を位数 n の元，$k \geq 1$ とする.

(a) g^k の位数が $n/\gcd(n,k)$ であることを示せ.

(b) (a) を用いて，演習問題 2.10，つまり，$G = \langle g \rangle$ が位数 n の巡回群なら，g^k が G を生成するのは $\gcd(n,k) = 1$ であることの手短な証明を与えよ.

2.27　G を位数が n の巡回群，$d \geq 1$ を整数とする.

(a) G の部分群は巡回群であることを示せ.

(b) d が n を割り切るならば，G は位数 d の部分群をただ 1 つ持つことを示せ.（ヒント：演習問題 2.26 が使える.）

(c) d が n を割り切らないならば，G は位数 d の部分群を持たないことを示せ.

2.28　G を群，$H \subset G$ を G の部分集合とする. H が部分群である必要十分条件は次の 2 性質を満たすことであると示せ：

(1) $H \neq \emptyset$.

(2) 任意の $h_1, h_2 \in H$ に対して，積 $h_1 \cdot h_2^{-1}$ が H の元である.

2.29　G を群，$H \subset G$ を G の空でない部分集合とする. H が部分群である必要十分条件は次の性質を満たすことであると示せ：

$$\text{任意の } a \in H \text{ に対して } H = \{ah : h \in H\}.$$

2.30　この演習問題では，例 2.37 で説明した，1 つの元で生成される巡回部分群の概念を拡張する. G を群，$S \subseteq G$ を G の部分集合とする. **S で生成された G の部分群**とは，G の部分群で S を含む

ものすべての共通部分であり，$\langle S \rangle$ と表記される：

$$\langle S \rangle = \bigcap_{\substack{S \subseteq H \subset G \\ H \text{ は } G \text{ の部分群}}} H.$$

(a) $\langle S \rangle$ は空集合ではないことを示せ．

(b) $\langle S \rangle$ は G の部分群であることを示せ．

(c) $K \subseteq G$ が G の部分群であり，$S \subseteq K$ とする．このとき，$\langle S \rangle \subset K$ を示せ．よって，$\langle S \rangle$ はしばしば，S を含む G の部分群のうち最小のものとも記述される．

(d) T を S の元の逆元全体の集合とする．つまり，

$$T = \{g^{-1} \colon g \in S\}.$$

$\langle S \rangle$ は次の積の集合と等しいことを示せ：

$$\langle S \rangle = \{g_1 g_2 \cdots g_n \colon n \geq 0 \text{ かつ } g_1, \ldots, g_n \in S \cup T\}.$$

もし $G = \langle S \rangle$ なら，S は G を生成する，もしくは，S は G の生成系であるという．

2.31 G を（有限）群，$m \geq 1$ を整数として，

$$G[m] = \{g \in G \colon g^m = e\}$$

を，G の元で，位数が m を割り切るもの全体の集合とする．

(a) G がアーベル群なら，$G[m]$ は G の部分群であることを示せ．

(b) 非アーベル群 G と整数 $m \geq 1$ で，$G[m]$ が G の部分群ではない例を挙げよ．

2.32 2面体群

$$\mathcal{D}_4 = \{e, \overbrace{\rho_1, \rho_2, \rho_3}^{\text{回転}}, \overbrace{\phi_1, \phi_2, \phi_3, \phi_4}^{\text{鏡映}}\},$$

を考える（例 2.5, 2.22）．また $\mathcal{Q} = \{\pm 1, \pm \boldsymbol{i}, \pm \boldsymbol{j}, \pm \boldsymbol{k}\}$ を 4 元数群（例 2.23）とする．次の群とその部分群それぞれについて，例 2.46 でそうしたように，剰余類を明示的に書き下せ．

(a) $G = \mathcal{D}_4$ と $H = \{e, \phi_1\}$.

(b) $G = \mathcal{D}_4$ と $H = \{e, \rho_1, \rho_2, \rho_3\}$.

(c) $G = \mathcal{D}_4$ と $H = \{e, \rho_2\}$, ρ_2 は $180°$ 回転．

(d) $G = \mathcal{Q}$ と $H = \{\pm 1\}$.

(e) $G = \mathcal{Q}$ と $H = \{\pm 1, \pm \boldsymbol{i}\}$.

2.33 G を群，$A \subseteq G, B \subseteq G$ を G の部分群，ϕ を写像

$$\phi \colon A \times B \longrightarrow G, \quad \phi(a, b) = ab$$

とする．

(a) $A \cap B = \{e\}$ と，ϕ が集合の間の写像として単射であることが同値であると示せ．

(b) $A \times B$ を次の演算により群にできる：

$$(a_1, b_1) \cdot (a_2, b_2) = (a_1 \cdot a_2, b_1 \cdot b_2).$$

（群の直積については 2.6 節を見よ）．ϕ が群の準同型写像であることと，A のすべて元が B のすべての元と可換であることが同値であると示せ．

2.34 G を有限群，$A \subseteq G, B \subseteq G$ を G の部分群で，$\gcd(\#A, \#B) = 1$ を満たすものとする．この

とき $A \cap B = \{e\}$ を示せ.

2.35 G を群とする. **G の中心**とは, G の元であって, 他のすべての元と可換であるもの全体の集合であり, これを $Z(G)$ と書く:

$$Z(G) = \{g \in G: \text{すべての } h \in G \text{ に対して } gh = hg\}.$$

(a) $Z(G)$ が G の部分群であることを示せ.
(b) $Z(G)$ が G と等しいのはいつか.
(c) 対称群 $\mathcal{S}_n$ の中心を計算せよ.
(d) 2 面体群 $\mathcal{D}_n$ の中心を計算せよ.
(e) 4 元数群 $\mathcal{Q}$ の中心を計算せよ.

(ヒント:一般の場合の (c) と (d) にどう手をつければよいのかわからないなら, まず $n = 3$ と $n = 4$ の場合を試してみよ.)

2.36 G を群, $g \in G$ とする. g の**中心化群** $Z_G(g)$ とは, G の元であって g と可換なものの集合とする. つまり,

$$Z_G(g) = \{g' \in G: gg' = g'g\}.$$

(a) $Z_G(g)$ が G の部分群であることを示せ.
(b) 次の群とその元について, $Z_G(g)$ を計算せよ.
  (i) $G = \mathcal{D}_4$, g は 90° 回転.
  (ii) $G = \mathcal{D}_4$, f は正方形の 2 頂点を固定する鏡映.
  (iii) $G = \mathrm{GL}_2(\mathbb{R})$, $g = \begin{pmatrix} a & 0 \\ 0 & d \end{pmatrix}$.
(c) $Z_G(g) = G$ と $g \in Z(G)$ が同値であることを示せ. ただし $Z(G)$ は G の中心で, 演習問題 2.35 で定義されたものとする.
(d) より一般に, $S \subseteq G$ が G の任意の部分集合のとき, S の**中心化群**を

$$Z_G(S) = \{g \in G: \text{任意の } s \in S \text{ に対して } sg = gs\}$$

と定義する. $Z_G(S)$ が G の部分群であることを示せ.

2.37 この演習問題では, G の 2 つの元が H による同じ剰余類を定めるのはいつかを考える. G を群, H を G の部分群とする. $g_1, g_2 \in G$ として, 次の 3 つの主張が同値であることを証明せよ.
(1) $g_1 H = g_2 H$.
(2) $h \in H$ であって $g_1 = g_2 h$ となるものが存在する.
(3) $g_2^{-1} g_1 \in H$.

2.38 G を有限群で, その部分群が $\{e\}$ と G のみであるものを考える. $G = \{e\}$ または G は素数位数の巡回群であることを示せ.

2.39 G を群, $K \subseteq H \subseteq G$ を部分群とする. K を G の部分群とも, また H の部分群とも見ることができる. 部分群の指数を, 相異なる剰余類の個数であることを思い出しておく(定義 2.49).
(a) G が有限群なら, **指数の乗法公式**

$$(G : K) = (G : H)(H : K) \tag{2.13}$$

が成り立つ. (ヒント:定義 2.49 の式 (2.11) を用いる.)
(b) チャレンジ問題:G, H, K が無限群でも, $(G : K)$ が有限ならば, 指数の乗法公式 (2.13) が成り立つことを証明せよ. (ヒント:H の G における剰余類と K の H における剰余類をとり,

70 第 2 章 群——第 1 部

それらを用いて K の G における剰余類をとれ.）

2.40 p を素数として，$a \in \mathbb{Z}$ を整数で $p \nmid a$ を満たすものとする．演習問題 2.13 (b) とラグランジュの定理を用いて次を示せ：

$$\text{フェルマーの小定理：} \quad a^{p-1} \equiv 1 \pmod{p}.$$

2.6 節　群の積

2.41 $G_1, G_2, \ldots, G_n$ を群とする．次の集合に成分ごとの積を演算としたものがなぜ群になるかを説明することで，定義 2.54 を拡張せよ：

$$G_1 \times \cdots \times G_n = \{(g_1, \ldots, g_n) \colon g_1 \in G_1, \, \ldots, \, g_n \in G_n\}.$$

2.42 G を群，A と B を G の部分群として，集合の間の写像 ϕ を

$$\phi \colon A \times B \longrightarrow G, \quad \phi(a, b) = ab$$

と定める.

(a) G がアーベル群ならば，ϕ は準同型写像である.

(b) G がアーベル群ならば，ϕ の核は次の部分群に等しい：

$$\ker(\phi) = \{(c, c^{-1}) \colon c \in A \cap B\}.$$

(c) $a \in A$ と $b \in B$ で $ab \neq ba$ を満たすものが存在したとする．ϕ は群の準同型写像で**ない**ことを示せ.

2.43 $m \geq 2$ を整数で，$m = p_1^{e_1} \cdots p_r^{e_r}$ を m の素因数分解とする．次の同型を示せ：

$$\mathbb{Z}/m\mathbb{Z} \cong (\mathbb{Z}/p_1^{e_1}\mathbb{Z}) \times (\mathbb{Z}/p_2^{e_2}\mathbb{Z}) \times \cdots \times (\mathbb{Z}/p_r^{e_r}\mathbb{Z}).$$

（ヒント：例 2.55）.

2.44 G_1 と G_2 を群として，$p_1, p_2, \iota_1, \iota_2$ を，2.6 節の射影と埋め込みとする.

(a) p_1 と p_2 がそれぞれ準同型写像であることを示せ.

(b) ι_1 と ι_2 がそれぞれ準同型写像であることを示せ.

(c) これらの写像の合成を，以下のそれぞれについて計算せよ：

$$p_1 \circ \iota_1(a), \qquad p_2 \circ \iota_1(a), \qquad p_1 \circ \iota_2(b), \qquad p_2 \circ \iota_2(b).$$
$$\iota_1 \circ p_1(a, b), \qquad \iota_2 \circ p_1(a, b), \qquad \iota_1 \circ p_2(a, b), \qquad \iota_2 \circ p_2(a, b).$$

2.45 G_1 と G_2 を群として，$p_1, p_2, \iota_1, \iota_2$ を，2.6 節の射影と埋め込みとする.

(a) G を別の群として，次の群準同型写像が与えられているとする：

$$\psi_1 \colon G \longrightarrow G_1 \quad \text{および} \quad \psi_2 \colon G \longrightarrow G_2.$$

次の性質を満たす群の準同型写像

$$\phi \colon G \longrightarrow G_1 \times G_2$$

がただ 1 つ定まることを示せ：

$$\text{任意の } g \in G \text{ に対して} \quad p_1(\phi(g)) = \psi_1(g) \quad \text{かつ} \quad p_2(\phi(g)) = \psi_2(g).$$

(b) G が**アーベル群**であるとし，次の群準同型写像が与えられているとする：

$$\lambda_1 \colon G_1 \longrightarrow G \quad \text{および} \quad \lambda_2 \colon G_2 \longrightarrow G.$$

次の性質を満たす群の準同型写像

$$\mu \colon G_1 \times G_2 \longrightarrow G$$

がただ 1 つ定まることを示せ：

$$\mu(\iota_1(g_1)) = \lambda_1(g_1) \quad \text{かつ} \quad \mu(\iota_2(g_2)) = \lambda_2(g_2). \tag{2.14}$$

（ヒント：まず，式 (2.14) が μ を一意に定めることを示し，次いで μ が準同型写像であることを示す．）

(c) (b) の記号のもと，Γ を非アーベル群とする．

$$G_1 = G_2 = G = \Gamma$$

として，

$$\lambda_1 \colon G_1 \longrightarrow G \quad \text{および} \quad \lambda_2 \colon G_2 \longrightarrow G \quad \text{をどちらも恒等写像とする．}$$

式 (2.14) の群準同型写像 $\mu \colon G_1 \times G_2 \to G$ が存在しないことを示せ．（ヒント：(b) で述べたように，μ は集合の間の写像としては存在する．示すべきことは，それが群の準同型写像ではないことである．）

おまけの問題：演習問題 2.45 を 2 つ以上の群の積 $G_1 \times G_2 \times \cdots \times G_n$ に拡張せよ．

第3章 環——第1部

3.1 環への導入

群を第2章で導入したとき，読者の多くにとっては見慣れないものだったろう．この章では，**環**という，別の基本的な代数的対象を導入する．読者にとっての朗報は，多くの環についてすでになじみがあるということである．いくつか例を挙げると：

- 整数全体の集合 $\mathbb{Z}$ は環である．
- 有理数全体の集合 $\mathbb{Q}$ や実数全体の集合 $\mathbb{R}$，複素数全体の集合 $\mathbb{C}$ も環である．
- 1.8 節で扱った，法 m の整数全体も環である．

これらの例が共通に持つ性質は何だろうか？　いずれの例も2つの操作，加法と乗法を持つ．加法と乗法は，それぞれある公理を満たし，そしてこれら2つは，もう1つの「偉大で力強い」公理である「分配則」により相互に関連する[1]：

$$a \cdot (b + c) = a \cdot b + a \cdot c.$$

一般に，環とは2つの演算を持つ集合で，整数の加法と乗法が満たす性質をモデルにした一連の公理を満たすものである．

3.2 抽象的な環と環準同型写像

定義 3.1　環 R とは，集合であって，**加法**と**乗法**と一般に呼ばれている

$$\underbrace{a + b}_{\text{加法}} \quad \text{と} \quad \underbrace{a \cdot b \text{ もしくは } ab}_{\text{乗法}}$$

と表記される2つの演算を持ち，次の公理を満たすものである：

(1) 集合 R は加法 $+$ に関してアーベル群である．その単位元を 0 もしくは 0_R と書く．

(2) 集合 R は乗法 $\cdot$ に関してほぼ群だが，各元に対して逆元が存在することは要請されない[2]．より具体的には，環の乗法は次の性質を持つ：

- $1_R \in R$ という元があって，次を満たす[3,4]：

---

[1] オズの魔法使いとは違って，カーテンの裏に隠れる必要は感じない．

[2] 群のようではあるが，各元が逆元を持つとは限らない代数系には名前がついていることを注意しておこう．それは**モノイド**と呼ばれる．演習問題 2.8 を見よ．

[3] 1つの元だけからなる自明な環を除くため，さらに $1_R \neq 0_R$ の仮定をおく．ただし，1つの元からなる環を許す著者もいる！

[4] 著者によっては，単位元の存在を要請せずに環を定義することがある．そのような環は，ときどき "rng" と表記される．つまり，"i" がないことが単位元 (identity) がないことを示している！

74　第3章　環──第1部

$$1_R \cdot a = a \cdot 1_R = a \quad \text{が任意の } a \in R \text{ について成り立つ.}$$

0_R を 0 と書くのと同じように，混乱の恐れがなければ 1_R を 1 と書く.

● 結合則が成り立つ：

$$a \cdot (b \cdot c) = (a \cdot b) \cdot c \quad \text{が任意の } a, b, c \in R \text{ に対して成り立つ.}$$

(3) ［分配則］任意の $a, b, c \in R$ に対して，

$$a \cdot (b + c) = a \cdot b + a \cdot c \quad \text{および} \quad (b + c) \cdot a = b \cdot a + c \cdot a.$$

(4) ［オプション：可換則］$a \cdot b = b \cdot a$ が任意の $a, b \in R$ に対して成り立つ. このとき，環は**可換**であるという.

整数環 $\mathbb{Z}$ についての長い経験から，いろいろな「自明な」公式が任意の環で成り立つように思われるだろう. たとえば，公式

$$0_R \cdot a = 0_R \quad \text{かつ} \quad (-a) \cdot (-b) = a \cdot b$$

などが真のはずである. しかし，なぜこれらは真なのだろうか？　0_R の定義は**加法の単位元**であること，つまり，$a + 0_R = 0_R + a = a$ が任意の $a \in R$ について成り立つことであった. さて**乗法**について考えたとき，0_R について何がわかるだろうか. 同様に，$-a$ は a と**足した**ときに 0_R になる元であった. よって，R の別の元と**掛けた**ときに何が起きるかはほとんどわからないように思われる. 0_R や $-a$ の乗法に関する性質を証明できる唯一の望みは，分配則である. これが加法と乗法とを結び付けている. $0_R \cdot a = 0_R$ の証明を以下に述べるが，そこから分配則の使用法を学ぼう.

命題 3.2　R を環とする.

(a) $0_R \cdot a = 0_R$ が任意の $a \in R$ について成り立つ.

(b) $(-a) \cdot (-b) = a \cdot b$ が任意の $a, b \in R$ について成り立つ. とくに，$(-1_R) \cdot a = -a$.

証明　(a) $1_R = 1_R + 0_R$ から始めよう. この等式は 0_R が加法の単位元だから真である. 両辺に a を掛けて以下のように計算する：

$$
\begin{aligned}
a &= a \cdot 1_R & &1_R \text{ が乗法の単位元だから,}\\
&= a \cdot (1_R + 0_R) & &0_R \text{ が加法の単位元だから,}\\
&= a \cdot 1_R + a \cdot 0_R & &\text{分配則,}\\
&= a + a \cdot 0_R & &1_R \text{ が乗法の単位元だから.}
\end{aligned}
$$

ここで両辺から a を「引く」. しかし，ここではすべての詳細を書き出しているから，別の環の公理が登場することを見てもらおう：

$$\begin{aligned}
0_R &= (-a) + a & &\text{加法の逆元の定義,} \\
&= (-a) + (a + a \cdot 0_R) & &\text{さきほどの計算から,} \\
&= ((-a) + a) + a \cdot 0_R & &\text{加法の結合律から,} \\
&= 0_R + a \cdot 0_R & &\text{加法の逆元の定義.} \\
&= a \cdot 0_R & &0_R \text{ が加法の単位元だから.}
\end{aligned}$$

(b) これは読者に委ねたい．演習問題 3.1 (a) を見よ． $\square$

群でもそうしたように，ある環から別の環への写像

$$\phi \colon R \longrightarrow R'$$

で，R と R' の「環らしさ」を尊重するものに注目しよう．環は加法と乗法で特徴づけられるから，次の定義に至る：

定義 3.3 R と R' を環とする．R から R' への**環準同型写像**とは，関数 $\phi \colon R \to R'$ であって次を満たすものである[5]：

$$\begin{aligned}
\phi(1_R) &= 1_{R'}, \\
\phi(a + b) &= \phi(a) + \phi(b) & &\text{任意の } a, b \in R \text{ に対して,} \\
\phi(a \cdot b) &= \phi(a) \cdot \phi(b) & &\text{任意の } a, b \in R \text{ に対して.}
\end{aligned}$$

ϕ **の核**とは，0 に移される元全体の集合である：

$$\ker(\phi) = \{a \in R \colon \phi(a) = 0_{R'}\}.$$

群のときと同じく，R と R' が**同型**とは，全単射な環準同型写像 $\phi \colon R \to R'$ が存在するときをいい，このとき ϕ を**同型写像**という．

次の節では，環の例をもう少し見た後で，環準同型写像の例を挙げよう．

3.3 環のおもしろい例

3.1 節で述べた 4 つの環は次の系列に収まる：

$$\mathbb{Z} \subset \mathbb{Q} \subset \mathbb{R} \subset \mathbb{C}.$$

$\mathbb{Z}$ は $\mathbb{Q}$ の**部分環**であるといい，また他についても同様である．すでに見てきた環の 5 番目の例は，法 m の整数の環である．

例 3.4（m を法とした整数環） 1.8 節での $\mathbb{Z}/m\mathbb{Z}$ の構成法を思い出そう．整数から始めて，2 つの整数 a, b が「同じ」であることを，$a - b$ が m の倍数であるときと定めた．もう少し

---

[5] $\phi(1_R) = 1_{R'}$ という公理に注意せよ．これは，すべての $a \in R$ を零元に移す，$\phi(a) = 0_{R'}$ という退屈で自明な写像を排除するためである．

気取った言い方をすると，$\mathbb{Z}$ 上の同値関係を次の規則で定義したのだった：

a が b と同値であるのは，$a - b$ が m の倍数であるとき．

この同値関係は極めて重要なので，それ自身の名前と記号を用意する：

a は b と法 m で**合同**である，$a \equiv b \pmod{m}$ と書く．

合同類のなす環を $\mathbb{Z}/m\mathbb{Z}$ と定義する．しかし，1.8 節の式 (1.15) や演習問題 1.34 で注意したように，合同類の加法と乗法が意味を持って定まることを確かめるには少し手間がいる．環 $\mathbb{Z}/m\mathbb{Z}$ は $\mathbb{C}$ の部分環ではない．しかし，自然な準同型写像

$$\phi: \mathbb{Z} \longrightarrow \mathbb{Z}/m\mathbb{Z}, \quad \phi(a) = a \bmod m,$$

つまり，整数 a に対して法 m で a と合同な数全体の作る同値類を対応させる写像が存在する．準同型写像 ϕ は，**法 m の還元写像**という十分に自然な名前を持っている．ϕ の核は m 倍数の全体の集合である．

例 3.5（ガウスの整数環：$\mathbb{Z}[i]$） $\mathbb{C}$ の別の部分環を見よう．これは**ガウスの整数環**と呼ばれる，次の集合である：

$$\mathbb{Z}[i] = \{a + bi : a, b \in \mathbb{Z}\}.$$

量 i は，いつもの通り，-1 の平方根を表す記号である．$\mathbb{Z}[i]$ の元の加法と乗法は，複素数の通常の加法と乗法に従い，

$$(a_1 + b_1 i) + (a_2 + b_2 i) = (a_1 + a_2) + (b_1 + b_2)i,$$
$$(a_1 + b_1 i) \cdot (a_2 + b_2 i) = (a_1 a_2 - b_1 b_2) + (a_1 b_2 + a_2 b_1)i.$$

a, b が実数であることを許せば，複素数全体のなす環を手にする．しかし，ここでは a も b も，整数である．

例 3.6（多項式環：$R[x]$） 多項式によって，すでに知っている環から，より大きな（そしてよりよい？）環を構成する手段が得られる．任意に与えられた可換環 R から，R 上の**多項式環**を次のように構成できる：

図 11　XKCD #410：数学論文 (https://xkcd.com/410).

$$R[x] = \left\{ \begin{array}{l} \text{多項式 } a_0 + a_1 x + a_2 x^2 + \cdots + a_d x^d \\ \text{次数は任意, 係数は } a_0, a_1, \ldots, a_d \in R \end{array} \right\}.$$

多項式で，その係数が実数であるものは間違いなく見たことがあるだろう．そのとき学んだ，多項式を加えたり掛け合わせたりする規則は，係数が任意の可換環の場合にも同じように通用する．実際，多項式を掛け合わせる規則は，分配則により決まってしまう．簡単な例として：

$$(a_0 + a_1 x + a_2 x^2) \cdot (b_0 + b_1 x)$$
$$= a_0 \cdot (b_0 + b_1 x) + a_1 x \cdot (b_0 + b_1 x) + a_2 x^2 \cdot (b_0 + b_1 x)$$
$$= (a_0 b_0 + a_0 b_1 x) + (a_1 b_0 x + a_1 b_1 x^2) + (a_2 b_0 x^2 + a_2 b_1 x^3)$$
$$= a_0 b_0 + (a_0 b_1 + a_1 b_0) x + (a_1 b_1 + a_2 b_0) x^2 + (a_2 b_1) x^3.$$

次の多項式が与えられたとしよう：

$$f(x) = a_0 + a_1 x + a_2 x^2 + \cdots + a_d x^d \in R[x].$$

このとき，任意の $c \in R$ に対して，x を c で置き換えることで，$f(x)$ を c で**評価する**ことができる．すなわち，

$$f(c) = a_0 + a_1 c + a_2 c^2 + \cdots + a_d c^d \in R.$$

R の元は足したり掛けたりできるから，この $f(c)$ の式には意味がある．多項式を最初に学んだとき，それを関数だと思ったことだろう．つまり，多項式 $f(x)$ を関数 $f \colon R \to R$ を定義するために使っただろう．この種の，多項式からなる関数は大変興味深いが，これらのほとんどは環準同型写像にはならない！　また，多項式はその係数によって特徴づけられること，すなわち，$f = g$ は f と g の係数が等しいことを意味するということを強調しておきたい．これは，2 つの多項式が同じ関数を与えることと同値ではない．演習問題 3.7 を見よ．

　多項式 f を固定して，それが定義する関数 $R \to R$ を考えるのではなく，別のアプローチをとろう．特定の元 $c \in R$ をとり，c を多項式環 $R[x]$ から R への写像を定義するのに用いる．この関数を E_c と書いて，**c での評価写像**と呼ぶことにする．その名が示すように，E_c の定義は次の通りである：

$$E_c \colon R[x] \longrightarrow R, \quad E_c(f) = f(c).$$

評価写像は環準同型写像である[6]．これは演習問題 3.8 で確認する．その核は，$x - c$ を因子に持つ多項式全体の集合である．

---

[6] E_c が環準同型写像であることは R が可換環であるという仮定によっている．R が非可換環でも，その多項式環 $R[x]$ を考えることはあるが，この場合 E_c は準同型写像ではない！　演習問題 3.9 を見よ．

78 第 3 章 環——第 1 部

例 3.7（4 元数環：$\mathbb{H}$） 次に，有名な非可換環，**4 元数環**[7]を考えよう：

$$\mathbb{H} = \{a + bi + cj + dk : a, b, c, d \in \mathbb{R}\}.$$

i, j, k は -1 の 3 つの異なる平方根である．これらは $\mathbb{R}$ の元とは可換だが，それぞれ互いには可換ではない．より正確には，2 つの量の積は分配則を使って i, j, k の組の積に帰着され，これは次の規則を適用することで計算できる：

$$i^2 = -1, \quad j^2 = -1, \quad k^2 = -1, \quad i \cdot j = k, \quad j \cdot k = i, \quad k \cdot i = j.$$

言い換えると，4 元数 $\{\pm 1, \pm i, \pm j, \pm k\}$ の乗法は 4 元数群 $\mathcal{Q}$ と同様である（例 2.23 を見よ）．とくに，$\mathcal{Q}$ は非可換群だったから，4 元数環 $\mathbb{H}$ も非可換環である．たとえば，次がわかる：

$$j \cdot i = -i \cdot j, \quad k \cdot i = -i \cdot k, \quad k \cdot j = -j \cdot k.$$

4 元数環 $\mathbb{H}$ は現代の数学や物理学で重要な役割を果たす．というのも，これがいわゆる**簡約法則**を満たすからである．α, β が実数なら $\alpha \cdot \beta = 0$ のとき $\alpha = 0$ または $\beta = 0$ である．α, β が複素数のときも同様である．α, β が 4 元数の場合も同じことが成り立つ！　演習問題 3.16 を見よ．

例 3.8（行列環） 元が行列であるような環も存在する．

$$M_2(\mathbb{R}) = \left\{ \begin{pmatrix} a & b \\ c & d \end{pmatrix} : a, b, c, d \in \mathbb{R} \right\}$$

を，実数成分の 2 行 2 列の正方行列全体の集合としよう．行列を加えるのは，対応する成分同士の和をとることであり，掛けるのは行列の積をとることである[8]．これらの演算により，$M_2(\mathbb{R})$ は非可換環になる．この環では簡約法則は成り立たない．というのも，たとえば

$$\begin{pmatrix} 1 & 0 \\ 0 & 0 \end{pmatrix} \begin{pmatrix} 0 & 0 \\ 0 & 1 \end{pmatrix} = \begin{pmatrix} 0 & 0 \\ 0 & 0 \end{pmatrix}$$

からわかるように，2 つの非零元の積が 0 になることがあるからだ．

行列環へは，興味深い準同型写像がたくさんある．たとえば，写像

$$\mathbb{C} \hookrightarrow M_2(\mathbb{R}), \quad x + yi \longmapsto \begin{pmatrix} x & y \\ -y & x \end{pmatrix}$$

は環の単射準同型写像である．このことを演習問題 3.10 で示す．

---

[7] 4 元数環を表す $\mathbb{H}$ の文字は，1843 年に初めてこの環を記述した，ハミルトン (Hamilton) にちなむものである．

[8] 行列の積の公式は例 2.21 の式 (2.4) を見よ．

より一般に，n 行 n 列の実数成分の行列全体の集合 $M_n(\mathbb{R})$ は，線形代数での通常の行列の加法と乗法で環になる．もっと一般に，任意の環 R について，環 $M_n(R)$ を，n 行 n 列の行列で，成分が R の元であるようなものの全体とする．このときも行列の加法，乗法は意味があるから，$M_n(R)$ を環にすることができる．たとえば，次のように入れ子になった環の列を得る：

$$M_n(\mathbb{Z}) \subset M_n(\mathbb{Q}) \subset M_n(\mathbb{R}) \subset M_n(\mathbb{C}).$$

例 3.9（$\mathbb{Z}$ からの準同型写像）　任意の環 R に対して，ただ 1 つの環準同型写像

$$\phi\colon \mathbb{Z} \longrightarrow R$$

が存在する．なぜなら，$\phi(1) = 1_R$ であることを要請されていることを思い出すと，任意の正整数 n に対して，ϕ が環準同型写像であることから次が成り立つ：

$$\phi(n) = \phi(\underbrace{1 + 1 + \cdots + 1}_{n \text{ 回}}) = \underbrace{\phi(1) + \phi(1) + \cdots + \phi(1)}_{n \text{ 回}} = \underbrace{1_R + 1_R + \cdots + 1_R}_{n \text{ 回}}.$$

しかし，我々はまた $\phi(0) = 0_R$ かつ $\phi(-n) = -\phi(n)$ も要請されているから，ϕ の値には選択の余地がないのである．言い換えると，

$$\phi(1) = 1_R, \quad \text{かつ} \quad \phi\colon \mathbb{Z} \to R \text{ が環準同型写像}$$

という要請から，ϕ の可能性は高々 1 つになる．もちろん，結果として得られる写像が環準同型写像になっていることは確かめなければならない．これは読者に委ねたい．演習問題 3.23 を見よ．

3.4　重要で特別な環

「仲間外れはどれ？」ゲームをしよう．

$$\text{仲間外れはどれ：} \quad \mathbb{R}, \quad \mathbb{Z}, \quad \mathbb{C}, \quad \mathbb{Q}?$$

$\mathbb{Q}, \mathbb{R}, \mathbb{C}$ の零でない元はどれも乗法に関する逆元を持つ．しかし $\mathbb{Z}$ についてはそうではない．たとえば，$2 \in \mathbb{Z}$ は $\mathbb{Z}$ の中に乗法に関する逆元を持たない．$\mathbb{Q}, \mathbb{R}, \mathbb{C}$ のように，非零元がどれも乗法に関する逆元を持つ環は非常に重要なので，それ自身に名前がついている．

定義 3.10　**体**とは，可換環であって，R のすべての非零元が乗法に関する逆元を持つことをいう．言い換えると，任意の $a \in R$, $a \neq 0$ に対して，$b \in R$ が存在して，$ab = 1$ となることをいう．

体は，第 4 章において，ベクトル空間の理論の基本的な構成要素となるし，第 5 章では逆に，ベクトル空間を，体や体の拡大を調べるために用いる．第 8 章で，さらに深く研究するために体論に立ち戻り，第 9 章では群論と体論が結び付けられる．

80 第 3 章 環——第 1 部

例 3.11 すでに述べた体の例 $\mathbb{Q}$, $\mathbb{R}$, $\mathbb{C}$ の他に，有限個の元からなる体も存在する．実際，任意の素数 p に対して，環 $\mathbb{Z}/p\mathbb{Z}$ は体である．これはこの章の後の方で証明する（命題 3.20）．環 $\mathbb{Z}/p\mathbb{Z}$ は**有限体**の例である．これをしばしば $\mathbb{F}_p$ と書くが，$\mathbb{F}$ は「体らしさ」を表すものである．

例 3.12 すべての環が体ではないということに留意すべきだろう．環だが体ではない例として，$\mathbb{Z}[i]$, $\mathbb{R}[x]$, $\mathbb{H}$ や $M_n(\mathbb{R})$（ただし $n \geq 2$）がある．演習問題 3.20 を見よ．

　ゲームは楽しい．もう一度やろう！

仲間外れはどれ： 　$\mathbb{R}$, 　$\mathbb{Z}$, 　$\mathbb{Z}/6\mathbb{Z}$, 　$\mathbb{Z}[i]$ ？

今度は環 $\mathbb{Z}/6\mathbb{Z}$ が仲間外れである．というのは，2 つの非零元を掛けて零元を得られるからである．たとえば，2 と 3 は $\mathbb{Z}/6\mathbb{Z}$ で零ではないが，これらの積は零である．これは $\mathbb{R}$, $\mathbb{Z}$ もしくは $\mathbb{Z}[i]$ では起きえない．再び，それ自身の名を持つに足る重要な性質を見つけた．

定義 3.13 R を可換環とする．元 $a \in R$ が**零因子**とは，$a \neq 0$ で，非零元 $b \in R$ が存在して $ab = 0$ となることをいう．環 R が**整域**とは，零因子を持たないことをいう．R が整域であることと，$ab = 0$ が成り立つのが $a = 0$ または $b = 0$ のときに限ることとは同値である．

例 3.14 $\mathbb{R}$ や $\mathbb{Z}$, $\mathbb{Z}[i]$ が整域であることはすでに述べた．これらの例の最初のものは，任意の体が整域であるという観察により一般化できる．演習問題 3.19 を見よ．また，すべての整域が体ではないが，すべての整域が体の部分環であるということは正しい．この体を**分数体**という．7.5 節を見よ．

　この節を，整域の便利な簡約法則で締めくくりたい．

命題 3.15（**整域の簡約法則**）　可換環 R が**簡約法則**を満たすとは，$a, b, c \in R$ を勝手にとったときに，次の含意が真であることをいう：

$$ab = ac \iff b = c \text{ または } a = 0.$$

可換環が簡約法則を満たすことと整域であることは同値である．

証明　証明は読者に委ねたい．演習問題 3.21 を見よ． □

3.5 単元群と環の積

　この節には 2 つの主題がある．第 1 は，すべての環には興味深い群が潜んでいるということである．第 2 は，小さな環からより大きな環を構成できるということである．

定義 3.16 R を可換環とする[9]．R の**単元群**とは，R の部分集合 R^* で，

---

[9] 非可換環 R の元 a が単元であるとは，$b, c \in R$ で，$ab = ca = 1$ となるものが存在するときにいう．言い換えると，a が左逆元と右逆元を持つときである．演習問題 3.33 を見よ．

$$R^* = \{a \in R \colon ab = 1 \text{ となる } b \in R \text{ が存在する}\},$$

と定義されるものである．R^* の群演算は，環の乗法である．R^* の元を**単元**と呼ぶ．

命題 3.17　単元の集合 R^* は，環の乗法を群演算として群である．

証明　$a_1, a_2 \in R^*$ ならば $a_1 a_2$ が R^* の元であることを確かめよう．R^* の定義から，$b_1, b_2 \in R$ で，$a_1 b_1 = 1$ かつ $a_2 b_2 = 1$ を満たすものを見つけられる．すると，

$$(a_1 a_2)(b_1 b_2) = (a_1 b_1)(a_2 b_2) = 1 \cdot 1 = 1$$

により，$a_1 a_2 \in R^*$ である．あとは，群の 3 つの公理を確かめることが残っている．最初に，$1 \in R$ が単位元であることに注意する．第 2 に，逆元の存在はまさに R^* の定義である．第 3 に，乗法の結合律は環の公理の一部である．　　　　　□

例 3.18　単元群の例として，

$$\mathbb{Z}^* = \{\pm 1\}, \quad \mathbb{Z}[i]^* = \{\pm 1, \pm i\}, \quad \mathbb{R}[x]^* = \mathbb{R}^*.$$

別のおもしろい例として，環 $\mathbb{Z}[\sqrt{2}] = \{a + b\sqrt{2} \colon a, b \in \mathbb{Z}\}$ がある．この単元群は無数に元を持つ．その証明は読者に委ねたい．演習問題 3.28 を見よ．

例 3.19　環 R が体であるのは，次の等式が成り立つときでそのときに限る：

$$R^* = \{a \in R \colon a \neq 0\} = R \smallsetminus \{0\}. \tag{3.1}$$

式 (3.1) が述べているのは，すべての零ではない元が乗法の逆元を持つということである．

　次の例は正式な主張と証明を与えるに値するほど重要である．

命題 3.20　$m \geq 1$ を整数とする．このとき，

$$(\mathbb{Z}/m\mathbb{Z})^* = \{a \bmod m \colon \gcd(a, m) = 1\}.$$

とくに，p が素数ならば，$\mathbb{Z}/p\mathbb{Z}$ は体であり，しばしば $\mathbb{F}_p$ と表記される．

証明　$\gcd(a, m) = 1$ と仮定する．このとき，定理 1.32 により，$u, v \in \mathbb{Z}$ であって $au + mv = 1$ を満たすものが存在する．つまり，

$$au = 1 - mv \equiv 1 \pmod{m}.$$

よって，u は a の環 $\mathbb{Z}/m\mathbb{Z}$ における乗法的な逆元であり，$a \bmod m$ は $(\mathbb{Z}/m\mathbb{Z})^*$ の元である．

　逆の向きについて．$a \bmod m$ が $(\mathbb{Z}/m\mathbb{Z})^*$ の元だとしよう．これは，適当に $b \bmod m$ を $(\mathbb{Z}/m\mathbb{Z})^*$ から見つけてきて，

$(\mathbb{Z}/m\mathbb{Z})^*$ において $\qquad (a \bmod m) \cdot (b \bmod m) = 1 \bmod m$

とできるということである．言い換えると，$ab \equiv 1 \pmod m$ であるから，$ab - 1 = cm$ となる整数 c が存在する．この方程式より $\gcd(a, m) = 1$ である．なぜなら，a と m の双方を割り切る整数は 1 も割り切るからである． $\qquad\qquad\qquad\qquad\qquad\qquad\qquad\square$

例 3.21 命題 3.20 の最初のいくつかの場合は次のようになる：

$$(\mathbb{Z}/3\mathbb{Z})^* = \{1, 2\}, \quad (\mathbb{Z}/4\mathbb{Z})^* = \{1, 3\}, \quad (\mathbb{Z}/5\mathbb{Z})^* = \{1, 2, 3, 4\}, \quad (\mathbb{Z}/6\mathbb{Z})^* = \{1, 5\}.$$

群 $(\mathbb{Z}/5\mathbb{Z})^*$ は 4 つの元を持つ．しかしさらにわかることがある．

$$2^2 \equiv 4 \pmod 5, \quad 2^3 \equiv 3 \pmod 5, \quad 2^4 \equiv 1 \pmod 5,$$

だから，$(\mathbb{Z}/5\mathbb{Z})^*$ は位数 4 の巡回群であることがわかった．

さて第 2 のテーマ，小さくて簡単な環から，より大きくより複雑な環を構成することに移ろう．なぜ人生を複雑にしたいのか？と聞くかもしれない．複雑でないものを理解するのも大変なのに！　答えは，この過程を実際には逆に使うからである．つまり，複雑な環をより小さく簡単な部分に分解するのである．たとえば，7.4 節の中国の剰余定理を見てほしい．

ここで使う組み立ての手順はなじみ深いものである．というのは，これはベクトル空間 $\mathbb{R}^n$ が $\mathbb{R}$ の元の n タプルから組み立てられていることの一般化だからである．

定義 3.22 $R_1, \ldots, R_n$ を環とする．$R_1, \ldots, R_n$ の**積**とは，次の環である：

$$R_1 \times \cdots \times R_n = \{(a_1, \ldots, a_n) \colon a_1 \in R_1, \ldots, a_n \in R_n\}.$$

言い換えると，積 $R_1 \times \cdots \times R_n$ とは，第 1 成分が R_1，第 2 成分が R_2，などとなっている n 成分のタプル全体の集合で，成分同士の加法と乗法を演算とする環である：

$$(a_1, \ldots, a_n) + (b_1, \ldots, b_n) = (a_1 + b_1, \ldots, a_n + b_n),$$
$$(a_1, \ldots, a_n) \cdot (b_1, \ldots, b_n) = (a_1 \cdot b_1, \ldots, a_n \cdot b_n).$$

$R_1 \times \cdots \times R_n$ が環になることを確かめることは読者に委ねたい．演習問題 3.31 を見よ．

例 3.23 環の積 $\mathbb{Z}/2\mathbb{Z} \times \mathbb{Z}/3\mathbb{Z}$ は 6 つの元を持つ：

$$(0, 0), \ (0, 1), \ (0, 2), \ (1, 0), \ (1, 1), \ (1, 2).$$

$\mathbb{Z}/2\mathbb{Z} \times \mathbb{Z}/3\mathbb{Z}$ での加法や乗法の例をいくつか挙げると：

$$(1, 1) + (1, 2) = (0, 0), \quad \text{また，} \quad (0, 2) \cdot (1, 2) = (0, 1).$$

環の積 $\mathbb{Z}/2\mathbb{Z} \times \mathbb{Z}/3\mathbb{Z}$ は環 $\mathbb{Z}/6\mathbb{Z}$ と同型になることが明らかになる．演習問題 3.32 を見よ．

例 3.24 環の積 $\mathbb{Z}/2\mathbb{Z} \times \mathbb{Z}/4\mathbb{Z}$ は 8 つの元を持つ：

$$(0,0),\ (0,1),\ (0,2),\ (0,3),\ (1,0),\ (1,1),\ (1,2),\ (1,3).$$

この環は $\mathbb{Z}/8\mathbb{Z}$ と同型ではない．それを確認するために，$\phi\colon \mathbb{Z}/8\mathbb{Z} \to \mathbb{Z}/2\mathbb{Z} \times \mathbb{Z}/4\mathbb{Z}$ が準同型写像だったとする．すると，定義から $\phi(1) = (1,1)$ だが，

$$\phi(4) = \phi(1+1+1+1) = \phi(1) + \phi(1) + \phi(1) + \phi(1)$$
$$= (1,1) + (1,1) + (1,1) + (1,1) = (0,0).$$

すなわち $\phi(4) = \phi(0)$ となり，ϕ は単射になりえない．

この節の最後の結果は，我々の 2 つの主題，すなわち環の積と単元群を組み合わせるものである．

命題 3.25 $R_1, \ldots, R_n$ を可換環とする．環の積の単元群は，単元群の積と同型である．つまり，

$$(R_1 \times \cdots \times R_n)^* \cong R_1^* \times \cdots \times R_n^*.$$

証明 $(a_1, \ldots, a_n) \in (R_1 \times \cdots \times R_n)^*$ とすると，定義から $(b_1, \ldots, b_n) \in R_1 \times \cdots \times R_n$ が存在して，

$$(a_1, \ldots, a_n)(b_1, \ldots, b_n) = (1, 1, \ldots, 1).$$

これは，$a_i b_i = 1$ を意味するから，$a_i \in R_i^*$．よって $(a_1, \ldots, a_n) \in R_1^* \times \cdots \times R_n^*$ である．

逆に，$(a_1, \ldots, a_n) \in R_1^* \times \cdots \times R_n^*$ とする．これは $a_i \in R_i^*$ を意味し，よって各 i ごとに，$b_i \in R_i$ が存在して $a_i b_i = 1$ である．すると，

$$(a_1, \ldots, a_n)(b_1, \ldots, b_n) = (a_1 b_1, \ldots, a_n b_n) = (1, 1, \ldots, 1).$$

よって $(a_1, \ldots, a_n) \in (R_1 \times \cdots \times R_n)^*$ である． $\square$

3.6 イデアルと剰余環

例 3.4 を思い出そう．整数環 $\mathbb{Z}$ から始めて，法 m の整数環 $\mathbb{Z}/m\mathbb{Z}$ を構成し，2 つの整数 a, b の差が m の倍数のとき，2 つの整数が「同じ」であるふりをした．言い換えると，$\mathbb{Z}$ 上の同値関係を

$$a - b\ \text{が}\ m\ \text{の倍数のとき，}\ a\ \text{は}\ b\ \text{と同値である}$$

と定義し，$\mathbb{Z}/m\mathbb{Z}$ をその同値類の集合として定義した．

この節の我々の目標は，この重要な構成を，任意の（可換）環に拡張することである．最初のステップは，「m の倍数」という概念を拡張することである．

定義 3.26 R を可換環とする．R の**イデアル**とは，空でない部分集合 $I \subseteq R$ で，次の 2 つ

84　第 3 章　環——第 1 部

の性質を満たすものである：

- $a \in I$ かつ $b \in I$ のとき，$a + b \in I$ である．
- $a \in I$ かつ $r \in R$ ならば，$ra \in I$ である．

イデアルを構成する 1 つの方法は，R の 1 つの元から始めて，その倍元全体をとることである．

定義 3.27　R を可換環，$c \in R$ とする．**c により生成される単項イデアル**とは，c の倍元全体のことであり，cR もしくは (c) と表記される：

$$cR = (c) = \{rc : r \in R\}.$$

cR がイデアルになることを確かめてほしい．演習問題 3.40 (a) を見よ．

いくつかの環，たとえば $\mathbb{Z}$, $\mathbb{Z}[i]$, $\mathbb{R}[x]$ などでは，任意のイデアルが単項イデアルになる．とはいえ，これは明らかなことではない．これらの主張とさらなる事柄を，7.2 節で証明する．また演習問題 3.43，定理 5.21 を見よ．一方で，たとえば $\mathbb{Z}[x]$ のように，単項イデアルではないイデアルを持つ環もある．演習問題 3.51 を見よ．

例 3.28　どのような環 R も，少なくとも 2 つのイデアルを持っている．つまり，零元のみからなる**零イデアル**

$$(0) = 0R = \{0\},$$

と，環全体に等しい**単位イデアル**である：

$$(1) = 1R = R.$$

例 3.29　単項イデアルは R の 1 つの元で生成されていた．より一般に，有限個の元のリスト $c_1, \ldots, c_n \in R$ に対して，**$c_1, \ldots, c_n$ により生成されたイデアル**を考えることができる：

$$\{r_1 c_1 + r_2 c_2 + \cdots + r_n c_n : r_1, \ldots, r_n \in R\}. \tag{3.2}$$

式 (3.2) のイデアルを表す記号はいろいろあるが，たとえば

$$(c_1, c_2, \ldots, c_n) \quad \text{や} \quad c_1 R + c_2 R + \cdots + c_n R$$

がある．式 (3.2) がイデアルになっていることを確かめてほしい．演習問題 3.40 (b) を見よ．

注意 3.30（メタ数学的なアドバイス）　I を R のイデアルとする．$1 \in I$ なら，任意の $r \in R$ に対して $r \cdot 1 \in I$ となるから，$I = R$ は単位イデアルである．逆に，イデアルを構成して，それが $I = R$ を満たすことを証明したいのなら，その方法は普通，$1 \in I$ という事実を使うことだろう．

3.6 イデアルと剰余環 **85**

R の元のペアを，その差が I に属していれば同一視することで剰余環 R/I を構成する．これは，$\mathbb{Z}/m\mathbb{Z}$ を定義するときとまったく同じである．ここで，$a \in R$ が与えられたときに，$b \in R$ で，b は a と同値であるようなもの全体の集合は，b であって $b - a \in I$ となるもの全体の集合と一致する．あるいは，同じことだが，自然に $a + I$ と表記される集合に属している元 b の全体である．これにより次の定義に至る：

定義 3.31 R を可換環，I を R のイデアルとする．このとき，各元 $a \in R$ に対して，a の **剰余類**を

$$a + I = \{a + c : c \in I\}$$

と定義する．$0 \in I$ だから，a 自身は $a + I$ の元であることに注意する．$a, b \in R$ が $b - a \in I$ を満たすなら，しばしば

$$b \equiv a \pmod{I}$$

と書き，「b は a と法 I で合同」という．2 つの剰余類 $a + I, b + I$ が与えられたとき，それらの和と積を

$$(a + I) + (b + I) = (a + b) + I, \quad (a + I) \cdot (b + I) = (a \cdot b) + I$$

と定義する．異なる剰余類の集合を R/I と表す．

ここで，剰余類の和と積の定義が意味をなすか，そして剰余類の集合がこの演算で環になるかを確認したい．

命題 3.32 R を可換環，I を R のイデアルとする．
   (a) $a + I$ と $a' + I$ を 2 つの剰余類とする．このとき $a' + I = a + I$ となる必要十分条件は $a' - a \in I$ である．
   (b) 剰余類の和と積は矛盾なく定義されている．つまり，剰余類のどの元を用いて演算を定義するかによらない．
   (c) 剰余類の和と積により，R/I は可換環になる[10]．

証明 ここでは積が矛盾なく定義されていることを確かめ，残りの部分は読者に委ねる．演習問題 3.44 を見よ．$a, a', b, b' \in R$ を

$$a' + I = a + I \quad \text{かつ} \quad b' + I = b + I$$

を満たすものとする．我々が示さなければならないのは

$$ab + I \text{ が } a'b' + I \text{ と等しいこと}$$

である．

---

[10] より正確には，$I \neq R$ と断らなければならない．そうでなく $I = R$ だとすると，R/I はただ 1 つの元しか持たないが，我々は環では $1 = 0$ は許していない．

86 第 3 章 環——第 1 部

$a + I = a' + I$ という仮定は，元 $c \in I$ が存在して，$a' = a + c$ となるということであり，同様に $b + I = b' + I$ から，元 $d \in I$ が存在して $b' = b + d$ ということである．よって，

$$a'b' = (a + c)(b + d) = ab + \underbrace{ad + bc + cd}_{c, d \in I \text{ だから } I \text{ の元.}}.$$

つまり $a'b' - ab \in I$ であり，よって (a) から，剰余類 $a'b' + I$ と $ab + I$ は等しい． □

注意 3.33 剰余環 R/I の 1 つの見方は，自分が「R/I 宇宙」，つまり，$a, b \in R$ が $a - b \in I$ なら見分けがつかない宇宙，に住んでいると思うことである．たとえば，通常の「$\mathbb{Z}$ 宇宙」では，相異なる整数

$$\dots,\ -4,\ -3,\ -2,\ -1,\ 0,\ 1,\ 2,\ 3,\ 4,\ \dots$$

をどうやって見分けるかを知っている．「$\mathbb{Z}/3\mathbb{Z}$ 宇宙」を旅するために，整数を矩形で囲う．たとえば次のように：

$$\dots,\ \boxed{-4},\ \boxed{-3},\ \boxed{-2},\ \boxed{-1},\ \boxed{0},\ \boxed{1},\ \boxed{2},\ \boxed{3},\ \boxed{4},\ \dots.$$

ここで，目をすがめて，同じ線種の整数は互いに見分けがつかないかのように思おう：

$$\dots,\ \boxed{},\ \boxed{},\ \boxed{},\ \boxed{},\ \boxed{},\ \boxed{},\ \boxed{},\ \boxed{},\ \boxed{},\ \dots.$$

3 つの線種の矩形が我々の環の元であり，加法や乗法は次のような規則で与えられている：

$$\boxed{} + \boxed{} = \boxed{},\quad \boxed{} \cdot \boxed{} = \boxed{},\quad \boxed{} + \boxed{} = \boxed{},\quad \boxed{} \cdot \boxed{} = \boxed{}.$$

次の結果で見るように，イデアルと準同型写像は密接に関係している．その結果はずっと使い続けるので，この重要な命題を注意深く学んでほしい．

命題 3.34 R を可換環とする．

(a) I を R のイデアルとする．元をその剰余類に移す次の写像は環準同型写像である：

$$R \longrightarrow R/I, \quad a \longmapsto a + I.$$

(b) $\phi \colon R \to R'$ を環準同型写像とする．

(i) ϕ の核は R のイデアルである．定義 3.3 を復習すると，

$$\ker(\phi) = \{a \in R \colon \phi(a) = 0\}.$$

(ii) 環準同型写像 ϕ が単射であることと $\ker(\phi) = (0)$ は同値である．

(iii) 簡単のため $I_\phi = \ker(\phi)$ と書くことにする．矛盾なく定義される次の単射環準同型写像が存在する：

$$\overline{\phi} \colon R/I_\phi \longrightarrow R', \quad \overline{\phi}(a + I_\phi) = \phi(a) \text{ と定義する.}$$

証明 ここでは (b) を証明し, (a) は演習としたい. 演習問題 3.45 を見よ. まず $\ker(\phi)$ が
イデアルであると示すのが最初の目標である. $a, b \in \ker(\phi)$ とすると,

$$\phi(a+b) = \phi(a) + \phi(b) = 0 + 0 = 0,$$

よって $a + b \in \ker(\phi)$ である. 次に $a \in \ker(\phi), r \in R$ とすると,

$$\phi(ra) = \phi(r) \cdot \phi(a) = \phi(r) \cdot 0 = 0,$$

よって $ra \in \ker(\phi)$ である. これで (i) の, $\ker(\phi)$ がイデアルであることの証明が済んだ.

次に, $\ker(\phi) = (0)$ を仮定して, ある $a, b \in R$ に対して $\phi(a) = \phi(b)$ とする. すると,
$\phi(a - b) = 0$ だから $a - b \in \ker(\phi)$ である. つまり $a - b = 0$ だから, ϕ が単射であることが
わかった.

逆に, ϕ が単射だと仮定し, $a \in \ker(\phi)$ としよう. $0 = \phi(a) = \phi(0)$ だから, ϕ の単射性
より $a = 0$. つまり, $\ker(\phi) = (0)$ であり, これで (ii) の証明が済んだ.

(iii) については, まず $\overline{\phi}$ が矛盾なく定義されることを見よう. $a' + I_\phi = a + I_\phi$ が同じ
剰余類の異なる表示と仮定して, 我々がすべきは $\phi(a') = \phi(a)$ を示すことである. 仮定の
$a' + I_\phi = a + I_\phi$ は, ある元 $b \in I_\phi$ が存在して $a' = a + b$ と書けることを意味する. これに
よって

$$\phi(a') = \phi(a + b) = \phi(a) + \phi(b) = \phi(a) + 0 = \phi(a)$$

と計算できる. これで $\overline{\phi}$ が矛盾なく定義されることが示された. 次いで, $\overline{\phi}$ が環準同型写像
であることは, ϕ がそうであることから直ちに従う. 最後に, $\overline{\phi}$ が単射であることは,

$$\overline{\phi}(a' + I_\phi) = \overline{\phi}(a + I_\phi) \iff \phi(a') = \phi(a) \iff \phi(a' - a) = 0$$
$$\iff a' - a \in I_\phi \iff a' + I_\phi = a + I_\phi$$

からわかる. 以上で命題 3.34 (b) の証明が終わった. $\qquad\square$

定義 3.35 R を環とする.

$$\phi \colon \mathbb{Z} \longrightarrow R$$

を $\phi(1) = 1_R$ により一意に定まる準同型写像とする. 例 3.9 と演習問題 3.23 を見よ. ϕ の
核は $\mathbb{Z}$ のイデアルで, また $\mathbb{Z}$ のイデアルはすべて単項イデアルだという便利な事実があっ
た (演習問題 3.43 もしくは 7.2 節を見よ). よって, ただ 1 つの整数 $m \geq 0$ が存在して,
次のように書ける:

$$\ker(\phi) = m\mathbb{Z}.$$

この整数 m を環 R の**標数**という. m を特徴づけるもう 1 つの仕方は,

88　第 3 章　環——第 1 部

$$\underbrace{1_R + 1_R + \cdots + 1_R}_{m \text{ 項}} = 0_R$$

となる最小の正の整数，あるいは，そのような m が存在しなければ，R の標数は 0 とすることである．例 3.4 で説明した環 $\mathbb{Z}/m\mathbb{Z}$ は標数 m であるが，一方で環 $\mathbb{Z}$, $\mathbb{Q}$, $\mathbb{R}$ や $\mathbb{C}$ はどれも標数 0 である．命題 3.34 から，R が標数 m なら，単射準同型写像

$$\mathbb{Z}/m\mathbb{Z} \lhook\joinrel\longrightarrow R$$

が存在する．注意：$m = 0$ だとしても，「0 除算」をしているのではない．一般に，零イデアル (0) による剰余環は，単に R である．すなわち $R/(0) = R$．というのも，$R/(0)$ は，R の元 a, b をその差 $a - b$ が 0 のときに同一視するという意味であり，つまりそれは $a = b$ のときに同一視するということだからである．

　多くの高校生が，代数を初めて学ぶときに[11]$(a + b)^n = a^n + b^n$ が成り立つと信じてしまう．読者はこれが成り立たないことを知るに足る経験を積んでいると思うが，もしこれが本当だったら素敵じゃないか？ そう，もし我々が素数標数の環に住んでいて，n がこの素数の冪のときには，我々の願いは魔法のようにかなってしまう．

定理 3.36　p を素数とし，R を標数 p の可換環とする．このとき，写像

$$f \colon R \longrightarrow R, \quad f(a) = a^p,$$

は環準同型写像であり，R の**フロベニウス** (Frobenius) **準同型写像**と呼ばれる．とくに，すべての $a, b \in R$ とすべての $n \geq 0$ に対して，

$$(a + b)^{p^n} = a^{p^n} + b^{p^n}. \tag{3.3}$$

証明　まず $f(1) = 1^p = 1$ であり，次の計算により f が積を保つことがわかる：

$$f(ab) = (ab)^p = a^p \cdot b^p = f(a) \cdot f(b).$$

　加法については，2 項定理を使って，

$$\begin{aligned}
f(a + b) &= (a + b)^p & & f(x) = x^p \text{ なので，} \\
&= \sum_{k=0}^{p} \binom{p}{k} a^{p-k} b^k & & 2 \text{ 項定理（定理 1.46），} \\
&= a^p + \sum_{k=1}^{p-1} \binom{p}{k} a^{p-k} b^k + b^p. & &
\end{aligned} \tag{3.4}$$

次いで，$1 \leq k \leq p-1$ について，2 項係数 $\binom{p}{k}$ が p の倍数であることを使う．これは，

---

[11]訳注：ここでいう「代数」は，日本の高校のカリキュラムでいう「数学 I」，「数学 A」の一部に相当する．

$$\binom{p}{k} = \frac{p(p-1)\cdots(p-k+1)}{k!}$$

であり，p が素数で $1 \leq k \leq p-1$ だから分母の $k!$ には p が入っておらず，分子の p と相殺するものがないことからわかる．命題 1.47 を見よ．我々は標数 p の環 R で考えているので，$1 \leq k \leq p-1$ に対して $\binom{p}{k} = 0$ であることがわかる．よって，式 (3.4) の大半の項は消えて，所望の $f(a+b) = a^p + b^p$ のみが残る．

最後に，式 (3.3) を示すために，n についての帰納法を用いる．$n=1$ の場合はすでに済んでいる．式 (3.3) が n で成り立っているとする．すると，

$$(a+b)^{p^{n+1}} = ((a+b)^{p^n})^p = (a^{p^n} + b^{p^n})^p = (a^{p^n})^p + (b^{p^n})^p = a^{p^{n+1}} + b^{p^{n+1}}.$$

よって式 (3.3) は $n+1$ でも真である． $\square$

3.7 素イデアルと極大イデアル

数論の研究において，素数の重要性はすでに知っての通りだろう．整数 p が素数であるとは，その（正の）約数が 1 と p のみであることだった．素数の重要な性質の 1 つは，もし p が素数で，p が積 ab を割り切るならば，p は a を割り切るか，p は b を割り切るかのいずれかだということである．命題 1.35 を見よ．この除法に関する性質を，イデアルの言葉で言い換えることができる．つまり，積 ab がイデアル $p\mathbb{Z}$ の元ならば，$a \in p\mathbb{Z}$ であるか，$b \in p\mathbb{Z}$ であるかのいずれかである．このバージョンが，素数の概念を任意の環に拡張する正しい道である[12]．

この節についての追加の動機として，

$$\text{「整域はよい．体はもっとよい．」} \tag{3.5}$$

を座右の銘とし，どのようなイデアル I に対して商環 R/I は整域であり，どのようなイデアルに対して体であるかを問おう．

定義 3.37 R を可換環とする．R のイデアル I が**素イデアル**であるとは，$I \neq R$ で，かつ，積 $ab \in I$ ならば，$a \in I$ もしくは $b \in I$ が成り立つことである．

I が素イデアルのとき，次の性質を持つことも観察する：

$$a \notin I \text{ かつ } b \notin I \implies ab \notin I.$$

この主張は素イデアルの定義の対偶であり，よって素イデアルの定義に論理的に同値である．

例 3.38 $m \neq 0$ を整数とする．イデアル $m\mathbb{Z}$ が素イデアルである必要十分条件は $|m|$ が通常の意味で素数であることである．

---

[12]「非自明な因子がない」という定義の，任意の環での類似もある．そのような元は**既約**と呼ばれる．一意分解性と既約性は，7.1–7.3 節で議論される．

90 第3章 環——第1部

例 3.39 F を体とする. 任意の $a, b \in F$ で $a \neq 0$ を満たすものについて, 単項イデアル $(ax + b)F[x]$ は素イデアルである. 任意の $a, b, c \in F$ で $a \neq 0$ かつ $b^2 - 4ac$ が F の元の平方と等しくないものについて, 単項イデアル $(ax^2 + bx + c)F[x]$ は素イデアルである. 演習問題 3.52 を見よ.

環 R の可能な限り大きいイデアルは環 R 全体そのものである. R 全体ではない, 可能な限り大きいイデアルは重要な役割を果たす.

定義 3.40 R を可換環とする. イデアル I は, $I \neq R$ かつ, I と R の間に真に含まれるイデアルが存在しないとき, **極大イデアル**と呼ばれる. 言い換えると, J がイデアルで, $I \subseteq J \subseteq R$ ならば $I = J$ もしくは $J = R$ であるときである.

例 3.41 $p \in \mathbb{Z}$ を素数とする. このとき, イデアル $p\mathbb{Z}$ は素イデアルであるだけでなく, 極大イデアルである. これは命題 3.20 の $\mathbb{Z}/p\mathbb{Z}$ が体であるという主張と, 定理 3.43 (以下を見よ) の, 一般に R/I が体である必要十分条件は I が極大イデアルであること, という主張を組み合わせると得られる.

例 3.42 整数係数の多項式の環 $\mathbb{Z}[x]$ において, 単項イデアル $2\mathbb{Z}[x]$ と $x\mathbb{Z}[x]$ は素イデアルであるが, これらは極大イデアルではない. というのは, これらは 2 と x によって生成されるイデアル

$$\{2a(x) + xb(x) : a(x), b(x) \in \mathbb{Z}[x]\}$$

に真に含まれ, さらにこのイデアルが $\mathbb{Z}[x]$ に一致しないことが確かめられるからである. 実際, これは $\mathbb{Z}[x]$ の単項イデアルではない極大イデアルである. 演習問題 3.51 を見よ.

ちょうど, $\mathbb{Z}$ における素数がすべての数の基本構成要素であったように, 環 R の素イデアルや極大イデアルも, ある意味で, R の代数的な (そして幾何的な！) 下部構造の基本構成要素である. 一方で, 我々の箴言 (3.5) がいうように, 整域や体は環のうちでもとくによいものである. これらの観察が, 次の結果が興味深くまた重要であることを説明する助けとなるだろう.

定理 3.43 R を可換環として, I を $I \neq R$ を満たすイデアルとしよう.
    (a) I が素イデアルである必要十分条件は, 剰余環 R/I が整域であることである.
    (b) I が極大イデアルである必要十分条件は, 剰余環 R/I が体であることである.

証明 この定理は 2 つの「必要十分である」という主張からなるので, 示されるべき主張は実際には 4 つあることになる.

(a) $\boxed{I = \text{素イデアル} \implies R/I = \text{整域}}$

$a + I$ と $b + I$ を R/I の 2 つの元で, 掛けると零になるものとする. つまり,

$$(a + I) \cdot (b + I) = 0 + I.$$

これは $ab + I = 0 + I$ を意味し，よって $ab \in I$ である．I が素イデアルであるという仮定から，$a \in I$ もしくは $b \in I$ であり，つまり $a + I = I$ もしくは $b + I = I$ である．よって，$a + I$ もしくは $b + I$ の少なくとも一方は $0 + I$ と等しく，よって R/I が整域であることが示された．

(a) $\boxed{R/I = \text{整域} \implies I = \text{素イデアル}}$

$a, b \in R$ が $ab \in I$ を満たすとする．すると，

$$(a + I) \cdot (b + I) = ab + I = 0 + I$$

であるから，$a + I$ と $b + I$ の積は R/I において零である．R/I は整域であることを仮定しているから，$a + I = I$ もしくは $b + I = I$ が結論できる．つまり，$a \in I$ もしくは $b \in I$ である．以上から I が素イデアルであることが示された．

(b) $\boxed{I = \text{極大イデアル} \implies R/I = \text{体}}$

$a + I$ を R/I の零ではない元，つまり，$a \notin I$ とする．I が極大イデアルということを示すために，また，議論に a を持ち出すために，次のイデアル J を考えることは自然である：

$$I \subseteq \boxed{\text{イデアル } J \text{ で } a \text{ を含むもの}} \subseteq R.$$

J は I を含んでいてほしいし，J が a を含んでいてほしいし，もちろん J はイデアルであってほしい．つまり，このような J のうち最小のものは次のものである：

$$J = \{ar + b \colon r \in R \text{ かつ } b \in I\}.$$

J がイデアルになることは各自で確認してほしい．演習問題 3.48 を見よ．J の元で $r = 0$ であるものを見ると，$I \subset J$ がわかり，一方 $r = 1$ で $b = 0$ であるものを見ると $a \in J$ がわかる．$a \notin I$ がわかっているから，J は I よりも真に大きい．記号で表せば，$I \subsetneq J \subseteq R$ である．I が極大イデアルであることを仮定しているから，定義から $J = R$ とならざるをえない．とくに，$1 \in J$ である．よって，$c \in R$ と $b \in I$ をうまくとって，$1 = ac + b$ とできる．R/I の元としていえば，$b + I = I$ を使って

$$1 + I = (ac + b) + I = ac + I = (a + I) \cdot (c + I)$$

がわかる．よって，$a + I$ は R/I で乗法の逆元を持ち，我々はこれが R/I の零でない元のすべてで正しいことを示した．よって R/I は体である．

(b) $\boxed{R/I = \text{体} \implies I = \text{極大イデアル}}$

J をイデアルで，$I \subseteq J \subseteq R$ を満たすものとしよう．$J = I$ なら示すべきことはないの

で，$J \neq I$ と仮定する．よって，$a \in J$ で $a \notin I$ を満たす元が存在する．すると，剰余類として $a + I \neq 0 + I$ であり，$a + I$ は R/I の零でない元である．いま，R/I が体であることを仮定しているから，$a + I$ は乗法的な逆元 $c + I$ を持つ．つまり，

$$1 + I = (a + I) \cdot (c + I) = ac + I$$

であるから，$b \in I$ が存在して $1 = ac + b$ となる．しかし，$a \in J$ だから，$ac \in J$ であり，一方で $b \in I \subset J$ だから，元 $ac + b$ は J の元である．よって $1 \in J$ が示されたが，勝手な元 $r \in R$ に対して，$r = r \cdot 1 \in J$ となり，$J = R$ も示された．以上から I が極大イデアルであることが示された． □

定理 3.43 の威力は次の系のうまい証明から見てとれる．

系 3.44 極大イデアルは素イデアルである[13]．

証明 演習問題 3.19 により，体は整域である．よって，定理 3.43 を使うと次がわかる：

$$I \text{ は極大イデアル} \implies R/I \text{ は体} \implies R/I \text{ は整域} \implies I \text{ は素イデアル}.$$

これで系が示された． □

注意 3.45 すべての環は，少なくとも 1 つ極大イデアルを持っているということを知っておくとよい．この主張は，選択公理という，集合論の基本的な仮定の 1 つと同値であることが知られている．14.2 節ならびに演習問題 14.10 を見よ．

演習問題

3.2 節 抽象的な環と環準同型写像
3.1 R を環，$a, b \in R$ とする．
(a) 次を示せ：

$$(-a) \cdot (-b) = a \cdot b.$$

これは命題 3.2 (b) である．
(b) 命題 3.2 (a) の我々の証明は，乗法的な単位元 1_R を用いたものだった．R が乗法の単位元を持たなくても通用する証明を与えよ．
証明のそれぞれのステップを，定義，環の公理，もしくはすでに証明したステップですべて正当化せよ．

3.2 R を可換環とする．
(a) 写像

$$f : R \longrightarrow R, \quad f(a) = a^2$$

が環準同型写像であるとする．このとき $1_R + 1_R = 0_R$ が成り立つことを示せ．もう少し具体的にいうと，環 R では $2 = 0$ であることを示せ．

---

[13] 極大イデアルではない素イデアルが存在しうるから，逆は必ずしも真ではない．例 3.42 を見よ．

演習問題　　**93**

(b) 逆に，環 R で $2 = 0$ が成り立つならば，$f(a) = a^2$ が R から R への環準同型写像であること
を示せ.

(c) 写像

$$f: R \longrightarrow R, \quad f(a) = a^3$$

が環準同型写像であると仮定する．この環 R では $6 = 0$ であることを示せ.

3.3 節　環のおもしろい例

3.3 $m \geq 1$ を整数として，写像 ϕ を次のように定める：

$$\phi: \mathbb{Z} \longrightarrow \mathbb{Z}/m\mathbb{Z}, \quad \phi(a) = a \bmod m.$$

言い換えると，ϕ は整数を，その法 m の合同類に移す写像である．ϕ が環準同型写像であることを示
せ.

3.4 (a) $\alpha = 7$, $\beta = 11$ を $\mathbb{Z}/17\mathbb{Z}$ の元とする．$\alpha + \beta$ と $\alpha \cdot \beta$ を計算せよ.

(b) $\alpha = 2 + 4x$, $\beta = 1 + 4x + 3x^2$ を多項式環 $(\mathbb{Z}/7\mathbb{Z})[x]$ の元とする．$\alpha + \beta$ と $\alpha \cdot \beta$ を計算せよ.

(c) $\alpha = 3 + 2i$, $\beta = 2 - 3i$ をガウス整数環 $\mathbb{Z}[i]$ の元とする．$\alpha + \beta$ と $\alpha \cdot \beta$ を計算せよ.

(d) $\alpha = 3 + 2x - x^2$, $\beta = 2 - 3x + x^2$ を多項式環 $\mathbb{Z}[x]$ の元とする．$\alpha + \beta$ と $\alpha \cdot \beta$ を計算せよ.

(e) $R = \mathbb{Z}[i]$ をガウス整数環とし，$\alpha = (1 + i) + (2 - i)x - x^2$, $\beta = (2 + i) + (1 + 3i)x$ を多項式
環 $R[x]$ の元とする．$\alpha + \beta$ と $\alpha \cdot \beta$ を計算せよ.

(f) $\alpha = 1 + 2\boldsymbol{i} - \boldsymbol{j} + \boldsymbol{k}$, $\beta = 2 - \boldsymbol{i} + 3\boldsymbol{j} - \boldsymbol{k}$ をハミルトンの 4 元数環 $\mathbb{H}$ の元とする．$\alpha + \beta$ と $\alpha \cdot \beta$
を計算せよ.

3.5 我々はすでにガウス整数環 $\mathbb{Z}[i]$ を見た．より一般に，任意の整数 D で整数の平方ではないもの
に対して[14]，次のように環を定義できる：

$$\mathbb{Z}[\sqrt{D}] = \{a + b\sqrt{D} : a, b \in \mathbb{Z}\}.$$

$D > 0$ なら $\mathbb{Z}[\sqrt{D}]$ は $\mathbb{R}$ の部分環であるが，$D < 0$ なら $\mathbb{C}$ の部分環になる.

(a) $\alpha = 2 + 3\sqrt{5}$, $\beta = 1 - 2\sqrt{5}$ を $\mathbb{Z}[\sqrt{5}]$ の元とする．次の量を計算せよ：

$$\alpha + \beta, \quad \alpha \cdot \beta, \quad \alpha^2.$$

(b) 写像

$$\phi: \mathbb{Z}[\sqrt{D}] \longrightarrow \mathbb{Z}[\sqrt{D}], \quad \phi(a + b\sqrt{D}) = a - b\sqrt{D}$$

が環準同型写像であることを示せ．（記号の約束として，$\alpha = a + b\sqrt{D} \in \mathbb{Z}[\sqrt{D}]$ に対して，複
素共役の記号のように，しばしば $\overline{\alpha} = a - b\sqrt{D}$ と書く.）

(c) (b) の記号のもと，次を示せ：

$$\text{任意の } \alpha \in \mathbb{Z}[\sqrt{D}] \text{ に対して } \alpha \cdot \overline{\alpha} \in \mathbb{Z}.$$

3.6 ρ を複素数 $\rho = \frac{-1 + i\sqrt{3}}{2} \in \mathbb{C}$ として，

$$\mathbb{Z}[\rho] = \{a + b\rho : a, b \in \mathbb{Z}\}$$

とする.

---

[14] 整数の平方を除外するのは，もし $D = d^2$ なら，$\mathbb{Z}[\sqrt{D}] = \mathbb{Z}[d] = \mathbb{Z}$ となり，興味深い新しい環を得ることがで
きないからである.

94   第 3 章　環——第 1 部

(a) $\rho^3 = 1$ を示せ. よって, ρ は 1 の 3 乗根である.

(b) $\rho^2 + \rho + 1 = 0$ を示せ. (ヒント：直接計算してもよいが, (a) と $\rho^3 - 1$ の因数分解を使う方が易しい.)

(c) 多項式 $x^3 - 1$ が次のように因数分解できることを示せ：

$$X^3 - 1 = (X - 1)(X - \rho)(X - \rho^2).$$

(d) $\mathbb{Z}[\rho]$ が複素数体 $\mathbb{C}$ の部分環になることを示せ. (ここで鍵となるのは, $\mathbb{Z}[\rho]$ の 2 つの元を加えたり掛けたりした結果が, 再び $\mathbb{Z}[\rho]$ の元となることである.)

3.7　$R = \mathbb{Z}/5\mathbb{Z}$ として, $f(x), g(x) \in R[x]$ を次の多項式とする：

$$f(x) = x^6 + 4x^5 + 4x^2 + 4x + 3, \quad g(x) = x^6 + 3x^5 + 4x^2 + 3.$$

次を示せ：

$$\text{任意の } c \in R \text{ に対して } f(c) = g(c).$$

$f(x)$ と $g(x)$ の係数は同じではないから, $R[x]$ の元としては $f(x) \neq g(x)$ である. しかし $R \to R$ という写像としては $f(x)$ と $g(x)$ は等しい.

3.8　R を可換環とする. $c \in R$ として, $E_c : R[x] \to R$ を, 評価写像 $E_c(f) = f(c)$ とする.

(a) E_c が環準同型写像であることを示せ.

(b) $E_c(f) = 0$ であることと, 多項式 $g(x) \in R[x]$ が存在して $f(x) = (x - c)g(x)$ が成り立つことが同値であることを示せ. つまり, $\ker(E_c)$ が $x - c$ が生成する単項イデアルであることを示せ.

3.9　R を非可換で, たとえば $\alpha, \beta \in R$ が $\alpha\beta \neq \beta\alpha$ を満たすとしよう. このときも $R[x]$ を環にすることができる. 多項式をつねに

$$p(x) = a_0 + a_1 x + a_2 x^2 + \cdots + a_d x^d$$

の形に書いて, x が R のどの元とも可換であるという通常の規則で計算する. たとえば, 積 $(ax^i)(bx^j)$ は abx^{i+j} に等しい. しかし, bax^{i+j} に等しいとは限らない. このときも, 評価写像 $E_\alpha : R[x] \to R$ を

$$E_\alpha(p(x)) = a_0 + a_1 \alpha + a_2 \alpha^2 + \cdots + a_d \alpha^d$$

と定義することができる. もし R が非可換なら, E_α は環準同型写像では**ない**ことを示せ. (非可換環に係数を持つ多項式が, 可換な場合よりも不便な理由の 1 つがこれである.)

3.10　例 3.8 で考えた写像

$$\mathbb{C} \hookrightarrow M_2(\mathbb{R}), \quad x + yi \longmapsto \begin{pmatrix} x & y \\ -y & x \end{pmatrix}$$

が単射な環準同型であることを示せ.

3.11　任意の可換環 R に対して,

$$M_2(R) = \left\{ \begin{pmatrix} a & b \\ c & d \end{pmatrix} : a, b, c, d \in R \right\}$$

を 2 行 2 列の行列で成分が R の元であるもの全体の集合とする. 和を対応する成分同士の和で定義

演習問題　**95**

し，積を例 2.21 の式 (2.4) で記述したものとして定義する．

(a) $M_2(R)$ が環になることを示せ．

(b) $M_2(R)$ は非可換であることを示せ．

(c) 零でない $A, B \in M_2(R)$ で $AB = 0$ を満たすものを見つけよ．（3.4 節の用語でいえば，A と B は零因子であり，$M_2(R)$ は整域ではない[15]．）

(d) $A = \begin{pmatrix} a & b \\ c & d \end{pmatrix} \in M_2(R)$ とする．$B \in M_2(R)$ で，$AB = I$ を満たすものが存在することと，$ad - bc$ が R で乗法的な逆元を持つことが同値であることを証明せよ．

(e) $A, B \in M_2(R)$ とする．$AB = I$ と $BA = I$ が同値であることを証明せよ．

(f) より一般に，任意の $n \geq 2$ に対して，行列の集合 $M_n(R)$ は行列の加法と乗法について非可換環であり，さらに，$A \in M_n(R)$ が（両側の）乗法的な逆元を持つことと，$\det(A)$ が R の乗法的な逆元を持つことが同値であることを証明せよ．（ヒント：最後の主張については，A の余因子行列 A^{adj} の定義を思い出し，$M_n(R)$ において $AA^{\mathrm{adj}} = (\det A)I$ が成り立つことを証明せよ．）

3.12　R_1 と R_2 を可換環として，$\phi \colon R_1 \to R_2$ を環準同型写像とする．多項式環の間の写像 Φ を，係数に ϕ を作用させることで定義する．つまり，

$$\Phi \colon R_1[x] \longrightarrow R_2[x], \quad \Phi\left(\sum_{i=0}^{d} a_i x^i\right) = \sum_{i=0}^{d} \phi(a_i) x^i$$

である．

(a) Φ が環準同型写像であることを示せ．

(b) ϕ が環の同型写像であるとき，Φ も環の同型写像であることを示せ．

3.13　R を可換環とする．R 係数の 2 変数の多項式環を考えよう[16]．

$$R[x, y] = \{a_{00} + a_{10}x + a_{01}y + a_{20}x^2 + a_{11}xy + a_{02}y^2 + \cdots + a_{mn}x^m y^n : a_{ij} \in R\}.$$

言い換えると，$R[x, y]$ の元は[17]，次の形をしている：

$$f(x, y) = \sum_{i=0}^{m} \sum_{j=0}^{n} a_{ij} x^i y^j.$$

(a) $f(x, y) = 3 + 2x - y + x^2 + xy$ と $g(x, y) = 1 - x + 3y - xy + 2y^2$ を $\mathbb{Z}[x, y]$ の元とする．$f + g$ と $f \cdot g$ を計算せよ．

(b) (a) と同じ問いを，f, g が $(\mathbb{Z}/4\mathbb{Z})[x, y]$ の元だと思って解け．

(c) $b, c \in R$ に対して，評価写像を次のように定義する：

$$E_{b,c} \colon R[x, y] \longrightarrow R, \quad E_{b,c}(f(x, y)) = f(b, c).$$

$E_{b,c}$ が環の準同型写像であることを証明せよ．

3.14　$R[x, y]$ を，演習問題 3.13 で考えた，R に係数を持つ 2 変数の多項式環とする．この演習問題では，x と y を入れ替えても変わらない多項式に注目する．たとえば，

$$x + y, \quad xy, \quad x^2 + y^2$$

---

[15] 訳注：整域の定義（定義 3.13）によれば整域は可換環なので，(b) により $M_2(R)$ が非可換とわかった時点で整域ではない．

[16] もしそうしたければ，より多くの変数の多項式環に拡張することは読者に委ねたい．

[17] 和の項を，x と y の冪指数に応じてまとめておく方が便利なこともあると注意しておきたい．したがって，$f(x, y)$ を $\sum_{k=0}^{m+n} \sum_{i=0}^{k} a_{i,k-i} x^i y^{k-i}$ の形に書くこともできる．

96 第 3 章 環——第 1 部

は $x \leftrightarrow y$ という入れ替えに対して不変である．3 つめの例については，最初の 2 つの例を使って次のように書くことができる：

$$x^2 + y^2 = (x + y)^2 - 2xy.$$

言い換えると，$g_2(u, v) = u^2 - 2v$ とすると，$x^2 + y^2 = g_2(x + y, xy)$ である．

    (a) $x^3 + y^3$ と $x^4 + y^4$ に対して同じことをせよ．つまり，多項式 $g_3(u, v), g_4(u, v) \in R[u, v]$ で，

$$x^3 + y^3 = g_3(x + y, xy) \quad かつ \quad x^4 + y^4 = g_4(x + y, xy)$$

    を満たすものを見つけよ．

    (b) より一般に，任意の $n \geq 1$ に対して，

$$x^n + y^n = g_n(x + y, xy)$$

    が成り立つような多項式 $g_n(u, v) \in R[u, v]$ が存在することを示せ．ヒント：n についての帰納法．

    (c) さらにより一般に，$f(x, y) \in R[x, y]$ を

$$f(x, y) = f(y, x)$$

    が成り立つようなものとする．このとき，

$$f(x, y) = g(x + y, xy)$$

    が成り立つような $g(u, v) \in R[u, v]$ が存在することを示せ．

3.15 R を可換環として，$f(x) \in R[x]$ を R に係数を持つ多項式とする．$\boldsymbol{f(x)}$ の形式的な微分 $\boldsymbol{f'(x)}$ を，$f(x)$ を次のように書くことによって定義する：

$$f(x) = \sum_{k=0}^{n} a_k x^k \quad に対して \quad f'(x) = \sum_{k=1}^{n} k a_k x^{k-1}.$$

ここで，極限はとっていないことに注意せよ．したがって，形式的な微分は環 R が，たとえば $\mathbb{Z}/m\mathbb{Z}$ のようなものでも意味がある．また，この演習問題においては，微積分での証明には頼れないから，$f'(x)$ の定義を直接用いる必要があることもわかる．

    (a) $f(x), g(x) \in R[x]$ とする．$(f + g)'(x) = f'(x) + g'(x)$ を証明せよ．

    (b) $f(x), g(x) \in R[x]$ とする．$(f \cdot g)'(x) = f(x)g'(x) + g(x)f'(x)$ を証明せよ．

    (c) $f(x), g(x) \in R[x]$ とする．$f(g(x))$ の形式的な微分は，$f'(g(x))g'(x)$ であることを証明せよ．（ヒント：まず $f(x) = x^i$ に対して成り立つことを i についての帰納法と (b) を用いて示す．次に，$f(g(x))$ を $g(x)$ の冪の和で表し，(a) を使う．）

3.16 4 元数 $\alpha = a + bi + cj + dk \in \mathbb{H}$ に対して $\overline{\alpha} = a - bi - cj - dk$ とする．

    (a) $\alpha\overline{\alpha} \in \mathbb{R}$ を示せ．

    (b) $\alpha\overline{\alpha} = 0$ と $\alpha = 0$ が同値であることを示せ．

    (c) $\alpha, \beta \in \mathbb{H}$ として，さらに $\alpha\beta = 0$ と仮定する．このとき $\alpha = 0$ または $\beta = 0$ を示せ．

    (d) $\alpha, \beta \in \mathbb{H}$ とする．

$$\overline{\alpha + \beta} = \overline{\alpha} + \overline{\beta} \quad かつ \quad \overline{\alpha \cdot \beta} = \overline{\beta} \cdot \overline{\alpha}.$$

    を示せ．注意：積が可換ではないので，積の順番には意味がある．

    (e) $\alpha \in \mathbb{H}$ かつ $\alpha \neq 0$ とする．このとき，$\alpha\beta = \beta\alpha = 1$ を満たす $\beta \in \mathbb{H}$ が存在することを示せ．つまり，$\mathbb{H}$ の非零元は乗法的な逆元を持つ．

演習問題　**97**

3.17　R を（非可換かもしれない）環とする．**R の中心**とは，R の元であって，R の任意の元と可換なもの全体とする，つまり

$$R^{\text{center}} = \{\alpha \in R : \text{任意の } \beta \in R \text{ に対して } \alpha\beta = \beta\alpha\}.$$

(a) R^{center} は R の可換な部分環であることを示せ．
(b) 4 元数環 $\mathbb{H}$ の中心は何か？
(c) F を体とする．例 3.8 で考えた 2 行 2 列の行列全体の環 $M_2(F)$ の中心は何か？
(d) より一般に，n 行 n 列の行列全体のなす環 $M_n(F)$ の中心は何か？

3.4 節　重要で特別な環

3.18　m を正の整数とする．
(a) $\mathbb{Z}/m\mathbb{Z}$ が整域であることと m が素数であることは同値なことを示せ．
(b) $\mathbb{Z}/m\mathbb{Z}$ が体であることと m が素数であることは同値なことを示せ．

3.19　R を体とする．R は整域であることを示せ．つまり，R は零因子を持たないことを示せ．

3.20　次のそれぞれの環は体では**ない**ことを示せ．

$$\text{(a) } \mathbb{Z}[i]. \qquad \text{(b) } \mathbb{R}[x]. \qquad \text{(c) } \mathbb{H}. \qquad \text{(d) } n \geq 2 \text{ のとき } M_n(\mathbb{R}).$$

3.21　R を可換環とする．命題 3.15，つまり，R が整域である必要十分条件は簡約法則を満たすことであるのを証明せよ．

3.22　R を有限整域とする．つまり，R は整域であって，有限個の元を持つ．このとき R は体であることを証明せよ．（ヒント：$a \in R$ を $a \neq 0$ とする．最初に，写像

$$R \longrightarrow R, \quad b \longmapsto ab$$

が単射であることを示せ．さらにこれを使って，この写像が全射であることを示せ．）

3.23　R を環とする．例 3.9 で説明したように，環準同型写像 $\phi \colon \mathbb{Z} \to R$ が存在すれば，次を満たす：

$$\phi(n) = \begin{cases} 1_R + 1_R + \cdots + 1_R \ (n \text{ 項}) & n > 0 \text{ のとき}, \\ 0_R & n = 0 \text{ のとき}, \\ -1_R - 1_R - \cdots - 1_R \ (-n \text{ 項}) & n < 0 \text{ のとき}. \end{cases}$$

$m, n \in \mathbb{Z}$ とする．
(a) $\phi(m + n) = \phi(m) + \phi(n)$ を示せ．
(b) $\phi(m \cdot n) = \phi(m) \cdot \phi(n)$ を示せ．
(c) ϕ が環準同型写像であることを示せ．
$m,\ n,\ m + n,\ mn$ のいずれも，正にも負にも零にもなりうるので，確認すべき場合はたくさんある．帰納法を試してみよ．

3.24　R を可換環とする．零でない多項式 $f(x) \in R[x]$ の**次数**とは，$f(x)$ に現れる x の最も高い冪指数のことである．よって，$f(x)$ が次数 d であるとは，$f(x)$ が次のように表されるときである：

$$f(x) = a_0 + a_1 x + a_2 x^2 + \cdots + a_d x^d, \quad a_0, \ldots, a_d \in R \text{ であり } a_d \neq 0.$$

（慣習によって，$\deg(0) = -\infty$ とする．つまり，零多項式の次数は任意の数よりも小さいとする．）
(a) $f(x), g(x) \in R[x]$ なら

98 第 3 章 環——第 1 部

$$\deg(f(x) + g(x)) \leq \max\{\deg f(x),\ \deg g(x)\} \tag{3.6}$$

であることを証明せよ.

(b) $\deg f \neq \deg g$ なら,式 (3.6) は等式であることを証明せよ.

(c) R は整域である,つまり零因子はないと仮定する.このとき,

$$\deg(f(x)g(x)) = \deg f(x) + \deg g(x) \tag{3.7}$$

であることを証明せよ.

(d) $R = \mathbb{Z}/6\mathbb{Z}$ とする.多項式 $f(x), g(x) \in R[x]$ で,$\deg(f) = 1$ かつ $\deg(g) = 1$,さらに (3.7) が等式では**ない**ものを見つけよ.

3.25 R を可換環とする.

(a) 次の写像が環準同型写像であるような整域がただ 1 つ存在することを証明せよ.

$$f : R \longrightarrow R, \quad f(a) = a^6.$$

($1_R \neq 0_R$ という事実を使う必要があるだろう.)

(b) 次の写像が環準同型写像であるような整域を少なくとも 2 つ見つけよ.他にもあるだろうか？

$$f : R \longrightarrow R, \quad f(a) = a^{15}.$$

(c) (a), (b) それぞれについて,与えられた写像が環準同型写像だが,整域ではない例を少なくとも 1 つ見つけよ.

(d) p, q を相異なる素数とする.整域 R で,$f(a) = a^{pq}$ が環準同型写像になるようなものを特徴づけよ.(これは,いま手元にある道具だけでは難しい問題だが,おもしろい問題でもある.やってみよう！)

3.26 R を環とする.$a \in R$ が満たしうる 3 つの性質を定義する.

- a が**冪零**とは,ある $n \geq 1$ に対して $a^n = 0$ となることである.
- a が**冪単**とは,$a - 1$ が冪零であること,つまり,ある $n \geq 1$ に対して $(a-1)^n = 0$ となることである.
- a が**冪等**とは,$a^2 = a$ となることである.

(a) R が整域のとき,R のすべての冪零元,冪単元,冪等元を述べよ.とくに,それぞれ何個あるだろうか？

(b) $p \in \mathbb{Z}$ を素数とし,$k \geq 1$ とする.$\mathbb{Z}/p^k\mathbb{Z}$ の冪零元をすべて述べよ.とくに,それぞれ何個あるだろうか？

(c) $a \in R$ を冪単元とする.a は単元であること,つまり,乗法の逆元を持つことを示せ.

(d) $A \in M_n(\mathbb{C})$ を n 行 n 列の複素数成分の行列全体のなす環の元とする.
  (i) A が冪零である必要十分条件は,その固有値がすべて 0 であることを示せ.
  (ii) A が冪単である必要十分条件は,その固有値がすべて 1 であることを示せ.
  (iii) A が冪等なら,その固有値は集合 $\{0, 1\}$ に含まれることを示せ.逆は成り立つだろうか？つまり,A の固有値が $\{0, 1\}$ に含まれるなら,A は冪等か？ もしそうでないなら,A が冪単になるための追加の条件を述べよ.

3.27 演習問題 3.16 で,4 元数環

$$\mathbb{H} = \{a + b\boldsymbol{i} + c\boldsymbol{j} + d\boldsymbol{k} : a, b, c, d \in \mathbb{R}\}$$

には零因子がないことを示した.とくに,環 $\mathbb{H}$ は斜体である.つまり,すべての非零元は乗法的逆元

を持つ．$\mathbb{R}$ を $\mathbb{C}$ に置き換えて，「複素 4 元数」の環を定義したとしよう．つまり，

$$\mathbb{H}_{\mathbb{C}} = \{a + bi + c\boldsymbol{j} + d\boldsymbol{k} : a, b, c, d \in \mathbb{C}\}$$

として，通常の乗法規則（例 3.7 の $\boldsymbol{i}$, $\boldsymbol{j}$, $\boldsymbol{k}$ についての規則）を用いるのである．$\mathbb{H}_{\mathbb{C}}$ は零因子を持つことを示せ．（おまけの問題：$\mathbb{H}_{\mathbb{C}}$ の零因子をすべて述べよ．）

3.5 節　単元群と環の積

3.28 (a) 単数群 $\mathbb{Z}^*$ を計算せよ．

(b) 単数群 $\mathbb{Q}^*$ を計算せよ．

(c) 単数群 $\mathbb{Z}[i]^*$ を計算せよ．

(d) 環 $\mathbb{Z}[\sqrt{2}] = \{a + b\sqrt{2} : a, b \in \mathbb{Z}\}$ を考える．$1 + \sqrt{2} \in \mathbb{Z}[\sqrt{2}]^*$ を示せ．$1 + \sqrt{2}$ の冪乗，つまり，$(1 + \sqrt{2})^n$ も $n = 1, 2, 3, \ldots$ に対してすべて異なり，よって $\mathbb{Z}[\sqrt{2}]^*$ は無限個の元を持つことを示せ．

(e) $\mathbb{R}[x]^* = \mathbb{R}^*$ を示せ．とくに，$\mathbb{R}[x]$ に含まれる多項式で，乗法に関する逆元を持つのは，零でない定数であることを示せ．

(f) $1 + 2x$ が，$\mathbb{Z}/4\mathbb{Z}$ を係数とする多項式の環 $(\mathbb{Z}/4\mathbb{Z})[x]$ の単元であることを示せ．（チャレンジ：単数群 $(\mathbb{Z}/4\mathbb{Z})[x]^*$ を記述せよ．）

(g) チャレンジ問題．$\mathbb{Z}[\sqrt{2}]^*$ の任意の元が，ある $n \in \mathbb{Z}$ について $\pm(1 + \sqrt{2})^n$ の形であることを示せ．（このチャレンジ問題が解けなくても心配しないこと．考えるだけで十分意味がある．）

3.29 (a) R を可換環とし，その単元群 R^* が有限群であると仮定して $n = \#R^*$ とする．任意の $a \in R^*$ が次を満たすことを示せ：

$$a^n = 1.$$

（ヒント：ラグランジュの定理を使う．より具体的には，系 2.50 を使う．）

(b) p を素数，$a \in \mathbb{Z}$ を整数で $p \nmid a$ であるものとする．(a) を用いて

$$\text{フェルマーの小定理} \quad a^{p-1} \equiv 1 \pmod{p}$$

を示せ．（ヒント：$\mathbb{Z}/p\mathbb{Z}$ の単数群を考える．）

3.30 (a) 単数群 $(\mathbb{Z}/p\mathbb{Z})^*$ を，素数 $p = 7, 11, 13$ について計算せよ．どれが巡回群だろうか？

(b) 単数群 $(\mathbb{Z}/m\mathbb{Z})^*$ を，合成数 $m = 8, 9, 15$ について計算せよ．どれが巡回群だろうか？

3.31 $R_1, \ldots, R_n$ を環とする．

(a) 積 $R_1 \times \cdots \times R_n$ が，定義 3.22 で述べた加法と乗法によって環になることを証明せよ．

(b) 各 $1 \leq j \leq n$ に対して，次のように

$$\pi_j \colon R_1 \times R_2 \times \cdots \times R_n \longrightarrow R_j, \quad \pi_j(a_1, a_2, \ldots, a_n) = a_j$$

を定義する．このとき，π_j が環準同型写像であることを示せ．

(c) R を環として，各 $1 \leq j \leq n$ に対して環準同型写像 $\psi_j \colon R \to R_j$ が与えられているとする．すると，写像

$$\phi \colon R \longrightarrow R_1 \times R_2 \times \cdots \times R_n$$

で，次の性質を満たすものがただ 1 つ存在することを示せ：

$$\text{各 } r \in R \text{ と各 } 1 \leq j \leq n \text{ に対して } \pi_j(\phi(r)) = \psi_j(r).$$

100　第3章　環——第1部

(d) $R_1, \ldots, R_n$ が有限個の元からなるならば，

$$\#(R_1 \times \cdots \times R_n) = (\#R_1) \cdot (\#R_2) \cdots (\#R_n)$$

が成り立つことを示せ.

3.32　環の直積 $\mathbb{Z}/2\mathbb{Z} \times \mathbb{Z}/3\mathbb{Z}$ が環 $\mathbb{Z}/6\mathbb{Z}$ に同型であることを，具体的な環同型写像 $\mathbb{Z}/6\mathbb{Z} \to \mathbb{Z}/2\mathbb{Z} \times \mathbb{Z}/3\mathbb{Z}$ を書き下すことで証明せよ.

3.33　R を非可換環とする．R の（両側）逆元の群を

$$R^* = \{a \in R : ab = ca = 1 \text{ を満たす } b, c \in R \text{ が存在する}\}$$

と定義する.
　(a) $ab = ca = 1$ なら，$b = c$ を示せ.
　(b) R^* が，R の乗法に関して群であることを示せ.

3.34　命題 3.25 で，可換環の積の単元群は単元群の直積であることを示した．$R_1, \ldots, R_n$ の1つ以上が非可換であっても，

$$(R_1 \times \cdots \times R_n)^* \cong R_1^* \times \cdots \times R_n^*$$

が成り立つことを示せ.（R の単元群 R^* は右逆元と左逆元を持つような元からなるのだった．演習問題 3.33 を見よ.）

3.35　R を可換環とする．演習問題 3.26 で見たように，元 $e \in R$ が**冪等元**とは，$e^2 = e$ を満たすことだった.
　(a) $e \in R$ を冪等元とする．$1 - e$ も冪等元であることと，e と $1 - e$ の積が 0 であることを示せ.
　(b) $e \in R$ を冪等元で，$e \neq 0$ であるものとする．$eR = \{ea : a \in R\}$ を，e を乗法的な単位元とする環にできることを示せ.
　(c) $e \in R$ を冪等元で，$e \neq 0$ かつ $e \neq 1$ であるものとする．(a) により，$1 - e$ は冪等元である．(b) により，eR と $(1 - e)R$ が，適切に乗法的な単位元を選ぶことで，環になることがわかっている．次の写像が環準同型写像であることを示せ.

$$R \longrightarrow eR \times (1 - e)R, \quad a \longmapsto (ea, (1 - e)a).$$

　よって，環 R の中の冪単元により，R をより小さく簡単な環の積に分けることができる.
　(d) R_1 と R_2 を環とする．冪等元 $e_1, e_2 \in R_1 \times R_2$ で，さらに $e_1 \cdot e_2 = 0$ を満たすものを見つけよ．もし $\alpha \in R_1 \times R_2$ なら，$a_1 \in R_1$ と $a_2 \in R_2$ がただ1つずつ定まって，$\alpha = a_1 e_1 + a_2 e_2$ が成り立つことを示せ.

3.36　記号 $\boldsymbol{L}$ を使って，環

$$R = \{a + b\boldsymbol{L} : a, b \in \mathbb{Z}\}$$

を，明らかな加法

$$(a + b\boldsymbol{L}) + (c + d\boldsymbol{L}) = (a + c) + (b + d)\boldsymbol{L},$$

乗法

$$\boldsymbol{L}^2 = 1 \quad \text{かつ} \quad \text{任意の } a \in \mathbb{Z} \text{ で } \boldsymbol{L}a = a\boldsymbol{L}$$

と，分配法則が成り立つという条件によって定義する．言い換えると，環 R はガウス整数環 $\mathbb{Z}[i]$ に

非常によく似ているが，$\boldsymbol{L}^2 = 1$ であり，-1 ではないことだけが違う．
- (a) 積 $(a + b\boldsymbol{L}) \cdot (c + d\boldsymbol{L})$ の公式を導け．
- (b) R は零因子を持つことを示せ．
- (c) R は $\mathbb{Z} \times \mathbb{Z}$ と同型では**ない**ことを示せ．
- (d) しかし，環

$$S = \{a + b\boldsymbol{L} : a, b \in \mathbb{Q}\}$$

は環 $\mathbb{Q} \times \mathbb{Q}$ と同型で**ある**ことを示せ．

3.37 $R_1, R_2, R_3, \ldots$ を環の無限個の列とする．$R_1, R_2, R_3, \ldots$ の積とは，次の環である．

$$R_1 \times R_2 \times R_3 \times \cdots = \{(a_1, a_2, a_3, \ldots) : a_i \in R_i\}.$$

加法と乗法は，成分ごとに行う．積を次のように表す．

$$\prod_{i=1}^{\infty} R_i.$$

- (a) $\prod_{i=1}^{\infty} R_i$ が環になることを示せ．
- (b) $R_i = \mathbb{Z}/2\mathbb{Z}$ のとき，$\prod_{i=1}^{\infty} R_i$ は非可算個の元を持つことを示せ．（この演習問題は，集合論を多少は学んだことのある読者向けである）．

3.38 R が非可換環で，$a \in R$ なら，a が**右逆元**を持つとは，$ab = 1$ を満たす $b \in R$ が存在することをいい，a が**左逆元**を持つとは，$ca = 1$ を満たす $c \in R$ が存在することをいう．
- (a) $A \in M_2(\mathbb{R})$ を 2 行 2 列の行列がなす環の元とする．例 3.8 を見よ．A が右逆元を持つことと左逆元を持つことは同値であると示せ．
- (b) より一般に $A \in M_n(\mathbb{R})$ が右逆元を持つことと左逆元を持つことは同値であると示せ．

3.39 この演習問題では，どのようにしてアーベル群から環を作るかを述べる．A をアーベル群として，次の集合を考えよう．

$$\mathrm{End}(A) = \{\phi : A \to A \text{ は群準同型写像}\}.$$

$\phi, \psi \in \mathrm{End}(A)$ に対して，和 $\phi + \psi$ と積 $\phi\psi$ を次の式で定義する．

$$(\phi + \psi)(a) = \phi(a) + \psi(a), \quad (\phi\psi)(a) = \phi(\psi(a)).$$

注意：積は写像の合成である．
- (a) $\mathrm{End}(A)$ は環であることを示せ．これは A の**自己準同型環**と呼ばれる．
- (b) $\mathrm{End}(\mathbb{Z})$ と $\mathrm{End}(\mathbb{Z} \times \mathbb{Z})$ がどのようなものか記述せよ．

3.6 節 イデアルと剰余環
3.40 R を可換環とする．
- (a) $c \in R$ とする．

$$\{cr : r \in R\}$$

が R のイデアルであることを示せ．定義 3.27 で述べたように，これを **c が生成する単項イデアル**と呼び，cR もしくは (c) と記す．
- (b) より一般に，$c_1, \ldots, c_n \in R$ とする．

102 第 3 章 環——第 1 部

$$\{r_1 c_1 + r_2 c_2 + \cdots + r_n c_n : r_1, \ldots, r_n \in R\}$$

が R のイデアルになることを示せ. 例 3.29 で述べたように, これを c_1, ..., c_n が**生成する****イデアル**と呼び, $(c_1, \ldots, c_n)$ もしくは $c_1 R + \cdots + c_n R$ と記す.

3.41 R を可換環とする. R が体である必要十分条件は, そのイデアルが零イデアル (0) もしくは環全体 R のみであることを示せ.

3.42 R を可換環, I を R のイデアルとする. 次の集合を I の**根基**という.

$$\mathrm{Rad}(I) = \{a \in R : a^n \in I \text{ となる } n \geq 1 \text{ が存在する}\}.$$

$\mathrm{Rad}(I)$ が R のイデアルになることを示せ.（ヒント：難しい点は, 和が再び $\mathrm{Rad}(I)$ の元になることを示すところである. そこで, $a^n \in I$ かつ $b^m \in I$ なら, $(a+b)^p \in I$ となる大きな冪指数 p を見つけることを試みよ.）

3.43 この演習問題の目標は, $\mathbb{Z}$ の任意のイデアルが単項イデアルであると示すことである.
  (a) I を $\mathbb{Z}$ の非零イデアルとする. I が正の整数を含むことを示せ.
  (b) I を $\mathbb{Z}$ の非零イデアルとする. c を I に含まれる最小の正整数とする. I のどの元も, c の倍数であることを示せ.（ヒント：余りのある割り算を使う.）
  (c) $\mathbb{Z}$ の任意のイデアルは単項イデアルであることを示せ.

3.44 命題 3.32 の残りの部分を証明せよ. R を可換環, I を R のイデアルとする.
  (a) $a + I$ と $a' + I$ を 2 つの剰余類とする. $a + I = a' + I$ となる必要十分条件は $a - a' \in I$ であることを示せ.
  (b) 剰余類の加法が矛盾なく定義されていることを示せ.
  (c) 剰余類の加法と乗法により, R/I が可換環になることを示せ.

3.45 R を可換環とする.
  (a) I を R のイデアルとする. 元をその剰余類に移す写像

$$R \longrightarrow R/I, \quad a \longmapsto a + I$$

が全射環準同型写像であり, その核が I であることを示せ. これは命題 3.34 (a) である.
  (b) I と J を R のイデアルとする. 次の写像が準同型写像であることを示せ.

$$R \longrightarrow R/I \times R/J, \quad a \longmapsto (a + I, a + J).$$

この環準同型写像の核は何か？　この環準同型写像が全射になる例と, 全射にならない例を与えよ.

3.46 I を, 多項式 $x^2 + 1$ で生成される $\mathbb{R}[x]$ の単項イデアルとする. 次の写像が矛盾なく定義されており, 同型写像であることを示せ. ただし, いつもの通り $i = \sqrt{-1}$ である.

$$\phi : \mathbb{R}[x]/I \longrightarrow \mathbb{C}, \quad \phi(f(x) + I) = f(i).$$

これによって, 実数体から複素数体を, 理論を使って抽象的に構成する方法がわかる. この例を我々は, 5.6 節で著しく一般化する.（ヒント：この演習問題を解く 1 つの方法としては, すべての詳細をこまごまと書き下すことであるが, 評価写像 $E_i : \mathbb{R}[x] \to \mathbb{C}$ に対して命題 3.34 を適用する方が簡単だろう.）

3.47 R を可換環とし, I を R のイデアルとする. $a \in R$ に対して, 剰余類 $a + I$ を $\bar{a}$ と書くことに

する. つまり,

$$R \longrightarrow R/I, \quad a \longmapsto \overline{a},$$

は法 I で簡約する環準同型写像である. 多項式環の写像

$$\phi \colon R[x] \longrightarrow (R/I)[x], \quad \phi(a_0 + a_1 x + a_2 x^2 + \cdots + a_d x^d) = \overline{a}_0 + \overline{a}_1 x + \overline{a}_2 x^2 + \cdots + \overline{a}_d x^d$$

を, 係数を法 I で簡約する写像として定義する. ϕ が環準同型写像であることを示せ.

3.48 R を可換環とし, I と J を R のイデアルとする.

(a) $I \cap J$ が R のイデアルであることを示せ.

(b) **イデアルの和**

$$I + J = \{a + b \colon a \in I \text{ かつ } b \in J\}$$

が R のイデアルであることを示せ.

(c) 2 つの**イデアルの積**

$$IJ = \{a_1 b_1 + a_2 b_2 + \cdots + a_n b_n \colon n \geq 1 \text{ で}, \ a_1, \ldots, a_n \in I \text{ かつ } b_1, \ldots, b_n \in J\}.$$

が R のイデアルであることを示せ.

(d) イデアルの積 IJ が, なぜ単に積の集合 $\{ab \colon a \in I \text{ かつ } b \in J\}$ ではないのか疑問に思うものもいるだろう. 1 つの例として, $R = \mathbb{Z}[x]$, I と J として, 次のものをとる[18].

$$I = 2\mathbb{Z}[x] + x\mathbb{Z}[x] \quad \text{および} \quad J = 3\mathbb{Z}[x] + x\mathbb{Z}[x].$$

積の集合 $\{ab \colon a \in I \text{ かつ } b \in J\}$ がイデアルではないことを示せ.

(e) 一方で, I もしくは J の一方が単項イデアルなら, 積の集合 $\{ab \colon a \in I \text{ かつ } b \in J\}$ はイデアルであることを示せ.

3.49 R を環とし, I を R のイデアルとする. J を R の別のイデアルとして, $\overline{J}$ を剰余環 R/I の, 次で定める部分集合とする.

$$\overline{J} = \{a + I \colon a \in J\}.$$

(a) $\overline{J}$ が R/I のイデアルであることを示せ. (さらに $I \subseteq J$ を仮定するとき, イデアル $\overline{J}$ はしばしば J/I と表記される.)

(b) $\overline{K}$ を R/I のイデアルとする. 次の集合

$$\bigcup_{a + I \in \overline{K}} (a + I)$$

が R のイデアルで, I を含むことを示せ.

(c) 以上から, 次の全単射が存在することを示せ:

$$\{R \text{ のイデアルで } I \text{ を含むもの}\} \longrightarrow \{R/I \text{ のイデアル}\}, \quad J \longmapsto J/I.$$

3.50 R を可換環とすると, 演習問題 3.26 で見たように, $a \in R$ が**冪零元**であるとは, $a^n = 0$ となるような $n \geq 1$ が存在することだったのを思い出そう. 冪零元の集合

$$\{a \in R \colon a \text{ は冪零元}\}$$

---

[18] より明示的に, $I = \{2a(x) + xb(x) \colon a(x), b(x) \in \mathbb{Z}[x]\}$, そして J も同様にとる.

104　第 3 章　環——第 1 部

が R のイデアルであることを示せ．これを**冪零根基**という．

3.7 節　素イデアルと極大イデアル

3.51　I を，整数係数の多項式の環 $\mathbb{Z}[x]$ の，次のような部分集合とする．

$$I = \{2a(x) + xb(x) \colon a(x), b(x) \in \mathbb{Z}[x]\}.$$

(a) I が $\mathbb{Z}[x]$ のイデアルであることを示せ．

(b) $I \neq \mathbb{Z}[x]$ を示せ．

(c) I が単項イデアルではないことを示せ．つまり，$I = c(x)\mathbb{Z}[x]$ となる $c(x) \in \mathbb{Z}[x]$ は存在しないことを示せ．

(d) I は $\mathbb{Z}[x]$ の極大イデアルであることを示せ．

3.52　(a) $m \neq 0$ を整数とする．イデアル $m\mathbb{Z}$ が素イデアルである必要十分条件は，$|m|$ が通常の意味で $\mathbb{Z}$ の素数であることを示せ．

(b) F を体として，$a, b \in F$ で $a \neq 0$ とする．単項イデアル $(ax + b)F[x]$ が多項式環 $F[x]$ の極大イデアルであることを示せ．

(c) F を体で，標数が 2 ではないものとする．$c \in F$ を，F の元の平方ではないものとする．単項イデアル $(x^2 - c)F[x]$ は多項式環 $F[x]$ の極大イデアルであることを示せ．

3.53　R を環とし，$M \subset R$ を極大イデアル，R^* を R の単元群とする．次は同値であることを示せ．

(a) M は R の唯一の極大イデアルである．

(b) $R = M \cup R^*$

ただ 1 つの極大イデアルを持つ環を**局所環**という．

3.54　R を環とする．$b, c \in R$ とし，$E_{b,c} \colon R[x, y] \to R$ を，演習問題 3.13 で扱った評価準同型写像とする．

(a) R が整域ならば，$\ker(E_{b,c})$ は $R[x, y]$ の素イデアルであることを示せ．

(b) R が体ならば，$\ker(E_{b,c})$ は $R[x, y]$ の極大イデアルであることを示せ．

（ヒント：命題 3.34 と定理 3.43 を使う）．

3.55　R を環，I を R のイデアルとする．演習問題 3.49 で示したように，次の全単射があるのだった．

$$\{R \text{ のイデアルで } I \text{ を含むもの}\} \longrightarrow \{R/I \text{ のイデアル}\}, \quad J \longmapsto J/I.$$

ただし，J/I は剰余類の集合

$$J/I = \{a + I \colon a \in J\}$$

である．

(a) J が R の素イデアルであることと J/I が R/I の素イデアルであることとは同値である．

(b) J が R の極大イデアルであることと J/I が R/I の極大イデアルであることとは同値である．

3.56　R を可換環とする．演習問題 3.50 で見たように，R の冪零根基とは，R の冪零元全体からなる集合

$$N = \{a \in R \colon \text{ある } n \geq 1 \text{ について } a^n = 0\}$$

のことだった．演習問題 3.50 で示したように，N は R のイデアルである．

(a) P を R の素イデアルとする．$N \subseteq P$ を示せ．

(b) 次の等式を示せ.

$$N = \bigcap_{\text{素イデアル } P \subseteq R} P.$$

ただし, 共通部分は R のすべての素イデアル全体にわたる. (注意：ここまで学んできた道具立てだけではこの部分は解決できないだろう. しかし, この冪零根基の特徴づけは非常に興味深く, ここで考えてみるだけの価値がある.)

第4章 ベクトル空間——第1部

4.1 ベクトル空間への導入

平面におけるベクトルについては，矢印の形をとった実数のペアとして，つまり (a,b) は尻尾が $(0,0)$ で先頭が (a,b) の矢印を表すものとして，間違いなくすでに学んでいるだろう．ベクトルにどのような演算ができるだろうか？ まず，ベクトル $\boldsymbol{v}$[1]に数 c を掛けることができる．たとえば，ベクトル $2\boldsymbol{v}$ は $\boldsymbol{v}$ と同じ向きで，2倍の長さのベクトルであり，一方 $-3\boldsymbol{v}$ は $\boldsymbol{v}$ の逆向きのベクトルで長さが3倍になったものである．図12を見よ．

座標を使って $\boldsymbol{v} = (a,b)$ を表せば，ベクトル $\boldsymbol{v}$ の数 c 倍とは，簡単な代数的式

$$c\boldsymbol{v} = (ca, cb) \tag{4.1}$$

となる．2つのベクトルをどのように加えるかについても学んでいるだろう．一方の先頭に他方の尻尾を継ぎ足し，3角形のもう1つの辺を書けばよい．図13を見よ．

座標を使って平面の2つのベクトルを加えることは，次の式で表される．

$$\boldsymbol{v}_1 + \boldsymbol{v}_2 = (a_1, b_1) + (a_2, b_2) = (a_1 + a_2, b_1 + b_2). \tag{4.2}$$

抽象的に考えると，ベクトルには2種類の演算が可能である．
- ベクトルに数を掛ける．これは**スカラー倍**と呼ばれる．
- 2つのベクトルを加える．これは**ベクトルの加法**と呼ばれる．

これらの演算は，たくさんの公式によって関連づけられる．たとえば，分配法則がある：

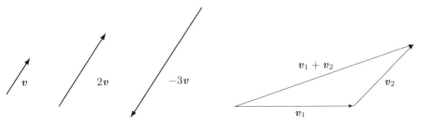

図12 ベクトルに数を掛けたときの矢印の図． 図13 2つのベクトルを加える際の3角形の図．

---

[1] 本書では，ベクトルを太文字で表す．手書きの宿題ではできないと思われるので，その際は $\vec{v}$ のように，文字の上に小さい矢印を書く．

108 第 4 章 ベクトル空間——第 1 部

$$c(\boldsymbol{v}_1 + \boldsymbol{v}_2) = c\boldsymbol{v}_1 + c\boldsymbol{v}_2.$$

さて，平面におけるベクトルの空間を，一般的な数学的構成に「にぎやかにする」[2]ころあいだろう．ちょうど，$\mathbb{Z}$ から始めて環に至ったのと同じ道筋である．

4.2 ベクトル空間と線形変換

4.1 節で「矢線ベクトル」に掛けた数（スカラー）は実数だった．ベクトルを数のペア (a, b) だと思い，加法や数 c を掛けることを，式 (4.1) や (4.2) で行えば，a, b, c をある種の数とできるだろう．たとえば，a, b, c を複素数にできるだろう．より一般に，加えたり，引いたり，掛けたり，割ったりできるような勝手な「数」にできる．3.4 節で見たように，そのような数は**体**，つまり，すべての（非零）元が乗法に関する逆元を持つような可換環に住んでいる．

定義 4.1 **体**とは，可換環 F であって，すべての $a \neq 0$ である $a \in F$ に対して，$ab = 1$ となる $b \in F$ が存在するものである．

例 4.2 すでに多くの体になじみがあるだろう．たとえば，$\mathbb{Q}, \mathbb{R}, \mathbb{C}$ はそれぞれ有理数体，実数体，複素数体である．すべての素数 p に対して，p を法とする整数の環は体であり，$\mathbb{F}_p$ もしくは $\mathbb{Z}/p\mathbb{Z}$ と表記するのだった．命題 3.20 を見よ．第 5 章で，さらに他の体をたくさん見るだろう．

この章では，体を固定して，ベクトル空間の定義の基本構成要素とする．後の第 5 章では，ベクトル空間を体と体の拡大を研究する基本的な道具とするだろう．

定義 4.3 F を体とする．**F 上のベクトル空間**，もしくは **F ベクトル空間**とは，加法 $+$ を持つアーベル群 V と，ベクトル $\boldsymbol{v} \in V$ を $c \in F$ でスカラー倍して新しいベクトル $c\boldsymbol{v}$ を得るという規則のことである．ベクトルの加法とスカラー乗法が次の公理を満たすことを要請する：

(1)［単位元則］

$$\text{任意の } \boldsymbol{v} \in V \text{ に対して } 1\boldsymbol{v} = \boldsymbol{v}.$$

(2)［分配則その 1］

$$\text{任意の } \boldsymbol{v}_1, \boldsymbol{v}_2 \in V \text{ と任意の } c \in F \text{ について } c(\boldsymbol{v}_1 + \boldsymbol{v}_2) = c\boldsymbol{v}_1 + c\boldsymbol{v}_2.$$

(3)［分配則その 2］

$$\text{任意の } \boldsymbol{v} \in V \text{ と任意の } c_1, c_2 \in F \text{ について } (c_1 + c_2)\boldsymbol{v} = c_1\boldsymbol{v} + c_2\boldsymbol{v}.$$

---

[2] 知っての通り，「にぎやかにする」の数学的に形式張った言い方は「公理化する」である．

（4）［結合則］

$$\text{任意の } \boldsymbol{v} \in V \text{ と任意の } c_1, c_2 \in F \text{ について } (c_1 c_2)\boldsymbol{v} = c_1(c_2 \boldsymbol{v}).$$

V の単位元を**零ベクトル**といい，$\boldsymbol{0}$ で表す．F の零元 $0 \in F$ と混同しないよう注意しよう．

　群や環の公理的な定義とまったく同じく，定義から直ちに導かれる基本的な性質がたくさんある．そのうちのいくつかを列挙するが，証明は読者の演習問題とする．

命題 4.4 V を F ベクトル空間とする．
　(a) 任意の $\boldsymbol{v} \in V$ に対して $0\boldsymbol{v} = \boldsymbol{0}$.
　(b) 任意の $\boldsymbol{v} \in V$ に対して $(-1)\boldsymbol{v} + \boldsymbol{v} = \boldsymbol{0}$.

証明　演習問題 4.1 を見よ． □

　ベクトル空間を特徴づける演算は，ベクトルの加法とスカラー乗法であるので，ベクトル空間の間の写像で，これらの演算を尊重する写像を考える．

定義 4.5 F を体として，V と W を F ベクトル空間とする．V から W への**線形変換**とは[3]，写像

$$L : V \longrightarrow W$$

であって，

$$\text{任意の } \boldsymbol{v}_1, \boldsymbol{v}_2 \in V \text{ と任意の } c_1, c_2 \in F \text{ に対して} \quad L(c_1 \boldsymbol{v}_1 + c_2 \boldsymbol{v}_2) = c_1 L(\boldsymbol{v}_1) + c_2 L(\boldsymbol{v}_2)$$

を満たすものである．スカラーの体を明示したい場合には，L を F 線形変換という．

注意 4.6　おそらくはより適切な別の命名は，線形変換ではなく**ベクトル空間準同型写像**だろう．というのも，群や環についての我々の研究において，「準同型写像」という単語を，代数的な対象の間の写像で，下部の代数的な構造を尊重するようなものを一括して扱うための単語として使ってきたからである．したがって，ベクトル空間準同型写像は，ベクトル空間の間の写像で，加法を尊重し（というのは我々はベクトルを足し合わせるから），またスカラー乗法を尊重する（というのは我々はベクトルにスカラーを掛けるから）ような写像のはずである．したがって，ベクトル空間準同型写像はまさに線形変換である．しかしながら，歴史的な事情によって，線形変換という用語にこだわることにする．

　次の節では，ベクトル空間や線形変換の例をたくさん提供する．

---

[3] 訳注：本邦では，この定義で述べている写像を線形写像といい，とくに $V = W$ の場合に線形変換と呼ぶことが多い．

110   第 4 章　ベクトル空間——第 1 部

4.3　ベクトル空間のおもしろい例

平面におけるベクトルを実数のペア (a, b) として，同様に我々の住む 3 次元空間[4]におけるベクトルを実数の 3 つ組み (a, b, c) として，いかに定義するかについてはすでに議論した．

例 4.7　F を体として，$n \geq 1$ を整数とする．すると，F^n は，ベクトルが F の元の n タプルであるような F ベクトル空間である．

$$F^n = \{(a_1, a_2, \ldots, a_n) \colon a_1, \ldots, a_n \in F\}.$$

ベクトルの加法とスカラー乗法はそれぞれ，成分ごとに行われる：

$$(a_1, a_2, \ldots, a_n) + (b_1, b_2, \ldots, b_n) = (a_1 + b_1, a_2 + b_2, \ldots, a_n + b_n), \tag{4.3}$$

$$c(a_1, a_2, \ldots, a_n) = (ca_1, ca_2, \ldots, ca_n). \tag{4.4}$$

これらについてベクトル空間の公理を確認することは読者に委ねたい．演習問題 4.7 を見よ．とくに興味深いのは，$\mathbb{R}^n, \mathbb{C}^n$ そして $\mathbb{F}_p^n$ である．$\mathbb{F}_p^n$ は有限集合であることに注意しよう．これは相異なるベクトルをちょうど p^n 含んでいる．

例 4.8　写像

$$L(a_1, a_2) = (3a_1 - 5a_2, 2a_1 + 3a_2),$$

$$L'(a_1, a_2, a_3) = (3a_1 - 5a_2 + 2a_3, 2a_1 + 3a_2 - 7a_3)$$

は線形変換 $L \colon \mathbb{R}^2 \to \mathbb{R}^2$ と $L' \colon \mathbb{R}^3 \to \mathbb{R}^2$ である．この例の著しい一般化については定理 10.12 を見よ．

例 4.9　係数が体 F である多項式の集合 $F[x]$ は F ベクトル空間である．多項式の加法と多項式のスカラー倍は通常のように行う．任意の $a \in F$ について，**評価写像**

$$E_a \colon F[x] \longrightarrow F, \quad E_a(f(x)) = f(a),$$

は線形変換である．より一般に，値の任意のリスト $a_1, \ldots, a_n \in F$ に対して，線形変換を次の式で定義できる：

$$E_{\boldsymbol{a}} \colon F[x] \longrightarrow F^n, \quad E_{\boldsymbol{a}}(f(x)) = (f(a_1), \ldots, f(a_n)).$$

演習問題 4.9 を見よ．

例 4.10　この例は，線形代数が微積分学とも関係があることを示している．

---

[4] そうではないのかもしれない．というのも，現代物理学によると，我々は 26 次元空間に住んでいるらしいのだが，ほとんどの次元があまりにも密に詰め込まれていて見えないのだそうだ！

$$V = \{\text{関数 } f \colon \mathbb{R} \to \mathbb{R}\},$$
$$V^{\text{cont}} = \{\text{連続関数 } f \colon \mathbb{R} \to \mathbb{R}\},$$
$$V^{\text{diff}} = \{\text{微分可能関数 } f \colon \mathbb{R} \to \mathbb{R}\}.$$

とする．これらは $\mathbb{R}$ 線形空間であり，関数の和と関数のスカラー倍はいつもの通り，次のように定義する：

$$(f+g)(x) = f(x) + g(x) \quad \text{かつ} \quad (cf)(x) = cf(x).$$

微分は線形変換である：

$$D \colon V^{\text{diff}} \longrightarrow V, \quad D(f(x)) = f'(x) = \lim_{h \to 0} \frac{f(x+h) - f(x)}{h}.$$

同様に，$a \in \mathbb{R}$ に対して，積分は線形変換である：

$$I_a \colon V^{\text{cont}} \longrightarrow V^{\text{diff}}, \quad I_a(f(x)) = \int_a^x f(t)\,dt.$$

微積分学の基本定理は次の 2 つの公式に要約できる[5]：

$$I_a \circ D(f(x)) = f(x) - f(a) \quad \text{かつ} \quad D \circ I_a(f(x)) = f(x).$$

4.4 基底と次元

$\mathbb{R}^2$ のベクトルが，2 つのベクトル $\boldsymbol{e}_1 = (1,0)$ と $\boldsymbol{e}_2 = (0,1)$ で一通りの仕方で表されることは大変便利である．つまり，ベクトル $\boldsymbol{v} = (a,b) \in \mathbb{R}^2$ は

$$(a,b) = a(1,0) + b(0,1) = a\boldsymbol{e}_1 + b\boldsymbol{e}_2$$

と表すことができ，係数 a と b は $\boldsymbol{v}$ をただ 1 つ指定する．$\mathbb{R}^n$ についても同様の構成が可能で，さらに，F が任意の体のときに F^n についても同じことがいえる．これまでも幾度もそうしてきたように，V のベクトルであって，V のベクトルをただ一通りに規定するために使えるものを公理化しよう．

定義 4.11 V を F ベクトル空間とする．**V の有限基底**[6]とは，ベクトルの有限集合 $\mathcal{B} = \{\boldsymbol{v}_1, \ldots, \boldsymbol{v}_n\} \subset V$ であって，次の性質を満たすものである：

---

[5] 正確には，最初の公式は正しくない．というのは，線形変換 D の値域が，線形変換 I_a の定義域と異なるからである．したがって，合成写像 $I_a \circ D$ が $f(x)$ において矛盾なく定義されるためには，$f'(x)$ が連続関数であることを要請しなければならない．

[6] すべてのベクトル空間が有限基底を持つわけではない．無限基底についての議論は注意 4.17 を見よ．また無限次元ベクトル空間の例は演習問題 4.20 を見よ．

112　第 4 章　ベクトル空間——第 1 部

> 任意のベクトル $v \in V$ は次のように表せる：
>
> $$v = a_1 v_1 + a_2 v_2 + \cdots + a_n v_n$$
>
> そのときのスカラー $a_1, \ldots, a_n \in F$ はただ一通りに決まる.

$a_1 v_1 + \cdots + a_n v_n$ という表示は $v_1, \ldots, v_n$ の**線形結合**と呼ばれる.

例 4.12　F を体とする. F^n の**標準基底**[7]とは, ベクトルの有限集合 $\{e_1, e_2, \ldots, e_n\}$ であって, 次の性質を満たすものである：

$$e_k = (0, 0, \ldots, 0, \underset{\substack{\uparrow \\ k \text{ 番目の座標}}}{1}, 0, \ldots, 0, 0).$$

ベクトル $v = (a_1, \ldots, a_n) \in F^n$ は, 次のような和として表され,

$$v = a_1 e_1 + a_2 e_2 + \cdots + a_n e_n$$

$e_1, \ldots, e_n$ の係数 $a_1, \ldots, a_n$ は v によってただ一通りに決まることを注意しておこう. これらの係数は, **F^n の標準基底に関する v の座標**と呼ばれる.

例 4.13　$\mathbb{R}^2$ 内の 3 つのベクトル $v_1 = (1, 0)$, $v_2 = (0, 1)$ と, $v_3 = (1, 1)$ を考えよう. $\mathbb{R}^2$ のすべてのベクトルは v_1, v_2, v_3 の線形結合であるが, しかし異なる表し方がたくさんある. つまり, $\{v_1, v_2, v_3\}$ は $\mathbb{R}^2$ の基底ではない. たとえば, $v = (5, 3)$ は次のように表される：

$$v = 5v_1 + 3v_2 = 3v_1 + v_2 + 2v_3 = 7v_1 + 5v_2 - 2v_3.$$

与えられたベクトルたちが基底になっているかをどうやって知ることができるだろうか？ この問いに, 2 つの重要な概念に基づいた次の命題により答えることができる.

定義 4.14　V を F ベクトル空間とし, $\mathcal{A} = \{v_1, \ldots, v_n\}$ を V のベクトルの有限集合とする.

(1) $\mathcal{A}$ **が V を張る**とは, V のすべての元が, $\mathcal{A}$ の元の線形結合であることをいう[8]. つまり, 任意のベクトル $v \in V$ に対して, スカラー $a_1, \ldots, a_n \in F$ で

$$v = a_1 v_1 + a_2 v_2 + \cdots + a_n v_n$$

を満たすものが存在することである. 一般に, $\mathcal{A}$ の**スパン**を次のように定義しておくと便利である：

---

[7] 用語からわかるように, 他にも F^n の基底はたくさんあることをすぐに見る.
[8] 訳注：$\mathcal{A}$ が V を張るとき, $\mathcal{A}$ を V の**生成系**ともいう.

$$\mathrm{Span}(\mathcal{A}) = \{a_1\boldsymbol{v}_1 + a_2\boldsymbol{v}_2 + \cdots + a_n\boldsymbol{v}_n : a_1, \ldots, a_n \in F\}.$$

すると，$\mathcal{A}$ が V を張るとは，$\mathrm{Span}(\mathcal{A}) = V$ を満たすことである．

(2) $\mathcal{A}$ が **線形独立** であるとは，

$$a_1\boldsymbol{v}_1 + a_2\boldsymbol{v}_2 + \cdots + a_n\boldsymbol{v}_n = \boldsymbol{0} \quad \text{を満たすスカラーが} \quad a_1 = a_2 = \cdots = a_n = 0$$

のみであることである．

命題 4.15 V を F ベクトル空間，$\mathcal{A} = \{\boldsymbol{v}_1, \ldots, \boldsymbol{v}_n\}$ を V のベクトルの集合とする．$\mathcal{A}$ が V の基底である必要十分条件は，$\mathcal{A}$ が V を張り，かつ線形独立であることである．

証明 $\mathcal{A}$ が基底であるとする．基底の定義によって，$\mathcal{A}$ は V を張る．さらに，

$$a_1\boldsymbol{v}_1 + a_2\boldsymbol{v}_2 + \cdots + a_n\boldsymbol{v}_n = \boldsymbol{0} = 0 \cdot \boldsymbol{v}_1 + 0 \cdot \boldsymbol{v}_2 + \cdots + 0 \cdot \boldsymbol{v}_n$$

が，あるスカラー $a_1, \ldots, a_n$ について成り立つが，係数の一意性により $a_1 = a_2 = \cdots = a_n = 0$ である．よって $\mathcal{A}$ は線形独立である．

$\mathcal{A}$ が V を張り，かつ線形独立であるとする．$\mathcal{A}$ が V を張ることから，任意の $\boldsymbol{v} \in V$ は $\mathcal{A}$ の元の線形結合である．よって，示すべきは $\boldsymbol{v}$ の係数が一通りに決まることだけである．

$$\boldsymbol{v} = a_1\boldsymbol{v}_1 + a_2\boldsymbol{v}_2 + \cdots + a_n\boldsymbol{v}_n \quad \text{かつ} \quad \boldsymbol{v} = b_1\boldsymbol{v}_1 + b_2\boldsymbol{v}_2 + \cdots + b_n\boldsymbol{v}_n$$

と仮定しよう．すると，

$$\boldsymbol{0} = \boldsymbol{v} - \boldsymbol{v} = (a_1 - b_1)\boldsymbol{v}_1 + (a_2 - b_2)\boldsymbol{v}_2 + \cdots + (a_n - b_n)\boldsymbol{v}_n$$

である．線形独立の定義から，係数はすべて 0 である．つまり，すべての $1 \leq i \leq n$ について $a_i = b_i$ である． □

ベクトル空間の基底は，空間の基本構成要素となるから，それが存在することをまず知りたい．次の結果は，ベクトル空間 V に有限の生成系があるなら基底がある，ということを述べている．実際，この定理は後で有用になる追加の情報も与えてくれる．

定理 4.16 V を F ベクトル空間とし，$\mathcal{S}$ を V のベクトルの有限集合で，V を張るものとする．$\mathcal{L} \subseteq \mathcal{S}$ を $\mathcal{S}$ の部分集合で，線形独立なものとする．（$\mathcal{L}$ は空集合かもしれない．）すると，V の基底 $\mathcal{B}$ で，

$$\mathcal{L} \subseteq \mathcal{B} \subseteq \mathcal{S}$$

を満たすものが存在する[9]．

---

[9] この定理をゴルディロックスの定理と呼んでもよいかもしれない．というのも，彼女がいうには，$\mathcal{S}$ は生成系だけれども線形独立であるには **大きすぎ**，$\mathcal{L}$ は線形独立だけれども生成系には **小さすぎる** のである．そこで，ゴルディロックスはちょうどよいベクトルの集合 $\mathcal{B}$，つまり，生成系になるだけの大きさと，線形独立になるだけの小ささを同時に持っている $\mathcal{B}$ をこしらえるのである．（訳注：ゴルディロックスは，イギリスのおとぎ話『ゴルディロックスと3匹のくま』の主人公の少女の名前である．日本では，レフ・トルストイによる翻案の絵本『3

114 第 4 章 ベクトル空間——第 1 部

証明 $\mathcal{S}$ の部分集合の族で，$\mathcal{L}$ を含み，線形独立であるものに注目する．

$$\{\mathcal{A}: \mathcal{L} \subseteq \mathcal{A} \subseteq \mathcal{S} \text{ かつ } \mathcal{A} \text{ は線形独立}\}. \tag{4.5}$$

集合の族 (4.5) は少なくとも $\mathcal{L}$ を含んでいるから空でないことに注意しておく．集合の族 (4.5) において，元の個数が最大であるような $\mathcal{A}$ を選び，それを $\mathcal{B}$ と呼ぶ．$\mathcal{B}$ は次の性質を持つ：

- $\mathcal{B}$ は，$\mathcal{S}$ の線形独立な部分集合で $\mathcal{L}$ を含み，
- $\mathcal{S}$ の部分集合で，線形独立であり，$\mathcal{L}$ を含み，$\mathcal{B}$ よりたくさん元を持つようなものは存在しない．

$\mathcal{B}$ が基底であることを主張する．$\mathcal{B}$ は作り方から線形独立系であり，あとは，命題 4.15 により生成系であることを示せばよい．これを 2 段階に分けて示す．

ステップ 1：$\mathcal{S} \subset \mathrm{Span}(\mathcal{B})$

これを示すのに，$\boldsymbol{v} \in \mathcal{S}$ を任意にとる．$\boldsymbol{v} \in \mathcal{B}$ なら確かに $\boldsymbol{v}$ は $\mathcal{B}$ のスパンに含まれる．そうでなければ，$\mathcal{B} \cup \{\boldsymbol{v}\}$ は $\mathcal{S}$ の部分集合で，$\mathcal{L}$ を含み，$\mathcal{B}$ より真に大きいが，よって線形独立にはなりえない．$\mathcal{B} = \{\boldsymbol{v}_1, \ldots, \boldsymbol{v}_m\}$ とすれば，$a_1, \ldots, a_m, b \in F$ で，すべてが 0 ではないものがとれて，

$$\underbrace{a_1 \boldsymbol{v}_1 + \cdots + a_m \boldsymbol{v}_m + b\boldsymbol{v}}_{\substack{\boldsymbol{v}_1, \ldots, \boldsymbol{v}_m \text{ は線形独立ゆえ} \\ b = 0 \text{ とはなりえない}}} = \boldsymbol{0}.$$

上に示したように，$b \neq 0$ であり，$\boldsymbol{v}$ について解いて次を得る：

$$\boldsymbol{v} = -\frac{a_1}{b}\boldsymbol{v}_1 - \frac{a_2}{b}\boldsymbol{v}_2 - \cdots - \frac{a_m}{b}\boldsymbol{v}_m \in \mathrm{Span}(\mathcal{B}).$$

よってステップ 1 が示された．

ステップ 2：$\mathrm{Span}(\mathcal{S}) \subseteq \mathrm{Span}(\mathcal{B})$

これはより一般的な事実，もし $\mathcal{A}_1$ と $\mathcal{A}_2$ が V の任意の有限部分集合であれば，

$$\mathcal{A}_1 \subset \mathrm{Span}(\mathcal{A}_2) \implies \mathrm{Span}(\mathcal{A}_1) \subseteq \mathrm{Span}(\mathcal{A}_2) \tag{4.6}$$

からわかる．つまり，ステップ 2 は式 (4.6) で $\mathcal{A}_1 = \mathcal{S}$ かつ $\mathcal{A}_2 = \mathcal{B}$ ととればステップ 1 からわかる．式 (4.6) の証明は演習問題とする．演習問題 4.10 を見よ．しかし，この証明を直ちに書き下して，この話題についての熟達を固めるのに役立てることを勧める．

さて我々は $\mathcal{B}$ が基底であることを示そうとしていたのだった．$\mathcal{B}$ は作り方から線形独立だから，示したいのは $\mathcal{B}$ が生成系であることだった．ステップ 2 から $\mathrm{Span}(\mathcal{B})$ は $\mathrm{Span}(\mathcal{S})$ を含んでいて，$\mathcal{S}$ は仮定から生成系だから，$\mathrm{Span}(\mathcal{S}) = V$ である．よって $\mathrm{Span}(\mathcal{B}) \supseteq \mathrm{Span}(\mathcal{S}) = V$ であり，これで証明終了である． $\square$

びきのくま』がよく読まれている．)

注意 4.17 すべてのベクトル空間が基底を持つのだろうか？ この問いに答える前に，無限集合 $\mathcal{B}$ が基底であるということの意味を明示しておこう．標準的な定義はこうである．$\mathcal{B}$ が V の基底であるとは，V の任意の元が，$\mathcal{B}$ の有限部分集合の線形結合としてただ一通りに表されることである．線形結合が有限個のベクトルに関するものであることが重要である．なぜなら，何らかの極限操作なしには，無限和を計算する方法はないのだから．この定義のもとで，任意のベクトル空間が基底を持つという主張は，選択公理と同値なたくさんの主張の中の 1 つとなる．無限次元ベクトル空間と選択公理については，10.8 節と 14.2 節でさらに議論する．

次の結果はベクトル空間を研究する際と，ベクトル空間の理論を他の数学の分野に応用する際に非常に重要である．

定理 4.18（次元の不変性） V をベクトル空間で，有限生成系を持つものとする．V のすべての基底は，同数の元からなる．

定理 4.18 の，やや繊細なところがある証明を与える前に，ベクトル空間に伴う基本的な量を定義しておこう．

定義 4.19 V をベクトル空間で，有限生成系を持つものとする．**V の次元**とは，V の基底に含まれるベクトルの個数のことと定義する．これは矛盾なく定義された量である．なぜなら，定理 4.18 により，どの基底も同数の元からなるからである．V の次元を $\dim(V)$，もしくはスカラーの体を明示したいときには，$\dim_F(V)$ と記す．有限個の元からなる基底を持たないベクトル空間を，**無限次元**であるという．

例 4.20 ベクトル空間 F^n は n 次元である．標準基底のベクトル $\{e_1, \ldots, e_n\}$ は例 4.12 で述べたように，基底である．

例 4.21 任意の $n \geq 0$ に対して，多項式の集合

$$\{f(x) \in F[x] \colon \deg(f) \leq n\}$$

は F ベクトル空間で，次元は $n+1$ である．集合 $\{1, x, x^2, \ldots, x^n\}$ が基底である．

例 4.22 すべての多項式からなる F ベクトル空間 $F[x]$ は無限次元ベクトル空間である．演習問題 4.20 を見よ．

定理 4.18 の鍵となるのは次の補題である．図 14 に示されているように，この補題により，ベクトルを線形独立な集合から選んで，生成系の元と入れ替えることができる．

補題 4.23（入れ替え補題） V を F ベクトル空間とする．$\mathcal{S}$ を V のベクトルの有限集合で，V を張るもの，$\mathcal{L}$ をベクトルの集合で線形独立なものとする．このとき，任意のベクトル $v \in \mathcal{L} \smallsetminus \mathcal{S}$ に対して，$w \in \mathcal{S} \smallsetminus \mathcal{L}$ を見つけて，

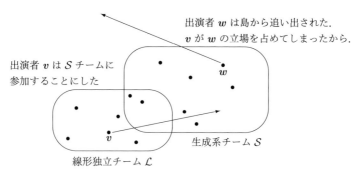

図 14 入れ替え補題をリアリティー番組風に述べたもの.

$$(\mathcal{S} \smallsetminus \{w\}) \cup \{v\} \text{ も生成系である}$$

ようにできる．言い換えると，生成系であるという性質を保ったままに，$\mathcal{S}$ のベクトルで $\mathcal{L}$ の元ではないものを，$\mathcal{L}$ のベクトルで $\mathcal{S}$ の元ではないものと入れ替えることができる．

証明 与えられたベクトル $v \in \mathcal{L} \smallsetminus \mathcal{S}$ を使って，ベクトルの集合を 2 つ構成する．

$$\underbrace{(\mathcal{L} \cap \mathcal{S}) \cup \{v\}}_{\substack{\text{この集合は線形独立である．}\\ \text{なぜなら } \mathcal{L} \text{ の部分集合だから．}}} \subset \underbrace{\mathcal{S} \cup \{v\}}_{\substack{\text{この集合は生成系である．}\\ \text{なぜなら生成系 } \mathcal{S} \text{ を含むから．}}}. \tag{4.7}$$

式 (4.7) は生成系の部分集合で線形独立である部分集合があることを述べている．これがまさに，定理 4.16 を適用するための設定となる．よって我々はその間にある基底 $\mathcal{B}$ を得る．

$$(\mathcal{L} \cap \mathcal{S}) \cup \{v\} \subseteq \mathcal{B} \subseteq \mathcal{S} \cup \{v\}.$$

さらに，$\mathcal{S}$ は生成系で，$v \notin \mathcal{S}$ であるから，より大きな集合 $\mathcal{S} \cup \{v\}$ は線形独立にはなりえない．演習問題 4.13 を見よ．よって，基底 $\mathcal{B}$ は $\mathcal{S} \cup \{v\}$ と等しくないので，ある $w \in \mathcal{S} \cup \{v\}$ であって，$\mathcal{B}$ の元ではないものが見つかる．とくに，$w \notin \mathcal{B}$ と $v \in \mathcal{B}$ により，$w \neq v$ である．すると

$$\mathcal{B} \subseteq (\mathcal{S} \smallsetminus \{w\}) \cup \{v\}$$

がわかる．つまり，集合 $(\mathcal{S} \smallsetminus \{w\}) \cup \{v\}$ は基底を含み，よって確かに生成系である． □

入れ替え補題を使って，線形独立な集合が，決して生成系より大きくはならないということを示そう．

補題 4.24 V を F ベクトル空間，$\mathcal{S} \subset V$ を V を張るような有限集合つまり有限生成系とし，$\mathcal{L} \subset V$ を線形独立系とする．すると，

$$\#\mathcal{L} \leq \#\mathcal{S}. \tag{4.8}$$

証明 もし $\mathcal{L} \subseteq \mathcal{S}$ なら，式 (4.8) は真である．もしそうでないなら，$\boldsymbol{v} \in \mathcal{L} \setminus \mathcal{S}$ を満たすベクトルをとることができて，つまり，$\mathcal{L}$ のベクトルであって $\mathcal{S}$ に含まれないものが存在する．入れ替え補題（補題 4.23）により，ベクトル $\boldsymbol{w} \in \mathcal{S} \setminus \mathcal{L}$ をとって，入れ替えられた集合 $(\mathcal{S} \setminus \{\boldsymbol{w}\}) \cup \{\boldsymbol{v}\}$ は生成系とできる．このとき

$$\mathcal{S}' = (\mathcal{S} \setminus \{\boldsymbol{w}\}) \cup \{\boldsymbol{v}\}$$

とおくと，$\#\mathcal{S}' = \#\mathcal{S}$ であることに注意する．というのは，$\mathcal{S}$ の $\boldsymbol{w}$ を，新しいベクトル $\boldsymbol{v}$ と入れ替えたからである．また，$\mathcal{S}'$ も $\mathcal{L}$ も共通の新しいベクトルでしかも $\mathcal{S} \cap \mathcal{L}$ にはいないものを獲得したことも注意しよう．言い換えると，

$$\#(\mathcal{S}' \cap \mathcal{L}) \geq 1 + \#(\mathcal{S} \cap \mathcal{L}).$$

もし $\mathcal{L} \subseteq \mathcal{S}'$ なら，$\#\mathcal{L} \leq \#\mathcal{S}' = \#\mathcal{S}$ であり，かつ $\boldsymbol{v}' \in \mathcal{L} \setminus \mathcal{S}'$ である．入れ替え補題を使って，$\boldsymbol{w}' \in \mathcal{S}' \setminus \mathcal{L}$ を見つけることができ，よって

$$\mathcal{S}'' = (\mathcal{S}' \setminus \{\boldsymbol{w}'\}) \cup \{\boldsymbol{v}'\} \quad \text{は生成系のまま}$$

である．上のように，この新しい生成系は，もとの生成系と同じ個数の元を持ち，しかし $\mathcal{L}$ と共通の新しいベクトルを持っている．つまり，

$$\#\mathcal{S}'' = \#\mathcal{S}' \quad \text{かつ} \quad \#(\mathcal{S}'' \cap \mathcal{L}) \geq 1 + \#(\mathcal{S}' \cap \mathcal{L}).$$

よって，$\mathcal{S}''$ は生成系であり次を満たす：

$$\#\mathcal{S}'' = \#\mathcal{S} \quad \text{かつ} \quad \#(\mathcal{S}'' \cap \mathcal{L}) \geq 2 + \#(\mathcal{S} \cap \mathcal{L}).$$

もし $\mathcal{L} \subseteq \mathcal{S}''$ なら終わりである．そうでないなら，入れ替えの操作を続ける．入れ替えをするたびに，我々の生成系は同じ個数の元を持ちつつ，$\mathcal{L}$ と共通のベクトルを確保する．この操作はいつまでも続くことはない．というのは，$\mathcal{L}$ には入れ替えに使えるベクトルが有限個しかないからである．よって，いつかは生成系 $\tilde{\mathcal{S}}$ であって

$$\mathcal{L} \subseteq \tilde{\mathcal{S}} \quad \text{かつ} \quad \#\tilde{\mathcal{S}} = \#\mathcal{S}$$

となるものを得る．よって，$\#\mathcal{L} \leq \#\tilde{\mathcal{S}} = \#\mathcal{S}$ である． $\square$

補題 4.24 を道具箱に備えたので，V が有限生成系を持てば，V の基底はつねに同じ個数の元からなるという事実の証明を完成させられる．

証明（定理 4.18 の証明） V が少なくとも 1 つの有限基底 $\mathcal{B}$ を持っていることは知っている．$\mathcal{B}'$ を別の任意の基底とする．これらは基底なので，$\mathcal{B}$ は生成系であり，$\mathcal{B}'$ は線形独立系である．補題 4.24 を有限生成系 $\mathcal{B}$ と線形独立系 $\mathcal{B}'$ に適用できて，

$$\#\mathcal{B}' \leq \#\mathcal{B}$$

がわかる．とくに，基底 $\mathcal{B}'$ はベクトルの有限集合であることがわかる．すると，補題 4.24

118　第 4 章　ベクトル空間——第 1 部

を有限生成系 $\mathcal{B}'$ と線形独立系 $\mathcal{B}$ に適用できて,

$$\#\mathcal{B} \le \#\mathcal{B}'$$

がわかる. つまり $\#\mathcal{B} = \#\mathcal{B}'$ である. □

演習問題

4.2 節　ベクトル空間と線形変換

4.1 V を F ベクトル空間とする. ベクトル空間の公理を用いて, 次の主張を証明せよ:

(a) 任意の $\boldsymbol{v} \in V$ に対して $0\boldsymbol{v} = \boldsymbol{0}$.

(b) 任意の $\boldsymbol{v} \in V$ に対して $(-1)\boldsymbol{v} + \boldsymbol{v} = \boldsymbol{0}$.

4.2 V を $\mathbb{Q}$ ベクトル空間とする. $n \in \mathbb{Z}$ を正の整数, $\boldsymbol{v} \in V$ をベクトルとする.

(a) 次を示せ:

$$n\boldsymbol{v} = \underbrace{\boldsymbol{v} + \boldsymbol{v} + \cdots + \boldsymbol{v}}_{n \text{ 個の } \boldsymbol{v}}.$$

（ヒント：帰納法を使う.）

(b) n が負の整数なら何が起きるか？

4.3 F を体とする. V を F ベクトル空間とし, $L: V \to W$ を V から W への線形変換とする. また, $\boldsymbol{v}_1, \ldots, \boldsymbol{v}_n \in V$, $c_1, \ldots, c_n \in F$ とする. このとき次を示せ:

$$L(c_1\boldsymbol{v}_1 + c_2\boldsymbol{v}_2 + \cdots + c_n\boldsymbol{v}_n) = c_1 L(\boldsymbol{v}_1) + c_2 L(\boldsymbol{v}_2) + \cdots + c_n L(\boldsymbol{v}_n).$$

4.4 V と W を F ベクトル空間とし,

$$L_1: V \longrightarrow W \quad \text{と} \quad L_2: V \longrightarrow W$$

を V から W への線形変換, $c \in F$ をスカラーとする. このとき, V から W への新しい写像 $L_1 + L_2$ と cL_1 を次のように定める:

$$(L_1 + L_2)(\boldsymbol{v}) = L_1(\boldsymbol{v}) + L_2(\boldsymbol{v}) \quad \text{かつ} \quad (cL_1)(\boldsymbol{v}) = c(L_1(\boldsymbol{v})). \tag{4.9}$$

(a) $L_1 + L_2$ と cL_1 が線形変換であることを示せ.

(b) V から W への F 線形写像全体の集合を

$$\mathrm{Hom}_F(V, W) = \{\text{線形変換 } L: V \to W\}.$$

と表すことにする[10]. (a) で, 式 (4.9) に従って $\mathrm{Hom}_F(V, W)$ の元を足したり, $\mathrm{Hom}_F(V, W)$ の元を F のスカラー倍したりできることを示した. これらの演算によって, $\mathrm{Hom}_F(V, W)$ が F ベクトル空間になることを示せ.

4.5 V を F ベクトル空間とし,

$$L_1: V \longrightarrow V \quad \text{と} \quad L_2: V \longrightarrow V$$

を V から自分自身への線形変換とする. V から V への新しい関数 $L_1 + L_2$, $L_1 L_2$ を次のように定める:

---

[10] ここで, "Hom" は homomorphism (準同型写像) の省略である. 注意 4.6 を見よ. しかし, 他の線形代数学の教科書では, 線形変換の空間を $L(V, W)$ や $\mathcal{L}(V, W)$ と表すものもある.

$$(L_1 + L_2)(\boldsymbol{v}) = L_1(\boldsymbol{v}) + L_2(\boldsymbol{v}) \quad \text{かつ} \quad (L_1 L_2)(\boldsymbol{v}) = L_1(L_2(\boldsymbol{v})). \tag{4.10}$$

(a) $L_1 + L_2$ と $L_1 L_2$ が線形変換であることを示せ.

(b) $L_3 : V \to V$ を別の線形変換とする. 次を示せ:

    (1) $(L_1 + L_2) + L_3 = L_1 + (L_2 + L_3)$.

    (2) $(L_1 L_2) L_3 = L_1 (L_2 L_3)$.

    (3) $L_1 (L_2 + L_3) = L_1 L_2 + L_1 L_3$ かつ $(L_1 + L_2) L_3 = L_1 L_3 + L_2 L_3$.

(c) V から V への線形変換の全体は環になることを示せ. ここで, 加法と乗法は式 (4.10) で定められたものとする. この環の単位元は何か? また, 線形変換 L の加法に関する逆元は何か?

V から V への線形変換のなす環を, V の**自己準同型環**といい, $\mathrm{End}_F(V)$ と書く.

4.6 この問題は演習問題 4.5 の続きである. V を F ベクトル空間とし, $L \in \mathrm{End}_F(V)$ とする. 次を示せ[11]:

L が環 $\mathrm{End}_F(V)$ の単元である必要十分条件は $L : V \to V$ が同型写像であることである.

$\mathrm{End}_F(V)$ の単元の全体を **V の一般線形群**と呼び, $\mathrm{GL}_F(V)$ と書く. とくに, $V = F^n$ である特別な場合には, $\mathrm{GL}_F(F^n)$ はしばしば $\mathrm{GL}_n(F)$ や $\mathrm{GL}(n, F)$ のように表記される.

4.3 節 ベクトル空間のおもしろい例

4.7 F を体, $n \geq 1$ を整数とする.

(a) F の元の n タプル全体の集合 F^n に, 式 (4.3) と式 (4.4) によりベクトルの加法とスカラー倍を指定すれば, F ベクトル空間であることを示せ.

(b) p を素数とする. $\mathbb{F}_p$ ベクトル空間 $\mathbb{F}_p^n$ はちょうど p^n 個の相異なるベクトルを持つことを示せ. ここで, $\mathbb{F}_p$ は p 個の元からなる体 $\mathbb{Z}/p\mathbb{Z}$ である. 例 3.11 を見よ.

4.8 例 4.8 の写像 L と L' が線形変換であることを示せ.

4.9 F を体とし, $a_1, \ldots, a_n \in F$ とする. 例 4.9 で述べた次の写像が線形変換であることを示せ.

$$E_{\boldsymbol{a}} : F[x] \longrightarrow F^n, \quad E_{\boldsymbol{a}}(f(x)) = (f(a_1), \ldots, f(a_n)),$$

4.4 節 基底と次元

4.10 V を F ベクトル空間, $\mathcal{A}$ と $\mathcal{B}$ をベクトルの有限集合とする. $\mathcal{A}$ が $\mathcal{B}$ のスパンに含まれるなら, $\mathcal{A}$ のスパンも $\mathcal{B}$ のスパンに含まれることを示せ. 言い換えると, 次を示せ:

$$\mathcal{A} \subset \mathrm{Span}(\mathcal{B}) \implies \mathrm{Span}(\mathcal{A}) \subseteq \mathrm{Span}(\mathcal{B}).$$

(この結果は定理 4.16 の証明で用いられる.)

4.11 V をベクトル空間, $\boldsymbol{v}_1, \ldots, \boldsymbol{v}_n \in V$ をベクトルとして, 次のように写像を定める:

$$L : F^n \longrightarrow V, \quad L(a_1, \ldots, a_n) = a_1 \boldsymbol{v}_1 + \cdots + a_n \boldsymbol{v}_n.$$

(a) L が線形変換であることを示せ.

(b) L が全射である必要十分条件は, $\{\boldsymbol{v}_1, \ldots, \boldsymbol{v}_n\}$ が V の生成系であることを示せ.

(c) L が単射である必要十分条件は, $\{\boldsymbol{v}_1, \ldots, \boldsymbol{v}_n\}$ が線形独立系であることを示せ.

4.12 V を有限次元 F ベクトル空間とし, $n = \dim(V)$ とする. V は, 例 4.7 や例 4.12 で議論した,

---

[11] 非可換環 R の元 u が**単元**とは, $v \in R$ であって, $vu = uv = 1$ となるものが存在することである.

120　第 4 章　ベクトル空間——第 1 部

F の元の n タプル全体の空間 F^n と同型であることを示せ.

4.13　V を F ベクトル空間, $\mathcal{S} \subset V$ を生成系, $\boldsymbol{v} \in V$ を $\mathcal{S}$ には含まれないベクトルとする. $\mathcal{S} \cup \{\boldsymbol{v}\}$ が線形独立系ではないことを示せ.（この結果は, 補題 4.23 の証明で用いられている.）

4.14　V を有限次元ベクトル空間, $\mathcal{A}$ を V の有限集合とし, $\#\mathcal{A} = \dim(V)$ と仮定する. 次の主張が同値であることを示せ:

　　(1) $\mathcal{A}$ は V を張る.

　　(2) $\mathcal{A}$ は線形独立である.

　　(3) $\mathcal{A}$ は V の基底である.

4.15　V を F ベクトル空間とし, $\mathcal{A}$ と $\mathcal{B}$ を V の有限部分集合とする. さらに, 次が真であることを仮定する:

　　(1) $\mathcal{B}$ は線形独立系である.

　　(2) $\#\mathcal{B} = \#\mathcal{A}$.

　　(3) $\mathrm{Span}(\mathcal{B}) \subseteq \mathrm{Span}(\mathcal{A})$.

このとき $\mathrm{Span}(\mathcal{B}) = \mathrm{Span}(\mathcal{A})$ を示せ.

4.16　V と W を有限次元 F ベクトル空間とし, $L : V \to W$ を線形変換とする.

　　(a) L が単射なら, $\dim(V) \le \dim(W)$ であることを示せ.

　　(b) L が全射ならば, $\dim(V) \ge \dim(W)$ であることを示せ.

4.17　V を F ベクトル空間とする. 次が同値であることを示せ:

　　(a) V のどの有限集合も V を張らない.

　　(b) V は無限個の線形独立なベクトルからなる部分集合を含む.

(a) が, V が無限次元であることの定義であることを注意しておこう. つまり, この演習問題は, (b) を定義にしてもよいということを述べている.

4.18　V を有限次元 F ベクトル空間, $W \subseteq V$ を部分空間（定義 10.19 を見よ）とする.

　　(a) W も有限次元であることを示せ.

　　(b) $\dim(W) \le \dim(V)$ を示せ.

　　(c) 次を示せ:

$$W = V \iff \dim(W) = \dim(V).$$

4.19　$f(x), g(x) \in F[x]$ を多項式とする. この演習問題では, ベクトル空間とその次元についての理論を, 零でない 2 変数多項式 $h(y, z) \in F[y, z]$（演習問題 3.13 を見よ）であって, 性質 $h(f(x), g(x)) = 0$ を満たすものの存在を示すことに使う. たとえば, $f(x) = x^2 + x + 1$, $g(x) = x^2 - 1$ とする. 次の多項式がその性質を満たすことが確認できる.

$$h(y, z) = y^2 - 2yz + z^2 - 4y + 3z + 3.$$

　　(a) $d = \deg(f)$, $e = \deg(g)$ とする. K を整数とする. 次の集合には何個の多項式が含まれるだろうか？

$$\{f(x)^i g(x)^j : 0 \le i < K \text{ かつ } 0 \le j < K\}. \tag{4.11}$$

　　(b) D を, 式 (4.11) の集合に含まれる多項式の次数の最大値とする. D の値を求めよ.（d, e, K に依存するはずである.）式 (4.11) の集合に含まれる多項式は, $F[x]$ 内の $\{1, x, x^2, \ldots, x^D\}$ で張られる $(D+1)$ 次元部分空間に含まれることを示せ.

(c) 式 (4.11) の集合が $D+1$ 個以上の元を持つような K の値を求めよ．これを使って，式 (4.11) の集合の元が，F 係数の線形関係式（線形結合が零ベクトルに等しいという式）を満たすことを示せ．このことから，$h(f(x), g(x)) = 0$ を満たすような零でない多項式 $h(y, z)$ の存在が導かれることを説明せよ．

(d) 上述の手続きを使って，多項式

$$f(x) = x^3 + x + 1 \quad と \quad g(x) = x^2 + x + 1$$

に対して，$h(y, z)$ を見つけよ．（ヒント：手でやるには計算がやや大変なので，多項式の展開や連立 1 次方程式を解いてくれる数式処理系を使うとよい．）

(e) 多項式 $h(y, z)$ の存在を，ベクトル空間を使わず直接示すことを試みよ．たぶんうまくいかないだろうが，試してみることでベクトル空間やその次元についての理論の力のありがたみを知る助けになるだろう．

4.20 F 係数の多項式すべてからなる F ベクトル空間 $F[x]$ が無限次元ベクトル空間であることを示せ．つまり，$F[x]$ は有限基底を持たない．

第5章 体——第1部

5.1 体への導入

第3章で体を，可換環であって，さらに追加の非常に特別な性質[1]を満たすものとして導入した．また，第4章では，体をスカラーとしてベクトル空間を構成した．

定義 5.1 **体**とは，可換環 F で，任意の $a \in F$ で $a \neq 0$ を満たす元に対して，元 $b \in F$ で $ab = 1$ となるものが存在するようなものである．

この章では，体それ自身を研究することで我々の旅を続けたい．道々，体が他の体にどのように収まるかを研究し，ある体から新しい体をどのように構成するかを学び，有限個の元を持つすべての体を記述する．これら有限体は，単に数学的な興味の対象であるだけではない．それらは純粋数学，応用数学また工学の多くの分野で決定的な役割を演じる．たとえば信号処理や，誤り訂正符号，そして暗号である．

注意 5.2（歴史的な動機づけ） 体論はもともと，多項式の根の研究から発展してきた．1次多項式 $ax + b$ の根は $x = -b/a$ である．2次多項式 $ax^2 + bx + c$ の根を見つける方法は，古代から知られていた．16世紀には，3次の多項式と4次の多項式に関する，3次の根と4次の根の類似の公式が知られていて[2]，5次以上の多項式の公式を発見する競争も行われていた．体の理論は，多項式の根の宝庫を提供すべく発展した．そしてやや意外なことに，次数が5次以上の一般の方程式の根を，数の n 乗根のみを用いて表すことはできないということを証明するために，群論が基本的な道具であることが明らかになった．実際，体論と有限群論のどちらも，多項式の根の研究に主な起源がある．我々はこのつながりについて，第9章で探検する．

5.2 抽象的な体と準同型写像

3.5節から，可換環 R の単元群が次のように定義されていたことを復習しよう．演習問題3.33ならびに演習問題3.28を見よ．

定義 5.3 R を可換環とする．**環 R の単元群**とは，環の乗法を演算とする群

---

[1] 体は，何があろうと，何の変哲もない平凡でありきたりで月並みなどこにでもある類いの環ではない．（訳注：ミュージカル『ピピン』の歌曲 "Kind of Woman" から．）

[2] これらの発見に関する，またライバル同士だった数学者の間の策謀は大変おもしろい物語である．**カルダノ**（Cardano）**の公式**について調べてみてほしい．

$$R^* = \{a \in R : b \in R \text{ で } ab = 1 \text{ を満たすものが存在する}\}$$

のことをいう.

この定義により,体を特徴づける簡明な方法は,可換環 F で次を満たすもの[3]とすることである:

$$F^* = \{a \in F : a \neq 0\} = F \smallsetminus \{0\}.$$

体の間の写像として,それが体を体たらしめる性質を保存してほしいことは明白である.とくに,体は環であるから,写像として少なくとも環の準同型写像であってほしい.乗法の逆元が乗法の逆元に移ることを保証するにはこれで十分であることが明らかになる.この主張と,少し意外な結果である,体の間の写像がつねに単射であるという結果とを合わせて証明する.後の主張が一般の環についてはまったく成り立たないことに注意しておこう.たとえば,法 m の簡約をとる準同型写像 $\mathbb{Z} \to \mathbb{Z}/m\mathbb{Z}$ はまったくもって単射ではない.

命題 5.4 F と K を体とし,$\phi\colon F \to K$ を環の準同型写像とする.

(a) 写像 ϕ は単射である.

(b) $a \in F^*$ とする.このとき $\phi(a^{-1}) = \phi(a)^{-1}$ となる.

証明 (a) 定理 3.34 (b)(ii) により,ϕ の核 $\ker(\phi)$ が零イデアルであることを示せばよい.矛盾を導くことで証明したいので,零でない元 $a \in \ker(\phi)$ があったと仮定しよう.$a \neq 0$ という仮定と F が体であることから,a は逆元を持つ.たとえば $a \cdot b = 1_F$ とする.すると

$$1_K = \phi(1_F) = \phi(a \cdot b) = \phi(a) \cdot \phi(b) = 0_K \cdot \phi(b) = 0_K.$$

しかし,環の公理に $1 \neq 0$ があるので,矛盾である.よって $\ker(\phi)$ は 0_F である.

(b) 乗法の逆元の定義と,ϕ が準同型写像であることから,

$$1_K = \phi(1_F) = \phi(a \cdot a^{-1}) = \phi(a) \cdot \phi(a^{-1}).$$

よって $\phi(a^{-1})$ は $\phi(a)$ の乗法に関する逆元である.つまり,$\phi(a)^{-1}$ に等しい.

別の証明も与えよう.(a) により,写像 $\phi\colon F^* \to K^*$ は矛盾なく定義されている.準同型性から,F の単元群から K の単元群への群の準同型写像である.すると,ϕ が乗法の逆元を乗法の逆元に移すという事実は,命題 2.25 から導かれる. $\square$

5.3 体のおもしろい例

例 5.5(体 $\mathbb{Q}, \mathbb{R}, \mathbb{C}$) すでに極めてなじみ深い 3 つの体がある:

---

[3] 2 つの集合の差が $T \smallsetminus S = \{t \in T : t \notin S\}$ だったことを,1.4 節から思い出しておこう.

$$\mathbb{Q} = \text{有理数体}.$$
$$\mathbb{R} = \text{実数体}.$$
$$\mathbb{C} = \text{複素数体}.$$

3.3 節で注意したように，これらは入れ子のマトリョーシカ人形のように次のような列をなす．

$$\mathbb{Q} \subset \mathbb{R} \subset \mathbb{C}.$$

例 5.6（体 $\mathbb{Q}(i)$） $\mathbb{C}$ の次の部分集合は体である：

$$\mathbb{Q}(i) = \{a + bi : a, b \in \mathbb{Q}\}.$$

零でない元 $a + bi$ の逆元は，次のように「分母の有理化」により得られる．

$$\frac{1}{a+bi} = \frac{1}{a+bi} \cdot \frac{a-bi}{a-bi} = \frac{a-bi}{a^2+b^2} = \frac{a}{a^2+b^2} - \frac{b}{a^2+b^2}i.$$

例 5.7（体 $\mathbb{Q}(\sqrt{2})$） 同様にして，$\mathbb{R}$ の部分集合を $\sqrt{2}$ を用いて定義できる：

$$\mathbb{Q}(\sqrt{2}) = \{a + b\sqrt{2} : a, b \in \mathbb{Q}\}.$$

零でない元 $a + b\sqrt{2}$ の逆元は，再び分母の有理化によって得られる：

$$\frac{1}{a+b\sqrt{2}} = \frac{1}{a+b\sqrt{2}} \cdot \frac{a-b\sqrt{2}}{a-b\sqrt{2}} = \frac{a-b\sqrt{2}}{a^2-2b^2} = \frac{a}{a^2-2b^2} - \frac{b}{a^2-2b^2}\sqrt{2}.$$

$a + b\sqrt{2}$ の逆元は矛盾なく定義される．というのは，$\sqrt{2}$ は有理数ではないという古代ギリシャのころから知られている事実があるからだ．系 1.36 を見よ．よって，$a, b \in \mathbb{Q}$ に対して，a と b が同時に 0 でなければ，$a^2 - 2b^2 \neq 0$ だからである．

例 5.8（体 $\mathbb{Q}(\sqrt{2}, \sqrt{3})$） 実数体の部分集合次を考えよう：

$$\{a + b\sqrt{2} + c\sqrt{3} : a, b, c \in \mathbb{Q}\}.$$

これは体だろうか？　答えはノーである．実際のところ環ですらない．というのは，$\sqrt{6} = \sqrt{2} \cdot \sqrt{3}$ が含まれていないことがすぐにわかるからである．より大きい集合

$$\mathbb{Q}(\sqrt{2}, \sqrt{3}) = \{a + b\sqrt{2} + c\sqrt{3} + d\sqrt{6} : a, b, c, d \in \mathbb{Q}\}$$

が体である．集合 $\mathbb{Q}(\sqrt{2}, \sqrt{3})$ は加法と乗法で閉じていて，よって環である．しかし，いま我々の道具箱にあるツールだけでは，$\mathbb{Q}(\sqrt{2}, \sqrt{3})$ の零ではない元がどれも逆元を持つことを確認するのは容易でない．後の第 9 章で，この主張を確認する方法を開発するだろう．

例 5.9（有限体 $\mathbb{F}_p$） 一般に，環 $\mathbb{Z}/m\mathbb{Z}$ は体ではない．たとえば，環 $\mathbb{Z}/6\mathbb{Z}$ は体ではない．というのも 2 が乗法の逆元を持たないからである．しかし，もし p が素数ならば，$\mathbb{Z}/p\mathbb{Z}$ の

126 第5章 体——第1部

零ではない元はすべて乗法の逆元を持つ. 例3.11を見よ. よって, $\mathbb{Z}/p\mathbb{Z}$ は体である. これは**有限体**の例である. 他にも有限体が存在することがわかる. より正確には, 任意の素数冪 p^k に対して, p^k 個の元からなる体がただ1つ存在することが示される. 4個の元からなる体については, 演習問題5.8を見よ.

例5.10（斜体） **斜体**あるいは**可除環**（訳注：可除代数ともいう）とは, 環であって, すべての零でない元が乗法の逆元を持つが, 可換であることを必ずしも要請しないようなものである. ウェダーバーン (Wedderburn) の有名な定理によれば, 有限斜体は可換である. つまり体である. しかし, 興味深い無限斜体で非可換なものが存在する. 有名な例は, 例3.7に述べた4元数環 $\mathbb{H}$ である. これは斜体である. 演習問題5.2を見よ.

5.4 部分体と拡大体

定義5.11 K を体とする[4]. **K の部分体**とは, K の部分集合 F で, K の加法と乗法によりそれ自身が体になるものをいう.

定義5.12 F を体とする. **F の拡大体**とは, 体 K であって, F を K の部分体とするものである. K が F の拡大体であることを K/F と表す[5].

例5.13 体 $\mathbb{Q}$ は実数体 $\mathbb{R}$ の部分体であり, よって $\mathbb{R}$ は $\mathbb{Q}$ の拡大体である. 体 $\mathbb{Q}$ と $\mathbb{R}$ は体 $\mathbb{C}$ の部分体であり, よって $\mathbb{C}$ は $\mathbb{Q}$ と $\mathbb{R}$ の両方の拡大体である.

例5.14 例5.6と例5.7で述べた体 $\mathbb{Q}(i)$ と体 $\mathbb{Q}(\sqrt{2})$ は, それぞれ $\mathbb{Q}$ の拡大体である. 前者は $\mathbb{C}$ の部分体であるが $\mathbb{R}$ の部分体ではない. 後者は $\mathbb{R}$ の部分体である. また, $\mathbb{Q}(i)$ と $\mathbb{Q}(\sqrt{2})$ はどちらも他方の部分体ではない. 演習問題5.5を見よ.

例5.6と例5.7で体を表すために用いた記号 $\mathbb{Q}(i)$ や $\mathbb{Q}(\sqrt{2})$ は次の一般的な構成の特別な場合である.

命題5.15 L/F を体の拡大とし, $\alpha_1, \ldots, \alpha_n \in L$ とする. このとき, 次の性質を満たす体 K がただ1つ存在する：

(i) $F \subseteq K \subseteq L$.

(ii) $\alpha_1, \ldots, \alpha_n \in K$.

(iii) K' を体で $F \subseteq K' \subseteq L$ を満たすものとし, $\alpha_1, \ldots, \alpha_n \in K'$ とすると, $K \subseteq K'$ である.

体 K を $F(\alpha_1, \ldots, \alpha_n)$ と表し, **$\alpha_1, \ldots, \alpha_n$ で生成される F の拡大体**と呼ぶ. この定義は, $F(\alpha_1, \ldots, \alpha_n)$ が L の部分体のうち, F と $\alpha_1, \ldots, \alpha_n$ を含む最小のものであることを述べている.

---

[4] 記号に関する注意. 関数を表すのに F という文字がよく使われるので, 体を表すのにしばしば K という文字が使われる. これは, ドイツ語で体を意味する単語 Körper に由来するものである. フランス語で体を意味する単語は corps だが, C で体を表すのは, 定数を表す記号と紛らわしいかもしれない.

[5] K/F は単に便利な記法であることに注意せよ. この記法は, 環のイデアルによる商を表すのに使った R/I と似てはいるが, K の F による商という意味ではない.

証明 S を L の部分体で F と $\alpha_1, \ldots, \alpha_n$ を含むもの全体の集合とする．$L \in S$ だから S は空ではない．K を S に含まれる集合すべての共通部分とする．K は体である．なぜなら，

$$\beta, \gamma \in K \iff \text{任意の } K' \in S \text{ について，} \beta, \gamma \in K'$$
$$\implies \text{任意の } K' \in S \text{ について，} \beta \pm \gamma, \beta\gamma, \beta^{-1} \in K' \text{ である．}$$
$$\text{というのは，} K' \text{ が体だから．}$$
$$\implies \beta \pm \gamma, \ \beta\gamma, \ \beta^{-1} \in K.$$

K は F と $\alpha_1, \ldots, \alpha_n$ を含んでいる．なぜなら K はこの性質を満たす体の共通部分だからである．さらに，$K' \subseteq L$ が F と $\alpha_1, \ldots, \alpha_n$ を含むなら，$K' \in S$ であり，K' も K を定義するために共通部分をとった体の 1 つである．よって $K \subset K'$ である． $\square$

K/F を体の拡大とする．K の元同士を加えたり，K の元に F の元を掛けたりできることから，この演算によって K は F ベクトル空間となることがわかる．我々がしていることは，本質的には，K の積の大半を捨ててしまい，K の元と F の元の積だけを保つということである．この近視眼的な方針が，体の拡大の研究に線形代数からの道具を使うための鍵となる．次の重要な定義から始めよう．

定義 5.16 K/F を体の拡大とする．**K の F 上の拡大次数**を K の F ベクトル空間と見たときの次元と定義し，$[K:F]$ と書くことにする：

$$[K:F] = \dim_F(K).$$

もし $[K:F]$ が有限なら，K/F は**有限次拡大**であるといい，そうでないなら K/F は**無限次拡大**であるという．

例 5.17 例 5.6 と例 5.7 で見た体 $\mathbb{Q}(i)$ と $\mathbb{Q}(\sqrt{2})$ は $\mathbb{Q}$ 上の次数が 2 である．

$$[\mathbb{Q}(i):\mathbb{Q}] = 2, \quad \{1, i\} \text{ が } \mathbb{Q}(i) \text{ の } \mathbb{Q} \text{ 基底となるから，}$$
$$[\mathbb{Q}(\sqrt{2}):\mathbb{Q}] = 2, \quad \{1, \sqrt{2}\} \text{ が } \mathbb{Q}(\sqrt{2}) \text{ の } \mathbb{Q} \text{ 基底となるから．}$$

同様に，$\{1, i\}$ が $\mathbb{C}$ の $\mathbb{R}$ 基底となることから $[\mathbb{C}:\mathbb{R}] = 2$ である．一方，$[\mathbb{R}:\mathbb{Q}] = \infty$ であることがわかる．集合論からの事実を用いた，背理法による手の込んだ証明をここでは与えるが，より洞察に富んだ証明が他にも間違いなくあるだろう．$\{\alpha_1, \ldots, \alpha_n\} \subset \mathbb{R}$ が実数の有限集合で，$\mathbb{R}$ の $\mathbb{Q}$ ベクトル空間としての基底となるものとしよう．すると，

$$\mathbb{R} = \{c_1\alpha_1 + \cdots + c_n\alpha_n : c_1, \ldots, c_n \in \mathbb{Q}\}.$$

しかし，右の集合は可算である．なぜなら，右辺の集合の濃度は有理数の n タプルの集合全体の濃度と等しいからである．一方，実数全体の集合 $\mathbb{R}$ の濃度は非可算である．

演習問題 2.39 で指数の乗法公式を扱った．これは群の列で剰余類を数えるものだったが，次の定理には似た雰囲気がある．

128 第 5 章 体——第 1 部

定理 5.18（体の塔における次数の乗法性） $L/K/F$ を体の拡大，つまり L は K の拡大であり，K は F の拡大であるとする．このとき L は F の拡大とも見なせる．

(a) 次数 $[L:K]$ と $[K:F]$ の双方が有限なら $[L:F]$ も有限であり，次の関係を満たす：

$$[L:F] = [L:K] \cdot [K:F]. \tag{5.1}$$

(b) 次数 $[L:K]$ と $[K:F]$ のどちらかが無限ならば，$[L:F]$ も無限である．

証明 (a) L/K と K/F は有限次拡大であるから，それぞれ基底をとることができる：

$$\mathcal{A} = \{\alpha_1, \alpha_2, \ldots, \alpha_m\} = K \text{ の } F \text{ ベクトル空間としての基底,}$$
$$\mathcal{B} = \{\beta_1, \beta_2, \ldots, \beta_n\} \quad = L \text{ の } K \text{ ベクトル空間としての基底.}$$

次の集合の mn 個の積がすべて相異なり，L の F ベクトル空間としての基底になることを主張する．

$$\mathcal{C} = \{\alpha_i \beta_j : 1 \leq i \leq m, \ 1 \leq j \leq n\}.$$

これを認めれば，式 (5.1) を次のように確かめることができる．

$$[L:F] = \dim_F(L) = \#\mathcal{C} = mn = \#\mathcal{A} \cdot \#\mathcal{B}$$
$$= \dim_F(K) \cdot \dim_K(L) = [K:F] \cdot [L:K].$$

これから $\mathcal{C}$ の元が F 上で線形独立であることを示すが，残りの部分は読者に委ねたい．というわけで，$\mathcal{C}$ の元の F 係数の線形結合で和が 0 になったとしよう．

$$\sum_{i=1}^{m} \sum_{j=1}^{n} c_{ij} \alpha_i \beta_j = 0 \quad \text{ここですべての } c_{ij} \in F.$$

我々の目標は，すべての c_{ij} が 0 になることを示すことである．和の順序を交換して，次を得る：

$$\sum_{j=1}^{n} \Big(\underbrace{\sum_{i=1}^{m} c_{ij} \alpha_i}_{} \Big) \beta_j = 0. \tag{5.2}$$

中の和は K に属す．なぜなら $c_{ij} \in F$ であり $\alpha_i \in K$ だから．

これは $\beta_1, \ldots, \beta_n$ の K 係数の線形結合を与える．しかし $\beta_1, \ldots, \beta_n$ は L の K 線形空間としての基底だから，とくに K 上で線形独立である．よって式 (5.2) の β_j の係数は消えなくてはならない．

$$\text{すべての } 1 \leq j \leq n \text{ に対して} \quad \sum_{i=1}^{m} c_{ij} \alpha_i = 0. \tag{5.3}$$

しかし，$\alpha_1, \ldots, \alpha_m$ は K の F 線形空間としての基底であることを知っているから，$\alpha_1, \ldots, \alpha_m$ の F 上の線形独立性から，式 (5.3) の係数 c_{ij} は F の元であり，すべて消えなくて

はならない．これで，すべての $c_{ij} = 0$ の証明が済み，よって $\mathcal{C}$ が F 上で線形独立な集合であることが示された．

(a) を証明するために必要な残りのステップについては，読者のために演習問題 5.11 (a) と (b) として残しておく．

(b) 演習問題 5.11 (c) とする． □

5.5 多項式環

この節では，体 F に係数を持つような多項式の性質をいくつか議論する．まず，なじみ深いいくつかの定義から始めよう．

定義 5.19 F を体として，$f(x) \in F[x]$ を零ではない多項式としよう．$f(x)$ を

$$f(x) = a_0 + a_1 x + \cdots + a_d x^d, \quad \text{ただし } a_d \neq 0$$

と書く．すると，**f の次数**とは

$$\deg(f) = d$$

である．慣習によって $\deg(0) = -\infty$ として，どのような実数よりも小さい量とする．さらに，$a_d = 1$ なら，f を**モニック多項式**と呼ぶ．

2 つの多項式 $f_1(x), f_2(x) \in F[x]$ の積の次数は

$$\deg(f_1 f_2) = \deg(f_1) + \deg(f_2)$$

という関係を満たすことに注意しよう．演習問題 5.13 を見よ．

多項式の便利な性質として，余りのある割り算がある．実数係数の多項式に対してこの性質を目にしたことが間違いなくあるだろう．これは，以前に証明した整数の場合の余りのある割り算の類似物である．命題 1.30 を見よ．

命題 5.20（多項式に対する余りのある割り算） F を体として，$f(x), g(x) \in F[x]$ を多項式で，$g(x) \neq 0$ となるものとする．このとき，$q(x), r(x) \in F[x]$ であって，次の性質を満たすものがただ 1 つ存在する：

$$f(x) = g(x)q(x) + r(x) \quad \text{ここで} \quad \deg(r) < \deg(g). \tag{5.4}$$

証明 命題 5.20 の存在に関する主張を，高校で教わったであろう，多項式の割り算を行うための余りのある割り算アルゴリズムに従うことで示そう．このアルゴリズムは，任意の体に係数を持つ多項式について適用できて，$q(x)$ や $r(x)$ を計算するのに用いることができる．筆算は，帰納法で証明するのに適した，段階的な過程である．f の次数についての帰納法で示す．したがって，零でない多項式 $g(x)$ は固定して，その次数をたとえば

$$d = \deg(g) \geq 1$$

130　第5章　体——第1部

とする．我々の目標は，任意の $n \geq 0$ に対して，次の主張 P_n が成り立つのを示すことである．

主張 P_n.　もし $f(x) \in F[x]$ が $\deg(f) = n$ の多項式なら，$q(x), r(x) \in F[x]$ がただ1つ存在して式 (5.4) を満たす．

初期化ステップ：$P_0, \ldots, P_{d-1}$ が真であることを示せ．　$f(x) \in F[x]$ を多項式で次数が高々 $d-1$ であるようなものとする．このとき，$q(x) = 0$ で $r(x) = f(x)$ とすればよい．というのは，

$$f(x) = g(x) \cdot 0 + f(x) \quad \text{かつ} \quad \deg(f) < \deg(g)$$

だからである．

帰納法の仮定：$n \geq d$ とし，$P_0, \ldots, P_{n-1}$ が真であると仮定する．
帰納法のステップ：P_n が真であることを証明せよ．

$f(x) \in F[x]$ を多項式で $\deg(f) = n$ となるものとする．つまり，次のように書ける：

$$f(x) = ax^n + \cdots \quad \text{かつ} \quad g(x) = bx^d + \cdots \quad a, b \in F \text{ は 0 ではない．}$$

すると，

$$\deg\big(\underbrace{f(x) - \frac{a}{b}x^{n-d}g(x)}_{\text{この多項式を } h(x) \text{ と名づける}}\big) \leq n - 1,$$

なぜなら $f(x)$ 内の ax^n の項を消去したからである．さらに，$\deg(h) \leq n - 1$ であることもわかり，よって帰納法の仮定を使って $q(x)$ や $r(x)$ であって次を満たすものを見つけることができる：

$$h(x) = g(x)q(x) + r(x) \quad \text{かつ} \quad \deg(r) < \deg(g).$$

しかし，一方では

$$f(x) = h(x) + \frac{a}{b}x^{n-d}g(x)$$
$$= \big(g(x)q(x) + r(x)\big) + \frac{a}{b}x^{n-d}g(x)$$
$$= g(x)\Big(q(x) + \frac{a}{b}x^{n-d}\Big) + r(x).$$

よって $f(x)$ を望む形に書くことができた．

$$f(x) = g(x) \cdot (\text{多項式}) + \begin{pmatrix} \text{次数が } g(x) \text{ の次数より} \\ \text{真に小さい多項式} \end{pmatrix}.$$

これで主張 P_n の存在に関する部分は証明できた．$q(x)$ と $r(x)$ の一意性の部分は演習問題とする．演習問題 5.14 を見よ．　　　　　　□

定義 3.27 の復習だが，環 R のイデアル I が**単項イデアル**であるとは，I が R のある 1 つの元 $c \in R$ の倍元のみからなることだった．つまり，

$$I = \{cr : r \in R\}. \tag{5.5}$$

イデアル (5.5) は，**c により生成される単項イデアル**と呼ばれ，しばしば cR もしくは (c) と表される．次の結果は，$F[x]$ の任意のイデアルが単項イデアルだということである．単項イデアルはイデアルの中でも最も簡単なものなので，この定理は非常に興味深く，我々の代数的な旅路で，その重要性は幾度も実証されることになるだろう．

定理 5.21 F を体として，$I \subseteq F[x]$ を環 $F[x]$ のイデアルとする．このとき I は単項イデアルである．

証明 もし I が零イデアルなら $I = (0)$ は 0 により生成される単項イデアルである．$I \neq (0)$ と仮定する．これは I が零でない多項式を含むということだから，I の元で，零でない多項式のうち，次数が最小のものを 1 つとってそれを $g(x)$ とする[6]．我々の目標は $I = (g)$ を証明することである．

そのために，$f \in I$ を任意にとり，f が g の倍元であることを示したい．命題 5.20 により，多項式 $q(x), r(x) \in F[x]$ であって，次を満たすものがとれる[7]：

$$f(x) = g(x)q(x) + r(x) \quad \text{かつ} \quad \deg(r) < \deg(g).$$

よって

$$r(x) = f(x) - g(x)q(x) \in I,$$

というのは，$f(x) \in I$ かつ $g(x)q(x) \in I$ だからである．しかし，$g(x)$ は I の元で零でないものの中で最小の次数を持つはずで，一方 $\deg(r) < \deg(g)$ でもある．よって $r(x) = 0$ がわかり，つまり

$$f(x) = g(x)q(x) \in (g).$$

これで $I \subseteq (g)$ の証明が済み，一方 $g \in I$ から $(g) \subseteq I$ が導かれる．よって $I = (g)$ は単項イデアルである． $\square$

5.6 拡大体の構成

この節では多項式の根を用いて体を構成する．しかし，我々はアプリオリにはこれらの根がどこに住んでいるかはわからない．そこで，体 F とその上の多項式 $f(x) \in F[x]$ をとって，それらを使って「魔法のように」$f(x)$ の根を含む体の拡大 K/F を構成する．この過

---

[6] すべての詳細を書き下したい人向けにいうと，我々は写像 $\deg: I \setminus \{0\} \to \mathbb{N}$ を考えている．集合 $I \setminus \{0\}$ は仮定から空でなく，像は自然数の集合の空でない部分集合になる．自然数の集合の空でない部分集合が最小元を持つことは知っているから，$g \in I$ として $\deg(g)$ がその最小元になるものをとったのである．

[7] ここで F が体であるという仮定を使っている．たとえば，命題 5.20 も定理 5.21 も，多項式環 $\mathbb{Z}[x]$ では成り立たない．

132   第5章　体——第1部

程の原型となるのは，実数体から複素数体を，多項式 $x^2 + 1$ を用いて抽象的に構成する手続きで，演習問題 3.46 にある．

定義 5.22　F を体とする．定数ではない多項式 $f(x) \in F[x]$ が **F 上可約**であるとは，定数ではない多項式 $g(x), h(x) \in F[x]$ が存在して $f(x)$ が $f(x) = g(x)h(x)$ と因子分解されることである．**既約多項式**は定数ではない多項式で，可約ではないものである．つまり，$F[x]$ では非自明な因子分解を持たない多項式である．（任意の環における既約性の概念の一般化については 7.3 節を見よ．）

例 5.23　多項式 $x^2 - 1$ や $x^2 - x - 2$ は $\mathbb{Q}[x]$ で可約である．というのは，これらは

$$x^2 - 1 = (x - 1)(x + 1) \quad \text{および} \quad x^2 - x - 2 = (x + 1)(x - 2)$$

と因子分解されるからである．多項式 $x^2 + 1$ や $x^2 - 2$ は $\mathbb{Q}[x]$ で既約である．$x^2 - 2$ が既約であることは $\sqrt{2}$ が無理数であることと同値である．一方，$\mathbb{Q}(i)[x]$ においては，多項式 $x^2 + 1$ は可約である．というのは，これは

$$x^2 + 1 = (x + i)(x - i)$$

と因数分解するからである．そういうわけで，可約性と既約性は，多項式と係数が属する体に依存する．

例 5.24　係数の体を有限体にすると，与えられた次数ごとに多項式は有限個しか存在しない．たとえば，$\mathbb{F}_2[x]$ の 2 次多項式は 4 つしかなく，そのうち既約なものは 1 つだけである：

$x^2 = x \cdot x$	$x^2 + 1 = (x + 1)^2$
$x^2 + x = x(x + 1)$	$x^2 + x + 1$ 既約

$\mathbb{F}_2[x]$ の 2 次多項式．

同様に，$\mathbb{F}_2[x]$ には 3 次多項式が 8 個あり，そのうち既約なものが 2 つある：

$x^3 = x \cdot x \cdot x$	$x^3 + 1 = (x + 1)(x^2 + x + 1)$
$x^3 + x = x(x + 1)^2$	$x^3 + x + 1$ 既約
$x^3 + x^2 = x^2(x + 1)$	$x^3 + x^2 + 1$ 既約
$x^3 + x^2 + x = x(x^2 + x + 1)$	$x^3 + x^2 + x + 1 = (x + 1)^3$

$\mathbb{F}_2[x]$ の 3 次多項式．

注意 5.25　次数が 1 の多項式は既約であり，$f(x) \in F[x]$ が次数 2 もしくは 3 であれば，$f(x)$ が $F[x]$ で既約である必要十分条件は，F に根を持たないことであるとわかる．演習問題 5.15 を見よ．しかし，この主張はより次数が高い多項式には成り立たない．たとえば，$g(x)$ と $h(x)$ が 2 次の既約多項式なら，$g(x)h(x)$ は 4 次可約多項式だが，F に根を持たない．8.5 節において，与えられた $\mathbb{Q}[x]$ の多項式に対して既約性を判定するためのさまざ

な，より精妙な判定法を証明する．

定理 5.26 F を体として，$f(x) \in F[x]$ を零でない多項式とする．次の主張は同値である：
  (a) $f(x)$ は既約である．
  (b) $f(x)$ が生成する単項イデアル $f(x)F[x]$ は極大イデアルである．
  (c) 剰余環 $F[x]/f(x)F[x]$ は体である．

証明 (b) と (c) の同値性は定理 3.43 (b) の特別な場合である．

$\boxed{\textbf{\textit{f}} \text{ が既約} \Longrightarrow \textbf{\textit{f}}(\textbf{\textit{x}})\textbf{\textit{F}}[\textbf{\textit{x}}] \text{ が極大}}$ イデアル I を次を満たすものとする：

$$f(x)F[x] \subseteq I \subseteq F[x]. \tag{5.6}$$

我々の目標は $I = f(x)F[x]$ もしくは $I = F[x]$ を示すことである．

定理 5.21 から，$F[x]$ のイデアルはすべて単項イデアルであることは既知である．したがって，ある元 $g(x) \in F[x]$ で $I = g(x)F[x]$ となるものを見つけることができ，イデアルの包含関係 (5.6) が

$$f(x)F[x] \subseteq g(x)F[x] \subseteq F[x]$$

となる．とくに，$f(x)$ が $g(x)$ が生成するイデアルに含まれることがわかるので，

$$f(x) = g(x)h(x) \quad \text{となる } h(x) \in F[x] \text{ が存在する．} \tag{5.7}$$

$f(x)$ が $F[x]$ で既約であるという仮定を使うときがきた．これが意味するのは，$f(x)$ の因子分解 (5.7) において，因子の $g(x)$ または $h(x)$ の少なくとも一方が零でない定数多項式ということである．ここから 2 つの場合が生じる．

$$g(x) \in F^*, \quad \text{つまり } I = g(x)F[x] = F[x] \text{ である．}$$

$$h(x) \in F^*, \quad \text{つまり } f(x)F[x] = g(x)h(x)F[x] = g(x)F[x] = I.$$

これで I が極大イデアルであることが示された．

$\boxed{\textbf{\textit{f}}(\textbf{\textit{x}})\textbf{\textit{F}}[\textbf{\textit{x}}] \text{ が極大} \Longrightarrow \textbf{\textit{f}} \text{ が既約}}$ $f(x)$ の因子分解が

$$f(x) = g(x)h(x) \quad g(x), h(x) \in F[x]$$

と仮定する．我々の目標は $g(x)$ もしくは $h(x)$ が定数多項式であると示すことである．次のイデアルを考える：

$$f(x)F[x] \subseteq g(x)F[x] \subseteq F[x].$$

$f(x)F[x]$ が極大であるという仮定から，次のどちらか

$$f(x)F[x] = g(x)F[x] \quad \text{または} \quad g(x)F[x] = F[x]$$

である．それぞれの場合を順に考える．最初の場合は，

$$f(x)F[x] = g(x)F[x] \implies g(x) \in f(x)F[x] = g(x)h(x)F[x]$$
$$\implies g(x) = g(x)h(x)s(x) \text{ となる } s(x) \in F[x] \text{ が存在する}$$
$$\implies h(x)s(x) = 1,$$

つまり，$h(x)$ が定数多項式である．

第二の場合は，

$$g(x)F[x] = F[x] \implies 1 \in g(x)F[x]$$
$$\implies 1 = g(x)t(x) \text{ となる } t(x) \in F[x] \text{ が存在する．}$$

つまり，$g(x)$ が定数多項式である．よって，どちらの場合も，$f(x) = g(x)h(x)$ の因子分解は，因子のどちらかが定数多項式となるものしかないことを示した．定義から，これは $f(x)$ が既約であることを意味する． □

任意の体 F と定数ではない多項式 $f(x) \in F[x]$ に対して，我々の次の結果は F の拡大体で f の根の 1 つを含むものを構成するために定理 5.26 を用いる．より一般の結果については演習問題 5.20 と定理 8.17 を見よ．しかし，ここで証明する結果ですら目覚ましい．既約多項式 $f(x) \in F[x]$ が与えられて，F をもう少し大きくしたいなら，$f(x)$ の根を見つけることができるのである．

定理 5.27 F を体とし，$f(x) \in F[x]$ を既約多項式，$I_f = f(x)F[x]$ を $f(x)$ により生成される単項イデアル，さらに $K_f = F[x]/I_f$ を剰余環とする．

(a) 環 K_f は体である．

(b) 写像 $F \to K_f$, $c \mapsto c + I_f$ により F を K_f の部分体と見なすことができる．

(c) 多項式 $f(x)$ は K_f に根を持つ．

(d) 体 K_f は F の有限次拡大体である．その拡大次数は次で与えられる：

$$[K_f : F] = \deg(f).$$

証明 (a) 定理 5.26 から，I_f は環 $F[x]$ の極大イデアルであり，よって定理 3.43 (b) より剰余環 $F[x]/I_f$ は体である．

(b) 次の写像

$$F \longrightarrow F[x]/I_f = K_f, \quad c \longmapsto c + I_f \tag{5.8}$$

が準同型写像であることは，剰余環の加法と乗法の規則から直ちに導かれる．式 (5.8) が単射であることを示すことだけが残っている．まず

$$c + I_f = 0 \implies c \in I_f \implies \text{ある } g(x) \in F[x] \text{ により } c = f(x)g(x).$$

$\deg(f) \geq 1$ だから，これが正しいのは $c = g(x) = 0$ のときだけである．よって準同型写像 (5.8) の核が $\{0\}$ であることが示され，命題 3.34 (b) から単射であることがわかる．

(c) ずるいようにも見えるが，元

$$\beta = x + I_f \in K_f$$

が $f(x)$ の根であることを主張しよう．これを確認するには，$f(x)$ を

$$f(x) = b_0 + b_1 x + b_2 x^2 + \cdots + b_d x^d \in F[x] \subset K_f[x]$$

と書こう．（(b) を使って F を K_f の部分体と見なしている．よって各係数 $b_i \in F$ は暗黙のうちに $b_i + I \in K_f$ と同一視されている．）すると，

$$
\begin{aligned}
f(\beta) &= b_0 + b_1 \beta + b_2 \beta^2 + \cdots + b_d \beta^d \\
&= b_0(1 + I_f) + b_1(x + I_f) + b_2(x + I_f)^2 + \cdots + b_d(x + I_f)^d \\
&= (b_0 + I_f) + (b_1 x + I_f) + (b_2 x^2 + I_f) + \cdots + (b_d x^d + I_f) \\
&= b_0 + b_1 x + b_2 x^2 + \cdots + b_d x^d + I_f \\
&= f(x) + I_f \\
&= 0 + I_f.
\end{aligned}
$$

つまり $f(\beta)$ は体 K_f の零元である．

(d) $d = \deg(f)$ として，

$$\beta = x + I_f = 剰余環\ F[x]/I_f\ における\ x\ の同値類$$

とする．次の集合が K_f の F 上の基底であることを主張する．

$$\mathcal{B} = \{1, \beta, \beta^2, \ldots, \beta^{d-1}\}.$$

まず，$\mathcal{B}$ が生成系であることを確認しよう．$g(x) + I_f$ を K_f の任意の元とする．多項式 $g(x)$ を $f(x)$ で割って，商と剰余を次のように得たとする：

$$g(x) = f(x)q(x) + r(x) \quad q(x), r(x) \in F[x] で \deg(r) < \deg(f) = d.$$

$f(x) \in I_f$ であるから，剰余類 $g(x) + I_f$ と $r(x) + I_f$ は等しい．一方，$r(x)$ を次のように書いてみる：

$$r(x) = a_0 + a_1 x + a_2 x^2 + \cdots + a_{d-1} x^{d-1} \quad ここで a_0, \ldots, a_{d-1} \in F である．$$

すると，次のように計算できる：

$$g(x) + I_f = r(x) + I_f$$
$$= (a_0 + a_1 x + a_2 x^2 + \cdots + a_{d-1} x^{d-1}) + I_f$$
$$= (a_0 + I_f) + (a_1 x + I_f) + (a_2 x^2 + I_f) + \cdots + (a_{d-1} x^{d-1} + I_f)$$
$$= a_0(1 + I_f) + a_1(x + I_f) + a_2(x + I_f)^2 + \cdots + a_{d-1}(x + I_f)^{d-1}$$
$$= a_0 + a_1 \beta + a_2 \beta^2 + \cdots + a_{d-1} \beta^{d-1}.$$

これで，K_f の任意の元が $\mathcal{B}$ の F 係数の線形結合であることが示された.

次に，$\mathcal{B}$ が F 上線形独立であることを確かめよう. そのために，線形結合

$$c_0 + c_1 \beta + c_2 \beta^2 + \cdots + c_{d-1} \beta^{d-1} = 0 + I_f$$

が，$c_0, \ldots, c_{d-1} \in F$ により成り立ったとする. 我々の目標はすべての c_i が消えることを示すことである. $\beta = x + I_f$ の定義から，次のように計算できる：

$$0 + I_f = c_0 + c_1 \beta + c_2 \beta^2 + \cdots + c_{d-1} \beta^{d-1}$$
$$= c_0(1 + I_f) + c_1(x + I_f) + c_2(x + I_f)^2 + \cdots + c_{d-1}(x + I_f)^{d-1}$$
$$= (c_0 + I_f) + (c_1 x + I_f) + (c_2 x^2 + I_f) + \cdots + (c_{d-1} x^{d-1} + I_f)$$
$$= (c_0 + c_1 x + c_2 x^2 + \cdots + c_{d-1} x^{d-1}) + I_f.$$

これにより，多項式 $c_0 + c_1 x + c_2 x^2 + \cdots + c_{d-1} x^{d-1}$ が，$f(x)$ により生成される単項イデアル I_f に含まれることがわかる. つまり，ある多項式 $g(x) \in F[x]$ が存在して，

$$c_0 + c_1 x + c_2 x^2 + \cdots + c_{d-1} x^{d-1} = f(x) g(x) \tag{5.9}$$

である. もし $g(x) \neq 0$ なら，両辺の次数を見比べて次のような矛盾が生じる：

$$d - 1 \geq \deg(c_0 + \cdots + c_{d-1} x^{d-1})$$
$$= \deg(f(x) g(x)) = \deg(f(x)) + \deg(g(x)) = d + \deg(g(x)) \geq d.$$

よって $g(x) = 0$ であり，式 (5.9) は多項式環 $F[x]$ での等式

$$c_0 + c_1 x + c_2 x^2 + \cdots + c_{d-1} x^{d-1} = 0$$

となる. よって $c_0 = \cdots = c_{d-1} = 0$，となり，$\mathcal{B}$ が F 上線形独立であることの証明が済み，したがって K_f/F の基底である. さらに，我々は等式

$$[K_f : F] = \#\mathcal{B} = d = \deg(f)$$

を得た. 以上で定理 5.27 が証明された. $\qquad\square$

5.7 有限体

この節では，ここまで開発してきた道具立てを，有限体を記述したり，素数冪位数の有

限体を構成したりするために応用する．始める前に，定義 3.35 の復習として，環 R の**標数** $\mathrm{char}(R)$ とは整数 $m \geq 0$ で，次の一意的な[8]環準同型写像の核の生成元であった．

$$\phi \colon \mathbb{Z} \longrightarrow R.$$

言い換えると，ϕ が単射でなければ，R の標数は次の性質を満たす最小の整数 $m \geq 1$ である：

$$\text{すべての } \alpha \in R \text{ で} \quad \underbrace{\alpha + \alpha + \cdots + \alpha}_{m \text{ 個}} = 0.$$

命題 5.28 F を有限体とする．

(a) F の標数は素数である．

(b) $p = \mathrm{char}(F)$ とする．すると，一意的な単射

$$\mathbb{F}_p \lhook\joinrel\longrightarrow F$$

が存在するという意味で，有限体 $\mathbb{F}_p$ は F の部分体である．

(c) F の元の個数は次の式で与えられる：

$$\#F = p^{[F:\mathbb{F}_p]}.$$

とくに，有限体の元の個数はつねに素数冪である．

証明 (a) $m = \mathrm{char}(F)$ とすると，定義から $m\mathbb{Z}$ は唯一の環準同型写像 $\phi \colon \mathbb{Z} \to F$ の核である．命題 3.34 から，ϕ は単射環準同型写像

$$\bar{\phi} \colon \mathbb{Z}/m\mathbb{Z} \lhook\joinrel\longrightarrow F \tag{5.10}$$

を引き起こす．F が有限だという仮定から $m \neq 0$ である．m が素数であることを主張する．

この主張を証明するために，m が $m = kn$ と因数分解できたとしよう．$\mathbb{Z}$ の元と $\mathbb{Z}/m\mathbb{Z}$ の元を区別するために，後者の元の上に横線を引くことにする．すると次のように計算できる：

$$0 = \bar{\phi}(\overline{0}) = \bar{\phi}(\overline{m}) = \bar{\phi}(\overline{kn}) = \bar{\phi}(\overline{k}) \cdot \bar{\phi}(\overline{n}).$$

体 F は零因子を持たないので，次のどちらかである：

$$\bar{\phi}(\overline{k}) = 0 \quad \text{または} \quad \bar{\phi}(\overline{n}) = 0.$$

しかし，$\bar{\phi}$ は単射なので，$\overline{k} = 0$ もしくは $\overline{n} = 0$ が成り立つ．これは，$m \mid k$ もしくは $m \mid n$ を意味するので，因数分解 $m = kn$ は自明なものでなくてはならない．つまり m は非自明

---

[8] この準同型写像が一意になるのは，$\phi(1) = 1_R$ という性質が，任意の $n \geq 0$ に対して $\phi(n)$ を決めてしまうからである．そして $\phi(-n) = -\phi(n)$ であるから，$n < 0$ の場合も解決される．

な約数を持たないので，素数である.

(b) 上述の (a) により m は素数であることがわかったから，式 (5.10) で述べた単射 $\bar{\phi}$ が (b) を与える.

(c) 上述の (b) により F が $\mathbb{F}_p$ の拡大体であることがわかり，かつ F は有限個の元しか持たないから，F の $\mathbb{F}_p$ ベクトル空間としての次元は有限でなければならない．というのも，基底は F の元だからである．$d = [F : \mathbb{F}_p] = \dim_{\mathbb{F}_p}(F)$ として，

$$\mathcal{B} = \{\beta_1, \beta_2, \ldots, \beta_d\}$$

を $\mathbb{F}_p$ 上の F の基底とする．基底の定義により，F の任意の元は

$$c_1\beta_1 + c_2\beta_2 + \cdots + c_d\beta_d \quad \text{ここで } c_1, \ldots, c_d \in \mathbb{F}_p$$

のような形をしていて，異なる $c_1, \ldots, c_d$ に対しては F の異なる元が得られる．もっと気取った言い方をすると，集合の間の（そしてもちろん $\mathbb{F}_p$ ベクトル空間の間の）全単射で次のように定義されるものが存在する：

$$\mathbb{F}_p^d \longrightarrow F, \quad (c_1, \ldots, c_d) \longmapsto c_1\beta_1 + \cdots + c_d\beta_d.$$

したがって，

$$\#F = \#\mathbb{F}_p^d = p^d,$$

であり，これで (c) の証明が完了した. □

次の結果の完全な証明は，我々をあまりに遠くまで連れていってしまうので，これが 3 次までは正しいことを証明し，高次の場合の証明の 1 つの仕方を示唆することにする．この結果は明らかなものではまったくないことを強調しておきたい．たとえば $\mathbb{F}_p$ を体 $\mathbb{R}$ に置き換えると正しくない．というのは，環 $\mathbb{R}[x]$ の既約多項式は次数が 1 もしくは 2 だからである．演習問題 3.43 を見よ.

定理 5.29 p を素数とし，$d \geq 1$ とする．すると，環 $\mathbb{F}_p[x]$ は次数 d の既約多項式を含む.

証明（$d \leq 3$ までの証明） $d = 1$ なら，任意の 1 次の多項式が既約である.

既約性に影響を与えることなく，零でないスカラーを多項式に掛けることができるから，**モニック多項式**に，つまり最高次係数が 1 であるものに注目すればよい．次のように定義する：

$$\mathrm{Poly}_d = \{\mathbb{F}_p[x] \text{ 内のモニック多項式で次数が } d \text{ のもの}\},$$

$$\mathrm{Irred}_d = \{\mathbb{F}_p[x] \text{ 内のモニック既約多項式で次数が } d \text{ のもの}\},$$

$$\mathrm{Red}_d = \{\mathbb{F}_p[x] \text{ 内のモニック可約多項式で次数が } d \text{ のもの}\}.$$

このとき $\#\mathrm{Poly}_d = p^d$ であることに注意しよう．というのは，$\mathbb{F}_p[x]$ 内の d 次モニック多項式はちょうど $d + 1$ 個の係数を持ち，最初が 1 で，残りの d 個は $\mathbb{F}_p$ から任意に選べるか

らである.

まず $d = 2$ とする. 計算したいのは $\# \mathrm{Irred}_2$, つまり既約でモニックな 2 次式の個数である. 直接行うのではなく, 組合せ論からの教訓を用いる. 我々に不要な可約モニック 2 次式を数え, モニック 2 次式全体の個数から引くことで, 求めたい値を得るのである.

さて, 2 次式 $x^2 + ax + b$ のうちどれが可約だろうか？ それは, 次のように因子分解されるものである：

$$\text{ある } \alpha, \beta \in \mathbb{F}_p \text{ により} \quad x^2 + ax + b = (x - \alpha)(x - \beta).$$

(α, β) の取り方である p^2 個があるように思われるが, 結果として得られる多項式を重複して数えないよう, 注意が必要である. 2 つの場合があって, 第一に $\alpha = \beta$ の場合, このとき p 個の異なる多項式 $(x - \alpha)^2$, $\alpha \in \mathbb{F}_p$ がある. 第二に, $\alpha \neq \beta$ のとき, $p(p - 1)$ 個の選択肢が (α, β) にあり, しかし α と β の順序は積 $(x - \alpha)(x - \beta)$ を変えないから, 得られる多項式の総数は組み合わせの個数 $\binom{p}{2}$, つまり, $\mathbb{F}_p$ から異なる 2 元を順序を気にせず選ぶ総数である. これで次が示された：

$$\# \mathrm{Red}_2 = p + \binom{p}{2} = p + \frac{p(p - 1)}{2} = \frac{p^2 + p}{2}.$$

すべてのモニック 2 次多項式全体の個数から, 可約多項式の個数を引くと,

$$\# \mathrm{Irred}_2 = \# \mathrm{Poly}_2 - \# \mathrm{Red}_2 = p^2 - \frac{p^2 + p}{2} = \frac{p^2 - p}{2}. \tag{5.11}$$

最後の量は, すべての $p \geq 2$ で正であり, Irred_2 が空でないことも示された.

次に 3 次多項式である. それらのうち何個が可約なのかを数えたい. モニック 3 次多項式が因子分解される仕方は実にたくさんある. 以下に可能な組み合わせと, その組み合わせの多項式が何個あるかのリストを与える.

多項式	注記	多項式の個数
$(x - \alpha)^3$	$\alpha \in \mathbb{F}_p$	p
$(x - \alpha)^2 (x - \beta)$	$\alpha, \beta \in \mathbb{F}_p, \alpha \neq \beta$	$p(p - 1)$
$(x - \alpha)(x - \beta)(x - \gamma)$	$\alpha, \beta, \gamma \in \mathbb{F}_p, \alpha, \beta, \gamma$ は相異なる	$\binom{p}{3}$
$(x - \alpha)(x^2 + ax + b)$	$\alpha, a, b \in \mathbb{F}_p, x^2 + ax + b$ は既約	$p \cdot \# \mathrm{Irred}_2$

多項式で $(x - \alpha)^2 (x - \beta)$ の形のものについて, α と β の順序には意味があり, これによりそれらの個数が $p(p - 1)$ であって $\binom{p}{2}$ ではないことに注意する. 最後の列を足し上げ, それと以前に計算した $\# \mathrm{Irred}_2 = (p^2 - p)/2$ を使うと, 次がわかる：

$$
\begin{aligned}
\# \mathrm{Red}_3 &= p + p(p - 1) + \binom{p}{3} + p \cdot \# \mathrm{Irred}_2 \\
&= p + (p^2 - p) + \frac{p(p - 1)(p - 2)}{6} + p \cdot \frac{p^2 - p}{2} \\
&= \frac{2p^3 + p}{3}.
\end{aligned}
$$

よって,

$$\# \operatorname{Irred}_3 = \# \operatorname{Poly}_3 - \# \operatorname{Red}_3 = p^3 - \frac{2p^3 + p}{3} = \frac{p^3 - p}{3}. \tag{5.12}$$

これで任意の $p \geq 2$ に対して Irred_3 が空でないことが証明された. □

例 5.30 定理 5.29 の証明の過程で示した次の公式

$$\# \operatorname{Irred}_2 = \frac{1}{2}(p^2 - p) \quad \text{および} \quad \# \operatorname{Irred}_3 = \frac{1}{3}(p^3 - p)$$

で $p = 2$ とすると, $\mathbb{F}_2[x]$ はただ 1 つのモニック既約 2 次多項式を持ち, 2 つのモニック既約 3 次式を持つことがわかる. これらの値は, 例 5.24 で行った全探索のリストと整合する.

次の基本的な定理には完全を期して両方とも盛り込んであるが, 前半の部分を証明するために定理 5.29 を使う.

定理 5.31 p を素数とし, $d \geq 1$ とする.
   (a) ちょうど p^d 個の元を持つ有限体が存在する.
   (b) p^d 個の元からなる 2 つの体は互いに同型である.

証明 (a) 定理 5.29 から, 既約多項式 $f(x) \in \mathbb{F}_p[x]$ で $\deg(f) = d$ であるものが存在する. $K_f = \mathbb{F}_p[x]/f(x)\mathbb{F}_p[x]$ を定理 5.27 で述べた体とする. この定理により, $[K_f : \mathbb{F}_p] = \deg(f) = d$ であり, すると命題 5.28 より

$$\#K_f = p^{[K_f : \mathbb{F}_p]} = p^d.$$

   (b) 9.12 節を見よ. □

注意 5.32 後の定理 8.28 において, すべての素数 p とすべての $d \geq 1$ に対して p^d 個の元を持つ体が存在することの, かなり異なる証明を与える. $\mathbb{F}_p[x]$ が, 各 $d \geq 1$ に対して次数 d の既約多項式を持つことの証明については, 演習問題 8.17 を見よ. p^d 個の元を持つ 2 つの体が同型であることの証明については系 9.27 を, また異なる d についての p^d 個の元からなる体同士がどのように関係するかについては 9.12 節を見よ.

注意 5.33 定理 5.29 を証明するのに用いた, 次数が 2 と 3 の多項式についての包除の組合せ論においては, 次数が d の多項式の可能な因子分解の組み合わせをすべて列挙する必要があった. d が大きくなるとこれは次第に複雑になり, この方法で $\# \operatorname{Irred}_d$ の一般の公式を証明できるとはいえ, 作業は骨が折れる. 別の仕方としては, 次の興味深い恒等式から出発するものがある.

$$\prod_{\substack{f(x) \in \mathbb{F}_p[x] \\ f \text{ モニック既約} \\ \deg(f) \text{ は } n \text{ を割り切る}}} f(x) = x^{p^n} - x. \tag{5.13}$$

式 (5.13) の証明は演習問題とする. 演習問題 5.24 を見よ. 式 (5.13) の両辺の次数をとる

と，次の公式を得る：

$$\sum_{d|n} d \cdot \# \mathrm{Irred}_d = p^n. \qquad (5.14)$$

この公式と包除の組合せ論を使うと $\# \mathrm{Irred}_d$ を数えることができる．たとえば，n を素数 ℓ と等しいとする．ℓ の因子は 1 と ℓ だけだから，式 (5.14) は次のようになる：

$$\# \mathrm{Irred}_1 + \ell \cdot \# \mathrm{Irred}_\ell = p^\ell.$$

$\# \mathrm{Irred}_1 = p$ は既知だから，ここから

$$\# \mathrm{Irred}_\ell = \frac{p^\ell - p}{\ell}$$

を得る．これは当然，$\# \mathrm{Irred}_2$ ならびに $\# \mathrm{Irred}_3$ として以前に計算した式 (5.11) ならびに式 (5.12) と一致する．

演習問題

5.2 節　抽象的な体と準同型写像

5.1 F を体とし，$f(x) \in F[x]$ を零でない多項式とする．

(a) $\alpha \in F$ が $f(x)$ の根とする．つまり，$f(\alpha) = 0$. 多項式 $g(x) \in F[x]$ で $f(x) = (x - \alpha)g(x)$ を満たすものが存在することを示せ．

(b) より一般に，$\alpha_1, \ldots, \alpha_n \in F$ が $f(x)$ の相異なる根とする．多項式 $g(x) \in F[x]$ で

$$f(x) = (x - \alpha_1)(x - \alpha_2) \cdots (x - \alpha_n) g(x)$$

を満たすものが存在することを示せ．（ヒント：(a) と帰納法を使う．しかし F が体であることを使う必要があることに注意せよ．F が勝手な環だと成り立たない．たとえば，$x^2 - 1 \in (\mathbb{Z}/8\mathbb{Z})[x]$ は相異なる根 $1, 3, 5, 7 \in \mathbb{Z}/8\mathbb{Z}$ を持つ．）

(c) (b) を使って次の重要な結果を導け．

定理 5.34 F を体，$f(x) \in F[x]$ を零でない多項式とする．このとき $f(x)$ は高々 $\deg(f)$ 個の根を F に持つ．

5.2 例 3.7 で述べた 4 元数環 $\mathbb{H}$ は斜体であること，つまり，零でない元はすべて，乗法に関する逆元を持つことを示せ．（ヒント：演習問題 3.16 をすでに済ませているなら，それを引用するだけでよい．そうでないならこの演習問題に取り組むこと．）

5.3 節　体のおもしろい例

5.3 次の実数体 $\mathbb{R}$ の部分集合がそれぞれ体であることを示せ：

(a) $\mathbb{Q}(\sqrt{3}) = \{a + b\sqrt{3} \colon a, b \in \mathbb{Q}\}$.

(b) $\mathbb{Q}(\sqrt{4}) = \{a + b\sqrt{4} \colon a, b \in \mathbb{Q}\}$.

(c) $\mathbb{Q}(\sqrt[3]{2}) = \{a + b\sqrt[3]{2} + c\sqrt[3]{4} \colon a, b, c \in \mathbb{Q}\}$.

5.4 以下の環がそれぞれ体ではないことを示せ：

(a) $\mathbb{Z}[i] = \{a + bi \colon a, b \in \mathbb{Z}\}$.

(b) $\mathbb{Z}[\sqrt{2}] = \{a + b\sqrt{2} \colon a, b \in \mathbb{Z}\}$.

(c) $\mathbb{Z}/p^2\mathbb{Z}$，ただし p は素数である．

142   第 5 章　体——第 1 部

(d) $\mathbb{Z}/mn\mathbb{Z}$, ただし $m \geq 2$ かつ $n \geq 2$.

5.5　体 $\mathbb{Q}(i)$ と体 $\mathbb{Q}(\sqrt{2})$ はどちらも $\mathbb{C}$ に含まれている.
   (a) $\mathbb{Q}(i)$ は $\mathbb{Q}(\sqrt{2})$ に含まれないことを示せ.
   (b) $\mathbb{Q}(\sqrt{2})$ は $\mathbb{Q}(i)$ に含まれないことを示せ.

5.6　(a) 次を示せ:

$$\sqrt{6} \notin \{a + b\sqrt{2} + c\sqrt{3} : a, b, c \in \mathbb{Q}\},$$

   そして, この集合が環にはならないことを示せ.
   (b) 次の集合が $\mathbb{R}$ の部分環になることを示せ:

$$\mathbb{Q}(\sqrt{2}, \sqrt{3}) = \{a + b\sqrt{2} + c\sqrt{3} + d\sqrt{6} : a, b, c, d \in \mathbb{Q}\}$$

   (c) $\mathbb{Q}(\sqrt{2}, \sqrt{3})$ が $\mathbb{R}$ の部分体であることを示せ. (本文中で触れたように, 現在我々が使える道具だけでは難問である.)

5.7　(a) F を有限体とする. 次を示せ:

$$\prod_{\alpha \in F^*} \alpha = -1.$$

   p を素数とし, この公式を $\mathbb{F}_p$ に適用して次のウィルソン (Wilson) の公式を示せ:

$$(p-1)! \equiv -1 \pmod{p}.$$

   (ヒント:どの因子のペアが互いに相殺するだろうか?)
   (b) (a) の補足として, $m \geq 2$ を必ずしも素数ではない整数とする. 次を示せ:

$$\prod_{\alpha \in (\mathbb{Z}/m\mathbb{Z})^*} \alpha = \pm 1.$$

   (おまけの問題:この値がいつ 1 になり, いつ -1 になるかを特徴づけることができるだろうか?)

5.8　4 つの元からなる集合 $\mathbb{F}_4 = \{0, 1, \alpha, \beta\}$ を考える. $\mathbb{F}_4$ における加法と乗法を図 15 で定義する.
   (a) $\mathbb{F}_4$ が体になることを証明せよ. (3 つの元の積をすべて書き下し, 結合則を直接確かめることは極めて面倒なので, これを確かめる賢い方法を見つけるか, あるいはいくつかの例, たとえば $(\alpha\beta)\alpha = \alpha(\beta\alpha)$ を確認するかせよ.)
   (b) $\mathbb{F}_4$ は環 $\mathbb{Z}/4\mathbb{Z}$ と同型ではないことを証明せよ. それにもかかわらず, 両方とも 4 つの元からなる. (ヒント:$\mathbb{F}_4$ と $\mathbb{Z}/4\mathbb{Z}$ で異なる性質を何か見つけよ.)

+	0	1	α	β
0	0	1	α	β
1	1	0	β	α
α	α	β	0	1
β	β	α	1	0

×	0	1	α	β
0	0	0	0	0
1	0	1	α	β
α	0	α	β	1
β	0	β	1	α

図 15　$\mathbb{F}_4$ の加法と乗法の表.

5.4節　部分体と拡大体

5.9　(a) K/F を体の拡大とする．次を証明せよ：

$$[K : F] = 1 \quad \text{の必要十分条件は} \quad K = F.$$

(b) L/F を体の有限次拡大とし，$[L : F]$ が素数とする．さらに，K は F と L の間の体とする．つまり，$F \subseteq K \subseteq L$ である．このとき，$K = F$ もしくは $K = L$ であることを証明せよ．

5.10　K/F を体の有限次拡大とする．このとき，$\alpha_1, \ldots, \alpha_n \in K$ が存在して

$$K = F(\alpha_1, \ldots, \alpha_n)$$

となることを証明せよ．（ヒント：1 回に 1 つ元を添加して，できた拡大体の次数を評価せよ．）

5.11　$L/K/F$ を体の拡大とする．この演習問題では定理 5.18 の証明を完結させてほしい．

(a) L/K と K/F が有限次拡大とする．定理 5.18 の証明の過程で，集合 $\mathcal{C} = \{\alpha_i \beta_j : 1 \leq i \leq m, 1 \leq j \leq n\}$ を導入し，$\mathcal{C}$ が L の F ベクトル空間としての基底であることを主張し，$\mathcal{C}$ が線形独立であることは示した．$\mathcal{C}$ が生成系であることを示せ．

(b) $\#\mathcal{C} = mn$ を示せ．つまり，mn 個の積 $\alpha_i \beta_j$ はすべて相異なることを示せ．

(c) L/F が無限次拡大であることと，L/K もしくは K/F の少なくとも一方が無限次拡大であることが同値であることを示せ．

5.12　$p_1, p_2, p_3, \ldots$ を相異なる素数の無限個のリストとする．それぞれの $j \geq 1$ に対して，$\alpha_j = \sqrt{p_j} \in \mathbb{R}$ とおく．

(a) チャレンジ問題：各 $n \geq 1$ に対して，集合 $\{\alpha_1, \alpha_2, \ldots, \alpha_n\}$ は $\mathbb{Q}$ 上線形独立であることを示せ．（現在，我々が道具箱に持っているツールだけでは，この問題を解くことはおそらくできない．しかし，それがこの問題に取り組むのを阻むことにもならない．この問題は演習問題 9.17 として再登場し，その時点では必要となる道具立ては開発済みのはずである．）

(b) (a) を使って $\dim_\mathbb{Q}(\mathbb{R}) = \infty$ を示せ．

5.5節　多項式環

5.13　この演習問題は，演習問題 3.24 (c) の特別な場合だが，繰り返すに足るほどに重要である！F を体とし，$f_1(x), f_2(x) \in F[x]$ を零でない多項式とする．次を示せ：

$$\deg(f_1 f_2) = \deg(f_1) + \deg(f_2).$$

（実数の対数関数が満たす性質を思い起こすだろうか？）

5.14　この演習問題では，命題 5.20 に現れた商と剰余が一意であることを示してほしい．F を体とし，$f(x), g(x) \in F[x]$ を多項式で $g(x) \neq 0$ を満たすものとし，多項式 $q_1(x), q_2(x), r_1(x), r_2(x) \in F[x]$ が次の等式を満たすものとする：

$$f(x) = g(x)q_1(x) + r_1(x) \quad \text{ただし} \quad \deg(r_1) < \deg(g),$$
$$f(x) = g(x)q_2(x) + r_2(x) \quad \text{ただし} \quad \deg(r_2) < \deg(g).$$

$q_1(x) = q_2(x)$ かつ $r_1(x) = r_2(x)$ を示せ．

5.6節　拡大体の構成

5.15　F を体とする．

(a) $F[x]$ の次数が 1 の多項式はすべて既約であることを示せ．

(b) $f(x) \in F[x]$ を次数が 2 の多項式とする．$f(x)$ が既約である必要十分条件は，F に根を持たな

144 第5章 体——第1部

いことであると示せ.

(c) $f(x) \in F[x]$ を次数が3の多項式とする. $f(x)$ が既約である必要十分条件は, F に根を持たないことであると示せ.

(d) $f(x) = x^4 + 2$ とする. $f(x)$ は $\mathbb{Q}[x]$ において既約であることを示せ.

(e) $f(x) = x^4 + 4$ とする. $f(x)$ は $\mathbb{Q}$ に根を持たないにもかかわらず, $\mathbb{Q}[x]$ において可約であることを示せ.

5.16 F を体とし, 多項式 $X^2 + X + 1$ は $F[X]$ で既約だと仮定する.

$$K = F[X]/(X^2 + X + 1)F[X]$$

を剰余環とすると, 定理5.26より K は体である. K の元であることを表すために, 多項式の上に横棒を書くことにしよう. 言い換えると, I をイデアル $I = (X^2 + X + 1)F[X]$ として, $\overline{X+2}$ は剰余類 $(X + 2) + I$ の略記である.

(a) 次数が高々1の多項式 $p(X) \in F[X]$ で,

$$\overline{p(X)} = (\overline{X + 3}) \cdot (\overline{2X + 1})$$

を満たすものを求めよ.

(b) 次数が高々1の多項式 $q(X) \in F[X]$ で,

$$\overline{q(X)} \cdot (\overline{X + 1}) = \overline{1}$$

を満たすものを求めよ. 言い換えると, $\overline{X+1}$ の K における乗法の逆元を求めよ.

(c) 次数が高々1の多項式 $r(X) \in F[X]$ で,

$$\overline{r(X)}^2 = \overline{-3}$$

を満たすものを求めよ. 言い換えると, K における -3 の平方根を求めよ.

5.17

$$f(x) = c_0 + c_1 x + \cdots + c_d x^d \in \mathbb{Z}[x]$$

を次数 $d \geq 1$ の多項式とする.

(a) 既約分数 $a/b \in \mathbb{Q}$ が $f(x)$ の根なら, $a \mid c_0$ もしくは $b \mid c_d$ が成り立つ.

(b) (a) を使って, 整数からなる小さな有限集合 $\mathcal{A}$ と $\mathcal{B}$ を, 多項式

$$g(x) = 45x^4 + 62x^3 + 56x^2 + 11x - 6$$

のすべての有理数解が集合

$$\left\{ \pm \frac{a}{b} : a \in \mathcal{A}, \, b \in \mathcal{B} \right\}$$

に含まれるようにとる. この集合には, 何個の有理数が含まれるだろうか?

(c) (b) と同じ問いを,

$$h(x) = 693x^6 - 269x^5 + 1346x^4 - 1912x^3 + 458x^2 + 104x - 24$$

について考えよ.

(d) (b) と (c) で作った有理数の集合の元のどれが $g(x)$ や $h(x)$ の根になっているかを検査する短いコンピュータプログラムを書け. その結果を使って, $g(x)$ や $h(x)$ を $\mathbb{Q}[x]$ における既約因子に分解せよ.

5.18 この演習問題では定理 5.26 が 2 変数以上の多項式に対しては正しくないことを示す. F を体とし, $f(x,y) \in F[x,y]$ を 2 変数の多項式とする. たとえば, f として既約なものをとったとしよう.

(a) $a, b \in F$ で $f(a,b) = 0$ を満たすものが存在したとしよう. イデアル I を

$$I = \{(x-a)g(x,y) + (y-b)h(x,y) : g(x,y), h(x,y) \in F[x,y]\}$$

のように定義する.

$$f(x,y)F[x,y] \subsetneq I \subsetneq R$$

を示し, $f(x,y)$ で生成される単項イデアル $f(x,y)F[x,y]$ が極大ではないことを示せ.

(b) $f(x,y)$ を多項式で y に依存するもの, つまり, $f(x,y) \notin F[x]$ とする. さらに, F は無限個の元を持つと仮定する. このとき, $a \in F$ で $f(a,y)$ が定数ではないようなものが存在することを示せ.

(c) $f(x,y)$ を多項式とし, $a \in F$ を $f(a,y)$ が定数ではないようなものとする. イデアル J を

$$J = \{(x-a)g(x,y) + f(x,y)h(x,y) : g(x,y), h(x,y) \in F[x,y]\}$$

のように定義する.

$$f(x,y)F[x,y] \subsetneq J \subsetneq R$$

を示し, $f(x,y)$ で生成される単項イデアル $f(x,y)F[x,y]$ が極大ではないことを示せ.

(d) F を無限個の元を持つ体とし, $f(x,y) \in F[x,y]$ を多項式とする. $f(x,y)$ が生成する単項イデアル $f(x,y)F[x,y]$ は極大ではないことを示せ.

(e) チャレンジ問題：F を有限体とする. このとき (b) は成り立たないが, (d) は成り立つことを示せ.

5.19 この演習問題では, すべての定数でない $\mathbb{C}[x]$ 内の多項式は少なくとも 1 つ $\mathbb{C}$ に根を持つことを使ってよい. $\mathbb{C}$ のこの性質を**代数的に閉じている**という.

(a) $\mathbb{C}[x]$ の既約多項式は 1 次式に限ることを証明せよ.

(b) $f(x) \in \mathbb{R}[x]$ とし, $a + bi \in \mathbb{C}$ が $f(x)$ の根だとする. このとき, $a - bi$ も $f(x)$ の根であることを証明せよ.

(c) $f(x) \in \mathbb{R}[x]$ を $\mathbb{R}[x]$ の既約多項式とする. このとき $\deg(f) \leq 2$ を示せ. (ヒント：(b) を使う.)

5.20 F を体とし, $f(x) \in F[x]$ を定数でない, 可約かもしれない多項式とし, さらに $d = \deg(f)$ とする.

(a) 体の拡大 K/F で, $[K : F] \leq d$ かつ $f(x)$ が K で根を持つようなものが存在する.

(b) 体の拡大 L/F と $c \in F$, $\alpha_1, \ldots, \alpha_d \in L$ で, $f(x)$ が $L[x]$ で次のように因子分解されるものが存在することを示せ：

$$f(x) = c(x - \alpha_1)(x - \alpha_2) \cdots (x - \alpha_d).$$

($\alpha_1, \ldots, \alpha_d$ は相異なるとは限らないことに注意せよ.) そのような体 L を, 次も満たすようにとれることを証明せよ：

$$[L : F] \leq d!.$$

この体 L を多項式 $f(x)$ の F 上の**分解体**という.

146   第5章　体——第1部

5.7節　有限体

5.21 F を q 個の元からなる有限体とする.

(a) F の零でない元はすべて多項式 $x^{q-1} - 1$ の根であることを証明せよ. （ヒント：ラグランジュの定理の系 2.50 を単元群 F^* に対して使う.）

(b) F の任意の元はすべて多項式 $x^q - x$ の根であることを証明せよ.

(c) 次の公式を示せ：

$$\prod_{\alpha \in F} (x - \alpha) = x^q - x.$$

（ヒント：演習問題 5.1 (c) に登場した定理 5.34 を使う.）

5.22   定理 5.29 の証明の中で，$\mathbb{F}_p[x]$ 内の次数 3 の多項式の非自明な因子分解のすべてをリストした表を作り，それぞれの因子分解のタイプごとに何個あるかを数え，$\#\operatorname{Red}_3$ を求めるのにそれらを足し上げた.

(a) $\mathbb{F}_p[x]$ 内の次数 4 の多項式の非自明な因子分解のすべてのリストを作り，それを使って $\#\operatorname{Red}_4$ と $\#\operatorname{Irred}_4$ を計算せよ.

(b) 証明していないが，公式 (5.14) を使ってそれの答え合わせをせよ. さらにそれを使って $\#\operatorname{Irred}_4$ を計算せよ. (a) の方法より易しいだろうか？

5.23   この演習問題では，公式 (5.14) を使っていろいろな d の値に対して $\#\operatorname{Irred}_d$ を計算してもらう.

(a) ℓ を素数とする. $\#\operatorname{Irred}_{\ell^2}$ と $\#\operatorname{Irred}_{\ell^3}$ を計算し，それを使って $k \geq 1$ に対する $\#\operatorname{Irred}_{\ell^k}$ の公式を推測せよ. さらに，式 (5.14) と帰納法を使って，その公式が正しいことを証明せよ.

(b) ℓ と q を相異なる素数とする. $\#\operatorname{Irred}_{\ell q}$ を計算せよ.

5.24 m と n を正の整数とする.

(a) $F[x]$ 内で $x^m - 1$ が $x^n - 1$ を割り切る必要十分条件は，$\mathbb{Z}$ 内で m が n を割り切ることであると証明せよ.

(b) $a \geq 2$ を整数とする. $\mathbb{Z}$ 内で $a^m - 1$ が $a^n - 1$ を割り切る必要十分条件は，$\mathbb{Z}$ 内で m が n を割り切ることであると証明せよ.

(c) 次を証明せよ：

$$\prod_{\substack{f(x) \in \mathbb{F}_p[x] \\ f \text{ モニック既約} \\ \deg(f) \text{ は } n \text{ を割り切る.}}} f(x) = x^{p^n} - x.$$

(d) (c) の公式の両辺の次数をとることで，次を導け：

$$\sum_{d \mid n} d \cdot \#\operatorname{Irred}_d = p^n.$$

この公式を使って，任意の $d \geq 1$ に対して $\#\operatorname{Irred}_d \geq 1$ であることを証明せよ.

第6章 群——第2部

この章では，群論の研究を続ける．

6.1 正規部分群と剰余群

G を群とし，H を G の部分群とする．2.5 節から，各 $g \in G$ が H の左剰余類

$$gH = \{gh \colon h \in H\}$$

を定めることを思い出しておこう．H による左剰余類の集合に記号があると便利である[1]．

定義 6.1 G を群とし，H を G の部分群とする．（左）剰余類の集合を

$$G/H = \{H \text{ の（左）剰余類}\}$$

と表す．

$\mathcal{C}_1, \ldots, \mathcal{C}_k$ を H の相異なる剰余類とする．命題 2.47 から，G は非交和

$$G = \mathcal{C}_1 \cup \mathcal{C}_2 \cup \cdots \cup \mathcal{C}_k$$

と等しい．この興味深く便利な分解は多くの応用を持つ．たとえばラグランジュの定理（定理 2.48）の証明の鍵となる．

剰余類を $\mathcal{C}_i$ という記号で表したのは，与えられた剰余類 $\mathcal{C}$ に対して，元 $g \in G$ で $\mathcal{C} = gH$ を満たす相異なるものがたくさん存在することを強調するためである．実際，$\mathcal{C}$ が H の剰余類の 1 つなら，

$$\mathcal{C} = gH \iff g \in \mathcal{C}$$

であることが確かめられる（演習問題 2.37 を見よ）．

ここに興味深い思考実験がある．剰余類の族

$$\{\mathcal{C}_1, \ldots, \mathcal{C}_k\}$$

を群にすることはできるだろうか？ もしできるなら，2 つの剰余類 $\mathcal{C}_i$ と $\mathcal{C}_j$ の積をどのように定義すればよいだろうか？ 自然に思いつくのは，一方が $\mathcal{C}_i$，他方が $\mathcal{C}_j$ の元である 2 つの元の積の剰余類を考え，それを剰余類の積 $\mathcal{C}_i \cdot \mathcal{C}_j$ と宣言することである．

---

[1] G/H は，その元が集合であるような集合である．この節を読んでいる間，次の事実をしっかりと胸に刻んでおくことが重要である：G/H は「集合の集合」である．

定義 6.2（提案された剰余類の積のアルゴリズム） G を群とし，H を G の部分群とする．

> 入力： H の剰余類 $\mathcal{C}_1$ と $\mathcal{C}_2$.
> 計算： 元 $g_1 \in \mathcal{C}_1$ と元 $g_2 \in \mathcal{C}_2$ をとる．
> 出力： $g_1 g_2$ の剰余類 $g_1 g_2 H$.

これはよい定義だろうか[2]？　何がまずいか見てみよう．

例 6.3 図 16 は，位数 12 の群を図示したものである．これは，4 つの元からなる部分群 H の 3 つの剰余類の非交和になっている．根拠のある理由はまったくないが，各剰余類を $\mathcal{C}_\heartsuit$, $\mathcal{C}_\star$ と $\mathcal{C}_\mathrm{O}$ とラベルづけした．定義 6.2 によれば，剰余類の積 $\mathcal{C}_\heartsuit \cdot \mathcal{C}_\star$ は次のアルゴリズムにより定義されるはずである．

- 任意の $\heartsuit$ 元 g を $\mathcal{C}_\heartsuit$ からとる．
- 任意の $\star$ 元 g' を $\mathcal{C}_\star$ からとる．
- $\mathcal{C}_\heartsuit \cdot \mathcal{C}_\star$ を $g \cdot g'$ を含む剰余類とする．
- 潜在的な問題：別の $\heartsuit$ 元 $\tilde{g}$ を $\mathcal{C}_\heartsuit$ からとり，別の $\star$ 元 $\tilde{g}'$ を $\mathcal{C}_\star$ からとったとき，積 $\tilde{g} \cdot \tilde{g}'$ が積 $g \cdot g'$ と同じ剰余類に属すとは限らない．

例 6.3 は，定義 6.2 を剰余類の積の定義として使うと，何が問題になりそうかを示している．しかし，この問題は本当に起きるのだろうか？　そうなることを次の例で見てみよう．

例 6.4 2 面体群を
$$\mathcal{D}_3 = \{e, r_1, r_2, f_1, f_2, f_3\}$$
とする．ここで，r_1 と r_2 は回転で，f_1, f_2, f_3 は，57 ページの図 8 にある裏返しである．部分群 $\{e, f_1\}$ は 3 つの剰余類
$$\mathcal{C}_1 = \{e, f_1\}, \quad \mathcal{C}_2 = \{r_1, f_2\}, \quad \mathcal{C}_3 = \{r_2, f_3\}$$

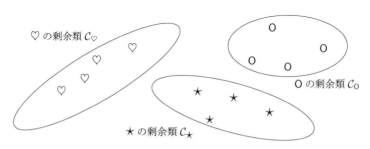

図 16　群 G は部分群 H の 3 つの剰余類の合併である．

---
[2] 定義についての議論，その善し悪しや見苦しさについては 1.1 節を見よ．（訳注：原文 the good, the bad, and the ugly は善玉，悪玉，卑劣漢のガンマンが登場するマカロニ・ウエスタンの映画『続・夕陽のガンマン』の英題．）

を定める．例 2.46 を見よ．ここで，定義 6.2 によって 2 つの剰余類を掛けてみよう：

$$\mathcal{C}_2 \cdot \mathcal{C}_3 \overset{?}{=} \begin{cases} r_1 \cdot r_2 = e \in \mathcal{C}_1 & r_1 \ \text{を} \ \mathcal{C}_2 \ \text{から，} \ r_2 \ \text{を} \ \mathcal{C}_3 \ \text{からとったとき，} \\ f_2 \cdot f_3 = r_2 \in \mathcal{C}_3 & f_2 \ \text{を} \ \mathcal{C}_2 \ \text{から，} \ f_3 \ \text{を} \ \mathcal{C}_3 \ \text{からとったとき．} \end{cases}$$

すると，ある選び方では $\mathcal{C}_2 \cdot \mathcal{C}_3 = \mathcal{C}_1$ だが，一方で別の選び方では，$\mathcal{C}_2 \cdot \mathcal{C}_3 = \mathcal{C}_3$ である．おっと！ 定義 6.2 で $\mathcal{C}_2$ と $\mathcal{C}_3$ の積を計算するのは，矛盾なく定義されているとはいえない．というのは，$g_2 \in \mathcal{C}_2$ と $g_3 \in \mathcal{C}_3$ の異なる取り方によって，異なる $g_2 g_3 H$ ができてしまうからである．これはいらだたしい！

しかしながら，定義 6.2 は，別の部分群 $H = \{e, r_1, r_2\}$ の剰余類に対してはうまくいくことが確認できる．つまり，定義 6.2 はある種の部分群についてはうまくいっている．「よい」部分群をどうやって見分けられるだろうか？ それらは，次の性質を満たす部分群 H なのである．

H のすべての剰余類 $\mathcal{C}_1$ と $\mathcal{C}_2$ に対して，さらにすべての元のペア $g_1, g_1' \in \mathcal{C}_1$ ならびに $g_2, g_2' \in \mathcal{C}_2$ に対して，次が真である：

$$g_1 g_2 H = g_1' g_2' H.$$

この性質から出発して，どこにたどり着くか見てみよう．仮定の g_1 と g_1' が H の同じ剰余類 C_1 の元であることは，何かしらの元 $h_1 \in H$ で $g_1' = g_1 h_1$ が成り立つことを意味していて，同様に何かしらの元 $h_2 \in H$ で $g_2' = g_2 h_2$ が成り立つことを意味している．よって次が成り立ってほしい．

$$g_1' = g_1 h_1 \ \text{かつ} \ g_2' = g_2 h_2 \implies g_2^{-1} g_1^{-1} g_1' g_2' \in H.$$

g_1' と g_2' を置き換えて，

すべての $g_1, g_2 \in G$ とすべての $h_1, h_2 \in H$ に対して $\quad g_2^{-1} g_1^{-1} g_1 h_1 g_2 h_2 \in H$

となってほしい．嬉しいことに，いくつか帳消しが起きるため，

すべての $g_1, g_2 \in G$ とすべての $h_1, h_2 \in H$ に対して $\quad g_2^{-1} h_1 g_2 h_2 \in H$

となってくれればよい．しかし我々は，$g h_2 \in H$ となる必要十分条件は $g \in H$ であることを知っているから，最終的には

すべての $g_2 \in G$ とすべての $h_1 \in H$ に対して $\quad g_2^{-1} h_1 g_2 \in H$

となればよいのである．添え字を省略すると，自然に次の重要な定義にたどり着く．

定義 6.5 G を群とし，$H \subset G$ をその部分群，$g \in G$ とする．**H の g 共役**とは，次の部分群をいう：

150　第 6 章　群——第 2 部

$$g^{-1}Hg = \{g^{-1}hg : h \in H\}.$$

H が次を満たすとき，**G の正規部分群**という．

$$\text{すべての } g \in G \text{ に対して}　g^{-1}Hg = H.$$

例 6.6　G がアーベル群なら $g^{-1}hg = h$ だから，すべての部分群 $H \subseteq G$ は正規である．

注意 6.7　（$G = \{e\}$ を除いて）すべての群は少なくとも 2 つの正規部分群を持つ．つまり，$\{e\}$ と G である．これらが G の正規部分群のすべてであるとき，G を**単純群**という[3]．単純群については 12.3 節で議論する．

例 6.8　2 面体群 $\mathcal{D}_3 = \{e, r_1, r_2, f_1, f_2, f_3\}$ の例を続けよう．部分群 $\{e, f_1\}$ は正規部分群ではない．というのは，

$$f_2^{-1}\{e, f_1\}f_2 = \{f_2^{-1}ef_2, f_2^{-1}f_1f_2\} = \{e, f_3\}$$

となるからである．一方で，部分群 $\{e, r_1, r_2\}$ は $\mathcal{D}_3$ の正規部分群である．これは，面倒だがすべての共役を計算することで確認できる．別の方法として，次の公式からもわかる：

$$\text{回転 · 回転 · 回転 = 回転}　\text{かつ}　\text{裏返し · 回転 · 裏返し = 回転}.$$

2 面体群 $\mathcal{D}_n$ に対して類似の結果が成り立つ．演習問題 6.3 を見よ．

　正規部分群の重要な供給源が次のものである．定理 6.12 で，実は，G のすべての正規部分群はこのようにして生じることを見るだろう．

命題 6.9　$\phi \colon G \to G'$ を群の準同型写像とする．$\ker(\phi)$ は G の正規部分群である．

証明　命題 2.44 (a) から，$\ker(\phi)$ が G の部分群であることは知っている．$h \in \ker(\phi)$ とし，$g \in G$ とする．すると，

$$
\begin{aligned}
\phi(g^{-1} \cdot h \cdot g) &= \phi(g^{-1}) \cdot \phi(h) \cdot \phi(g) &&\phi \text{ の準同型性から，}\\
&= \phi(g)^{-1} \cdot \phi(h) \cdot \phi(g) &&\text{命題 2.25 (b) から，}\\
&= \phi(g)^{-1} \cdot \phi(g) &&h \in \ker(\phi) \text{ だから，}\\
&= e'.
\end{aligned}
$$

よって $g^{-1} \cdot h \cdot g \in \ker(\phi)$ である．これがすべての $h \in \ker(\phi)$ とすべての $g \in G$ で成り立っていることを証明したから，$\ker(\phi)$ が G の正規部分群であることが証明された．　□

---

[3] 数学では，「単純」という単語は，普通に使われるところの，複雑でないとか簡単にわかるといった意味は持ち合わせていない．代わりに，考えている対象が 1 つの部分のみからなるという意味を持つ．つまり，対象がより小さい（より簡単な）部分に分解できないのである．

6.1 正規部分群と剰余群　**151**

G/H をいかにして群にするかという議論を続ける前に，正規部分群の便利な性質を 3 つ与えておこう．証明は読者に委ねる．

命題 6.10　G を群とし，$H \subset G$ を部分群とする．

(a) $g^{-1}Hg \subseteq H$ がすべての $g \in G$ に対して成り立つなら，H は G の正規部分群である．つまり，一方の包含を確かめればよい．

(b) すべての $g \in G$ に対して，共役集合 $g^{-1}Hg$ は G の部分群である．

(c) すべての $g \in G$ に対して，写像 $H \to g^{-1}Hg$, $h \mapsto g^{-1}hg$ は群の同型写像である．とくに，H が有限なら，H もその共役も同数の元からなる．

証明　演習問題 6.2 を見よ．　　　　　　　　　　　　　　　　　　　　$\square$

剰余類の集合 G/H を乗法の規則

$$g_1 H \cdot g_2 H = g_1 g_2 H \tag{6.1}$$

で群に変えてくれる，賢者の石の探求に戻ろう．すでに見てきたように，残念ながら別の元 $g_1' \in g_1 H$ と $g_2' \in g_2 H$ をとると，別の剰余類の積 $g_1' g_2' H$ を得ることがあるとわかっている☺．しかし，もし H が**正規**部分群なら，暗闇は光に変わり☺同じ積の剰余類を得る．これを形式的に確かめてみよう．

補題 6.11　G を群，H を G の正規部分群とする．$g_1, g_1', g_2, g_2' \in G$ が次を満たすと仮定する：

$$g_1' H = g_1 H \quad \text{かつ} \quad g_2' H = g_2 H.$$

すると，

$$g_1' g_2' H = g_1 g_2 H.$$

証明　仮定 $g_1' H = g_1 H$ はとくに次を意味する：

$$g_1' \in g_1' H = g_1 H, \quad \text{よって} \quad g_1' = g_1 h_1 \quad \text{となる } h_1 \in H \text{ が存在する．} \tag{6.2}$$

同様に，

$$g_2' \in g_2' H = g_2 H, \quad \text{よって} \quad g_2' = g_2 h_2 \quad \text{となる } h_2 \in H \text{ が存在する．} \tag{6.3}$$

$g_1' g_2' H \subseteq g_1 g_2 H$ という包含を示したいので，$g_1' g_2' h$ を $g_1' g_2' H$ の元とする．示したいのは，

$$\text{目標：} \quad g_1' g_2' h \in g_1 g_2 H$$

である．式 (6.2) と式 (6.3) を使って，

$$g_1' g_2' h = g_1 h_1 g_2 h_2 h$$

152 第6章 群——第2部

がわかる．これが g_1 掛ける g_2 掛ける H のある元と等しくなってほしい．ここで，h_1 と g_2 を取り替えて，つまり $h_1 g_2$ を $g_2 h_1$ に取り替えてよいならこのゲームに勝ちである．残念ながら G は可換ではないかもしれないので，$h_1 g_2$ と $g_2 h_1$ は違っているかもしれない．

我々に何ができるだろうか？　$g_1 h_1 g_2 h_2 h$ の一番左の g_1 の後に g_2 があってほしい．そういうことで，あってほしいところに単純に g_2 を入れてみよう：

$$g_1 \cdot g_2 \cdot h_1 g_2 h_2 h$$
$$\uparrow$$
余分な g_2，しかし値を変えてしまう☺．

これはしてもよいのだろうか？　積の値を変えたくないならノーである．そこで，欲しい値を置いて，結果を変えないようにそれを帳消しにする値も置くという，数学でよくある手段を適用する．つまり我々が欲しい g_2 を置いて，それを帳消しにする g_2^{-1} も置くのである．

$$g_1' g_2' h = g_1 h_1 g_2 h_2 h = g_1 \cdot g_2 g_2^{-1} \cdot h_1 g_2 h_2 h$$
$$\uparrow \uparrow$$
余分な g_2 と，それを消すための余分な g_2^{-1} ☺．

この値が剰余類 $g_1 g_2 H$ にあると示すのが我々の目標だったことを思い出そう．積の結合法則を使って，いくつか括弧を挿入してみる：

H は正規部分群だから H の元．
$$\downarrow$$
$$g_1' g_2' h = g_1 h_1 g_2 h_2 h = \underbrace{g_1 g_2}(\overbrace{g_2^{-1} h_1 g_2}) \cdot \underbrace{h_2 h}$$
$$\uparrow \qquad\qquad\qquad \uparrow$$
$$g_1 g_2 \qquad\qquad\quad H \text{ の元．}$$

これにより

$$g_1' g_2' h = g_1 h_1 g_2 h_2 h = g_1 \cdot g_2 \cdot \left(\begin{matrix} H \text{ の3つの} \\ \text{元の積} \end{matrix} \right) \in g_1 g_2 H$$

であり，よって

$$g_1' g_2' H \subseteq g_1 g_2 H.$$

g_1, g_2 と g_1', g_2' の役割を逆にすれば，逆の包含が得られる．これで $g_1' g_2' H = g_1 g_2 H$ が証明された．　□

補題 6.11 の内容は，H が正規部分群なら，H の剰余類の乗法規則 $g_1 H \cdot g_2 H = g_1 g_2 H$ が矛盾なく定義されるというものである．剰余類の積に関する次の性質は，G の群演算の対応する性質から直接得られる．

$$eH \cdot gH = gH \cdot eH = gH, \tag{6.4}$$

$$gH \cdot g^{-1}H = g^{-1}H \cdot gH = eH, \tag{6.5}$$

$$(g_1 H \cdot g_2 H) \cdot g_3 H = g_1 H \cdot (g_2 H \cdot g_3 H). \tag{6.6}$$

次の重要な定理の最初の部分はすでに示した.

定理 6.12 G を群とし, H を G の正規部分群とする.

(a) 剰余類の族 G/H は, 矛盾なく定義された次の群演算により群である:

$$g_1 H \cdot g_2 H = g_1 g_2 H. \tag{6.7}$$

(b) 写像

$$\phi\colon G \longrightarrow G/H, \quad \phi(g) = gH$$

は群の準同型写像で, その核は $\ker(\phi) = H$ である.

(c)

$$\psi\colon G \longrightarrow G'$$

を, $H \subseteq \ker(\psi)$ なる準同型写像とする. すると, 次の一意な準同型写像が存在する:

$$\lambda\colon G/H \longrightarrow G' \quad \text{で} \quad \lambda(gH) = \psi(g) \quad \text{を満たす.}$$

(d) (c) において $H = \ker(\psi)$ ととると, 準同型写像

$$\lambda\colon G/\ker(\psi) \longrightarrow G'$$

は単射である. とくに, 次の同型を得る:

$$\lambda\colon G/\ker(\psi) \xrightarrow{\text{同型}} \mathrm{Image}(\lambda) \subseteq G'.$$

証明 (a) 補題 6.11 により, 群演算 (6.7) は矛盾なく定義されていて, 式 (6.4), 式 (6.5), そして式 (6.6) で示したように, G/H が群の公理を満たすことは G がそうであることから直ちにわかる.

(b) ϕ が準同型写像であることを確かめるために, 次の計算を行う:

$$\phi(g_1)\phi(g_2) = g_1 H \cdot g_2 H = g_1 g_2 H = \phi(g_1 g_2).$$

ϕ の核は,

$$\ker(\phi) = \{g \in G\colon \phi(g) = eH\} = \{g \in G\colon gH = H\} = H.$$

(c) $\lambda\colon G/H \to G'$ を次の 3 ステップのアルゴリズムで定義しよう:

(1) $\mathcal{C} \in G/H$ を剰余類とする.

(2) $g \in G$ を $\mathcal{C} = gH$ を満たすようにとる.

(3) $\lambda(\mathcal{C})$ を $\psi(g)$ とする.

しかし，ステップ (2) で g の取り方がいくらでもあるから，潜在的な問題がある．よって，次の主張を証明しなければならない：

$$ \text{もし } g'H = gH \text{ なら，} \psi(g') = \psi(g). \tag{6.8} $$

仮定の $g'H = gH$ は，ある $h \in H$ により $g' = gh$ となるということである．よって，次のように計算できる：

$$\begin{aligned}
\psi(g') &= \psi(gh) && g' = gh \text{ だから，} \\
&= \psi(g) \cdot \psi(h) && \psi \text{ は群準同型写像だから，} \\
&= \psi(g) \cdot e' && h \in H \text{ であり，} H \subseteq \ker(\psi) \text{ だから，} \\
&= \psi(g).
\end{aligned}$$

これで式 (6.8) の主張は証明され，我々の 3 ステップのアルゴリズムが矛盾なく定義された写像

$$ \lambda \colon G/H \longrightarrow G' $$

を与える．λ が矛盾なく定義されることがわかったから，それが準同型写像であることを確認できる：

$$ \lambda(g_1 g_2 H) = \psi(g_1 g_2) = \psi(g_1) \cdot \psi(g_2) = \lambda(g_1 H) \cdot \lambda(g_2 H). $$

最後に，与えられた準同型写像 ψ に対して，写像 λ で $\psi(g) = \lambda(gH)$ を満たすものがただ 1 つ存在する．というのは，この式が λ の値を ψ の値で完全に決めているからである．

(d) $H = \ker(\psi)$ とおくと，(c) から，矛盾なく定義された次の準同型写像を得る：

$$ \lambda \colon G/H \to G', \quad \lambda(gH) = \psi(g). $$

λ が単射であることを示せばよい．

$gH \in \ker(\lambda)$ とする．これは $\lambda(gH) = \psi(g) = e'$ を意味し，よって $g \in \ker(\psi) = H$ である．つまり $gH = H$ で，これは G/H の単位元（単位元剰余類）である．これで $\ker(\lambda)$ が G/H の単位元のみからなることがわかり，よって命題 2.44 (b) から λ は単射である．最後の主張については，$\lambda \colon G/H \to G'$ が単射であることはいまちょうど示したところで，λ が像への全射であることは定義そのものである．よって $\lambda \colon G/H \to \mathrm{Image}(\lambda)$ は単射かつ全射であり，よって同型写像である． $\square$

6.2 集合への群作用

第 2 章で最初に群を考えたときから，群は置換群 $\mathcal{S}_n$ であり 2 面体群 $\mathcal{D}_n$ であった．例 2.19 や例 2.22 を見よ．$\mathcal{S}_n$ の元は集合 $\{1, \ldots, n\}$ 上の置換である．よって，$\mathcal{S}_n$ の元を，

6.2 集合への群作用 **155**

$\{1,\ldots,n\}$ の中の数を $\{1,\ldots,n\}$ の中の数に割り当てる規則だと思うことができる．同様に，$\mathcal{D}_n$ の元を n 角形の頂点の剛的な再配置であり，n 角形の頂点を，同じ n 角形の頂点に割り当てる規則だと思うことができる．これらの例を，任意の群 G と集合 X から出発して公理化することができ，G の任意の元が，X の元を（適切な制約のもとで）再配置することだと思うことができる．

定義 6.13 G を群，X を集合とする．**G の X への作用**とは，各 $g \in G$ と $x \in X$ に対して，別の元 $g \cdot x \in X$ を対応させる規則であって，次の 2 つの公理を満たすものである：

> **単位元の公理：** すべての $x \in X$ について $e \cdot x = x$.
> **結合律の公理：** すべての $x \in X$ と，すべての $g_1, g_2 \in G$ について $(g_1 g_2) \cdot x = g_1 \cdot (g_2 \cdot x)$.

注意 6.14 より手の込んだ定義を好む読者へ．G の X への作用の定義は，次の G から X 上の対称群への群準同型写像を与えることと同値である：

$$\alpha \colon G \longrightarrow \mathcal{S}_X.$$

ここで，$\mathcal{S}_X$ は例 2.19 で定義されたものである．α は各 $g \in G$ を X 上の置換 $\alpha(g) \colon X \to X$ に移している．演習問題 6.10 はこの 2 つの定義が一致すると示すことを求めている．

定義 6.15 G が X に作用しているとして，各 $x \in X$ は研究すべき 2 つの自然な対象を定める．

- X の元であって，G の作用によって x が移される先の元は何だろうか？　この集合を **x の軌道**と呼び，次の記号で表す：

$$Gx = \{g \cdot x : g \in G\}.$$

- G の元で x を不変にするものは何だろうか？　この集合を **x の固定部分群**と呼び，次の記号で表す：

$$G_x = \{g \in G : g \cdot x = x\}.$$

固定部分群 G_x は G の部分群である．命題 6.19 (a) を見よ．

例 6.16 群 $G = \mathcal{S}_n$ の集合 $X = \{1,\ldots,n\}$ への作用を考えよう．任意の 2 元 $x, y \in X$ に対して，置換 π で x を y に移すものが存在する．たとえば x と y を交換し，他は動かさない置換をとればよい．よって，x の軌道は X 全体になる．すなわち，G が x を X の任意の他の元に移すのだから，$Gx = X$ である．x の固定部分群 G_x は，X の置換で x を固定するもの，つまり他の $n-1$ 個の元の置換である．よって G_x は $\mathcal{S}_{n-1}$ と同型である．

例 6.17 各頂点が $X = \{1, 2, \ldots, n\}$ のように時計回りに番号づけられている n 角形への，群 $G = \mathcal{D}_n$ の作用を考えよう．ある頂点を他の頂点へ動かす回転が存在するから，各頂点

の軌道は，すべての頂点の集合となる．固定部分群はもっと興味深い．$x \in X$ を頂点とする．非自明な回転は x を固定しない．しかし，x を固定する裏返しが1つ存在する．つまり，x を通る直線を軸とする裏返しである．（この裏返しは，n が偶数なら反対側の頂点も固定する．そうでないなら x のみを固定する．）よって，G_x は2つの元，つまり単位元と x を通る軸に関する裏返しからなり，G_x は位数2の巡回群である．

例 6.18 G を $\mathcal{S}_5$ の部分群で，次の置換 π で生成されるものとする：

$$\pi(1) = 3, \quad \pi(2) = 5, \quad \pi(3) = 4, \quad \pi(4) = 1, \quad \pi(5) = 2.$$

この置換が位数6であることを確かめてほしい．よって，$G = \{e, \pi, \pi^2, \pi^3, \pi^4, \pi^5\}$ であり

$$G \cdot 1 = G \cdot 3 = G \cdot 4 = \{1, 3, 4\} \quad \text{かつ} \quad G \cdot 2 = G \cdot 5 = \{2, 5\}$$

である．したがって G の $\{1, 2, 3, 4, 5\}$ への作用は2つの異なる軌道を持つ．

命題 6.19 群 G が集合 X に作用しているとする．

(a) $x \in X$ とすると，その固定部分群 G_x は G の部分群である．

(b) X 上の関係 $\sim$ を次の規則で定める：

$$\text{ある } g \in G \text{ により } y = gx \text{ が成り立つなら } x \sim y.$$

すると $\sim$ は同値関係であり，かつ

$$(x \text{ の同値類}) = (x \text{ の軌道 } Gx).$$

(c) $x \in X$ とする．矛盾なく定義された全単射

$$\alpha : G/G_x \longrightarrow Gx$$

が次のアルゴリズムで定まる：

入力：	部分群 G_x の剰余類 $\mathcal{C}$.
計算：	元 $g \in \mathcal{C}$ を選ぶ.
出力：	$\alpha(\mathcal{C})$ は軌道 Gx の元 $g \cdot x$.

とくに，G が有限なら，

$$\#Gx = \frac{\#G}{\#G_x}.$$

証明 (a) 第一に，群作用の定義から $ex = x$ だから $e \in G_x$ である．次に，$g, g' \in G_x$ とする．g と g' は x を固定するという仮定と群演算の結合性から

$$(gg')x = g(g'x) = gx = x,$$

よって $gg' \in G_x$．最後に，$x = gx$ の両辺に g^{-1} を施すと，

$$g^{-1}x = g^{-1}(gx) = (g^{-1}g)x = ex = x$$

となり，よって $g^{-1} \in G_x$ である．これで G_x が G の部分群であることが証明された．

(b) 第一に，

$$x = ex \text{ により } x \sim x,$$

つまり $\sim$ が反射的であることがわかる．次に，

$$x \sim y \implies \text{ある } g \in G \text{ により，} y = gx$$
$$\implies g^{-1}y = g^{-1}(gx) = (gg^{-1})x = ex = x.$$

よって $x = g^{-1}y$ だから $y \sim x$，つまり $\sim$ が対称的であることがわかる．

最後に，以下の議論により $\sim$ が推移的であることがわかる：

$$x \sim y \text{ かつ } y \sim z \implies \text{ある } g, g' \in G \text{ により } y = gx \text{ かつ } z = g'y$$
$$\implies z = g'(gx) = (g'g)x$$
$$\implies x \sim z.$$

以上で $\sim$ が同値関係であることがわかった．

元 $x \in X$ の同値類は，

$$\{y \in X : x \sim y\} = \{y \in X : y = gx \text{ となる } g \in G \text{ がある}\} = \{gx : g \in G\} = Gx.$$

(c) 最初の仕事は，アルゴリズムの出力が $\mathcal{C}$ の元 g の選び方によらないと示すことである．よって，$g' \in \mathcal{C}$ を同じ剰余類の別の元とする．つまり，

$$g' \in \mathcal{C} = gG_x, \quad \text{よって，} \quad \text{ある } h \in G_x \text{ により } g' = gh.$$

したがって，

$$g'x = (gh)x = g(hx) = gx,$$

ここで $h \in G_x$ を使って $hx = x$ を示していることに注意されたい．ここから，$\alpha(\mathcal{C}) = gx$ が矛盾なく定義されていること，つまり，$g \in \mathcal{C}$ の取り方によっていないことがわかる．

写像 α は全射である．というのは，Gx の任意の元は gx, $g \in G$ という形をしており，よって $\alpha(gG_x) = gx$ とすればよいからである．

最後に，α が単射であることを示さねばならない．そこで，次を満たす剰余類が与えられているとしよう．

$$\alpha(\mathcal{C}_1) = \alpha(\mathcal{C}_2),$$

そして目標は，$\mathcal{C}_1 = \mathcal{C}_2$ を示すことである．剰余類を

$$\text{ある } g_1, g_2 \in G \text{ により} \quad \mathcal{C}_1 = g_1 G_x \text{ および } \mathcal{C}_2 = g_2 G_x$$

158 　第 6 章　群——第 2 部

と書く．すると，

$$
\begin{aligned}
\alpha(\mathcal{C}_1) = \alpha(\mathcal{C}_2) \implies & \alpha(g_1 G_x) = \alpha(g_2 G_x) \\
\implies & g_1 x = g_2 x && \alpha \text{ の定義から，} \\
\implies & x = g_1^{-1} g_2 x \\
\implies & g_1^{-1} g_2 \in G_x && G_x \text{ の定義から，} \\
\implies & g_1^{-1} g_2 G_x = G_x \\
\implies & g_2 G_x = g_1 G_x \\
\implies & \mathcal{C}_1 = \mathcal{C}_2.
\end{aligned}
$$

以上から，α が矛盾なく定義された全単射であることが証明された．

(c) の最後の部分を示すために，次の計算をする：

$$
\begin{aligned}
\#Gx &= \#(G/G_x) && \text{(a) により，} \\
&= \#G/\#G_x && \text{ラグランジュの定理（定理 2.48）より．}
\end{aligned}
$$

以上で命題 6.19 が証明された．　　　　　　　　　　　　　　　　　　　　　□

定義 6.20　G が X に**推移的に作用する**とは任意の $x \in X$ に対して $Gx = X$ となることである．

例 6.17 により $\mathcal{D}_n$ は n 角形の頂点集合に推移的に作用していることがわかる．一方，例 6.18 は，群が集合に推移的に作用していない例になっている．

6.3　軌道固定部分群の数え上げ定理

G を有限群で，有限集合 X に作用しているものとする．X と G と，さまざまな軌道や固定部分群のサイズを関係づける強力な定理を証明することから始めよう．この数え上げ定理は多くの応用を持つ．6.4 節でのシローの定理の証明の本質的な道具立てとなる．

定理 6.21（軌道固定部分群の数え上げ定理）　G が有限群で，有限集合 X に作用しているとする．$x_1, \ldots, x_k \in X$ を，$Gx_1, \ldots, Gx_k$ が相異なる軌道となるような X の元とする．すると[4]，

$$
\#X = \sum_{i=1}^{k} \#Gx_i = \sum_{i=1}^{k} \frac{\#G}{\#G_{x_i}}.
$$

証明　命題 6.19 (b) から，X 上の同値関係で，それに関する x の同値類が軌道 Gx とちょうど一致するものがある．同値関係の一般的な性質（定理 1.25 (b)）から X は相異なる同値類の非交和になる：

---

[4] ラグランジュの定理（定理 2.48）は，分数 $\#G/\#G_{x_i}$ が整数であることを教えてくれる．これは G_{x_i} の相異なる剰余類の個数である．

$$X = Gx_1 \cup Gx_2 \cup \cdots \cup Gx_k.$$

よってとくに，

$$\#X = \#Gx_1 + \#Gx_2 + \cdots + \#Gx_k.$$

これで定理 6.21 の最初の部分は示された．第二の部分については，命題 6.19 (c) において $\#Gx_i$ を $\#G/\#G_{x_i}$ に置き換えればよい． □

例 6.22 $\mathcal{D}_6$ を，頂点が $\{A, B, C, D, E, F\}$ とラベルづけされた正 6 角形に作用する 2 面体群とする．$r \in \mathcal{D}_6$ を反時計回りの $60°$ 回転，f を A と B の間の軸に関する裏返し，f' を C と F を固定する裏返しとする．図 17 を見よ．

$\mathcal{D}_6$ の次の 6 つの部分群とそれらの正 6 角形への作用を考えよう：

$$\{e, r, r^2, r^3, r^4, r^5\}, \quad \{e, r^2, r^4\}, \quad \{e, r^3\}, \quad \{e, f\}, \quad \{e, f'\}, \quad \{e, r^3, f, f'\}.$$

G の各部分群に対して，軌道と固定部分群を計算する：

群	軌道（たち）	固定部分群（たち）
$\{e, r, r^2, r^3, r^4, r^5\}$	$\{A, B, C, D, E, F\}$	$\{e\}$
$\{e, r^2, r^4\}$	$\{A, C, E\}, \{B, D, F\}$	$\{e\}, \{e\}$
$\{e, r^3\}$	$\{A, D\}, \{B, E\}, \{C, F\}$	$\{e\}, \{e\}, \{e\}$
$\{e, f\}$	$\{A, B\}, \{C, F\}, \{D, E\}$	$\{e\}, \{e\}, \{e\}$
$\{e, f'\}$	$\{C\}, \{F\}, \{A, E\}, \{B, D\}$	$\{e, f'\}, \{e, f'\}, \{e\}, \{e\}$
$\{e, r^3, f, f'\}$	$\{A, B, D, E\}, \{C, F\}$	$\{e\}, \{e, f'\}$

それぞれの場合で，軌道は交わりがなく，$\#G_x \cdot \#Gx = \#G$ が成り立っている．これは命題 6.19 (c) と (d) の例となっている．

軌道固定部分群の数え上げ定理 6.21 が正しいことを確認できる．最も興味深いのは $G = \{e, r^3, f, f'\}$ の場合で，このとき 2 つの軌道

$$G \cdot A = \{A, B, D, E\} \quad \text{および} \quad G \cdot C = \{C, F\}$$

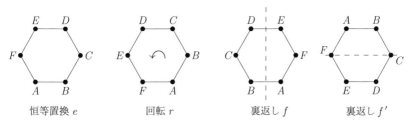

図 **17** 正 6 角形の回転と 2 つの裏返し．

160 第6章 群——第2部

が存在し，それぞれの固定部分群は $G_A = \{e\}$ と $G_C = \{e, f'\}$ である．ここから，次がわかる：

$$\#X = \#(G \cdot A) + \#(G \cdot C) = \#G/\#G_A + \#G/\#G_C$$

$$\uparrow \qquad \uparrow \qquad \uparrow \qquad \uparrow \qquad \uparrow$$

$$6 \ = \ 4 \ + \ 2 \ = \ 4/1 \ + \ 4/2.$$

(6.9)

　軌道固定部分群の数え上げ定理（定理 6.21）は，群とそれが作用する集合を研究するための非常に強力な道具立てである．素数冪位数の群の基本的な性質を証明することでそれを示したい．応用として，位数が p^2 の群はすべてアーベル群であることを証明する．重要な定義から始めよう．

定義 6.23 G を群とする．**G の中心**とは，G の任意の元と可換であるようなもの全体のなす集合で，$Z(G)$ と表される：

$$Z(G) = \{g \in G : \text{任意の } g' \in G \text{ に対し } gg' = g'g\}.$$

注意 6.24 G の中心が G の部分群になることの証明は読者に委ねたい．実際，これは正規部分群である．演習問題 6.18 を見よ．

定理 6.25 p を素数，G を有限群で，位数が p^n, $n \geq 1$ となるものとする．すると，$Z(G) \neq \{e\}$, つまり G には単位元以外の元で，G のどの元とも可換なものが存在する．

証明 集合 X を，群 G の複製としてとる[5]．G を X に，次のようにして作用させる：

$$g \in G \text{ により，} x \in X \text{ を } gxg^{-1} \in X \text{ に対応させる．}$$

これを G の自分自身への**共役作用**という．この規則が群の作用の公理を満たすことを確認してほしい．$x \in X$ とする．この元の固定部分群 G_x は何だろうか？　それは，次の集合である：

$$G_x = \{g \in G : gxg^{-1} = x\} = \{g \in G : gx = xg\}.$$

(6.10)

固定部分群 G_x は G の元で，x と可換であるものの全体である．とくに，次が成り立つ：

$$G_x = G \iff x \text{ は } G \text{ の任意の元と交換する．} \iff x \in Z(G).$$

$x_1, \ldots, x_k \in X$ を，相異なる軌道が得られるようにとる．すると，定理 6.21 から次がわかる：

$$\#X = \sum_{i=1}^{k} \frac{\#G}{\#G_{x_i}}.$$

(6.11)

---

[5] 訳注：G の群構造を忘れて，単なる集合と見なしたものを X と書くということ．

$\#X = \#G = p^n$ であり，各 G_{x_i} は G の部分群だから，ラグランジュの定理によって各 $\#G_{x_i}$ は $\#G$ を割り切るはずである．よって，各 i について，

$$\text{ある } 0 \le r_i \le n \text{ が存在して，} \#G_{x_i} = p^{r_i}$$

であるから，式 (6.11) は

$$p^n = \sum_{i=1}^{k} p^{n-r_i} \tag{6.12}$$

となる．

式 (6.12) で $r_i = n$ のときがとくに興味深い．というのは，

$$r_i = n \iff G_{x_i} = G \iff x_i \in Z(G)$$

だから．よって，式 (6.12) で $r_i = n$ の項を別にすると，次の便利な公式が得られる：

$$p^n = \sum_{\substack{i=0 \\ \text{かつ } r_i = n}}^{k} 1 + \sum_{\substack{i=0 \\ \text{かつ } r_i < n}}^{k} p^{n-r_i} = \#Z(G) + \sum_{\substack{i=0 \\ \text{かつ } r_i < n}}^{k} p^{n-r_i}.$$

よって p が $\#Z(G)$ を割り切ることがわかる．しかし，G の単位元が $Z(G)$ に属するから，$\#Z(G) \ge 1$ であることはわかっている．よって $\#Z(G) \ge p$ である． $\square$

定理 6.25 を使って，位数 p^2 の群についての事実を証明する．

系 6.26 p を素数，G を位数 p^2 の群とする．すると，G はアーベル群である．

証明 記号を煩雑にしないため，

$$Z = Z(G)$$

とする．ラグランジュの定理から，Z の位数は $\#G = p^2$ を割り切るので，次のいずれかである：

$$\#Z = 1 \quad \text{もしくは} \quad \#Z = p \quad \text{もしくは} \quad \#Z = p^2.$$

定理 6.25 から，$Z \ne \{e\}$ であり，よって $\#Z \ne 1$ である．

次に，$\#Z = p$ と仮定して矛盾を導きたい．注意 6.24 により，Z は G の正規部分群である．よって剰余群 G/Z を作ることができて，ラグランジュの定理から

$$\#(G/Z) = \#G/\#Z = p^2/p = p.$$

よって G/Z は素数位数の群であり，命題 2.51 から巡回群である．hZ を G/Z の生成元となる剰余類とする．

$$G/Z = \{Z, hZ, h^2 Z, \dots, h^{p-1} Z\}.$$

162　第6章　群——第2部

とくに，このことから[6]

$$G = Z \cup hZ \cup h^2 Z \cup \cdots \cup h^{p-1} Z,$$

というのは G の任意の元が，Z による剰余類のどれかに含まれるからである．

$g_1, g_2 \in G$ を G の任意の元とする．これらはそれぞれ，Z の剰余類のどれかに含まれるから，

$$g_1 = h^{i_1} z_1 \quad \text{および} \quad g_2 = h^{i_2} z_2 \quad \text{となる } z_1, z_2 \in Z \text{ と } 0 \le i_1, i_2 \le p-1 \text{ が存在する．}$$

z_1 と z_2 が G の中心の元であることから，

$$g_1 g_2 = (h^{i_1} z_1)(h^{i_2} z_2) = (h^{i_1} h^{i_2})(z_1 z_2) = h^{i_1 + i_2} z_2 z_1$$
$$= (h^{i_2} h^{i_1})(z_2 z_1) = (h^{i_2} z_2)(h^{i_1} z_1) = g_2 g_1.$$

G の任意の元が，他の任意の元と可換であることを示した．つまり $Z = G$ だが，これは $\#Z = p$ に反する．

　要約すると，$\#Z$ が 1 か p か p^2 であるかを知っていて，$\#Z = 1$ と $\#Z = p$ の可能性を排除した．よって $\#Z = p^2$ でなくてはならない．よって $Z = G$ であり，G がアーベル群であることの証明が終わった．　　　　　　　　　　　　　　　　　　　　　　　　　□

可換性に関するいくつかのコメントと追加の定義　次の標語から始めよう[7]．

$$\boxed{\text{可換性こそが王様だ！}}$$

これは，我々がアーベル群だけを研究するという意味ではない．これが意味するところは，群 G を研究する際に，見つけられる可換性は何でも活用しなければならないということである．

　たとえば，$h \in G$ を与えられたとして，G の元で h と可換なものに注目することには意味がある．これらは元 $g \in G$ であって，次を満たすものである：

$$gh = hg, \quad \text{あるいは，同値なことだが，} \quad g^{-1} hg = h.$$

より一般に，任意の部分群 $H \subset G$ をとって，元 $g \in G$ で H の任意の元と可換なものに注目する．

　あるいは，可換性をもう少し弱めて考えることもできる．すべての $h \in H$ に対して $g^{-1} hg = h$ が成り立つことに固執するのではなく，$g^{-1} hg$ が H の元になることのみを要求してもよい．

　以上の議論は，次の2つの重要な定義の動機づけとなる．

定義 6.27　G を群，$H \subseteq G$ を G の部分群とする．**H の中心化群**とは，G の元で H の任

---

[6] 実際，これは非交和になるが，それは使わずに済ませられる．

[7] 訳注：原文は "Commutativity is King!" で，おそらくマーケティングでいわれる "Contents is King!" もしくは経営・ビジネスでいわれる "Cash is King!" のもじりと思われる．

意の元と可換なもの全体の集合

$$Z_G(H) = \{g \in G \colon \text{すべての } h \in H \text{ に対し } gh = hg\}$$

のことであり，$Z(H)$ もしくは $Z_G(H)$ と表される．$h \in G$ なら，h により生成される巡回部分群 $\langle h \rangle$ の中心化群を $Z_G(h)$ と書くことにする．

定義 6.28　G を群，$H \subseteq G$ を G の部分群とする．**H の正規化群**とは，

$$N_G(H) = \{g \in G \colon g^{-1}Hg = H\}$$

のことである．たとえば，正規部分群の定義を次のように述べることができる：

$$N_G(H) = G \iff H \text{ は } G \text{ の正規部分群である.}$$

$Z_G(H)$ や $N_G(H)$ が G の部分群になることは確かめてほしい．演習問題 6.18 を見よ．

6.4　シローの定理

6.3 節で，p 冪位数の群が非自明な中心を持つことを証明するために軌道固定部分群の数え上げ定理を使った．この節では，シロー (Sylow) による基本定理の一部，素数冪位数の部分群を記述する結果を証明する．シローの定理は有限群の研究で非常に重要である．

G を有限群とし，$H \subseteq G$ を G の部分群とする．ラグランジュの定理（定理 2.48）により $\#H$ は $\#G$ を割り切る．逆が真ならばよいのだが，つまり，$\#G$ を割り切る自然数 m について，位数が m の部分群があればよいのだが，残念ながら一般には正しくない．しかし，m が素数冪なら正しい．これがシローの定理の最初の部分で，これから証明する．

定理 6.29（シローの定理の最初の部分）　G を有限群とし，p を素数，p^n を $\#G$ を割り切る最大の p 冪とする．このとき，G は位数 p^n の部分群を持つ．

証明　$\#G$ を割り切る最大の p 冪が p^n だから，次のように因数分解できる：

$$\#G = p^n m \quad \text{かつ } p \nmid m.$$

$m = 1$ なら $\#G = p^n$ だから G 自身が求める部分群である．しかし，もし $m \geq 2$ なら位数 p^n の部分群をどうやって作ればよいだろうか．そのために，**部分集合** $A \subseteq G$ で元の個数が p^n のものに注目し，それが**部分群**かどうかを決定する．たとえば演習問題 2.29 で示したように，

$$A \text{ が部分群} \iff \text{すべての } a \in A \text{ に対して } aA = A.$$

この同値性が示唆することは，G の部分集合で元の個数が p^n であるもの全体を考えるべきで，そして，その全体に G を左からの積で作用させるということである．

よって，次の集合を考えることから始めよう．

164　第 6 章　群——第 2 部

$$S = \{A \subseteq G \colon A \text{ は } G \text{ の部分集合で } \#A = p^n \text{ であるもの}\}$$

我々が何をしているのか，確実に理解してほしい．いま注目しているのは，元が集合であるような集合である．G には，元の数が p^n である部分集合は何個あるだろうか？　G の $p^n m$ 個ある元から p^n 個の元を選びたいのである．命題 1.44 で述べたように，このような選び方の総数は 2 項係数で与えられる：

$$\#S = (G \text{ の部分集合で } p^n \text{ 個の元からなるもの}) = \binom{p^n m}{p^n}.$$

ここで，G を S に左からの積で作用させる．つまり，$g \in G$ と $A \in S$ に対して，

$$gA = \{ga \colon a \in A\} \in S$$

とするのである．gA も G の部分集合であること，また gA も p^n 個の元からなることに注意せよ．よって gA も S の元である．$A_1, \ldots, A_r$ を S の元で，G の S へのこの作用による軌道が相異なるものとする．軌道固定群の数え上げ定理（定理 6.21）を G の S への作用に適用すると，

$$\#S = \sum_{i=1}^{r} \frac{\#G}{\#G_{A_i}}, \tag{6.13}$$

ここで，

$$G_{A_i} = (A_i \text{ の固定部分群}) = \{g \in G \colon gA_i = A_i\}.$$

式 (6.13) において S と G の元の個数を代入すると，次を得る：

$$\binom{p^n m}{p^n} = \sum_{i=1}^{r} \frac{p^n m}{\#G_{A_i}}. \tag{6.14}$$

ここで，この節の後の方で証明する次の事実（補題 6.30）

$$\binom{p^n m}{p^n} \text{ は } p \text{ で割り切れない}$$

を使うと，式 (6.14) の和は p で割り切れないことがわかる．各分数 $p^n m / \#G_{A_i}$ は整数で，よってこれらの整数の少なくとも 1 つが p で割り切れないことがわかる．さらに，少なくとも 1 つの $A_j \in S$ に対して $\#G_{A_j}$ が p^n で割り切れることがわかる．なぜなら，$\#G_{A_j}$ が分子の p^n と帳消しにならないといけないからである．

繰り返すと，ある部分集合 $A \subseteq G$ で $\#A = p^n$ であり，A の固定部分群 G_A の位数が p^n で割り切れるものがあることを示した．次に $a \in A$ を選ぶ．（どの元を選ぶかは問題にはならない．）G_A の定義から，任意の $g \in G_A$ に対して $gA = A$ であり，とくに

$$\text{すべての } g \in G_A \text{ に対して } ga \in A.$$

a^{-1} を右から掛けると，

すべての $g \in G_A$ に対して $g \in Aa^{-1}$.

よって $G_A \subseteq Aa^{-1}$ であり，ここから次がわかる：

$$\#G_A \leq \#Aa^{-1} = \#A = p^n.$$

$\#G_A$ は p^n で割り切れ，$\#G_A$ は高々 p^n であることを示した．ここから

$$\#G_A = p^n$$

がわかり，よって G_A が G の求める部分群である．以上で定理 6.29 の証明が，2 項係数の可除性についての補題 6.30 を除いて終わる． $\square$

補題 6.30　p を素数とし，$n \geq 0$, $m \geq 1$ で $p \nmid m$ とする．すると，2 項係数 $\binom{p^n m}{p^n}$ は p で割り切れない．

証明　2 項係数は次の値に等しい：

$$\binom{p^n m}{p^n} = \frac{p^n m \cdot (p^n m - 1) \cdot (p^n m - 2) \cdots (p^n m - p^n + 1)}{p^n \cdot (p^n - 1) \cdot (p^n - 2) \cdots 3 \cdot 2 \cdot 1}.$$

したがって，次の積にも等しい：

$$\binom{p^n m}{p^n} = \prod_{r=0}^{p^n - 1} \frac{p^n m - r}{p^n - r}. \tag{6.15}$$

分数 $(p^n m - r)/(p^n - r)$ を既約分数として書くと，分子に p が残らないことを示そう．まず $r = 0$ の場合から始める．このときは $p^n m / p^n = m$ だから，仮定の $p \nmid m$ により，この分数についてはよい．

残りについては，r を 1 から $p^n - 1$ の範囲にとり，分解して

$$r = p^i s \quad 0 \leq i < n \text{ かつ } p \nmid s.$$

すると，

$$\frac{p^n m - r}{p^n - r} = \frac{p^n m - p^i s}{p^n - p^i s} = \frac{p^{n-i} m - s}{p^{n-i} - s}.$$

$i < n$ かつ $p \nmid s$ だから，$p^{n-i} m - s$ も $p^{n-i} - s$ も p で割り切れない．したがって $(p^n m - r)/(p^n - r)$ の分子の p の因子はどれも分母のそれと帳消しになり，したがって積 (6.15) において p の因子は残らない．よって $\binom{p^n m}{p^n}$ は p で割り切れない． $\square$

定義 6.31　G を有限群，p を素数，p^n を $\#G$ を割り切る p の最大の冪とする．部分群 $H \subseteq G$ で $\#H = p^n$ を満たすものを，**G の p シロー部分群**という．定理 6.29 により，G は少なくとも 1 つ，シロー部分群を持つ．

注意 6.32　実はより一般的なことがいえて，p^r が $\#G$ を割り切っていれば，p^r が $\#G$ を割り切る最大の p 冪ではなくても G には位数が p^r の部分群が存在する．演習問題 6.22 を

166 第 6 章 群——第 2 部

見よ.

注意 6.33 p と q が相異なる素数で $\#G$ を割り切っているとして，H_p を p シロー部分群，H_q を q シロー部分群とすると，$H_p \cap H_q = \{e\}$ である．実際これはラグランジュの定理から直ちにわかる．というのは，H と H' を G の部分群とすると $H \cap H'$ も H と H' の部分群であり，よってラグランジュの定理から，

$$\#(H \cap H') \quad は \quad \gcd(\#H, \#H') \quad を割り切る$$

からである．我々の状況だと，$\gcd(\#H_p, \#H_q) = \gcd(p^n, q^m) = 1$ だから，$\#(H_p \cap H_q) = 1$ である．

注意 6.34 一般に，$p_1, \ldots, p_r$ が G の位数の相異なる素因数としたとき，シローの定理から G の p シロー部分群は大きい．実際，それは次を満たす：

$$\#G = \#H_{p_1} \cdot \#H_{p_2} \cdots \#H_{p_r}.$$

ここから，有限群 G を理解する 1 つの方法は，その p シロー部分群から始めて，それらが互いにどのような関係かを調べることである，という示唆が得られる．しかし，シロー部分群から始めるにしても，それらを組み合わせる仕方はいくつもあるだろうことを念頭に置かねばならない．たとえば，巡回群 $\mathcal{C}_2$ と $\mathcal{C}_3$ はどちらも，$\mathcal{C}_6$ と $\mathcal{S}_3$ のシロー部分群である．

シローの定理の完全な主張をこれから与えるが，その証明は G の p シロー部分群についての，非常にたくさんの追加情報をもたらす．

定理 6.35（シローの定理） G を有限群，p を素数とすると，

(a) G は少なくとも 1 つ p シロー群を持つ．つまり，部分群 $H \subseteq G$ で $\#H = p^n$ を満たすものが存在する．ここで p^n は $\#G$ を割り切る p の最大の冪乗である．

(b) H_1 と H_2 を G の p シロー部分群とする．このとき H_1 と H_2 は共役である．つまり，$H_2 = g^{-1} H_1 g$ となる $g \in G$ が存在する．

(c) H を G の p シロー部分群とし，k を相異なる p シロー部分群の個数とする．このとき，次が成り立つ：

$$k \mid \#G \quad かつ \quad k \equiv 1 \pmod{p}.$$

（可除性の主張は，より精密な公式 $k \cdot \#N_G(H) = \#G$ から従う．）

シローの定理の証明は 6.6 節まで延期し，この機会に，群の位数による解析や分類にこの定理がどのように使われるかを示しておこう．とくに，p シロー部分群の個数が同時に $\#G$ の約数でもあり，p を法として 1 と合同でもあるという興味深い事実を活用する．これは非常に厳しい制約である．

例 6.36 G を位数 10 の群とする．すると，G は 2 シロー部分群と 5 シロー部分群を持つ．後者に注目し，k を G の 5 シロー部分群の個数とする．シローの定理から，

$$k \mid 10 \quad \text{かつ} \quad k \equiv 1 \pmod 5.$$

この条件から $k = 1$ である．つまり，群 G は唯一の 5 シロー部分群 H_5 を持つ．すると H_5 は正規部分群である．というのは，任意の $g \in G$ に対して，共役 $g^{-1}Hg$ も位数 5 の部分群だから H_5 に一致しなければならないからである．

次に，シローの定理から少なくとも 1 つ，2 シロー部分群が存在するという事実を用いる．これを H_2 としよう．注意 6.33 で述べたように，$H_2 \cap H_5 = \{e\}$ である．よって，次のように書ける：

$$H_2 = \{e, a\} \quad \text{および} \quad H_5 = \{e, b, b^2, b^3, b^4\}.$$

ここで，共通の元は単位元 e のみである．

a と b の可換性の程度を知りたいので aba^{-1} に注目する．

$$H_5 \text{ は正規部分群だから} \quad aba^{-1} \in aH_5a^{-1} = H_5.$$

よって，

$$\text{ある } 0 \le j \le 4 \text{ が存在して} \quad aba^{-1} = b^j.$$

j の値 を決めるために計算して，

$$
\begin{aligned}
b &= a^{-1}b^j a && aba^{-1} = b^j \text{ だから，} \\
&= (a^{-1}ba)^j && a^{-1}a = e \text{ により項が帳消しになるから，} \\
&= (a^{-1}(a^{-1}b^j a)a)^j && b \text{ を } a^{-1}b^j a \text{ に置き換え，} \\
&= (a^{-2}b^j a^2)^j && \\
&= a^{-2}b^{j^2}a^2 && a^{-2}a^2 = e \text{ により項が帳消しになるから，} \\
&= b^{j^2} && a^2 = e \text{ だから．}
\end{aligned}
$$

よって $b^{j^2-1} = e$，そして b が位数 5 なので，

$$j^2 \equiv 1 \pmod 5,$$

つまり $j = 1$ もしくは $j = 4$ である．

まず $j = 1$ としよう．これは $ab = ba$ を意味し，G の任意の元は a の冪乗に b の冪乗を掛けた形だから，G はアーベル群ということである！ 元 ab が位数 10 であることも確認できる：

$$e = (ab)^k = a^k b^k \implies a^k = b^{-k} \in H_2 \cap H_5 = \{e\}$$
$$\implies a^k = b^k = e$$
$$\implies 2 \mid k \text{ かつ } 5 \mid k$$
$$\implies 10 \mid k.$$

（あるいは，演習問題 2.26 を見よ．）よって，もし $j = 1$ なら G は位数 10 の巡回群である．

もう 1 つの場合は $j = 4$ であり，これは $ab = b^4 a$ を意味する．しかし $b^5 = e$ だから，$b^4 = b^{-1}$，つまり G は 10 個の元 $a^i b^j$（$0 \le i \le 1$ かつ $0 \le j \le 4$）からなる．群演算は次の規則で規定される：

$$a^2 = e, \quad b^5 = e, \quad ba = ab^{-1}.$$

よって G は，我らが古き友，位数 10 の 2 面体群 $\mathcal{D}_5$ である．つまり，G は正 5 角形の対称性の群であり，a を裏返し，b を回転と見なすことができる．例 2.22 を見よ．

まとめると，位数 10 の群は 2 つしかないことを示した．より正確には，位数が 10 の群はすべて，巡回群 C_{10} もしくは 2 面体群 $\mathcal{D}_5$ に同型であることを示したのである．

例 6.37 G を有限群で，位数が $\#G = pq$ であるものとする．ここで p と q は相異なる素数で $p > q$ とする．H を G の p シロー部分群とする．H は G の正規部分群である．これを見るには，H の正規化群 $N_G(H)$ に注目する．これは H を含み，H は p 個の元からなるので，$p \mid \#N_G(H)$ である．しかし，$N_G(H)$ は G の部分群だから，$\#N_G(H)$ は $\#G = pq$ を割り切る．よって $\#N_G(H)$ は p で割り切れ，pq を割り切る整数であるから，2 つの可能性がある．

$$\underbrace{\#N_G(H) = p}_{\text{このとき } N_G(H) = H} \quad \text{または} \quad \underbrace{\#N_G(H) = pq}_{\text{このとき } N_G(H) = G}.$$

もし $N_G(H) = G$ なら H は正規部分群であり，それで終了である．一方，もし $N_G(H) = H$ なら，定理 6.35 (c) により，

$$1 \equiv \frac{\#G}{\#N_G(H)} = \frac{pq}{p} = q \pmod{p},$$

つまり $p \mid q - 1$．これは $p > q$ に反する．以上で H が正規部分群であることが示された．

6.5 2 つの数え上げ補題

この節では，2 つの数え上げ公式を証明する．一見すると，ここで計算する量はあまり興味深くは思われないかもしれないが，それらが極めて便利な状況がたくさんあることが明らかになる．とくに，6.6 節で，シローの定理の証明を完成させるのにこれらを使う．

2 つの補題の証明は，以前に見た枠組みに沿ったものである．どちらも，群 G があって，部分群 H があって，集合 S があって，次のようになっている：

$$\#G = \#H \cdot \#S.$$

次の写像

$$F : G/H \longrightarrow S$$

を記述して，F が全単射であることを証明する．いつもの通り，F の定義は剰余類の元を選ぶことを含んでおり，証明の鍵となるのは，F の値がその選択によらないことを示すことである．

G の部分群で，与えられた部分群 H に共役な部分群を数え上げる問題から取り掛かろう．言い換えると，異なる $g \in G$ をとったとき，共役部分群 $g^{-1}Hg$ がどのくらい異なるか？ 以下の結果がその答えである．ここで次の定義を思い出そう．6.3 節の定義 6.28 で述べた，**H の G における正規化群**とは，部分群

$$N_G(H) = \{g \in G : g^{-1}Hg = H\}$$

である．

補題 6.38 G を有限群，$H \subseteq G$ をその部分群とする．H は G 内にちょうど $\#G/\#N_G(H)$ 個の相異なる共役を持つ．

証明 記号を簡単にするために，次のようにおく：

$$N = N_G(H).$$

2 つの点を強調しておこう．最初に，N は正規部分群になるとは限らないので，商 G/N は単に N の剰余類の集まりであり，群構造はない．第 2 に，N の剰余類と H の共役類を使う．この 2 つを混同しないように気をつけてほしい．

次の記号を使う．

$$\mathrm{Conj}(H) = \{G \text{ の部分群で } H \text{ と共役なもの}\}.$$

よって，$\mathrm{Conj}(H)$ は，元が G の部分群であるような集合である．

写像を次のように，3 ステップのアルゴリズムに沿って定義する：

$$F : G/N \longrightarrow \mathrm{Conj}(H)$$

入力：	N の剰余類 $\mathcal{C}$.
計算：	元 $g \in \mathcal{C}$ を選ぶ.
出力：	共役部分群 $gHg^{-1} \in \mathrm{Conj}(H)$.

最初の仕事は，F が矛盾なく定義されているか，つまり，$g \in \mathcal{C}$ の選び方によらずに定義されているかを確認することである．したがって，2 つの元 $g_1, g_2 \in \mathcal{C}$ をとったとして，示したいのは $g_1 H g_1^{-1} = g_2 H g_2^{-1}$ である．g_1 と g_2 が N の同じ剰余類にいるということから，

170　第 6 章　群——第 2 部

$g_2 \in g_1 N$，つまり

$$\text{ある } n \in N \text{ により } g_2 = g_1 n.$$

したがって

$$g_2 H g_2^{-1} = (g_1 n) H (g_1 n)^{-1} = g_1 n H n^{-1} g_1^{-1} = g_1 H g_1^{-1},$$

ここで，最後の等式では $nHn^{-1} = H$ を示すために $n^{-1} \in N = N_G(H)$ を使った．これで F が矛盾なく定義されていることが示された．

次に，F が全射であることを見よう．これは $\mathrm{Conj}(H)$ の任意の元 $g^{-1}Hg$ について，$F(g^{-1}) = g^{-1}Hg$ だからよい．

最後に，F が単射であることを示す．そのために，$\mathcal{C}_1, \mathcal{C}_2 \in G/N$ が $F(\mathcal{C}_1) = F(\mathcal{C}_2)$ を満たすとする．示したいのは，$\mathcal{C}_1 = \mathcal{C}_2$ である．$g_1 \in \mathcal{C}_1$ かつ $g_2 \in \mathcal{C}_2$ とする．このとき，

$$F(\mathcal{C}_1) = F(g_1 N) = g_1 H g_1^{-1} \quad \text{かつ} \quad F(\mathcal{C}_2) = F(g_2 N) = g_2 H g_2^{-1}.$$

仮定から $F(\mathcal{C}_1) = F(\mathcal{C}_2)$ だから，

$$g_1 H g_1^{-1} = g_2 H g_2^{-1}.$$

両辺に左から g_1^{-1} を，右から g_1 を掛けると

$$H = g_1^{-1}(g_2 H g_2^{-1})g_1 = (g_2^{-1}g_1)^{-1} H (g_2^{-1}g_1).$$

つまり，正規化群の定義から $g_2^{-1}g_1 \in N = N_G(H)$ である．よって，

$$g_2^{-1}g_1 N = N.$$

左から g_2 を掛けると $g_1 N = g_2 N$ であり，これはまさに望んでいた $\mathcal{C}_1 = \mathcal{C}_2$ である．

以上で F が，G/N から $\mathrm{Conj}(H)$ への，矛盾なく定義された全単射であることが証明された．ラグランジュの定理の応用により

$$\# \mathrm{Conj}(H) = \#(G/N) = \#G/\#N$$

がわかり，これで補題 6.38 も証明された．　　　　　　　　　　□

我々の第 2 の数え上げ補題は，次の問題を扱うものである．A と B を G の部分群とする．$a \in A, b \in B$ をとるたびに積 ab を作ると，相異なる積は何個できるだろうか？　$a \neq a'$ かつ $b \neq b'$ だが $a'b' = ab$ が起きうるので，重複が生じるかもしれないことに注意してほしい．次の補題により，この潜在的な数えすぎをどう補正するかがわかる．

補題 6.39　D を有限群，$A \subseteq D$ と $B \subseteq D$ を D の部分群とする．さらに，

$$AB = \{ab : a \in A \text{ かつ } b \in B\}$$

を A の元と B の元の積からなる集合とする[8]．すると，

$$\#(AB) = \frac{\#A \cdot \#B}{\#(A \cap B)}.$$

証明　群 G と，その部分群 $H \subseteq G$ を次のように定義する：

$$G = A \times B \quad \text{かつ} \quad H = \{(c,c) \in G \colon c \in A \cap B\}.$$

言い換えると，群 G は群 A と群 B の直積群，H は $A \times B$ 内にある $A \cap B$ の複製である．とくに，

$$\#G = \#(A \times B) = \#A \cdot \#B \quad \text{かつ} \quad \#H = \#(A \cap B)$$

であり，我々の目標は $\#(AB)$ と $\#G/\#H$ が等しいと示すことである．

この目標を達成するために，写像

$$F \colon G/H \longrightarrow AB$$

を次の 3 ステップのアルゴリズムで定義する：

入力：	H の剰余類 $\mathcal{C}$.
計算：	元 $(a,b) \in \mathcal{C}$ を選ぶ．
出力：	積 $ab^{-1} \in AB$.

最初の仕事は，F が矛盾なく定義されていると示すことである．つまり，$(a,b) \in \mathcal{C}$ の選び方によらないことである．この仕事を，次のようにいうことができる：

与えられるもの：$(a_1, b_1), (a_2, b_2) \in \mathcal{C}$.　**目標**：$a_1 b_1^{-1} = a_2 b_2^{-1}$.

(a_1, b_1) と (a_2, b_2) が H の同じ剰余類にいるという仮定から，

$$\text{ある } (c,c) \in H \text{ により } (a_2, b_2) = (a_1, b_1) \cdot (c, c).$$

よって，

$$a_2 b_2^{-1} = (a_1 c)(b_1 c)^{-1} = a_1 c c^{-1} b_1^{-1} = a_1 b_1^{-1}.$$

これで F が矛盾なく定義されていることが証明された．

F が全射であることは，$ab \in AB$ が与えられたとき，

$$ab = F\big((a, b^{-1})H\big)$$

となることからわかる．

F が単射であることの証明，つまり次の仕事が残っている：

---

[8] 一般には，集合 AB は D の部分群になるとは限らないことに注意せよ．

172 第 6 章 群——第 2 部

与えられるもの：$\mathcal{C}_1, \mathcal{C}_2 \in G/H$ で $F(\mathcal{C}_1) = F(\mathcal{C}_2)$ を満たすもの． **目標**：$\mathcal{C}_1 = \mathcal{C}_2$.

$(a_1, b_1) \in \mathcal{C}_1$ かつ $(a_2, b_2) \in \mathcal{C}_2$ とする．

$$a_1 b_1^{-1} = F(\mathcal{C}_1) = F(\mathcal{C}_2) = a_2 b_2^{-1},$$

ここで最初と最後の等式は，F の定義であり，中央の等式は仮定の $F(\mathcal{C}_1) = F(\mathcal{C}_2)$ による．

$$\underbrace{a_2^{-1} a_1}_{\text{これは } A \text{ の元}} = \underbrace{b_2^{-1} b_1}_{\text{これは } B \text{ の元}} \in A \cap B.$$

よって，$c = a_2^{-1} a_1 = b_2^{-1} b_1 \in A \cap B$ とすると，

$$(a_1, b_1) = (a_2 c, b_2 c) = (a_2, b_2) \cdot (c, c) \in (a_2, b_2) H.$$

したがって，

$$\mathcal{C}_1 = (a_1, b_1) H = (a_2, b_2) H = \mathcal{C}_2$$

であり，これで F が単射であることが証明された．

F が G/H から AB への，矛盾なく定義された全単射であることを示した．ラグランジュの定理の応用により，

$$\#(AB) = \#(G/H) = \#G/\#H = \#(A \times B)/\#(A \cap B) = \#A \cdot \#B/\#(A \cap B)$$

であり，これで補題 6.39 の証明が完了した． $\square$

6.6　両側剰余類とシローの定理

シローの定理の残りの部分を証明する方法はいくつもある．我々が使う方法は，両側剰余類の理論である．まず両側剰余類についての議論から始め，その後でシローの定理を証明する．

群 G の部分群 H と G の元 g に対して，対応する（左）剰余類とは，集合 $gH = \{gh \colon h \in H\}$ である．同様に，右剰余類 $Hg = \{hg \colon h \in H\}$ を作る．左と右を選ぶ代わりに，両方を，別々の群について考えよう．

定義 6.40　$H_1 \subset G$ と $H_2 \subset G$ を部分群とし，$g \in G$ とする．g の**両側剰余類**とは，次の集合のことである：

$$H_1 g H_2 = \{h_1 g h_2 \colon h_1 \in H_1 \text{ かつ } h_2 \in H_2\}.$$

言い換えると，G 上の**両側剰余類の同値関係**を，$g \in G$ と $g' \in G$ が同値であるのは，$h_1 \in H_1$ と $h_2 \in H_2$ が存在して $g' = h_1 g h_2$ となるときとすることで定義できる．これが同値関係になることと，g の同値類が $H_1 g H_2$ と正しく一致することの確認は読者に委ねる．

両側剰余類の元の個数について，公式があると便利である．

6.6 両側剰余類とシローの定理 **173**

補題 6.41 H_1 と H_2 を G の部分群とし，$g \in G$ とする．このとき，

$$\#H_1 g H_2 = \frac{\#H_1 \cdot \#H_2}{\#(g^{-1} H_1 g \cap H_2)}. \tag{6.16}$$

証明 任意の部分集合 $A \subseteq G$ と任意の元 $g \in A$ に対して，集合 A と gA は同じ個数の元からなることに注意する．というのも，写像 $A \to gA$ を $a \mapsto ga$ で与えると，これは逆写像 $b \to g^{-1} b$ で与えられる逆写像 $gA \to A$ を持つからである．とくに，両側剰余類 $H_1 g H_2$ は $g^{-1} H_1 g H_2$ と同じ個数の元からなるが，ここで $g^{-1} H_1 g$ は G の部分群となることが助けになる．補題 6.38 を $A = g^{-1} H_1 g$ かつ $B = H_2$ として適用すると，求める公式

$$\#H_1 g H_2 = \#g^{-1} H_1 g H_2 = \frac{\#g^{-1} H_1 g \cdot \#H_2}{\#(g^{-1} H_1 g \cap H_2)} = \frac{\#H_1 \cdot \#H_2}{\#(g^{-1} H_1 g \cap H_2)}$$

を得る． □

シローの定理の残りの部分（定理 6.35）を証明する準備ができた．便宜のために，改めて主張を述べておこう．

定理 6.42（シローの定理） G を有限群，p を素数とする．

(a) G は少なくとも 1 つ p シロー部分群を持つ．つまり，部分群 $H \subseteq G$ で $\#H = p^n$ を満たすものが存在する．ここで p^n は $\#G$ を割り切る p の最大冪である．

(b) G の p シロー部分群は互いに共役である．つまり，H_1 と H_2 が G の p シロー部分群なら，$g \in G$ が存在して $H_2 = g^{-1} H_1 g$ が成り立つ．

(c) $H_1, H_2, \ldots, H_k$ を，G の相異なる p シロー部分群のすべてとすると，

  (i) $k = \#G / \#N_G(H_1)$，とくに，$k \mid \#G$．

  (ii) $k \equiv 1 \pmod{p}$．

証明 (a) これは定理 6.29 の繰り返しである．

(b) G 上の両側剰余類同値関係を H_1，H_2 について考える．同値類は両側剰余類 $H_1 g H_2$ である．元 $g_1, \ldots, g_k \in G$ を選んで，$H_1 g_1 H_2, \ldots, H_1 g_k H_2$ が相異なる両側剰余類となるようにする．すると，定理 1.25 から，G はこれらの剰余類の非交和である．とくに，

$$\#G = \sum_{i=1}^{k} \#H_1 g_i H_2 = \sum_{i=1}^{k} \frac{\#H_1 \cdot \#H_2}{\#(g_i^{-1} H_1 g_i \cap H_2)},$$

ここで，第 2 の等式には公式 (6.16) を用いた．$\#G = p^n m$ で $p \nmid m$ とする．すると p シロー部分群は $\#H_1 = \#H_2 = p^n$ となる．よって，

$$p^n m = \sum_{i=1}^{k} \frac{p^{2n}}{\#(g_i^{-1} H_1 g_i \cap H_2)}. \tag{6.17}$$

それぞれの部分群 $g_i^{-1} H_1 g_i \cap H_2$ は H_2 の正規部分群であって，位数は p^n の約数であり，たとえば

174 第 6 章 群——第 2 部

$$\text{ある } 0 \le t_i \le n \text{ により} \quad \#(g_i^{-1}H_1g_i \cap H_2) = p^{n-t_i}.$$

式 (6.17) に代入して,

$$p^n m = \sum_{i=1}^{k} \frac{p^{2n}}{p^{n-t_i}} = \sum_{i=1}^{k} p^{n+t_i}, \quad \text{よって,} \quad m = \sum_{i=1}^{k} p^{t_i}.$$

$p \nmid m$ を知っているから, t_i のうちの少なくとも 1 つは 0 である. これを $t_j = 0$ としよう. ここから, 次を得る:

$$\#(g_j^{-1}H_1g_j \cap H_2) = p^n.$$

しかし, $g_j^{-1}H_1g_j$ も H_2 も p^n 個の元からなるのだから, これで $g_j^{-1}H_1g_j = H_2$ を得る. つまり H_1 と H_2 が共役な部分群であることがわかった.

(c)(i) まず, (b) から, p シロー部分群はすべて互いに共役であることがわかっている. よって, $H_1, \ldots, H_k$ は H_1 の共役のすべてである. 補題 6.38 を使うのだが, これは G の部分群 H について, その相異なる共役の個数が $\#G/\#N_G(H)$ であることを述べるのだった.

(c)(ii) 第 2 の部分は, $H = H_1$ を p シロー部分群の 1 つとして, G の H に関する両側剰余類分解を使って証明する. ここから,

$$\#G = \sum_{i=1}^{r} \#Hg_iH \qquad \text{両側剰余類分解,}$$

$$= \sum_{i=1}^{r} \frac{\#H \cdot \#H}{\#(g_i^{-1}Hg_i \cap H)} \quad \text{補題 6.41 を } H_1 = H_2 = H \text{ に使う.} \tag{6.18}$$

$\#G = p^n m$ で $p \nmid m$ と書くと, $\#H = p^n$ である. 一方で, $g_i^{-1}Hg_i \cap H$ の元の個数はいくつだろうか?

これには 2 つの場合がある. まず $g_i \in N_G(H)$ とする. このとき $g_i^{-1}Hg_i = H$, よって

$$g_i \in N_G(H) \implies \frac{\#H \cdot \#H}{\#(g_i^{-1}Hg_i \cap H)} = \frac{p^{2n}}{p^n} = p^n. \tag{6.19}$$

一方, もし $g_i \notin N_G(H)$ なら,

$$g_i^{-1}Hg_i \cap H \subsetneqq H, \quad \text{かつ} \quad \#(g_i^{-1}Hg_i \cap H) < p^n \quad \text{(真の不等式).}$$

したがって,

$$g_i \notin N_G(H) \implies \frac{\#H \cdot \#H}{\#(g_i^{-1}Hg_i \cap H)} = \frac{p^{2n}}{p^{(n \text{ より小さい})}} = p^{(少なくとも\, n+1)}. \tag{6.20}$$

式 (6.19) と式 (6.20) を使って, 式 (6.18) の和を 2 つに分解すると,

右上のヘッダー: 演習問題 175

$$
\#G = \underbrace{\sum_{g_i \in N_G(H)} \overbrace{\frac{\#H \cdot \#H}{\#(g_i^{-1} H g_i \cap H)}}^{p^n \text{ に等しい}}}_{p^n \cdot \#\{i:\, g_i \in N_G(H)\} \text{ に等しい}} + \underbrace{\sum_{g_i \notin N_G(H)} \overbrace{\frac{\#H \cdot \#H}{\#(g_i^{-1} H g_i \cap H)}}^{p^{n+1} \text{ で割り切れる}}}_{p^{n+1} \text{ で割り切れる}} \tag{6.21}
$$

がわかる．残るは，$N_G(H)$ に何個の g_i があるかを数えることだが，$g_1, \ldots, g_r$ は Hg_1H, $\ldots, Hg_rH$ が H の相異なる両側剰余類全体となるようにとったことを思い出そう．

定義から，各 $g \in N_G(H)$ は $Hg = gH$ を満たし，よって g の両側剰余類は $HgH = gHH = gH$ を満たす．これは左剰余類にほかならない．よって，$g_i \in N_G(H)$ と $g_j \in N_G(H)$ から，同じ両側剰余類 $Hg_iH = Hg_jH$ が出てくる必要十分条件は左剰余類が一致すること $g_iH = g_jH$ である．したがって g が $N_G(H)$ の元のとき，相異なる両側剰余類の個数は，$N_G(H)$ における H の左剰余類の個数である．つまり，

$$
\#\{i:\, g_i \in N_G(H)\} = \begin{pmatrix} H \text{ の } N_G(H) \text{ における} \\ \text{左剰余類の個数} \end{pmatrix} = (N_G(H) : H) = \frac{\#N_G(H)}{\#H}. \tag{6.22}
$$

式 (6.22) を式 (6.21) に代入し，$\#H = p^n$ を使うと，

$$
\#G = \#N_G(H) + (p^{n+1} \text{ の倍数}).
$$

$\#N_G(H)$ をちょうど割り切る p の冪は p^n で，よって $\#N_G(H)$ で割ると，

$$
\frac{\#G}{\#N_G(H)} = 1 + (p \text{ の倍数}).
$$

($N_G(H)$ が G の部分群だから，商 $\#G/\#N_G(H)$ はラグランジュの定理により整数である．)
(c)(i) から $k = \#G/\#N_G(H)$ なので，これで (c)(ii) がわかった． □

演習問題

6.1 節　正規部分群と剰余群

6.1　$\psi\colon G \to G'$ を群の準同型写像とする．
(a) 像 $\psi(G) = \{\psi(g)\colon g \in G\}$ が G' の部分群であることを示せ．
(b) G を有限群とする．次の式を証明せよ．

$$
\#G = \#\psi(G) \cdot \#\ker(\psi).
$$

6.2　この演習問題では命題 6.10 を証明してもらう．G を群，$H \subset G$ を部分群とする．
(a) 各 $g \in G$ に対して $g^{-1}Hg \subseteq H$ と仮定する．このとき H は G の正規部分群であることを示せ．
(b) $g \in G$ とする．$g^{-1}Hg$ が G の部分群であることを示せ．
(c) $g \in G$ とする．次の写像が群の同型写像であることを示せ．

$$
H \longrightarrow g^{-1}Hg, \quad h \longmapsto g^{-1}hg.
$$

(d) H が有限群なら，その共役はどれも H と同じ元の個数からなることを示せ．

6.3　2 面体群 $\mathcal{D}_n$ において，R を時計回りの $2\pi/n$ ラジアン回転，F を裏返しとする．

176 第6章 群——第2部

(a) 部分群 $\{e, R, R^2, \ldots, R^{n-1}\}$ が $\mathcal{D}_n$ の正規部分群であることを示せ.

(b) $n \geq 3$ とする. $\{e, F\}$ が $\mathcal{D}_n$ の正規部分群ではないことを示せ.

6.4 $\mathcal{Q} = \{\pm 1, \pm \boldsymbol{i}, \pm \boldsymbol{j}, \pm \boldsymbol{k}\}$ を4元数群とする. 例 2.23 を見よ. $\mathcal{Q}$ の任意の部分群は正規部分群であることを示せ.

6.5 G を群, $H \subset G$ を指数2の部分群とする. つまり, H の剰余類がちょうど2つ存在すると仮定する. H は G の正規部分群であることを証明せよ. (ヒント:各 $g \in G$ に対して, 左剰余類 gH は右剰余類 Hg と一致することを示せ.)

6.6 G を群, $H \subset G$ と $K \subset G$ を部分群とし, さらに K は G の正規部分群と仮定する.

(a) $HK = \{hk \colon h \in H, \, k \in K\}$ は G の部分群であることを示せ.

(b) $H \cap K$ は H の正規部分群であること, ならびに, K は HK の正規部分群であることを示せ.

(c) HK/K は $H/(H \cap K)$ と同型であることを示せ. (ヒント:全射準同型写像 $H \to HK/K$ の核は何か?)

(d) K が正規部分群であることを仮定するのではなく, $H \subset N(K)$ のみを仮定する, つまり, H が K の正規化群に含まれることだけを仮定する. このときも (a), (b), (c) が成り立つことを示せ.

6.7 G を群, $K \subseteq H \subseteq G$ を部分群とし, K は G の正規部分群とする.

(a) H/K は自然に G/K の部分群であることを示せ. より正確には, 自然な単射準同型写像 $H/K \hookrightarrow G/K$ が存在することを示せ.

(b) 逆に, G/K の任意の部分群は, ある部分群 H で $K \subseteq H \subseteq G$ を満たすものにより, H/K と表されることを示せ.

(c) H が G の正規部分群である必要十分条件が, H/K が G/K の正規部分群であることを示せ.

(d) H が G の正規部分群なら,

$$\frac{G/K}{H/K} \cong G/H$$

であることを示せ. (ヒント:矛盾なく定義された全射準同型写像 $G/K \to G/H$ が存在することを示せ. その核は何だろうか?)

6.8 G を群, $K \subseteq G$ を G の正規部分群とし, $H \subseteq H' \subseteq G$ を G の部分群とする.

(a) $H \cap K$ は H の正規部分群で, 同様に $H' \cap K$ は H' の正規部分群であることを示せ. (ヒント:演習問題 6.6 (b) をすでに解いているなら, それを引用するだけでよい).

(b) $H/(H \cap K)$ は自然に $H'/(H' \cap K)$ の部分群であることを示せ. 演習問題 6.7 (a) を見よ.

(c) さらに, H が H' の正規部分群とする. $H/(H \cap K)$ は $H'/(H' \cap K)$ の正規部分群であることを示せ.

6.2 節 集合への群作用

6.9 $G = \mathcal{C}_n$ を位数 n の巡回群, $X = \{x_1, \ldots, x_n\}$ を n 個の元を持つ集合とする. 以下のそれぞれについて, 与えられた条件を満たすような $x \in X$ が存在するような群 G の X への作用を1つ見つけよ.

(a) 固定部分群が $G_x = \{e\}$.

(b) 固定部分群が $G_x = G$.

(c) 軌道が $Gx = \{x\}$.

(d) 軌道が $Gx = X$.

6.10 G を群, X を集合, $\mathcal{S}_X$ を例 2.19 で定義した X の対称群とする.

$$\alpha\colon G \longrightarrow \mathcal{S}_X$$

を, G から $\mathcal{S}_X$ への写像で, $g \in G$ と $x \in X$ に対して $g \cdot x = \alpha(g)(x)$ と定義されるものとする. これが群作用を定める必要十分条件は, α が群の準同型写像となることであると示せ.

6.11 (a) G が X に推移的に作用する必要十分条件は, 少なくとも 1 つ $x \in X$ が存在して, $Gx = X$ となることであると示せ. (推移的な作用の定義は, 定義 6.20 を見よ).

(b) G が X に推移的に作用する必要十分条件は, 任意の元の対 $x, y \in X$ に対して, $gx = y$ となる $g \in G$ が存在することであると示せ.

(c) 有限群 G が, 有限集合 X に推移的に作用しているなら $\#X$ は $\#G$ を割り切る.

6.12 群 G が集合 X に作用しているとする. この作用が**二重推移的**とは, 次の性質を満たすことをいう:

任意の $x_1, x_2, y_1, y_2 \in X$, ただし $x_1 \neq x_2$ かつ $y_1 \neq y_2$ に対して, $gx_1 = y_1$ かつ $gx_2 = y_2$ を満たす元 $g \in G$ が存在する.

(a) Z を順序対の次の集合とする:

$$Z = \{(z_1, z_2) \in X \times X : z_1 \neq z_2\}.$$

G を Z に次のように作用させる:

$$g(z_1, z_2) = (gz_1, gz_2).$$

G が X に二重推移的に作用する必要十分条件は, G が Z に推移的に作用することであると証明せよ.

(b) 次のそれぞれの群と群作用について, その群作用が推移的か, さらに二重推移的かを決定せよ:

(1) 対称群 $\mathcal{S}_n$ が集合 $\{1, 2, \dots, n\}$ に作用する.

(2) 2 面体群 $\mathcal{D}_n$ が正 n 角形の頂点に作用する.

(3) G がそれ自身に左乗法で作用する. つまり, X として G の複製をとり, $g \in G$ が $x \in X$ を gx に移す.

(4) 正則な 2 次正方行列 $\mathrm{GL}_2(\mathbb{R})$ が, 零でないベクトルの集合 $X = \mathbb{R}^2 \setminus \{(0,0)\}$ に作用する.

6.3 節　軌道固定部分群の数え上げ定理

6.13 G を群, X を G が作用する集合とする.

(a) $\#G = 15$ かつ $\#X = 7$ とする. X の元で G のどの元でも固定されるものが存在することを示せ. (ヒント:軌道固定群の数え上げ定理を使う.)

(b) $\#G = 15$ かつ $\#X = 6$, もしくは $\#X = 8$ とすると, (a) の証明のどこがうまくいかないだろうか?

6.14 $\pi \in \mathcal{S}_8$ を次で定義される置換とせよ:

$$\pi(1) = 3, \qquad \pi(2) = 8, \qquad \pi(3) = 5, \qquad \pi(4) = 4,$$
$$\pi(5) = 6, \qquad \pi(6) = 1, \qquad \pi(7) = 7, \qquad \pi(8) = 2.$$

(a) π の位数が 4 であることを示せ. G を π が生成する $\mathcal{S}_8$ の部分群とする. つまり, $G = \langle \pi \rangle =$

178   第6章　群——第2部

$\{e, \pi, \pi^2, \pi^3\}$.

(b) 例 6.18 でそうしたように，G のすべての軌道を記述せよ．

(c) $X = \{1, 2, 3, 4, 5, 6, 7, 8\}$ とすると，G は X に作用する．各 $k \in X$ に対して，固定部分群 G_k を記述せよ．

(d) (b) と (c) で用意したデータを使い，定理 6.21 の軌道固定群の数え上げ公式を明示的に検証せよ．類似の例については，例 6.22 の式 (6.9) を見よ．

6.15 定理 6.25 の証明でそうしたように，G を自身に共役により作用させる．$x \in G$ とせよ．**x の共役類**とは，x のこの作用に関する軌道のことである．つまり，集合 $\{gxg^{-1} : g \in G\}$ である．

(a) G が共役類の非交和になることを示せ．

(b) G がアーベル群であることの必要十分条件は，G の各共役類が 1 つの元からなることであると示せ．

(c) 2 面体群 $\mathcal{D}_3$ の共役類を記述せよ．

(d) チャレンジ問題：2 面体群 $\mathcal{D}_n$ の共役類を記述せよ．

(e) 4 元数群 $\mathcal{Q}$ の共役類を記述せよ．

6.16 p を素数とする．系 6.26 で，位数が p^2 の群はアーベル群でなければならないことを証明した．G を位数が p^3 の群とする．

(a) 系 6.26 の証明をまねて，G がアーベル群であることを示そうとしてみよ．どこがうまくいかないだろうか？

(b) 位数 2^3 の非アーベル群の例を 2 つ挙げよ．（つまり，(a) で試みた証明は機能しないということである．）

(c) (a) で試みた証明がうまくいかないということから，G についてどのような情報が引き出せるだろうか？

(d) チャレンジ問題：各素数 p に対して，位数が p^3 の非アーベル群の例を構成せよ．

6.17 G を群，$a, b \in G$ とする．$ab = ba$ のとき，**a と b は可換である**という．「可換である」は同値関係だろうか？（定義 1.22 を見よ．）

6.18 G を群とする．

(a) G の中心 $Z(G)$ は G の正規部分群であることを示せ[9]．

(b) $H \subseteq G$ を G の部分群とする．中心化群 $Z_G(H)$ が G の部分群であることを示せ．

(c) $H \subseteq G$ を G の部分群とする．正規化群 $N_G(H)$ が G の部分群であることを示せ．

6.19 この演習問題では，系 6.26 の証明の鍵となるステップの別証明を与える．詳細を埋めてほしい．

(a) G を群，$g \in G$ を G の中心には含まれない元とする．次の真の包含関係を示せ：

$$Z(G) \subsetneq Z_G(g),$$

つまり，g の中心化群は G の中心より真に大きい．

(b) G を素数冪位数の有限群，たとえば $\#G = p^n$ とする．G の中心が $\#Z(G) \geq p^{n-1}$ を満たすなら，$Z(G) = G$，よって G はアーベル群になることを示せ．（ヒント：もし $Z(G) \neq G$ なら，$g \in G \smallsetminus Z(G)$ なる元をとって，(a) を使い $Z_G(g) = G$ を導け．）

---

[9] 演習問題 2.35 ですでに，$Z(G)$ が G の部分群であると示すことを求めている．したがって，この演習問題で残っているのは，$Z(G)$ が正規であると示すことである．

演習問題　　**179**

6.4 節　シローの定理

6.20　素数 p と整数 $n \geq 1$ を固定する．$m \geq 1$ に対して，次の積を考える：

$$A_m = \underbrace{p^n m \cdot (p^n m - 1) \cdot (p^n m - 2) \cdots (p^n m - p^n + 1)}_{\text{積は } p^n \text{ 個の因子を持つ.}}$$

A_m を $A_m = p^k B_m$ かつ $p \nmid B_m$ と因数分解したとする．

(a) $p \nmid m$ とする．p と n のみによる k の閉じた式を求めよ．

(b) 補題 6.30 の簡潔な証明を (a) を使って与えよ．

(c) p が m を割り切ってもよいとすると何が起きるだろうか？

6.21　p を素数，G を位数 p^n の群とする．各 $0 \leq r \leq n$ に対して，G の部分群 H で位数が p^r であるものが存在することを示せ．（ヒント：n についての帰納法で示す．定理 6.25 の，G が非自明な中心 $Z(G)$ を持つことを使い，帰納法の仮定を，$Z(G)$ の適切にとった正規部分群 N による商 G/N に適用する．）

6.22　シローの定理の最初の部分の，より強いバージョンに対する 2 つの証明を与えてほしい．**定理：G を有限群，p を素数で，$\#G$ は p^r で割り切れるものとする．G は位数 p^r の部分群を持つことを示せ．**（p^r は G の位数を割り切る最大冪とは仮定されていないことに注意せよ．）

(a) 定理 6.29 の証明を直接まねた証明，つまり，G の部分集合で p^r 個の元からなるものを考える証明を与えよ．しかし，$n > r$ なら $\binom{p^n m}{p^r}$ は p で割り切れるので，証明を多少変更しなくてはならない．

(b) シローの定理の演習問題 6.21 で証明したバージョンを組み合わせて証明せよ．（演習問題 6.21 をまだ済ませていないなら，取り組むべき機会である．）

6.23　例 6.36 において，位数 10 の群がちょうど 2 つあることを示した．位数 15 の部分群をすべて見つけるために，同様の計算を行え．

6.24　G を有限群とし，H_1 と H_2 を $\gcd(\#H_1, \#H_2) = 1$ を満たす正規部分群とする．H_1 の元と H_2 の元は互いに可換であることを証明せよ．（ヒント：恒等式 $(\alpha\beta\alpha^{-1})\beta^{-1} = \alpha(\beta\alpha^{-1}\beta^{-1})$ を使う．）

6.25　G を位数が $\#G = pq$ の有限群とする．ただし，p と q は素数で $p > q$ なるものとする．さらに，$p \not\equiv 1 \pmod{q}$ と仮定する．

(a) G はアーベル群であることを示せ．（ヒント：例 6.37 が証明の出発点となる．）

(b) G が巡回群であることを示せ．

6.26　この演習問題では，既知の群から新しい群を作り出す 1 つの方法を与える．G を群とする．G から自分自身への群同型写像を **G の自己同型写像**という．自己同型写像全体の集合を次のように表す：

$$\mathrm{Aut}(G) = \{G \to G \text{ の群同型写像}\}.$$

$\mathrm{Aut}(G)$ の合成の法則を次のようにする．つまり，$\alpha, \beta \in \mathrm{Aut}(G)$ に対して，$\alpha\beta$ を G から G への写像で，$(\alpha\beta)(g) = \alpha(\beta(g))$ により与えられるものとするのである．

(a) この合成の法則により，$\mathrm{Aut}(G)$ は群になることを示せ．

(b) $a \in G$ とする．G から G への写像 ϕ_a を

$$\phi_a : G \longrightarrow G, \quad \phi_a(g) = aga^{-1}$$

で定めると，$\phi_a \in \mathrm{Aut}(G)$ であること，ならびに写像

180　第6章　群——第2部

$$G \longrightarrow \mathrm{Aut}(G), \quad a \longmapsto \phi_a \tag{6.23}$$

が群準同型写像であることを示せ.

(c) 式 (6.23) の準同型写像の核が G の中心 $Z(G)$ であることを証明せよ.

(d) $\mathrm{Aut}(G)$ の元で，ある $a \in G$ に対して ϕ_a に一致するものを**内部自己同型写像**といい，それ以外の $\mathrm{Aut}(G)$ の元を**外部自己同型写像**という．G がアーベル群である必要十分条件は，内部自己同型写像が恒等写像のみであることを証明せよ.

(e) より一般に，H を G の正規部分群とするとき，矛盾なく定義された群準同型写像

$$G \longrightarrow \mathrm{Aut}(H), \quad a \longmapsto \phi_a, \quad \text{ここで}\ \phi_a(h) = aha^{-1}$$

が存在し，その核は H の G における中心化群であることを証明せよ.

6.27　C_n を位数 n の巡回群，$\mathrm{Aut}(C_n)$ を C_n の自己同型群とする．演習問題 6.26 を見よ．$\mathrm{Aut}(C_n)$ が環 $\mathbb{Z}/n\mathbb{Z}$ の単数群 $(\mathbb{Z}/n\mathbb{Z})^*$ と同型であることを証明せよ．ヒント：次の写像が群同型写像であることを示す：

$$(\mathbb{Z}/n\mathbb{Z})^* \longrightarrow \mathrm{Aut}(C_n), \quad k \bmod n \longmapsto \psi_k, \quad \text{ただし}\ \psi_k(g) = g^k.$$

6.28　G を位数 $\#G = 75$ の群とする.

(a) G は次の 3 つの性質すべてを満たす部分群を持つことを示せ：
  (1) H の位数は $\#H = 25$.
  (2) H は G の正規部分群である.
  (3) H はアーベル群である.

(b) (a) の H は位数 25 の巡回群であるとする．G はアーベル群であることを証明せよ.

6.6 節　両側剰余類とシローの定理

6.29　G を有限群で，位数が $\#G = pm$，ただし p は素数であり $p \nmid m$ とする．さらに m は次の性質を満たすものとする：

$$m \text{ の約数 } d \text{ で } d \equiv m \pmod{p} \text{ を満たすものは } d = m \text{ のみ}.$$

(a) G の p シロー部分群は G の正規部分群であることを示せ.

(b) 位数 $312 = 13 \cdot 4!$ の群はいずれも，非自明な正規部分群を持つことを示せ.

(c) もし計算機代数システムが使えるなら，位数 $31 \cdot 5!$ の群は非自明な正規部分群を持つこと，ならびに同様のことが位数 $31 \cdot 6!$ の群に対しても成り立つことを証明せよ.

(d) (a) の判定法により，位数 $p \cdot 7!$ の群が非自明な正規部分群を持つことを導ける最小の p は何か？

6.30　p と q を奇素数で $q > p$ なるものとし，G を有限群で，ある $n \geq 1$ に対して $\#G = p^n q$ となるものとする．H_p を p シロー部分群，H_q を q シロー部分群とする.

(a) もし $q \not\equiv 1 \pmod{p}$ なら，H_p が G の正規部分群であることを証明せよ.

(b) $n = 3$ かつ $q \equiv 2 \pmod{3}$ のとき，H_q は G の正規部分群であることを証明せよ．（ヒント：-3 が法 q で平方ではないことを使う必要があるだろう．これは平方剰余の相互法則の特別な場合である．）

6.31　p と q を相異なる素数とし，G を位数 $p^2 q$ の群とする．H_p を p シロー部分群，H_q を q シロー部分群とする．H_p と H_q の少なくとも一方が G の正規部分群であることを証明せよ.

第7章 環——第2部

> **重要な注意**：この章では，環といえば**可換環**である．

7.1 既約元と一意分解整域

たぶん，零でない整数が素数の積に一意的に分解されるという有名な定理にはなじみがあるだろう[1]．この節での我々の目標は，一意的に分解される，というのが他の環では何を意味するのか議論することで，これはある環では成り立つが，別の環では成り立たない[2]．

上述のように，整数環 $\mathbb{Z}$ では，素数は基本構成要素である．ここで素数というのは因子分解されない数のことだった．というのはうそで，p を「分解」することはいつでも可能である．たとえば

$$p = 1 \cdot p \quad \text{もしくは} \quad p = (-1) \cdot (-p).$$

たぶん「ずるい」と思うだろうが，しかし何がずるいのか説明できるだろうか？　もし 1 と -1 を無視すべきだというならそれは正しいが，しかしなぜ ± 1 だけを無視すべきなのだろうか？

F を体として，多項式環 $F[x]$ で類似の問題を考えてみよう．第5章で，我々は既約多項式の重要性を見た．それらは，多項式 $f(x) \in F[x]$ であって，$F[x]$ において「因子分解されない」ものだった．しかし再び，これは正確ではない．というのは，零でない定数 $c \in F$ を使って，$f(x)$ を次のように分解できる：

$$f(x) = c^{-1} \cdot cf(x).$$

したがって，$F[x]$ における非自明な因子分解を定義する際には，F の零でない元を無視しなくてはならない．

$\mathbb{Z}$ における ± 1 や $F[x]$ における零でない元が共通して持つ性質は何だろうか？　答え：これらは，対応する環の単元である．

定義 7.1 R を環とする．$a \in R$ が単元であるとは，乗法の逆元を持つことだった．つま

---

[1] この定理はしばしば，**算術の基本定理**と呼ばれる．ここで述べた主張はやや不正確だが，この節の後の方で修正する．

[2] あるいは，ソンドハイムの『ジプシー』から「ローズの歌」をもじって：
　　Some rings got it and make it pay. Some rings can't even give it away.
　　This ring's got it, and this ring's spreadin' it around!
（訳注：原書では "Rose's song" とあるが，正しくは "Rose's turn" と思われる．ミュージカル『ジプシー』の楽曲の作詞はスティーブン・ソンドハイム，「ローズの番」はそのうちの1曲である．）

182　第 7 章　環──第 2 部

り，$b \in R$ で $ab = 1$ を満たすものが存在することである．R の単元全体の集合を R^* と書き，これは演算を乗法として群をなす．単元と単元群についてのさらなる話題については，3.5 節を見よ．

一般に，$u \in R^*$ が単元ならば，任意の $a \in R$ を次のように因子分解できる：

$$a = u^{-1} \cdot u \cdot a.$$

これら自明な因子分解を無視したい．すると次のような定義に至る．

定義 7.2　R を環とする．零でない元 $a \in R$ が**既約**であるとは，a が単元ではなく，a の因子分解 $a = bc$ は b もしくは c が単元であるもののみであることをいう．

一般の可除性の概念と，それに関していくつか便利な記法を用意しておこう．

定義 7.3　R を環，$a, b \in R$ で $b \neq 0$ とする．**b は a を割り切る**とは，$c \in R$ が存在して $a = bc$ が成り立つことをいい，このとき $b \mid a$ と書く．$b \mid a$ は a がイデアル bR の元であることと同値であり，またイデアルの包含関係 $aR \subseteq bR$ とも同値である．

1.8 節で，整数の素因数分解の一意性の定理を述べたとき，一意性とはどういう意味なのかに注意を払うべきであった．定理 1.37 の脚注を見てほしい．たとえば，$\mathbb{Z}$ において，± 1 という因子を無視すべきという問題を除いても，整数 60 はいくつかの「異なる」因数分解を持つ：

$$60 = 2 \cdot 2 \cdot 3 \cdot 5 = 2 \cdot 3 \cdot 5 \cdot 2 = 5 \cdot 2 \cdot 3 \cdot 2 = \cdots.$$

しかし，これらの因数分解は本質的には同一である．これらは 2 が 2 つと，3 が 1 つと 5 が 1 つから成り立っている[3]．

一般の環で素元分解の一意性を議論するため，因子の順番の違いや単元を含めるか否かの不定性を説明する必要がある．こういった困難は，次の定義がやや込み入っている理由である．

定義 7.4　R を整域，つまり，可換環で零因子を持たないものとする．R が**一意分解整域** (unique factorization domain, UFD) とは，次の 2 つの性質を持つことをいう：

(a) $a \in R$ が零でなく単元でもないとする．このとき a は次のように書ける：

$$a = b_1 \cdot b_2 \cdots b_n,$$

ここで $b_1, b_2, \ldots, b_n \in R$ は既約元である．

(b) $b_1, b_2, \ldots, b_n \in R$ と $c_1, c_2, \ldots, c_m \in R$ を R の既約元とする．さらに，

$$b_1 \cdot b_2 \cdots b_n = c_1 \cdot c_2 \cdots c_m$$

─────────────────────
[3] 無辜の人を守るため，因数の順番だけが変えられている．

とする．このとき $m = n$ であり，また $c_1, \ldots, c_n$ の順番を並べ替えると，単元 $u_1, \ldots, u_n \in R^*$ が存在して[4]，

$$c_1 = u_1 b_1, \quad c_2 = u_2 b_2, \quad \ldots, \quad c_n = u_n b_n$$

が成り立つ．

例 7.5 この章の後の方で，$\mathbb{Z}, \mathbb{Z}[i], F[x]$ が UFD であることを示す．証明は，まずこれらの環ではどのイデアルも単項イデアルであることを示し，次いで，この単項イデアル性を満たす環は UFD であることを証明するというように進む．

例 7.6 UFD ではない環はたくさんある．たとえば，環

$$\mathbb{Z}[\sqrt{-3}] = \{a + b\sqrt{-3} \in \mathbb{C} \colon a, b \in \mathbb{Z}\}$$

は UDF ではない．例 7.21 と演習問題 7.12 を見よ．

この節を，UFD ではあるが，単項イデアルでないイデアルを豊富に含む重要な環のクラスを導入することで締めくくりたい．

定理 7.7 F を体とする．体 F に係数を持つ n 変数の多項式環 $F[x_1, \ldots, x_n]$ は一意分解整域である．（多変数多項式環については 7.6 節を見よ．）

証明 残念ながら，この重要な事実の証明はこの章の範囲を超えている．証明の鍵となるアイデアは，より強い次の主張を示すことである：R が UFD なら，多項式環 $R[x]$ もやはり UFD である．定理 7.7 は，変数 $x_1, \ldots, x_n$ を 1 つずつ付け加えていくことで証明できる．この，より強い主張はたとえば，$\mathbb{Z}[x_1, \ldots, x_n]$ が UDF であることも導く． $\square$

7.2 ユークリッド整域と単項イデアル整域

第 3 章で，環 R のイデアルを研究することの重要性を見た．R の最も簡単なイデアルは単項イデアルである．これは，ある元 $c \in R$ の倍元全体からなる．定義 3.27 を見よ．**c が生成する単項イデアル**に，2 つの記号がある：

$$cR = (c) = \{rc \colon r \in R\}.$$

いくつかの環は甘くて暖かく愛嬌があって[5]，そのイデアルはすべて単項イデアルになる．

定義 7.8 環 R が**単項イデアル整域** (principal ideal domain, PID) とは整域であって，そのイデアルがすべて単項イデアルになっているものである．

---

[4] 「並べ替えると」という言い方が好みでないなら，置換 $\pi \in \mathcal{S}_n$ と $u_i \in R^*$ が存在して，すべての $1 \le i \le n$ に対して $c_i = u_i b_{\pi(i)}$ ということもできる．

[5] 訳注：これも S. ソンドハイム作詞作曲，B. Shevelove と L. Gelbart 脚本のミュージカル『ローマで起こった奇妙な出来事』（原題 "A Funny Thing Happened on the Way to the Forum"）内の歌 "Lovely" のもじりである．

184 第 7 章 環——第 2 部

すでに 2 つほど，PID の例を知っている．最初のものは整数環 $\mathbb{Z}$ である．演習問題 3.43 を見よ．2 番目の例は体 F に係数を持つ多項式環 $F[x]$ である．定理 5.21 を見よ．いずれの場合も，PID である証明の鍵となるのは，余りのある割り算であり，$\mathbb{Z}$ の場合は命題 1.30 で，$F[x]$ の場合は命題 5.20 で述べた．これにより，「余りのある割り算」というアイデアを拡張する，次の定義が動機づけられる．商 q と余り r で，r には b より「小さい」ものを得るために，a を b で「割り」たいというアイデアである．微妙な点は，環のある元が他の元より小さいということの定義と，この「小さい」という概念が従うべき性質である．

定義 7.9 環 R が**ユークリッド整域**であるとは，整域であって，次の**サイズ関数**

$$\sigma \colon R \smallsetminus \{0\} \longrightarrow \{0, 1, 2, 3, \ldots\}$$

で以下の性質を満たすものが存在することをいう：

(1) $a, b \in R$ かつ $b \neq 0$ に対して，$q, r \in R$ が存在して，

$$a = bq + r \quad \text{かつ} \quad \sigma(r) < \sigma(b) \text{ であるか，} r = 0 \text{ である．}$$

(2) すべての零でない $a, b \in R$ に対して，$\sigma(a) \leq \sigma(ab)$[6]．

すべてのユークリッド整域は単項イデアル整域であることを証明する．この証明では，サイズ関数の性質 (1) しか使わないことを注意しておこう．

定理 7.10 任意のユークリッド整域は単項イデアル整域である．

証明 R をユークリッド整域でサイズ関数 σ を持つものとし，I を R のイデアルとする．$I = (0)$ が零イデアルなら，確かに単項イデアルである．$I \neq (0)$ と仮定しよう．次の，非負整数の集合を考える：

$$\{\sigma(c) \colon c \in I, \, c \neq 0\}. \tag{7.1}$$

$I \neq (0)$ だから，式 (7.1) の集合は空ではない．よって式 (7.1) は非負整数全体の集合の空でない部分集合だから，最小元を持つ．それを $\sigma(b)$ としよう．言い換えると，$b \in I$ で次の条件を満たす元がある：

$$0 \text{ でないすべての } c \in I \text{ に対して} \quad \sigma(b) \leq \sigma(c). \tag{7.2}$$

ここで $I = (b)$ を主張する．これを示すために，任意に $a \in I$ をとる．すると，R がユークリッド整域だから，$q, r \in R$ で次を満たすものが存在する：

$$a = bq + r \quad \text{かつ} \quad \sigma(r) < \sigma(b) \text{ であるか } r = 0.$$

a も b も I の元だから，そして I はイデアルだから，

---

[6] 我々が知っている例ではどれも，サイズ関数は性質 (2) を満たしている．しかし，もし (1) を満たすサイズ関数 σ があれば，そこから σ を用いて，別のサイズ関数 σ' で，(1) と (2) の両方を満たすものを作ることができることを注意しておこう．演習問題 7.5 を見よ．

$$bq \in I \quad \text{よって} \quad r = a - bq \in I.$$

つまり $r \in I$, だが, b の取り方の式 (7.2) から, $\sigma(r) < \sigma(b)$ とはならない. よって $r = 0$ である. これで $a = bq$ つまり $a \in bR$ が示された. 言い換えると, 我々は元 $b \in I$ で, 任意の $a \in I$ が bR に含まれるようなものを作り出したのである. しかし, $b \in I$ とイデアルの定義から $bR \subseteq I$. よって $I = bR$ が証明された. $\square$

定理 7.10 の証明をもう少し細かく見ると, ユークリッド整域で成り立つ, 次の便利な性質の一部を証明していたことがわかる.

系 7.11 R を, サイズ関数 σ を持つユークリッド整域とし, $I \subseteq R$ を零でないイデアル, $b \in I$ とする. 次は同値である:
  (a) $c \in I$ が零元でない元なら, $\sigma(b) \leq \sigma(c)$.
  (b) $I = bR$.

証明 定理 7.10 の証明から, (a) ならば (b) が示される.

逆について, $I = bR$ を仮定し $c \in I$ を零ではない I の元とする. 我々の目標は $\sigma(b) \leq \sigma(c)$ を示すことである.

$c \in I = bR$ だから, $c = br$ となる $r \in R$ がある. $c \neq 0$ だから $r \neq 0$. するとサイズ関数の性質 (2) から

$$\sigma(b) \leq \sigma(br) = \sigma(c),$$

つまり (a) が示された. $\square$

例 7.12 環 $\mathbb{Z}$ はサイズ関数 $\sigma(b) = |b|$ を持つユークリッド整域である. 命題 1.30 で約束されたように, 公式 $a = bq + r$ は, a を b で割ったときに, 商 q と $|r| < |b|$ である余り r を得るということを述べている. つまり $\mathbb{Z}$ は PID である.

もう 1 つ重要な例を挙げよう.

例 7.13 F を体とする. F に係数を持つ多項式環 $F[x]$ が次のサイズ関数についてユークリッド整域であることを示す.

$$\sigma(p(x)) = \deg p(x).$$

これを確かめるには, サイズ関数の 2 つの性質を確認すればよい.

(1) 命題 5.20 により, 多項式 $f(x), g(x) \in F[x]$ で $g(x) \neq 0$ なるものについて, 一意的に多項式 $q(x), r(x) \in F[x]$ が存在して

$$f(x) = g(x)q(x) + r(x) \quad \text{ここで} \deg(r) < \deg(g).$$

(その命題では, $\deg(0) = -\infty$ という慣習, つまり $\deg(0)$ はどのような実数よりも小さい, というものを採用したのだった.)

186　第 7 章　環——第 2 部

(2) 乗法性は，多項式の積の次数がそれぞれの次数の和になる（演習問題 3.24）という性質からわかる．つまり，零でない多項式 $p_1, p_2 \in F[x]$ に対して，

$$\sigma(p_1) = \deg(p_1) \le \deg(p_1) + \deg(p_2) = \deg(p_1 p_2) = \sigma(p_1 p_2).$$

例 7.12 と例 7.13 から，環 $\mathbb{Z}$ と環 $F[x]$ はユークリッド整域であり，したがって PID である．これらは興味深い PID の例である．さらに 3 つめの例，ガウス整数の環 $\mathbb{Z}[i]$ を挙げよう．これが最初に出てきたのは例 3.5 である．

命題 7.14　ガウスの整数環 $\mathbb{Z}[i]$ は，次のサイズ関数に関してユークリッド整域である．

$$\sigma(a + bi) = a^2 + b^2.$$

証明　環 $\mathbb{Z}[i]$ は複素数体 $\mathbb{C}$ の部分環であり，体は必ず整域（演習問題 3.19）だからその部分環 $\mathbb{Z}[i]$ も整域になる．難しい箇所は，$\mathbb{Z}[i]$ がサイズ関数 σ に関してユークリッド性を満たすことである．

複素数体 $\mathbb{C}$ を xy 平面だと見なす．点 (x, y) を複素数 $x + yi$ と対応させるのである．すると，$\mathbb{Z}[i]$ は整数の座標を持つ点 (a, b) たちからなる集合となる．サイズ関数 σ を $\mathbb{C}$ に自然に拡張できる：

$$\sigma \colon \mathbb{C} \longrightarrow \mathbb{R}, \quad \sigma(x + yi) = x^2 + y^2,$$

すると，$\sigma(x + yi)$ は点 (x, y) から原点 $(0, 0)$ までの距離の 2 乗である．

- $\sigma(\zeta) = 0$ となる必要十分条件は $\zeta = 0$.
- $\sigma(\zeta_1 \zeta_2) = \sigma(\zeta_1) \sigma(\zeta_2)$.

これらの性質は任意の複素数に対して成り立つが，それを証明するのは演習問題 7.6 とする．

$\alpha, \beta \in \mathbb{Z}[i]$ を $\beta \ne 0$ なるものとする．我々がなすべきは α を β で割って，商 γ と余り ρ で，$\sigma(\rho) < \sigma(\beta)$ を満たすものを得ることである．アイデアとしては，商 α/β を体 $\mathbb{Q}(i)$ でとり，その係数を一番近い整数へ丸めることである．式で表して明示的に行うこともできるが，幾何的に見た方がわかりやすいだろう．そこで，α/β は複素数で，これを $\mathbb{C}$ に放り込み，図 18 にあるように一番近い $\mathbb{Z}[i]$ の点を探す．この図では，α/β を星で，$\mathbb{Z}[i]$ の点たちを点で表している．さらに α/β の回りの $\mathbb{Z}[i]$ の点を結んだ正方形を描いた．正方形の四隅のうち α/β に一番近い点を 1 つとり，γ とする．

α/β がどこにあっても，正方形の一番近い頂点までの距離は，大きくても正方形の対角線の長さの半分だという事実を使う．この正方形の 1 辺の長さは 1 で，よってその対角線の長さは，ピタゴラス (Pythagoras) の定理により $\sqrt{2}$ である．つまり，次の主張を証明した：

任意の $\alpha, \beta \in \mathbb{Z}[i]$ で $\beta \ne 0$ を満たすものについて，$\gamma \in \mathbb{Z}[i]$ であって

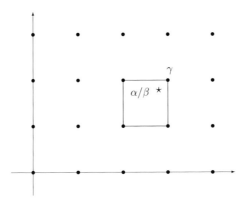

図 18 γ を, $\mathbb{Z}[i]$ の元で α/β に近いものとしてとる.

$$\frac{\alpha}{\beta} \text{ から } \gamma \text{ までの距離が高々 } \frac{\sqrt{2}}{2} \text{ なもの}$$

が存在する[7]. $\sigma(x+yi) = x^2 + y^2$ は $x+yi$ から 0 までの距離の 2 乗だから,ここから

$$\sigma\left(\frac{\alpha}{\beta} - \gamma\right) \leq \frac{1}{2}.$$

両辺に $\sigma(\beta)$ を掛けて,任意の複素数 $\zeta_1, \zeta_2 \in \mathbb{C}$ に対して $\sigma(\zeta_1\zeta_2) = \sigma(\zeta_1)\sigma(\zeta_2)$ だという性質を使うと,

$$\sigma(\underbrace{\alpha - \beta\gamma}_{\text{この量が我々の } \rho \text{ になる.}}) \leq \frac{1}{2}\sigma(\beta).$$

式の中に示したように,$\rho = \alpha - \beta\gamma$ とおき,すると $\alpha = \beta\gamma + \rho$ が自動的に真になる. さらに $\sigma(\rho) \leq \frac{1}{2}\sigma(\beta) < \sigma(\beta)$,というのは,前に注意したように $\beta \neq 0$ という仮定から $\sigma(\beta) > 0$ だからである.これで σ が性質 (1) を満たすことがわかった.

性質 (2) については,任意の零でない $\beta \in \mathbb{Z}[i]$ について,同時に 0 にはならない $a, b \in \mathbb{Z}$ で,$\beta = a + bi$ と書くことができて,さらに

$$\sigma(\beta) = a^2 + b^2 \geq 1.$$

乗法性を再び使うと,任意の零でない $\alpha, \beta \in \mathbb{Z}[i]$ について,

$$\sigma(\alpha) \leq \sigma(\alpha)\sigma(\beta) = \sigma(\alpha\beta)$$

を得る.よって,σ は求める性質 2 つとも満たし,つまり $\mathbb{Z}[i]$ はユークリッド整域である. □

---

[7] γ は一意とは限らないことを注意しておこう.たとえば,α/β が正方形の中心なら,4 つのどの頂点からも等距離にあるので,γ としてどれを選んでもよい.

188 第7章 環——第2部

ユークリッド整域のサイズ関数を使い, 元が単元かどうかを判定できることを紹介する. これは, 素元分解の一意性を証明する際に便利である. というのは, 定義 7.4 で見たように, 環で分解の一意性が成り立つかについて, 単元がやや込み入った寄与をしているからである.

命題 7.15 R をユークリッド整域, σ をそのサイズ関数, $a \in R$ を R の零ではない元とする. 次は同値である:

    (a) $a \in R^*$, つまり a は単元.
    (b) 零でないすべての $b \in R$ に対して, $\sigma(b) = \sigma(ab)$ である.
    (c) 零でない $b \in R$ で, $\sigma(b) = \sigma(ab)$ を満たすものが存在する.

証明 まず (c) $\Rightarrow$ (a) の証明から始める. これはこの命題の一番使われる箇所である. したがって, 零でない $a \in R$ に対して $\sigma(b) = \sigma(ab)$ と仮定する. 我々の目標は a が単元であると示すことである.

そのために, 系 7.11 をイデアル $I = bR$ に適用する. 系 7.11 の (b) $\Rightarrow$ (a) の箇所から,

$$\sigma(b) = \min\{\sigma(c) \colon c \in bR, \ c \neq 0\}.$$

しかし $\sigma(b) = \sigma(ab)$ としているから,

$$\sigma(ab) = \min\{\sigma(c) \colon c \in bR, \ c \neq 0\}.$$

さて系 7.11 の (a) $\Rightarrow$ (b) の箇所から,

$$bR = abR.$$

とくに, $b \in abR$ であり, よって

$$ある \ d \in R \ により \ b = abd.$$

R は整域だから, b を両辺で帳消しにして $1 = ad$, つまり a が単元であることがわかる.

次に (b) $\Rightarrow$ (c) だが, もしこの主張が R の零でないすべての元に対して真なら, ある 1 つの零でない元に対しても確かに成り立つということからわかる.

残りは (a) $\Rightarrow$ (b) である. そこで, $a \in R^*$ とする. すると $ad = 1$ となる $d \in R$ が存在する. 次に零でない $b \in R$ をとって, 示すべきは $\sigma(b)$ が $\sigma(ab)$ に等しいことである. そのために次のように計算する:

$$
\begin{aligned}
\sigma(b) &\leq \sigma(ab) &&\sigma \text{ の性質 (2) から,}\\
&\leq \sigma(abd) &&\text{やはり } \sigma \text{ の性質 (2) から,}\\
&= \sigma(b) &&ad = 1 \text{ だから.}
\end{aligned}
$$

よって $\sigma(b) = \sigma(ab)$ であり, 以上で (a), (b), (c) が同値であることが証明された. $\qquad\square$

この節を, PID の便利な性質を述べて締めくくろう.

7.2 ユークリッド整域と単項イデアル整域 **189**

定理 7.16 R を PID とし，$c \in R$ を $c \neq 0$ である元とする．このとき，次の主張は同値である：

   (a) c は既約元である．

   (b) 単項イデアル cR は極大イデアルである．

   (c) 剰余環 R/cR は体である．

   (d) 単項イデアル cR は素イデアルである．

   (e) 剰余環 R/cR は整域である．

証明 次の含意は定理 3.43 と系 3.44 からわかる：

$$R/cR \text{ は体} \iff cR \text{ は極大イデアル} \implies cR \text{ は素イデアル} \iff R/cR \text{ は整域}.$$

したがって，定理 7.16 の証明を完結させるには，次の含意を示せばよい：

$$cR \text{ が素イデアル} \implies c \text{ が既約元} \quad \text{かつ} \quad c \text{ が既約元} \implies cR \text{ は極大イデアル}.$$

$\boxed{\textbf{\textit{cR} が素イデアル} \implies \textbf{\textit{c} は既約元}}$ c が $c = ab$ と因子分解されるとしよう．我々の目標は a もしくは b が単元であることである．$ab = c \in cR$ だから，$a \in cR$ もしくは $b \in cR$ である．必要なら a と b を取り替えて，$a \in cR$ と仮定してよい．つまり，ある $r \in R$ により $a = cr$ である．したがって

$$c = ab = crb.$$

R は整域で $c \neq 0$ としているから $rb = 1$．これは $b \in R^*$ を意味する．

$\boxed{\textbf{\textit{c} が既約元} \implies \textbf{\textit{cR} が極大イデアル}}$ $I \subseteq R$ をイデアルで，

$$cR \subseteq I \subseteq R$$

を満たすものとする．我々の目標は，I が cR もしくは R に一致することを示すことである．R が PID だから，ある $a \in R$ により $I = aR$．とくに，

$$c \in cR \subseteq I = aR,$$

つまり $c = ab$ となる $b \in R$ がある．c は既約元としているから，a もしくは b が単元である．次の 2 つの場合を考える：

$$a \in R^* \implies aR = R \implies I = R.$$
$$b \in R^* \implies I = aR = cb^{-1}R = cR.$$

以上で定理 7.16 の証明が完了した． $\square$

190   第 7 章　環——第 2 部

7.3　単項イデアル整域での因子分解

この節では，すべてのユークリッド整域が自動的に一意分解整域になることを証明する．
7.2 節の結果を見ると，一挙に $\mathbb{Z}$, $\mathbb{Z}[i]$ そして $F[x]$ が UFD であることがわかる．実際，より一般に，すべての PID が UFD である．しかし，このより強い主張の証明は読者に委ねる．演習問題 7.11 を見よ．

まず PID における可除性についての基本的な結果を示すことから始める．

命題 7.17　R を単項イデアル整域とし，$a, b, c \in R$ とする．a は既約元で $a \mid bc$ と仮定する．このとき $a \mid b$ または $a \mid c$ である[8]．

証明　a と b が生成するイデアルを考える：

$$I = \{ar + bs : r, s \in R\}.$$

R が単項イデアル整域という仮定から，I は単項イデアルであり，

$$\text{ある } d \in R \text{ により} \quad I = dR.$$

$a \in I = R$ だから，ある $e \in R$ により $a = de$ である．しかし，a は既約だから，d もしくは e は単元である．すると 2 つの場合が生じる．

最初に，$e \in R^*$ とする．このとき $d = e^{-1}a$ である．$b \in I = dR$ でもあるから，よってある $f \in R$ により $b = df$ でもある．したがって $b = e^{-1}fa$ であり，つまり $a \mid b$ である．

次に，$d \in R^*$ とする．このとき $1 = dd^{-1} \in dR = I$ であり，ある $r, s \in R$ により

$$1 = ar + bs.$$

両辺に c を掛けると

$$c = acr + bcs.$$

ここで $a \mid bc$ という仮定を使って $bc = ag$, $g \in R$ である．これを代入すると

$$c = acr + bcs = acr + ags = a(cr + gs),$$

つまり $a \mid c$ である．　　　　　　　　　　　　　　　　　　　　　　　　　□

系 7.18　R を単項イデアル整域，$a, b_1, \ldots, b_n \in R$ とする．a は既約元で，a が積 $b_1 b_2 \cdots b_n$ を割り切ると仮定する．このとき a が b_i を割り切るような i が少なくとも 1 つ存在する．

証明　n に関する帰納法で証明する．主張は $n = 1$ の場合は正しく，また $n = 2$ の場合に正しいことは命題 7.17 からわかる．$n \geq 3$ と仮定し，主張は $n - 1$ 個の因子までは正しいと仮定する．n 個の因子を次のようにまとめる：

---

[8] a が b と c の両方を割り切ることもありうるので，これは包含的な「または」である．

$$b_1 \cdot b_2 \cdots b_n = \underbrace{b_1}_{\text{これを } b \text{ とする}} \cdot \underbrace{(b_2 \cdots b_n)}_{\text{これを } c \text{ とする}}.$$

すると $a \mid bc$ であるから，命題 7.17 から $a \mid b$ もしくは $a \mid c$ である．すると 2 つの場合が生じる．まず，$a \mid b$ とする．このとき $b = b_1$ だから終了である．第 2 の場合，$a \mid c$ である．c が $n-1$ 個の因子 $b_2, \ldots, b_n$ の積であることと帰納法の仮定を使うと，$a \mid b_i$ となる添え字 i が存在することがわかる． □

定理 7.19 R を単項イデアル整域とする．このとき R は一意分解整域である．

系 7.20 環 $\mathbb{Z}$, $\mathbb{Z}[i]$, ならびに，体 F に対する $F[x]$ はすべて一意分解整域である．

証明 例 7.12 と例 7.13 ならびに命題 7.14 から，$\mathbb{Z}$, $\mathbb{Z}[i]$, $F[x]$ はどれもユークリッド整域である．よって定理 7.10 により PID である．したがって，系は定理から直ちにわかる．定理の証明に進もう．

我々の最初の目標は，R の零でなく単元でもない元は既約元の積であることを示すことである．この部分の証明のために，より強い仮定，R がサイズ関数 σ を持つユークリッド整域であることをおく．こうすることで証明が簡単になる一方，我々の例もすべて射程に入る．一般の PID の場合については演習問題 7.11 を見よ．

我々の目標を達成するために，反例の集合に注目する：

$$S := \{\, \text{零でも単元でもない元 } a \in R \colon a \text{ は既約元の積では} \textbf{ない} \,\}.$$

S が空集合であることを示すのが我々の目標である．$S \neq \emptyset$ と仮定し矛盾を導こう．

元 $a \in S$ のサイズ $\sigma(a)$ に注目する．元 $a' \in S$ で，そのサイズが最小のものをとる．言い換えると，次の性質を満たす $a' \in S$ を選ぶ：

$$\text{すべての } a \in S \text{ に対し} \quad \sigma(a') \leq \sigma(a).$$

a' 自身は既約元ではない．というのは，もしそうだとしたら S の元にはならないからである．したがって a' は $a' = a_1 \cdot a_2$ と因子の積に書けて，a_1 も a_2 も単元ではない．a_2 は単元ではないから，命題 7.15 から $\sigma(a_1) \neq \sigma(a_1 a_2)$，しかもサイズ関数の性質 (2) から，つねに $\sigma(a_1) \leq \sigma(a_1 a_2)$ であり，真の不等式 $\sigma(a_1) < \sigma(a_1 a_2)$ が成り立つ．同様の議論により $\sigma(a_2) < \sigma(a_1 a_2)$ もわかる．$a' = a_1 a_2$ を代入すると次が示された：

$$\sigma(a_1) < \sigma(a') \quad \text{かつ} \quad \sigma(a_2) < \sigma(a').$$

a' のサイズが最小という性質から a_1 と a_2 は S の元では**ない**．

言い換えると，元 a_1 は（そして a_2 も）既約元の積では**ない，のではない**のだから，二重否定を解消すると，これはどちらも既約元の積であることを意味する．すると $a' = a_1 a_2$ は既約元の積であるから $a' \in S$ という仮定に矛盾する．この矛盾により，$S = \emptyset$ であること，つまり，零でも単元でもない R の元は既約元の積であることがわかった．

192   第 7 章 環——第 2 部

　我々の第 2 の目標は，既約元の積への因子分解が本質的には一意であると示すことである．そのために，R が PID という仮定だけを使う．$a \in R$ として，これが既約元 $b_1, \ldots,$ $b_n, c_1, \ldots, c_m$ で

$$a = b_1 \cdot b_2 \cdots b_n = c_1 \cdot c_2 \cdots c_m \tag{7.3}$$

と書けたとする．これはとくに，次のことを意味する：

$$b_1 \mid c_1 \cdot c_2 \cdots c_m.$$

b_1 は既約元で，R は PID だから，系 7.18 により $b_1 \mid c_i$ となる添え字 i が存在する．c_i の添え字を変えて，$b_1 \mid c_1$ と仮定してよい．

　よって適当な $u_1 \in R$ により $c_1 = b_1 u_1$ となる．しかしながら c_1 は既約元で，b_1 は単元ではない（なぜなら b_1 は既約元だから）から，u_1 が単元であることがわかる．b_1 を式 (7.3) の両辺から帳消しにして次を得る：

$$b_2 \cdot b_3 \cdots b_n = u_1 \cdot c_2 \cdot c_3 \cdots c_m.$$

　この議論を b_2 に対しても繰り返す．b_2 は単元 u_1 を割り切ることはないから，ラベルの付け替えをして，u_2 を単元として $c_2 = b_2 u_2$ となる．b_2 を帳消しにして

$$b_3 \cdots b_n = u_1 \cdot u_2 \cdot c_3 \cdots c_m.$$

　この調子で繰り返せば，いつかは b_i もしくは c_i が尽きてしまう．しかし式の両辺の一方が単元になれば，もう一方に既約元が残ることはできない．言い換えると，$n = m$ でなくてはならず，各ステップごとのラベルの付け替えを込みにして，各 i に対して単元 $u_i \in R^*$ があって $c_i = b_i u_i$ である．　　　　　　　　　　　　　　　　　　　　　　□

例 7.21　定理 7.19 との釣り合いのために，UFD ではない環に注目するのは意味がある．環[9]

$$R = \mathbb{Z}[\sqrt{-3}] = \{a + b\sqrt{-3} : a, b \in \mathbb{Z}\}$$

を考える．この環は複素数体の部分環である．$4 \in R$ が R で次のように因子分解される：

$$4 = 2 \cdot 2 = (1 + \sqrt{-3})(1 - \sqrt{-3}).$$

$2, 1 + \sqrt{-3}, 1 - \sqrt{-3}$ のいずれも R の既約元であることを主張する．2 が既約元であることを見るために，背理法により 2 が R の単数ではないことを最初に見る．2 を単数だと仮定しよう．すると，$a + b\sqrt{-3}$ をうまくとると，

$$2 \cdot (a + b\sqrt{-3}) = 1.$$

ここから $2a + 2b\sqrt{-3} = 1$，つまり $2a = 1$ かつ $b = 0$ である．しかし $\frac{1}{2} \notin R$ だから，2 は単

---

[9] この環の解析に用いるいくつかの性質については演習問題 3.5 を見よ．

数ではない．次に，2 が因子分解したとして，

$$2 = (a + b\sqrt{-3})(c + d\sqrt{-3}) \tag{7.4}$$

として，我々の次の目標はどちらかの因子が R の単数であると示すことである．演習問題 3.5 (b) を式 (7.4) に適用して，次を得る：

$$2 = (a - b\sqrt{-3})(c - d\sqrt{-3}). \tag{7.5}$$

式 (7.4) と式 (7.5) を掛けて，

$$4 = (a^2 + 3b^2)(c^2 + 3d^2)$$

となり，整数について考えればよくなった．4 を正の整数の積に表す方法は $1 \cdot 4$ と $2 \cdot 2$ と $4 \cdot 1$ である．しかし $a^2 + 3b^2$ は 2 にはなりえないから，次のいずれかである：

$$(a^2 + 3b^2 = 4 \;\text{かつ}\; c^2 + 3d^2 = 1) \quad \text{または} \quad (a^2 + 3b^2 = 1 \;\text{かつ}\; c^2 + 3d^2 = 4).$$

最初の場合なら $c = \pm1$ かつ $d = 0$，他方，第 2 の場合なら $a = \pm1$ かつ $b = 0$．したがって，我々の 2 の因子分解 (7.4) において一方の因子は ±1，つまり一方は単数である．これで 2 が既約元であることの証明が終わった．同様の解析，それは演習問題とするが（演習問題 7.12），これにより $1 \pm \sqrt{-3}$ も既約元である．これで R では 4 が 2 通りの真に異なる既約因子への分解を持つことがわかった．

7.4　中国の剰余定理

定理 1.39 から，次の形の合同式は $\gcd(a, m) = 1$ のときに解を持つ：

$$ax \equiv b \pmod{m}.$$

さらに，その解を効率的に計算するユークリッドの互除法（演習問題 1.27）というアルゴリズムもある．中国の剰余定理の最も簡単なバージョン[10]は，異なる法についての連立 1 次方程式を扱っている．

定理 7.22（中国の剰余定理——バージョン 1） $m_1, m_2 \in \mathbb{Z}$ を零でない整数であって，$\gcd(m_1, m_2) = 1$ を満たすものとする．$c_1, c_2 \in \mathbb{Z}$ とする．

(a) 次の合同式を同時に満たす解 $x \in \mathbb{Z}$ が存在する：

$$x \equiv c_1 \pmod{m_1} \quad \text{かつ} \quad x \equiv c_2 \pmod{m_2}.$$

---

[10]**歴史に関する注**：記録に残る最初の中国の剰余定理は，中国の 1500 年以上前に成立した数学書に現れる．いささか驚くべきことではあるが 3 つの連立合同式を扱っている．孫子の問題を解けるだろうか？

　　ものがいくつかあるが，何個あるか正確にはわからない．3 つずつ数えると 2 つ余る．5 つずつ数えると 3 つ残る．7 つずつ数えると 2 つ余る．全部で何個あるだろうか？　『孫子算経』，西暦 300 年ころ，第三巻，問題二十六．

194　第 7 章　環——第 2 部

(b) x, x' がどちらも解ならば，次の合同式を満たす：

$$x \equiv x' \quad (\text{mod } m_1 m_2)$$

例 7.23　まず例を挙げて定理 7.22 の証明を解説しよう．次の連立合同式を解きたいとする：

$$x \equiv 8 \ (\text{mod } 11) \quad \text{かつ} \quad x \equiv 3 \ (\text{mod } 17). \tag{7.6}$$

最初の方程式の自明な解として $x = 8$ がある．しかし，他にもたくさんあって，たとえば $x = 19$ や $x = -3$ である．実際，最初の方程式の解は適当な y により $x = 8 + 11y$ の形であることを知っている．この柔軟性を活用して，第 2 の合同式に $x = 8 + 11y$ を代入すると，

$$8 + 11y \equiv 3 \quad (\text{mod } 17),$$
$$11y \equiv -5 \equiv 12 \quad (\text{mod } 17).$$

この種の合同式の解き方は知っている．法 17 での 11 の逆元を両辺に掛けるだけである．ユークリッドの互除法（演習問題 1.27）を使うか，数字が十分小さいので試行錯誤により，$14 \cdot 11 \equiv 1 \ (\text{mod } 17)$ を見つける．よって，

$$y \equiv 14 \cdot 11y \equiv 14 \cdot 12 \equiv 168 \equiv 15 \quad (\text{mod } 17).$$

ここから y の値に $y = 15$ を得て，これを $x = 8 + 11y$ に代入して $x = 8 + 11 \cdot 15 = 173$ という，連立合同式 (7.6) の解を得る．

証明（定理 7.22 の証明）　(a) 最初の合同式から始めて，自明な解として $x = c_1$ がある．これが唯一の解ではないことは，m_1 を足したり引いたりしても解であることからわかる．言い換えると，合同式 $x \equiv c_1 \ (\text{mod } m_1)$ の解は次のような形をしている：

$$\text{適切な } y \in \mathbb{Z} \text{ に対して} \quad x = c_1 + m_1 y.$$

さて，y をうまく選んで，x が第 2 の合同式 $x \equiv c_2 \ (\text{mod } m_2)$ の解にもなるようにしなければならない．言い換えると，次を満たす整数 y を見つけたい．

$$c_1 + m_1 y \equiv c_2 \ (\text{mod } m_2).$$

c_1 を逆の辺に移して，解くべきは次の方程式である：

$$m_1 y \equiv c_2 - c_1 \ (\text{mod } m_2). \tag{7.7}$$

定理 1.39 から，合同式 (7.7) が解を持つのは $\gcd(m_1, m_2)$ が $c_2 - c_1$ を割り切るときでそのときに限る．我々の仮定の 1 つとして $\gcd(m_1, m_2) = 1$ があるから，我々の勝ちである．

(b) x と x' がどちらも与えられた合同式の解であるという仮定が意味するのは，

$$x - x' \equiv c_1 - c_1 \equiv 0 \ (\text{mod } m_1) \quad \text{かつ} \quad x - x' \equiv c_2 - c_2 \equiv 0 \ (\text{mod } m_2)$$

である．したがって，$x - x'$ は m_1 で割り切れ，同時に m_2 でも割り切れる．よって，仮定 $\gcd(m_1, m_2) = 1$ から $x - x'$ は積 $m_1 m_2$ で割り切れる（演習問題 1.28，これは x と x' が法 $m_1 m_2$ で合同であるという主張の言い換えである）． $\square$

注意 7.24 中国の剰余定理の現代的な言い換えを，3.5 節で述べた環の直積を使って与えておく．自然な環の準同型写像

$$\phi\colon \mathbb{Z}/m_1 m_2 \mathbb{Z} \longrightarrow \mathbb{Z}/m_1 \mathbb{Z} \times \mathbb{Z}/m_2 \mathbb{Z},$$

$$a \bmod m_1 m_2 \longmapsto (a \bmod m_1, a \bmod m_2)$$

を考える．中国の剰余定理は，$\gcd(m_1, m_2) = 1$ なら ϕ が環の同型写像であるという主張と同値である．より正確には，定理 7.22 (a) は ϕ が全射であることを述べていて，定理 7.22 (b) は ϕ が単射であることを述べている．

中国の剰余定理を一般化する方法はたくさんある．たとえば，連立合同式の法をより多くしたものを解くことができるし，$\mathbb{Z}$ 以外の環で考えることもできる．次のバージョンは非常に有益だが，さらに一般のバージョンについては演習問題 7.16 を見よ．

定理 7.25（中国の剰余定理——バージョン 2） R を可換環とする．また，$c_1, \ldots, c_n \in R$ を R の元で次の性質を満たすものとする[11]：

$$\text{すべての } i \neq j \text{ について} \quad c_i R + c_j R = R. \tag{7.8}$$

$c = c_1 c_2 \cdots c_n$ とする．このとき環の同型写像

$$\phi\colon R/cR \longrightarrow R/c_1 R \times R/c_2 R \times \cdots \times R/c_n R, \tag{7.9}$$

$$r \bmod c \longmapsto (r \bmod c_1, r \bmod c_2, \ldots, r \bmod c_n) \tag{7.10}$$

が存在する．

証明 n についての帰納法で証明する．$c = c_1$ で式 (7.9) の写像は恒等写像 $R/cR \to R/cR$ である．しかし，帰納法のステップを進めるためには，$n = 2$ の場合を直接確認する必要がある．読みやすさのため，$n = 2$ の場合を補題として述べておこう．

補題 7.26 R を可換環，$a, b \in R$ を条件 $aR + bR = R$ を満たす元とする．このとき，次の環の同型写像が存在する：

$$\phi\colon R/abR \longrightarrow R/aR \times R/bR, \quad \phi(r \bmod ab) = (r \bmod a, r \bmod b).$$

証明（補題 7.26 の証明） $aR + bR = R$ を仮定しているから，$u, v \in R$ で

$$au + bv = 1$$

---

[11] $R = \mathbb{Z}$ のときは，条件 $c_i \mathbb{Z} + c_j \mathbb{Z} = \mathbb{Z}$ は $\gcd(c_i, c_j) = 1$ という条件と同値だった．このことが，中国の剰余定理バージョン 2 がどのようにバージョン 1 を拡張しているかを理解する助けになるだろう．

196　第7章　環——第2部

を満たすものがとれる．写像

$$\psi \colon R \longrightarrow R/aR \times R/bR, \quad \psi(r) = (r \bmod a, r \bmod b)$$

を考えて，まずその核を考えよう．$abR \subseteq \ker(\psi)$ に注意する．差し当たっての目標は逆の包含関係であるから，$r \in \ker(\psi)$ とする．つまり，

$$r \equiv 0 \pmod{a} \quad \text{かつ} \quad r \equiv 0 \pmod{b}.$$

したがって

$$\text{適当な } s, t \in R \text{ により} \quad r = as = bt.$$

関係式 $1 = au + bv$ の両辺に s を掛けて，

$$s = s(au + bv) = asu + bsv = btu + bsv = b(tu + sv).$$

ここから $b \mid s$ がわかる．$s = bw$ とする．ここから

$$r = as = abw \in abR.$$

したがって包含関係 $\ker(\psi) \subseteq abR$ が得られ，よって

$$\ker(\psi) = abR$$

が示された．命題 3.34 (b)(iii) から ψ は単射準同型写像

$$\phi \colon R/abR \lhook\joinrel\longrightarrow R/aR \times R/bR$$

を引き起こす．

　我々の次の目標は ψ が全射であることの確認である．そして，これが今度は ϕ が全射であることを導くことになる．そのために，次の興味深い事実を使う．$bv = 1 - au$ だから，

$$\psi(1 - au) = \psi(bv) = (1 - au \bmod a, bv \bmod b) = (1, 0)$$

を得る．同様に

$$\psi(1 - bv) = \psi(au) = (au \bmod a, 1 - bv \bmod b) = (0, 1).$$

よって，任意に与えられた元 $(c, d) \in R/aR \times R/bR$ に対して，

$$(c, d) = (c, 0) + (0, d) = c(1, 0) + d(0, 1) = c\psi(bv) + d\psi(au) = \psi(cbv + dau).$$

これは任意の (c, d) が ψ の像に含まれるということであり，よって ψ が全射であることがわかり，同時に補題 7.26 の証明も完了した．　　　　　　　　　　　　　　　□

　定理 7.25 が $n = 2$ のときは正しいという知識とともに，その証明に戻る．

> **帰納法のステップ**：$n \geq 2$ かつ定理 7.25 が n のとき正しいと仮定する．$n+1$ に対しても主張が正しいことを示せ．

$c_1, \ldots, c_{n+1} \in R$ が定理の主張の通りのものとする．とくに，次が成り立っている：

$$c_1 R + c_{n+1} R = 1, \quad c_2 R + c_{n+1} R = 1, \quad \ldots, \quad c_n R + c_{n+1} R = 1.$$

したがって，R の元で次の条件を満たすものがとれる．

$$c_1 u_1 + c_{n+1} v_1 = 1, \quad c_2 u_2 + c_{n+1} v_2 = 1, \quad \ldots, \quad c_n u_n + c_{n+1} v_n = 1.$$

これらの元を全部掛けて，c_{n+1} が掛かっている項の全部を右側の項に集める．すると，

$$\underbrace{c_1 c_2 \cdots c_n u_1 u_2 \cdots u_n}_{c_{n+1} \text{ を含んでいない項}} + \underbrace{c_{n+1} \cdot (\text{雑多な項})}_{c_{n+1} \text{ を含む項}} = 1.$$

ここから，

$$c_1 c_2 \cdots c_n R + c_{n+1} R = R,$$

つまり，補題 7.26 が $a = c_1 c_2 \cdots c_n$ かつ $b = c_{n+1}$ として適用でき，環の同型写像

$$R/c_1 c_2 \cdots c_{n+1} R \xrightarrow{\sim} R/c_1 c_2 \cdots c_n R \times R/c_{n+1} R \tag{7.11}$$

が存在することがわかる．しかし，帰納法の仮定から，環の同型写像

$$R/c_1 c_2 \cdots c_n R \xrightarrow{\sim} R/c_1 R \times R/c_2 R \times \cdots \times R/c_n R \tag{7.12}$$

があることがわかっている．この 2 つの環の同型写像を組み合わせると，

$$R/c_1 c_2 \cdots c_{n+1} R \xrightarrow{\sim} R/c_1 c_2 \cdots c_n R \times R/c_{n+1} R \qquad \text{(7.11) により,}$$

$$\xrightarrow{\sim} (R/c_1 R \times \cdots \times R/c_n R) \times R/c_{n+1} R \qquad \text{(7.12) により,}$$

が得られて，定理が $n+1$ の場合も正しいことが証明された．よって帰納法により，定理は任意の n に対して正しい． □

7.4.1 中国の剰余定理の応用

中国の剰余定理と単元群の性質を使って，数論の美しい乗法公式の証明を与える．

定義 7.27 オイラーの ϕ 関数とは，正の整数に対して次で定義される関数である：

$$\phi(m) = \#\{0 \leq a < m : \gcd(a, m) = 1\}.$$

同値な言い換えとして，命題 3.20 から

$$\phi(m) = \#(\mathbb{Z}/m\mathbb{Z})^*.$$

198   第 7 章　環——第 2 部

例 7.28　オイラーの ϕ 関数の最初のいくつかの値は次のようになる：

$$\phi(1) = 1, \quad \phi(2) = 1, \quad \phi(3) = 2, \quad \phi(4) = 2, \quad \phi(5) = 4, \quad \phi(6) = 2, \quad \phi(7) = 6.$$

系 7.29　$m_1, m_2 \geq 1$ を正の整数で $\gcd(m_1, m_2) = 1$ を満たすものとする．すると，

$$\phi(m_1 m_2) = \phi(m_1)\phi(m_2)$$

が成り立つ．

証明　定理 7.22 から，環の同型写像

$$\mathbb{Z}/m_1 m_2 \mathbb{Z} \cong \mathbb{Z}/m_1\mathbb{Z} \times \mathbb{Z}/m_2\mathbb{Z};$$

が存在する．注意 7.24 を見よ．すると命題 3.25 から，単数群の間の群の同型写像

$$(\mathbb{Z}/m_1 m_2 \mathbb{Z})^* \cong (\mathbb{Z}/m_1\mathbb{Z} \times \mathbb{Z}/m_2\mathbb{Z})^* \cong (\mathbb{Z}/m_1\mathbb{Z})^* \times (\mathbb{Z}/m_2\mathbb{Z})^*$$

が存在する．両辺の元の個数を数えると，

$$\#(\mathbb{Z}/m_1 m_2 \mathbb{Z})^* = \#(\mathbb{Z}/m_1\mathbb{Z})^* \cdot \#(\mathbb{Z}/m_2\mathbb{Z})^*$$
$$\uparrow \qquad\qquad \uparrow \qquad\qquad \uparrow$$
これは $\phi(m_1 m_2)$.　　これは $\phi(m_1)$.　これは $\phi(m_2)$.

したがって $\phi(m_1 m_2) = \phi(m_1)\phi(m_2)$ である．　　　　　　　　　　　□

オイラーの ϕ 関数のたくさんの性質については演習問題 7.18 を見よ．

7.5　分数体

この節での我々の目標は，すべての整域 R がある体の部分環であること，さらにそのような体のうち最小のもの F が存在することの証明である．証明のアイデアは，ちょうど $\mathbb{Q}$ の $\mathbb{Z}$ からの構成と同様に，F を R から構成することである．しかし，$\mathbb{Q}$ が「分数 a/b の集合」という常識にだまされないようにしてほしい．$\mathbb{Q}$ の場合であっても，見た目の異なる分数 $1/2, 2/4, 137/274$ が同じ量を表すという事実と向き合わねばならない．

定理 7.30　R を整域とする．このとき，**R の分数体**と呼ばれる体 F が存在し，次の性質を満たす：

(i) R は F の部分環である．

(ii) R が他の体 K の部分環なら，単射である環準同型写像 $F \hookrightarrow K$ が一意に存在し，R をそれ自身に恒等写像として移す．

証明　$\boxed{\text{第 1 部：体 } F \text{ の構成}}$

R から F を構成するアイデアは，整数環 $\mathbb{Z}$ から有理数体 $\mathbb{Q}$ を構成するのと同じであるということは前に注意した．しかし，少し注意する必要がある．まず対の集合から始める：

$$\{(a,b)\colon a,b\in R,\ b\neq 0\}.$$

この集合の上に同値関係 $\sim$ を，次のように定義する：

$$ab' = a'b \text{ のとき } (a,b)\sim(a',b').$$

この $\sim$ が同値関係になっていることを確かめるのは演習問題とする．演習問題 7.19 (a) を見よ．F を次の集合と定義する：

$$F = \{\text{対 }(a,b)\text{ の同値類}\}.$$

心の内では，非形式的に対 (a,b) を「分数」a/b と見ているのだが，しかし有理数体 $\mathbb{Q}$ のときですら，分数 a/b は実際には，同じ分数に対応する整数の対 (a,b) の同値類である．

F を体にしたいので，加法と乗法を定義しなければならない．どうするかというと：

$$(a_1,b_1) + (a_2,b_2) = (a_1b_2 + a_2b_1, b_1b_2), \tag{7.13}$$

$$(a_1,b_1)\cdot(a_2,b_2) = (a_1a_2, b_1b_2). \tag{7.14}$$

これが正しい加法の定義だと見てとれるだろうか？ a_1/b_1 に a_2/b_2 を加えるにはどうすればよいと教わったか，思い出してほしい．

確認すべきことがたくさんある．最初に，もし

$$(a_1',b_1')\sim(a_1,b_1) \quad \text{かつ} \quad (a_2',b_2')\sim(a_2,b_2) \tag{7.15}$$

なら，(a_1',b_1') と (a_2',b_2') の和は (a_1,b_1) と (a_2,b_2) の和に同値である．積についても同様である．加法について確認するには，次を示さなければならない．

$$(a_1',b_1') \quad + \quad (a_2',b_2') \quad \overset{?}{\sim} \quad (a_1,b_1) \quad + \quad (a_2,b_2)$$
$$\| \qquad\qquad\qquad\qquad\qquad\qquad \|$$
$$(a_1'b_2' + a_2'b_1', b_1'b_2') \qquad \overset{?}{\sim} \qquad (a_1b_2 + a_2b_1, b_1b_2).$$

同値関係 $\sim$ の定義から，示すべきは次の等式である：

$$(b_1b_2)(a_1'b_2' + a_2'b_1') \overset{?}{=} (b_1'b_2')(a_1b_2 + a_2b_1). \tag{7.16}$$

証明だが，式 (7.15) から始めて，欲しい結果に至るまで代数的な操作を行う：

$$a_1b_1' - a_1'b_1 = a_2'b_2 - a_2b_2' \qquad\qquad \text{式 (7.15) により両辺が 0 だから，}$$
$$b_2b_2'(a_1b_1' - a_1'b_1) = b_1b_1'(a_2'b_2 - a_2b_2') \qquad \text{両辺がやはり 0 だから，}$$
$$b_2b_2'a_1b_1' - b_2b_2'a_1'b_1 = b_1b_1'a_2'b_2 - b_1b_1'a_2b_2' \qquad \text{両辺を展開して，}$$
$$b_2b_2'a_1b_1' + b_1b_1'a_2b_2' = b_1b_1'a_2'b_2 + b_2b_2'a_1'b_1 \qquad \text{項を整理して，}$$
$$b_1'b_2'(b_2a_1 + b_1a_2) = b_1b_2(b_1'a_2' + b_2'a_1') \qquad \text{両辺をくくって式 (7.16) を得る．}$$

証明の各ステップは前のステップから導かれる．しかし，全体としては証明は魔法のよう

200 第 7 章 環——第 2 部

である. とくに等式 $0 = 0$ から出発して両辺に異なる量を掛けるところなどは！　この種の,

「帽子からウサギを取り出して見せましょう式の証明」

は代数学では（そして代数学の教科書では！）よくあるが, 仕掛けの説明を聞くと非常に便利な技巧だと受け入れられるだろう.

> **魔法の説明**：求める結論の式 (7.16) から出発して, 両辺を展開し, 部品をあちこちに動かして, 式 (7.15) から得られる既知の事実 $a'_1 b_1 = a_1 b'_1$ や $a'_2 b_2 = a_2 b'_2$ を活用できるように式を作ったのである. 手短にいうと, 示したい結論から出発して与えられた仮定まで逆にたどったのである. そういう計算は証明にはならない. そこで, 今度は逆向きの導出が必要十分になっているか, すべてのステップを確認した. そしてそうなっていた. すると各ステップを反対向きに書くことが正当化されるから, 与えられた仮定と $0 = 0$ という等式から出発して, 求める結論で終えることができたのである.

これで加法が矛盾なく定義されていることの証明が終わった. 乗法が, 同じように矛盾なく定義されていることの証明は演習問題として残しておく. 演習問題 7.19 (b) を見よ.

次のステップは F が, 与えられた加法と乗法により体になると示すことである. 体はたくさんの公理を満たすので, 確認すべきことがたくさんある. その中のいくつかの公理の証明だけを行い, 残りを確認することは読者に委ねる.

最初に, $(0,1)$ が加法の単位元として, $(1,1)$ が乗法の単位元として振る舞うことに注意しよう. というのは,

$$(0,1) + (a,b) = (0 \cdot b + a \cdot 1, 1 \cdot b) = (a,b) \quad \text{かつ} \quad (1,1) \cdot (a,b) = (1 \cdot a, 1 \cdot b) = (a,b)$$

だからである. 第二に, もし $(a,b) \not\sim (0,1)$ なら, (b,a) が (a,b) の乗法に関する逆元であることを注意する. というのは

$$(a,b) \cdot (b,a) = (ab, ab) \sim (1,1) \tag{7.17}$$

だからである. ここで, $a \neq 0$ を保証するために仮定の $(a,b) \not\sim (0,1)$ を, また, $ab \neq 0$ を保証するために R が整域であることをそれぞれ使っていることに気をつけてほしい.

第三に, 分配法則を確認する:

$$
\begin{aligned}
(a_1, b_1) &\cdot ((a_2, b_2) + (a_3, b_3)) \\
&= (a_1, b_1) \cdot (a_2 b_3 + a_3 b_2, b_2 b_3) \\
&= (a_1(a_2 b_3 + a_3 b_2), b_1 b_2 b_3),
\end{aligned}
\tag{7.18}
$$

$$(a_1, b_1) \cdot (a_2, b_2) + (a_1, b_1) \cdot (a_3, b_3)$$
$$= (a_1 a_2, b_1 b_2) + (a_1 a_3, b_1 b_3)$$
$$= (a_1 a_2 \cdot b_1 b_3 + a_1 a_3 \cdot b_1 b_2, b_1 b_2 \cdot b_1 b_3)$$
$$= (a_1 b_1 (a_2 b_3 + a_3 b_2), b_1^2 b_2 b_3). \tag{7.19}$$

式 (7.18) と式 (7.19) に現れる対は同値である．これで分配法則の証明は済んだ．

$\boxed{\text{第 2 部：分数体 } F \text{ は } R \text{ を含んでいる}}$

次の写像を考える：
$$\phi \colon R \longrightarrow F, \quad a \longmapsto (a, 1). \tag{7.20}$$

$(a, 1) \sim (b, 1)$ となる必要十分条件は $a = b$ だから，写像 ϕ は単射である．写像 ϕ は環準同型写像でもある．というのは

$$\phi(a+b) = (a+b, 1) \sim (a, 1) + (b, 1) \quad \text{かつ} \quad \phi(a \cdot b) = (a \cdot b, 1) \sim (a, 1) \cdot (b, 1)$$

だからである．よって ϕ は R からその像への環準同型写像であり，よって F が R を含んでいることが示された．

$\boxed{\text{第 3 部：分数体 } F \text{ は } R \text{ を含む最小の体である}}$

F がそのような体のうち最小であるとは，どういう意味だろうか．K が R を含む体なら，K は F を含む，という意味であるべきだ．しかし，第 2 部の証明で見たように，この主張「F は R を含む」は，環準同型写像 $\phi \colon R \hookrightarrow F$ の存在と解釈されるべきである．したがって我々の目標は次の主張を証明することである：

> 単射準同型写像 $\phi \colon R \hookrightarrow F$ を式 (7.20) のものとする．K が他の体で，単射準同型写像 $\psi \colon R \hookrightarrow K$ があるとしよう．このとき，体の準同型写像で $\lambda \colon F \hookrightarrow K$ で $\lambda \circ \phi = \psi$ を満たすものが一意に存在する．

言い換えると，2 つの単射準同型写像 ϕ と ψ で次の図式を満たすものについて，破線の矢印を準同型写像 λ で埋めて図式を可換にする方法がただ 1 つだけある[12]：

もし写像 λ が存在するなら，任意の $a \in R$ に対して次を満たす：

---

[12] 集合を表す点とそれらを結ぶ矢印（関数）からなる図式が**可換**とは，同じ点から出発し，同じ点へ到達するどのような経路も，同じ写像を与えることである．

202　第 7 章　環——第 2 部

$$\psi(a) = \lambda \circ \phi(a) = \lambda(a, 1). \tag{7.21}$$

したがって，値 $\lambda(a, 1)$ について選択の余地はない．というのは写像 ψ は与えられているのだから．次に F の元は次のように表されていることを観察する：

$$(a, b) = (a, 1) \cdot (1, b) = (a, 1) \cdot (b, 1)^{-1}, \tag{7.22}$$

というのも，式 (7.17) により $(a, b)^{-1} = (b, a)$ だからである．すると，λ が準同型写像であるべしという要請から，次のように計算できる：

$$
\begin{aligned}
\lambda(a, b) &= \lambda\big((a, 1) \cdot (b, 1)^{-1}\big) &&\text{式 (7.22) より，} \\
&= \lambda((a, 1)) \cdot \lambda((b, 1)^{-1}) &&\text{λ が準同型写像だから，} \\
&= \lambda((a, 1)) \cdot \lambda((b, 1))^{-1} &&\text{準同型写像は逆元を逆元に移すから，} \\
&= \psi(a) \cdot \psi(b)^{-1} &&\text{式 (7.21) より．}
\end{aligned}
$$

($b \neq 0$ と ψ が単射であるという仮定から，$\psi(b) \neq 0$ であり，よって $\psi(b)$ は K における乗法の逆元を持つ．)

　要約すると，写像 λ で $\lambda \circ \phi = \psi$ を満たすものが存在するなら，それは次の公式で与えられねばならないということである：

$$\lambda(a, b) = \psi(a) \cdot \psi(b)^{-1}. \tag{7.23}$$

確認すべきことがいくつかある．最初に λ が矛盾なく定義されていること，つまり $(a', b') \sim (a, b)$ と仮定して $\lambda(a', b')$ が $\lambda(a, b)$ に等しいことを示す．仮定の $(a', b') \sim (a, b)$ は $a'b = ab'$ を意味し，ψ が準同型写像だから

$$\psi(a') \cdot \psi(b) = \psi(a) \cdot \psi(b').$$

したがって

$$\lambda(a', b') = \psi(a') \cdot \psi(b')^{-1} = \psi(a) \cdot \psi(b)^{-1} = \lambda(a, b).$$

第 2 に，λ が準同型写像であることを確認しなくてはならないが，これは読者に委ねる．演習問題 7.19 (c) を見よ．　　　　　　　　　　　　　　　　　　　　　　　□

例 7.31（有理関数体） F を体とする．すると多項式環 $F[X]$ は整域である．$F[X]$ の分数体はそれ自身の名を持つに足るほど興味深い．

定義 7.32 F を体とする．F **上の有理関数体**とは，$F[X]$ の分数体のことである．これを $F(X)$ と書く．

　$F(X)$ について不思議なことは何もない．単に，次のような形の元たちがなす体である：

$$\frac{多項式}{多項式}, \quad ただし分母は零多項式ではない.$$

そして，いつものただし書きとして，f_1/g_1 が f_2/g_2 に等しいのは $f_1 g_2 = f_2 g_1$ が成り立つときである．有理関数については，微積分を学んだときに間違いなく，すでに目にしているだろう．というのも，これらはグラフを描いたり，微分したり積分したりするのにおもしろい例を提供してくれるからである．注意してほしいのは，これらを「関数」と呼んでいることである．たとえば，$\alpha \in F$ が与えられたとき，評価写像を

$$E_\alpha : F(X) \longrightarrow F, \quad E_\alpha\left(\frac{f(x)}{g(x)}\right) = \frac{E_\alpha(f(x))}{E_\alpha(g(x))} = \frac{f(\alpha)}{g(\alpha)}$$

と定義したくなる．難しいところは，E_α が必ずしも矛盾なく定義されるとは限らない点で，たとえば $g(\alpha) = 0$ だと問題がある．さらに悪いことに，もし $f(\alpha)$ も $g(\alpha)$ も 0 ならどうすればよいだろうか？　この問題を解消する 1 つの方法については，演習問題 7.20 で議論している．

7.6 多変数多項式と対称式

読者への注意　この節の内容は，いま目にしているように，論理的にはここにあるべきものである．しかし，これを真面目に使うことは第 9 章でガロア (Galois) 理論を研究するときまではなく，よってそれまでは差し当たり，この節を流し読みしても，さらには飛ばしてしまってもよい．

　R を環とする．1 変数の多項式環 $R[X]$ は第 3 章から第 5 章までたびたび登場している．さらに，2 変数の多項式環 $R[X, Y]$ も演習問題 3.13 や演習問題 3.14 で簡潔に考察した．

定義 7.33　n 変数で係数を R に持つ**多変数多項式環**を次のように表す：

$$R[X_1, \ldots, X_n].$$

$R[X_1, \ldots, X_n]$ の典型的な元は次のような形である：

$$\sum_{i_1=0}^{d_1} \sum_{i_2=0}^{d_2} \cdots \sum_{i_n=0}^{d_n} a_{i_1 i_2 \ldots i_n} X_1^{i_1} X_2^{i_2} \cdots X_n^{i_n} \quad 係数は a_{i_1 i_2 \ldots i_n} \in R.$$

和と積は環の公理と，変数 $X_1, \ldots, X_n$ は互いに，また R の元と可換であるという条件で完全に決定される．

　1 変数の有理関数体をちょうどさきほど定義 7.32 で導入したように，多変数の有理関数体も同様に構成できる．

定義 7.34（多変数有理関数体）　F を体とする．n **変数の** F **上の有理関数体**とは，環 $F[X_1, \ldots, X_n]$ の分数体のことで，これを $F(X_1, \ldots, X_n)$ と表す．

204　第 7 章　環——第 2 部

多変数多項式環 $R[X_1,\ldots,X_n]$ への対称群 $\mathcal{S}_n$ の自然な作用[13]に注目する．この作用は $\mathcal{S}_n$ の置換が環の変数を入れ替えることで定められる．

定義 7.35　R を環とする．

$$\pi \in \mathcal{S}_n \quad と \quad p(X_1,\ldots,X_n) \in R[X_1,\ldots,X_n],$$

に対して，**置換された多項式** $\pi(p) \in R[X_1,\ldots,X_n]$ を

$$\pi(p(X_1,\ldots,X_n)) = p(X_{\pi(1)},\ldots,X_{\pi(n)})$$

と定義する．

例 7.36　置換 $\pi, \sigma \in \mathcal{S}_3$ を

$$\pi(1) = 2,\ \pi(2) = 3,\ \pi(3) = 1 \quad かつ \quad \sigma(1) = 3,\ \sigma(2) = 2,\ \sigma(3) = 1$$

で定まるものとする．π と σ の $X_1^2 + X_2 X_3^3$ への作用は，次で与えられる：

$$\pi(X_1^2 + X_2 X_3^3) = X_{\pi(1)}^2 + X_{\pi(2)} X_{\pi(3)}^3 = X_2^2 + X_3 X_1^3,$$
$$\sigma(X_1^2 + X_2 X_3^3) = X_{\sigma(1)}^2 + X_{\sigma(2)} X_{\sigma(3)}^3 = X_3^2 + X_2 X_1^3.$$

とくに興味深いのは，すべての置換に対して不変な多項式である．

定義 7.37　多項式 $p(X_1,\ldots,X_n)$ が**対称式**とは，すべての $\pi \in \mathcal{S}_n$ に対して $\pi(p) = p$ を満たすことである．

例 7.38　$R[X_1, X_2, X_3]$ の対称式の例をいくつか挙げておこう：

$$X_1 + X_2 + X_3, \quad X_1 X_2 + X_1 X_3 + X_2 X_3, \quad X_1 X_2 X_3. \tag{7.24}$$

定義 7.35 から，対称群 $\mathcal{S}_n$ がどのように多項式の**集合**に作用するかわかるが，これから示すように，単に集合の上の写像というよりもよい性質がある．

命題 7.39　$\pi \in \mathcal{S}_n$ が $R[X_1,\ldots,X_n]$ に，定義 7.35 で述べたように作用するとする．写像

$$\pi \colon R[X_1,\ldots,X_n] \longrightarrow R[X_1,\ldots,X_n]$$

は全単射な環準同型写像，つまり，環の同型写像である．

証明　写像 π は逆置換 π^{-1} が逆写像を与えるから，全単射である．残るは写像 π が環準同型写像であると示すことである．これを示す一番難しい点は，多変数多項式の適切な記法を開発するところである．$n = 2$ と π が $\pi(1) = 2$ かつ $\pi(2) = 1$ のときに証明を解説する．一般の場合は，演習問題として読者に委ねたい．演習問題 7.25 を見よ．

---

[13]群の集合への作用の一般論については 6.2 節を見よ．

7.6 多変数多項式と対称式　　**205**

　読みやすくするために，X_1 と X_2 の代わりに X と Y を変数として使う．したがって置換 π は X と Y を入れ替えるものである．$p(X,Y), q(X,Y) \in R[X,Y]$ を多項式とし，たとえば次のように表される[14]とする：

$$p(X,Y) = \sum_{i=0}^{k}\sum_{j=0}^{m} a_{ij}X^iY^j \quad \text{かつ} \quad q(X,Y) = \sum_{i=0}^{k}\sum_{j=0}^{m} b_{ij}X^iY^j.$$

すると，これらは次のように計算できる：

$$\begin{aligned}
\pi(p(X,Y) + q(X,Y)) &= \pi\left(\sum_{i=0}^{k}\sum_{j=0}^{m} a_{ij}X^iY^j + \sum_{i=0}^{k}\sum_{j=0}^{m} b_{ij}X^iY^j\right) \\
&= \pi\left(\sum_{i=0}^{k}\sum_{j=0}^{m} (a_{ij}+b_{ij})X^iY^j\right) \\
&= \sum_{i=0}^{k}\sum_{j=0}^{m} (a_{ij}+b_{ij})Y^iX^j \\
&= \left(\sum_{i=0}^{k}\sum_{j=0}^{m} a_{ij}Y^iX^j\right) + \left(\sum_{i=0}^{k}\sum_{j=0}^{m} b_{ij}Y^iX^j\right) \\
&= \pi(p(X,Y)) + \pi(q(X,Y)).
\end{aligned}$$

積についても同様の計算ができるが，ちょうどいま示したように π が和を和へ移すことを使うと易しくなる．よって，

$$\begin{aligned}
\pi(p(X,Y) \cdot q(X,Y)) &= \pi\left(\left(\sum_{i=0}^{k}\sum_{j=0}^{m} a_{ij}X^iY^j\right) \cdot \left(\sum_{i=0}^{k}\sum_{j=0}^{m} b_{ij}X^iY^j\right)\right) \\
&= \pi\left(\sum_{i_1=0}^{k}\sum_{j_1=0}^{m}\sum_{i_2=0}^{k}\sum_{j_2=0}^{m} a_{i_1j_1}b_{i_2j_2}X^{i_1+i_2}Y^{j_1+j_2}\right) \\
&= \sum_{i_1=0}^{k}\sum_{j_1=0}^{m}\sum_{i_2=0}^{k}\sum_{j_2=0}^{m} \pi(a_{i_1j_1}b_{i_2j_2}X^{i_1+i_2}Y^{j_1+j_2}) \\
&= \sum_{i_1=0}^{k}\sum_{j_1=0}^{m}\sum_{i_2=0}^{k}\sum_{j_2=0}^{m} a_{i_1j_1}b_{i_2j_2}Y^{i_1+i_2}X^{j_1+j_2} \\
&= \left(\sum_{i=0}^{k}\sum_{j=0}^{m} a_{ij}Y^iX^j\right) \cdot \left(\sum_{i=0}^{k}\sum_{j=0}^{m} b_{ij}Y^iX^j\right) \\
&= \pi(p(X,Y)) \cdot \pi(q(X,Y)).
\end{aligned}$$

これで $n=2$ で，π が X と Y を入れ替える場合の命題 7.39 の証明が終わった．　　□

　ここで，対称式を作り出す方法を述べる．勝手な多項式 $p(X_1, \ldots, X_n)$ から始めて，その

---

[14] 係数 a_{ij} や b_{ij} が 0 になることも許すので，k と m を両方の多項式に共通としてよい．

206   第 7 章　環——第 2 部

$\mathcal{S}_n$ 軌道の元をすべて足すのである．つまり，p に $\mathcal{S}_n$ の元を適用して得られる元をすべて足す．たとえば，X_1, $X_1 X_2$, $X_1 X_2 X_3$ それぞれの $\mathcal{S}_3$ 軌道の和は，例 7.38 の式 (7.24) にある 3 つの対称式である．これらの例を一般化したものは，対称式の重要な族となる．

定義 7.40　$R[X_1, \ldots, X_n]$ 内の k 番目の**基本対称式**とは，次の多項式である：

$$s_k(X_1, \ldots, X_n) = \sum_{1 \leq i_1 < i_2 < \cdots < i_k \leq n} X_{i_1} X_{i_2} \cdots X_{i_k}.$$

よって，$s_k(X_1, \ldots, X_n)$ は $X_1 X_2 \cdots X_k$ の $\mathcal{S}_n$ 軌道内の多項式の和である．演習問題 7.26 を見よ．慣習により，$s_0(X_1, \ldots, X_n) = 1$ とする．

基本対称式の例としては，

$$s_1(X_1, \ldots, X_n) = X_1 + X_2 + \cdots + X_n \quad \text{や} \quad s_n(X_1, \ldots, X_n) = X_1 X_2 \cdots X_n$$

がある．基本対称式が便利である 1 つの理由として，次の結果で述べるように，それらが多項式の根とその係数を関係づけることが挙げられる．

命題 7.41　定義 7.40 に述べた基本対称式

$$s_0, \ldots, s_n \in R[X_1, \ldots, X_n]$$

を考える．このとき，環 $R[X_1, \ldots, X_n, T]$ で次の等式が成り立つ：

$$(T - X_1)(T - X_2) \cdots (T - X_n) = s_0 T^n - s_1 T^{n-1} + s_2 T^{n-2} - \cdots + (-1)^n s_n.$$

証明　積 $(T - X_1) \cdots (T - X_n)$ の T^{n-k} の係数は，$n - k$ 個の因子の選択が T に寄与して，その他の因子が与える

$$(-X_{i_1})(-X_{i_2}) \cdots (-X_{i_k})$$

に由来するが，ここで $i_1 < i_2 < \cdots < i_k$ を満たす $i_1, \ldots, i_k$ のすべての組み合わせをとってそれらを足し合わせる．よって T^{n-k} の係数は $(-1)^k s_k$ である．　□

注意 7.42　命題 7.41 の有益な帰結を 1 つ挙げよう．F を体とし，$p(T) \in F[T]$ を次のように因子分解される多項式とする：

$$p(T) = (T - \alpha_1)(T - \alpha_2) \cdots (T - \alpha_n) \quad \text{ただし } \alpha_1, \ldots, \alpha_n \in F.$$

このとき，$p(T)$ の係数は基本対称式に $(\alpha_1, \ldots, \alpha_n)$ で値をとらせたものと符号の違いを除いて一致する．

$$p(T) = \sum_{k=0}^{n} (-1)^k \sigma_k(\alpha_1, \ldots, \alpha_n) T^{n-k}.$$

7.6 多変数多項式と対称式 **207**

注意 7.43 基本対称式の他にも対称式はたくさんある．たとえば，X_1^d の $\mathcal{S}_n$ 軌道は d 次の対称式

$$p_d(X_1, \ldots, X_n) = X_1^d + X_2^d + \cdots + X_n^d \tag{7.25}$$

を与える．また，非常に興味深い対称式

$$\Delta(X_1, \ldots, X_n) = (-1)^{n(n-1)/2} \prod_{\substack{i,j=1 \\ i \neq j}}^{n} (X_i - X_j)$$

は**判別式**と呼ばれる．R が整域で $\alpha_1, \ldots, \alpha_n \in R$ のとき，

$$\Delta(\alpha_1, \ldots, \alpha_n) = 0 \iff \alpha_i \text{ のいずれか } 2 \text{ つ以上が等しい．}$$

対称式は多くの関係式を満たす．たとえば，

$$p_2(X_1, \ldots, X_n) = s_1(X_1, \ldots, X_n)^2 - 2s_2(X_1, \ldots, X_n),$$
$$s_2(X_1, \ldots, X_n) = \frac{1}{2}p_1(X_1, \ldots, X_n)^2 - \frac{1}{2}p_2(X_1, \ldots, X_n).$$

対称式は基本対称式の多項式として表され，実際，これは分母なしでできる．たとえば，上で見たように $p_2 = s_1^2 - 2s_2$ であるし，同様に，

$$p_3 = s_1^3 - 2s_1 s_2 + 3s_3 \quad \text{かつ} \quad p_4 = s_1^4 - 4s_2 s_1^2 + 4s_3 s_1 + 2s_2^2 - 4s_4.$$

この等式や，他の類似の例を確認することは読者に委ねたい．演習問題 7.27 と演習問題 7.28 を見よ．

定理 7.44

$$s_1, \ldots, s_n \in R[X_1, \ldots, X_n]$$

を基本対称式とする．また，

$$p(X_1, \ldots, X_n) \in R[X_1, \ldots, X_n]$$

を任意の対称式とする．このとき多項式

$$P(Y_1, \ldots, Y_n) \in R[Y_1, \ldots, Y_n]$$

が一意に存在して，

$$p(X_1, \ldots, X_n) = P(s_1(X_1, \ldots, X_n), s_2(X_1, \ldots, X_n), \ldots, s_n(X_1, \ldots, X_n))$$

を満たす．言い換えると，任意の対称式は基本対称式の多項式として一意に表される．

証明 この定理は証明しないが，後で定理 7.44 の弱いバージョンを証明する．定理 9.80 を見よ． $\square$

注意 7.45 より一般に，$G \subseteq \mathcal{S}_n$ を $\mathcal{S}_n$ の任意の部分群とすると，G の任意の元で固定される多項式の集合を考えることができる．この集合を

$$R[X_1, \ldots, X_n]^G = \{p \in R[X_1, \ldots, X_n] : 任意の \pi \in G に対して \pi(p) = p\}$$

と表す．命題 7.39 により，$R[X_1, \ldots, X_n]^G$ は $R[X_1, \ldots, X_n]$ の部分環である．この記号を使うと定理 7.44 を等式

$$R[X_1, \ldots, X_n]^{\mathcal{S}_n} = R[s_1, \ldots, s_n],$$

ただし，$s_1, \ldots, s_n$ はどのような多項式関係式も満たさないものとして述べることができる．

ヒルベルト (Hilbert) の有名な定理はこの事実の大幅な拡張である．任意の部分群 $G \subseteq \mathcal{S}_n$ に対して，有限個の元 $t_1, \ldots, t_k \in R[X_1, \ldots, X_n]$ が存在して，

$$R[X_1, \ldots, X_n]^G = R[t_1, \ldots, t_k],$$

が成り立つ．しかしながら，ヒルベルトの定理では，元 $t_1, \ldots, t_k$ が 1 つ以上の多項式関係式を満たすかもしれない．このような環を**不変式環**といい，その性質を研究する広範な数学的理論がある．

演習問題

7.1 節　既約元と一意分解整域
7.1 R を整域とし，$a, b \in R$ とする．次が同値であることを証明せよ：
  (a) $a \mid b$ かつ $b \mid a$.
  (b) 単元 $u \in R^*$ で $a = bu$ を満たすものが存在する．
  (c) 単項イデアルの間の等式 $aR = bR$ が成り立つ．

7.2 R を環とし，$a, b \in R$ とする．
  (a) 単元 $u \in R^*$ により $b = au$ と仮定する．単項イデアル aR と bR が等しいことを証明せよ．
  (b) 環 R と元 $a, b \in R$ で，$aR = bR$ を満たすが $b = au$ となる単元 $u \in R^*$ が**存在しない**例を挙げよ．（ヒント：演習問題 7.1 により，R は整域にはなりえない．これは挑戦しがいのあるおもしろい問題である．）

7.2 節　ユークリッド整域と単項イデアル整域
7.3 R を PID，$a, b \in R$ をどちらも 0 ではない元，$d \in R$ を a と b が生成する（単項）イデアルの生成元，つまり

$$dR = aR + bR$$

とする．
  (a) d は a と b を割り切ることを示せ．
  (b) $c \in R$ を a と b 両方を割り切る元とする．c が d を割り切ることを示せ．
d を a と b の最大公約因子と呼ぶ．

7.4 R をユークリッド整域でサイズ関数 σ を持つものとし，$a \in R$ を R の零ではない元とする．次

を示せ：

$$a \in R^* \iff \sigma(a) = \sigma(1).$$

7.5　R を整域で，関数 σ をユークリッド整域の定義（定義 7.9）の (1) の性質を満たすものとする：

$$\sigma\colon R \smallsetminus \{0\} \longrightarrow \{0, 1, 2, 3, \dots\}.$$

新しい関数 τ を次のように定める：

$$\tau\colon R \smallsetminus \{0\} \longrightarrow \{0, 1, 2, 3, \dots\}, \quad \tau(r) = \min\{\sigma(rc)\colon c \in R,\, c \neq 0\}.$$

このとき，τ が定義 7.9 の性質 (1), (2) の両方を満たすことを示せ．

7.6　複素数 $z = x + yi \in \mathbb{C}$ について $\sigma(z)$ をそのノルムの平方とする：

$$\sigma(z) = \sigma(x + yi) = x^2 + y^2.$$

 (a) $\sigma(z) = 0$ の必要十分条件は $z = 0$ であることを示せ．
 (b) $\sigma(z_1 z_2) = \sigma(z_1)\sigma(z_2)$ を示せ．
 (c) $\sigma(z_1 + z_2) = \sigma(z_1) + \sigma(z_2)$ だろうか？　そうではないのなら反例を挙げよ．これら 3 つの量の間に成り立つ不等式を見つけられるだろうか？

7.7　例 7.21 において，環 $\mathbb{Z}[\sqrt{-3}]$ は UFD ではないことを示した．よってとくに PID ではない．一方，命題 7.14 で，幾何的な議論を用いて $\mathbb{Z}[i]$ がユークリッド整域であることを示した．よってとくに $\mathbb{Z}[i]$ は PID かつ UDF である．命題 7.14 の証明を借用して，$\mathbb{Z}[\sqrt{-3}]$ がユークリッド整域であることの証明を試みよ．もちろんこれはうまくいかないが，証明のどのステップが失敗するか，正確に説明せよ．

7.8　次のそれぞれの環 R とその元 α について，α が既約元であるかを決定せよ．その解答を，α の因子分解を与えるか，もしくは α の R での既約性を証明することで正当化すること．（ヒント：(a) と (b) については，$\mathbb{Z}[i]$ でのサイズ関数が助けになるだろう．）
 (a) $R = \mathbb{Z}[i]$ と $\alpha = 2 + 3i$.
 (b) $R = \mathbb{Z}[i]$ と $\alpha = 4 + 3i$.
 (c) $R = \mathbb{F}_2[x]$ と $\alpha = x^5 + x + 1$.
 (d) $R = \mathbb{F}_2[x]$ と $\alpha = x^5 + x^2 + 1$.

7.9　$R = \mathbb{Z}/4\mathbb{Z}$ とし，$I \subset R[x]$ を次のイデアルとする：

$$I = \{2f(x) + xg(x)\colon f(x), g(x) \in R[x]\},$$

つまり，I は 2 と x により生成される $R[x]$ のイデアルである．I は $R[x]$ の単項イデアルではないイデアルであることを証明せよ．（ヒント：演習問題 3.51 (c) で似た質問をしているが，$R = \mathbb{Z}$ についてだった．演習問題 3.51 (c) を解くのに $\deg(fg) = \deg(f) + \deg(g)$ という公式を使っていたら，$R = \mathbb{Z}/4\mathbb{Z}$ に対しては別の証明を見つける必要がある．というのは，$(\mathbb{Z}/4\mathbb{Z})[x]$ ではたとえば $(1 + 2x)^2 = 1$ だからである．）

7.3 節　単項イデアル整域での因子分解

7.10　R を単項イデアル整域とし，$a, b, c \in R$ とする．次を証明せよ：

$$a \text{ は既約元であり } a \nmid b,\ a \mid c \text{ かつ } b \mid c \implies ab \mid c.$$

210 第 7 章 環——第 2 部

7.11 R を PID とする．定理 7.19 の前半部分で，零でなく単元でもない R の元は既約元の積であることを証明した．しかし，R がユークリッド整域という，より強い仮定のもとで証明したのだった．この主張が PID に対して真であることを，$a \in R$ が零でなく，単元でもなく，既約元の積でもないと仮定して，以下のステップを確認することで矛盾を導き，証明せよ：

(a) $a = a_1 b_1$ となり単元ではなく，b_1 が既約元の積でもないように表すことができると示す，すると $a = a_1 a_2 b_2$ となり単元ではなく，b_2 が既約元の積でもないように表すことができると示す，と議論が続けられることを示せ．この調子で，任意の n に対して，単元ではない元の積 $a = a_1 a_2 \cdots a_n b_n$ で，b_n が既約元の積ではないようにできる．

(b) イデアル $I_n = b_n R$ が $I_1 \subseteq I_2 \subseteq I_3 \subseteq \cdots$ を満たす．

(c) $J = I_1 \cup I_2 \cup I_3 \cup \cdots$ を I_n のすべての合併とする．J は R のイデアルであることを証明せよ．R は PID と仮定しているから，ある $c \in R$ により $J = cR$ と書ける．

(d) J は I_n の合併だから，$c \in I_k$ となる添え字 k が存在する．$I_k = I_{k+1} = I_{k+2} = \cdots$ を示せ．

(e) $I_k = I_{k+1}$ を使って $a_{k+1} b_{k+1} R = b_{k+1} R$ を示せ．ここから $a_{k+1} \in R^*$ を導け．これは a_n が単元ではないということに矛盾する．

7.12 $R = \mathbb{Z}[\sqrt{-3}]$ を例 7.21 で考えた環とする．

(a) R の単数は ± 1 のみであることを示せ．

(b) $1 + \sqrt{-3}$ と $1 - \sqrt{-3}$ は R の既約元であることを示せ．（ヒント：$1 + \sqrt{-3}$ が既約であることを示したら，$1 - \sqrt{-3}$ も既約であることを示すのに演習問題 3.5 (b) が使える．）

(c) 2 が R の既約元であることを証明せよ．（これは本文中で示したが，前の方を見ないで自力で証明することを試みよ．）

(d) (a), (b), (c) を用いて，公式

$$4 = 2 \cdot 2 = (1 + \sqrt{-3})(1 - \sqrt{-3})$$

を示し，R が UFD ではないことを証明せよ．

7.4 節 中国の剰余定理

7.13 次の連立合同式を解け：

(a) $x \equiv 3 \pmod 7$ かつ $x \equiv 5 \pmod{11}$．

(b) $x \equiv 37 \pmod{117}$ かつ $x \equiv 41 \pmod{119}$．

(c) $x \equiv 3 \pmod 7$ かつ $x \equiv 5 \pmod{11}$ かつ $x \equiv 7 \pmod{13}$．

(d) $x \equiv 3 \pmod 7$ かつ $x \equiv 5 \pmod{11}$ かつ $x \equiv 7 \pmod{13}$ かつ $x \equiv 11 \pmod{17}$．

(e) $2x \equiv 1 \pmod 3$ かつ $3x \equiv 2 \pmod 5$ かつ $5x \equiv 3 \pmod 7$．

7.14 R を可換環とする．

(a) $a, b \in R$ は $aR + bR = R$ を満たすとする．任意の $m, n \geq 1$ に対して次の等式を示せ：

$$a^m R + b^n R = R.$$

(b) より一般に，$a_1, \ldots, a_t \in R$ とし，$e_1, \ldots, e_t \geq 1$ とするとき，

$$a_1 R + a_2 R + \cdots + a_t R = R \iff a_1^{e_1} R + a_2^{e_2} R + \cdots + a_t^{e_t} R = R.$$

が成り立つことを証明せよ．

7.15 R を PID とする．

(a) $a, b \in R$ とする．

$$aR + bR = R \iff aR \cap bR = abR$$

を証明せよ.

(b) $c_1, \ldots, c_n \in R$ とし，$c_i R + c_j R = R$ がすべての $i \neq j$ で成り立つとする．このとき

$$c_1 R \cap c_2 R \cap \cdots \cap c_n R = c_1 c_2 \cdots c_n R$$

であることを証明せよ.

(c) R が PID でなければ (a) が成り立たないことを，F を体として $F[x, y]$ について反例を挙げることで示せ.

7.16　次の一般のバージョンの中国の剰余定理を証明せよ：

定理 7.46（中国の剰余定理——バージョン 3） R を環，$I_1, \ldots, I_r$ を R のイデアルとし，$I = I_1 \cap I_2 \cap \cdots \cap I_r$ をそれらの共通部分とする．さらに，次を仮定する：

$$i \neq j \text{ を満たすすべての添え字に対して}\quad I_i + I_j = R.$$

このとき，次の写像は環の同型写像である：

$$\phi \colon R/I \longrightarrow R/I_1 \times R/I_2 \times \cdots \times R/I_r,$$
$$a \bmod I \longmapsto (a \bmod I_1, a \bmod I_2, \ldots, a \bmod I_r).$$

7.17　$m_1, \ldots, m_r$ を零でない整数で，ペアごとに互いに素，つまり，$i \neq j$ を満たすすべての添え字について $\gcd(m_i, m_j) = 1$ とする．$m = m_1 m_2 \cdots m_r$ とするとき，次の写像が環の同型写像であることを示せ：

$$\phi \colon \mathbb{Z}/m\mathbb{Z} \longrightarrow \mathbb{Z}/m_1\mathbb{Z} \times \mathbb{Z}/m_2\mathbb{Z} \times \cdots \times \mathbb{Z}/m_r\mathbb{Z},$$
$$a \bmod m \longmapsto (a \bmod m_1, a \bmod m_2, \ldots, a \bmod m_r).$$

7.18　オイラーの ϕ 関数の性質をさらにいくつか与える．定義 7.27 を見よ.

(a) p を素数とする．$\phi(p) = p - 1$ を示せ.

(b) より一般に，p^e を素数の冪乗とする．$\phi(p^e) = p^e - p^{e-1}$ を示せ．（$\phi(p^e) \neq \phi(p)^e$ に注意せよ.）

(c) 系 7.29 を次のように拡張せよ．すなわち，m_1, m_2, $\ldots$, m_r を正の整数で，$i \neq j$ なら $\gcd(m_i, m_j) = 1$ を満たすものとする．このとき

$$\phi(m_1 m_2 \cdots m_r) = \phi(m_1)\phi(m_2) \cdots \phi(m_r).$$

(d) $m \geq 1$ とする．次を示せ：

$$\phi(m) = m \prod_{p \mid m} \left(1 - \frac{1}{p}\right),$$

ただし，積は m の相異なる素因数についてのものである.

7.5 節　分数体

7.19　定理 7.30 の証明を完了させるのに必要な次の結果を証明せよ.

(a) $ab' = a'b$ のとき $(a, b) \sim (a', b')$ とした関係が実際に同値関係であることを証明せよ．（注意：R が整域であるという仮定を使う必要がある.）

(b) $(a_1', b_1') \sim (a_1, b_1)$ かつ $(a_2', b_2') \sim (a_2, b_2)$ なら，

212 第7章 環——第2部

$$(a_1'a_2', b_1'b_2') \sim (a_1a_2, b_1b_2)$$

を証明せよ．これによって乗法が矛盾なく定義されていることがわかる．

(c) 式 (7.23) で定義されている λ が F から K への体の準同型写像であることを示せ．

7.20 F を体とする．射影直線の非形式的な定義は，次の，体 F ともう1点「無限遠点」の合併集合である：

$$\mathbb{P}^1(F) = F \cup \{\infty\}.$$

すると，$\alpha \in F$ に対して，評価写像

$$E_\alpha : F(X) \longrightarrow \mathbb{P}^1(F)$$

を次のように定義できる．有理関数 $\phi \in F(X)$ を $\phi(X) = f(X)/g(X)$ と，$F[X]$ の多項式で共通因子のないものの比として書き，

$$E_\alpha(\phi) = \begin{cases} f(\alpha)/g(\alpha) & g(\alpha) \neq 0 \text{ のとき,} \\ \infty & g(\alpha) = 0 \text{ のとき,} \end{cases}$$

とするのである．

(a) $E_\alpha(\phi)$ が矛盾なく定義されていること，つまり，f や g の取り方によっていないことを証明せよ．

(b)「無限遠点での評価写像」，つまり，

$$E_\infty : F(X) \longrightarrow \mathbb{P}^1(F)$$

をどう定義すべきか説明せよ．（ヒント：$F = \mathbb{R}$ なら，$\lim_{\alpha \to \infty} E_\alpha(\phi) = E_\infty(\phi)$ となってほしい．）

射影空間や有理関数についてのさらなる情報は，14.10.2 節や演習問題 14.59 を見よ．

7.21 この演習問題では，分数体の構成の一般化を与える．R を環とする．部分集合 $S \subset R$ が「乗法的に閉」とは，次の性質を満たすことである：

- $1 \in S$ かつ $0 \notin S$.
- $a \in S$ かつ $b \in S$ なら，$ab \in S$ である．

ペア $(a, b) \in R \times S$ の集合上に同値関係 $\sim_S$ を

あるな $c \in S$ について $cab' = ca'b$ のとき，そのときに限り $(a, b) \sim_S (a', b')$

と定義し[15]，R_S をその同値類の集合とする．R_S における加法と乗法を，分数体のときとまったく同様に，つまり式 (7.13) と式 (7.14) により定義する．

(a) $\sim_S$ が同値関係であることを示せ．

(b) R_S での加法と乗法が矛盾なく定義されていることを示せ．

(c) R_S が，上で述べた加法と乗法に関して環であることを示せ．（$1 \neq 0$ を確認すること．）環 R_S を **R の S における局所化**という．

(d) R が整域かつ S が乗法的に閉な集合とする．R_S は R の分数体の部分環であることを示せ．

(e) I を R のイデアルとし，

$$S = R \setminus I = \{a \in R : a \notin I\}$$

---

[15] もし R が整域なら，c を $cab' = ca'b$ から消去できて，分数体の構成の際と同じ同値関係を得る．

演習問題　　**213**

を I の補集合とする．このとき，S が乗法的に閉である必要十分条件は，I が素イデアルであるということを示せ．

(f) $b \in R$ を元として，

$$\langle b \rangle = \{1, b, b^2, b^3, \ldots\}$$

を b の冪乗全体の集合とする．$\langle b \rangle$ が乗法的に閉である必要十分条件は，b が冪零元でないということを示せ．ここで，演習問題 3.26 で述べたように，元 $c \in R$ が**冪零**とは，ある $n \geq 1$ により $c^n = 0$ となることである．

(g) $p \in \mathbb{Z}$ を素数とし，$S = \mathbb{Z} \setminus p\mathbb{Z}$ を (e) と同様とする．$\mathbb{Z}_S$ を $\mathbb{Q}$ の部分環として記述せよ．

(h) $b \in \mathbb{Z}$ を $b \neq 0$ とし，$\langle b \rangle$ を (f) と同様とする．$\mathbb{Z}_{\langle b \rangle}$ を $\mathbb{Q}$ の部分環として記述せよ．

7.22　R を環とし，$P \subset R$ を素イデアル，$S = R \setminus P$ を P の補集合，R_X を，演習問題 7.21 で述べた環の局所化，さらに

$$Q = \{(a, b) \in R_S : a \in P\}$$

とする．Q は R_S の唯一の極大イデアルであることを示せ．（唯一の極大イデアルを持つ環を**局所環**という．演習問題 3.53 を見よ．）

7.6 節　多変数多項式と対称式

7.23　F を体，$F(x, y)$ を定義 7.34 で述べた 2 変数有理関数体とする．$(b, c) \in F^2$ に対して，(b, c) での評価写像

$$E_{b,c} : F(x, y) \longrightarrow F, \quad \frac{f(x, y)}{g(x, y)} \longrightarrow \frac{f(b, c)}{g(b, c)}$$

を，1 変数の場合（例 7.31 を見よ）と同様に定義したいが，分母が 0 になると具合が悪い．この演習問題では

$$\phi(x, y) = \frac{x}{x^2 + y^2} \in F(x, y)$$

という関数について，何が起きるかに注目する．

(a) $F = \mathbb{R}$ のとき，$E_{b,c}(\phi)$ は，1 点 $(0, 0)$ を除いて，すべての点 $(b, c) \in \mathbb{R}^2$ で矛盾なく定義されることを示せ．

(b) $F = \mathbb{C}$ のとき，$E_{b,c}(\phi)$ が矛盾なく定義されない点 $(b, c) \in \mathbb{C}^2$ はどこか？

(c) $F = \mathbb{F}_5$ のとき，$E_{b,c}(\phi)$ が矛盾なく定義されない点 $(b, c) \in \mathbb{F}_5^2$ はどこか？　とくに，そのような点は何個あるか？

(d) $F = \mathbb{F}_3$ のとき，$E_{b,c}(\phi)$ が矛盾なく定義されない点 $(b, c) \in \mathbb{F}_3^2$ はどこか？

7.24　定義 7.33 で n 変数の多項式環 $R[X_1, \ldots, X_n]$ を定義した．

(a) 自然な環の包含

$$R \subset R[X_1] \subset R[X_1, X_2] \subset \cdots$$

があることを示せ．

(b) (a) の包含により，次の合併が環であることを示せ：

$$\bigcup_{n=0}^{\infty} R[X_1, X_2, \ldots, X_n].$$

214   第 7 章 環——第 2 部

これを $R[X_1, X_2, \ldots]$ と書き，**無限変数の多項式環**[16]と呼ぶ．ただし，定義により $R[X_1, X_2, \ldots]$ の各元は，有限個の変数に関する多項式である．

7.25 この演習問題では，命題 7.39 を証明してほしい．つまり，置換 $\pi \in \mathcal{S}_n$ が環 $R[X_1, \ldots, X_n]$ に環準同型写像として作用しているということである．（ヒント：この問題の最も難しい箇所は，多変数多項式環の適切な記法を見つけるところである．）

(a) π が和を和に移すこと，すなわち $\pi(p + q) = \pi(p) + \pi(q)$ を示せ．

(b) π が積を積に移すこと，すなわち $\pi(p \cdot q) = \pi(p) \cdot \pi(q)$ を示せ．

(c) $\sigma \in \mathcal{S}_n$ を別の置換とする．$\pi(\sigma(p)) = (\pi\sigma)(p)$ を示せ．

7.26 $s_k(X_1, \ldots, X_n)$ を，$R[X_1, \ldots, X_n]$ 内の k 番目の基本対称式とする．定義 7.40 を見よ．

(a) $\pi \in \mathcal{S}_n$ とする．次を示せ：

$$\pi(X_1 X_2 \cdots X_k) = X_1 X_2 \cdots X_k \iff \pi \in \mathcal{S}_k.$$

(b) 次を示せ：

$$s_k(X_1, \ldots, X_n) = \sum_{\pi \in \mathcal{S}_n / \mathcal{S}_k} \pi(X_1 X_2 \cdots X_k),$$

ただし，和は $\mathcal{S}_n$ における $\mathcal{S}_k$ の各剰余類にわたる．

(c) 次を示せ：

$$s_k(X_1, \ldots, X_n) = \frac{1}{k!} \sum_{\pi \in \mathcal{S}_n} \pi(X_1 X_2 \cdots X_k),$$

ただし，和は $\mathcal{S}_n$ すべての置換にわたる．

7.27 $R[X, Y]$ における基本対称式

$$s_1 = X + Y \quad \text{と} \quad s_2 = XY$$

を考える．

$$p_d(X, Y) = X^d + Y^d$$

とする．

(a) $p_1 = s_1$, $p_2 = s_1^2 - 2s_2$, $p_3 = s_1^3 - 3s_1 s_2$ を示せ．

(b) 帰納法により次を示せ：

$$\text{すべての } d \geq 1 \text{ について} \quad p_d \in R[s_1, s_2].$$

（ヒント：$p_d - s_1^d$ はどのようなものだろうか？）

(c) (b) を使って，定理 7.44 を 2 変数の多項式について示せ．つまり，$p(X, Y) \in R[X, Y]$ が対称式なら，多項式 $P(U, V) \in R[U, V]$ で次が成り立つものが存在することを示せ：

$$p(X, Y) = P(X + Y, XY).$$

7.28 $s_1, \ldots, s_n \in R[X_1, \ldots, X_n]$ を定義 7.40 で述べた基本対称式とし，$p_1, \ldots, p_n \in R[X_1, \ldots, X_n]$ を注意 7.43 の式 (7.25) で述べた冪和多項式とする．次の，任意個数の変数について成り立つ恒等式を証明せよ：

---

[16] より正確には，この環は可算個の変数に関する多項式環である．非可算個の変数に関する多項式環を定義することも可能である．

(a) $p_2 = s_1^2 - 2s_2$.

(b) $p_3 = s_1^3 - 3s_2 s_1 + 3s_3$.

(c) $p_4 = s_1^4 - 4s_2 s_1^2 + 4s_3 s_1 + 2s_2^2 - 4s_4$.

チャレンジ問題：p_5 を $s_1, \dots, s_5$ で書き下せ．そして一般化せよ！

7.29 多項式 $f(X_1, \dots, X_n) \in F[X_1, \dots, X_n]$ が**次数 k の斉次多項式**とは，次が成り立つことである：

$$\text{すべての } a \in F \text{ に対して} \quad f(aX_1, \dots, aX_n) = a^k f(X_1, \dots, X_n).$$

(a) f が次数 k の斉次多項式である必要十分条件は，f が次の形の和であることを示せ：

$$f(X_1, \dots, X_n) = \sum_{\substack{i_1, i_2, \dots, i_n \geq 0 \\ i_1 + i_2 + \dots + i_n = k}} c_{i_1, i_2, \dots, i_n} X_1^{i_1} X_2^{i_2} \cdots X_n^{i_n}.$$

(b) 定義 7.40 の基本対称式 $s_k(X_1, \dots, X_n)$ は次数 k の斉次多項式であることを示せ．

(c) $f(X_1, \dots, X_n) \in F[X_1, \dots, X_n]$ が次数 k の斉次多項式とする．

$$X_1 \frac{\partial f}{\partial X_1} + X_2 \frac{\partial f}{\partial X_2} + \dots + X_n \frac{\partial f}{\partial X_n} = kf$$

を証明せよ．（ヒント：次の式

$$f(TX_1, \dots, TX_n) = T^k f(X_1, \dots, X_n)$$

を多項式環 $F[T, X_1, \dots, X_n]$ における関係式と見ると，これを T に関して微分できる．そして $T = 1$ を代入せよ[17]．）

---

[17] もしその方が考えやすいなら，$F = \mathbb{R}$ として微積分の授業で習ったことを使い，微分に関する公式の使用を正当化してよい．後の 8.3.1 節で，（形式的な）微分を任意の多項式環で考えられることを見るだろう．

第8章　体——第2部

この章では，体論の研究を続ける．

8.1　代数的数と超越数

定義 8.1　L/F を体の拡大とし，$\alpha \in L$ とする．α が F **上代数的**とは，α が $F[x]$ の零でない多項式の根であることである．そうでないとき，α は **F 上超越的**であるという．

例 8.2　$\sqrt{3}$ や $2+i$ はそれぞれ，x^2-3 や x^2-4x+5 の根であるから，$\mathbb{Q}$ 上代数的である．$\mathbb{Q}$ 上代数的な数は他にもたくさんあり，たとえば，

$$\sqrt{\sqrt{2+1}} + \sqrt[3]{5} \approx 3.26374992070673\cdots$$

は多項式

$$x^{12} - 6x^{10} - 20x^9 + 9x^8 + 154x^6 - 360x^5 + 441x^4 - 180x^3 - 456x^2 - 1680x + 274$$

の根である．

例 8.3　$\mathbb{Q}$ 上超越的な数も同様にたくさんある．最初の例はリュービユ (Liouville) により 1851 年に発見された．彼は，次の数

$$\sum_{n=1}^{\infty} \frac{1}{10^{n!}} = \frac{1}{10} + \frac{1}{10^2} + \frac{1}{10^6} + \frac{1}{10^{24}} + \cdots$$

が $\mathbb{Q}$ 上超越的であることを証明した．1873 年にエルミート (Hermite) は e が $\mathbb{Q}$ 上超越的であることを証明し，その 9 年後にリンデマン (Lindemann) が π も同様であることを示した．彼らの証明は高度に非自明である．同じころ，カントール (Cantor) が $\mathbb{Q}$ 上代数的な数の集合は可算集合であること，一方で $\mathbb{Q}$ 上超越的な数の集合は非可算であること，したがって $\mathbb{Q}$ 上超越的な元が存在し，それどころか遍在することを，1 つの例を書き下すこともなく証明した！

定義 8.4　L/F を体の拡大，$\alpha \in L$ とする．$F[\alpha]$ を L の次の部分環として定義する：

$$F[\alpha] = \{a_0 + a_1\alpha + a_2\alpha^2 + \cdots + a_n\alpha^n : n \geq 0 \text{ かつ } a_0, \ldots, a_n \in F\}.$$

言い換えると，$F[\alpha]$ を次のように定義する：

$$F[\alpha] = \text{評価写像 } E_\alpha \text{ の像},$$

218 第 8 章 体——第 2 部

ここで，$E_\alpha \colon F[x] \to L$ は写像 $E_\alpha(f(x)) = f(\alpha)$ である．

直観的な説明 命題 5.15 と定義 8.4 から，次が成り立っている：

$$F(\alpha) = L \text{ の部分体で } F \text{ と } \alpha \text{ を含む最小のもの.}$$

$$F[\alpha] = L \text{ の部分環で } F \text{ と } \alpha \text{ を含む最小のもの.}$$

一般的には，$F[\alpha]$ が $F(\alpha)$ より小さいと期待するだろう．というのは，後者は乗法に関する逆元を含んでいるからである．たとえば，$F(\alpha)$ は α^{-1} を含み，一方で $F[\alpha]$ が α^{-1} を含む理由はとくにない．ところが，次の結果は，$F[\alpha]$ と $F(\alpha)$ がいつ一致するかを正確に教えてくれる．

定理 8.5 L/F を体の拡大，$\alpha \in L$ とする．このとき，

$$F[\alpha] = F(\alpha) \iff \alpha \text{ が } F \text{ 上代数的なとき.}$$

証明 $\alpha = 0$ のときは，$F[\alpha] = F(\alpha) = F$ であり，また α は F 上代数的だから，示すべきことは何もない．よって以下，$\alpha \neq 0$ と仮定する．

まず $F[\alpha] = F(\alpha)$ を仮定する．すると $\alpha^{-1} \in F[\alpha]$ であり，零でない多項式 $g(x) \in F[x]$ により $\alpha^{-1} = g(\alpha)$ が成り立つ．つまり α は $xg(x) - 1$ の根だから，α は F 上代数的である．

次に，α が F 上代数的と仮定する．我々の目標は包含 $F[\alpha] \subseteq F(\alpha)$ が等式であると示すことである．次の評価準同型写像

$$E_\alpha(p(x)) = p(\alpha) \text{ で定義される } \quad E_\alpha \colon F[x] \longrightarrow F(\alpha)$$

を考える．E_α の像は $F[\alpha]$ であり，E_α の核は α を根とする多項式全体からなる．

α が F 上代数的であるという仮定から，α は少なくとも 1 つの零でない $F[x]$ 内の多項式の根であり，よって $\ker(E_\alpha) \neq (0)$ である．定理 5.21 により，$F[x]$ の任意のイデアルが単項イデアルだから，零でない $h(x) \in F[x]$ により

$$\ker(E_\alpha) = h(x)F[x].$$

命題 3.34 (b) より，環準同型写像があれば，核を法として考えることで環の単射準同型を得る．このことから，次の写像を得る：

$$\overline{E}_\alpha \colon \frac{F[x]}{h(x)F[x]} \longhookrightarrow F(\alpha). \tag{8.1}$$

この包含写像 $\overline{E}_\alpha$ により，とくに剰余環 $\frac{F[x]}{h(x)F[x]}$ は体への単射の像と同型だから整域である．$F[x]$ は PID で，また $h(x) \neq 0$ を仮定しているので，定理 7.16 により，剰余環 $\frac{F[x]}{h(x)F[x]}$ が体であることがわかった．

一般に，もし $\phi \colon R \hookrightarrow R'$ が単射環準同型写像なら，ϕ は R からその像への全単射であり，よって ϕ は R からその像 $\phi(R)$ への環同型写像である．我々の状況では，同型

$$\overline{E}_\alpha : \frac{F[x]}{h(x)F[x]} \xrightarrow{\sim} \mathrm{Image}(\overline{E}_\alpha) = F[\alpha]$$

を得たことになる．しかし，さきに $F[x]/h(x)F[x]$ が体であることを示したから，この同型は $F[\alpha]$ が体であることを意味する．以上から，$F[\alpha]$ について次の 4 つのことがわかった：

> (1) $F[\alpha]$ は体である． (2) $F \subseteq F[\alpha]$． (3) $\alpha \in F[\alpha]$． (4) $F[\alpha] \subseteq L$.

定義から，$F(\alpha)$ は F と α を含む L の部分体のうち最小のものである．よって，$F[\alpha] = F(\alpha)$ である． $\qquad\square$

第 5 章で，次の結果の一部を示した．しかし非常に重要な結果なので，ここで完全な証明を与えておく．

命題 8.6 F を体とし，$f(x) \in F[x]$ を零でない多項式，α を F のある拡大体における $f(x)$ の根とする．

(a) $\qquad\qquad\qquad\qquad \dim_F F[x]/f(x)F[x] = \deg f.$

(b) $\qquad\qquad\qquad\qquad\qquad [F(\alpha) : F] \le \deg(f).$

(c) $f(x)$ が $F[x]$ で既約なら，評価写像 $E_\alpha : F[x] \to F(\alpha)$ は次の同型写像

$$E_\alpha : F[x]/f(x)F[x] \xrightarrow{\sim} F[\alpha] \cong F(\alpha)$$

を誘導し，次数の等式

$$[F(\alpha) : F] = \deg(f)$$

を与える．

証明 (a) 記号を簡単にするため，一時的に次のようにおく：

$$R = F[x]/f(x)F[x].$$

$d = \deg(f)$ とする．次の集合が R の F 線形空間としての基底となることを主張する：

$$\mathcal{B} = \{1, x, \dots, x^{d-1}\}.$$

$\mathcal{B}$ が線形独立であることを確かめるために，

$$R \text{ において，} \quad c_0 + c_1 x + c_2 x^2 + \cdots + c_{d-1} x^{d-1} = 0 \tag{8.2}$$

と仮定する．我々の目標は $c_0 = \cdots = c_{d-1} = 0$ を示すことである．式 (8.2) の和が剰余環 R で消えるという仮定から，式 (8.2) の左辺の多項式はイデアル $f(x)F[x]$ に含まれる．よってある $h(x) \in F[x]$ により，

$$F[x] \text{ において} \quad c_0 + c_1 x + c_2 x^2 + \cdots + c_{d-1} x^{d-1} = h(x)f(x)$$

が成り立つ．しかし，$\deg(f) = d$ だから，次数を比較すると両辺が零多項式になるしかな

い．よって $c_0 = \cdots = c_{d-1} = 0$ であり，これで線形独立性の証明が終わった．

我々の次の目標は，$\mathcal{B}$ が R を F 線形空間として生成すると示すことである．このために，$g(x) \in R$ を任意の元とする．$g(x)$ を $f(x)$ で割って商と余りを

$$g(x) = f(x)q(x) + r(x), \quad q, r \in F[x] \text{ で，かつ } \deg(r) < \deg(f)$$

とする．すると，R の元として $g(x) = r(x)$ で，$r(x)$ は $\mathcal{B}$ のスパンに含まれ，よって $g(x)$ もそうである．これで $\mathcal{B}$ が R を張ることもわかり，以上から $\mathcal{B}$ が基底であることも示された．したがって

$$\dim_F R = \#\mathcal{B} = d = \deg(f).$$

(b) 定理 8.5 から $F(\alpha) = F[\alpha]$ であり，つまり評価写像

$$E_\alpha \colon F[x] \longrightarrow F[\alpha] = F(\alpha), \quad E_\alpha(p(x)) = p(\alpha) \tag{8.3}$$

は全射である．さらに，仮定である

$$E_\alpha(f(x)) = f(\alpha) = 0$$

により，E_α は矛盾なく定義された環の全射準同型写像

$$F[x]/f(x)F[x] \longrightarrow F[\alpha] = F(\alpha)$$

を導く．とくに，これは F 線形空間の間の全射な線形写像であり，したがって

$$\dim_F(F[x]/f(x)F[x]) \geq \dim_F F(\alpha) = [F(\alpha) : F].$$

(c) 定理 8.5 の証明の過程で，α が F 上代数的ならば，評価準同型写像が次の同型を導くことを見た：

$$\frac{F[x]}{\ker(E_\alpha)} \xrightarrow{\sim} F[\alpha] \cong F(\alpha). \tag{8.4}$$

一方で，$f(x)$ が $F[x]$ の元として既約と仮定しており，定理 5.21 により $F[x]$ は PID だから，定理 7.16 より剰余環は体である．

$f(\alpha) = 0$ であるから $f(x) \in \ker(E_\alpha)$ であり，よって次の準同型写像が存在する：

$$\frac{F[x]}{f(x)F[x]} \longrightarrow \frac{F[x]}{\ker(E_\alpha)}. \tag{8.5}$$

この準同型写像 (8.5) は全射であり，$F[x]/f(x)F[x]$ が体であるということから単射であることもわかる．命題 5.4 (a) を見よ．よって写像 (8.5) は同型写像である．2 つの同型写像 (8.4) と (8.5) を組み合わせて，命題 8.6 (c) の前半部分が証明される．

後半部分については，

$$[F(\alpha):F] = \dim_F F(\alpha) \qquad \text{体の次数の定義から,}$$
$$= \dim_F(F[x]/f(x)F[x]) \qquad \text{(c) の前半部分から,}$$
$$= \deg f \qquad \text{(a) から.}$$

この等式から，命題 8.6 の証明が完了する． $\qquad\qquad\qquad\qquad\qquad$ □

注意 8.7 α と β が F 上代数的なら，$\alpha+\beta$ と $\alpha\beta$ も F 上代数的である．これは明らかなことではまったくない．というのは，$f(\alpha) = 0$ かつ $g(\beta) = 0$ を与えられても，どうやって $\alpha+\beta$ や $\alpha\beta$ を根とする多項式を $F[x]$ 内で見つけるかは明らかではないからである．この興味深く重要な結果の証明は，定理 9.6 まで延期する．

8.2 多項式の根と乗法的な部分群

当たり障りがなさそうに見えるが，おとなしそうな外見に力強いパンチを秘めた結果から始める．これは通常，R が体の場合に適用されるが，もう少し一般的な状況で証明する．

定理 8.8 R を可換環とし，$f(x) \in R[x]$ を零でない多項式とする．

(a) $\alpha \in R$ を $f(x)$ の根，つまり $f(\alpha) = 0$ と仮定する．すると，多項式 $g(x) \in R[x]$ で，$f(x)$ が次のように因子分解されるものが存在する：
$$f(x) = (x-\alpha)g(x).$$

(b) R が整域と仮定する[1]．もし $\alpha_1,\dots,\alpha_n \in R$ が $f(x)$ の相異なる根なら，多項式 $g(x)$ $\in R[x]$ で，$f(x)$ が次のように因子分解されるものがある：
$$f(x) = (x-\alpha_1)\cdots(x-\alpha_n)g(x). \tag{8.6}$$

(c) 引き続き R を整域と仮定して，零でない多項式 $f(x) \in R[x]$ の次数が d とすると，$f(x)$ は R に高々 d 個の相異なる根を持つ．

証明 (a) $f(x)$ を次のように表す：
$$f(x) = c_0 + c_1 x + c_2 x^2 + \cdots + c_d x^d.$$

$f(\alpha) = 0$ という仮定から，
$$f(x) = f(x) - f(\alpha) = c_1(x-\alpha) + c_2(x^2-\alpha^2) + \cdots + c_d(x^d-\alpha^d). \tag{8.7}$$

各 $x^k - \alpha^k$ は
$$x^k - \alpha^k = (x-\alpha)(x^{k-1} + x^{k-2}\alpha + \cdots + x\alpha^{k-2} + \alpha^{k-1})$$

と因子分解される．これより，因子 $x-\alpha$ を式 (8.7) の各項からくくりだして，

---

[1] (a) は任意の可換環に対して正しいが，(b) と (c) は R に零因子があると正しくないという点は興味深い．注意 8.9 と演習問題 8.5 を見よ．

222 第 8 章 体——第 2 部

$$f(x) = (x - \alpha) \underbrace{\sum_{k=1}^{d} c_k (x^{k-1} + x^{k-2}\alpha + \cdots + x\alpha^{k-2} + \alpha^{k-1})}_{\text{これが } g(x).}$$

を得る.

(b) n に関する帰納法で証明する. $n = 1$ のときは (a) で証明したことにほかならない. さて，結果が n では正しいとして，$f(x)$ が R に $n + 1$ 個の相異なる根，$\alpha_1, \ldots, \alpha_n, \beta \in R$ を持つと仮定する. とくに，$f(x)$ は n 個の相異なる根 $\alpha_1, \ldots, \alpha_n$ を持つ. 帰納法の仮定から，多項式 $g(x) \in R[x]$ で

$$f(x) = (x - \alpha_1)(x - \alpha_2) \cdots (x - \alpha_n)g(x) \tag{8.8}$$

となるものが存在する. $x = \beta$ での値を見て，仮定 $f(\beta) = 0$ を使うと，

$$0 = f(\beta) = (\beta - \alpha_1)(\beta - \alpha_2) \cdots (\beta - \alpha_n)g(\beta) \tag{8.9}$$

を得る. $\alpha_1, \ldots, \alpha_n, \beta$ が相異なるという仮定から，各因子

$$\beta - \alpha_1, \ \beta - \alpha_2, \ \ldots, \ \beta - \alpha_n \quad \text{はすべて零でない.}$$

式 (8.9) の零でない因子を帳消しにするために R が整域であるという仮定を使う．(R が整域であるという仮定が重要である.) すると $g(\beta) = 0$ で，$g(x)$ とその根 β に (a) を使うと，多項式 $h(x) \in R[x]$ で，次を成り立たせるものが存在する:

$$g(x) = (x - \beta)h(x). \tag{8.10}$$

式 (8.10) を式 (8.8) に代入すると

$$f(x) = (x - \alpha_1)(x - \alpha_2) \cdots (x - \alpha_n)(x - \beta)h(x),$$

これにより，$n + 1$ 個の相異なる根を持つ多項式が，望む因子分解を持つことが示された.

(c) $f(x)$ が n 個の相異なる根 $\alpha_1, \ldots, \alpha_n \in R$ を持つとする. (b) から，多項式 $g(x) \in R[x]$ で

$$f(x) = (x - \alpha_1) \cdots (x - \alpha_n)g(x) \tag{8.11}$$

となるものが存在する. $d = \deg(f)$ かつ $e = \deg(g)$ とすると，

$$f(x) = a_d x^d + \cdots + a_0 \quad \text{かつ} \quad g(x) = b_e x^e + \cdots + b_0,$$

ここで $a_d, b_e \in R$ は零でない. すると，式 (8.11) の両辺は次のようになる:

$$a_d x^d + \cdots + a_0 = b x^{n+e} + \cdots + (-1)^n \alpha_1 \cdots \alpha_n b_0.$$

両辺の最高次の項に注目すると，$d = n + e$ がわかる. とくに，

$$(f(x) \text{ の } R \text{ における根の個数}) = n = d - e \leq d = \deg(f).$$

これで定理 8.8 が証明された. □

注意 8.9 定理 8.8 が自明だと感じるといけないので, 例を 2 つ考えてみよう. 最初に, 体 F を環 $\mathbb{Z}/8\mathbb{Z}$ に取り替えると, 多項式 $f(x) = x^2 - 1 \in (\mathbb{Z}/8\mathbb{Z})[x]$ は $\mathbb{Z}/8\mathbb{Z}$ に 4 つの異なる根を持つ. つまり, 1, 3, 5 と 7 である. 第 2 に, 体 F を例 3.7 で扱った 4 元数環 $\mathbb{H}$ に取り替える. 環 $\mathbb{H}$ は体の性質のうち可換性以外はすべて満たすが, 定理 8.8 が成り立たない. なぜなら, 多項式 $x^2 + 1$ は少なくとも 3 つの根, すなわち $\boldsymbol{i}, \boldsymbol{j}$ と $\boldsymbol{k}$ を $\mathbb{H}$ に持つからである. それぞれの例において, 定理 8.8 の証明がどこでうまくいかなくなるかを研究するのは有益である.

定理 8.8 の威力の最初の実演として, 体の乗法群の有限部分群に関する, 驚くべき, そして基本的な事実を証明する.

系 8.10 F を体とし, $U \subseteq F^*$ を F の乗法群の有限部分群とする. このとき U は巡回群である.

証明には, アーベル群に関する次の補題を用いる.

補題 8.11 A をアーベル群, $\alpha, \beta \in A$ とし, α の位数を m, β の位数を n とする.
  (a) $\gcd(m, n) = 1$ なら $\alpha\beta$ の位数は mn である.
  (b) m が A の元の位数のうち最大なら, $n \mid m$.

証明 (a) これは演習問題 2.26 (a) だが, 簡潔な証明を与えておこう. A がアーベル群だから,

$$(\alpha\beta)^{mn} = \alpha^{mn} \cdot \beta^{mn} = (\alpha^m)^n \cdot (\beta^n)^m = e^n \cdot e^m = e.$$

$\alpha\beta$ の位数は高々 mn である.

k を $\alpha\beta$ の位数とする. とくに $k \leq mn$ である. $(\alpha\beta)^k = e$ と $\beta^n = e$ から,

$$e = e^n = ((\alpha\beta)^k)^n = (\alpha\beta)^{kn} = \alpha^{kn} \cdot (\beta^n)^k = \alpha^{kn} \cdot e^k = \alpha^{kn}$$

がわかる. 等式 $(\alpha\beta)^{kn} = \alpha^{kn} \cdot (\beta^n)^k$ で A がアーベル群という仮定を使っていることに注意せよ! α の位数が m であることから, $m \mid kn$ がわかり, $\gcd(m, n) = 1$ の仮定から $m \mid k$ がわかる. α と β の役割を入れ替えると, $n \mid k$ がわかる. $\gcd(m, n) = 1$ という仮定から, $mn \mid k$ もわかる. 以上から, $k \leq mn$ かつ $mn \mid k$ がわかり, よって $k = mn$ が示された.

(b) 我々の目標は次の主張を示すことであり, そこから $n \mid m$ が導かれるのである:

> **主張**: 任意の素数 p に対して, n を割り切る最大の p の冪は, m を割り切る最大の p の冪乗を超えない.

224　第8章　体——第2部

この主張を示すには，まず次のように因数分解する：

$$m = p^k m' \quad かつ \quad n = p^j n' \quad ここで p \nmid m' かつ p \nmid n' とする.$$

そして我々の目標は $j \leq k$ を示すことである.
　次の元を考える.

$$\gamma = \alpha^{p^k} \quad および \quad \delta = \beta^{n'}.$$

その位数は，

$$(\gamma の位数) = m' \quad および \quad (\delta の位数) = p^j$$

である．$\gcd(m', p^j) = 1$ はわかっているから，(a) により

$$(\gamma\delta の位数) = m' p^j.$$

しかしながら，m は A の元の位数のうち最大だと仮定しているから，とくに，

$$m' p^j \leq m = m' p^k.$$

ここから $j \leq k$ がわかり，主張が証明された. □

証明（系 8.10 の証明）　我々の目標は，F^* の有限部分群 U が巡回群であると示すことである．$\alpha \in U$ を，位数が最大の元とする．α が U を生成することを示そう.
　これを見るために，m を α の位数とする．α が位数 m を持つことを言い換えると，

$$1, \alpha, \alpha^2, \ldots, \alpha^{m-1} は多項式 X^m - 1 の相異なる根である.$$

すると，定義 8.8 (c) から，これらが $X^m - 1$ の根のすべてである.
　任意の元 $\beta \in U$ を考える．我々の目標は β が α の冪乗であると示すことである．そのために，補題 8.11 の，U の任意の元の位数が m を割り切るという事実を使う．（これが，α を位数最大の元ととった理由である．）とくに，ここから $\beta^m = 1$ がわかり，とくに β は多項式 $X^m - 1$ の根である．よって β は α の冪である．というのは，すでに示したように 1, $\alpha, \ldots, \alpha^{m-1}$ が $X^m - 1$ の根全体だからである. □

注意 8.12　系 8.10 の特別な場合として，有限体 F の乗法群は巡回群であることがわかる．F^* の生成元を**原始根**と呼び，最初に $F = \mathbb{F}_p$ について示したガウスにちなんで，有限体 F^* が巡回群であるという定理をしばしば原始根定理と呼ぶ．原始根に関する興味深い定理や予想がたくさんある．たとえば，アルティン (Artin) の予想は，2 が $\mathbb{F}_p$ での原始根となる素数 p が無数に存在することを主張する.

8.3　分解体，分離性，既約性

　F を体，$f(x) \in F[x]$ を既約多項式とする．定理 5.27 で，F の拡大体 K_f で，$f(x)$ が K_f に根を持つようなものが存在することを示した．より一般に，任意の $f(x)$ を既約因子に分

解し，定理 5.27 を因子に対して繰り返し適用すれば，$f(x)$ が 1 次式の積に完全に分解するような体を構成できる．

定義 8.13 F を体，L/F を体の拡大，$f(x) \in F[x]$ を零ではない多項式とする．f が **L で完全分解する**とは，$f(x)$ が次のように因子分解することと定義する：

$$f(x) = c(x - \alpha_1)(x - \alpha_2) \cdots (x - \alpha_d), \tag{8.12}$$

ここで $c \in F^*$，$\alpha_1, \ldots, \alpha_d \in L$ である．$\alpha_1, \ldots, \alpha_d$ が相異なるとは限らないことに注意せよ．L が **$f(x)$ の F 上の分解体**であるとは，f が L で完全分解し，L の F を含むどの真の部分体でも完全には分解しないことをいう．

例 8.14 体 $\mathbb{C}$ は多項式 $x^2 + 1$ の体 $\mathbb{R}$ 上の分解体である．

例 8.15 体 $\mathbb{Q}(\sqrt{2})$ は多項式 $x^3 + 7x^2 + 13x + 7$ の分解体である．というのは，

$$x^3 + 7x^2 + 13x + 7 = (x + 1)(x + 3 + \sqrt{2})(x + 3 - \sqrt{2})$$

だからである．

例 8.16 体 $\mathbb{Q}(i, \sqrt[4]{2})$ は多項式 $x^4 - 2$ の分解体である．というのは，

$$x^4 - 2 = (x - \sqrt[4]{2})(x + \sqrt[4]{2})(x - i\sqrt[4]{2})(x + i\sqrt[4]{2})$$

だからである．この分解体は i を必ず含んでいることに注意せよ．実際，$i = i\sqrt[4]{2}/\sqrt[4]{2}$ が $x^4 - 2$ の根から得られる．

定理 8.17 F を体とし，$f(x) \in F[x]$ を零ではない多項式とする．
(a) $f(x)$ の F 上の分解体となる拡大 L/F が存在する．
(b) L/F が $f(x)$ の F 上の分解体なら，L/F の拡大次数は

$$[L : F] \leq (\deg f)!$$

と押さえられる．

　後の第 9 章で，$f(x)$ の F 上の分解体はすべて同型であるというまったく自明でない事実を証明する．

証明（定理 8.17 の証明） $f(x)$ の最高次係数で割って，一般性を失わずに $f(x)$ はモニックと仮定してよい．

　(a) 最初に $f(x)$ の次数に関する帰納法で，体 L で $f(x)$ が完全分解するものが存在することを示す．$\deg(f) = 0$ なら $f(x) = a$ は零でない定数だから，$f(x)$ はすでに分解している．次に $d \geq 0$ として，次数が高々 d 以下のモニック多項式については分解体が存在すると仮定する．そしてモニック多項式 $f(x) \in F[x]$ で，$\deg(f) = d + 1$ であるものをとる．

　$g(x) \in F[x]$ を $f(x)$ の既約因子とする．たとえば，$f(x)$ が既約なら $g(x) = f(x)$ とする（$\deg(f) = d + 1 \geq 1$ だから，多項式 $f(x)$ は少なくとも 1 つ既約因子を持つ．定義からその

226   第8章 体——第2部

次数は 1 以上である）．定理 5.27 を既約因子 $g(x)$ に適用して，剰余環 $K = F[x]/g(x)F[x]$ が F の拡大体であることがわかり，$g(x)$ は根 $\alpha \in K$ を持つ．しかし，$g(x)$ の根はどれも $f(x)$ の根だから，次の因子分解を得た：

$$f(x) = (x - \alpha)h(x) \quad となる \ h(x) \in K[x] \ が存在する.$$

ここで $\deg(h) = d$ に注意する．すると帰納法の仮定を多項式 $h(x)$ と体 K に適用できて，体の拡大 L/K と，元 $\alpha_1, \ldots, \alpha_d \in L$ で

$$h(x) = (x - \alpha_1) \cdots (x - \alpha_d)$$

となるものが存在する．ここから，

$$f(x) = (x - \alpha)(x - \alpha_1) \cdots (x - \alpha_d)$$

が得られて，つまり $f(x)$ は L で完全分解する．

　零でない任意の $f(x) \in F[x]$ に対して，体 L と元 $\alpha_1, \ldots, \alpha_d \in L$ で，$f(x)$ が次のように因子分解するものが存在することがわかった：

$$f(x) = (x - \alpha_1)(x - \alpha_2) \cdots (x - \alpha_d).$$

ここで我々の主張は，命題 5.15 で説明した，L の部分体 $F(\alpha_1, \ldots, \alpha_d)$ が $f(x)$ の分解体だということである．なぜかを見るために，まず $f(x)$ は $F(\alpha_1, \ldots, \alpha_d)$ で完全分解する．さらに，$f(x)$ は $F(\alpha_1, \ldots, \alpha_d)$ の真の部分体で F を含むもののいずれにおいても完全には分解されない．なぜなら，そのような部分体は $\alpha_1, \ldots, \alpha_d$ のすべてを含むことはなく，一方で f が 1 次式の積に完全分解するためには，$\alpha_1, \ldots, \alpha_d$ のすべてが必要だからである．

　(b) L を $f(x)$ の F 上の分解体として，次のようになるとする：

$$f(x) = (x - \alpha_1)(x - \alpha_2) \cdots (x - \alpha_d) \quad \alpha_1, \ldots, \alpha_d \in L.$$

次の体の塔を考える：

$$F \subseteq F(\alpha_1) \subseteq F(\alpha_1, \alpha_2) \subseteq \cdots \subseteq F(\alpha_1, \ldots, \alpha_d) = L.$$

α_1 は $f(x)$ の根だから，命題 8.6 より，

$$[F(\alpha_1) : F] \leq \deg f \leq d$$

となる．（$f(x)$ は $F[x]$ で可約かもしれないので，ここでは不等式しか得られないことに注意する．）$f(x)$ の因子 $x - \alpha_1$ を取り出して次のように書ける：

$$f(x) = (x - \alpha_1)f_1(x) \quad ここで \ f_1(x) \in F(\alpha_1)[x].$$

すると，

$$f_1(\alpha_2) = 0 \quad かつ \quad \deg f_1 = d - 1$$

となり，もう一度命題 8.6 を使うと

$$[F(\alpha_1, \alpha_2) : F(\alpha_1)] \leq \deg f_1 \leq d - 1.$$

これを繰り返すと，次を得る：

すべての $0 \leq i \leq d - 1$ に対して $\quad [F(\alpha_1, \alpha_2, \ldots, \alpha_{i+1}) : F(\alpha_1, \alpha_2, \ldots, \alpha_i)] \leq d - i.$

定理 5.18 を体の塔に繰り返し適用して，

$$[L : F] = \prod_{i=0}^{d-1} [F(\alpha_1, \alpha_2, \ldots, \alpha_{i+1}) : F(\alpha_1, \alpha_2, \ldots, \alpha_i)]$$

$$\leq d \cdot (d-1) \cdots 2 \cdot 1 = d!$$

となり，これで定理 8.17 (b) の証明が完了した． □

8.3.1　多項式の形式的な微分

　微積分学はたくさんの種類の問題を解くのに強力な道具だが，基本的な定義に極限をとる操作を必要とする．たとえば，$f \colon \mathbb{R} \to \mathbb{R}$ が実数値関数のとき，$a \in \mathbb{R}$ での微分は次の極限として定義される：

$$f'(a) = \lim_{h \to 0} \frac{f(a+h) - f(a)}{h}.$$

直観的には，極限 $f'(a)$ は h をどんどん 0 に近づけたときの値である．したがって，極限をとる操作では 2 つの実数の間の距離をどう測るかを知っていることが前提となる．

　$\mathbb{R}$ を任意の体 F に取り替えて，何か似たようなことがしたいが，直ちに問題が生じる．つまり，すべての体 F が元の間の距離を測るすべを備えているわけではないのである．たとえば，有限体 $\mathbb{F}_p$ では都合のよい距離関数はない．一方で，我々に本当に必要なのは多項式の微分をとることだけであり，多項式の微分なら，極限をとる操作を含まない都合のよい微分の公式がある．そこで，その公式を微分の定義にしてしまおう！

定義 8.18　F を体として，$f(x) \in F[x]$ を多項式とし次のように書く：

$$f(x) = a_0 + a_1 x + a_2 x^2 + \cdots + a_{d-1} x^{d-1} + a_d x^d.$$

$f(x)$ の（**形式的な**）**微分**とは，次の多項式 $f'(x)$ のことである：

$$f'(x) = a_1 + 2a_2 x + \cdots + (d-1)a_{d-1} x^{d-2} + da_d x^{d-1}.$$

　形式的な微分は通常の微分の規則のほとんどすべてを満たすが，標数 p の場合に定数でない多項式の微分が消えてしまうかもしれないという例外がある．たとえば，F の標数が p のとき，多項式 $f(x) = x^p + 1 \in F[x]$ の微分は $f'(x) = px^{p-1} = 0$ である．

命題 8.19　F を体として，$f(x), g(x) \in F[x]$ を多項式，$a, b \in F$ を定数とする．

228   第 8 章　体——第 2 部

(a)（和公式）$(af + bg)'(x) = af'(x) + bg'(x)$.

(b)（積公式）$(fg)'(x) = f(x)g'(x) + f'(x)g(x)$.

(c)（連鎖公式）$h(x) = f(g(x))$ とする．このとき $h'(x) = f'(g(x))g'(x)$.

(d) F の標数が 0 なら，$f'(x) = 0$ となる必要十分条件は，$f(x) \in F$. つまり，$f(x)$ が定数多項式であることである．

(e) F が標数 $p > 0$ なら，$f'(x) = 0$ となる必要十分条件は，多項式 $f_1(x) \in F[x]$ で $f(x) = f_1(x^p)$ を満たすものが存在することである．

証明　(b), (d) と (e) を証明し，(a) と (c) は読者に委ねる．演習問題 8.13 を見よ．

(b) $f(x)$ と $g(x)$ を次のように書く：

$$f(x) = a_0 + a_1 x + a_2 x^2 + \cdots + a_{d-1}x^{d-1} + a_d x^d = \sum_{i=0}^{d} a_i x^i,$$

$$g(x) = b_0 + b_1 x + b_2 x^2 + \cdots + b_{e-1}x^{e-1} + b_e x^e = \sum_{j=0}^{e} b_j x^j.$$

すると積 fg は

$$(fg)(x) = \left(\sum_{i=0}^{d} a_i x^i\right)\left(\sum_{j=0}^{e} b_j x^j\right) = \sum_{i=0}^{d}\sum_{j=0}^{e} a_i b_j x^{i+j},$$

となるから，したがって

$$(fg)'(x) = \sum_{i=0}^{d}\sum_{j=0}^{e}(i+j)a_i b_j x^{i+j-1} \qquad \text{微分の定義を用いた,}$$

$$= \sum_{i=0}^{d}\sum_{j=0}^{e}(ia_i x^{i-1} \cdot b_j x^j + a_i x^i \cdot j b_j x^{j-1}) \qquad \text{少し計算して,}$$

$$= \left(\sum_{i=0}^{d} i a_i x^{i-1}\right) \cdot \left(\sum_{j=0}^{e} b_j x^j\right) + \left(\sum_{i=0}^{d} a_i x^i\right) \cdot \left(\sum_{j=0}^{e} j b_j x^{j-1}\right)$$

$$= f'(x)g(x) + f(x)g'(x).$$

(d), (e) 再び次のように書く：

$$f(x) = a_0 + a_1 x + a_2 x^2 + \cdots + a_{d-1}x^{d-1} + a_d x^d.$$

$f'(x)$ が零多項式と仮定する，つまり：

$$0 = f'(x) = a_1 + 2a_2 x + \cdots + (d-1)a_{d-1}x^{d-2} + da_d x^{d-1}.$$

したがって，$f'(x)$ の係数はすべて消えるから，

$$a_1 = 2a_2 = 3a_3 = \cdots = (d-1)a_{d-1} = da_d = 0.$$

8.3 分解体，分離性，既約性　　**229**

F が標数 0 なら，ここから $a_1 = a_2 = \cdots = a_d = 0$，つまり $f(x) = a_0$ で定数多項式である．

　F が標数 p，$p > 0$ としよう．すると条件 $ia_i = 0$ は $a_i = 0$ もしくは p が i を割り切るときに成り立つ．よって，$f'(x) = 0$ となる必要十分条件は，零でない係数が $a_0, a_p, a_{2p}, a_{3p},$ $\ldots$ のみとなることである．よって，$f'(x) = 0$ となる必要十分条件は，$f(x)$ が次の形をとることである：

$$f(x) = a_0 + a_p x^p + a_{2p} x^{2p} + \cdots + a_{np} x^{np}.$$

これは，$f(x) = g(x^p)$ となる多項式 $g(x) = a_0 + a_p x + a_{2p} x^2 + \cdots + a_{np} x^n$ が存在することを意味する． □

注意 8.20　$f'(x)$ を定義する別の方法として，微積分学の極限をもう少しそのままに，しかし極限はとらずにまねするものがある．この定義から，命題 8.19 を多項式を書き下さずに証明できる．詳細については演習問題 8.14 と演習問題 8.15 を見よ．

8.3.2　分離性，あるいはいかにして $f(x)$ が重根を持つことを知るか

定義 8.21　F を体とし，$f(x) \in F[x]$ を零ではない多項式とする．定理 8.17 から，$f(x)$ が次のように分解される体の拡大が存在することがわかる：

$$f(x) = c(x - \alpha_1)(x - \alpha_2) \cdots (x - \alpha_d). \tag{8.13}$$

f が**分離的**とは根 $\alpha_1, \ldots, \alpha_d$ が相異なることである．この用語は，分離多項式では根のそれぞれが分離されていることに由来する．逆に，f が重根を持つなら，**非分離的**と呼ばれる．

例 8.22　多項式 $x^2 - 1$ と $x^2 + 1$ は分離的である．というのは

$$x^2 - 1 = (x - 1)(x + 1) \quad \text{および} \quad x^2 + 1 = (x - i)(x + i)$$

だからである[2]．

例 8.23　多項式 $x^2 - 2x + 1$ や $x^4 + 4x^3 + 8x^2 + 8x + 4$ は非分離的である．というのは，

$$x^2 - 2x + 1 = (x - 1)^2 \quad \text{かつ} \quad x^4 + 4x^3 + 8x^2 + 8x + 4 = (x + 1 - i)^2 (x + 1 + i)^2$$

だからである．

命題 8.24　F を体とし，$f(x) \in F[x]$ を定数でない多項式とする．すると[3]

---

[2] より正確には，体 F の標数が 2 でないときである．そうでないと非分離的である．たとえば，F の標数が 2 なら，$1 = -1$ であり，$x^2 - 1 = (x - 1)^2$ である．

[3] 任意の環 R で PID であるもの，たとえば $R = F[x]$ について，方程式 $\gcd(a, b) = 1$ は a と b が生成するイデアルが R 全体になることの略記である．これは c が a と b の両方を割り切れば，c が R の単元であるという主張と同値である．より一般に，$\gcd(a, b)$ はイデアル $aR + bR$ の生成元のことで，場合によってはそのイデアルそのものである．演習問題 7.3 を見よ．

$$f \text{ が分離的である} \iff \gcd(f(x), f'(x)) = 1.$$

注意 8.25 命題 8.24 を証明する前に，それがいかに目覚ましい結果かを議論するために ちょっと立ち止まろう．$f(x)$ が分離的であることを確認する素朴な方法は，因子分解して 重根がないか探すことである．しかし根を探すことは**難しい**．実際，第 9 章で見るように， ガロア理論の主要な目標は，多項式の根についての極度に難しい問題を，やはり困難だがある意味でもう少し御しやすい，有限群の問題に置き換えることなのである．

一方，微分 $f'(x)$ は単純な公式で計算できて，最大公約因子もユークリッドの互除法で計算できる[4]．たとえば，

$$f(x) = x^7 + 9x^6 + 21x^5 - 2x^4 + 71x^2 - 92x + 28$$

を考えよう．すると，

$$f'(x) = 7x^6 + 54x^5 + 105x^4 - 8x^3 + 142x - 92$$

だから，ちょっとした計算で次がわかる：

$$\gcd(f(x), f'(x)) = x^2 + 3x - 2.$$

つまり $f(x)$ は分離的ではない．実際，これは $(x^2 + 3x - 2)^2$ で割り切れる．

他の PID でも類似の分離性判定法はあるだろうか．たとえば，$\mathbb{Z}$ 上ではどうだろうか？ 正の整数 n が**分離的**とは，相異なる素数の積であるときのことと定義したとしよう[5]．大きな整数 n が分離的であることを確認する速いアルゴリズムはあるだろうか？ これは，誰も知らないのである！ 実際，$\mathbb{Z}$ における，既知の最速のアルゴリズムは，n を完全に因数分解することとほぼ同値のものである[6]．$F[x]$ における微分演算は強力で魔術的とさえいえる，$\mathbb{Z}$ 上では手に入らない道具を提供してくれる．

証明（命題 8.24 の証明） まず f が非分離的と仮定する．つまり，拡大体 L において $f(x)$ を因子分解すると，少なくとも 1 つ重根があるということであるから，

$$\text{ある } \alpha \in L \text{ と } g(x) \in L[x] \text{ により} \quad f(x) = (x - \alpha)^2 g(x).$$

微分の積の公式から，

$$f'(x) = 2(x - \alpha)g(x) + (x - \alpha)^2 g'(x) = (x - \alpha)(2g(x) + (x - \alpha)g'(x))$$

となり，よって $x - \alpha$ が $f(x)$ と $f'(x)$ に共通の因子となる．よって $x - \alpha$ は $\gcd(f(x), f'(x))$

---

[4] $\mathbb{Z}$ でのユークリッドの互除法については演習問題 1.27 を見よ．同じアルゴリズムが任意のユークリッド整域で 適用可能である．というのは，必要なのは余りのある割り算だからである．

[5] もっと標準的な用語では，このような正整数を**無平方**であるという．

[6] もしそれが実現されればだが，量子コンピュータ上では高速なアルゴリズムが存在する．$\mathbb{Z}$ 用の高速な因数分解 アルゴリズムはショアによるものである．14.13.3 節を見よ．

を割り切るので，とくに最大公約因子は 1 ではない．

逆に，$\gcd(f(x), f'(x)) \neq 1$ とする．f が非分離的であることを証明したいので，f が分離的と仮定して矛盾を導こう．すると $\gcd(f(x), f'(x))$ は定数でない多項式であり，よって根 β が存在するような体の拡大 L/F が存在する．β は $f(x)$ と $f'(x)$ の共通根であり，$f(x)$ は分離的と仮定しているから，$f(x)$ の因子分解に $(x - \beta)$ は 1 つしか現れない．つまり，

$$\text{ある } h(x) \text{ で } h(\beta) \neq 0 \text{ を満たすものにより} \quad f(x) = (x - \beta)h(x).$$

微分の積公式を再び用いて，次が成り立つ：

$$f'(x) = h(x) + (x - \beta)h'(x).$$

$x = \beta$ で評価すると $f'(\beta) = h(\beta) \neq 0$ となり，これは β が $f(x)$ と $f'(x)$ の共通根であることに矛盾する． □

8.3.3 分離性と既約性

可約で分離的な多項式はたくさんある．たとえば，

$$x^5 - 10x^4 + 35x^3 - 50x^2 + 24x = x(x-1)(x-2)(x-3)(x-4) \in \mathbb{Q}[x]$$

は，1 次式の積に完全分解してしまうが，分離的である．一方で，標数 0 の体上では，既約多項式はつねに分離的であることがわかる．任意の体で成り立つ便利な特徴づけを与えることができる．

定理 8.26 F を体とし，$f(x) \in F[x]$ を既約多項式とする．
 (a) 微分 $f'(x)$ が 0 でなければ，$f(x)$ は分離的である．
 (b) F の標数が 0 なら，$f(x)$ は分離的である．

証明 (a) $f(x)$ が分離的でないと仮定し，$f'(x) \neq 0$ として，我々の目標は $f(x)$ が可約であると示すことである．次の多項式を考える：

$$g(x) = \gcd(f(x), f'(x)).$$

$f(x)$ が分離的でないという仮定と命題 8.24 から，$g(x) \neq 1$ で，よって $\deg(g) \geq 1$．一方，$f'(x) \neq 0$ という仮定と $g(x) \mid f'(x)$ という事実から，

$$\deg(g) \leq \deg(f') \leq \deg(f) - 1.$$

したがって，$f(x)$ は多項式 $g(x)$ で割り切れ，次数について

$$1 \leq \deg g(x) \leq \deg f(x) - 1$$

が成り立つ．よって，$f(x)$ は非自明な因子分解を $F[x]$ で持つから，$f(x)$ は可約である．

 (b) F が標数 0 と仮定しており，$f(x)$ は既約多項式で定数ではないから，命題 8.19 (d) により $f'(x) \neq 0$．したがって，(a) から $f(x)$ は分離的である． □

232 第 8 章 体——第 2 部

例 8.27 p を素数とし，$F = \mathbb{F}_p(T)$ を係数を $\mathbb{F}_p$ に持つ有理関数体とする[7]．さらに，

$$f(x) = x^p - T \in F[x]$$

とする．直接計算により[8]$f(x)$ が $F[x]$ で既約であることがわかる．演習問題 8.24 を見よ．一方，$f(x)$ の F 上の分解体における $f(x)$ の根 α について，$\alpha^p = T$ であり，F が標数 p であるという事実から，$f(x)$ が次のように因子分解されることがわかる[9]：

$$f(x) = x^p - T = x^p - \alpha^p = (x - \alpha)^p.$$

したがって，$f(x)$ は分離的ではない．なぜなら次数が $p \geq 2$ であり，1 次式の積に完全に分解されるにもかかわらず 1 つの根しか持たないからである．

8.4 有限体再訪

次の定理は，5.7 節で定理 5.31 として述べられたものだが，(a) は $d = 1, 2, 3$ に対してのみ証明された．ここで (a) を一般の d に対して証明するが，(b) の証明は第 9 章まで延期する．系 9.27 を見よ．

定理 8.28 p を素数とし，$d \geq 1$ とする．
  (a) ちょうど p^d 個の元からなる体 F が存在する．
  (b) p^d 個の元からなる 2 つの体は同型である．

証明 (a) 次の多項式を考える：

$$f(x) = x^{p^d} - x \in \mathbb{F}_p[x].$$

定理 8.17 から，体の拡大 $L/\mathbb{F}_p$ で，$f(x)$ が

$$f(x) = (x - \alpha_1)(x - \alpha_2) \cdots (x - \alpha_{p^d}), \quad ただし \ \alpha_1, \ldots, \alpha_{p^d} \in L$$

と完全分解するものが存在する．$f(x)$ の微分は，

$$f'(x) = p^d x^{p^d - 1} - 1 = -1$$

であり，恒等的に 0 でないから，定理 8.26 (a) により，$f(x)$ は分離的である．つまり α_1, $\ldots, \alpha_{p^d}$ は L の相異なる元である．

L の部分集合 K で，$f(x)$ の根全体からなるものを考える：

$$K = \{\alpha_1, \alpha_2, \ldots, \alpha_{p^d}\}.$$

K が実は，L の部分体であることを主張する．そして見ての通りこれは p^d 個の元からな

---

[7] $\mathbb{F}_p(T)$ の定義については例 7.31 を見よ．
[8] 別の方法として，$f(x)$ が既約であることを，この章の後の方で証明するアイゼンシュタイン (Eisenstein) の判定法で示すこともできる．系 8.35 を見よ．
[9] 等式 $x^p - \alpha^p = (x - \alpha)^p$ については，もし環が標数 p なら，p 乗写像が環の準同型写像だという事実を用いた．定理 3.36 を見よ．

り，よって求める p^d 個の元からなる体である．（8.3 節の用語を使うと，K は $x^{p^d} - x$ の $\mathbb{F}_p$ 上の分解体である．）

K が体になることを確認するために，まず $0 \in K$ かつ $1 \in K$ に注意する．というのは，$f(0) = f(1) = 0$ だからである．次に，任意の $\alpha, \beta \in K$ に対して，$\alpha + \beta$, $\alpha\beta$, $-\alpha$,（$\alpha \neq 0$ のとき）α^{-1} がいずれも K の元であることを確認する必要がある．これらを 1 つずつ確かめる：

$$
\begin{aligned}
f(\alpha\beta) &= (\alpha\beta)^{p^d} - \alpha\beta && f(x) = x^{p^d} - x \text{ だから，} \\
&= \alpha^{p^d} \beta^{p^d} - \alpha\beta && \text{乗法は可換だから，} \\
&= \alpha\beta - \alpha\beta && \alpha^{p^d} - \alpha = 0 \text{ で，かつ } \beta^{p^d} - \beta = 0 \text{ だから，} \\
&= 0.
\end{aligned}
$$

$$
\begin{aligned}
f(\alpha + \beta) &= (\alpha + \beta)^{p^d} - (\alpha + \beta) && f(x) = x^{p^d} - x \text{ だから，} \\
&= (\alpha^{p^d} + \beta^{p^d}) - (\alpha + \beta) && L \text{ は標数 } p \text{ だから．（定理 3.36 を見よ．）} \\
&= 0 && \alpha^{p^d} - \alpha = 0 \text{ かつ } \beta^{p^d} - \beta = 0 \text{ だから．}
\end{aligned}
$$

$$
\begin{aligned}
f(-\alpha) &= (-\alpha)^{p^d} - (-\alpha) && f(x) = x^{p^d} - x \text{ だから，} \\
&= (-1)^{p^d} \alpha + \alpha && \alpha^{p^d} - \alpha = 0 \text{ だから，} \\
&= \begin{cases} -\alpha + \alpha = 0 & p \text{ が奇のとき，} \\ \alpha + \alpha = 2\alpha = 0 & p = 2 \text{ のとき．} \end{cases}
\end{aligned}
$$

$$
\begin{aligned}
f(\alpha^{-1}) &= \alpha^{-p^d} - \alpha^{-1} && f(x) = x^{p^d} - x \text{ だから，} \\
&= (\alpha - \alpha^{p^d}) \cdot \alpha^{-1-p^d} && \text{因子 } \alpha^{-1-p^d} \text{ をくくり出す，} \\
&= 0 && \alpha^{p^d} - \alpha = 0 \text{ だから．}
\end{aligned}
$$

これで K が位数 p^d の体であることが確認された．

(b) この主張の証明は分解体の理論をさらに発展させた後まで延期する．正確には，$f(x) \in F[x]$ を F 上の零でない多項式とする．系 9.26 で，$f(x)$ の F 上の分解体は同型であることを示す．求める結果は，L を位数 p^d の体とすると，L は $x^{p^d} - x$ の $\mathbb{F}_p$ 上の分解体になることからわかる．系 9.27 を見よ． □

8.5 ガウスの補題とアイゼンシュタインの既約性判定法

既約多項式に関する結果をたくさん証明してきたが，具体的な多項式を 1 つ与えられたとき，それが既約であることはどうすればわかるだろうか？ 次数が小さいときには，便利な判定法が 1 つある．つまり，多項式 $f(x) \in K[x]$ が次数 2 もしくは 3 なら，それが既約である必要十分条件は，K に根を持たないことである．この節では，$\mathbb{Q}[x]$ での因子分解と $\mathbb{Z}[x]$ でのそれとを関連づけ，この特徴づけを用いてさまざまな既約性判定法を開発する．

234 第 8 章 体——第 2 部

説明を易しくするために $\mathbb{Q}$ と $\mathbb{Z}$ に注意を限定するが，証明するすべての結果は，単項イデアル整域 R とその分数体 K に対して成り立つ．演習問題 8.22–8.23 を見よ．

定義 8.29 多項式

$$f(x) = c_0 + c_1 x + \cdots + c_d x^d \in \mathbb{Z}[x]$$

を零ではない，整数係数の多項式とする．**f の内容**とは，係数の最大公約数

$$\mathrm{Content}(f) = \gcd(c_0, c_1, \ldots, c_d)$$

のことと定義する．

我々の主結果を示すための鍵は，多項式の内容が乗法的であることを述べるものである．

補題 8.30 $f(x), g(x) \in \mathbb{Z}[x]$ を零ではない多項式とする．このとき，次が成り立つ：

$$\mathrm{Content}(fg) = \mathrm{Content}(f)\,\mathrm{Content}(g).$$

証明 記号を簡単にするため，f の内容をしばしば $\mathcal{C}_f$ と書き，証明に現れる他の多項式にも同様の記号を用いる．$f(x)$ と $g(x)$ を次のように因子分解する：

$$f(x) = \mathcal{C}_f\, F(x) \text{ かつ } g(x) = \mathcal{C}_g\, G(x), \quad \text{ここで } F, G \in \mathbb{Z}[x] \text{ かつ } \mathcal{C}_F = \mathcal{C}_G = 1.$$

これらを掛けると，

$$f(x)g(x) = \mathcal{C}_f\, \mathcal{C}_g\, F(x)G(x),$$

となり，よって

$$\mathrm{Content}(fg) = \mathrm{Content}(\mathcal{C}_f\, \mathcal{C}_g\, FG) = \mathcal{C}_f \cdot \mathcal{C}_g \cdot \mathrm{Content}(FG).$$

したがって，次の主張を示すことに帰着された：

$$\boxed{\text{主張：} \mathcal{C}_F = \mathcal{C}_G = 1 \implies \mathcal{C}_{FG} = 1.}$$

矛盾を導くことで主張を証明する．したがって，

$$\mathcal{C}_F = \mathcal{C}_G = 1 \quad \text{かつ} \quad \mathcal{C}_{FG} > 1$$

と仮定する．我々の目標は矛盾を導くことである．仮定 $\mathcal{C}_{FG} > 1$ から，$\mathcal{C}_{FG}$ を割り切るような素数 p が存在する．

$$F(x) = a_0 + a_1 x + \cdots + a_d x^d \quad \text{および} \quad G(x) = b_0 + b_1 x + \cdots + b_e x^e$$

と書く．仮定 $\mathcal{C}_f = 1$ から，p は $F(x)$ のすべての係数を割り切るのではない．a_j が p で割り切れないような最小の j をとり，同様に b_k が p で割り切れないような最小の k をとる．すると，

$$F(x) = \underbrace{a_0 + \cdots + a_{j-1}x^{j-1}}_{\text{これらの係数は } p \text{ で割り切れる.}} + \overset{\overset{\displaystyle a_j \text{ は } p \text{ で割り切れない.}}{\big\downarrow}}{a_j x^j} + a_{j+1}x^{j+1} + \cdots + a_d x^d,$$

$$G(x) = \underbrace{b_0 + \cdots + b_{k-1}x^{k-1}}_{\text{これらの係数は } p \text{ で割り切れる.}} + \overset{\overset{\displaystyle b_k \text{ は } p \text{ で割り切れない.}}{\big\downarrow}}{b_k x^k} + b_{k+1}x^{k+1} + \cdots + b_e x^e.$$

積 $F(x)G(x)$ を計算すると，x^{j+k} の係数は[10]

$$\underbrace{a_0 b_{j+k} + a_1 b_{j+k-1} + \cdots + a_{j-1}b_{k+1}}_{p \text{ で割り切れる. } a_0, \ldots, a_{j-1} \text{ は } p \text{ で割り切れるから.}} + \overset{\overset{\displaystyle a_j b_k \text{ は } p \text{ で割り切れない. なぜなら } a_j \text{ も } b_k \text{ も } p \text{ で割り切れないから.}}{\big\downarrow}}{a_j b_k} + \underbrace{a_{j+1}b_{k-1} + \cdots + a_{j+k}b_0}_{p \text{ で割り切れる. } b_0, \ldots, b_{k-1} \text{ は } p \text{ で割り切れるから.}}$$

よって，$F(x)G(x)$ の係数で p で割り切れないものを構成したが，これは $p \mid \mathcal{C}_{FG}$ という仮定に反する． $\square$

補題 8.30 を使うと，次の強力な因子分解定理が証明できる．

定理 8.31（ガウスの補題） $f(x) \in \mathbb{Z}[x]$ とし，$f(x)$ は $\mathbb{Q}[x]$ で次のように因子分解できるとする：

$$f(x) = g(x)h(x) \quad \text{ここで} \quad g(x), h(x) \in \mathbb{Q}[x].$$

このとき，$f(x)$ は整数係数の範囲で同様に因子分解できる．つまり，整数係数の多項式 $G(x), H(x) \in \mathbb{Z}[x]$ と有理数 $\alpha, \beta \in \mathbb{Q}^*$ で

$$f(x) = G(x)H(x), \quad G(x) = \alpha g(x) \text{ かつ } H(x) = \beta h(x)$$

を満たすものが存在する．とくに，$\mathbb{Z}[x]$ の元で内容が 1 である多項式が $\mathbb{Q}[x]$ で既約である必要十分条件は，$\mathbb{Z}[x]$ で既約であることである．

証明 正の有理数 $\alpha, \beta \in \mathbb{Q}$ を

$$\alpha g(x) \text{ も } \beta h(x) \text{ も } \mathbb{Z}[x] \text{ の元で，かつ内容が 1}$$

となるようにとる[11]．さらに

$$G(x) = \alpha g(x) \quad \text{かつ} \quad H(x) = \beta h(x)$$

として，G と H が正しい次数になるようにする．$\alpha\beta = A/B \in \mathbb{Q}$ と既約分数で書くと，

---

[10] いつもの通り，$i > d$ なら $a_i = 0$，$i > e$ なら $b_i = 0$ としている．

[11] 非形式的には，α は g の係数の最小公分母を f の係数の分子の最大公約数で割ったものである．より形式的には，$D > 0$ を $Dg(x)$ が整数係数になるようにとり，$\alpha = D/\mathcal{C}_{Dg}$ とすればよい．というのは，$\mathcal{C}_{\alpha g} = \mathcal{C}_{(Dg/\mathcal{C}_{Dg})} = 1$ だからである．

236   第 8 章 体——第 2 部

$$f(x) = g(x)h(x) = \frac{1}{\alpha\beta}G(x)H(x) = \frac{B}{A}G(x)H(x)$$

となり，

$$Af(x) = BG(x)H(x). \tag{8.14}$$

両辺の内容を見て，補題 8.30 を適用すると

$$A\mathcal{C}_f = \mathcal{C}_{Af} = \mathcal{C}_{BGH} = B\mathcal{C}_G\mathcal{C}_H = B,$$

ここで最後の等式は G と H の内容が 1 であることを使った．式 (8.14) に $B = A\mathcal{C}_f$ を代入して A で割ると，

$$f(x) = \mathcal{C}_f\,G(x)H(x)$$

を得る．最後に，$\mathcal{C}_f$ を $G(x)$ もしくは $H(x)$ に取り込んでしまえば，所望の結果を得る．□

 ガウスの補題を，既約性の判定についての「p を法とした簡約」のアプローチに使える．大まかにいうと，多項式 $f(x) \in \mathbb{Z}[x]$ が $\mathbb{Q}[x]$ に非自明な分解を持つなら，法 p により簡約することで $\mathbb{F}_p[x]$ での分解を得ることができる．言い換えると，もし $f(x)$ の法 p での簡約が $\mathbb{F}_p[x]$ で既約なら，$f(x)$ は $\mathbb{Q}[x]$ でも既約である．しかしながら，次の結果で説明されているように，ちょっとした注意が必要である．

系 8.32（法 p の簡約による既約性） 次数が $d \geq 1$ の多項式を

$$f(x) = c_0 + c_1 x + \cdots + c_d x^d \in \mathbb{Z}[x]$$

として，p を素数とし，

$$\overline{f}_p(x) = \overline{c}_0 + \overline{c}_1 x + \cdots + \overline{c}_d x^d \in \mathbb{F}_p[x]$$

を $f(x)$ の係数を法 p で簡約して得られる多項式とする．このとき

$$p \nmid c_d \text{ かつ } \overline{f}_p(x) \text{ が } \mathbb{F}_p[x] \text{ で既約} \implies f(x) \text{ が } \mathbb{Q}[x] \text{ で既約}.$$

証明 矛盾を導くことで証明しよう．そこで，$f(x)$ が $\mathbb{Q}[x]$ で可約と仮定する．ガウスの補題（定理 8.31）から，$f(x)$ は非自明な因子分解

$$f(x) = g(x)h(x) \quad g(x), h(x) \in \mathbb{Z}[x]$$

を持つ．写像

$$\mathbb{Z}[x] \longrightarrow \mathbb{F}_p[x], \quad \phi(x) \longmapsto \overline{\phi}_p(x)$$

は環準同型写像である（演習問題 3.47）から，

$$\overline{f}_p(x) = \overline{g}_p(x)\overline{h}_p(x) \tag{8.15}$$

がわかる. さらに, 仮定 $p \nmid c_d$ から, $g(x)$ と $h(x)$ の最高次係数はどちらも p で割り切れず, よって式 (8.15) は $\overline{f}_p(x)$ の $\mathbb{F}_p[x]$ における非自明な因子分解になる. これは $\overline{f}_p(x)$ が $\mathbb{F}_p[x]$ で既約であるという仮定に矛盾する. $\square$

例 8.33

$$f(x) = 3x^5 - 2x^4 + x^3 - 3x^2 - x + 5$$

とする. このとき

$$\overline{f}_2(x) = x^5 + x^3 + x^2 + x + 1 \in \mathbb{F}_2[x].$$

$\overline{f}_2(x)$ が既約であることを見よう. まず $\overline{f}_2(x)$ は $\mathbb{F}_2$ で解を持たないこと, つまり 1 次の因子がないことに注意する. すると, 可能性のある因子分解は, 既約 2 次式と既約 3 次式の積である. しかし, $\mathbb{F}_2[x]$ には既約な 2 次式はただ 1 つしかなく, それは $x^2 + x + 1$ である. 例 5.24 を見よ. そして, $\mathbb{F}_2[x]$ での組み立て除法から,

$$\mathbb{F}_2[x] \text{ 内で} \quad \overline{f}_2(x) = x^5 + x^3 + x^2 + x + 1 = (x^2 + x + 1)(x^3 + x^2 + x + 1) + x.$$

よって $x^2 + x + 1$ は $\overline{f}_2(x)$ を割り切らない. これで $\overline{f}_2(x)$ は $\mathbb{F}_2[x]$ で既約であることがわかり, よって系 8.32 により, $f(x)$ が $\mathbb{Q}[x]$ で既約であることが示された.

注意 8.34 系 8.32 は一方向だけの含意であることを注意しておきたい. もし $\overline{f}_p(x)$ が可約でも, $f(x)$ が可約であることは意味しない. たとえば

$$f(x) = x^5 + 3x - 1$$

は $\mathbb{Q}[x]$ で既約だが, 法 p ではしばしば因子分解が可能である:

$$\overline{f}_3 = (x + 2)(x^4 + x^3 + x^2 + x + 1) \in \mathbb{F}_3[x],$$
$$\overline{f}_5 = (x + 1)(x^4 + 4x^3 + x^2 + 4x + 4) \in \mathbb{F}_5[x],$$
$$\overline{f}_7 \text{ は } \mathbb{F}_7[x] \text{ で既約},$$
$$\overline{f}_{11} = (x + 3)(x^2 + x + 8)(x^2 + 7x + 5) \in \mathbb{F}_{11}[x].$$

一方で, たくさんの異なる素数で試して, そのすべてで $\overline{f}_p(x)$ が可約なら, $f(x)$ が可約である可能性が示唆される. そして, 実際にそれは正しいが, 証明は易しくない. つまり, $f(x)$ が $\mathbb{Q}[x]$ で可約とすると, 無限個の素数に対して $\overline{f}_p[x]$ が $\mathbb{F}_p[x]$ で既約である. この主張のはるかな一般化が, チェボタレフ (Chebotarev) の密度定理と呼ばれるもので, 高度な数論の教科書で証明されている. この定理から, $f(x)$ が既約で次数が素数なら, 正の密度の素数に対して $\overline{f}_p(x)$ が既約であることが導かれる.

238   第 8 章　体——第 2 部

次に，つねに使えるわけではないが，使えるときには魔法のような既約性判定法を証明する．証明の中で，ガウスの補題が再び重要な役割を演じる．

系 8.35（アイゼンシュタインの既約性判定法）　$p \in \mathbb{Z}$ を素数とし，

$$f(x) = c_0 + c_1 x + \cdots + c_d x^d \in \mathbb{Z}[x]$$

を，係数が次の条件を満たす多項式とする：

$$p \nmid c_d, \quad p \mid c_i \quad \text{すべての} \quad 0 \leq i < d, \quad \text{かつ} \quad p^2 \nmid c_0.$$

このとき $f(x)$ は $\mathbb{Q}[x]$ で既約である．

証明　この証明は，補題 8.30 のそれを思い起こさせる．$f(x)$ が $\mathbb{Q}[x]$ で因子分解されるとしよう．ガウスの補題から，$f(x)$ は次のように因子分解できる：

$$\text{定数でない } g(x), h(x) \in \mathbb{Z}[x] \text{ により} \quad f(x) = g(x)h(x).$$

我々の目標はこれが自明な因子分解，つまり，g もしくは h が定数多項式であると示すことである．

まず次のように書いておく：

$$g(x) = a_0 + a_1 x + \cdots + a_m x^m \quad \text{および} \quad h(x) = b_0 + b_1 x + \cdots + b_n x^n.$$

$f = gh$ の最初と最後の係数を見比べて，

$$c_0 = a_0 b_0 \quad \text{かつ} \quad c_d = a_m b_n.$$

c_0 が p で割り切れること，しかし p^2 では割り切れないことから a_0 と b_0 のどちらかちょうど一方が p で割り切れることがわかる．必要なら g と h を入れ替えて，次が成り立つと仮定してよい：

$$p \mid a_0 \quad \text{かつ} \quad p \nmid b_0.$$

また，$p \nmid c_d$ かつ $c_d = a_m b_n$ だから，$p \nmid a_m$ であることもわかる．

p が a_0 を割り切り，p が a_m を割り切らないことがわかったから，a_k が p で割り切れないような最小の k がある．つまり，1 と m の間の k で

$$g(x) = \underbrace{a_0 + \cdots + a_{k-1} x^{k-1}}_{\text{これらの係数は } p \text{ で割り切れる.}} + \overset{\overset{\displaystyle a_k \text{ は } p \text{ で割り切れない.}}{\downarrow}}{a_k x^k} + a_{k+1} x^{k+1} + \cdots + a_m x^m.$$

$f(x) = g(x)h(x)$ の両辺の x^k の係数に注目すると，

$$p \text{ で割り切れない. } p \nmid a_k \text{ かつ } p \nmid b_0 \text{ だから.}$$

$$c_k = \overbrace{a_k b_0}^{} + \underbrace{a_{k-1}b_1 + a_{k-2}b_2 + \cdots + a_1 b_{k-1} + a_0 b_k}_{p \text{ で割り切れる. } a_0, \ldots, a_{k-1} \text{ は } p \text{ で割り切れるから.}}.$$

これで p が c_k を割り切らないことが示された. しかし仮定から, $f(x)$ の最高次係数 c_d を除いたすべての係数が p で割り切れるのだから, $k = d$ でなければならない. よって,

$$\deg(g) = m \geq k = d = \deg(f),$$

これは因子分解 $f(x) = g(x)h(x)$ が自明であること, つまり, $h(x)$ が定数多項式であることを示す. $\qquad\square$

例 8.36（円分多項式） $p \in \mathbb{Z}$ を素数とする. 次の多項式

$$f(x) = x^{p-1} + x^{p-2} + \cdots + x + 1 \in \mathbb{Z}[x]$$

が $\mathbb{Q}[x]$ で既約であることを主張する. この多項式はアイゼンシュタインの既約性判定法を直接適用できる形ではない. しかし,

$$f(x) = \frac{x^p - 1}{x - 1}$$

であることから, 次の変数変換を適用することを思いつく:

$$\begin{aligned}
\phi(x) = f(x+1) &= \frac{(x+1)^p - 1}{(x+1) - 1} \\
&= \frac{1}{x} \sum_{k=1}^{p} \binom{p}{k} x^k \\
&= x^{p-1} + px^{p-2} + \binom{p}{2}x^{p-3} + \cdots + \binom{p}{3}x^2 + \binom{p}{2}x + p.
\end{aligned}$$

よって, $\phi(x)$ はアイゼンシュタインの既約性判定法が適用できる形である（系 8.35 を見よ）. $1 \leq k \leq p-1$ のすべてについて, 2 項係数 $\binom{p}{k}$ は p で割り切れることを知っている. さて, $f(x)$ の任意の因子分解 $f(x) = g(x)h(x)$ は, 対応する非自明な因子分解

$$\phi(x) = g(x+1)h(x+1)$$

を与えるから, $f(x)$ はやはり $\mathbb{Q}[x]$ で既約である. この多項式 $f(x)$ を **p 次円分多項式**と呼び, $\Phi_p(x)$ と書く.

定義 8.37 n **次円分多項式** $\Phi_n(x)$ は, まず

$$\Phi_1(x) = x - 1$$

と定義し, 次いで $n \geq 1$ に対して, $\Phi_n(x)$ を帰納的に

$$x^n - 1 = \prod_{m|n} \Phi_m(x)$$

により定義する．$\Phi_n(x)$ が整数係数モニック多項式であることを確認することは読者に委ねる．演習問題 8.21 を見よ．もう少し難しい事実として，$\Phi_n(x)$ は $\mathbb{Q}[x]$ で既約である．

この節は，多項式の既約性を確立するための助けとなる道具立てを開発することに費やされてきたが，実際問題として，多項式の既約性は答えるのが難しい問いの 1 つである．たとえば，円分多項式 $\Phi_n(x)$ が既約であることを注意したが，その既約性を証明するのは難しい．また，次の例のように，繰り返しを使って，既約性が未知の多項式も構成できる．

例 8.38（おそらく既約であろう多項式たち） 繰り返しを用いて次のような多項式の系列を定義する：

$$f_1(x) = x^3 - x + 2,$$
$$f_2(x) = f_1 \circ f_1(x) = x^9 - 3x^7 + 6x^6 + 3x^5 - 12x^4 + 10x^3 + 6x^2 - 11x + 8,$$
$$f_3(x) = f_1 \circ f_1 \circ f_1(x) = x^{27} - 9x^{25} + 18x^{24} + 36x^{23} - 144x^{22} + 57x^{21}$$
$$+ 504x^{20} - 861x^{19} - \cdots - 2589x^3 + 4050x^2 - 2101x + 506,$$

など．形式的には，$f_1(x) = x^3 - x + 2$ とおいて，その続きとなる $f_n(x)$ を再帰的に次のように定義するのである：

$$f_{n+1}(x) = f_1 \circ f_n(x) = f_n(x)^2 - f_n(x) - 1.$$

任意の $n \geq 1$ に対して $f_n(x)$ は $\mathbb{Q}[x]$ で既約になりそうだが，証明は知られていない．

8.6 定規とコンパスによる作図

古代ギリシャの幾何学者たちは，定規とコンパスで作図できる量に熱中していた．しかし，「定規」や「コンパス」という単語はやや紛らわしい．実際，ギリシャ人にとっての定規とは単に印のついていない定規で，既知の 2 点間に直線を引くためのものであった．距離を測るための印はついていない．コンパスといえば与えられた点を中心として，もう 1 つの点を通る円を描くための道具であった．

たとえば，与えられた 2 点 P と Q に対して，定規を使って

$$L(P, Q) = P \text{ と } Q \text{ を通る直線}$$

を引くことができ，コンパスを使って

$$C(P, Q) = P \text{ を中心として } Q \text{ を通る円}$$

を描くことができる．図 19 を見よ．

最初の点を与えられたうえで，直線を引くために定規を使い，円を描くためにコンパスを

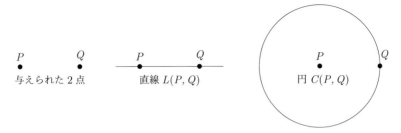

図 19 2 点を用いた直線と円の作図.

使い,そして直線と円の交点をとることで新しい点を作図していくことができる.たとえば,点 P, Q, R, S から出発して,円 $C(P,Q)$ を描いて,直線 $L(R,S)$ を引き,円と直線の交わる点として 2 つの点 T と U を得る[12].同様に,円 $C(P,Q)$ と $C(R,S)$ を描いて,2 つの円が交わる点として 2 つの新しい点 V と W が得られる.これらの作図を図 20 にしている.

このように進めて,直線と直線の交点をとり,直線と円の交点をとり,円と円の交点をとり,新しい点を作図し続けることができる.

> **定規とコンパスによる作図の基本問題:**
> 与えられた 2 点から始めて,どのような長さや角度が定規とコンパスで作図できるだろうか?

定規とコンパスで描ける問題の例をいくつか挙げる.ただし,最後の問題では非形式的に 3 点 P, Q, R からなる角 $\angle(P,Q,R)$ を,線分 $\overline{PQ}$ と $\overline{RQ}$ からなるものとして定義している.

- 与えられた 2 点 P と Q に対して,線分 $\overline{PQ}$ の中点を作図せよ.
- 与えられた 2 点 P と Q に対して,$L(P,Q)$ を 1 辺とする正 3 角形を作図せよ.
- 与えられた線分 L と L 上の点 P に対して,P を通り L に垂直な直線 L' を作図せよ.
- 与えられた直線 L と L 上にない点 P に対して,点 P を通り L に平行な直線 L' を作図せよ.
- 3 点 P, Q, R に対して,角 $\angle(P,Q,R)$ の 2 等分線を作図せよ.言い換えると,角 $\angle(P,Q,S)$ と $\angle(S,Q,R)$ が等しくなる点 S を作図せよ.243 ページの図 22 に,定規とコンパスで角を 2 等分する手順が 1 つずつ載っている.

解説図 21 を見よ.本書は代数学の教科書なので,定規とコンパスによる作図を 1 つ与えることで満足し(図 22)他は読者に委ねる.演習問題 8.25 を見よ.

数世紀にわたり解決を阻んできた 3 つの有名な問題は以下のものである.

角の 3 等分問題 与えられた角を,等しい 3 つの角へ分割せよ.言い換えると,与えられ

---
[12] より正確には,2 つの点を得るか,1 つの点を得るか,あるいは点は得られないかのいずれかである.

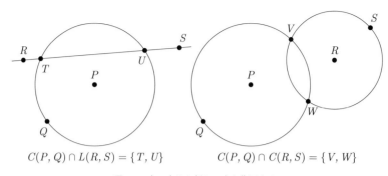

図 20 古い点から新しい点を作図する.

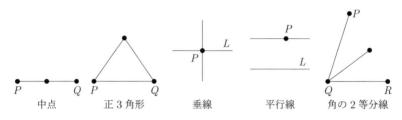

図 21 コンパスと定規で可能な作図の例.

た角 $\angle(P,Q,R)$ に対して,点 S と T で,
$$\angle(P,Q,S) = \angle(S,Q,T) = \angle(T,Q,R) = \frac{1}{3}\angle(P,Q,R)$$
となるものを作図せよ.

立方倍積問題 体積が 1 の立方体を与えられたときに,体積が 2 の立方体を作図せよ.より正確には,長さ 1 の線分が与えられたとき,体積が 2 の立方体の 1 辺は $\sqrt[3]{2}$ だから,長さが $\sqrt[3]{2}$ の線分を作図せよ.

円積問題 半径 1 の円と同じ面積の正方形を作図せよ.(そのためには,長さが π の線分を作図すれば十分である.)

例 8.39(角の 3 等分の失敗した試み) 角の 3 等分に,図 22 で解説した角の 2 等分の作図をまねて取り組んだとしよう.よって,直線 $L(R,S)$ を図 22 (c) のように作図したとして,図 22 (d) のように $\overline{SR}$ の中点を作図するのではなく,$\overline{SR}$ を,図 23 (a) のように,点 U, V により等しい長さの 3 つの線分に分けたとする[13].直線 $L(Q,U)$ と $L(Q,V)$ を,図 23 (b) のように描けば,これが角 $\angle(P,Q,R)$ を 3 等分すると期待できる.残念ながら,その期待は現実にはならない.実際,注意深く計算すると,角 $\angle(V,Q,R)$ はつねに角 $\angle(U,Q,V)$ よ

---

[13] 任意の $N \geq 1$ に対して,与えられた線分を N 個の等しい部分に,定規とコンパスで分けることは可能である.演習問題 8.26 を見よ.

定規とコンパスによる角の 2 等分

定規とコンパスによる作図を，角の 2 等分をどう行うかのステップごとの説明で解説する．
(a) 角 $\angle(P,Q,R)$ から始める．
(b) 円 $C(Q,R)$ を描き，S を $C(Q,R)$ と直線 $L(Q,P)$ の交点とする．
(c) R と S を結ぶ直線 $L(R,S)$ を描く．
(d) 線分 $\overline{RS}$ の中点 T を描く．
(e) Q と T を結ぶ直線 $L(Q,T)$ を描く．

直線 $L(Q,T)$ が角 $\angle(P,Q,R)$ の 2 等分線である．次の 3 つがその理由である：

$$|QS| = |QR| \quad \overline{QS} \text{ かつ } \overline{QR} \text{ はどちらも円 } C(Q,R) \text{ の半径だから．}$$
$$|ST| = |RT| \quad T \text{ は } \overline{RS} \text{ の中点だから．}$$
$$|QT| = |QT| \quad \text{は自明である．}$$

したがって，3 角形 $\triangle(QST)$ と $\triangle(QRT)$ の辺々はそれぞれ対応する長さになり，幾何学の基本定理から 3 角形 $\triangle(QST)$ と $\triangle(QRT)$ は合同な 3 角形である．これは，対応する角が等しいことを意味し，とくに $\angle(S,Q,T) = \angle(R,Q,T)$．つまり，$L(Q,T)$ が角 $\angle(S,Q,R)$ を 2 等分し，これは $\angle(P,Q,R)$ と同じ角である．

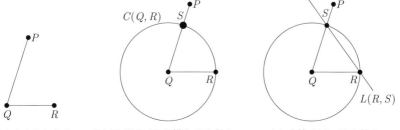

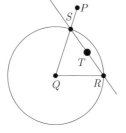

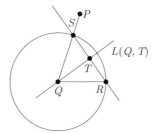

図 22 定規とコンパスによる角の 2 等分．

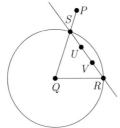
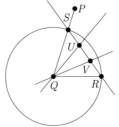

(a) $\overline{RS}$ を等しい 3 つの部分に分割する．　　(b) 線分を 3 等分する直線を描く．

図 23　角 $\angle(P,Q,R)$ の 3 等分の失敗した試み．

り小さく，よって $\angle(V,Q,R) < \frac{1}{3}\angle(S,Q,R)$ である．もちろん，これらの主張は証明を必要とする．とくに図から明らかでないものについては，演習問題 8.30 を見よ．

　本質的には，定規とコンパスによるすべての作図問題は，定規とコンパスで作図できる点がどのような点かを決定する問題に帰着する．デカルト (Descartes) による幾何学の代数学への変換を利用しよう．定規とコンパスによる作図は，与えられた点 P と Q から始める．そこで，$P = (0,0)$ を原点，$Q = (1,0)$ を x 軸上に 1 単位離れた点とする．$L(P,Q)$ に垂直な直線を描き，その直線上を線分 $\overline{PQ}$ と同じ長さだけ移動すると，点 $(0,1)$ を得る．この調子で進めると，整数 $a,b \in \mathbb{Z}$ を座標とする点 (a,b) を作図できる．もちろん，他にも作図できる点はたくさんある．これらを記述する最良の方法は，次の定義のような帰納的なアルゴリズムとして述べることだろう．

定義 8.40　**作図可能点**の集合とは，平面 $\mathbb{R}^2$ の，次の 2 条件を満たす点のなす最小の集合である：

　(I) $(0,0)$ と $(1,0)$ は作図可能である．
　(II) P, Q, R, S が作図可能なら，次の共通部分の点はすべて作図可能である：

$$L(P,Q) \cap L(R,S), \quad C(P,Q) \cap L(R,S), \quad C(P,Q) \cap C(R,S).$$

作図可能数の集合は，$\mathbb{R}$ の部分集合で，$\mathbb{R}^2$ の作図可能点の X 座標もしくは Y 座標からなる集合である．

　さきに注意したように，定規とコンパスを使って一般の角を 3 等分することは，どれほど上手に直線や円を描いても不可能である．同様に，立方体を倍にもできない．これらの結果の証明の鍵となるのは，次の定理に含まれていて，その応用は，代数学を幾何学に適用することの威力をよく示している．

定理 8.41　α を作図可能数とする．すると，α は $\mathbb{Q}$ 上代数的であり，

$$[\mathbb{Q}(\alpha) : \mathbb{Q}] \text{ は 2 冪である．}$$

証明 証明には，作図可能点の帰納的な定義を利用する次の補題が使われる．

補題 8.42 K を $\mathbb{R}$ の部分体とし，P, Q, R, S を $\mathbb{R}^2$ の点で，座標が K に含まれるようなものとする．さらに $P \neq Q$ かつ $R \neq S$ と仮定する．

    (a) もし $L(P,Q) \neq L(R,S)$ かつ $(\alpha, \beta) \in L(P,Q) \cap L(R,S)$ なら，$\alpha, \beta \in K$.

    (b) もし $(\alpha, \beta) \in C(P,Q) \cap L(R,S)$ なら，$[K(\alpha, \beta) : K] = 1$ もしくは 2.

    (c) もし $C(P,Q) \neq C(R,S)$ かつ $(\alpha, \beta) \in C(P,Q) \cap C(R,S)$ なら，

$$[K(\alpha, \beta) : K] = 1 \text{ または } 2.$$

証明 最も興味深い場合は (c) なので，(c) を証明して残りは読者に委ねたい．演習問題 8.34 を見よ．4 点 P, Q, R, S を次のようにおく：

$$P = (a_1, b_1), \quad Q = (c_1, d_1), \quad R = (a_2, b_2), \quad S = (c_2, d_2).$$

$C(P,Q)$ は P を中心とし半径が線分 $\overline{PQ}$ と同じ円だから，方程式

$$(X - a_1)^2 + (Y - c_1)^2 = (c_1 - a_1)^2 + (d_1 - b_1)^2$$

で与えられる．平方を展開して項を整理すると，$C(P,Q)$ は次の形の方程式で与えられることがわかる．

$$C(P,Q): X^2 + Y^2 + A_1 X + B_1 Y + C_1 = 0, \quad A_1, B_1, C_1 \in K.$$

同様にして，円 $C(R,S)$ も次の形の方程式で与えられる．

$$C(R,S): X^2 + Y^2 + A_2 X + B_2 Y + C_2 = 0, \quad A_2, B_2, C_2 \in K.$$

これら 2 つの円の交点を計算する必要がある．一般に，2 次の方程式で与えられる平面曲線の対が与えられたとき，交点は 4 点あることを期待する．しかし，円の対については，高々 2 点であることがわかる[14]．（これを「自明に正しい」と思うなら，「つぶれた円」つまり楕円については成り立たないことを念頭に置いてほしい．つまり，これは本当に証明が必要なことなのである．）円がなぜ高々 2 点で交わるのかを見るために，$C(R,S)$ の方程式から $C(P,Q)$ の方程式を引くと，直線の方程式

$$L: (A_1 - A_2)X + (B_1 - B_2)Y + (C_1 - C_2) = 0$$

を得る．そして，共通部分の方程式

$$C(P,Q) \cap C(R,S) = C(P,Q) \cap L$$

---

[14] より一般に，もし $f_1(X,Y)$ が次数 d_1，$f_2(X,Y)$ が次数 d_2 のとき，$f_1 = 0$ と $f_2 = 0$ の共通部分は高々 $d_1 d_2$ 点からなる．ベズー (Bezout) の有名な定理によると，交点の座標を $\mathbb{C}$ にとり，また「無限遠点」での交点を数え，また接点を適切な重複度で数えると，それら $f_1 = f_2 = 0$ の点はちょうど $d_1 d_2$ 個の点からなる．我々が考えている 2 つの円の場合は，消えている（座標が複素数の）交点が 2 つある．

を得る[15]．まず，$A_1 \neq A_2$ を仮定する．L の方程式を X について解き，それを $C(P,Q)$ の方程式に代入すると，

$$X = -\frac{(B_1-B_2)Y+(C_1-C_2)}{A_1-A_2} \xrightarrow[\text{に代入}]{C(P,Q) \text{ の方程式}}$$

$$\left(\frac{(B_1-B_2)Y+(C_1-C_2)}{A_1-A_2}\right)^2 + Y^2 - A_1\left(\frac{(B_1-B_2)Y+(C_1-C_2)}{A_1-A_2}\right) + B_1Y + C_1 = 0.$$

ここから K に係数を持つ（非常に面倒な）Y に関する2次方程式を得るが，面倒さは問題にしない．そこから次の点

$$(\alpha,\beta) \in C(P,Q) \cap C(R,S) = C(P,Q) \cap L$$

の Y 座標が K に係数を持つ2次方程式の根であることがわかる．よって $K(\beta)$ は K の1次もしくは2次拡大である．さらに，点 (α,β) は直線 L 上にあるから，L の方程式から

$$\alpha = -\frac{(B_1-B_2)\beta+(C_1-C_2)}{A_1-A_2} \in K(\beta),$$

つまり $K(\alpha)$ もまた K の1次もしくは2次拡大である．

同様にして，$B_1 \neq B_2$ なら，L の方程式を Y について解いて X で表し，後の議論はまったく同様である．

$A_1 = A_2$ かつ $B_1 = B_2$ のとき何が起きるかを見ることが残っている．このとき，2つの円の方程式は次のようになる：

$$C(P,Q)\colon X^2 + Y^2 + A_1X + B_1Y + C_1 = 0$$
$$\| \quad \| \quad \updownarrow^?$$
$$C(R,S)\colon X^2 + Y^2 + A_2X + B_2Y + C_2 = 0.$$

すると，仮定の $C(P,Q)$ と $C(R,S)$ が異なる円だということから，$C_1 \neq C_2$ であり，よって $C(P,Q) \cap C(R,S) = \emptyset$．つまりこれらの円は交わらない．つまり証明すべきことはない．以上で補題の (c) の部分の証明が終わった．　　　　　　　　　　　　　　□

さて定理 8.41 の証明を再開しよう．作図可能点や作図可能数の定義から，これらは直線や円の交点を繰り返しとっていくことで得られる．ここで，各ステップにおいて，座標が既知の作図可能数であるような点 P と点 Q で指定される直線 $L(P,Q)$ や円 $C(P,Q)$ を使う．この作図を，作図可能数アルゴリズムを与えることでさらに正確に述べる．このアルゴリズムの出力はいくつかの体であって，任意の作図可能数がアルゴリズムの出力で得られる体のどれかの元であるようなものである[16]．図 24 を見よ．

補題 8.42 から作図可能数アルゴリズムで得られる体の系列は，どれも

---

[15] ここで，2つの量 $\mathcal{X}$ と $\mathcal{Y}$ について $\mathcal{X} = \mathcal{Y} = 0$ となる必要十分条件が $\mathcal{X} = \mathcal{Y} - \mathcal{X} = 0$ であることを暗黙に使っている．

[16] 逆に，作図可能数全体の集合は体をなすので（演習問題 8.28），作図可能数アルゴリズムで作られた任意の体の数は，作図可能数である．

Step 1： $K_0 = \mathbb{Q}$ かつ $i = 0$ から出発せよ

Step 2： 飽きるまでループせよ

Step 3： 　座標が K_i に含まれる点を P, Q, R, S から選べ

Step 4： 　次の共通部分のどれかから点を選んで (α_i, β_i) とせよ

$$L(P,Q) \cap L(R,S), \quad C(P,Q) \cap L(R,S), \quad C(P,Q) \cap C(R,S)$$

Step 5： 　$K_{i+1} = K_i(\alpha_i, \beta_i)$ とせよ

Step 6： 　$i = i+1$ とせよ

Step 7： ループを終了せよ

Step 8： K_i を出力せよ

図 24 作図可能数アルゴリズム.

$$[K_{i+1} : K_i] = 1 \text{ または } 2$$

を満たす．よって，体の拡大の塔での次数の乗法性から（定理 5.18），このアルゴリズムで得られる体 K_n はそれぞれ次を満たす：

$$\text{ある } 0 \leq k \leq n \text{ に対して} \quad [K_n : \mathbb{Q}] = \prod_{i=0}^{n-1}[K_{i+1} : K_i] = 2^k.$$

最後に，すべての作図可能数 α は，何らかの K_n に含まれるから，

$$[\mathbb{Q}(\alpha) : \mathbb{Q}] = \frac{[K_n : \mathbb{Q}]}{[K_n : \mathbb{Q}(\alpha)]} = \frac{2^k}{[K_n : \mathbb{Q}(\alpha)]}$$

であり，つまり $[\mathbb{Q}(\alpha) : \mathbb{Q}]$ は 2 冪である． $\qquad\square$

系 8.43 $60°$ の角を定規とコンパスで3等分することは不可能である[17]．したがって，定規とコンパスで3等分できない角が存在する．

証明 一般に，角 $\theta = \angle(P, Q, R)$ が図 25 のように作図できたとする．Q を中心として半径 1 の円を描き，直線 QR との交点を S とする．次に S を通って直線 QP に垂直な直線を描き，QP との交点を T とする．3 角形 $\triangle(QST)$ は直角 3 角形で，その斜辺は長さ 1 であり，角は θ である．よって，長さが $\cos\theta$ である線分 QT を作図した．

我々が示したことは：

> 角 θ が作図可能なら，数 $\cos(\theta)$ も作図可能である．

とくに，$60°$ を 3 等分できたら，

$$\text{数 } \cos(20°) \text{ も作図可能である．}$$

$\cos(20°)$ を根とする多項式を，次の3倍角公式から作図できる[18]：

---

[17] $60°$ の角を作図することは可能である．正3角形を作図すればよい．

[18] 一般に，任意の $n \geq 1$ に対して多項式 $T_n(x) \in \mathbb{Z}[x]$ であって，任意の $\theta \in \mathbb{R}$ に対して $\cos(n\theta) = T_n(\cos(\theta))$

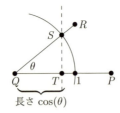

図 25 与えられた角 θ に対して，長さ $\cos(\theta)$ の線分を作図する．

$$\cos(3\theta) = 4\cos^3(\theta) - 3\cos(\theta).$$

$\theta = 20°$ とすると，$\cos(3\theta) = \cos(60°) = \frac{1}{2}$．よって $\cos(20°)$ は方程式 $\frac{1}{2} = 4X^3 - 3X$ の解であり，つまり

$$\cos(20°) \text{ は多項式 } 8X^3 - 6X - 1 = 0 \text{ の根である}.$$

$8X^3 - 6X - 1$ が $\mathbb{Q}[x]$ 上既約であることを確認するのは読者に委ねる．演習問題 8.31 を見よ．したがって，この根は 3 次拡大を生成するから，

$$[\mathbb{Q}(\cos(20°)) : \mathbb{Q}] = 3.$$

定理 8.41 から，$\cos(20°)$ は作図可能ではない，つまり，定規とコンパスを使った $\angle(P, Q, R) = 20°$ を満たす点 P, Q, R の作図は不可能であることの証明が完了した． □

系 8.44 数 $\sqrt[3]{2}$ は作図可能ではなく，よって定規とコンパスを使って「立方体を倍にする」ことも不可能である．

証明 3 次式 $X^3 - 2$ は $\mathbb{Q}$ に根を持たない[19]から，$\mathbb{Q}[x]$ で既約である．よって

$$[\mathbb{Q}(\sqrt[3]{2}) : \mathbb{Q}] = 3.$$

定理 8.41 より，$\sqrt[3]{2}$ は作図可能数ではない． □

注意 8.45（円積問題） 例 8.3 で注意したように，リンデマンが 1882 年に，π が $\mathbb{Q}$ 上超越的であることを示した．したがって体 $\mathbb{Q}(\pi)$ は $\mathbb{Q}$ の 2 冪次の拡大ではないどころか代数拡大でさえない．とくに，定理 8.41 から π は作図可能数ではなく，したがって「円積問題」は定規とコンパスでは解けない．

を満たすようなものが存在する．演習問題 8.36 を見よ．
[19] ピタゴラスによる $\sqrt{2}$ が無理数であることの証明をこの場合に適合させることができる．すなわち，$\sqrt[3]{2} = a/b \in \mathbb{Q}$ と既約分数で表示すると $2b^3 = a^3$，よって $2 \mid a^3$．2 は素数だから $2 \mid a$．$a = 2A$ とすると，$2b^3 = (2A)^3$ となり，よって $b^3 = 4A^3$．しかし，$2 \mid b^3$ となるから $2 \mid b$ であり，これは $\gcd(a, b) = 1$ に反する．

演習問題 　 *249*

演習問題

8.1 節　代数的数と超越数

8.1　F を体とし，$f(x) \in F[x]$ を零ではない多項式，α を F のある拡大体における $f(x)$ の根とする．次を証明せよ：

$$[F(\alpha):F] = \deg(f) \implies f(x) \text{ は } F[x] \text{ で既約.}$$

これは，命題 8.6 (c) が必要十分条件を述べる結果であることを示している．

8.2　次のそれぞれの数が $\mathbb{Q}$ 上代数的であることを，それを根とする $\mathbb{Q}[x]$ の多項式を見つけることで示せ：

(a) $\sqrt[n]{c}$, ここで $c \in \mathbb{Q}$ かつ $n \geq 1$.
(b) $\sqrt{2} + \sqrt{3}$.
(c) $\sqrt[3]{2} + \sqrt{3}$.

8.3　この演習問題では，次の結果の証明の素描を与える．すなわち，ある数が $\mathbb{Q}[x]$ の多項式の根ならば，それは有理数による過度な近似はできないというものである[20].

定理 8.46　$f(x) \in \mathbb{Z}[x]$ を次数 $d \geq 1$ の多項式とする．正の定数 $C_f > 0$ が存在して，もし $\alpha \in \mathbb{C} \smallsetminus \mathbb{Q}$ が $f(x)$ の根で有理数でない数なら，次が成り立つ：

$$\text{任意の } \frac{p}{q} \in \mathbb{Q} \text{ に対して} \quad \left| \frac{p}{q} - \alpha \right| \geq \frac{C_f}{q^d}. \tag{8.16}$$

(a) 任意の $p/q \in \mathbb{Q}$ が

$$f\left(\frac{p}{q}\right) = 0 \quad \text{もしくは} \quad \left| f\left(\frac{p}{q}\right) \right| \geq \frac{1}{q^d}$$

を満たす．

(b) $g(x) \in \mathbb{C}[x]$ を次数 e の多項式とし，$\alpha \in \mathbb{C}$ とする．定数 $A_{g,\alpha}$ で，次を満たすものが存在することを証明せよ：

$$\text{任意の } \beta \in \mathbb{C} \text{ に対して} \quad |g(\beta)| \leq A_{g,\alpha} \max\{1, |\beta - \alpha|^e\}.$$

（ヒント：$g(x)$ を $(x-\alpha)$ の冪で展開せよ.）

(c) (a) と (b) を使って，定理 8.46 を証明せよ．（ヒント：$f(\alpha) = 0$ が与えられているから，$f(x)$ を，ある $g(x) \in \mathbb{C}[x]$ により $f(x) = (x-\alpha)g(x)$ と因子分解できる.）

8.4　この演習問題では，リュービユ数

$$\lambda = \sum_{n=1}^{\infty} \frac{1}{10^{n!}} = \frac{1}{10} + \frac{1}{10^2} + \frac{1}{10^6} + \frac{1}{10^{24}} + \cdots$$

が $\mathbb{Q}$ 上超越的であることの証明の素描を与える．演習問題 8.3 を用いる．

(a) 各 $N \geq 1$ に対して，λ を定義する和の最初の N 項を考え，既約分数として表す：

---

[20] さらにずっと強いバージョンが知られている．ロス (Roth) の定理は，定理 8.46 が，$\eta > 2$ は任意として $1/q^d$ を $1/q^\eta$ に置き換えても正しいというものである．ロスの定理の証明は極めて難しい．それが彼の，1958 年のフィールズ (Fields) 賞受賞の一助となった．

$$\frac{p_N}{q_N} = \sum_{n=1}^{N} \frac{1}{10^{n!}}.$$

$q_N = 10^{N!}$ を証明せよ.

(b) 次を示せ:

$$\text{任意の } N \geq 1 \text{ に対して } \left| \frac{p_N}{q_N} - \lambda \right| \leq \frac{2}{10^{(N+1)!}}.$$

（これにより，λ にそれはそれは近い有理数がたくさんあることがわかる.）

(c) λ が $\mathbb{Q}$ 上代数的と仮定する. つまり λ は，ある $d \geq 1$ 次の多項式 $f(x) \in \mathbb{Q}[x]$ の根である. (a), (b) と，演習問題 8.3 の定理 8.46 を使って矛盾を導き，λ が $\mathbb{Q}$ 上超越的であることを導け.

8.2 節　多項式の根と乗法的な部分群

8.5 R は可換環だが，整域では**ない**ものとする. つまり，R には零因子があると仮定する. 多項式 $f(x) \in R[x]$ で，その次数よりも多くの相異なる根を R に持つようなものが存在することを示せ.

8.6 R を環とし，$a_1, \ldots, a_n \in R$ として，多項式の集合

$$K_a = \{f(x) \in R[x] : f(a_1) = \cdots = f(a_n) = 0\}$$

を定義する.

(a) K_a は $R[x]$ のイデアルであることを証明せよ.

(b) R が整域で，$a_1, \ldots, a_n$ は相異なるとする. このとき K_a は，生成元が多項式 $(x - a_1) \cdots (x - a_n)$ であるような $R[x]$ の単項イデアルであることを示せ.

(c) $R = \mathbb{Z}/6\mathbb{Z}$ とする. イデアル K_a の生成元を，次のそれぞれの a に対して求めよ：(i) $a = (2, 3)$. (ii) $a = (2, 4)$. (iii) $a = (2, 5)$.

8.7 $\mathbb{H}$ を，例 3.7 で述べた 4 元数環とする.

(a) 注意 8.9 で注意したように，2 次多項式 $x^2 + 1$ は $\mathbb{H}$ で 2 個より多い根を持つ. よって，定理 8.8 は $\mathbb{H}$ に対して成り立たない. 定理 8.8 の証明のどのステップが $\mathbb{H}$ では成り立たないのか指摘せよ.

(b) $x^2 + 1$ は $\mathbb{H}$ で無数の根を持つことを証明せよ.

(c) $x^2 + 1$ の $\mathbb{H}$ における根を記述せよ.

(d) もし $\alpha \in \mathbb{H}$ が $\alpha^2 = -1$ を満たすなら，可逆元 $\beta \in \mathbb{H}$ が存在して，$\beta^{-1}\alpha\beta = i$ を満たすことを証明せよ. （ヒント：この問題は，面倒な線形代数を必要とする！）

8.8 F を有限体で位数が q, さらに q は奇数であると仮定する.

(a) $a, b \in F^*$ とする. もし $a^2 = b^2$ なら，$a = b$ または $a = -b$ であることを示せ.

(b) 環 $\mathbb{Z}/8\mathbb{Z}$ と $\mathbb{Z}/15\mathbb{Z}$ について，(a) が成り立たないことを示せ.

(c) F^* の部分集合で，平方元の集合と非平方元の集合をそれぞれ

$$\mathcal{R} = \{a^2 : a \in F^*\} \quad \text{および} \quad \mathcal{N} = \{b \in F^* : b \notin \mathcal{R}\}$$

とする[21]. $\mathcal{R}$ と $\mathcal{N}$ はそれぞれちょうど $(q-1)/2$ 個の相異なる元を含むことを示せ.

(d) $f(x)$ を次の多項式とする：

---

[21] $\mathcal{R}$ の元を**平方剰余**，$\mathcal{N}$ の元を**平方非剰余**という.

$$f(x) = x^{\frac{q-1}{2}} - 1.$$

$\mathcal{R}$ は $f(x)$ の F における根の集合とちょうど一致することを証明せよ．（ヒント：$\mathcal{R}$ が根の集合であることを示すのにラグランジュの定理を使う．そして (c) と定理 8.8 (c) を使う．）

(e) $c \in F^*$ とする．次を証明せよ：

$$c^{\frac{q-1}{2}} \equiv \begin{cases} 1 & c \in \mathcal{R} \text{ のとき,} \\ -1 & c \in \mathcal{N} \text{ のとき.} \end{cases}$$

（ヒント：ラグランジュの定理により，F^* のどの元も $x^{q-1} - 1$ の根である．この多項式を $f(x)g(x)$ のように因子分解し，(d) を使う．）

(f) $a_1, a_2 \in \mathcal{R}$ かつ $b_1, b_2 \in \mathcal{N}$ とする．次を証明せよ：

$$a_1 a_2 \in \mathcal{R} \quad \text{かつ} \quad b_1 b_2 \in \mathcal{R}.$$

これらの事実のうち最初のものは，驚くには当たらない．なぜなら，任意の可換環で 2 つの平方元の積は平方元であるからである．しかし，2 番目の事実は驚きである．というのも，多くの環では，平方元ではない元同士の積は平方元ではないからである．

8.9 F を q 個の元からなる有限体，整数 m は $m \mid q - 1$ を満たすものとする．

(a) F^* は位数 m の部分群をただ 1 つ含むことを示せ．

(b) $\alpha \in F^*$ とする．次の主張が同値であることを示せ：

   (i) α は F で m 乗元である．つまり，$\alpha = \beta^m$ を満たす $\beta \in F^*$ が存在する．

   (ii) $\alpha^{(q-1)/m} = 1$．

これは**オイラーの規準**として知られている[22]．

(c) q が奇数であるとする．次を証明せよ：

$$-1 \text{ が } F^* \text{ の平方元である} \iff q \equiv 1 \pmod{4}.$$

（ヒント：(b) を $m = 2$ に用いる．）

8.3 節　分解体，分離性，既約性

8.10 以下のそれぞれの場合について，L が $f(x)$ の F 上の分解体であることを証明せよ：

(a) $F = \mathbb{Q}$, $f(x) = x^2 - 4x + 13$, $L = \mathbb{Q}(i)$.

(b) $F = \mathbb{Q}$, $f(x) = x^4 - 4$, $L = \mathbb{Q}(i, \sqrt{2})$.

(c) $F = \mathbb{Q}$, $f(x) = x^3 + 2x^2 - 9x + 2$, $L = \mathbb{Q}(\sqrt{5})$.

(d) $F = \mathbb{Q}$, $f(x) = x^4 + 8x^3 + 16x^2 - 12$, $L = \mathbb{Q}(\sqrt{3})$.

8.11 (a) $f(x) = x^4 - 1 \in \mathbb{Q}[x]$ とする．$f(x)$ を $\mathbb{Q}[x]$ の既約因子の積に分解せよ．さらに，$\mathbb{Q}(\sqrt{-1})$ が $f(x)$ の $\mathbb{Q}$ 上の分解体であることを示せ．

(b) $f(x) = x^6 - 1 \in \mathbb{Q}[x]$ とする．$f(x)$ を $\mathbb{Q}[x]$ の既約因子の積に分解せよ．さらに，$\mathbb{Q}(\sqrt{-3})$ が $f(x)$ の $\mathbb{Q}$ 上の分解体であることを示せ．

8.12 以下のどの環が体であり，どの環が体ではないだろうか？　理由とともに答えよ．

(a) $\mathbb{R}[x]/(x^2 + 1)\mathbb{R}[x]$.

(b) $\mathbb{F}_3[x]/(x^2 + 1)\mathbb{F}_3[x]$.

(c) $\mathbb{F}_5[x]/(x^2 + 1)\mathbb{F}_5[x]$.

---

[22] 訳注：次の (c) をオイラーの規準と呼ぶこともある．

252   第8章　体——第2部

8.13 F を体とし，$f(x) \in F[x]$ を多項式とする．命題 8.19 の証明を，以下の微分の性質を確かめることで完結させよ．

(a)（和公式）$(af + bg)'(x) = af'(x) + bg'(x)$.

(b)（連鎖公式）$h(x) = f(g(x))$ とする．このとき $h'(x) = f'(g(x))g'(x)$.（ヒント：最初に $f(x) = x^i$ について成り立つことを i に関する帰納法で示せ．次いで積公式を使う．最後に，$f(g(x))$ を $g(x)$ の冪の和で表し，和公式を使う．）

8.14 F を体とし，$f(x) \in F[x]$ を多項式とする．

(a) 2 変数多項式環 $F[x, y]$ において次が成り立つような多項式 $\phi(x) \in F[x]$ がただ 1 つ存在する：

$$f(x + y) = f(x) + \phi(x)y + (\text{イデアル } y^2 F[x, y] \text{ の元}).$$

(b) (a) の多項式 $\phi(x)$ は微分 $f'(x)$ である．

8.15 演習問題 8.14 は，$f'(x)$ を $F[x]$ の元で，

$$f(x + y) = f(x) + f'(x)y + (\text{イデアル } y^2 F[x, y] \text{ の元}). \tag{8.17}$$

を満たすものとして特徴づける．$f'(x)$ を関係式 (8.17) で定義したとしよう．このとき，式 (8.17) を直接使って，次の微分の諸性質を証明せよ．

(a) $(af + bg)'(x) = af'(x) + bg'(x)$（和公式）．

(b) $(fg)'(x) = f(x)g'(x) + f'(x)g(x)$（積公式）．

(c) $h(x) = f(g(x))$ とする．このとき $h'(x) = f'(g(x))g'(x)$（連鎖公式）．

8.4 節　有限体再訪

8.16 q を素数冪とし，$d \geq 1$，F を q 個の元からなる有限体とする．さらに，K/F を F の拡大体で，q^d 個の元からなるものとする．K は $x^{q^d} - x$ の F 上の分解体であることを示せ．

8.17 K を p^d 個の元からなる体とする．とくに，K は $\mathbb{F}_p$ と同型な体を含んでいる．

(a) 元 $\gamma \in K$ で，評価写像

$$E_\gamma \colon \mathbb{F}_p[x] \longrightarrow K$$

が全射になるものが存在することを示せ．（ヒント：系 8.10 を使う．）

(b) $\mathbb{F}_p[x]$ に d 次の既約多項式が存在することを示せ．（ヒント：(a) の評価写像の核の生成元をとる．）この結果は，定理 5.29 の別証明の方針である．

8.18 K を p^d 個の元からなる体とする．次の主張が同値であることを証明せよ：

(a) K は p^e 個の元からなる体を含む．

(b) $e \mid d$.

8.5 節　ガウスの補題とアイゼンシュタインの既約性判定法

8.19 $u, v \in \mathbb{Z}$ とし，$f(x)$ を次の多項式とする：

$$f(x) = x^3 + ux^2 + vx - 1.$$

$f(x)$ が $\mathbb{Q}[x]$ で既約である必要十分条件は，$(u + v)(u - v - 2) \neq 0$ であるということを示せ．

8.20 (a) $f(x)$ を

$$f(x) = 3x^6 - x^5 - 4x^4 + x^3 - x^2 + 3$$

とする．系 8.32 を用いて，$f(x)$ が $\mathbb{Q}[x]$ で既約であることを示せ．

(b) $f(x)$ を

$$f(x) = 2x^5 - 4x^4 + x^3 + x^2 + 3x - 1$$

とする．系 8.32 を用いて，$f(x)$ が $\mathbb{Q}[x]$ で既約であることを示せ．

(c) $f(x) = 5x^5 - 5x^4 - 4x^3 + 15x^2 - 11x + 2$ とする．$f(x)$ の法 5 の簡約は

$$\overline{f}_5(x) = x^3 + 4x + 2 \in \mathbb{F}_5[x]$$

である．$\overline{f}_5(x)$ は $\mathbb{F}_5[x]$ で既約だが，$f(x)$ は $\mathbb{Q}[x]$ で可約であることを示せ．なぜこれが系 8.32 と矛盾しないのだろうか？

8.21 $\Phi_1(x) = x - 1$ とし，各 $n \geq 1$ に対して **n 次円分多項式** $\Phi_n(x)$ を次の式で帰納的に定義する：

$$x^n - 1 = \prod_{m \mid n} \Phi_m(x),$$

これは定義 8.37 と同じである．

(a) $\Phi_n(x)$ を $2 \leq n \leq 10$ について計算せよ．

(b) $\zeta_n = e^{2\pi i/n} \in \mathbb{C}$ を 1 の原始 n 乗根とする．$\Phi_n(x)$ は $\mathbb{C}[x]$ において，

$$\Phi_n(x) = \prod_{\substack{1 \leq d \leq n \\ \gcd(d,n)=1}} (x - \zeta_n^d)$$

と因子分解することを示せ．よって $\Phi_n(x)$ は $\mathbb{C}[x]$ のモニック多項式である．

(c) $\Phi_n(x)$ の係数がすべて $\mathbb{Z}$ の元であることを証明せよ．

8.22 R を PID とし，その分数体を K とする．零でない多項式

$$f(x) = c_0 + c_1 x + \cdots + c_d x^d \in R[x]$$

に対して，**f の内容**を f の係数で生成されるイデアルと定義する．それは単項イデアルだから，その生成元の 1 つを固定して $\mathcal{C}_f \in R$ と表す．つまり，

$$\mathrm{Content}(f) = Rc_0 + Rc_1 + \cdots + Rc_d = \mathcal{C}_f R.$$

(a) $f(x), g(x) \in R[x]$ を零でない多項式とする．次を証明せよ：

$$\mathcal{C}_{fg} R = \mathcal{C}_f \mathcal{C}_g R.$$

(b) $f(x) \in R[x]$ とし，$f(x)$ は $K[x]$ で $f(x) = g(x)h(x)$ と因子分解するとする．多項式 $G(x)$, $H(x) \in R[x]$ で次を満たすものが存在することを証明せよ：

$$f(x) = G(x)H(x), \quad \deg G = \deg g, \quad \deg H = \deg h.$$

8.23 R を PID とし，その分数体を K，$\pi \in R$ を既約元とし，

$$f(x) = c_0 + c_1 x + \cdots + c_d x^d \in R[x]$$

を多項式で，その係数が条件

254   第8章　体——第2部

$$\pi \nmid c_d, \quad 0 \le i < d \text{ に対して } \pi \mid c_i \quad \text{かつ} \quad \pi^2 \nmid c_0$$

を満たすものとする．このとき，$f(x)$ は $K[x]$ で既約であることを証明せよ．

8.24 p を素数とし，$F = \mathbb{F}_p(T)$ を $\mathbb{F}_p$ に係数を持つ有理関数体，さらに

$$f(x) = x^p - T \in F[x]$$

とする．$f(x)$ が $F[x]$ で既約であることを証明せよ．（ヒント：1つの方法は，演習問題 8.23 を使うことである．そこでは，$\mathbb{F}_p[T]$ のような PID でのアイゼンシュタインの既約性判定法を証明した．もちろん，もっと直接的な証明も教育的である．）

8.6 節　定規とコンパスによる作図

8.25 以下の問題について，定規とコンパスによるステップごとの作図手順を与えよ．8.6 節の図 21 を見よ．

(a) 2 点 P と Q が与えられたとき，線分 $\overline{PQ}$ の中点を作図せよ．

(b) 2 点 P と Q が与えられたとき，$L(P,Q)$ を 1 辺とする正 3 角形を作図せよ．

(c) 直線 L と，L 上の点 P が与えられたとき，P を通り L に垂直な直線 L' を作図せよ．

(d) 直線 L と，L 上にない点 P が与えられたとき，P を通り L に平行な直線を作図せよ．

8.26 点 P, Q と整数 $N \ge 1$ が与えられたとき，定規とコンパスを使って線分 $\overline{PQ}$ を N 個の等しい部分に分割できることを示せ．

8.27 α と β を作図可能数とする．(α, β) は作図可能点であることを示せ．（α が作図可能数であることは，α が作図可能点の X 座標もしくは Y 座標であるということだけを意味しており，必ずしももう一方の座標が β である点の座標だということではない．）

8.28 作図可能数全体の集合は $\mathbb{R}$ の部分体をなすことを，以下の主張を示すことで証明せよ．α, β を作図可能数とする．

(a) 0 と 1 が作図可能数であることを示せ．

(b) $\alpha \pm \beta$ が作図可能数であることを示せ．

(c) $\alpha\beta$ が作図可能数であることを示せ．

(d) もし $\alpha \ne 0$ なら，α^{-1} が作図可能数であることを示せ．

（ヒント：(c) と (d) については，まず a と b が零でない作図可能数なら，b/a も作図可能数であることを，相似な 3 角形を使って示す．そして $a = \alpha, b = 1$ として (d) を示し，$a = \alpha^{-1}, b = \beta$ として (c) を示す．）

8.29 (a) $N \ge 1$ を正の整数とする．$\sqrt{N}$ が作図可能数であることを示せ．（ヒント：N に関する帰納法を使う．）

(b) より一般に，$\alpha > 0$ が正の作図可能数なら，$\sqrt{\alpha}$ も作図可能数であることを示せ．

8.30 この演習問題では，図 23 で示した角の 3 等分の失敗した試みを，とくにその図中の，線分 $\overline{SR}$ を 3 つの等しい部分に分割した点 U と V を取り上げる．

(a) 角 $\angle(S, Q, R)$ が 60° とする．3 角法を使って，角 $\angle(V, Q, R)$ を（おおよそ）計算し，それが 20° より真に小さいことを示せ．

(b) $\angle(V, Q, R)$ を $\angle(S, Q, R)$ で表す一般的な式を見つけよ．

(c) 任意の角について真の不等式 $\angle(V, Q, R) < \frac{1}{3}\angle(S, Q, R)$ が成り立つことを示せ．

8.31 $8X^3 - 6X - 1 = 0$ は $\mathbb{Q}[x]$ で既約であることを示せ．

8.32 作図可能点 P, Q, R で，角 $\angle(P,Q,R) = 2\pi/7$ ラジアンになるものは存在しないことを証明せよ．（ヒント：$\cos(2\pi/7)$ は $\mathbb{Q}[x]$ の既約多項式の根である．）

8.33 (a) 正六角形が作図可能であることを示せ．（ヒント：正六角形の角は $120°$ であるから，まず作図可能点 P, Q, R で $\angle(P,Q,R) = 60°$ となるものの存在を示す．次いで，補角をとる．）
  (b) 正五角形が作図可能であることを示せ．（ヒント：(a) と同じだが，$72°$ について考える）．

8.34 K を $\mathbb{R}$ の部分体とし，P, Q, R, S を $\mathbb{R}^2$ の点で，座標が K に入るものを考える．この演習問題では，補題 8.42 の，本文では証明されなかった 2 つの部分についての証明を完結させてほしい．
  (a) $(\alpha, \beta) \in L(P,Q) \cap L(R,S)$ なら，$\alpha, \beta \in K$ であることを示せ．
  (b) $(\alpha, \beta) \in C(P,Q) \cap L(R,S)$ なら，$[K(\alpha, \beta) : K] = 1$ もしくは 2 を示せ．

8.35 θ を $0°$ から $180°$ の範囲の角とする．次が同値であることを証明せよ：
  (a) 作図可能点 P, Q, R で，$\angle(P,Q,R) = \theta$ となるものが存在する．
  (b) $\cos(\theta)$ は作図可能数である．
  (c) $\sin(\theta)$ は作図可能数である．

8.36 (a) 各 $n \geq 0$ に対して，多項式 $T_n(x) \in \mathbb{Z}[x]$ で次を満たすものが存在することを証明せよ：

$$\text{任意の } \theta \in \mathbb{R} \text{ に対して} \quad \cos(n\theta) = T_n(\cos(\theta)).$$

  多項式 $T_n(x)$ をチェビシェフ (Chebyshev) 多項式と呼ぶ．（ヒント：$T_{n+1}(x)$ を $T_n(x)$ と $T_{n-1}(x)$ で表す公式を見つけよ．次いで，最初の多項式 $T_0(x) = 1$, $T_1(x) = x$ から始めて，帰納法を使う．）
  (b) $T_n(x)$ を $1 \leq n \leq 5$ について計算せよ．
  (c) $m, n \geq 0$ とする．

$$T_m(T_n(x)) = T_n(T_m(x)) = T_{mn}(x)$$

  を証明せよ．
  (d) $m, n \geq 0$ とする．次の積分の値を計算せよ：

$$\int_{-1}^{1} \frac{T_m(x)T_n(x)}{\sqrt{1-x^2}}\, dx.$$

  ($m = 0$ もしくは $n = 0$，あるいはその両方の場合に注意が必要である．）

第 9 章　ガロア理論：体＋群

9.1　ガロア理論とは何か？

　多項式の根の研究は古代にまでさかのぼる．実際，2 次方程式の代数的もしくは幾何的な解法のいろいろなバージョンが，バビロニア（紀元前 1600 年ころまでに），中国（紀元前 200 年ころまでに），エジプト（紀元前 2000 年ころまでに），ギリシャ（紀元前 300 年ころまでに），インド（西暦 600 年ころまでに），そしてペルシア（西暦 800 年ころまでに）の数学者に知られていた．より高次の多項式の根についても興味が持たれていたが，注意 5.2 に述べたように，16 世紀になるまで一般的な方法は見つからなかったし，見つかっても 3 次と 4 次の多項式に対してのみであった．

　多項式の根についての現代的な研究は体の理論に包摂される．K/F が体の拡大のとき，数 $\alpha \in K$ が F 上代数的とは，α が $F[x]$ の零でない多項式の根となることだった．定義 8.1 を見よ．ここから次の定義に至る．

定義 9.1　K/F が**代数拡大**とは，任意の $\alpha \in K$ が F 上代数的であることと定義する．

　第 5 章と第 8 章での我々の仕事は，多項式の根と体の代数拡大の関係をめぐるものであった．

　この章の主な話題であるガロア理論は，群論を用いて体の拡大を研究するための，強力で数学的に洗練された技法を提供する．この章を読み進める際に，次のプログラムを念頭に置いてほしい：

ガロア理論は多項式の根についての難しい問題を，もう少し捉えやすい有限群の問題に翻訳してくれる．

9.2　多項式と体の拡大の復習

　読者の便宜のために，多項式と体の拡大について第 5 章と第 8 章の重要な題材を集めておく．これらは，本章で頻繁に用いられる．

定義（定義 5.22）　F を体とする．定数ではない多項式 $f(x) \in F[x]$ が **F 上可約**であるとは，定数ではない多項式 $g(x), h(x) \in F[x]$ が存在して $f(x)$ が $f(x) = g(x)h(x)$ と因子分解されることである．

258　第 9 章　ガロア理論：体 + 群

　既約性は，多項式 $f(x)$ と体 F の両方に依存するということはいくら強調してもしすぎということはない．典型的な例として，多項式 $f(x) = x^2 + 1$ は $\mathbb{R}$ 上既約だが，$\mathbb{C}$ 上では可約である．

定理（定理 5.18 体の塔における次数の乗法性）　$L/K/F$ を体の拡大，つまり L は K の拡大であり，K は F の拡大であるとする．このとき L は F の拡大とも見なせる．このとき，次の関係が成り立つ：

$$[L : F] = [L : K] \cdot [K : F].$$

定理（定理 5.21）　F を体とする．多項式環 $F[x]$ の任意のイデアルは単項イデアルである．

定理（定理 5.26）　F を体として，$f(x) \in F[x]$ を零でない多項式とする．次の主張は同値である：

(a) $f(x)$ は既約である．

(b) $f(x)$ が生成する単項イデアル $f(x)F[x]$ は極大イデアルである．

(c) 剰余環 $F[x]/f(x)F[x]$ は体である．

定理（定理 5.27）　F を体とし，$f(x) \in F[x]$ を既約多項式，$K_f = F[x]/f(x)F[x]$ とする．

(a) 環 K_f は体である．

(b) 体 K_f は F の有限次拡大体であり，その次数は

$$[K_f : F] = \deg(f).$$

定理（定理 8.5）　L/F を体の拡大，$\alpha \in L$ とする．このとき，

$$F[\alpha] = F(\alpha) \iff \alpha \text{ は } F \text{ 上代数的である．}$$

命題（命題 8.6）　F を体とし，$f(x) \in F[x]$ を零でない多項式，α を F のある拡大体における $f(x)$ の根とする．

(a) $$\dim_F F[x]/f(x)F[x] = \deg f.$$

(b) $$[F(\alpha) : F] \le \deg(f).$$

(c) $f(x)$ が $F[x]$ で既約なら，評価写像

$$E_\alpha : F[x] \longrightarrow F(\alpha), \quad p(x) \longrightarrow p(\alpha)$$

は次の同型写像

$$E_\alpha : F[x]/f(x)F[x] \overset{\sim}{\longrightarrow} F[\alpha] \cong F(\alpha)$$

を誘導し，次数の等式

$$[F(\alpha) : F] = \deg(f)$$

9.3 代数的数の体 **259**

を与える.

定義(定義 8.13) L/F を体の拡大,$f(x) \in F[x]$ を零ではない多項式とする.f が **L で完全分解する**とは,$f(x)$ が次のように因子分解されることと定義する:

$$c \in F^* と \alpha_1, \ldots, \alpha_d \in L により \quad f(x) = c(x - \alpha_1)(x - \alpha_2) \cdots (x - \alpha_d). \quad (9.1)$$

L が **$f(x)$ の F 上の分解体**とは,f が L で完全分解し,L の F を含むどの真の部分体でも完全分解はしないことをいう.

定理(定理 8.17) F を体とし,$f(x) \in F[x]$ を零ではない多項式とする.
   (a) $f(x)$ の F 上の分解体となる拡大 L/F が存在する.
   (b) L/F が $f(x)$ の F 上の分解体なら,L/F の拡大次数は

$$[L : F] \leq (\deg f)!$$

   と押さえられる.

定義(定義 8.21) F を体とし,$f(x) \in F[x]$ を零ではない多項式とする.L/F を $f(x)$ の F 上の分解体とする.このとき f が **分離的**とは,式 (9.1) の根 $\alpha_1, \ldots, \alpha_d \in L$ が相異なることである.逆に,1 つ以上の重解を持つなら,**非分離的**と呼ばれる.

定理(定理 8.26) F を体とし,$f(x) \in F[x]$ を既約多項式とする.$f(x) \in F[x]$ を(既約)多項式とする.
   (a) F の標数が 0 なら,$f(x)$ は分離的である.
   (b) 微分 $f'(x)$ が 0 でなければ,$f(x)$ は分離的である.

9.3 代数的数の体

我々の目標は $F[x]$ の多項式の根を研究すること,あるいは同じことだが,F 上代数的な数を研究することであるから,そのような数全体を考えよう[1].これら代数的数の全体のなす集合が,何か有用な構造を持っているかどうかは,アプリオリにはまったく明らかではない.したがって,この集合が加法や乗法で閉じているというのは,まったく明らかなことではないし非常に重要である.言い換えると,もし α と β が F 上代数的なら,$\alpha + \beta$ も $\alpha\beta$ もそうである.次の例が示すように,α と β が 2 次方程式の解のときですら,$\alpha + \beta$ や $\alpha\beta$ を根とする多項式を推測するのは容易ではない.

例 9.2 α と β を 2 次式の根とし,たとえば,

$$a_0 + a_1\alpha + \alpha^2 = 0 \quad と \quad b_0 + b_1\beta + \beta^2 = 0$$

---

[1] ここでは少しだけ不正確な表現をしている.というのは,これら代数的な数がどこに住んでいるか明らかではないからである.しかしここでは,これからたどろうとする道の動機づけを与えようとしているだけだから問題はない.

であるとする．このとき，$\alpha\beta, \alpha+\beta$ も多項式の根である．実際，$\alpha\beta$ は次の多項式

$$x^4 - a_1 b_1 x^3 + (a_1^2 b_0 + a_0 b_1^2 - 2a_0 b_0)x^2 - a_1 a_0 b_1 b_0 x + a_0^2 b_0^2$$

の根であり，$\alpha+\beta$ は次の恐ろしげな見た目の多項式の根であることが確認できる：

$$x^4 + 2(b_1 + a_1)x^3 + (2b_0 + b_1^2 + 3a_1 b_1 + 2a_0 + a_1^2)x^2$$
$$+ (2b_1 b_0 + 2a_1 b_0 + a_1 b_1^2 + 2a_0 b_1 + a_1^2 b_1 + 2a_1 a_0)x$$
$$+ b_0^2 + a_1 b_0 b_1 - 2a_0 b_0 + a_1^2 b_0 + a_0 b_1^2 + a_1 a_0 b_1 + a_0^2.$$

　この節での我々の目標は，多項式を明示的に書き下すことなく，例 9.2 を任意の多項式の根 α と β にまで拡張することである．次の 2 つの結果が，多項式の根に関する代数的な事実を，ベクトル空間の次元に関する線形代数的な事実からいかにして導くかに注意してほしい．

定理 9.3　K/F を体の拡大とし，$\alpha \in K$ とする．このとき，次は同値である：

(a) $F[\alpha]$ は F 上の有限次元ベクトル空間である．

(b) $[F(\alpha):F]$ は有限，つまり，$F(\alpha)$ は F ベクトル空間として有限次元である．

(c) α は F 上代数的である．

注意 9.4　定理 9.3 の威力は，「α は多項式の根か？」という難しい問題を，より易しいかもしれない「ベクトル空間 $F[\alpha]$ は有限次元か？」という問題に変換してくれるところにある．言い換えると，定理 9.3 が述べているのは，次の主張である：

$$\underbrace{F[\alpha] \text{ と } F(\alpha) \text{ は } F \text{ ベクトル空間として有限次元}}_{\text{線形代数的な事実}} \iff \underbrace{\alpha \text{ は } F \text{ 上代数的}}_{\text{多項式の根としての事実}}.$$

系 9.5　K/F を体の拡大とする．このとき[2]

$$\underbrace{[K:F] \text{ は有限}}_{\text{線形代数的な事実}} \implies \underbrace{K \text{ は } F \text{ 上代数的}}_{\text{多項式の根としての事実}}.$$

証明（定理 9.3 の証明）　まず (a) $\Rightarrow$ (c) から始める．そこで，$F[\alpha]$ が F 上有限次元，たとえば $\dim_F F[\alpha] = d$ とする．すると，$d+1$ 個の元

$$1, \alpha, \alpha^2, \ldots, \alpha^d \in F[\alpha]$$

は線形従属になるから，$a_0, a_1, \ldots, a_d \in F$ で全部が零ではなく，

$$a_0 + a_1 \alpha + a_2 \alpha^2 + \cdots + a_d \alpha^d = 0$$

を満たすものが存在する．これは α が $F[x]$ の零でない多項式の根であることを意味するか

---

[2] 系 9.5 の逆は成り立たない．演習問題 9.7 を見よ．

ら，α は F 上代数的である．

次に (b) $\Rightarrow$ (a) は，$F[\alpha]$ が F ベクトル空間 $F(\alpha)$ の部分空間であること，および，有限次元ベクトル空間の部分空間はそれ自身も有限次元であることから従うことに注意しよう．演習問題 4.18 (a) を見よ．

最後に，(c) $\Rightarrow$ (b) は，命題 8.6 (b) の，もし α が $F[x]$ の元である次数 d の多項式の根なら，$[F(\alpha) : F]$ が有限であるだけでなく，高々 d であるということからわかる．$\qquad\square$

証明（系 9.5 の証明） $[K : F]$ が有限であること，つまり K が F 上のベクトル空間として有限次元であることを仮定する．我々の目標は，任意の $\alpha \in K$ が F 上代数的であると証明することである．$F(\alpha)$ は，F ベクトル空間 K の部分空間であること，および，有限次元ベクトル空間の部分空間はそれ自身も有限次元であること（演習問題 4.18）に注意する．よって $\dim_F F(\alpha)$ は有限である．定理 9.3 により，α は F 上代数的である．$\qquad\square$

この節の主要な結果の 1 つを証明する準備が整った．

定理 9.6 L/F を体の拡大とし，さらに，

$$K = \{\alpha \in L : \alpha \text{ は } F \text{ 上代数的}\}$$

とする．このとき K は L の部分体である．つまり，集合 K は和や積，零でない元の逆元をとる操作で閉じている．

証明 $\alpha, \beta \in L$ を F 上代数的な元とする．我々の目標は $\alpha + \beta$ や $\alpha\beta$ が F 上代数的であること，さらに，$\alpha \neq 0$ なら，α^{-1} が F 上代数的であることの証明である．次の体を考える：

$$F(\alpha, \beta) = L \text{ の部分体で，} \alpha \text{ と } \beta \text{ と } F \text{ を含む最小のもの．}$$

最初の観察は，次のような体の塔があることである：

$$F \subseteq F(\alpha) \subseteq F(\alpha, \beta).$$

α が F 上代数的であることがわかっていて，よって定理 9.3 から，$[F(\alpha) : F]$ は有限である．

β も F 上代数的だから，β は $F(\alpha)$ 上でも代数的である[3]．定理 9.3 を再び用いると，$[F(\alpha, \beta) : F(\alpha)]$ が有限であることがわかる．

体の塔における次数の乗法性（定理 5.18）を使って，

$$[F(\alpha, \beta) : F] = [F(\alpha, \beta) : F(\alpha)] \cdot [F(\alpha) : F] \quad \text{は有限．}$$

系 9.5 から，$F(\alpha, \beta)$ は F 上代数的であり，これは定義から $F(\alpha, \beta)$ の任意の元が F 上代数的ということである．とくに，和 $\alpha + \beta$ や積 $\alpha\beta$ や（$\alpha \neq 0$ なら）α^{-1} が $F(\alpha, \beta)$ の元だか

---

[3] β が F 上代数的ということは，F に係数を持つ零ではない多項式 $f(x)$ で，β を根とするものが存在するということである．$f(x)$ は $F(\alpha)$ に係数を持つので，よって β は $F(\alpha)$ 上代数的であることがわかる．

262   第9章　ガロア理論：体＋群

ら，これらは F 上代数的である．　　　　　　　　　　　　　　　　□

例 9.7　定理 9.6 から，数

$$\alpha = \sqrt[3]{2} - 3\sqrt[4]{3} + \sqrt{-5}$$

は $\mathbb{Q}$ 上代数的であり，よって何らかの多項式の根である．チャレンジ問題：その多項式を見つけよ．答えは 342 ページの末尾にある．

定義 9.8　L/F を体の拡大とし，$\alpha \in L$ を F 上代数的な元とする．**α の F 上の最小多項式**とは，$F[x]$ の元として一意的に定まるモニック多項式で，次のイデアルの生成元である[4]：

$$\{p(x) \in F[x] : p(\alpha) = 0\}. \tag{9.2}$$

最小多項式を $\Phi_{F,\alpha}(x)$ と表す．

例 9.9　最小多項式は元 α と基礎体 F によって決まることに注意せよ．図 26 の例は，この依存関係を表したものである．理解できるまでこの例を注意深く研究すること．

　次の結果は α により生成された体が，α の最小多項式とどう関係するかを示している．とくに，その体の次数は最小多項式の次数と一致する．次数の一致性は，体の拡大を研究するに当たっての基本的な道具となる．

定理 9.10　L/F を体の拡大とし，$\alpha \in L$ を F 上代数的な元とする．また，$\Phi_{F,\alpha}(x)$ を α の F 上の最小多項式とする．

(a) $\Phi_{F,\alpha}$ は $F[x]$ で既約である．

(b) 評価写像 $E_\alpha \colon F[x] \to F[\alpha]$ は次の同型を引き起こす：

$$F[x]/\Phi_{F,\alpha}(x)F[x] \cong F(\alpha).$$

(c) 次の等式が成り立つ：

α	F	$\Phi_{F,\alpha}(x)$
$\sqrt{2}$	$\mathbb{Q}$	$x^2 - 2$
i	$\mathbb{Q}$	$x^2 + 1$
$\sqrt{2}$	$\mathbb{R}$	$x - \sqrt{2}$
$\sqrt{2} + \sqrt{3}$	$\mathbb{Q}$	$x^4 - 10x^2 + 1$
$\sqrt{2} + \sqrt{3}$	$\mathbb{Q}(\sqrt{2})$	$x^2 - 2\sqrt{2}x - 1$

図 26　いろいろな基礎体上の最小多項式の例．

---
[4] $F[x]$ の任意のイデアルは単項イデアルという事実を使っている．定理 5.21 を見よ．

$$[F(\alpha) : F] = \deg \Phi_{F,\alpha}(x).$$

証明　(a) $\Phi_{F,\alpha}(x)$ が $\Phi_{F,\alpha}(x) = f(x)g(x)$ と因子分解されたとしよう．すると，

$$f(\alpha)g(\alpha) = \Phi_{F,\alpha}(\alpha) = 0$$

より，$f(\alpha) = 0$ もしくは $g(\alpha) = 0$ である．必要なら f と g を取り替えて，$f(\alpha) = 0$ としてよい．$f(x)$ はイデアル (9.2) の元となり，$\Phi_{F,\alpha}(x)$ はこのイデアルの生成元だから，

$$\text{ある } h(x) \in F[x] \text{ により } \quad f(x) = \Phi_{F,\alpha}(x)h(x)$$

と書ける．これを $\Phi_{F,\alpha}(x) = f(x)g(x)$ に代入すると，

$$\Phi_{F,\alpha}(x) = f(x)g(x) = \Phi_{F,\alpha}(x)h(x)g(x).$$

$\Phi_{F,\alpha}(x) \neq 0$ だから，$g(x)$ も $h(x)$ も定数多項式でなければならない．よって，もとの因子分解 $\Phi_{F,\alpha}(x) = f(x)g(x)$ で，一方の因子は定数である．したがって $\Phi_{F,\alpha}$ は非自明な因子分解を $F[x]$ で持たず，つまり F 上既約である．

(b) と (c)．上で示した (a) から，$\Phi_{F,\alpha}(x)$ は既約で，定義から

$$\Phi_{F,\alpha}(\alpha) = 0,$$

したがって (b) も (c) も，命題 8.6 (c) から直ちにわかる．　□

9.4　代数閉体

ある体は任意の多項式が根を持つくらい十分大きい．

定義 9.11　K が **代数的に閉** とは，$K[x]$ の定数でない任意の多項式が K に根を持つことである．

命題 9.12　K を体とする．次の条件は同値である：
(a) K は代数的に閉である．
(b) 零でない任意の $f(x) \in K[x]$ は K において完全分解する．

証明　証明は演習問題とする．演習問題 9.8 を見よ．　□

例 9.13　複素数体 $\mathbb{C}$ は代数的に閉である．この事実はさまざまな方法で証明されるが，どの証明も易しくない．9.11 節で代数的な方法による証明を与える．

F を含む代数的に閉な体のうち，最小のものに注目したいので，次の定義に至る．

定義 9.14　F を体とする．拡大 K/F が **F の代数閉包** であるとは，次の 2 つの性質が成り立つことである[5]：

---

[5] 便利な別の特徴づけとして，K が F の代数閉包であるのは，K が F 上代数的であり，同時に代数的に閉であ

(1) K は代数的に閉である.
(2) E が代数閉体であり，$F \subseteq E \subseteq K$ なら，$E = K$ が成り立つ.

定理 9.15 F を体とする.
 (a) F の代数閉包が存在する.
 (b) F の任意の2つの代数閉包は同型である.

証明 この定理の簡単な証明はないし，いずれにせよ一般の体に対するどの証明も，選択公理もしくはその変形が必要になる. 詳細については 14.2 節を見よ. また, (b) は K と K' が F の代数閉包なら，同型 $K \xrightarrow{\sim} K'$ が存在することを述べているが，同型が一意であることは述べていない. 実際，F を固定するような同型が通常はたくさんある. □

例 9.16 $\mathbb{C}$ が代数的に閉であることをいまの時点で認めるなら[6]，次を確認できる：

$$\overline{\mathbb{Q}} = \{\alpha \in \mathbb{C} : \alpha \text{ は } \mathbb{Q} \text{ 上代数的}\}$$

は $\mathbb{Q}$ の代数閉包である. 演習問題 9.30 を見よ. 定理 9.6 により $\overline{\mathbb{Q}}$ は体であり，$\mathbb{Q}[x]$ の任意の多項式の根を含んでいる. しかし，$\overline{\mathbb{Q}}$ が $\overline{\mathbb{Q}}[x]$ の多項式の根をすべて含んでいることを示すには，さらなる仕事が必要である. また，$\overline{\mathbb{Q}} \neq \mathbb{C}$ に注意する. $\mathbb{C}$ は，たとえば π や e のような数を含んでいるが，リュービュの定理（演習問題 8.4）によれば，これらは $\mathbb{Q}$ 上超越的である. あるいは，$\overline{\mathbb{Q}}$ は可算集合であり，一方で $\mathbb{C}$ は非可算集合であるから，$\overline{\mathbb{Q}}$ から $\mathbb{C}$ に集合としての全射すら，ましてや体の演算を尊重する写像などは存在しえない.

例 9.17 有限体，たとえば $\mathbb{F}_p$，の代数閉包は有限体の明示的な合併として構成できる. 詳細は演習問題 9.33 を見よ.

9.5 体の自己同型写像

我々が乗り出した旅をもう一度思い起こしてみると，

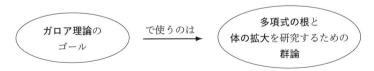

哲学的な問い. 体の拡大 K/F にいかにして群を伴わせるか？

もう一度，例 2.19 を考え直してみるとともに，勝手な集合 X にどうやって群を対応させたかを思い出してみよう. X の対称群 $\mathcal{S}_X$ は，その元が全単射 $\pi : X \to X$ であるような群だった. さらに，もし集合 X に付加構造があるなら，その構造を保つような $\mathcal{S}_X$ の部分群に注目する. 原型となる例は，例 2.22 で述べた2面体群 $\mathcal{D}_n$ である. これは正 n 角形の頂

るときとするというものがある. 演習問題 9.10 を見よ
[6] $\mathbb{C}$ が代数的に閉であることは後で証明する. 系 9.55 を見よ.

点の置換で，その n 角形の形を保つようなものの集合である．別の例は，群 G の自己同型群 $\mathrm{Aut}(G)$ である．これは $G \to G$ という全単射で，群の準同型写像となるもの全体の群である．演習問題 6.26 を見よ[7]．

さて，体の拡大 K/F について研究したいのだった．ということは，体の諸性質を保つ写像に注目すべきだろう．つまり，体の自己同型写像 $\sigma\colon K \to K$ を研究すべきである．後でわかる理由により，K が体 F の拡大なら，体の同型写像 $\sigma\colon K \to K$ で，F 上では恒等写像であるものに注目する．

例 9.18 体の拡大 $\mathbb{Q}(\sqrt{2})/\mathbb{Q}$ を考える．体 $\mathbb{Q}(\sqrt{2})$ の非自明な自己同型写像で，$\mathbb{Q}$ を固定するものを，

$$\sigma\colon \mathbb{Q}(\sqrt{2}) \longrightarrow \mathbb{Q}(\sqrt{2}), \quad \sigma(a + b\sqrt{2}) = a - b\sqrt{2} \tag{9.3}$$

で定義できる．$\sigma(\alpha + b) = \sigma(\alpha) + \sigma(\beta)$ と $\sigma(\alpha\beta) = \sigma(\alpha)\sigma(\beta)$ を確認することは読者に委ねたい．

ここまでの議論は以下の，本章で研究する基本的な対象の定義の動機づけとして役立つ．

定義 9.19 K/F を体の有限次拡大とする．**K/F のガロア群**[8]とは，体 K の体の自己同型写像で，F を固定するもの全体の族である．

$$G(K/F) = \left\{ \begin{array}{c} \text{体 の 自 己 同 型 写 像}\, \sigma\colon K \to K \,\text{のうち 条件} \\ \text{「任意の}\, a \in F \,\text{について}\, \sigma(a) = a \text{」を満たすもの} \end{array} \right\}. \tag{9.4}$$

命題 9.20 K/F を体の拡大とする．すると，$G(K/F)$ は群である．

証明 $\sigma, \tau \in G(K/F)$ とする．定義から，積 $\sigma\tau$ は写像の合成 $\sigma \circ \tau$ である．つまり，

$$\text{任意の}\, \alpha \in K \,\text{に対して} \quad (\sigma\tau)(\alpha) = \sigma(\tau(\alpha)).$$

恒等写像 $\iota\colon K \to K$，つまり $\iota(\alpha) = \alpha$ は $G(K/F)$ の元である．σ と τ が K の体としての自己同型写像なら，$\sigma\tau$ も K の体としての自己同型写像である．その逆写像は $(\sigma\tau)^{-1} = \tau^{-1}\sigma^{-1}$ であり，σ も τ も F を固定するという仮定から，$\sigma\tau$ も σ^{-1} も F を固定する．よって，

$$\sigma\tau \in G(K/F) \quad \text{かつ} \quad \sigma^{-1} \in G(K/F).$$

最後に，結合性は，$G(K/F)$ の元が K からそれ自身への写像であることから直ちに導かれる．以上で $G(K/F)$ が群であることが証明された． $\square$

例 9.21 群 $G(\mathbb{Q}(\sqrt{2})/\mathbb{Q})$ は位数 2 で，恒等写像と，例 9.18 の式 (9.3) で定義される自己同

---

[7] 群の自己同型群については 12.5 節でさらに議論する．

[8] いくつかの本では，式 (9.4) を **K/F の自己同型群**と呼び，$\mathrm{Aut}(K/F)$ もしくは $\mathrm{Aut}_F(K)$ と表している．そして，**ガロア群**という用語と $G(K/F)$ という記号を，定理 9.61 に述べるよい性質を満たす体の拡大のために留保している．

266　第 9 章　ガロア理論：体 + 群

型 σ からなる.

　$G(K/F)$ の元である自己同型写像が満たす有用な性質として，多項式 $f(x) \in F[x]$ の根を同じ多項式の根に移すという，次の結果がある.

命題 9.22　K/F を体の拡大とし，$f(x) \in F[x]$ とする．$\alpha \in K$ を $f(x)$ の根の 1 つとして，さらに $\sigma \in G(K/F)$ とする．このとき，$\sigma(\alpha)$ は $f(x)$ の根である.

証明　まず α を根とする多項式を

$$f(x) = c_0 + c_1 x + c_2 x^2 + \cdots + c_d x^d \in F[x]$$

とする．よって

$$0 = f(\alpha) = c_0 + c_1 \alpha + c_2 \alpha^2 + \cdots + c_d \alpha^d.$$

この方程式の両辺に σ を施し，σ が体の自己同型写像であることを使うと，

$$
\begin{aligned}
0 = \sigma(0) &= \sigma(f(\alpha)) \\
&= \sigma(c_0 + c_1 \alpha + c_2 \alpha^2 + \cdots + c_d \alpha^d) \\
&= \sigma(c_0) + \sigma(c_1)\sigma(\alpha) + \sigma(c_2)\sigma(\alpha)^2 + \cdots + \sigma(c_d)\sigma(\alpha)^d \\
&= c_0 + c_1 \sigma(\alpha) + c_2 \sigma(\alpha)^2 + \cdots + c_d \sigma(\alpha)^d \qquad \sigma \text{ は } F \text{ を固定するから} \\
&= f(\sigma(\alpha)).
\end{aligned}
$$

よって，$\sigma(\alpha)$ も $f(x)$ の根である.　□

　命題 9.20 はまことに結構だが，しかし，どうすれば $G(K/F)$ が有用であることがわかるだろうか？　実際のところ $G(K/F)$ が自明な群であれば有用性はまったく限定的であるが，そうではないということはどうすればわかるだろうか？　残念ながら，答えは，$G(K/F)$ が自明な群になることはときどきある☺．たとえば，$G(\mathbb{Q}(\sqrt[3]{2})/\mathbb{Q})$ は自明な群である．演習問題 9.12 を見よ．次の節で，$G(K/F)$ の元をどうやって作り出すかという問題を取り上げる．より一般に，2 つの体の拡大 K_1/F_1 と K_2/F_2，ならびに同型 $F_1 \to F_2$ から出発して，この同型をどうにか拡張して写像 $K_1 \to K_2$ が得られないか，という問題に取り組む.

9.6　分解体——第 1 部

　定義 8.13 の復習として，K/F が多項式の $f(x) \in F[x]$ の分解体であるとは，$f(x)$ が $K[x]$ において 1 次式の積に完全分解し，しかも任意の真の中間体 $F \subseteq E \subsetneq K$ に対して，$E[x]$ ではそのように完全分解はしないということだった．推察の通り，我々の真の目標は多項式の根を理解することだから，分解体は我々の研究において中心的な役割を演ずる.

　大スターの役を果たす他の道具としては，9.5 節で導入された自己同型写像の群 $G(K/F)$ がある．$G(K/F)$ の元は体の自己同型写像 $K \to K$ で F を固定するものである．$G(K/F)$ を完全に理解し解析するには，より広い視野と，ある体の元を他の体に移す写像の研究が必

要になる．この節での我々の仕事は，そのような写像を研究することである．

我々が証明する主結果はその性質上いくぶん技術的だが，すぐに 2 つの系による見返りがある．最初のものは，$f(x)$ の 2 つの分解体は互いに同型であるという高度に非自明な事実である．そして 2 つめは，長らく約束されてきた，同じ位数の有限体は互いに同型であるということの証明である．よろしい，それでは本論に入ろう．

F_1 と F_2 を体として，

$$\phi\colon F_1 \xrightarrow{\;\sim\;} F_2$$

を同型写像とする．これらに伴う多項式環の同型写像 ϕ を，係数に ϕ を施すことで定義できる．すなわち，

$$\phi\colon F_1[x] \xrightarrow{\;\sim\;} F_2[x], \quad \phi\left(\sum_{i=0}^{d} a_i x^i\right) = \sum_{i=0}^{d} \phi(a_i) x^i.$$

これが多項式環の同型写像になっていることを確認するのは読者に委ねる．より一般的な主張については演習問題 3.12 を見よ．

次の補題は当たり障りのないものに見えるが，体の間の同型写像から出発して，それを拡大体に拡張するための強力な道具立てとなるものである．$f_1(x)$ の既約性が本質的である点を強調しておく．演習問題 9.15 を見よ．

補題 9.23 $\phi\colon F_1 \to F_2$ を体の同型写像とする．$f_1(x) \in F_1[x]$ を F_1 に係数を持つ既約多項式，$f_2(x) = \phi(f_1)(x) \in F_2[x]$ を F_2 に係数を持つ対応する既約多項式とする．

α_1 を $f_1(x)$ の，F_1 の何らかの拡大体における根として，α_2 を $f_2(x)$ の，F_2 の何らかの拡大体における根とする．すると，一意的な体の自己同型写像で，次を満たすものが存在する：

$$\psi\colon F_1(\alpha_1) \xrightarrow{\;\sim\;} F_2(\alpha_2) \quad \begin{cases} \psi(\alpha_1) = \alpha_2 & \text{かつ} \\ \psi(c) = \phi(c) & \text{任意の } c \in F_1 \text{ に対して．} \end{cases}$$

注意 9.24 補題 9.23 は，体と写像の次の図式を可換にする ψ が一意に存在すると述べていると考えると，よりわかりやすいだろう．

$$
\begin{array}{ccc}
F_1(\alpha_1) & \xrightarrow[\alpha_1 \to \alpha_2]{\psi} & F_2(\alpha_2) \\
\big| & & \big| \\
F_1 & \xrightarrow{\;\;\phi\;\;} & F_2
\end{array}
$$

証明（補題 9.23 の証明） この証明には，ここまで開発してきたさまざまな道具立てを動員する．f_1 が $F_1[x]$ における既約な元として与えられているから，f_2 も $F_2[x]$ の既約な元である[9]．よって，命題 8.6 (c) と定理 8.5 から，次の同型写像が得られる：

---

[9] この主張は，$\phi\colon F_1[x] \to F_2[x]$ が環の同型写像であるから $f_2 = gh$ と分解されたとすると，$f_1 = \phi^{-1}(g) \cdot$

268　第 9 章　ガロア理論：体 ＋ 群

$$F_1[x]/f_1(x)F_1[x] \xrightarrow[\sim]{E_{\alpha_1}} F_1[\alpha_1] = F_1(\alpha_1), \tag{9.5}$$

$$F_2[x]/f_2(x)F_2[x] \xrightarrow[\sim]{E_{\alpha_2}} F_2[\alpha_2] = F_2(\alpha_2). \tag{9.6}$$

一方で，同型写像 $\phi\colon F_1[x] \to F_2[x]$ は F_1 を F_2 に移し，$f_1(x)$ を $f_2(x)$ に移すから，次の同型写像を引き起こす：

$$F_1[x]/f_1(x)F_1[x] \xrightarrow{\phi} F_2[x]/f_2(x)F_2[x]. \tag{9.7}$$

これら 3 つの同型写像，式 (9.5)，式 (9.6)，式 (9.7) を組み合わせると，同型写像

$$\psi\colon F_1(\alpha_1) \longrightarrow F_2(\alpha_2)$$

で，所望の性質を満たすものが得られる．これで ψ の存在が示された．

残っているのは一意性を示すことである．$\psi'\colon F_1(\alpha_1) \to F_2(\alpha_2)$ が同じ性質を満たす別の同型写像とする．すると，

$$\psi'(\alpha_1) = \alpha_2 = \psi(\alpha_1) \quad \text{かつ} \quad \text{すべての } c \in F_1 \text{ に対して} \psi'(c) = \phi(c) = \psi(c).$$

写像 ψ と写像 ψ' はどちらも体の同型写像で，よってとくに加法と乗法を保つ．つまり，$F_1[\alpha_1]$ の任意の元について $\psi' = \psi$ だが，$F[\alpha_1] = F(\alpha_1)$ でもあるから，$F(\alpha_1)$ の任意の元に対して $\psi' = \psi$ である．　　　　　　　　　　　　　　　　□

補題 9.23 は，1 つの元で生成された体の間の写像をどのようにして作ればよいかを述べている．補題 9.23 を利用して，一般の体の間の写像を構成しよう．直ちに得られる系は，多項式 $f(x) \in F[x]$ が与えられたら，$f(x)$ の F 上の分解体は同型であるという，重要で高度に非自明な事実である．

定理 9.25　$\phi\colon F_1 \to F_2$ を体の同型写像とし，$f_1(x) \in F_1[x]$ を F_1 に係数を持つ零でない多項式とし，$f_2(x) = \phi(f_1)(x) \in F_2[x]$ を F_2 に係数を持つ，対応する多項式とする．

K_1 を $f_1(x)$ の F_1 上の分解体として，K_2 を $f_2(x)$ の F_2 上の分解体とする．このとき，次の性質を満たす同型写像

$$\psi\colon K_1 \xrightarrow{\sim} K_2, \quad \text{任意の } c \in F_1 \text{ に対して } \psi(c) = \phi(c) \tag{9.8}$$

が存在する[10]．

証明　証明は $f_1(x)$ の次数に関する帰納法による．

もし $\deg(f_1) = 1$ なら，$K_1 = F_1$ で $K_2 = F_2$ だから，単に $\psi = \phi$ とすればよい．

次数が少なくとも 2 の多項式 f_1 が与えられ，次数が $\deg(f_1)$ より真に小さい多項式の分

───────────────
$\phi^{-1}(h)$ という分解が得られることからわかる．

[10]定理 9.25 が主張するのは同型写像 ψ の存在であり，補題 9.23 のように，ψ が一意であることは主張しない．実際，ψ は一般には一意ではない．というのは，ψ を任意の $\sigma \in G(K_1/F_1)$ と $\tau \in G(K_2/F_2)$ に対する $\tau \circ \psi \circ \sigma$ に置き換えることができるからである．

解体については定理が正しいと仮定する．$g_1(x) \in F_1[x]$ を $f_1(x)$ の既約因子とする[11]．すると，

$$g_2(x) = \phi(g_1)(x) \in F_2[x] \text{ は } F_2[x] \text{ で既約.}$$

$f_1(x)$ は K_1 で完全分解することを知っているから，とくに $g_1(x)$ の根も K_1 にあり，たとえば

$$g_1(\alpha_1) = 0 \quad \text{ここで} \quad \alpha_1 \in K_1.$$

同様に，$f_2(x)$ は K_2 で完全分解し，$g_2(x)$ は $f_2(x)$ の定数ではない因子だから，やはり K_2 に根を持つ．

$$g_2(\alpha_2) = 0 \quad \text{ここで} \quad \alpha_2 \in K_2.$$

補題 9.23 を多項式 $g_1(x)$ と $g_2(x)$，ならびにそれらの根 α_1 と α_2 に適用できる状況になった．よって，同型写像 $\psi: F_1(\alpha_1) \to F_2(\alpha_2)$ で，次の図式が可換になるようなものが手に入った：

$$
\begin{array}{ccc}
F_1(\alpha_1) & \xrightarrow[\alpha_1 \to \alpha_2]{\psi} & F_2(\alpha_2) \\
\Big| & & \Big| \\
F_1 & \xrightarrow{\phi} & F_2
\end{array}
$$

次の多項式を考える：

$$h_1(x) = \frac{f_1(x)}{x - \alpha_1} \in F_1(\alpha_1)[x].$$

$h_1(x)$ も K_1 で完全分解することに注意せよ．なぜなら，$f_1(x)$ は K_1 で完全分解するからである．さらに，$h_1(x)$ は K_1 の，$F(\alpha_1)$ を含むどの真部分体でも完全分解しない．なぜなら，もしそうならば，

$$f_1(x) = (x - \alpha_1) h_1(x)$$

という事実から，$f_1(x)$ も真部分体で完全分解するが，これは K_1 が $f_1(x)$ の F_1 上の分解体であるという仮定に反するからである．

同様の理由で，K_2 は次の多項式の $F_2(\alpha_2)$ 上の分解体である：

$$h_2(x) = \frac{f_2(x)}{x - \alpha_2} \in F_2(\alpha_2)[x].$$

また，次のことにも注意しよう：

$$h_2(x) = \frac{f_2(x)}{x - \alpha_2} = \frac{\phi(f_1)(x)}{x - \psi(\alpha_1)} = \psi\left(\frac{f_1(x)}{x - \alpha_1}\right) = \psi(h_1(x)),$$

---

[11] もし $f_1(x)$ それ自身が既約なら，$g_1(x) = f_1(x)$ ととる.

つまり、多項式 h_2 は $\psi\colon F_1(\alpha_1) \to F_2(\alpha_2)$ を h_1 の係数に適用することで得られる.

要約すると、次の図のような状況である：

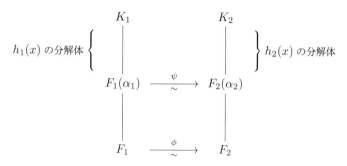

さらに、
$$\deg h_1 = \deg f_1 - 1$$
であるから、帰納法の仮定を図の上の部分に適用でき、同型写像 $K_1 \xrightarrow{\sim} K_2$ で図式を可換にするものが得られる. □

系 9.26 F を体とし、$f(x) \in F[x]$ を零でない多項式とする. このとき、$f(x)$ の F 上の分解体はどれも F を固定する同型写像により同型である.

証明 定理 9.25 を $F_1 = F_2 = F$ で、$\phi\colon F \to F$ が恒等写像という状況に適用する. 定理により、K_1 と K_2 が $f(x)$ の F 上の分解体なら、同型写像 $\psi\colon K_1 \to K_2$ で、$\psi(c) = \phi(c) = c$ が任意の $c \in F$ に対して成り立つものが存在する. □

系 9.26 により、定理 8.28 の一意性に関する主張がついに証明できる.

系 9.27 p を素数とし、$d \geq 1$ とする. このとき、位数が p^d である体はすべて同型である.

証明 K を $\#K = p^d$ である体とする. K の標数は p であり、よって $\mathbb{F}_p$ の拡大体である. K の乗法群 K^* は $p^d - 1$ 個の元を持つから、ラグランジュの定理（系 2.50）により、K^* の任意の元の位数は $p^d - 1$ を割り切る. とくに、ここから
$$\text{任意の } \alpha \in K^* \text{ に対して} \quad \alpha^{p^d-1} = 1.$$
α を掛けると、
$$\text{任意の } \alpha \in K \text{ に対して} \quad \alpha^{p^d} - \alpha = 0.$$
よって、K の p^d 個の元のすべてが、多項式 $f(x) = x^{p^d} - x$ の根である. また、$f(x)$ はモニックで次数が p^d だから、定理 8.8 (a) から、$f(x)$ は次のように因子分解する：
$$f(x) = x^{p^d} - x = \prod_{\alpha \in K}(x - \alpha).$$

9.6 分解体——第1部　　**271**

したがって，$f(x)$ は K 上で完全分解する．さらに K の p^d 個の元のすべてが $f(x)$ の分解に現れているから，$f(x)$ は K のどの真部分体でも完全分解はしない．よって，K は $f(x)$ の $\mathbb{F}_p$ の分解体である．

まとめると，K が p^d 個の元からなる体なら，K は多項式 $x^{p^d} - x$ の $\mathbb{F}_p$ 上の分解体である．系 9.26 により，そのような分解体はどれも同型である．これで，系 9.27 が証明された．　　□

9.6.1　$X^4 - 2$ の分解体と自己同型

多項式 $f(X) = X^4 - 2$ は次のように1次因子の積に分解する：

$$f(X) = X^4 - 2 = (X - \sqrt[4]{2})(X + \sqrt[4]{2})(X - i\sqrt[4]{2})(X + i\sqrt[4]{2}). \tag{9.9}$$

ここで，

$$i = \frac{i\sqrt[4]{2}}{\sqrt[4]{2}}$$

は $f(X)$ の2つの根の比だから，$f(X)$ の分解体は $\sqrt[4]{2}$ と i を含んでいることがわかる．また，$f(X)$ の明示的な因子分解 (9.9) から，

$$K = \mathbb{Q}(\sqrt[4]{2}, i) \text{ は } X^4 - 2 \text{ の分解体}$$

である．補題 9.23 から，ちょうど4個の異なる体の準同型写像

$$\mathbb{Q}(\sqrt[4]{2}) \longrightarrow \mathbb{Q}(\sqrt[4]{2}, i) \tag{9.10}$$

が存在し，それぞれ $\sqrt[4]{2}$ を $f(X)$ の特定の根に移すことにより決定される．

$X^2 + 1$ は $\mathbb{Q}(\sqrt[4]{2})[X]$ で既約である．というのは，$\mathbb{Q}(\sqrt[4]{2})$ は $\mathbb{R}$ に含まれ，一方 $X^2 + 1$ の根は虚だからである．補題 9.23 から，式 (9.10) のそれぞれの写像は体の準同型写像（実際には同型写像）

$$\mathbb{Q}(\sqrt[4]{2}, i) \longrightarrow \mathbb{Q}(\sqrt[4]{2}, i)$$

にちょうど2通りに拡張される．つまり i が i に，もしくは $-i$ に移されるという2通りである．

とくに，$G(K/\mathbb{Q})$ の元 σ と τ で次の規則で定められるものがある：

$$\sigma \colon K \longrightarrow K, \qquad \sigma(\sqrt[4]{2}) = i\sqrt[4]{2}, \qquad \sigma(i) = i,$$
$$\tau \colon K \longrightarrow K, \qquad \tau(\sqrt[4]{2}) = \sqrt[4]{2}, \qquad \tau(i) = -i.$$

これらの写像を合成することで，$G(K/\mathbb{Q})$ の他の元を得ることができる．たとえば，$\sigma\tau \in G(K/\mathbb{Q})$ は

$$\sigma\tau(\sqrt[4]{2}) = \sigma(\sqrt[4]{2}) = i\sqrt[4]{2} \quad \text{かつ} \quad \sigma\tau(i) = \sigma(-i) = -\sigma(i) = -i$$

272   第9章　ガロア理論：体 + 群

で定められる．さらに，$\sigma^4 = e$ かつ $\tau^2 = e$ であることに注意せよ．というのは，直接計算により σ^4 と τ^2 が $\sqrt[4]{2}$ も i も固定することが確認できて，これらは K の任意の元を固定するからである．

図 27 は σ と τ のさまざまな合成の，$\sqrt[4]{2}$ と i への作用を表している．点検すると，K の 8 個の自己同型は相異なることがわかる．後の 9.7 節で証明する定理 9.28 から，

$$\#G(K/\mathbb{Q}) = [K : \mathbb{Q}] = 8$$

がわかる．以上から，$G(K/\mathbb{Q})$ の元をすべて見つけることができて，

$$G(K/\mathbb{Q}) = \{e,\ \sigma,\ \sigma^2,\ \sigma^3,\ \tau,\ \sigma\tau,\ \sigma^2\tau,\ \sigma^3\tau\}$$

である．

しかし待てよ，まだやることがあるぞ！　我々は $G(K/\mathbb{Q})$ の元を記述したが，その群構造を決定しなければならない．（位数が 8 の有限群はたくさんあったことを思い出してほしい．）すでに $\sigma^4 = \tau^2 = e$ はわかっているから，$G(K/\mathbb{Q})$ の元を掛けるのに必要な追加の情報は，$\tau\sigma$ のみである．$\tau\sigma$ を決定するために，$\tau\sigma$ の K の生成元への作用を計算する：

$$\tau\sigma(\sqrt[4]{2}) = \tau(i\sqrt[4]{2}) = \tau(i)\tau(\sqrt[4]{2}) = -i\sqrt[4]{2} \quad \text{かつ} \quad \tau\sigma(i) = \tau(i) = -i.$$

図により，

$$\tau\sigma = \sigma^3\tau = \sigma^{-1}\tau$$

がわかる．これで $G(K/\mathbb{Q})$ の群構造の記述が完了し，

$$G(K/\mathbb{Q}) = \{\sigma^i\tau^j : 0 \le i \le 3,\ 0 \le j \le 1,\ \sigma^4 = e,\ \tau^2 = e,\ \tau\sigma = \sigma^3\tau\}.$$

以上の記述から，$G(K/\mathbb{Q})$ は 2 面体群と同型であり，

$$G(K/\mathbb{Q}) \cong \mathcal{D}_4,$$

σ は回転に，τ は裏返しに対応することがわかった．

9.7　分解体——第 2 部

この節での我々の目標は，分解体の性質と自己同型群の位数の性質を結び付ける，次の重要な定理である．実際この定理は，$f(x)$ の根が K という F の大きな拡大を生成するな

	e	σ	σ^2	σ^3	τ	$\sigma\tau$	$\sigma^2\tau$	$\sigma^3\tau$
$\sqrt[4]{2}$	$\sqrt[4]{2}$	$i\sqrt[4]{2}$	$-\sqrt[4]{2}$	$-i\sqrt[4]{2}$	$\sqrt[4]{2}$	$i\sqrt[4]{2}$	$-\sqrt[4]{2}$	$-i\sqrt[4]{2}$
i	i	i	i	i	$-i$	$-i$	$-i$	$-i$

図 27　$G(\mathbb{Q}(\sqrt[4]{2}, i)/\mathbb{Q})$ の $\mathbb{Q}(\sqrt[4]{2}, i)$ への作用．

ら，$K \to K$ という自己同型写像で F を固定するものがたくさんある，ということを非形式的に述べている．この結果がそれほどまでに有益な理由は，K/F の次数が比較的計算しやすいベクトル空間としての量だからである．つまり，この定理により，体の自己同型写像 $K \to K$ の非常に複雑かもしれない存在性を，線形代数を使って導けるようになるのである．

定理 9.28 F を体とし，$f(x) \in F[x]$ を分離的多項式[12]，K/F を $f(x)$ の F 上の分解体とする．このとき，

$$\#G(K/F) = [K : F].$$

注意 9.29 後で，**ガロア拡大**という名前を分離的多項式の分解体に対して用いる．定義 9.42 を見よ．すると，定理 9.28 は次のように簡潔に述べられる：

$$K/F \text{ がガロア拡大} \implies \#G(K/F) = [K : F].$$

注意 9.30 定理 9.28 の，分解体であるという仮定は本質的である．分解体ではない $\#G(K/F) = 2$ かつ $[K : F] = 4$ の場合の例 9.33 を見よ．

定理 9.28 の証明の鍵となるのは次の補題であり，これは $F(\alpha)$ を K に何通りに埋め込めるかの正確な回数を与える．

補題 9.31 F を体とし，K/F を体の拡大，$\alpha \in K$ を F 上代数的な元，$\Phi_{F,\alpha}(x) \in F[x]$ を α の F 上の最小多項式とする（定義 9.8）．さらに，

$$\alpha_1, \ldots, \alpha_r \text{ は } \Phi_{F,\alpha}(x) \text{ の } K \text{ における相異なる根}$$

とする[13]．すると，ちょうど r 個の体の準同型写像で

$$\sigma \colon F(\alpha) \longhookrightarrow K \quad \text{かつ} \quad \text{任意の } c \in F \text{ について } \sigma(c) = c$$

を満たすものが存在する．より正確には，各 $1 \leq i \leq r$ に対して，ちょうど 1 つの写像 σ_i で，次を満たすものが存在する：

$$\sigma_i(\alpha) = \alpha_i \quad \text{かつ} \quad \sigma_i \text{ は } F \text{ を固定する．}$$

注意 9.32 補題 9.31 は理論的に重要なだけではないということを強調したい．これにより，いかにして体の間の写像を構成すればよいかがわかる．ただ，この補題は $\alpha_1, \ldots, \alpha_r$ が既約多項式 $\Phi_{F,\alpha}(x)$ の根であることを要求するところが玉に瑕で，無作為にとった多項式の無作為にとった根には適用できない．

---

[12] $f(x)$ が分離的とは，分解体に相異なる根を持つことである．

[13] α_i のいずれかが α だが，どれであるかは問題にならない．

274　　第 9 章　ガロア理論：体 + 群

例 9.33　補題 9.31 を次の場合に説明する：

$$F = \mathbb{Q}, \quad \alpha = \sqrt[4]{2}, \quad K = \mathbb{Q}(\alpha), \quad \Phi_{\mathbb{Q},\alpha}(x) = x^4 - 2.$$

$\Phi_{\mathbb{Q},\alpha}(x)$ の $K = \mathbb{Q}(\alpha)$ における根は $\pm\sqrt[4]{2}$ である．というのは，$\Phi_{\mathbb{Q},\alpha}(x)$ の他の根は $\pm i\sqrt[4]{2}$ であり，実数ではないからである．よって，2 つの体の準同型写像（必然的に同型写像）が存在して，

$$\mathbb{Q}(\alpha) \hookrightarrow K = \mathbb{Q}(\alpha),$$

つまり，$\alpha \to \alpha$ で定まるものと，$\alpha \to -\alpha$ で定まるものである．これにより，

$$[K : \mathbb{Q}] = 4 \text{ という事実にもかかわらず} \quad \#G(K/\mathbb{Q}) = 2.$$

これは，$x^4 - 2$ の $\mathbb{Q}$ 上の分解体が $\mathbb{Q}(\sqrt[4]{2}, i)$ であり，$G(\mathbb{Q}(\sqrt[4]{2}, i)/\mathbb{Q}) \cong \mathcal{D}_4$ は位数 8 の群であるという 9.6.1 節の内容と見比べられるべきである．よってこの例では，$\mathbb{Q}(\sqrt[4]{2})$ の 2 次の拡大が，自己同型を 4 倍に増やしたということになる．

証明（補題 9.31 の証明）　まず

$$\Phi_{F,\alpha}(x) = c_0 + c_1 x + \cdots + c_{d-1} x^{d-1} + x^d \in F[x]$$

とおく．σ を体の任意の準同型写像で

$$\sigma : F(\alpha) \hookrightarrow K \quad \text{かつ} \quad \text{任意の } c \in F \text{ について } \sigma(c) = c \tag{9.11}$$

を満たすものとする．$\alpha \in K$ はその最小多項式 $\Phi_{F,\alpha}(x)$ の根であるから，命題 9.22 により，$\sigma(\alpha)$ も $\Phi_{F,\alpha}(x)$ の根である．よって $\sigma(\alpha)$ は $\alpha_1, \ldots, \alpha_r$ のどれかでなくてはならない．写像 $\sigma : F(\alpha) \to F(\alpha)$ は値 $\sigma(\alpha)$ で完全に決まり，また σ は F を固定することから，高々 r 個の写像 σ が条件 (9.11) を満たすことがわかった．

　一方で，補題 9.23 を $F_1 = F_2 = F$ と恒等写像 $\phi : F \to F$ に適用すると，各 α_i に対して，次のような体の同型写像が（一意に）存在することがわかる：

$$\psi_i : F(\alpha) \xrightarrow{\sim} F(\alpha_i), \quad \text{ここで } \psi_i(\alpha) = \alpha_i \text{ かつ任意の } c \in F \text{ で } \psi(c) = c.$$

よって，$\sigma_i : F(\alpha) \to K$ は ψ_i と包含写像 $F(\alpha_i) \subseteq K$ の合成として得られる．したがって，体の準同型写像 $\sigma_1, \ldots, \sigma_r$ が矛盾なく定義され，所望の性質を満たし，しかも相異なる．というのは，それぞれが α を K の別の元に移すからである．　□

証明（定理 9.28 の証明）　$f(x)$ を $K[x]$ で因子分解して次のようになったとしよう：

$$f(x) = c(x - \alpha_1)(x - \alpha_2) \cdots (x - \alpha_d), \quad c \in F^* \text{ かつ } \alpha_1, \ldots, \alpha_d \in K.$$

K が $f(x)$ の F 上の分解体だから，

$$K = F(\alpha_1, \ldots, \alpha_d),$$

というのは，分解体は F と $\alpha_1, \ldots, \alpha_d$ を含むはずで，かつ $F(\alpha_1, \ldots, \alpha_d)$ はそのような最小の体だからである．$f(x)$ は分離的という仮定から，$\alpha_1, \ldots, \alpha_d$ は相異なる．

図 28 に示すような体の塔を構成する：

$$F \subseteq K_1 \subseteq K_2 \subseteq \cdots \subseteq K_d, \quad \text{ここで } 1 \leq i \leq d \text{ について } K_i = F(\alpha_1, \ldots, \alpha_i).$$

$G(K/F)$ の元を，体の塔を 1 つずつ登りながら作っていく．

ステップ 1：次のように移す方法は何通りあるだろうか？

$$\sigma \colon K_1 \lhook\joinrel\longrightarrow K, \quad \text{任意の } c \in F \text{ で } \sigma(c) = c. \tag{9.12}$$

$K_1 = F(\alpha_1)$ という事実を使うと，

（式 (9.12) を満たす σ の個数）

$= (\Phi_{F,\alpha_1}(x)$ の K での根の個数$)$	補題 9.31 による．定理 9.10(a) から $\Phi_{F,\alpha_1}(x)$ は $F[x]$ で既約だから，
$= \deg \Phi_{F,\alpha_1}(x)$	$f(x)$ が K で完全分解し，$\Phi_{F,\alpha_1}(x)$ は $f(x)$ の因子だから，
$= [F(\alpha_1) : F]$	定理 9.10(c) により，
$= [K_1 : F].$	

ステップ 2：ステップ 1 での議論から写像 $\sigma \colon K_1 \hookrightarrow K$ を 1 つ固定したとしよう．K_2 から K に σ を拡張したものに注目する．質問を言い換えると，次のように移す方法は何通りあるだろうか？

$$\tau \colon K_2 = K_1(\alpha_2) \lhook\joinrel\longrightarrow K, \quad \text{任意の } \gamma \in K_1 \text{ で } \tau(\gamma) = \sigma(\gamma). \tag{9.13}$$

$$
\begin{array}{c}
K = K_d = K_{d-1}(\alpha_d) = F(\alpha_1, \ldots, \alpha_d) \\
| \\
K_{d-1} = K_{d-2}(\alpha_{d-1}) = F(\alpha_1, \ldots, \alpha_{d-1}) \\
| \\
K_{d-2} = K_{d-3}(\alpha_{d-2}) = F(\alpha_1, \ldots, \alpha_{d-2}) \\
\vdots \\
K_2 = K_1(\alpha_2) = F(\alpha_1, \alpha_2) \\
| \\
K_1 = F(\alpha_1) \\
| \\
F
\end{array}
$$

図 28 F から $F(\alpha_1, \ldots, \alpha_d)$ までの体の塔．

276 第 9 章 ガロア理論：体 + 群

答えはステップ 1 で行ったのと同様の計算で与えられるが，基礎体として F を使うのではなく，$K_1 = F(\alpha_1)$ を基礎体にして行う．簡単にいうと，

$$\begin{aligned}
(\text{固定した } \sigma \text{ に対し式 (9.13) を満たす } \tau \text{ の個数}) &= (\Phi_{K_1, \alpha_2}(x) \text{ の } K \text{ における根の個数}) \\
&= \deg \Phi_{K_1, \alpha_2}(x) \\
&= [K_1(\alpha_2) : K_1].
\end{aligned}$$

組み合わせるステップ：ステップ 1 とステップ 2 を組み合わせて，次のような写像の個数を数える：

$$\lambda : K_2 \hookrightarrow K \text{ で，任意の } c \in F \text{ で } \lambda(c) = c. \tag{9.14}$$

ステップ 1 より，$\sigma : K_1 \hookrightarrow K$ で F を固定するものが $[K_1 : F]$ 個あり，ステップ 2 より，そのような各 σ に対して写像 $\tau : K_2 \hookrightarrow K$ であって，K_1 上で σ と一致するものが $[K_2 : K_1]$ 個ある．すると，全部で

$$[K_2 : K_1][K_1 : F] \text{ 個の写像 } \lambda : K_2 \hookrightarrow K \text{ で } F \text{ を固定するものが存在する．}$$

さらに，写像 $\lambda : K_2 \hookrightarrow K$ で F を固定するものから始めると，その K_1 への制限は，ステップ 1 の σ のどれかを与える．よって，そのような λ はすべてこれら 2 ステップを経て得られる．体の塔における次数の乗法性（定理 5.18）から，次を示した：

$$\text{ちょうど } [K_2 : F] \text{ 個の写像 } \lambda : K_2 \hookrightarrow K \text{ が，} F \text{ を固定する．}$$

ステップ 3, 4, ..., d：証明のひな形は明らかである．ステップ i から始めるとき，我々はすでに $[K_{i-1} : F]$ 個の相異なる写像 $K_{i-1} \hookrightarrow K$ で F を固定するものを構成している．そのそれぞれの写像 σ に対して，同じ議論から

$$\begin{aligned}
\begin{pmatrix} \text{写像 } \tau : K_i \hookrightarrow K \text{ で } \tau(\gamma) = \sigma(\gamma) \text{ が任意の} \\ \gamma \in K_{i-1} \text{ に対して成り立つものの個数} \end{pmatrix} &= (\Phi_{K_{i-1}, \alpha_i}(x) \text{ の } K \text{ での根の個数}) \\
&= \deg \Phi_{K_{i-1}, \alpha_i}(x) \\
&= [K_{i-1}(\alpha_i) : K_{i-1}].
\end{aligned}$$

すると等式

$$[K_i : K_{i-1}][K_{i-1} : F] = [K_i : F]$$

と，組み合わせるステップにより，

$$\text{ちょうど } [K_i : F] \text{ 個の写像 } K_i \hookrightarrow K \text{ で，} F \text{ を固定するものが存在する．}$$

ステップ d を終えるまで繰り返すと，定理 9.28 の証明は完了である．（いささか非形式的なこの証明を，形式的な数学的帰納法に書き換える作業は読者に委ねたい．）□

この節を終えるに当たって，標数 0 の体については，任意の分解体が分離多項式の分解

9.8 原始元定理 **277**

体であるが，標数 p の体については一般には正しくないという観察をしておこう.

命題 9.34 F を標数 0 の体とする．このとき，F 上の任意の分解体は，分離多項式の分解体である．つまり，注意 9.29 の用語を使うと，標数 0 の体上の任意の分解体はガロア拡大である．

証明 証明は演習問題とする．演習問題 9.16 を見よ. □

注意 9.35 命題 9.34 は標数 $p > 0$ の体では一般には正しくないことを注意しておこう．反例を構成するには，$f(X) = X^p - T$ の体 $\mathbb{F}_p(T)$ 上の分解体を使う．この体は例 8.27 で登場した．この多項式 $f(X)$ は既約非分離的である．$f(X)$ の $\mathbb{F}_p(T)$ 上の分解体が，どの分離多項式の分解体でもないことが証明できる．演習問題 9.37 を見よ．既約だが非分離的な多項式を持つような体の存在が，標数 p の体の理論を著しく挑戦的なものにする一因である[14].

9.8 原始元定理

与えられた有限次拡大 K/F に対して，F から出発して有限個の元を付け加えていくことによって，K を構成することがつねにできる.

命題 9.36 K/F を体の有限次拡大とする．すると，有限個の元 $\alpha_1, \ldots, \alpha_n \in K$ で，

$$K = F(\alpha_1, \ldots, \alpha_n)$$

となるものが存在する[15].

証明 これは演習問題 5.10 だが，その問題を飛ばしている場合のために，証明の素描を与える．まず F から出発して，体のリスト

$$F = E_0 \subsetneq E_1 \subsetneq E_2 \subsetneq \cdots \subseteq K$$

を，F を端緒に各段階で $E_i \neq K$ なら $\alpha_i \in K \smallsetminus E_i$ を選んで $E_{i+1} = E_i(\alpha)$ とすることによって作る．すると，それぞれの新しい体は，前の体よりも真に大きくなる．E_n が得られたとすると，

$$[K : F] \geq [E_n : E_0] = \prod_{i=0}^{n-1} [E_{i+1} : E_i] \geq 2^n.$$

すなわち n は有界であり，いずれ K に到達する． □

F の最も単純な拡大は，F に代数的な元 α を添加した $F(\alpha)$ の形をとるものである．このような体は，$[F(\alpha) : F]$ が α の F 上の最小多項式の次数に等しいから必然的に有限次である．すると，すべての有限次拡大 K/F がこのようなよい性質を持つかを問いたくなる．

---

[14] 数学者にとっては，「著しく挑戦的」という慣用句は「著しく興味深い」という慣用句の同義語だということも注意しておきたい.

[15] $F(\alpha_1, \ldots, \alpha_n)$ の定義については命題 5.15 を見よ.

278 第9章 ガロア理論：体＋群

答えは一般にはノーだが☺，しかし反例は零でない標数の無限次拡大にしかない☺．反例は非分離既約多項式から生じる．ここから次の定義に至る．初見ではやや恣意的に映るかもしれないが，たとえば，それ1つで拡大を生成するような元の存在を含む，多くの美しい結果を導くために，まさに必要なものだということが後でわかるだろう．

定義 9.37 体の代数拡大 K/F が**分離的**とは，すべての $\alpha \in K$ に対して，その最小多項式 $\Phi_{F,\alpha}(x)$ が分離的なことである．別の言い方では，K/F が分離拡大とは，任意の既約多項式 $f(x) \in F[x]$ で K に根を持つものが分離的だということである．これらの特徴づけが同値であることの確認は読者に委ねる．演習問題 9.19 を見よ．

注意 9.38 体 F の標数が 0 なら，すべての代数拡大は分離的である．なぜなら，定理 9.10 によると，$\Phi_{F,\alpha}(x)$ は $F[x]$ の既約多項式であり，定理 8.26 (b) によると標数 0 の体上の既約多項式はつねに分離的だからである．一方で，$X^p - T$ の $\mathbb{F}_p(T)$ 上の分解体は分離的ではなかった．演習問題 9.37 を見よ．

この節の主定理を述べ証明する準備が整った．これは体の拡大の研究の基本的な道具となるだろう．

定理 9.39（原始元定理） K/F を体の有限次分離拡大とする．このとき，元 $\gamma \in K$ で次を満たすものが存在する：

$$K = F(\gamma).$$

例 9.40 体 $\mathbb{Q}(\sqrt{2}, \sqrt{3})$ は $\mathbb{Q}(\sqrt{2} + \sqrt{3})$ に等しい．これを見るには，$\beta = \sqrt{2} + \sqrt{3}$ として，$\sqrt{2}$ も $\sqrt{3}$ も $\mathbb{Q}(\beta)$ の元であることを示せばよい．$\sqrt{3} = \beta - \sqrt{2}$ の両辺を 2 乗すると

$$3 = \sqrt{3}^2 = (\beta - \sqrt{2})^2 = \beta^2 - 2\beta\sqrt{2} + 2.$$

$\sqrt{2}$ について解けば，

$$\sqrt{2} = \frac{\beta^2 - 1}{2\beta} \in \mathbb{Q}(\beta)$$

である．同様の計算で $\sqrt{3} = \frac{\beta^2+1}{2\beta} \in \mathbb{Q}(\beta)$ もわかる．したがって $\mathbb{Q}(\beta) \supseteq \mathbb{Q}(\sqrt{2}, \sqrt{3})$ であり，逆の包含関係は明らかだから，所期の等式を得る．

証明（定理 9.39 の証明） まず F が有限体の場合を考える．この場合を別に扱う必要がある．K/F が有限次拡大であることから，K もやはり有限体である[16]．系 8.10 から，有限体 K の K^* は巡回群である．$\gamma \in K^*$ をその生成元とする．すると，$F(\gamma)$ は γ の冪乗をすべて含み，よって K に等しい．

以降，F は無限個の元を含むとする．

原始元定理の証明の核心は，補題 9.41，つまり，分離拡大が 2 つの元で生成されるなら 1

---

[16] より正確には，命題 5.28 により $\#K = \#F^{[K:F]}$ である．

つの元で生成されるという事実である．補題 9.41 が真であるとして，どのように原始元定理が示されるかを見よう．

K/F は有限次分離拡大であり，命題 9.36 により K は有限個の元で生成される．n を K を生成するのに必要な元の個数の最小とする．つまり，K の n 個の元を選んで，

$$\text{ある } \alpha_1, \ldots, \alpha_n \in K \text{ によって } K = F(\alpha_1, \alpha_2, \ldots, \alpha_n)$$

と書くことができるが，任意の $m < n$ について $F(\beta_1, \ldots, \beta_m)$ が K に一致することはないとする．

もし $n = 0$ なら，$K = F$ だから示すべきことはない．もし $n = 1$ なら，$K = F(\alpha_1)$ であるからこれでよい．よって，$n \geq 2$ として矛盾を導こう．仮定の $n \geq 2$ から，次のような体を定義できる：

$$E = F(\alpha_1, \ldots, \alpha_{n-2}) \subsetneq F(\alpha_1, \ldots, \alpha_n) = K.$$

ここで次に注意する：

$$K = E(\alpha_{n-1}, \alpha_n),$$

つまり，K は E 上で 2 つの元により生成されている．したがって，補題 9.41 を適用できる状況である．補題により，$\gamma \in K$ で，

$$K = E(\gamma), \quad \text{よって} \quad K = E(\gamma) = F(\alpha_1, \ldots, \alpha_{n-2}, \gamma)$$

となるものが存在する．したがって K は F 上で $n-1$ 個の元により生成され，これは矛盾である．したがって $n < 2$ であることがわかり，つまり K は F 上で 1 つの元により生成されている．　　　　　　　　　　　　　　　　　　　　　　　　　　　　　　　□

残るは，次の「1 人で 2 人分の仕事ができる」補題の証明である．

補題 9.41　F を無限体とし，K/F を分離的代数拡大，$\alpha, \beta \in K$ とする．このとき，$\gamma \in F(\alpha, \beta)$ で次を満たすものが存在する：

$$F(\gamma) = F(\alpha, \beta).$$

証明　記号を簡単にするために，

$$f(x) = \Phi_{F, \alpha}(x) \quad \text{および} \quad g(x) = \Phi_{F, \beta}(x)$$

を α と β の最小多項式とする．仮定から K/F は分離的だから，$f(x)$ と $g(x)$ は分離的である．つまり，それぞれ分解体において相異なる根を持つ．

さらに，

$$L/F = f(x)g(x) \text{ の } F \text{ 上の分解体}$$

とする. $f(x)$ と $g(x)$ を $L[x]$ で因子分解して,

$$f(x) = (x - \alpha_1)(x - \alpha_2) \cdots (x - \alpha_n) \quad \text{および} \quad g(x) = (x - \beta_1)(x - \beta_2) \cdots (x - \beta_m)$$

となったとしよう. ここで, 根には $\alpha_1 = \alpha$ かつ $\beta_1 = \beta$ と番号づけしたとする. 次の, L の元の有限集合を考える[17]:

$$\left\{ \frac{\alpha_i - \alpha_1}{\beta_1 - \beta_j} : 1 \le i \le n, \ 2 \le j \le m \right\}. \tag{9.15}$$

F が無限個の元を含むという仮定から, 元 $c \in F$ で, 有限集合 (9.15) に含まれて**いない**元をとることができる. この元 c を用いて,

$$\gamma = \alpha + c\beta \in F(\alpha, \beta)$$

を定義し, $F(\gamma) = F(\alpha, \beta)$ と主張する. $F(\gamma) \subseteq F(\alpha, \beta)$ であることはわかっているので, 逆の包含関係を示す必要がある. そのためには, α と β が $F(\gamma)$ の元であることがわかれば十分である. さらに,

$$\alpha = \gamma - c\beta \in F(\beta, \gamma)$$

であるから, $\beta \in F(\gamma)$ を示せば十分である.

次の多項式を考える:

$$h(x) = f(\gamma - cx) \in L[x].$$

ここで次のことに注意しよう:

$$h(\beta) = f(\gamma - c\beta) = f(\alpha) = 0.$$

したがって, $g(x)$ と $h(x)$ は共通根 $\beta = \beta_1$ を持つ. 次に, $g(x)$ のそれ以外の根 $\beta_2, \ldots, \beta_m$ は $h(x)$ の根ではない. 実際, $2 \le j \le m$ に対して,

$$h(\beta_j) = f(\gamma - c\beta_j) = f(\underbrace{\alpha_1 + c\beta_1 - c\beta_j}_{\substack{f(x) \text{ の根 } \alpha_1, \ldots, \alpha_n \text{ のどれ} \\ \text{とも異なる. なぜなら } c \text{ は} \\ \text{式 (9.15) の元では} \textbf{ない} \text{から.}}}) \neq 0. \tag{9.16}$$

したがって, $g(x)$ と $h(x)$ の共通根は $x = \beta$ のみであり, $g(x)$ が分離的であることはわ

---

[17]なぜ, L の元のからなるこの奇妙な集合を考えるのか？と思うだろう. その答えは, 我々が探しているのが, $c \in F$ であって $\alpha + c\beta$ が $F(\alpha, \beta)$ を生成するようなものだからである. $F(\alpha + c\beta) = F(\alpha, \beta)$ であることをどうやって示すかはアプリオリには明らかではないが, 証明の中の式 (9.16) で, ある c の値を捨てることでのみ先に進めるということがわかる. 注意深く調べることで, まずい c の値は, まさに式 (9.15) の集合の元だということがわかる. つまりこれは, 分かれ道をたどって望みの結論につながらない脇道を封鎖し, 最初に戻ったうえ, それらの不適切な脇道は禁じられていると事前に述べておくことがその発見のために必要となる類いの証明の, もう 1 つの例になっている.

かっているので，$g(x)$ は $(x-\beta)^2$ では割り切れない．したがって，$g(x)$ と $h(x)$ の $L[x]$ での共通因子はちょうど $x-\beta$ である．

しかし，多項式 $g(x)$ と $h(x) = f(\gamma - cx)$ は係数を $F(\gamma)$ に持つから，それらの $F(\gamma)[x]$ における（モニックな）最大公約因子は $x-\beta$ である[18]．したがって $x-\beta \in F(\gamma)[x]$ であり，よって $\beta \in F(\gamma)$，つまり目標にたどり着いたのである． □

9.9 ガロア拡大

我々は多項式の根に興味を持っていて，多項式の分解体とは，その多項式の根をすべて含んでいる体であるから，それゆえに我々は分解体に興味がある．定理 9.28 により，分離的多項式 $f(x) \in F[x]$ の分解体 K/F に関する，意外なそして強力な事実が得られた．すなわち，K はたくさんの自己同型を持つのである．より正確には，ガロア群

$$G(K/F) = \{\sigma\colon K \xrightarrow{\sim} K \text{ かつ任意の } a \in F \text{ について } \sigma(a) = a\}$$

が $\#G(K/F) = [K:F]$ を満たす．これら特別な拡大の重要性に照明を当てるためにこの主題の創始者にちなんだ名前をつけられているのである．

定義 9.42 F を体とする．**F のガロア拡大**とは，有限次拡大 K/F であって，K が $F[x]$ のある分離的多項式の分解体となっているものである[19]．

注意 9.43 ガロア拡大を分離多項式と分解体の言葉で定義することを選択したが，しかし他にもたくさんの特徴づけがある．詳細については定理 9.61 を見よ．これがガロア理論がこれほど強力である 1 つの理由である．たとえば，ちょっとした注意として，有限次拡大 K/F がガロア拡大であるのは，K/F の元が $G(K/F)$ で固定されるなら F の元であるときである．また $G(K/F)$ が $[K:F]$ 個の元を持てばガロア拡大であり，これはガロア拡大であるかどうかを，集合の元の個数を数えることで確認できるので便利である．

注意 9.44 F が標数 0 なら任意の多項式 $f(x) \in F[x]$ の分解体はガロア拡大である．つまり，$f(x)$ が分離的と仮定する必要はない．命題 9.34 もしくは演習問題 9.16 を見よ．

ガロア群の根本的な存在意義は，多項式の根たちの許容される対称性を記述する手段を与えることである．ガロア群の置換としての側面を正確にしておくとしばしば便利であり，それが次の結果である．

命題 9.45（置換群の部分群としてのガロア群） F を体とし，$f(x) \in F[x]$ を分離的多項式，K/F を $f(x)$ の分解体とする．さらに，

$$\alpha_1, \ldots, \alpha_n \in K$$

---

[18] $K[x]$ の 2 つの多項式の（モニックな）最大公約因子は拡大 L/K に対する $L[x]$ に移っても変わらないという一般的な事実がある．演習問題 9.21 を見よ．

[19] 無限次拡大のガロア理論もまた存在する．しかし，本書では有限次の場合に我々の注意を限定することにする．

を $f(x)$ の根の全体とする．このとき，任意の $\sigma \in G(K/F)$ と任意の $i \in \{1, 2, \ldots, n\}$ に対して，

$$\sigma(\alpha_i) = \alpha_{\pi_\sigma(i)}$$

で $\pi_{\sigma(i)}$ を定めると，これは矛盾なく定義された群の単射準同型写像

$$\pi \colon G(K/F) \longrightarrow \mathcal{S}_n, \quad \sigma \longmapsto \pi_\sigma$$

を与える．

証明 命題 9.22 から，もし $\sigma \in G(K/F)$ かつ，$\alpha \in K$ が $f(x)$ の根なら，$\sigma(\alpha)$ もやはり $f(x)$ の根である．したがって，各 $\sigma \in G(K/F)$ と各 $1 \le i \le n$ に対して，$\sigma(\alpha_i)$ は $f(x)$ の根であるから，σ と i に依存して決まる j に対する α_j に一致する．この j が，$\pi_\sigma(i)$ と書いたものである．

$G(K/F)$ が，6.2 節で議論した群の集合への作用の意味で，根の集合 $\{\alpha_1, \ldots, \alpha_n\}$ に作用することを主張する．まず，単位元 $e \in G(K/F)$ は

$$\alpha_i = e(\alpha_i) = \alpha_{\pi_e(i)},$$

を満たし，したがって任意の i について $\pi_e(i) = i$ である．これは π_e が $\mathcal{S}_n$ の単位元であることを示している．

第 2 に，任意の $\sigma, \tau \in G(K/F)$ と任意の i に対して，

$$\alpha_{\pi_{\sigma\tau}(i)} = (\sigma\tau)(\alpha_i) = \sigma(\tau(\alpha_i)) = \sigma(\alpha_{\pi_\tau(i)}) = \alpha_{\pi_\sigma(\pi_\tau(i))} = \alpha_{(\pi_\sigma\pi_\tau)(i)}.$$

したがって，

$$\text{すべての } i \text{ に対して} \quad \pi_{\sigma\tau}(i) = (\pi_\sigma\pi_\tau)(i),$$

これは群作用の第 2 の公理である．

以上から，$G(K/F)$ が $f(x)$ の根の集合に作用することが示された．注意 6.14 で議論したように，この作用の存在は，$G(K/F)$ から根の置換の群への群準同型写像の存在と同値である．n 個の根があるのだから，後者の群は $\mathcal{S}_n$ と同型である．

残っているのは，$\pi \colon G(K/F) \to \mathcal{S}_n$ が単射であると示すことだが，核を計算してこれを示す．

$\pi_\sigma = e \iff \pi_\sigma(i) = i$ 任意の $1 \le i \le n$ に対し，

$\qquad \iff \sigma(\alpha_i) = \alpha_i$ 任意の $1 \le i \le n$ に対して．なぜなら $\sigma(\alpha_i) = \alpha_{\pi_\sigma(i)}$ だから，

$\qquad \iff \sigma$ は $F(\alpha_1, \ldots, \alpha_n)$ を固定する，

$\qquad \iff \sigma$ は $G(K/F)$ の単位元である．なぜなら $K = F(\alpha_1, \ldots, \alpha_n)$ だから．

よって $\ker(\pi)$ は自明であり，したがって π は単射である． $\qquad \square$

定義 9.46　K/F を体の拡大とする．体 E が

$$F \subseteq E \subseteq K$$

を満たすとき，E を K/F の**中間体**という．

　K/F をガロア拡大とし，$G(K/F)$ を K の自己同型群で F を固定するものとする．我々の次の目標は K/F の中間体を研究し，それらを $G(K/F)$ の部分群と関係づけることである．重要な観察は，$G(K/F)$ の各部分群に対して K/F の中間体を対応づけることができ，また K/F の各中間体に対して $G(K/F)$ の部分群を対応づけることができるということである．これらの対応づけは次の命題で記述される．

命題 9.47　K/F をガロア拡大とする．

　(a) $H \subseteq G(K/F)$ を $G(K/F)$ の部分群とする．このとき，

$$K^H = \{\alpha \in K : \text{任意の } \sigma \in H \text{ に対して } \sigma(\alpha) = \alpha\}$$

　　は K の部分体で，F を含んでいる．つまり，K/F の中間体である．体 K^H を **H の固定体**と呼ぶ．

　(b) E を K/F の中間体とする．つまり，$F \subseteq E \subseteq K$ とする．このとき K/E はガロア拡大であり，さらにそのガロア群 $G(K/E)$ は $G(K/F)$ の部分群である．

証明　(a) 任意の $\alpha, \beta \in K$ と任意の $\sigma \in G(K/F)$ に対して，

$$\sigma(0) = 0, \quad \sigma(1) = 1, \quad \sigma(\alpha + \beta) = \sigma(\alpha) + \sigma(\beta), \quad \sigma(\alpha\beta) = \sigma(\alpha)\sigma(\beta)$$

である．よって，σ が α と β を固定するなら，σ は $0, 1, \alpha + \beta, \alpha\beta$ を固定する．したがって K^H は $0, 1$ を含み，加法と乗法で閉じている[20]．すなわち，これは K の部分体である．さらに，F の任意の元は $G(K/F)$ の任意の元で固定されるので，$F \subseteq K^H$ もわかる．

　(b) ガロア拡大の定義から，体 K は $f(x) \in F[x]$ の F 上の分解体である．$F \subseteq E$ だから，$f(x)$ を $E[x]$ の多項式と見なすことができて，分離性は変わらず，K は $f(x)$ の E 上の分解体でもある．よって K/E はガロア拡大である．さらに，任意の元 $\sigma \in G(K/E)$ は次を満たす体の自己同型写像である：

$$\sigma : K \xrightarrow{\sim} K, \quad E \text{ の元を不変にする．}$$

$F \subseteq E$ だから，σ が E を固定するなら，σ は F も固定する．したがって $\sigma \in G(K/F)$，かつ，$G(K/E)$ は $G(K/F)$ の部分群である．　　　□

注意 9.48　命題 9.47 が何を述べていないのかを理解することが重要である．この命題は，下の拡大 E/F がガロア拡大だとはいっていないし，実際，それが成り立つと信じる理由はない．さらにいえば，E/F がガロア拡大になる必要十分条件は，$G(K/E)$ が $G(K/F)$ の正

---

[20] これらの性質から，K^H において加法の逆元や乗法の逆元をとる操作でも閉じていることを確認することは読者に委ねる．

284 第9章 ガロア理論：体 + 群

規部分群であることだというのをすぐに見る．これは群論と体論の興味深いつながりの，もう1つの例である．

注意 9.49 間違ったことはやはりいいたくないので，命題 9.47 が述べていないもう1つのことに，E/F がガロア拡大で K/E もガロア拡大なら K/F はガロア拡大だ，というものがある．たとえば，体の塔

$$\mathbb{Q} \subset \mathbb{Q}(\sqrt{2}) \subset \mathbb{Q}(\sqrt[4]{2})$$

において，$\mathbb{Q}(\sqrt{2})/\mathbb{Q}$ は多項式 $x^2 - 2$ の分解体であるからガロア拡大である．同様に，$\mathbb{Q}(\sqrt[4]{2})/\mathbb{Q}(\sqrt{2})$ も $x^2 - \sqrt{2}$ の分解体であるからガロア拡大である．しかし，$\mathbb{Q}(\sqrt[4]{2})/\mathbb{Q}$ はガロア拡大ではない．というのは，この体は，$\sqrt[4]{2}$ の $\mathbb{Q}$ 上の最小多項式 $x^4 - 2$ の根すべてを含んではいないからである．

例 9.50（$X^4 - 2$ の最小分解体：固定体と中間体） 9.6.1 節の題材の続きとして，$K = \mathbb{Q}(\sqrt[4]{2}, i)$ とする．これは $X^4 - 2$ の $\mathbb{Q}$ 上の分解体である．$\sigma, \tau \in G(K/\mathbb{Q})$ を，上記の節で記述した通りの自己同型写像とする．すると，$\{e, \sigma^2\}$ と $\{e, \tau\}$ は $G(K/\mathbb{Q})$ の部分群であり，これらの固定体は

$$K^{\{e,\sigma^2\}} = \mathbb{Q}(i, \sqrt{2}) \quad \text{および} \quad K^{\{e,\tau\}} = \mathbb{Q}(\sqrt[4]{2})$$

である．$\mathbb{Q}(i, \sqrt{2})$ は多項式 $(X^2 + 1)(X^2 - 2)$ の分解体であるから $\mathbb{Q}$ のガロア拡大であることに注意せよ．一方，体 $\mathbb{Q}(\sqrt[4]{2})$ は $\mathbb{Q}$ のガロア拡大ではない．これは定理 9.52 で見るように，$\{e, \sigma^2\}$ は $G(K/\mathbb{Q}) \cong \mathcal{D}_4$ の正規部分群だが，$\{e, \tau\}$ は $G(K/\mathbb{Q})$ の正規部分群ではないことの反映である．

逆向きに考えて，$\mathbb{Q}(\sqrt{2})$ と $\mathbb{Q}(i)$ という中間体を考える．272 ページの図 27 で，$G(K/\mathbb{Q})$ の元が $\sqrt[4]{2}$ と i にどのように作用するかを見ると，次がわかる：

$$G(K/\mathbb{Q}(\sqrt{2})) = \{\lambda \in G(K/\mathbb{Q}) : \lambda(\sqrt{2}) = \sqrt{2}\} = \{e, \sigma^2, \tau, \sigma^2\tau\},$$
$$G(K/\mathbb{Q}(i)) = \{\lambda \in G(K/\mathbb{Q}) : \lambda(i) = i\} = \{e, \sigma, \sigma^2, \sigma^3\}.$$

$X^4 - 2$ の分解体についての研究は，9.10.1 節でさらに続ける．そこでは，中間体とガロア群の部分群の完全な対応を与えるだろう．

我々に割り当てられた次の仕事は，操作

$$H \longmapsto K^H \quad \text{と} \quad E \longmapsto G(K/E)$$

が互いに他方の逆であると示すことである．つまり，最初に一方の操作を，次いで他方を行うと，もとの状態に戻るということである．言い換えると，次の主張を示したい：

$$H \longmapsto K^H \longmapsto G(K/K^H) \quad \text{により } H \text{ に戻り，}$$
$$E \longmapsto G(K/E) \longmapsto K^{G(K/E)} \quad \text{により } E \text{ に戻る．}$$

これらの主張は，後でガロア理論の基本定理に組み込まれる．しかし，いかに「明らか」なように見えてもだまされてはいけない．これらは，その証明が高度に非自明で，我々がこれまで開発してきた非常に多くの結果をその証明に用いる，深い結果である．

定理 9.51 K/F をガロア拡大とする．

(a) $H \subset G(K/F)$ を部分群とする．このとき，

$$H = G(K/K^H).$$

(b) $F \subseteq E \subseteq K$ を中間体とする．このとき

$$E = K^{G(K/E)}.$$

証明 集合の等式を 2 つ示したいので，いつもの通り 4 つの包含関係を示すことになる．証明を 4 つのステップに分けよう．

$\boxed{\textbf{ステップ 1：} H \subseteq G(K/K^H)}$

$\sigma \in H$ とする．このとき K^H の定義から，σ は K^H のすべての元を固定し，よって $G(K/K^H)$ の定義から $\sigma \in G(K/K^H)$ であることがわかる．

$\boxed{\textbf{ステップ 2：} G(K/K^H) \subseteq H}$

この包含関係の証明はもう少し難しい．しかし命題 9.47 (b) から，少なくとも K/K^H はガロア拡大，つまりある分離多項式の分解体である．このとき K/K^H は分離拡大であることが，次の事実からわかる：「K/F を有限次ガロア拡大で，F 上分離的な元 $\alpha_1, \ldots, \alpha_n \in K$ により $K = F(\alpha_1, \ldots, \alpha_n)$ が成り立っていると仮定する．このとき K/F は分離拡大である．」この事実を証明することは演習問題とする．すると原始元定理（定理 9.39）が適用できて，元 $\gamma \in K$ であって

$$K = K^H(\gamma)$$

となるものが存在する．次に多項式

$$g(X) = \prod_{\sigma \in H}(X - \sigma(\gamma)) \in K[X]$$

を考える．$g(X)$ の係数は，集合

$$\{\sigma(\gamma) \in K : \sigma \in H\}$$

の元の対称式だから，H の元を $g(X)$ の係数に施しても，係数は変わらない．したがって，$g(X)$ の係数は体 K^H に含まれる[21]．

---

[21] より詳細に知りたい読者向けにこの議論を詳述しよう．H の元に $H = \{\sigma_1, \ldots, \sigma_n\}$ とラベルづけしておく．すると，$g(X) = \prod(X - \sigma_i(\gamma))$ であり，$g(X)$ の X^k の係数は k 次の基本対称式の $g(X)$ の根での値である．定義 7.40 と命題 7.41 を見よ．したがって，

286 第9章 ガロア理論：体 + 群

まとめると，次のことがわかった：

$$K = K^H(\gamma) \quad \text{かつ} \quad g(X) = \prod_{\sigma \in H}(X - \sigma(\gamma)) \in K^H[X].$$

手元にあるすべての事実と定理を使って，鍵となる評価を証明しよう．

$\#H \leq \#G(K/K^H)$ ステップ1から $H \subseteq G(K/K^H)$ がわかるから，

$= [K : K^H]$ 定理 9.28 より．命題 9.47 (b) によって K/K^H はガロア拡大だから，

$= [K^H(\gamma) : K^H]$ γ の取り方から $K = K^H(\gamma)$ がわかるから，

$= \deg \Phi_{K^H, \gamma}(X)$ 定理 9.10 (c) から，

$\leq \deg g(X)$ なぜなら γ は $g(X) \in K^H[X]$ の根であり，また $\Phi_{K^H, \gamma}(X)$ は $K^H[X]$ において $g(X)$ を割り切るから，

$= \#H$ $g(X)$ の定義から．

これにより $\#G(K/K^H) = \#H$ であり，また $H \subseteq G(K/K^H)$ がステップ1からわかっている．つまり $H = G(K/K^H)$ だから，ステップ2の証明が終わった．

ステップ3：$E \subseteq K^{G(K/E)}$

$\alpha \in E$ なら，定義により $G(K/E)$ の任意の元が α を固定し，よって α は $G(K/E)$ の固定体の元である．

ステップ4：$K^{G(K/E)} \subseteq E$

最後の包含関係は，ある意味で一番証明が難しい．というのは，ステップ1, 2, 3 に依存するからである．まず K の，$G(K/E)$ の固定体上の次数を計算しよう．したがって，

$[K : K^{G(K/E)}] = \#G(K/K^{G(K/E)})$ 定理 9.28 を $H = G(K/E)$ に使う．命題 9.47 (b) より $K/K^{G(K/E)}$ はガロア拡大であるから，

$= \#G(K/E)$ ステップ1, 2 を $H = G(K/E)$ で使う，

$= [K : E]$ 再び定理 9.28 を使う．命題 9.47 (b) より K/E はガロア拡大である．

ステップ3から $E \subseteq K^{G(K/E)}$ であり，次のような体の拡大の塔を得る：

$$g(X) = \sum_{k=0}^{n}(-1)^{n-k}s_k(\sigma_1(\gamma), \ldots, \sigma_n(\gamma))X^{n-k}.$$

$\tau \in H$ を $g(X)$ の係数に施して，

$$\tau(s_k(\sigma_1(\gamma), \ldots, \sigma_n(\gamma))) = s_k(\underbrace{\tau\sigma_1(\gamma), \ldots, \tau\sigma_n(\gamma)}_{\text{これは } \sigma_1(\gamma), \ldots, \sigma_n(\gamma) \text{ の置換.}}) = s_k(\sigma_1(\gamma), \ldots, \sigma_n(\gamma))$$

となる．ここで最後の等式は，$s_k(X_1, \ldots, X_n)$ が変数 $X_1, \ldots, X_n$ の置換で不変なので真なのである．したがって，$s_k(\sigma_1(\gamma), \ldots, \sigma_n(\gamma)) \in K$ は H の元を施しても不変であり，よって K^H に入る．

$$E \subseteq K^{G(K/E)} \subseteq K.$$

したがって，

$$[K^{G(K/E)} : E] = \frac{[K : E]}{[K : K^{G(K/E)}]} = 1,$$

ここで最初の等式は体の拡大の塔における次数の乗法性（定理 5.18）から，第 2 の等式はさきほど示したばかりである．以上から

$$K^{G(K/E)} = E$$

がわかり，これでステップ 4 の証明も，それにより定理 9.51 の証明も完了した． □

9.10 ガロア理論の基本定理

K/F の中間体と $G(K/F)$ の部分群の間の，包含関係を逆転させる同一視を正確に与える，ガロア理論の基本定理を述べる準備がようやくできた．ここまで展開してきた題材を用いて，この節で基本定理の最初の 2 つを証明する．3 番目と 4 番目はさらなる道具立てを必要とするので，証明はしばし延期する．系 9.62 を見よ．

定理 9.52（ガロア理論の基本定理） K/F をガロア拡大とする．

(a) 次のような，集合の間の 1 対 1 対応が存在する：

$$\{\text{中間体 } F \subseteq E \subseteq K\} \longleftrightarrow \{\text{部分群 } \{e\} \subseteq H \subseteq G(K/F)\},$$
$$E \longrightarrow G(K/E),$$
$$K^H \longleftarrow H$$

ここで，与えられた対応は互いに他方の逆である．すなわち，

$$E = K^{G(K/E)} \quad \text{かつ} \quad H = G(K/K^H).$$

(b) (a) で与えた対応は包含関係を逆転させる[22]．つまり，

- $E_1 \subseteq E_2 \implies G(K/E_2) \subseteq G(K/E_1)$.
- $H_1 \subseteq H_2 \implies K^{H_2} \subseteq K^{H_1}$.

(c) $F \subseteq E \subseteq K$ を中間体とする．このとき，

E/F がガロア拡大である． $\iff$ $G(K/E)$ は $G(K/F)$ の正規部分群である．

(d) E/F がガロア拡大なら，$\sigma(E) = E$ が任意の $\sigma \in G(K/F)$ について成り立ち，次の自然な同型が存在する[23]．

---

[22](b) が述べている事柄を学び，身につけるのに時間をとってほしい．ガロア理論の包含関係を逆転させるという点が，慣れるまで多くの人を混乱させるようだ．有用な直観は次の通りである．K^H は K の部分集合で H により固定されるものなのだから，H を大きくすれば，それで固定される元たちは減るはずである．

[23]自然な同型とはどういう意味だろうか？ 元 $\sigma \in G(K/F)$ が写像 $\sigma \colon K \to K$ であり，もし E/F がガロア

$$G(K/F)/G(K/E) \xrightarrow{\sim} G(E/F).$$

証明 (a) この部分は，まさに命題 9.47 と定理 9.51 の内容である．

(b) 最初の含意について．まず $E_1 \subseteq E_2$ と仮定し，$\sigma \in G(K/E_2)$ とする．このとき

$$\sigma(\alpha) = \alpha \quad G(K/E_2) \text{ の定義からすべての } \alpha \in E_2 \text{ について成り立つ．}$$

よって，E_1 が E_2 に含まれていることから，

$$\sigma(\alpha) = \alpha \text{ がすべての } \alpha \in E_1 \text{ について成り立つ．}$$

したがって，$\sigma \in G(K/E_1)$ が $G(K/E_1)$ の定義からわかる．

2つめの含意について．$H_1 \subseteq H_2$ と仮定し，$\alpha \in K^{H_2}$ とする．このとき，

$$\sigma(\alpha) = \alpha \text{ がすべての } \sigma \in H_2 \text{ について } K^{H_2} \text{ の定義から成り立つ．}$$

よって，H_1 が H_2 に含まれていることから，

$$\sigma(\alpha) = \alpha \text{ が任意の } \sigma \in H_1 \text{ について成り立つ．}$$

したがって，$\alpha \in K^{H_1}$ が K^{H_1} の定義からわかる．

(c) と (d) この証明は，体の拡大がガロア拡大であることを確認する新たな手段を確立するまで延期する．系 9.62 を見よ． $\square$

9.10.1 $X^4 - 2$ のガロア対応

中間体と部分群の間のガロア対応を，$X^4 - 2$ の $\mathbb{Q}$ 上の分解体 K の研究を続行することで説明する．9.6.1 節から，次の事柄を思い出しておく：

$$K = \mathbb{Q}(\sqrt[4]{2}, i) = X^4 - 2 \text{ の } \mathbb{Q} \text{ 上の分解体,}$$

$$G(K/\mathbb{Q}) \cong \mathcal{D}_4 = \{e, \sigma, \sigma^2, \sigma^3, \tau, \sigma\tau, \sigma^2\tau, \sigma^3\tau\},$$

ここで，自己同型写像 $\sigma, \tau \in G(K/\mathbb{Q})$ は，K の生成元 i と $\sqrt[4]{2}$ に次の表にあるように作用する．読者の便宜のために図 27 から再掲する：

	e	σ	σ^2	σ^3	τ	$\sigma\tau$	$\sigma^2\tau$	$\sigma^3\tau$
$\sqrt[4]{2}$	$\sqrt[4]{2}$	$i\sqrt[4]{2}$	$-\sqrt[4]{2}$	$-i\sqrt[4]{2}$	$\sqrt[4]{2}$	$i\sqrt[4]{2}$	$-\sqrt[4]{2}$	$-i\sqrt[4]{2}$
i	i	i	i	i	$-i$	$-i$	$-i$	$-i$

2面体群 $\mathcal{D}_4$ は部分群をたくさん持つ．たとえば，$90°$ 回転が生成する位数 4 の部分群があり，4 つの裏返しのそれぞれ $\tau, \sigma\tau, \sigma^2\tau, \sigma^3\tau$ から生成される位数 2 の部分群が 4 つある．

拡大なら，$\sigma(E) = E$ である．よって σ の定義域を E に制限すれば，写像 $\sigma|_E : E \to E$ を得る．定理が主張するのは，写像 $G(K/F) \to G(E/F)$ を $\sigma \to \sigma|_E$ で定義すると，それが全射群準同型写像であり，その核が $G(K/E)$ であるということである．この全射群準同型写像が，定理にある同型写像を誘導する．

回転部分群それ自身も，$180°$ 回転 σ^2 が生成する位数 2 の部分群を持つ．さらに，それほど明らかではない，位数 4 の部分群が 2 つある．それらは，$180°$ 回転 σ^2 と裏返しで生成される．$\mathrm{Gal}(K/\mathbb{Q}) \cong \mathcal{D}_4$ の部分群は図 29 に列挙してあり，そこにそれぞれの部分群の固定体も示してある．

290 ページの図 30 に，$\mathbb{Q}(\sqrt[4]{2}, i)/\mathbb{Q}$ の中間体と，$G(\mathbb{Q}(\sqrt[4]{2}, i)/\mathbb{Q})$ の対応する部分群の一式が，華々しく掲載されている．図 30 の縦線は，体の図式の方では上にあるものが大きいという包含関係を，群の図式の方では下にあるものが大きいという包含関係を表していることに注意せよ．これはガロア対応の，順序を逆転させるという性質を反映している．

図 29 の固定体を，どうやって計算したのだろうか？　部分群 $\{e, \sigma^2\}$ と $\{e, \sigma\tau\}$ の固定体を計算することでそれを説明しよう．演習問題 9.24 では，他の例を計算してほしい．分解体 K は $\mathbb{Q}$ 上の次数が 8 次である．そこで，まず K の 8 次元 $\mathbb{Q}$ ベクトル空間としての基底を書き出してみる．

$$K = \mathbb{Q}(\sqrt[4]{2}, i) = \mathrm{Span}_{\mathbb{Q}}\left(1, \sqrt[4]{2}, \sqrt[4]{2}^2, \sqrt[4]{2}^3, i, i\sqrt[4]{2}, i\sqrt[4]{2}^2, i\sqrt[4]{2}^3\right).$$

部分群 $\{e, \sigma^2\}$ の固定体を計算したいとしよう．そこには K の元で σ^2 で固定されるものが含まれるから，次のようになる：

$$\sigma^2\left(c_1 + c_2\sqrt[4]{2} + c_3\sqrt[4]{2}^2 + c_4\sqrt[4]{2}^3 + c_5 i + c_6 i\sqrt[4]{2} + c_7 i\sqrt[4]{2}^2 + c_8 i\sqrt[4]{2}^3\right)$$
$$= c_1 - c_2\sqrt[4]{2} + c_3\sqrt[4]{2}^2 - c_4\sqrt[4]{2}^3 + c_5 i - c_6 i\sqrt[4]{2} + c_7 i\sqrt[4]{2}^2 - c_8 i\sqrt[4]{2}^3.$$

係数比較をして，固定される元は

$$c_2 = c_4 = c_6 = c_8 = 0$$

を満たし，よって

$\mathcal{D}_4$ の部分群 H	$\#H$	$[K^H : \mathbb{Q}]$	固定体 K^H	$K^H/\mathbb{Q}$ はガロア拡大？
$\{e, \sigma, \sigma^2, \sigma^3, \tau, \sigma\tau, \sigma^2\tau, \sigma^3\tau\}$	8	1	$\mathbb{Q}$	はい
$\{e, \sigma, \sigma^2, \sigma^3\}$	4	2	$\mathbb{Q}(i)$	はい
$\{e, \tau, \sigma^2, \sigma^2\tau\}$	4	2	$\mathbb{Q}(\sqrt{2})$	はい
$\{e, \sigma\tau, \sigma^2, \sigma^3\tau\}$	4	2	$\mathbb{Q}(i\sqrt{2})$	はい
$\{e, \sigma^2\}$	2	4	$\mathbb{Q}(\sqrt{2}, i)$	はい
$\{e, \tau\}$	2	4	$\mathbb{Q}(\sqrt[4]{2})$	いいえ
$\{e, \sigma\tau\}$	2	4	$\mathbb{Q}((1+i)\sqrt[4]{2})$	いいえ
$\{e, \sigma^2\tau\}$	2	4	$\mathbb{Q}(i\sqrt[4]{2})$	いいえ
$\{e, \sigma^3\tau\}$	2	4	$\mathbb{Q}((1-i)\sqrt[4]{2})$	いいえ
$\{e\}$	1	8	$\mathbb{Q}(\sqrt[4]{2}, i)$	はい

図 29　$\mathcal{D}_4 \cong \mathrm{Gal}(K/\mathbb{Q})$ の部分群とその固定体．

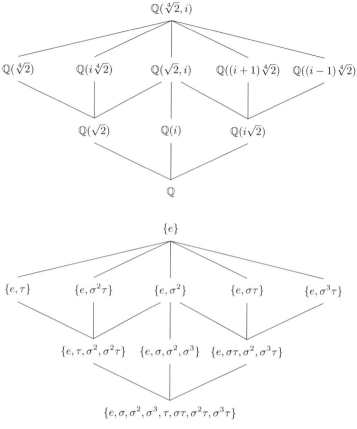

図 30 $X^4 - 2$ の $\mathbb{Q}$ 上の分解体のガロア対応.

$$K^{\{e,\sigma^2\}} = \mathrm{Span}_{\mathbb{Q}}\left(1, \sqrt[4]{2}^2, i, i\sqrt[4]{2}^2\right) = \mathbb{Q}(\sqrt{2}, i)$$

である.

次に, $\{e, \sigma\tau\}$ の固定体を決定する. これは K の元で, $\sigma\tau$ で固定される元からなるのだから, 次のように計算できる:

$$\sigma\tau\left(c_1 + c_2\sqrt[4]{2} + c_3\sqrt[4]{2}^2 + c_4\sqrt[4]{2}^3 + c_5 i + c_6 i\sqrt[4]{2} + c_7 i\sqrt[4]{2}^2 + c_8 i\sqrt[4]{2}^3\right)$$
$$= c_1 + c_2 i\sqrt[4]{2} - c_3\sqrt[4]{2}^2 - c_4 i\sqrt[4]{2}^3 - c_5 i + c_6\sqrt[4]{2} + c_7\sqrt[4]{2}^2 - c_8\sqrt[4]{2}^3$$
$$= c_1 + c_6\sqrt[4]{2} - c_3\sqrt[4]{2}^2 - c_8\sqrt[4]{2}^3 - c_5 i + c_2 i\sqrt[4]{2} + c_7 i\sqrt[4]{2}^2 - c_4 i\sqrt[4]{2}^3.$$

係数比較により, 固定される元は

$$c_2 = c_6, \quad c_3 = -c_3, \quad c_4 = -c_8, \quad c_5 = -c_5$$

を満たし，よって $K^{\{e,\sigma\tau\}}$ の元は次の形である：

$$a + b\sqrt[4]{2} + c\sqrt[4]{2}^3 + bi\sqrt[4]{2} + di\sqrt[4]{2}^2 - ci\sqrt[4]{2}^3$$
$$= a + b(1+i)\sqrt[4]{2} + c(1-i)\sqrt[4]{2}^3 + di\sqrt[4]{2}^2.$$

したがって，

$$K^{\{e,\sigma\tau\}} = \mathrm{Span}_{\mathbb{Q}}\Big(1, (1+i)\sqrt[4]{2}, i\sqrt[4]{2}^2, (1-i)\sqrt[4]{2}^3\Big).$$

ここで，次の事実

$$((1+i)\sqrt[4]{2})^2 = 2i\sqrt[4]{2}^2 \quad \text{および} \quad ((1+i)\sqrt[4]{2})^3 = -2(1-i)\sqrt[4]{2}^3$$

を使うと，$(1+i)\sqrt[4]{2}$ の冪が固定体の基底を生成するのに十分であることがわかる．したがって，

$$K^{\{e,\sigma\tau\}} = \mathbb{Q}((1+i)\sqrt[4]{2}).$$

$K^{\{e,\sigma\tau\}}$ を計算する別の方法を素描しておく．まず $(1+i)\sqrt[4]{2}$ は $\sigma\tau$ で固定されるから，考えている固定体に含まれる．次に，$(1+i)\sqrt[4]{2}$ は $X^4 + 8$ の根であることに注意する．最後に，$X^4 + 8$ は $\mathbb{Q}[X]$ の既約元である．したがって，どの根も次数 4 の拡大を生成する．よって，$\mathbb{Q}((1+i)\sqrt[4]{2})$ は $\mathbb{Q}$ 上の次数が 4 次である．この体は $K^{\{e,\sigma\tau\}}$ に含まれていることはわかっていて，一般論から $K^{\{e,\sigma\tau\}}$ の $\mathbb{Q}$ 上の次数は，部分群 $\{e,\sigma\tau\}$ のガロア群における指数に等しいことがわかっているから，これは 4 である．以上から 2 つの体は一致する．

9.11　応用：代数学の基本定理

いわゆる代数学の基本定理は，実際には複素解析学の結果である．これは，$\mathbb{C}[X]$ の定数ではない多項式は，$\mathbb{C}$ に根を持つことを主張している．つまり，$\mathbb{C}$ は代数的に閉じているということである．これは純代数的な主張だが，しかし，証明には何らかの解析的な事実を究極的には使わざるをえない．というのは，$\mathbb{C}$ と $\mathbb{R}$ の定義が本質的に解析的だからである．この節では，代数学の基本定理の証明で解析学をほんの少ししか使わないが，たくさんの代数学を，より具体的にはガロア理論とシローの定理を活用するものを述べる．この証明は，より典型的な解析的証明，たとえば多くの複素解析の教科書に見られる，まつわり数とコーシー (Cauchy) の留数定理を使うものに対する，興味深い対位旋律を提供する．

我々に必要な解析的な結果は，次のよく知られた実数の性質である．この性質は $\mathbb{R}$ のどのような標準的な定義，たとえばコーシー列を経由するものや，$\mathbb{Q}$ におけるデデキント (Dedekind) の切断を経由するものなどからも導かれる．我々は多項式で定まる関数に対してしかこの命題を用いないが，その性質を任意の連続関数に対するものとして述べる．

命題 9.53（中間値の定理のあるバージョン）　連続関数

292　第9章　ガロア理論：体＋群

$$f\colon \mathbb{R} \longrightarrow \mathbb{R}$$

を考える．実数 $a < b$ で，$f(a)$ と $f(b)$ の符号が異なるものが存在すると仮定する．このとき，実数 $c \in \mathbb{R}$ で次を満たすものが存在する：

$$a < c < b \quad \text{かつ} \quad f(c) = 0.$$

　我々の目標は次の定理と，その驚くべき系である．

定理 9.54　α が $\mathbb{R}$ 上代数的とする．このとき $\mathbb{R}(\alpha)$ は $\mathbb{R}$ もしくは $\mathbb{C}$ に等しい．

系 9.55（代数学の基本定理）　$\mathbb{C}$ は代数閉体である．

証明（定理 9.54 の証明）　いくつかの便利な事実の証明から始めよう．これらはその後に続く定理の証明で用いられる．

主張 1：$[K : \mathbb{R}] = 2 \implies K = \mathbb{C}$.

主張 1 の証明　$[K : \mathbb{R}] = 2$ から $K \neq \mathbb{R}$ がわかり，よって $\beta \in K \smallsetminus \mathbb{R}$ が存在する．すると $[\mathbb{R}(\beta) : \mathbb{R}] = 2$，つまり β は実根を持たない 2 次多項式の根である．たとえば

$$\beta \text{ は } aX^2 + bX + c \in \mathbb{R}[X] \text{ の根，ただし } b^2 - 4ac < 0.$$

したがって，

$$\beta = \frac{-b \pm \sqrt{4ac - b^2}\, i}{2a}, \quad \text{よって} \quad i = \frac{2a\beta + b}{\pm\sqrt{4ac - b^2}} \in \mathbb{R}(\beta) = K.$$

つまり $\mathbb{C} = \mathbb{R}(i)$ が K に含まれることがわかるが，K と $\mathbb{C}$ はどちらも $\mathbb{R}$ 上の次数は 2 であり，よって $K = \mathbb{C}$.

主張 2：$[K : \mathbb{C}] = 2$ は不可能である．

主張 2 の証明　$[K : \mathbb{C}] = 2, \zeta \in K \smallsetminus \mathbb{C}$ と仮定して矛盾を導きたい．ζ は次数 2 の拡大の元だから，$\mathbb{C}[X]$ の 2 次多項式の根である．たとえば

$$\zeta \text{ は } \alpha X^2 + \beta X + \gamma \in \mathbb{C}[X] \text{ の根とする．}$$

2 次方程式の解の公式により，

$$\zeta = \frac{-\beta \pm \sqrt{\beta^2 - 4\alpha\gamma}}{2\alpha}.$$

しかし，$\mathbb{C}$ の任意の元は $\mathbb{C}$ に平方根を持つ．というのは任意の $a + bi \in \mathbb{C}$ に対して，直接計算することで[24]，

---

[24] これもまた，かの有名な帽子から取り出したかのように思える公式である．しかしこの公式を導出する自然な仕方がある．演習問題 9.28 を見よ．

$$\sqrt{a+bi} = \sqrt{\frac{\sqrt{a^2+b^2}+a}{2}} + \sqrt{\frac{\sqrt{a^2+b^2}-a}{2}}\, i \in \mathbb{C} \tag{9.17}$$

となるからである．任意の実数 $a, b \in \mathbb{R}$ に対して $\sqrt{a^2+b^2}-a \geq 0$ という事実と，任意の非負の実数は実数の平方根を持つという事実を用いていることに注意せよ．後者は命題 9.53 からわかる．というのは，もし $A > 0$ なら，多項式 $x^2 - A$ は $x = 0$ で負の値を，そして x が大きければ正の値をとるから，よって根を持つ．したがって $\zeta \in \mathbb{C}$ となるが，これは $\zeta \in K \setminus \mathbb{C}$ という仮定に矛盾し，したがって $\mathbb{C}$ の 2 次拡大は存在しないことが証明された．

主張 3：$[K : \mathbb{R}]$ が奇数 $\Longrightarrow K = \mathbb{R}$．

主張 3 の証明　$\gamma \in K$ とする．このとき

$$\deg \Phi_{\gamma, \mathbb{R}}(X) = [\mathbb{R}(\gamma) : \mathbb{R}] \text{ は } [K : \mathbb{R}] \text{ を割り切る．}$$

よって，γ の最小多項式 $\Phi_{\gamma, \mathbb{R}}(x)$ は奇数次である．したがって

$$\lim_{X \to -\infty} \Phi_{\gamma, \mathbb{R}}(X) = -\infty \quad \text{かつ} \quad \lim_{X \to \infty} \Phi_{\gamma, \mathbb{R}}(X) = \infty$$

がわかり，よって $\Phi_{\gamma, \mathbb{R}}(X)$ は正の値も負の値もとる[25]．中間値の定理（命題 9.53）により，$\Phi_{\gamma, \mathbb{R}}(X)$ は根を $\mathbb{R}$ に持つことがわかる．しかし，定理 9.10 (a) から，$\Phi_{\gamma, \mathbb{R}}(X)$ は $\mathbb{R}[X]$ の既約元である．既約多項式が根を持つのは次数が 1 のときだけだから，

$$\deg \Phi_{\beta, \mathbb{R}}(X) = 1$$

を示したことになる．したがって，$\Phi_{\beta, \mathbb{R}}(X) = X - \beta \in \mathbb{R}[X]$，よって $\beta \in \mathbb{R}$．これで K の元はどれも $\mathbb{R}$ の元であること，よって $K = \mathbb{R}$ が証明された．

　以上で準備が済んだので，定理 9.54 の証明に進むことができる．α という $\mathbb{R}$ 上代数的な元が与えられている．$\alpha \in \mathbb{R}$ なら示すべきことは何もない．そこで，$\alpha \notin \mathbb{R}$ としよう．主張 3 により，

$$[\mathbb{R}(\alpha) : \mathbb{R}] \text{ は偶数である．}$$

ここで，

$$K = \Phi_{\mathbb{R}, \alpha}(X) \text{ の } \mathbb{R} \text{ 上の分解体}$$

とすると，とくに K は $\mathbb{R}$ のガロア拡大で α を含む．このとき，

$$[K : \mathbb{R}] = [K : \mathbb{R}(\alpha)][\mathbb{R}(\alpha) : \mathbb{R}] \text{ は偶数,}$$

よって，

---

[25] もしこの ∞ を含む極限が好みでないなら，演習問題 9.27 の構成的なアプローチを見てほしい．

294　第9章　ガロア理論：体＋群

$$\#G(K/\mathbb{R}) = [K : \mathbb{R}] \text{ もまた偶数.}$$

次のようにおく：

$$\#G(K/\mathbb{R}) = [K : \mathbb{R}] = 2^e m \quad e \geq 1 \text{ で, } m \text{ は奇数.}$$

シローの定理（定理 6.29）をここで使って，$G(K/\mathbb{R})$ の 2 シロー部分群 H をとる．したがって，

$$H \subseteq G(K/\mathbb{R}) \quad \text{かつ} \quad \#H = 2^e.$$

H の固定体 K^H を考えると，これは次の体の塔に収まっている：

$$
\begin{array}{l}
\text{この拡大の次数は} \\
[K : \mathbb{R}] = \#G(K/\mathbb{F}) = 2^e m.
\end{array}
\left\{
\begin{array}{c}
K \\
| \\
K^H \\
| \\
\mathbb{R}
\end{array}
\right.
\begin{array}{l}
\left.\vphantom{\begin{array}{c}K\\|\\K^H\end{array}}\right\}
\begin{array}{l}
\text{この拡大の次数は} \\
[K : K^H] = \#H = 2^e.
\end{array} \\[1.5em]
\left.\vphantom{\begin{array}{c}K^H\\|\\\mathbb{R}\end{array}}\right\}
\begin{array}{l}
\text{この拡大の次数は} \\
[K^H : \mathbb{R}] = \dfrac{[K : \mathbb{R}]}{[K : K^H]} = \dfrac{\#G(K/\mathbb{R})}{\#H} = m.
\end{array}
\end{array}
$$

この図から拾い集められる，鍵となる事実は，

$$[K^H : \mathbb{R}] = \frac{[K : \mathbb{R}]}{[K : K^H]} = \frac{\#G(K/\mathbb{R})}{\#H} = m \text{ は奇数}$$

ということである．しかし，主張 3 から，$\mathbb{R}$ は非自明な奇数次拡大を持たない．したがって

$$K^H = \mathbb{R} \quad \text{かつ} \quad H = G(K/\mathbb{R}).$$

したがって，上述の図は潰れてしまって，

$$
\begin{array}{c}
K \\
\Big| {\scriptstyle 2^e} \\
\mathbb{R}
\end{array}
\quad \text{ここで} \quad [K : \mathbb{R}] = \#G(K/\mathbb{R}) = 2^e.
$$

もし $e = 1$ なら，主張 1 により $K = \mathbb{C}$ だからおしまいである．そこで $e \geq 2$ と仮定して矛盾を導こう．群 $G(K/\mathbb{R})$ は位数 2^e であるから，位数が 2^{e-1} の部分群 H_1 を含む[26]．よって，H_1 内に位数が 2^{e-2} の部分群 H_2 がある．つまり，次のような体の塔が得られる：

---

[26]演習問題 6.21 を使っている．これは p が素数で G が位数 p^n の群なら，すべての $0 \leq k \leq n$ に対して，G は位数 p^k の部分群を含むというものである．証明には，位数が p^n, $n \geq 1$ の群の中心は自明でないという事実を用いる．

$$
\begin{array}{l}
K \\
\mid \\
K^{H_2} \quad \text{ここで} \quad [K^{H_2} : K^{H_1}] = \dfrac{[K : K^{H_1}]}{[K : K^{H_2}]} = \dfrac{\#H_1}{\#H_2}\dfrac{2^{e-1}}{2^{e-2}} = 2, \\
\mid 2 \\
K^{H_1} \qquad\qquad\quad\; [K^{H_1} : \mathbb{R}] = \dfrac{[K : \mathbb{R}]}{[K : K^{H_1}]} = \dfrac{\#G(K/\mathbb{R})}{\#H_1}\dfrac{2^e}{2^{e-1}} = 2. \\
\mid 2 \\
\mathbb{R}
\end{array}
$$

したがって，$K^{H_1}/\mathbb{R}$ は次数が 2 の拡大となるから，主張 1 により $K^{H_1} = \mathbb{C}$．しかし，そうすると $K^{H_2}/K^{H_1} = K^{H_2}/\mathbb{C}$ がやはり次数が 2 の拡大となり，主張 2 によりこれは不可能である．この矛盾から定理 9.54 が証明された． □

証明（系 9.55 の証明） すべての定数でない多項式

$$
f(X) \in \mathbb{C}[X]
$$

が $\mathbb{C}$ に根を持つことを証明しなければならない．$f(X)$ の各係数に複素共役を施した多項式を $\overline{f}(X) \in \mathbb{C}[X]$ と書くことにする．すると，次の多項式

$$
g(X) = f(X)\overline{f}(X)
$$

の係数は複素共役で不変だから，$\mathbb{R}$ の元である[27]．$g(X)$ の $\mathbb{R}$ 上の分解体における根を α とする．すると α は $\mathbb{R}$ 上代数的で，よって定理 9.54 より $\mathbb{R}(\alpha) = \mathbb{R}$ もしくは $\mathbb{R}(\alpha) = \mathbb{C}$ である．いずれにせよ $\alpha \in \mathbb{C}$ だから，

$$
0 = g(\alpha) = f(\alpha)\overline{f}(\alpha).
$$

したがって $f(\alpha)$ は 0 で α が $f(X)$ の複素根であるか，もしくは，$\overline{f}(\alpha) = 0$ であり，複素共役をとって $f(\overline{\alpha}) = 0$，つまり $\overline{\alpha} \in \mathbb{C}$ が $f(X)$ の複素根であるかのいずれかである． □

9.12 有限体のガロア理論

この節で我々がなすべきは，いろいろな大きさの有限体が，相互にどのように収まっているかを解析することである．

有限体について，基本的な存在と一意性に関する定理を思い出すことから始めよう．

定理（定理 8.28） p を素数とし，$d \geq 1$ とする．

(a) p^d 個の元からなる有限体が存在する．

(b) p^d 個の元からなる 2 つの体は同型である．

証明 (a) を $d \leq 3$ に対して定理 5.31 として証明した．また任意の d に対する (a) を，まっ

---

[27] 手の込んだ代数的な用語を好む向きにいうと，$f(X)\overline{f}(X)$ の係数が $G(\mathbb{C}/\mathbb{R})$ の作用で不変であり，よって $G(\mathbb{C}/\mathbb{R})$ の固定体に属すという事実を使っている．$\mathbb{C}/\mathbb{R}$ はガロア拡大だから，その固定体は $\mathbb{R}$ である．

296 第 9 章 ガロア理論：体 ＋ 群

たく異なる方法で定理 8.28 で証明した．(b) については，系 9.27 で証明していて，分解体
の同型性の帰結だった． □

定義 9.56 各素数 p と各整数 $d \geq 1$ に対して，p^d 個の元からなる体を $\mathbb{F}_{p^d}$ と表す．する
と，定理 8.28 により，p^d 個の元からなる体はいずれも $\mathbb{F}_{p^d}$ と同型である．

　素数 p を固定して，体 $\mathbb{F}_{p^d}$ が互いにどの体の部分体になっているかを考えよう．たとえ
ば，すべての $\mathbb{F}_{p^d}$ は $\mathbb{F}_p$ と同型な体をただ 1 つ含んでいることは既知である．同時に我々
は，$\mathbb{F}_{p^d}$ が p^d 個以上の元を持つ体を含まないことも知っている．しかし，$\mathbb{F}_{p^2}$ や $\mathbb{F}_{p^3}$ が $\mathbb{F}_{p^4}$
に含まれているかどうかは明らかではない．より一般に，$\mathbb{F}_{p^d}$ と同型な体がいくつ $\mathbb{F}_{p^e}$ に含
まれているか考えたい．答えは次の重要な結果に含まれていて，これは有限体のガロア理論
についての決定的な記述になっている[28]．

定理 9.57 p を素数とし，$d \geq 1$ を整数とする．
  (a) 体 $\mathbb{F}_{p^d}$ は $\mathbb{F}_p$ のガロア拡大である．
  (b) フロベニウス準同型写像

$$\phi: \mathbb{F}_{p^d} \longrightarrow \mathbb{F}_{p^d}, \quad \phi(\alpha) = \alpha^p,$$

  は $G(\mathbb{F}_{p^d}/\mathbb{F}_p)$ の位数 d の元であり，$G(\mathbb{F}_{p^d}/\mathbb{F}_p)$ は ϕ で生成される位数 d の巡回群で
  ある．
  (c) $e \geq 1$ を別の整数とする．このとき，次が成り立つ：

$$e \mid d \implies \mathbb{F}_{p^d} \text{ は } \mathbb{F}_{p^e} \text{ と同型な体をただ 1 つ含む．}$$

$$e \nmid d \implies \mathbb{F}_{p^d} \text{ は位数 } p^e \text{ の体を含まない．}$$

証明 (a) 系 9.27 の証明で見たように，位数 p^d の体は，多項式

$$f(x) = x^{p^d} - x$$

の $\mathbb{F}_p$ 上の分解体である．さらに，$f'(x) = -1$ から $f(x)$ は分離的である．定理 8.28 の証明
を見よ．したがって $\mathbb{F}_{p^d}$ は $\mathbb{F}_p[x]$ の分離多項式の分解体であり，定義から $\mathbb{F}_{p^d}/\mathbb{F}_p$ はガロア
拡大である．

　(b) フロベニウス準同型写像は，標数 p で考えているから加法を保つ（定理 3.36）．また
明らかに乗法を保つ．さらに，$\phi(0) = 0$ かつ $\phi(1) = 1$ である．よって，

$$\phi: \mathbb{F}_{p^d} \longrightarrow \mathbb{F}_{p^d}$$

は体の自己準同型写像である．体の間の準同型写像は単射である．また，値域と定義域が同
じ個数の元からなる有限集合だから，ϕ は全射でもある．したがって ϕ は体 $\mathbb{F}_{p^d}$ の自己同
型写像である．

---

[28] 手の込んだ道具立てを使うことになるが，定理 9.57 (c) により，演習問題 8.18 の新しい解答が得られる．

また，ϕ は $\mathbb{F}_p$ の元を固定する[29]．よって ϕ は $\mathbb{F}_{p^d}$ の $\mathbb{F}_p$ 上のガロア群に含まれる．

次に $\phi \in G(\mathbb{F}_{p^d}/\mathbb{F}_p)$ の位数を計算しよう．系 8.10 より，$\mathbb{F}_{p^d}^*$ は位数が $p^d - 1$ の巡回群であり，その生成元を $\gamma \in \mathbb{F}_{p^d}^*$ とする．各 $n \geq 1$ に対して，

$$\phi^n \text{ が } \mathbb{F}_{p^d} \text{ を固定する} \iff \phi^n(\gamma) = \gamma \iff \gamma^{p^n} = \gamma \iff \gamma^{p^n - 1} = 1 \iff p^d - 1 \mid p^n - 1$$

となり，ここで最後の同値は γ が位数 $p^d - 1$ だからである．よって，ϕ^n が単位元となる最小の正の n は $n = d$ である．以上で $\phi \in G(\mathbb{F}_{p^d}/\mathbb{F}_p)$ の位数が d であることが証明された．

一方で，ガロア群の位数は

$$\#G(\mathbb{F}_{p^d}/\mathbb{F}_p) = [\mathbb{F}_{p^d} : \mathbb{F}_p] = d,$$

ここで最初の等式は定理 9.28 であり（$\mathbb{F}_{p^d}/\mathbb{F}_p$ がガロア拡大という事実を使っている），次の等式は命題 5.28 (c) による．これは

$$\#\mathbb{F}_{p^d} = p^{[\mathbb{F}_{p^d} : \mathbb{F}_p]}$$

というものだった．したがって我々は $G(\mathbb{F}_{p^d}/\mathbb{F}_p)$ が位数 d の有限群であり，位数 d の元 ϕ を持つことを示したから，この群は巡回群であり ϕ は生成元である．

(c) 定理 9.52 で述べたガロア理論が包含関係を逆転させるという事実を利用する．したがって $\mathbb{F}_{p^d}/\mathbb{F}_p$ の各中間体は，

$$G(\mathbb{F}_{p^d}/\mathbb{F}_p) = \langle \phi \rangle \cong \mathbb{Z}/d\mathbb{Z}$$

の部分群と対応する[30]．しかし，位数 d の巡回群は，d の各約数 e ごとに位数 e の部分群をただ 1 つ持つのだった．演習問題 2.27 を見よ．具体的には，

$$H_e = G(\mathbb{F}_{p^d}/\mathbb{F}_p) \text{ の位数 } e \text{ のただ 1 つの部分群} = \langle \phi^{d/e} \rangle.$$

対応する中間体は，H_e の固定体であり，それは

$$\begin{aligned}
\mathbb{F}_{p^d}^{H_e} &= \{\alpha \in \mathbb{F}_{p^d} : \phi^{d/e}(\alpha) = \alpha\} \\
&= \{\alpha \in \mathbb{F}_{p^d} : \alpha^{p^{d/e}} = \alpha\} \\
&= x^{p^{d/e}} - x \text{ の分解体} \\
&= \mathbb{F}_{p^{d/e}}
\end{aligned}$$

である．

あるいは，H_e の位数を計算するのに，次のようにガロア理論を使うこともできる．p を底とする対数を使って計算を読みやすくできる：

---

[29] これは以前に示したことだが思い出しておくと，ラグランジュの定理から任意の $\alpha \in \mathbb{F}_p^*$ は $\alpha^{p-1} = 1$ を満たし，よって $\mathbb{F}_p$ の元はすべて $\alpha^p = \alpha$ を満たす．これはフェルマーの小定理としても知られている事実である．

[30] G が群のとき，$g \in G$ に対して $\langle g \rangle = \{g^n : n \in \mathbb{Z}\}$ は，G の g が生成する巡回部分群を意味すること思い出しておこう．

298　第 9 章　ガロア理論：体 ＋ 群

$$\log_p(\#\mathbb{F}_{p^d}^{H_e}) = [\mathbb{F}_{p^d}^{H_e} : \mathbb{F}_p] \qquad \text{命題 5.28 (c) から,}$$

$$= \frac{[\mathbb{F}_{p^d} : \mathbb{F}_p]}{[\mathbb{F}_{p^d} : \mathbb{F}_{p^d}^{H_e}]} \qquad \text{定理 5.18 から,}$$

$$= \frac{d}{\#H_e} \qquad \text{補題 9.59 から}$$

$$= \frac{d}{e} \qquad \#H_e = e \text{ だから.}$$

したがって $\mathbb{F}_{p^d}^{H_e}$ は $p^{d/e}$ 個の元を持ち，よって $\mathbb{F}_{p^{d/e}}$ と同型である．　　　　□

例 9.58　$\mathbb{F}_{p^{30}}/\mathbb{F}_p$ のガロア群や中間体を計算する．定理 9.57 により，ガロア群は位数 30 の巡回群 $\mathcal{C}_{30}$ である．$\mathcal{C}_{30}$ の部分群は，30 の各約数 d に対する巡回群 $\mathcal{C}_d$ である．整数 30 の約数は 8 個ある：

$$\{30 \text{ の約数}\} = \{1, 2, 3, 5, 6, 10, 15, 30\},$$

よって $\mathcal{C}_{30}$ も 8 個の部分群を持つ．ガロア理論により，$\mathcal{C}_d$ の固定群は，$\mathbb{F}_p$ の拡大体で，$\mathbb{F}_p$ 上の次数が

$$[\mathbb{F}_{p^{30}}^{\mathcal{C}_d} : \mathbb{F}_p] = \frac{[\mathbb{F}_{p^{30}} : \mathbb{F}_p]}{[\mathbb{F}_{p^{30}} : \mathbb{F}_{p^{30}}^{\mathcal{C}_d}]} = \frac{30}{\#\mathcal{C}_d} = \frac{30}{d}$$

となるもので，つまり

$$\mathbb{F}_{p^{30}}^{\mathcal{C}_d} = \mathbb{F}_{p^{30/d}}.$$

さらに，もし d_1 と d_2 が 30 の約数なら，対応する巡回部分群は次を満たす：

$$\mathcal{C}_{d_1} \subseteq \mathcal{C}_{d_2} \iff d_1 \mid d_2.$$

これにより，$\mathcal{C}_{30}$ の部分群の間の包含関係が図 31 の右側に描かれているようになることがわかり，$\mathbb{F}_{p^{30}}$ の部分体の間の包含関係が，定理 9.52 (b) により包含が逆になって，図 31 の左側にあるようになることがわかる．

9.13　ガロア拡大のたくさんの同値な言い換え

　我々はガロア拡大を，有限次拡大 K/F であって，K が $F[x]$ のある分離多項式の分解体であることと定義した．そして，

> ガロア拡大はよい性質をたくさん持っている！

ことを見たところである．たとえば，ガロア拡大は大きなガロア群を持ち，その中間体はガロア群の部分群とぴったり対応する．K/F がガロア拡大であると特定する同値な仕方がたくさんある．この節の目標は，それらの同値性をいくつか導くことである．

　定義 9.37 を思い出すと，代数拡大 K/F が分離的であるとは，任意の $\alpha \in K$ に対して，

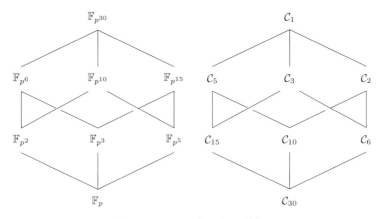

図 31 $\mathbb{F}_{p^{30}}$ の $\mathbb{F}_p$ 上のガロア対応.

その F 上の最小多項式 $\Phi_{F,\alpha}(x)$ が分離的であることだった[31]．とくに，F が標数 0 なら，任意の代数拡大は分離的である．注意 9.38 を見よ．K/F が分離的であるという比較的弱い仮定のみで，K がある中間体上のガロア拡大だといえてしまうという補題から始めよう．

補題 9.59 K/F を体の有限次分離拡大とし，$H \subseteq G(K/F)$ とする．K/F がガロア拡大とは仮定していないことに注意せよ．このとき，

$$K/K^H \text{ はガロア拡大であり，かつ} \quad [K:K^H] = \#H = \#G(K/K^H).$$

証明 K/F が分離的という事実から，原始元定理（定理 9.39）を適用できて，ある $\gamma \in K$ で $K = F(\gamma)$ を満たすものが存在する．γ と H を使って，次の多項式を構成する[32]：

$$g(x) = \prod_{\sigma \in H}(x - \sigma(\gamma)) \in K^H[x].$$

$G(K/F)$ の定義から，任意の $\sigma \in H \subseteq G(K/F)$ について $\sigma(\gamma) \in K$ であり，よって $g(x)$ は K で完全分解することがわかる．また，$g(\gamma) = 0$ だから，$g(x)$ の K^H 上の任意の分解体は，γ を含んでいること，したがって $K^H(\gamma) = K$ がわかる．よって K は $g(x)$ の K^H 上の分解体である．K/F が分離的という仮定から，拡大 K/K^H も分離的であり，よって K/K^H は分離的な分解体である．演習問題 9.35 から，K/K^H はガロア拡大であり，つまり K は $K^H[x]$ 上の分離多項式の分解体である．

K/K^H がガロア拡大であることを示したから，以前の結果が使える：

---

[31] 同値な言い換えとして，K/F が分離的であるとは，任意の既約多項式 $f(x) \in F[x]$ で K に根を持つものに対して，それが分離的であることだった．演習問題 9.19 を見よ．
[32] 多項式 $g(x)$ の係数がなぜ K^H に入るのかについての詳細は，定理 9.51 のステップ 2 の証明を見よ．

$$[K : K^H] \;\; = \;\; \#G(K/K^H) \;\; = \;\; \#H.$$
$$\uparrow \qquad\qquad\qquad \uparrow$$
$$\text{定理 9.28} \qquad\quad \text{定理 9.51}$$

以上で補題 9.59 が証明された. □

拡大 K/F は，$F[x]$ の既約多項式で K に根を持つものがすべて分離的なら分離拡大である．次の定義は，体の拡大が持つ類似の便利な性質を記述するものである．

定義 9.60 体の代数拡大 K/F が**正規**とは，任意の既約多項式 $f(x) \in F[x]$ が，K に根を持たないか，K で完全分解することをいう．

図 32 は，体の拡大の分離性と正規性を見比べ対比するのに役立つだろう．ここで，ガロア拡大を特徴づける 6 つの異なる方法を述べて証明する．

定理 9.61 K/F を有限次分離拡大とする[33]．このとき，次の条件は同値である：
 (a) K/F がガロア拡大である，つまり，K/F は $F[x]$ の分離多項式の分解体である．
 (b) K/F は $F[x]$ の多項式の分解体である．
 (c) K/F は正規拡大である．
 (d) $\#G(K/F) = [K : F]$.
 (e) $K^{G(K/F)} = F$.
 (f) 任意の拡大 L/K と，準同型写像 $\phi\colon K \hookrightarrow L$ で F を固定するものに対し，$\phi(K) = K$ である[34]．

ガロア理論の威力の多くは，定理 9.61 で与えた，ガロア拡大の相異なる特徴づけの相互作用に由来する．たとえば，数え上げの議論により $G(K/F)$ が $[K : F]$ 個の元を持つことができたら，K が分解体であることが結論でき，便利な正規性を持つことがわかる．

証明（定理 9.61 の証明） 図 33 のような，(a)–(f) をつなぐ含意をこれから証明する．これ

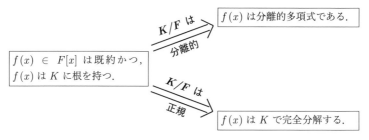

図 32 分離性と正規性の比較と対比．

---

[33] F が標数 0 なら，K/F の分離性は自動的に真であることをもう一度強調しておきたい．注意 9.38 を見よ．
[34] これは ϕ が K を固定することは意味しない．あくまで，K の元を K に移すことを述べているだけである．

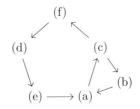

図 33 定理 9.61 の証明の道順.

らが同値であることを示すにはこれで十分である[35].

(b) K/F は分解体 $\Rightarrow$ (a) K/F はガロア拡大.

K がある多項式 $f(x) \in F[x]$ の分解体であることがわかっている．$f(x)$ は定数を掛けた相異なるモニック既約多項式の冪積に分解する．たとえば，

$$f(x) = cg_1(x)^{e_1}g_2(x)^{e_2}\cdots g_r(x)^{e_r}$$

となったとしよう．$f(x)$ が K で完全分解するという仮定から，$g_i(x)$ は根 $\alpha_i \in K$ を持ち，3 つの事実

$$g_i(\alpha_i) = 0, \ g_i(x) \text{ は } F[x] \text{ の既約多項式，かつ } g_i(x) \text{ はモニック}$$

から，$g_i(x) = \Phi_{F,\alpha_i}(x)$ は α_i の F 上の最小多項式であることがわかる．K/F が分離的という仮定から，$g_i(x)$ は分離多項式である．相異なる $g_i(x)$ の根が相異なることの確認は読者に委ねたい．（演習問題 9.16 を見よ．）したがって多項式

$$g(x) = g_1(x)g_2(x)\cdots g_r(x)$$

は分離多項式である．体 K は $g(x)$ の分解体であり，したがって K/F は定義によりガロア拡大である．

(d) $\#G(K/F) = [K:F] \Rightarrow$ (e) $K^{G(K/F)} = F$.

$G(K/F)$ の定義から，F は $K^{G(K/F)}$ の部分体である．これらが等しいことを示すため，拡大の次数を計算する．

---

[35]我々はまた，(a)–(f) をつなぐ含意を他にもいくつか知っていることを注意しておこう．たとえば，(a) $\Rightarrow$ (b) が真であることは定義から明らかで，(a) $\Rightarrow$ (d) は定理 9.28 の言い換えである．また，(a) $\Rightarrow$ (e) は定理 9.51 の $E = F$ の場合である．さらに (e) $\Rightarrow$ (d) は補題 9.59 で $H = G(K/F)$ としたものである．

$$\begin{aligned}
[K^{G(K/F)} : F] &= \frac{[K:F]}{[K:K^{G(K/F)}]} \qquad \text{体の塔における次数の乗法性により(定理 5.18),}\\
&= \frac{\#G(K/F)}{[K:K^{G(K/F)}]} \qquad \text{(d) が真と仮定しているので,}\\
&= \frac{\#G(K/F)}{\#G(K/F)} \qquad \text{補題 9.59 で } H = G(K/F) \text{ とした.分離拡大 } K/F\\
&\qquad\qquad\qquad\quad \text{と任意の部分群 } H \subseteq G(K/F) \text{ に対して,} \#H =\\
&\qquad\qquad\qquad\quad [K:K^H] \text{ である,}\\
&= 1.
\end{aligned}$$

したがって $K^{G(K/F)} = F$ である.

(e) $K^{G(K/F)} = F \Rightarrow$ (a) K/F はガロア拡大.

補題 9.59 から,任意の部分群 $H \subseteq G(K/F)$ に対して,K/K^H はガロア拡大である.補題 9.59 を $H = G(K/F)$ に適用して,$K/K^{G(K/F)}$ はガロア拡大である.しかし,$K^{G(K/F)} = F$ を仮定しているから,これで K/F がガロア拡大であることが示された.

(a) K/F がガロア拡大 $\Rightarrow$ (c) K/F は正規拡大.

$f(x) \in F[x]$ を既約多項式とし,$f(x)$ は根 $\beta \in K$ を持つとする.我々の目標は,既約多項式 $f(x)$ が K で完全分解すると証明することであり,よって $f(x)$ の根を K にたくさん見つけたい.仮定から $f(\beta) = 0$ だから,β の F 上の最小多項式は $f(x)$ を割り切ることがわかる.また,$f(x)$ が既約という仮定から,$f(x)$ は $\Phi_{F,\beta}(x)$ の定数倍であることもわかる.

K に $f(x)$ の根を作る 1 つの方法は,β に $G(K/F)$ を施すことである.というのは,任意の $\sigma \in G(K/F)$ は $f(x)$ の係数を固定するから,

$$0 = \sigma(0) = \sigma(f(\beta)) = f(\sigma(\beta))$$

となる.したがって,β の $G(K/F)$ による軌道に注目して,

$$G(K/F)\beta = \{\sigma(\beta): \sigma \in G(K/F)\}.$$

もちろん,異なる σ が同じ $\sigma(\beta)$ を与えることがあるが,しかし群作用の理論から,そのような元 σ は β の固定部分群による同じ剰余類に属することを知っている[36].したがって,β の固定部分群は $G(K/F)$ の次の部分群である:

$$\begin{aligned}
G(K/F)_\beta &= \{\sigma \in G(K/F): \sigma(\beta) = \beta\}\\
&= \{\sigma \in G(K/F): \sigma \text{ は } F(\beta) \text{ を固定}\}\\
&= G(K/F(\beta)). \qquad\qquad\qquad\qquad\qquad\qquad (9.18)
\end{aligned}$$

これを使って

---

[36] もし群作用の理論を忘れてしまっているなら 6.2 節を,とくに,命題 6.19 を再読するよい機会である.思い出してほしいのは次のような計算である:

$$\sigma(\beta) = \tau(\beta) \implies \tau^{-1}\sigma(\beta) = \beta \implies \tau^{-1}\sigma \text{ は } F(\beta) \text{ を固定する} \implies \tau^{-1}\sigma \in G(K/F(\beta)).$$

$$
\#G(K/F)\beta = \frac{\#G(K/F)}{\#G(K/F)_\beta} \qquad \text{命題 6.19 (c) の軌道固定部分群の公式により,}
$$

$$
= \frac{\#G(K/F)}{\#G(K/F(\beta))} \qquad \text{(9.18) より,}
$$

$$
= \frac{[K:F]}{[K:F(\beta)]} \qquad \text{定理 9.28 を 2 回使う. } K/F \text{ がガロア拡大という仮定か}
$$
$$
\qquad\qquad\qquad\qquad\quad \text{ら, } K/F(\beta) \text{ も命題 9.47 (b) からガロア拡大だから,}
$$

$$
= [F(\beta):F] \qquad \text{体の塔における次数の乗法性により(定理 5.18),}
$$

$$
= \deg f(x) \qquad \text{定理 9.10 (c) から.というのは, 前に述べたように,}
$$
$$
\qquad\qquad\qquad\qquad\quad f(x) \text{ は } \Phi_{F,\beta}(x) \text{ の定数倍だから.}
$$

これにより, $f(x)$ の相異なる根が少なくとも $\deg f(x)$ 個 K に存在する. つまり $f(x)$ は K で完全分解する[37].

(c) K/F 正規 $\Rightarrow$ (b) K/F は分解体.
(c) K/F 正規 $\Rightarrow$ (f) $\phi(K) = K$.
(f) $\phi(K) = K \Rightarrow$ (d) $\#G(K/F) = [K:F]$.

---

3 つの含意のそれぞれ最初のステップは, K/F の分離性の仮定により, 原始元定理(定理 9.39)を適用できることから, 元 $\gamma \in K$ で

$$
K = F(\gamma)
$$

を満たすものを見つけることである. K/F の分離性の仮定からさらに, γ の F 上の最小多項式 $\Phi_{F,\gamma}(x)$ が分離的であることもわかる. もちろん, $\Phi_{F,\gamma}(x)$ は F 上既約である. というのは, 最小多項式はつねに既約だからである(定理 9.10 (a)).

(c) K/F は正規拡大 $\Rightarrow$ (b) K/F は分解体.

$\gamma \in K$ が根だから, 多項式 $\Phi_{F,\gamma}(x)$ は K に根を持つ. したがって, K/F が正規だという仮定から, $\Phi_{F,\gamma}(x)$ は K で完全分解する. $K = F(\gamma)$ だから, これで K が $\Phi_{F,\gamma}(x)$ の分解体だということが証明された.

(c) K/F は正規拡大 $\Rightarrow$ (f) $\phi(K) = K$.

再び, $\Phi_{F,\gamma}(x)$ が根 $\gamma \in K$ を持つという事実と, K/F が正規だという仮定から, $\Phi_{F,\gamma}(x)$ は K で完全分解する.

ここで, $\phi\colon K \hookrightarrow L$ を K から拡大 L/K への準同型写像とする. すると $\phi(\gamma)$ は $\Phi_{F,\gamma}(x)$ の根である(命題 9.22). しかし, ちょうどさきほど示したように, そのような根はすべて K に属すのだから, $\phi(\gamma) \in K$. ϕ は F を固定するのだから, 以上から

---

[37]最後のステップについて, 我々は暗黙に定理 8.8 (b) を使っている. これは, もし $\alpha_1, \ldots, \alpha_r$ が多項式 $f(x) \in F[x]$ の根なら, $f(x) = (x - \alpha_1)\cdots(x - \alpha_r)g(x)$, よって $r = \deg(f)$ なら, $g(x)$ は定数である.

$$\phi(K) = \phi(F(\gamma)) = F(\phi(\gamma)) \subseteq K. \tag{9.19}$$

逆の包含関係については，$\phi(\gamma)$ が $\Phi_{F,\gamma}(x)$ の根だから，

$$\Phi_{F,\phi(\gamma)}(x) = \Phi_{F,\gamma}(x),$$

つまり，γ と $\phi(\gamma)$ は同じ最小多項式を持つ．これを使って次のように計算する：

$$[\phi(K) : F] = [F(\phi(\gamma)) : F] = \deg \Phi_{F,\phi(\gamma)}(x)$$
$$= \deg \Phi_{F,\gamma}(x) = [F(\gamma) : F] = [K : F].$$

しかし，式 (9.19) から，$\phi(K)$ は K の部分体である．したがって，

$$[K : \phi(K)] = \frac{[K : F]}{[\phi(K) : F]} = 1.$$

つまり $K = \phi(K)$.

> (f) $\phi(K) = K$ $\Rightarrow$ (d) $\#G(K/F) = [K : F]$.

L/F は $\Phi_{F,\gamma}(x)$ の F 上の分解体だから，$K = F(\gamma) \subseteq L$．ここで

$$\alpha_1, \ldots, \alpha_n \in L \quad \text{を } \Phi_{F,\gamma}(x) \text{ の } L \text{ 内の相異なる根}$$

とおく．補題 9.31 により，次のような，n 個の相異なる写像が存在する：

$$1 \le i \le n \text{ に対して} \quad \sigma_i \colon K = F(\gamma) \hookrightarrow L \quad \text{は} \quad \gamma \longmapsto \alpha_i \quad \text{で定まる写像}.$$

任意の $\phi \colon K \hookrightarrow L$ に対して $\phi(K) = K$ という仮定から，$\sigma_i(K) = K$，よって σ_i は $G(K/F)$ の元である．したがって，次のような評価が可能になる：

$$\#G(K/F) \ge n \qquad \sigma_1, \ldots, \sigma_n \in G(K/F) \text{ だから，}$$
$$= \deg \Phi_{F,\gamma}$$
$$= [F(\gamma) : F] \qquad \text{定理 9.10 (c) により，}$$
$$= [K : F] \qquad K = F(\gamma) \text{ だから．}$$

一方で，逆の不等式はつねに成り立つ．というのは，補題 9.31 から，$K = F(\gamma)$ から K への，F を固定する写像はすべて，γ を $\Phi_{F,\gamma}(x)$ の根のいずれかに移すからである．よって，

$$\#G(K/F) \le \deg \Phi_{F,\gamma}(x) = [F(\gamma) : F] = [K : F].$$

これで $\#G(K/F) = [K : F]$ が証明された． $\qquad\qquad\square$

　定理 9.61 で示したガロア拡大のたくさんの特徴づけを使うと，ガロア理論の基本定理（定理 9.52）の証明を完結させるのは比較的簡単なことである．次の系は，証明されるべく残っている事柄をもう一度述べたものである．

系 9.62 K/F をガロア拡大とし，$F \subseteq E \subseteq K$ を中間体とする．このとき，

$$E/F \text{ がガロア拡大である} \iff G(K/E) \text{ は } G(K/F) \text{ の正規部分群である.}$$

さらに，もし E/F がガロア拡大なら $\sigma(E) = E$ が任意の $\sigma \in G(K/F)$ について成り立ち，自然な同型写像

$$G(K/F)/G(K/E) \xrightarrow{\sim} G(E/F)$$

が存在する．

証明 命題 9.47 (b) から，K/E はガロア拡大である．さらに定理 9.52 (a) を適用すると，$E = K^{G(K/E)}$ である．この事実と，定理 9.61 の (a) と (f) の同値性を，次を導くために用いる[38]：

E/F はガロア拡大である

$\iff \sigma(E) = E$　　　　　任意の $\sigma \in G(K/F)$ に対して（(a) $\Leftrightarrow$ (f) を用いる），

$\iff \sigma(\alpha) \in E$　　　　　任意の $\sigma \in G(K/F)$ と任意の $\alpha \in E$ に対して，

$\iff \sigma(\alpha) \in K^{G(K/E)}$　　任意の $\sigma \in G(K/F)$ と任意の $\alpha \in E$ に対して．というのは，定理 9.51 より $K^{G(K/E)} = E$ だから，

$\iff \tau\sigma(\alpha) = \sigma(\alpha)$　　任意の $\sigma \in G(K/F)$ と任意の $\tau \in G(K/E)$ と任意の $\alpha \in E$ に対して，

$\iff \sigma^{-1}\tau\sigma(\alpha) = \alpha$　　任意の $\sigma \in G(K/F)$ と任意の $\tau \in G(K/E)$ と任意の $\alpha \in E$ に対して，

$\iff \sigma^{-1}\tau\sigma$ は E を固定　任意の $\sigma \in G(K/F)$ と任意の $\tau \in G(K/E)$ に対して，

$\iff \sigma^{-1}\tau\sigma \in G(K/E)$　任意の $\sigma \in G(K/F)$ と任意の $\tau \in G(K/E)$ に対して，

$\iff G(K/E)$ は $G(K/F)$ の正規部分群.

これで最初の主張が証明された．

第 2 の主張については，まず E/F がガロア拡大と仮定する．すると，定理 9.61 (f) をガロア拡大 E/F に適用し，$\sigma(E) = E$ が任意の $\sigma \in G(K/F)$ に対して成り立つ．言い換えると，元 $\sigma \in G(K/F)$ をとり，σ の定義域を E に制限すると，その値域はまた E であり，

---

[38]訳注：最初の $\Leftrightarrow$ の $\Rightarrow$ は問題ないが，$\Leftarrow$ については次のように議論を修正することが原書の正誤表にある：$\sigma(E) = E$ が任意の $\sigma \in G(K/F)$ で成り立つとする．矛盾なく定義された群の準同型写像 $G(K/F) \to G(E/F)$, $\sigma \mapsto \sigma|_E$ が存在し，その核は $G(K/E)$ である.

$$[E:F] \geq \#G(E/F) \geq \#(G(K/F)/G(K/E)) \quad \text{最初の不等式は一般に成立,}$$
$$= \#G(K/F)/\#G(K/E) \qquad\qquad \text{ラグランジュの定理,}$$
$$= [K:F]/[K:E] \qquad\qquad\qquad K/F \text{ も } K/E \text{ もガロア拡大,}$$
$$= [E:F] \qquad\qquad\qquad\qquad\quad \text{定理 5.18.}$$

よって $\#G(E/F) = [E:F]$ であり，E/F がガロア拡大であることが定理 9.52 の (d) $\Rightarrow$ (a) からわかる.

306 第9章 ガロア理論：体＋群

よって σ は体の自己同型写像 $\sigma|_E : E \to E$ を定める．このようにして，次の群の準同型写像を得る：

$$G(K/F) \longrightarrow G(E/F), \quad \sigma \longmapsto \sigma|_E. \tag{9.20}$$

この群準同型写像 (9.20) の核は

$$\{\sigma \in G(K/F) : \text{任意の } \alpha \in E \text{ について } \sigma(\alpha) = \alpha\} = G(K/E)$$

であり[39]，よって単射群準同型写像

$$G(K/F)/G(K/E) \lhook\joinrel\longrightarrow G(E/F) \tag{9.21}$$

が得られる．次に，ガロア拡大 K/F, K/E と E/F を考え，次のように計算する：

$$
\begin{aligned}
\#\bigl(G(K/F)/G(K/E)\bigr) &= \frac{\#G(K/F)}{\#G(K/E)} && \text{定理 2.48（ラグランジュの定理）より，} \\
&= \frac{[K:F]}{[K:E]} && \text{定理 9.61 (d) を } K/F \text{ と } K/E \text{ に適用，} \\
&= [E:F] && \text{定理 5.18（次数の乗法性），} \\
&= \#G(E/F) && \text{定理 9.61 (d) を } E/F \text{ に適用．}
\end{aligned}
$$

したがって，(9.21) は同じ位数の群の間の単射群準同型写像であり，よって同型写像である． $\qquad\square$

9.14　円分体とクンマー体

> この節では，もっぱら標数 0 の体を考える．

この節の我々の目標は，2 つの興味深い多項式の集合を研究することである．最初の集合は，次の形の多項式である：

$$f_n(x) = x^n - 1.$$

$f_n(x)$ の体 F における根は，乗法群 F^* の元で，位数が n を割り切るようなものにほかならない．この事実を，有限体を調べたときに活用した．同様に，$f_n(x)$ の $\mathbb{C}$ での根は，1 の複素 n 乗根であり，$f_n(x)$ は $\mathbb{C}[x]$ で具体的に，次のように分解される：

$$f_n(x) = \prod_{k=0}^{n-1}(x - \zeta_n^k), \quad \text{ここで} \quad \zeta_n = e^{2\pi i/n}.$$

とくに，$f_n(x)$ の $\mathbb{Q}$ 上の分解体は $\mathbb{Q}(\zeta_n)$ である．それ自身に内在する興味とともに，数学の多くの場所に現れるという事実により，この節の目標の 1 つは，$f_n(x)$ の根で生成される

---

[39] このことから，$G(K/E)$ が $G(K/F)$ の正規部分群であることもわかる．というのは，群準同型写像の核は正規部分群だから．

体の研究である.

定義 9.63 ある $n \geq 1$ に対する $x^n - 1$ の F 上の分解体を，体 F の**円分拡大**という. F を固定したとき，K を単に**円分体**と呼ぶ[40].

$\mathbb{Q}$ の円分拡大は $\mathbb{Q}(\zeta_n)$ という形をしている. ここで $\zeta_n = e^{2\pi i/n} \in \mathbb{C}$ は複素数としての 1 の原始 n 乗根である. $\mathbb{Q}(\zeta_n)$ が分解体であるという事実から，それが $\mathbb{Q}$ のガロア拡大だということがわかり，よって，任意の自己同型写像 $\sigma \in G(\mathbb{Q}(\zeta_n)/\mathbb{Q})$ が ζ_n を $x^n - 1$ の別の根に移す. しかしながら $x^n - 1$ は既約ではないから，ζ_n を，任意の k に対する ζ_n^k にまったく自由に移すわけにはいかない. 次の定理が，何が起きているのかを説明してくれる.

定理 9.64（円分体） K/F を円分拡大とし，K を，$n \geq 1$ に対する $f_n(x) = x^n - 1$ の F 上の分解体とする.

(a) K は F 上ガロア拡大である.

(b) 体 K は **1 の原始 n 乗根** $\zeta \in K$ を含む. つまり，$\zeta \in K$ で，次を満たすものが存在する:

$$\zeta^n = 1 \quad \text{かつ} \quad \zeta^i \neq 1 \quad \text{が任意の } 0 < i < n \text{ で成り立つ.} \tag{9.22}$$

(c) $\zeta \in K$ を，(b) に述べたように 1 の原始 n 乗根とする. このとき，

$$K = F(\zeta).$$

(d) $\zeta \in K$ を，(b) に述べたように 1 の原始 n 乗根とする. このとき，任意の $\sigma \in G(K/F)$ に対して，一意的に $\kappa(\sigma) \in \{0, 1, \ldots, n-1\}$ が存在して

$$\sigma(\zeta) = \zeta^{\kappa(\sigma)}$$

となる[41].

(e) $\zeta \in K$ を，(b) に述べたように 1 の原始 n 乗根とする. このとき，$\sigma, \tau \in G(K/F)$ に対して $\kappa(\sigma), \kappa(\tau)$ を (d) で定まる整数とする:

(1) $\gcd(\kappa(\sigma), n) = 1$.

(2) $\kappa(\sigma) = \kappa(\tau) \iff \sigma = \tau$.

(3) $\kappa(\sigma\tau) \equiv \kappa(\sigma)\kappa(\tau) \pmod{n}$.

(f) $F = \mathbb{Q}$ とする. このとき[42]

$$\{\kappa(\sigma) : \sigma \in G(K/\mathbb{Q})\} = \{k : 0 < k < n \text{ かつ } \gcd(k, n) = 1\}.$$

---

[40] しかし注意してほしいのは，著者によっては，ある $x^n - 1$ の分解体の部分体に**含まれる**とき，K を円分体と呼んでいる. また，1 つより多い多項式を使う必要がないことも注意しておこう. というのは，$(x^n - 1)(x^m - 1)$ の分解体は $x^{\mathrm{LCM}(m,n)} - 1$ の分解体と同じだからである. 演習問題 9.42 を見よ

[41] 記号からわかるように，$\kappa(\sigma)$ の値は σ にのみよる. 演習問題 9.43 を見よ.

[42] (f) を n が素数のときだけ証明する. 合成数である n に対する証明はかなり難しく，必要な道具が揃っていない. (a)–(e) は任意の円分拡大に対して正しいが，(f) は $F = \mathbb{Q}$ を必要とする.

308 第 9 章 ガロア理論：体 ＋ 群

注意 9.65（円分体のガロア群） 定理 9.64 を，次のようにより簡潔に言い換えられる：ζ を，F のある拡大における 1 の原始 n 乗根とする．このとき，$F(\zeta)$ は F のガロア拡大であり，単射群準同型写像

$$\kappa: G(F(\zeta)/F) \hookrightarrow (\mathbb{Z}/n\mathbb{Z})^*$$

が次の条件を満たすように定まる：

$$\text{任意の } \sigma \in G(F(\zeta)/F) \text{ に対して} \quad \sigma(\zeta) = \zeta^{\kappa(\sigma)}.$$

とくに，$G(F(\zeta)/F)$ はアーベル群である．さらに，もし $F = \mathbb{Q}$ なら，定理 9.64 (f) により，κ は同型写像である．

証明（定理 9.64 の証明） (a) K は $f_n(x) = x^n - 1$ の F 上の分解体である．標数 0 で考えていることを思い出すと，K/F が分解体であることから自動的にガロア拡大である．あるいは，直接計算で

$$\gcd(f_n(x), f'_n(x)) = \gcd(x^n - 1, nx^{n-1}) = 1 \in F[x],$$

であり，命題 8.24 により，$f_n(x)$ が分離的であることがわかる．

(b) 多項式 $f_n(x) = x^n - 1$ は K で完全分解するから，その根の集合

$$U = \{\alpha \in K: \alpha \text{ は } x^n - 1 \text{ の根}\} = \{\alpha \in K^*: \alpha^n = 1\}$$

を考える．(a) で，$f_n(x)$ は F 上分離的であることを示したから，$x^n - 1$ は n 個の相異なる根を分解体に持つ．つまり $\#U = n$ である．

次に，U はアーベル群 K^* の，位数が n を割り切る元のなす群とぴったり一致する．よって U は K^* の位数 n の部分群である．系 8.10 より，U は巡回群である．したがって，U の任意の生成元 ζ は K 内の 1 の原始 n 乗根である．つまり，ζ は式 (9.22) を満たす．

(c) $K = F(\zeta)$ を示したい．$1, \zeta, \zeta^2, \ldots, \zeta^{n-1}$ が相異なることはわかっていて，これらはすべて $x^n - 1$ の根であるから，定理 8.8 (b) により，

$$x^n - 1 = (x - 1)(x - \zeta)(x - \zeta^2) \cdots (x - \zeta^{n-1}). \tag{9.23}$$

とくに，$F(\zeta)$ はすでに $x^n - 1$ の根をすべて含んでいるから，$F(\zeta)$ は $x^n - 1$ の分解体である．

(d) 元 $\zeta \in K$ は $x^n - 1 \in F[x]$ の根であり，よって任意の $\sigma \in G(K/F)$ に対して $\sigma(\zeta)$ はやはり $x^n - 1$ の根である．しかし，(c) の証明で見たように，具体的には式 (9.23) のように，$x^n - 1$ の根は冪 ζ^k, $0 \leq k \leq n-1$ である．したがって $\sigma(\zeta)$ は ζ の冪の 1 つに等しい．また $1, \zeta, \ldots, \zeta^{n-1}$ は相異なるから，冪は $\sigma(\zeta)$ の値により一意に定まる．

(e)(1) まず

$$d = \gcd(\kappa(\sigma), n)$$

とする. 我々の目標は, $d = 1$ を示すことである. そのために, d は n を割り切るから, $\sigma(\zeta) = \zeta^{\kappa(\sigma)}$ の両辺を n/d 乗する. これにより,

$$\sigma(\zeta^{\frac{n}{d}}) = \sigma(\zeta)^{\frac{n}{d}} = (\zeta^{\kappa(\sigma)})^{\frac{n}{d}} = (\zeta^n)^{\frac{\kappa(\sigma)}{d}} = 1, \tag{9.24}$$

この計算は d が $\kappa(\sigma)$ を割り切ることから正当化され, よって K の元を $\kappa(\sigma)/d$ 乗することも正当化される. そしてもちろん, 最後の等式は $\zeta^n = 1$ から得られる.

自己同型写像の逆写像 σ^{-1} を式 (9.24) に施すと,

$$\zeta^{\frac{n}{d}} = 1$$

が得られる. しかし, ζ は乗法群 K^* の元として位数が n だから, これは $d = 1$ を意味する. これで (e)(1) が示された.

(e)(2) もし $\sigma = \tau$ なら, これらを κ で移した値も等しい. 逆に,

$$\kappa(\sigma) \equiv \kappa(\tau) \pmod{n}$$

を仮定すると,

$$\sigma(\zeta) = \zeta^{\kappa(\sigma)} = \zeta^{\kappa(\tau)} = \tau(\zeta),$$

であるから, σ と τ は ζ に同じ作用をする. しかし $K = F(\zeta)$ は ζ で生成されているのだから, $\sigma = \tau$ である.

(e)(3) 次の計算をする:

$$
\begin{aligned}
\zeta^{\kappa(\sigma\tau)} &= (\sigma\tau)(\zeta) && \kappa \text{ の定義から,}\\
&= \sigma(\tau(\zeta)) && G(K/F) \text{ の群演算は写像の合成だから,}\\
&= \sigma(\zeta^{\kappa(\tau)}) && \kappa \text{ の定義から,}\\
&= \sigma(\zeta)^{\kappa(\tau)} && \sigma \text{ は体の自己同型写像だから,}\\
&= (\zeta^{\kappa(\sigma)})^{\kappa(\tau)} && \kappa \text{ の定義から,}\\
&= \zeta^{\kappa(\sigma)\kappa(\tau)} && \text{指数法則!}
\end{aligned}
$$

ζ は 1 の原始 n 乗根だから, つまり, その K^* における位数は n だから,

$$\kappa(\sigma\tau) \equiv \kappa(\sigma)\kappa(\tau) \pmod{n}.$$

(f) (a)–(e) の結果を組み合わせると, ここまで示したのは, 矛盾なく定義された群の単射準同型写像

$$\kappa \colon G(K/F) \longleftrightarrow (\mathbb{Z}/n\mathbb{Z})^* \tag{9.25}$$

が[43], 次の条件で定まるということである:

---

[43] $(\mathbb{Z}/n\mathbb{Z})^*$ については命題 3.20 を見よ. この群は, $\gcd(a, n) = 1$ を満たす a についての剰余類 $a + n\mathbb{Z}$ からなるのだった.

任意の $\sigma \in G(K/F)$ に対して $\quad \sigma(\zeta) = \zeta^{\kappa(\sigma)}.$

さて，ここで $F = \mathbb{Q}$ としよう．(f) を証明するには，準同型写像 (9.25) が全射であることを示さねばならない．しかしながら，我々は n が素数の場合にしか，それを示す手立てを持っていない．この仮定を強調するために，n の代わりに p と書くことにする．

多項式 $x^p - 1$ は次のように分解される：

$$x^p - 1 = (x - 1)\underbrace{(x^{p-1} + x^{p-2} + \cdots + x + 1)}.$$

これは円分多項式 $\Phi_p(x)$ である．

例 8.36 を思い出すと，アイゼンシュタインの既約性判定法を使って円分多項式 $\Phi_p(x)$ が $\mathbb{Q}[x]$ で既約であることを示したのだった[44]．ζ は $x^p - 1$ の根であり，また $\zeta \neq 1$ だから，ζ は $\Phi_p(x)$ の根である．したがって一般論から，

$$\#G(\mathbb{Q}(\zeta)/\mathbb{Q}) = [\mathbb{Q}(\zeta) : \mathbb{Q}] = \deg \Phi_p(x) = p - 1,$$

ここで，最初の等式は定理 9.28 と $\mathbb{Q}(\zeta)$ が分解体であることから，第 2 の等式は定理 9.10 と $\Phi_p(x)$ が $\mathbb{Q}[x]$ で既約であることによる．

一方で，$\#(\mathbb{Z}/p\mathbb{Z})^* = p - 1$ はわかっているので，式 (9.25) は同じ位数の有限群の間の，単射な群準同型写像である．したがって，式 (9.25) の写像はまた全射でもある． $\square$

円分体の際立った側面の 1 つとして，それらのガロア群がアーベル群であるということが挙げられる．つまり，ζ が 1 の原始 n 乗根なら，$F(\zeta)/F$ はガロア拡大で，$G(F(\zeta)/F)$ はアーベル群である．さらに，アーベル群の部分群はすべて正規だから，もし $E \subseteq F(\zeta)$ が円分体の部分体なら，群 $G(F(\zeta)/E)$ は自動的に $G(F(\zeta)/F)$ の正規部分群である．したがって E/F もガロア拡大であり，そのガロア群は

$$G(E/F) \cong G(F(\zeta)/F)/G(F(\zeta)/E)$$

で，これもアーベル群である．クロネッカー (Kronecker) の顕著な定理は，残念ながらその証明を本書に含めるには難しすぎるのだが，$F = \mathbb{Q}$ なら，その逆が成り立つというものである．

定理 9.66（クロネッカーの定理） $K/\mathbb{Q}$ をガロア拡大で，そのガロア群 $G(K/\mathbb{Q})$ がアーベル群であるとする．このとき，K は $\mathbb{Q}$ の円分拡大の部分体である[45]．

円分拡大を非形式的に，1 の n 乗根で生成される体と定義できる．別の元の n 乗根をとれば，非常に興味深い他の体の族を得ることができる．

---

[44] より一般に，円分多項式 $\Phi_n(x)$ がすべての n に対して $\mathbb{Q}[x]$ の元として既約であれば，すべての n に対して (f) を証明できる．

[45] クロネッカーの定理は $\mathbb{Q}$ をより大きな体に取り替えるともはや成り立たないことを注意しておく．任意の基礎体 F に対して，ガロア拡大 K/F で $G(K/F)$ がアーベル群であるようなものの研究は**類体論**と呼ばれる．類体論の発展は，20 世紀前半の数学的な達成の中でもひときわ顕著なものの 1 つである．

9.14 円分体とクンマー体 **311**

定義 9.67 F を体とする. **F 上のクンマー (Kummer) 体**とは, ある $n \geq 2$ とある $A \in F^*$ に対する多項式 $x^n - A$ の, F 上の分解体になっているもののことである[46].

 K を F 上のクンマー体とする. K は $x^n - A$ の分解体で, $\alpha \in K$ が $x^n - A$ の根で, ζ は 1 の原始 n 乗根とする. すると[47],

$$\alpha, \; \zeta\alpha, \; \zeta^2\alpha, \; \ldots, \; \zeta^{n-1}\alpha \quad \text{は } x^n - A \text{ の相異なる根.}$$

これらは, モニック多項式 $x^n - A$ の n 個の相異なる根だから, 定理 8.8 (b) により,

$$x^n - A = (x - \alpha)(x - \zeta\alpha)(x - \zeta^2\alpha)\cdots(x - \zeta^{n-1}\alpha). \tag{9.26}$$

とくに, 分解体 K は $x^n - A$ の根をすべて含んでいるから, α と $\zeta\alpha$ も含んでおり, よって

$$\zeta = \zeta\alpha/\alpha \in K.$$

したがって, $x^n - A$ のクンマー体は円分体 $F(\zeta)$ も含む. そして, $F(\zeta)/F$ はガロア拡大だから, 群の準同型写像 (定理 9.52 (d))

$$G(K/F) \longrightarrow \frac{G(K/F)}{G(K/F(\zeta))} \cong G(F(\zeta)/F), \quad \sigma \longmapsto \bar{\sigma},$$

が, $\sigma \in G(K/F)$ を $F(\zeta)$ に制限することで得られる.

定理 9.68（クンマー体） F を体とし, $n \geq 2$ とする. $A \in F^*$ として, K を F 上の $x^n - A$ の分解体とする. さらに, $\alpha \in K$ を $x^n - A$ の根とし, ζ を 1 の原始 n 乗根とする.

 (a) F 上のクンマー体 K は

$$K = F(\alpha, \zeta)$$

 と等しい.

 (b) 任意の $\sigma \in G(K/F)$ に対し, 一意的に $\lambda(\sigma) \in \{0, 1, \ldots, n-1\}$ が存在して,

$$\sigma(\alpha) = \zeta^{\lambda(\sigma)}\alpha.$$

 注意：値 $\lambda(\sigma)$ は最初の α や ζ の取り方に依存する.

 (c) 任意の $\sigma, \tau \in G(K/F)$ に対して, $\lambda(\sigma)$ と $\lambda(\tau)$ を (b) で定まる整数とする. また, $\kappa(\bar{\sigma})$ と $\kappa(\bar{\tau})$ を定理 9.64 (c) の整数とする. このとき次が成り立つ:

 (1) $\lambda(\sigma) = \lambda(\tau)$ かつ $\kappa(\bar{\sigma}) = \kappa(\bar{\tau}) \iff \sigma = \tau$.

 (2) $\lambda(\sigma\tau) \equiv \lambda(\sigma) + \kappa(\bar{\sigma})\lambda(\tau) \pmod{n}$.

注意 9.69（クンマー体のガロア群） 定理 9.68 を次のように言い換えられる：$K = F(\alpha, \zeta)$ を $x^n - A$ に対応するクンマー体とする. ここで α は $x^n - A$ の根で, ζ は 1 の原始 n 乗根

---

[46]これはやや非標準的な定義である. しかし我々の目的にはかなっている. 通常の定義は, K/F が**クンマー拡大**であるとは, ある $n \geq 1$ に対して F が円分体 $F(\zeta_n)$ を含んでおり, K が, $x^n - A$ という形の多項式の積で表される多項式の F 上の分解体になっている, というものである.

[47]クンマー体の定義から $A \neq 0$ だから $\alpha \neq 0$ に注意せよ.

312 第9章 ガロア理論：体 + 群

である．このとき，写像

$$G(K/F) \xrightarrow[\text{単射}]{\text{集合として}} \mathbb{Z}/n\mathbb{Z} \times (\mathbb{Z}/n\mathbb{Z})^*, \quad \sigma \longmapsto (\lambda(\sigma), \kappa(\bar{\sigma})) \tag{9.27}$$

があり，表示されているように，これは集合の間の単射である．しかし，一般には群の準同型写像では**ない**[48]．難しいのは，定理 9.68 (c)(2) の公式が，$\lambda(\sigma\tau)$ は必ずしも $\lambda(\sigma) + \lambda(\tau)$ と一致しないといっている点である．

しかし，$G(K/F)$ の元のうち ζ を固定するものに注目すると，つまり，元 σ で部分群 $G(K/F(\zeta))$ に属するものに注目すると，このとき $\kappa(\bar{\sigma}) = 1$ である．というのは，

$$\sigma \in G(K/F(\zeta)) \implies \zeta = \sigma(\zeta) = \zeta^{\kappa(\bar{\sigma})} \implies \kappa(\bar{\sigma}) \equiv 1 \pmod{n}$$

だからである．したがって，$G(K/F)$ の部分群で，ζ を固定するものに注目すると，矛盾なく定義された単射**クンマー準同型写像**

$$\lambda : G(K/F(\zeta)) \lhook\joinrel\longrightarrow \mathbb{Z}/n\mathbb{Z}, \quad \sigma \longmapsto \lambda(\sigma)$$

が得られる．ここで，$\lambda(\sigma)$ は公式 $\sigma(\alpha) = \zeta^{\lambda(\sigma)}\alpha$ で定まるものである．

証明（定理 9.68 の証明） (a) 以前に式 (9.26) で見たように，多項式 $x^n - A$ は根 $\alpha, \zeta\alpha, \ldots, \zeta^{n-1}\alpha$ により完全分解する．したがって，$F(\alpha, \zeta)$ は $x^n - A$ の根をすべて含んでいる．逆に，分解体 K は α と $\zeta = \alpha\zeta/\alpha$ を含むから，K は $F(\alpha, \zeta)$ を含む．したがって $K = F(\alpha, \zeta)$ である．

(b) $\sigma \in G(K/F)$ とする．すると，$\sigma(\alpha)$ は $x^n - A$ の根であり，$x^n - A$ の因子分解 (9.26) に注目すると，$\sigma(\alpha)$ は，0 から $n - 1$ の間のある k について $\zeta^k\alpha$ と一致する．

(c)(1) 一方は明らかである．よって $\sigma, \tau \in G(K/F)$ が次を満たすと仮定する：

$$\lambda(\sigma) = \lambda(\tau) \quad \text{かつ} \quad \kappa(\bar{\sigma}) = \kappa(\bar{\tau}), \tag{9.28}$$

そのうえで，我々の目標は $\sigma = \tau$ を示すことである．(a) から $K = F(\alpha, \zeta)$ だから，そのためには σ と τ が数 α と数 ζ に同じ効果を及ぼせば十分である．これは，次の計算からわかる：

$$\overset{\substack{\lambda \text{ の定義から} \\ \downarrow}}{\sigma(\alpha)} = \overset{\substack{\lambda \text{ の定義から} \\ \downarrow}}{\zeta^{\lambda(\sigma)}\alpha} = \underset{\substack{\uparrow \\ \text{式 (9.28) から}}}{\zeta^{\lambda(\tau)}\alpha} = \tau(\alpha) \quad \text{かつ} \quad \overset{\substack{\kappa \text{ の定義から} \\ \downarrow}}{\sigma(\zeta)} = \overset{\substack{\kappa \text{ の定義から} \\ \downarrow}}{\zeta^{\kappa(\bar{\sigma})}} = \underset{\substack{\uparrow \\ \text{式 (9.28) から}}}{\zeta^{\kappa(\bar{\tau})}} = \tau(\zeta).$$

(c)(2) 次のように計算する：

---

[48] 群 $G(K/F)$ は，**半直積**として知られるものの例である．$G(K/F)$ の群論的な記述については演習問題 9.46 を，また，半直積についてのさらなる情報については 12.6 節を見よ．

$$\zeta^{\lambda(\sigma\tau)}\alpha = (\sigma\tau)(\alpha) \qquad\qquad \lambda \text{ の定義から,}$$

$$= \sigma(\tau(\alpha)) \qquad\qquad G(K/F) \text{ の群演算,}$$

$$= \sigma(\zeta^{\lambda(\tau)}\alpha) \qquad\qquad \lambda \text{ の定義から,}$$

$$= \sigma(\zeta)^{\lambda(\tau)}\sigma(\alpha) \qquad\quad \sigma \text{ は体の自己同型写像だから,}$$

$$= \sigma(\zeta)^{\lambda(\tau)}\zeta^{\lambda(\sigma)}\alpha \qquad \lambda \text{ の定義から,}$$

$$= (\zeta^{\kappa(\bar\sigma)})^{\lambda(\tau)}\zeta^{\lambda(\sigma)}\alpha \qquad \kappa \text{ の定義から,}$$

$$= \zeta^{\kappa(\bar\sigma)\lambda(\tau)+\lambda(\sigma)}\alpha.$$

ζ は 1 の原始 n 乗根だから,ここから

$$\lambda(\sigma\tau) \equiv \lambda(\sigma) + \kappa(\bar\sigma)\lambda(t) \pmod{n}$$

がわかり,これで定理 9.68 の証明は完了する. $\qquad\square$

9.15　応用：冪根による方程式の非可解性

> この節では,もっぱら標数 0 の体を考える.

　誰もが 2 次方程式の解の公式を学ぶ.これは数千年にわたり,いくつかの形でさまざまな文明で知られていた[49].

$$x^2 + bx + c \quad \text{の解の公式は} \quad x = \frac{-b \pm \sqrt{b^2 - 4c}}{2}.$$

　これよりなじみがないのは,3 次方程式の解の公式である.これは 16 世紀まで発見されなかった[50].まず（モニックな）3 次方程式

$$x^3 + ax^2 + bx + c = 0 \tag{9.29}$$

から始める.$x = z - \frac{1}{3}a$ という変数変換により,x^2 の項を消す.これにより方程式は次の形になる：

$$z^3 + pz + q = 0 \quad \text{ここで} \quad p = \frac{3b - a^2}{3} \quad \text{かつ} \quad q = \frac{2a^3 - 9ab + 27c}{27}. \tag{9.30}$$

よって,もし式 (9.30) の解 z_0 を見つけられれば,$x_0 = z_0 - \frac{1}{3}a$ はもとの 3 次方程式 (9.29) の解である.さらに,式 (9.30) の栄冠輝く根の公式がある[51]：

$$z_0 = \sqrt[3]{-\frac{q}{2} + \sqrt{\frac{q^2}{4} + \frac{p^3}{27}}} + \sqrt[3]{-\frac{q}{2} - \sqrt{\frac{q^2}{4} + \frac{p^3}{27}}}.$$

---

[49] おそらく読者が習ったように 2 次方程式を $ax^2 + bx + c$ と書かないのはなぜだろうか？　まず $a = 0$ を考える理由はないし,もし $a \neq 0$ なら多項式を a で割って,公式をより易しくしてもよいからである.

[50] 3 次方程式の解の公式の発見の驚くべき歴史の一端については注意 5.2 を見よ.

[51] 平方根が虚数なら,さらにいくつかの問題がある.この場合,複素 3 乗根を選ぶのにさらに注意が必要になる.

314　第 9 章　ガロア理論：体 ＋ 群

　先に進むと，その時代の数学者は 4 次方程式の解を，暫定的な 3 次方程式の解で表すことで，どのようにして解けばよいかも発見した．4 次方程式の解の公式の完全版は，ここに再現するには複雑すぎるので，方程式

$$x^4 + ax^3 + bx^2 + cx + d = 0$$

の解は，a, b, c, d の式の平方根，立方根，さらに 4 乗根で表される，と述べることで満足することにしよう．

　さらに，5 次方程式の解の公式，6 次方程式の解の公式などを見つける追跡が始まった．しかし，まず「n 乗根」をとるといったときに何を意味するのか，また「代数的な公式」といったときに何を意味するのかをはっきりさせよう．既知の量を含む代数的な式とは，加法，減法，乗法や除法を用いて得られるものである．端的には，$\alpha_1, \ldots, \alpha_r$ を含む「代数的な公式」とは，体 $\mathbb{Q}(\alpha_1, \ldots, \alpha_r)$ の元のことである．そして，既知の量 A の n 乗根とは，$x^n - A$ という形の方程式の根をとることである．しかしそうすると，そのような根全部をとることになる．つまり，$x^n - A$ の分解体の元すべてを使うことになる．したがって，2 次，3 次，4 次方程式の解の公式は，非形式的には $x^n - A$ という形の方程式の分解体を続けてとっていくことで，2 次方程式，3 次方程式，4 次方程式の解を与えることで記述される．次の定義が，以上の記述を精密にしてくれる．

定義 9.70　F を体とする．体の拡大 L/F が**冪根拡大**とは[52]，F と L の中間体の列

$$F = E_0 \subseteq E_1 \subseteq E_2 \subseteq \cdots \subseteq E_{r-1} \subseteq E_r = L$$

で，次の条件を満たすものが存在することである．すなわち，各 $0 \leq i < r$ に対して，整数 $n_i \geq 2$ と元 $A_i \in E_i$ が存在して，

$$E_{i+1} \text{ は } x^{n_i} - A_i \text{ の } E_i \text{ 上の分解体である．}$$

　次の命題の証明は演習問題とする．

命題 9.71　L/F を冪根拡大とする．すると，L の拡大 L'/L で，L'/F は F の冪根拡大で，L'/F がガロア拡大であるようなものが存在する．

証明　演習問題 9.47 を見よ．　　　　　　　　　　　　　　　　　　　　　□

注意 9.72　命題 9.71 は明らかではないことを述べていると注意しておきたい．なぜなら，冪根拡大の定義には，それがガロア拡大であることは要求されていないからである．たとえば，体 $\mathbb{Q}(\sqrt[3]{2})$ は $\mathbb{Q}$ の冪根拡大である．というのは，

---

[52]「冪根 (radical)」は n 乗根の古風な言い方である．

$$\mathbb{Q}(\sqrt{2}) = x^2 - 2 \text{ の } \mathbb{Q} \text{ 上の分解体, かつ}$$
$$\mathbb{Q}(\sqrt[4]{2}) = x^2 - \sqrt{2} \text{ の } \mathbb{Q}(\sqrt{2}) \text{ の分解体}$$

であるからだ. しかし, $\mathbb{Q}(\sqrt[4]{2})$ はそれ自身が $\mathbb{Q}$ のガロア拡大ではなく, 一方で体 $\mathbb{Q}(\sqrt[4]{2}, i)$ に含まれており, この体は $\mathbb{Q}$ 上冪根拡大かつガロア拡大である.

したがって, F の冪根拡大 L において, L の元は F の元から, 加法, 減法, 乗法, 除法と n 乗根を繰り返しとることで得られる. 2 次, 3 次, 4 次方程式の解の公式は, 抽象的に言い換えると, 多項式の係数が F の元なら, その多項式の根は F の冪根拡大の元である, ということである[53]. 以上から, 次の定義に至る.

定義 9.73　F を体とし, $f(x) \in F[x]$ を零でない多項式とする. **$f(x)$ が F 上で冪根により解ける**とは, 冪根拡大 L/F が存在して, $f(x)$ が L で完全分解することをいう.

さて, ある多項式 $f(x)$ が冪根により解けないことを証明したいとしよう. 次の形の主張

「……のように見える公式は存在しない」

を証明するのは問題があるように見える. 「のように見える」は漠然としているし数学的な正確さを欠いているからだ. しかし, いまちょうど「冪根で解く」というアイデアの全体を体論の言葉で荷造りし直したところであり, 非可解性を証明する道筋を作り出したところである.

> **規範:** $f(x) \in F[x]$ を多項式とし, K/F を $f(x)$ の F 上の分解体とする. このとき, もし K が F の冪根拡大に含まれないなら, $f(x)$ は F 上冪根により解けない.

$f(x)$ が冪根により解けないことを証明するには, $f(x)$ の分解体 K の何らかの性質で, F の冪根拡大に含まれることを妨げるようなものを見つけるだけでよい.

注意 9.74（非可解性か作図不可能性か）　以上の話は 8.6 節で研究した作図可能数を思い起こさせる. そこでは, $\sqrt[3]{2}$ のようなある種の数が定規とコンパスで作図不可能であると示すことが求められたのだった. 我々はその問題を, 作図可能数とは繰り返し平方根をとることで得られる体に含まれる数のことと言い換えた[54]. とくに, すべての作図可能数は, 体 L であって, $[L : \mathbb{Q}]$ が 2 の冪乗であるようなものに含まれる. $\mathbb{Q}(\sqrt[3]{2})$ は 3 次の体だから, 明らかに $\sqrt[3]{2}$ は作図可能ではない. すなわち, 作図可能数の問題では, $\sqrt[3]{2}$ の作図不可能性を作図可能な体の次数と $X^3 - 2$ の分解な体の次数を比べることで証明した.

残念ながら, 体の拡大の次数を比較するという, 作図可能数にはうまくいったアプローチ

---

[53] もちろん, それ以上のことをいっている. たとえば, 3 次方程式について明示的な解の公式を与えており, 高々平方根と立方根をとるだけでよいことも示している.

[54] したがって, 作図可能数で生成される体は冪根拡大である. しかし, それらは非常に特別な冪根拡大で, 平方根のみをとることで得られるようなものである.

は，$f(x)$ が冪根では非可解であることを示すという目標に対しては機能しない．その理由は，任意の n がそれぞれに何らかの冪根拡大体の次数を割り切るからである．よって我々は，冪根拡大体と他の体を区別する，もう少しきめの細かい方法が必要である．

答えはガロア理論を使うことにある．もし $f(x)$ が冪根により可解なら，定義により $f(x)$ の分解体 K/F は，F のある冪根拡大 L/F に含まれる．また，命題 9.71 により，L/F がガロア拡大だと仮定してよい．したがって，我々は次のような体の塔を得る：

$$\overset{\displaystyle f(x) \text{ の分解体}}{\underset{\displaystyle F \text{ の冪根ガロア拡大}}{F \quad \subseteq \quad K \quad \subseteq \quad L.}}$$

とくに，ガロア群 $G(K/F)$ はガロア群 $G(L/F)$ の剰余群であり，よって $G(L/F)$ の特別な性質で，$G(K/F)$ が $G(L/F)$ の剰余群であることをあらかじめ除外してしまうようなものがあれば，$f(x)$ が冪根では解けないことが証明できる．

冪根拡大は，$x^n - A$ という形の多項式の分解体を繰り返しとることで得られるのだった．これらの分解体を 9.14 節で研究したが，そこではクンマー体と呼んでいた．$x^n - A$ の根を α と書いて，ζ を 1 の原始 n 乗根とすると，$x^n - A$ の F 上の分解体は $F(\alpha, \zeta)$ であった．また，$F(\alpha, \zeta)$ は次の，ガロア群を添えて描かれた図に収まるのだった：

$$\overset{\displaystyle G(F(\zeta)/F) \subseteq (\mathbb{Z}/n\mathbb{Z})^{*}}{F \quad \subseteq \quad F(\zeta) \quad \underset{\displaystyle G(F(\alpha,\zeta)/F(\zeta)) \subseteq \mathbb{Z}/n\mathbb{Z}}{\subseteq \quad F(\alpha, \zeta).}} \tag{9.31}$$

なぜこの体の塔は特別なのだろうか？　そう，驚くべき特徴の 1 つが，両方のガロア群

$$G(F(\zeta)/F) \quad \text{と} \quad G(F(\alpha,\zeta)/F(\zeta))$$

がどちらも**アーベル群**であることである．これはいささか尋常ならざることで，というのはもし我々が「無作為に」ガロア拡大を選べば，ガロア群がアーベル群になることは期待できないのだ[55]．次の定義によってこの概念を定式化し，群論側から物事を始めて，体と冪根による可解性へと移動していこう．

定義 9.75 群 G が**可解群**とは，部分群の列

$$\{e\} = H_0 \subseteq H_1 \subseteq \cdots \subseteq H_{r-1} \subseteq H_r = G$$

であって，各 $0 \le i < r$ に対して，次が成り立つようなものが存在することである：
(1) H_i は H_{i+1} の正規部分群である．
(2) 剰余群 H_{i+1}/H_i はアーベル群である．

---

[55] 実際，「ほとんどの」次数 n の多項式 $f(x) \in \mathbb{Q}[x]$ に対して，分解体のガロア群は高度に非アーベルな，対称群 $\mathcal{S}_n$ である．さらなる議論については 9.15.2 節を見よ．

準備運動として，可解群の部分群と剰余群に注目しよう．

補題 9.76 G を可解群とする．

(a) $H \subseteq G$ を G の部分群とする．このとき H は可解群である．

(b) $N \subseteq G$ を G の正規部分群とする．このとき G/N は可解群である．

証明 (a) この結果が必要になることはないので，演習問題とする．演習問題 9.49 を見よ．

(b) G が可解群であることから次の部分群の列が存在する：

$$\{e\} = H_0 \subseteq H_1 \subseteq \cdots \subseteq H_{r-1} \subseteq H_r = G.$$

各 i について，包含写像 $H_i \hookrightarrow H_{i+1}$ が包含

$$\frac{H_i}{N \cap H_i} \hookrightarrow \frac{H_{i+1}}{N \cap H_{i+1}}$$

を導く[56]．よって，次の群の列が得られる：

$$\{e\} = \frac{H_0}{N \cap H_0} \subseteq \frac{H_1}{N \cap H_1} \subseteq \cdots \subseteq \frac{H_{r-1}}{N \cap H_{r-1}} \subseteq \frac{H_r}{N \cap H_r} = \frac{G}{N \cap G} = \frac{G}{N}.$$

仮定から，H_i は H_{i+1} の正規部分群で，N は G の正規部分群だから，$H_i/(N \cap H_i)$ は $H_{i+1}/(N \cap H_{i+1})$ の正規部分群である．演習問題 6.8 を見よ．したがって，$\{e\}$ から G/N までの部分群の列の群それぞれが，次の部分群の正規部分群である．残っているのは，隣り合った剰余群がアーベル群であると示すことである．

そのために，準同型写像の合成

$$H_{i+1} \longrightarrow \frac{H_{i+1}}{N \cap H_{i+1}} \longrightarrow \frac{H_{i+1}/(N \cap H_{i+1})}{H_i/(N \cap H_i)}$$

が全射であり，その核が H_i を含むことを観察する．したがって，全射群準同型写像

$$\frac{H_{i+1}}{H_i} \longrightarrow \frac{H_{i+1}/(N \cap H_{i+1})}{H_i/(N \cap H_i)}$$

が得られた．H_{i+1}/H_i がアーベル群であることはわかっている．したがって，$\{e\}$ から G/N までの部分群の列で，隣り合った剰余群がアーベルであるようなものを構成した．これで G/N が可解群であることの証明が完了した． $\square$

上の議論は，冪根ガロア拡大のガロア群が可解群であることを示唆する[57]．この重要な主張の形式的な証明を与える．

命題 9.77 L/F を F の冪根拡大で，F 上ガロア拡大とする．このとき，そのガロア群 $G(L/F)$ は可解群である．

証明 冪根拡大の定義から，次のような中間体の列が存在する：

---

[56] $H_i \to H_{i+1}/N \cap H_{i+1}$ の核はちょうど $N \cap H_i$ である．

[57] これはもちろん，可解群がいかにしてその名前を得たかを示している．実際，多項式 $f(x) \in F[x]$ が冪根で可解である必要十分条件が，その分解体のガロア群が可解群であることである．それにもかかわらず，我々はこの章で，一方の主張だけを証明する．

$$F = E_0 \subseteq E_1 \subseteq E_2 \subseteq \cdots \subseteq E_{r-1} \subseteq E_r = L, \tag{9.32}$$

ここで，各 $0 \le i < r$ に対して，

$$E_{i+1} \text{ は } x^{n_i} - A_i \in E_i[x] \text{ の } E_i \text{ 上の分解体}.$$

α_i を $x^{n_i} - A_i$ の根の 1 つとし，ζ_i を 1 の原始 n_i 乗根とする．定理 9.68 (a) により，

$$E_{i+1} = E_i(\alpha_i, \zeta_i).$$

体 $E_i(\zeta_i)$ を E_i と E_{i+1} の間に置いて，

$$E_i \subseteq E_i(\zeta_i) \subseteq E_i(\alpha_i, \zeta_i) = E_{i+1},$$

すると式 (9.31) にあるように，拡大 $E_i(\zeta_i)/E_i$ と $E_{i+1}/E_i(\zeta_i)$ のガロア群はどちらもアーベル群である．したがって，式 (9.32) にさらに体を挿入して，次のような拡大のリストを作ることができる：

$$F = E_0 \subseteq E_0(\zeta_0) \subseteq E_1 \subseteq E_1(\zeta_1) \subseteq E_2 \subseteq \cdots \subseteq E_{r-1} \subseteq E_{r-1}(\zeta_{r-1}) \subseteq E_r = L$$

このとき，隣り合った体のペアのガロア群はどれもアーベル群である．

したがって，体の塔

$$F = E_0' \subseteq E_1' \subseteq E_2' \subseteq \cdots \subseteq E_{s-1}' \subseteq E_s' = L$$

で，すべての $0 \le i < s$ に対して，各 $G(E_{i+1}'/E_i')$ がアーベル群であるようなものを構成できた．ガロア理論の基本定理（定理 9.52）により，ガロア群とその包含関係

$$\{e\} = G(E_s'/E_s') \subseteq G(E_s'/E_{s-1}') \subseteq G(E_s'/E_{s-2}')$$
$$\subseteq \cdots \subseteq G(E_s'/E_2') \subseteq G(E_s'/E_1') \subseteq G(E_s'/E_0') = G(L/F),$$

が得られ，隣り合った剰余群

$$G(E_s'/E_{i+1}')/G(E_s'/E_i') \cong G(E_i'/E_{i+1}') \quad \text{はアーベル群}$$

である．したがって，$G(L/F)$ は可解群である． □

可解群と冪根による可解性を関係づける次の定理を証明する道具を得た．これは，後者の問題のために，体論を群論に関連づける接着剤である．

定理 9.78 $f(x) \in F[x]$ とし，K/F を $f(x)$ の F 上の分解体とする．このとき[58]，

$$\boxed{f(x) \text{ は } F \text{ 上冪根により解ける}} \implies \boxed{G(K/F) \text{ は可解群である}}.$$

───────────

[58] 逆も真である．つまり，$G(K/F)$ が可解群なら $f(x)$ は F 上冪根により解ける．演習問題 9.54 を見よ．しかし，その証明には新しい道具立てが必要で，それは 9.16 節で開発する．

証明 $f(x)$ は冪根で解けると仮定する．定義から，$f(x)$ の分解体 K/F は冪根拡大 L/F に含まれている：

$$f(x) \text{ の } F \text{ 上の分解体}$$
$$\downarrow$$
$$F \quad \subseteq \quad K \quad \subseteq \quad L$$
$$\uparrow$$
$$F \text{ の冪根拡大}$$

証明は，いくつかの観察の連鎖により進む．

(1) 命題 9.71 により，L/F をガロア拡大と仮定してよい．

(2) すると，L/F はガロア拡大であり冪根拡大である．よって命題 9.77 から，$G(L/F)$ は可解群である．

(3) K は分解体だから，K/F はガロア拡大である．

(4) したがって，$F \subseteq K \subseteq L$ で，L/F と K/F の両方ともガロア拡大である．定理 9.52 (c) から，$G(L/K)$ は $G(L/F)$ の正規部分群であり，

$$G(K/F) \cong G(L/F)/G(L/K).$$

(5) $G(L/F)$ が可解群で，$G(K/F)$ は $G(L/F)$ の剰余群だから，よって補題 9.76 (b) により $G(K/F)$ が可解群であることがわかる．

以上で定理 9.78 が証明された． $\square$

9.15.1 冪根による非可解性：一般多項式

よろしい，ずいぶん進んだ．定理 9.78 によれば，ある種の多項式が冪根では解けないことを証明するために我々がなすべきは，そのガロア群が可解群ではないと示すことである．これは次の興味深い問いを生み出す：

> どのような群が可解ではないのだろうか？ それはどうすればわかるだろうか？

この問いに対する答えは群論の領土にあって，本章の主な焦点ではない．差し当たりは，次の純粋に群論的な結果を述べて使うことで満足しよう．

定理 9.79 任意の $n \geq 5$ に対して，対称群 $\mathcal{S}_n$ は可解群ではない．

証明 この定理の証明は第 12 章での群論の研究まで延期する．系 12.30 を見よ． $\square$

定理 9.79 と，我々のそれ以外の結果を使って，もし $n \geq 5$ なら，n 次多項式

$$x^n + a_1 x^{n-1} + a_2 x^{n-2} + \cdots + a_{n-2} x^2 + a_{n-1} x + a_n \tag{9.33}$$

の根を，代数的な操作と冪根のみで表す一般的な公式が存在しないことを示したい．ここで，式 (9.33) の根の「一般的な公式」が存在するとはどういう意味だろう．それは，係数 $a_1, \ldots, a_n$ が記号として現れ，これら $a_1, \ldots, a_n$ に特定の値を代入すると，対応する n 次多項式の根が得られるような公式が存在するという意味である．この節の冒頭を読み返す

320 第 9 章 ガロア理論：体 + 群

と，2 次や 3 次の多項式の解の公式がどのようなものだったかわかるだろう．

式 (9.33) の多項式の係数 $a_1, \ldots, a_n$ を独立した変数だと見なしたときに，その根について考えている．より形式的には，定義 7.34 の n 変数の有理関数体

$$\mathbb{Q}(a_1, \ldots, a_n)$$

を考えて，多項式 (9.33) の根を $\mathbb{Q}(a_1, \ldots, a_n)$ の拡大体において研究したいのである．我々の問いを正確にいうと，多項式 (9.33) が $\mathbb{Q}(a_1, \ldots, a_n)$ 上冪根で解けるかということである．もしそれが解決されれば，n 次多項式の根を冪根で表す一般的な公式が存在するということである．次の定理とその系によると，$n \geq 5$ なら，これは不可能である．

定理 9.80 F を体とし，$n \geq 1$ とする．n 変数の有理関数体 $F(t_1, \ldots, t_n)$ を考え，$\mathcal{S}_n$ を $F(t_1, \ldots, t_n)$ に，変数 $t_1, \ldots, t_n$ の置換として作用させる．つまり，

$$\text{各 } \pi \in \mathcal{S}_n \text{ と } 1 \leq i \leq n \text{ に対して} \quad \pi(t_i) = t_{\pi(i)}.$$

固定体 $F(t_1, \ldots, t_n)^{\mathcal{S}_n}$ を**対称有理関数体**と呼ぶ．

(a) $s_1, \ldots, s_n \in F[t_1, \ldots, t_n]$ を，定義 7.40 の基本対称式とする．さらに，

$$f(x) = x^n - s_1 x^{n-1} + s_2 x^{n-2}$$
$$- \cdots + (-1)^{n-1} s_{n-1} x + (-1)^n s_n \in F(s_1, \ldots, s_n)[x]$$

とする．このとき，

$$F(t_1, \ldots, t_n) \text{ は } f(x) \text{ の } F(s_1, \ldots, s_n) \text{ 上の分解体である．} \tag{9.34}$$

(b) 次が成り立つ：

$$F(t_1, \ldots, t_n)^{\mathcal{S}_n} = F(s_1, \ldots, s_n). \tag{9.35}$$

証明 (a) 命題 7.41 により，

$$f(x) = (x - t_1)(x - t_2) \cdots (x - t_n), \tag{9.36}$$

よって直ちに (9.34) がわかる．

(b) 対称式 $s_k(t_1, \ldots, t_n) \in F(t_1, \ldots, t_n)$ は t_i を入れ替えても変わらない．つまり，

$$\text{任意の } \pi \in \mathcal{S}_n \text{ に対して} \quad \pi(s_k(t_1, \ldots, t_n)) = s_k(t_{\pi(1)}, \ldots, t_{\pi(n)}) = s_k(t_1, \ldots, t_n).$$

したがって，$s_1, \ldots, s_n$ は固定体 $F(t_1, \ldots, t_n)^{\mathcal{S}_n}$ の元であり，よって

$$F(s_1, \ldots, s_n) \subseteq F(t_1, \ldots, t_n)^{\mathcal{S}_n} \subseteq F(t_1, \ldots, t_n), \tag{9.37}$$

ここで，$s_1, \ldots, s_n$ は実際は $t_1, \ldots, t_n$ の多項式であることに注意せよ．

次のように計算する：

$$n! \geq [F(t_1, \ldots, t_n) : F(s_1, \ldots, s_n)]$$

定理 8.17 (b) により，次数 n の多項式の分解体の次数は $n!$ を超えないから，

$$\geq [F(t_1, \ldots, t_n) : F(t_1, \ldots, t_n)^{\mathcal{S}_n}]$$

$F(s_1, \ldots, s_n) \subseteq F(t_1, \ldots, t_n)^{\mathcal{S}_n}$ が式 (9.37) からわかるから，

$$= \#G(F(t_1, \ldots, t_n)/F(t_1, \ldots, t_n)^{\mathcal{S}_n})$$

(a) により，$F(t_1, \ldots, t_n)$ は $F(s_1, \ldots, s_n)$ 上の分解体だから，また，$F(t_1, \ldots, t_n)^{\mathcal{S}_n}$ は中間体だから，命題 9.47 により $F(t_1, \ldots, t_n)$ は $F(t_1, \ldots, t_n)^{\mathcal{S}_n}$ 上ガロア拡大であり，さらに，定理 9.28 によりこの拡大次数はガロア群の位数と等しいから，

$$= \#\mathcal{S}_n \quad \text{定理 9.51 により，一般に } G(K/K^H) = H \text{ だから，}$$

$$= n!.$$

したがって，不等式はどれも実際には等式である．

以上から，

$$[F(t_1, \ldots, t_n)^{\mathcal{S}_n} : F(s_1, \ldots, s_n)] = \frac{[F(t_1, \ldots, t_n) : F(s_1, \ldots, s_n)]}{[F(t_1, \ldots, t_n) : F(t_1, \ldots, t_n)^{\mathcal{S}_n}]} = 1,$$

ここで最初の等式は式 (9.37) により，また体の塔における次数の乗法性による．第 2 の等式は上で示されている．以上から式 (9.35) が示され，よって (b) の証明も済んだ． $\square$

系 9.81 $n \geq 1$ とし，$\mathbb{Q}(a_1, \ldots, a_n)$ を n 変数の有理関数体とする．$f(x)$ を

$$f(x) = x^n + a_1 x^{n-1} + a_2 x^{n-2} + \cdots + a_{n-2} x^2 + a_{n-1} x + a_n \tag{9.38}$$
$$\in \mathbb{Q}(a_1, \ldots, a_n)[x]$$

として，K を $f(x)$ の $\mathbb{Q}(a_1, \ldots, a_n)$ 上の分解体とする．

(a) $G(K/\mathbb{Q}(a_1, \ldots, a_n)) \cong \mathcal{S}_n$.

(b) $n \geq 5$ なら，$f(x)$ は $\mathbb{Q}(a_1, \ldots, a_n)$ 上冪根によっては解けない．したがって，$n \geq 5$ なら，一般の n 次多項式の根を冪根を使って表す公式は存在しない．

証明 (a) $t_1, \ldots, t_n$ を $f(x)$ の K での根とする．とくに，

$$K = \mathbb{Q}(t_1, \ldots, t_n).$$

$s_1, \ldots, s_n$ を $t_1, \ldots, t_n$ の基本対称式とする．命題 7.41 と $f(x)$ の定義から，

$$f(x) = \prod_{i=1}^{n} (x - t_i) = \sum_{i=0}^{n} (-1)^i s_i x^i = \sum_{i=0}^{n} a_i x^i,$$

したがって，

各 $1 \leq i \leq n$ に対して $a_i = (-1)^i s_i$.

とくに $\mathbb{Q}(a_1,\ldots,a_n) = \mathbb{Q}(s_1,\ldots,s_n)$ である. 次のように計算する：

$$
\begin{aligned}
\mathcal{S}_n &= G(\mathbb{Q}(t_1,\ldots,t_n)/\mathbb{Q}(t_1,\ldots,t_n)^{\mathcal{S}_n}) && \text{定理 9.52 (a)}, \\
&= G(\mathbb{Q}(t_1,\ldots,t_n)/\mathbb{Q}(s_1,\ldots,s_n)) && \text{定理 9.80 (b)}, \\
&= G(\mathbb{Q}(t_1,\ldots,t_n)/\mathbb{Q}(a_1,\ldots,a_n)) && \mathbb{Q}(s_1,\ldots,s_n)=\mathbb{Q}(a_1,\ldots,a_n) \text{ だから}.
\end{aligned}
$$

(b) 上述の (a) から，$f(x)$ の $\mathbb{Q}(a_1,\ldots,a_n)$ 上の分解体 K のガロア群は $\mathcal{S}_n$ である. 定理 9.79 から，$\mathcal{S}_n$ は可解群ではない. 最後に，定理 9.78 により，$f(x)$ は $\mathbb{Q}(a_1,\ldots,a_n)$ 上冪根により可解ではない. □

注意 9.82 系 9.81 (b) は，次数が $n \geq 5$ の任意の既約多項式が冪根により非可解だといってるのではないことに注意せよ. たとえば，

$$\Phi_7(x) = x^6 + x^5 + x^4 + x^3 + x^2 + x + 1$$

は $\mathbb{Q}[x]$ で既約だが，その根は平方根と立方根で表される. それを見るために，$\Phi_7(x)$ を x^3 で割ると，次を得る：

$$x^{-3}\Phi_7(x) = (x^3 + x^{-3}) + (x^2 + x^{-2}) + (x + x^{-1}) + 1.$$

これは $x + x^{-1}$ の対称式で，よって $x + x^{-1}$ の多項式で表される. 具体的には，α が $\Phi_7(x)$ の根なら，$\beta = \alpha + \alpha^{-1}$ は $z^3 + z^2 - 2z - 1$ の根である. 最後の多項式は，3次多項式の根の公式で冪根により解くことができ，よって α は 2 次多項式 $x^2 - \beta x + 1$ の根である. したがって α を平方根と立方根の繰り返しで表すことができる.

9.15.2 冪根による非可解性：次数 5 の特定の例

系 9.81 により，$n \geq 5$ なら，n 次多項式の根を冪根で表す一般的な公式は存在しない. それはまことに結構だが，しかし完全に満足ともいえない. というのは，注意 9.82 で見たように，高次の方程式でも，冪根で解くことができるものも存在するのである. 実際にはそうではないのだが，$\mathbb{Q}[x]$ の多項式はすべて冪根で解けるが，ただそれらのすべてに成り立つ一般的な公式がないだけだったのかもしれない.

おそらく推測しているであろうように，そうではない. 実際，

$$x^n + a_1 x^{n-1} + a_2 x^{n-2} + \cdots + a_{n-1}x + a_n$$

の分解体のガロア群は，$a_1,\ldots,a_n$ を変数と見なしたとき，$\mathcal{S}_n$ である. ヒルベルトの既約性定理という有名な結果によると，このとき，無限個の $(a_1,\ldots,a_n) \in \mathbb{Q}^n$ に対して，$\mathbb{Q}$ 上の分解体のガロア群が $\mathcal{S}_n$ になる. 実際，ヒルベルトの定理により，「大半の」係数についてそうである. ただし，「大半の」という言葉に正確な意味を与えるのには少し手間がかかる. ヒルベルトの定理は証明しないが，少なくとも $\mathbb{Q}[x]$ の特定の多項式 $f(x)$ に対して，

その根が冪根では表されないということを示そう．つまり，$f(x)$ の分解体が，$\mathbb{Q}$ の冪根拡大に含まれないことを示す．そのために，もう 1 つ純粋に群論的な事実を述べる．その証明は後回しにする．

補題 9.83 p を素数とし，$G \subseteq \mathcal{S}_p$ を対称群の部分群とする．元 $\sigma, \tau \in G$ で，σ は位数 p，τ は位数 2 で，ただ 1 組の数を入れ替えるとする[59]．このとき，$G = \mathcal{S}_p$ である．

証明 演習問題 12.9 を見よ． □

補題 9.83 を使って，大きなガロア群を作るための単純な判定法を与える．

命題 9.84 p を素数とし，$f(x) \in \mathbb{Q}[x]$ を $p - 2$ 個の実根と 2 個の非実根を $\mathbb{C}$ に持つ多項式とする．$K/\mathbb{Q}$ を $f(x)$ の $\mathbb{Q}$ 上の分解体とする．このとき $G(K/\mathbb{Q}) \cong \mathcal{S}_p$．

証明 $\alpha_1, \alpha_2, \ldots, \alpha_p \in K$ を $f(x)$ の相異なる根とし，

$$\alpha_1, \alpha_2 \notin \mathbb{R} \quad \text{かつ} \quad \alpha_3, \ldots, \alpha_p \in \mathbb{R}$$

となるように番号づけされているとする．分解体 K は，体

$$K = \mathbb{Q}(\alpha_1, \alpha_2, \ldots, \alpha_p),$$

であり，命題 9.45 にあるように，ガロア群 $G(K/\mathbb{Q})$ を，$f(x)$ の根への作用を通じて $\mathcal{S}_p$ の部分群と見ることができる．明示的には，単射な群準同型写像

$$\pi \colon G(K/F) \hookrightarrow \mathcal{S}_p, \quad \sigma \longmapsto \pi_\sigma$$

で，置換 $\pi_\sigma \in \mathcal{S}_p$ が次の条件で与えられるようなものである：

$$\text{各 } 1 \le i \le p \text{ に対して} \quad \sigma(\alpha_i) = \alpha_{\pi_\sigma(i)}.$$

$f(x)$ が既約であることから，$[\mathbb{Q}(\alpha_1) : \mathbb{Q}] = p$，よって $[K : \mathbb{Q}]$ は p で割り切れる．すると，等式

$$G(K/\mathbb{Q}) = [K : \mathbb{Q}]$$

から，$\#G(K/\mathbb{Q})$ も p で割り切れる．シローの定理（定理 6.29）から，群 $G(K/\mathbb{Q})$ は非自明な，位数が p 冪の部分群を持つ．したがって，位数 p の元 $\sigma \in G(K/\mathbb{Q})$ が存在する．すると，$\pi_\sigma \in \mathcal{S}_p$ が位数 p であることがわかる．

中間体

---

[59]言い換えると，置換 τ は 2 つの数 $i, j \in \{1, 2, \ldots, p\}$ で指定され，

$$\tau(i) = j, \quad \tau(j) = i, \quad \text{かつ} \quad \text{すべての } k \ne i, j \text{ に対して } \tau(k) = k.$$

後で，対称群の研究を続ける際に，元 σ を **p サイクル**と呼び，入れ替え τ を**互換**と呼ぶだろう．詳細については 12.1.1 節と 12.1.2 節を見よ．

324　第9章　ガロア理論：体＋群

$$E = \mathbb{Q}(\alpha_3, \ldots, \alpha_p)$$

を考える．仮定から，体 E は $\mathbb{R}$ に含まれるが，同じく仮定から，体 K は $\mathbb{R}$ には含まれない．したがって，真の包含

$$E \subsetneq K = E(\alpha_1, \alpha_2)$$

がある．ガロア群 $G(K/E)$ の元は α_1 と α_2 への作用で決まり，α_1 と α_2 を固定するか，またはそれらを入れ替えるかのいずれかである．$G(K/E) \neq \{e\}$ であるから，$\#G(K/E) = 2$ である．よって，次のような元が存在する：

$$\tau \in G(K/E) \quad \text{であって、} \quad \begin{cases} \tau(\alpha_1) = \alpha_2, \\ \tau(\alpha_2) = \alpha_1, \\ \tau(\alpha_i) = \alpha_i \quad \text{すべての } 3 \le i \le n \text{ に対して.} \end{cases}$$

したがって π_τ は入れ替えである．

まとめると，単射群準同型写像 $\pi\colon G(K/\mathbb{Q}) \hookrightarrow \mathcal{S}_p$ が存在し，また元 $\sigma, \tau \in G(K/\mathbb{Q})$ で，π_σ の位数 p であり，π_τ は入れ替えである．命題 9.84 により，$\mathcal{S}_p$ の部分群で π_σ と π_τ の両方を含むものは全体の群 $\mathcal{S}_p$ と一致する．したがって $\pi\colon G(K/\mathbb{Q}) \hookrightarrow \mathcal{S}_p$ は全射であり，したがって同型写像である． $\square$

例 9.85（冪根では可解ではない次数 5 の多項式） 命題 9.84 を使って，$\mathbb{Q}$ 上冪根では可解でない特定の多項式を見つけることができる．なすべきことは，素数 $p \ge 5$ 次の $\mathbb{Q}$ 上の既約多項式で，ちょうど 2 つの非実根を持つものを見つけることである．既約性を確かめるには，アイゼンシュタインの既約性判定法（系 8.35）が適用できるものを選べばよい．また，非実根の条件については，微積分を少し使ってグラフを描けばよい．たとえば，次の多項式を考える：

$$f(x) = 12x^5 - 15x^4 - 120x^2 + 5.$$

これは $\mathbb{Q}[x]$ で既約であることが，アイゼンシュタインの既約性判定法を $p = 5$ で適用することでわかる．この多項式の微分は

$$f'(x) = 60x(x-2)(x^2 + x + 2)$$

だから，

$$f(0) = 5 \quad \text{かつ} \quad f(2) = -331$$

であり，$y = f(x)$ のグラフを考えると $f(0) = 5$ がただ 1 つの極大値，また $f(x) = -331$ がただ 1 つの極小値である．よって $f(x)$ はちょうど 3 つの実根を持つことがわかり，よって残り 2 つの根は非実根である．命題 9.84 により，$f(x)$ の分解体 K は $G(K/\mathbb{Q}) \cong \mathcal{S}_5$ を満たし，定理 9.79 により $G(K/\mathbb{Q})$ は可解群ではない．そして最後に，定理 9.78 により，$f(x)$

は $\mathbb{Q}$ 上で冪根によって可解ではない.

9.15.3 冪根による非可解性：哲学的な余談

5次もしくは，より高次の多項式の冪根による非可解性は，当然ながら 19 世紀の早い時期における数学的なハイライトと見なされている．なぜなら，それは数世紀にわたる古い問題に驚くべき解答を与えているからである．しかし，この特定の結果が確かに驚くべきものだとしても，現代数学の中心的な成果ではないということもできる．なぜそのようにいうのだろうか？　主に 2 つの理由がある．まず第 1 に，多項式の冪根による非可解性は数学の中でほとんど応用を持たない．つまり，その証明が非可解性に依拠するような主要な定理が不足している．第 2 に，非可解性の結果はそれ自身美しいとはいえ，自然な拡張が存在しないという意味である種の行き止まりである[60]．

類似の，しかしより強い場合として，定規とコンパスにより正方形を円にする，もしくは立方体を倍にすることの不可能性の証明が挙げられる．これらはそれ自身興味深いとはいえ，現代の数学でほとんど重要性を持たない．非可解性と同様に，作図不可能性の結果は美しく，また驚くべきではあり，数世紀にわたって数学の専門家あるいは愛好家の手を塞いできた．しかし，我々をさらなる新天地へと導く小道になることはなかったのである．

これらの注意は，1.2 節で述べた「生活の指針とすべき数学的信条」，とくに，次のものに従っている：

> 問題を解いて，できたと思ったなら，まだあなたは数学の真の精神を吸収していない．解決した興味深い問題はどれも，研究すべき新たな現象や，あなたの能力を試す新しい問題を示唆するはずである．

すなわち，定規とコンパスによる作図不可能性や，冪根による非可解性を証明することは，それら自身が，研究すべき新しい現象や解くべき新しい問題を示唆することにほとんど失敗している．

ということは，定規とコンパスでの作図不可能性や，冪根による非可解性を証明することが時間の無駄だったということだろうか？　そんなことはない！　その理由は，これらの特定の問題を研究するため，また解くために開発されてきた道具が，現代数学の全体に響き渡り，これらの道具立ての副産物が，幾千もの興味深い問題や研究すべき現象とともに数学の全分野において発展しているという事実にある．

たとえば，デカルト幾何学や体の拡大の理論の発展は，少なくともその一部は古典的な定規とコンパスによる作図問題に影響されている．そして，有限群やガロア理論は，その影響は現代代数学，数論，代数幾何学やその先へとしみ出しているが，もともとは冪根による可解性を主に研究するために開発された．数学の問題の重要性と影響力は，それ自身の主張の特異性それだけの中にあるのではなく，その問題を研究し解くために開発された道具にも含まれているのである．

最後の例として，フェルマーの最終定理を取り上げよう．これは解決までに 300 年を要

---

[60] ここはやや誇大宣伝である．たとえば代数的な微分方程式の解を研究する際に，関数体についての非可解性の結果はあるのだから．

326 第9章 ガロア理論：体 + 群

した有名な問題である．もし，その間に誰かがフェルマー方程式

$$X^n + Y^n = 1 \text{ は，} n \geq 3 \text{ なら } X, Y \in \mathbb{Q}^* \text{ に解を持たない}$$

を何か賢い，しかし初等的な，フェルマー方程式に固有の代数的な操作で解いてしまって
いたとしよう．すると，その人はある程度は有名にはなっただろうが，数学への影響はよく
いって限定的だっただろう．なぜか？　なぜなら，数学の中で，その証明がフェルマー方程
式の非可解性に依拠するような興味深い結果はほとんどないからである[61]．しかし，非可解
性の問題と同様に，フェルマーの最終定理に関する仕事が新しい分野を開き，数学の異な
る分野を関連づける仕事を鼓舞した．この仕事は，フェルマー方程式に解がないという主
張よりも，非常に重要で興味深い．フェルマー方程式に関する仕事は，19世紀を通して代
数的整数論の発展を促し，それは数学全体を通して今日に至るまで響き渡っている．そし
て，ワイルス (Wiles) によるフェルマーの問題の輝かしい解決は，多くの数学者の仕事の上
に成り立っていて，ディオファンタス (Diophantus) 方程式の理論，楕円曲線，モジュラー
形式，ガロア理論，表現論，解析数論，その他ここで述べるには複雑すぎる，代数学のさま
ざまな深奥の驚くべき，そして実り豊かな関係を明らかにした．これらの関係は未だに探査
が続けられているし，当代の数学者を鼓舞し続けている．

9.16　体の自己同型写像の線形独立性

この節は見た目にも技術的で，群，環，そして体の研究で広く適用可能な定理が並んでい
る[62]．しかし，本書の他の場所では用いないので，初読の際は飛ばしてもよいだろう．

体の2つの自己同型写像

$$\sigma : K \xrightarrow{\sim} K \quad \text{および} \quad \tau : K \xrightarrow{\sim} K$$

から始めたとしよう．体の別の自己同型写像を得るために，これらを合成できることは我々
も知っている：

$$\sigma\tau : K \longrightarrow K, \quad (\sigma\tau)(\alpha) = \sigma(\tau(\alpha)).$$

実際，この合成演算が，体の自己同型写像の集合を群にしているし，この群がガロア理論の
基礎を提供しているのだった．

体の2つの自己同型を組み合わせる，もう少し自然でない方法がある．K での加法を用
いて，写像

$$\sigma + \tau : K \longrightarrow K, \quad (\sigma + \tau)(\alpha) = \sigma(\alpha) + \tau(\alpha)$$

を定義する．

---

[61] ここでも少し言いすぎているかもしれない．1970年代にフライ (Frey) とエレゴアーシュ (Hellegouarch) が，
フェルマー方程式の解と楕円曲線の有理ねじれ点とを関係づけているのだから．

[62] とはいえ，いくつかの応用では，たとえば演習問題 9.55 で述べているようなさまざまな拡張を用いる．

9.16 体の自己同型写像の線形独立性　　**327**

> **重要な注意：** $(\sigma + \tau)\colon K \to K$ は体の自己同型写像にはなりそうにない.

実際，写像 $\sigma + \tau$ は単射ではないことがあるし，全射でないこともある．また積を積に移すこともめったになさそうである．演習問題 9.53 を見よ．それにもかかわらず，このような写像は非常に便利である．より一般に，体の自己同型写像の集まり

$$\sigma_1, \sigma_2, \ldots, \sigma_n \colon K \xrightarrow{\ \sim\ } K$$

があって，また定数のリスト $c_1, \ldots, c_n \in K$ があったとき，それらの線形結合として，次の写像を定義できる：

$$c_1\sigma_1 + \cdots + c_n\sigma_n \colon K \longrightarrow K, \quad (c_1\sigma_1 + \cdots + c_n\sigma_n)(\alpha) = c_1\sigma_1(\alpha) + \cdots + c_n\sigma_n(\alpha).$$

例 9.86 $K = \mathbb{Q}(\sqrt{2})$ とし，$\sigma_1 \colon K \to K$ を恒等写像，$\sigma_2 \colon K \to K$ を例 9.18 で述べた写像

$$\sigma_2(a + b\sqrt{2}) = a - b\sqrt{2}$$

とする．このとき，写像 $3\sigma_1 + 2\sigma_2$ が次の式で与えられる：

$$
\begin{aligned}
(3\sigma_1 + 2\sigma_2)&(a + b\sqrt{2}) \\
&= 3\sigma_1(a + b\sqrt{2}) + 2\sigma_2(a + b\sqrt{2}) \qquad c_1\sigma_1 + c_2\sigma_2 \text{ の定義から，} \\
&= 3(a + b\sqrt{2}) + 2(a - b\sqrt{2}) \qquad\quad \sigma_1 \text{ と } \sigma_2 \text{ の定義から，} \\
&= 5a + b\sqrt{2}.
\end{aligned}
$$

たまたまだが，$3\sigma_1 + 2\sigma_2$ は全単射である．しかし，体の自己同型ではない．たとえば，積を積に移さない.

定理 9.87 K を体とし，体 K の（相異なる）自己同型写像

$$\sigma_1, \ \sigma_2, \ \ldots, \ \sigma_n \colon K \xrightarrow{\ \sim\ } K$$

と，$c_1, \ldots, c_n \in K$ を考える．さらに，

$$\text{任意の } \alpha \in K \text{ に対して} \quad c_1\sigma_1(\alpha) + c_2\sigma_2(\alpha) + \cdots + c_n\sigma_n(\alpha) = 0 \tag{9.39}$$

と仮定する．このとき，

$$c_1 = c_2 = \cdots = c_n = 0.$$

注意 9.88 任意の集合 X と体 K に対して，X から K への写像の全体を K ベクトル空間にできる．ここで，$c_1 f_1 + c_2 f_2$ は次で定義される写像である：

$$(c_1 f_1 + c_2 f_2)(x) = c_1 f_1(x) + c_2 f_2(x).$$

このベクトル空間の零元は零写像である．すると，定理 9.87 を簡潔に，$\sigma_1, \ldots, \sigma_n \colon K \to K$ が体の相異なる同型写像なら，それらは K から K への写像がなす K ベクトル空間の元として線形独立である，ということができる．

証明（定理 9.87 の証明） 証明は，自己同型写像の個数 n に関する帰納法による．まず，$n = 1$ の場合を考える．よって

$$\text{任意の } \alpha \in K \text{ に対して} \quad c_1 \sigma_1(\alpha) = 0.$$

これはとくに $\alpha = 1$ のときにも正しいから，また，$\sigma_1(1) = 1$ を知っているから，所望の結論 $c_1 = 0$ を得る．

我々の目標は，定理が高々 $n-1$ 個の自己同型写像の集合までは正しいと仮定し，$\sigma_1, \ldots, \sigma_n$ に対して定理が正しいと示すことである．σ_i が K から K へのただの写像ではなく自己同型写像だということをどこかで活用する必要がある．我々が使う性質は，σ_i が積を積に移すことである．

元の任意のペア $\beta, \gamma \in K$ に対して，式 (9.39) を $\alpha = \beta\gamma$ として適用すると

$$c_1 \sigma_1(\beta\gamma) + c_2 \sigma_2(\beta\gamma) + \cdots + c_n \sigma_n(\beta\gamma) = 0$$

を得る．$\sigma_i(\beta\gamma) = \sigma_i(\beta)\sigma_i(\gamma)$ を使うと，

$$c_1 \sigma_1(\beta)\sigma_1(\gamma) + c_2 \sigma_2(\beta)\sigma_2(\gamma) + \cdots + c_n \sigma_n(\beta)\sigma_n(\gamma) = 0 \tag{9.40}$$

である．また，式 (9.39) を $\alpha = \gamma$ として適用すると，次が成り立つ：

$$c_1 \sigma_1(\gamma) + c_2 \sigma_2(\gamma) + \cdots + c_n \sigma_n(\gamma) = 0. \tag{9.41}$$

式 (9.40) と式 (9.41) を見比べて，式 (9.41) に $\sigma_n(\beta)$ を掛けて，それを式 (9.40) から引くと，$\sigma_n(\beta)\sigma_n(\gamma)$ の項を消すことができる[63]．言い換えると，最初に式 (9.41) に $\sigma_n(\beta)$ を掛けて

$$c_1 \sigma_n(\beta)\sigma_1(\gamma) + c_2 \sigma_n(\beta)\sigma_2(\gamma) + \cdots + c_n \sigma_n(\beta)\sigma_n(\gamma) = 0 \tag{9.42}$$

を得て，次に (9.42) を式 (9.40) から引いた．そして少し計算すると，

$$c_1(\sigma_1(\beta) - \sigma_n(\beta))\sigma_1(\gamma) + c_2(\sigma_2(\beta) - \sigma_n(\beta))\sigma_2(\gamma)$$
$$+ \cdots + c_{n-1}(\sigma_{n-1}(\beta) - \sigma_n(\beta))\sigma_{n-1}(\gamma) + c_n \underbrace{(\sigma_n(\beta) - \sigma_n(\beta))}_{\text{これは 0}}\sigma_n(\gamma) = 0$$

を得る．この方程式は，任意の元のペア $\beta, \gamma \in K$ に対して正しい．よって K の元を

---

[63] この仕掛けに気をつけてほしい．これは，線形方程式のペアから変数を消去するための，線形代数の標準的な技巧である．

$$a_1 = c_1(\sigma_1(\beta) - \sigma_n(\beta)), \quad \ldots, \quad a_{n-1} = c_{n-1}(\sigma_{n-1}(\beta) - \sigma_n(\beta))$$

で用意すると，我々は次を証明した：

$$\text{任意の } \gamma \in K \text{ に対して} \quad a_1\sigma_1(\gamma) + a_2\sigma_2(\gamma) + \cdots + a_{n-1}\sigma_{n-1}(\gamma) = 0.$$

帰納法の仮定から，

$$a_1 = a_2 = \cdots = a_{n-1} = 0.$$

a_i の定義から，これは

$$c_1(\sigma_1(\beta) - \sigma_n(\beta)) = c_2(\sigma_2(\beta) - \sigma_n(\beta)) = c_{n-1}(\sigma_{n-1}(\beta) - \sigma_n(\beta)) = 0 \tag{9.43}$$

を意味する．これらの等式を，任意の $\beta \in K$ について証明したことに注意してほしい．これは非常に重要である．なぜなら，証明の最後のステップで，$\sigma_1, \ldots, \sigma_n$ が K の相異なる自己同型写像であるという仮定を使う必要がある[64]．ここから，各 $1 \le i \le n-1$ に対して，ある $\beta_i \in K$ で，

$$\sigma_i(\beta_i) \ne \sigma_n(\beta_i)$$

が成り立つものが存在する．式 (9.43) で $\beta = \beta_i$ と代入すると，

$$c_i(\underbrace{\sigma_i(\beta_i) - \sigma_n(\beta_i)}_{\text{ここは 0 でない}}) = 0,$$

ここから，$c_i = 0$ が結論できる．これで

$$c_1 = c_2 = \cdots = c_{n-1} = 0$$

が証明され，したがって式 (9.39) を $\alpha = 1$ で評価すると $c_n = 0$ がわかる． $\qquad\square$

定理 9.87 の応用として，ガロア拡大で，そのガロア群が有限巡回群であるものを特徴づけよう．

系 9.89（ヒルベルトの定理 90 のあるバージョン） K/F をガロア拡大とし，ガロア群 $G(K/F)$ が位数 n の巡回群と仮定し，F は 1 の原始 n 乗根を含むと仮定する．このとき，$A \in F$ が存在して，K は $x^n - A$ の F 上の分解体である．

証明 $\zeta \in F$ を 1 の原始 n 乗根とし，$\sigma \in G(K/F)$ をガロア群の生成元とする．したがって，

$$G(K/F) = \{e, \sigma, \sigma^2, \ldots, \sigma^{n-1}\} \quad \text{かつ} \quad \sigma^n = e.$$

---

[64] この定理は，σ_i が相異なるという仮定がないと成り立たない．たとえば $\sigma_1 = \sigma_2$ とし，$c_1 = 1$ かつ $c_2 = -1$ としてみよ．よって，どこかで相異なるという仮定を使うはずである．

330 第 9 章 ガロア理論：体 + 群

次の写像を考える：

$$\phi\colon K \longrightarrow K, \quad \phi = e + \zeta^{-1}\sigma + \zeta^{-2}\sigma^2 + \cdots + \zeta^{-(n-1)}\sigma^{n-1}.$$

定理 9.87 から，ϕ は K の元すべてを 0 には移さないから，ある $\beta \in K$ で

$$\phi(\beta) = \beta + \zeta^{-1}\sigma(\beta) + \zeta^{-2}\sigma^2(\beta) + \cdots + \zeta^{-(n-1)}\sigma^{n-1}(\beta) \neq 0$$

となるものが存在する．

記号を簡単にするために，

$$\alpha = \phi(\beta)$$

としよう．$G(K/F)$ の α への作用を研究するために次の計算をする：

$\sigma(\alpha)$

$$= \sigma\Big(\beta + \zeta^{-1}\sigma(\beta) + \zeta^{-2}\sigma^2(\beta) + \cdots + \zeta^{-(n-2)}\sigma^{n-2}(\beta) + \zeta^{-(n-1)}\sigma^{n-1}(\beta)\Big)$$

$$\alpha = \phi(\beta) \text{ の定義から，}$$

$$= \sigma(\beta) + \zeta^{-1}\sigma^2(\beta) + \zeta^{-2}\sigma^3(\beta) + \cdots + \zeta^{-(n-2)}\sigma^{n-1}(\beta) + \zeta^{-(n-1)}\sigma^n(\beta)$$

$$\sigma \text{ は体の自己同型で } F \text{ を固定し，また } \zeta \in F \text{ だから，}$$

$$= \zeta\Big(\zeta^{-1}\sigma(\beta) + \zeta^{-2}\sigma^2(\beta) + \zeta^{-3}\sigma^3(\beta) + \cdots + \zeta^{-(n-1)}\sigma^{n-1}(\beta) + \zeta^{-n}\sigma^n(\beta)\Big)$$

$$\zeta \text{ をくくりだした，}$$

$$= \zeta\Big(\zeta^{-1}\sigma(\beta) + \zeta^{-2}\sigma^2(\beta) + \zeta^{-3}\sigma^3(\beta) + \cdots + \zeta^{-(n-1)}\sigma^{n-1}(\beta) + \beta\Big)$$

$$\zeta^n = 1 \text{ かつ } \sigma^n = e \text{ だから，}$$

$$= \zeta\alpha \qquad \alpha = \phi(\beta) \text{ の定義から．}$$

よって，

$$A = \alpha^n$$

とすると，任意の $\sigma^k \in G(K/F)$ に対して，

$$\sigma^k(A) = \sigma^k(\alpha^n) = (\sigma^k(\alpha))^n = (\zeta^k\alpha)^n = \zeta^{nk}\alpha^n = A$$

である．したがって，A は $G(K/F)$ で固定され，よって $A \in F$ である．

一方で，K の $F(\alpha)$ 上のガロア群を計算すると，

$$G(K/F(\alpha)) = \{\sigma^k : \sigma^k(\alpha) = \alpha\}$$
$$= \{\sigma^k : \zeta^k \alpha = \alpha\} \qquad \text{なぜなら } \sigma(\alpha) = \zeta\alpha \text{ をさきに示したから,}$$
$$= \{\sigma^k : \zeta^k = 1\} \qquad \text{なぜなら } \alpha \neq 0 \text{ だから,}$$
$$= \{e\} \qquad \text{なぜなら } \zeta \text{ は } 1 \text{ の原始 } n \text{ 乗根で, } \sigma^n = e \text{ だから.}$$

したがって,

$$K = K^{\{e\}} = K^{G(K/F(\alpha))} = F(\alpha).$$

まとめると, $K = F(\alpha)$ を示し, また $A = \alpha^n \in F$ を示した. また 1 の原始 n 乗根 $\zeta \in F$ の存在もわかっている. 以上から, K は F 上の多項式

$$x^n - A = (x - \alpha)(x - \zeta\alpha)(x - \zeta^2\alpha) \cdots (x - \zeta^{n-1}\alpha) \in F[x]$$

の分解体である. これで系 9.89 の証明が完了した. $\qquad\square$

演習問題

9.2 節　多項式と体の拡大の復習

9.1 次の表に, もし提示された多項式が提示された体上で既約なら $\mathcal{I}$ と, 可約なら $\mathcal{R}$ と記入せよ.

	$\mathbb{Q}$	$\mathbb{Q}(\sqrt{2})$	$\mathbb{Q}(i)$	$\mathbb{R}$	$\mathbb{C}$	$\mathbb{F}_5$	$\mathbb{F}_7$
$x^2 - 1$							
$x^2 + 1$							
$x^2 - 2$							
$x^3 - 3$							

9.3 節　代数的数の体

9.2 L/F を体の拡大とし, $\alpha \in L$ として, さらに $\alpha \neq 0$ かつ α は F 上代数的とする. 定義から直接, α^{-1} が F 上代数的であることを示せ.

9.3 L/F を体の拡大とし, $\alpha_1, \ldots, \alpha_r \in L$ を F 上代数的とする.

(a) 次を示せ:
$$F[\alpha_1, \ldots, \alpha_r] = F(\alpha_1, \ldots, \alpha_r).$$

(b) 次を示せ:
$$[F(\alpha_1, \ldots, \alpha_r) : F] \leq \prod_{i=1}^{r} [F(\alpha_i) : F].$$

(c) 次数 $[F(\alpha_i) : F]$ がペアごとに互いに素とする. このとき, (b) の不等式が等式であることを示せ.

332 第9章 ガロア理論：体 + 群

(d)
$$F(\alpha_i) \cap F(\alpha_j) = F \quad \text{任意の } i \neq j \text{ に対して}$$

と仮定する．この仮定から (b) の不等式が等式であることが導けるだろうか？ (b) が等式であることを証明するか，もしくは反例を挙げよ．

9.4 $L/K/F$ を体の拡大の塔とする．次を証明せよ：

$$(L \text{ は } K \text{ 上代数的}) \text{ かつ } (K \text{ は } F \text{ 上代数的}) \implies (L \text{ は } F \text{ 上代数的}).$$

9.5 次の表に提示された元の，提示された体上の最小多項式を求めよ．例 9.9 を見よ．

	α	F	$\Phi_{F,\alpha}(x)$
(a)	$\sqrt{3}$	$\mathbb{Q}$	
(b)	$\sqrt{3}$	$\mathbb{Q}(\sqrt{2})$	
(c)	$\sqrt{3}$	$\mathbb{Q}(\sqrt{3})$	
(d)	i	$\mathbb{R}$	
(e)	i	$\mathbb{C}$	
(f)	$i+\sqrt{3}$	$\mathbb{Q}$	
(g)	$i+\sqrt{3}$	$\mathbb{Q}(i)$	
(h)	$i+\sqrt{3}$	$\mathbb{R}$	

9.6 K/F を体の代数拡大とし，$\alpha, \beta \in K$ とする．

$$\gcd(\deg \Phi_{F,\alpha}(X), \deg \Phi_{F,\beta}(X)) = 1$$

と仮定する．つまり，α と β の F 上の最小多項式の次数は互いに素と仮定する．

$$\Phi_{F,\beta}(X) \text{ は } F(\alpha)[X] \text{ で既約である}$$

ことを証明せよ．（ヒント：$\Phi_{F,\beta}(X)$ は $F[x]$ で既約であることは証明したが，ここでは $\Phi_{F,\beta}(X)$ が，より大きな体 $F(\alpha)$ を係数に許しても既約であることを示さなければならない．）

9.7 この演習問題で，系 9.5 の逆は偽であることを示す例を構成してほしい．任意の $n \geq 1$ に対して，

$$K_n = \mathbb{Q}(\sqrt[2^n]{2})$$

つまり，K_n は $x^{2^n} - 2$ の正の実根で生成される体である．

(a) 包含 $K_1 \subseteq K_2 \subseteq K_3 \subseteq \cdots$ を証明せよ．また，

$$K = \bigcup_{n \geq 1} K_n$$

とすると，K が体であることを示せ．

(b) 任意の $\alpha \in K$ が $\mathbb{Q}$ 上代数的であることを示せ．

(c) $[K : \mathbb{Q}] = \infty$ を示せ．つまり，K は無限次元の $\mathbb{Q}$ ベクトル空間であることを示せ．

9.4 節　代数閉体

9.8 命題 9.12 を証明せよ．つまり，体 K が代数的に閉じているための必要十分条件は，$K[x]$ の零でない多項式が K で完全分解することである．

演習問題　**333**

9.9　F を体とし，K/F を体の拡大とする．さらに，K が代数的に閉じていると仮定する．ここで，L を

$$L = \{\alpha \in K : \alpha \text{ は } F \text{ 上代数的}\}$$

とする．L は代数閉体であることを証明せよ．（K/F が代数拡大とは仮定していない**ない**ことに注意せよ．）

9.10　F を体とし，K/F を体の拡大とする．さらに，K が代数的に閉じていると仮定する．次の条件が同値であることを証明せよ：

(1) L が $F \subseteq L \subseteq K$ を満たす代数閉体なら $L = K$.

(2) K は F 上代数的である[65].

これは F の代数閉包のもう 1 つの定義の仕方である．定義 9.14 を見よ．

9.5 節　体の自己同型写像

9.11　K を標数 0 の体とし，よって K は $\mathbb{Q}$ と同型な体を（ただ 1 つ）含む．体の任意の自己同型 $\sigma : K \to K$ が $\mathbb{Q}$ を固定することを証明せよ．

9.12　$G(\mathbb{Q}(\sqrt[3]{2})/\mathbb{Q})$ が自明な群であることを示せ．

9.13　K/F を体の有限次拡大とし，

$$\phi : K \longrightarrow K$$

は体の準同型写像で F の元を固定するものとする．つまり，任意の $c \in F$ に対して $\phi(c) = c$ が成り立つとする．ϕ は同型写像であることを示せ．（ヒント：K/F が有限であることを使う必要がある．なぜなら，演習問題 9.14 により，主張は無限次拡大に対しては偽となりうるからである．）

9.14　F を体とし，$F(T)$ を例 7.31 と定義 7.32 で述べた有理関数体とする．次の写像を考える：

$$\sigma, \tau : F(T) \longrightarrow F(T), \quad \sigma(p(T)) = p(T^{-1}) \quad \text{および} \quad \tau(p(T)) = p(T^2).$$

(a) σ と τ が体の準同型写像 $F(T) \to F(T)$ で，F を固定するものであることを証明せよ．また σ が $F(T)$ の体の自己同型写像であること，一方で τ はそうではないことを証明せよ．

(b) $\sigma^2 = e$ だが，一方で τ は何度反復しても恒等写像にはならないことを証明せよ．

(c) 次を満たす $u \in F(T)$

$$\{p(T) \in F(T) : \sigma(p(T)) = p(T)\} = F(u)$$

を求めよ．

(d) τ で固定される $F(T)$ の元は何か？

9.6 節　分解体——第 1 部

9.15　補題 9.23 は

$$F_1 = F_2 = \mathbb{Q}, \quad f_1(x) = f_2(x) = x^4 - 5x^2 + 6, \quad \alpha_1 = \sqrt{2}, \quad \alpha_2 = \sqrt{3}$$

に対して成り立たないことを示せ．これはなぜ補題 9.23 の反例ではないのだろうか？

---

[65]定義から，K が F 上代数的とは，K/F が無限次拡大のときも，K の任意の元が $F[x]$ の零ではない元の根であることをいう．

334 第 9 章 ガロア理論：体 ＋ 群

9.7 節 分解体——第 2 部

9.16 F を標数 0 の体とし，$f(x) \in F[x]$，かつ K/F を $f(x)$ の F 上の分解体とする．この演習問題では，命題 9.34 を示してほしい．この命題は，K が $F[x]$ の分離多項式の分解体であることを述べている．

(a) 系 7.20 により，$f(x)$ を既約多項式の積に分解できる．たとえば

$$f(x) = cg_1(x)^{e_1} g_2(x)^{e_2} \cdots g_r(x)^{e_r},$$

ここで $g_1(x), \ldots, g_r(x) \in F[x]$ は相異なるモニック既約多項式，となったとしよう．

$$g_i(x) \text{ と } g_j(x) \text{ が共通根を持つ} \iff i = j$$

を証明せよ．

(b) $g(x)$ を $g(x) = g_1(x)g_2(x) \cdots g_r(x)$ とする．このとき $g(x)$ が分離多項式であることを示せ．

(c) K が $g(x)$ の F 上の分解体であることを示せ．

9.17 （この演習問題は，演習問題 5.12 (a) の再掲だが，いまこそ必要な道具立てが揃った．）p_1, p_2, $p_3, \ldots$ を $\mathbb{Z}$ の相異なる素数の無限のリストとする．各 $j \geq 1$ に対して，$\alpha_j = \sqrt{p_j} \in \mathbb{R}$ とする．このとき，各 $n \geq 1$ に対して，集合 $\{\alpha_1, \alpha_2, \ldots, \alpha_n\}$ が $\mathbb{Q}$ 上線形独立であることを示せ．

9.8 節 原始元定理

9.18 $\mathbb{Q}(\sqrt[4]{2}, i)$ を $X^4 - 2$ の $\mathbb{Q}$ 上の分解体とする．9.6.1 節を見よ．有理数 $a, b \in \mathbb{Q}$ であって，

$$\mathbb{Q}(a\sqrt[4]{2} + bi) \neq \mathbb{Q}(\sqrt[4]{2}, i)$$

となるものを記述せよ．これは，この体に関する原始元定理（定理 9.39）の明示的な解を与える．

9.19 K/F を有限次拡大とする．次が同値であることを証明せよ：

(i) K/F は分離的である．つまり，任意の $\alpha \in K$ に対して，最小多項式 $\Phi_{F, \alpha}(x)$ が分離的である．

(ii) K に根を持つ任意の既約多項式 $f(x) \in F[x]$ が分離的である．

9.20 F を体とし，K/F と L/F を体の拡大とする．K/F が有限次分離拡大で，L は代数的に閉じていると仮定する．F 上で恒等写像である埋め込み $\sigma: K \hookrightarrow L$ がちょうど $[K : F]$ 個存在することを示せ．

9.21 K を体とし，$f(x), g(x) \in K[x]$ を，どちらも 0 ではない多項式とする．**f と g の**（モニックな）**最大公約因子**を，次の，$f(x)$ と $g(x)$ が生成する単項イデアルのモニックな生成元 $h(x) \in K[x]$（これはただ 1 つに定まる）と定義する：

$$h(x) \text{ はモニック} \quad \text{かつ} \quad h(x)K[x] = f(x)K[x] + g(x)K[x].$$

$f(x)$ と $g(x)$ の $K[x]$ における最大公約因子を $\gcd_K(f, g)$ と書くことにする．（ヒント：(a) と (b) は演習問題 7.3 の特別な場合であり，すでにそれらを解いていれば，単にそれらを引用するだけでよい．しかし (c) は新しい．）

(a) $\gcd_K(f, g)$ は f と g の両方を割り切る．

(b) $c(x) \in K[x]$ が f と g の両方を割り切るなら，c は $\gcd_K(f, g)$ も割り切ることを示せ．

(c) L/K を体の拡大とし，$f(x)$ と $g(x)$ を $L[x]$ の元と見なす．このとき，次を示せ：

$$\gcd_L(f, g) = \gcd_K(f, g).$$

演習問題　**335**

9.9 節　ガロア拡大

9.22　F を体とし，$f(x) \in F[x]$ を次数が $n \geq 1$ の分離多項式とする．さらに，K/F を $f(x)$ の F 上の分解体とする．次の含意を示せ：

$$\#G(K/F) = n! \iff G(K/F) \cong \mathcal{S}_n \implies f(x) \text{ は } F[x] \text{ で既約}.$$

最初の含意は「必要十分」だが，2 番目は 1 方向のみである．2 番目の含意の逆が成り立たないことを，反例を挙げて示せ．

9.23　K/F をガロア拡大とし，$\alpha \in K$，さらに

$$f(X) = \prod_{\sigma \in G(K/F)} (X - \sigma(\alpha))$$

とする．

(a) $f(X) \in F[X]$ を示せ．つまり，$f(X)$ の係数が F の元であることを示せ．

(b) $\Phi_{\alpha, F}(X) \in F[X]$ を α の F 上の最小多項式とする．次を示せ：

$$f(X) = \Phi_{\alpha, F}(X) \iff K = F(\alpha).$$

(c) 一般に，$K \neq F(\alpha)$ であっても，ある整数 $d \geq 1$ により

$$f(X) = \Phi_{\alpha, F}(X)^d$$

となることを証明せよ．（ヒント：α の $G(K/F)$ 軌道を使って $f(X)$ の因子を部分集合に分けて，α の $G(K/F)$ 固定群と関連づけよ．）

9.10 節　ガロア理論の基本定理

9.24　K を $X^4 - 2$ の分解体とする．9.10.1 節で，我々は $G(K/\mathbb{Q})$ の 2 つの部分群に対する固定体を明示的に計算した．この演習問題では，他のいくつかについて同様の計算をしてほしい．記号は上記の例にあるものである．

(a) $\{e, \tau\}$ の固定体を計算せよ．

(b) $\{e, \sigma, \sigma^2, \sigma^3\}$ の固定体を計算せよ．

(c) $\{e, \sigma^3 \tau\}$ の固定体を計算せよ．

9.25　(a) $f(x) = x^4 - 6x^2 + 2$ とし，K を $f(x)$ の $\mathbb{Q}$ 上の分解体とする．

(1) ガロア群 $G(K/\mathbb{Q})$ を求めよ．

(2) $G(K/\mathbb{Q})$ の部分群 H と，対応する中間体 K^H のリストを作れ．289 ページの図 29 を見よ．

(3) (2) で計算したガロア対応を説明する，体と群の図を作れ．290 ページの図 30 を見よ．

(b) (a) と同じことを，多項式 $f(x) = x^4 - 10x^2 + 20$ について行え．

(c) (a) と同じことを，多項式 $f(x) = x^4 - 5x^2 + 6$ について行え．

9.26　K/F をガロア拡大とする．

(a) $\sigma \in G(K/F)$ とし，E を K/F の中間体とする．

$$G(K/\sigma(E)) = \sigma G(K/E) \sigma^{-1}$$

を証明せよ．

(b) $\sigma \in G(K/F)$ とし，$H \subseteq G(K/F)$ を部分群とする．

336 第 9 章 ガロア理論：体 ＋ 群

$$\sigma(K^H) = K^{\sigma H \sigma^{-1}}$$

を証明せよ.

(c) 中間体 E_1 と E_2 が **K/F の共役な中間体**とは,

$$\text{ある } \sigma \in G(K/F) \text{ により, } \sigma(E_1) = E_2$$

となることをいう. E_1 と E_2 が K/F の共役な部分体である必要十分条件は, 群 $G(K/E_1)$ と $G(K/E_2)$ が $G(K/F)$ の共役な部分群であることである.

(d) $H_1, H_2 \subseteq G(K/F)$ を部分群とする. これらの固定体 K^{H_1} と K^{H_2} が K/F の共役な部分体である必要十分条件は, H_1 と H_2 が $G(K/F)$ の共役な部分群であることである.

9.11 節 応用：代数学の基本定理

9.27 $f(X) \in \mathbb{R}[X]$ を奇数次のモニック多項式とし, $f(X) = \sum c_i X^i$ とする. $f(X)$ は正の値も負の値もとることを, 次の性質を満たす数 B を明示的に与えることで証明せよ：

$$X < -B \text{ で } f(X) < 0 \text{ であり, } \quad \text{かつ} \quad X > B \text{ で } f(X) > 0 \text{ である.}$$

もちろん, B は $f(X)$ の係数に依存する.

9.28 式 (9.17) を導け. この式は, $(x + yi)^2 = a + bi$ とおいて, x と y について解くことで, 複素数 $a + bi \in \mathbb{C}$ の平方根を与えるものだった.

9.29 $f(X) = X^5 - iX^2 + 1 - i \in \mathbb{C}[X]$ とする. 次数 10 の多項式 $g(X) \in \mathbb{R}[X]$ で, $f(X)$ の任意の根が $g(X)$ の根でもあるようなものを見つけよ.

9.30 体 $\overline{\mathbb{Q}}$ で, $\mathbb{Q}$ の代数閉包になっているものが存在することを証明せよ. （ヒント：演習問題 9.9 を使う.）

9.12 節 有限体のガロア理論

9.31 $\mathbb{F}_{p^{12}}/\mathbb{F}_p$ のすべての中間体の図と, $G(\mathbb{F}_{p^{12}}/\mathbb{F}_p)$ の対応するすべての部分群の図を描いて, 中間体と部分群の間の対応を明らかにせよ. （299 ページの図 31 が類似の例である.）

9.32 q を素数冪とし, $N \in \mathbb{Z}$ を素数であって $\gcd(q, N) = 1$ を満たすもの, ζ を $\mathbb{F}_q$ のある拡大に存在する 1 の原始 N 乗根とする.

(a) $\mathbb{F}_q(\zeta)/\mathbb{F}_q$ は分離拡大であることを示せ.

(b) e を q の $(\mathbb{Z}/N\mathbb{Z})^*$ における位数とする. つまり,

$$q^e \equiv 1 \pmod{N} \quad \text{かつ} \quad \text{任意の } 1 \le i < e \text{ に対して } q^i \not\equiv 1 \pmod{N}.$$

このとき, 次を証明せよ：

$$[\mathbb{F}_q(\zeta) : \mathbb{F}_q] = e.$$

(c) 次を証明せよ：多項式

$$X^{N-1} + X^{N-2} + \cdots + X + 1$$

が $\mathbb{F}_q[X]$ で既約である必要十分条件は q が乗法群 $(\mathbb{Z}/N\mathbb{Z})^*$ を生成することである.

9.33 p を素数とし, 各 $n \ge 1$ に対して,

$$K_n = \mathbb{F}_{p^{n!}}$$

を $p^{n!}$ 個の元からなる有限体とする．（p の冪指数が n ではなく $n!$ であることに注意せよ．）
  (a) $K_1 \subset K_2 \subset K_3 \subset \cdots$ という包含があることを示せ．
  (b) さらに，

$$K = \bigcup_{n=1}^{\infty} K_n$$

とする．K は $\mathbb{F}_p$ の代数閉包であることを示せ．

9.13 節 ガロア拡大のたくさんの同値な言い換え

9.34 E/F を体の有限次分離拡大とする．
  (a) K/E という拡大で，K/F がガロア拡大になるものが存在することを証明せよ．
  (b) (a) を満たす体のうち最小のものが存在することを証明せよ．より正確には，K/F がガロア拡大になるような拡大 K/E が存在し，さらに，L/E も L/F がガロア拡大となるような拡大なら，写像

$$\phi: K \hookrightarrow L, \quad \phi \text{ は } E \text{ を固定する}$$

が存在する．

9.35 K/F を代数拡大であって，次の 2 条件を満たすものとする：
  (1) K は F 上の分解体である．
  (2) K は F の分離拡大である．
K/F がガロア拡大であることを証明せよ．つまり，K はある分離多項式 $f(x) \in F[x]$ の分解体である．

9.36 p を素数とし，$f(x) \in F[x]$ を次数 p の既約多項式とする．さらに，K/F を $f(x)$ の F 上の分解体とし，$\alpha \in K$ を $f(x)$ の根とする．
  (a) 以下のいずれかが真であることを証明せよ：
    (1) $G(F(\alpha)/F) = \{e\}$.
    (2) $f(x)$ は $F(\alpha)$ で完全分解する．
    （ヒント：$f(x)$ が分離多項式か否かに応じて 2 つの場合分けを行え．）
  (b) $F(\alpha)$ が $f(x)$ の 2 つの根を含めば，$f(x)$ のすべての根を含むことを証明せよ．
  (c) 4 次の既約多項式 $f(x) \in \mathbb{Q}[x]$ で，根 α に対して $G(\mathbb{Q}(\alpha)/\mathbb{Q}) \neq \{e\}$ かつ $f(x)$ が $\mathbb{Q}(\alpha)$ で完全分解はせず，さらに $\mathbb{Q}(\alpha)$ は $f(x)$ の根を 2 つ含むようなものの例を与えよ．言い換えると，$f(x)$ が素数次数と仮定しないと，(a) も (b) も成り立たない例を与えよ．

9.37 この演習問題では，命題 9.34 が正標数では成り立たないことを示してほしい．p を素数とし，$F = \mathbb{F}_p(T)$ を $\mathbb{F}_p$ を係数とする有理関数体とする．K/F を多項式

$$f(x) = x^p - T \in F[x]$$

の分解体とする．例 8.27 で，$f(x)$ は $F[x]$ の元として既約で非分離であることを示した．$F[x]$ の分離多項式で，K がその分解体となるようなものが存在しないことを示せ．ここから，K/F はガロア拡大ではないことを示せ．

9.38 (a) K/F を有限次分離拡大とする．このとき，中間体 $F \subseteq E \subseteq K$ が有限個しか存在しないことを証明せよ．

338 第9章 ガロア理論：体 + 群

(b) $F = \mathbb{F}_p(S, T)$ を 2 変数の有理関数体とし，K/F を $(x^p - S)(x^p - T)$ の F 上の分解体とする．さらに $\alpha = S^{1/p},\ \beta = T^{1/p}$ とおく．つまり，α を $x^p - S$ の，また β を $x^p - T$ の根とする．

$$K = F(\alpha, \beta)$$

を証明せよ．

(c) (b) の記号で，$[K : F] = p^2$ を示せ．

(d) (b), (c) の記号で，各 $n \geq 1$ に対して，E_n/F を

$$E_n = F(\alpha S^n + \beta) = \mathbb{F}_p(S, T, \alpha S^n + \beta)$$

とする．このとき，$n = 1, 2, \ldots$ に対して，E_n が K/F の相異なる中間体であることを示せ．ここから，有限次拡大 K/F が相異なる無数の中間体を持つことを結論せよ．

9.39 K/F を体のガロア拡大とする．部分群 $H_1, H_2 \subset G(K/F)$ に対し，次のように定義する：

$$H_1 \star H_2 = \bigcap_{\substack{\text{部分群 } H \subset G(K/F) \text{ で} \\ H_1, H_2 \subseteq H \text{ を満たすもの}}} H.$$

これは，$G(K/F)$ の部分群のうち，H_1 と H_2 の両方を含む最小のものである．同様にして，K/F の中間体 E_1, E_2 に対し，次のように定義する[66]：

$$E_1 \star E_2 = \bigcap_{\substack{\text{部分体 } E \subseteq K \text{ で} \\ E_1, E_2 \subseteq E \text{ を満たすもの}}} E.$$

これは，中間体のうち，E_1 と E_2 の両方を含む最小のものである．以上の記号のもとで次を示せ：

$$K^{H_1 \star H_2} = K^{H_1} \cap K^{H_2} \quad \text{かつ} \quad K^{H_1 \cap H_2} = K^{H_1} \star K^{H_2}.$$

9.40 K/F をガロア拡大とし，E_1 と E_2 を中間体であって，E_1/F と E_2/F がガロア拡大であるようなものとする．$E_1 \star E_2$ を，演習問題 9.39 で定義した E_1 と E_2 の合成体とする．

(a) $E_1 \star E_2$ は F のガロア拡大であることを証明せよ．

(b) 次の準同型写像の核は何か？

$$G(K/F) \longrightarrow G(E_1/F) \times G(E_2/F). \tag{9.44}$$

$G(K/F)$ の部分群として核を明示的に記述せよ．

(c) 次を証明せよ：

$$\gcd([E_1 : F], [E_2 : F]) = 1 \implies \text{(b) の式 (9.44) の準同型写像は全射である}.$$

9.41 K/F を体の有限次拡大とする．各 $\alpha \in K$ に対して，**α を掛ける写像**を次のように定義する：

$$\mu_\alpha : K \longrightarrow K, \quad \mu_\alpha(\beta) = \alpha\beta.$$

(a) K を F ベクトル空間と見なし，μ_α が K からそれ自身への F 線形変換であることを示せ．

(b) 有限次元 F 線形空間の F 線形変換が，矛盾なく定義された跡と行列式を持つことを思い出そう．10.6 節と演習問題 10.23 を見よ[67]．$\alpha \in K$ に対して，α の **K/F 跡**と **K/F ノルム**をそれ

---

[66] 体 $E_1 \star E_2$ は E_1 と E_2 の**合成体**と呼ばれる．$\alpha_1 \in E_1$ かつ $\alpha_2 \in E_2$ であるような $\alpha_1\alpha_2$ の形の元の全体を含む最小の体という了解のもと，多くの書籍で単に $E_1 E_2$ と表記されるが，同様の記号や構成については，環の 2 つのイデアルの積 IJ が演習問題 3.48 にある．

[67] V を n 次元 F 線形空間とし，$L : V \to V$ を V の F 線形変換とする．このとき，L の行列式と跡は，V の基底 $\{\boldsymbol{v}_1, \ldots, \boldsymbol{v}_n\}$ を任意に選び，$L(\boldsymbol{v}_i) = \sum a_{ij} \boldsymbol{v}_j$ と書くことで行列 $A_L = (a_{ij})$ を作る．そして，次のように

それ,

$$\mathrm{Tr}_{K/F}(\alpha) = \mathrm{Tr}(\mu_\alpha) \quad \text{かつ} \quad \mathrm{N}_{K/F}(\alpha) = \det(\mu_\alpha) \tag{9.45}$$

と定義する. 任意の $\alpha_1, \alpha_2 \in K$ に対して, 次が成り立つことを証明せよ:

$$\mathrm{Tr}_{K/F}(\alpha_1 + \alpha_2) = \mathrm{Tr}_{K/F}(\alpha_1) + \mathrm{Tr}_{K/F}(\alpha_2),$$
$$\mathrm{N}_{K/F}(\alpha_1 \cdot \alpha_2) = \mathrm{N}_{K/F}(\alpha_1) \cdot \mathrm{N}_{K/F}(\alpha_2).$$

(c) 次のそれぞれの拡大 K/F と $\alpha \in K$ に対して, $\mathrm{Tr}_{K/F}(\alpha)$ と $\mathrm{N}_{K/F}(\alpha)$ を, K/F の基底を任意にとり, μ_α の行列を書き下して, 定義 (9.45) に基づいて直接計算せよ:
   (1) $F = \mathbb{R}$, $K = \mathbb{C}$, $\alpha = a + bi$ ここで $a, b \in \mathbb{R}$.
   (2) $F = \mathbb{Q}$, $K = \mathbb{Q}(\sqrt{3})$, $\alpha = a + b\sqrt{3}$ ここで $a, b \in \mathbb{Q}$.
   (3) $F = \mathbb{Q}$, $K = \mathbb{Q}(\sqrt[3]{2})$, $\alpha = 2 - 3\sqrt[3]{2} + \sqrt[3]{4}$.
(d) K/F をガロア拡大とし, $\alpha \in K$ とする. 次を証明せよ:

$$\mathrm{Tr}_{K/F}(\alpha) = \sum_{\sigma \in G(K/F)} \sigma(\alpha) \quad \text{かつ} \quad \mathrm{N}_{K/F}(\alpha) = \prod_{\sigma \in G(K/F)} \sigma(\alpha).$$

（ヒント：まず $\#\{\sigma(\alpha) \colon \sigma \in G(K/F)\} = [K : F]$ の場合を示して, 線形代数のケーリー–ハミルトンの定理を使う. ケーリー–ハミルトンの定理の主張については, 428 ページの演習問題 11.47 を見よ.）

9.14 節 円分体とクンマー体

9.42 F を標数 0 の体とし, $m, n \geq 1$ を整数, $\ell = \mathrm{LCM}(m, n) = mn/\gcd(m, n)$ とする. 次を証明せよ:

$$K/F \text{ が } (x^n - 1)(x^m - 1) \text{ の分解体である} \iff K/F \text{ は } x^\ell - 1 \text{ の分解体である}.$$

9.43 F を標数 0 の体とし, $n \geq 1$ を整数, ζ を 1 の原始 n 乗根, $K = F(\zeta)$ を付随する円分体とする. 以前に証明した定理 9.64 により, 準同型写像

$$\kappa \colon G(K/F) \longrightarrow (\mathbb{Z}/n\mathbb{Z})^*, \quad \text{これは次の式 } \sigma(\zeta) = \zeta^{\kappa(\sigma)} \text{ で定まる}$$

が存在するのだった. 写像 κ が ζ の取り方によらないことを証明せよ. つまり, 1 の原始 n 乗根として別のもの ζ' をとり, これを用いて κ' を定義しても, $\kappa(\sigma) = \kappa'(\sigma)$ が任意の $\sigma \in G(K/F)$ に対して成り立つことを示せ.

9.44 この問題では, ζ_n を 1 の原始 n 乗根とする. クロネッカーの定理（定理 9.66）により, 任意の平方根が $\mathbb{Q}$ のある円分拡大に含まれる. この問題では, いくつかの特別な場合にこの事実を検証してほしい.
   (a) $\sqrt{2} \in \mathbb{Q}(\zeta_8)$ を示せ.
   (b) $\sqrt{3} \in \mathbb{Q}(\zeta_{12})$ を示せ.
   (c) より一般に, p が奇素数なら, $\sqrt{p} \in \mathbb{Q}(\zeta_{4p})$ を証明せよ.（ヒント：(c) を証明するための道具立てを実はまだ開発していないが, 考えてみるのは楽しい. 1 つの方法は, $\mathbb{Q}(\zeta_{4p})$ において $p = \Phi_{\zeta_p, \mathbb{Q}}(1)$ が（ほとんど）平方であることを, $\Phi_{\zeta_p, \mathbb{Q}}(x)$ の $\mathbb{Q}(\zeta_p)[x]$ での 1 次因子への分解を用いて示すことである.）

定義する：

$$\mathrm{Tr}(L) = \mathrm{Tr}(A_L) \quad \text{かつ} \quad \det(L) = \det(A_L).$$

340　第9章　ガロア理論：体 + 群

9.45　F を標数 p の体とする.

(a) $p \nmid n$ と仮定する. 定理 9.64 の結論がこの場合も正しいことを示せ.

(b) $n = p$ のとき何が起きるか？　より一般に, $p \mid n$ のとき何が起きるだろうか？

9.46　$n \geq 2$ とする. $\mathbb{Z}/n\mathbb{Z}$ と $(\mathbb{Z}/n\mathbb{Z})^*$ の**半直積**を, 次のようなペアを元に持つ群 G_n であって,

$$G_n = \{(a, \alpha) : a \in \mathbb{Z}/n\mathbb{Z} \text{ かつ } \alpha \in (\mathbb{Z}/n\mathbb{Z})^*\}$$

その群演算 $\star$ は次の式で定義されるものとする：

$$(a, \alpha) \star (b, \beta) = (a + \alpha b, \alpha\beta).$$

注意：この群演算は, 2.6 節で定義した群の積の演算とは異なるものである. 余分な α が $\star$ 演算に現れていて, これにより群演算が「ひねられて」いる.

(a) ペアの集合 G_n が上記の 2 項演算 $\star$ で群であることを示せ.

(b) $n \geq 3$ なら G_n は非アーベル群であることを示せ. とくに, G_3 は対称群 $\mathcal{S}_3$ と同型である.

(c) K を定理 9.68 で述べたような $x^n - A$ の分解体とする. λ と κ をこの定理と注意 9.69 で述べたものとする. このとき, 単射な集合としての写像 (9.27) が, 単射群準同型写像

$$G(K/\mathbb{Q}) \longhookrightarrow G_n, \quad \sigma \longmapsto (\lambda(\sigma), \kappa(\bar{\sigma}))$$

を定義することを示せ.

群の半直積についてのさらなる情報は, 12.6 節を見よ.

9.15 節　応用：冪根による方程式の非可解性

9.47　命題 9.71 を証明せよ. それは次のような主張だった：L/F を冪根拡大とする. このとき, 拡大 L'/L で, L'/F は F の冪根拡大であり, かつ F のガロア拡大である.

9.48　次の円分多項式を考える：

$$\Phi_{17}(x) = \frac{x^{17} - 1}{x - 1} = x^{16} + x^{15} + \cdots + x + 1,$$

ここで, 例 8.36 により, これが既約であることはわかっている：

(a) $\Phi_{17}(x)$ は $\mathbb{Q}$ 上冪根により可解であることを示せ.

(b) K を $\Phi_{17}(x)$ の $\mathbb{Q}$ 上の分解体とする. 体の列

$$\mathbb{Q} = E_0 \subset E_1 \subset E_2 \subset E_3 \subset E_4 = K$$

で, 各 $[E_{i+1} : E_i] = 2$ であるものの存在を示せ. ここから, $\Phi_{17}(x)$ の根は平方根を繰り返しとることで得られることを結論せよ.

(c) 複素数が作図可能である必要十分条件は, それが平方根を繰り返し解くことで得られる体の元であるということを以前に証明した. (b) を使って, 正 17 角形は定規とコンパスで作図可能であることを証明せよ.

9.49　補題 9.76 (a) を証明せよ. この命題は, もし H が可解群 G の部分群なら, H も可解であることを主張するのだった.

9.50　相異なる, 零ではない $a, b \in \mathbb{R}$ に対して, $f_{a,b}(x)$ を多項式

$$f_{a,b}(x) = x^5 - 20(b^3 + ab^2 + a^2b + a^3)x^2 + 80(ab^3 + a^2b^2 + a^3b)x$$

とする.

(a) $2a$ と $2b$ は導関数 $f'_{a,b}(x)$ の（実）根であることを示せ.

(b) $f'_{a,b}(x)$ の残りの 2 つの根は実根にはならないことを示せ.

(c) $c \in \mathbb{R}$ が次を満たすとする:

$$16a^2(5a^3 + 5a^2b + 5ab^2 - 3b^3) + c > 0 \quad \text{かつ} \quad 16b^2(5b^3 + 5ab^2 + 5a^2b - 3a^3) + c < 0.$$

$f_{a,b}(x) + c$ がちょうど 3 つの実根と, 2 つの非実根を持つことを示せ.

(d) 整数の 3 つ組 $(a, b, c) \in \mathbb{Z}^3$ で, 多項式 $f_{a,b}(x) + c \in \mathbb{Z}[x]$ が冪根で解けないものが無数にあることを示せ.

9.51 次数 7 の多項式 $f(x) \in \mathbb{Q}[x]$ で, $f(x)$ の分解体が $\mathcal{S}_7$ であるものを具体的に見つけよ. $f(x)$ が $\mathbb{Q}$ 上冪根では解けないことを結論せよ.

9.52 任意の素数 p について, 次数が p の多項式 $f(x) \in \mathbb{Q}[x]$ で, $f(x)$ の分解体のガロア群が $\mathcal{S}_p$ と同型なものを見つけよ. ここから, もし $p \geq 5$ なら, $f(x)$ は $\mathbb{Q}$ 上冪根では解けないことを結論せよ.

9.16 節 体の自己同型写像の線形独立性

9.53 K を体とし, $\sigma_1 \colon K \to K$ と $\sigma_2 \colon K \to K$ を体の自己同型写像とする. $c_1, c_2 \in K$ として, 写像 ϕ を次で定義する:

$$\phi \colon K \longrightarrow K, \quad \phi(\alpha) = c_1\sigma_1(\alpha) + c_2\sigma_2(\alpha).$$

(a) 体 K と, K の体としての自己同型写像で相異なるもの σ_1, σ_2 と, 元 $c_1, c_2 \in K$ で, 写像 $\phi = c_1\sigma_1 + c_2\sigma_2$ が単射でも全射でもないものの例を与えよ.

(b) $\alpha, \beta \in K$ とする. 次の差を展開して整理せよ:

$$\phi(\alpha) \cdot \phi(\beta) - \phi(\alpha \cdot \beta).$$

これにより, この差がめったに 0 にはならなさそうなことを明らかにせよ.

9.54 F を標数 0 の体として, K/F を $f(x) \in F[x]$ の分解体であるガロア拡大とし, $G(K/F)$ が可解群とする. $f(x)$ は冪根により F 上可解であることを示せ. (ヒント:最初に, 系 9.89 を用いて, $G(K/F)$ が巡回群の場合を考えよ. 次いで, 巡回群ではないアーベル群は巡回部分群 (自動的に正規部分群) を持つことを使って, $G(K/F)$ がアーベル群の場合を扱う. 最後に, 一般の場合を扱うために, 可解群は, 正規部分群の列で, 隣接した商がアーベル群になるようなものからできていることを使う.)

9.55 K を体とし, G を群とする. **G の K 値指標**とは, 群の準同型写像

$$\chi \colon G \longrightarrow K^*$$

のことである[68]. $\chi_1, \ldots, \chi_n$ を G の相異なる K 値指標とし, $c_1, \ldots, c_n \in K$ として, G から K への写像を

$$f \colon G \longrightarrow K, \quad f(\gamma) = \sum_{i=1}^{n} c_i\chi_i(\gamma)$$

により定義する. このとき,

$$\text{任意の } \gamma \in G \text{ に対して } f(\gamma) = 0 \iff c_1 = \cdots = c_n = 0$$

を証明せよ. この結果は定理 9.87 の一般化であるが, 相異なる指標が線形独立であると述べている.

---

[68] より正確には, これらは 1 次元の指標である. より高次元の指標もあって, 現代数学で重要な役割を果たしている. 14.7 節を見よ.

342   第 9 章　ガロア理論：体 ＋ 群

例 9.7 で約束したように，ここに $\alpha = \sqrt[3]{2} - 3\sqrt[4]{3} + \sqrt{-5}$ を根とする多項式を載せる：

$$\Phi_{\mathbb{Q},\alpha}(x) = x^{24} + 60x^{22} - 16x^{21} + 192x^{20} - 480x^{19} + 13032x^{18} - 38592x^{17}$$
$$+ 1888380x^{16} + 4246592x^{15} + 436896x^{14} + 107757120x^{13} + 7255840x^{12}$$
$$+ 1470688512x^{11} + 21394943616x^{10} - 30349985664x^{9} - 115735782096x^{8}$$
$$- 461194857216x^{7} + 2316352911552x^{6} + 326228332032x^{5}$$
$$+ 29366315061120x^{4} - 30771801801216x^{3} + 98370511814016x^{2}$$
$$+ 147732267612672x + 124500045750336.$$

第10章 ベクトル空間——第2部

重要な注意：この章を通して，F を体とする.

10.1 ベクトル空間の準同型写像（またの名を線形写像）

ベクトル空間 V から W への**線形写像** L とは，写像 $L: V \to W$ であって，V, W のベクトル空間としての性質を尊重するものだった．つまり，2つの元の和の像が2つ像の和になり，スカラー倍の像が像のスカラー倍となるようなものである．一般に，代数的な対象の代数的な性質を保つような写像は**準同型写像**と呼ばれる．たとえば，群の準同型写像を定義 2.24 で，環の準同型写像を定義 3.3 で見た．したがって，線形写像をベクトル空間の準同型写像というのがより自然だろう．この観点から，すべての線形写像からなる集合を次のように表すことにする．しかし，言葉としては，線形写像という用語を踏襲する．

定義 10.1 V と W を F ベクトル空間とする．V から W への線形写像の全体の集合を

$$\mathrm{Hom}_F(V, W) = \{\text{線形写像}\ L: V \to W\}$$

と書くことにする．2つの線形写像 $L_1, L_2 \in \mathrm{Hom}_F(V, W)$ の和を

$$L_1 + L_2: V \longrightarrow W, \quad (L_1 + L_2)(\boldsymbol{v}) = L_1(\boldsymbol{v}) + L_2(\boldsymbol{v})$$

と定義し，スカラー $a \in F$ と線形写像 $L \in \mathrm{Hom}_F(V, W)$ の積を

$$cL: V \longrightarrow W, \quad (cL)(\boldsymbol{v}) = c(L(\boldsymbol{v}))$$

と定義する．

次の命題は演習問題とする．

命題 10.2 V と W を F ベクトル空間とする．$\mathrm{Hom}_F(V, W)$ は，定義 10.1 で述べた加法とスカラー倍により F ベクトル空間である．

証明 演習問題 10.1 を見よ． □

10.2 自己準同型写像と自己同型写像

1つ前の節で，線形写像の集合 $\mathrm{Hom}_F(V, W)$ にそれ自身がベクトル空間となるような構造をいかにして与えるかを述べた．とくに $V = W$ の場合，さらに進んで，写像の合成を積として $\mathrm{Hom}_F(V, V)$ を環にできる！

344　第 10 章　ベクトル空間——第 2 部

定義 10.3　V を F ベクトル空間とする．V の**自己準同型環**とは，V からそれ自身への F 線形写像全体の集合

$$\mathrm{End}_F(V) = \mathrm{Hom}_F(V, V) = \{\text{線形写像 } L: V \to V\}$$

をいう．$\mathrm{End}_F(V)$ の元である線形写像を **V 上の線形変換**という．$\mathrm{End}_F(V)$ の環としての演算は，

$$(L_1 + L_2)(\boldsymbol{v}) = L_1(\boldsymbol{v}) + L_2(\boldsymbol{v}) \quad \text{および} \quad (L_1 L_2)(\boldsymbol{v}) = L_1(L_2(\boldsymbol{v})) \tag{10.1}$$

である．$\mathrm{End}_F(V)$ の乗法に関する単位元 I は線形変換 $I(\boldsymbol{v}) = \boldsymbol{v}$ で，つまり任意のベクトルをそれ自身に移すものである．また，加法に関する単位元 Z は，線形変換 $Z(\boldsymbol{v}) = \boldsymbol{0}$ で，任意のベクトルを零ベクトルに移すものである．

定義 10.4　線形変換 $L \in \mathrm{End}_F(V)$ が**可逆**であるとは[1]，両側からの逆元が存在することをいう[2,3]．**V の自己同型群**を V の可逆な線形変換全体の集合とし，$\mathrm{Aut}_F(V)$ と書く．

$$\mathrm{Aut}_F(V) = \{L \in \mathrm{End}_F(V): \text{ある } L' \in \mathrm{End}_F(V) \text{ について } LL' = L'L = I\}.$$

注意 10.5　V の自己同型群のよく知られた別の名は，**V の一般線形群**で，$\mathrm{GL}_F(V)$ と表記される．$V = F^n$ のとき，これはさらに簡略に，$\mathrm{GL}_n(F)$ もしくは $\mathrm{GL}(n, F)$ と書かれて，この場合はしばしば可逆な n 次正方行列の群と同一視される．

注意 10.6　もし $\dim_F(V) \geq 2$ なら，自己準同型環 $\mathrm{End}_F(V)$ は非可換である．演習問題 10.4 を見よ．これが，可逆な線形変換の定義に左逆元と右逆元の存在を要請した理由である．もし $\dim_F(V)$ が有限なら，左逆元は自動的に右逆元になり，逆も同様である．しかし，$\dim_F(V)$ が無限だと，一方からの逆元を持つが，他方からの逆元が存在しない線形変換が存在しうる．例 10.50 と演習問題 10.25 を見よ．

定理 10.7　V を F ベクトル空間とする．F 線形変換の集合 $\mathrm{End}_F(V)$ は，式 (10.1) で述べた加法 $L_1 + L_2$ と乗法 $L_1 L_2$ により環である[4]．

証明　$L, L_1, L_2, L_3 \in \mathrm{End}_F(V)$ とする．$\mathrm{End}_F(V)$ が，上で与えられた加法と乗法に関して，次の環の公理を満たすことを証明しなければならない：

　(1) $Z: V \to V$ を V の任意の元 $\boldsymbol{v}$ に対し $Z(\boldsymbol{v}) = \boldsymbol{0}$ を満たす写像とすると，

---

[1] 訳注："invertible" を可逆と，"singular" を非可逆と訳した．本書の可逆行列を正則行列と，また本書の非可逆行列を非正則行列と呼ぶ書籍も多い．

[2] 線形変換 $L \in \mathrm{End}_F(V)$ で可逆ではないものを**非可逆**という．

[3] 演習問題 3.33 で，環の元 α が左逆元 $\beta\alpha = 1$ と右逆元 $\alpha\gamma = 1$ を持てば，つねに $\beta = \gamma$ であることを示した．しかし，実は左逆元を持つが右逆元を持たない，そして左右を読み替えても同様であるが，そのような元が存在する環もある．

[4] 定理 10.7 を $V = \{0\}$ についても真にしたかったら，環の定義を $1 = 0$ も許すように変更しなければならない．つまり，ただ 1 つの元を持つ環を許さねばならない．この点について言い逃れはしない．しかし，$1 = 0$ を許したくないなら，「ベクトル空間」というときには「零ではないベクトル空間」という意味であると仮定しなければならない．

$$Z \in \mathrm{End}_F(V) \quad \text{かつ} \quad L + Z = Z + L = L.$$

(2) $I: V \to V$ を V の任意の元 $\boldsymbol{v}$ に対し $I(\boldsymbol{v}) = \boldsymbol{v}$ を満たす写像とすると,

$$I \in \mathrm{End}_F(V) \quad \text{かつ} \quad IL = LI = L.$$

(3) $L': V \to V$ を V の任意の元 $\boldsymbol{v}$ に対し $L'(\boldsymbol{v}) = -L(\boldsymbol{v})$ を満たす写像とすると,

$$L' \in \mathrm{End}_F(V) \quad \text{かつ} \quad L + L' = L' + L = Z.$$

(4) $L_1 + L_2$ および $L_1 L_2$ は線形変換である.

(5) $(L_1 + L_2) + L_3 = L_1 + (L_2 + L_3)$.

(6) $(L_1 L_2)L_3 = L_1(L_2 L_3)$.

(7) $L_1(L_2 + L_3) = L_1 L_2 + L_1 L_3$ かつ $(L_1 + L_2)L_3 = L_1 L_3 + L_2 L_3$.

(2), (4), (6) と (7) の一部を確認し,残りは演習問題とする.演習問題 10.3 を見よ.

(2) 与えられた I が乗法に関する単位元であることを確認する:

$$(IL)(\boldsymbol{v}) = I(L(\boldsymbol{v})) = L(\boldsymbol{v}) \quad \text{かつ} \quad (LI)(\boldsymbol{v}) = L(I(\boldsymbol{v})) = L(\boldsymbol{v}).$$

(4) $L_1 L_2$ が線形変換であることを確認する:

$$\begin{aligned}
(L_1 L_2)(c_1 \boldsymbol{v}_1 + c_2 \boldsymbol{v}_2) &= L_1(L_2(c_1 \boldsymbol{v}_1 + c_2 \boldsymbol{v}_2)) \\
&= L_1(c_1 L_2(\boldsymbol{v}_1) + c_2 L_2(\boldsymbol{v}_2)) \\
&= L_1(c_1 L_2(\boldsymbol{v}_1)) + L_1(c_2 L_2(\boldsymbol{v}_2)) \\
&= c_1 L_1(L_2(\boldsymbol{v}_1)) + c_2 L_1(L_2(\boldsymbol{v}_2)) \\
&= c_1 (L_1 L_2)(\boldsymbol{v}_1) + c_2 (L_1 L_2)(\boldsymbol{v}_2).
\end{aligned}$$

(6) 積が結合的であることを確認する:

$$\begin{aligned}
((L_1 L_2)L_3)(\boldsymbol{v}) &= (L_1 L_2)(L_3(\boldsymbol{v})) \\
&= L_1(L_2(L_3(\boldsymbol{v}))) \\
&= L_1((L_2 L_3)(\boldsymbol{v})) \\
&= (L_1(L_2 L_3))(\boldsymbol{v}).
\end{aligned}$$

(7) 分配法則を確認する:

$$\begin{aligned}
(L_1(L_2 + L_3))(\boldsymbol{v}) &= L_1((L_2 + L_3)(\boldsymbol{v})) \\
&= L_1(L_2(\boldsymbol{v}) + L_3(\boldsymbol{v})) \\
&= L_1(L_2(\boldsymbol{v})) + L_1(L_3(\boldsymbol{v})) \\
&= (L_1 L_2)(\boldsymbol{v}) + (L_1 L_3)(\boldsymbol{v}).
\end{aligned}$$

346　第 10 章　ベクトル空間——第 2 部

残りは読者に委ねたい.　　　　　　　　　　　　　　　　　　　　　□

命題 10.8　$L \in \mathrm{End}_F(V)$ かつ $L: V \to V$ は全単射と仮定する. このとき, 逆写像 $L^{-1}: V \to V$ は自動的に線形写像になる.

証明　読者に残しておきたい. 演習問題 10.2 を見よ.　　　　　　　　□

10.3　線形写像と行列

　この節では, ベクトルが座標によってどのように記述され, 線形写像が行列によってどのように記述されるかを議論する.

アドバイスの言葉　ベクトル空間や線形写像は抽象的な存在であり, その性質, つまり公理によって定義されたものだということを心に留めておくことが重要である. 座標や行列を用いることは, 基底の選択に依存していて, それによりベクトルや線形写像をスカラーによって表すことができる. 座標や行列による公式はしばしば, その添え字や総和記号によって見た目が非常に威圧的である. しかし, それらの公式はベクトル空間や線形写像の基本的な性質から導かれる. したがって, たとえば基底の取り替えが行列をどう変えるかなどのたくさんの公式は, 暗記するよりもその公式がどこからやってきたのかを学べば, 必要に応じて導くことができる.

定義 10.9　**m 行 n 列の行列**は, 体 F の元を長方形に並べたものだったということを思い出そう. ここで, 長方形は m 行と n 列を持つのである. その全体の集合を,

$$\mathrm{Mat}_{m \times n}(F) = \{m \text{ 行 } n \text{ 列の行列で, 成分が } F \text{ のもの}\}$$

と表す[5].

　線形写像に対して, 定義域と値域の基底をとることで, 対応する行列をいかにして与えるかをまず説明する.

定義 10.10　V, W を有限次元 F ベクトル空間とする.

$$\mathcal{B}_V = \{\boldsymbol{v}_1, \boldsymbol{v}_2, \ldots, \boldsymbol{v}_n\} \quad \text{および} \quad \mathcal{B}_W = \{\boldsymbol{w}_1, \boldsymbol{w}_2, \ldots, \boldsymbol{w}_m\}$$

をそれぞれ, V と W の基底とする. 線形写像 L を

$$L: V \longrightarrow W$$

とする. $\boldsymbol{v}_1, \ldots, \boldsymbol{v}_n$ の L による像を計算して, $\boldsymbol{w}_1, \ldots, \boldsymbol{w}_m$ の線形結合で表し,

---

[5] m 行 n 列の行列全体を表す標準的な記号はいろいろあって, たとえば $F^{m \times n}$ とか, $\mathsf{M}_{m \times n}(F)$ など. もし $m = n$ なら, $\mathrm{Mat}_n(F)$ とか $\mathsf{M}_n(F)$ という記号も用いられる.

$$L(\boldsymbol{v}_1) = a_{11}\boldsymbol{w}_1 + a_{21}\boldsymbol{w}_2 + \cdots + a_{m1}\boldsymbol{w}_m,$$
$$L(\boldsymbol{v}_2) = a_{12}\boldsymbol{w}_1 + a_{22}\boldsymbol{w}_2 + \cdots + a_{m2}\boldsymbol{w}_m,$$
$$\vdots \qquad\qquad \vdots \tag{10.2}$$
$$L(\boldsymbol{v}_n) = a_{1n}\boldsymbol{w}_1 + a_{2n}\boldsymbol{w}_2 + \cdots + a_{mn}\boldsymbol{w}_m$$

となったとしよう．スカラー $a_{11}, \ldots, a_{mn} \in F$ は L と基底 $\mathcal{B}_V$, $\mathcal{B}_W$ で一意的に定まる．これらのスカラーを，m 行 n 列の配列 $\mathcal{M}_{L,\mathcal{B}_V,\mathcal{B}_W} \in \mathsf{Mat}_{m \times n}(F)$ にして，**L の基底 $\boldsymbol{\mathcal{B}_V}$, $\boldsymbol{\mathcal{B}_W}$ に関する行列**という：

$$\mathcal{M}_{L,\mathcal{B}_V,\mathcal{B}_W} = \left. \begin{pmatrix} a_{11} & a_{12} & \cdots & a_{1n} \\ a_{21} & a_{22} & \cdots & a_{2n} \\ \vdots & \vdots & \ddots & \vdots \\ a_{m1} & a_{m2} & \cdots & a_{mn} \end{pmatrix} \right\} m \text{ 行}. \tag{10.3}$$

（上部に n 列）

基底を固定している場合は，単に $\mathcal{M}_L$ と書く．

例 10.11 $L\colon F^n \to F^m$ を線形写像とする．L の，F^n と F^m の標準基底に関する行列を単に L の行列という．たとえば，次の線形写像 $L\colon F^2 \to F^2$ と $L'\colon F^3 \to F^2$

$$L(x,y) = (3x - 5y, 2x + 3y) \quad \text{および} \quad L'(x,y,z) = (3x - 5y + 2z, 2x + 3y - 7z)$$

の行列は次のように定められる（例 4.8 を見よ）：

$$\mathcal{M}_L = \begin{pmatrix} 3 & -5 \\ 2 & 3 \end{pmatrix} \quad \text{および} \quad \mathcal{M}_{L'} = \begin{pmatrix} 3 & -5 & 2 \\ 2 & 3 & -7 \end{pmatrix}.$$

定理 10.12 V と W を F 線形空間で，それぞれの次元が

$$n = \dim(V) \quad \text{および} \quad m = \dim(W)$$

とし，$\mathcal{B}_V$ と $\mathcal{B}_W$ を V と W のそれぞれの基底とする．このとき次の写像

$$\mathcal{M}\colon \operatorname{Hom}_F(V,W) \longrightarrow \mathsf{Mat}_{m \times n}(F), \quad L \longmapsto \mathcal{M}_{L,\mathcal{B}_V,\mathcal{B}_W} \tag{10.4}$$

は F ベクトル空間の同型である．

定理 10.12 から次の有益な系が得られる．

系 10.13 V と W を有限次元 F ベクトル空間とする．このとき，

$$\dim \operatorname{Hom}_F(V,W) = (\dim_F V)(\dim_F W).$$

348　第 10 章　ベクトル空間——第 2 部

証明（定理 10.12 の証明）　与えられた基底を

$$\mathcal{B}_V = \{v_1, v_2, \ldots, v_n\} \quad \text{および} \quad \mathcal{B}_W = \{w_1, w_2, \ldots, w_m\}$$

とする．任意の $L \in \mathrm{Hom}_F(V, W)$ について，$\mathcal{M}_L$ の成分は式 (10.2) で決まり，よって式 (10.4) の写像は矛盾なく定義される．

逆向きの写像を次のように定義する．$A = (a_{ij}) \in \mathsf{Mat}_{m \times n}(F)$ を行列とする．A により写像

$$\mathcal{L}_{A, \mathcal{B}_V, \mathcal{B}_W} : V \longrightarrow W$$

を定義したい．各 $v \in V$ を基底 $\mathcal{B}_V$ について線形結合で書き，

$$v = c_1 v_1 + \cdots + c_n v_n \quad \text{ここで } c_1, \ldots, c_n \in F, \tag{10.5}$$

次のように定義する：

$$\mathcal{L}_{A, \mathcal{B}_V, \mathcal{B}_W}(v) = \sum_{i=1}^{m} \left(\sum_{j=1}^{n} c_j a_{ij} \right) w_i. \tag{10.6}$$

これにより，矛盾なく定義された写像

$$\mathcal{L} \colon \mathsf{Mat}_{m \times n}(F) \longrightarrow (\text{写像 } V \to W \text{ の集合}), \quad A \longmapsto \mathcal{L}_A \tag{10.7}$$

が与えられる．ここで，記法を簡便にするために，基底を省いて書いている．証明の残りの部分では，次の 2 つの主張を確認する：

(i) 写像 $\mathcal{M}$ と $\mathcal{L}$ を式 (10.4) と式 (10.7) で定義したが，これらは互いに逆写像である．つまり，任意の行列 $A \in \mathsf{Mat}_{m \times n}(F)$ と任意の線形変換 $L \in \mathrm{Hom}_F(V, W)$ に対して，

$$\mathcal{L}_{\mathcal{M}_L} = L \quad \text{かつ} \quad \mathcal{M}_{\mathcal{L}_A} = A.$$

(ii) 写像 $\mathcal{M}$ と $\mathcal{L}$ は F 線形写像である．

まず (i) を証明する．$L \in \mathrm{Hom}_F(V, W)$ として，$\mathcal{M}_L = (a_{ij})$ とする．

$$
\begin{aligned}
L(v) &= L\left(\sum_{j=1}^{n} c_j v_j \right) && \text{式 (10.5) より,} \\
&= \sum_{j=1}^{n} c_j L(v_j) && L \text{ は線形写像だから,} \\
&= \sum_{j=1}^{n} c_j \sum_{i=1}^{m} a_{ij} w_i && \mathcal{M}_L \text{ の定義 (10.2) により,}
\end{aligned}
$$

$$= \sum_{i=1}^{m} \left(\sum_{j=1}^{n} c_j a_{ij} \right) \boldsymbol{w}_i \qquad \text{和の順番を変えて,}$$

$$= \mathcal{L}_{\mathcal{M}_L}(\boldsymbol{v}) \qquad\qquad \mathcal{L}_A \text{ の定義 (10.6) から.}$$

以上で (i) の 1 つめの等式が示された.

次に $A \in \mathsf{Mat}_{m \times n}(F)$ とする. 各 $1 \le j \le n$ に対して,

$$\mathcal{L}_A(\boldsymbol{v}_j) = a_{1j}\boldsymbol{w}_1 + \cdots + a_{mj}\boldsymbol{w}_m$$

とする. したがって $\mathcal{L}_A$ はまさに A である. つまり, $\mathcal{M}_{\mathcal{L}_A} = A$, これは (i) の 2 つめの部分である.

(ii) については, $L, L' \in \mathrm{Hom}_F(V, W)$ かつ $b, b' \in F$ として, 次の確認から始める:

$$\mathcal{M}_{bL+b'L'} = b\mathcal{M}_L + b'\mathcal{M}_{L'}. \tag{10.8}$$

各 $1 \le j \le n$ に対して計算して

$$(bL + b'L')(\boldsymbol{v}_j) = bL(\boldsymbol{v}_j) + b'L'(\boldsymbol{v}_j)$$
$$= b \sum_{i=1}^{n} a_{ij}\boldsymbol{w}_i + b' \sum_{i=1}^{n} a'_{ij}\boldsymbol{w}_i$$
$$= \sum_{i=1}^{n} (ba_{ij} + b'a'_{ij})\boldsymbol{w}_i.$$

よって, $bL + b'L'$ の (i, j) 成分は

$$\mathcal{M}_{bL+b'L'} \text{ の } (i, j) \text{ 成分} = b \cdot (\mathcal{M}_L \text{ の } (i, j) \text{ 成分}) + b' \cdot (\mathcal{M}_{L'} \text{ の } (i, j) \text{ 成分}).$$

これにより式 (10.8) の証明が完了し, つまり $\mathcal{M}$ は F 線形写像である.

まとめると, $\mathcal{M}$ が全単射な F 線形写像であることを示した. 命題 10.8 から, $\mathcal{M}$ はやはり F 線形写像である. その逆が $\mathcal{L}$ だから, 以上で証明は終わりである. $\square$

証明（系 10.13 の証明） 定理 10.12 の同型写像により,

$$\dim \mathrm{Hom}_F(V, W) = \dim_F \mathsf{Mat}_{m \times n}(F) = mn,$$

一方, $\mathsf{Mat}_{m \times n}(F)$ は 1 か所だけ 1 で残りの成分が 0 である行列からなる明らかな基底を持つ. 演習問題 10.7 を見よ. $\square$

2 つの線形写像が与えられたとする:

$$U \xrightarrow{K} V \xrightarrow{L} W$$

また, U, V, W の基底も与えられているとしよう. このとき, 対応する行列が 3 つ決まり, それらは K の行列, L の行列, 合成写像 $L \circ K$ の行列である. これらはどのような関係に

350   第 10 章　ベクトル空間——第 2 部

あるだろうか？　答えは，行列の積に関するなじみ深い（人によってはそうでもない？）公式である．

定義 10.14　A を m 行 n 列の行列とし，B を n 行 p 列の行列とする．このとき，積 $C = AB$ は次で定義される m 行 p 列の行列である：

$$
\begin{array}{ccccc}
C & = & A & & B \\
\updownarrow & & \updownarrow & & \updownarrow
\end{array}
$$

$$
\begin{pmatrix} c_{11} & \cdots & c_{1p} \\ \vdots & \ddots & \vdots \\ c_{m1} & \cdots & c_{mp} \end{pmatrix} = \begin{pmatrix} a_{11} & \cdots & a_{1n} \\ \vdots & \ddots & \vdots \\ a_{m1} & \cdots & a_{mn} \end{pmatrix} \begin{pmatrix} b_{11} & \cdots & b_{1p} \\ \vdots & \ddots & \vdots \\ b_{n1} & \cdots & b_{np} \end{pmatrix}
$$

ここで，各 $1 \le i \le m$ と $1 \le k \le p$ に対して，C の成分 c_{ik} は

$$
c_{ik} = \sum_{j=1}^{n} a_{ij} b_{jk} = a_{i1} b_{1k} + a_{i2} b_{2k} + \cdots + a_{in} b_{nk} \tag{10.9}
$$

で与えられる．

注意 10.15　行列の積 AB は A の列の個数と B の行の個数が一致するときのみ定義されることに注意せよ．このとき，積 AB は A と同じ行の数，B と同じ列の数の行列になる．これを図 34 に示した．

　初めて行列の積の公式を見たほとんどの人の反応は

　　　　　「この恐ろしい見た目の公式 (10.9) は一体どこから現れたんだ？」

である．次いで，おののいた様子で

　　　　　「この公式を暗記できるなんて思わないでくれよ！」

真実は次の定理で見るように，行列の積の公式は，L の行列と K の行列の積は単に合成 $L \circ K$ の行列である，という事実にすぎないということである．

定理 10.16　U, V, W を有限次元 F ベクトル空間とし，$\mathcal{B}_U, \mathcal{B}_V, \mathcal{B}_W$ をそれぞれ U, V, W の基底とする．

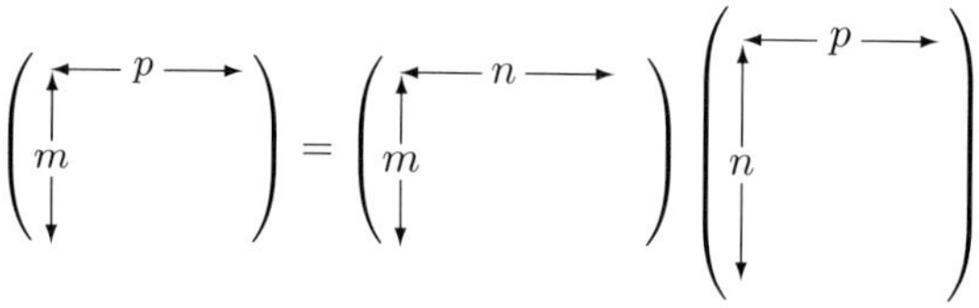

図 34　行列の積における次元の関係．

$$U \xrightarrow{K} V \xrightarrow{L} W$$

を線形写像とする．このとき，K, L と $L \circ K$ のこれらの基底に関する行列は，行列の積の公式で結び付けられる[6].

$$\mathcal{M}_{L \circ K} = \mathcal{M}_L \mathcal{M}_K, \tag{10.10}$$

ここで，行列の積は定義 10.14 に述べられている通りである．

証明　次のようにおく：

$$p = \dim_F U, \quad n = \dim_F V, \quad m = \dim_F W,$$

さらに，ベクトルを与えられた基底

$$\mathcal{B}_U = \{\boldsymbol{u}_1, \ldots, \boldsymbol{u}_p\}, \quad \mathcal{B}_V = \{\boldsymbol{v}_1, \ldots, \boldsymbol{v}_n\}, \quad \mathcal{B}_W = \{\boldsymbol{w}_1, \ldots, \boldsymbol{w}_m\},$$

により表示する．K, L, $L \circ K$ に対応する行列を，

$$\mathcal{M}_L = \begin{pmatrix} a_{11} & \cdots & a_{1n} \\ \vdots & \ddots & \vdots \\ a_{m1} & \cdots & a_{mn} \end{pmatrix}, \ \mathcal{M}_K = \begin{pmatrix} b_{11} & \cdots & b_{1p} \\ \vdots & \ddots & \vdots \\ b_{n1} & \cdots & b_{np} \end{pmatrix}, \ \mathcal{M}_{L \circ K} = \begin{pmatrix} c_{11} & \cdots & c_{1p} \\ \vdots & \ddots & \vdots \\ c_{m1} & \cdots & c_{mp} \end{pmatrix}.$$

とする．まず，次に注意する：

$$(L \circ K)(\boldsymbol{u}_k) = \sum_{i=1}^{m} c_{ik} \boldsymbol{w}_i, \quad L \circ K \text{ の行列は } c \text{ の行列だから,} \tag{10.11}$$

次に，

$$\begin{aligned} L(K(\boldsymbol{u}_k)) &= L\left(\sum_{j=1}^{n} b_{jk} \boldsymbol{v}_j\right) & K \text{ の行列は } b \text{ の行列だから,} \\ &= \sum_{j=1}^{n} b_{jk} L(\boldsymbol{v}_j) & L \text{ は線形写像だから,} \\ &= \sum_{j=1}^{n} b_{jk}\left(\sum_{i=1}^{m} a_{ij} \boldsymbol{w}_i\right) & L \text{ の行列は } a \text{ の行列だから,} \\ &= \sum_{i=1}^{m}\left(\sum_{j=1}^{n} a_{ij} b_{jk}\right) \boldsymbol{w}_i & \text{和の順序を交換した.} \end{aligned} \tag{10.12}$$

式 (10.11) と式 (10.12) の $\boldsymbol{w}_i$ の係数を見比べることで所望の公式 (10.9) を得る．　□

---

[6] 公式をもっと見やすくするために，記号から基底を省いている．しかし，正確を期すなら式 (10.10) を次のように書くべきである：$\mathcal{M}_{L \circ K, \mathcal{B}_U, \mathcal{B}_W} = \mathcal{M}_{L, \mathcal{B}_V, \mathcal{B}_W} \mathcal{M}_{K, \mathcal{B}_U, \mathcal{B}_V}$.

352   第 10 章　ベクトル空間——第 2 部

図 35 が，A と B の積の ik 成分を与える公式 (10.9) の図を用いた記憶法である．この図では，A の i 番目の行を抜き出し，B の j 番目の列を抜き出すことから始めている．これらは n 個の数のリストであり

$$(a_{i1}, a_{i2}, a_{i3}, \ldots, a_{in}) \quad \text{および} \quad (b_{1k}, b_{2k}, b_{3k}, \ldots, b_{nk}).$$

すると $C = AB$ の ik 成分は，最初の座標の積，第 2 の座標の積などをとって，それらを足し合わせることで得られる．

$$c_{ik} = a_{i1}b_{1k} + a_{i2}b_{2k} + \cdots + a_{in}b_{nk}.$$

線形写像 L の行列は定義域と値域の基底の取り方に依存するということを強調しておきたい．もし異なる基底をとれば，L の行列は変わるが，それは次の命題で記述されるように，明確なものである．

命題 10.17 V と W を有限次元 F ベクトル空間とする．

$$\mathcal{B}_V = \{\boldsymbol{v}_1, \ldots, \boldsymbol{v}_n\} \quad \text{および} \quad \mathcal{B}_V' = \{\boldsymbol{v}_1', \ldots, \boldsymbol{v}_n'\}$$

を V の基底とし，同様に，

$$\mathcal{B}_W = \{\boldsymbol{w}_1, \ldots, \boldsymbol{w}_m\} \quad \text{および} \quad \mathcal{B}_W' = \{\boldsymbol{w}_1', \ldots, \boldsymbol{w}_m'\}$$

を W の基底とする．V と W の**基底の取り替え自己同型写像** ϕ, ψ をそれぞれ次で定義する[7]．

$$\phi: V \longrightarrow V, \quad \phi(\boldsymbol{v}_i) = \boldsymbol{v}_i' \quad \text{各 } 1 \leq i \leq n \text{ について，}$$
$$\psi: W \longrightarrow W, \quad \psi(\boldsymbol{w}_i) = \boldsymbol{w}_i' \quad \text{各 } 1 \leq i \leq m \text{ について．}$$

このとき，任意の線形写像 $L \in \text{End}_F(V, W)$ に対して，L の異なる基底に関する行列は次の公式で関係づけられる：

$$\mathcal{M}_{L, \mathcal{B}_V', \mathcal{B}_W'} = \mathcal{M}_{\psi, \mathcal{B}_W, \mathcal{B}_W}^{-1} \mathcal{M}_{L, \mathcal{B}_V, \mathcal{B}_W} \mathcal{M}_{\phi, \mathcal{B}_V, \mathcal{B}_V}.$$

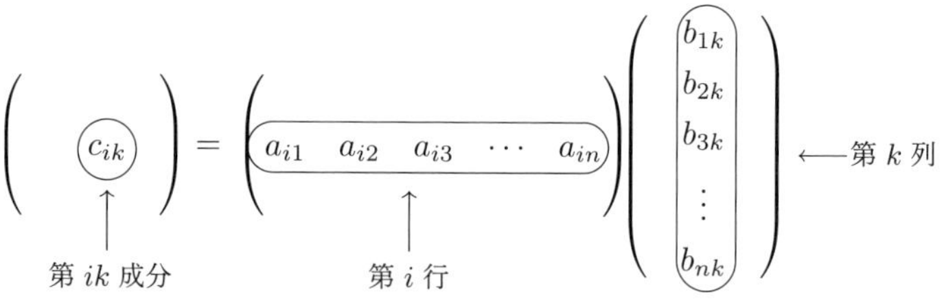

$$\begin{pmatrix} \ c_{ik} \ \end{pmatrix} = \begin{pmatrix} a_{i1} & a_{i2} & a_{i3} & \cdots & a_{in} \end{pmatrix} \begin{pmatrix} b_{1k} \\ b_{2k} \\ b_{3k} \\ \vdots \\ b_{nk} \end{pmatrix} \longleftarrow \text{第 } k \text{ 列}$$

第 ik 成分　　　　　　第 i 行

図 35 行列の積 $C = AB$.

---

[7] もっと手の込んだ記法だと，I を単位行列として，$\phi = \mathcal{L}_{I, \mathcal{B}_V, \mathcal{B}_V'}$ と $\psi = \mathcal{L}_{I, \mathcal{B}_W, \mathcal{B}_W'}$ となる．

証明 演習問題とする．演習問題 10.9 を見よ． □

注意 10.18 $V = W$ のときは，命題 10.17 の基底の変換公式をより簡潔に言い換えることができて，線形変換 $L \in \mathrm{End}_F(V)$ がある基底について行列 A で表示され，別の基底について行列 B で表示されるなら，

$$\text{ある } C \in \mathrm{GL}_n(F) \text{ が存在して } B = C^{-1}AC,$$

つまり，行列 A と B は可逆行列の群 $\mathrm{GL}_n(F)$ の，行列の空間 $\mathsf{Mat}_{n \times n}(F)$ への共役作用に関して共役である．

10.4 部分空間と剰余空間

定義 10.19 V を F ベクトル空間とする．**V の部分空間**とは，部分集合 $U \subseteq V$ であって，和とスカラー倍で閉じているものである．つまり，U 自身が V から受け継いだ演算について F ベクトル空間ということである．

定義 10.20 $L\colon V \to W$ を F ベクトル空間の間の線形写像とする．**L の核**とは，また，ときどき**零空間**とも呼ばれるが，集合

$$\ker(L) = \{\boldsymbol{v} \in V : L(\boldsymbol{v}) = \boldsymbol{0}\}$$

のことである．L の**像**とは，集合

$$\mathrm{Image}(L) = \{L(\boldsymbol{v}) : \boldsymbol{v} \in V\}$$

である．

次の命題は，我々が以前に得た多くの結果に似ている．たとえば群に対する命題 2.44 や，環に対する命題 3.34 である．そこで，証明は演習問題とする．演習問題 10.10 を見よ．

命題 10.21 $L\colon V \to W$ を F ベクトル空間の線形写像とする．
　(a) 核 $\ker(L)$ は V の部分空間である．また像 $\mathrm{Image}(L)$ は W の部分空間である．
　(b) 線形写像 L が単射である必要十分条件は，$\ker(L) = \{\boldsymbol{0}\}$ である．
　次の有益な結果は，しばしば「階数・退化次数定理」と呼ばれる．

定理 10.22（階数・退化次数定理） $L\colon V \to W$ を有限次元 F ベクトル空間の間の線形写像とする．このとき，次が成り立つ：

$$\dim_F V = \dim_F \ker(L) + \dim_F \mathrm{Image}(L).$$

証明 V と $\ker(L)$ の基底をとり，さらにそれらの合併集合をとる．たとえば，

$$\mathcal{A} = V \text{ の基底}, \quad \mathcal{L} = \ker(L) \text{ の基底}, \quad \mathcal{S} = \mathcal{A} \cup \mathcal{L}$$

とする．集合 $\mathcal{L}$ はベクトル空間 $\ker(L)$ の基底だから線形独立系である．また，$\mathcal{S}$ は $\mathcal{A}$ を含んでいて，$\mathcal{A}$ はそれ自身が V の基底だから，$\mathcal{S}$ は V を張る．定理 4.16 を生成系 $\mathcal{S}$ とその線形独立な部分集合 $\mathcal{L}$ に適用する．この定理によると，V の基底 $\mathcal{B}$ で次を満たすものが存在する：

$$\mathcal{L} \subseteq \mathcal{B} \subseteq \mathcal{S}.$$

$\mathcal{L}$ と $\mathcal{B}$ のベクトルを列挙して，

$$\mathcal{L} = \{\boldsymbol{v}_1, \dots, \boldsymbol{v}_r\} \quad かつ \quad \mathcal{B} = \{\boldsymbol{v}_1, \dots, \boldsymbol{v}_n\}$$

となったとしよう．よって，$r = \dim \ker(L)$ かつ $n = \dim V$ である．

主張：集合

$$\mathcal{C} = \{L(\boldsymbol{v}_{r+1}), \dots, L(\boldsymbol{v}_n)\} \quad は \mathrm{Image}(L) の基底である．$$

この主張を示せば，定理 10.22 の証明は完了する．というのは，

$$\dim_F \mathrm{Image}(L) = n - r = \dim_F V - \dim_F \ker(L)$$

だからである．

さて，上の主張を証明するために，まず $\mathcal{C}$ が $\mathrm{Image}(L)$ を張ることを示す．$L(\boldsymbol{v})$ を $\mathrm{Image}(L)$ の元とする．$\mathcal{B}$ が V の基底であることから，$\boldsymbol{v}$ を線形結合で，

$$\boldsymbol{v} = c_1 \boldsymbol{v}_1 + c_2 \boldsymbol{v}_2 + \dots + c_n \boldsymbol{v}_n$$

と表せる．L を両辺に施して，線形写像だということを使うと，

$$L(\boldsymbol{v}) = \underbrace{c_1 L(\boldsymbol{v}_1) + \dots + c_r L(\boldsymbol{v}_r)}_{ここは\,\boldsymbol{0}.\,なぜなら\,\boldsymbol{v}_1,\dots,\boldsymbol{v}_r \in \ker(L)\,だから.} + \underbrace{c_{r+1} L(\boldsymbol{v}_{r+1}) + \dots + c_n L(\boldsymbol{v}_n)}_{ここは\,\mathrm{Span}(\mathcal{C})\,の元.}.$$

よって $L(\boldsymbol{v}) \in \mathrm{Span}(\mathcal{C})$．

次に，$\mathcal{C}$ は線形独立系であることを示す．そのために，次を仮定する：

$$ある\,c_{r+1}, \dots, c_n \in F\,により \quad c_{r+1} L(\boldsymbol{v}_{r+1}) + \dots + c_n L(\boldsymbol{v}_n) = \boldsymbol{0}.$$

線形性から，

$$L(c_{r+1} \boldsymbol{v}_{r+1} + \dots + c_n \boldsymbol{v}_n) = \boldsymbol{0}, \quad よって \quad c_{r+1} \boldsymbol{v}_{r+1} + \dots + c_n \boldsymbol{v}_n \in \ker(L).$$

$\mathcal{L} = \{\boldsymbol{v}_1, \dots, \boldsymbol{v}_r\}$ が $\ker(L)$ の基底であるという事実を使うと，次のように書いてよい：

$$ある\,c_1, \dots, c_r \in F\,により \quad c_{r+1} \boldsymbol{v}_{r+1} + \dots + c_n \boldsymbol{v}_n = c_1 \boldsymbol{v}_1 + \dots + c_r \boldsymbol{v}_r. \tag{10.13}$$

しかし，$\mathcal{B} = \{\boldsymbol{v}_1, \dots, \boldsymbol{v}_n\}$ は V の基底だから，とくに $\boldsymbol{v}_1, \dots, \boldsymbol{v}_n$ は線形独立である．したがって，式 (10.13) の係数 c_i はすべて消えて，$\mathcal{C}$ が線形独立系であることが示された．$\qquad\square$

演習問題 1.16 によると，もし S が有限集合で，$f\colon S \to S$ が写像なら，

$$f\colon S \to S \text{ が単射} \iff f\colon S \to S \text{ が全射}. \tag{10.14}$$

階数・退化次数定理の次の重要な系は，式 (10.14) のベクトル空間での類似を与える．ここで元の個数はベクトル空間 V の次元に置き換えられる．V の有限次元性の仮定が本質的な仮定であることを強調しておきたい．というのは，系 10.23 は無限次元ベクトル空間だと成り立たないからである．演習問題 10.25 を見よ．

系 10.23 V を有限次元ベクトル空間とし，$L \in \mathrm{End}_F(V)$ とする．次は同値である：
(a) L は全単射である．つまり $L \in \mathrm{Aut}_F(V)$.
(b) L は単射である．
(c) L は全射である．

証明 L が全単射なら，定義から単射かつ全射である．他の同値性については，定理 10.22 を用いる．

$$
\begin{aligned}
L \text{ は単射} &\iff \ker(L) = \{\mathbf{0}\} && \text{命題 10.21 (b) により，}\\
&\iff \dim_F \ker(L) = 0 &&\\
&\iff \dim_F \mathrm{Image}(L) = \dim_F V && \text{定理 10.22 により，}\\
&\iff \mathrm{Image}(L) = V && \text{演習問題 4.18 (c) により，}\\
&\iff L \text{ は全射．}
\end{aligned}
$$

以上で系 10.23 の証明が完了である． $\square$

命題 10.24 V を F ベクトル空間とし，$U \subseteq V$ を V の部分空間とする．とくに，群 $(U, +)$ はアーベル群 $(V, +)$ の部分群である．よって，剰余群 $(V/U, +)$ を構成できる．このとき，V/U 上で矛盾なく定義されたスカラー倍

$$c(\mathbf{v} + U) = c\mathbf{v} + U$$

が存在し，このスカラー倍により，剰余群 V/U は F ベクトル空間である．このベクトル空間を，V の U による**剰余空間**[8]といい，V/U と表す．

証明 証明は演習問題とする．演習問題 10.11 を見よ． $\square$

10.5 固有値と固有ベクトル

$L \in \mathrm{End}_F(V)$ を V 上の線形変換とする．L はベクトル $\mathbf{v} \in V$ に何をするだろうか？ 具体的に，ベクトル $\mathbf{v}$ を $\mathbb{R}^2$ に可視化しよう．すると，$L(\mathbf{v})$ は $\mathbb{R}^2$ の他のベクトルである．そ

---

[8] 訳注：剰余空間はしばしば「商空間」とも呼ばれる．

356　第 10 章　ベクトル空間——第 2 部

して，v から $L(v)$ を得るために，まず v を回転して正しい向きにし，次いで伸ばしたり縮めたりして正しい長さになるようにするだろう．

このことから，回転を必要としないベクトルに注目するとよさそうである．というのは，このベクトルへの L の作用は，純粋に伸び縮みだけだからである．言い換えると：

ベクトル $L(v)$ が（本質的に）v と同じ向きを指しているべきである．

したがって，ベクトル v であって，$L(v)$ が v のスカラー倍であるものを探す．これらのベクトルは，対応する倍率とともに，線形変換の研究において基本的であり，それぞれ特別な名前がついている．

定義 10.25　線形変換 $L \in \mathrm{End}_F(V)$ の**固有ベクトル**とは，零でないベクトル $v \in V$ で，

$$あるスカラー \lambda \in F に対して \quad L(v) = \lambda v$$

を満たすものである．スカラー λ を L の**固有値**といい，v を λ に対応する固有ベクトルという[9]．

注意 10.26　固有ベクトルは**零でないこと**が要請されていることを強調しておく．というのは，もしそうでないと，自明な式 $L(\mathbf{0}) = \lambda\mathbf{0}$ から，任意のスカラーが固有値となってしまうからである．一方，固有値が 0 になることは許容されている．実際，命題 10.30 から，固有値が 0 になることは L の全般的な振る舞いについて重要な帰結をもたらす．

例 10.27　V を 2 次元の F ベクトル空間とし，$\{e_1, e_2\}$ を V の基底，$L \in \mathrm{End}_F(F^2)$ を次で定まる線形変換とする：

$$L(e_1) = 3e_1 - e_2, \quad L(e_2) = 4e_1 - 2e_2.$$

V の一般的な元での L の値を計算してみると，

$$\begin{aligned} L(ae_1 + be_2) &= aL(e_1) + bL(e_2) \\ &= a(3e_1 - e_2) + b(4e_1 - 2e_2) \\ &= (3a + 4b)e_1 + (-a - 2b)e_2. \end{aligned}$$

よって，ベクトル $ae_1 + be_2$ が L の固有ベクトルである必要十分条件は，何らかのスカラー $\lambda \in F$ が存在して，

$$(3a + 4b)e_1 + (-a - 2b)e_2 = \lambda(ae_1 + be_2)$$

---

[9] ドイツ語の "Eigen" の英訳は，「に属する」とか「固有の」といった意味がある．したがって，線形変換 L の固有ベクトルや固有値は，L に固有に対応するベクトルの集合（向き）と，スカラーからなる．固有値の別名として**特性値**がある．10.6 節で，L の特性多項式に出会うが，それは根がちょうど L の固有値であるような多項式である．人生はさらにややこしく，固有値にはもう 1 つ別名があり，それは**特異値**である．線形変換が特異とはそれが可逆ではないことで，よって λ が L の固有値である必要十分条件は $L - \lambda I$ が特異であること，というところにこの用語は由来する．

となることである．したがって，$a, b, \lambda \in F$ についての方程式

$$3a + 4b = \lambda a \quad \text{かつ} \quad -a - 2b = \lambda b, \quad \text{ただし } a \text{ と } b \text{ の両方が } 0 \text{ ではない} \tag{10.15}$$

の解を求めればよい．式変形により，

$$(3 - \lambda)a + 4b = 0 \quad \text{かつ} \quad -a - (2 + \lambda)b = 0.$$

$2 + \lambda$ 掛ける最初の方程式を，4 掛ける 2 番目の方程式に加えて b を消し，同様に最初の式を $3 - \lambda$ 掛ける 2 番目の式に加えて a を消す．これにより 2 つの方程式

$$((2 + \lambda)(3 - \lambda) - 4)a = 0 \quad \text{かつ} \quad (4 - (3 - \lambda)(2 + \lambda))b = 0$$

が得られ，少し計算すると

$$(\lambda^2 - \lambda - 2)a = (\lambda^2 - \lambda - 2)b = 0$$

を得る．少なくとも一方の a もしくは b が零ではないことを要請しているから，λ が

$$T^2 - T - 2 = (T - 2)(T + 1)$$

の根であることがわかる．それぞれの根は対応する固有ベクトルを持ち，それらは式 (10.15) で $\lambda = 2$ もしくは $\lambda = -1$ を代入し (a, b) について解くことで求められる[10]．計算により，

$$4\boldsymbol{e}_1 - \boldsymbol{e}_2 \text{ は } \lambda = 2 \text{ に対する } L \text{ の固有ベクトル,}$$

$$2\boldsymbol{e}_1 - \boldsymbol{e}_2 \text{ は } \lambda = 1 \text{ に対する } L \text{ の固有ベクトル.}$$

固有ベクトル $\boldsymbol{v}$ のよいことの 1 つは，$\boldsymbol{v}$ に写像 L を繰り返し施した軌道を追跡できるということである．というのは，

$$L(\boldsymbol{v}) = \lambda \boldsymbol{v} \implies \underbrace{(L \circ L \circ \cdots \circ L)}_{k \text{ 回反復}}(\boldsymbol{v}) = \lambda^k \boldsymbol{v}$$

だからである．我々が十分に幸運で，V の基底ですべてが固有ベクトルからなるものを見つけることができれば，L がベクトル空間全体にどのように作用するかを研究する強力な道具となる．すべての L が，固有ベクトルのみからなる基底を持つとは限らないとわかるのだが，しかしそのような L は名づけるに足るほど遍在している．

定義 10.28　線形変換 $L \in \mathrm{End}_F(V)$ が**対角化可能**とは，V に，L の固有ベクトルからなる基底が存在することである．

注意 10.29　$L \in \mathrm{End}_F(V)$ を，有限次元ベクトル空間上の対角化可能な線形変換とし，$\mathcal{B} = \{\boldsymbol{v}_1, \ldots, \boldsymbol{v}_n\}$ を L の固有ベクトルからなる基底，対応する固有値を $\lambda_1, \ldots, \lambda_n$ とす

---

[10]唯一の解が存在するのではないことに注意せよ．実際，もし (a, b) が解なら，任意のスカラー c に対して (ca, cb) も解である．

358   第 10 章 ベクトル空間——第 2 部

る．定義により，

$$L(\boldsymbol{v}_1) = \lambda_1 \boldsymbol{v}_1, \;\; L(\boldsymbol{v}_2) = \lambda_2 \boldsymbol{v}_2, \;\; \ldots, \;\; L(\boldsymbol{v}_n) = \lambda_n \boldsymbol{v}_n$$

であり，この固有ベクトルからなる基底 $\mathcal{B}$ に関する行列は，

$$\mathcal{M}_{L,\mathcal{B},\mathcal{B}} = \begin{pmatrix} \lambda_1 & 0 & 0 & \cdots & 0 \\ 0 & \lambda_2 & 0 & \cdots & 0 \\ \vdots & & \ddots & & \vdots \\ 0 & 0 & 0 & \cdots & \lambda_n \end{pmatrix}$$

となる．したがって，対角化可能な線形変換は固有ベクトルからなる基底に関して対角行列として表される．逆に，A を対角行列とし，$\mathcal{B}$ を V の任意の基底とする．すると，定理 10.12 により，線形変換 $L \in \mathrm{End}_F(V)$ が一意的に存在して，$\mathcal{M}_{L,\mathcal{B},\mathcal{B}} = A$ が成り立つ．$\mathcal{B}$ が L の固有ベクトルからなる基底であり，A の対角成分が対応する固有値であることを確認するのは読者に委ねる．演習問題 10.14 を見よ．

　約束したように，零固有値の（非）存在を線形変換の幾何的な性質と関連づけよう．無味乾燥な見かけに反して，この命題は線形変換の可逆性を理解する鍵となる．なぜなら，これによりベクトル空間の重要な性質（線形変換の可逆性）をスカラーの小さなリストの確認（固有値の非消滅）に帰着するからである．

命題 10.30　$L \in \mathrm{End}_F(V)$ を有限次元ベクトル空間上の線形変換とする．このとき，

$$L \text{ が可逆} \iff 0 \text{ が } L \text{ の固有値ではない}.$$

証明　次のように計算する：

$$L \text{ は可逆ではない} \iff L \text{ は単射ではない（系 10.23 により）},$$
$$\iff \ker(L) \neq 0,$$
$$\iff \text{ベクトル } \boldsymbol{0} \neq \boldsymbol{v} \in V \text{ で } L(\boldsymbol{v}) = \boldsymbol{0} \text{ を満たすものがある},$$
$$\iff \text{ベクトル } \boldsymbol{0} \neq \boldsymbol{v} \in V \text{ で } L(\boldsymbol{v}) = 0 \cdot \boldsymbol{v} \text{ を満たすものがある},$$
$$\iff 0 \text{ は } L \text{ の固有値である}.$$

この主張は示したかった結果と同値である．　　　　　　　　　　　　　　□

　少しばかり驚くべきことに，F が代数閉体なら，有限次元 F ベクトル空間上の線形変換は少なくとも 1 つ固有ベクトルを持つ．

命題 10.31 F を代数閉体とする[11]．V を有限次元 F ベクトル空間で，その次元が $n \geq 1$ とする．さらに，$L \in \mathrm{End}_F(V)$ を V 上の線形変換とする．すると，L は固有ベクトルを持つ．

証明 まず任意に零でないベクトル $\boldsymbol{w} \in L$ をとる．すると，ベクトルの集合[12]

$$\boldsymbol{w}, \ L(\boldsymbol{w}), \ L^2(\boldsymbol{w}), \ \ldots, \ L^n(\boldsymbol{w})$$

は $n+1$ 個のベクトルからなり，V は n 次元としているので，線形従属である．よって，すべてが 0 ではないスカラー $c_0, \ldots, c_n \in F$ が存在して，

$$c_0 \boldsymbol{w} + c_1 L(\boldsymbol{w}) + c_2 L^2(\boldsymbol{w}) + \cdots + c_n L^n(\boldsymbol{w}) = \boldsymbol{0} \tag{10.16}$$

となる．対応する零ではない多項式を

$$f(x) = c_0 + c_1 x + c_2 x^2 + \cdots + c_n x^n \in F[x]$$

とする．$f(x)$ は定数多項式ではない．なぜなら，もし $f(x) = c_0 \neq 0$ なら，$c_0 \boldsymbol{w} = \boldsymbol{0}$ となり，$\boldsymbol{w} \neq \boldsymbol{0}$ に反するからである．よって $\deg(f) \geq 1$ である．$k = \deg(f)$ として，F が代数的に閉じているという仮定を使うと，$f(x)$ が因子分解されて，

$$f(x) = \alpha(x - \lambda_k)(x - \lambda_{k-1}) \cdots (x - \lambda_1) \qquad \begin{array}{l} \text{ある } 1 \leq k \leq n \text{ と } \alpha \in F^*, \\ \lambda_1, \ldots, \lambda_k \in F \text{ により．} \end{array}$$

この因子分解と式 (10.16) により，

$$\alpha(L - \lambda_k I) \circ (L - \lambda_{k-1}I) \circ \cdots \circ (L - \lambda_2 I) \circ (L - \lambda_1 I)(\boldsymbol{w}) = \boldsymbol{0}.$$

ベクトルのリスト $\boldsymbol{w}_0, \boldsymbol{w}_1, \ldots, \boldsymbol{w}_k$ を $\boldsymbol{w}$ に $L - \lambda_i I$ を繰り返し適用することで作る．つまり，

$$\begin{aligned} \boldsymbol{w}_0 &= \boldsymbol{w} \neq \boldsymbol{0}, \\ \boldsymbol{w}_1 &= (L - \lambda_1 I)(\boldsymbol{w}), \\ \boldsymbol{w}_2 &= (L - \lambda_2 I)(L - \lambda_1 I)(\boldsymbol{w}), \\ &\vdots \\ \boldsymbol{w}_{k-1} &= (L - \lambda_{k-1}I) \circ \cdots \circ (L - \lambda_2 I) \circ (L - \lambda_1 I)(\boldsymbol{w}), \\ \boldsymbol{w}_k &= (L - \lambda_k I) \circ (L - \lambda_{k-1}I) \circ \cdots \circ (L - \lambda_2 I) \circ (L - \lambda_1 I)(\boldsymbol{w}) = \boldsymbol{0} \end{aligned}$$

となる．このリストの最初のベクトルは零ベクトルではなく，最後のベクトルは零ベクトルであるから，どこかで零ベクトルでなく，次が零ベクトルになる境目がある．言い換えると

---

[11] 命題 9.12 を思い出すと，体 F が代数的に閉じているとは，$F[x]$ の任意の定数でない多項式が $F[x]$ で 1 次因子の積に完全分解することだった．

[12] ここで，次の記号を使っている：$L^k(\boldsymbol{w}) = (L \circ L \circ \cdots \circ L)(\boldsymbol{w})$．つまり L^k は L を k 回施したものである．

添え字 $0 \leq j < k$ で，

$$\boldsymbol{w}_j \neq \boldsymbol{0} \quad \text{かつ} \quad \boldsymbol{w}_{j+1} = \boldsymbol{0}$$

となるものがある．$\boldsymbol{w}_j$ と $\boldsymbol{w}_{j+1}$ の定義から，

$$\boldsymbol{w}_j \neq \boldsymbol{0} \quad \text{かつ} \quad \underbrace{(L - \lambda_j)\boldsymbol{w}_j = \boldsymbol{0},}_{\text{この方程式は } L\boldsymbol{w}_j = \lambda_j \boldsymbol{w}_j \text{ と同値．}}$$

よって $\boldsymbol{w}_j$ は L の固有ベクトルで，対応する固有値は λ_j である． $\square$

10.6 行列式

この節では，有限次元ベクトル空間上の線形変換の行列式を定義し，基本的な性質を導く．行列式は便利な道具だが，もしすでに見たことがあるならたぶん，謎めいた，その場しのぎの発明品が，奇跡的にすさまじく便利だとわかったように見えたのではないだろうか．多重線形写像のある族を研究した自然な結果として行列式を定義して，行列式を取り巻く謎のいくつかを払いのけたいと思う．しかし実際には，行列式は加群のテンソル積と多重線形代数の理論のほんの断片を表しているにすぎないから，それ単独で考えるとやはり謎めいている．この節を御しやすい長さに収めるために，いくつかの結果については引用するにとどめる．それらの証明は，第 13 章まで延期し，そこで加群の多重線形写像の理論をずっと一般的に展開する．

V を n 次元 F ベクトル空間とする．線形変換 $L \in \mathrm{End}_F(V)$ の行列式の存在と基本的な性質は，V に対して定まる魔法のような 1 次元線形空間 $\mathfrak{A}(V)$ の存在と[13]，L が $\mathfrak{A}(V)$ に引き起こす次の線形変換

$$L^* \colon \mathfrak{A}(V) \longrightarrow \mathfrak{A}(V)$$

の存在からわかる．$\mathfrak{A}(V)$ と L^* の性質は図 36 に述べた通りである．なぜ $\mathfrak{A}(V)$ と L^* が有益なのだろうか？

鍵となる観察は，1 次元ベクトル空間の線形変換はつねにスカラー倍として与えられるという点である．この便利な事実を証明するために立ち止まろう[14]．

命題 10.32 W を 1 次元の F ベクトル空間とする．$J\colon W \to W$ を W 上の線形変換とする．このとき，スカラー $c_J \in F$ が一意的に存在して，次を満たす：

$$\text{任意の } \boldsymbol{w} \in W \text{ に対して} \quad J(\boldsymbol{w}) = c_J \boldsymbol{w}.$$

証明 $\{\boldsymbol{w}_1\} \in W$ を W の F 基底とする．$\{\boldsymbol{w}_1\}$ は生成系だから，W の任意のベクトルがあるスカラー $a \in F$ により $a\boldsymbol{w}_1$ の形に表される．とくに，ベクトル $J(\boldsymbol{w}_1)$ はこの形だから，

---

[13] $\mathfrak{A}$ は "A" の手の込んだバージョンで，フラクトゥーア（ドイツ文字）と呼ばれる書体である．ここでは，「交代的な (Alternating)」の最初の文字として使われている．

[14] 後で，この命題の一般化を証明する．補題 13.12 を見よ．

(A) V に対して，1 次元 F ベクトル空間 $\mathfrak{A}(V)$ で，任意の $L \in \mathrm{End}_F(V)$ が次の線形変換を引き起こすようなものが存在する：
$$L^* : \mathfrak{A}(V) \longrightarrow \mathfrak{A}(V).$$

(B) $L \in \mathrm{End}_F(V)$ とする．このとき，
$$L \text{ は可逆} \iff L^* \text{ は 0 写像ではない}.$$

(C) $L_1, L_2 \in \mathrm{End}_F(V)$ とする．このとき，
$$(L_1 \circ L_2)^* = L_2^* \circ L_1^*.$$

図 36 交代多重形式という魔法のような空間 $\mathfrak{A}(V)$.

次のように書ける：
$$J \text{ と } \boldsymbol{w}_1 \text{ に依存して決まる } c \in F \text{ により} \quad J(\boldsymbol{w}_1) = c\boldsymbol{w}_1.$$

このとき，任意のベクトル $a\boldsymbol{w}_1 \in W$ に対して，
$$J(a\boldsymbol{w}_1) = aJ(\boldsymbol{w}_1) = ac\boldsymbol{w}_1 = ca\boldsymbol{w}_1$$

となる．これで任意の $\boldsymbol{w} \in W$ に対して $J(\boldsymbol{w}) = c\boldsymbol{w}$ であることがわかった．しかし，この c は J と $\boldsymbol{w}_1$ の両方に依存している．

c が $\boldsymbol{w}_1$ の取り方によらないことを見るために，$\{\boldsymbol{w}_1'\}$ を W の別の基底として，$J(\boldsymbol{w}_1') = c'\boldsymbol{w}_1'$，ここで $c' \in F$ と書く．一方 $\{\boldsymbol{w}_1\}$ が W の基底だから $\boldsymbol{w}_1' = b\boldsymbol{w}_1$，$b \in F$ となる．$\{\boldsymbol{w}_1'\}$ も W の基底という仮定から，$b \neq 0$ がわかる．すると，
$$cb\boldsymbol{w}_1 = J(b\boldsymbol{w}_1) = J(\boldsymbol{w}_1') = c'\boldsymbol{w}_1' = c'b\boldsymbol{w}_1$$

となる．$\boldsymbol{w}_1 \neq \boldsymbol{0}$ かつ $b \neq 0$ だから，結論としては $c = c'$ である．これで，定数 $c \in F$ が J のみにより決まり，任意の $\boldsymbol{w} \in W$ に対して $J(\boldsymbol{w}) = c\boldsymbol{w}$ が成り立つことがわかった．このスカラーこそ，我々が c_J と書いたものである． $\qquad\square$

命題 10.32 を 1 次元ベクトル空間 $\mathfrak{A}(V)$ とその上の線形変換 L^* に適用すると，スカラー $c_L \in F$ が存在して写像 $L^* : \mathfrak{A}(V) \to \mathfrak{A}(V)$ が c_L^* 倍する写像であることがわかる．すると，L^* の図 36 に載せた諸性質から，このスカラーが図 37 に載せた諸性質を満たすことがわかる．後者が L の行列式を，$\mathfrak{A}(V)$ と L^* を経由して c_L^* と定めるのである．

しかしもちろん，これらはすべて $\mathfrak{A}(V)$ の存在に依存している．この奇跡のようなベクトル空間 $\mathfrak{A}(V)$ は一体どこから現れたのだ？と問いたくなるのはもっともである．答えは割とありふれている．ベクトル空間 $\mathfrak{A}(V)$ は単に写像の集まりで，また写像
$$\mathrm{End}_F(V) \longrightarrow \mathrm{End}_F(\mathfrak{A}(V)), \quad L \longmapsto L^*$$

$$\boxed{\begin{array}{l}\text{(A$'$) 各 } L \in \mathrm{End}_F(V) \text{ に対して，} L^* \colon \mathfrak{A}(V) \to \mathfrak{A}(V) \text{ が } c_L^* \text{ 倍であるようなスカラー} \\ \quad\ c_L^* \in F \text{ が存在する.} \\ \text{(B$'$) } L \in \mathrm{End}_F(V) \text{ とする．このとき，} \\ \\ \qquad\qquad\qquad\qquad L \text{ が可逆 } \iff c_L^* \neq 0. \\ \\ \text{(C$'$) } L_1, L_2 \in \mathrm{End}_F(V) \text{ とする．このとき，} \\ \\ \qquad\qquad\qquad\qquad c_{L_1 \circ L_2}^* = c_{L_2}^* \cdot c_{L_1}^*. \end{array}}$$

図 37 線形変換に付随する魔法のようなスカラー.

は（だいたいにおいて）L と合成する写像である．ここで，$\mathfrak{A}(V)$ と L^* の明示的な記述を与える.

定義 10.33 V を n 次元 F ベクトル空間とする．**V 上の交代 n 形式**とは，関数

$$\delta \colon V^n \longrightarrow F$$

であって[15]，次の 2 つの性質を満たすものである：

多重線形性：関数 δ は各変数について F 線形である.
交代性：$\boldsymbol{v}_1, \ldots, \boldsymbol{v}_n$ のどれか 2 つが一致すれば，$\delta(\boldsymbol{v}_1, \ldots, \boldsymbol{v}_n) = 0$.

V 上の交代 n 形式の空間を $\mathfrak{A}(V)$ と表す.

より詳しく，多重線形性により，各 $1 \le i \le n$ に対して，関数 δ は次を満たす：

$$\delta(\boldsymbol{v}_1, \ldots, \boldsymbol{v}_{i-1}, \overbrace{a\boldsymbol{v}_i + b\boldsymbol{w}_i}^{i\,\text{番目の成分が和の形.}}, \boldsymbol{v}_{i+1}, \ldots, \boldsymbol{v}_n)$$
$$= a\delta(\boldsymbol{v}_1, \ldots, \boldsymbol{v}_{i-1}, \boldsymbol{v}_i, \boldsymbol{v}_{i+1}, \ldots, \boldsymbol{v}_n) + b\delta(\boldsymbol{v}_1, \ldots, \boldsymbol{v}_{i-1}, \boldsymbol{w}_i, \boldsymbol{v}_{i+1}, \ldots, \boldsymbol{v}_n).$$

また，交代性により，同じ成分が異なる場所に現れると 0 になる：

$$\delta(\boldsymbol{v}_1, \ldots, \boldsymbol{v}_{i-1}, \overset{\underset{\downarrow}{i\,\text{番目の成分}}}{\boldsymbol{v}}, \boldsymbol{v}_{i+1}, \ldots, \boldsymbol{v}_{j-1}, \overset{\underset{\downarrow}{j\,\text{番目の成分}}}{\boldsymbol{v}}, \boldsymbol{v}_{j+1}, \ldots, \boldsymbol{v}_n) = 0.$$

注意 10.34 交代性により，2 つの成分を入れ替えると符号が反転する：

$$\delta(\ldots, \boldsymbol{v}, \ldots, \boldsymbol{w}, \ldots) = -\delta(\ldots, \boldsymbol{w}, \ldots, \boldsymbol{v}, \ldots).$$

演習問題 10.18 を見よ.

---

[15]ここで，δ の定義域が n 次元ベクトルの n タプル全体であることに注意せよ.

例 10.35　関数 $\delta\colon F^2 \to F$

$$\delta((a,b),(c,d)) = ad - bc$$

は F^2 上の非自明な交代 2 形式である．つまり，δ は $\mathfrak{A}^2(F^2)$ の零ではない元である．

次のステップは，線形変換 $L \in \mathrm{End}_F(V)$ を使って写像 $L^*\colon \mathfrak{A}(V) \to \mathfrak{A}(V)$ を構成することである．写像 L^* を公式

$$L^*\colon \mathfrak{A}(V) \longrightarrow \mathfrak{A}(V), \quad (L^*\delta)(\boldsymbol{v}_1,\ldots,\boldsymbol{v}_n) = \delta(L(\boldsymbol{v}_1),\ldots,L(\boldsymbol{v}_n)) \tag{10.17}$$

で定義する[16]．言い換えると，写像 $L^*\delta$ は δ と積の写像

$$(L \times \cdots \times L)\colon V^n \longrightarrow V^n, \quad (\boldsymbol{v}_1,\ldots,\boldsymbol{v}_n) \longmapsto (L(\boldsymbol{v}_1),\ldots,L(\boldsymbol{v}_n)) \tag{10.18}$$

の合成である．式 (10.18) と L の線形性を使うと，$L^*\delta$ が交代 n 形式であり写像 $L^*\colon \mathfrak{A}(V) \to \mathfrak{A}(V)$ が F 線形変換であることが確かめられる．演習問題 10.17 を見よ．

注意 10.36　δ が交代 n 形式であれば，変数のどの 2 つを入れ替えても符号が反転する．つまり，

$$\delta(\boldsymbol{v}_1,\ldots,\boldsymbol{v}_{i-1},\overset{\substack{i\,\text{番目の成分}\\\downarrow}}{\boldsymbol{v}},\boldsymbol{v}_{i+1},\ldots,\boldsymbol{v}_{j-1},\overset{\substack{j\,\text{番目の成分}\\\downarrow}}{\boldsymbol{w}},\boldsymbol{v}_{j+1},\ldots,\boldsymbol{v}_n)$$

$$= -\delta(\boldsymbol{v}_1,\ldots,\boldsymbol{v}_{i-1},\underset{\substack{\uparrow\\ \text{負号に注意せよ}\cdot}}{\boldsymbol{w}},\boldsymbol{v}_{i+1},\ldots,\boldsymbol{v}_{j-1},\underset{\substack{\uparrow\\ i\,\text{番目の成分}}}{\boldsymbol{v}},\boldsymbol{v}_{j+1},\ldots,\boldsymbol{v}_n).$$

証明は演習問題とする．演習問題 10.18 を見よ．

集合 $\mathfrak{A}(V)$ は次の演算により F ベクトル空間である：

$$(c_1\delta_1 + c_2\delta_2)(\boldsymbol{v}_1,\ldots,\boldsymbol{v}_n) = c_1\delta_1(\boldsymbol{v}_1,\ldots,\boldsymbol{v}_n) + c_2\delta_2(\boldsymbol{v}_1,\ldots,\boldsymbol{v}_n).$$

次の補題により交代 n 形式と V の基底との間の，便利な関係が得られる．

補題 10.37　V を n 次元 F ベクトル空間とする．また $\boldsymbol{v}_1,\ldots,\boldsymbol{v}_n \in V$ とし，$\delta \in \mathfrak{A}(V)$ とする．このとき，

$$(\delta \neq 0 \text{ かつ } \{\boldsymbol{v}_1,\ldots,\boldsymbol{v}_n\} \text{ は } V \text{ の基底である}) \iff \delta(\boldsymbol{v}_1,\ldots,\boldsymbol{v}_n) \neq 0. \tag{10.19}$$

証明　補題 10.37 の証明はほぼ定義の再確認であるが，我々の主結果を得るために，証明をこの節の終わりまで延期する．しかしながら，2 つほど観察をしておこう．まず，補題は $\mathfrak{A}(V) \neq \{\boldsymbol{0}\}$ を知るまで空ゆえに真である．$\mathfrak{A}(V)$ の零でない元を見つけることは非自明な仕事であることがわかる．第 2 に，零でない元 $\delta \in \mathfrak{A}(V)$ が存在することを知れば，補題

---

[16]ここは少し時間をとって整理してほしい．$\mathfrak{A}(V)$ の元は関数で，よって L^* は関数であってその定義域と値域が関数の集合となるものである．そして，$L \mapsto L^*$ は $\mathrm{End}_F(V)$ から $\mathrm{End}_F(\mathfrak{A}(V))$ への写像であり，関数の空間から関数の関数の空間への写像である！

364 第 10 章 ベクトル空間——第 2 部

10.37 により δ を使って，ベクトルの n タプルが V の基底をなすかどうかを，単にその n タプルでの δ の値を確認するだけで知ることができる．よって，補題 10.37 はベクトル空間の難問「$\{v_1, \ldots, v_n\}$ は基底か？」をおそらくはより易しいスカラーの問題「$\delta(v_1, \ldots, v_n)$ は零でないか？」に書き換えてくれる． $\qquad\square$

　証明を第 13 章に延期する重要な結果が 1 つだけあるという保留つきではあるが，交代 n 形式の空間 $\mathfrak{A}(V)$ が，図 36 に述べた魔法のような性質 (A), (B), (C) を満たすことを証明するための道具立てが揃った．

定理 10.38 V を n 次元 F ベクトル空間とする．$\mathfrak{A}(V)$ を V 上の交代 n 形式のなす空間とする．さらに，各 $L \in \mathrm{End}_F(V)$ に対し，$L^* \in \mathrm{End}_F(\mathfrak{A}(V))$ を式 (10.17) で述べた写像とする．このとき，$\mathfrak{A}(V)$ と L^* は，図 36 で述べた性質 (A), (B), (C) を満たす．ここで (A), (B), (C) を手短に復習すると次の通りである：
- (A) $\dim_F \mathfrak{A}(V) = 1$.
- (B) L が可逆である必要十分条件は $L^* \neq 0$.
- (C) $(L_1 \circ L_2)^* = L_2^* \circ L_1^*$.

証明 (A) やや驚くべきことに，定理 10.38 の最も難しい部分は (A) を示すことである．よって，ここで証明を与えて，それをより一般の状況でもう一度繰り返すよりも，13.3 節の定理 13.11 を引用することにしよう[17]．もう 1 つ注意したいのは，(A) の証明において，易しい方は $\dim \mathfrak{A}(V) \leq 1$ を示すことである．演習問題 10.19 を見よ．難しい方は，$\mathfrak{A}(V)$ が少なくとも 1 つ零でない元を持つと示すことである！

　(B) V 上の零でない交代 n 形式 $\delta \in \mathfrak{A}(V)$ を 1 つ固定する．そのような δ の存在は (A) で保証される．$\{e_1, \ldots, e_n\}$ を V の基底とする．$L \in \mathrm{End}_F(V)$ とする．L が可逆である必要十分条件は L が V の基底を V の基底に移すことである．したがって，

$$L \text{ は可逆} \iff \{L(e_1), \ldots, L(e_n)\} \text{ は } V \text{ の基底である，}$$
$$\iff \delta(L(e_1), \ldots, L(e_n)) \neq 0 \qquad \text{補題 10.37 により，}$$
$$\iff L^*(\delta)(e_1, \ldots, e_n) \neq 0 \qquad L^* \text{ の定義より，}$$
$$\iff L^*(\delta) \neq 0 \qquad \text{補題 10.37 により，}$$
$$\iff L^* \neq 0 \qquad \text{なぜなら } \{\delta\} \text{ は } \mathfrak{A}(V) \text{ の基底だから．}$$

　(C) $\delta \in \mathfrak{A}(V)$ とする．L^* の定義から次のように計算できる：

---

[17] もし，第 11 章の加群に関する事柄を読むことなく第 13 章の行列式に関する部分を読もうとするなら，次の辞書が必要だろう：環 R が体 F になり，加群 M がベクトル空間 V になり，M が R 加群として階数 n の自由加群だという主張は V が n 次元 F ベクトル空間だという主張になる．

$$\overbrace{\qquad\qquad\qquad\qquad}^{n \text{ 個の } L_1 \circ L_2}$$
$$(L_1 \circ L_2)^*(\delta) = \delta \circ ((L_1 \circ L_2) \times (L_1 \circ L_2) \times \cdots \times (L_1 \circ L_2))$$
$$= \delta \circ (L_1 \times L_1 \times \cdots \times L_1) \circ (L_2 \times L_2 \times \cdots \times L_2)$$
$$= (L_1^*(\delta)) \circ (L_2 \times L_2 \times \cdots \times L_2)$$
$$= L_2^*(L_1^*(\delta))$$
$$= (L_2^* \circ L_1^*)(\delta).$$

これは任意の $\delta \in \mathfrak{A}(V)$ に対して正しいから,$(L_1 \circ L_2)^* = (L_2^* \circ L_1^*)$ であり,これで (C) が示された. $\qquad\square$

行列式写像の構成は,図 36 に掲げた性質 (A), (B), (C) を満たすベクトル空間 $\mathfrak{A}(V)$ を使う.

定義 10.39 V を n 次元 F ベクトル空間とする.$\mathfrak{A}(V)$ を,定義 10.33 で述べた V 上の交代 n 形式のなす空間とする.**行列式写像**

$$\det \colon \operatorname{End}_F(V) \longrightarrow F$$

を次の性質により定義する:

$$L^* \colon \mathfrak{A}(V) \longrightarrow \mathfrak{A}(V) \quad \text{は } \det(L) \in F \text{ のスカラー倍写像である.}$$

言い換えると,$\det(L) \in F$ は次の性質を満たす唯一のスカラーである:

$$\text{すべての } \delta \in \mathfrak{A}(V) \text{ に対して} \quad L^*(\delta) = \det(L)\delta.$$

$\det(L)$ は矛盾なく定義されることを注意する.なぜなら,性質 (A) により,$\dim \mathfrak{A}(V) = 1$ だから,次の同型写像が存在するからである[18].

$$F \longrightarrow \operatorname{End}_F(\mathfrak{A}(V)), \quad c \longmapsto (\delta \mapsto c\delta).$$

$\mathfrak{A}(V)$ と $L \to L^*$ の性質を使って行列式の 2 つの主要な結果を証明しよう.

定理 10.40 V を n 次元の F ベクトル空間とする.

(a) $L \in \operatorname{End}_F(V)$ を線形変換とする.このとき,

$$\det(L) \neq 0 \iff L \text{ は可逆である.}$$

(b) 行列式写像は乗法的である.つまり:

---

[18]ここには,ときおり注意されないままにされる微妙な点がある.一般に $\operatorname{End}_F(W)$ と行列の空間との同一視は W の基底の取り方に依存する.別の基底をとるとこの同一視も変わる.しかし,もし $\dim_F(W) = 1$ なら,$\operatorname{End}_F(W)$ と 1 行 1 列の行列の空間,つまり F との同一視は選び方によらない.これは W の,任意の 2 つの零でないベクトルは,自動的に一方が他方の 0 でないスカラー倍になるからである.

366　第 10 章　ベクトル空間——第 2 部

$$\text{任意の } L_1, L_2 \in \mathrm{End}_F(V) \text{ に対して } \det(L_1 \circ L_2) = \det(L_1) \cdot \det(L_2).$$

注意 10.41　定理 10.40 (a) の御利益は，ベクトル空間についての難しい問題「L は可逆か？」を，見かけ上は易しいスカラーについての問題「$\det(L)$ は零ではないか？」に書き換えてくれるところである．行列式の内在的な我々の定義が，定理 10.40 (b) の乗法性の自然な証明にいかにして導いてくれるかという点も観察してほしい．これは他の証明，たとえば，行列式の和による複雑な表示式を用いた著しく困難な証明や，L を基本変形の積に分解して，1 つごとに取り去るややぎこちない証明とは好対照である．

証明（定理 10.40 の証明）　$\delta \in \mathfrak{A}(V)$ を零でない交代形式とする．

　(a) $L \in \mathrm{End}_F(V)$ とする．このとき，

$$
\begin{aligned}
\det(L) \neq 0 \iff & \ \det(L)\delta \neq 0 && \delta \neq 0 \text{ だから，}\\
\iff & \ L^*(\delta) \neq 0 && \text{行列式の定義から，}\\
\iff & \ L^* \neq 0 && \dim_F \mathfrak{A}(V) = 1 \text{ かつ } \delta \text{ が基底だから，}\\
\iff & \ L \text{ は可逆} && \text{定理 10.38 の (B) から．}
\end{aligned}
$$

　(b) $L_1, L_2 \in \mathrm{End}_F(V)$ とする．このとき，

$$
\begin{aligned}
\det(L_1 \circ L_2)\delta &= (L_1 \circ L_2)^*\delta && \text{行列式の定義から，}\\
&= (L_2^* \circ L_1^*)(\delta) && \text{定理 10.38 の (C) から，}\\
&= L_2^*(L_1^*(\delta)) &&\\
&= L_2^*(\det(L_1)\delta) && \text{行列式の定義から，}\\
&= \det(L_1)L_2^*(\delta) && L_2^* \text{ の線形性から，}\\
&= \det(L_1)\det(L_2)\delta && \text{行列式の定義から．}
\end{aligned}
$$

$\delta \neq 0$ だから，$\det(L_1 \circ L_2) = \det(L_1)\det(L_2)$ がわかる．　　　　　　　　$\square$

　主張を述べたが証明を後回しにした補題を証明して締めくくりたい．

証明（補題 10.37 の証明）　$\delta \in \mathfrak{A}(V)$ を交代 n 形式とし，$\{e_1, \ldots, e_n\}$ を V の基底とする．このとき，任意の $v_1, \ldots, v_n \in V$ に対して，δ の多重線形性と交代性を繰り返し適用して，次の形の式を得る：

$$\delta(v_1, \ldots, v_n) = c\,\delta(e_1, \ldots, e_n), \qquad \text{ここで } c \in F \text{ は } v_1, \ldots, v_n \text{ と } e_1, \ldots, e_1 \text{ によるが，} \delta \text{ にはよらない．} \tag{10.20}$$

式 (10.20) の証明は演習問題 10.19 とする．より一般の文脈における，さらに正確な公式については，定理 13.11 の証明の最初の部分を見よ．式 (10.20) から直ちに，

$$\delta(e_1, \ldots, e_n) = 0 \iff \delta = 0. \tag{10.21}$$

式 (10.21) の基底 $\{e_1, \ldots, e_n\}$ は任意だから，次のように言い換えることもできる．これは補題 10.37 の半分である．

$$(\delta \neq 0 \text{ かつ } \{v_1, \ldots, v_n\} \text{ は } V \text{ の基底}) \implies \delta(v_1, \ldots, v_n) \neq 0. \tag{10.22}$$

残るは，式 (10.22) の矢印をひっくり返せることの証明である．よって，$\delta(v_1, \ldots, v_n) \neq 0$ と仮定して，そこから $\delta \neq 0$ を導けばよい．つまり，補題 10.37 の証明を次に帰着した：

主張： $\{v_1, \ldots, v_n\}$ が V の基底では**ない** $\implies$ $\delta(v_1, \ldots, v_n) = 0.$

$\{v_1, \ldots, v_n\}$ が基底でないという仮定から，これらのうちの 1 つのベクトルが，他のベクトルの線形結合であることがわかる．たとえば

$$v_k = c_1 v_1 + \cdots + \underbrace{c_{k-1} v_{k-1} + c_{k+1} v_{k+1}}_{v_k \text{ がこちらの辺に現れていないことに注意.}} + \cdots + c_n v_n.$$

これにより次のように計算できる：

$$\delta(v_1, \ldots, v_n) = \delta\left(v_1, \ldots, v_{k-1}, \sum_{\substack{i=1 \\ i \neq k}}^{n} c_i v_i, v_{k+1}, \ldots, v_n\right)$$

$$= \sum_{\substack{i=1 \\ i \neq k}}^{n} c_i \delta(v_1, \ldots, v_{k-1}, v_i, v_{k+1}, \ldots, v_n) \qquad \delta \text{ の多重交代性から,}$$

$$= 0 \qquad \delta \text{ の交代性と } v_i \text{ が各項で 2 回現れていることから.}$$

これで主張が示された．つまり，式 (10.22) の逆の含意が示され，よって補題 10.37 も証明された． $\qquad\square$

10.7 行列式，固有値，特性多項式

行列式の理論と，固有値，固有ベクトルの理論とを結び付ける道具立てが揃った．鍵となるのは，次の同値性の連鎖である：

$$\lambda \text{ は } L \text{ の固有値である} \iff L - \lambda I \text{ は可逆ではない} \iff \det(L - \lambda I) = 0.$$

定理 10.42 V を n 次元 F ベクトル空間とし，$L \in \mathrm{End}_F(V)$ を線形変換とする．

(a) モニック n 次多項式 $P_L(T) \in F[T]$ で，次の性質を満たすものが存在する：

$$\text{任意の } \lambda \in F \text{ に対して} \quad P_L(\lambda) = \det(\lambda I - L). \tag{10.23}$$

多項式 $P_L(T)$ を **L の特性多項式**という[19]．

---

[19] もし $\mathrm{char}(F) = 0$ なら，あるいはより一般的に，もし $\#F > n$ なら，性質 (10.23) は多項式 $P_L(T)$ を特徴づける．演習問題 10.21 を見よ．一般には，式 (10.23) が F のすべての拡大体について成り立つことを要求し，

368　第 10 章　ベクトル空間——第 2 部

(b) $P_L(T)$ の F における根は，L の F における固有値にちょうど一致する．とくに，線形変換 L は高々 n 個の相異なる固有値を持つ[20]．

例 10.43　定理 10.42 を証明する前に，$P_L(T)$ の構成を説明する例を与えよう．V を 2 次元 F ベクトル空間とし，その基底の 1 つを $\{e_1, e_2\}$ として，さらに線形変換 $L \in \operatorname{End}_F(V)$ を考える．零でない交代 2 形式 $\delta \in \mathfrak{A}(V)$ を固定し，$\lambda \in F$ に対して次のように計算する：

$$\det(\lambda I - L)\delta(e_1, e_2)$$
$$= \big((\lambda I - L)^* \delta\big)(e_1, e_2) \qquad \text{行列式の定義から，}$$
$$= \delta\big((\lambda I - L)(e_1), (\lambda I - L)(e_2)\big) \qquad (\lambda I - L)^* \text{ の定義から，}$$
$$= \delta(\lambda e_1 - L(e_1), \lambda e_2 - L(e_2))$$
$$= \lambda^2 \delta(e_1, e_2) - \lambda\big(\delta(L(e_1), e_2) - \delta(e_1, L(e_2))\big) + \delta(L(e_1), L(e_2))$$
$$\delta \text{ の多重線形性から．}$$

したがって，L の特性多項式は明示的な，しかしあまり魅力のない次の公式で与えられる：

$$P_L(T) = T^2 - \frac{\delta(L(e_1), e_2) + \delta(e_1, L(e_2))}{\delta(e_1, e_2)} T + \frac{\delta(L(e_1), L(e_2))}{\delta(e_1, e_2)}. \tag{10.24}$$

この公式を，L の基底への作用により簡単にできて，たとえば

$$L(e_1) = a e_1 + b e_2, \quad L(e_2) = c e_1 + d e_2$$

としよう．これらの公式と δ の双線形性，交代性により，公式 (10.24) の $P_L(T)$ に現れる諸々の量を簡単にできる．たとえば，$P_L(T)$ の定数項の分子は，

$$\delta(L(e_1), L(e_2)) = \delta(a e_1 + b e_2, c e_1 + d e_2)$$

$$= ac \underbrace{\delta(e_1, e_1)}_{\delta \text{ の交代性より } 0} + ad\,\delta(e_1, e_2) + bc \overbrace{\delta(e_2, e_1)}^{\text{注意 10.34 によりこれは } -\delta(e_1, e_2) \text{ に等しい．}} + bd \underbrace{\delta(e_2, e_2)}_{\delta \text{ の交代性より } 0}$$

$$= (ad - bc)\delta(e_1, e_2).$$

同様の計算を T の係数についても行う．これは演習問題 10.20 とするが，結果は次の式の通りである：

$$P_L(T) = T^2 - (a + d)T + (ad - bc).$$

証明（定理 10.42 の証明）　(a) $\mathcal{B} = \{e_1, \dots, e_n\}$ を V の基底とし，$\delta \in \mathfrak{A}(V)$ を V 上の零でない交代 n 形式とする．このとき補題 10.37 により，

それによりすべての場合で $P_L(T)$ が明確に定義される．

[20] L が高々 n 個の相異なる固有値を持つという事実の別の証明については演習問題 10.15 を見よ．

$$\delta(\boldsymbol{e}_1, \ldots, \boldsymbol{e}_n) \neq 0.$$

次のように計算する：

$$\det(\lambda I - L)\delta(\boldsymbol{e}_1, \boldsymbol{e}_2, \ldots, \boldsymbol{e}_n)$$
$$= \big((\lambda I - L)^*\delta\big)(\boldsymbol{e}_1, \ldots, \boldsymbol{e}_n) \qquad \text{行列式の定義から,}$$
$$= \delta\big((\lambda I - L)(\boldsymbol{e}_1), (\lambda I - L)(\boldsymbol{e}_2), \ldots, (\lambda I - L)(\boldsymbol{e}_n)\big)$$
$$(\lambda I - L)^* \text{ の定義から,}$$
$$= \delta\big(\lambda \boldsymbol{e}_1 - L(\boldsymbol{e}_1), \lambda \boldsymbol{e}_1 - L(\boldsymbol{e}_2), \ldots, \lambda \boldsymbol{e}_n - L(\boldsymbol{e}_n)\big). \qquad (10.25)$$

最後の量を 2^n 個の項の和に展開するために多重線形性を使う．各項は次のようになる：

$$\pm\delta(\boldsymbol{w}_1, \boldsymbol{w}_2, \ldots, \boldsymbol{w}_n) \quad \text{において} \quad \begin{cases} \boldsymbol{w}_1 = \lambda \boldsymbol{e}_1 \text{ または } L(\boldsymbol{e}_1), \\ \boldsymbol{w}_2 = \lambda \boldsymbol{e}_2 \text{ または } L(\boldsymbol{e}_2), \\ \quad \vdots \qquad \vdots \\ \boldsymbol{w}_n = \lambda \boldsymbol{e}_n \text{ または } L(\boldsymbol{e}_n). \end{cases}$$

たとえば，次のような項がある：

$$\delta(\lambda \boldsymbol{e}_1, \lambda \boldsymbol{e}_2, \ldots, \lambda \boldsymbol{e}_n) = \lambda^n \delta(\boldsymbol{e}_1, \boldsymbol{e}_2, \ldots, \boldsymbol{e}_n)$$

ここで，すべての座標はベクトル $\lambda \boldsymbol{e}_i$ である．また次の項もある：

$$\delta(\lambda \boldsymbol{e}_1, \ldots, \lambda \boldsymbol{e}_{i-1}, L(\boldsymbol{e}_i), \lambda \boldsymbol{e}_{i+1}, \ldots, \lambda \boldsymbol{e}_n)$$
$$= \lambda^{n-1} \delta(\boldsymbol{e}_1, \ldots, \boldsymbol{e}_{i-1}, L(\boldsymbol{e}_i), \boldsymbol{e}_{i+1}, \ldots, \boldsymbol{e}_n)$$

ここで，1 つを除いてすべての座標はベクトル $\lambda \boldsymbol{e}_i$ である，という調子である．一般に，$\delta(\boldsymbol{w}_1, \ldots, \boldsymbol{w}_n)$ は λ の冪に，λ にはよらない量が掛けられた値に等しい.

$$\delta(\boldsymbol{w}_1, \ldots, \boldsymbol{w}_n) = \lambda^{(\lambda \boldsymbol{e}_i \text{ に等しい } \boldsymbol{w}_i \text{ の個数})} \cdot \begin{pmatrix} n \text{ 形式 } \delta \text{ と，基底 } \mathcal{B} \text{ と，線形変換 } L \\ \text{には依存するが，} \lambda \text{ に依存しない量} \end{pmatrix}.$$

したがって，式 (10.25) を展開するために多重線形性を使って，

$$\det(\lambda I - L)\delta(\boldsymbol{e}_1, \ldots, \boldsymbol{e}_n) = \lambda^n \delta(\boldsymbol{e}_1, \ldots, \boldsymbol{e}_n) + \sum_{i=1}^{n} \lambda^{n-i} \cdot C_i(\delta, \mathcal{B}, L),$$

となり，ここで $C_1(\delta, \mathcal{B}, L), \ldots, C_n(\delta, \mathcal{B}, L) \in F$ はある複雑な仕方で δ, $\mathcal{B}$, L に依存するが，λ には依存しないスカラーである．前に注意したように，$\delta(\boldsymbol{e}_1, \ldots, \boldsymbol{e}_n) \neq 0$ であり，よって，

$$P_L(T) = T^n + \sum_{i=1}^{n} \frac{C_i(\delta, \mathcal{B}, L)}{\delta(\boldsymbol{e}_1, \ldots, \boldsymbol{e}_n)} T^{n-i} \in F[T]$$

はモニックな次数 n の多項式で，式 (10.23) を満たす．

(b) $\lambda \in F$ とする．このとき，

$$P_L(\lambda) = 0$$

$\iff \det(\lambda I - L) = 0$ ················· (a) より，

$\iff \lambda I - L$ は可逆ではない ········· 定理 10.40 (a) より，

$\iff 0$ は $\lambda I - L$ の固有値 ············· 命題 10.30 により，

$\iff$ ある $\boldsymbol{v} \neq \boldsymbol{0}$ に対し $(\lambda I - L)(\boldsymbol{v}) = \boldsymbol{0}$ ······ 固有値の定義から，

$\iff$ ある $\boldsymbol{v} \neq \boldsymbol{0}$ に対し $\lambda \boldsymbol{v} = L(\boldsymbol{v})$

$\iff \lambda$ は L の固有値 ··················· 固有値の定義により．

これで主張 (b) の最初の主張が示された．そして，体上の次数 n の多項式は高々 n 個の根を持つという事実（定理 8.8）から第 2 の主張が得られる． □

10.8 無限次元ベクトル空間

V を F ベクトル空間とする．4.4 節で，V の有限部分集合 $\mathcal{B}$ が基底であるとはどういうことかを定義した．つまり，$\mathcal{B}$ は生成系であり線形独立系である必要があった．V の任意の 2 つの有限基底は同数の元を持つという基本定理を証明し，基底の元の個数を V の次元と定義したのだった．この節では，これらのアイデアを無限集合の場合に拡張し，いくつかの無限次元ベクトル空間を研究する．

定義 10.44 V を F ベクトル空間とし，$\mathcal{A} \subseteq V$ を V の（無限個かもしれない）ベクトルの集合とする．

(1) **$\mathcal{A}$ の F スパン**とは，集合

$$\mathrm{Span}_F(\mathcal{A}) = \{a_1 \boldsymbol{v}_1 + \cdots + a_n \boldsymbol{v}_n : n \geq 1,\ a_1, \ldots, a_n \in F,\ \boldsymbol{v}_1, \ldots, \boldsymbol{v}_n \in \mathcal{A}\}$$

をいう．$\mathrm{Span}_F(\mathcal{A})$ は有限和のみを使っているが，和の項数は任意に大きくなりうることに注意せよ．$\mathrm{Span}_F(\mathcal{A}) = V$ のとき，$\mathcal{A}$ は **V を張る**という．

(2) 集合 $\mathcal{A}$ が **F 上線形独立**であるとは，任意の $n \geq 1$ に対して，任意のスカラー $a_1, \ldots, a_n \in F$，とペアごとに異なるベクトル $\boldsymbol{v}_1, \ldots, \boldsymbol{v}_n \in \mathcal{A}$ に対して，

$$a_1 \boldsymbol{v}_1 + a_2 \boldsymbol{v}_2 + \cdots + a_n \boldsymbol{v}_n = \boldsymbol{0} \iff a_1 = a_2 = \cdots = a_n = 0$$

が成り立つことである．ここでも，有限和のみを考えていて，しかし再び和の項数は任意に大きくてよい．

(3) 集合 $\mathcal{A}$ が **V の F 基底**であるとは，それが V を張り，かつ F 線形独立なことである．

万全を期して，定理 4.16 と定理 4.18 の一般化を述べる．注意してほしいのは，(a) と (b) のどちらも，ベクトル空間は基底を持つということを導くという点である．ここでは証明

は与えないが，任意のベクトル空間が基底を持つということの証明は定理 14.20 を見てほしい．

定理 10.45 V を F ベクトル空間とし，選択公理が真であると仮定する．

(a) $\mathcal{S} \subset V$ を V の生成系とする．このとき，$\mathcal{S}$ は V の F 基底を含む．

(b) $\mathcal{B} \subset V$ を V の線形独立系とする．このとき，$\mathcal{B}$ は V の F 基底に含まれる．

(c) V の任意の基底は同じ濃度である．つまり，もし $\mathcal{B}_1$ と $\mathcal{B}_2$ が V の基底なら，2 つの集合の間に全単射 $\mathcal{B}_1 \to \mathcal{B}_2$ が存在する．

例 10.46 多項式環 $F[x]$ は，集合 $\{1, x, x^2, x^3, \ldots\}$ が $F[x]$ の F 基底になるから，無限次元 F ベクトル空間である．演習問題 4.20 と演習問題 10.24 を見よ．

例 10.47 定理 10.45 により，たとえば $\mathbb{R}$ は $\mathbb{Q}$ ベクトル空間としての基底を持つ．しかしながら，そのような基底の明示的な記述を与えた人はいない．注意してほしいのは，$\mathbb{R}$ の任意の $\mathbb{Q}$ 基底は，必然的に非可算だということである．というのは，$\mathbb{R}$ が非可算であり，一方，任意有限個のベクトルの $\mathbb{Q}$ スパンは可算だからである．

ベクトル空間の無限個のリストを使って，新たな，そして大きな（それどころか巨大といってもよい）新しいベクトル空間を構成する 2 つの方法を述べよう．

定義 10.48 $V_1, V_2, V_3, \ldots$ を F ベクトル空間のリストとする．V_i の**直積**とは，「無限個の元のタプル」

$$\prod_{i \in \mathbb{N}} V_i = \{\boldsymbol{v} = (\boldsymbol{v}_1, \boldsymbol{v}_2, \boldsymbol{v}_3, \ldots) \colon \boldsymbol{v}_1 \in V_1, \ \boldsymbol{v}_2 \in V_2, \ \boldsymbol{v}_3 \in V_3, \ \ldots\}$$

のことである[21]．加法とスカラー倍は，n タプルのときとまったく同様に座標ごとに行う．例 4.7 を見よ．

注意 10.49 一般に，直積が空集合ではないことを示すためには選択公理が必要である！奇妙だが，真実である．

例 10.50 定義 10.48 において，すべての V_i を F に等しいとすると，我々は次のベクトル空間を得る：

$$F^{\infty} = \prod_{i \in \mathbb{N}} F = \{\boldsymbol{v} = (a_1, a_2, a_3, \ldots) \colon a_1, a_2, \ldots \in F\}.$$

このベクトル空間 F^{∞} は興味深い線形変換を 2 つ持ち，いわゆる左シフト変換と右シフト変換である．定義は次の通りである：

$$L(a_1, a_2, a_3, \ldots) = (a_2, a_3, a_4, \ldots) \quad \text{および} \quad R(a_1, a_2, a_3, \ldots) = (0, a_1, a_2, a_3, \ldots).$$

まず $LR(\boldsymbol{a}) = \boldsymbol{a}$ であることがわかるので，自己準同型環 $\mathrm{End}_F(F^{\infty})$ において，写像 L は

---

[21] より一般に，F ベクトル空間の，任意の集合 I で添え字づけられた任意の族 $\{V_i : i \in I\}$ に対して，それらの直積を構成できる．演習問題 10.27 を見よ．

372 第10章 ベクトル空間——第2部

写像 R の左逆元であり，写像 R は写像 L の右逆元である．しかし，この順序を入れ替えると，

$$RL(a_1, a_2, a_3, \ldots) = R(a_2, a_3, a_4, \ldots) = (0, a_2, a_3, a_4, \ldots)$$

となるので，RL は恒等写像ではない．実際，R は右逆元を持たず，L は左逆元を持たないことが示せる．演習問題 10.25 を見よ．これは，有限次元ベクトル空間では，線形変換が右逆元を持つことと左逆元を持つことが同値であることを述べた演習問題 10.12 と好対照である．

我々の第 2 の構成法は似たものだが，「無限のタプル」を，零でない箇所が有限個しかないもののみに制限する．

定義 10.51 $V_1, V_2, V_3, \ldots$ を F ベクトル空間とする．V_i たちの**直和**とは，「無限のタプル」のベクトル空間

$$\sum_{i \in \mathbb{N}} V_i = \left\{ \boldsymbol{v} = (\boldsymbol{v}_1, \boldsymbol{v}_2, \boldsymbol{v}_3, \ldots) : \begin{array}{l} \boldsymbol{v}_1 \in V_1,\, \boldsymbol{v}_2 \in V_2,\, \boldsymbol{v}_3 \in V_3, \ldots かつ，有限個 \\ を除いてすべての i \in \mathbb{N} に対して \boldsymbol{v}_i = 0. \end{array} \right\}.$$

である[22]．加法とスカラー倍は，直積のときと同様に成分ごとに行う．

注意 10.52 定義から，ベクトル空間の直和は直積の部分空間である．直積のときと同様に，すべての V_i を F とした場合がとくに興味深い．得られるベクトル空間は，F の元の無限のタプルで，有限個の座標にのみ 0 でない元が入っているもの全体の集合である．演習問題 10.26 で，直和と直積の重要な違いについて述べており，なぜ前者の方がしばしばわかりやすいかの説明を与えている．

演習問題

10.1 節　ベクトル空間の準同型写像（またの名を線形写像）
10.1 V と W を F ベクトル空間とする．$\mathrm{Hom}_F(V, W)$ での加法とスカラー倍を定義 10.1 のように定めたとき，これが F ベクトル空間になることを示せ．（この問題はほぼ演習問題 4.4 の繰り返しである．）

10.2 節　自己準同型写像と自己同型写像
10.2 命題 10.8 を証明せよ．つまり，$L \in \mathrm{End}_F(V)$ が集合の間の写像として全単射なら，逆写像 L^{-1} も $\mathrm{End}_F(V)$ に属することを示せ．

10.3 定理 10.7，つまり $\mathrm{End}_F(V)$ が環になることの証明において，(2), (4), (6), (7) を証明した．残りの主張を証明せよ：
(1) $Z \colon V \to V$ を V の任意の元 $\boldsymbol{v}$ に対し $Z(\boldsymbol{v}) = \boldsymbol{0}$ を満たす写像とする．

$$Z \in \mathrm{End}_F(V) \quad かつ \quad L + Z = Z + L = L$$

を示せ．

---

[22]再び，我々はより一般的に任意の F ベクトル空間の族の直和 $\sum_{i \in I} V_i$ を定義できる．演習問題 10.27 を見よ．

演習問題　**373**

(3) $L': V \to V$ を V の任意の元 $\boldsymbol{v}$ に対し $L'(\boldsymbol{v}) = -L(\boldsymbol{v})$ を満たす写像とする.

$$L' \in \mathrm{End}_F(V) \quad \text{かつ} \quad L + L' = L' + L = Z$$

を示せ.

(5) $(L_1 + L_2) + L_3 = L_1 + (L_2 + L_3)$ を示せ.
(これはほぼ演習問題 4.5 の繰り返しである.)

10.4 V を零でない F ベクトル空間とする. $\mathrm{End}_F(V)$ が可換環である必要十分条件は, $\dim_F(V) = 1$ であることを示せ.

10.3 節　線形写像と行列
10.5 $\mathbb{R}^2$ のベクトルを

$$\boldsymbol{u} = (1, 2), \quad \boldsymbol{v} = (2, -1), \quad \boldsymbol{w} = (3, 2)$$

とし, $\boldsymbol{e}_1 = (1, 0)$ と $\boldsymbol{e}_2 = (0, 1)$ を標準的な基底とする.
(a) 次の集合が $\mathbb{R}^2$ の基底であることを示せ:

$$\mathcal{B}_1 = \{\boldsymbol{u}, \boldsymbol{v}\}, \quad \mathcal{B}_2 = \{\boldsymbol{v}, \boldsymbol{w}\}, \quad \mathcal{B}_3 = \{\boldsymbol{e}_2, \boldsymbol{w}\}. \tag{10.26}$$

(b) $L: \mathbb{R}^2 \to \mathbb{R}^2$ を

$$L(a, b) = (2a - b, 3a + 2b)$$

で定義される線形変換とする. 標準的な基底 $\{\boldsymbol{e}_1, \boldsymbol{e}_2\}$ に関する L の行列を求めよ.
(c) L を (b) と同じものとする. 式 (10.26) の基底のペアのそれぞれについて, L の行列を求めよ.

　　(i) $\mathcal{M}_{L, \mathcal{B}_1, \mathcal{B}_1}$. 　　(ii) $\mathcal{M}_{L, \mathcal{B}_1, \mathcal{B}_2}$. 　　(iii) $\mathcal{M}_{L, \mathcal{B}_2, \mathcal{B}_3}$. 　　(iv) $\mathcal{M}_{L, \mathcal{B}_2, \mathcal{B}_2}$.

10.6 V を次数が高々 3 である多項式がなす $\mathbb{R}$ ベクトル空間とする:

$$V = \{a + bx + cx^2 + dx^3 : a, b, c, d \in \mathbb{R}\}.$$

(a) 次の集合が V の $\mathbb{R}$ 基底であることを示せ:

　　(i) $\mathcal{A} = \{1, x, x^2, x^3\}$. 　　(ii) $\mathcal{B} = \{1, x + 1, (x + 1)^2, (x + 1)^3\}$.

(b) $L: V \to V$ を微分とする. つまり,

$$L: V \longrightarrow V, \quad L(a + bx + cx^2 + dx^3) = b + 2cx + 3dx^2.$$

(a) の基底について, L に対して決まる次の行列を計算せよ:

　　(i) $\mathcal{M}_{L, \mathcal{A}, \mathcal{A}}$. 　　(ii) $\mathcal{M}_{L, \mathcal{B}, \mathcal{A}}$.

10.7 各 i と j について, $E_{ij} \in \mathsf{Mat}_{m \times n}(F)$ を ij 成分が 1, それ以外は 0 であるような行列とする.

$$\{E_{ij} : 1 \le i \le m, \ 1 \le j \le n\}$$

が $\mathsf{Mat}_{m \times n}(F)$ の F ベクトル空間としての基底であることを証明せよ. それにより,

$$\dim_F \mathsf{Mat}_{m \times n}(F) = mn$$

374　第 10 章　ベクトル空間——第 2 部

を結論せよ.

10.8　この演習問題では,定理 10.12 と系 10.13 を,本文で与えたのとはやや異なる議論で証明してほしい. V と W を有限次元 F ベクトル空間とし,$n = \dim(V)$ および $m = \dim(W)$ とする. V, W の基底をそれぞれ次のように固定する:

$$\mathcal{B}_V = \{\boldsymbol{v}_1, \boldsymbol{v}_2, \ldots, \boldsymbol{v}_n\} \quad \text{および} \quad \mathcal{B}_W = \{\boldsymbol{w}_1, \boldsymbol{w}_2, \ldots, \boldsymbol{w}_m\}.$$

これにより,各線形写像 $L \in \mathrm{Hom}_F(V, W)$ に対して,対応する m 行 n 列の行列 $\mathcal{M}_L$ が式 (10.2) と式 (10.3) で述べたように定まる. 各 $1 \leq i \leq m$ と各 $1 \leq j \leq n$ に対して,写像を次のように定める:

$$E_{ij} \in \mathcal{B}_V \longrightarrow \mathcal{B}_W \quad \text{を} \quad E_{ij}(\boldsymbol{v}_k) = \begin{cases} \boldsymbol{w}_i & k = j \text{ のとき,} \\ \boldsymbol{0} & k \neq j \text{ のとき.} \end{cases} \tag{10.27}$$

(a) F 線形写像 $E_{ij} \colon V \to W$ で,式 (10.27) が任意の $1 \leq k \leq n$ に対して真であるものが存在する.

(b) E_{ij} の基底 $\mathcal{B}_V$ と $\mathcal{B}_W$ に関する行列が,ij 成分が 1,それ以外の成分が 0 であることを示せ.

(c) 次の集合

$$\{E_{ij} \colon 1 \leq i \leq n,\ 1 \leq j \leq m\}$$

が $\mathrm{Hom}_F(V, W)$ の基底であることを証明せよ.

(d) $\mathrm{Hom}_F(V, W)$ が有限次元であること,そして次元が次で与えられることを示せ:

$$\dim \mathrm{Hom}_F(V, W) = \dim_F(V) \cdot \dim_F(W).$$

10.9　基底の変換公式(命題 10.17)を証明せよ.

10.4 節　部分空間と剰余空間

10.10　$L \colon V \to W$ を F ベクトル空間の線形写像とする.

(a) L の核は V の部分空間であること,ならびに L の像は W の部分空間であることを示せ.

(b) 線形写像 L が単射である必要十分条件は $\ker(L) = \{\boldsymbol{0}\}$ であることを示せ.

10.11　V を F ベクトル空間とし,$U \subseteq V$ を部分空間とする.

(a) 剰余群 V/U にベクトル空間の構造が矛盾なく定義されることを主張する,命題 10.24 を証明せよ.

(b) 写像

$$L \colon V \longrightarrow V/U, \quad L(\boldsymbol{v}) = \boldsymbol{v} + U$$

は,核が $\ker(L) = U$ であるような線形写像であることを証明せよ.

10.12　V を有限次元ベクトル空間とし,$L \in \mathrm{End}_F(V)$ とする. 次の同値性を証明せよ:

(a) $L_1 \in \mathrm{End}_F(V)$ であって,$LL_1 = I$ を満たすものが存在する. (L_1 は右逆元であるという.)

(b) $L_2 \in \mathrm{End}_F(V)$ であって,$L_2 L = I$ でを満たすものが存在する. (L_2 を左逆元であるという.)

注意:V が有限次元であるという仮定を使っていることを確認せよ. というのは,この主張は無限次元ベクトル空間だと偽である.

10.5 節　固有値と固有ベクトル

10.13　次に挙げる線形変換それぞれについて,例 10.27 のように,固有ベクトルと固有値を求めよ.

(a) $L(\boldsymbol{e}_1) = -\boldsymbol{e}_1 + 4\boldsymbol{e}_2$ かつ $L(\boldsymbol{e}_2) = 4\boldsymbol{e}_1 - \boldsymbol{e}_2$.

(b) $L(\boldsymbol{e}_1) = \boldsymbol{e}_2$ かつ $L(\boldsymbol{e}_2) = -\boldsymbol{e}_1$. （この問いでは $F = \mathbb{C}$ としてよい.）

(c) $L(\boldsymbol{e}_1) = \boldsymbol{e}_1 - \boldsymbol{e}_3$, $L(\boldsymbol{e}_2) = 4\boldsymbol{e}_3$, かつ $L(\boldsymbol{e}_3) = 2\boldsymbol{e}_1 + \boldsymbol{e}_2 + 2\boldsymbol{e}_3$.

10.14 $A \in \mathsf{Mat}_{n \times n}(F)$ を対角行列とし, V を n 次元 F ベクトル空間, さらに $\mathcal{B}$ を V の基底とする. 定理 10.12 によると, 線形変換 $L \in \mathrm{End}_F(V)$ がただ 1 つ存在して, 基底 $\mathcal{B}$ に関する行列が A である. つまり,

$$\mathcal{M}_{L,\mathcal{B},\mathcal{B}} = A.$$

$\mathcal{B}$ が L の固有ベクトルによる基底であることと, A の対角成分が対応する固有値であることを証明せよ.

10.15 V を F ベクトル空間とし, $L \in \mathrm{End}_F(V)$ とする.

(a) $\boldsymbol{v}_1, \ldots, \boldsymbol{v}_n \in V$ を L の固有ベクトルとし, 対応する固有値 $\lambda_1, \ldots, \lambda_n \in F$ が相異なると仮定する. $\boldsymbol{v}_1, \ldots, \boldsymbol{v}_n \in V$ は線形独立であることを証明せよ.

(b) $\dim_F(V) = n$ とする. L は高々 n 個の相異なる固有値を持つことを証明せよ.

(c) $\dim_F(V) = n$ とする. L が n 個の相異なる固有値を持てば, L は対角化可能であることを証明せよ.

(d) (c) の逆は真だろうか? 言い換えると, 零でない対角化可能な線形変換 L は n 個の相異なる固有値を持つだろうか?

10.16 V を有限次元ベクトル空間とする. $L_1, L_2 \in \mathrm{End}_F(V)$ を V の線形変換で, 次の 3 つの条件を満たすものとする.

(1) L_1 の固有ベクトルからなる V の基底が存在する.

(2) L_2 の固有ベクトルからなる V の基底が存在する.

(3) $L_1 L_2 = L_2 L_1$.

V の基底で, L_1 と L_2 の両方の固有ベクトルとなるようなベクトルからなる基底が存在することを証明せよ. この結果はしばしば次のように述べられる:「可換な対角化可能行列は, 同時に対角化可能である.」（ヒント：どこから手をつければよいかわからないなら, まず L_1 が $\dim(V)$ 個の相異なる固有値を持つ場合から試してみよ.）

10.6 節　行列式

10.17 V を F ベクトル空間とし, $L \in \mathrm{End}_F(V)$ を線形変換とする. また, $\delta \in \mathfrak{A}(V)$ を, 定義 10.33 で述べた交代 n 形式の元とする.

(a) $L^*\delta$ を式 (10.17) で述べたものとすると, これが $\mathfrak{A}(V)$ の元であることを示せ. つまり, $L^*\delta$ が V 上の交代 n 形式であることを示せ.

(b) 写像 $L^* : \mathfrak{A}(V) \to \mathfrak{A}(V)$ が F 線形変換であることを証明せよ. つまり, $L^* \in \mathrm{End}(\mathfrak{A}(V))$ を示せ.

10.18 $\delta : V^n \to F$ を交代 n 形式とする. $\boldsymbol{v}_1, \ldots, \boldsymbol{v}_n$ のうち 2 つのベクトルを入れ替えると $\delta(\boldsymbol{v}_1, \ldots, \boldsymbol{v}_n)$ の符号が変わることを証明せよ. つまり, 次を示せ:

$$\delta(\boldsymbol{v}_1, \ldots, \boldsymbol{v}_n) = -\delta(\boldsymbol{v}_1, \ldots, \underset{\substack{\uparrow \\ \boldsymbol{v}_i と交換}}{\boldsymbol{v}_{i-1}, \boldsymbol{v}_j, \boldsymbol{v}_{i+1}}, \ldots, \underset{\substack{\uparrow \\ \boldsymbol{v}_j と交換}}{\boldsymbol{v}_{j-1}, \boldsymbol{v}_i, \boldsymbol{v}_{j+1}}, \ldots, \boldsymbol{v}_n).$$

（ヒント：δ の値を, i 番目と j 番目の両方を $\boldsymbol{v}_i + \boldsymbol{v}_j$ として計算せよ.）

10.19 V を n 次元 F ベクトル空間とし, $\{\boldsymbol{e}_1, \ldots, \boldsymbol{e}_n\}$ を V の基底とする. さらに, $\delta \in \mathfrak{A}(V)$ を

376 第 10 章 ベクトル空間——第 2 部

V 上の交代 n 形式とする.

(a) 各 $(\boldsymbol{v}_1,\ldots,\boldsymbol{v}_n)\in V^n$ に対して, スカラー c が存在して,

$$\delta(\boldsymbol{v}_1,\ldots,\boldsymbol{v}_n)=c\delta(\boldsymbol{e}_1,\ldots,\boldsymbol{e}_n)$$

を満たすことを証明せよ. (ヒント：δ の線形性と交代性を使う.)

(b) (a) を使って次を示せ：

$$\delta(\boldsymbol{e}_1,\ldots,\boldsymbol{e}_n)=0 \implies \delta=0.$$

(c) (a) のスカラー c は $\boldsymbol{v}_1,\ \ldots,\ \boldsymbol{v}_n$ と $\boldsymbol{e}_1,\ \ldots,\ \boldsymbol{e}_n$ にはよるかもしれないが, 交代 n 形式 δ にはよらないことを示せ. そのことから, $\delta,\delta'\in\mathfrak{A}(V)$ について,

$$\delta(\boldsymbol{e}_1,\ldots,\boldsymbol{e}_n)=\delta'(\boldsymbol{e}_1,\ldots,\boldsymbol{e}_n) \implies \delta=\delta'$$

を示せ.

(d) (c) を使って, $\dim_F \mathfrak{A}(V)\leq 1$ を示せ.

10.7 節　行列式，固有値，特性多項式

10.20 例 10.43 での $P_L(T)$ の計算を, 次の量を明示的に計算することで完結させよ：

$$\frac{\delta(\boldsymbol{e}_1,L(\boldsymbol{e}_2))+\delta(L(\boldsymbol{e}_1),\boldsymbol{e}_2)}{\delta(\boldsymbol{e}_1,\boldsymbol{e}_2)},\quad \text{写像 } L \text{ は次を満たすとする：}\quad \begin{cases} L(\boldsymbol{e}_1)=a\boldsymbol{e}_1+b\boldsymbol{e}_2, \\ L(\boldsymbol{e}_2)=c\boldsymbol{e}_1+d\boldsymbol{e}_2. \end{cases}$$

10.21 V を n 次元 F ベクトル空間とし, $L\in\mathrm{End}_F(V)$ を線形変換とする：

(a) F が無限体なら, 次の性質を満たす多項式 $P(T)\in F[T]$ は高々 1 つしかないことを示せ：

$$\text{任意の } \lambda\in F \text{ に対して}\quad P(\lambda)=\det(\lambda I-L). \tag{10.28}$$

(b) F を有限体とする. 式 (10.28) は $P(T)\in F[T]$ を一意に決めるか？ もしそうではないなら, $P(T)$ はどの程度変わりうるだろうか？

(c) 定理 10.42 (a) の証明で, 多項式

$$P_L(T)=T^n+\sum_{i=1}^{n}b_i(\delta,\mathcal{B},L)T^{n-i}\in F[T]$$

を構成した. これは式 (10.28) を満たし, また見かけ上は, 係数が非零 n 形式 $\delta\in\mathfrak{A}(V)$, V の基底 $\mathcal{B}$, L に依存している. しかし実際には, 係数 $b_i(\delta,\mathcal{B},L)$ は δ や $\mathcal{B}$ の取り方にはよらないため, 定理 10.42 (a) の構成は, 各 $L\in\mathrm{End}(V)$ に対して式 (10.28) を満たす多項式 $P_L(T)$ を一意的に与えることを証明せよ.

10.22 $L\in\mathrm{End}_F(V)$ を可逆な線形変換とする.

(a)

$$P_{L^{-1}}(T)=\det(L)^{-1}\cdot(-T)^{\dim V}\cdot P_L(T^{-1})$$

を証明せよ.

(b) $n=\dim V$ とし, L の固有値を $\lambda_1,\ldots,\lambda_n$ とする（重複があれば, その分だけ同じ値が並んでいるとする）. L^{-1} の固有値は $\lambda_1^{-1},\ldots,\lambda_n^{-1}$ であることを示せ.

(c) $L^d=I$ と仮定する. L の固有値は 1 の d 乗根であることを示せ.

10.23 V を n 次元 F ベクトル空間とし, $L\in\mathrm{End}_F(V)$ とする. さらに,

とする。**L の跡**[23]を次のように定義する:

$$\mathrm{Tr}(L) = c_1(L).$$

(a) $J, L \in \mathrm{End}_F(V)$ とする。次を示せ:

$$\mathrm{Tr}(JL) = \mathrm{Tr}(LJ).$$

とくに, もし J が可逆なら,

$$\mathrm{Tr}(J^{-1}LJ) = \mathrm{Tr}(L)$$

であることを示せ.

(b) 次を示せ:

$$\mathrm{Tr}(aL_1 + bL_2) = a\,\mathrm{Tr}(L_1) + b\,\mathrm{Tr}(L_2);$$

つまり,

$$\mathrm{Tr}\colon \mathrm{End}_F(V) \longrightarrow F$$

は F 線形写像であることを示せ.

(c) F が代数的に閉じているとして, $\lambda_1, \ldots, \lambda_n$ を L の固有値とする.(重複があれば, その分だけ同じ値が並んでいるとする.)すると $P_L(T) = \prod(T - \lambda_i)$ である. このとき,

$$\mathrm{Tr}(L) = \lambda_1 + \cdots + \lambda_n$$

を示せ.

(d) $\mathcal{B}$ を V の基底とし,

$$\mathcal{M}_{L,\mathcal{B},\mathcal{B}} = \begin{pmatrix} a_{11} & \cdots & a_{1n} \\ \vdots & \ddots & \vdots \\ a_{n1} & \cdots & a_{nn} \end{pmatrix} \in \mathsf{Mat}_{n \times n}(F)$$

を L の $\mathcal{B}$ に関する行列とする.

$$\mathrm{Tr}(L) = a_{11} + a_{22} + \cdots + a_{nn}$$

つまり, 跡は L の行列の対角成分の和であることを証明せよ.

10.8 節　無限次元ベクトル空間

10.24 (a)

$$p_0(x),\ p_1(x),\ p_2(x),\ \ldots \in F[x] \quad \text{は} \quad \deg p_n(x) = n \text{ を満たす多項式}$$

とする。$\{p_0, p_1, p_2, \ldots\}$ が $F[x]$ の F 基底であることを証明せよ.

(b) 偶数次数の多項式のみからなる $F[x]$ の F 基底を 1 つ書き下せ.

(c) 任意の $N \geq 1$ に対して, $F[x]$ の F 基底で, どの多項式の次数も少なくとも N であるものを 1 つ書き下せ.

10.25 F^∞ を例 10.50 で定義したベクトル空間とする.

---

[23]訳注：跡 (trace) をトレースとも称する.

378　第 10 章　ベクトル空間——第 2 部

　(a) F^∞ が無限次元であることを示せ.

　(b) L と R を例 10.50 で述べた左シフト変換と右シフト変換とする. L と R が $\mathrm{End}_F(F^\infty)$ の元であること, つまり, これらが F 線形変換であることを証明せよ.

　(c) L が全射だが単射でないことを示せ.

　(d) R が単射だが全射ではないことを示せ.

　(e) 例 10.50 で $LR = I$ を示した. つまり, R は L の右逆元だし, L は R の左逆元である. (c), (d) を用いて, R が右逆元を持たないこと, L が左逆元を持たないことを示せ.

10.26　各 $k \in \mathbb{N}$ に対して, ベクトル

$$e_k = (0, 0, \ldots, 0, 1, 0, 0, \ldots),$$

を, 第 k 成分が 1, それ以外は 0 として定める.

$$\mathcal{E} = \{e_1, e_2, e_3, \ldots\}$$

とする.

　(a) $\mathcal{E}$ が直和 $\sum_{i \in \mathbb{N}} F$ の基底であることを証明せよ. とくに, $\sum_{i \in \mathbb{N}} F$ は可算基底を持つことを示せ.

　(b) $\mathcal{E}$ は直積 $\prod_{i \in \mathbb{N}} F$ の基底ではないことを示せ.

　(c) 直積 $\prod_{i \in \mathbb{N}} F$ は可算基底を持たないことを示せ.

　(d) $\{V_i : i \in \mathbb{N}\}$ を有限次元ベクトル空間の族とする. 直和 $\sum_{i \in \mathbb{N}} V_i$ は可算基底を持つこと, しかし直積 $\prod_{i \in \mathbb{N}} V_i$ は可算基底を持たないことを証明せよ.

10.27　無限個のベクトル空間のリスト $V_1, V_2, V_3, \ldots$ の積を定義した. しかし, 非可算個のベクトル空間の積を定義したいとしよう. 一般に, 任意の添え字集合 I に対して, 各 $i \in I$ に対して F ベクトル空間 V_i が与えられているとしよう. 添え字集合 I が任意だから, もはや無限個の要素からなるタプルということはできない. よって, V_i の $i \in I$ にわたる**直積**を, 次のように写像のなすベクトル空間として定義する:

$$\prod_{i \in I} V_i = \left\{ \text{写像 } v \colon I \to \bigcup_{i \in I} V_i \text{ で, すべての } i \in I \text{ について } v(i) \in V_i \right\}.$$

$\prod_{i \in I} V_i$ の加法とスカラー倍は

$$(v + w)(i) = v(i) + w(i) \quad \text{かつ} \quad (cv)(i) = cv(i)$$

と定義する.

　(a) $\prod_{i \in I} V_i$ が F ベクトル空間であることを証明せよ.

　(b) $I = \mathbb{N}$ なら, この演習問題での $\prod_{i \in \mathbb{N}} V_i$ の定義が定義 10.48 で与えたものと同じであることを説明せよ.

　(c) 任意の添え字集合 I に対するベクトル空間の族 V_i の直和をどう定義するか説明せよ.

第11章 加群——第1部：
　　　環＋ベクトルのようなものの空間

重要な注意　この章では，環といえば**可換環**であり，またいつもの通り我々の環はつねに乗法の単位元を持つものとする．

11.1　加群とは何か？

　第4章では，ベクトル空間を定義する際に，基本構成要素として体を用いた．実際，ベクトル空間のどのような記述についても，必然的にスカラーの基礎となる体への言及が不可欠であった．体は環の特別なもので，つまり体とは環であって任意の非零元が乗法に関する逆元を持つようなものだった．さて体を環に置き換えたらどうなるだろうか？　言い換えると，次の類似をどのように完成させられるだろうか？

$$ベクトル空間での体は，\boxed{\text{（？）}}での環．$$

箱の中に入る数学的用語は……「ドラムロールをどうぞ！」

$$ベクトル空間での体は，\boxed{\text{加群}}での環．$$

定義 11.1　R を環とする．**R 加群**とは，加法 $+$ を持つアーベル群 M と，加群の元 $m \in M$ と環の元 $r \in R$ に対して，それらから加群の新しい元 $rm \in M$ を得る乗算を組にしたものである．加群の加法と R 倍写像には，任意の $m, m_1, m_2 \in M$ と任意の $r, r_1, r_2 \in R$ に対して，次の公理を満たすことを要請する：

$$1m = m. \qquad 単位元公理$$
$$r(m_1 + m_2) = rm_1 + rm_2. \qquad 分配則\ \#1$$
$$(r_1 + r_2)m = r_1 m + r_2 m. \qquad 分配則\ \#2$$
$$(r_1 r_2)m = r_1(r_2 m). \qquad 結合則$$

　次に，線形写像とは F ベクトル空間の間の写像で，F ベクトル空間としての性質を尊重するものだったことを思い出そう．つまりそれは F ベクトル空間準同型写像なのだった．線形写像の定義で，F を R に置き換えて，R 加群の間の写像であって，R 加群としての性質を保存するものを特徴づけよう．

定義 11.2　R を環とし，M と N を R 加群とする．M から N への **R 線形写像**とは，あるいは **R 加群準同型写像**とは，写像

380　第 11 章　加群——第 1 部：環 + ベクトルのようなものの空間

$$\phi \colon M \longrightarrow N$$

であって，任意の $m_1, m_2 \in M$ と任意の $r_1, r_2 \in R$ に対して，

$$\phi(r_1 m_1 + r_2 m_2) = r_1 \phi(m_1) + r_2 \phi(m_2)$$

が成り立つものである．ϕ の核とは，

$$\ker(\phi) = \{m \in M : \phi(m) = 0\}$$

である．

　見ての通り，環 R 上の加群 M の定義は，体 F 上のベクトル空間 V の定義と，また同じく，それぞれの線形写像の定義は，形式上ぴったり同じである．単に F を R で置き換えたものである．とくに，F 加群とは F ベクトル空間と同一のものである．しかしながら，ここで見るように，加群の理論はベクトル空間の理論よりはるかに豊かで，より興味深いものである．

11.2　加群の例

例 11.3（$\mathbb{Z}$ 加群）　A をアーベル群とする．すると，次のように A を $\mathbb{Z}$ 加群とすることができる：$a \in A$ と $n \in \mathbb{Z}$ に対して na を，a をそれ自身と $|n|$ 回加え，もし $n < 0$ なら加法に関する逆元をとったものと定義する．

$$na = \overset{\overset{\displaystyle n<0\ \text{なら加法に関する逆元をとる.}}{\downarrow}}{\pm} (\underbrace{a + a + \cdots + a}_{|n|\ 項}). \tag{11.1}$$

もちろん，この公式は $0a = 0$ とすることも意味する．演習問題 11.1 (a) を見よ．

　逆に，もし M が $\mathbb{Z}$ 加群なら，定義により M はアーベル群であり，また加群の公理から，任意の $n \in \mathbb{Z}$ と任意の $a \in M$ に対して，積 na が式 (11.1) により与えられる．たとえば，もし $n \geq 1$ なら，

$$na = (\underbrace{1 + 1 + \cdots + 1}_{n\ 項})a \overset{\overset{\displaystyle 分配則}{\downarrow}}{=} \underbrace{1a + 1a + \cdots + 1a}_{n\ 項} \overset{\overset{\displaystyle 単位元公理}{\downarrow}}{=} \underbrace{a + a + \cdots + a}_{n\ 項}.$$

この議論から，多かれ少なかれ次の同値性が示されている：

$$\left\{ \begin{array}{c} アーベル群と \\ 群準同型写像 \end{array} \right\} \overset{\sim}{\longleftrightarrow} \left\{ \begin{array}{c} \mathbb{Z}\ 加群と \\ \mathbb{Z}\ 線形写像 \end{array} \right\}.$$

したがって，$\mathbb{Z}$ 加群の理論はちょうどアーベル群の理論と同じである．あるいは，14.5 節の言葉を使えば，$\mathbb{Z}$ 加群の圏はアーベル群の圏と同じである．

例 11.4　ベクトル空間のときに例 4.7 でそうしたように，n 個の元のタプル全体の集合 R^n を R 加群にできる．よって，R^n は次の演算により R 加群である．

$$(a_1, \ldots, a_n) + (b_1, \ldots, b_n) = (a_1 + b_1, \ldots, a_n + b_n),$$
$$c(a_1, \ldots, a_n) = (ca_1, \ldots, ca_n).$$

例 11.5 $I \subseteq R$ をイデアルとする．I も R/I も，どちらも R 加群である．逆に，R の部分集合 J がイデアルである必要十分条件は，J が R の R 部分加群であることである．演習問題 11.6 と演習問題 11.11 を見よ．

例 11.6（F 加群） F を体とする．前に触れたように，F 加群とは F ベクトル空間の別名である．あるいは，14.5 節で述べるように，F 加群の圏と F ベクトル空間の圏は同一である．

例 11.7（$F[x]$ 加群） F を体とし，$R = F[x]$ を F に係数を持つ多項式の環とする．さらに M を R 加群とする．このとき最初の観察は，M が F 加群でもあるというものである．M の元に，定数多項式を掛けることができるからである．よって，まず M が F ベクトル空間だとわかった．だが，それがすべてではない．M の元に任意の多項式を，とくに x を掛けることができる．次の写像の性質は何だろうか？

$$\phi \colon M \longrightarrow M, \quad \phi(m) = xm$$

加群の定義から直接，

$$\phi(m_1 + m_2) = x(m_1 + m_2) = xm_1 + xm_2 = \phi(m_1) + \phi(m_2),$$
$$\phi(cm) = x(cm) = c(xm) = c\phi(m)$$

がわかる．したがって，ϕ は F ベクトル空間 M の F 線形変換である．

ϕ と結合法則を使って，x の冪が M の元にどう作用するかがわかる．たとえば，

$$x^3 m = x(x(xm)) = x(x\phi(m)) = x(\phi \circ \phi(m)) = \phi \circ \phi \circ \phi(m).$$

より一般に，x の任意の冪に対して，

$$x^k m = \phi^k(m), \quad \text{ここで} \quad \phi^k = \overbrace{\phi \circ \phi \circ \cdots \circ \phi}^{k \text{ 回反復}}.$$

さらに，ここから R の任意の元が M の元にどのように作用するかを述べることができる．

$$\left(\sum_{k=0}^{d} c_k x^k \right) m = \sum_{k=0}^{d} c_k \phi^k(m).$$

逆に，F ベクトル空間 V と，線形変換 $L \colon V \to V$ が与えられたとしよう．このとき，L を使って V を，$xv = L(v)$ という作用により $F[x]$ 加群にできる．この規則と，加群の公理とを合わせると，$F[x]$ の元の V への作用が次のようになることがわかる：

382　第 11 章　加群——第 1 部：環 + ベクトルのようなものの空間

$$\left(\sum_{k=0}^{d} c_k x^k\right) v = \sum_{k=0}^{d} c_k L^k(v).$$

これは次の同値を与える：

$$\left\{\begin{array}{l} F \text{ ベクトル空間 } V \text{ と，特定の} \\ \text{線形変換 } L: V \to V \text{ の組} \end{array}\right\} \overset{\sim}{\longleftrightarrow} \{F[x] \text{ 加群}\}.$$

したがって，$F[x]$ 加群の理論と，特定の線形変換が指定された F ベクトル空間の理論は同一である．

注意 11.8　例 11.3–11.7 は，加群の世界の動植物相の果てしない多様性を告げている．加群についての一般的な定理を証明すれば，アーベル群，ベクトル空間，線形変換についての定理を同時に証明したことになる．この視点は 11.8 節で展開され，そこでは加群についての一般的な定理を 1 つ使うだけで，すべての有限アーベル群を分類し，また線形変換のジョルダン (Jordan) 標準形の存在を証明する．

11.3　部分加群と剰余加群

代数学の世界をめぐる旅の中で，さまざまな種類の代数的対象を研究してきた．そこには，群があり，環があり，**ベクトル空間**があり，体があった[1]．どの場合も，部分対象，剰余対象，対象の間の写像，対象の積などを調べる重要性を見てきた．したがって，「今が旬」の代数的対象である加群を扱っているからこの節での題材はある意味で新しい．しかし，準用すれば[2]，どれも以前に目にしたものばかりである．したがって，結果を述べて証明は読者に委ねることでおおむね満足としたい．

定義 11.9　M を R 加群とする．**M の部分加群**とは，部分集合 $N \subseteq M$ であって，M から受け継いだ加法と R 乗法により，それ自身が R 加群であるようなものである．言い換えると，$(N, +)$ はアーベル群 $(M, +)$ の部分群で，N はさらに任意の $n \in N$ と $a \in R$ に対して $an \in N$ が定まっているようなものである．

例 11.10　M を R 加群とし，$m_1, \ldots, m_k \in M$ を M の元とする．このとき，集合

$$\{r_1 m_1 + r_2 m_2 + \cdots + r_k m_k : r_1, r_2, \ldots, r_k \in R\}$$

は M の部分加群である．演習問題 11.9 を見よ．これを **$m_1, \ldots, m_k$ で生成される加群**といい，また **$m_1, \ldots, m_k$ のスパン**ともいう．定義 11.20 を見よ．

命題 11.11　M を R 加群とし，$N \subseteq M$ を M の部分加群とする．

(a) 剰余加群 M/N は自然な加法と，R 乗法により R 加群である．

---

[1] それに**ライオン**や**虎**や**クマ**も？　どうしましょう！！☺（訳注：これは，映画『オズの魔法使い』でドロシーが「臆病なライオン」と出会うくだりの引用である．）

[2] 訳注：法令でよく使われる語．原書ではラテン語で "mutatis mutandis" とあり，それが「適切な変更を施せば」という意味だという注がある．

11.3　部分加群と剰余加群　　**383**

$$(m_1 + N) + (m_2 + N) = (m_1 + m_2) + N \quad \text{および} \quad a(m + N) = am + N.$$

(b) 次の R 加群準同型写像がある：

$$\phi \colon M \longrightarrow M/N, \quad \phi(m) = m + N, \quad \text{ここで} \quad \ker(\phi) = N.$$

証明　演習問題 11.3 を見よ. □

命題 11.12　$\phi \colon M \to N$ を R 加群準同型写像とする.
　(a) ϕ の核は M の R 部分加群である.
　(b) ϕ が単射である必要十分条件は $\ker(\phi) = \{0\}$ である.
　(c) ϕ は，次のように単射な R 加群準同型写像を引き起こす：

$$\overline{\phi} \colon M/\ker(\phi) \lhook\joinrel\longrightarrow N, \quad \overline{\phi}(m + \ker(\phi)) = \phi(m).$$

証明　演習問題 11.4 を見よ. □

定義 11.13　$M_1, \ldots, M_k$ を R 加群とする. それらの**積**を，k 個の元のタプル全体

$$M_1 \times \cdots \times M_k = \{(m_1, \ldots, m_k) \colon \text{各 } 1 \leq i \leq k \text{ について } m_i \in M_i\}$$

と定義する. 加法と R 乗法は成分ごとに行う：

$$(m_1, \ldots, m_k) + (m_1', \ldots, m_k') = (m_1 + m_1', \ldots, m_k + m_k'),$$
$$a(m_1, \ldots, m_k) = (am_1, \ldots, am_k).$$

これらの演算により，実際に積が R 加群になることの確認は省略する.

例 11.14　例 11.4 の R 加群 R^n は，記号からもわかるように，R 加群 R の n 個の積 $R \times R \times \cdots \times R$ にほかならない.

11.3.1　単項部分加群と巡回部分加群

　M の部分加群を作り出す自然な方法は，R のある元から始めて，その M 倍すべてをとることである. あるいは，その代わりに M のある元から始めて，その R 倍すべてをとることもできる.

定義 11.15　M を R 加群とする.
　(a) $a \in R$ とする. ***M の a に対応する単項部分加群***とは，

$$aM = \{am \colon m \in M\}$$

　である.
　(b) $m \in M$ とする. ***M の m が生成する巡回部分加群***とは，

$$Rm = \{am : a \in R\}$$

である.

aM や Rm が M の部分加群であることの確認は読者に委ねる. 演習問題 11.5 を見よ.

例 11.16 もし $M = R$ とすれば,

$$aM = aR = \{ar : r \in R\}.$$

つまり, R の単項部分加群は単に R の単項イデアルの別名である.

例 11.17 $R = \mathbb{Z}$ ととれば, R 加群 M とは単にアーベル群である. また, m により生成される M の巡回部分加群とは, 巡回部分群

$$\mathbb{Z}m = \{\ldots, -2m, -m, 0, m, 2m, 3m, \ldots\} \subseteq M$$

である.

次の命題は部分加群と剰余加群の細工を仕立てる機会を与えてくれる. 一般化については演習問題 11.7 を見よ.

命題 11.18 M を R 加群とし, $a \in R$ とする. このとき剰余加群 M/aM は自然な R/aR 加群構造を持つ.

証明 剰余加群 M/aM と剰余環 R/aR の元を表すのに, 上に横線を引くことにする. $\bar{r} \in R/aR$ の元と $\bar{m} \in M/aM$ の元の積を定義する必要がある. 唯一の自然な定義は

$$\bar{r} \cdot \bar{m} = \overline{rm} \tag{11.2}$$

である. 式 (11.2) が意味をなすかという点が問題になる. R/aR の同じ元を表す R の元は無数にあり, 同様に M/aM の同じ元を表す M の元も無数にあるからである. そこで, 次を証明する必要がある:

主張: $\bar{r}_1 = \bar{r}_2$ かつ $\bar{m}_1 = \bar{m}_2 \implies \overline{r_1 m_1} = \overline{r_2 m_2}.$

主張の証明

$$
\begin{aligned}
\bar{r}_1 = \bar{r}_2 \text{ かつ } \bar{m}_1 = \bar{m}_2 &\iff \text{ある } r \in R \text{ とある } m \in M \text{ に対して,} \\
&\qquad r_1 = r_2 + ar \quad \text{かつ} \quad m_1 = m_2 + am \\
&\implies r_1 m_1 = (r_2 + ar)(m_2 + am) \\
&\qquad = r_2 m_2 + a(r_2 m + rm_2 + arm) \\
&\qquad \in r_2 m_2 + aM \\
&\implies \overline{r_1 m_1} = \overline{r_2 m_2}.
\end{aligned}
$$

これで主張の証明が終わり，よって命題 11.18 も証明された．　　　　　　　　□

11.3.2　無限直積と無限直和

10.8 節でベクトル空間の無限直積と無限直和について議論し，さらに追加の話題を演習問題 10.27 と演習問題 11.14 で述べた．加群についてもまったく同じ構成が可能であるため，対応する定義を与えるだけにする．

定義 11.19　I を添え字集合として用いる任意の集合とし，各 $i \in I$ に対して R 加群 M_i が対応しているとする．このとき，M_i たちの（**直**）**積**と**直和**とはそれぞれ次で与えられる R 加群である：

$$\prod_{i \in I} M_i = \{(m_i)_{i \in I} : m_i \in M_i\},$$

$$\sum_{i \in I} M_i = \{(m_i)_{i \in I} : m_i \in M_i \text{ かつ有限個の } i \text{ を除いて } m_i \text{ が } 0\}.$$

11.4　自由加群と有限生成加群

ベクトル空間の基本的な性質は，すべてのベクトル空間が基底を持つということだった．実際，ベクトル空間の任意の生成系は基底を含む．この節で見るように，すべての加群がこのよい性質を持つわけではない．まずベクトル空間における定義を加群の言葉で書き直すことから始めよう．

定義 11.20　M を R 加群とする．

(a) 部分集合 $\mathcal{S} \subseteq M$ の**スパン**とは，次のような $\mathcal{S}$ の有限個の項の R 係数の和の集合である[3]：

$$\mathrm{Span}(\mathcal{S}) = \{r_1 m_1 + \cdots + r_k m_k : k \geq 0, \ r_1, \ldots, r_k \in R, \ m_1, \ldots, m_k \in \mathcal{S}\}.$$

$\mathrm{Span}(\mathcal{S})$ は M の部分加群である（演習問題 11.9）．$M = \mathrm{Span}(\mathcal{S})$ が成り立つとき，$\mathcal{S}$ は M を張るという．しばしば，考えている環を明示するために $\mathrm{Span}_R(\mathcal{S})$ とも書く．

(b) 部分集合 $\mathcal{S} \subseteq M$ が**線形独立**とは，任意の $r_1, \ldots, r_k \in R$ と，相異なる $m_1, \ldots, m_k \in \mathcal{S}$ に対して，

$$r_1 m_1 + r_2 m_2 + \cdots + r_k m_k = 0 \iff r_1 = r_2 = \cdots = r_k = 0$$

が成り立つことをいう．

(c) 部分集合 $\mathcal{S} \subseteq M$ が **M の基底**であるとは，$\mathcal{S}$ が M を張り，さらに線形独立であることである．

注意：すべての加群が基底を持つとは限らない！

---

[3] 注意：集合 $\mathcal{S}$ が無限集合になることは許されるが，スパンは有限個の項の和のみからなる．

386 第 11 章 加群——第 1 部：環 + ベクトルのようなものの空間

注意 11.21 R を特定する，もしくはその重要性を強調したいときは，用語に R を付して，R **スパン**とか，集合の R **線形独立性**，もしくは集合が R **基底**であるという言い方をする．

注意 11.22 $\mathcal{S} = \{m_1, \ldots, m_r\}$ が M の有限部分集合なら，そのスパンにはいろいろな記法がある．たとえば，

$$\mathrm{Span}(m_1, \ldots, m_r), \quad Rm_1 + \cdots + Rm_r, \quad (m_1, \ldots, m_r), \quad \text{また} \quad \langle m_1, \ldots, m_r \rangle.$$

定義 11.23 M を R 加群とする．
- (a) M が**自由 R 加群**であるとは，基底を持つことをいう．
- (b) M が**有限生成 R 加群**とは，M の有限個の元からなる部分集合のスパンと一致することである．
- (c) M が**巡回 R 加群**とは，1 つの M の元からなる部分集合のスパンと一致することである．

例 11.24 例 11.4 の R 加群 $M = R^n$ は有限生成自由 R 加群である．典型的な元

$$\boldsymbol{e}_1 = (1, 0, 0, \ldots, 0, 0), \quad \boldsymbol{e}_2 = (0, 1, 0, \ldots, 0, 0), \quad \ldots, \quad \boldsymbol{e}_n = (0, 0, \ldots, 0, 1)$$

が R^n の R 加群としての有限基底である．

例 11.25 任意のアーベル群は $\mathbb{Z}$ 加群である．しかし，任意のアーベル群が自由 $\mathbb{Z}$ 加群であるわけではない．つまり，アーベル群であって，$\mathbb{Z}$ 加群としての基底を持たないものが存在する．たとえば，ある整数 $m \geq 2$ に対して $M = \mathbb{Z}/m\mathbb{Z}$ を考える．このとき，

$$\text{任意の } a \in \mathbb{Z}/m\mathbb{Z} \text{ に対して } ma = 0. \quad \text{しかし } \mathbb{Z} \text{ で } m \neq 0.$$

したがって，M は空でない線形独立系を持たない．なぜなら，非零元からなる任意の部分集合が線形従属だから！　一方で，M は有限生成 $\mathbb{Z}$ 加群であり，実際は巡回 $\mathbb{Z}$ 加群である．なぜなら，1 つの元からなる集合 $\{1 \bmod m\}$ で生成されているからである．

例 11.26 $R = \mathbb{Z}[x]$ とし，

$$M = \mathrm{Span}_{\mathbb{Z}[x]}(2, x) = 2\mathbb{Z}[x] + x\mathbb{Z}[x] = \{2f(x) + xg(x) : f(x), g(x) \in \mathbb{Z}[x]\}$$

とする[4]．このとき，M は有限生成 R 加群である．なぜなら，集合 $\{2, x\}$ が M を生成するから．しかし，$\{2, x\}$ は M の基底ではない．というのも，

$$2a + xb = 0 \text{ が } a = x \text{ かつ } b = -2 \text{ のとき成り立つ}$$

からである．よって，2 と x は $\mathbb{Z}[x]$ 線形従属である．一方で，$\{2\}$ も $\{x\}$ も M を生成しない．というのも，x は 2 の $\mathbb{Z}[x]$ 倍元ではないし，2 も x の $\mathbb{Z}[x]$ 倍元ではないからである．したがって，$\{2, x\}$ は M の有限生成系ではあるが，$\{2, x\}$ は基底となる部分集合を含まな

---

[4] スパンの記号の違いに注意せよ．

い．これはベクトル空間とは違う点である．実際，M のどの部分集合も，M の $\mathbb{Z}[x]$ 基底ではないことが示せる．つまり，M は自由 $\mathbb{Z}[x]$ 加群ではない．演習問題 11.12 を見よ．

定理 4.18 によると，V が有限生成ベクトル空間なら，V が基底を持つのみならず，V の任意の基底は同数の元からなるのだった．この基本的な結果により，ベクトル空間 V の次元を定義できた．次元の重要性は，これまで繰り返し見てきたところである．ベクトル空間は体上の加群だから，我々は任意の環上の加群にこの結果を一般化したい．残念ながら任意の有限生成加群 M が必ずしも基底を持つとは限らない．しかし，基底を持つようなものについては，類似の結果を証明できる．次の定理の証明が，ベクトル空間に対する以前の我々の結果に最終的にどのように依存しているかをよく見てほしい．

定理 11.27 M を有限生成自由 R 加群とする．このとき，M の任意の基底は同数の元からなる．

証明 この証明は，次の節まで延期する． $\qquad\qquad\qquad\qquad\qquad\qquad\square$

定義 11.28 有限生成自由 R 加群の**階数**（もしくはランク）とは，その基底に含まれる元の個数のことである[5]．階数を次のように表記する：

$$\operatorname{rank} M \quad \text{または} \quad \operatorname{rank}_R M.$$

11.5 準同型写像，自己準同型写像，行列

10.1 節で，V と W が F ベクトル空間なら，V から W への線形写像の全体 $\operatorname{Hom}_F(V,W)$ が F ベクトル空間になることを見たのを思い出そう（命題 10.2）．また，10.2 節では線形変換の空間 $\operatorname{End}_F(V)$ が F ベクトル空間のみならず，さらに環としての構造も持つということを見た（定理 10.7）．この種の題材は R 加群の状況にもそのまま引き継がれる．

定義 11.29 M と N を R 加群とする．**N から M への準同型空間**を次のように表す：

$$\operatorname{Hom}_R(N,M) = \{R\,\text{加群準同型写像}\ \phi\colon N \to M\}.$$

M の自己準同型環は，M からそれ自身への準同型空間であり，次のように表す：

$$\operatorname{End}_R(M) = \operatorname{Hom}_R(M,M) = \{R\,\text{加群準同型写像}\ \phi\colon M \to M\}.$$

命題 11.30 M と N を R 加群とする．

(a) 準同型空間 $\operatorname{Hom}_R(N,M)$ は次の演算に関して R 加群である：

$$(\phi + \psi)(m) = \phi(m) + \psi(m) \quad \text{および} \quad (c\phi)(m) = c(\phi(m)).$$

(b) 自己準同型環 $\operatorname{End}_R(M)$ は次の (a) の加法と乗法に関して環である：

---

[5] 階数の同義語として次元を用いる人もいる．

388　第 11 章　加群──第 1 部：環 + ベクトルのようなものの空間

$$(\phi\psi)(m) = \phi(\psi(m)).$$

証明　この定理の証明は，ベクトル空間のときの対応する定理の証明と同一であり，読者にはそれらについての命題 10.2 と定理 10.7 を見てほしい．あるいは，自分で証明を書き下すともっとよい（演習問題 11.15）．　　　　　　　　　　　　　　　　　　　　　　　□

　さらに 10.3 節から，有限次元ベクトル空間の間の線形写像 $V \to W$ が V と W の基底を指定すれば行列により記述できることを思い出そう．残念ながら，すべての加群が有限基底を持つとは限らないのだが，それを持つものについては，行列による構成が同様に機能する．実際，写像の値域が有限生成 R 加群なら，ある程度までこの構成が機能するのである．

定義 11.31　r 行 s 列の R 成分行列は，R の元の長方形の配列

$$\begin{pmatrix} a_{11} & a_{12} & \cdots & a_{1s} \\ a_{21} & a_{22} & \cdots & a_{2s} \\ \vdots & \vdots & \ddots & \vdots \\ a_{r1} & a_{r2} & \cdots & a_{rs} \end{pmatrix}, \quad \text{各成分は } a_{ij} \in R. \tag{11.3}$$

r 行 s 列の R 成分の行列全体の集合を $\mathsf{Mat}_{r\times s}(R)$ と書く．$\mathsf{Mat}_{r\times s}(R)$ 自身が，成分ごとの加法とスカラー倍により R 加群であることを注意する．

$$\begin{pmatrix} a_{11} & \cdots & a_{1s} \\ \vdots & \ddots & \vdots \\ a_{r1} & \cdots & a_{rs} \end{pmatrix} + \begin{pmatrix} b_{11} & \cdots & b_{1s} \\ \vdots & \ddots & \vdots \\ b_{r1} & \cdots & b_{rs} \end{pmatrix} = \begin{pmatrix} a_{11}+b_{11} & \cdots & a_{1s}+b_{1s} \\ \vdots & \ddots & \vdots \\ a_{r1}+b_{r1} & \cdots & a_{rs}+b_{rs} \end{pmatrix},$$

$$c \begin{pmatrix} a_{11} & \cdots & a_{1s} \\ \vdots & \ddots & \vdots \\ a_{r1} & \cdots & a_{rs} \end{pmatrix} = \begin{pmatrix} ca_{11} & \cdots & ca_{1s} \\ \vdots & \ddots & \vdots \\ ca_{r1} & \cdots & ca_{rs} \end{pmatrix}.$$

命題 11.32　R 加群 $\mathsf{Mat}_{r\times s}(R)$ は自由 R 加群で，その階数は rs である．

証明　各 $1 \le i \le r$ と $1 \le j \le s$ について，$E_{ij} \in \mathsf{Mat}_{r\times s}(R)$ を，ij 成分が 1，それ以外の成分は 0 という行列とする．すると，任意の $a_{11}, \ldots, a_{rs} \in R$ に対して，

$$\sum_{i=1}^{r}\sum_{j=1}^{s} a_{ij}E_{ij} = \begin{pmatrix} a_{11} & a_{12} & \cdots & a_{1s} \\ a_{21} & a_{22} & \cdots & a_{2s} \\ \vdots & \vdots & \ddots & \vdots \\ a_{r1} & a_{r2} & \cdots & a_{rs} \end{pmatrix} \tag{11.4}$$

である．これで $\{E_{ij}\}$ が $\mathsf{Mat}_{r\times s}(R)$ を張ることがわかる．なぜなら，任意の行列がこのように表示できるからである．また，$\{E_{ij}\}$ は線形独立系でもある．なぜなら，式 (11.4) の

和が零行列になる必要十分条件は，すべての a_{ij} が 0 になることだからである．よって，$\{E_{ij}\}$ は $\mathsf{Mat}_{r \times s}(R)$ の基底であり，したがって $\mathsf{Mat}_{r \times s}(R)$ は自由加群である．また，階数が rs であるのは，集合 $\{E_{ij}\}$ に含まれる行列の個数がそうだからである． □

定義 11.33 M を有限生成自由 R 加群とし，N を有限生成 R 加群とする．たとえば

$$\mathcal{B} = \{m_1, \ldots, m_r\} = M \text{ の } R \text{ 基底},$$
$$\mathcal{A} = \{n_1, \ldots, n_s\} = N \text{ の } R \text{ 生成元}.$$

各 R 加群準同型写像 $\phi \colon N \to M$ に対して，N の生成元の各元に ϕ を適用し，それを M の基底で書き下して行列 (11.3) の成分が得られるものとする：

$$
\begin{aligned}
\phi(n_1) &= a_{11}m_1 + a_{21}m_2 + \cdots + a_{r1}m_r, \\
\phi(n_2) &= a_{12}m_1 + a_{22}m_2 + \cdots + a_{r2}m_r, \\
&\ \ \vdots \qquad\qquad\quad \vdots \\
\phi(n_s) &= a_{1s}m_1 + a_{2s}m_2 + \cdots + a_{rs}m_r.
\end{aligned}
\tag{11.5}
$$

この行列を $\mathcal{M}_{\phi, \mathcal{A}, \mathcal{B}}$，もしくは，$\mathcal{A}$ と $\mathcal{B}$ が固定されていれば単に $\mathcal{M}_\phi$ と書く．

命題 11.34 M を有限生成自由 R 加群，N を有限生成 R 加群とし，

$$\mathcal{B} = \underbrace{\{m_1, \ldots, m_r\}}_{M \text{ の基底}} \quad \text{および} \quad \mathcal{A} = \underbrace{\{n_1, \ldots, n_s\}}_{N \text{ の生成系}}$$

とする．

(a) 写像

$$\mathrm{Hom}_R(N, M) \longrightarrow \mathsf{Mat}_{r \times s}(R), \quad \phi \longrightarrow \mathcal{M}_{\phi, \mathcal{A}, \mathcal{B}} \tag{11.6}$$

は単射 R 加群準同型写像である．

(b) さらに，N も自由 R 加群であると仮定し，$\mathcal{A}$ が N の R 加群基底とする．このとき，写像 (11.6) は R 加群の同型写像である．また，$\mathrm{Hom}_R(N, M)$ は自由 R 加群で，その階数は次のように与えられる：

$$\mathrm{rank}_R(\mathrm{Hom}_R(N, M)) = \mathrm{rank}_R(N) \cdot \mathrm{rank}_R(M).$$

(c) 写像

$$\mathrm{End}_R(M) \longrightarrow \mathsf{Mat}_{r \times r}(R), \quad \phi \longrightarrow \mathcal{M}_{\phi, \mathcal{B}, \mathcal{B}} \tag{11.7}$$

は環の同型写像である．ただし，r 行 r 列の行列の積は式 (11.7) が環の準同型写像になるように定められている．（10.3 節の定義 10.14 を見よ．）

証明 この結果の証明は演習問題とする．演習問題 11.16 を見よ． □

390 第11章 加群——第1部：環＋ベクトルのようなものの空間

行列の性質を使って，有限生成自由加群の階数が矛盾なく定義されることを証明しよう．

証明（定理 11.27 の証明） 有限生成自由加群 M が与えられている．$\mathcal{B}$ と $\mathcal{B}'$ を M の R 基底とする．我々の目標は $\mathcal{B}$ と $\mathcal{B}'$ が同数の元からなると示すことである．記号を簡単にするために，

$$r = \#\mathcal{B} \quad \text{および} \quad s = \#\mathcal{B}'$$

とすると，我々が示したいのは $r = s$ である．基底 $\mathcal{B}$ は同型 $M \cong R^r$ を，基底 $\mathcal{B}'$ は同型 $M \cong R^s$ を与える．したがって，R^r から R^s への同型がある．R^r と R^s の標準基底を使うと，この同型写像とその逆写像は行列で与えられ，

$$\underbrace{R^r \xrightarrow{A} R^s}_{A \text{ は } s \text{ 行 } r \text{ 列の行列.}} \quad \text{および} \quad \underbrace{R^s \xrightarrow{B} R^r}_{B \text{ は } r \text{ 行 } s \text{ 列の行列.}}$$

言い換えると，行列

$$A \in \mathsf{Mat}_{s \times r}(R) \quad \text{および} \quad B \in \mathsf{Mat}_{r \times s}(R) \text{ があって次を満たす：} \quad BA = I_r \text{ かつ } AB = I_s$$

ここで I_n は n 行 n 列の単位行列を表す．

$\mathfrak{M}$ を R の極大イデアルとする[6]．A と B の元を，$\mathfrak{M}$ を法として簡約する．$BA = I_r$ かつ $AB = I_s$ という等式は法 $\mathfrak{M}$ での簡約後も成り立つことに注意せよ．というのは，法 $\mathfrak{M}$ での簡約は加法および乗法と両立し，行列の積ではこの2つの演算のみが用いられるからである．以上から次を示した[7]：

$$\text{体 } R/\mathfrak{M} \text{ に成分を持つ行列の行列積を用いて} \quad \overline{B}\,\overline{A} = \overline{I_r} \quad \text{かつ} \quad \overline{A}\,\overline{B} = \overline{I_s}.$$

したがって，簡約された行列は次の $R/\mathfrak{M}$ ベクトル空間の同型を与える：

$$(R/\mathfrak{M})^r \xrightarrow[\sim]{\overline{A}} (R/\mathfrak{M})^s \quad \text{および} \quad (R/\mathfrak{M})^s \xrightarrow[\sim]{\overline{B}} (R/\mathfrak{M})^r.$$

しかし，定理 4.18 により，ベクトル空間の基底は同数の元からなるのだった．したがって $r = s$. □

11.6 ネーター環と加群

有限次元ベクトル空間が無限次元のそれよりもなじみやすいように[8]，有限生成加群はそうでないものよりもなじみやすい．もう少し強い意味での有限性条件があることが知られていて，しかもそれは，遍在し，頑強で，非常になじみやすいクラスの加群を提供してくれる．この性質は，可換代数学の開拓者として研究を行ったネーター (Noether) にちなんで名づけられている．

---

[6] 任意の環が極大イデアルを持つという事実を用いている．これは選択公理に依存する．注意 3.45 と演習問題 14.10 を見よ．

[7] 上付きの横線は，成分を法 $\mathfrak{M}$ で簡約したことを意味する．

[8] 少なくとも，それらはわかりやすいし研究しやすいという意味で．

命題 11.35 M を R 加群とする．次の条件は同値である：

(a) M の任意の部分加群は有限生成である．

(b) M の部分加群の，任意の入れ子になった族

$$N_1 \subseteq N_2 \subseteq N_3 \subseteq \cdots \tag{11.8}$$

について[9]，ある k が存在して，

$$N_k = N_{k+1} = N_{k+2} = \cdots$$

が成り立つ．このとき，加群の列は**安定化する**という．

(c) $\mathcal{S}$ が M の部分加群の任意の（空でない）族とする．このとき，次の条件を満たす $N \in \mathcal{S}$ が存在する：

$$(N' \in \mathcal{S} \text{ かつ } N \subseteq N') \implies N = N'.$$

このとき，$\mathcal{S}$ は**極大元を持つ**という[10]．

定義 11.36 R 加群 M が**ネーター**とは，命題 11.35 に述べた同値な条件を満たすことである．

定義 11.37 環 R が**ネーター**とは，R 加群としてネーターであることである．言い換えると，環 R がネーターであるのは，そのすべてのイデアルが有限生成のときである．

証明（命題 11.35 の証明） 次の含意を証明する：(a) $\implies$ (b) $\implies$ (c) $\implies$ (a).

$\boxed{\text{(a)} \implies \text{(b)}}$ 入れ子になった部分加群の族 (11.8) が与えられていて，それが安定化することを証明したい．次の合併集合を考える：

$$N = \bigcup_{i=1}^{\infty} N_i.$$

これは M の部分加群であり，よって仮定 (a) から N は有限生成である．たとえば

$$N = \mathrm{Span}_R(n_1, n_2, \ldots, n_r)$$

としよう．各 n_j は N の元であり，N は合併だから，各 $1 \leq j \leq r$ に対して，何らかの添え字 i_j について

$$n_j \in N_{i_j}$$

となる．$k = \max\{i_1, \ldots, i_r\}$ とすると，

---

[9] この種の入れ子になった族は，包含により定義される半順序に関する鎖と呼ばれる．定義 14.14 を見よ．

[10] 注意：これは $\mathcal{S}$ に含まれる任意の加群が極大元 N に含まれるという意味では**ない**．N が，族 $\mathcal{S}$ の元である他の加群に真に含まれることはないと述べているだけである．任意の部分順序集合への拡張については定義 14.14 を見よ．

392　第 11 章　加群——第 1 部：環 + ベクトルのようなものの空間

$$n_1, n_2, \ldots, n_r \in N_k.$$

しかし，$n_1, \ldots, n_r$ は N を張るのだから，これは $N \subseteq N_k$ を意味する．したがって，

$$N \subseteq N_k \subseteq N_{k+1} \subseteq N_{k+2} \subseteq \cdots \subseteq N$$

となり，$i \geq k$ に対して N_i はすべて等しい．

$\boxed{\text{(b)} \implies \text{(c)}}$ 対偶を証明する．(c) が偽だとして，(b) も偽であることを示すのが目標である．仮定により，$\mathcal{S}$ は極大元を持たないから，まず任意の $N_1 \in \mathcal{S}$ を選ぶことから始める．N_1 は極大ではないので，

$$\text{ある } N_2 \in \mathcal{S} \text{ で } N_1 \subsetneq N_2 \text{ であるものが存在する．}$$

つまり，N_1 は N_2 の真部分集合である．しかし N_2 も $\mathcal{S}$ の極大元ではないから，

$$\text{ある } N_3 \in \mathcal{S} \text{ で } N_2 \subsetneq N_3 \text{ であるもの存在する．}$$

この議論を続けると，入れ子になった M の部分加群の鎖

$$N_1 \subsetneq N_2 \subsetneq N_3 \subsetneq \cdots$$

であって，各部分加群はそれに続く部分加群に真に含まれるようなものが得られる．これは (b) が偽であることを示している．

$\boxed{\text{(c)} \implies \text{(a)}}$ $N \subseteq M$ を M の部分加群とする．我々の目標は N が有限生成と示すことであり，よって N の次のような部分加群の族を考える：

$$\mathcal{S} = \{P \subseteq N : P \text{ は有限生成}\}.$$

まず，零加群 $(0) \subseteq N$ があるから，$\mathcal{S}$ は空でないことに注意しよう．仮定 (c) から，$\mathcal{S}$ は極大元 P' を持つ．$\mathcal{S}$ の定義から，P' は有限生成である．たとえば

$$P' = \mathrm{Span}_R(p_1, \ldots, p_r)$$

としよう．ここで $P' = N$ を主張する．これを見るには，$n \in N$ を N の任意の元として，加群

$$\mathrm{Span}_R(p_1, \ldots, p_r, n)$$

を考えると，これは N の有限生成加群である（よって $\mathcal{S}$ の元である）．また，これは P' を含んでいる．P' は極大なのだから，これらは一致し，とくに $n \in P'$ である．これで $N \subseteq P'$ が示され，すでに P' が N の部分加群であることは知っているので，$N = P'$ である．しかし，P' はその構成により有限生成である．これで N が有限生成であることの証明が済んだ．　　　□

例 11.38 単項イデアル整域はネーター環である．その任意のイデアルが有限生成であり，実際のところ，どのイデアルも 1 つの元で生成されているからである．定理 7.10 によりユークリッド整域は PID だから，ユークリッド整域もネーター環である．

例 11.39 もし F が体なら，多項式環 $F[x_1, \ldots, x_n]$ はネーター環である．これは，この節の終わりで証明するヒルベルトの基底定理の特別な場合である．定理 11.43 を見よ．

例 11.40 無限個の変数についての多項式環 $F[x_1, x_2, \ldots]$（演習問題 7.24）はネーター環ではない．というのは，イデアルの真の包含関係

$$(x_1) \subsetneq (x_1, x_2) \subsetneq (x_1, x_2, x_3) \subsetneq \cdots$$

があるからだ．ここで，$(x_1, \ldots, x_n)$ は例 3.29 で見たように $x_1, \ldots, x_n$ により生成されるイデアルである．

命題 11.41 M を R 加群とし，$N \subseteq M$ をその部分加群とする．このとき，

$$M \text{ がネーター加群} \iff N \text{ と } M/N \text{ もネーター加群}.$$

証明 この命題を 3 つのステップに分けて証明する．

> **M がネーター $\Longrightarrow$ N もネーター**

P を N の部分加群とする．P はまた M の部分加群でもあるから，M がネーターという仮定から，P は有限生成である．これで N の任意の部分加群が有限生成であることが証明されたので，よって N もネーターである．

> **M がネーター $\Longrightarrow$ M/N もネーター**

$\overline{P} \subset M/N$ を M/N の部分加群とする．$\phi \colon M \to M/N$ を剰余写像とし，次の P に注目する：

$$P = \phi^{-1}(\overline{P}) = \{m \in M : \phi(m) \in \overline{P}\}.$$

すると，P は M の部分加群であり，M がネーターという仮定から，P は有限生成である．たとえば

$$P = \mathrm{Span}_R(p_1, \ldots, p_r)$$

としよう．すると，

$$\overline{P} = \mathrm{Span}_R\{\phi(p_1), \ldots, \phi(p_r)\},$$

がわかり，よって $\overline{P}$ が有限生成であることが示された．これで M/N の任意の部分加群が有限生成であることが証明されたので，よって M/N もネーターである．

394 第11章 加群——第1部：環＋ベクトルのようなものの空間

> **N がネーターかつ M/N もネーター $\implies$ M がネーター**

P を M の部分加群とする．我々の目標は P が有限生成と示すことである．まず $P \cap N$ に注目する．これは N の部分加群である．したがって，N がネーターという仮定から $P \cap N$ は有限生成である．たとえば

$$P \cap N = \mathrm{Span}_R(n_1, \ldots, n_r)$$

としよう．

次に，$\phi\colon M \to M/N$ を剰余写像として，次の $\phi(P)$ に注目する：

$$\phi(P) = \{\phi(p)\colon p \in P\} \subset M/N.$$

これは M/N の部分加群であり，M/N がネーターという仮定から $\phi(P)$ は有限生成である．たとえば

$$\phi(P) = \mathrm{Span}(\phi(p_1), \ldots, \phi(p_s))$$

としよう．したがって，有限集合

$$\{n_1, \ldots, n_r, p_1, \ldots, p_s\} \subset P \tag{11.9}$$

が得られた．これらの元が P を生成することを主張する．

主張を示すために，まず $p \in P$ から始め，この元 p が式 (11.9) の元たちの線形結合であることを示す．そのために，まず $\phi(p) \in \phi(P)$ に注意すると，

$$\text{ある } a_1, \ldots, a_s \in R \text{ により} \quad \phi(p) = a_1\phi(p_1) + \cdots + a_s\phi(p_s)$$

と書ける．ここから，

$$\phi(p - a_1p_1 - \cdots - a_sp_s) = 0 \text{ であるから，したがって } p - a_1p_1 - \cdots - a_sp_s \in N.$$

$n_1, \ldots, n_r$ が N を生成するという事実を使うと，これは

$$\text{ある } b_1, \ldots, b_r \in R \text{ により} \quad p - a_1p_1 - \cdots - a_sp_s = b_1n_1 + \cdots + b_rn_r.$$

a_ip_i の項たちを反対の辺に移項すると，次が示される：

$$p = b_1n_1 + \cdots + b_rn_r + a_1p_1 + \cdots + a_sp_s \in \mathrm{Span}_R(n_1, \ldots, n_r, p_1, \ldots, p_s).$$

また，これが任意の $p \in P$ に対して成り立つことが示されたから，P が有限生成であること，さらには P が式 (11.9) の元たちで生成されることが示された． $\square$

そしていま，ネーター環の魔術的な性質の 1 つに立ち至った．それは，ネーター環 R から出発して，R 加群 M で R 加群として有限生成なものがあれば，その任意の部分加群も自動的に有限生成だというものである．

定理 11.42 R をネーター環とし，M を有限生成 R 加群とする．このとき，M はネーター R 加群である．

証明 M が，次のように R のいくつかの積である特別な場合から始める．

> **主張：R^n は任意の $n \geq 1$ に対してネーターである．**

証明は n に関する帰納法による．R がネーターと仮定しているから，$n = 1$ の場合は真である．$n \geq 2$ であって，R^{n-1} はネーターと仮定しよう．次のように，R^{n-1} を R^n の部分加群と見なす：

$$R^{n-1} \longhookrightarrow R^n, \quad (a_1, \ldots, a_{n-1}) \longmapsto (a_1, \ldots, a_{n-1}, 0).$$

帰納法の仮定により R^{n-1} はネーターであり，一方，剰余加群 R^n/R^{n-1} は R と同型で，よって仮定からネーターである．したがって命題 11.41 により，R^n はネーターである．これで主張の証明が完了した．

さて，M を有限生成 R 加群とし，たとえば

$$M = \mathrm{Span}_R(m_1, \ldots, m_n)$$

としよう．このとき，準同型写像

$$\phi \colon R^n \longrightarrow M, \quad (a_1, \ldots, a_n) \longmapsto a_1 m_1 + \cdots + a_n m_n$$

は全射である．というのは，ϕ の全射性は $m_1, \ldots, m_n$ が M を生成するということの言い換えであるからだ．命題 11.12 (b) により，ϕ は R 加群の同型写像

$$\overline{\phi} \colon R^n/\ker(\phi) \overset{\sim}{\longrightarrow} M$$

を誘導する．しかし，R^n はネーターというのはちょうどいま示したばかりで，よって命題 11.41 により R^n の任意の部分加群 N に対して，R^n/N はネーターである．したがって，$R^n/\ker(\phi)$ はネーターである． $\square$

この節を「ネーター性」の頑強さを示す大ヒット作ともいえる結果で締めくくりたい．

定理 11.43（ヒルベルトの基底定理） R をネーター環とする．すると，$R[x]$ はネーター環である．

証明 $I \subset R[x]$ を $R[x]$ のイデアルとする．我々の目標は R がネーター環だという事実を用いて，I が有限生成であると示すことである．

396 第 11 章 加群——第 1 部：環 + ベクトルのようなものの空間

> **証明の素描と直観**：I の元は多項式だが，我々が知っているのは R のイデアルは有限生成だということだけである．したがって，I の元である多項式から R のイデアル J を何とかして作りたい．R のイデアル J が有限生成ということを活用して，I の有限集合をとり，それが I の大半を生成することを示せるとよい．最後のステップは，I 全体を生成する有限集合を見つけるためにこの有限集合に元を補うことである．

零でない多項式

$$f(x) = c_d x^d + c_{d-1} x^{d-1} + \cdots + c_1 x + c_0, \quad \text{ここで } c_0, \ldots, c_d \in R \text{ かつ } c_d \neq 0$$

のそれぞれに対して，

$$L(f) = c_d = f \text{ の最高次係数}$$

とし，さらに $L(0) = 0$ とする．次の集合を考えよう：

$$J = \{L(f) \colon f \in I\} \subseteq R.$$

つまり，J はイデアル I の元の最高次係数の集合である．J がイデアルになっているかの確認は読者に委ねる．演習問題 11.22 を見よ．

R がネーター環という仮定から，J は有限生成である．たとえば

$$J = \mathrm{Span}_R(a_1, \ldots, a_r)$$

とする．各 $a_1, \ldots, a_r$ はイデアル I の元である多項式の最高次係数だから，たとえば

$$a_1 = L(f_1), \ \ldots, \ a_r = L(f_r), \quad \text{ここで } f_1, \ldots, f_r \in I$$

としよう．D を f_i の次数のうち最大のものとする．

$$D = \max\{\deg(f_1), \ldots, \deg(f_r)\}.$$

I 内の多項式の集合 K で，次数が D より小さいものの全体に注目する．つまり，

$$K = \mathrm{Span}_R(1, x, x^2, \ldots, x^{D-1}) \cap I.$$

$\mathrm{Span}_R(1, x, \ldots, x^{D-1})$ は有限生成 R 加群だから，定理 11.42 によりネーターである．また命題 11.41 により，その部分加群 K もやはりネーターである．したがって，次のように書ける：

$$\text{適当な } g_1, \ldots, g_s \in K \subseteq I \text{ により} \quad K = \mathrm{Span}_R(g_1, \ldots, g_s).$$

ここで我々の主張は，

$$I \text{ は } \underbrace{\mathrm{Span}_{R[x]}(f_1, \ldots, f_r, g_1, \ldots, g_s)}_{\text{この有限生成 } R[x] \text{ 加群を } F \text{ とする.}} \text{ に等しい} \tag{11.10}$$

であり，ここから I が有限生成であることがわかる．$F \subseteq I$ だから，逆の包含関係だけを示せばよい．

$I \subseteq F$ の証明は，I の元の次数に関する帰納法による．帰納法の最初のステップとして，もし $f \in I$ の次数が $\deg(f) \le D-1$ なら，$f \in K$ であることは K の定義から明らかで，よって $f \in F$ である．

次に $d \ge D$ として，I の元で次数が高々 $d-1$ であるものは F の元と仮定する．$h \in I$ が次数 d として，我々が示したいのは $h \in F$ である．ここで

$$L(h) \in J = \{L(f) \colon f \in I\} = \mathrm{Span}_R(a_1, \ldots, a_r)$$

という事実を使う．これは，適切な $c_1, \ldots, c_r \in R$ が存在して

$$L(h) = c_1 a_1 + \cdots + c_r a_r = c_1 L(f_1) + \cdots + c_r L(f_r) \tag{11.11}$$

が成り立つということである．f の最高次係数を消すためにこの関係式が使える．しかし多項式 $f_1, \ldots, f_r$ は相異なる次数を持つかもしれないので，少し注意しなければならない．各 $1 \le i \le r$ に対して，

$$d_i = \deg(f_i), \quad \text{よって} \quad D = \max\{d_1, \ldots, d_r\}.$$

とくに，

$$\text{すべての } 1 \le i \le r \text{ について} \quad d \ge D \ge d_i$$

であり，次の多項式を構成できた：

$$k(x) = h(x) - c_1 x^{d-d_1} f_1(x) - c_2 x^{d-d_2} f_2(x) - \cdots - c_r x^{d-d_r} f_r(x). \tag{11.12}$$

指数は次を満たしているから，$k(x)$ が多項式であることを強調したい．

$$\text{すべての } 1 \le i \le r \text{ について} \quad d - d_i \ge D - d_i \ge 0.$$

さらに，式 (11.11) を使うと，式 (11.12) の右辺の最高次係数が帳消しにされて，

$$\deg k(x) \le d-1$$

となる．また，$h, f_1, \ldots, f_r \in I$ かつ I は $R[x]$ のイデアルだから，$k \in I$ である．よって帰納法の仮定から，$k \in F$ である．したがって，

$$h(x) = \underbrace{c_1 x^{d-d_1} f_1(x) + \cdots + c_r x^{d-d_r} f_r(x)}_{F \text{ の元, というのは } f_1, \ldots, f_r \in F \text{ だから.}} + \underbrace{k(x)}_{F \text{ の元.}} \in F,$$

これで帰納法による $I = F$ の証明が完了した． $\qquad\square$

系 11.44 R をネーター環とする．このとき，$R[x_1, \ldots, x_n]$ もネーター環である．とくに，任意の体上の $F[x_1, \ldots, x_n]$ と同様，$\mathbb{Z}[x_1, \ldots, x_n]$ もネーターである．

証明 ヒルベルトの基底定理（定理 11.43）により，$R[x_1]$ はネーターである．定理を再び $R[x_1]$ に用いると，今度は $R[x_1][x_2]$ がネーターであり，そして $R[x_1][x_2]$ は $R[x_1, x_2]$ の別名であることに注意する．この調子で続けると，最終的に $R[x_1, \ldots, x_n]$ がネーターである．$\mathbb{Z}$ も F もネーター環であるから，特別な場合は直ちにわかる．実際，$\mathbb{Z}$ の任意のイデアルは単項イデアルだし，F のイデアルは (0) と (1) のみである． $\square$

11.7 ユークリッド整域に成分を持つ行列

11.5 節で，自由 R 加群の間の準同型写像を記述するのに，どのように行列を用いるかを見た．注意すべきこととして，準同型写像 $\phi\colon N \to M$ に行列を対応させるには，M と N の基底を選ぶ必要があるのだった．異なる基底を選ぶと異なる行列が得られる．この節の主な目標は，もし R がユークリッド整域なら，ϕ の行列として，非常に特別で簡潔な行列がとれることを示すことである．

定義 11.45 R を整域とする．行列 A で成分を R に持つものが**スミス (Smith) 標準形**であるとは，零でない成分 $b_1, \ldots, b_k \in R$ が存在し，A が次の行列に等しいことである：

$$
\begin{pmatrix}
b_1 & & & & & & \\
& b_2 & & & & \text{\Large 0} & \\
& & \ddots & & & & \\
& & & b_k & & & \\
& & & & 0 & & \\
& \text{\Large 0} & & & & \ddots & \\
& & & & & & 0
\end{pmatrix}
\qquad \text{かつ} \quad b_1 \mid b_2 \mid \cdots \mid b_k.
$$

定義 11.46 A を R に成分を持つ行列とする．次の操作は**行列の基本変形**と呼ばれる[11]：

列の入れ替え：A の任意の 2 つの列を入れ替える．
行の入れ替え：A の任意の 2 つの行を入れ替える．
列の加法：A のある列に R の元を掛けて，それを別の列に加える．
行の加法：A のある行に R の元を掛けて，それを別の行に加える．

もし A に基本変形を施せば，得られる行列 B は，A から**行ならびに列の簡約**で得られた行列と呼ばれる．

線形代数の対角化に関する次の結果にはなじみがあるだろう．体 F をユークリッド整域 R に置き換えたより一般の結果の証明の原型となるので，その証明を簡単に復習しよう．

---

[11] 著者によっては，行もしくは列を R の単元倍する操作も基本変形に追加する．（訳注：“elementary operation” を「基本変形」と訳した．直訳なら基本操作だが，本邦での用法に準じた．）

補題 11.47 F を体とし，A を F に成分を持つ行列とする．このとき，基本変形により A を行列 $B = (b_{ij})$ であって，零でない成分は，ある k について $b_{11}, \ldots, b_{kk}$ のみであるように変形できる．つまり，体上の任意の行列は，行ならびに列の簡約でスミス標準形にできる．

証明 A が零行列なら示すべきことは何もない．そうでないとき，適当に行や列を入れ替えて，$a_{11} \neq 0$ とできる．A の最初の列を何倍かしたものを，引き続く列に加えて，最初の行の残りの成分を 0 にできる．同様にして，最初の行の何倍かを，引き続く行に加えて，最初の列の残りの成分を 0 にできる．したがって A は次のようになる：

$$\left(\begin{array}{c|ccc} a_{11} & 0 & \cdots & 0 \\ \hline 0 & a_{22} & \cdots & a_{2s} \\ \vdots & \vdots & \ddots & \vdots \\ 0 & a_{r2} & \cdots & a_{rs} \end{array} \right).$$

この操作を，右下側の $(r-1)$ 行 $(s-1)$ 列の行列にも行い，などと繰り返すと，最終的に望む形の行列になる． $\square$

例 11.48 我々の当面の目標は，ある種の環については行列をスミス標準形に変換するのに基本変形を使える，と示すことである．一般的な結果を与える前に，環 $\mathbb{Z}$ に成分を持つ行列を，基本変形を使って簡単にする例を見てみよう．

$$\begin{pmatrix} 2 & 7 & 5 \\ 4 & 5 & 7 \end{pmatrix} \xrightarrow[\text{第 2 列から引く}]{\text{第 1 列の 3 倍を}} \begin{pmatrix} 2 & 1 & 5 \\ 4 & -7 & 7 \end{pmatrix} \xrightarrow[\text{第 2 列を交換する}]{\text{第 1 列と}} \begin{pmatrix} 1 & 2 & 5 \\ -7 & 4 & 7 \end{pmatrix}$$

$$\xrightarrow[\text{第 2 行に足す}]{\text{第 1 行の 7 倍を}} \begin{pmatrix} 1 & 2 & 5 \\ 0 & 18 & 42 \end{pmatrix} \xrightarrow[\text{第 2 列から引く}]{\text{第 1 列の 2 倍を}} \begin{pmatrix} 1 & 0 & 5 \\ 0 & 18 & 42 \end{pmatrix}$$

$$\xrightarrow[\text{第 3 列から引く}]{\text{第 1 列の 5 倍を}} \begin{pmatrix} 1 & 0 & 0 \\ 0 & 18 & 42 \end{pmatrix} \xrightarrow[\text{第 3 列から引く}]{\text{第 2 列の 2 倍を}} \begin{pmatrix} 1 & 0 & 0 \\ 0 & 18 & 6 \end{pmatrix}$$

$$\xrightarrow[\text{第 3 列を交換する}]{\text{第 2 列と}} \begin{pmatrix} 1 & 0 & 0 \\ 0 & 6 & 18 \end{pmatrix} \xrightarrow[\text{第 3 列から引く}]{\text{第 2 列の 3 倍を}} \underbrace{\begin{pmatrix} 1 & 0 & 0 \\ 0 & 6 & 0 \end{pmatrix}}_{\substack{\text{この行列は} \\ \text{スミス標準形である．}}}.$$

補題 11.47 のユークリッド整域上の加群に関するバージョンを証明する．見かけ上は，補題 11.49 は行ならびに列の基本変形を使って行列を対角化するだけの補題である．しかし，より深い定理を証明するのに驚くほど強力な道具となることに気づくだろう．

補題 11.49 R をユークリッド整域とし[12]，A を R に成分を持つ行列とする．このとき，基本変形の列であって，A をスミス標準形である $B = (b_{ij})$ に変形するものが存在する．

---

[12]PID への拡張については演習問題 11.31 を見よ．その場合，もう少し一般的な基本変形の概念が必要になる．

証明　A を行基本変形と列基本変形だけを使ってスミス標準形に変形することが目標である．もし A が零行列なら，すでに正しい形になっているので，$A \neq 0$ を仮定する．

定義 7.9 から，ユークリッド整域にはサイズ関数 σ が備わっているのを思い出そう．零でない任意の行列 $C = (c_{ij})$ に対し，次のように

$$\mu(C) = \min\{\sigma(c_{ij}) : c_{ij} \neq 0\}$$

とする．言い換えると，$\mu(C)$ は行列 C の零でない成分のサイズのうち最小の値である．μ を C のサイズを測るのに用いる．

基本変形を使って，行列の μ サイズを減らしていき，左上の成分が他の成分をすべて割り切るようにするアルゴリズムを記述する．まず行の入れ替えと列の入れ替えを行い，A の左上の成分が，零でない元のうち σ でのサイズが最小になるようにすることから始める．言い換えると，行の入れ替えと列の入れ替えにより，A を次の形にする：

$$\sigma(a_{11}) = \mu(A) = \min\{\sigma(a_{ij}) : a_{ij} \neq 0\}.$$

主張　A の成分で a_{11} で割り切れないものがあれば，A に基本変形を行って，真の不等式

$$\mu(A') < \mu(A)$$

が成り立つ新しい行列 A' が作れる．

証明（主張の証明）　a_{ij} を A の成分で a_{11} で割り切れないものとする．記号を簡単にするために，

$$a = a_{11}, \quad b = a_{1j}, \quad c = a_{i1}, \quad d = a_{ij}$$

とし，よって A は次のような形になる[13]：

$$A = \begin{pmatrix} a & \cdots & b & \cdots \\ \vdots & & \vdots & \\ c & \cdots & d & \cdots \\ \vdots & & \vdots & \end{pmatrix}.$$

3 つの場合を考える．

$\boxed{\textbf{場合 1：} a \nmid b}$　b を a で割って，商と余りが次のようになったとする：

$$b = aq + r \quad \text{ここで} \ \sigma(r) < \sigma(a).$$

q 掛ける A の最初の列を，j 列目から引く．すると新しい行列 A' で，その $1j$ 成分が r であるものが得られる．我々の仮定 $a \nmid b$ は，$r \neq 0$ を意味するから，よって

$$\mu(A') \leq \sigma(r) < \sigma(a) = \mu(A).$$

---

[13]i や j が 1 になってもよい．$i = 1$ なら，$a = c$ かつ $b = d$ であり，A の最初の行に注目しているということになる．同様に，もし $j = 1$ なら，$a = b$ で $c = d$ であり，A の最初の列に注目しているということになる．

$\boxed{\text{場合 2 : } a \nmid c}$ 場合 1 と同様に，最初の行の何倍かを i 行目から引くと，c が 0 でない余りに置き換わって，そのサイズは $\sigma(a)$ より真に小さい．

$\boxed{\text{場合 3 : } a \mid b, \, a \mid c, \, a \nmid d}$ 次のように書く：

$$b = as, \quad c = at, \quad d = aq + r \quad r \neq 0 \text{ かつ } \sigma(r) < \sigma(a).$$

A に対する行ならびに列の基本変形を行うが，記述を簡単にするため，関係する 4 つの成分だけを記載する[14]：

$$A = \left(\begin{array}{c|c} a & b \\ \hline c & d \end{array} \right) = \left(\begin{array}{c|c} a & as \\ \hline at & aq + r \end{array} \right) \xrightarrow[\substack{j \, \text{列から引く}}]{\substack{\text{最初の列掛ける } s \, \text{を}}} \left(\begin{array}{c|c} a & 0 \\ \hline at & aq + r - ast \end{array} \right)$$

$$\xrightarrow[\substack{\text{第 } i \, \text{行から引く}}]{\substack{\text{最初の行掛ける } t \, \text{を}}} \left(\begin{array}{c|c} a & 0 \\ \hline 0 & aq + r - ast \end{array} \right)$$

$$\xrightarrow[\substack{\text{第 } i \, \text{行に足す}}]{\substack{\text{最初の行を}}} \left(\begin{array}{c|c} a & 0 \\ \hline a & a(q - st) + r \end{array} \right)$$

$$\xrightarrow[\substack{\text{第 } j \, \text{列から引く}}]{\substack{q - st \, \text{掛ける第 1 列を}}} \left(\begin{array}{c|c} a & -a(q - st) \\ \hline a & r \end{array} \right).$$

新しい行列 A' は零でない成分 r で，そのサイズが $\mu(A)$ より真に小さいものを持つ．これで主張の証明が完了した． $\qquad\square$

さて補題 11.49 の証明に戻ろう．行列 A から出発して，次の 2 つのステップを繰り返し適用する：

(1) 行と列を入れ替えて，A の左上の成分 a_{11} を，A の零でない元の中で σ でのサイズが最小になるようにする．

(2) A の成分のどれかが a_{11} で割り切れないなら，主張を使って A を，$\mu(A') < \mu(A)$ を満たす行列 A' に置き換える．

これによって，次を満たす行列のリスト $A_1, A_2, A_3, \ldots$ が得られる：

$$\mu(A) > \mu(A_1) > \mu(A_2) > \mu(A_3) > \cdots. \tag{11.13}$$

式 (11.13) は，正整数の真の減少列だから無限に続くことはない．したがって，いつかステップ 2 で停止する．その段階で，A を新しい行列 $B = (b_{ij})$ で，次を満たすものに変形できた：

$$b_{11} \neq 0 \quad \text{かつ} \quad \text{すべての } i, j \text{ について } b_{11} \mid b_{ij}.$$

B の最初の列の何倍かを他の列から引くことで，最初の行が $(b_{11} \; 0 \; 0 \; \cdots \; 0)$ である行列を

---

[14] これはもっと効率よく行えるが，余分なステップを含めることで，これらの操作をどうやって自然に見つけるかの説明としたいのである．

得る．同様に，B の最初の行の何倍かを他の行から引くことで，最初の列が $(b_{11}\ 0\ 0\ \cdots\ 0)$ である行列を得る．これらの操作を行った後でも，B の各成分は b_{11} で割り切れることに注意せよ．

まとめると，A が零行列でなければ，行基本変形と列基本変形により，A を次の形の行列に変形できることを示した．ただし，$b_1 \in R$ で（以前は b_{11} と表記していた）は零でなく，また C_1 はその成分が R に属するものである：

$$B_1 = \left(\begin{array}{c|cccc} b_1 & 0 & 0 & \cdots & 0 \\ \hline 0 & & & & \\ \vdots & & & b_1 C_1 & \\ 0 & & & & \end{array} \right). \tag{11.14}$$

C_1 が零行列なら終わりである．そうでないなら，C_1 に対して上の手続きを繰り返す．つまり，行基本変形と列基本変形を行い，C_1 を変形し，式 (11.14) の形にする．しかし，行も列もサイズが 1 つ小さくなっている．これにより，次のような行列が得られる：

$$B_2 = \left(\begin{array}{cc|cccc} b_1 & 0 & 0 & 0 & \cdots & 0 \\ 0 & b_1 b_2 & 0 & 0 & \cdots & 0 \\ \hline 0 & 0 & & & & \\ \vdots & \vdots & & & b_1 b_2 C_2 & \\ 0 & 0 & & & & \end{array} \right). \tag{11.15}$$

この調子で繰り返すと，スミス標準形が得られる．以上で補題 11.49 の証明が完了した．□

11.8 ユークリッド整域上の有限生成加群

さて，スミス標準形の結果を証明するという，11.7 節での骨の折れる仕事の報酬を享受するときが来た．

定理 11.50（ユークリッド整域上の有限生成加群の構造定理：バージョン 1） R をユークリッド整域とし[15]，M を有限生成 R 加群とする．

(a) 零でも単数でもない元 $b_1, \ldots, b_s \in R$ であって，$b_1 \mid b_2 \mid \cdots \mid b_s$ を満たし，さらに整数 $r \geq 0$ が存在して次が成り立つ：

$$M \cong R/b_1 R \times \cdots R/b_s R \times R^r. \tag{11.16}$$

（$r = 0$ または $s = 0$ もあり得る．）

(b) (a) における整数 r とイデアル $b_1 R, \ldots, b_s R$ は M に対して一意に定まる．

---

[15]定理 11.50 はより一般に，R が単項イデアル整域でも正しい．しかし，本書で紹介する場合を含め多くの応用では，ユークリッド整域が対象である．PID の場合の証明は読者に委ねたい．演習問題 11.39 を見よ．

定義 11.51 定理 11.50 の整数 r を **M の階数**と呼び，イデアル $b_1R, \ldots, b_sR$ を **M の単因子**と呼ぶ.

注意 11.52 定理 11.50 によると，式 (11.16) の同型写像が**存在する**. これは素晴らしい. しかし，定理 11.50 が何を述べていないかを理解するのが重要である. この定理は，式 (11.16) に現れる単因子 $b_1R, \ldots, b_sR$ と階数 r は M に対して一意的であるという事実を述べているにもかかわらず，式 (11.16) の同型写像が一意的とはいっていない. 実際，もし M が自由なら，つまり $M \cong R^r$ なら，$M \to R^r$ で同型写像になるものはたくさんある. より正確には，M の基底を選ぶごとに別の同型写像がある. しかも M はたくさんの異なる基底を持つ. ある意味で，式 (11.16) が要求する同型写像が一意ではないということが，存在証明を難しくしているのかもしれない. というのは，証明の過程で，たくさんの同型写像であふれかえる帽子から，1 つの同型写像を魔法のように引っ張り出さねばならないからである.

証明（定理 11.50 の証明） (a) M が有限生成系を持つことが仮定されているので，M の生成系をとり，たとえば

$$M = \mathrm{Span}_R(m_1, \ldots, m_k) = \{c_1 m_1 + \cdots + c_k m_k : c_1, \ldots, c_k \in R\}$$

としよう. この生成系を使って R 加群の全射準同型写像を定義する：

$$\phi: R^k \longrightarrow M, \quad (c_1, \ldots, c_k) \longmapsto c_1 m_1 + \cdots + c_k m_k.$$

すると，命題 11.12 (b) により ϕ は R 加群の同型

$$\overline{\phi}: R^k/\ker(\phi) \xrightarrow{\sim} M \tag{11.17}$$

を誘導する.

証明の残りの部分で記号を見やすくするために，次のようにおこう：

$$N = R^k \quad \text{および} \quad P = \ker(\phi).$$

環 R と R 加群 M, N, P についてわかっていることを列挙しよう：

　事実 1 R はユークリッド整域である.
　事実 2 N は有限生成自由 R 加群である.
　事実 3 $P \subseteq N$ は N の R 部分加群である.
　事実 4 M は N/P と同型である.

最初の 3 つの事実を使って，次のように演繹する：

404 第 11 章 加群——第 1 部：環 + ベクトルのようなものの空間

事実 1 $\implies$ R はユークリッド整域，

$\implies$ R は PID. 定理 7.10 による，

$\implies$ R はネーター環. 例 11.38 による，

$\implies$ 有限生成 R 加群はネーター. 定理 11.42 による，

$\implies$ N はネーター R 加群である. 事実 2 による，

$\implies$ P は有限生成 R 加群である. 事実 3 による.

したがって，次の結果を得た：

事実 5 P は有限生成 R 加群である.

事実 2 と事実 5 から次を見つけられることがわかる：

$$\mathcal{N} = \{n_1, \ldots, n_k\}, \quad \text{有限生成自由 } R \text{ 加群 } N \text{ の生成系.}$$
$$\mathcal{P} = \{p_1, \ldots, p_\ell\}, \quad \text{有限生成 } R \text{ 加群 } P \subset N \text{ の生成系.}$$

各 p_i を基底 $\mathcal{N}$ の元の線形結合で書くことができる. たとえば，

$$\begin{aligned}
p_1 &= a_{11}n_1 + a_{21}n_2 + \cdots + a_{k1}n_k, \\
p_2 &= a_{12}n_1 + a_{22}n_2 + \cdots + a_{k2}n_k, \\
&\quad\vdots \qquad\qquad\quad \vdots \\
p_\ell &= a_{1\ell}n_1 + a_{2\ell}n_2 + \cdots + a_{k\ell}n_k.
\end{aligned} \tag{11.18}$$

いつもの通り，この係数を基底に依存する行列の形にまとめて，

$$A_{\mathcal{N},\mathcal{P}} = \begin{pmatrix} a_{11} & a_{12} & \cdots & a_{1\ell} \\ a_{21} & a_{22} & \cdots & a_{2\ell} \\ \vdots & \vdots & \ddots & \vdots \\ a_{k1} & a_{k2} & \cdots & a_{k\ell} \end{pmatrix}$$

となったとする.

基底 $\mathcal{N}$ もしくは生成系 $\mathcal{P}$，あるいはその両方を取り替えた際に A に何が起きるかを考えよう. より正確には，4 つの**基底の取り替え基本変形**を定義し，その行列 A への効果を記述する.

(1) $\mathcal{N}$ **の元の交換**：n_i と n_j を取り替える.

主張：N の基底であることは変わらない. $A_{\mathcal{N},\mathcal{P}}$ への効果は i 行と j 行の交換である.

(2) $\mathcal{P}$ **の元の交換**：p_i と p_j を取り替える.

主張：P の生成系であることは変わらない. $A_{\mathcal{N},\mathcal{P}}$ への効果は i 列と j 列の交換である.

(3) $\mathcal{N}$ **の元を加える**：n_i を $n_i + cn_j$ に取り替える．ここで $i \neq j$ で $c \in R$ である．

主張：N の基底であることは変わらない．$A_{\mathcal{N},\mathcal{P}}$ への効果は $A_{\mathcal{N},\mathcal{P}}$ の j 行の c 倍を i 行に加えることである．

(4) $\mathcal{P}$ **の元を加える**：p_i を $p_i + cp_j$ に取り替える．ここで $i \neq j$ で $c \in R$ である．

主張：P の生成系であることは変わらない．$A_{\mathcal{N},\mathcal{P}}$ への効果は，$A_{\mathcal{N},\mathcal{P}}$ の j 列の c 倍を i 列に加えることである．

これらの 4 つの主張を確認することは読者に委ねる．演習問題 11.28 を見よ．

こうして，基底 $\mathcal{N}$ と生成系 $\mathcal{P}$ への基本変形は，定義 11.46 で述べた，行列 $A_{\mathcal{N},\mathcal{P}}$ への基本変形とちょうど対応する．したがって補題 11.49 を適用して，$A_{\mathcal{N},\mathcal{P}}$ をスミス標準形に変形する基本変形の列を見つけることができる．言い換えると，次のような集合を見つけられる：

$$\mathcal{N}' = \{n'_1, \ldots, n'_k\} = N \text{ の基底},$$
$$\mathcal{P}' = \{p'_1, \ldots, p'_\ell\} = P \text{ の生成系},$$

であって，

$$A_{\mathcal{N}',\mathcal{P}'} = \begin{pmatrix} b_1 & & & & & \\ & b_2 & & & \text{\huge 0} & \\ & & \ddots & & & \\ & & & b_t & & \\ & & & & 0 & \\ \text{\huge 0} & & & & & \ddots \\ & & & & & & 0 \end{pmatrix} \quad \text{で} \quad b_1 \mid b_2 \mid \cdots \mid b_t.$$

行列 $A_{\mathcal{N}',\mathcal{P}'}$ から，$\mathcal{N}'$ の元と $\mathcal{P}'$ の元は，次のような非常に簡単な公式で関係づけられていることがわかる：

$$p'_1 = b_1 n'_1,$$
$$p'_2 = b_2 n'_2,$$
$$\vdots$$
$$p'_t = b_t n'_t,$$
$$\left.\begin{aligned} p'_{t+1} &= b_{t+1} n'_{t+1}, \\ &\vdots \\ p'_\ell &= b_\ell n'_\ell. \end{aligned}\right\} \quad \ell > t \text{ のときだけ必要}.$$

基底 $\mathcal{N}'$ を使って，自由加群 N を R^k といつもの通りに同一視する．

$$\underbrace{R \times R \times \cdots \times R}_{k \text{ 個の } R} \xrightarrow{\sim} N, \quad (c_1, \ldots, c_k) \longmapsto c_1 n'_1 + \cdots + c_k n'_k.$$

すると，部分加群 $P \subseteq N$ は R^k の部分加群として次のように記述できる：

$$b_1 R \times b_2 R \times \cdots \times b_t R \times \underbrace{0R \times \cdots \times 0R}_{\text{もし } \ell > t \text{ なら } \ell - t \text{ 個の } 0}.$$

したがって,

$$\frac{N}{P} \cong \frac{R \times R \times R \times \cdots \times R}{b_1 R \times b_2 R \times \cdots \times b_t R \times 0R \times 0R}$$

$$\cong \frac{R}{b_1 R} \times \frac{R}{b_2 R} \times \cdots \times \frac{R}{b_t R} \times \frac{R}{0R} \times \cdots \times \frac{R}{0R}$$

$$\cong \underbrace{\frac{R}{b_1 R} \times \frac{R}{b_2 R} \times \cdots \times \frac{R}{b_t R}}_{\text{ある } t \geq 0 \text{ について } t \text{ 個}} \times \underbrace{R \times R \times \cdots \times R}_{\text{ある } r \geq 0 \text{ について } r \text{ 個}}$$

$$\cong \frac{R}{b_1 R} \times \frac{R}{b_2 R} \times \cdots \times \frac{R}{b_s R} \times R^r, \quad \begin{array}{l} \text{ここで } b_i \text{ のうち単元であるものは省いた.} \\ \text{というのは } b_i \in R^* \text{ なら } b_i R = R \text{ であり,} \\ \text{よって } R/b_i R = 0 \text{ だから.} \end{array}$$

$M \cong N/P$ であるから,これで (a) の証明は完了した.

(b) 整数 r と一番右のイデアル $b_s R$ が M で一意に決まることを証明する.他のイデアル $b_1 R, \ldots, b_{s-1} R$ の一意性はしばらく延期する.系 11.55 を見よ.

r の値と $b_s R$ を M から抽出するために,R 加群につきものの次の 2 つの便利な道具を使いたい.

定義 11.53 R を整域とし,N を R 加群とする.N の**ねじれ部分加群**とは,

$$N_{\text{tors}} = \{n \in N : \text{ある } a \in R \text{ により } an = 0\}.$$

N の**零化イデアル**とは,

$$\text{Ann}(N) = \{a \in R : \text{任意の } n \in N \text{ について } an = 0\}.$$

N_{tors} が N の部分加群になっていること,ならびに $\text{Ann}(N)$ が R のイデアルになっていることの確認は読者に委ねる.演習問題 11.32 と演習問題 11.33 を見よ.

(a) の M に関する同型 (11.16) に注目すると,

$$M_{\text{tors}} \cong R/b_1 R \times \cdots \times R/b_s R \times \underbrace{0 \times 0 \times \cdots \times 0}_{r \text{ 個の } 0}. \tag{11.19}$$

したがって

$$M/M_{\text{tors}} \cong R^r$$

は自由 R 加群である.定理 11.27 により,自由加群の階数は矛盾なく定義される.つまり,どの基底も同じ数の元からなる.したがって式 (11.16) のどの同型についても,整数 r は次の公式で決まる:

$$r = \text{自由 } R \text{ 加群 } M/M_{\text{tors}} \text{ の階数.}$$

したがって r は M に対して一意に決まる.

式 (11.19) から，M_{tors} の零化イデアルは

$$\text{Ann}(M_{\text{tors}}) = b_s R,$$

ここで $b_1 \mid b_2 \mid \cdots \mid b_s$ という仮定を用いた．これにより，式 (11.16) の任意の同型に対しても，一番右のイデアル $b_s R$ は M に対して一意に決まることがわかる.

他のイデアル $b_1 R, \ldots, b_{s-1}R$ が M に対して一意に決まることの証明が残っている．この挑戦しがいのある仕事に取り組むことは，この節の終わりまで延期する． $\square$

ユークリッド整域上の有限生成加群の別の記述を与える．これもしばしば役に立つ．証明には，定理 11.50 の最初の部分を用いる．

定理 11.54（ユークリッド整域上の有限生成加群の構造定理：バージョン 2） R をユークリッド整域とし，M を有限生成 R 加群とする.

(a) 必ずしも相異なるとは限らない既約元のリスト $\pi_1, \ldots, \pi_t \in R$ と，正の整数のリスト $e_1, \ldots, e_t$ と，整数 $r \geq 0$ で，次を満たすものが存在する：

$$M \cong R/\pi_1^{e_1}R \times \cdots \times R/\pi_t^{e_t}R \times R^r. \tag{11.20}$$

(b) 整数 r とイデアルのリスト $\pi_1^{e_1}R, \ldots, \pi_t^{e_t}R$ は M に対して一意に定まる[16].

証明 (a) 定理 11.50 により，零でも単元でもない元

$$b_1, \ldots, b_s \in R$$

と，整数 $r \geq 0$ で

$$R \cong R/b_1R \times \cdots \times R/b_sR \times R^r$$

を満たすものがとれる．よって，定理 11.54 (a) を証明するためには，任意の零でも単元でもない元 $b \in R$ に対して，剰余環 R/bR が式 (11.20) のような積と同型になることを示せば十分である.

定理 7.10 と定理 7.19 により，R は一意分解整域であることがわかっている．よって b を素元分解して

$$b = u\pi_1^{k_1} \cdots \pi_\ell^{k_\ell}, \quad u \in R^* \text{ は単元，} \pi_1, \ldots, \pi_\ell \text{ は既約元,}$$

となったとする．ここでイデアル $\pi_1 R, \ldots, \pi_\ell R$ は相異なるとしてよい．定理 7.16 により，イデアル $\pi_1 R, \ldots, \pi_\ell R$ は極大イデアルで，よって

---

[16] この種の一意性の主張でよくあるように，リストに含まれるイデアルは相異なるとは限らない．またイデアルの順番も無視する.

408 第 11 章 加群——第 1 部：環 ＋ ベクトルのようなものの空間

$$\text{すべての } i \neq j \text{ について} \quad \pi_i R + \pi_j R = R.$$

ここから，次がわかる：

$$\text{すべての } i \neq j \text{ について} \quad \pi_i^{k_i} R + \pi_j^{k_j} R = R.$$

演習問題 11.37 を見よ．中国の剰余定理（定理 7.25）から，

$$R/bR \cong R/\pi_1^{k_1} R \times \cdots \times R/\pi_\ell^{k_\ell} R,$$

これで定理 11.54 (a) の証明は完了である．

(b) 定理 11.50 の証明にあるように，整数 r は M に対して一意に決まる．というのは，それは自由 R 加群 M/M_{tors} の R 階数だからである．

イデアル $\pi_1^{e_1} R, \ldots, \pi_t^{e_t} R$ もやはり一意に決まることの証明の素描を与えよう．より正確には，この結果を証明するのに必要なステップを述べて，各主張を正当化するのは一連の演習問題として読者に委ねる．演習問題 11.38 を見よ．

主張 1：各既約元 $\pi \in R$ に対して，集合

$$M(\pi) = \{m \in M : \text{ある } i \geq 1 \text{ について } \pi^i m = 0\} \tag{11.21}$$

は M の部分加群で，π が生成するイデアル πR にのみ依存して決まる．これは **M の π 準素成分**と呼ばれる．

主張 2：イデアルの集合

$$P(M) = \{\text{極大イデアル } \pi R \text{ で } M(\pi) \neq \{0\} \text{ なるもの}\} \tag{11.22}$$

は有限集合であり，

$$M_{\text{tors}} \cong \prod_{\pi R \in P(M)} M(\pi).$$

主張 3：各 $\pi R \in P(M)$ に対し，非負整数 $k_1, k_2, \ldots, k_\ell$ と $\ell \geq 1$ であって，

$$M(\pi) \cong \overbrace{R/\pi R \times \cdots \times R/\pi R}^{k_1 \text{ 個の } R/\pi R} \times \overbrace{R/\pi^2 R \times \cdots \times R/\pi^2 R}^{k_2 \text{ 個の } R/\pi^2 R}$$
$$\times \cdots \times \underbrace{R/\pi^\ell R \times \cdots \times R/\pi^\ell R}_{k_\ell \text{ 個の } R/\pi^\ell R} \tag{11.23}$$

を満たすものが存在する．いくつかの k_i は 0 かもしれないことに注意せよ．

主張 4：すべての非負の i と j と，R のすべての極大イデアル πR に対して，次が成り立つ：

$$\frac{\pi^j (R/\pi^i R)}{\pi^{j+1}(R/\pi^i R)} \cong \begin{cases} R/\pi R & i > j \text{ のとき}, \\ 0 & i \leq j \text{ のとき}. \end{cases}$$

主張 5：すべての $0 \leq j \leq \ell$ について，剰余加群 $\pi^j M(\pi)/\pi^{j+1}M(\pi)$ は $R/\pi R$ ベクトル空間で，その次元は次の公式で与えられる：

$$\dim_{R/\pi R}(\pi^j M(\pi)/\pi^{j+1}M(\pi)) = k_{j+1} + k_{j+2} + \cdots + k_\ell.$$

主張 6：値 k_j は次の公式で与えられる：

$$k_j = \dim_{R/\pi R}(\pi^{j-1}M(\pi)/\pi^j M(\pi)) - \dim_{R/\pi R}(\pi^j M(\pi)/\pi^{j+1}M(\pi)).$$

とくに，値 k_j は M と π と j だけに依存する．これを $k_j(M,\pi)$ と書いて，何に依存するか明示する．

主張 7：同型 (11.20) によって，各 $\pi R \in P(M)$ について次が成り立つ：

$$k_j(M,\pi) = \#\{1 \leq i \leq t : \pi_i^{e_i}R = \pi^j R\}.$$

主張 8：イデアルのリスト $\pi_1^{e_1}R, \ldots, \pi_t^{e_t}R$ は $\pi R \in P(M)$ と整数の組 $k_j(M,\pi)$ により一意に定まる．

主張 9：番号の付け替えを除いて，イデアルのリスト $\pi_1^{e_1}R, \ldots, \pi_t^{e_t}R$ は M によって一意的に決まる． $\qquad\qquad\square$

構造定理バージョン 2 の一意性に関する主張を使って，最初のバージョンの一意性を証明することでこの節を終えたい．

系 11.55 R をユークリッド整域とし，M を有限生成 R 加群とする．さらに $r \geq 0$ を整数，$b_1, \ldots, b_s \in R$ を零ではない元で

$$b_1 \mid b_2 \mid \cdots \mid b_s$$

を満たすものとする．次の同型を仮定しよう．

$$M \cong R/b_1 R \times \cdots \times R/b_s R \times R^r. \tag{11.24}$$

このとき，整数 r とイデアル $b_1 R, \ldots, b_s R$ は M に対して一意に定まる．

証明 定理 11.50 (b) を証明しようとしていることに注意しよう．すでに r の一意性は証明済みだから，M_{tors} に集中する．よって我々の目標は，イデアルのリスト $b_1 R, \ldots, b_s R$ の一意性である．

構造定理バージョン 2（定理 11.54）から始める．この定理によると，一意的なイデアルのリスト $\pi_1^{e_1}R, \ldots, \pi_t^{e_t}R$ が存在して，

$$M_{\mathrm{tors}} \cong R/\pi_1^{e_1}R \times \cdots \times R/\pi_t^{e_t}R$$

が成り立つのだった．もちろん，どれかの π_i は同一かもしれないし，その冪乗はリストに複数回現れるかもしれない．そこで，等しい $\pi_i R$ は 1 つにまとめて，指数が下がっていくように並べ替えてより正確な一意性の特徴づけを与えられるようにしよう．

410 第 11 章 加群——第 1 部：環 + ベクトルのようなものの空間

これによって，主張は次のようになる：順番を除いて一意な既約元が生成する相異なるイデアルのリスト

$$\pi_1 R, \ldots, \pi_\ell R$$

が存在し，また，非負整数の列

$$e_{11} \geq e_{12} \geq \cdots \geq e_{1s},$$
$$e_{21} \geq e_{22} \geq \cdots \geq e_{2s},$$
$$\vdots \qquad \vdots$$
$$e_{\ell 1} \geq e_{\ell 2} \geq \cdots \geq e_{\ell s}$$

であって，右側に余分な 0 を挿入することを除いて一意であるものが存在して，

$$M_{\mathrm{tors}} \cong \prod_{i=1}^{\ell} \prod_{j=1}^{s} R/\pi_i^{e_{ij}} R$$

が成り立つ.

　式 (11.24) の一番右側のイデアル $b_s R$ は $\pi_1, \ldots, \pi_\ell$ の冪のうち最大冪のものからなる. よって，

$$b_s R = \pi_1^{e_{11}} \pi_2^{e_{21}} \cdots \pi_\ell^{e_{\ell 1}} R.$$

中国の剰余定理（定理 7.25）により，

$$R/b_s R \cong R/\pi_1^{e_{11}} R \times R/\pi_2^{e_{21}} R \times \cdots \times R/\pi_\ell^{e_{\ell 1}} R.$$

この最大の π 冪を用いて $b_s R$ を作り，次の大きさの π 冪を用いて b_{s-1} を作り，ということを繰り返す. 言い換えると，

$$b_{s-1} R = \pi_1^{e_{21}} \pi_2^{e_{22}} \cdots \pi_\ell^{e_{\ell 2}} R \quad \text{かつ} \quad R/b_{s-1} R \cong R/\pi_1^{e_{21}} R \times \cdots \times R/\pi_\ell^{e_{\ell 2}} R,$$

といった調子で，図 38 に示すように繰り返す[17]. これで定理 11.54 (b) の一意性の主張から，どのように定理 11.50 (b) が導かれるかの説明が完了した. □

11.9　構造定理の応用

　ユークリッド整域上の有限生成加群の構造定理の目の覚めるような応用を 2 つ与える. 最初はアーベル群に関するもの，2 番目は線形変換を伴うベクトル空間に関するものである.

---

[17] もし $e = 0$ なら，$\pi^e = 1$ であり，よって $\pi^e R = R$ かつ $R/\pi^e R = 0$ に注意する. したがって $e_{ij} = 0$ である項は省略もしくは無視してよい.

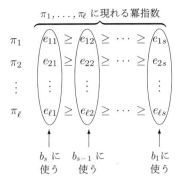

図 38 $b_1,\ldots,b_s$ を π 冪から再構成する.

11.9.1 有限生成アーベル群

第 2 章と第 6 章でたっぷりと見たように,群は,有限群であっても非常に複雑な対象となりうるのだった.よって次の結果が大変印象的なものになる.というのは,次の定理は,有限生成アーベル群の構造は著しく簡単だといっているからである.

定理 11.56(有限生成アーベル群の構造定理) A を有限生成アーベル群とする.すると,A は巡回群の直積に同型である.より正確には,$C(n)$ を位数 n の巡回群とすると,A を次のように記述できる:

(a) 整数 $r, s \geq 0$ と非負整数 $b_1,\ldots,b_s \geq 2$ が存在して,
$$b_1 \mid b_2 \mid \cdots \mid b_s \quad \text{かつ} \quad A \cong C(b_1) \times C(b_2) \times \cdots \times C(b_s) \times \mathbb{Z}^r.$$

さらに,整数 $r, s, b_1,\ldots,b_s$ は A に対し一意に定まる.

(b) 整数 $r, t \geq 0$ と素数冪 $q_1,\ldots,q_t \in \mathbb{Z}$ が A に対して一意に定まり,
$$A \cong C(q_1) \times C(q_2) \times \cdots \times C(q_t) \times \mathbb{Z}^r$$

が成り立つ.

証明 アーベル群は $\mathbb{Z}$ 加群であり,$\mathbb{Z}$ はユークリッド整域であるから,定理 11.56 は単に定理 11.50 と定理 11.54 を $R = \mathbb{Z}$ に適用したものである.さらにもう一段簡単にできて,つまり零でない任意の $b \in \mathbb{Z}$ に対して,$\mathbb{Z}/b\mathbb{Z} \cong C(|b|)$ という同型がある.これにより b_i と q_i を正の整数にとれる. □

系 11.57 任意の有限アーベル群は,素数冪位数の巡回群の積に同型である.

証明 A の有限性から階数 r は 0 だから,これは定理 11.56 (b) から直接に帰結される. □

例 11.58 位数 8 の有限アーベル群の同型類は 3 つある.つまり,

412 第11章 加群——第1部：環 + ベクトルのようなものの空間

$$C(8), \quad C(2) \times C(4), \quad C(2) \times C(2) \times C(2)$$

である．もちろん，位数 8 の非アーベル群も存在する．実際，そのようなものは 2 つあって，1 つは 2 面体群 $\mathcal{D}_4$（例 2.22），もう 1 つは 4 元数群 $\mathcal{Q}$（例 2.23）である．

11.9.2 ジョルダン標準形

F を体とし，V を有限次元 F ベクトル空間，さらに $L: V \to V$ を F 線形変換とする．定義 10.28 から L は，L の固有ベクトルからなる V の基底 $\mathcal{B} = \{\boldsymbol{v}_1, \ldots, \boldsymbol{v}_n\}$ が存在すれば**対角化可能**である．もしそうなっていれば，対応する行列 $\mathcal{M}_{L,\mathcal{B}}$ は対角行列で，その対角成分は $\boldsymbol{v}_1, \ldots, \boldsymbol{v}_n$ の固有値である．

もちろん，任意の線形変換が対角化可能なわけではない．たとえば，$F = \mathbb{R}$ なら，次の線形変換

$$L: \mathbb{R}^2 \longrightarrow \mathbb{R}^2, \quad L(a, b) = (-b, a),$$

は $\mathbb{R}^2$ に固有ベクトルを持たない．というのは，L は 90° 回転だから，どの方向も保存しないのである．

「ちょっと待った，」群衆が叫ぶ．「**ずるをしているぞ．$\mathbb{R}$ 上ではなくて $\mathbb{C}$ 上で考えなくてはいけないが，線形変換 L は固有値と固有ベクトルを持っている．**」確かに彼らの反論は正しい．というのは，

$$\boldsymbol{v}_1 = (i, 1) \quad \text{は } L(\boldsymbol{v}_1) = (-1, i) \;=\; i\boldsymbol{v}_1 \text{ を満たし，}$$
$$\boldsymbol{v}_2 = (-i, 1) \text{ は } L(\boldsymbol{v}_2) = (-1, -i) = -i\boldsymbol{v}_2 \text{ を満たす}$$

からである．この $\mathbb{C}^2$ 上の基底 $\mathcal{B} = \{(-1, i), (-1, -i)\}$ について，線形変換 L の行列は次のようになる：

$$\mathcal{M}_{L,\mathcal{B}} = \begin{pmatrix} i & 0 \\ 0 & -i \end{pmatrix}.$$

よって，十分大きな体上で考えるなら，線形変換をつねに対角化できるのかもしれない．それは夢だが，嗚呼しかし，そうはならないのだ．たとえば，線形変換

$$L: F^2 \longrightarrow F^2, \quad L(a, b) = (a + b, b),$$

は固有値が 1 つしか，つまり $\lambda = 1$ しかなく，その唯一の固有ベクトルは $(1, 0)$ の定数倍のみである．よって F が代数的に閉じていても，ベクトル空間 F^2 には L の固有ベクトルからなる基底は存在しない．

我々の夢であった万能の対角化は潰え，次のような根本的な疑問に導かれる：

> 対角化にどのくらいまで近づけるのだろうか？

答えを与える前に，「ほとんど対角」な正方行列の特別なコレクションを定義しよう．

定義 11.59 F を体とし，$m \geq 1$ かつ $\lambda \in F$ とする．次元 m，固有値 λ のジョルダン行列（もしくは**ジョルダン細胞**）とは，次の m 次正方行列のことである：

$$\begin{pmatrix} \lambda & 1 & 0 & 0 & \cdots & 0 \\ 0 & \lambda & 1 & 0 & \cdots & 0 \\ 0 & 0 & \lambda & 1 & \cdots & 0 \\ & & \vdots & \ddots & \ddots & \vdots \\ 0 & 0 & 0 & \cdots & \lambda & 1 \\ 0 & 0 & 0 & 0 & \cdots & \lambda \end{pmatrix}. \tag{11.25}$$

明示的には，ジョルダン細胞は m 次正方行列で主対角成分が λ であり，主対角成分のちょうど上に 1 が並んでいて，それ以外の成分はすべて 0，というものである．$m = 1$ も許しているので，任意の 1 次正方行列 (λ) もジョルダン細胞である．

定理 11.60（ジョルダン標準形定理） F を代数閉体とし[18]，V を有限次元 F ベクトル空間とする．さらに，$L: V \to V$ を V 上の F 線形変換とする．このとき，V の基底 $\mathcal{B}$ とジョルダン細胞 $J_1, \ldots, J_r$ で，L の $\mathcal{B}$ に関する行列が次の形になるものが存在する：

$$\mathcal{M}_{L,\mathcal{B}} = \begin{pmatrix} L \text{ の } \mathcal{B} \text{ に} \\ \text{関する行列} \end{pmatrix} = \begin{pmatrix} J_1 & 0 & 0 & \cdots & 0 \\ 0 & J_2 & 0 & \cdots & 0 \\ 0 & 0 & J_3 & \cdots & 0 \\ & & \vdots & \ddots & \vdots \\ 0 & 0 & 0 & \cdots & J_r \end{pmatrix}. \tag{11.26}$$

このとき，L は**ジョルダン標準形**で表示されているという．ジョルダン細胞は 1 次正方行列にもなりうることと，固有値は必ずしも相異なるとは限らないことに注意せよ．

注意 11.61 L のジョルダン標準形は，行列の中でのジョルダン細胞の並び順を除いて一意的である．証明は演習問題 11.45 とする．

証明（定理 11.60 の証明） 例 11.7 で見たように，V を $F[x]$ 加群と見なす．x を L であるかのごとく扱い，x の冪は L を繰り返し作用させるとするのだった[19]．V が有限次元ベクトル空間という仮定から，V は有限生成 $F[x]$ 加群である．というのは，V の F 基底が V の $F[x]$ 生成系になるからである．

ユークリッド整域上の有限生成加群の構造定理を，$R = F[x]$ と R 加群 V に適用する．より正確には，構造定理バージョン 2 である定理 11.54 (a) を適用する．この定理から，既約元 $\pi_1, \ldots, \pi_t \in F[x]$ と，正整数 $e_1, \ldots, e_t$，ならびに整数 $r \geq 0$ で，

---

[18] まだ 9.4 節を学んでいない読者向けに：体 F が**代数的に閉**とは，$F[x]$ の任意の多項式が F で 1 次式の積に完全分解することをいう．9.11 節で，複素数体 $\mathbb{C}$ が代数的に閉であることを証明した．

[19] 例 11.7 をまだ注意深く学んでいないなら，戻ってそうしてほしい．

414　第 11 章　加群——第 1 部：環 + ベクトルのようなものの空間

$$V \cong F[x]/\pi_1^{e_1} F[x] \times \cdots \times F[x]/\pi_t^{e_t} F[x] \times F[x]^r \qquad (11.27)$$

が成り立つものが存在する．この同型は $F[x]$ 加群としてのもので，x は V に線形変換 L として作用し，また式 (11.27) の右辺においては，x は単に x を掛けるとして作用する．

最初の観察は，V が有限次元 F ベクトル空間である一方で，$F[x]$ は F ベクトル空間としては無限次元だから，$r = 0$ ということである．2 番目の観察は，F が代数的に閉だから，$F[x]$ の既約元は 1 次式のみであり，さらにモニックにとれるということである．したがって，$\lambda_1, \ldots, \lambda_t \in F$ が存在して

$$\pi_1 = (x - \lambda_i), \ \ldots, \ \pi_t = (x - \lambda_t).$$

よって，式 (11.27) は次のようになる：

$$V \cong F[x]/(x - \lambda_1)^{e_1} F[x] \times \cdots \times F[x]/(x - \lambda_t)^{e_t} F[x]. \qquad (11.28)$$

各因子ごとに F 基底として都合のよいものをとることから始めて，これらを集めて V の F 基底を作りたい．よって我々の最初の仕事は，F 線形変換

$$F[x]/(x - \lambda)^e F[x] \xrightarrow{\ x\,を掛ける\ } F[x]/(x - \lambda)^e F[x]$$

を調べることである．F ベクトル空間 $F[x]/(x - \lambda)^e F[x]$ の基底としてとりうるものはたくさんある．たとえば，基底として $\{1, x, \ldots, x^{e-1}\}$ をとることができるが，この基底に関する x を掛ける写像の作用はやや扱いにくい．よって，別の基底として多項式たち

$$p_0(x) = 1, \ p_1(x) = x - \lambda, \ p_2(x) = (x - \lambda)^2, \ \ldots, \ p_{e-1}(x) = (x - \lambda)^{e-1},$$

をとる．ただし，対角成分の上に 1 を置くために，これらのリストを逆順に並べる必要がある．

主張 1：$\{p_{e-1}(x), \ldots, p_0(x)\}$ は $F[x]/(x - \lambda)^e F[x]$ の F 基底である．
主張 2：F ベクトル空間 $F[x]/(x - \lambda)^e F[x]$ 上での x を掛ける写像の，次の基底

$$\{p_{e-1}(x), \ldots, p_0(x)\}$$

に関する行列は e 次ジョルダン細胞で，その対角成分は λ である．

主張 1 の証明　命題 8.6 (a) により，$F[x]/(x - \lambda)^e F[x]$ は e 次元ベクトル空間である．リスト $p_0(x), \ldots, p_{e-1}(x)$ には e 個の多項式があるから，これらが F 線形独立であることを示せば十分である．これは，それらの多項式の次数が異なることからわかる[20]．

主張 2 の証明　各 $0 \leq k \leq e-1$ に対して，いつもの「足して引く」技を使って次のように計算する：

---

[20]非自明な線形関係式 $c_0 p_0(x) + c_1 p_1(x) + \cdots + c_{e-1} p_{e-1}(x) = 0$ があれば，$c_i \neq 0$ となる最大の i を選び，方程式の x^i の係数が c_i であることから，$c_i = 0$．矛盾！

$$x \cdot p_k(x) = x(x-\lambda)^k$$
$$= x(x-\lambda)^k \underbrace{-\lambda(x-\lambda)^k + \lambda(x-\lambda)^k}_{\text{足して引く技}}$$
$$= (x(x-\lambda)^k - \lambda(x-\lambda)^k) + \lambda(x-\lambda)^k$$
$$= \underbrace{(x-\lambda)^{k+1}}_{\substack{\text{ここは } 0 \le e \le k-2 \text{ なら } p_{k+1}(x) \text{ に等しい,} \\ \text{しかし } e = k-1 \text{ なら } 0, \text{ なぜなら} \\ F[x]/(x-\lambda)^e F[x] \text{ で } (x-\lambda)^e = 0 \text{ だから.}}} + \underbrace{\lambda(x-\lambda)^k}_{\text{これは } \lambda p_k(x) \text{ に等しい.}} .$$

ここからわかることは,

$$x \cdot p_{e-1}(x) = \lambda p_{e-1}(x),$$
$$x \cdot p_{e-2}(x) = p_{e-1}(x) + \lambda p_{e-2}(x),$$
$$x \cdot p_{e-3}(x) = p_{e-2}(x) + \lambda p_{e-3}(x),$$
$$\vdots \qquad \vdots$$
$$x \cdot p_0(x) = p_1(x) + \lambda p_0(x).$$

したがって,この行列の最初の列は,最初の成分が λ で,あとはすべて 0 である.一方,残りの列については,最初にいくつか 0 が並び,その後に 1,次いで λ が対角成分に来て,残りは全部 0 となる.簡単にいうと,この行列はジョルダン細胞である.これで主張 2 が証明された.

これで,式 (11.28) の各因子の基底であって,この因子上で x を掛ける線形変換に対応する行列がジョルダン細胞になるようなものを構成した.これらの基底を集めれば,式 (11.28) 全体の基底で,行列がジョルダン標準形になるようなものになる. □

演習問題

11.1 節　加群とは何か？

11.1 M を R 加群とする.定義から直接,次を証明せよ：

(a) $0m = 0$ が任意の $m \in M$ について成り立つ.最初の 0 は R の元で,2 番目の 0 は M の元であることに注意せよ.よって,もう少し注意深く記述するなら,$0_R m = 0_M$ と書くところである.

(b) $(-1)m = -m$ が任意の $m \in M$ について成り立つ.元 -1 は R の乗法の単位元の加法に関する逆元である.一方で,$-m$ は m の M における加法に関する逆元である.

11.2 R を環とし,$a_1, \ldots, a_n \in R$ とする.評価写像を次のように定義する：

$$E_a : R[x] \longrightarrow R^n, \quad E_a(f(x)) = (f(a_1), \ldots, f(a_n)).$$

(a) E_a が R 加群準同型写像であることを示せ.

(b) R を整域とする.E_a の核が $R[x]$ の単項イデアルであることを示せ.このイデアルの生成元を求めよ.

(c) (b) は R が整域という仮定を落としても正しいだろうか？

416 第 11 章 加群——第 1 部：環 + ベクトルのようなものの空間

11.3 節 部分加群と剰余加群

11.3 命題 11.11 を証明せよ：M を R 加群とし，$N \subseteq M$ を M の部分加群とする．

(a) 剰余加群 M/N は R 加群である．

(b) R 加群としての準同型写像

$$\phi \colon M \longrightarrow M/N, \quad \phi(m) = m + N$$

が存在し，ϕ の核は $\ker(\phi) = N$ である．

11.4 命題 11.12 を証明せよ：$\phi \colon M \to N$ を R 加群準同型写像とする．

(a) $\ker(\phi)$ は M の R 部分加群である．

(b) ϕ が単射であることと $\ker(\phi) = \{0\}$ は同値であることを示せ．

(c) ϕ が単射 R 加群準同型写像

$$\overline{\phi} \colon M/\ker(\phi) \lhook\joinrel\longrightarrow N, \quad \overline{\phi}(m + \ker(\phi)) = \phi(m)$$

を誘導することを示せ．

(d) $P \subseteq M$ を M の部分加群で，$P \subseteq \ker(\phi)$ なるものとする．ϕ が R 加群準同型写像

$$\overline{\phi} \colon M/P \longrightarrow N, \quad \overline{\phi}(m + P) = \phi(m)$$

を誘導し，また

$$\ker(\overline{\phi}) = \ker(\phi)/P$$

であることを示せ．これは (c) の一般化であることに注意せよ．

11.5 M を R 加群とする．

(a) $a \in R$ とする．$aM = \{am \colon m \in M\}$ が M の部分加群であることを示せ．

(b) $m \in M$ とする．$Rm = \{am \colon a \in R\}$ が M の部分加群であることを示せ．

11.6 R を環とし，$J \subseteq R$ を R の部分集合とする．J がイデアルである必要十分条件は J が R の R 部分加群であることである．

11.7 この演習問題では，命題 11.18 を一般化してほしい．M を R 加群とする．R のイデアル I に対し，IM を集合

$$IM = \{a_1 m_1 + \cdots + a_k m_k \colon k \geq 0, \ a_1, \ldots, a_k \in I, \ m_1, \ldots, m_k \in M\}$$

とする[21]．

(a) IM は M の部分加群であることを示せ．

(b) 剰余加群 M/IM は自然な R/I 加群構造を持つことを示せ．

(c) より一般に，$J \subseteq I$ を R のイデアルとし，K を

$$K = \{r \in R \colon rI \subseteq J\}$$

とする．K は R のイデアルであり，JM は IM の部分加群，さらに IM/JM は自然に R/K 加群であることを示せ．

(d) R を整域とする．(c) のイデアル I と J が単項イデアルとし，$I = aR$ かつ $J = bR$ とする．$b = ac$ がある $c \in R$ について成り立つこと，(c) の K が単項イデアル cR となることを示せ．

---

[21] M が R のイデアルのときは演習問題 3.48 を見よ．

11.8 M を有限生成自由 R 加群とし，J を R の極大イデアルとする[22]．次を示せ：

$$\mathrm{rank}_R(M) = \dim_{R/J}(M/JM).$$

この等式は定理 11.27 の別証明になっていることを説明せよ．つまり，なぜこの等式から，M のどの基底も同じ個数の元を含むといえるのかを説明せよ．（部分加群 JM の定義については，演習問題 11.7 を見よ．）

11.4 節　自由加群と有限生成加群

11.9 M を R 加群とする．

　(a) $\mathcal{S} \subseteq M$ を R の部分集合とする．定義 11.20 で説明したように，$\mathrm{Span}_R(\mathcal{S})$ が M の部分加群であることを証明せよ．

　(b) $\mathcal{S} \subseteq M$ を M の部分集合とし，$N \subseteq M$ を M の部分加群で $\mathcal{S}$ を含むものとする．N が $\mathrm{Span}_R(\mathcal{S})$ を含むことを示せ．したがって，$\mathrm{Span}_R(\mathcal{S})$ を M の部分加群で $\mathcal{S}$ を含む最小のものと言い表せる．

　(c) 部分集合 $\mathcal{S} \subseteq M$ で，$\mathrm{Span}_R(\mathcal{S}) = M$ となるものが存在することを示せ．

11.10 M, N, P を R 加群とし，

$$f\colon M \longrightarrow N \quad \text{および} \quad g\colon N \longrightarrow P$$

が R 加群準同型写像で，次の 3 条件を満たすとする[23]：

　　　(1) f は単射である．

　　　(2) g は全射である．

　　　(3) f の像は g の核と等しい．

　(a) M と P が有限生成 R 加群とする．N も有限生成 R 加群であることを示せ．

　(b) M と P が有限生成**自由** R 加群とする．N も有限生成**自由** R 加群であることを示せ．

　(c) N が有限生成加群で，R はネーター環とする．M と P が有限生成 R 加群であることを示せ．

11.11 R を環とし，$I \subseteq R$ をイデアルとする．

　(a) I と R/I が R 加群であることを示せ．

　(b) I の R 線形独立系は高々 1 つの元のみを持つことを示せ．

　(c) R/I の R 線形独立系は高々 1 つの元のみを持つことを示せ．

　(d) R/I が基底を持つなら，I について何がいえるだろうか？

11.12 $R = \mathbb{Z}[x]$ とし，例 11.26 と同じように $M = 2\mathbb{Z}[x] + x\mathbb{Z}[x]$ とする．M が R 基底を持たないことを示せ．つまり，M は R 加群として自由ではないことを示せ．

11.13 M が有限生成 R 加群とし，$\{m_1, \ldots, m_r\}$ を M の基底とする．$\alpha, \beta, \gamma, \delta \in R$ を

$$\alpha\delta - \beta\gamma = \pm 1$$

を満たす元とする．任意の $1 \le i < j \le r$ に対して，次の集合も M の基底であることを示せ：

---

[22] 少なくとも選択公理を仮定すれば，任意の環は少なくとも 1 つ極大イデアルを持つことを思い出そう．注意 3.45 を見よ．

[23] R 加群準同型写像の列 $0 \to M \to N \to P \to 0$ が**完全系列**であるとは，これらの 3 つの性質を満たすことをいう．さらなる議論については 14.4.1 節を見よ．

$$m_1, \ldots, m_{i-1}, \underbrace{\alpha m_i + \beta m_j}_{m_i \text{ を取り替える.}}, m_{i+1}, \ldots, m_{j-1}, \underbrace{\gamma m_i + \delta m_j}_{m_j \text{ を取り替える.}}, m_{j+1}, \ldots, m_r.$$

11.14 次の 2 つの R 加群を考える.

$$M = \sum_{i \in \mathbb{N}} R \quad \text{および} \quad N = \prod_{i \in \mathbb{N}} R,$$

つまり, M が無数の R の直和であり, N は無数の R の直積である. 各 $k \in \mathbb{N}$ に対して,「無限長タプル」を次のように定義する:

$$\boldsymbol{e}_k = (0, 0, \ldots, 0, 1, 0, 0, \ldots), \quad \text{ここで } 1 \text{ が } k \text{ 番目の座標にある.}$$

$\boldsymbol{e}_k$ は M にも N にも含まれることに注意せよ.

$$\mathcal{E} = \{\boldsymbol{e}_1, \boldsymbol{e}_2, \boldsymbol{e}_3, \ldots\}$$

をこれらの $\boldsymbol{e}_k$ すべての集合とする.
  (a) $\mathcal{E}$ は線形独立系であることを示せ.
  (b) $\mathcal{E}$ は M を張ることを示せ. したがって M は可算基底 $\mathcal{E}$ を持つ自由 R 加群である.
  (c) $\mathcal{E}$ は N を張らないことを示せ. このことから N が自由 R 加群ではないと結論できるか?
  (d)（集合論の講義を聴いたことがある人向け.）$R = \mathbb{Z}$ もしくはより一般的に, 任意の可算環とする. M は可算だが N は非可算であることを示せ. このことから, N の任意の生成系は非可算個の元を含むことを導け.

11.5 節 準同型写像, 自己準同型写像, 行列
11.15 この演習問題では, 命題 11.30 を証明してもらう. M と N を R 加群とする.
  (a) $\mathrm{Hom}_R(N, M)$ が R 加群であることを示せ.
  (b) $\mathrm{End}_R(M)$ が環であることを示せ.

11.16 この演習問題では, 命題 11.34 を証明してもらう. M を有限生成自由 R 加群とし, N を有限生成 R 加群とする. M の基底 $\mathcal{A} = \{m_1, \ldots, m_r\}$ と N の生成系 $\mathcal{B} = \{n_1, \ldots, n_s\}$ を固定する. 定義 11.33 において, 各準同型写像 $\phi \in \mathrm{Hom}_R(N, M)$ に対して, どのようにして行列 $\mathcal{M}_{\phi, \mathcal{A}, \mathcal{B}}$ を対応させるか説明した.
  (a) 次の写像

$$\mathrm{Hom}_R(N, M) \longrightarrow \mathsf{Mat}_{r \times s}(R), \quad \phi \longrightarrow \mathcal{M}_{\phi, \mathcal{A}, \mathcal{B}},$$

  が単射 R 準同型写像であることを示せ.
  (b) N が自由 R 加群で $\mathcal{A}$ が N の基底なら, (a) の写像が同型写像であることを示せ.
  (c) N が自由 R 加群なら, $\mathrm{Hom}_R(N, M)$ は自由 R 加群であり,

$$\mathrm{rank}_R(\mathrm{Hom}_R(N, M)) = \mathrm{rank}_R(M) \, \mathrm{rank}_R(N)$$

  が成り立つことを示せ.

11.17（偶関数と奇関数）M と N を R 加群とする. M から N への写像の集合を考え, これを

$$\mathrm{Func}(M, N) = \{\text{写像 } \phi \colon M \to N\}$$

と表す. $\mathrm{Func}(M, N)$ の元は単に写像であって, 準同型写像とは限らないことに注意せよ.

$\mathrm{Func}(M, N)$ の 2 つの部分集合を次のように定義する：

$$\mathrm{Func}^{\mathrm{even}}(M, N) = \{\phi \in \mathrm{Func}(M, N) : \text{任意の } m \in M \text{ で } \phi(-m) = \phi(m)\},$$

$$\mathrm{Func}^{\mathrm{odd}}(M, N) = \{\phi \in \mathrm{Func}(M, N) : \text{任意の } m \in M \text{ で } \phi(-m) = -\phi(m)\}.$$

(a) $\mathrm{Func}(M, N)$ が次の演算により R 加群になることを示せ：

$$(a_1\phi_1 + a_2\phi_2)(m) = a_1\phi_1(m) + a_2\phi_2(m).$$

(b) $\mathrm{Func}^{\mathrm{even}}(M, N)$ と $\mathrm{Func}^{\mathrm{odd}}(M, N)$ がともに，$\mathrm{Func}(M, N)$ の R 部分加群であることを示せ．

(c) $\phi \in \mathrm{Func}(M, N)$ とし，$\iota\colon M \to M$ を反転写像 $\iota(m) = -m$ とする．次を証明せよ：

$$\phi + \phi \circ \iota \in \mathrm{Func}^{\mathrm{even}}(M, N) \quad \text{かつ} \quad \phi - \phi \circ \iota \in \mathrm{Func}^{\mathrm{odd}}(M, N).$$

(d) $\iota\colon M \to M$ を (c) で定義したものとする．写像

$$F\colon \mathrm{Func}(M, N) \longrightarrow \mathrm{Func}^{\mathrm{even}}(M, N) \times \mathrm{Func}^{\mathrm{odd}}(M, N), \quad \phi \longmapsto (\phi + \phi \circ \iota, \phi - \phi \circ \iota),$$

が R 加群準同型写像であることを示せ．

(e) 写像

$$G\colon \mathrm{Func}^{\mathrm{even}}(M, N) \times \mathrm{Func}^{\mathrm{odd}}(M, N) \longrightarrow \mathrm{Func}(M, N), \quad (\epsilon, \omega) \longmapsto \epsilon + \omega,$$

が R 加群準同型写像であることを示せ．

(f) F と G を (c) と (d) で定義した写像とする．写像

$$G \circ F(\phi) = 2\phi \quad \text{かつ} \quad F \circ G(\epsilon, \omega) = (2\epsilon, 2\omega)$$

が R 加群準同型写像であることを示せ．

(g) もし $2 \in R^*$ なら，

$$\mathrm{Func}(M, N) \cong \mathrm{Func}^{\mathrm{even}}(M, N) \times \mathrm{Func}^{\mathrm{odd}}(M, N)$$

を示せ．（ヒント：(c), (d), (e) を使う．2 が単元という仮定から，G を 2 で割って，矛盾なく定義された写像 $H(\epsilon, \omega) = 2^{-1}\epsilon + 2^{-1}\omega$ が得られる．）

11.18 M を R 加群とし，$\mathcal{A} = \{m_1, \ldots, m_r\}$ を M の部分集合とする．さらに

$$A = (a_{ij}) \in \mathsf{Mat}_{r \times r}(R) \quad \text{と} \quad B \in \mathsf{Mat}_{r \times r}(R) \quad \text{は次を満たす}^{24}: \quad AB = BA = I.$$

別の部分集合

$$\mathcal{A}' = \{m_1', \ldots, m_r'\} \subset M$$

を次のように定義する：

$$m_1' = \sum_{j=1}^{r} a_{1j}m_j, \ \ m_2' = \sum_{j=1}^{r} a_{2j}m_j, \ \ \ldots, \ \ m_r' = \sum_{j=1}^{r} a_{rj}m_j.$$

(a)

$$\mathrm{Span}_R \, \mathcal{A} = \mathrm{Span}_R \, \mathcal{A}'$$

を証明せよ．

(b) $\mathcal{A}$ が R 線形独立系である必要十分条件は $\mathcal{A}'$ が R 線形独立系であることである．

---

^{24}言い換えると，$A \in \mathrm{GL}_r(R)$ であり B は A の逆行列である．

420   第 11 章　加群——第 1 部：環 ＋ ベクトルのようなものの空間

(c) $\mathcal{A}$ が M の R 基底である必要十分条件は $\mathcal{A}'$ が M の R 基底であることである.

11.19　M, N, P を R 加群とする. **$M \times N$ から P への R 双線形写像**とは，写像

$$\beta \colon M \times N \longrightarrow P$$

であって，各変数について R 線形であるものである．具体的には，

$$\left.\begin{array}{l} \beta(am + bm', n) = a\beta(m, n) + b\beta(m', n) \\ \beta(m, an + bn') = a\beta(m, n) + b\beta(m, n') \end{array}\right\} \quad \begin{array}{l} \text{任意の } a, b \in R,\ m, m' \in M, \\ n, n' \in N \text{ に対して.} \end{array}$$

$M \times N$ から P への R 双線形写像全体の集合を

$$\mathrm{Bilinear}(M \times N, P) = \{R \text{ 双線形写像 } \phi \colon M \times N \to P\}$$

と書くことにする.

(a) 集合 $\mathrm{Bilinear}(M \times N, P)$ は以下の加法とスカラー倍に関して R 加群であることを示せ：

$$(\beta_1 + \beta_2)(m, n) = \beta_1(m, n) + \beta_2(m, n) \quad \text{および} \quad (c\beta)(m, n) = c \cdot \beta(m, n).$$

(b) M, N, P がすべて有限生成自由 R 加群と仮定する．$\mathrm{Bilinear}(M \times N, P)$ も有限生成自由 R 加群であり，その階数が

$$\mathrm{rank}_R(\mathrm{Bilinear}(M \times N, P)) = \mathrm{rank}_R(M)\,\mathrm{rank}_R(N)\,\mathrm{rank}_R(P)$$

であることを証明せよ．（ヒント：もし混乱してきたら，最初に P が階数 1 の場合，つまり $P = R$ の場合を試しにやってみよ.）

11.20　M を R 加群とする. **M 上の双線形形式**とは，$M \times M$ から R への双線形写像のことである．双線形形式の集合を次のように書くことにする：

$$\mathrm{BF}(M) = \mathrm{Bilinear}(M \times M, R).$$

（双線形写像の定義については，演習問題 11.19 を見よ.）

(a) 双線形形式 $\beta \in \mathrm{BF}(M)$ は次が成り立つとき**対称**と呼ばれる：

$$\text{任意の } m, m' \in M \text{ に対して} \quad \beta(m, m') = \beta(m', m).$$

対称双線形形式の集合を $\mathrm{BF}^{\mathrm{sym}}(M)$ と書くことにする．$\mathrm{BF}^{\mathrm{sym}}(M)$ は $\mathrm{BF}(M)$ の R 部分加群であることを示せ.

(b) 双線形形式 $\beta \in \mathrm{BF}(M)$ が**交代的**とは，次を満たすことである：

$$\text{任意の } m \in M \text{ に対して} \quad \beta(m, m) = 0.$$

交代双線形形式の集合を $\mathrm{BF}^{\mathrm{alt}}(M)$ と書くことにする．$\mathrm{BF}^{\mathrm{alt}}(M)$ は $\mathrm{BF}(M)$ の R 部分加群であることを示せ.

(c) $\beta \in \mathrm{BF}^{\mathrm{alt}}(M)$ とする．次を証明せよ：

$$\text{任意の } m, m' \in M \text{ に対して} \quad \beta(m, m') = -\beta(m', m).$$

（ヒント：$\beta(m + m', m + m')$ を 2 通りの仕方で計算せよ.）

(d) $\beta \in \mathrm{BF}(M)$ に対して，写像 S_β と A_β を次のように定義する：

$$S_\beta \colon M \times M \longrightarrow R, \quad S_\beta(m, m') = \beta(m, m') + \beta(m', m),$$
$$A_\beta \colon M \times M \longrightarrow R, \quad A_\beta(m, m') = \beta(m, m') - \beta(m', m).$$

$S_\beta \in \mathsf{BF}^{\mathrm{sym}}(M)$ であり，$A_\beta \in \mathsf{BF}^{\mathrm{alt}}(M)$ であることを証明せよ.

(e) 次の写像

$$\mathsf{BF}(M) \longrightarrow \mathsf{BF}^{\mathrm{sym}}(M) \times \mathsf{BF}^{\mathrm{alt}}(M), \quad \beta \longmapsto (S_\beta, A_\beta) \tag{11.29}$$

が R 加群の準同型写像であることを示せ.

(f) もし $2 \in R^*$ なら，つまり 2 が R 内に乗法の逆元を持つなら，(e) の式 (11.29) の準同型写像が同型写像であることを示せ.

11.21 この演習問題は，演習問題 11.20 で導入された記号を用いてその続きを考える. M を自由 R 加群で階数が n とする.

(a) $\mathsf{BF}(M)$ は自由 R 加群で，その階数は r^2 であることを，$\mathsf{BF}(M)$ の基底を明示的に書き下すことで証明せよ.（ヒント：M の R 基底を 1 つ固定し，その基底の元のペアでの双線形形式の値に注目せよ.）

(b) $\mathsf{BF}^{\mathrm{sym}}(M)$ が自由 R 加群であることを示し，その階数を求めよ.

(c) $\mathsf{BF}^{\mathrm{alt}}(M)$ が自由 R 加群であること示し，その階数を求めよ.

(d) M が自由 R 加群で階数 2 とし，$\{\boldsymbol{e}_1, \boldsymbol{e}_2\}$ を M の基底とする. 写像

$$\mathsf{BF}^{\mathrm{alt}}(M) \longrightarrow R, \quad \beta \longmapsto \beta(\boldsymbol{e}_1, \boldsymbol{e}_2)$$

が同型写像であることを示せ. $\delta \in \mathsf{BF}^{\mathrm{alt}}(M)$ を $1 \in R$ に移されるような元とする.

$$\delta(a\boldsymbol{e}_1 + b\boldsymbol{e}_2, c\boldsymbol{e}_1 + d\boldsymbol{e}_2)$$

a, b, c, d の式として計算せよ.（見覚えのあるものになるはずだ！）

11.6 節 ネーター環と加群

11.22 R を環とし，I を $R[x]$ のイデアルとする. 零でない元 $f(x) \in R[x]$ のそれぞれに対して，定理 11.43 の証明のように，$L(f)$ を $f(x)$ の，零でない最高次係数とする. また $L(0) = 0$ とする. 次の集合

$$J = \{L(f) : f \in I\} \subseteq R$$

が R のイデアルになることを示せ.

11.23 R を環とし，$A \supseteq R$ をより大きな環で R を含むものとし，$\alpha_1, \ldots, \alpha_n \in A$ とする.

(a) R を含み，また $\alpha_1, \ldots, \alpha_n$ のすべてを含む A の最小の部分環が存在することを示せ. この環を

$$R[\alpha_1, \ldots, \alpha_n]$$

と書くことにする[25].

(b) $R[\alpha_1, \ldots, \alpha_n]$ は，評価準同型写像

$$E_{\boldsymbol{\alpha}} : R[x_1, \ldots, x_n] \longrightarrow A, \quad E_{\boldsymbol{\alpha}}(f(x_1, \ldots, x_n)) = f(\alpha_1, \ldots, \alpha_n)$$

の像として特徴づけられることを示せ.（演習問題 11.2 を見よ.）

(c) もし R がネーター環なら，$R[\alpha_1, \ldots, \alpha_n]$ もネーター環であることを証明せよ.

11.24 アルティン環とは，イデアルの任意の降鎖

---

[25] $R[\alpha_1, \ldots, \alpha_n]$ という形の環を**有限生成 R 代数**という. さらなる情報については 14.4.3 節を見よ.

$$I_1 \supseteq I_2 \supseteq I_3 \supseteq \cdots$$

がいつか安定化するような環である．つまり，ある $k \geq 1$ が存在して，$I_k = I_{k+i}$ が任意の $i \geq 0$ について成り立つことである．ネーター環の定義と似ているが，アルティン環の条件はもっとずっと制約が厳しい．

    (a) R をアルティン環とし，I を R のイデアルとする．R/I もアルティン環であることを示せ．

    (b) R をアルティン環でかつ整域とする．R は体であることを示せ．（ヒント：$a \in R$ に対して，イデアルの列 $aR \supseteq a^2R \supseteq a^3R \supseteq \cdots$ を考えよ．）

    (c) R をアルティン環とする．R の素イデアルは極大イデアルであることを示せ．（ヒント：(a) と (b) を使う．）

    (d) R をアルティン環とする．R の極大イデアルは有限個しかないことを示せ．

11.7 節　ユークリッド整域に成分を持つ行列

11.25　F を体とし，$A \in \mathsf{Mat}_{r \times s}(F)$ を F に成分を持つ行列とする．

    (a) 補題 11.47 の非形式的な証明を与えた．この補題は，基本行変形と基本列変形で A を，零でない成分が，ある k に対して $b_{11}, \ldots, b_{kk}$ のみであるような行列に変形できると主張するものだった．この主張に，帰納法もしくは読者が選んだ何か別の方法で形式的な証明を与えよ．

    (b) A の列を F^r のベクトルだと見なすと，列ベクトルのリスト

$$\boldsymbol{v}_1, \ldots, \boldsymbol{v}_s \in F^r$$

を得る．**A の列スパン**とは，これら列ベクトルのスパンのことである：

$$\mathrm{ColSpan}_F(A) = \mathrm{Span}_F(\boldsymbol{v}_1, \ldots, \boldsymbol{v}_s) \subseteq F^r.$$

A に基本変形を行い新しい行列 A' を得たとして，次を示せ：

$$\dim_F(\mathrm{ColSpan}_F(A)) = \dim_F(\mathrm{ColSpan}_F(A')).$$

（ヒント：基本列変形を行うとき，列スパンは変わらないことを示せ．基本行変形を行うと列スパンは変わりうる．したがって，示すべきは基本変形により列スパンは F^r の別の空間になるかもしれないが，その次元は変わらない，ということである．）

    (c) 同様に，A の行を F^s のベクトルだと思うと，r 個のベクトルのリスト $\boldsymbol{w}_1, \ldots, \boldsymbol{w}_r \in F^s$ を得る．このとき，**A の行スパン**とは，これら行ベクトルのスパンのことである：

$$\mathrm{RowSpan}_F(A) = \mathrm{Span}_F(\boldsymbol{w}_1, \ldots, \boldsymbol{w}_r) \subset F^s.$$

A に基本変形を行い新しい行列 A' を得たとして，次を示せ：

$$\dim_F(\mathrm{RowSpan}_F(A)) = \dim_F(\mathrm{RowSpan}_F(A')).$$

    (d) 次を示せ：

$$\dim_F(\mathrm{ColSpan}_F(A)) = \dim_F(\mathrm{RowSpan}_F(A)).$$

この共通の次元を，しばしば **A の階数**と呼ぶ．（ヒント：(a), (b), (c) を用いて A の零でない成分が対角成分のみの場合に帰着する．）

11.26　次の環や行列に対して行列の基本変形を行い，補題 11.49 で述べたような対角行列に変形せよ．例 11.48 も見よ．

(a) $R = \mathbb{Z}$ かつ $A = \begin{pmatrix} 5 & 4 & 6 \\ 2 & 10 & 3 \\ 7 & 8 & 9 \end{pmatrix}$.

(b) $R = \mathbb{Q}[x]$ かつ $A = \begin{pmatrix} x^2 - x - 1 & x^2 - x - 2 & 2x^3 - 2x^2 - 3x - 1 \\ x + 1 & x + 1 & 2x^2 + 2x \end{pmatrix}$.

(c) $R = \mathbb{Z}[i]$ かつ $A = \begin{pmatrix} -6 + 2i & 4 + 26i & 2 + 6i & 0 & -86 - 40i \\ -3 + 9i & 30 + 22i & 8 + 4i & 3 + i & -126 + 46i \\ -8 - 4i & -20 + 30i & -4 + 8i & 0 & -50 - 120i \end{pmatrix}$.

11.27 整数成分の行列 A を入力として受け取り，行列の基本変形を行ってスミス標準形，つまり行列 B で，その主対角成分以外は零であり，主対角成分は $b_1 \mid b_2 \mid \cdots \mid b_s$ を満たすものに変形するコンピュータプログラムを書け．さらに，基本変形を記録し，正方行列 U と V で，$B = UAV$ となるものも求めよ．ここで U と V は整数行列で，それらの逆行列もまた整数行列となるようなものである．

11.28 M を R 加群とする．$\mathcal{S} = (s_1, \ldots, s_k)$ を M の有限個の元のリストとする．$1 \le i, j \le k$ と $c \in R$ に対して，M の新たな集合を

$$\mathcal{T}_{ij} = (t_1, \ldots, t_k) \quad \text{ここで} \quad t_\ell = \begin{cases} s_i & \ell = j \text{ のとき,} \\ s_j & \ell = i \text{ のとき,} \\ s_\ell & \text{それ以外,} \end{cases}$$

$$\mathcal{U}_{ijc} = (u_1, \ldots, u_k) \quad \text{ここで} \quad u_\ell = \begin{cases} s_j + cs_i & \ell = j \text{ のとき,} \\ s_\ell & \text{それ以外,} \end{cases}$$

と定義する．言い換えると，リスト $\mathcal{T}_{ij}$ はリスト $\mathcal{S}$ と同じだが，i 番目と j 番目の元が交換されている．またリスト $\mathcal{U}_{ijc}$ はリスト $\mathcal{S}$ と同じだが，j 番目の元に c 掛ける i 番目の成分が足されている．

(a) 任意の i, j に対して $\mathrm{Span}_R(\mathcal{T}_{ij}) = \mathrm{Span}_R(\mathcal{S})$ を示せ．

(b) $i \ne j$ である任意の i, j, c に対して，$\mathrm{Span}_R(\mathcal{U}_{ijc}) = \mathrm{Span}_R(\mathcal{S})$ を示せ．

(c) 任意の i, j に対して集合 $\mathcal{T}_{ij}$ が線形独立系である必要十分条件は，$\mathcal{S}$ が線形独立系であることである．

(d) $i \ne j$ である任意の i, j, c に対して，集合 $\mathcal{U}_{ijc}$ が線形独立系である必要十分条件は，$\mathcal{S}$ が線形独立系であることである．

(e) (a) と (c) は $i = j$ でも正しいが，(b) と (d) は $i = j$ なら成り立たないことがある．なぜか？

11.29 R を単項イデアル整域とし，$a, b \in R$ かつ $a \ne 0$ とする．さらに $\gcd(a, b) \in R$ を（単項）イデアル $aR + bR$ の生成元とする．（これは通常用いられる記法である．ただし，a と b に対して $\gcd(a, b)$ は R の単元倍の違いを除いてしか決まらない．）

(a) 次を満たす $\alpha, \beta \in R$ が存在することを示せ：

$$\alpha a + \beta b = \gcd(a, b) \quad \text{かつ} \quad \alpha R + \beta R = R.$$

(b) $\alpha, \beta \in R$ を (a) と同じとする．次を満たす $\gamma, \delta \in R$ が存在することを示せ：

$$\alpha \delta - \beta \gamma = 1.$$

(a) と (b) は，次のような行列の存在と同値であることに注意せよ：

$$\begin{pmatrix} \alpha & \beta \\ \gamma & \delta \end{pmatrix} \in \mathrm{SL}_2(R) \quad \text{であって} \quad \begin{pmatrix} \alpha & \beta \\ \gamma & \delta \end{pmatrix} \begin{pmatrix} a \\ b \end{pmatrix} = \begin{pmatrix} \gcd(a,b) \\ * \end{pmatrix}.$$

(c) 零でない $r \in R$ に対して $\mu(r)$ を，r を（必ずしも異なるとは限らない）既約元の積に分解し，たとえば $r = \pi_1 \pi_2 \cdots \pi_n$ となったとして，$\mu(r) = n$ と定義する．このとき次が成り立つことを示せ：

$$\mu(a) = \mu(\gcd(a,b)) \iff a \mid b.$$

定義 11.62　定義 11.46 の行列の基本変形をわずかに拡張する．$\alpha, \beta, \gamma, \delta \in R$ と整数 $n \geq 1$ と $i \neq j$ に対して，n 行 n 列の行列 $E_{ij}^{n \times n}(\alpha, \beta, \gamma, \delta)$ を，α，β，γ，δ を i 番目の行と列，j 番目の行と列でできる正方形に置き，残りの対角成分には 1 を置いて，さらにそれ以外の成分は 0 として得られる正方行列とする．行列 $E_{ij}^{n \times n}(\alpha, \beta, \gamma, \delta)$ は図 39 のようになる．

R に成分を持つ行列 M を m 行 n 列とする．M の**行基本変形**を次の積とする[26]：

$$E_{i,j}^{m \times m}(\alpha, \beta, \gamma, \delta) M \quad \alpha, \beta, \gamma, \delta \in R \text{ かつ } \alpha\delta - \beta\gamma \in R^*.$$

同様に，M の**列基本変形**を積

$$M E_{i,j}^{n \times n}(\alpha, \beta, \gamma, \delta), \quad \alpha, \beta, \gamma, \delta \in R \text{ かつ } \alpha\delta - \beta\gamma \in R^*$$

とする．

11.30　(a) $\alpha, \beta, \gamma, \delta \in R$ が

$$\alpha\delta - \beta\gamma \in R^*$$

を満たすとする．定義 11.62 で述べた行列 $E_{i,j}^{n \times n}(\alpha, \beta, \gamma, \delta)$ は R を成分とする逆行列を持つことを証明せよ．つまり，行列 $E_{i,j}^{n \times n}(\alpha, \beta, \gamma, \delta)$ は $\mathrm{GL}_n(R)$ の元であることを証明せよ．

(b) 定義 11.62 で述べた基本行変形は，M の i 行と j 行を i 行と j 行の線形結合に置き換え，それ以外は変えないという効果を持つことを示せ．また列変形について同様の主張を証明せよ．

$$E_{i,j}^{n \times n}(\alpha, \beta, \gamma, \delta) = \begin{pmatrix} 1 & & & & & & & & & \\ & \ddots & & & & & & & & \\ & & 1 & & & & & & & \\ & & & \alpha & & & \beta & & & \\ & & & & 1 & & & & & \\ & & & & & \ddots & & & & \\ & & & & & & 1 & & & \\ & & & \gamma & & & \delta & & & \\ & & & & & & & 1 & & \\ & & & & & & & & \ddots & \\ & & & & & & & & & 1 \end{pmatrix} \begin{matrix} \\ \\ \\ \leftarrow i \\ \\ \\ \\ \leftarrow j \\ \\ \\ \\ \end{matrix}$$

図 39　行列 $E_{ij}^{n \times n}(\alpha, \beta, \gamma, \delta)$.

---

[26] α, β, γ, δ についての条件は $\begin{pmatrix} \alpha & \beta \\ \gamma & \delta \end{pmatrix} \in \mathrm{GL}_2(R)$ ということができる．

(c) 定義 11.46 で述べたもともとの基本変形が，新しい定義 11.62 の意味でも基本変形であることを示せ．

11.31 R を単項イデアル整域とし，A を R に成分を持つ行列とする．定義 11.62 に述べた基本変形の列で，A をスミス標準形 $B = (b_{ij})$ に変形するものが存在することを示せ．言い換えると，R が単項イデアル整域のとき，拡張された行基本変形，列基本変形を用いて補題 11.49 が成り立つことを証明せよ．（ヒント：R はサイズ関数を持たないが，演習問題 11.29 で述べた写像 μ を用いて，基本変形の進捗を測ることを試みよ．より正確には，行列 A に対して $\mu(A)$ を，a_{ij} が A の零でない元を動くときの $\mu(a_{ij})$ の最小値として定義する．このとき，補題 11.49 の証明の中の主張の対応するバージョンを証明する．すると，補題 11.49 の証明の残りの部分はそのまま成り立つ．）

11.8 節　ユークリッド整域上の有限生成加群

11.32 M を R 加群とする．零化イデアル

$$\mathrm{Ann}(M) = \{a \in R: \text{任意の } m \in M \text{ で } am = 0\}$$

が R のイデアルであることを示せ．

11.33 R を整域とし，M を R 加群とする．$m \in M$ が**ねじれ元**であるとは，

$$\text{ある零でない元 } a \in R \text{ が存在して}\quad am = 0$$

となることとする．M のねじれ元全体の集合を次で表す．

$$M_{\mathrm{tors}} = \{m \in M: \text{ある零でない元 } a \in R \text{ で } am = 0\}.$$

(a) M_{tors} が M の部分加群であることを示せ．

(b) 剰余加群 M/M_{tors} は零でないねじれ元を持たないことを示せ[27]．

(c) M が自由 R 加群のとき，$M_{\mathrm{tors}} = \{0\}$ を示せ．

(d) R がユークリッド整域で M が有限生成 R 加群のとき，含意は両向きになることを示せ：

$$M_{\mathrm{tors}} = \{0\} \iff M \text{ は自由 } R \text{ 加群}.$$

（ヒント：定理 11.50 を用いる．）これは非常に強力な結果である．というのもこの結果は，M が基底を持つことを，M が非自明なねじれ元を持たないことを確認することにより証明できると述べているからである．

(e) 環 R と R 加群 M であって，M のねじれ部分 M_{tors} が M の部分加群とならない例を挙げよ．（ヒント：(a) により，環 R は整域にはなりえない．）

11.34 この演習問題では，零化イデアルと加群のねじれ部分とを扱う．定義 11.53 もしくは演習問題 11.32 と演習問題 11.33 を見よ．M, N, P を R 加群とし，

$$f: M \longrightarrow N \quad \text{と} \quad g: N \longrightarrow P$$

は R 加群の準同型写像で以下の 3 つの性質を満たすものとする（演習問題 11.10 を見よ）：

　　　(1) f は単射．
　　　(2) g は全射．
　　　(3) f の像は g の核と一致する．

このとき次の問いに答えよ：

(a) $M_{\mathrm{tors}} = \{0\}$ かつ $P_{\mathrm{tors}} = \{0\}$ と仮定する．$N_{\mathrm{tors}} = \{0\}$ を示せ．

---

[27] 入れ子になった記号が好きな方へ．証明が求められているのは $(M/M_{\mathrm{tors}})_{\mathrm{tors}} = \{0\}$ である．

426　第 11 章　加群——第 1 部：環 + ベクトルのようなものの空間

(b) $N_{\text{tors}} = \{0\}$ と仮定する．$M_{\text{tors}} = \{0\}$ を示せ．

(c) R を整域で体ではないと仮定する．$M_{\text{tors}} = \{0\}$ かつ $N_{\text{tors}} = \{0\}$ であり $P_{\text{tors}} \neq \{0\}$ を満たす例があることを示せ．

(d) M, N, P の零化イデアルが

$$\operatorname{Ann}(M)\operatorname{Ann}(P) \subseteq \operatorname{Ann}(N) \subseteq \operatorname{Ann}(M) \cap \operatorname{Ann}(P)$$

を満たすことを示せ．したがって，とくに R が単項イデアル整域なら，$\operatorname{Ann}(N) = \operatorname{Ann}(M)\operatorname{Ann}(P)$ である．（2 つのイデアルの積の定義については，103 ページの演習問題 3.48 を見よ．）

11.35　R をユークリッド整域とし，M を有限生成自由 R 加群とし，さらに $N \subseteq M$ を部分加群とする．N は有限生成自由 R 加群であることを示せ．（ヒント：演習問題 11.33 を使う．）

11.36　R をユークリッド整域，M と N を有限生成自由 R 加群とし，さらに $f\colon M \to N$ を R 加群準同型写像とする．

(a) $\ker(f)$ と $\operatorname{Image}(f)$ が有限生成自由 R 加群であることを示せ．（ヒント：演習問題 11.33 を使う．）

(b) 次を証明せよ：

$$\operatorname{rank}_R(M) = \operatorname{rank}_R(\ker(f)) + \operatorname{rank}_R(\operatorname{Image}(f)).$$

（ヒント：もし R が体なら，これはベクトル空間の階数・退化次数定理である．定理 10.22 を見よ．）

11.37　R を可換環とする[28]．

(a) $a, b \in R$ が $aR + bR = R$ を満たすとする．任意の $m, n \geq 1$ に対して，

$$a^m R + b^n R = R$$

を示せ．

(b) より一般に，$a_1, \ldots, a_t \in R$ であり，$e_1, \ldots, e_t \geq 1$ を正整数とする．このとき次を示せ：

$$a_1 R + a_2 R + \cdots + a_t R = R \iff a_1^{e_1} R + a_2^{e_2} R + \cdots + a_t^{e_t} R = R.$$

11.38　本文では定理 11.54 (b) の証明を 9 つの主張として素描した．この演習問題では，これらの 9 つの主張を証明してほしい．この演習問題では，R は PID で，R 加群 M は有限生成である．

(1) $M(\pi)$ を式 (11.21) で定義される，M の π 準素成分とする．これは M の部分加群で，π により生成されるイデアル πR にのみ依存する．

(2) 式 (11.22) で定義されるイデアルの集合 $P(M)$ は有限集合であり，M_{tors} は積 $\prod_{\pi R \in P(M)} M(\pi)$ と同型である．

(3) $\ell \geq 1$ と非負整数 $k_1, k_2, \ldots, k_\ell$ が存在して，$M(\pi)$ は式 (11.23) のような表示を持つ加群と同型であることを証明せよ．つまり，$M(\pi) \cong \prod_{i=1}^{\ell} (R/\pi^i R)^{k_i}$ を証明せよ．

(4) πR を R の極大イデアルとする．次を証明せよ：

$$\frac{\pi^j(R/\pi^i R)}{\pi^{j+1}(R/\pi^i R)} \cong \begin{cases} R/\pi R & i > j \text{ のとき，} \\ 0 & i \leq j \text{ のとき．} \end{cases}$$

（ヒント：最初に $\pi^j(R/\pi^i R) \cong R/\pi^{i-j} R$ が任意の $i \geq j$ に対して成り立つことを証明せよ．）

---

[28] この演習問題はすでに演習問題 7.14 として登場している．もしそのときに解いていなければ，いますべきである！

(5) 任意の $0 \leq j \leq \ell$ に対して，剰余加群 $\pi^j M(\pi)/\pi^{j+1} M(\pi)$ は $R/\pi R$ ベクトル空間で，その次元が $k_{j+1} + k_{j+2} + \cdots + k_\ell$ であることを示せ．

(6) 次を証明せよ：

$$k_j = \dim_{R/\pi R}(\pi^{j-1} M(\pi)/\pi^j M(\pi)) - \dim_{R/\pi R}(\pi^j M(\pi)/\pi^{j+1} M(\pi)).$$

このことから，k_j は M, π, j に対して決まることを示せ．この値を $k_j(M, \pi)$ と書くことにする．

(7) $\pi_1^{e_1} R, \ldots, \pi_t^{e_t} R$ を定理 11.54 (a) の同型写像 (11.20) に現れるイデアルとする．次を証明せよ：

$$k_j(M, \pi) = \#\{1 \leq i \leq t \colon \pi_i^{e_i} R = \pi^j R\}.$$

(8) イデアルのリスト $\pi_1^{e_1} R, \ldots, \pi_t^{e_t} R$ が整数の族 $k_j(M, \pi)$ と $\pi \in P(M)$ により一意的に決まることを示せ．

(9) イデアルのリスト $\pi_1^{e_1} R, \ldots, \pi_t^{e_t} R$ は M に対して順番を除いて一意的に定まることを示せ．

11.39 演習問題 11.31 と演習問題 11.38 を用いて，定理 11.50 と定理 11.54（有限生成加群の構造定理）が PID 上の加群に対しても成り立つことを証明せよ．

11.9 節　構造定理の応用

11.40 有限生成アーベル群の構造定理（定理 11.56 (a)）を使い，次の主張の非常に簡潔な証明を与えよ：A を有限アーベル群とし，

$$m(A) = A \text{ の元の位数の最大値}$$

とする．A の任意の元の位数は $m(A)$ を割り切ることを示せ．（この主張を以前，もう少し精妙な議論で証明した．補題 8.11 (b) を見よ．この主張は非アーベルな有限群に対しては成り立たないことに注意せよ．たとえば $\mathcal{S}_3$ に対しては偽である．というのは，$m(\mathcal{S}_3) = 3$ だが，$\mathcal{S}_3$ には位数 2 の元が存在するからである．）

11.41 A を有限アーベル群で位数が N^r とし，任意の整数 $n \mid N$ に対して，

$$\#\{a \in A \colon na = 0\} = n^r$$

が成り立つとする．また，$\mathcal{C}_N$ で位数 N の巡回群を表す．次の同型を証明せよ：

$$A \cong \underbrace{\mathcal{C}_N \times \mathcal{C}_N \times \cdots \times \mathcal{C}_N}_{r \text{ 個}}.$$

11.42 任意の正整数 n に対して，

$$\mathfrak{A}(n) = \text{位数 } n \text{ の相異なるアーベル群の個数}$$

とする[29].

(a) $\mathfrak{A}(1), \mathfrak{A}(2), \ldots, \mathfrak{A}(6)$ の値を計算せよ．

(b) $\gcd(m, n) = 1$ なら $\mathfrak{A}(mn) = \mathfrak{A}(m) \cdot \mathfrak{A}(n)$ であることを証明せよ．

(c) p を素数とする．$\mathfrak{A}(p), \mathfrak{A}(p^2), \mathfrak{A}(p^3), \mathfrak{A}(p^4)$ の値を計算せよ．

(d) 任意の e に対してどのように $\mathfrak{A}(p^e)$ を計算するか述べよ．

---

[29] もちろん，ここで我々が本当に意味するのは，アーベル群の同型類の集合のことである．しかしそういった点において衒学的にはならないことにしよう．

428 第 11 章 加群——第 1 部：環 + ベクトルのようなものの空間

11.43 J を m 行 m 列のジョルダン細胞で，固有値は λ とする．$J = \lambda I + N$ と書けることを証明せよ．ここで N は $N^m = 0$ を満たす冪零行列である．

11.44 J を m 行 m 列のジョルダン細胞 (11.25) で，固有値は λ とする．
(a) λ は J の唯一の固有値であることを示せ．
(b) J のすべての固有ベクトルを求めよ．

11.45 F を代数閉体とし，V を有限次元 F ベクトル空間とする．$L\colon V \to V$ を F 線形変換とし，$\mathcal{B}$ を V の基底で，L の $\mathcal{B}$ に関する行列 $\mathcal{M}_{L,\mathcal{B}}$ が，定理 11.60 に述べたようなジョルダン標準形になっているようなものとする．式 (11.26) のジョルダン細胞 $J_1, \ldots, J_r$ は，L に対して順番を除いて一意であることを証明せよ．

11.46 F を代数閉体として，
$$A \in \mathsf{Mat}_{2\times 2}(F) = \{2\text{ 行 }2\text{ 列の行列で成分は }F\}$$
を行列とし，
$$\mathcal{E}_A = \{B \in \mathsf{Mat}_{2\times 2}(F)\colon AB = BA\}$$
を A と可換であるような行列の全体とする．次のいずれか一方が成り立つことを示せ：
(1) 任意の $B, C \in \mathcal{E}_A$ が $BC = CB$ を満たす．
(2) $\mathcal{E}_A = \mathsf{Mat}_{2\times 2}(F)$．

11.47 F を体とし，V を有限次元 F ベクトル空間とし，さらに $L\colon V \to V$ を V 上の線形変換とし，$P_L(z) \in F[z]$ を L の特性多項式とする．**ケーリー–ハミルトン (Cayley–Hamilton) の定理**によると，
$$P_L(L) = 0.$$
(a) F が代数閉体とする．ケーリー–ハミルトンの定理を証明せよ．（ヒント：L がジョルダン標準形になるような基底をとる．）
(b) すべての体についてケーリー–ハミルトンの定理を証明せよ．（ヒント：F をその代数閉包 $\bar{F}$ に埋め込み，V を使って $\bar{F}$ ベクトル空間 $\bar{V}$ と，その上の線形変換 $\bar{L}\colon \bar{V} \to \bar{V}$ であって，$P_{\bar{L}}(z) = P_L(z)$ を満たすようなものを作る．そのうえで (a) を用いる．）
(c) 次のケーリー–ハミルトンの定理の「証明」は何がおかしいのだろうか？ 特性多項式は $P_L(z) = \det(zI - L)$ と定義されているから，
$$P_L(L) = \det(LI - L) = \det(L - L) = \det(0) = 0.$$
（ヒント：2 行 2 列の場合に，具体的に書き出してみよ．）

11.48 この演習問題では，ジョルダン標準形の定理を使って線形漸化式の一般項を求める方法を述べる．

F を体とする．整数 $d \geq 1$ を固定し，係数 $c_1, \ldots, c_d \in F$ と初期値 $a_0, \ldots, a_{d-1} \in F$ をとる．このデータを用いて，$a_0, \ldots, a_{d-1}$ から始まり，引き続く項 a_n が次で再帰的に定義される数列を考える：
$$n \geq d \text{ に対して} \quad a_n = c_1 a_{n-1} + c_2 a_{n-2} + \cdots + c_d a_{n-d}. \tag{11.30}$$
この数列は**線形回帰数列**と呼ばれる．たとえば，フィボナッチ数列は聞いたことがあるだろう．これは，次で定義される線形回帰数列である：

$$a_0 = 0, \quad a_1 = 1, \quad a_n = a_{n-1} + a_{n-2}. \tag{11.31}$$

(a) 線形回帰数列 (11.30) に次のように行列を対応させる:

$$A = \begin{pmatrix} c_1 & c_2 & \cdots & c_{d-1} & c_d \\ 1 & 0 & 0 & \cdots & 0 \\ 0 & 1 & 0 & \cdots & 0 \\ \vdots & & \ddots & \ddots & \vdots \\ 0 & \cdots & 0 & 1 & 0 \end{pmatrix}. \tag{11.32}$$

(1 があるのは主対角線の真下である.) A の特性多項式は多項式

$$p_A(z) = z^d - c_1 z^{d-1} - \cdots - c_{d-1} z - c_d$$

であることを示せ.

(b) 記号を簡単にするために, $n \geq 0$ に対してベクトル

$$\boldsymbol{v}_n = \begin{pmatrix} a_{n+d-1} \\ a_{n+d-2} \\ \vdots \\ a_n \end{pmatrix}$$

を, 成分が数列の連続する d 項となるものと定義する. 次を証明せよ:

$$\text{任意の } n \geq 0 \text{ に対し} \quad \boldsymbol{v}_{n+1} = A\boldsymbol{v}_n, \tag{11.33}$$

ここで A は, (a) の式 (11.32) の行列である. 式 (11.33) を使って

$$\text{任意の } n \geq 0 \text{ に対して} \quad \boldsymbol{v}_n = A^n \boldsymbol{v}_0 \tag{11.34}$$

を示せ.

以下, 特性多項式 $p_A(z)$ が F で完全分解することを仮定し, $\lambda_1, \ldots, \lambda_t$ を相異なる根とする.

(c) まず, A が対角化可能であると仮定する. つまり, A の固有ベクトルからなる基底が存在すると仮定する. スカラー $b_1, \ldots, b_t \in F$ が存在して,

$$\text{任意の } n \geq 0 \text{ に対して} \quad a_n = b_1 \lambda_1^n + b_2 \lambda_2^n + \cdots + b_t \lambda_t^n$$

となることを証明せよ. (ヒント:初期値のベクトル $\boldsymbol{v}_0$ を固有ベクトルからなる基底の線形結合で書く. そして式 (11.34) を使う.)

(d) より一般に, 任意の線形回帰数列 (11.30) に対して, 多項式

$$p_1(x), \ldots, p_t(x) \in F[x] \quad \text{であって} \quad t + \sum_{i=1}^{t} \deg p_i(x) \leq d$$

かつ,

$$\text{任意の } n \geq 0 \text{ に対して} \quad a_n = \sum_{i=1}^{t} p_i(n) \lambda_i^n$$

を満たすものが存在することを証明せよ. (ヒント:定理 11.60 を使って, 行列 U で, $B =$

430 第 11 章 加群——第 1 部：環 + ベクトルのようなものの空間

$U^{-1}AU$ がジョルダン標準形になるようなものを見つける．そして公式 $\boldsymbol{v}_n = A^n\boldsymbol{v}_0 = UB^nU^{-1}\boldsymbol{v}_0$ を使う．ジョルダン細胞の冪乗は，ジョルダン細胞を冪零行列 N を用いて，$\lambda I + N$ と書くことで計算できる．演習問題 11.43 を見よ．）

(e) 以上の手続きをフィボナッチ数列 (11.31) の場合に実行し，**ビネの公式**を導け：

$$a_n = \frac{1}{\sqrt{5}}\left(\frac{1+\sqrt{5}}{2}\right)^n - \frac{1}{\sqrt{5}}\left(\frac{1-\sqrt{5}}{2}\right)^n.$$

(f) 次の線形回帰数列に対して，その閉じた公式を求めよ：

(1) $a_n = a_{n-1} + a_{n-2}$,　$a_0 = 2$, $a_1 = 1$.（これは**リュカ数列**と呼ばれる．）

(2) $a_n = 4a_{n-1} + 5a_{n-2}$,　$a_0 = 1$, $a_1 = 5$.

(3) (2) と同じ漸化式だが，初期値を $a_0 = a_1 = 1$ とする．

(4) $a_n = 4a_{n-1} - 6a_{n-2} + 4a_{n-3}$,　$a_0 = a_1 = a_2 = 1$.

(5) $a_n = 7a_{n-1} - 16a_{n-2} + 12a_{n-3}$,　$a_0 = a_1 = a_2 = 1$.

第12章 群——第3部

12.1 置換群

集合 X 上の置換とは，全単射な写像 $\pi\colon X \to X$ のことだったことを思い出そう．そして置換全体の集合 $\mathcal{S}_X$ は，写像の合成を演算として群になるのだった．X が有限集合の場合，X を整数の集合 $\{1,\ldots,n\}$ と同一視するとしばしば便利である．

定義 12.1 $\{1, 2, \ldots, n\}$ 上の置換の群を $\mathcal{S}_n$ と書いて**対称群**という．

例 12.2 群 $\mathcal{S}_1 = \{e\}$ は元を1つだけ持つ群である．一方，$\mathcal{S}_2 = \{e, \pi\}$ は位数2の巡回群である．群 $\mathcal{S}_3$ は位数6の非アーベル群であり，正3角形の対称性の群 $\mathcal{D}_3$ と同型である．演習問題 2.24 を見よ．

$\mathcal{S}_n$ について有益な事実を2つ証明することから始めよう．

命題 12.3 (a) 群 $\mathcal{S}_n$ の位数は $n!$ である．

(b) $n \geq 3$ に対して，群 $\mathcal{S}_n$ は非アーベル群である．

証明 (a) 置換 $\pi \in \mathcal{S}_n$ は $1, 2, \ldots, n$ のそれぞれに何をするかで決まる．$\pi(1)$ の値は n 個の値のいずれかであり，すると $\pi(2)$ の値は残りの $n-1$ 個のどれかであり，よって $\pi(3)$ の値は $n-2$ 個のどれかであり，という調子である．したがって，π にはちょうど $n\cdot(n-1)\cdots 2\cdot 1$ の可能性があるから，$\mathcal{S}_n$ は有限群であり，その位数は $\#\mathcal{S}_n = n!$ である．

(b) 元 $\pi_1, \pi_2 \in \mathcal{S}_n$ を，π_1 は1と2を入れ替え，π_2 は2と3を入れ替える，と定義する．言い換えると，π_1 と π_2 を次の規則で決める：

$$\pi_1(1) = 2, \quad \pi_1(2) = 1, \quad \pi_1(3) = 3, \quad \pi_1(k) = k \ (k \geq 4).$$
$$\pi_2(1) = 1, \quad \pi_2(2) = 3, \quad \pi_2(3) = 2, \quad \pi_2(k) = k \ (k \geq 4).$$

すると，

$$\pi_1\pi_2(1) = \pi_1(1) = 2 \quad \text{かつ} \quad \pi_2\pi_1(1) = \pi_2(2) = 3.$$

これは $\pi_1\pi_2$ と $\pi_2\pi_1$ が異なる置換であることを意味し，よって $\mathcal{S}_n$ は非可換である． □

12.1.1 置換の巡回置換への分解

置換 $\pi \in \mathcal{S}_n$ を解析する1つの方法として，$\{1, 2, \ldots, n\}$ から元を1つとって，それに π を繰り返し適用しどの元に移るかを見るというものがある．たとえば，1から始めると

$$1,\ \pi(1),\ \pi^2(1),\ \pi^3(1),\ \ldots \tag{12.1}$$

という列になる．もちろん，いつかは繰り返しに達する．というのは，集合 $\{1,\ldots,n\}$ は有限だから，いつか最初と同じ値に到達するからである．実際，π のある冪乗は恒等置換 1 だから，式 (12.1) の列の中に再び 1 が現れる．

　群論の言葉では，式 (12.1) の列は π が生成する巡回群 $\langle\pi\rangle$ による 1 の軌道である．この軌道は $\{1,\ldots,n\}$ の元をある順番で全部含んでいるかもしれないし，その一部だけを含んでいるかもしれない．いずれにせよ，軌道の中の異なる元を順番のあるリストとして書いておくことは有用である．

定義 12.4　$\pi \in \mathcal{S}_n$ とし，a の π 軌道が k 個の元を含んでいるとする．このとき，軌道を

$$(a, \pi(a), \pi^2(a), \ldots, \pi^{k-1}(a))$$

のように書く．この k タプルを **a の π サイクル**と呼ぶ．

　したがって，もし誰かがあなたに

$$(a_1, a_2, \ldots, a_k)$$

は π のサイクルだというなら，それで

$$\pi(a_1) = a_2,\ \pi(a_2) = a_3,\ \ldots,\ \pi(a_{k-1}) = a_k,\ \pi(a_k) = a_1$$

がわかる．π が最後の元を最初の元に「循環（サイクル）」させることに注意してほしい．これがなぜサイクルという名で呼ばれるかの理由である．字面のうえでは，サイクルを k タプルで $(a_1, \ldots, a_k)$ と書くのが簡単だが，次の図のように可視化してほしい：

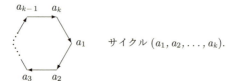

サイクル $(a_1, a_2, \ldots, a_k)$．

とくに，サイクルには最初の元も最後の元もない．円に最初の点も最後の点もないのと同じである．

定義 12.5　サイクルに含まれる元の個数を，**サイクルの長さ**という．長さ k のサイクルを **k サイクル**という．2 つのサイクル $(a_1, \ldots, a_k)$ と $(b_1, \ldots, b_\ell)$ が**互いに素**とは，

$$\{a_1, \ldots, a_k\} \cap \{b_1, \ldots, b_\ell\} = \emptyset$$

となることである．

例 12.6　もし $\pi(a) = a$ なら，つまり置換 π が a を固定するなら，a の π サイクルは単に (a) である．

例 12.7 $\pi \in \mathcal{S}_n$ とする．このとき，$\langle\pi\rangle$ が $\{1,2,\ldots,n\}$ に推移的に作用する必要十分条件は，π サイクルが長さ n であることである．（推移的な作用の定義は定義 6.20 を見よ．）証明は演習問題とする．演習問題 12.5 を見よ．

定義 12.8 $a_1, a_2, \ldots, a_k$ を $\{1,2,\ldots,n\}$ の相異なる元とする．これらのリストを使って $\mathcal{S}_n$ の元を次のように定義する：

$$a_1 \to a_2 \to \cdots \to a_{k-1} \to a_k \to a_1 \quad \text{かつ} \quad \text{各 } b \notin \{a_1,\ldots,a_k\} \text{ に対して } b \to b. \quad (12.2)$$

言い換えると，置換 (12.2) はサイクル $(a_1,\ldots,a_k)$ と，$\{1,\ldots,n\}$ の元でサイクルに現れない元は固定されるという追加の規則を組み合わせたものである．置換 (12.2) をその非自明なサイクルによって表すのが標準的な記法である[1]．つまり，

$$(a_1, a_2, \ldots, a_k) \in \mathcal{S}_n.$$

置換 $\pi \in \mathcal{S}_n$ が**サイクル**であるとは，

ある $k \geq 2$ と，相異なる $a_1,\ldots,a_k \in \{1,\ldots,n\}$ に対して $\quad \pi = (a_1, a_2, \ldots, a_k).$

例 12.9 対称群 $\mathcal{S}_4$ のサイクル $(1,3)$ と $(1,4,2)$ は置換

$$(1,3)\colon \begin{cases} 1 \to 3 \\ 2 \to 2 \\ 3 \to 1 \\ 4 \to 4 \end{cases} \quad \text{と} \quad (1,4,2)\colon \begin{cases} 1 \to 4 \\ 2 \to 1 \\ 3 \to 3 \\ 4 \to 2 \end{cases}$$

に対応する．これらのサイクルの合成は，次のように計算できる：

$$(1,3)(1,4,2)\colon \begin{cases} 1 \to 4 \to 4 \\ 2 \to 1 \to 3 \\ 3 \to 3 \to 1 \\ 4 \to 2 \to 2 \end{cases} \quad \text{および} \quad (1,4,2)(1,3)\colon \begin{cases} 1 \to 3 \to 3 \\ 2 \to 2 \to 1 \\ 3 \to 1 \to 4 \\ 4 \to 4 \to 2 \end{cases}$$

サイクルの合成の計算は，数字を右から入力し，一番右のサイクルがどこに移すかを見て，次のサイクルがその数字をどこに移すかを確認し，という調子である．これらの積はそれ自身サイクルだが，同じサイクルではない：

---

[1] よって，これは k タプルに我々が与えるもう 1 つの意味である．$(a_1,\ldots,a_k)$ の意味は，通常は文脈から明らかであるが，いつでもとはいえない．たとえば，$\mathcal{S}_n$ が $\mathbb{R}^n$ の点に，点の座標の置換で作用するとしよう．すると，$(1,2)$ は (x,y) に対して，$(1,2)\colon (x,y) \mapsto (y,x)$ と作用する置換かもしれない．一方，$(1,2)$ は $\mathbb{R}^2$ の点かもしれない．紛らわしい式 $(1,2)\colon (1,2) \mapsto (2,1)$ が得られる！ 教訓は，置換群が n タプルに作用する際には，記号に十分注意しなければならないということである．

434   第 12 章　群──第 3 部

$$(1,3)(1,4,2) = (1,4,2,3) \quad および \quad (1,4,2)(1,3) = (1,3,4,2).$$

注意 12.10　σ_1 と σ_2 を $\mathcal{S}_n$ のサイクルとする．例 12.9 で見たように，$\sigma_1\sigma_2 \neq \sigma_2\sigma_1$ となりうる．しかしながら，もしサイクル σ_1 と σ_2 が互いに素なら，それらは可換である：

$$\sigma_1 と \sigma_2 が互いに素 \implies \sigma_1\sigma_2 = \sigma_2\sigma_1.$$

この主張の証明は演習問題とする．演習問題 12.2 を見よ．

　次の結果は，任意の置換は互いに素なサイクルの積に一意的に表されるというものである．我々の，徐々に増えていく一意分解定理のリスト，たとえば単項イデアル整域での既約元の積への一意的な分解（定理 7.19）や，ユークリッド整域上での有限生成加群の巡回加群の積への一意的な分解（定理 11.50）に，もう 1 つが追加される．

定理 12.11　$\pi \in \mathcal{S}_n$ とする．どの 2 つも互いに素なサイクル $\sigma_1,\ldots,\sigma_k \in \mathcal{S}_n$ が存在して，

$$\pi = \sigma_1\sigma_2\cdots\sigma_k, \tag{12.3}$$

さらに，サイクルのリスト $\sigma_1,\ldots,\sigma_k$ は π に対して，順番を除いて一意的に定まる．

証明　まず，π が互いに素なサイクルの積に等しいことを示す．$G = \langle\pi\rangle$ を $\mathcal{S}_n$ の部分群で，π により生成されるものとし，$X = \{1,\ldots,n\}$ とする．G は X に作用し，命題 6.19 と定理 1.25 (b) により，次がわかる：
- X の元はどれかの軌道に含まれる．
- 異なる軌道には共通の元はない．

これら 2 つの事実により，X を異なる軌道の合併集合として書くことができ，

$$X = Ga_1 \cup Ga_2 \cup Ga_3 \cup \cdots \cup Ga_r, \quad ここで i \neq j なら Ga_i \cap Ga_j = \emptyset.$$

$k_i = \#Ga_i$ を軌道 Ga_i の元の個数として，軌道はちょうど，

$$Ga_i = \{a_i, \pi(a_i), \pi^2(a_i), \ldots, \pi^{k_i-1}(a_i)\}$$

となる．言い換えると，サイクル σ_i は次のように定義できる：

$$\sigma_i = (a_i, \pi(a_i), \pi^2(a_i), \ldots, \pi^{k_i-1}(a_i)) \quad は a_i を含む \pi サイクル．$$

$i \neq j$ に対して，軌道 Ga_i と Ga_j に対応するサイクル σ_i と σ_j は互いに素であり，よって $\sigma_1,\ldots,\sigma_r$ を掛ければ，π に等しい置換を得る，

$$\pi = \sigma_1\sigma_2\cdots\sigma_r.$$

これで π が異なるサイクルの積であることが証明された．

　式 (12.3) の，異なるサイクルの積への分解が（順番を除いて）一意的であることを示すために，サイクルが互いに素だから各 $a \in \{1,2,\ldots,n\}$ はただ 1 つのサイクルにのみ現れる

こと，そして，そのサイクルにおける次の元は必ず $\pi(a)$ であることに注意する．そうすると，注目すべきサイクルは 1 つしかない． □

例 12.12 $\pi \in \mathcal{S}_{10}$ を次の置換とする：

1	2	3	4	5	6	7	8	9	10
↓	↓	↓	↓	↓	↓	↓	↓	↓	↓
3	1	7	2	10	9	4	5	6	8

π をサイクルの積として表すために，軌道を計算することから始める：

$$1 \xrightarrow{\pi} 3 \xrightarrow{\pi} 7 \xrightarrow{\pi} 4 \xrightarrow{\pi} 2 \xrightarrow{\pi} 1, \qquad 5 \xrightarrow{\pi} 10 \xrightarrow{\pi} 8 \xrightarrow{\pi} 5, \qquad 6 \xrightarrow{\pi} 9 \xrightarrow{\pi} 6.$$

よって π は 5 サイクル，3 サイクル，2 サイクルの積であり，

$$\pi = (1,3,7,4,2)(5,10,8)(6,9)$$

となる．

12.1.2 置換の互換への分解

最も簡単で非自明な置換は 2 サイクルである．つまり，2 つの元を入れ替えて，それ以外は固定するものである．これら置換は非常に重要で，それ自身に名前がある．

定義 12.13 元 $\pi \in \mathcal{S}_n$ が**互換**であるとは，相異なる $a,b \in \{1,2,\ldots,n\}$ であって

$$\pi(a) = b, \quad \pi(b) = a, \quad \text{すべての } i \neq a,b \text{ に対し} \pi(i) = i$$

となるものが存在することをいう．言い換えると，我々のサイクルの記法に従えば $\mathcal{S}_n$ の互換とは (a,b) の形の置換である．

サイクルのときと同様に，任意の置換は互換の積として表される．しかしながら，互いに素なサイクルのときとは異なり，この互換の積への分解は一意的ではない．

命題 12.14 $\pi \in \mathcal{S}_n$ とする．互換 $\tau_1,\ldots,\tau_k \in \mathcal{S}_n$ が存在して，置換 π がこれら互換の積に等しい：

$$\pi = \tau_1 \tau_2 \cdots \tau_k.$$

証明 定理 12.11 により，π は（互いに素な）サイクルの積に表される．したがって，任意のサイクル $\sigma = (a_1, a_2, \ldots, a_k)$ が互換の積に書けることを示せば十分である．次の置換が σ に等しいことを主張する：

$$\nu = (a_k, a_1)(a_{k-1}, a_1) \cdots (a_3, a_1)(a_2, a_1) \tag{12.4}$$

見ての通り ν は互換の積だから，これは所望の結果をもたらす．

436 第 12 章 群——第 3 部

$\nu(a_i)$ の値は何だろうか？ 次の 3 つの場合を考える：

$\boxed{\nu(a_1)}$ ν を a_1 に適用すると，ν の最初の互換 (a_2, a_1) は a_1 を a_2 に移す．ν 内の他の互換は a_2 には何もしないので，$\nu(a_1) = a_2$ である．

$\boxed{\nu(a_i),\ \text{ここで } 2 \le i \le k-1}$ ν 内の互換で a_i に影響を及ぼす最初のものは (a_i, a_1) で，その効果は a_i を a_1 に移すことである．次の互換 (a_{i+1}, a_1) は a_1 を a_{i+1} に移す．その後の互換はどれも a_{i+1} には何もしない．よって，$\nu(a_i) = a_{i+1}$ である．

$\boxed{\nu(a_k)}$ ν 内の互換で a_k に影響を与えるのは最後の (a_k, a_1) だけで，その効果は a_k を a_1 に移すことである．よって $\nu(a_k) = a_1$ である．

まとめると，$1 \le i \le k-1$ なら $\nu(a_i) = a_{i+1}$ と，$\nu(a_k) = a_1$ を示した．よって ν はまさにサイクル $\sigma = (a_1, \dots, a_k)$ に等しい．以上で σ が互換の積であることが証明された．□

例 12.15 サイクル $(1, 2, 3, 4, 5)$ を互換の積に書くのに，命題 12.14 の証明に述べたアイデアが使える．

$$(1, 2, 3, 4, 5) = (5, 1)(4, 1)(3, 1)(2, 1).$$

しかし，$(1, 2, 3, 4, 5)$ を互換の積に各方法は他にもある．たとえば，

$$(1, 2, 3, 4, 5) = (5, 2)(1, 2)(5, 2)(4, 1)(3, 1)(2, 1)$$
$$= (5, 1)(4, 3)(1, 3)(4, 3)(3, 1)(2, 5)(1, 5)(2, 5).$$

よって，$(1, 2, 3, 4, 5)$ を 4 つの互換の積，6 つの互換の積，8 つの互換の積に書き表した．

12.1.3 置換の符号

例 12.15 が示すように，一般に置換 π を互換の積に表す方法はたくさんある．しかしながら，互換の個数の偶奇は π により一意に決まることが明らかになる．この非自明で非常に重要な事実を証明することがこの節での我々の仕事である．

定理 12.16 $\pi \in \mathcal{S}_n$ とし，π を互換の積に 2 通りに書いたとする．たとえば，

$$\pi = \tau_1 \tau_2 \cdots \tau_k = \sigma_1 \sigma_2 \cdots \sigma_\ell,$$

ここで $\tau_1, \dots, \tau_k$ と $\sigma_1, \dots, \sigma_\ell$ は互換である．すると，

$$k \equiv \ell \pmod 2.$$

この定理 12.16 の簡単な証明はない．我々は $\mathcal{S}_n$ のある多項式への作用を，互換の個数を追跡するために用いる証明を与える．7.6 節から，置換 $\pi \in \mathcal{S}_n$ が n 変数多項式環 $\mathbb{Z}[X_1, \dots, X_n]$ の元に，変数の置換として作用することを思い出そう．つまり，

$$\pi(p(X_1, \dots, X_n)) = p(X_{\pi(1)}, \dots, X_{\pi(n)}).$$

これにより得られる写像

$$\pi \colon \mathbb{Z}[X_1, \ldots, X_n] \longrightarrow \mathbb{Z}[X_1, \ldots, X_n]$$

は環準同型写像だった. 命題 7.39 を見よ.

証明（定理 12.16 の証明） 定理 12.16 の証明の鍵となるのは, 置換 π の次の多項式への作用を調べることである:

$$D(X_1, \ldots, X_n) = \prod_{1 \le j < i \le n} (X_i - X_j). \tag{12.5}$$

たとえば, $n = 3$ のときは次のようになる:

$$\begin{aligned}
D(X_1, X_2, X_3) &= (X_3 - X_1)(X_3 - X_2)(X_2 - X_1) \\
&= X_2 X_3^2 + X_1^2 X_3 + X_1 X_2^2 - X_1 X_3^2 - X_2^2 X_3 - X_1^2 X_2.
\end{aligned}$$

計算で（演習問題 12.7 を見よ）, D の平方は判別式に等しいこと

$$D(X_1, \ldots, X_n)^2 = (-1)^{(n^2 - n)/2} \prod_{\substack{i, j = 1 \\ i \ne j}}^{n} (X_i - X_j)$$

がわかる. とくに, D^2 は $\mathcal{S}_n$ の作用で不変であり, つまり, 7.6 節で定義した対称式である. したがって, 任意の $\pi \in \mathcal{S}_n$ に対して,

$$D^2 = \pi(D^2) = \pi(D)^2, \quad \text{したがって} \quad \pi(D) = \pm D.$$

この公式 $\pi(D) = \pm D$ に現れる符号は π に依存し, 差し当たっての我々の目標は, もし π が互換なら, その符号は -1 と示すことである. D の因子 $X_i - X_j$ は $i > j$ となる添え字について現れるから,

$$\pi(D) = \prod_{1 \le j < i \le n} \pi(X_i - X_j) = \prod_{1 \le j < i \le n} (X_{\pi(i)} - X_{\pi(j)}), \tag{12.6}$$

よって, 式 (12.6) の符号の変化は $i > j$ というペアで $\pi(i) < \pi(j)$ となるものから生じると観察できる.

　D の因子への互換 $\tau = (a, b)$ の効果は図 40 に解説されている通りで, 添え字が減っていく方向で考えて, a と b を入れ替えたときに, どのペアで大小が入れ替わるかを見ればよい.

　τ を互換で,

$$\tau = (a, b) \quad \text{ここで} \quad a > b$$

としよう. もし i と j が a, b と異なるなら, τ は $X_i - X_j$ に何もしない. そうでなければ, τ は $X_i - X_j$ を他の, たとえば $X_k - X_\ell$ に移し, そのとき符号反転が起きるのは $k < \ell$ の

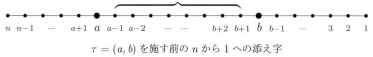

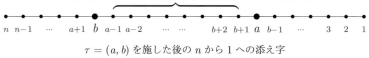

図 40　添え字の入れ替えの $D(X_1, \ldots, X_n)$ の符号への影響.

ときでそのときに限る．図41にさまざまな場合が考察されていて，最後から2番目の列は符号反転が起きるか否かを示している．そして符号反転が起きるとき，最後の列は，符号反転が起きる D の因子の個数を記録している．

したがって，$\tau(D)$ を定義する積を次のように書ける：

$$\tau(D) = \begin{pmatrix} \text{符号反転が起きない} \\ \text{因子 } X_i - X_j \text{ たち} \end{pmatrix} \cdot \tau\underbrace{\left((X_a - X_b) \cdot \prod_{a > i > b}(X_a - X_i) \cdot \prod_{a > i > b}(X_i - X_b)\right)}_{\text{ここが } \tau = (a,b) \text{ を施すと符号反転が起きる } X_i - X_j.}$$

$$= (-1)^{1+(a-b-1)+(a-b-1)} D$$

$$= -D.$$

これで任意の互換 $\tau \in \mathcal{S}_n$ に対して $\tau(D) = -D$ であることが示された．

π は互換の積 $\pi = \tau_1 \tau_2 \cdots \tau_k$ に書けるのだった．互換は D の符号を反転するという事実と，群作用の結合法則[2]から，計算で

$$\pi(D) = (\tau_1 \tau_2 \cdots \tau_k)(D) = \tau_1(\tau_2(\cdots \tau_k(D) \cdots)) = (-1)^k D$$

がわかる．もし $\pi = \sigma_1 \sigma_2 \cdots \sigma_\ell$ を互換の積での他の表示とすると，同様の計算から $\pi(D) = (-1)^\ell D$ がわかる．よって，

$$\pi(D) = (-1)^k D = (-1)^\ell D,$$

したがって $k \equiv \ell \pmod{2}$ が示された． □

定義 12.17　命題 12.14 により，任意の置換 $\pi \in \mathcal{S}_n$ を互換の積に書くことができる：

$$\pi = \tau_1 \tau_2 \cdots \tau_k.$$

置換 π の**符号**を次の量として定義する：

---

[2] 定義から，群 G は集合 X に，$(g_1 g_2)x = g_1(g_2 x)$ を満たすように作用することを思い出そう．

D の因子	$\tau = (a, b)$ を施す	反転？	因子の個数
$X_i - X_a$ ただし $i > a > b$	$X_i - X_b$	No	
$X_a - X_i$ ただし $a > i > b$	$X_b - X_i$	Yes	$a - b - 1$
$X_a - X_i$ ただし $a > b > i$	$X_b - X_i$	No	
$X_i - X_b$ ただし $i > a > b$	$X_i - X_a$	No	
$X_i - X_b$ ただし $a > i > b$	$X_i - X_a$	Yes	$a - b - 1$
$X_b - X_i$ ただし $a > b > i$	$X_a - X_i$	No	
$X_a - X_b$	$X_b - X_a$	Yes	1
$X_i - X_j$ ただし $\{i, j\} \cap \{a, b\} = \emptyset$	$X_i - X_j$	No	

図 41　$\tau = (a, b)$ の $X_i - X_j$ への作用.

$$\mathrm{sign}(\pi) = (-1)^k.$$

定理 12.16 により，$\mathrm{sign}(\pi)$ は矛盾なく定義される．

$\mathrm{sign}(\pi) = 1$ のとき π が**偶**，　$\mathrm{sign}(\pi) = -1$ のとき π が**奇**，　という．

例 12.18　例 12.15 で，サイクル $(1, 2, 3, 4, 5)$ が 4 個，6 個，もしくは 8 個の互換の積であることを示した．したがって，

$$\mathrm{sign}((1, 2, 3, 4, 5)) = (-1)^4 = 1.$$

命題 12.19　写像

$$\mathrm{sign} \colon \mathcal{S}_n \longrightarrow \{\pm 1\}$$

は群の準同型写像である．もし $n \geq 2$ なら，これは全射である．

証明　$\pi, \pi' \in \mathcal{S}_n$ を置換とする．命題 12.14 を使って，π と π' を互換の積に書いて

$$\pi = \tau_1 \tau_2 \cdots \tau_k \quad \text{かつ} \quad \pi' = \tau_1' \tau_2' \cdots \tau_m'$$

となったとする．このとき，$\mathrm{sign}(\pi) = (-1)^k$ かつ $\mathrm{sign}(\pi') = (-1)^m$ が符号の定義からわかる．積をとると，

$$\pi\pi' = \underbrace{(\tau_1 \tau_2 \cdots \tau_k)}_{k \text{ 個の互換}} \underbrace{(\tau_1' \tau_2' \cdots \tau_m')}_{m \text{ 個の互換}} = \underbrace{\tau_1 \tau_2 \cdots \tau_k \tau_1' \tau_2' \cdots \tau_m'}_{k + m \text{ 個の互換}},$$

$\pi\pi'$ は $k + m$ 個の互換の積である．よって

$$\mathrm{sign}(\pi\pi') = (-1)^{k+m} = (-1)^k \cdot (-1)^m = \mathrm{sign}(\pi) \cdot \mathrm{sign}(\pi'),$$

440 第12章 群——第3部

これで sign が群準同型写像であることが示された.

最後に, もし $n \geq 2$ なら $\mathcal{S}_n$ は互換 $\tau = (1, 2)$ を含み, 定義から $\text{sign}(\tau) = -1$ である. よって sign は全射である. □

例 12.20 $\pi \in \mathcal{S}_n$ を k サイクルとし,

$$\pi = (a_1, a_2, \ldots, a_k) \in \mathcal{S}_n$$

とする. 命題 12.14 の証明で, π は次の互換の積に等しいことを示した:

$$\pi = (a_k, a_1)(a_{k-1}, a_1) \cdots (a_3, a_1)(a_2, a_1).$$

この積には $k - 1$ 個の互換があるから,

$$\text{sign}(k \text{ サイクル}) = (-1)^{k-1}.$$

任意の置換はサイクルの積であり, また $\text{sign} \colon \mathcal{S}_n \to \{\pm 1\}$ は群の準同型写像だから, 命題 12.19 によって, 置換の符号の手短な計算法を与えてくれる:

$$\pi = (k_1 \text{ サイクル})(k_2 \text{ サイクル}) \cdots (k_r \text{ サイクル}) \implies \text{sign}(\pi) = (-1)^{k_1 + k_2 + \cdots + k_r - r}.$$

この符号準同型写像を使って, $\mathcal{S}_n$ の重要な部分群を定義する.

定義 12.21 $n \geq 1$ とする. **交代群**とは $\mathcal{S}_n$ の偶置換全体からなる部分群であり, $\mathcal{A}_n$ と書く. 同値な言い換えとして,

$$\mathcal{A}_n = \ker(\text{sign}) = \{\pi \in \mathcal{S}_n \colon \text{sign}(\pi) = 1\}.$$

命題 12.22 $n \geq 2$ とする.

(a) 交代群 $\mathcal{A}_n$ は $\mathcal{S}_n$ の正規部分群である.

(b) 符号写像は次の同型を導く:

$$\text{sign} \colon \mathcal{S}_n / \mathcal{A}_n \longrightarrow \{\pm 1\}.$$

(c) 交代群は対称群の指数 2 の部分群である. つまり, $(\mathcal{S}_n : \mathcal{A}_n) = 2$.

証明 これらの主張は, $\mathcal{A}_n$ が全射準同型写像 $\text{sign} \colon \mathcal{S}_n \to \{\pm 1\}$ の核だから, 一般論から容易に従う (定理 6.12 (d)). □

12.2 ケーリーの定理

対称群はなぜこれほど熱心に研究されているのだろうか? 1つの理由は, 任意の群は対称群の部分群だからである! したがって, たとえば任意の $n \geq 1$ に対して $\mathcal{S}_n$ の部分群についてある事実が証明できたとすると, その事実は任意の有限群に対して真である.

定理 12.23（ケーリーの定理） (a) 任意の群は，ある対称群の部分群に同型である．

(b) G が位数 n の有限群とする．このとき，G は $\mathcal{S}_{n!}$ の部分群に同型である．

証明 G を群とし，X を G のもう 1 つの複製とする．G を X に，左からの乗法で作用させる：

$$g \in G \text{ が } x \in X \text{ に対して，} x \text{ を } gx \in X \text{ に移すことにより作用する．}$$

これは群作用であることに注意する．というのは，群作用の公理

$$ex = x \quad \text{および} \quad (g_1 g_2)x = g_1(g_2 x)$$

は，すでに群 G の公理だからである．したがって，各 $g \in G$ は X の元の置換になっている．この置換を π_g と表すことにする．つまり，

$$\pi_g \colon X \longrightarrow X, \quad \pi_g(x) = gx.$$

このようにして，G から集合 X の置換の群への写像

$$\pi \colon G \longrightarrow \mathcal{S}_X$$

が定義できた．この π が単射であることを主張する．これにより G は $\mathcal{S}_X$ の部分群と同型であることがわかり，定理 12.23 の主張が示される．

π が準同型写像であることを見るには，$g_1, g_2 \in G$ かつ $x \in X$ として，次のように計算する：

$$\pi_{g_1 g_2}(x) = (g_1 g_2)x = g_1(g_2 x) = \pi_{g_1}(g_2 x) = \pi_{g_1}(\pi_{g_2}(x)) = (\pi_{g_1} \circ \pi_{g_2})(x).$$

$\mathcal{S}_X$ の群演算は置換の合成だから，$\pi_{g_1 g_2} = \pi_{g_1} \pi_{g_2}$ が $\mathcal{S}_X$ の元として成り立つ．

π が単射であることを見るために，$g \in \ker(\pi)$ とする．つまり，π_g が $\mathcal{S}_X$ の単位元とする．これは，

$$\text{任意の } x \in X \text{ に対して} \quad \pi_g(x) = x,$$

ということで，よって $gx = x$ が任意の $x \in X$ について成り立つ．とくに，$x = e$ に対しても成り立つから，$ge = e$ つまり $g = e$ である．よって $\ker(\pi) = \{e\}$ であるから，π は単射である． $\square$

例 12.24 ケーリーの定理の応用として，p シロー部分群の存在の証明について手短に素描する[3]．最初のステップは，直接計算により，任意の素数冪 p^t に対して，対称群 $\mathcal{S}_{p^t}$ が p シロー部分群を持つことを証明する．第 2 のステップは，もし G' が p シロー部分群を持つ群で，G が G' の部分群なら，G も p シロー部分群を持つことを示す．第 3 のステップとして，ケーリーの定理を使って，任意の有限群 G は，t を十分大きくとれば $\mathcal{S}_{p^t}$ の部分群であ

---

[3] 詳細については，たとえば *Topics in Alegbra*, I. N. Herstein, 1975 の 2.12 節を見よ．

442   第 12 章　群——第 3 部

ることを示す．実際，G が位数 n なら，$p^t \geq n!$ ととれば十分である．

12.3　単純群

G を群とする．もし G が正規部分群 H を含んでいれば，ある意味で，G は部分群 H と剰余群 G/H から組み立てられていると見ることができる．そしてもし H が非自明なら，つまり $H \neq \{e\}$ かつ $H \neq G$ なら，H と G/H は G よりもより理解しやすいことが期待される．たとえば，もし G が有限群で，H が非自明なら，H も G/H も G より真に小さい．このことから，自明な正規部分群しか持たない群は，群論における基本構成要素であることが示唆される．これは素数が数論における基本構成要素であることと似ている．

定義 12.25　群 G が**単純群**であるとは，その正規部分群が G と $\{e\}$ のみであることである．

例 12.26　アーベル群 G が単純である必要十分条件は，それが素数位数の巡回群であることである．これは，アーベル群では任意の部分群が正規部分群だから，G が単純であることと，その部分群が G と $\{e\}$ のみであるということが同値であるという事実から従う．しかしまた，$g \in G$ が $g \neq e$ なら，部分群 $\langle g \rangle$ は G 全体と一致しなければならず，これは G が巡回群，たとえば $G = \mathcal{C}_n$ であることを示している．位数が n の巡回群は，$m \mid n$ ごとに位数 m の部分群を持つから，n の約数は 1 か n 自身のみということになり，つまり n は素数である．

例 12.27　p^k を素数冪とし，G を位数 p^k の群とする．このとき G が単純である必要十分条件は，$k = 1$ である．これは定理 6.25 の，G が非自明な中心 $Z(G) \neq \{e\}$ を持つということからわかる．中心は正規部分群だから，G が単純なら $G = Z(G)$ である．しかし，これは G がアーベル群ということで，例 12.26 から $\#G = p$ である．

例 12.28　p と q を異なる素数とする．G を位数が $p^j q^k$（$j \geq 1$ かつ $k \geq 1$）の群とする．バーンサイド (Burnside) の定理によると，G は単純ではない．しかし，その証明は極めて込み入っていて，本書の範囲を超える．

バーンサイドの結果により，有限非アーベル単純群の位数は少なくとも 3 つの素因数を持つ．よって最小の可能性は $2 \cdot 3 \cdot 5 = 30$ である．これはやや楽天的すぎることがわかるのだが，それほど的外れでもない．最小の非アーベル単純群は $\mathcal{A}_5$ であり，その位数は

$$\#\mathcal{A}_5 = \frac{1}{2} \cdot 5! = 60 = 2^2 \cdot 3 \cdot 5$$

である．より一般に，交代群 $\mathcal{A}_n$ は各 $n \geq 5$ に対して単純群である．これは非自明な結果であり，その証明にこの節の残りの大半を費やす．

定理 12.29　任意の $n \geq 5$ に対して，交代群 $\mathcal{A}_n$ は単純群である．

定理 12.29 から直ちに導かれる帰結として，$\mathcal{S}_n$ は $n \geq 5$ なら可解群ではない．これは定

理 9.79 として述べたが，証明はこの章まで延期されてきたものである．

系 12.30 $n \geq 5$ とする．
(a) $\mathcal{S}_n$ の正規部分群は $\{e\}$, $\mathcal{A}_n$, $\mathcal{S}_n$ のみである．
(b) $\mathcal{S}_n$ は可解群ではない．

証明（定理 12.29 の証明） 証明の鍵となるのは 3 サイクルの研究である．より正確にいうと，証明は次の道をたどる：

- $\mathcal{A}_n$ の元は 3 サイクルの積である．
- 正規部分群 $N \subseteq \mathcal{A}_n$ が 3 サイクルを含むなら[4]$N = \mathcal{A}_n$.
- 任意の非自明な正規部分群 $N \subseteq \mathcal{A}_n$ は 3 サイクルを含む．

証明の過程で，$a, b, c, d, \ldots$ は $\{1, 2, \ldots, n\}$ の相異なる元を指す．よってたとえば (a, b) は互換で，(a, b, c) は 3 サイクルである．

ステップ 1：2 つの互換の積は 3 サイクルの積に等しい．

任意の 2 つの互換の積は次のいずれかの 3 サイクルの積になる[5]：

$$(a, b)(c, d) = (c, b, d)(a, c, b),$$

$$(a, b)(a, c) = (a, c, b),$$

$$(a, b)(a, b) = e.$$

ステップ 2：任意の $\alpha \in \mathcal{A}_n$ は 3 サイクルの積．

$\alpha \in \mathcal{A}_n$ とする．$\mathcal{A}_n$ の定義から，α を偶数個の互換の積に書くことができる．ステップ 1 により，この積に現れる互換のペアは 3 サイクルの積であり，よって α は 3 サイクルの積である．

ステップ 3：任意の $\alpha \in \mathcal{A}_n$ は $(1, 2, k)$ という形の 3 サイクルの積である．

ステップ 2 より，α は 3 サイクルの積である．よって任意の 3 サイクル (a, b, c) が与えられた形になることを示せば十分である．a, b, c のうち，1 もしくは 2 に一致する個数に関して，いくつかの場合に分けて考える．よって[6]，

$$\{a, b, c\} \cap \{1, 2\} = \emptyset, \qquad (a, b, c) = (1, 2, a)^2 (1, 2, c)(1, 2, b)^2 (1, 2, a),$$

$$\{a, b, c\} \cap \{1, 2\} = \{1\}, \qquad (1, a, b) = (1, 2, b)(1, 2, a)^2,$$

$$\{a, b, c\} \cap \{1, 2\} = \{2\}, \qquad (2, a, b) = (1, 2, b)^2 (1, 2, a),$$

$$\{a, b, c\} \cap \{1, 2\} = \{1, 2\}, \qquad (1, 2, a) = (1, 2, a) \quad \text{かつ} \quad (2, 1, a) = (1, 2, a)^2.$$

---

[4] フロドならこの主張を「1 つの 3 サイクルがすべてを統べる」ステップと呼ぶだろう．（訳注：トールキン『指輪物語』に登場する「一つの指輪」を見よ．）
[5] 定義から，単位元は空の積と等しい．
[6] これらの公式を確認するうえで，$(1, 2, d)^2 = (1, 2, d)^{-1} = (2, 1, d)$ が助けになる．

444　第 12 章　群——第 3 部

ステップ 4：もし $\mathcal{A}_n$ の正規部分群 N が 3 サイクルを含めば，$N = \mathcal{A}_n$.

$\{1, \ldots, n\}$ のラベルづけを変えて，正規部分群 N が 3 サイクル $(1, 2, 3)$ を含むとする．このとき，任意の $k \in \{4, \ldots, n\}$ について，N の正規性から

$$\underbrace{\overbrace{((1,2)(3,k))}^{\text{ここは } \mathcal{A}_n \text{ の元}} \cdot \overbrace{(1,2,3)}^{\text{ここは } N \text{ の元}}{}^{-1} \cdot \overbrace{((1,2)(3,k))^{-1}}^{\text{ここは } \mathcal{A}_n \text{ の元}}}_{\text{ここは } N \text{ の元，というのは } N \text{ は } \mathcal{A}_n \text{ の正規部分群だから}} \in N. \tag{12.7}$$

式 (12.7) に述べた元を最後まで掛け算することで，次がわかる：

$$((1,2)(3,k)) \cdot (1,2,3)^{-1} \cdot ((1,2)(3,k))^{-1} = (1,2)(3,k)(3,2,1)(3,k)(1,2)$$
$$= (1,2,k) \in N.$$

以上から，

$$\{(1,2,k) : 3 \le k \le n\} \subseteq N \tag{12.8}$$

が証明された．しかし，ステップ 3 によれば，$\mathcal{A}_n$ の任意の元は式 (12.8) の集合の元の積である．つまり，式 (12.8) の集合が $\mathcal{A}_n$ を生成する．

ステップ 5：$\mathcal{A}_n$ の任意の非自明な正規部分群 N は 3 サイクルを含む.

正規部分群 N で，恒等置換ではない π を含むものが与えられている．定理 12.11 により π を互いに素なサイクルの積に書けて，これを 2 サイクル，3 サイクル，それより長いサイクルにまとめておく：

$$\pi = \underbrace{\alpha_1 \alpha_2 \cdots \alpha_r}_{\substack{2\,\text{サイクル} \\ r = 2\,\text{サイクルの個数}}} \cdot \underbrace{\beta_1 \beta_2 \cdots \beta_s}_{\substack{3\,\text{サイクル} \\ s = 3\,\text{サイクルの個数}}} \cdot \underbrace{\gamma_1 \gamma_2 \cdots \gamma_t}_{\substack{\text{長さ 4 以上のサイクル} \\ t = \text{長さ 4 以上のサイクルの個数}}}. \tag{12.9}$$

次のいずれかが成り立つ：

$$t \ge 1 \quad \text{または} \quad s \ge 2 \quad \text{または} \quad (t, s) \text{ が } (0,1) \text{ か } (0,0) \text{ に等しい.}$$

このことから，ステップ 5 の証明を次の 4 つの場合に分けられる：

(A) $\boxed{t \ge 1}$ 式 (12.9) の π の分解が，長さが少なくとも 4 のサイクル γ_1 を含む．

(B) $\boxed{s \ge 2}$ 式 (12.9) の π の分解が，2 つの 3 サイクル β_1 と β_2 を含む．

(C) $\boxed{s = 1 \text{ かつ } t = 0}$ 式 (12.9) の π の分解が，ちょうど 1 つの 3 サイクル β_1 と互換 $\alpha_1, \ldots, \alpha_r$ の積である（$r = 0$ は許されていて，そのときは $\pi = \beta_1$ と思う）．さらに，$\pi \in \mathcal{A}_n$ だから r は偶数である．

(D) $\boxed{s = 0 \text{ かつ } t = 0}$ この場合，式 (12.9) の π の分解は互換 $\alpha_1, \ldots, \alpha_r$ の積であり，再び $\pi \in \mathcal{A}_n$ から r は偶数である（この場合，$r = 0$ は許されていない．というのは

$\pi \neq e$ だから.）

あとは，(A)–(D) の各場合について，N に 3 サイクルを作れると示すことが残っている．それぞれの場合を順番に考える．

(A) の場合：$t \geq 1$

$\{1,\ldots,n\}$ のラベルづけを変えて，式 (12.9) の $\pi \in N$ の分解が，ある $k \geq 4$ についてサイクル $(1,2,\ldots,k)$ を含むと仮定してよい．したがって，

$$\pi = (1,2,\ldots,k)\lambda, \quad \text{ただし } k \geq 4 \text{ かつ } \lambda \in \mathcal{S}_n \text{ は } 1,2,\ldots,k \text{ を固定}.$$

N は正規部分群という仮定から，次の元は N に含まれる：

$$\overbrace{(1,2,3)^{-1} \cdot \pi \cdot (1,2,3)}^{\text{ここは } N \text{ の元. というのは } N \text{ は部分群だから.}} \cdot \pi^{-1}$$

これは N の元. というのは N が正規だから.

$$= (3,2,1) \cdot (1,2,\ldots,k) \cdot \lambda \cdot (1,2,3) \cdot (k,\ldots,2,1) \cdot \lambda^{-1}$$
$$= (3,2,1) \cdot (1,2,\ldots,k) \cdot (1,2,3) \cdot (k,\ldots,2,1)$$
$$\qquad\qquad \lambda \text{ は } (1,2,\ldots,k) \text{ と可換だから,}$$
$$= (3,4,1).$$

よって N は 3 サイクル $(3,4,1)$ を含む．最後の等式は $1,2,\ldots,k$ のそれぞれが 1 つ前の行のサイクルでどこに移されるのか追跡すれば計算できることに注意せよ．もちろん，この計算は $k \geq 4$ に依存している．さらにまた，$k = 3$ なら単位元を得るだけである．

(B) の場合：$s \geq 2$

$\{1,\ldots,n\}$ のラベルづけを変えて，式 (12.9) の $\pi \in N$ の分解が，2 つの（互いに素な）3 サイクル $(1,2,3)$ と $(4,5,6)$ を含むと仮定してよい．したがって，

$$\pi = (1,2,3)(4,5,6)\lambda, \quad \text{ただし } \lambda \in \mathcal{S}_n \text{ は } 1,2,\ldots,6 \text{ を固定}.$$

N は正規部分群という仮定から，次の元は N に含まれる：

$$\overbrace{(1,2,4)^{-1} \cdot \pi \cdot (1,2,4)}^{\text{ここは } N \text{ の元. というのは } N \text{ は部分群だから.}} \cdot \pi^{-1}$$

ここは N の元. というのは N は正規だから.

$$= (4,2,1) \cdot (1,2,3) \cdot (4,5,6) \cdot \lambda \cdot (1,2,4) \cdot \lambda^{-1} \cdot (6,5,4) \cdot (3,2,1)$$
$$= (4,2,1) \cdot (1,2,3) \cdot (4,5,6) \cdot (1,2,4) \cdot (6,5,4) \cdot (3,2,1)$$
$$\qquad\qquad \text{なぜなら } \lambda \text{ は } (1,2,\ldots,6) \text{ と可換だから,}$$
$$= (1,4,2,3,5).$$

446   第 12 章　群——第 3 部

よって N は 5 サイクルを含む．そして，(A) の場合から N は 3 サイクルも含んでいる．

$\boxed{\text{(C) の場合：} s = 1 \text{ かつ } t = 0}$

　$\{1, \ldots, n\}$ のラベルづけを変えて，式 (12.9) の $\pi \in N$ の分解が次の形だとしてよい：

$$\pi = (1, 2, 3)(4, 5)(6, 7) \cdots (k - 1, k).$$

この積の 2 サイクルは位数 2 で，それぞれ互いに，また $(1, 2, 3)$ と可換である．よって，

$$\pi^2 = (1, 2, 3)^2 = (3, 2, 1) \in N.$$

よって N は 3 サイクル $(3, 2, 1)$ を含む．

$\boxed{\text{(D) の場合：} s = 0 \text{ かつ } t = 0}$

　この場合は π が互いに素な 2 サイクルの積であり，また $\pi \neq e$ を仮定していて，さらに $\pi \in N \subset \mathcal{A}_n$ は偶置換だから，偶数個の互換の積でなければならない．したがって，$\{1, \ldots, n\}$ のラベルづけを変えて，式 (12.9) の $\pi \in N$ の分解は次の形だと仮定してよい：

$$\pi = (1, 2)(3, 4) \underbrace{(5, 6) \cdots (k - 1, k)}_{\text{ここを } \lambda \text{ とする.}}.$$

したがって，

$$\pi = (1, 2)(3, 4)\lambda, \quad \text{ここで } \lambda \in \mathcal{S}_n \text{ は } 1, 2, 3, 4 \text{ を固定する.}$$

N は正規部分群という仮定から，次の元は N に含まれる：

$$\overbrace{\left((1, 2, 3)^{-1}\pi(1, 2, 3)\right)}^{\text{ここは } N \text{ の元. というのは } N \text{ は部分群だから.}} \cdot \pi^{-1}$$

ここは N の元. というのは N は正規だから.

$$= (3, 2, 1) \cdot (1, 2) \cdot (3, 4) \cdot \lambda \cdot (1, 2, 3) \cdot \lambda^{-1} \cdot (3, 4) \cdot (1, 2)$$

$$= (3, 2, 1) \cdot (1, 2) \cdot (3, 4) \cdot (1, 2, 3) \cdot (3, 4) \cdot (1, 2)$$

$$\text{なぜなら } \lambda \text{ は } (1, 2, 3, 4) \text{ と可換だから，}$$

$$= (1, 4)(2, 3). \tag{12.10}$$

よって N は 2 つの互いに素な互換の積を含む．だが，我々は 3 サイクルを探しているのだったから，まだ終わっていない．しかしながら，$n \geq 5$ という仮定から 3 サイクル $(1, 2, 5)$ は $\mathcal{A}_n$ の元で，N の正規性から N は次の元を含むことがわかる：

$$\underbrace{(1,4,5)^{-1} \cdot \overbrace{((1,4) \cdot (2,3))}^{\text{ここは } N \text{ の元, 式 (12.10) により.}} \cdot (1,4,5)}_{\text{ここは } N \text{ の元. というのは } N \text{ は正規だから.}} \cdot \overbrace{((1,4) \cdot (2,3))}^{\text{ここは } N \text{ の元, 式 (12.10) より.}}$$

$$= (5,4,1) \cdot (1,4) \cdot (2,3) \cdot (1,4,5) \cdot (1,4) \cdot (2,3)$$
$$= (1,4,5).$$

よって，N は 3 サイクル $(1,4,5)$ を含む．

したがって，ステップ 5 の証明も完了である．つまり，もし $N \neq \{e\}$ なら，N は 3 サイクルを含む．ステップ 4 により，$N = \mathcal{A}_n$ である．よって $\mathcal{A}_n$ の正規部分群は $\{e\}$ と $\mathcal{A}_n$ である．これで，$n \geq 5$ なら $\mathcal{A}_n$ が単純群であることが示された[7]． $\square$

証明（系 12.30 の証明） (a) N を $\mathcal{S}_n$ の正規部分群とする．我々の目標は N が $\{e\}$, $\mathcal{A}_n$, もしくは $\mathcal{S}_n$ のいずれかであると示すことである．共通部分 $N \cap \mathcal{A}_n$ は $\mathcal{A}_n$ の正規部分群だから，定理 12.29 から，

$$N \cap \mathcal{A}_n = \mathcal{A}_n \quad \text{または} \quad N \cap \mathcal{A}_n = \{e\}.$$

これら 2 つの場合を順に考える．

$\boxed{\text{場合 1：} N \cap \mathcal{A}_n = \mathcal{A}_n}$

この場合，$N \supseteq \mathcal{A}_n$ だが，$\mathcal{A}_n$ は $\mathcal{S}_n$ 内で指数 2 だから，ラグランジュの定理から

$$(\mathcal{S}_n : N)(N : \mathcal{A}_n) = (\mathcal{S}_n : \mathcal{A}_n) = 2.$$

よって，次のいずれかである：

$$(\mathcal{S}_n : N) = 1 \quad \text{もしくは} \quad (N : \mathcal{A}_n) = 1.$$

前者であれば $N = \mathcal{S}_n$ であり，後者であれば $N = \mathcal{A}_n$ である．

$\boxed{\text{場合 2：} N \cap \mathcal{A}_n = \{e\}}$

この場合は $N = \{e\}$ であることを主張する．証明のために，$\alpha \in N \smallsetminus \{e\}$ として矛盾を導こう．

最初の観察として，$\alpha \in N$ かつ $\alpha \neq e$ だから，場合 2 の仮定 $N \cap \mathcal{A}_n = \{e\}$ から $\alpha \notin \mathcal{A}_n$ である．$\alpha \neq e$ という仮定から，ラベルづけを変えて，$\alpha(1) = 2$ と仮定してよい．τ を互換 $\tau = (2,3)$ として，次の元を考える：

$$\beta = \tau^{-1} \alpha \tau \in N.$$

---

[7] もう一度強調したいのは，ステップ 5 の (D) の場合の証明で，$n \geq 5$ を使っている点である．そして実際，この仮定を我々の証明のどこかで使わなければならない．というのは，$\mathcal{A}_4$ は単純群ではないからである．演習問題 12.13 を見よ．

448 第12章 群——第3部

（N は正規部分群だから，β は N の元であることがわかる．）次の観察をしよう：

$$\beta(1) = \tau^{-1}\alpha\tau(1) = \tau^{-1}\alpha(1) = \tau^{-1}(2) = 3,$$

よってとくに，$\beta \neq e$．したがって，$\beta \in N$ かつ $\beta \neq e$，すると場合2の仮定から $\beta \notin \mathcal{A}_n$ である．

まとめると，$\alpha, \beta \in N$ かつ $\alpha, \beta \notin \mathcal{A}_n$ である．N と $\mathcal{A}_n$ は $\mathcal{S}_n$ の部分群で，また $\beta^{-1} \in N$ かつ $\beta^{-1} \notin \mathcal{A}_n$ である．$\mathcal{A}_n$ は $\mathcal{S}_n$ 内で指数2であり，よって $\mathcal{A}_n$ の元ではない $\mathcal{S}_n$ の2つの元の積は $\mathcal{A}_n$ の元である．したがって，

$$\alpha\beta^{-1} \in N \cap \mathcal{A}_n = \{e\}.$$

しかし，

$$\alpha\beta^{-1}(3) = \alpha\tau^{-1}\alpha^{-1}\tau(3) = \alpha\tau^{-1}\alpha^{-1}(2) = \alpha\tau^{-1}(1) = \alpha(1) = 2,$$

これは $\alpha\beta^{-1} = e$ に矛盾する．以上で場合2のとき $N = \{e\}$ が示された．

(b) 定義9.75を思い出してみよう．G が可解とは，次のような部分群の列が存在することだった：

$$G = G_0 \supsetneq G_1 \supsetneq \cdots \supsetneq G_{n-1} \supsetneq G_n = \{e\}$$

ここで G_{i+1} は G_i の正規部分群で，各剰余群 G_i/G_{i+1} はアーベル群である．(a) と定理12.29を使うと，正規性の仮定を満たす部分群の列で可能性があるのは次のものだけである：

$$\mathcal{S}_n \supsetneq \{e\} \quad \text{もしくは} \quad \mathcal{S}_n \supsetneq \mathcal{A}_n \supsetneq \{e\}.$$

前者だと，剰余群 $\mathcal{S}_n/\{e\} \cong \mathcal{S}_n$ は非アーベルである．後者だと，剰余群 $\mathcal{A}_n/\{e\} \cong \mathcal{A}_n$ が非アーベルである．よって $\mathcal{S}_n$ は可解ではない． $\square$

12.4 組成列

次の定義と定理は，すべての有限群が単純群に分解できるというアイデアをもう少し正確にしてくれる．しかし後で見るように，整数の素因数分解のように非常に満足がいく状況とはいえない．というのは，与えられた単純群のリストを別な風に組み合わせると，別の群を得るからである．

定義 12.31 G を（有限）群とする．**G の組成列**とは，G から始まり単位群 $\{e\}$ で終わる，部分群が入れ子になったリスト

$$G = G_0 \supsetneq G_1 \supsetneq \cdots \supsetneq G_{n-1} \supsetneq G_n = \{e\} \tag{12.11}$$

で，次の性質を満たすものである：

(1) 任意の $0 \leq i < n$ に対して，群 G_{i+1} は G_i の正規部分群である．

(2) 任意の $0 \le i < n$ に対して，剰余群 G_i/G_{i+1} は単純群である．
剰余群

$$G_0/G_1,\ G_1/G_2,\ \ldots,\ G_{n-1}/G_n$$

を組成列 (12.11) の**組成因子**という．また，整数 n を組成列の**長さ**という．

例 12.32 G を自明な群ではない単純群とする．すると，その唯一の組成列は $G \supsetneq \{e\}$ である．

例 12.33 定理 12.29 と系 12.30 からわかるように，$n \ge 5$ なら，対称群 $\mathcal{S}_n$ の唯一の組成列は

$$\mathcal{S}_n \supsetneq \mathcal{A}_n \supsetneq \{e\}$$

である．

しかし，これらの例から，群には組成列が 1 つしかないとだまされてはいけない．

例 12.34 $\mathcal{C}_6 = \langle g \rangle$ を位数 6 の巡回群とする．$\mathcal{C}_6$ には，異なる 2 つの組成列がある：

$$\mathcal{C}_6 \supsetneq \{e, g^3\} \supsetneq \{e\} \quad \text{と} \quad \mathcal{C}_6 \supsetneq \{e, g^2, g^4\} \supsetneq \{e\}.$$

これら $\mathcal{C}_6$ の組成列は異なるが，どちらも長さが 2 で，組成因子は $\mathcal{C}_2$ と $\mathcal{C}_3$ であることに気づくだろう．

次の定理は有限群論における基本的な結果である．というのは，この定理によれば，任意の有限群 G が，G から一意的に定まる単純群のリストから組み立てられるからである．

定理 12.35（ジョルダン–ヘルダー (Jordan–Hölder) の定理） G を有限群とする．
(a) G の組成列は存在する．
(b) G の 2 つの組成列は同じ長さと組成因子を持つ．ただし，組成因子が現れる順番は一意ではないかもしれない．

証明 (a) の証明を素描し，より難しい (b) の証明は（チャレンジの）演習問題として残しておく．演習問題 12.19 を見よ．G が群のとき，$N \subsetneq G$ が**極大正規部分群**とは，N が正規であり，かつ G の正規部分群で真に N と G の間にあるものが存在しないことをいう．正規部分群 $N \subsetneq G$ が極大である必要十分条件は，剰余群 G/N が単純群であるということの確認は読者に委ねる．演習問題 12.14 を見よ．G が非自明な有限群なら，少なくとも 1 つ極大部分群を持つことを注意しておく．たとえば，G の真の正規部分群たちのうち，極大な位数を持つものをとればよい．

群のリストを，$G = G_0$ から出発して，G_{i+1} を G_i の極大正規部分群とする，という調子で帰納的に作っていく．この過程はどこかで $G_n = \{e\}$ となり終了する．なぜなら，G は有限群で，G_{i+1} は G_i の真部分群だからである．さらに，以前に注意したように，G_{i+1} は G_i

450　第12章　群——第3部

の極大部分群だから G_i/G_{i+1} は単純群である．したがって $G_0, \ldots, G_n$ は G の組成列である．　　　　　　　　　　　　　　　　　　　　　　　　　　　□

定義 12.36　有限群 G が**可解**であるとは，組成列の組成因子がすべてアーベル群であるようなものをいう[8]．定義 9.75 を見よ．

注意 12.37　有限群は一意的な組成因子のリストを持つにもかかわらず，もし組成因子の方から始めれば，そこから群を組み立てていく仕方は複数あることを強調しておきたい．言い換えると，群 G はその組成因子のリストを一意に決めるが，組成因子のリストは群を一意には決めない．たとえば，位数 256 の群は 56092 個あり，それらの組成因子のリストは 8 個の $\mathcal{C}_2$ からなることが知られている．より小さい例については演習問題 12.16 を見よ．

　有限群に対するジョルダン–ヘルダーの定理は非常に強力ではないにしても，有限群の研究を原理的には次の2段階に帰着してくれるのだから，極めて便利な道具であるには違いない．

ステップ 1：すべての有限単純群を書き出す．
ステップ 2：有限単純群の各リスト $H_0, \ldots, H_n$ に対して，有限群であってその組成因子のリストが $H_0, \ldots, H_n$ に一致するものをすべて書き出す[9]．

　おおよそ 50 年にわたり発展してきた数学の妙技の力業で，多くの数学者らが共同でステップ 1 を成し遂げた．その証明には数千ページを費やすが，最終的な答えは胸のすくほど簡潔である．

定理 12.38（有限単純群の分類）　G を有限単純群とする．すると，G は次のいずれかと同型である：

- 素数位数の巡回群．
- $n \geq 5$ に対する交代群 $\mathcal{A}_n$．
- **リー (Lie) 型**の群．これらは，有限体に成分を持つ行列の群の，いくつかの明示的な族である．
- 追加の 26 個の**散在型有限単純群**の明示的なリスト．最大の散在群 M は**モンスター群**と呼ばれる．その位数は

$$\#\mathsf{M} = 2^{46} \cdot 3^{20} \cdot 5^9 \cdot 7^6 \cdot 11^2 \cdot 13^3 \cdot 17 \cdot 19 \cdot 23 \cdot 29 \cdot 31 \cdot 41 \cdot 47 \cdot 59 \cdot 71,$$

  よって，約 10^{54} 個の元からなる．

証明　証明は本書の範囲を著しく超えている．　　　　　　　　　　　　　　　　　□

---

[8] これは G の組成因子が素数位数の巡回群であることを要請するのと同値である．というのは，以前に例 12.26 で議論したように，アーベル群が単純である必要十分条件は，それが素数位数の巡回群であることなのだから．
[9] 注意 12.37 で述べたように，分類定理があるにもかかわらず，ステップ 2 の再構成の仕事は未だ高度に非自明である．

12.5 自己同型群

任意の集合 X に対して，すべての全単射 $X \to X$ により X 上の置換群を構成したことを思い出そう．X がさらに追加の構造を持つなら，たとえばそれが群であれば，全単射でその構造を保つものに注目するのは自然なことである．

定義 12.39 G を群とする．全単射 $G \to G$ で，群構造を保つものの全体を G の**自己同型群**という．

$$\mathrm{Aut}(G) = \{\text{群の同型写像 } G \to G\}.$$

一方では，G から $\mathrm{Aut}(G)$ に移ることは，古い群から新しい群を構成する手段を与える．他方，$\mathrm{Aut}(G)$ についての知識は G についての情報を引き出すのにしばしば有用である．

定義 12.40 G の自己同型写像を作るのに，共役を用いる．各 $a \in G$ に対して，次のように G の自己同型写像を定義する：

$$\phi_a \colon G \longrightarrow G, \quad \phi_a(g) = aga^{-1}.$$

$\mathrm{Aut}(G)$ の元で，ある $a \in G$ について ϕ_a に等しいものを**内部自己同型写像**と呼び，それ以外の $\mathrm{Aut}(G)$ の元を**外部自己同型写像**という．

例 12.41 G がアーベル群なら，非自明な内部自己同型写像はない．というのも，

$$\text{任意の } g \in G \text{ に対して} \quad \phi_a(g) = aga^{-1} = g$$

であるから．

例 12.42 $a, b \in G$ とする．このとき内部自己同型写像 ϕ_{ab} は次のように与えられる：

$$\phi_{ab}(g) = (ab)g(ab)^{-1} = a(bgb^{-1})a^{-1} = a^{-1}\phi_b(g)a = \phi_a \circ \phi_b(g). \tag{12.12}$$

したがって，$\phi_{ab} = \phi_a \circ \phi_b$ であり，よって写像

$$G \longrightarrow \mathrm{Aut}(G), \quad a \longmapsto \phi_a \tag{12.13}$$

が群の準同型写像であることが示された．式 (12.13) の核が G の中心であることは，次の計算からわかる：

$$\{a \in G \colon \text{任意の } g \in G \text{ で } \phi_a(g) = g\} = \{a \in G \colon \text{任意の } g \in G \text{ で } aga^{-1} = g\}$$
$$= \{a \in G \colon \text{任意の } g \in G \text{ で } ag = ga\}$$
$$= Z(G).$$

よって，内部自己同型写像のなす $\mathrm{Aut}(G)$ の部分群は $G/Z(G)$ と同型であることが示された．

452   第 12 章　群——第 3 部

次の命題は，例 12.42 での観察の一般化である．

命題 12.43　G を群とし，H を G の正規部分群とする．次の，矛盾なく定義された群の準同型写像が存在する：

$$\phi\colon G \longrightarrow \mathrm{Aut}(H), \quad \text{ここで } \phi_a \in \mathrm{Aut}(H) \text{ は写像 } \phi_a(h) = aha^{-1}.$$

ϕ の核は H の G における中心化群 $Z_G(H)$ である[10]．

証明　式 (12.12) の計算から，すでに $\phi\colon G \to \mathrm{Aut}(G)$ が矛盾なく定義された群準同型写像であることは示されている．H が正規という仮定から，任意の $a \in G$ と $h \in H$ に対して，

$$\phi_a(h) = aha^{-1} \in H$$

であり，よって $\phi_a\colon H \to H$ である．したがって $\phi_a \in \mathrm{Aut}(H)$ でもある．

残るは，写像 $\phi\colon G \to \mathrm{Aut}(H)$ の核の計算である．したがって，

$$
\begin{aligned}
\phi_a \text{ は } \mathrm{Aut}(H) \text{ の単位元} &\iff \text{任意の } h \in H \text{ で } \phi_a(h) = h, \\
&\iff \text{任意の } h \in H \text{ で } aha^{-1} = h, \\
&\iff \text{任意の } h \in H \text{ で } ah = ha, \\
&\iff a \in Z_G(H).
\end{aligned}
$$

したがって，$\phi\colon G \to \mathrm{Aut}(H)$ の核は $Z_G(H)$ である．　$\square$

$\mathrm{Aut}(G)$ の計算は極めて難しい．しかし，G が巡回群の場合は非常によい解答がある．

命題 12.44　$n \geq 1$ とする．巡回群 $\mathcal{C}_n$ の自己同型群は，次の写像により単元群 $(\mathbb{Z}/n\mathbb{Z})^*$ と同型である．

$$(\mathbb{Z}/n\mathbb{Z})^* \longrightarrow \mathrm{Aut}(\mathcal{C}_n), \quad k \bmod n \longmapsto (\psi_k\colon g \mapsto g^k).$$

証明　証明は円分体のガロア群 $G(\mathbb{Q}(\zeta_n)/\mathbb{Q})$ の，定理 9.64 と注意 9.65 の計算と非常によく似ている．よって，命題 12.44 の証明は演習問題とする．演習問題 12.22 を見よ．　$\square$

対称群の自己同型群の場合も，よい記述がある．これは述べるだけで証明しない．

例 12.45　対称群 $\mathcal{S}_n$ の自己同型群は次のようになる：

$$
\mathrm{Aut}(\mathcal{S}_n) \cong
\begin{cases}
\{1\} & n \leq 2 \text{ のとき,} \\
\mathcal{S}_n & n \geq 3 \text{ かつ } n \neq 6 \text{ のとき,} \\
\mathcal{S}_6 \times \mathcal{C}_2 & n = 6 \text{ のとき.}
\end{cases}
$$

---

[10]定義 6.27 から，$Z_G(H) = \{g \in G\colon \text{任意の } h \in H \text{ で } gh = hg\}$ を思い出しておこう．

とくに，$\mathcal{S}_n$ の自己同型群は $n = 6$ のとき以外は内部自己同型のみである．$\mathrm{Aut}(\mathcal{S}_6)$ が外部自己同型写像を含むという事実は 1895 年に発見された．この外部自己同型写像を見つけることができるだろうか？（これは挑戦しがいのある問題だ！）

12.6 半直積

G_1 と G_2 を群とする．2.6 節で，積集合 $G_1 \times G_2$ をそれぞれの成分での演算を使って，いかに群にするかを見た．結果として得られる群を G_1 と G_2 の直積というのだった．この節では，G_2 から $\mathrm{Aut}(G_1)$ への準同型写像 ϕ を知っているときに，G_1 と G_2 をいかに組み合わせるかについてのより手の込んだ方法を述べる．

写像

$$\phi\colon G_2 \longrightarrow \mathrm{Aut}(G_1)$$

が群の準同型写像となるために満たすべき条件は何だろうか？　定義を見ると，$\phi\colon G_2 \to \mathrm{Aut}(G_1)$ が群の準同型写像である必要十分条件は，次の 2 つの条件である：

- 任意の $a_2 \in G_2$ に対して，写像 $\phi_{a_2}\colon G_1 \to G_1$ は群の同型写像である．
- 任意の $a_2, b_2 \in G_2$ に対して，これらの同型写像は $\phi_{a_2 b_2} = \phi_{a_2} \circ \phi_{b_2}$ を満たす．

例 12.46　$\mathcal{C}_2 = \{\pm 1\}$ を位数 2 の巡回群とし，$(A, +)$ をアーベル群とする．このとき，$\mathcal{C}_2$ から A の自己同型群への次で定義される自然な準同型写像が存在する：

$$\phi\colon \mathcal{C}_2 = \{\pm 1\} \longrightarrow \mathrm{Aut}(A), \quad \phi_1(a) = a, \quad \phi_{-1}(a) = -a.$$

ϕ が準同型写像であることは A がアーベル群であるという仮定から従う．演習問題 2.21 を見よ．$A = \mathbb{Z}/n\mathbb{Z}$ とすれば，次の便利な準同型写像を得る：

$$\phi\colon \{\pm 1\} \longrightarrow \mathrm{Aut}(\mathbb{Z}/n\mathbb{Z}) \cong (\mathbb{Z}/n\mathbb{Z})^*.$$

定義 12.47　G_1 と G_2 を群とし，$\phi\colon G_2 \to \mathrm{Aut}(G_1)$ を群の準同型写像とする．**G_1 と G_2 の ϕ に関する半直積**とは，元がペア $(a_1, a_2) \in G_1 \times G_2$ であり，それらの間の群演算 $\star$ を次の式で定義したものである：

$$(a_1, a_2) \star (b_1, b_2) = (a_1 \cdot \phi_{a_2}(b_1),\, a_2 \cdot b_2). \tag{12.14}$$

半直積を $G_1 \rtimes G_2$ もしくは，ϕ を明示したいときは $G_1 \rtimes_\phi G_2$ と書く．

$\star$ が群演算を定義することを証明する前に，少し観察してみよう．もし ϕ として自明な準同型写像，すなわち，恒等写像 $\phi_{a_2}(a_1) = a_1$ をとれば，$G_1 \rtimes_\phi G_2$ は単に直積 $G_1 \times G_2$ である．つまり，半直積を作る際に我々が変更したのは，ϕ を使って，(a_1, a_2) の第 2 成分が (b_1, b_2) の第 1 成分に作用するようにした点だけである．したがって，半直積の群演算 $\star$ は $G_1 \times G_2$ の通常の群演算を使って次のように記述できる：

454   第 12 章 群——第 3 部

$$\underbrace{(a_1, a_2) \star (b_1, b_2)}_{\substack{\text{半直積の群演算} \\ G_1 \rtimes G_2 \text{ の積.}}} = \underbrace{(a_1, a_2) \cdot (\phi_{a_2}(b_1), b_2)}_{\substack{\text{直積 } G_1 \times G_2 \\ \text{での積.}}}. \tag{12.15}$$

定理 12.48 $\phi: G_2 \rightarrow \mathrm{Aut}(G_1)$ を群の準同型写像とする．式 (12.14) の演算 $\star$ により，順序対の集合 $G_1 \times G_2$ は群になる．つまり，群の公理が成り立つ．したがって，半直積 $(G_1 \rtimes_\phi G_2, \star)$ は群である．

証明 ϕ_{e_2} は G_1 の恒等写像であるから，元 (e_1, e_2) が $G_1 \rtimes G_2$ の単位元である．任意の元 (a_1, a_2) の $\star$ に関する逆元があることの確認は読者に委ねる．演習問題 12.24 を見よ．残るは，$\star$ が結合的であることだが，それには G_1 と G_2 の演算が結合的であることを使う．したがって，

$$((a_1, a_2) \star (b_1, b_2)) \star (c_1, c_2) = (a_1 \cdot \phi_{a_2}(b_1), a_2 \cdot b_2) \star (c_1, c_2)$$
$$= (a_1 \cdot \phi_{a_2}(b_1) \cdot \phi_{a_2 \cdot b_2}(c_1), a_2 \cdot b_2 \cdot c_2), \tag{12.16}$$
$$(a_1, a_2) \star ((b_1, b_2) \star (c_1, c_2)) = (a_1, a_2) \star (b_1 \cdot \phi_{b_2}(c_1), b_2 \cdot c_2)$$
$$= (a_1 \cdot \phi_{a_2}(b_1 \cdot \phi_{b_2}(c_1)), a_2 \cdot b_2 \cdot c_2). \tag{12.17}$$

式 (12.16) と式 (12.17) の第 2 成分は同じだから，最初の成分が同じであることだけ確認すればよい．これは次の計算から結論される：

$$a_1 \cdot \phi_{a_2}(b_1) \cdot \phi_{a_2 \cdot b_2}(c_1) = a_1 \cdot \phi_{a_2}(b_1) \cdot \phi_{a_2} \circ \phi_{b_2}(c_1)$$
$$\phi: G_2 \rightarrow \mathrm{Aut}(G_1) \text{ が準同型写像だから，}$$

$$a_1 \cdot \phi_{a_2}(b_1 \cdot \phi_{b_2}(c_1)) = a_1 \cdot \phi_{a_2}(b_1) \cdot \phi_{a_2}(\phi_{b_2}(c_1))$$
$$\phi_{a_2}: G_1 \rightarrow G_1 \text{ は準同型写像だから．}$$

以上から $\star$ は群演算であることが証明された． $\qquad\square$

半直積は新しい群を構成するのに使われるだけではなく，与えられた群 G をその部分群の半直積に分解するためにも用いられる．目標はいつもの通り，より複雑な対象を，まず小さな部分対象を調べることにより理解することである．そして，部分がどのように組み合わされて全体を構成しているかを研究する．

定理 12.49 G を群とし，N と H を G の部分群とする．次を仮定する：

$$N \text{ は } G \text{ の正規部分群であり，}\quad G = NH, \quad \text{かつ}^{11}\quad N \cap H = \{e\}.$$

このとき G は，準同型写像

$$\phi: H \longrightarrow \mathrm{Aut}(N), \quad \phi_h(n) = hnh^{-1} \tag{12.18}$$

---

[11] ここで，演習問題 6.6 により，$NH = \{nh : n \in N, h \in H\}$ は G の部分群であることを注意しておく．

に関する半直積 $H \rtimes_\phi N$ に同型である.

証明 半直積 $N \rtimes H$ から群 G への写像を次のように定義する:

$$\psi \colon N \rtimes H \longrightarrow G, \quad \psi(n,h) = nh. \tag{12.19}$$

これは集合の間の写像として矛盾なく定義されているので,我々の使命は ψ が群の同型写像であると示すことである.まず ψ が準同型写像であることを示す.よって ψ は積を積に移すこと,つまり,

$$\psi((n,h) \star (n',h')) \overset{?}{=} \psi(n,h) \cdot \psi(n',h')$$

を証明したい.計算により,

$$
\begin{aligned}
\psi((n,h) \star (n',h')) &= \psi(n \cdot \phi_h(n'), h \cdot h') && \star \text{ の定義 (12.14) から,}\\
&= \psi(n \cdot h \cdot n' \cdot h^{-1}, h \cdot h') && \phi \text{ の定義 (12.18) から,}\\
&= n \cdot h \cdot n' \cdot h^{-1} \cdot h \cdot h' && \psi \text{ の定義 (12.19) から,}\\
&= n \cdot h \cdot n' \cdot h' && h^{-1} \cdot h \text{ を消して,}\\
&= \psi(n,h) \cdot \psi(n',h') && \psi \text{ の定義 (12.19) から.}
\end{aligned}
$$

これで ψ は群準同型写像であることが示された.

ψ が全射であることは,$NH = G$ という仮定,つまり G の任意の元が $n \in N, h \in H$ により nh と書けるということから直ちにわかる.

最後に,(n,h) が ψ の核の元とする.つまり $nh = e$ である.N と H の共通部分が $\{e\}$ という仮定から,

$$n = h^{-1} \in H \cap N = \{e\} \quad \text{かつ} \quad h = n^{-1} \in N \cap H = \{e\}.$$

これは ψ の核が $\{(e,e)\}$ であるということで,よって命題 2.44 から ψ は単射である.以上で $\psi \colon N \rtimes_\phi H \to G$ は全単射な群準同型写像であることが示され,よって ψ は群の同型写像である. $\qquad\square$

例 12.50 2 面体群 $\mathcal{D}_n$ は n 個の回転と n 個の裏返しからなることを思い出そう[12].例 2.22 を見よ.回転は $\mathcal{D}_n$ の部分群 N をなし,これは位数 n の巡回群である.部分群 N は $\mathcal{D}_n$ の正規部分群である.これは,直接計算からも,回転と裏返しの視覚化からも,さらに例 2.26 の準同型写像 $\mathcal{D}_n \to \mathcal{C}_2$ の核であることからもわかる.$H = \{e, f\}$ を $\mathcal{D}_n$ の部分群で,裏返し f で生成されるものとし,H から $\mathrm{Aut}(N)$ への準同型写像を次のように定義する:

$$\phi \colon H \longrightarrow \mathrm{Aut}(N), \quad \phi_h(n) = hnh^{-1}.$$

---

[12]簡単のため,単位元は 0° の回転だと見なすことにする.

456　第 12 章　群——第 3 部

（ϕ が $\phi_e(x) = x$ と $\phi_f(x) = x^{-1}$ を満たすこと，よって ϕ は例 12.46 で述べた準同型写像であることの確認は読者に委ねる．）よって $NH = \mathcal{D}_n$ かつ $N \cap H = \{e\}$ であるから，定理 12.49 により，$\mathcal{D}_n \cong H \rtimes_\phi N$．言い換えると，2 面体群 $\mathcal{D}_n$ は $\mathcal{C}_n$ と $\mathcal{C}_2$ の半直積であることがわかった．巡回群 $\mathcal{C}_n$ と $\mathcal{C}_m$ の半直積の構成については演習問題 12.25 を見よ．

例 12.51　$A \in \mathbb{Q}^*$ とし，K を多項式 $x^n - A$ の $\mathbb{Q}$ 上の分解体とする．9.14 節で，K をクンマー体と呼んだ．$K/\mathbb{Q}$ のガロア群は，自然に，加法群 $\mathbb{Z}/n\mathbb{Z}$ と乗法群 $(\mathbb{Z}/n\mathbb{Z})^*$ の半直積の部分群としての構造を持つ．これは，写像

$$(\mathbb{Z}/n\mathbb{Z})^* \xrightarrow{\sim} \mathrm{Aut}(\mathbb{Z}/n\mathbb{Z}), \quad \alpha \longmapsto (c \mapsto \alpha c)$$

による．次の単射準同型写像（しばしば同型になる）についての詳細は演習問題 9.46 を見よ．

$$G(K/\mathbb{Q}) \hookrightarrow (\mathbb{Z}/n\mathbb{Z}) \rtimes (\mathbb{Z}/n\mathbb{Z})^*.$$

12.7　有限アーベル群の構造

読者への注意　この節は，第 11 章で，ユークリッド整域上の有限生成加群の構造定理の応用として証明した定理を簡潔にまとめたものである．第 11 章を飛ばした読者を，もっと群論を学びたくなるよう啓発するために，ここに繰り返す．

有限アーベル群は極めて正確に記述できる．つまり，任意の有限アーベル群は巡回群の積である．

定理 12.52（有限アーベル群の構造定理）　G を有限アーベル群とする．このとき，G は巡回群の積に同型である．より正確には，G の特徴づけとして次の 2 つがある．ここで $\mathcal{C}_n$ は位数 n の巡回群である：

(a) 正の整数 $b_1, \ldots, b_s \geq 2$ が G に対して一意に存在して，

$$b_1 \mid b_2 \mid \cdots \mid b_s \quad \text{かつ} \quad G \cong \mathcal{C}_{b_1} \times \mathcal{C}_{b_2} \times \cdots \times \mathcal{C}_{b_s}.$$

(b) 素数冪 $q_1, \ldots, q_t \in \mathbb{Z}$ が G に対して一意に存在して，

$$G \cong \mathcal{C}_{q_1} \times \mathcal{C}_{q_2} \times \cdots \times \mathcal{C}_{q_t}.$$

証明　これは定理 11.56 の特別な場合である．　　　　　　　　　　　　□

演習問題

12.1 節　置換群

12.1　$\sigma = (2, 4, 3)$ と $\tau = (1, 3, 5)$ を $\mathcal{S}_5$ のサイクルとする．例 12.9 でもそうしたように，$\sigma\tau$ と $\tau\sigma$ を明示的に置換として記述せよ．$\sigma\tau$ と $\tau\sigma$ は等しいか？　$\sigma\tau$ もしくは $\tau\sigma$，あるいはその両方はサイクルだろうか？

演習問題　　**457**

12.2　σ_1 と σ_2 を $\mathcal{S}_n$ の互いに素なサイクルとする．$\sigma_1\sigma_2 = \sigma_2\sigma_1$ を示せ．

12.3　$\pi \in \mathcal{S}_{10}$ を次の置換とする：

$$
\begin{array}{cccccccccc}
1 & 2 & 3 & 4 & 5 & 6 & 7 & 8 & 9 & 10 \\
\downarrow & \downarrow & \downarrow & \downarrow & \downarrow & \downarrow & \downarrow & \downarrow & \downarrow & \downarrow \\
5 & 8 & 2 & 3 & 10 & 9 & 6 & 4 & 7 & 1
\end{array}
$$

(a) π を互いに素なサイクルの積に表せ．

(b) $\mathrm{sign}(\pi)$ を計算せよ．（ヒント：π を互換の積に明示的に表したくないなら，(a) と例 12.20 が使えるだろう．）

12.4　(a) π をサイクル $\pi = (1,2,3,4,5,6)$ とする．$\pi^2, \pi^3, \ldots, \pi^6$ のそれぞれを互いに素なサイクルの積に表せ．それぞれの場合に，サイクルの個数とその長さを書き下せ．

(b) σ を k サイクルとする．σ^m を互いに素なサイクルの積に書いたとき，サイクルが何個現れるか，またそれらサイクルの長さはいくつだろうか？（ヒント：(a) で見たデータは答えを推測するのに役立つだろう．そして何事も，証明しようとしていることが何なのかを正確に知っていれば，証明しやすくなる．）

12.5　$\pi \in \mathcal{S}_n$ とする．次が同値であることを証明せよ：

(1) π が生成する部分群 $\langle \pi \rangle$ は $\{1, 2, \ldots, n\}$ に推移的に作用する．

(2) 長さ n の π サイクルが少なくとも 1 つ存在する．

(3) 任意の π サイクルは長さ n．

12.6　(a) もし a と b が異なれば，任意の c に対して，互換 (a, b) は次のように書けることを示せ：

$$(a, b) = (a, c)(b, c)(a, c).$$

(b) サイクル $(1, 2, 3, 4) \in \mathcal{S}_4$ を 3 個の互換の積として表せ．

(c) サイクル $(1, 2, 3, 4) \in \mathcal{S}_4$ を 5 個の互換の積で表せ．積に現れる隣り合った互換は異なるものとする．

(d) (c) を，7 つの互換の積として繰り返せ．

12.7

$$
D(X_1, \ldots, X_n) = \prod_{1 \le j < i \le n} (X_i - X_j)
$$

を，定理 12.16 の証明に用いられた式 (12.5) の多項式とする．次を示せ：

$$
D(X_1, \ldots, X_n)^2 = (-1)^{(n^2 - n)/2} \prod_{\substack{i,j=1 \\ i \ne j}}^{n} (X_i - X_j).
$$

（ヒント：巧妙なのは，負号がいくつ出てくるか追跡する点である！）

12.8　$n \ge 3$ とする．

(a) $\mathcal{S}_n$ の中心は位数 2 の元を含まないことを示せ．

(b) より一般に，$\mathcal{S}_n$ の中心は自明な群であることを示せ．（証明の中で，$n \ge 3$ の仮定をどこで使ったか明示せよ．）

12.9　(a) $G \subseteq \mathcal{S}_n$ を

n サイクル $\sigma = (1, 2, \ldots, n)$ と互換 $\tau = (1, 2)$

で生成された部分群とする．つまり，G は σ と τ を含む $\mathcal{S}_n$ の最小の部分群である．$G = \mathcal{S}_n$ を示せ．（ヒント：τ で σ のいろいろな冪の共役をとれ．G がすべての互換を含むことを証明せよ．）

(b) p を素数とする．$G \subseteq \mathcal{S}_p$ を p サイクルを 1 つと互換を 1 つ含む部分群とする．$G = \mathcal{S}_p$ を証明せよ．（ヒント：p が素数であることを使って (a) に帰着せよ．）

12.10 各 $\pi \in \mathcal{S}_n$ に対し，線形変換 $\rho(\pi)\colon \mathbb{R}^n \to \mathbb{R}^n$ を

$$\rho(\pi)(\boldsymbol{e}_i) = \boldsymbol{e}_{\pi(i)}$$

と定義する．記号を濫用して，$\rho(\pi)$ を，基底 $\{\boldsymbol{e}_1, \ldots, \boldsymbol{e}_n\}$ に関する $\rho(\pi)$ を表す n 行 n 列の行列とする．行列 $\rho(\pi)$ は，成分がどれも 0 もしくは 1 で，π に付随する**置換行列**と呼ばれる．

(a) 行列 $\rho(\pi)$ は次のようにも述べられることを示せ：

$$\rho(\pi) \text{ の } (i, j) \text{ 成分} = \begin{cases} 1 & \pi(j) = i \text{ のとき}, \\ 0 & \pi(j) \neq i \text{ のとき}. \end{cases}$$

(b) $\mathcal{S}_3$ の 6 つの元に対応する 6 つの 3 行 3 列の行列を書き下せ．

(c) $\rho(\pi)$ の各行には 1 が 1 つだけあること，同様に $\rho(\pi)$ の各列には 1 が 1 つだけあることを示せ．

(d) 写像

$$\rho\colon \mathcal{S}_n \longrightarrow \mathrm{GL}_n(\mathbb{Z})$$

が単射群準同型写像であることを示せ．つまり，ρ は単射で，かつ

$$\text{任意の } \pi_1, \pi_2 \in \mathcal{S}_n \text{ に対して} \quad \rho(\pi_1 \pi_2) = \rho(\pi_1)\rho(\pi_2)$$

を満たす．

(e) $\pi \in \mathcal{S}_n$ とする．次を示せ：

$$\mathrm{sign}(\pi) = \det \rho(\pi).$$

(f) $\rho(\pi)$ の固有値は 1 の冪根であることを示せ．

12.2 節　ケーリーの定理

12.11 G を群とし，$H \subseteq G$ を G の部分群，G/H を H の剰余類の集合とする．

(a) 矛盾なく定義された群準同型写像

$$\pi_H\colon G \longrightarrow \mathcal{S}_{G/H}, \quad \pi_H(g)(aH) = gaH$$

が存在することを示せ．（ヒント：これの $H = \{e\}$ の場合であるケーリーの定理の証明を拡張せよ．）

(b) π_H の核は H に含まれることを証明せよ．

(c) K を G の正規部分群とする．さらに K は H に含まれているとする．$K \subseteq \ker(\pi_H)$ を証明せよ．したがって $\ker(\pi_H)$ を，H に含まれる G の最大の正規部分群と述べることもできる．

12.12 G を位数 n の群とし，$H \subsetneq G$ を位数 m の部分群とする．さらに，n は $(n/m)!$ を割り切らないとする．H は G の非自明な正規部分群を含まないことを示せ．（ヒント：演習問題 12.11 を使う．）

演習問題　**459**

12.3 節　単純群

12.13　交代群 $\mathcal{A}_4$ は単純群では**ない**ことを証明せよ.

12.14　G を群とする. 正規部分群 $N \subsetneq G$ が**極大正規部分群**とは, 次の性質を満たすこと[13]をいう:

$$N \subseteq N' \subseteq G \ \text{かつ} \ N' \text{は} G \text{の正規部分群} \implies N' = N \ \text{または} \ N' = G.$$

次を証明せよ:

$$N \text{ が極大正規部分群である} \iff G/N \text{ は単純群である}.$$

12.15　この演習問題では, シローの定理の第 1 の部分である, p シロー部分群が存在することは使ってもよいが, 第 2, 第 3 の部分は使わないこと.
  (a) p と q を相異なる素数とし, G を位数 pq の群とする. G は単純群ではないことを証明せよ.
  (b) 位数 36 の群は単純群ではないことを証明せよ.
  (c) p, q を相異なる素数, $i, j \geq 1$, さらに $p^i < q$ と仮定する. 位数 $p^i q^j$ の群は単純群ではないことを証明せよ.
(ヒント:演習問題 12.12 を使う. 例 6.37 では, シローの定理の 3 つの部分すべてを使って (a) を証明していることを注意しておく.)

12.4 節　組成列

12.16　この演習問題では, 有限群 G の組成因子のリストが G を決めるには十分でないという例を与える.
  (a) 巡回群 $\mathcal{C}_4$ と積 $\mathcal{C}_2 \times \mathcal{C}_2$ の組成列は同じ長さで, 組成因子も一致することを示せ.
  (b) 巡回群 $\mathcal{C}_6$ と対称群 $\mathcal{S}_3$ の組成列は同じ長さで, 組成因子も一致することを示せ.

12.17　次の群の組成列を書き下せ:
  (a) 素数 p に対して 2 面体群 $\mathcal{D}_p$.
  (b) p, q を素数として, 2 面体群 $\mathcal{D}_{pq}$. より一般に, $\mathcal{D}_{pq}$ の 2 つの異なる組成列を書き下し, それらの組成因子が一致することを確認せよ.
  (c) 4 元数群 $\mathcal{Q}$.
  (d) 対称群 $\mathcal{S}_4$.

12.18　p を素数とし, G を位数 p^k の群とする. G の組成列の長さはいくつだろうか？　G の組成因子は何だろうか？

12.19　ジョルダン–ヘルダーの定理の一意性の主張（定理 12.35）を証明せよ. つまり, G が有限群なら, その 2 つの組成列は同じ長さで, 同じ組成因子を持つ. （注意:これは非常に挑戦しがいのある問題である.）

12.5 節　自己同型群

12.20　(a) $\mathrm{Aut}(\mathbb{Z})$ が位数 2 の巡回群であることを証明せよ.
  (b) より一般に, $\mathrm{Aut}(\mathbb{Z}^n) \cong \mathrm{GL}_n(\mathbb{Z})$ を証明せよ.

12.21　G を群とする. 次の主張が同値であることを証明せよ:
  (a) G はアーベル群である.

---

[13]この定義は, 環の極大イデアルの群論における類似物のそれだから見慣れたもののはずである. 90 ページの定義 3.40 を見よ.

460　第 12 章　群——第 3 部

(b) G の任意の内部自己同型写像は自明である.

(c) 写像 $\phi(g) = g^{-1}$ は $\mathrm{Aut}(G)$ の元である.

12.22　位数 n の巡回群 C_n の自己同型群は次の写像により $(\mathbb{Z}/n\mathbb{Z})^*$ と同型である:

$$(\mathbb{Z}/n\mathbb{Z})^* \longrightarrow \mathrm{Aut}(C_n), \quad k \bmod n \longmapsto (\psi_k \colon g \mapsto g^k).$$

12.23　$\mathcal{Q} = \{\pm 1, \pm i, \pm j, \pm k\}$ を 4 元数群とする. $\phi\colon \mathcal{Q} \to \mathcal{Q}$ は i に対応する内部自己同型写像である. 各 $\alpha \in \mathcal{Q}$ に対して $\phi(\alpha)$ を具体的に書き下せ.

12.6 節　半直積

12.24　$(a_1, a_2) \in G_1 \rtimes_\phi G_2$ とし, $\star$ を式 (12.14) で定義した演算とする. 次を証明せよ:

$$(a_1, a_2) \star (\phi_{a_2^{-1}}(a_1^{-1}), a_2^{-1}) = (e_1, e_2).$$

このことから, 半直積の元は $\star$ に関して逆元を持つことを示せ.

12.25　$n, m, d \geq 1$ を次の条件を満たす整数とする:

$$d^m \equiv 1 \pmod{n}.$$

(a) 矛盾なく定義された準同型写像が存在することを示せ:

$$\mathbb{Z}/m\mathbb{Z} \longrightarrow \mathrm{Aut}(\mathbb{Z}/n\mathbb{Z}) \overset{\sim}{\longrightarrow} (\mathbb{Z}/n\mathbb{Z})^*,$$
$$k \longmapsto (a \mapsto d^k a) \longmapsto d^k.$$

(b) $\mathbb{Z}/n\mathbb{Z}$ と $\mathbb{Z}/m\mathbb{Z}$ をそれぞれ巡回群 C_n と C_m と同一視する. (a) の準同型写像を使って半直積 $C_n \rtimes C_m$ を定義せよ. この半直積の群演算を明示的な公式として書き下せ.

(c) $m = 2$ のとき, ある整数 d によって $C_n \rtimes C_2 \cong \mathcal{D}_{2n}$ となることを示せ. したがって (a) は, 2 面体群を半直積として記述する例 12.50 の拡張を与える.

12.26　G を $\mathbb{R}$ のアフィン線形写像の集合, つまり次の群とする:

$$G = \{\text{写像 } \phi\colon \mathbb{R} \to \mathbb{R} \text{ で, ある } a \in \mathbb{R}^* \text{ と } b \in \mathbb{R} \text{ により } \phi(x) = ax + b \text{ の形をとるもの}\}.$$

(a) G が群になることを証明せよ:ここで群演算は写像の合成である.

(b) G は半直積 $\mathbb{R} \rtimes \mathbb{R}^*$ と同型であることを証明せよ. 半直積を定義するために, $\mathbb{R}^*$ から $\mathrm{Aut}(\mathbb{R})$ への準同型写像を記述すること.

12.27　G を位数 12 の群とする.

(a) G は $|N| = 2$ または $|N| = 3$ の正規部分群 N を持つ.

(b) G がアーベル群なら, G は $\mathbb{Z}/12\mathbb{Z}$ または $\mathbb{Z}/2\mathbb{Z} \times \mathbb{Z}/6\mathbb{Z}$ と同型である.

(c) G が非アーベル群なら, G は次のいずれかの群と同型である:

$$\mathcal{D}_6, \quad \mathcal{A}_4, \quad \mathbb{Z}/3\mathbb{Z} \rtimes \mathbb{Z}/4\mathbb{Z},$$

ここで $\mathcal{D}_6$ は 2 面体群, $\mathcal{A}_4$ は定義 12.21 で述べた交代群, また $\mathbb{Z}/3\mathbb{Z} \rtimes \mathbb{Z}/4\mathbb{Z}$ は演習問題 12.25 で述べた一般化された 2 面体群である. (注意:これは難しい演習問題である. 解けなくてもがっかりしないこと. しかし挑戦を楽しんでほしい.)

第13章　加群——第2部：多重線形代数

重要な注意　この章では，とくに断らない限り**環**といえば**可換環**である．また，いつもの通り，環は乗法の単位元を持つとする．さらに文字 R はいつでも，環を表すために用いる．

13.1　多重線形写像と多重線形形式

M と N を R 加群とする．M から N への R 加群準同型写像を研究することの重要性はすでに見てきた．実際，我々は

$$\mathrm{Hom}_R(M, N) = \{R\,\text{加群準同型写像}\ M \to N\}$$

それ自身が R 加群であることと，

$$\mathrm{End}_R(M) = \mathrm{Hom}_R(M, M)$$

が写像の合成で積が与えられた（一般には非可換の）環になることを証明した．これらのアイデアを，定義域が R 加群の積で，各変数について R 線形である次の写像

$$M_1 \times \cdots \times M_n \longrightarrow N$$

に注目して拡張する．

定義 13.1　$M_1, \ldots, M_n, N$ を R 加群とする．積 $M_1 \times \cdots \times M_n$ から N への **R 多重線形写像**とは，写像

$$\phi: M_1 \times \cdots \times M_n \longrightarrow N$$

であって，各変数について R 線形写像になっているものである[1]．R 多重線形写像の全体を

$$\mathfrak{ML}(M_1 \times \cdots \times M_n, N) = \{R\,\text{多重線形写像}\ M_1 \times \cdots \times M_n \to N\}$$

とする．

$\mathrm{Hom}_F(M, N)$ とまったく同様に，R 多重線形写像の空間は R 加群である．

---

[1] より詳細には，ϕ が多重線形写像とは，任意の $1 \leq i \leq n$ に対して，$j \neq i$ を満たす j について $m_j \in M_j$ を固定し，写像

$$\psi_i: M_i \longrightarrow N, \quad \psi_i(m) = \phi(m_1, \ldots, m_{i-1}, m, m_{i+1}, \ldots, m_n),$$

を定義すると，ψ_i が R 準同型写像である，すなわち，次を満たすことを意味する：

任意の $a, a' \in R$ と任意の $m, m' \in M_i$ に対して $\psi_i(am + a'm') = a\psi_i(m) + a'\psi_i(m')$.

462 第 13 章 加群——第 2 部：多重線形代数

命題 13.2 R 多重線形写像の空間 $\mathfrak{ML}(M_1 \times \cdots \times M_n, N)$ は，次の演算で R 加群である：

$$(c_1\phi_1 + c_2\phi_2)(m_1, \ldots, m_n) = c_1\phi_1(m_1, \ldots, m_n) + c_2\phi_2(m_1, \ldots, m_n).$$

証明 $c_1\phi_1 + c_2\phi_2$ が R 多重線形写像であるという事実はそれぞれの変数について 1 つずつ確認でき，これを使って，与えられた演算に関して $\mathfrak{ML}(M_1 \times \cdots \times M_n, N)$ が R 加群になることも確認できる．詳細は演習問題とする．演習問題 13.1 を見よ． $\square$

例 13.3 $M_1, \ldots, M_n$ と N が有限生成自由 R 加群とする．このとき，$\mathfrak{ML}(M_1 \times \cdots \times M_n, N)$ は有限生成自由 R 加群である．また，

$$\mathrm{rank}(\mathfrak{ML}(M_1 \times \cdots \times M_n, N)) = \mathrm{rank}(M_1) \cdot \mathrm{rank}(M_2) \cdots \mathrm{rank}(M_n) \cdot \mathrm{rank}(N).$$

演習問題 13.2 を見よ．とくに，この結果は R が体の場合も成り立つ．というのは，M_1, $\ldots, M_n$, N はベクトル空間となり自動的に自由だからである．

$N = R$ であって，あるいはさらに $M_1 = \cdots = M_n$ という特別な場合は，それ自身の名と記号を持つに足るほど重要である．

定義 13.4 次の集合

$$\mathfrak{ML}(M_1 \times \cdots \times M_n, R)$$

の元を **R 多重線形形式** という．とくに，次の記号を使う：

$$\mathfrak{ML}^n(M) = \mathfrak{ML}(\overbrace{M \times \cdots \times M}^{n \text{ 個の } M}, R).$$

$\mathfrak{ML}^n(M)$ の元を **M 上の R 多重線形 n 形式**，もしくは，R や M が文脈から明らかなら単に n 形式と呼ぶ．

例 13.5 $\mathfrak{ML}^2(R^2)$ の明示的な記述を与える．$e_1 = (1, 0)$ と $e_2 = (0, 1)$ を R^2 の標準的な基底とする．$\phi \in \mathfrak{ML}^2(R^2)$ を 2 形式とする．このとき任意の元

$$m_1 = (a_1, b_1) \quad \text{および} \quad m_2 = (a_2, b_2) \in R^2$$

に対して，

$$\phi(m_1, m_2) = \phi(a_1 e_1 + b_1 e_2, a_2 e_1 + b_2 e_2)$$
$$= a_1 \phi(e_1, a_2 e_1 + b_2 e_2) + b_1 \phi(e_2, a_2 e_1 + b_2 e_2)$$

最初の変数についての線形性から，

$$= a_1(a_2 \phi(e_1, e_1) + b_2 \phi(e_1, e_2)) + b_1(a_2 \phi(e_2, e_1) + b_2 \phi(e_2, e_2))$$

第 2 変数についての線形性から，

$$= a_1 a_2 \phi(e_1, e_1) + a_1 b_2 \phi(e_1, e_2) + b_1 a_2 \phi(e_2, e_1) + b_1 b_2 \phi(e_2, e_2).$$

したがって，ϕ は 4 つの値を選ぶことで完全に決まる：

$$\phi(e_1, e_1), \ \phi(e_1, e_2), \ \phi(e_2, e_1), \ \phi(e_2, e_2) \in R,$$

そして逆に，R の任意の 4 つの値が $\mathfrak{ML}^2(R^2)$ を決める．この同一視により次の同型が得られることの確認は読者に委ねる：

$$\mathfrak{ML}^2(R^2) \cong R^4.$$

13.2 対称ならびに交代形式

この節では，M 上の多重線形形式のうち，特別なものの 2 つを研究する．

定義 13.6 $\phi \in \mathfrak{ML}^n(M)$ とする．ϕ が**対称 n 形式**であるとは，

任意の置換 $\pi \in \mathcal{S}_n$ に対して，$\phi(m_1, m_2, \ldots, m_n) = \phi(m_{\pi(1)}, m_{\pi(2)}, \ldots, m_{\pi(n)})$

を満たすことをいう．つまり，ϕ は成分を並べ替えても値が変わらないとき対称形式と呼ばれる．

ϕ が**交代 n 形式**であるとは，

2 つ（かそれ以上）の m_i が一致するとき，$\phi(m_1, m_2, \ldots, m_n) = 0$

を満たすことをいう．

対称 n 形式の集合と交代 n 形式の集合はそれぞれ $\mathfrak{ML}^n(M)$ の R 部分加群である[2]．これらを次のように表す：

$$\mathfrak{S}^n(M) = \{\phi \in \mathfrak{ML}^n(M) \colon \phi \text{ は対称形式}\},$$
$$\mathfrak{A}^n(M) = \{\phi \in \mathfrak{ML}^n(M) \colon \phi \text{ は交代形式}\}.$$

例 13.7 次のように定義された写像 $\sigma, \delta \colon R^2 \to R$

---

[2] もちろん，この主張には証明がいる．演習問題 13.5 を見よ．

464   第 13 章　加群——第 2 部：多重線形代数

$$\sigma((a,b),(c,d)) = ad + bc \quad \text{および} \quad \delta((a,b),(c,d)) = ad - bc$$

は非自明な元 $\sigma \in \mathfrak{S}^2(R^2)$ と $\delta \in \mathfrak{A}^2(R^2)$ を与える.

　定義により，対称 n 形式の $(m_1, \ldots, m_n)$ での値は，ベクトル $m_1, \ldots, m_n$ を並べ替えても値が変わらない．我々の次の仕事は交代 n 形式について何が起きるかを決定することである．答えには，12.1 節で研究した符号関数が現れる．読者諸賢の便宜のために，必要となる事実を再び述べることから始めよう.

定理 13.8　(a) 任意の置換 $\pi \in \mathcal{S}_n$ は（一意ではないが）互換の積に表すことができる[3]：

$$\pi = \tau_1 \tau_2 \cdots \tau_k.$$

　(b) $(n \geq 2$ なら全射な）準同型写像が一意に存在する：

$$\text{sign} \colon \mathcal{S}_n \longrightarrow \{\pm 1\} \tag{13.1}$$

　これは次の性質で特徴づけられる：

$$\text{任意の互換 } \tau \text{ に対して} \quad \text{sign}(\tau) = -1.$$

証明　(a) については命題 12.14，(b) については定理 12.16 を見よ．　　　　□

　置換 $\pi \in \mathcal{S}_n$ が**偶**とは，$\text{sign}(\pi) = 1$ となること，**奇**とは $\text{sign}(\pi) = -1$ となることだった．偶置換のなす群を**交代群**といい，次のように表すのだった：

$$\mathcal{A}_n = \ker(\text{sign}) = \{\pi \in \mathcal{S}_n \colon \text{sign}(\pi) = 1\}.$$

命題 13.9　$\delta \in \mathfrak{A}^n(M)$ を M 上の交代 n 形式とする．このとき，

　任意の $\pi \in \mathcal{S}_n$ と任意の $(m_1, \ldots, m_n) \in M^n$ について

$$\delta(m_{\pi(1)}, m_{\pi(2)}, \ldots, m_{\pi(n)}) = \text{sign}(\pi) \cdot \delta(m_1, m_2, \ldots, m_n).$$

証明　最初に次のことを証明する：

$$\text{任意の互換 } \tau \in \mathcal{S}_n \text{ に対して} \quad \delta(\tau(\boldsymbol{m})) = -\delta(\boldsymbol{m}). \tag{13.2}$$

$\tau \in \mathcal{S}_n$ を互換とし，たとえば i と j の入れ替えとする．証明のアイデアは，δ が交代形式だから，i 成分も j 成分も $m_i + m_j$ である n タプルでの δ の値は 0 である．多重線形性を使って展開し，交代性をあと 2 回ほど使って所望の結果を得るというものである．詳しく書くと，

---

[3] 互換とは，置換群の元であって，$\{1, 2, \ldots, n\}$ の 2 つを入れ替え，それ以外の元は固定するものだった.

$$0 = \overbrace{\delta(\ldots, \underset{\underset{\text{第 } i \text{ 成分}}{\uparrow}}{m_i + m_j}, \ldots, \underset{\underset{\text{第 } j \text{ 成分}}{\uparrow}}{m_i + m_j}, \ldots)}^{\substack{\text{ここは 0, 同じ成分が現れることと}\\ \delta \text{ の交代性から.}}}$$

$$= \delta(\ldots, \underset{\underset{\text{第 } i \text{ 成分}}{\uparrow}}{m_i}, \ldots, \underset{\underset{\text{第 } j \text{ 成分}}{\uparrow}}{m_i}, \ldots) + \delta(\ldots, \underset{\underset{\text{第 } i \text{ 成分}}{\uparrow}}{m_i}, \ldots, \underset{\underset{\text{第 } j \text{ 成分}}{\uparrow}}{m_j}, \ldots)$$

$$+ \delta(\ldots, \underset{\underset{\text{第 } i \text{ 成分}}{\uparrow}}{m_j}, \ldots, \underset{\underset{\text{第 } j \text{ 成分}}{\uparrow}}{m_i}, \ldots) + \delta(\ldots, \underset{\underset{\text{第 } i \text{ 成分}}{\uparrow}}{m_j}, \ldots, \underset{\underset{\text{第 } j \text{ 成分}}{\uparrow}}{m_j}, \ldots)$$

δ の多重線形性を使って展開した,

$$= \delta(\ldots, \underset{\underset{\text{第 } i \text{ 成分}}{\uparrow}}{m_i}, \ldots, \underset{\underset{\text{第 } j \text{ 成分}}{\uparrow}}{m_j}, \ldots) + \delta(\ldots, \underset{\underset{\text{第 } i \text{ 成分}}{\uparrow}}{m_j}, \ldots, \underset{\underset{\text{第 } j \text{ 成分}}{\uparrow}}{m_i}, \ldots),$$

2 つの m_i もしくは 2 つの m_j が現れる項は消える.

よって,

$$\delta(\ldots, \underset{\underset{\text{第 } i \text{ 成分}}{\uparrow}}{m_i}, \ldots, \underset{\underset{\text{第 } j \text{ 成分}}{\uparrow}}{m_j}, \ldots) = -\delta(\ldots, \underset{\underset{\text{第 } i \text{ 成分}}{\uparrow}}{m_j}, \ldots, \underset{\underset{\text{第 } j \text{ 成分}}{\uparrow}}{m_i}, \ldots),$$

これで式 (13.2) が証明された.

次に $\pi \in \mathcal{S}_n$ を任意の置換とする. 定理 13.8 から, π を互換の積に書くことができ, 次のようになったとする:

$$\pi = \tau_1 \tau_2 \cdots \tau_k \quad \text{かつ} \quad \operatorname{sign}(\pi) = (-1)^k.$$

式 (13.2) を繰り返し使うと,

$$\begin{aligned}
\delta(\pi(m_1, \ldots, m_n)) &= \delta(\tau_1 \tau_2 \cdots \tau_k(m_1, \ldots, m_n)) \\
&= (-1)^k \delta(m_1, \ldots, m_n) \\
&= \operatorname{sign}(\pi) \delta(m_1, \ldots, m_n),
\end{aligned}$$

これで命題 13.9 が示された. $\qquad\square$

M の自己準同型写像 $L \in \operatorname{End}_R(M)$ を使って, $\mathfrak{ML}^n(M)$ やその部分加群 $\mathfrak{S}^n(M)$ と $\mathfrak{A}^n(M)$ の自己準同型写像をどう作るかを説明して, この節を締めくくろう.

命題 13.10 M を R 加群とする.

(a) 矛盾なく定義された R 加群準同型写像[4]

$$\operatorname{End}_R(M) \longrightarrow \operatorname{End}_R(\mathfrak{ML}^n(M)), \quad L \longmapsto L^*, \tag{13.3}$$

---

[4] 式 (13.3) について, 少し時間をとって考えてみてほしい. $\operatorname{End}_R(M)$ の元は写像で, $\mathfrak{ML}^n(M)$ も写像であり, よって $\operatorname{End}_R(\mathfrak{ML}^n(M))$ は写像の写像である. したがって写像 L は写像の写像 L^* に移されるのであり, よって式 (13.3) は「写像を写像の写像に移す写像」である.

で次のように定義されるものが存在する:

$$L^*(\phi)(m_1, \ldots, m_n) = \phi(L(m_1), \ldots, L(m_n)).$$

言い換えると,写像 $L^*(\phi)$ は合成

$$M^n \xrightarrow{L \times L \times \cdots \times L} M^n \xrightarrow{\phi} R.$$

である.

(b) 写像 L^* は対称形式を対称形式に,交代形式を交代形式に移す.よって,写像 $L \mapsto L^*$ は R 加群の準同型写像

$$\mathrm{End}_R(M) \longrightarrow \mathrm{End}_R(\mathfrak{S}^n(M)) \quad \text{および} \quad \mathrm{End}_R(M) \longrightarrow \mathrm{End}_R(\mathfrak{A}^n(M))$$

を誘導する.

(c) (a) で定義された写像 $L \mapsto L^*$ は積を保存する.つまり,

$$\text{任意の } L_1, L_2 \in \mathrm{End}_R(M) \text{ に対して } (L_1 \circ L_2)^* = L_2^* \circ L_1^*.$$

証明 この命題の証明は演習問題とする.というのは,ほとんどが定義を解きほぐせば済むことだからである[5].演習問題 13.7 を見よ. □

13.3 自由加群上の交代形式

この節では,自由加群上の交代形式という最上級に非自明な空間について記述する,基本的な結果を証明する.

定理 13.11 M を階数 n の自由 R 加群とする[6].このとき,

$$\mathfrak{A}^n(M) \text{ は自由 } R \text{ 加群} \quad \text{かつ} \quad \mathrm{rank}_R \mathfrak{A}^n(M) = 1.$$

証明 まず,

$$\mathcal{B} = \{e_1, \ldots, e_n\}$$

を M の基底とする.任意の $m \in M$ は基底 $e_1, \ldots, e_n$ の一意的な R 線形結合で表される.ここで,線形結合の係数が元 m と基底 $\mathcal{B}$ に依存するということを反映して,次の記号を導入すると便利である:

$$m = a_1^{\mathcal{B}}(m)e_1 + a_2^{\mathcal{B}}(m)e_2 + \cdots + a_n^{\mathcal{B}}(m)e_n \quad \text{ここで } a_1^{\mathcal{B}}(m), \ldots, a_n^{\mathcal{B}}(m) \in R. \tag{13.4}$$

---

[5] この命題の証明が易しいという印象を与えようとしているのではない.「定義を解きほぐす」ことは,とくに新しい題材については混乱しがちである.しかし,他の誰かが定義をほぐしているのを見ても得るものは少ない.自分でやらなければ!

[6] 注意:定理 13.11 は $n = \mathrm{rank}(M)$ のときの $\mathfrak{A}^n(M)$ の階数を計算するものである.$\mathrm{rank}(M) \neq n$ のときの $\mathrm{rank}(\mathfrak{A}^n(M))$ の計算については演習問題 13.10 を見よ.

13.3　自由加群上の交代形式　　**467**

$\delta \in \mathfrak{A}^n(M)$ を M 上の交代 n 形式とする．我々の最初の仕事は，δ の多重線型性と交代性を使って，与えられた点 $(m_1,\ldots,m_n) \in M^n$ での δ の値の公式を導くことである．したがって，

$$\delta(m_1,\ldots,m_n)$$

$$= \delta\Big(\sum_{i_1=1}^{n} a_{i_1}^{\mathcal{B}}(m_1)e_{i_1},\ \sum_{i_2=1}^{n} a_{i_2}^{\mathcal{B}}(m_2)e_{i_2},\ \ldots,\ \sum_{i_n=1}^{n} a_{i_n}^{\mathcal{B}}(m_n)e_{i_n}\Big)$$

式 (13.4) から $m_1,\ldots,m_n$ を基底 $\mathcal{B}$ で書く，

$$= \sum_{i_1=1}^{n}\sum_{i_2=1}^{n}\cdots\sum_{i_n=1}^{n} a_{i_1}^{\mathcal{B}}(m_1)a_{i_2}^{\mathcal{B}}(m_2)\cdots a_{i_n}^{\mathcal{B}}(m_n)\delta(e_{i_1},e_{i_2},\ldots,e_{i_n})$$

δ の多重線型性から，

$$= \sum_{\substack{i_1,\ldots,i_n\in\{1,\ldots,n\}\\ i_1,\ldots,\ i_n\ \text{は異なる}}} a_{i_1}^{\mathcal{B}}(m_1)a_{i_2}^{\mathcal{B}}(m_2)\cdots a_{i_n}^{\mathcal{B}}(m_n)\delta(e_{i_1},e_{i_2},\ldots,e_{i_n})$$

もし $i_1,\ldots,i_n$ のどれか 2 つが同じなら，
$\delta(e_{i_1},e_{i_2},\ldots,e_{i_n}) = 0$

$$= \sum_{\pi\in\mathcal{S}_n} a_{\pi(1)}^{\mathcal{B}}(m_1)a_{\pi(2)}^{\mathcal{B}}(m_2)\cdots a_{\pi(n)}^{\mathcal{B}}(m_n)\delta(e_{\pi(1)},e_{\pi(2)},\ldots,e_{\pi(n)})$$

$\{1,\ldots,n\}$ から異なる $i_1,\ldots,i_n$ を
選ぶことは置換で与えられるから，

$$= \Big(\sum_{\pi\in\mathcal{S}_n} \mathrm{sign}(\pi)a_{\pi(1)}^{\mathcal{B}}(m_1)a_{\pi(2)}^{\mathcal{B}}(m_2)\cdots a_{\pi(n)}^{\mathcal{B}}(m_n)\Big)\cdot\delta(e_1,\ldots,e_n)$$

命題 13.9 により $\delta(e_{\pi(1)},e_{\pi(2)},\ldots,e_{\pi(n)})$ を計算する．

この公式は非常に重要なので，追加の観察とともに繰り返しておこう：

$$\delta(m_1,\ldots,m_n)$$

$$= \underbrace{\Big(\sum_{\pi\in\mathcal{S}_n} \mathrm{sign}(\pi)a_{\pi(1)}^{\mathcal{B}}(m_1)a_{\pi(2)}^{\mathcal{B}}(m_2)\cdots a_{\pi(n)}^{\mathcal{B}}(m_n)\Big)}_{m_1,\ldots,\ m_n\ \text{と}\ \mathcal{B}\ \text{に依存し，}\ \delta\ \text{によらない．}}\cdot\underbrace{\delta(e_1,\ldots,e_n)}_{\substack{\mathcal{B}\ \text{に依存}\\ \text{かつ}\ \delta\ \text{にも依存，しかし}\\ m_1,\ldots,\ m_n\ \text{によらない．}}} \tag{13.5}$$

式 (13.5) の右辺は M^n 上の写像を次の式で定義することを示唆する[7]．

$$D^{\mathcal{B}}\colon M^n \longrightarrow R,$$

$$D^{\mathcal{B}}(m_1,\ldots,m_n) = \sum_{\pi\in\mathcal{S}_n} \mathrm{sign}(\pi)a_{\pi(1)}^{\mathcal{B}}(m_1)a_{\pi(2)}^{\mathcal{B}}(m_2)\cdots a_{\pi(n)}^{\mathcal{B}}(m_n). \tag{13.6}$$

ここで式 (13.5) を簡潔に書き直して，

---

[7] **重要な注意**：$D^{\mathcal{B}}$ の定義と公式 (13.5) の正しさは，矛盾なく定義された，適切な性質を満たす写像 $\mathrm{sign}\colon \mathcal{S}_n \to \{\pm1\}$ の存在に，暗黙のうちに依存していることを強調しておきたい．よって定理 13.11 の証明は命題 13.9 に依存しており，これは定理 13.8 を使っている．

468　第 13 章　加群——第 2 部：多重線形代数

$$\delta(m_1, \ldots, m_n) = \underbrace{D^{\mathcal{B}}(m_1, \ldots, m_n)}_{\delta \text{ によらない}} \cdot \underbrace{\delta(e_1, \ldots, e_n)}_{m_1, \ldots, m_n \text{ によらない}}. \tag{13.7}$$

主張：$\{D^{\mathcal{B}}\}$ は $\mathfrak{A}^n(M)$ の R 基底.

　この主張の証明は，次の 4 つの主張から従う：

主張 1：$D^{\mathcal{B}}$ は R 多重線形 n 形式である.
主張 2：$D^{\mathcal{B}}$ は交代的である.
主張 3：$D^{\mathcal{B}}(e_1, \ldots, e_n) = 1$.
主張 4：$\delta \in \mathfrak{A}^n(M)$ なら，あるスカラー $c \in R$ により $\delta = cD^{\mathcal{B}}$.

主張 1 の証明：$D^{\mathcal{B}}$ は R 多重線形 n 形式である.

　任意の添え字 i について，写像

$$a_i^{\mathcal{B}} : M \longrightarrow R, \quad a_i^{\mathcal{B}}(m) = \begin{pmatrix} m \text{ を基底の線形結合} \\ m = a_1 e_1 + \cdots + a_n e_n \\ \text{で書いたときの } e_i \text{ の係数} \end{pmatrix} \tag{13.8}$$

は R 線形写像である．このことと $D^{\mathcal{B}}$ の定義から，$D^{\mathcal{B}}$ は R 多重線形 n 形式であることがわかる．詳細は演習問題とする．演習問題 13.9 を見よ.

主張 2 の証明：$D^{\mathcal{B}}$ は交代的である.

　$\tau \in \mathcal{S}_n$ を互換とする．すると，$\tau \notin \mathcal{A}_n = \ker(\mathrm{sign})$ であり，交代群 $\mathcal{A}_n$ は $\mathcal{S}_n$ で指数 2 だから，$\mathcal{S}_n$ を互いに交わりのない剰余類へ分割できる：

$$\mathcal{S}_n = \mathcal{A}_n \cup \mathcal{A}_n \tau.$$

この分割を使って $D^{\mathcal{B}}$ を定義する和を 2 つの和に分解できる.

$$\begin{aligned} D^{\mathcal{B}}&(m_1, \ldots, m_n) \\ &= \sum_{\pi \in \mathcal{A}_n} \big(\mathrm{sign}(\pi) a_{\pi(1)}^{\mathcal{B}}(m_1) a_{\pi(2)}^{\mathcal{B}}(m_2) \cdots a_{\pi(n)}^{\mathcal{B}}(m_n) \\ &\qquad\qquad + \mathrm{sign}(\pi\tau) a_{\pi\tau(1)}^{\mathcal{B}}(m_1) a_{\pi\tau(2)}^{\mathcal{B}}(m_2) \cdots a_{\pi\tau(n)}^{\mathcal{B}}(m_n) \big) \\ &= \sum_{\pi \in \mathcal{A}_n} \big(a_{\pi(1)}^{\mathcal{B}}(m_1) a_{\pi(2)}^{\mathcal{B}}(m_2) \cdots a_{\pi(n)}^{\mathcal{B}}(m_n) \\ &\qquad\qquad - a_{\pi\tau(1)}^{\mathcal{B}}(m_1) a_{\pi\tau(2)}^{\mathcal{B}}(m_2) \cdots a_{\pi\tau(n)}^{\mathcal{B}}(m_n) \big). \end{aligned} \tag{13.9}$$

式 (13.9) の最後の等式で，定理 13.8 の符号関数の性質を使っている：

$$\mathrm{sign}(\pi) = 1, \qquad\qquad\qquad \pi \in \mathcal{A}_n \text{ だから,}$$

$$\mathrm{sign}(\pi\tau) = \mathrm{sign}(\pi)\,\mathrm{sign}(\tau) = -1, \qquad \pi \in \mathcal{A}_n \text{ であり，} \tau \text{ は互換だから.}$$

次に，使いでのある観察をしておこう[8]：

$$\prod_{i=1}^{n} a_{\pi\tau(i)}^{\mathcal{B}}(m_i) = \prod_{\substack{j,k=1 \\ j=\pi\tau(k)}}^{n} a_{j}^{\mathcal{B}}(m_k) = \prod_{i=1}^{n} a_{\pi(i)}^{\mathcal{B}}(m_{\tau(i)}). \tag{13.10}$$

式 (13.10) を式 (13.9) に代入して，

$$D^{\mathcal{B}}(m_1,\ldots,m_n) = \sum_{\pi \in \mathcal{A}_n} \big(a_{\pi(1)}^{\mathcal{B}}(m_1) a_{\pi(2)}^{\mathcal{B}}(m_2) \cdots a_{\pi(n)}^{\mathcal{B}}(m_n) \\ - a_{\pi(1)}^{\mathcal{B}}(m_{\tau(1)}) a_{\pi(2)}^{\mathcal{B}}(m_{\tau(2)}) \cdots a_{\pi(n)}^{\mathcal{B}}(m_{\tau(n)}) \big). \tag{13.11}$$

ここである $j \neq k$ に対して $m_j = m_k$ と仮定する．τ を j と k を取り替える互換とする．このとき，任意の i に対して，

$$m_j = m_k \text{ だから } \quad m_{\tau(i)} = \begin{cases} m_k & i = j \text{ のとき,} \\ m_j & i = k \text{ のとき,} \\ m_i & i \neq j, k \text{ のとき,} \end{cases} = m_i.$$

このことから，式 (13.11) の和の任意の項は消える．つまり，次の含意が証明された：

$$\text{ある } j \neq k \text{ に対して } m_j = m_k \implies D^{\mathcal{B}}(m_1,\ldots,m_n) = 0.$$

これで $D^{\mathcal{B}}$ が交代形式であることが証明された．

主張 3 の証明：$D^{\mathcal{B}}(e_1,\ldots,e_n) = 1$.

たわいない観察から始めよう．任意の k について e_k の基底 $\mathcal{B}$ に関する表示は

$$e_k = 0 \cdot e_1 + \cdots + 0 \cdot e_{k-1} + 1 \cdot e_k + 0 \cdot e_{k+1} + \cdots + 0 \cdot e_n$$

である．$a_j^{\mathcal{B}}$ の定義から，

$$a_j^{\mathcal{B}}(e_k) = \begin{cases} 1 & j = k \text{ のとき,} \\ 0 & j \neq k \text{ のとき.} \end{cases} \tag{13.12}$$

よって，$\pi \in \mathcal{S}_n$ に対して[9]

$$a_{\pi(1)}^{\mathcal{B}}(e_1) a_{\pi(2)}^{\mathcal{B}}(e_2) \cdots a_{\pi(n)}^{\mathcal{B}}(e_n) = \begin{cases} 1 & \pi = e \text{ のとき,} \\ 0 & \pi \neq e \text{ のとき.} \end{cases} \tag{13.13}$$

というのは，もし π が $\mathcal{S}_n$ の単位元なら，式 (13.12) から積 (13.13) の各因子は 1 であり，一方で π が単位元でなければ式 (13.12) から式 (13.13) の少なくとも 1 つの因子が 0 であるからだ．よって，

---

[8] この公式は，$\tau^2 = e$ という事実を使って簡単にしてある．もし τ が任意の $\mathcal{S}_n$ の元なら，正しい式は $a_{\pi(i)}^{\mathcal{B}}(m_{\tau^{-1}(i)})$ の積である．

[9] ここで若干紛らわしい記号について陳謝する：$e_1,\ldots,e_n$ は M の基底の元であり，一方 $e \in \mathcal{S}_n$ は対称群の単位元である．

470 第 13 章 加群——第 2 部：多重線形代数

$$D^{\mathcal{B}}(e_1, \ldots, e_n) = \mathrm{sign}(\mathcal{S}_n \text{ の単位元}) = 1.$$

主張 4 の証明：$\delta \in \mathfrak{A}^n(M)$ なら，あるスカラー $c \in R$ により $\delta = cD^{\mathcal{B}}$.

公式 (13.7) から，

$$c = \delta(e_1, \ldots, e_n)$$

ととれば，

任意の $(m_1, \ldots, m_n) \in M^n$ に対して $\delta(m_1, \ldots, m_n) = cD^{\mathcal{B}}(m_1, \ldots, m_n)$.

よって $\delta = cD^{\mathcal{B}}$ である.

これで主張 1–4 の証明が完了し，よって $\mathfrak{A}^n(M)$ が階数 1 の自由 R 加群であること，さらにおまけとして，式 (13.6) で定義される写像 $D^{\mathcal{B}}$ が $\mathfrak{A}^n(M)$ の基底であるという情報まで手に入った. □

13.4 行列式写像

定理 13.11 とその証明はたくさんの有益な系をもたらす. 次の便利な補題から始めよう. これにより自己準同型写像の行列式の内在的な定義が可能になり，たくさんの基本的な性質が証明できる[10].

補題 13.12 N を階数 1 の自由 R 加群とする. このとき，$\mathrm{End}_R(N)$ も階数 1 の自由 R 加群であり，写像

$$\Phi: R \longrightarrow \mathrm{End}_R(N), \quad n \in N \text{ に対して } \Phi_c(n) = cn \tag{13.14}$$

は R から $\mathrm{End}_R(N)$ への，同時に R 加群の同型写像でも環の同型写像でもあるような，**一意的な写像である**[11].

「逸品」をできるだけ手早く得るために，補題 13.12 の証明はこの節の終わりまで延期して，交代形式の空間を用いた行列式の内在的な定義に直接進もう.

定理 13.13 M を自由 R 加群で階数 n とする.

(a) 一意的な写像

$$\det: \mathrm{End}_R(M) \longrightarrow R$$

---

[10] 補題 13.12 の存在の部分は，命題 11.34 の特別な場合であり，一意性の部分は，加群の場合の基底の取り替え公式と，命題 10.17 と，1 行 1 列の行列は可換だという事実の組み合わせから得られることを注意しておく. しかし，これらの命題の証明は演習問題として残されていることと，補題 13.12 は我々の行列式の定義で重要な役割を果たすことから，ここで完全な証明を与える. ベクトル空間の場合の証明を与える命題 10.32 も見よ.

[11] この R と $\mathrm{End}_R(N)$ の同型写像の一意性に関する数学的な用語は**標準的な同型写像**である. N が階数 $r \geq 2$ の自由加群なら，$\mathrm{Mat}_{r \times r}(R)$ と $\mathrm{End}_R(N)$ は R 加群としても環としても同型だが，標準的に同型ではない. というのは，同型は基底の取り方に依存し，別の基底は別の同型を与えるかもしれないからである.

で次の性質を満たすものが存在する：

$$任意の \delta \in \mathfrak{A}^n(M) に対して，L^*(\delta) = \det(L)\delta. \tag{13.15}$$

ここで $L^*: \mathfrak{A}^n(M) \to \mathfrak{A}^n(M)$ は命題 13.10 と同じものである．スカラー $\det(L)$ を **L の行列式**と呼ぶ．

(b) 行列式写像は乗法的である：つまり，

$$任意の L_1, L_2 \in \mathrm{End}_R(M) に対して \det(L_1 L_2) = \det(L_1) \cdot \det(L_2).$$

(c) $L \in \mathrm{End}_R(M)$ を M の自己準同型写像とする．すると

$$\det(L) \in R^* \iff L は可逆[12].$$

(d) $L \in \mathrm{End}_R(M)$ とする．$\mathcal{B}$ を M の基底とし，さらに

$$\mathcal{M}_L = \mathcal{M}_{L,\mathcal{B},\mathcal{B}} = (a_{i,j})_{\substack{1 \le i \le n \\ 1 \le j \le n}}$$

を定義 11.33 で述べたように，L の基底 $\mathcal{B}$ に関する行列とする．すると，

$$\det(L) = \sum_{\pi \in \mathcal{S}_n} \mathrm{sign}(\pi) a_{1,\pi(1)} a_{2,\pi(2)} \cdots a_{n,\pi(n)}.$$

証明 (a) 定理 13.11 より，$\mathfrak{A}^n(M)$ は自由 R 加群で階数 1 であり，よって補題 13.12 より，写像

$$\Phi: R \longrightarrow \mathrm{End}_R(\mathfrak{A}^n(M)), \quad \Phi_c(\delta) = c\delta$$

は同型写像である．また，命題 13.10 より，任意の $L \in \mathrm{End}_R(M)$ が R 加群の自己準同型写像

$$L^*: \mathfrak{A}^n(M) \longrightarrow \mathfrak{A}^n(M)$$

を引き起こす．したがって，そのような各 L に対して，一意的にスカラー $c(L) \in R$ が定まって

$$\Phi_{c(L)} = L^*$$

である．すると，任意の $\delta \in \mathfrak{A}^n(M)$ に対して，

$$L^*(\delta) = \Phi_{c(L)}(\delta) = c(L)\delta,$$

そして，とくに δ として $\mathfrak{A}^n(M)$ の基底をとったときもこれが成り立つから，スカラー $c(L)$ は L に対して一意的に決まる．このスカラーが，我々が $\det(L)$ と書く量である．

(b) $\{\delta\}$ を $\mathfrak{A}^n(M)$ の基底とする．次のように計算できる：

---

[12] ベクトル空間の用語を借用して，R 自己準同型写像 $L: M \to M$ が**可逆**とは，同型であるときと定義する．つまり，$\mathrm{End}_R(M)$ において両側逆元を持つということである．

$$\det(L_1 L_2)\delta = (L_1 L_2)^* \delta \qquad \text{(a) から } L = L_1 L_2,$$
$$= L_2^*(L_1^*(\delta)) \qquad \text{命題 13.10 (c) から},$$
$$= L_2^*(\det(L_1)\delta) \qquad \text{(a) で } L = L_1 \text{ とした},$$
$$= \det(L_1)L_2^*(\delta) \qquad L_2^* \text{ が } R \text{ 加群準同型写像だから},$$
$$= \det(L_1)\det(L_2)\delta \qquad \text{(a) で } L = L_2 \text{ とする}.$$

$\{\delta\}$ は基底だから，この等式から

$$\det(L_1 L_2) = \det(L_1)\det(L_2)$$

が得られる.

(c) まず $L \in \mathrm{End}_R(M)$ が可逆と仮定する. すると，

$$\text{ある } L^{-1} \in \mathrm{End}_R(M) \text{ に対して} \quad L \circ L^{-1} = I.$$

したがって，(b) を使うと

$$1 = \det(I) = \det(L \circ L^{-1}) = \det(L) \cdot \det(L^{-1})$$

を得る. したがって $\det(L) \in R^*$ であり，そして実際に，$\det(L)$ の乗法に関する逆元は $\det(L^{-1})$ である.

逆を示すために，次のようにとる:

与えられるもの: $\det(L) \in R^*$.
目標: L は可逆.

M の基底 $\mathcal{B} = \{e_1, \ldots, e_n\}$ を固定し，$\delta = D^{\mathcal{B}} \in \mathfrak{A}^n(M)$ を対応する写像 (13.6) とする. これは $\mathfrak{A}^n(M)$ の R 基底であり，$\delta(e_1, \ldots, e_n) = 1$ を満たす.

まず，L の核が自明であることにより，L が単射であることを示す. つまり，$m \in \ker(L)$ として，我々の目標は $m = 0$ を示すことである. m を基底 $\mathcal{B}$ に関して書いて，たとえば

$$\text{ある } c_1, \ldots, c_n \in R \text{ により，} \quad m = c_1 e_1 + \cdots + c_n e_n \tag{13.16}$$

とする. $1 \le i \le n$ を選んで，δ の線形性と交代性を使って計算すると，

$$\begin{aligned}
0 &= \delta(L(e_1), \ldots, L(e_{i-1}), \overset{\underset{\displaystyle\downarrow}{\text{これは } 0,\ m \in \ker(L) \text{ だから.}}}{L(m)}, L(e_{i+1}), \ldots, L(e_n)) \\
&= (L^*\delta)(e_1, \ldots, e_{i-1}, m, e_{i+1}, \ldots, e_n) \qquad L^*\delta \text{ の定義から,} \\
&= (\det L)\delta(e_1, \ldots, e_{i-1}, m, e_{i+1}, \ldots, e_n) \qquad \text{(a) から,} \\
&= (\det L)\delta\Big(e_1, \ldots, e_{i-1}, \sum_{j=1}^{n} c_j e_j, e_{i+1}, \ldots, e_n\Big) \qquad \text{式 (13.16) から,} \\
&= (\det L)\sum_{j=1}^{n} c_j \delta(e_1, \ldots, e_{i-1}, e_j, e_{i+1}, \ldots, e_n) \qquad \delta \text{ の多重線形性から,} \\
&= (\det L)c_i \delta(e_1, \ldots, e_{i-1}, e_i, e_{i+1}, \ldots, e_n) \qquad \delta \text{ の交代性から,} \\
&= (\det L)c_i \qquad \delta(e_1, \ldots, e_n) = 1 \text{ だから.}
\end{aligned}$$

したがって，$\det(L) \in R^*$ という仮定から $c_i = 0$ であり，またこれが任意の $1 \le i \le n$ について成り立つのだから，$m = 0$ である.

まとめると，$\det(L) \in R^*$ なら $\ker(L) = \{0\}$ を示した. したがって L は単射である. 残るは，L が全射でもあると示すことである. 一般の証明は L の余因子変換[13]の構成の帰結だが，余因子変換の構成は我々をずっと遠くまで連れていってしまう. したがって，ここでは R が体のとき[14]に L が全射であることを示して満足することにしよう[15]. M が n 次元 R ベクトル空間のとき，系 10.23 から，線形変換 $L \in \mathrm{End}_R(M)$ が全射であることと単射であることは同値である. 我々はすでに単射性を示しているから，これで完了である.

(d) M の与えられた基底を $\mathcal{B} = \{e_1, \ldots, e_n\}$ と書いて，$\delta = D^{\mathcal{B}} \in \mathfrak{A}^n(M)$ を式 (13.6) に対応する写像で，$\mathfrak{A}^n(M)$ の基底になっていて $\delta(e_1, \ldots, e_n) = 1$ を満たすものとする. 定義から，写像 $\delta = D^{\mathcal{B}}$ は次の公式で与えられる:

$$\delta(m_1, \ldots, m_n) = \sum_{\pi \in \mathcal{S}_n} \mathrm{sign}(\pi) a_{\pi(1)}^{\mathcal{B}}(m_1) a_{\pi(2)}^{\mathcal{B}}(m_2) \cdots a_{\pi(n)}^{\mathcal{B}}(m_n). \tag{13.17}$$

$m_i = L(e_i)$ とすれば，式 (13.17) の係数はちょうど L の基底 $\mathcal{B}$ に関する行列の成分であることに注意する. つまり，

$$a_j^{\mathcal{B}}(L(e_i)) = a_{i,j} = \mathcal{M}_{L,\mathcal{B},\mathcal{B}} \text{ の } (i,j) \text{ 成分.} \tag{13.18}$$

これらの式を使って次のように計算する:

---

[13] 訳注：“adjugate” を余因子変換と訳した. 行列の余因子行列は日本語でも定着しているが，加群の自己準同型写像に関する adjugate に定訳はないと思われる.

[14] 駄洒落か？（訳注：前文の “rather far afield” と，ここの “R is a field” がかかっているのだと思われる.）

[15] 10.6 節のベクトル空間に関する題材については，これで十分であることを注意しておこう. 写像の余因子変換の定義と，任意の環についてのこの結果の証明におけるその使い方については，演習問題 13.12 を見よ.

$$
\begin{aligned}
\det(L) &= \det(L)\delta(e_1,\ldots,e_n) && \delta(e_1,\ldots,e_n)=1 \text{ だから,}\\
&= L^*(\delta)(e_1,\ldots,e_n) && \text{(a) から,}\\
&= \delta(L(e_1),\ldots,L(e_n)) && L^*(\delta) \text{ の定義から,}\\
&= \sum_{\pi\in\mathcal{S}_n}\mathrm{sign}(\pi)\,a^{\mathcal{B}}_{\pi(1)}(L(e_1))\cdots a^{\mathcal{B}}_{\pi(n)}(L(e_n)) &&\\
&&& \text{式 (13.17) で } m_i=L(e_i) \text{ の場合から,}\\
&= \sum_{\pi\in\mathcal{S}_n}\mathrm{sign}(\pi)\,a_{1,\pi(1)}\cdots a_{n,\pi(n)} && \text{式 (13.18) から.}
\end{aligned}
$$

これで (d) が示された. □

この節の冒頭からここまで延期された証明で締めくくろう.

証明（補題 13.12 の証明） 補題 13.12 の証明は結局，5 つの主張に帰着され，我々はそれらを順に証明する.

主張 1：Φ は R 加群準同型写像である.
証明 $r_1,r_2,c_1,c_2\in R$ とし，$n\in N$ とする. このとき,
$$
\begin{aligned}
\Phi_{r_1c_1+r_2c_2}(n) &= (r_1c_1+r_2c_2)\cdot n\\
&= r_1\cdot(c_1 n)+r_2\cdot(c_2 n)\\
&= r_1\Phi_{c_1}(n)+r_2\Phi_{c_2}(n).
\end{aligned}
$$
これは任意の $n\in N$ に対して成り立ち，よって
$$
\Phi_{r_1c_1+r_2c_2}=r_1\Phi_{c_1}+r_2\Phi_{c_2}
$$
が示された.

主張 2：Φ は環準同型写像である.
証明 $c_1,c_2\in R$ とする. 主張 1 から $\Phi_{c_1+c_2}=\Phi_{c_1}+\Phi_{c_2}$. そして任意の $n\in N$ に対して,
$$
\Phi_{c_1c_2}(n)=(c_1c_2)n=c_1(c_2 n)=c_1\Phi_{c_2}(n)=\Phi_{c_1}\circ\Phi_{c_2}(n),
$$
これで $\Phi_{c_1c_2}=\Phi_{c_1}\Phi_{c_2}$ が示された. したがって Φ は加法と乗法を尊重し，また任意の n に対して $\Phi_1(n)=1\cdot n=n$ でもあるから，Φ は $1\in R$ を環 $\mathrm{End}_R(N)$ の乗法の単位元に移す. これで Φ が環準同型写像であるという主張が証明された.

主張 3：Φ は単射である.
証明 次が成り立つ:

$$\Phi_c = 0 \implies \Phi_c(n) = 0 \qquad \text{任意の } n \in N \text{ に対して,}$$
$$\implies cn = 0 \qquad \Phi_c \text{ の定義より, 任意の } n \in N \text{ に対して,}$$
$$\implies cn_0 = 0, \qquad N \text{ の } R \text{ 基底 } \{n_0\} \text{ を適当にとって,}$$
$$\implies c = 0 \qquad \text{定義から基底は線形独立だから.}$$

これで $\ker(\Phi) = \{0\}$ が示され, よって Φ は単射である.

主張 4：Φ は全射である.
証明 N の R 基底 $\{n_0\}$ を固定する. $L \in \mathrm{End}_R(N)$ を N の任意の自己準同型写像とする. $\{n_0\}$ が基底であることから, あるスカラー $b \in R$ で, 次を満たすものがある:

$$L(n_0) = bn_0.$$

ここで $L = \Phi_b$, つまり Φ が全射であることを主張する. これを確認するために, 任意の $n \in N$ をとる. ここで, もう一度 $\{n_0\}$ が N の基底であることを使うと, ある $a \in R$ により $n = an_0$ であることがわかる. すると次のように計算できる:

$$L(n) = L(an_0) = aL(n_0) = a(bn_0) = b(an_0) = bn = \Phi_b(n).$$

したがって, $L(n) = \Phi_b(n)$ が任意の $n \in N$ について成り立ち, これで $L = \Phi_n$ が示された.

主張 1, 3, 4 から Φ は R 加群の同型写像であることが導かれ, よってとくに $\mathrm{End}_R(N)$ は階数 1 の自由加群である.

主張 5：Φ は R から $\mathrm{End}_R(N)$ への環ならびに加群としての唯一の同型写像である.
証明 まず

$$\Psi \colon R \xrightarrow{\sim} \mathrm{End}_R(N)$$

が R 加群ならびに環としての同型写像とする. とくに, Ψ は $1 \in R$ を $\mathrm{End}_R(N)$ の単位元に移し, よって $c \in R$ と $n \in N$ に対して

$$\Psi_c(n) = c\Psi_1(n) = cn = \Phi_c(n).$$

これが任意の $n \in N$ で成り立つから, $\Psi_c = \Phi_c$ が示される. またこれが任意の $c \in R$ でも成り立つから, $\Psi = \Phi$ が示された. $\qquad\square$

演習問題

13.1 節　多重線形写像と多重線形形式
13.1 $M_1, \ldots, M_n, N$ を R 加群とする.
(a) $\phi, \psi \in \mathfrak{ML}(M_1 \times \cdots \times M_n, N)$ とし, また $a, b \in R$ とする. 次を証明せよ:

476 第 13 章 加群——第 2 部：多重線形代数

$$a\phi + b\psi \in \mathfrak{ML}(M_1 \times \cdots \times M_n, N),$$

ここで $a\phi + b\psi$ は命題 13.2 の主張で述べられている写像である.

(b) (a) で述べた演算で，$\mathfrak{ML}(M_1 \times \cdots \times M_n, N)$ が R 加群になることを示せ.

13.2 $M_1, \ldots, M_n$ と N を有限生成自由 R 加群とする.

$$\mathfrak{ML}(M_1 \times \cdots \times M_n, N)$$

は有限生成自由 R 加群であり，その階数は次の公式で与えられることを証明せよ：

$$\mathrm{rank}_R(\mathfrak{ML}(M_1 \times \cdots \times M_n, N)) = \mathrm{rank}_R(M_1) \cdot \mathrm{rank}_R(M_2) \cdots \mathrm{rank}_R(M_n) \cdot \mathrm{rank}_R(N).$$

13.3

$$\mathrm{Hom}(M_1 \times M_2, R) \quad \text{と} \quad \mathfrak{ML}(M_1 \times M_2, R)$$

の両方とも R 加群ではあるが，一般には，これらは同じ R 加群ではない．なぜこれらが異なるのか説明せよ.

13.4 $M_1, \ldots, M_n$, N を R 加群とし，各 $1 \leq i \leq n$ に対して，$L_i \in \mathrm{Hom}_R(M_i, N)$ とする. $L_1, \ldots, L_n$ を用いて，写像

$$\boldsymbol{L}^*: \mathfrak{ML}(M_1 \times \cdots \times M_n, N) \longrightarrow \mathfrak{ML}(M_1 \times \cdots \times M_n, N)$$

を，ϕ を次の合成写像に移すものとして定義する：

$$\boldsymbol{L}^*(\phi): M_1 \times \cdots \times M_n \xrightarrow{L_1 \times \cdots \times L_n} M_1 \times \cdots \times M_n \xrightarrow{\phi} R;$$

つまり，$\boldsymbol{L}^*(\phi)$ は写像

$$(\boldsymbol{L}^*(\phi))(m_1, \ldots, m_n) = \phi(L_1(m_1), \ldots, L_n(m_n))$$

である.

(a) $\boldsymbol{L}^*(\phi) \in \mathfrak{ML}(M_1 \times \cdots \times M_n, N)$，つまり $\boldsymbol{L}^*$ が多重線形写像を多重線形写像に移すことを証明せよ.

(b) $\boldsymbol{L}^* \in \mathrm{End}_R(\mathfrak{ML}(M_1 \times \cdots \times M_n, N))$，つまり

$$\boldsymbol{L}^*(c_1\phi_1 + c_2\phi_2) = c_1\boldsymbol{L}^*(\phi_1) + c_2\boldsymbol{L}^*(\phi_2)$$

を証明せよ.

13.2 節　対称ならびに交代形式

13.5 M を R 加群，$n \geq 1$ とする.

(a) 対称 n 形式の集合 $\mathfrak{S}^n(M)$ が $\mathfrak{ML}^n(M)$ の R 部分加群であることを証明せよ.

(b) 交代 n 形式の集合 $\mathfrak{A}^n(M)$ が $\mathfrak{ML}^n(M)$ の R 部分加群であることを証明せよ.

13.6 M を R 加群，$n \geq 1$ とする. n 形式 $\phi \in \mathfrak{ML}^n(M)$ に対して，ϕ の**対称化**を次の写像 $\phi^{(n)}$ とする：

$$\phi^{(n)}: M^n \longrightarrow R, \quad \phi^{(n)}(m_1, \ldots, m_n) = \sum_{\pi \in \mathcal{S}_n} \phi(m_{\pi(1)}, \ldots, m_{\pi(n)}).$$

(a) $\phi^{(n)} \in \mathfrak{S}^n(M)$，つまり $\phi^{(n)}$ は対称 n 形式であることを示せ.

演習問題　　**477**

(b) 写像
$$\mathfrak{ML}^n(M) \longrightarrow \mathfrak{S}^n(M), \quad \phi \longmapsto \phi^{(n)}, \tag{13.19}$$

が R 加群準同型写像であることを示せ.
(c) $n = 2$ とする. 対称化写像 (13.19) の核を決めよ.

13.7　M を R 加群とする. この演習問題では, 命題 13.10 を証明してほしい.
(a) $L \in \mathrm{End}_R(M)$ かつ $\phi \in \mathfrak{ML}^n(M)$ とする. $L^*(\phi) \in \mathfrak{ML}^n(M)$ を証明せよ.
(b) $L \in \mathrm{End}_R(M)$ とし, $\phi_1, \phi_2 \in \mathfrak{ML}^n(M)$, さらに $c_1, c_2 \in R$ とする. 次を証明せよ:
$$L^*(c_1\phi_1 + c_2\phi_2) = c_1 L^*(\phi_1) + c_2 L^*(\phi_2).$$

(a) と (b) から, L^* は R 加群 $\mathfrak{ML}^n(M)$ からそれ自身への R 加群準同型写像であることに注意せよ. つまり, $L^* \in \mathrm{End}(\mathfrak{ML}^n(M))$ である.
(c) $L \in \mathrm{End}_R(M)$ かつ $\phi \in \mathfrak{S}^n(M)$ とする. $L^*(\phi) \in \mathfrak{S}^n(M)$ を証明せよ.
(d) $L \in \mathrm{End}_R(M)$ かつ $\phi \in \mathfrak{A}^n(M)$ とする. $L^*(\phi) \in \mathfrak{A}^n(M)$ を証明せよ.
(e) $L_1, L_2 \in \mathrm{End}_R(M)$ とする. 次を証明せよ:
$$(L_1 \circ L_2)^* = L_2^* \circ L_1^*.$$

13.3 節　自由加群上の交代形式

13.8　M を自由 R 加群で階数 n とし, $\delta \in \mathfrak{A}^n(M)$ とする. 次が同値であることを証明せよ:
(i) $\{\delta\}$ は $\mathfrak{A}^n(M)$ の R 加群としての基底である.
(ii) M の任意の R 基底 $\{e_1, \ldots, e_n\}$ に対して $\delta(e_1, \ldots, e_n) \in R^*$.
(iii) M の少なくとも 1 つの R 基底 $\{e_1, \ldots, e_n\}$ に対して $\delta(e_1, \ldots, e_n) \in R^*$.

13.9　M を自由 R 加群で階数 n とし, $\mathcal{B} = \{m_1, \ldots, m_n\}$ を M の基底とする. この演習問題では, 定理 13.11 の証明の過程で述べられた 2 つの主張を確認してほしい.
(a) 式 (13.8) で述べた写像
$$a_i^{\mathcal{B}}: M \longrightarrow R, \quad a_i^{\mathcal{B}}(m) = (m = a_1 e_1 + \cdots + a_n e_n \text{ における } e_i \text{ の係数})$$

が R 線形写像であることを確認せよ.
(b) (a) を使って, 式 (13.6) の写像 $D^{\mathcal{B}}: M^n \to R$ が R 多重線形 n 形式であること, つまり $D^{\mathcal{B}} \in \mathfrak{ML}^n(M)$ を証明せよ.

13.10　M を自由 R 加群で階数 d とし, $n \geq 1$ とする.
(a) $\mathfrak{ML}^n(M)$ が自由 R 加群で階数 d^n であることを示せ[16].
(b) $n > d$ なら $\mathfrak{A}^n(M) = 0$ を示せ.
(c) $n < d$ なら, $\mathfrak{A}^n(M)$ は自由 R 加群であることを示し, その階数を計算せよ.

13.4 節　行列式写像

13.11　M を自由 R 加群とし, $L \in \mathrm{End}_R(M)$ とする. 定理 13.13 (c) で, $\det(L) \in R^*$ なら L が単射であることを証明した. より一般に, 次を証明せよ:
$$\det(L) \neq 0 \text{ かつ } \det(L) \text{ が零因子でない} \implies L \text{ は単射}.$$

---

[16]これは演習問題 13.2 の特別な場合である. よって, すでにその演習問題を解いているならここで使ってもよい.

478　第13章　加群——第2部：多重線形代数

13.12 M を自由 R 加群とし，$L \in \mathrm{End}_R(M)$ とする．L の**余因子変換**とは，自己準同型写像 $\hat{L} \in \mathrm{End}_R(M)$ であって，次を満たすものである：

$$\hat{L} \circ L(m) = \det(L)m \quad \text{かつ} \quad L \circ \hat{L}(m) = \det(L)m \quad \text{が任意の } m \in M \text{ で成り立つ．}$$

余因子変換[17]の存在は仮定して，次の式を証明せよ[18]：

$$\det(L) \in R^* \implies L \text{ は可逆である．}$$

（注意：行列の余因子行列の古典的な構成は，もとの行列の小行列式が成分であるような新しい行列を作ることでなされる．この構成はチャレンジングな演習問題として残しておく．）

―――――――――――――――――――

[17]余因子変換（adjugate，ときおり随伴 (adjoint) とも呼ばれる）は L を n 行 n 列の行列 A として書き下し，A の $n-1$ 行 $n-1$ 列の小行列の行列式を使って行列 $\hat{A}$ を作ることで構成される．詳細は標準的な線形代数のどの教科書にも見つかるだろう．

[18]ただし単に定理 13.13 (b) を引用しないこと．というのは，本文では R が体のときのみ全射性を証明したからである．したがって，この演習問題では，本文で完全には証明されなかった定理 13.13 の一部を，余因子写像を用いて証明することを求めている．

第14章　追加の話題を手短に

この章では，代数学や関連する数学の分野について，追加の各種の話題に手短な導入を提供する．各節で，2, 3の定義と基本的性質を与える．一番の目標は，読者の食欲をそそり，もし自分を引きつける主題に出会えたなら，しかるべき文献でさらに研究を続けられるようにすることである．以下が扱う話題の一覧である[1].

14.1	可算集合と非可算集合	479
14.2	選択公理	484
14.3	テンソル積と多重線形代数	489
14.4	可換代数	494
14.5	圏論	505
14.6	グラフ理論	515
14.7	表現論	521
14.8	楕円曲線	531
14.9	代数的整数論	540
14.10	代数幾何学	547
14.11	ユークリッド格子	556
14.12	非可換環	570
14.13	数理暗号	580
	演習問題	590

14.1　可算集合と非可算集合

最も扱いやすい集合は有限集合だが，数学では多くの無限集合が現れる．たとえば $\mathbb{N}$, $\mathbb{Z}$, $\mathbb{Q}$ や $\mathbb{R}$ である．原型となる無限集合は自然数の集合

$$\mathbb{N} = \{1, 2, 3, \dots\}$$

である．$\mathbb{N}$ のよい性質は，無限集合ではあるが，最初の元の 1 があり，「1 を加える」という操作でどの元にもいずれたどり着けるという点である．これにより $\mathbb{N}$ についての性質が，数学的帰納法として形式化される一段階ごとの手続きで証明できる．1.7 節を見よ．

$\mathbb{N}$ で添え字づけできる集合がたくさんあり，たとえば集合 S で

---

[1] 第 14 章で扱う話題は，著者の趣味と，どのような文献にもつきもののページ数の制約を反映したものである．他の著者ならば，たとえばリー群，リー環，層の理論，位相群，計算可能性，計算手法とアルゴリズム，ブール (Boole) 束，群コホモロジー，局所化，p 進数，総実体，……などに同程度の注意を払う価値を感じるだろう．

$$S = \{a_1, a_2, a_3, \ldots\} = \{a_i : i \in \mathbb{N}\}$$

のように書けるものである.

定義 14.1 S を集合とする. S が**有限**であるとは, 何らかの自然数 $n \in \mathbb{N}$ と全単射な写像

$$f : \{1, 2, \ldots, n\} \xrightarrow{\sim} S$$

が存在することである. そうでないとき S は**無限**であるという. 無限集合 S が**可算**である[2]とは, 全単射な写像

$$f : \mathbb{N} \xrightarrow{\sim} S$$

が存在することをいう. そうでないとき, S は**非可算**であるという.

例 14.2 集合 $\mathbb{N}$, $\mathbb{Z}$ ならびに $\mathbb{Q}$ は可算である. 集合 $\mathbb{R}$ は非可算である. 演習問題 14.2 と演習問題 14.3 を見よ.

集合の「大きさ」を比べるために, 単射, 全射, 全単射の存在を用いる. 次の準備運動的な命題はこの目的のために役立つ.

命題 14.3 S と T を集合とする. 次は同値である[3]:
  (a) 全射 $f : T \to S$ が存在する.
  (b) 単射 $g : S \to T$ が存在する.

証明 S もしくは T のどちらか, あるいはどちらも空集合なら命題は空ゆえに真である. そこで, S も T も空でないと仮定する.

$\boxed{(a) \implies (b)}$ f が全射という仮定から, 各 $s \in S$ に対して, 少なくとも 1 つ $t_s \in T$ があって, $f(t_s) = s$ となる[4]. 写像 $g : S \to T$ を $g(s) = t_s$ により定める. g が単射であることを主張する. この主張は次のように証明される:

$$g(s_1) = g(s_2) \implies f(g(s_1)) = f(g(s_2)) \implies f(t_{s_1}) = f(t_{s_2}) \implies s_1 = s_2.$$

$\boxed{(b) \implies (a)}$ $S \neq \emptyset$ だから, 適当に元 $s_0 \in S$ を固定する. 写像を次のように定義する:

$$f : T \longrightarrow S, \quad f(t) = \begin{cases} s_0 & t \notin \mathrm{Image}(g) \text{ のとき,} \\ g^{-1}(t) & t \in \mathrm{Image}(g) \text{ のとき.} \end{cases}$$

f は矛盾なく定義される. というのは, g の単射性を仮定しているため,

---

[2] 推測するに, この名前は「ものを数える数」 $1, 2, 3, \ldots$ を使ってこの集合の元にラベルづけできることに由来しているのだろう.

[3] この命題の証明は選択公理を用いている. 14.2 節を見よ.

[4] このステップで, 空でない集合 $f^{-1}(s)$ が各 $s \in S$ ごとに無数に定まり, そして, これらの無数の集合から同時に 1 つずつ元を選びたい. これが可能であることは, 選択公理からわかる.

$$\text{任意の } t \in T \text{ に対して } \#g^{-1}(t) = 0 \text{ または } 1$$

だからである. また, 任意の $s \in S$ に対して, $f\big(g(s)\big) = s$ であり, よって f は全射である. □

定義 14.4 S と T を集合とする. S と T が**同じ濃度を持つ**とは, 全単射な写像

$$f\colon S \xrightarrow{\sim} T$$

が存在することであり, $\#S = \#T$ と書くことにする. たとえば, $\#S = \#\mathbb{N}$ なら S は可算である. 同様に,

$$\text{もし} \begin{cases} \text{単射な写像 } S \longrightarrow T \\ \text{全射な写像 } T \longrightarrow S \end{cases} \text{が存在すれば } \#S \leq \#T$$

と書くことにする. 命題 14.3 から, 2 つの条件は同値である. 最後に,

$$\text{もし } \big(\#S \leq \#T \text{ かつ } \#S \neq \#T\big) \text{ なら, } \#S < \#T$$

と書くことにする. この場合, S は T よりも**真に小さい濃度を持つ**という. 演習問題 14.8 を見よ.

次の便利な定理は我々の記号から示唆されるが, しかしその正当性は定義からはまったく明らかではない.

定理 14.5 (シュレーダー–ベルンシュタインの定理) S と T を集合とする. このとき[5],

$$\#S = \#T \iff \#S \leq \#T \text{ かつ } \#T \leq \#S.$$

証明 $\#S = \#T$ なら, 定義により全単射 $f\colon S \to T$ が存在する. f の単射性から $\#S \leq \#T$ であり, 全射性から $\#T \leq \#S$ である.

逆はもう少し難しい. 証明の素描を演習問題 14.4 に述べた. □

非可算集合が存在するのかすら, 明らかではない. これらは実際に存在し, 次のカントールの対角線論法によって, その階層全体をいかに構成するかがわかる.

定義 14.6 任意の集合 S と T に対して,

$$T^S = \{\text{写像 } \phi\colon S \to T\}$$

を S から T への写像全体の集合とする. $T = \{0, 1\}$ のとき, 次のように略記する:

$$2^S = \{0, 1\}^S = \{\text{写像 } \phi\colon S \to \{0, 1\}\}.$$

---

[5] この結果は普通はシュレーダー–ベルンシュタイン (Schröder–Bernstein) の定理と呼ばれるが, カントールとデデキントの名を付すこともできるだろう.

482　第 14 章　追加の話題を手短に

2^S の「S の部分集合の集合」としての記述については注意 14.9 を見よ.

定理 14.7　S を集合とする. このとき,

$$\#S < \#2^S.$$

証明　演習問題 14.8 により, 我々が証明しようとしている主張は, S から 2^S への全射が存在しないという主張と同値である. よって, 写像

$$f\colon S \longrightarrow 2^S$$

が全射だと仮定して矛盾を導こう. 記号を簡単にするために, 2^S の元がそれ自身写像であることを使って, $s \in S$ に対して $f_s\colon S \to \{0,1\}$ を s の像とする.

　f を使って, $\phi \in 2^S$ の元を次のように構成する:

$$\phi(s) = 1 - f_s(s) = \begin{cases} 1 & f_s(s) = 0 \text{ のとき,} \\ 0 & f_s(s) = 1 \text{ のとき.} \end{cases}$$

f が全射であるという仮定から, 何らかの $s_0 \in S$ が存在して $f_{s_0} = \phi$ となる. しかし,

$$f_{s_0}(s_0) = \phi(s_0) = 1 - f_{s_0}(s_0).$$

この矛盾から, f が存在しないことが示された.　　　　　　　　□

系 14.8　非可算集合が存在する.

証明　定理 14.7 により, $\mathbb{N}$ の濃度は $2^{\mathbb{N}}$ の濃度より真に小さい. つまり, $\mathbb{N}$ から $2^{\mathbb{N}}$ への全射は存在しない. したがって $2^{\mathbb{N}}$ は非可算である.　　　　　　　　□

注意 14.9　それぞれの元 $\phi \in 2^S$ は S を 2 つの互いに交わりのない集合に分割する. つまり,

$$S = \{s \in S\colon \phi(s) = 0\} \cup \{s \in S\colon \phi(s) = 1\}.$$

逆に, $S = S_0 \cup S_1$ が非交和なら, 元 $\phi \in 2^S$ を $s \in S_i$ ならば $\phi(s) = i$ により定義できる. よって, 2^S の別の記述は S の部分集合の集合である, ということが全単射

$$2^S \longrightarrow \{S \text{ の部分集合}\}, \quad \phi \longmapsto \{s \in S\colon \phi(s) = 1\}$$

により得られる. すると, 定理 14.7 は非形式的には次のようにいえる:

集合は, その部分集合全体の集合より真に小さい.

S の部分集合の集合を, **S の冪集合**と呼ぶ. これはしばしば $\mathcal{P}(S)$ と書かれる.

14.1.1 「集合の集合」とラッセルの逆理

ここまでで有限集合，可算集合，そして非可算集合を見てきた．数学に関する限り，定理はすべて次の形をとるように見えることから，端から端まですべては集合であるように思われる：

S を性質 A, B, C を満たす集合とする．すると，S は性質 X, Y, Z を持つ.

しかし，これらの集合 S は，定理で使われずにくつろいでいるときは，どこにいるのだろうか？　それらはある種の普遍的な「すべての集合の集合」の元である，というのが自然に思える．14.5 節のいくつかの記号を先取りすると，次のようにできる：

$$\mathrm{Obj(Set)} = \text{すべての集合の族}.$$

$\mathrm{Obj(Set)}$ を注意深く族と呼んで，集合とは呼ばなかったことに気づいただろうか．これは $\mathrm{Obj(Set)}$ が集合であるには大きすぎるからである！　どのような集合よりも大きな「もの」があるという事実の出来は，20 世紀初頭の大きな衝撃だった．そして，集合論と論理学の進展の流露を促したのである．証明は驚くほど短い[6].

定理 14.10（ラッセル (Russell) の逆理）　すべての集合の族は集合ではない.

証明　背理法による証明を与える．よって，$\mathrm{Obj(Set)}$ が集合であると仮定する．集合論の基本的な公理から，$\mathrm{Obj(Set)}$ の次のような部分集合を構成できる[7]：

$$T = \{S \in \mathrm{Obj(Set)} : S \notin S\}.$$

集合が自身の元とはどういうことかと疑問に思うだろうから，この定義は奇妙に見えるかもしれない．しかし，いずれにせよ集合論の公理により，S が集合で x が何らかの対象であれば，$x \in S$ もしくは $x \notin S$ のいずれかである．したがって，集合論の公理から T は，（空かもしれないが）$\mathrm{Obj(Set)}$ の矛盾なく定義された部分集合である．

ここで次の問いを考えよう．T は T の元だろうか？　可能な 2 つの場合を考えよう：

$$T \notin T \implies T \in T \quad (T \text{ の定義から.})$$
$$T \in T \implies T \notin T \quad (T \text{ の定義から.})$$

言い換えると，T の定義から次のようなばかげた「必要十分」条件が得られる：

$$T \notin T \iff T \in T.$$

ゆえに，$\mathrm{Obj(Set)}$ は集合論の公理に則っていないことが示された．というのは，もしそう

---

[6] ラッセルの逆理は，数学には集合論を超えた何かが必要であることを示している．**型理論**と**高階論理**がこの必要を満たすために発展した．しかしこれらの魅力的な話題についての議論は，この短い節にしてはあまりに遠くへと我々を誘ってしまうだろう.

[7] T の元たちは集合であるから，T は集合の集合である．しかし，これは何も新しくはない．このような構成にはこれまで幾度も出会っており，たとえば群や環や加群の剰余などがその例であり，これらは剰余類の集合である.

484 第 14 章　追加の話題を手短に

なら我々は不可能な集合 T を構成できてしまうからである．したがって Obj(Set) は集合ではない．　　　　　　　　　　　　　　　　　　　　　　　　　　　　　　　□

14.2　選択公理

この節の主題は

> **数学はいかにして無限に対処するか？**

というものである．有限集合 $S = \{a_1, \dots, a_n\}$ の元についての定理を証明するには，原理的には，所望の主張が真であることを，S の元のそれぞれを 1 度に 1 つ取り上げ，それについて単に確認すればよい．これは（可算）無限集合 $S = \{a_1, a_2, \dots\}$ に対しては機能しない．だが，自然数の集合の定義そのものが帰納法の原理を提供している．（1.7 節を見よ．）帰納法を使う鍵は，S が最初の元 a_1 を含むことと，すべての a_n が[8]，その唯一の先行元 a_{n-1} を持つという事実だった．

しかし，非可算集合はどう対処すればよいだろうか？　たとえば，$S = 2^{\mathbb{N}}$ を $\mathbb{N}$ の部分集合全体の集合とする．（注意 14.9 を見よ．）S のような非可算集合の各元に対して何らかの事実を証明できるような，帰納法の「超限的な」一般化があるとよい．

この目的のために数学者により典型的に用いられる 3 つの同値な公理がある．それらの名前は

> ● 選択公理，　　● ツォルン (Zorn) の補題，　　● 整列可能定理

である[9]．それぞれを順番に述べ，実例としてツォルンの補題が選択公理を導くことを証明し，また，任意のベクトル空間が基底を持つことを証明することでツォルンの補題をどう使うかを例示する．

まず選択公理から始める．I を添え字集合として，各 $i \in I$ に対して S_i を空ではない集合とする．積 $\prod_{i \in I} S_i$ の直観的な定義は，無限タプル $(a_i)_{i \in I}$ の集合である．より形式的には，積は次のような写像の集合である：

$$\prod_{i \in I} S_i = \left\{ \text{写像 } f \colon I \to \bigcup_{i \in I} S_i \text{ で，} f(i) \in S_i \text{ が任意の } i \in I \text{ で成り立つ} \right\}.$$

各 S_i が空ではないから，S_i たちの積も空でないことは明らかに正しい．そうだろうか？これは明らかだろうか？　実際は，違う．まったく明らかではない！　積の元 f は，各 S_i から 1 つの元を選ぶ規則と見なすことができる．しかし，もし I が非可算か，S_i が非可算か，またはその両方なら，その選択をどうすればよいのだろうか？　選択公理は，少なくとも 1 つはそのような仕方があるという単純な主張である．

---

[8] 訳注：a_1 を除く．

[9] なぜ 1 つは公理で，1 つは補題で，1 つは定理なのだろう？　答えは歴史の綾にある．いずれにせよ，1 つを基本的な公理とし，残りの 2 つをその帰結としてよい．

14.2 選択公理　*485*

公理 14.11（選択公理） I を添え字集合とし，各 $i \in I$ に対して S_i を空でない集合とする．このとき，積 $\prod_{i \in I} S_i$ は空ではない．

　ツォルンの補題を述べるために，半順序集合の議論へ少し脱線する．演習問題 1.14 も見よ．

定義 14.12　S を集合とする．S 上の 2 項関係 $\preceq$ が**半順序**とは，任意の $a, b, c \in S$ に対して，次の性質が成り立つことをいう：

- **反射性：**　$a \preceq a$.
- **反対称性：**　$a \preceq b$ かつ $b \preceq a$ と $a = b$ が同値.
- **推移性：**　$a \preceq b$ かつ $b \preceq c$ ならば $a \preceq c$.

半順序を持つ集合を**半順序集合**，もしくは単に**ポセット**という[10]．2 項関係 $\preceq$ が**全順序**とは，さらに次の性質を満たすときにいう：

- **比較可能性**：任意の $a, b \in S$ に対して，$a \preceq b$ もしくは $b \preceq a$ が成立する.

このとき，S は**全順序集合**と呼ばれる．

　半順序集合の元たちは必ずしもどちらかの方向で関係を持つとは限らないことに注意せよ．つまり，$a, b \in S$ で $a \not\preceq b$ かつ $b \not\preceq a$ となるものが存在しうる．

例 14.13　半順序集合と全順序集合の例をいくつか与える．

- (a) 実数全体の集合 $\mathbb{R}$，整数全体の集合 $\mathbb{Z}$，自然数全体の集合 $\mathbb{N}$ は関係 $\leq$ に関して全順序集合である．
- (b) 自然数全体の集合 $\mathbb{N}$ は，a が b を割り切るとき $a \preceq b$ とした順序に関して半順序集合である．$(\mathbb{N}, |)$ は全順序集合ではないことに注意せよ．というのは，$2 \nmid 3$ かつ $3 \nmid 2$ だからである．
- (c) S を集合，$\mathcal{P}(S)$ をその部分集合全体の集合とする．注意 14.9 を見よ．すると，$\mathcal{P}(S)$ は関係 $\subseteq$ に関して半順序集合である．しかし，$(\mathcal{P}(S), \subseteq)$ は，$\#S \leq 1$ でないなら，全順序集合ではない．というのは，a と b が相異なる元なら，$\{a\} \not\subseteq \{b\}$ かつ $\{b\} \not\subseteq \{a\}$ だからである．

定義 14.14　$(S, \preceq)$ を半順序集合とする．

- (a) **S の極大元**とは，元 $a \in S$ で，次の性質を満たすものである：

$$\left(b \in S \text{ かつ } a \preceq b \right) \implies a = b.$$

　注意：これは a が S の任意の元を上から押さえるという意味ではない．というのは，S の元で a と比較可能ではない元が存在しうるからである．

- (b) 同様に，**S の極小元**とは，元 $a \in S$ で，$b \in S$ かつ $b \preceq a$ なら $a = b$ が成り立つという性質を満たすものである．
- (c) $T \subseteq S$ が**鎖**とは，$(T, \preceq)$ が全順序集合になることをいう．つまり，任意の $a, b \in T$

---

[10]訳注：半順序集合 "partially ordered set" を略して "poset" という．演習問題 1.14 も見よ．

486 第14章 追加の話題を手短に

に対して，$a \preceq b$ もしくは $b \preceq a$ が（あるいは両方が）成り立つということである．

(d) $T \subseteq S$ を鎖とする．（**S における**）**T の上界**とは，$a \in S$ であって，任意の $b \in T$ に対して $b \preceq a$ を満たす元を指す．T の上界それ自身が T の元である必要はないことに注意せよ．

これでツォルンの補題を述べるのに必要な定義をまとめ終わった[11]．

公理 14.15（ツォルンの補題） $(S, \preceq)$ を半順序集合とする．S の任意の鎖が S に上界を持つとする．このとき S は極大元を持つ．

ツォルンの補題の意味はいくぶんわかりにくいようだが，要するに，半順序集合 S の全順序部分集合に関するある性質を証明することで，S の特別な元の存在を導ける，ということである．これは非常に便利で，というのは全順序集合は一般に，半順序集合よりもずいぶん扱いやすいからである．ツォルンの補題の典型的な応用については，この節の終わりの定理 14.20 の証明を見よ．

さて我々は，集合論に帰納法の超限バージョンを取り込むための同値な方法の 3 連勝方式の最終勝負にやってきた．

公理 14.16（整列可能定理） S を集合とする．このとき，S 上の全順序 $\preceq$ で，S の任意の部分集合が極小元[12]を持つようなものが存在する．$(S, \preceq)$ を**整列集合**という．

例 14.17 集合 $(\mathbb{N}, \leq)$ は整列集合であり，このことから，任意の可算集合が整列集合にできることが導かれる．一方で，区間 $[a, b] \subset \mathbb{R}$ は $\leq$ に関して整列集合ではない．というのも，たとえば開部分区間は極小限を含まないからである．しかし，公理 14.16 によれば，$\mathbb{R}$ 上のある全順序 $\preceq$ が存在して，$(\mathbb{R}, \preceq)$ は整列集合になる．

集合論の標準的な公理を仮定すれば，選択公理，ツォルンの補題，そして整列可能定理は，どれか 1 つから他の 2 つを導くことができるという意味で，互いに他と同値である．これを 1 つの同値関係を示すことで説明しよう．

定理 14.18 集合論の標準的な公理を認めると[13]，

$$\text{ツォルンの補題} \implies \text{選択公理.}$$

証明 ツォルンの補題が真であることを仮定する．選択公理の主張のように，I を添え字集合とし，各 $i \in I$ に対して S_i を空ではない集合とする．我々の目標は I に対して選択関数，すなわち，

---

[11]そして，2.2 節のアーベルなグレープのような「数学と果物のひどい冗談のカテゴリー」への，もう 1 つの追加項目として，そして読者の楽しみと啓発のために提示したい：「黄色で選択公理と同値なものはなんだ？　ツォルンのレモン！」（訳注：補題を意味する英単語はレンマ (lemma) である．）

[12]訳注：$\preceq$ は全順序なので最小限でもある．

[13]集合論を形式的な形では展開してこなかった．「標準的な公理」で我々が何を意味するかについて調べたいなら，集合論のツェルメロ–フレンケル (Zermelo–Fraenkel) の公理系と，1 階論理の公理から始めるべきだろう．

$$f\colon I \longrightarrow \bigcup_{i \in I} S_i \text{ であって，任意の } i \in I \text{ に対して } f(i) \in S_i \text{ を満たす}$$

ような関数を構成することである．次のような集合[14]を考える：

$$\mathcal{U} = \{(J, f_J)\colon J \subseteq I \text{ かつ } f_J \text{ は } J \text{ の選択関数}\}.$$

$\mathcal{U}$ 上の半順序を

$J \subseteq K$ かつ任意の $i \in J$ について $f_J(i) = f_K(i)$ が成り立つとき，

そのときに限り $(J, f_J) \preceq (K, f_K)$

と定める．$\preceq$ が半順序になること，つまり，これが反射性，反対称性，推移性を満たすことの確認は読者に委ねる．演習問題 14.6 を見よ．

ツォルンの補題を適用できるようにするために，$(\mathcal{U}, \preceq)$ の任意の鎖が $\mathcal{U}$ に上界を持つことを主張する．$\mathcal{C} \subseteq \mathcal{U}$ を鎖とする．つまり，集合 $\mathcal{C}$ はペア (J, f_J) の集合で，$\preceq$ に関して全順序集合とする．我々の目標は，$\mathcal{C}$ の上界を $\mathcal{U}$ 内に作ることである．最初のステップとして，$\mathcal{C}$ から次のような I の部分集合を構成する：

$$K = \bigcup_{(J, f_J) \in \mathcal{C}} J.$$

すると，任意の $i \in K$ に対して，$i \in J$ となる $(J, f_J) \in \mathcal{C}$ が存在する．さらに，もし $(J', f_{J'}) \in \mathcal{C}$ が $i \in J'$ を満たす他のペアとすると，$\mathcal{C}$ が全順序集合という仮定から（必要なら J と J' を入れ替えて），

$$(J, f_J) \preceq (J', f_{J'}) \quad \text{よって} \quad f_J(i) = f_{J'}(i)$$

が導かれる．これらの観察から，次の規則で与えられる，k 上で矛盾なく定義された選択関数 f_K の存在が示される：

$$i \in J \text{ である任意の } (J, f_J) \in \mathcal{C} \text{ に対して } f_K(i) = f_J(i).$$

我々はペア $(K, f_K) \in \mathcal{C}$ を構成し，かつ，その構成から

$$\text{任意の } (J, f_J) \in \mathcal{C} \text{ に対して } (J, f_J) \preceq (K, f_K)$$

である．すなわち，ペア (K, f_K) は半順序 $\preceq$ に関する $\mathcal{C}$ の極大元である．

我々は，$(\mathcal{U}, \preceq)$ の任意の鎖 $\mathcal{U}$ において上界が存在することを示した．よって，我々が真だと仮定しているツォルンの補題から，$(\mathcal{U}, \preceq)$ に極大元 (L, f_L) が存在する．もし $L = I$ なら (L, f_L) は I の選択関数であり，証明終了である．そこで，$L \neq I$ と仮定して矛盾を導こう．

仮定から $L \neq I$ だから，$i' \in I \smallsetminus L$ なる元を見つけることができる．S_i は空でないと仮

---

[14] $(\emptyset, f_\emptyset) \in \mathcal{U}$ であるから，$\mathcal{U}$ は空ではないことに注意せよ．写像 $f_\emptyset$ は集合論の「空集合の性質」からくるもので，これは任意の集合 S について，写像 $\emptyset \to S$ がただ 1 つ存在するというものである．

488　第 14 章　追加の話題を手短に

定しているから，元 $x' \in S_{i'}$ が存在する[15].

$$L' = L \cup \{i'\}$$

とおいて，L' の選択関数を次で定義する：

$$f_{L'} : L' = L \cup \{i'\} \longrightarrow \bigcup_{i \in L'} S_i, \quad f_{L'}(i) = \begin{cases} f_L(i) & i \neq i' \text{ のとき,} \\ x' & i = i' \text{ のとき.} \end{cases}$$

しかし，このとき

$$(L', f_{L'}) \in \mathcal{U} \quad \text{かつ} \quad (L, f_L) \preceq (L', f_{L'}) \quad \text{かつ} \quad (L, f_L) \neq (L', f_{L'})$$

であり，これは (L, f_L) の $\mathcal{U}$ における極大性に反する．この矛盾から $L = I$ がわかり，よって選択公理がツォルンの補題の帰結であることが示された．□

注意 14.19　定理 14.18 の逆，つまり選択公理がツォルンの補題を導くことの最も自然な証明は，整列集合と順序数と密接に関係する超限帰納法を使うものである．あいにくこれらの魅力的な話題は，この短い節にしてはあまりに遠くへと我々を誘ってしまうだろう．

定理 14.20　F を体とし，V を F ベクトル空間とする．ツォルンの補題が真であることを仮定する．このとき，V は基底を持つ．

証明　S を V の線形独立な部分集合のなす集合とする．つまり，数学的な記号では，

$$S = \{\mathcal{L} \subset \mathcal{P}(V) : \mathcal{L} \text{ は線形独立}\}.$$

S の半順序として包含 $\subseteq$ を用いる．

$(S, \subseteq)$ の任意の鎖 T が S に上界を持つことを主張する．この主張を示すために，

$$\mathcal{U} = \bigcup_{\mathcal{L} \in T} \mathcal{L} \subset V$$

とする．$\mathcal{U}$ が T の上界であることを示したい．$\mathcal{U}$ の定義から，任意の $\mathcal{L} \in T$ が $\mathcal{L} \subseteq \mathcal{U}$ を満たすことがわかる．もう少し明らかでないのは，$\mathcal{U}$ がそれ自身 S の元だということである．つまり $\mathcal{U}$ が V の線形独立な部分集合であることを示さなければならない．

$\boldsymbol{v}_1, \ldots, \boldsymbol{v}_n \in \mathcal{U}$ とし，

$$\text{ある } c_1, \ldots, c_n \in F \text{ に対して } c_1 \boldsymbol{v}_1 + \cdots + c_n \boldsymbol{v}_n = \boldsymbol{0} \tag{14.1}$$

と仮定する．我々の目標は c_i たちがすべて 0 であると示すことである．各 $\boldsymbol{v}_i$ は $\mathcal{U}$ の元で，$\mathcal{U}$ は $\mathcal{L} \in T$ の合併だから，各 $\boldsymbol{v}_i$ に対して，ある $\mathcal{L}_i \in T$ で $\boldsymbol{v}_i \in \mathcal{L}_i$ となるものが存在する．

ここで，$(T, \subseteq)$ が全順序集合であることを使う．これは任意の $i, j \in \{1, \ldots, n\}$ に対して，$\mathcal{L}_i \subseteq \mathcal{L}_j$ もしくは $\mathcal{L}_j \subseteq \mathcal{L}_i$ を意味する．したがって，ある添え字 $k \in \{1, \ldots, n\}$ が存在

---

[15] もし心配していればだが，x' を「選択する」ために選択公理を使ってはいない．単に，少なくとも 1 つ元を含んでいれば集合は空ではないという定義を使っているだけである．

して，

$$任意の 1 \le i \le n に対して \mathcal{L}_i \subseteq \mathcal{L}_k$$

である．このことから，$\boldsymbol{v}_1, \ldots, \boldsymbol{v}_n \in \mathcal{L}_k$ である．しかし，$\mathcal{L}_k \in T$，つまり，集合 $\mathcal{L}_k$ は線形独立であり，よって関係式 (14.1) は $\mathcal{L}_k$ 内の線形独立なベクトルの線形関係式である．したがって $c_1 = \cdots = c_n = 0$．これで $\mathcal{U} \in S$ の証明が終わり，したがって T が S で上界を持つことがわかった．

ツォルンの補題を使って S 自身が極大元を持つことがわかり，たとえば $\mathcal{B} \in S$ を極大元とする．$\mathcal{B}$ が V の基底であることを主張する．S の定義から，$\mathcal{B}$ は線形独立系であり，よって我々は $\mathcal{B}$ が V を張ることを示せばよい．

$\boldsymbol{w} \in V$ を V の任意の元とする．もし $\boldsymbol{w} \in \mathcal{B}$ なら $\boldsymbol{w}$ は明らかに $\mathcal{B}$ のスパンの元であり，証明終了である．よって $\boldsymbol{w} \notin \mathcal{B}$ として，次の集合に注目する：

$$\mathcal{L}_{\boldsymbol{w}} = \mathcal{B} \cup \{\boldsymbol{w}\} \subset V.$$

集合 $\mathcal{L}_{\boldsymbol{w}}$ は $\mathcal{B}$ を真に含む．つまり，

$$\mathcal{B} \subseteq \mathcal{L}_{\boldsymbol{w}} \quad かつ \quad \mathcal{B} \neq \mathcal{L}_{\boldsymbol{w}},$$

であり，$\mathcal{B}$ の S における極大性から $\mathcal{L}_{\boldsymbol{w}} \notin S$．したがって $\mathcal{L}_{\boldsymbol{w}}$ は線形従属系であるから，$\boldsymbol{v}_1, \ldots, \boldsymbol{v}_n \in \mathcal{B}$ であって，

$$ある b, c_1, \ldots, c_n \in F ですべてが 0 ではないものにより bw + c_1 \boldsymbol{v}_1 + \cdots + c_n \boldsymbol{v}_n = \boldsymbol{0}. \tag{14.2}$$

もし $b = 0$ なら，これは $\boldsymbol{v}_1, \ldots, \boldsymbol{v}_n$ が線形従属ということで，$\mathcal{B}$ が線形独立系であることに反する．以上から $b \neq 0$ であり，したがって

$$\boldsymbol{w} = -b^{-1} c_1 \boldsymbol{v}_1 - \cdots - b^{-1} c_n \boldsymbol{v}_n \in \operatorname{Span}_F(\mathcal{B}).$$

よって我々は任意の $\boldsymbol{w} \in V$ が $\operatorname{Span}_F(\mathcal{B})$ の元であることを示した．つまり，$\mathcal{B}$ が V の F 基底であることを示した． $\qquad\square$

14.3　テンソル積と多重線形代数

R を可換環とし，$M_1, \ldots, M_n$ と N を R 加群とする．13.1 節から，次の定義を思い出そう．

定義 14.21　$M_1 \times \cdots \times M_n$ から N への **R 多重線形写像**とは，写像

$$\phi\colon M_1 \times \cdots \times M_n \longrightarrow N$$

であって，各変数に関して R 準同型写像であるようなもの，つまり，次を満たすような写像だった：

$$\phi(m_1,\ldots,m_{i-1},\overbrace{am_i+bm_i'}^{\text{第 }i\text{ 成分が和.}},m_{i+1},\ldots,m_n)$$
$$= a\,\phi(m_1,\ldots,m_{i-1},m_i,m_{i+1},\ldots,m_n)$$
$$+ b\,\phi(m_1,\ldots,m_{i-1},m_i',m_{i+1},\ldots,m_n).$$

第 13 章で，R 加群

$$\mathfrak{ML}(M_1\times\cdots\times M_n,N) = \{R\text{ 多重線形写像 } M_1\times\cdots\times M_n \longrightarrow N\} \tag{14.3}$$

を研究した．R 加群 $\mathfrak{ML}(M_1\times\cdots\times M_n,N)$ の元はそれ自身が R 加群の間の準同型写像である．これは紛らわしい！ 写像の加群 (14.3) を調べる別の方法は，定義域が $M_1\times\cdots\times M_n$ であるような多重線形写像すべてを符号化した普遍的な R 加群を構成することである．この普遍的な加群はテンソル積と呼ばれ，その定義は普遍写像性に依拠する．

定義 14.22 $M_1,\ldots,M_n$ のテンソル積とは，R 加群 T と R 多重線形写像 Φ からなるペア (T,Φ) であって[16]，

$$\Phi\colon M_1\times\cdots\times M_n \longrightarrow T$$

が次の性質を満たすものである．すなわち，任意の R 加群 N と，任意の R 多重線形写像

$$\phi\colon M_1\times\cdots\times M_n \longrightarrow N$$

に対して，次を満たす R 加群準同型写像 $\lambda\colon T\to N$ が一意に存在する[17]：

任意の $(m_1,\ldots,m_n)\in M_1\times\cdots\times M_n$ に対し $\lambda\circ\Phi(m_1,\ldots,m_n) = \phi(m_1,\ldots,m_n)$．

テンソル積の定義は，次のようにする方がわかりやすいかもしれない．各 R 多重線形写像 $\phi\colon M_1\times\cdots\times M_n\to N$ に対して，次の図式を可換にする写像 λ が一意的に存在する：

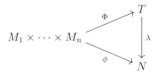

定理 14.23 $M_1,\ldots,M_n$ を R 加群とする．
(a) $M_1,\ldots,M_n$ のテンソル積 (T,Φ) が存在する．
(b) もし (T',Φ') が $M_1,\ldots,M_n$ に対する別のテンソル積なら，R 加群としての一意的な同型写像

---

[16] したがって，T は R 加群で，$\Phi\in\mathfrak{ML}(M_1\times\cdots\times M_n,T)$ である．
[17] 注意：λ の**一意性**は**存在性**と同じくらい重要である．

$$\Lambda: T \longrightarrow T' \quad であって \quad \Phi' = \Lambda \circ \Phi$$

を満たすものが存在する．

証明 (b) を証明し，(a) は演習問題とする．演習問題 14.11 を見よ．(b) を示すために，次のことに注意する．(T, Φ) はテンソル積であるから，また $\Phi': M_1 \times \cdots \times M_n \to T'$ は R 多重線形写像であるから，テンソル積の定義により，一意的な R 加群準同型写像

$$\lambda: T \longrightarrow T' \quad であって \quad \lambda \circ \Phi = \Phi'$$

を満たすものが存在する．T と T' の役割を交換すると，同様に一意的な R 加群準同型写像

$$\lambda': T' \longrightarrow T \quad であって \quad \lambda' \circ \Phi' = \Phi$$

を満たすものが存在する．これらの写像を合成すると，

$$\lambda' \circ \lambda: T \longrightarrow T \quad であって \quad (\lambda' \circ \lambda) \circ \Phi = \Phi$$

が成り立つ．言い換えると，$\lambda' \circ \lambda$ を縦の矢印とすると，次の図式が可換である：

しかし，テンソル積 (T, Φ) の定義から，縦の矢印で図式を可換にするものは**一意的**である．また，恒等写像 $T \to T$ がそのようなものの 1 つである．したがって，テンソル積の定義の一意性の部分から，

$$\lambda' \circ \lambda = T \text{ の恒等写像}$$

である．T と T' の役割を入れ替えれば，同じく $\lambda \circ \lambda'$ が T' の恒等写像である．したがって，$\lambda: T \to T'$ と $\lambda': T' \to T$ は同型写像である．さきに注意したように，これらは (T, Φ) と (T', Φ') により一意的に決められている． □

定義 14.24 $M_1, M_2, \ldots, M_n$ のテンソル積を，

$$M_1 \otimes M_2 \otimes \cdots \otimes M_n$$

と書く[18]．定理 14.23 により，$M_1, \ldots, M_n$ のテンソル積は存在するのみならず，可能な限り最大限に一意的であるのだから，定冠詞を用いて「ザ・テンソル積」といっても曖昧さはほとんどない．

例 14.25 テンソル積と直積は非常に異なる動物だということを強調しておきたい．本質的

---

[18] もし環 R が文脈から明らかでなければ，多くの人は $M_1 \otimes_R M_2 \otimes_R \cdots \otimes_R M_n$ と書く．

492   第14章　追加の話題を手短に

な差異は，写像 Φ が R 多重線形写像であり R 加群準同型写像ではない，という事実から生じている．鮮やかな例としては同型

$$\underbrace{R \otimes R \otimes R \cdots \otimes R}_{R \text{ の } n \text{ 個の複製}} \cong R$$

が挙げられる．（演習問題 14.12 (b) を見よ．）したがって，R の n 個のテンソル積は，R の n 個の直積とは非常に異なる．

例 14.26　M を有限生成アーベル群とし，M を $\mathbb{Z}$ 加群と見なす．$\mathbb{Q}$ もやはり $\mathbb{Z}$ 加群だから，テンソル積 $M \otimes_{\mathbb{Z}} \mathbb{Q}$ をとることができる．このとき，

$$M \otimes_{\mathbb{Z}} \mathbb{Q} \cong \mathbb{Q}^{\text{rank } M}$$

が示される．演習問題 14.13 を見よ．

　テンソル積を初めて見た人は，何かを証明するときには元を具体的に書き出し，明示的な関係式を使おうとする傾向がある．一般に，これは最後の手段とすべきだ．代わりに，魔法のような普遍写像性を活用すべきである！　たとえば，与えられた加群 T がテンソル積 $M_1 \otimes \cdots \otimes M_n$ であることを示すには，同型を書き出すことを試みたりはしない．その代わりに，T がテンソル積たる性質を持つことを示そうとする．次の命題はこのアイデアを説明している．証明を注意深く研究して，あなたの代数学の道具袋にその方法論をしっかりと収めてほしい．

命題 14.27　M を R 加群とし，I を R のイデアルとする．このとき[19]，

$$M \otimes (R/I) \cong M/IM.$$

証明　証明は同型写像を明示的に書き下すものではない．その代わりに，双線形写像[20]

$$\Phi \colon M \times (R/I) \longrightarrow M/IM$$

を構成し，ペア $(M/IM, \Phi)$ が，テンソル積の定義の際に述べた普遍写像性を持つことを証明する．そして，定義にある一意性から M/IM が $M \otimes (R/I)$ と同型であることがわかる．
　次の写像から始める：

$$\Phi \colon M \times (R/I) \longrightarrow M/IM, \quad \Phi(m, a+I) = am + IM.$$

最初に Φ が矛盾なく定義されていることを確認しよう．もし $a+I = a'+I$ なら，$a' = a+b$ となる $b \in I$ が存在する．よって

$$a'm + IM = am + bm + IM = am + IM. \quad (b \in I \Rightarrow bm \in IM \text{ に注意せよ．})$$

---

[19] IM の定義については，演習問題 11.7 を見よ．
[20] 「双線形」は「2 変数の多重線形」の略記である．

次に，Φ が R 双線形であることを次の計算で確認する：

$$\Phi(c_1 m_1 + c_2 m_2, a + I) = a(c_1 m_1 + c_2 m_2) + IM$$
$$= c_1(am_1 + IM) + c_2(am_2 + IM)$$
$$= c_1 \Phi(m_1, a + I) + c_2 \Phi(m_2, a + I),$$

$$\Phi(m, c_1 a_1 + c_2 a_2 + I) = (c_1 a_1 + c_2 a_2)m + IM$$
$$= c_1(a_1 m + IM) + c_2(a_2 m + IM)$$
$$= c_1 \Phi(m_1, a + I) + c_2 \Phi(m_2, a + I).$$

さて N が他の R 加群で，

$$\phi\colon M \times (R/I) \longrightarrow N$$

が R 双線形写像とする．ϕ と Φ を使って M/IM から N への準同型写像 λ で，次の性質を満たすものを構成したい：

$$\phi = \lambda \circ \Phi.$$

とくに，写像 λ が存在すれば，これは

$$\text{任意の } m \in M \text{ に対して } \phi(m, 1 + I) = \lambda \circ \Phi(m, 1 + I) = \lambda(m + IM)$$

という性質を満たさなければならない．しかし，そのような写像が存在するかは明らかではない．というのは，$\phi(m, 1 + I)$ の値は m の値に依存しているように思われ，一方で我々は，その値が剰余類 $m + IM$ にのみ依存してほしいからである．よって，代わりに写像

$$\mu\colon M \longrightarrow N, \quad \mu(m) = \phi(m, 1 + I).$$

を定義することから始める．ϕ は双線形なので，最初の変数に関して R 線形だから，写像 μ は R 加群の準同型写像である．IM は μ の核に含まれることを主張する．これを確かめるのに，$m \in IM$ とすると m は次のような線形結合で表される：

$$\text{ある } a_1, \ldots, a_k \in I \text{ と } m_1, \ldots, m_k \in M \text{ により，} m = a_1 m_1 + \cdots + a_k m_k.$$

そして次のように計算する：

$$\mu(m) = \phi(a_1 m_1 + \cdots + a_k m_k, 1 + I) \qquad \mu \text{ の定義から，}$$
$$= a_1 \phi(m_1, 1 + I) + \cdots + a_k \phi(m_k, 1 + I) \quad \phi \text{ は双線形だから，}$$
$$= \phi(m_1, a_1 + I) + \cdots + \phi(m_k, a_k + I) \quad \phi \text{ は双線形だから，}$$
$$= \phi(m_1, 0 + I) + \cdots + \phi(m_k, 0 + I) \qquad a_1, \ldots, a_k \in I \text{ だから，}$$
$$= 0 \qquad \phi \text{ は双線形なので任意の } m' \in M \text{ に対し } \phi(m', 0 + I) = 0 \text{ だから．}$$

したがって $m \in \ker(\mu)$ であり，これで $IM \subseteq \ker(\mu)$ が示された．演習問題 11.4 (d) から μ

494 第 14 章 追加の話題を手短に

は剰余加群に次の性質で特徴づけられる一意的な写像 $\lambda\colon M/IM \to N$ を引き起こす:

$$\lambda(m + IM) = \mu(m).$$

したがって,所望の写像

$$\lambda\colon M/IM \longrightarrow N \quad であって \quad \phi = \lambda \circ \Phi$$

を構成できた.さらに,構成の各段階で

任意の $m \in M$ に対して,$\lambda(m + IM)$ が $\phi(m, 1 + I)$ に等しい

が成り立つようになっている.よって,与えられた ϕ に対して,M/IM から N への写像 λ が高々 1 つあって,$\phi = \lambda \circ \Phi$ を満たす.これで,ペア $(M/IM, \Phi)$ がテンソル積 $M \otimes (R/I)$ の定義を満たすことがわかった.よって $M/IM \cong M \otimes (R/I)$ である.　　　　□

14.4　可換代数

この節では,可換環 R を 1 つ固定し,R 加群とそれらを結ぶ R 加群準同型写像を研究する.

14.4.1　完全系列

これまで十分に示してきたように,R 加群の準同型写像

$$f\colon M \longrightarrow N$$

に直面した際に最初に知りたいことは,f が単射か全射かもしくはその両方か,ということである.単射性がどのくらい満たされないかは核により測ることができるし,他方,全射性の程度は像の大きさで測ることができる.より一般に,写像の系列

$$M \xrightarrow{\ f\ } N \xrightarrow{\ g\ } P$$

があるとき,N がどの程度 M と P から組み立てられているのかを,f の像と g の核とを比較することで測ることができる.たとえば,もし $\mathrm{Image}(f) = \ker(g)$ なら,命題 11.12 により g は次の同型を引き起こす.

$$\overline{g}\colon N/f(M) \xrightarrow{\ \sim\ } g(N).$$

これらの考察から次の定義に至る.

定義 14.28　R 加群の(有限)鎖とは,R 加群と R 加群準同型写像の列である:

$$M_0 \xrightarrow{\ f_1\ } M_1 \xrightarrow{\ f_2\ } M_2 \xrightarrow{\ f_3\ } \cdots \xrightarrow{\ f_n\ } M_n. \tag{14.4}$$

完全系列とは,式 (14.4) の写像が次の性質を満たすことをいう:

$$\text{任意の } 1 \le i < n \text{ に対して Image}(f_i) = \ker(f_{i+1}).$$

短完全系列とは，5項からなる完全系列で，両端の加群が0となるもの，つまり

$$0 \longrightarrow M \xrightarrow{\ f\ } N \xrightarrow{\ g\ } P \longrightarrow 0 \tag{14.5}$$

である．

注意 14.29 5項系列 (14.5) が完全である必要十分条件は，写像 f と写像 g が次の4条件を満たすことである：

> (1) f は単射， (2) g は全射， (3) $g \circ f = 0$,
>
> (4) $g(n) = 0 \implies$ ある $m \in M$ が存在して $n = f(m)$.

例 14.30 次はアーベル群の完全系列である：

$$0 \longrightarrow \mathbb{Z}/2\mathbb{Z} \xrightarrow{(1 \bmod 2) \mapsto (2 \bmod 4)} \mathbb{Z}/4\mathbb{Z} \xrightarrow{(1 \bmod 4) \mapsto (1 \bmod 2)} \mathbb{Z}/2\mathbb{Z} \longrightarrow 0.$$

（これらの群は巡回群であるから，生成元の像を与えることで写像を定義できる．）一般化については演習問題 14.16 を見よ．

例 14.31 もし $N = M \times P$ が積なら，自然な短完全系列

$$0 \longrightarrow M \xrightarrow{m \mapsto (m,0)} M \times P \xrightarrow{(m,p) \mapsto p} P \longrightarrow 0$$

が存在する．この系列は，N が M と P からできているといっている．より一般に，任意の短完全系列

$$0 \longrightarrow M \xrightarrow{\ f\ } N \xrightarrow{\ g\ } P \longrightarrow 0$$

は，ある意味で N が M と P からできているといっているが，しかし N の加群構造は，積 $M \times P$ と必ずしも同じではないことを注意しておく．

　完全系列に関して，ある項を変更したら何が起きるかを問う定理はごまんとある．たとえば，剰余加群をとったらどうなるだろうか？　次の結果はこの問いに対する部分的な解答を与える．この重要な現象に関する一般的な議論については 14.5.3 節を見よ．

命題 14.32 次の R 加群の完全系列を考える：

$$0 \longrightarrow M \xrightarrow{\ f\ } N \xrightarrow{\ g\ } P \longrightarrow 0 \tag{14.6}$$

I を R のイデアルとする．

　(a) 次の R/I 加群の完全系列が存在する：

$$M/IM \xrightarrow{\ f\ } N/IN \xrightarrow{\ g\ } P/IP \longrightarrow 0.$$

(b) R が PID で，$P_{\text{tors}} = \{0\}$ なら，(a) の系列は左側にも完全，つまり，R/I 加群の完全系列が存在する：

$$0 \longrightarrow M/IM \stackrel{f}{\longrightarrow} N/IN \stackrel{g}{\longrightarrow} P/IP \longrightarrow 0.$$

注意 14.33 命題 14.32 はテンソル積の言葉で言い換えることもできて，それには命題 14.27 の同型 $M \otimes_R (R/I) \cong M/IM$ を用いる．そうすると，命題 14.32 (a) は，R/I をテンソルすることは，大体は完全性を保つが，左辺の単射性を失うことがあると述べている．この観察の再定式化と一般化については 14.5.3 節を見よ．

証明（命題 14.32 の証明）　(a) 説明を簡単にするために，I での剰余をとったことを示すために上線を用いる．たとえば，$n \in N$ なら，$\overline{n} \in N/IN$ が剰余類 $n + IN$ に対する我々の記号であり，また剰余類の言葉では，写像 $\overline{f}\colon M/IM \to N/IN$ は

$$\overline{f}(m + IM) = f(m) + IN, \quad \text{もしくは同値な言い換えとして，} \quad \overline{f}(\overline{m}) = \overline{f(m)}$$

である．完全性を示すにはいくつかの事実を証明する必要がある．1 つずつ確認していこう．

> **主張：$\overline{g}$ は全射.**

$\overline{p} \in P/IP$ とする．式 (14.6) の完全性から，g は全射であり，よってある $n \in N$ で $g(n) = p$ を満たすものが存在する．すると，

$$\overline{g}(\overline{n}) = \overline{g(n)} = \overline{p}.$$

したがって $\overline{p} \in \text{Image}(\overline{g})$ である．

> **主張：$\text{Image}(\overline{f}) \subseteq \ker(\overline{g})$.**

$\overline{n} = \overline{f}(\overline{m}) \in \text{Image}(\overline{f})$ とする．すると，

$$\overline{g}(\overline{n}) = \overline{g}(\overline{f}(\overline{m})) = \overline{g(f(m))} = \overline{0},$$

なぜなら式 (14.6) の完全性から，$g \circ f$ は 0 写像であるから．よって $\overline{n} \in \ker(\overline{g})$ である．

> **主張：$\ker(\overline{g}) \subseteq \text{Image}(\overline{f})$.**

$\overline{n} \in \ker(\overline{g})$ とする．すると $g(n) \in IP$ であるから，

$$\text{ある } \alpha_1, \ldots, \alpha_r \in I \text{ と，ある } p_1, \ldots, p_r \in P \text{ により } g(n) = \alpha_1 p_1 + \cdots + \alpha_r p_r.$$

式 (14.6) の完全性を再び使って，g は全射だから

$$n_1, \ldots, n_r \in N \text{ であって } g(n_i) = p_i \text{ が } 1 \le i \le r \text{ に対して成り立つ}$$

ような元が存在する．すると，

$$g(n - \alpha_1 n_1 - \cdots - \alpha_r n_r) = g(n) - \alpha_1 g(n_1) - \cdots - \alpha_r g(n_r)$$
$$= g(n) - \alpha_1 p_1 - \cdots - \alpha_r p_r$$
$$= 0.$$

したがって，

$$n - \alpha_1 n_1 - \cdots - \alpha_r n_r \in \ker(g) \overset{\text{式 (14.6) の完全性から等しい}}{=} \mathrm{Image}(f).$$

よって，$m \in M$ が存在して

$$f(m) = n - \alpha_1 n_1 - \cdots - \alpha_r n_r$$

が成り立つ．法 IN での剰余を考えると，

$$\overline{f}(\overline{m}) = \overline{f(m)} = \overline{n} - \overline{\alpha_1 n_1} - \cdots - \overline{\alpha_r n_r} = \overline{n},$$

ここで最後の等式は，$\alpha_1, \ldots, \alpha_r \in I$ であるから $\overline{\alpha_1 n_1} = \cdots = \overline{\alpha_r n_r} = \overline{0}$ となることからわかる．よって $\overline{n} \in \mathrm{Image}(\overline{f})$ である．

(b) 上述の (a) から，示すべきは次の通りである：

> **主張：$\overline{f}$ は単射である．**

R は PID であると仮定しているので，イデアル I は単項イデアルであるから $I = \beta R$ とする．もし $\beta = 0$ なら $I = (0)$ は零イデアルで，よって $M/IM = M$ かつ $N/IN = N$ かつ，$\overline{f} = f$ であるから終了である．以下 $\beta \neq 0$ と仮定する．

$\overline{m} \in \ker(\overline{f})$ とすると，$f(m) \in IN = \beta N$ がわかるので，

$$\text{ある } n \in N \text{ により } f(m) = \beta n$$

と書ける．よって次のように計算できる：

$$0 \overset{g \circ f = 0 \text{ が式 (14.6) の完全性によりわかるから}}{=} g(f(m)) = g(\beta n) = \beta g(n).$$

$\beta \neq 0$ の仮定から，$g(n) \in P_{\mathrm{tors}}$ である．また $P_{\mathrm{tors}} = \{0\}$ の仮定から，$g(n) = 0$ である．したがって，

$$n \in \ker(g) \overset{\text{式 (14.6) の完全性から等しい}}{=} \mathrm{Image}(f),$$

よって，ある $m' \in M$ が存在して $f(m') = n$ である．代入して，

$$f(m - \beta m') = f(m) - \beta f(m') = \beta n - \beta n = 0.$$

しかし，式 (14.6) の完全性から f は単射であり，よって $m = \beta m'$ が示された．したがって，$m \in \beta M = IM$ であり，よって $\overline{m} = \overline{0}$ である．これで $\ker(\overline{f}) = \{\overline{0}\}$ が示され，$\overline{f}$ が単射であると証明された． $\square$

498   第 14 章　追加の話題を手短に

　次の結果は，例 14.30 や例 14.31 で示唆されたアイデアである，短完全系列によってその中央の加群の性質が両端のより小さい加群の性質から導かれるだろう，ということを示している．別の例については演習問題 14.17 を，また系 14.34 の一般化については演習問題 14.20 を見よ．

系 14.34　R を PID とし，有限生成自由 R 加群の完全系列

$$0 \longrightarrow M \xrightarrow{f} N \xrightarrow{g} P \longrightarrow 0$$

を考える．このとき，

$$\operatorname{rank}_R N = \operatorname{rank}_R M + \operatorname{rank}_R P$$

である．

証明　$\mathfrak{M}$ を R の極大イデアルとする．一般に，任意の R 加群 Q に対し，次が成り立つ：

$$Q \text{ は自由 } R \text{ 加群で階数 } k \implies \text{ある } k \geq 0 \text{ に対して } Q \cong R^k$$
$$\implies Q/\mathfrak{M}Q \cong R^k/\mathfrak{M}R^k \cong (R/\mathfrak{M}R)^k$$
$$\implies k = \dim_{R/\mathfrak{M}} Q/\mathfrak{M}Q = \operatorname{rank}_R Q. \tag{14.7}$$

一方で，命題 14.32 により，$\mathfrak{M}$ で法をとることで，$R/\mathfrak{M}R$ ベクトル空間の完全系列

$$0 \longrightarrow M/\mathfrak{M}M \xrightarrow{\overline{f}} N/\mathfrak{M}N \xrightarrow{\overline{g}} P/\mathfrak{M}P \longrightarrow 0 \tag{14.8}$$

を得る．よって，ベクトル空間に関する懐かしの結果の 1 つである階数・退化次数定理が使える．次のように計算する：

$$\operatorname{rank}_R N = \dim_{R/\mathfrak{M}}(N/\mathfrak{M}N) \qquad \text{式 (14.7) から，}$$

$$= \dim_{R/\mathfrak{M}}(\ker(\overline{g})) + \dim_{R/\mathfrak{M}}(\operatorname{Image}(\overline{g}))$$

　　　　　　　　　階数・退化次数定理（定理 10.22）を
　　　　　　　　　式 (14.8) の $R/\mathfrak{M}$ 線形写像 $\overline{g}$ に使う

$$= \dim_{R/\mathfrak{M}}(\operatorname{Image}(\overline{f})) + \dim_{R/\mathfrak{M}}(\operatorname{Image}(\overline{g}))$$

　　　　　　　　　式 (14.8) の完全性より，
　　　　　　　　　$\ker(\overline{g}) = \operatorname{Image}(\overline{f})$ であるから，

$$= \dim_{R/\mathfrak{M}}(M/\mathfrak{M}M) + \dim_{R/\mathfrak{M}}(P/\mathfrak{M}P)$$

　　　　　　　　　式 (14.8) の完全性から，$\overline{f}$ は単射で，
　　　　　　　　　よって $\operatorname{Image}(\overline{f}) \cong M/\mathfrak{M}M$，また $\overline{g}$ が
　　　　　　　　　全射だから，$\operatorname{Image}(\overline{g}) \cong P/\mathfrak{M}P$，

$$= \operatorname{rank}_R M + \operatorname{rank}_R P \qquad \text{式 (14.7) により．}$$

以上で系 14.34 が証明された. □

14.4.2 可換図式

可換図式は写像の間の関係を，それらを有向グラフとして表すことで示す便利な方法である．グラフの頂点は数学的な対象（集合，加群，などなど）であり，グラフの矢印はそれらの間の写像である．可換性は，ある頂点の元から出発して，他の頂点への道をたどったときに，最終的な像がどの経路をたどったかによらないという主張から生じる[21]．いくつか例を見ることでよく理解できるだろう．

例 14.35（可換な正方形） 可換図式

$$
\begin{array}{ccc}
W & \xrightarrow{\ f\ } & X \\
{\scriptstyle \alpha}\downarrow & & \downarrow{\scriptstyle \beta} \\
Y & \xrightarrow[\ g\ ]{} & Z
\end{array}
$$

は，次のことを述べている：

$$\text{任意の } w \in W \text{ に対して，} \beta(f(w)) = g(\alpha(w)).$$

同値な言い換えとして，写像の記号を使って述べると，$\beta \circ f = g \circ \alpha$ である.

例 14.36（結合則） G を集合とし，

$$\mu\colon G \times G \longrightarrow G$$

を写像とする．G を，μ を群演算とする群にしたいと仮定する．我々がすべきは，μ が結合的か，つまり μ が

$$\text{任意の } a,b,c \in G \text{ に対して，} \mu(a,\mu(b,c)) = \mu(\mu(a,b),c) \tag{14.9}$$

を満たしているかを確認することである．$\iota\colon G \to G$ を恒等写像 $\iota(a) = a$ とすると，式 (14.9) を写像の恒等式

$$\text{集合 } G \times G \times G \text{ において，} \mu \circ (\iota \times \mu) = \mu \circ (\mu \times \iota) \tag{14.10}$$

に言い換えられる．式 (14.10) の代わりに，次の図式が可換であるということもできる：

---

[21] ここから，ロバート・フロストの森を通る有名な道は，可換ではないという結論に導かれる．そうでなければ，踏みならされずにいた道も，踏み固められた道も，同じ行き先に彼を導いただろうから．（訳注：アメリカの詩人ロバート・フロストの詩 "The road not taken" への言及である．）

500 第 14 章 追加の話題を手短に

$$
\begin{array}{ccc}
G \times G \times G & \xrightarrow{\;\iota \times \mu\;} & G \times G \\
\downarrow{\scriptstyle \mu \times \iota} & & \downarrow{\scriptstyle \mu} \\
G \times G & \xrightarrow{\quad \mu \quad} & G
\end{array}
$$

可換図式は加群の研究にことほのか有用である．というのは，この状況では図式の可換性と系列の完全性を絡み合わせるようなことができるからである．「ファイブレンマ」と呼ばれる典型的な例を与える．これは 4 つの可換な正方形が 2 つの完全系列により組み合わされたものである．この有用な結果の証明は，**図式追跡による証明**として知られるもののよい例である．このような証明を理解するにはいつでも，時間をとって，図式の各経路を一段階ごとにたどっていかなければならない．

定理 14.37（ファイブレンマ） 式 (14.11) が R 加群と R 加群の準同型写像からなる可換図式とする：

$$
\begin{array}{ccccccccc}
M_1 & \xrightarrow{f_1} & M_2 & \xrightarrow{f_2} & M_3 & \xrightarrow{f_3} & M_4 & \xrightarrow{f_4} & M_5 \\
{\scriptstyle \alpha_1}\downarrow{\scriptstyle \wr} & & {\scriptstyle \alpha_2}\downarrow{\scriptstyle \wr} & & {\scriptstyle \alpha_3}\downarrow & & {\scriptstyle \alpha_4}\downarrow{\scriptstyle \wr} & & {\scriptstyle \alpha_5}\downarrow{\scriptstyle \wr} \\
N_1 & \xrightarrow{g_1} & N_2 & \xrightarrow{g_2} & N_3 & \xrightarrow{g_3} & N_4 & \xrightarrow{g_4} & N_5
\end{array}
\tag{14.11}
$$

さらに，次が成り立っているとする：

- 行は完全系列である．
- 垂直の写像 α_1, α_2, α_4, α_5 は同型写像である[22]．

このとき，α_3 もまた同型写像である．

証明 α_3 が単射であることを示す．

- **与えられるもの**：$m_3 \in \ker(\alpha_3)$，つまり $m_3 \in M_3$ と $\alpha_3(m_3) = 0$．
- **目標**：$m_3 = 0$．
- f_3 を使って m_3 を $m_4 = f_3(m_3) \in M_4$ に移す．
- α_4 を使って m_4 を N_4 に移す．図式の可換性により，

$$
\alpha_4(m_4) = \alpha_4 \circ f_3(m_3) = g_3 \circ \alpha_3(m_3) = g_3(0) = 0.
$$

- α_4 は同型写像だから，これで $m_4 = 0$ が示された．
- よって $f_3(m_3) = m_4 = 0$ であり，つまり $m_3 \in \ker(f_3)$．
- 上の行の完全性により，$\ker(f_3) = \mathrm{Image}(f_2)$，よって $m_3 \in \mathrm{Image}(f_2)$．
- これはある元 $m_2 \in M_2$ により $m_3 = f_2(m_2)$ と書けることを意味する．
- α_2 を使って m_2 を N_2 に移す．図式の可換性から，

---

[22]仮定を少し弱めることができる．α_1 が全射で α_5 が単射であれば十分である．

$$g_2 \circ \alpha_2(m_2) = \alpha_3 \circ f_2(m_2) = \alpha_3(m_3) = 0,$$

- よって $\alpha_2(m_2) \in \ker(g_2)$.
- 下の行の完全性から $\ker(g_2) = \mathrm{Image}(g_1)$, よって $\alpha_2(m_2) \in \mathrm{Image}(g_1)$.
- これは, ある $n_1 \in N_1$ により $\alpha_2(m_2) = g_1(n_1)$ となることを意味する.
- α_1 が同型であることから（全射であれば十分である）, ある元 $m_1 \in M_1$ により $n_1 = \alpha_1(m_1)$ と書ける.
- よって次のように計算できる:

$$\alpha_2 \circ f_1(m_1) = g_1 \circ \alpha_1(m_1) = g_1(n_1) = \alpha_2(m_2).$$

- α_2 は同型だから, $m_2 = f_1(m_1)$ である.
- 上の行の完全性から $f_2 \circ f_1 = 0$. したがって,

$$m_3 = f_2(m_2) = f_2 \circ f_1(m_1) = 0.$$

以上で α_3 が単射であることの証明が完了である.

α_3 が全射であることの証明も同様である. 演習問題 14.21 とする. □

14.4.3 代数と環の整拡大

環 R が, より大きな環の部分環として現れるという場合をたくさん見てきた. たとえば, 環 R は多項式環 $R[x]$ に含まれる. この節では, R がより大きな環に含まれるという一般の状況を考察する. とくに, 体の拡大 K/F の研究を, 環の拡大 A/R へ一般化することに重点をおく.

定義 14.38 R を環とする. **R 代数**とは, ペア (A, f) であり, 環 A と環準同型写像 $f \colon R \to A$ からなるものである. f を用いて, $r \cdot a$ を $f(r)a$ と定義することで A を R 加群とする. 多くの場合にそうであるが, もし準同型写像 f が単射ならば, R を $f(R)$ と同一視して R を A の部分環と見なす[23].

例 14.39 すでに代数の例をたくさん見てきている.
- 多項式環 $R[x_1, \ldots, x_n]$ は R 代数である.
- 整域 R の分数体は R 代数である. たとえば, $\mathbb{Q}$ は $\mathbb{Z}$ 代数である.
- K/F を体の拡大とする. このとき K は F 代数である.

有益な観察として, もし A が R 代数なら, A は自動的に R 加群である. それにもかかわらずつねに念頭に置かなければならないのは, それに加えて, A 自身が乗算を持っているという利点があることである.

定義 14.40 A を R 代数とする. A が **R 上有限**であるとは, A が R 加群として有限生成と

---

[23] もし A が非可換環なら, $f(R)$ が A の任意の元と可換であることも要請する.

502　第 14 章　追加の話題を手短に

いうことであり，つまり有限個の元 $\alpha_1, \ldots, \alpha_n \in A$ が存在して，次が成り立つことである：

$$A = \mathrm{Span}_R\{\alpha_1, \ldots, \alpha_n\} = \{r_1\alpha_1 + \cdots + r_n\alpha_n : r_1, \ldots, r_n \in R\}.$$

定義 14.41　A を R 代数とし，$\alpha_1, \ldots, \alpha_n \in A$ とする．**$\alpha_1, \ldots, \alpha_n$ で生成された R 代数**は，A の部分環で次のように定義されるものである：

$$R[\alpha_1, \ldots, \alpha_n] = \{f(\alpha_1, \ldots, \alpha_n) : f \in R[x_1, \ldots, x_n]\}.$$

もし，ある有限集合 $\alpha_1, \ldots, \alpha_n \in A$ により $A = R[\alpha_1, \ldots, \alpha_n]$ となるとき，A を**有限生成 R 代数**という．あるいは単に，A は **R 上有限型**ともいう．

これらの概念を区別することが非常に重要である．とくに，R 上有限な R 代数は自動的に R 上有限生成である．しかし，逆は一般には真ではない．図 42 にいくつか例がある．

これらのアイデアから，ヒルベルトの基底定理を次のような力強く簡潔な主張に言い換えられる．定理 11.43 や系 11.44，そして演習問題 11.23 を見よ．

定理 14.42（ヒルベルトの基底定理）　R をネーター環，A を有限生成 R 代数とする．このとき A はネーター環である．

証明　ある $\alpha_1, \ldots, \alpha_n$ に対して $A = R[\alpha_1, \ldots, \alpha_n]$ が与えられている条件である．定義により，これは評価準同型写像

$$E_{\boldsymbol{\alpha}} : R[x_1, \ldots, x_n] \longrightarrow A, \quad E_{\boldsymbol{\alpha}}(f(x_1, \ldots, x_n)) = f(\alpha_1, \ldots, \alpha_n)$$

が全射であるということである．したがって，A は次のように剰余環と同型である：

$$A \cong R[x_1, \ldots, x_n]/\ker(E_{\boldsymbol{\alpha}}).$$

系 11.44 により，多項式環 $R[x_1, \ldots, x_n]$ はネーター環であり，よって命題 11.41 から環 $R[x_1, \ldots, x_n]$ の任意の剰余環もネーター環である．したがって A はネーター環である．　□

R	A	A は R 上有限？	A は R 上有限型？
$\mathbb{Z}$	$\mathbb{Z}[\sqrt{2}]$	**Yes**	**Yes**
$\mathbb{Z}$	$\mathbb{Z}[x]$	**No**	**Yes**
$\mathbb{Q}$	$\mathbb{Q}[\sqrt[3]{2}]$	**Yes**	**Yes**
$\mathbb{Z}$	$\mathbb{Q}$	**No**	**No**
$\mathbb{Q}$	$\mathbb{C}$	**No**	**No**
$\mathbb{R}$	$\mathbb{C}$	**Yes**	**Yes**

図 42　R 代数の例とその性質．

14.4　可換代数　　**503**

F が体なら，$F[x]$ の根は F のとくに興味深い拡大を生成することを見た．これらのつつましい出発点から，第 8 章や第 9 章での，体の代数拡大についての我々の広範な研究が始まったのであった．環についても，適切な類似物は，モニック多項式の根をとることだと明らかになる．

定義 14.43　R を環とし，A を R 代数とする．元 $\alpha \in A$ が **R 上整**であるとは，α が $R[x]$ のモニック多項式の根であることである．もし A の任意の元が R 上整なら，**A は R 上整**という．

次の結果は，定理 9.6 の環に対する類似物であり，体の拡大のときに似た主張を与える．環の状況において整であることがなぜ自然なのかの 1 つの理由は，それが体の状況において代数的であることの類似になっているからである[24]．

定義 14.44　R を環とし，A を R 代数とする．**R の A における整閉包**とは，集合

$$\{\alpha \in A : \alpha \text{ は } R \text{ 上整}\}$$

のことである．

定理 14.45　R を環とし，A を R 代数とする．
　　(a) もし $\alpha, \beta \in A$ が R 上整なら，$\alpha + \beta$ と $\alpha\beta$ も R 上整である．
　　(b) R の A における整閉包は A の部分環である．

証明　(a) が (b) を導くことは読者に委ねる．(a) の証明の鍵となるのは次の有益な整性判定法である．

補題 14.46　R を環とし，A を R 代数とする．さらに $\alpha \in A$ とし，$M \subseteq A$ を A の有限生成 R 部分加群で，次の性質を満たすものとする：

$$1 \in M \quad \text{かつ} \quad \alpha M \subseteq M.$$

このとき α は R 上整である．

証明　$m_1, \ldots, m_n \in M$ を M の R 加群としての生成元とする．$\alpha M \subseteq M$ という性質を使って，とくに任意の $1 \leq i \leq n$ に対して $\alpha m_i \in M$ である．したがって，次のように書くことができる：

$$\text{ある } c_{i,1}, \ldots, c_{i,n} \in R \text{ により，} \alpha m_i = c_{i,1}m_1 + c_{i,2}m_2 + \cdots + c_{i,n}m_n.$$

行列の記号で書けば，$\mathsf{Mat}_{n \times n}(R)$ の行列 $(c_{i,j})$ で次の性質を持つものを構成した：

---

[24] もし K/F が体の拡大で，$\alpha \in K$ なら，α が F 上代数的である必要十分条件は，α が F 上整であることである．というのは，α がある $f(x) \in F[x]$ の根なら，$f(x)$ を最高次係数で割って $F[x]$ のモニック多項式を得ることができ，それは α を代入すると消えるからである．

$$\alpha \begin{pmatrix} m_1 \\ \vdots \\ m_n \end{pmatrix} = \begin{pmatrix} c_{1,1} & \cdots & c_{1,n} \\ \vdots & \ddots & \vdots \\ c_{n,1} & \cdots & c_{n,n} \end{pmatrix} \begin{pmatrix} m_1 \\ \vdots \\ m_n \end{pmatrix}. \tag{14.12}$$

記号を簡単にするため，これらの行列とベクトルを

$$C = (c_{i,j}) \quad \text{と} \quad \boldsymbol{m} = (m_1, \ldots, m_n)$$

とする．この記号で式 (14.12) を書き直すと，

$$(\alpha I - C)\boldsymbol{m} = \boldsymbol{0}. \tag{14.13}$$

式 (14.13) の両辺に行列 $\alpha I - C$ の余因子行列を掛ける．（行列の余因子行列の定義は演習問題 13.12 を見よ．）これによって

$$\det(\alpha I - C)\boldsymbol{m} = \boldsymbol{0}. \tag{14.14}$$

言い換えると，すべての $1 \le i \le n$ に対して $\det(\alpha I - C)m_i = 0$ を示した．しかし，ここで $1 \in M$ だったことを思い出すと，1 を $m_1, \ldots, m_n$ の R 線形結合として書けて，

$$\text{ある } a_1, \ldots, a_n \in R \text{ が存在して，} 1 = a_1 m_1 + \cdots + a_n m_n.$$

この式に $\det(\alpha I - C)$ を掛けて，式 (14.14) を使うと，

$$\det(\alpha I - C) = a_1 \cdot \underbrace{\det(\alpha I - C)m_1}_{\text{これは式 (14.14) により 0.}} + \cdots + a_n \cdot \underbrace{\det(\alpha I - C)m_n}_{\text{これは式 (14.14) により 0.}} = 0.$$

したがって α はモニック多項式 $\det(xI - C) \in R[x]$ の根であり，よって α が R 上整であると証明された． $\square$

定理 14.45 (a) の証明に戻る．次で定義される A の部分加群を考える：

$$M = R[\alpha, \beta].$$

（もちろん，M は実際には A の部分環である．しかしそれはいまの我々の目的には関係ない．）α と β が R 上整であることが与えられていて，よってモニック多項式 $f(x), g(x) \in R[x]$ で，$f(\alpha) = 0$ かつ $g(\beta) = 0$ であるものが存在する．$d = \deg(f)$，$e = \deg(g)$ とする．このとき，集合

$$\{\alpha^i \beta^j : 0 \le i < d,\ 0 \le j < e\}$$

は M を R 加群として生成する．つまり，

$$M = R[\alpha, \beta] = \mathrm{Span}_R\{\alpha^i \beta^j : 0 \le i < d,\ 0 \le j < e\}.$$

演習問題 14.25 を見よ．とくに，M は有限生成 R 加群である．また，

$$1 \in M \quad \text{かつ} \quad (\alpha + \beta)M \subseteq M \quad \text{かつ} \quad \alpha\beta M \subseteq M$$

にも注意する．すると，補題 14.46 により，$\alpha + \beta, \alpha\beta$ はどちらも，R 上整であることがわかる．$\qquad\Box$

定義 14.47 整域 R が**整閉**であるとは，分数体における整閉包がそれ自身と一致することである．（分数体の議論については 7.5 節を見よ．）

一意分解整域たちは，整閉な環の興味深い一群である．

命題 14.48 R を一意分解整域とする．このとき R は整閉である．

証明 K を R の分数体とし，$a/b \in K$ が R 上整とする．R は UFD だから，a と b の因子分解は共通の既約元を持たないと仮定してよい．a/b が R 上整という仮定から，a/b はモニック多項式 $f(x) \in R[x]$，たとえば

$$f(x) = x^d + c_1 x^{d-1} + c_2 x^{d-2} + \cdots + c_{d-1}x + c_d \in R[x]$$

の根である．$f(a/b)$ を評価して，分母を払うために b^d を掛け[25]，

$$\underbrace{0 = b^d f(a/b)}_{a/b \text{ は } f(x) \text{ の根だから，}} = a^d + c_1 a^{d-1}b + c_2 a^{d-2}b^2 + \cdots + c_{d-1}ab^{d-1} + c_d b^d.$$

これを書き直すと，

$$a^d = b \cdot (-c_1 a^{d-1} - c_2 a^{d-2}b - \cdots - c_{d-1}ab^{d-2} + c_d b^{d-1}).$$

これで $b \mid a^d$ が示された．しかし，b は a と共通の因子を持たないのだから，b の因子分解は既約元を含まない．つまり b は単元で，$b \in R^*$ である．よって $a/b = b^{-1}a \in R$．$\qquad\Box$

14.5 圏論

我々の代数学の逍遥では，いろいろな種類の興味深い性質を持ったさまざまな数学的対象と出会ってきた．そしてより広い数学の世界は，さらに多くのそのような対象を含んでいる．数学的な対象のある部類を研究するときに，その対象の性質を保つ写像を一緒に研究しなければならないということもいままで見てきた．図 43 は，この一般的なアイデアの例からなる長いリストである．

図 43 の例のすべてに共通するものは何だろうか？ これらはある特定の性質を満たす対象の集まりと，その対象の間の，与えられた性質を保存する写像の集まりである．もしこれら個別の例から特定の性質を取り除くと，その精神が現代数学のほとんどに浸透している，次の抽象的な概念に到達する．

---

[25] 最初の a^d があるのは，$f(x)$ がモニックだからである．もし f がモニックでなければ，$b^d f(a/b) = c_0 a^d + \cdots$ となり，証明がうまくいかない．

506 第 14 章　追加の話題を手短に

圏	対象	射（写像）
Set	集合	写像
Gp	群	群準同型写像
Ab	アーベル群	群準同型写像
Ring	環	環準同型写像
Vec$_F$	F ベクトル空間	F 線形写像
Mod$_R$	R 加群	R 線形写像
Top	位相空間	連続写像
Graph	グラフ †	グラフの射
Ell	楕円曲線 †	同種写像
AG	代数的集合 †	射
AG-Rat	代数的集合 †	有理写像

† これらの圏については 14.6 節，14.8 節，14.10 節を見よ.

図 43　圏とその対象，射（写像）の例.

定義 14.49　圏 C は次のデータ

- 対象の族[26] Obj(C),
- 対象のペア $X, Y \in$ Obj(C) のそれぞれに対する**矢印**（あるいは，**写像**もしくは**射**とも呼ばれるもの）の族[27] Hom$_C(X, Y)$,
- 対象の 3 つ組 $X, Y, Z \in$ Obj(C) のそれぞれに対する**合成射**[28]

$$\mathrm{Hom}_C(X, Y) \times \mathrm{Hom}_C(Y, Z) \longrightarrow \mathrm{Hom}_C(X, Z), \quad (f, g) \longmapsto g \circ f \qquad (14.15)$$

であって，次の公理を満たすようなものからなる：

- **単位元公理**：任意の対象 $X \in$ Obj(C) に対して，射

$$\iota_X \in \mathrm{Hom}_C(X, X)$$

が存在して

---

[26]単に対象の「集合」とするのではなく，対象の「族」としているのはなぜだろうか？　答えは，多くの圏において対象の族は集合になるには大きすぎるからである．たとえば，集合の圏では Obj(Set) はすべての集合全体であってほしい．しかし定理 14.10 により，この族は集合にはなりえない．しかしながら，この節の解説を易しくするために，任意の対象のペア $X, Y \in$ C に対して射の族 Hom$_C(X, Y)$ は集合であることを仮定する．なお，圏 C で Obj(C) が集合になるものは**小圏**と呼ばれる．

[27]より形式的には，矢印の族 Hom(C) と，ソース写像 $\mathcal{S}$: Hom(C) $\rightarrow$ Obj(C) とターゲット写像 $\mathcal{T}$: Hom(C) $\rightarrow$ Obj(C) が存在する．このとき Hom$_C(X, Y)$ は，$f \in$ Hom(C) であって，$X = \mathcal{S}(f)$ かつ $Y = \mathcal{T}(f)$ を満たすものすべての族と定義される．

[28]式 (14.15) は「合成」と呼ばれるが，また圏における「矢印の合成」ともいうが，これを文字通りに受け取ってはいけない．矢印が写像ではない圏も存在するので，$g \circ f$ を写像の合成と言い換えることはできない．

$$f \circ \iota_X = f \quad (\text{任意の } f \in \mathrm{Hom}_{\mathsf{C}}(X, Y) \text{ に対して}),$$
$$\iota_X \circ g = g \quad (\text{任意の } g \in \mathrm{Hom}_{\mathsf{C}}(Y, X) \text{ に対して}).$$

- **結合公理**：任意の対象 $X, Y, Z, W \in \mathrm{Obj}(\mathsf{C})$ と，任意の射

$$f \in \mathrm{Hom}_{\mathsf{C}}(X, Y), \quad g \in \mathrm{Hom}_{\mathsf{C}}(Y, Z), \quad h \in \mathrm{Hom}_{\mathsf{C}}(Z, W)$$

に対して，次が成り立つ：

$$(h \circ g) \circ f = h \circ (g \circ f).$$

注意 14.50 単位元公理と結合公理を次の図式の可換性で表しておくと便利である[29]：

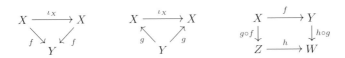

定義 14.51 $X, Y \in \mathrm{Obj}(\mathsf{C})$ とし，$f \in \mathrm{Hom}_{\mathsf{C}}(X, Y)$ とする．f の**左逆射**（同様に**右逆射**）とは，射 $g \in \mathrm{Hom}_{\mathsf{C}}(Y, X)$ であって，$g \circ f = \iota_X$ を満たすもの（同様に $f \circ g = \iota_Y$ を満たすもの）である．f が**同型射**とは，f が左逆射と右逆射の両方を持つことをいう[30]．もし，さらに $Y = X$ なら，f を**自己同型射**といい，

$$\mathrm{Aut}_{\mathsf{C}}(X) = \{f \in \mathrm{Hom}_{\mathsf{C}}(X, X) \colon f \text{ は自己同型射}\}$$

と書く．

　次の命題は，なぜ群論が数学の全体に，とくに図 43 にある多くの分野に，行き渡っているのかを説明する助けになる．

命題 14.52 $X \in \mathrm{Obj}(\mathsf{C})$ とする．このとき，$\mathrm{Aut}_{\mathsf{C}}(X)$ は射の合成を群演算として群になる．

証明 $\mathrm{Aut}_{\mathsf{C}}(X)$ の単位元は ι_X である．ι_X が単位元として振る舞うことは，圏の単位元公理の言い換えである．逆元の存在は，$\mathrm{Aut}_{\mathsf{C}}(X)$ の定義で保証されている．最後に，結合則は圏の結合公理の言い換えである． □

例 14.53（**部分圏**）　非形式的には，C の部分圏とは，C の対象の部分族と，C の矢印の部分族で，圏の公理を満たすものである．たとえば，**Ab** は **Gp** の部分圏である．というのは，アーベル群の族はすべての群の族に含まれているからである．

　他の興味深い例として[31]，**AG** は **AG-Rat** の部分圏である．このとき圏 **AG** と圏 **AG-Rat**

---
[29] 可換図式についての簡潔な議論については 14.4.2 節を見よ．
[30] もし f が左逆射 g と右逆射 h を持てば，自動的に $g = h$ である．演習問題 14.27 を見よ．
[31] この例は 14.10 節の題材を含んでいるので，その節を読んでからこの例に戻ってきてもよい．

508 第 14 章 追加の話題を手短に

の対象の族は同一で，つまり代数的集合である．しかし，AG-Rat の方がよりたくさんの矢印を持っている．注意してほしいのは，2 つの対象が「同型」であるという概念が，これらの圏のうちのどちらを考えているかで異なるという点である．2 つの代数的集合

$$X, Y \in \mathrm{Obj}(\mathsf{AG}) = \mathrm{Obj}(\mathsf{AG\text{-}Rat})$$

に対して，代数幾何学者は普通は X と Y が AG で同型のときに**同型**であるといい，AG-Rat で同型のとき**双有理**という．いうまでもなく，これは代数幾何学の初学者にしばしば混乱をもたらす！

圏論の強力な点は，ある圏を別の圏に移して考えられることである．そのような写像は個々の圏の研究でも使えるし，数学の異なる分野との関係を際立たせるためにも使える．圏の矢印が，しばしば写像，関数，射と呼ばれるので，ある圏から別の圏への写像には，別の特別な名前が必要になる．

定義 14.54 A と B を圏とする．A から B への（**共変**）**関手** $\mathcal{F}$ とは，各対象 $X \in \mathrm{Obj}(\mathsf{A})$ に対して対象 $\mathcal{F}(X) \in \mathsf{B}$ を対応づける規則で，さらに，各矢印 $f \in \mathrm{Hom}_{\mathsf{A}}(X, Y)$ に対して矢印 $\mathcal{F}(f) \in \mathrm{Hom}_{\mathsf{B}}(\mathcal{F}(X), \mathcal{F}(Y))$ を対応させ，任意の対象 X と A の矢印 f, g で $g \circ f$ が定まるものに対して，

$$\mathcal{F}(\iota_X) = \iota_{\mathcal{F}(X)} \quad \text{かつ} \quad \mathcal{F}(g \circ f) = \mathcal{F}(g) \circ \mathcal{F}(f)$$

が成り立つようなものである．A から B への（**反変**）**関手** $\mathcal{F}$ も同様に定義される．これは各対象 $X \in \mathrm{Obj}(\mathsf{A})$ に対して，対象 $\mathcal{F}(X) \in \mathsf{B}$ を対応させ，各矢印 $f \in \mathrm{Hom}_{\mathsf{A}}(X, Y)$ に対し矢印 $\mathcal{F}(f) \in \mathrm{Hom}_{\mathsf{B}}(\mathcal{F}(Y), \mathcal{F}(X))$ を対応させ（X と Y が入れ替わっていることに注意せよ），結合が

$$\mathcal{F}(\iota_X) = \iota_{\mathcal{F}(X)} \quad \text{かつ} \quad \mathcal{F}(g \circ f) = \mathcal{F}(f) \circ \mathcal{F}(g)$$

を満たすことを要請する．

非形式的には関手を，対象を対象に移し，矢印を矢印に移す規則だと見ればよい．矢印の向きを保つなら共変，矢印の向きを逆にするなら反変である．手短にいうと，A から B への共変関手 $\mathcal{F}$ は，写像

$$\mathcal{F}\colon \mathrm{Obj}(\mathsf{A}) \longrightarrow \mathrm{Obj}(\mathsf{B}) \quad \text{と} \quad \mathcal{F}\colon \mathrm{Hom}_{\mathsf{A}}(X, Y) \longrightarrow \mathrm{Hom}_{\mathsf{B}}(\mathcal{F}(X), \mathcal{F}(Y))$$

からなり，反変関手も同様である．

例 14.55（忘却関手） 忘却関手 $\mathcal{F}\colon \mathsf{A} \to \mathsf{B}$ は，関手であって単に A の対象のある性質を無視するだけのものである．たとえば，C を図 43 にある圏のどれかとする．圏 C の任意の対象は，集合とそれに対する追加的な構造である．したがって，忘却関手

$$\mathsf{C} \longrightarrow \mathsf{Set}$$

が C から集合の圏へ，単に C の対象に課されている構造を忘れるものとして定まる．

同様に，Mod_R の対象は R 乗法を持つアーベル群だから，その R 乗法を忘れれば忘却関手

$$\mathsf{Mod}_R \longrightarrow \mathsf{Ab}$$

を得る．

例 14.56（Hom 関手） ここで関手の非常に重要なクラスを述べよう．対象 $X \in \mathrm{Obj}(\mathsf{C})$ を固定する．X を使って関手

$$\mathcal{F}_X \colon \mathsf{C} \longrightarrow \mathsf{Set}, \quad \mathcal{F}_X(Y) = \mathrm{Hom}_\mathsf{C}(X, Y)$$

を定義する．これは C の対象をいかにして Set の対象に移すかを説明しているが，さらに我々は C の矢印をいかに Set の矢印に移すか？を述べなければならない．そのために，次の写像を定めねばならない：

$$\mathcal{F}_X \colon \mathrm{Hom}_\mathsf{C}(Y, Z) \longrightarrow \mathrm{Hom}_\mathsf{Set}(\mathcal{F}_X(Y), \mathcal{F}_X(Z))$$
$$\|$$
$$\mathrm{Hom}_\mathsf{Set}(\mathrm{Hom}_\mathsf{C}(X, Y), \mathrm{Hom}_\mathsf{C}(X, Z)).$$

したがって，与えられた矢印 $f \colon Y \to Z$ に対して，集合の圏での写像

$$\mathcal{F}_X(f) \colon \mathrm{Hom}_\mathsf{C}(X, Y) \longrightarrow \mathrm{Hom}_\mathsf{C}(X, Z)$$

を定め，任意の矢印 $g \colon X \to Y$ から矢印 $X \to Z$ を作り出さなければならない．そのために自然なやり方は 1 つしかなく，つまり，

$$\mathcal{F}_X(f)(g) = f \circ g \tag{14.16}$$

である．

$\mathcal{F}_X$ は（共変）関手だろうか？ 関手の 2 つの公理を確認しなければならない．最初に，

$$\mathcal{F}_X(\iota_Y) \in \mathrm{Hom}_\mathsf{Set}(\mathrm{Hom}_\mathsf{C}(X, Y), \mathrm{Hom}_\mathsf{C}(X, Y))$$

を評価しなければならない．我々の定義 (14.16) により，任意の $g \in \mathrm{Hom}_\mathsf{C}(X, Y)$ に対して

$$\mathcal{F}_X(\iota_Y)(g) = \iota_Y \circ g = g.$$

よって $\mathcal{F}_X(\iota_Y)$ は恒等写像である．

次に，$\mathcal{F}_X$ は合成を合成に移すかを確認しなければならない．$Y, Z, W \in \mathrm{Obj}(\mathsf{C})$ とし，矢印

$$Y \xrightarrow{\ f_1\ } Z \xrightarrow{\ f_2\ } W$$

が与えられたとしよう．示したいのは，$\mathcal{F}_X(f_2 \circ f_1) = \mathcal{F}_X(f_2) \circ \mathcal{F}_X(f_1)$ である．しかしなが

ら，$\mathcal{F}_X(f)$ は「写像たちから写像たちへの写像」であり，証明はやや混乱を招きがちである．とくにこの種の証明を初めて見る場合には．したがって，図44に関係する写像を注意深く書き出すことから始めよう．任意の矢印 $h\colon X \to Y$ に対して，次のように計算する：

$$\begin{aligned}
\mathcal{F}_X(f_2 \circ f_1)(h) &= (f_2 \circ f_1) \circ h & &\text{図 44 から,} \\
&= f_2 \circ (f_1 \circ h) & &\text{圏の結合公理から,} \\
&= f_2 \circ \mathcal{F}_X(f_1)(h) & &\text{図 44 から,} \\
&= \mathcal{F}_X(f_2) \circ \mathcal{F}_X(f_1)(h) & &\text{図 44 から.}
\end{aligned}$$

これが任意の $h \in \mathrm{Hom}_\mathsf{C}(X,Y)$ に対して成り立つから，

$$\mathcal{F}_X(f_2 \circ f_1) = \mathcal{F}_X(f_2) \circ \mathcal{F}_X(f_1)$$

の証明が完了した．

14.5.1 圏論的なファイバー積

群，環，それから加群の研究で見てきたように，圏論での基本的な構成は（ファイバー）積をとることである．そのような積はすべての圏に存在するわけではないが，しかしそれらがいつ存在するかを議論する前に，それが何かを知らなければならない．2つの対象の積に限定するが，より多くの対象の場合への拡張は直ちに可能である．定義は普遍写像性を用いる．これはちょうど加群のテンソル積の定義で見た性質に類似している．（定義14.22を見よ．）

定義 14.57 C を圏とし，$X_1, X_2, S \in \mathrm{Obj}(\mathsf{C})$ を C の対象とし，さらに $f_1\colon X_1 \to S$ と $f_2\colon X_2 \to S$ を C における矢印とする．（$\boldsymbol{f_1}$ と $\boldsymbol{f_2}$ に関する）$\boldsymbol{X_1}$ と $\boldsymbol{X_2}$ の $\boldsymbol{S}$ 上のファイ

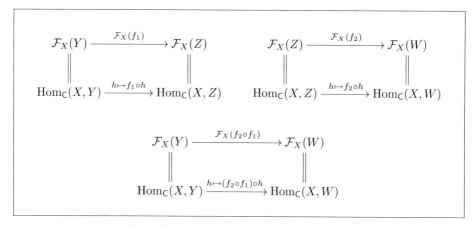

図 44 関手 $\mathcal{F}_X = \mathrm{Hom}_\mathsf{C}(X, \cdot)$ に関わる写像たち．

バー積とは，
- 対象 $P \in \mathrm{Obj}(\mathsf{C})$,
- 矢印 $p_1\colon P \to X_1$ と $p_2\colon P \to X_2$ で，$f_1 \circ p_1 = f_2 \circ p_2$ を満たすもの，

からなる 3 つ組み (P, p_1, p_2) で，次の**普遍写像性**が成り立つようなものである：
- 対象 $Q \in \mathrm{Obj}(\mathsf{C})$,
- 矢印 $q_1\colon Q \to X_1$ と $q_2\colon Q \to X_2$ で，$f_1 \circ q_1 = f_2 \circ q_2$ を満たすもの，

からなる任意の 3 つ組 (Q, q_1, q_2) に対して，唯一の矢印 $g\colon Q \to P$ で，図 45 の図式を可換にするものが存在する．

2 つの矢印
$$f_1\colon X_1 \to S \quad \text{と} \quad f_2\colon X_2 \to S$$
は通常，文脈から明らかであるから，ファイバー積を $X_1 \times_S X_2$ のように表す．矢印 p_1 と p_2 は $X_1 \times_S X_2$ 上の**射影**と呼ばれる．

直観 $X_1 \times_S X_2$ の「元」を，$x_1 \in X_1$ かつ $x_2 \in X_2$ のペア (x_1, x_2) であって，S の同じ「元」に移るようなもの，つまり，積 $X_1 \times_S X_2$ を次の集合
$$\{(x_1, x_2)\colon x_1 \in X_1,\ x_2 \in X_2,\ f_1(x_1) = f_2(x_2)\}$$
と思いたくなる．この直観はある圏では納得のいくもので，たとえば演習問題 14.29 で述べたものがそうである．しかし，この直観が極めて誤解を招きやすいような圏も存在するため，注意深く扱わなければならない．いずれにせよ，証明は通常，普遍写像性に依存する．

注意 14.58 ファイバー積の定義にあるように，(Q, q_1, q_2) は一意的な矢印 $g\colon Q \to X_1 \times_S X_2$ を導く．g の一意性は存在性と同じくらい重要であることを強調しておきたい．たとえば，一意性はファイバー積 $X_1 \times_S X_2$ が一意的な同型を除いて一意であることを保証する．これは以下に結果として示すが，普遍写像性により定義される代数構造に典型的なものである．定理 14.23 (b) の証明を見よ．

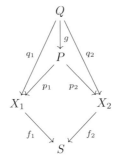

図 **45** ファイバー積の普遍写像性．

命題 14.59 (P, p_1, p_2) と (P', p'_1, p'_2) を，$f_1\colon X_1 \to S$ と $f_2\colon X_2 \to S$ に関する X_1 と X_2 の S 上のファイバー積とする．このとき，$p'_1 = p_1 \circ g$ かつ $p'_2 = p_2 \circ g$ となる一意的な同型射 $g\colon P' \to P$ が存在する．つまり，次の図式が可換になる：

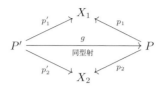

証明 (P, p_1, p_2) はファイバー積だから，ファイバー積の定義を $Q = P'$ として用いることで一意的な矢印

$$g\colon P' \longrightarrow P \quad \text{であって} \quad p'_1 = p_1 \circ g \quad \text{かつ} \quad p'_2 = p_2 \circ g$$

を満たすものが存在する．同様に，(P', p'_1, p'_2) もファイバー積だから，ファイバー積の定義を $Q = P$ として用いることで，一意的な矢印

$$h\colon P \longrightarrow P' \quad \text{であって} \quad p_1 = p'_1 \circ h \quad \text{かつ} \quad p_2 = p'_2 \circ h$$

を満たすものが存在する．

次に合成 $g \circ h\colon P \to P$ を考える．これは次を満たす：

$$p_1 \circ (g \circ h) = (p_1 \circ g) \circ h = p'_1 \circ h = p_1,$$
$$p_2 \circ (g \circ h) = (p_2 \circ g) \circ h = p'_2 \circ h = p_2.$$

一方で，恒等射 $\iota_P\colon P \to P$ もやはり次を満たす：

$$p_1 \circ \iota_P = p_1 \quad \text{かつ} \quad p_2 \circ \iota_P = p_2.$$

したがって，2つの可換図式を得た：

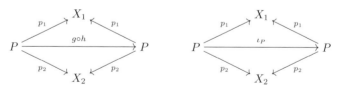

ファイバー積の定義を $Q = P$ として適用する．定義から，P から P への一意な射でこれらの図式を可換にするものが存在する．したがって一意性から $g \circ h = \iota_P$ がわかる．P と P' の役割を逆にして同じ議論を繰り返すと，同様にして $h \circ g = \iota_{P'}$ である．以上から $g\colon P \to P'$ は同型射である．最後に，すでに注意したように，ファイバー積の定義により g は一意である． □

14.5.2 圏における群

圏論の便利な側面の1つが，ある構造の上に別の構造を組み立てる自然な方法を提供す

14.5 圏論

るということである．群論でそれを解説しよう．たとえば，位相群は位相空間の圏 **Top** における群であり，代数群は代数的集合の圏 **AG** における群である．一般の構成は以下の通りである．

定義 14.60 **C** を圏とし，対象 $S \in \mathrm{Obj}(\mathbf{C})$ を固定する．**圏 C における底 S 上の群 G** とは，あるいはより簡潔に，**底 S 上の C 群**とは，5つ組 $(G, f, \mu, \nu, \epsilon)$，ここで $G \in \mathrm{Obj}(\mathbf{C})$ は対象で，残りは矢印であって，

$$
\begin{aligned}
&f \colon G \longrightarrow S, \\
&\epsilon \colon S \longrightarrow G \text{ は，} f \circ \epsilon = \iota_S \text{ を満たし，} \\
&\nu \colon G \longrightarrow G \text{ は，} f \circ \nu = f \text{ を満たし，} \\
&\mu \colon G \times_S G \longrightarrow G \text{ は，} f \circ \mu = f \circ p_1 = f \circ p_2 \text{ を満たし，}
\end{aligned}
$$

そのうえ，図 46 の 5 つの図式がすべて可換になるようなものである．

注意 14.61 圏 **C** に属することを望む群にとって必須の要件は，群の 3 つの演算，つまり単位元，逆元，乗法が圏 **C** の矢印だけで定義されなければならないということである．

図 46 圏 **C** における群を定義する可換図式．

514   第14章　追加の話題を手短に

例 14.62　位相空間の圏 Top における群の群演算は連続であることが要請される．たとえば，加法群 $(\mathbb{R}, +)$ や乗法群 $(\mathbb{R}^*, \cdot)$ は $\mathbb{R}$ 上の通常の位相に関して位相群である．これらの具体例では，集合 S は1点集合であり，写像 ϵ は単位元を指定するために使われる．

14.5.3　関手の左完全性と右完全性

この節では，関手

$$\mathcal{F}: \mathsf{Mod}_R \longrightarrow \mathsf{Mod}_R \tag{14.17}$$

で，R 加群を R 加群へ，また R 線形写像を R 線形写像へ移すものを考える．

例 14.63　$Q \in \mathrm{Obj}(\mathsf{Mod}_R)$ を R 加群とする．すると，準同型写像関手

$$\mathcal{H}_Q: \mathsf{Mod}_R \longrightarrow \mathsf{Mod}_R, \quad \mathcal{H}_Q(M) = \mathrm{Hom}_R(Q, M)$$

が存在する．これは多かれ少なかれ例 14.56 で述べた Hom 関手であるが，$\mathrm{Hom}_R(Q, M)$ がそれ自身 R 加群であるという事実（命題 11.30 で示した）を使っている．もちろん，関手の公理が真であることを確認しなければならないが，それは演習問題 14.31 とする．

例 14.64　$Q \in \mathrm{Obj}(\mathsf{Mod}_R)$ を R 加群とする．このとき，Q をテンソルすることで関手

$$\mathcal{T}_Q: \mathsf{Mod}_R \longrightarrow \mathsf{Mod}_R, \quad \mathcal{T}_Q(M) = M \otimes_R Q$$

が得られる．$\mathcal{T}_Q$ が関手になることの証明は読者に委ねたい．とくに，各 R 加群準同型写像 f に対して，$\mathcal{T}_Q(f)$ をどう定義するかを述べなければならない．演習問題 14.32 を見よ．

さて，基本的な問題を考えよう：関手 (14.17) を R 加群の完全系列[32]に適用したら，系列は完全なままだろうか？

定義 14.65　関手

$$\mathcal{F}: \mathsf{Mod}_R \longrightarrow \mathsf{Mod}_R$$

を考える．$\mathcal{F}$ が**右完全関手**とは，R 加群の任意の完全系列

$$0 \longrightarrow M \xrightarrow{f} N \xrightarrow{g} P \longrightarrow 0 \tag{14.18}$$

に対して，誘導される系列

$$\mathcal{F}(M) \xrightarrow{\mathcal{F}(f)} \mathcal{F}(N) \xrightarrow{\mathcal{F}(g)} \mathcal{F}(P) \longrightarrow 0$$

が完全であることである．注意：左端に 0 はない．同様に，$\mathcal{F}$ が**左完全関手**とは，R 加群の任意の完全系列 (14.18) に対して誘導される系列

---

[32]完全系列の定義については，定義 14.28 を見よ．

$$0 \longrightarrow \mathcal{F}(M) \xrightarrow{\mathcal{F}(f)} \mathcal{F}(N) \xrightarrow{\mathcal{F}(g)} \mathcal{F}(P)$$

が完全であることである. 注意：今度は右端に 0 がない. 最後に, $\mathcal{F}$ が**完全関手**とは, 左完全かつ右完全であることである.

例 14.66 例 14.63 で述べた準同型写像関手 $\mathcal{H}_Q$ は左完全である. しかし必ずしも右完全ではない. 演習問題 14.31 を見よ.

例 14.67 $\mathcal{T}_Q$ を例 14.64 で述べたテンソル関手とし, I を R のイデアルとする. すると, 命題 14.27 と命題 14.32 から, $\mathcal{T}_{R/I}$ は右完全である. より一般に, 演習問題 14.32 (c) により, テンソル関手 $\mathcal{T}_Q$ は, 任意の Q について右完全である.

例 14.68 テンソル関手 $\mathcal{T}_Q$ は左完全でないことがある. そのような例を作るために, $\mathbb{Z}$ 加群の単射

$$\mathbb{Z}/2\mathbb{Z} \xrightarrow{(1 \bmod 2) \mapsto (2 \bmod 4)} \mathbb{Z}/4\mathbb{Z}$$

を考える. これに $\mathbb{Z}/2\mathbb{Z}$ をテンソルすると, 誘導される射

$$
\begin{array}{ccc}
\mathbb{Z}/2\mathbb{Z} \otimes \mathbb{Z}/2\mathbb{Z} & \longrightarrow & \mathbb{Z}/4\mathbb{Z} \otimes \mathbb{Z}/2\mathbb{Z} \\
\| & & \| \\
\mathbb{Z}/2\mathbb{Z} & \xrightarrow{(1 \bmod 2) \mapsto (2 \bmod 2)} & \mathbb{Z}/2\mathbb{Z}
\end{array}
$$

は単射でない. 実際, 誘導される射は 0 写像である. したがって, 関手 $\mathcal{T}_{R/I}$ は左完全でない.

14.6　グラフ理論

　非形式的には, グラフはたくさんの点と, それらを結ぶたくさんの線分からなる子どもが描いた絵である. しかし, グラフ理論は子どもっぽいどころの話ではない. これはコンピュータに載っている集積回路からインターネット上の相互接続まで, あらゆることをモデル化するのに用いられる.

定義 14.69 **グラフ** Γ とは, **頂点**の集合 V と**辺**の集合 E からなるペア (V, E) である. 集合 E は V の元の非順序対の集合の部分集合である. つまり,

$$E \subseteq \{[a, b] : a, b \in V, \ a \neq b\},$$

ここで $[a, b]$ と $[b, a]$ は同じ対を表す[33]. 頂点を点と見て, 2 つの頂点 a と b は, もし $[a, b] \in E$ なら辺で結ばれるという図を心の中で思い浮かべてほしい.

---

[33]より正しくは, 我々は**無向グラフ**を定義した. もし $[a, b]$ と $[b, a]$ を異なるものとして扱えば, Γ は**有向グラフ**と呼ばれ, 辺 $[a, b]$ を a から b への矢印と見なす.

14.6.1 グラフの例

例 14.70 次の頂点と辺を持つグラフ Γ

$$V = \{1,2,3,4,5,6,7,8\} \quad \text{と} \quad E = \{[1,5],[2,6],[2,7],[3,4],[3,6],[3,7],[4,8]\}$$

を図47に示した．我々の図では交わっているように見えるが，辺 $[3,6]$ と $[2,7]$ は点を共有していないことに注意せよ．これは，点7をページの平面から少し持ち上げるように想像するとわかりやすい．あるいは，辺にすこし空白をはさんで描き，一方の辺の下をもう一方の辺が通っているようにもできたかもしれない．図48の K_4 と $K_{3,3}$ を見よ．

例 14.71（グラフの動物園） グラフの興味深い一族がたくさんある．そのうちのいくつかを述べ，図48に図示する．

n 頂点の完全グラフ (K_n) これは n 頂点のグラフで，すべての頂点のペアが辺で結ばれているものである．

n 頂点の巡回グラフ (C_n) これは $n \geq 3$ 頂点のグラフで，n 角形をなすものである．言い換えると，巡回グラフは連結グラフ[34]で，すべての頂点がちょうど2つの辺に含まれるものである．

n 頂点の路 (P_n) これは n 個の頂点と，そのうち2つがただ1つの辺に含まれ，他の頂点がちょうど2つの辺に含まれるようなグラフである．

$m+n$ 頂点の完全2部グラフ ($K_{m,n}$) これは頂点集合が非交和 $V = A \cup B$ で，$\#A = m$ かつ $\#B = n$ であり，A に含まれる頂点と B に含まれる頂点が辺で結ばれるようなグラフである．つまり，

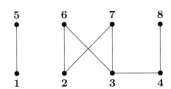

図47 例14.70に記述されたグラフ．

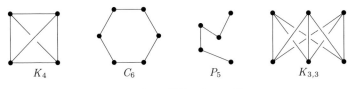

図48 異なる種類のグラフの例．

---
[34]定義14.72を見よ．

$$E = \{[a,b] : a \in A,\ b \in B\}$$

である.

14.6.2 連結性

定義 14.72 $\Gamma = (V, E)$ をグラフとし，$a, b \in V$ を Γ の頂点とする．**a が b と結ばれている**とは，頂点の有限列 $v_1, \dots, v_n \in V$ であって，すべてのペアが次の条件を満たすことをいう：

$$\underbrace{[a, v_1],\ [v_1, v_2],\ \dots,\ [v_{n-1}, v_n],\ [v_n, b]}_{\text{これを } \boldsymbol{a} \text{ から } \boldsymbol{b} \text{ への経路という.}} \text{ が } E \text{ の元である.} \tag{14.19}$$

直観的には，辺でできた道で，a から出発して b に至るものが描けるということである．もちろん，そのような道はたくさんありうる．

a を含む Γ の連結成分とは，頂点集合

$$\Gamma(a) = \{a\} \cup \{b \in V : a \text{ は } b \text{ と結ばれている}\}$$

である．連結成分が 1 つであるグラフを**連結グラフ**という.

例 14.73 図 47 のグラフは 2 つの連結成分を持つ．つまり，$\{1, 5\}$ と $\{2, 3, 4, 6, 7, 8\}$ である．図 48 のグラフはどれも連結成分が 1 つで，つまり連結グラフである.

命題 14.74 $\Gamma = (V, E)$ をグラフとする．Γ の頂点集合 V は Γ の連結成分の非交和である.

証明 Γ の頂点集合上に関係を次のような規則で定義する：

$$\text{もし } b \in \Gamma(a) \text{ なら，} a \sim b.$$

$\sim$ が同値関係[35]の 3 つの性質を満たすことが確認できる.

$\boxed{\text{反射律}}$ $a \in \Gamma(a)$ は $\Gamma(a)$ の定義から成り立つので $a \sim a$ である.

$\boxed{\text{対称律}}$ $a \sim b$ とする．定義からこれは a が b と結ばれていることを意味し，a から b への経路 (14.19) がある．辺は向きづけられていないので，つまり，頂点の順序なしペアなので，経路 (14.19) を反転して，

$$\underbrace{[b, v_n],\ [v_n, v_{n-1}],\ \dots,\ [v_2, v_1],\ [v_1, a]}_{\text{これらは } E \text{ の元，よって } b \text{ から } a \text{ への経路である.}}.$$

よって $a \in \Gamma(b)$，つまり，$b \sim a$ である.

$\boxed{\text{推移律}}$ $a \sim b$ かつ $b \sim c$ と仮定する．よって，次の経路が存在する：

---

[35]同値関係に関する議論については 1.6 節を見よ.

518　第 14 章　追加の話題を手短に

$$\underbrace{[a, v_1], \; [v_1, v_2], \; \ldots, \; [v_n, b]}_{a\,\text{から}\,b\,\text{への経路.}} \quad \text{かつ} \quad \underbrace{[b, w_1], \; [w_1, w_2], \; \ldots, \; [w_m, c]}_{b\,\text{から}\,c\,\text{への経路.}}.$$

これらをまとめると，

$$\underbrace{[a, v_1], \; [v_1, v_2], \; \ldots, \; [v_n, b], \; [b, w_1], \; [w_1, w_2], \; \ldots, \; [w_m, c]}_{a\,\text{から}\,c\,\text{への経路.}}.$$

よって $c \in \Gamma(a)$ であり，$a \sim c$ が示された.

　同値関係の一般論から，$\sim$ は V を同値類の非交和へ分割する. 定理 1.25 を見よ. したがって，これらの同値類は $\Gamma(a)$ の形の V の部分集合であり，つまり同値類は Γ の連結成分である. 以上で V が Γ の連結成分の非交和であることの証明が完了した.　　　　□

14.6.3　グラフの同型

　我々が研究している対象はグラフである. 次のステップは，グラフを別のグラフにどのように移すか，である. グラフは頂点を持つので，そのような写像は頂点を頂点に移す. またグラフは辺を持つから，我々の対象の「グラフらしさ」を保つには，写像は辺を辺に移さなければならない. 以上から次の非常に自然な定義に至る.

定義 14.75　$\Gamma_1 = (V_1, E_1)$ と $\Gamma_2 = (V_2, E_2)$ をグラフとする. **Γ_1 から Γ_2 へのグラフの同型写像**とは，頂点集合の間の全単射写像 $\phi\colon V_1 \overset{\sim}{\to} V_2$ であって，次の性質を満たすものをいう：

$$[a, b] \in E_1 \iff [\phi(a), \phi(b)] \in E_2.$$

直観的には，同型写像は Γ_1 と Γ_2 が，頂点のラベルづけを除いて同じグラフであるということである. より一般に，**Γ_1 から Γ_2 へのグラフの射**とは，頂点集合の間の単射 $\phi\colon V_1 \hookrightarrow V_2$ であって，次の性質を満たすものをいう：

$$[a, b] \in E_1 \implies [\phi(a), \phi(b)] \in E_2.$$

もし ϕ が単射なら，それにより Γ_1 を **Γ_2 の部分グラフ**と見なすことができる.

注意 14.76　**グラフ同型問題**とは，その名が示すように，与えられた 2 つのグラフが同型かを判定する問題である. 高速な，つまり多項式時間のアルゴリズムが存在するか否かは知られていない. より一般に，与えられた 2 つのグラフ Γ_1 と Γ_2 に対して，**部分グラフ同型問題**は Γ_1 が Γ_2 の部分グラフと同型であるかを問う. 部分グラフ同型問題は NP 完全であることが知られている.

14.6.4　群のケーリーグラフ

　群論とグラフ理論の間にはたくさんのつながりがある. この節では，群にグラフを対応づ

けられる 1 つの方法を述べる．

定義 14.77 G を群とし，$S \subseteq G$ を G の有限部分集合で $e \notin S$ であるものとする．これらに対する**ケーリーグラフ**とは，次のグラフ

$$\Gamma_S = (G, E_S), \quad \text{ここで辺の集合は} \quad E_S = \{[a, ga] : a \in G, \, g \in S\}$$

である．言い換えると，Γ_S の頂点集合は群の元でラベルづけされていて，各頂点 $a \in G$ に対して，S の元ごとに 1 つの辺を得るのである．

例 14.78 次の 2 面体群を考える．

$$\mathcal{D}_3 = \{e, r_1, r_2, f_1, f_2, f_3\},$$

ここで r_1 と r_2 は非自明な回転，f_1, f_2, f_3 は裏返し[36]である．群 $\mathcal{D}_3$ は $\{r_1, f_1\}$ で生成され，また $\{f_1, f_2\}$ でも生成される．これら 2 つの生成系に対するケーリーグラフが図 49 に図示されている．

G を群とし，$S \subseteq G$ を G の部分集合とする．演習問題 2.30 により，S で生成される G の部分群は，G の部分群で S を含む最小のものだった．これを $\langle S \rangle$ と書く．もし $G = \langle S \rangle$ なら，S は G を生成するというのだった．

命題 14.79 G を群とし，$S \subseteq G$ を G の有限部分集合とする．このとき，

$$S \text{ は } G \text{ を生成する} \iff \Gamma_S \text{ は連結である．}$$

証明 まず Γ_S が連結であると仮定する．これは Γ_S がただ 1 つの連結成分を持つということだから，とくに単位元を含む連結成分 $\Gamma_S(e)$ はすべての頂点を含む．つまり，$\Gamma_S(e) = G$．したがって，任意の $a \in G$ に対して，e から a への経路が存在し，それを

$$[e, c_1], \, [c_1, c_2], \, \ldots, \, [c_{n-1}, c_n], \, [c_n, a]$$

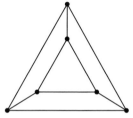

$\mathcal{D}_3$ の $S = \{r_1, f_1\}$ に関するケーリーグラフ　　$\mathcal{D}_3$ の $S = \{f_1, f_2\}$ に関するケーリーグラフ

図 49　2 つの生成系に関する $\mathcal{D}_3 = \{e, r_1, r_2, f_1, f_2, f_3\}$ のケーリーグラフ．

---

[36]S_3 を考えたい人は，r_1 と r_2 を 3 サイクルとし，f_1, f_2, f_3 を互換とすればよい．

520 第 14 章　追加の話題を手短に

とする．表記を簡単にするために，$c_0 = e$ かつ $c_{n+1} = a$ とし，鎖が辺のリスト $[c_i, c_{i+1}]$ $(0 \leq i \leq n)$ であるとする．Γ_S の辺の定義から，次が成り立つ：

　　各 $0 \leq i \leq n$ に対し，$g_i \in S$ で，$c_{i+1} = g_i c_i$ または $c_i = g_i c_{i+1}$ であるものが存在する．

これを次のように書くと便利である：

$$c_{i+1} = g_i^{\epsilon_i} c_i, \quad \text{ここで，各冪指数 } \epsilon_i \text{ は } 1 \text{ もしくは } -1.$$

すると，次が成り立つ：

$$c_1 = g_0^{\epsilon_0} \cdot e, \ c_2 = g_1^{\epsilon_1} \cdot c_1, \ \ldots, \ c_n = g_{n-1}^{\epsilon_{n-1}} \cdot c_{n-1}, \ a = g_n^{\epsilon_n} \cdot c_n.$$

これらの公式を互いに他のものに代入していくと，

$$a = g_n^{\epsilon_n} \cdot g_{n-1}^{\epsilon_{n-1}} \cdots g_1^{\epsilon_1} \cdot g_0^{\epsilon_0} \cdot e \tag{14.20}$$

となる．次に，$g_0, \ldots, g_n \in S$ かつ $\langle S \rangle$ は G の S を含む部分群であるから，$g_0^{-1}, \ldots, g_n^{-1} \in \langle S \rangle$ がわかる．したがって，式 (14.20) から，$a \in \langle S \rangle$ である．しかし，$a \in G$ は任意の元だから，$G \subseteq \langle S \rangle$ が示され，また他方の包含は明らかだから，両者は一致する．

　逆を証明する前に注意を述べる．もし $g \in S$ なら，定義から

$$\text{すべての } b \in G \text{ に対して } [b, g \cdot b] \in E_S.$$

とくに，b を $g^{-1} \cdot b$ に置き換えると，$[g^{-1} \cdot b, b] \in E_S$ が見て取れ，ここで 2 つの頂点の順番は関係ないから，我々は

$$g \in S \quad \text{かつ} \quad b \in G \quad \Longrightarrow \quad [b, g^{-1} \cdot b] \in E_S \tag{14.21}$$

を示した．

　さて $G = \langle S \rangle$ を仮定し，Γ_S が連結であることを示したい．仮定から，任意の $a \in G$ は次のような積として表される：

$$a = h_0 \cdot h_1 \cdot h_2 \cdots h_n \quad \text{ここで各 } i \text{ に対して，} h_i \text{ と } h_i^{-1} \text{ の少なくとも 1 つが } S \text{ の元.}$$

式 (14.21) から，すべての S に対して $[b, h_i \cdot b] \in E_S$ である．よって

$$\text{各 } 0 \leq i \leq n \text{ に対して，} b_i = h_i \cdot h_{i+1} \cdots h_n$$

とおくと，

$$[e, \underbrace{h_n \cdot e}_{\text{これは } b_n.}], \ [b_n, \underbrace{h_{n-1} \cdot b_n}_{\text{これは } b_{n-1}.}], \ [b_{n-1}, \underbrace{h_{n-2} \cdot b_{n-1}}_{\text{これは } b_{n-2}.}], \ \ldots, \ [b_1, \underbrace{h_0 \cdot b_1}_{\text{これは } b_0.}]$$

は Γ_S の e から b_0 への経路である．しかし，$b_0 = h_0 \cdots h_n = a$ で，よって $a \in \Gamma_S(e)$ である．$a \in G$ は任意だったから，これで $\Gamma_S(e) = G$ が示され，したがって Γ がただ 1 つの連結成分を持つことも示された．　　　　　　　　　　　　　　　　　　　□

14.7 表現論

　表現論の底流にあるアイデアは，群を行列の群として表すことで研究できる，というものである．そのために，この節では，次の仮定をおく：

$$\boxed{F = 標数\,0\,の代数閉体^{37}.}$$

また，定義 10.4 と注意 10.5 を思い出すと，F ベクトル空間 V の**一般線形群**とは，その自己同型写像のなす群だった．

$$\mathrm{GL}(V) = \{F\,ベクトル空間の自己同型写像\,\phi\colon V \to V\}.$$

14.7.1 定義と例

定義 14.80　G を群とする．**G の表現**とは，F ベクトル空間 V と，群の準同型写像

$$\rho\colon G \longrightarrow \mathrm{GL}(V)$$

のペア (V, ρ) である．表現 (V, ρ) の別の記法は ρ_V，または，文脈から V が明らかな場合には単に ρ である．ρ_V の**次元**もしくは**階数**とは，

$$\mathrm{rank}\,\rho_V = \dim_F V$$

である．

例 14.81　G の 1 次元表現とは，G から F の乗法群への準同型写像

$$\rho\colon G \longrightarrow \mathrm{GL}_1(F) \cong F^*$$

である．任意の群は**単位表現**と呼ばれる 1 次元表現を持つ．これは

$$\rho_0\colon G \longrightarrow \{1\} \subset F^* = \mathrm{GL}_1(F), \quad 任意の\,g \in G\,に対して\,\rho_0(g) = 1$$

となるものである．

例 14.82　対称群 $\mathcal{S}_n$ は，符号により与えられる，単位表現ではない 1 次元表現

$$\mathrm{sign}\colon \mathcal{S}_n \longrightarrow \{\pm 1\}$$

を持つ．符号については定義 12.17 で述べた．系 12.30 により，もし $n \geq 5$ なら，sign が $\mathcal{S}_n$ の単位表現ではない唯一の 1 次元表現である．というのは，準同型写像の核は正規部分群だからである．

例 14.83　$G = \mathbb{Z}/n\mathbb{Z}$ とする．1 の n 乗根 $\zeta \in F$ のそれぞれは 1 次元表現を与える：

---

[37] もしそうしたいなら，単に $F = \mathbb{C}$ としてもよい．系 9.55 を見よ．表現論は標数 p か，代数閉体ではないか，またはその両方である体上でも可能だが，理論はもっと複雑になる．

$$\rho_\zeta : \mathbb{Z}/n\mathbb{Z} \longrightarrow \mathrm{GL}_1(F), \quad \rho_\zeta(j)(\alpha) = \zeta^j \alpha.$$

F は n 個の相異なる 1 の n 乗根を持つから，位数 n の巡回群には n 個の異なる 1 次元表現が存在する．

例 14.84　2 面体群 $\mathcal{D}_3$ は明らかな 1 次元表現を 2 つ持つ：

$$\rho_0 : \mathcal{D}_3 \longrightarrow \{1\} \quad \text{と} \quad \rho_1 : \mathcal{D}_3 \longrightarrow \{\pm 1\},$$

ここで ρ_0 は単位表現で，ρ_1 は $\mathcal{C}_3 \subset \mathcal{D}_3$ を $\mathcal{D}_3$ 内の位数 3 の唯一の部分群としたときの合成写像[38]

$$\rho_1 : \mathcal{D}_3 \longrightarrow \mathcal{D}_3 / \mathcal{C}_3 \cong \{\pm 1\} \subset F^* \cong \mathrm{GL}_1(F)$$

である．2 次元表現も存在し，これは $\mathbb{R}^2$ の，$(0,0)$ を中心とする正 3 角形の頂点を置換する線形変換として実現できる．明示的には，$r \in \mathcal{D}_3$ を回転，$f \in \mathcal{D}_3$ を裏返しとすると，r と f は $\mathcal{D}_3$ を生成し，表現を次のように定義できる[39]：

$$\rho : \mathcal{D}_3 \longrightarrow \mathrm{GL}_2(F), \quad \begin{cases} \rho(r) = 120° \text{ 回転} = \begin{pmatrix} -\frac{1}{2} & -\frac{\sqrt{3}}{2} \\ \frac{\sqrt{3}}{2} & -\frac{1}{2} \end{pmatrix}, \\[2mm] \rho(f) = y \text{ 軸に関する折り返し} = \begin{pmatrix} 1 & 0 \\ 0 & -1 \end{pmatrix}. \end{cases}$$

例 14.85（置換表現）　群 G の集合 X への作用を研究することの重要性をこれまで見てきた．たとえば，6.2–6.4 節にかけて，シローの定理を証明するために群作用を用いた．また，第 9 章は体の代数拡大へのガロア群の作用を研究することに捧げられた．群 G の表現を作り出すために，次のように群作用を使うことができる：V_X を F ベクトル空間で，その基底は X の元によって添え字づけられているとする．

$$V_X = \mathrm{Span}_F \{ \boldsymbol{e}_x : x \in X \}.$$

このとき，G の表現を，G の元が V_X の基底を置換するとして定められる：

$$\rho(g)\left(\sum_{x \in X} c_x \boldsymbol{e}_x \right) = \sum_{x \in X} c_x \boldsymbol{e}_{gx}.$$

与えられた基底に関する行列 $\rho(g)$ は，置換行列であることに注意せよ．つまり，各行と各列に 1 がただ 1 つしか存在せず，他の成分は 0 である．$\mathcal{S}_n$ の集合 $\{1, \ldots, n\}$ への作用の例については，演習問題 12.10 を見よ．

定義 14.86　G の（左）**正則表現**とは，例 14.85 に述べた置換表現 V_G で，$X = G$ とし，

---

[38] あるいは，$\mathcal{D}_3$ を $\mathcal{S}_3$ と同一視すれば，ρ_1 は符号準同型写像である．

[39] 一般に，$\mathbb{R}^2$ の角度 θ の反時計回りの回転は線形変換 $\begin{pmatrix} \cos\theta & -\sin\theta \\ \sin\theta & \cos\theta \end{pmatrix}$ で与えられる．

右上：14.7 表現論　　**523**

G を X に左からの乗法で作用させたものである．正則表現はたくさんの興味深い性質を持っている．そのいくつかについては後の節で議論する．

14.7.2　準同型写像と同型写像

表現が何であるかはわかったので，次は2つの表現が本質的に同一であるのはいつかを決定する必要がある．

定義 14.87　G を群とし，(V, ρ_V) と (W, ρ_W) を G の表現とする．**ρ_W から ρ_V への準同型写像**とは，F 線形写像 $L: W \to V$ であって[40]，

$$\text{任意の } g \in G \text{ に対して，} L \circ \rho_W(g) = \rho_V(g) \circ L$$

を満たすものである．表現 ρ_V と ρ_W が**同型である**とは，ρ_W から ρ_V への準同型写像であって，線形写像 $L: W \to V$ が F ベクトル空間の同型写像であるものが存在することをいう．

14.7.3　直和，不変部分空間，既約表現

まず最初に，いかにして複数の表現を組み合わせて大きな表現を作るかを述べる．後で，この過程を逆にして，大きな表現をより小さな，解析しやすい部品へ分解することに使う．

定義 14.88　$(V_1, \rho_1), \ldots, (V_n, \rho_n)$ を群 G の表現とする．これらの**直和**とは，表現

$$\rho_1 \oplus \cdots \oplus \rho_n : G \longrightarrow \mathrm{GL}(V_1) \times \cdots \times \mathrm{GL}(V_n), \tag{14.22}$$
$$g \longmapsto (\rho_1(g), \ldots, \rho_n(g))$$

のことである．

注意 14.89　厳密に言えば，式 (14.22) に述べた準同型写像 $\rho_1 \oplus \cdots \oplus \rho_n$ は我々の表現の定義に合致しない．というのは，その像が，あるベクトル空間 V に対する $\mathrm{GL}(V)$ に含まれないからである．しかしながら，次のように自然に埋め込む方法がある：

$$\mathrm{GL}(V_1) \times \cdots \times \mathrm{GL}(V_n) \hookrightarrow \mathrm{GL}(V_1 \times \cdots \times V_n)$$

を，写像

$$\underbrace{(L_1, \ldots, L_n)}_{\text{これは } \mathrm{GL}(V_1) \times \cdots \times \mathrm{GL}(V_n) \text{ に含まれる．}} \overbrace{(\boldsymbol{v}_1, \ldots, \boldsymbol{v}_n)}^{\text{これは } V_1 \times \cdots \times V_n \text{ に含まれる．}} = \underbrace{(L_1(\boldsymbol{v}_1), \ldots, L_n(\boldsymbol{v}_n))}_{\text{これは } V_1 \times \cdots \times V_n \text{ に含まれる．}}$$

により定める．基底を選んで，すべてを行列の形で書けば，$\rho_1 \oplus \cdots \oplus \rho_n$ の像に含まれる行列は，V_i に作用する各 ρ_i の行列に対応するブロックからなる行列になる．

10.5 節において，線形変換 $\phi: V \to V$ の固有ベクトルが果たす極めて重要な役割を見

---

[40] もしこれが可逆なら，写像 $L: W \to V$ は自然に「基底の変換」写像 $L^*: \mathrm{GL}(V) \to \mathrm{GL}(W)$ を，$L^*(\phi) = L^{-1} \circ \phi \circ L$ により誘導する．したがって，$\rho_W = L^*(\rho_V)$ なら $L: \rho_W \to \rho_V$ である．

524 第 14 章 追加の話題を手短に

た．固有ベクトルを定義する啓発的な方法は，それが $\phi(U) \subseteq U$ を満たす 1 次元部分空間 $U \subseteq V$ の元であるとするものである[41]．U は**線形変換 ϕ の不変部分空間**と呼ばれる．

表現 $\rho: G \to \mathrm{GL}(V)$ の像は，V のたくさんの線形変換からなる．これらたくさんの線形変換に対して，不変であるような 1 次元部分空間がたくさんあることは期待できないので，高次元の部分空間を許容するように定義を拡張する．このことから次の基本的な概念に至る．

定義 14.90 (V, ρ_V) を群 G の表現とする．**ρ_V の不変部分空間**とは，F 部分空間 $U \subseteq V$ であって，次を満たすものである：

$$\text{任意の } g \in G \text{ と任意の } \boldsymbol{u} \in U \text{ に対して，} \rho_V(g)(\boldsymbol{u}) \in U.$$

言い換えると，任意の $g \in G$ に対して，線形変換 $\rho_V(g): V \to V$ は U を U に移す．ρ_V を U に制限すると，表現 $\rho_V|_U: G \to \mathrm{GL}(U)$ が得られる．任意の表現 (V, ρ_V) は，2 つの**自明な不変部分空間**，つまり $\{\boldsymbol{0}\}$ と V を持つ．

定義 14.91 群 G の表現 (V, ρ_V) が**既約**とは，その不変部分空間が $\{\boldsymbol{0}\}$ と V のみのことをいう．

既約表現は，次の基本的な結果が述べるように，極めて堅い．

補題 14.92（シューア (Schur) の補題） G を有限群とし，(V, ρ_V) と (W, ρ_W) を G の既約表現とする．

(a) $L: \rho_W \to \rho_V$ を準同型写像，つまり，$L \circ \rho_W = \rho_V \circ L$ を満たすとするこのとき，$L = 0$ または L は同型写像である．

(b) $L: \rho_V \to \rho_V$ を，表現 ρ_V の零でない自己準同型写像とする．すると，スカラー $\lambda \in F^*$ であって，$L(\boldsymbol{v}) = \lambda \boldsymbol{v}$ が任意の $\boldsymbol{v} \in V$ について成り立つものが存在する[42]．

証明 (a) 線形変換 $L: W \to V$ の核が W の不変部分空間であることを主張する．これを見るために，$\boldsymbol{w} \in \ker(L)$ とする．任意の $g \in G$ に対して，次が成り立つ：

$$\begin{aligned}
L(\rho_W(g)(\boldsymbol{w})) &= \rho_V(g)(L(\boldsymbol{w})) & L \circ \rho_W = \rho_V \circ L \text{ だから，} \\
&= \rho_V(g)(\boldsymbol{0}) & \text{仮定から } \boldsymbol{w} \in \ker(L) \text{ だから，} \\
&= \boldsymbol{0}.
\end{aligned}$$

つまり $\rho_W(g)(\boldsymbol{w}) \in \ker(L)$ であり，これは，任意の $g \in G$ について $\rho_W(g)$ が $\ker(L)$ をそれ自身に移すことを示している．

同様にして，L の像が V の不変部分空間であることを示せる．そのために，$\boldsymbol{v} = L(\boldsymbol{w}) \in \mathrm{Image}(L)$ とする．任意の $g \in G$ に対して，次が成り立つ：

---

[41]$U = \mathrm{Span}_F(\boldsymbol{u})$ と書けば，$\phi(\boldsymbol{u}) \in U$，よって，ある $\lambda \in F$ について $\phi(\boldsymbol{u}) = \lambda \boldsymbol{u}$ が成り立つ．したがって，U の任意の非零ベクトルは固有値 λ に関する固有ベクトルである．

[42]もっと簡単な言葉でいうと，もし ρ_V が既約で，かつ $L \in \mathrm{End}_F(V)$ が任意の $g \in G$ に対して $L \circ \rho_V(g) = \rho_V(g) \circ L$ を満たすなら，つまり，もし L が ρ_V の像と可換なら，L はスカラー倍写像 $L(\boldsymbol{v}) = \lambda \boldsymbol{v}$ である．

$$\rho_V(g)(\boldsymbol{v}) = \rho_V(g)(L(\boldsymbol{w})) = L(\rho_W(\boldsymbol{w})) \in L(W) = \text{Image}(L).$$

したがって，任意の $g \in G$ について $\rho_V(g)$ が $\text{Image}(L)$ をそれ自身に移すことが示された．

仮定から，ρ_V と ρ_W の両方とも既約表現であり，よって，

$$\ker(L) = \{\boldsymbol{0}\} \text{ か } W \quad \text{かつ} \quad \text{Image}(L) = \{\boldsymbol{0}\} \text{ か } V$$

である．場合を 4 つに分け，それぞれから導かれる結論を次の表にした：

	$\ker(L) = \{\boldsymbol{0}\}$	$\ker(L) = W$
$\text{Image}(L) = \{\boldsymbol{0}\}$	$W = \{\boldsymbol{0}\}$ かつ $L = 0$	$L = 0$
$\text{Image}(L) = V$	L は同型写像	$V = \{\boldsymbol{0}\}$ かつ $L = 0$

したがって，$L = 0$ もしくは L は同型写像である．

(b) 代数閉体上の任意の線形変換は，少なくとも 1 つ固有ベクトル $\boldsymbol{v}_0 \in V$ を持つ．その固有値を $\lambda_0 \in F$ としよう．命題 10.31 を見よ．さらに，

$$U = \{\boldsymbol{v} \in V : L(\boldsymbol{v}) = \lambda_0 \boldsymbol{v}\}$$

を対応する固有空間とする．$\boldsymbol{v}_0 \in U$ だから，$U \neq \{\boldsymbol{0}\}$ に注意する．

U は ρ_V に関する不変部分空間であることを主張する．これを見るため，$\boldsymbol{v} \in U$ とする．任意の $g \in G$ に対して次が成り立つ：

$$L(\rho_V(g)(\boldsymbol{v})) = \rho_V(g)(L(\boldsymbol{v})) = \rho_V(g)(\lambda_0 \boldsymbol{v}) = \lambda_0 \rho_V(g)(\boldsymbol{v}).$$

したがって $\rho_V(g)(\boldsymbol{v}) \in U$ である．

ρ_V が既約であるという仮定から，不変部分空間 U は $\{\boldsymbol{0}\}$ もしくは V である．しかし，U は非零ベクトル $\boldsymbol{v}_0$ を含むから，$U = V$ である．したがって，任意の $\boldsymbol{v} \in V$ に対して $L(\boldsymbol{v}) = \lambda_0 \boldsymbol{v}$，仮定の $L \neq 0$ より，$\lambda_0 \neq 0$ である． $\qquad \square$

我々の次の結果は，群の既約表現は，すべての表現がそれらから組み立てられる基本的な構成要素である，と述べている．したがって，それらは，数論での素数や，群論での単純群と似た役割を果たしている．

定理 14.93（マシュケ (Maschke) の定理） G を有限群とし，(V, ρ_V) を G の有限次元表現とする[43]．このとき，既約表現

$$(W_1, \rho_1), \ldots, (W_n, \rho_n)$$

が存在して，

$$(V, \rho_V) \cong (W_1, \rho_1) \oplus \cdots \oplus (W_n, \rho_n) \tag{14.23}$$

---

[43] V が標数 0 の体 F 上の F ベクトル空間であることを再び強調しておきたい．マシュケの定理は標数 p では正しくない．演習問題 14.43 を見よ．

526 第14章 追加の話題を手短に

が成り立つ. 既約表現のリスト $W_1, \ldots, W_n$ は V により一意的に定まる[44].

証明 演習問題 14.41 を見よ. □

定義 14.94 G を有限群とし, (V, ρ_V) を G の表現, さらに (W, ρ_W) を G の既約表現とする. **W の V における重複度**とは, 分解 (14.23) における, (W, ρ) と同型な (W_i, ρ_i) の個数をいい,

$$\text{Mult}_W(V) \quad \text{もしくは} \quad \text{Mult}_{\rho_W}(\rho_V)$$

と書く. 定理 14.93 により, $\text{Mult}_W(V)$ は矛盾なく定義された非負整数であり,

$$(V, \rho_V) \cong \bigoplus_{\substack{(W, \rho_W) \\ G \text{ の既約表現}}} (W, \rho_W)^{\text{Mult}_W(V)}. \tag{14.24}$$

注意 14.95 正則表現 V_G が G のすべての既約表現を含んでいることの証明の素描を後で与える. そして実際, もし W が G の既約表現ならば,

$$\text{Mult}_W(V_G) = \dim_F W \tag{14.25}$$

である.

基本的な公式に到達した. これは有限群の異なる既約表現の個数やその重複度を厳しく規定する.

定理 14.96 G を有限群とする.

(a) 同型を除いて, G の既約表現は有限個である.

(b) $(W_1, \rho_1), \ldots, (W_n, \rho_n)$ を G の相異なる既約表現とする. このとき,

$$\#G = \sum_{i=1}^n (\dim_F W_i)^2. \tag{14.26}$$

証明 証明はこの節の終わりまで延期する. □

例 14.97 G が位数 n のアーベル群なら, G の任意の既約表現は 1 次元であり, 定理 14.96 により, それらは n 個ある. G が巡回群の場合については, それらを例 14.83 で明示的に述べた.

例 14.98 例 14.84 で見たように, 2 面体群 $\mathcal{D}_3$ は 2 つの 1 次元表現と, 1 つの 2 次元表現を持つ. 2 次元表現は既約であることに注意する. というのは, $\mathbb{R}^2$ には零でないベクトルで, 回転と折り返しの両方で固定されるものは存在しないからである. よって, 次のように

---

[44]いつもの通り, 一意性は W_i の順序の並べ替えや, 同型な空間との置き換えは度外視してのものである. また, W_i たちは異なるとは限らない. というのは, 整数の素因数分解 $p_1 p_2 \cdots p_n$ のときと同様に, 並べ替えや繰り返しを許さないといけないからである.

なる：

$$6 = \#\mathcal{D}_3 = 1^2 + 1^2 + 2^2,$$

また，定理 14.96 により，これら 3 つの表現は $\mathcal{D}_3$ の既約表現のすべてである．

既約表現と，群の元の共役類たちの間の，便利な関係を証明抜きで述べる．

定理 14.99 G を有限群とする．このとき，G の相異なる既約表現の個数は，G の元の共役類の個数に等しい[45]．

例 14.100 G を位数 n のアーベル群とすると，各元はそれ自身が共役類であり，よって n 個の共役類がある．例 14.97 で述べたように，群 G はちょうど n 個の異なる既約表現を持つ．2 面体群 $\mathcal{D}_3$ は回転 r と裏返し f で生成され，3 つの共役類を持つ：

$$\{e\},\ \{r, r^2\},\ \{f, fr, fr^2\},$$

これらの数は，例 14.98 で述べた $\mathcal{D}_3$ の 3 つの既約表現と整合する．

14.7.4 跡と指標

表現論がこれほどまでに強力な道具である理由の 1 つとして，$\mathrm{GL}(V)$ が，その基盤となるベクトル空間 V に由来するたくさんの付加構造を持つことが挙げられる．とくに，$\mathrm{GL}(V)$ の元に伴うたくさんの興味深い量がある．たとえば，行列式や跡，特性多項式である．これらの量の重要な特徴は，それらが，対応する線形変換 $\phi \in \mathrm{GL}(V)$ に内在するものだという点である．つまり，これらの値は V の基底の選び方や行列としての ϕ の記述によらない．これらの量のうち，群の表現を研究するときには，跡が本質的な役割を果たすことが明らかになる．

定義 14.101 $\rho\colon G \to \mathrm{GL}(V)$ を表現とする．$\boldsymbol{\rho}$ **に付随する指標**とは，写像

$$\chi_\rho\colon G \longrightarrow F, \quad \chi_\rho(g) = \mathrm{Tr}(\rho(g))$$

をいう[46]．**既約指標**とは，既約表現に付随する指標のことである．

注意 14.102 表現 ρ は群準同型写像であり，よってとくに

$$\text{任意の } g_1, g_2 \in G \text{ に対して } \rho(g_1 g_2) = \rho(g_1)\rho(g_2)$$

であるが，その指標は群準同型写像とは限らないので，一般には

$$\chi_\rho(g_1 g_2) \neq \chi_\rho(g_1)\chi_\rho(g_2)$$

---

[45] 演習問題 6.15 で見たように，G の元 $g \in G$ の**共役類**とは，G のそれ自身への共役作用に関する軌道のことであった．つまり，g の共役類は，集合 $\{a^{-1}ga\colon a \in G\}$ である．

[46] 線形変換の積と，いくつかの基本性質については，演習問題 10.23 を見よ．

である[47]. しかしながら，行列の古典的な公式 $\mathrm{Tr}(A^{-1}BA) = \mathrm{Tr}(B)$ により，

$$\text{任意の } g, h \in G \text{ に対して } \mathrm{Tr}(\rho(h^{-1}gh)) = \mathrm{Tr}(\rho(h)^{-1} \circ \rho(g) \circ \rho(h)) = \mathrm{Tr}(\rho(g)),$$

言い換えると，

$$\chi_\rho(h^{-1}gh) = \chi_\rho(g).$$

したがって，$\chi_\rho(g)$ の値は g の共役類のみに依存する．この観察は，群 G の**指標表**を構成する際に用いられる．指標表の行は G の既約表現で添え字づけられ，指標表の列は G の元の共役類で添え字づけられ，その成分は，対応する共役類の元に対する指標の値である．

例 14.103 2 面体群 $\mathcal{D}_3$ の指標表を掲げる．例 14.84 で述べたように，既約指標は 3 つある．また，例 14.100 で述べたように，共役類も 3 つある．これらのことから次を得る：

	$\{e\}$	$\{r, r^2\}$	$\{f, fr, fr^2\}$
ρ_0	1	1	1
ρ_1	1	1	-1
ρ_2	2	-1	0

$\mathcal{D}_3$ の指標表．

注意 14.104 ρ を G の階数 n の表現とし，χ_ρ をその指標とする．このとき，任意の $g \in G$ に対して，値 $\chi_\rho(g)$ は次のような和として表される：

$$\chi_\rho(g) = \zeta_1 + \zeta_2 + \cdots + \zeta_n,$$

ここで $\zeta_1, \ldots, \zeta_n$ は 1 の冪根である．演習問題 14.39 を見よ．

注意 14.105 表現の直和の指標は，指標の和である：

$$\chi_{\rho_1 \oplus \cdots \oplus \rho_n} = \chi_{\rho_1} + \cdots + \chi_{\rho_n}.$$

これは，注意 14.89 により，$\rho_1 \oplus \cdots \oplus \rho_n$ の行列が，それぞれの表現 ρ_i の行列をブロックとする行列であり，これから次の跡の加法公式がわかる．

$$\mathrm{Tr}(\rho_1 \oplus \cdots \oplus \rho_n) = \mathrm{Tr}(\rho_1) + \cdots + \mathrm{Tr}(\rho_n).$$

マシュケの定理（定理 14.93）により，G の任意の指標は既約指標の $\mathbb{N}_0$ 線形結合であることがわかる[48]．

定義 14.106 G を有限群とする．**G の指標群**とは，G の指標により生成される自由アーベル群であり，$X(G)$ と表す．$\rho_1, \ldots, \rho_n$ を G の相異なる既約表現，$\chi_1, \ldots, \chi_n$ を対応する

---

[47]もちろん，もし ρ が階数 1 なら，その指標 χ_ρ は準同型写像 $\chi_\rho \colon G \to F^*$ である．というのは，この場合，$\mathrm{GL}(F) = F^*$ という同一視により $\chi_\rho = \rho$ であるのだから．

[48]定義 1.9 を思い出そう．$\mathbb{N}_0$ は非負整数 $\{0, 1, 2, \ldots\}$ の記号である．

それらの指標とすると，マシュケの定理により

$$X(G) = \{a_1\chi_1 + \cdots + a_n\chi_n : a_1, \ldots, a_n \in \mathbb{Z}\}.$$

$X(G)$ の元は写像 $\chi\colon G \to F$ であることに注意する．より一般に，a_i がより大きな環の元であってもよいことにしたい．たとえば，$a_i \in \mathbb{Q}$ を許すときには $X_\mathbb{Q}(G)$ と書き，このとき $X_\mathbb{Q}(G)$ は $\mathbb{Q}$ ベクトル空間である[49]．

命題 14.107　G を有限群とし，$\rho_V\colon G \to \mathrm{GL}(V)$ を表現とし，さらに $\chi_V = \mathrm{Tr}(\rho_V)$ を対応する指標とする．

(a) $\chi_V(e) = \dim V = \mathrm{rank}\,\rho_V$.

(b) $\rho_G\colon G \to \mathrm{GL}(V_G)$ を定義 14.86 で述べた正則表現とし，χ_G を対応する指標とする．このとき，

$$\chi_G(g) = \begin{cases} \#G & g = e \text{ のとき}, \\ 0 & g \neq e \text{ のとき}. \end{cases}$$

証明　(a) $d = \dim_F V$ とする．V の基底をとると $\rho_V(e)$ の行列は d 行 d 列の単位行列である．対角成分の和をとれば $\mathrm{Tr}(\rho_V(e)) = d$.

(b) $g = e$ なら (a) から

$$\chi_G(e) = \dim V_G = \#G.$$

次に $g \neq e$ とする．表現 V_G の標準基底 $\{e_h : h \in G\}$ をとれば $\rho_G(g)$ の行列は，g を掛けることで G の元がどのように置換されるかを記述する置換行列になる．$g \neq e$ という仮定から，

$$\rho_G(g)(e_h) = e_{gh} \neq e_h,$$

よって，行列 $\rho_G(g)$ の対角成分はすべて 0 である．したがって，

$$\chi_G(g) = \mathrm{Tr}(\rho_G(g)) = (\rho_G(g) \text{ の対角成分の和}) = 0.$$

これで命題 14.107 が示された．　　　　　　　　　　　　　　　　　　　□

定義 14.108　指標の空間に内積を定義するため，平均化の操作を用いる[50]．

$$\langle \cdot, \cdot \rangle \colon X(G) \times X(G) \longrightarrow \mathbb{C}, \quad \langle \chi, \psi \rangle = \frac{1}{\#G} \sum_{g \in G} \chi(g)\psi(g^{-1}).$$

---

[49]より手の込んだ用語でいえば，ベクトル空間 $X_\mathbb{Q}(G)$ はテンソル積 $X_\mathbb{Q}(G) = \mathbb{Q} \otimes_\mathbb{Z} X(G)$ であり，$\mathbb{Z}$ 加群 $X(G)$ の係数を拡大して $\mathbb{Q}$ 加群を得たのである．一般の構成については演習問題 14.26 を見よ．

[50]これは F の標数が 0 という事実を用いる箇所の 1 つである．しかし，素数 p が $\#G$ を割り切らなければ，F の標数が p でもこの構成は機能する．

530 第 14 章 追加の話題を手短に

たくさんの帰結をもたらす基本的な事実は，$X(G)$ の既約表現がこの内積に関する正規直交基底をなすということである．

定理 14.109（直交関係式） G を有限群，$\chi, \psi \in X(G)$ を G の既約指標とする．このとき，

$$\langle \chi, \psi \rangle = \begin{cases} 1 & \chi = \psi \text{ のとき,} \\ 0 & \chi \neq \psi \text{ のとき.} \end{cases} \tag{14.27}$$

証明 証明は本書の範囲を超える． □

定理 14.109 を使って，与えられた表現での既約表現の重複度を記述する便利な公式が得られる．

系 14.110 $\rho_V \colon G \to \mathrm{GL}(V)$ と $\rho_W \colon G \to \mathrm{GL}(W)$ は表現で，それぞれに対応する指標を χ_V と χ_W とし，ρ_W は既約と仮定する．このとき，

$$\langle \chi_V, \chi_W \rangle = \mathrm{Mult}_W(V).$$

証明 $\rho_1, \ldots, \rho_n$ を G の既約表現とし，記号を簡単にするために，χ_i を ρ_i の指標とする．マシュケの定理を使って ρ_V を和に分解する：

$$\rho_V = \rho_n^{\nu_n} \oplus \cdots \oplus \rho_n^{\nu_n}, \quad \text{定義により，任意の } 1 \leq i \leq n \text{ に対して } \nu_i = \mathrm{Mult}_{\rho_i}(\rho).$$

跡をとって，注意 14.105 を用いると

$$\chi_V = \sum_{i=1}^{n} \nu_i \chi_i$$

となる．すると，

$$\langle \chi_V, \chi_W \rangle = \sum_{i=1}^{n} \nu_i \langle \chi_i, \chi_W \rangle = \nu_W,$$

というのは，定理 14.109 から，$\langle \chi_i, \chi_W \rangle$ は $\rho_W \cong \rho_i$ なら 1，そうでなければ 0 に等しいからである． □

我々の道具立てを全部使って，重複度公式 (14.25) と次元公式 (14.26) を証明する．

定理 14.111 G を有限群とする．

(a) V_G を G の正則表現とし，$\rho_W \colon G \to \mathrm{GL}(W)$ を既約表現とする．このとき，

$$\mathrm{Mult}_W(V_G) = \dim_F W.$$

(b) G の既約表現は有限個しか存在しない．それらは次の関係式を満たす：

$$\#G = \sum_{\substack{(W, \rho_W) \\ G \text{ の既約表現}}} (\dim_F W)^2.$$

証明 (a) 記号を簡単にするために，χ_G を V_G の指標とする．次のように計算する：

$$\mathrm{Mult}_W(V_G) = \langle \chi_G, \chi_W \rangle \quad \text{系 14.110 により，}$$

$$= \tfrac{1}{\#G} \sum_{g \in G} \chi_G(g) \chi_W(g^{-1}) \quad \text{定義 14.108 により，}$$

$$= \chi_W(e) \quad \begin{array}{l} \text{命題 14.107 (b) から} \\ g \neq e \text{ なら } \chi_G(g) = 0, \text{ また } \chi_G(e) = \#G, \end{array}$$

$$= \dim_F W \quad \text{命題 14.107 (a) による．}$$

(b) 次のように計算する：

$$\#G = \dim(V_G) \quad V_G \text{ の定義から，}$$

$$= \dim\left(\bigoplus_{\substack{W \\ G \text{ の既約表現}}} W^{\mathrm{Mult}_W(V_G)} \right) \quad \text{式 (14.24) により，}$$

$$= \sum_{\substack{W \\ G \text{ の既約表現}}} \mathrm{Mult}_W(V_G) \cdot (\dim_F W)$$

$$= \sum_{\substack{W \\ G \text{ の既約表現}}} (\dim_F W)^2 \quad \text{(a) による．}$$

以上で定理 14.111 の証明が完了した． $\square$

14.8 楕円曲線

この節では，代数学と幾何学と解析学が一致点を見いだす美しい主題である楕円曲線を研究する[51].

★★★★ 警告 ★★★★

この節は解説を目的としているため，ときどき罪のないうそに頼ることがある．それらの咎は，添えてある脚注を読むことで軽減されるだろう．

14.8.1 定義と例

定義 14.112 F を体とする[52]．（F 上定義された）楕円曲線 E とは[53]，次の形の方程式に

---
[51] しかしながら，この短い導入では，解析学の出番に至る時間がない．

[52] 我々の最初の小さなうそである．我々はつねに F の標数が 2 でも 3 でもないことを仮定する．

[53] その不運な呼称に反して，楕円曲線と楕円は疎遠な関係しか持たない．この名前は，楕円の周長の計算に用いられる積分において，その被積分関数から，楕円曲線という名で知られることになった曲線の方程式が得られるこ

より与えられる平面曲線のことをいう[54]：

$$E: y^2 = x^3 + Ax + B, \quad \text{ここで}, \quad A, B \in F. \tag{14.28}$$

任意の体の拡大 K/F に対して，

$$E(K) = \{(x, y) \in K^2 : y^2 = x^3 + Ax + B\}$$

を，E 上の，座標が K の元であるような点の全体とする．

例 14.113 典型的な楕円曲線 $E(\mathbb{R})$ が図 50 である．しかし，$\mathbb{R}$ 上定義された楕円曲線で，連結成分が 2 つのものが存在することも注意しておく．演習問題 14.44 を見よ．

例 14.114 次の方程式で定義される楕円曲線 $E/\mathbb{Q}$ を考える：

$$E: y^2 = x^3 - 112x + 400.$$

$E(\mathbb{Q})$ の点で整数座標を持つものが存在する．たとえば，$(4, 4)$, $(1, 17)$ や $(9, 11)$ がそうである．また，$E(\mathbb{Q})$ の点には，込み入った見た目の有理数を座標とする点もたくさんある．たとえば

$$\left(\frac{124}{9}, \frac{1036}{27}\right) \in E(\mathbb{Q}) \quad \text{また} \quad \left(-\frac{151}{16}, \frac{1589}{64}\right) \in E(\mathbb{Q}).$$

例 14.115 次の方程式で与えられる楕円曲線 $E/\mathbb{F}_{17}$ を考えよう：

$$E: y^2 = x^3 + x + 2.$$

$E(\mathbb{F}_{17})$ のすべての点を，多項式 $x^3 + x + 2$ に $x = 0, 1, \ldots, 16$ を代入し，その値が $\mathbb{F}_{17}$ の平方元か否かを確認することで得られる．これは手計算だとやや面倒だが，コンピュータを使えばより容易になる．いずれにせよ，$E(\mathbb{F}_{17})$ が次の 23 個の点からなることがわかる：

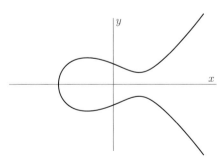

図 50 楕円曲線 $E: y^2 = x^3 + Ax + B$.

とに由来する．

[54] この定義は我々の次の 2 つのうそを含んでいる．まず最初のうそは，本来は $4A^3 + 27B^2 \neq 0$ という仮定をおかなければならないことである．この量は E の **判別式** と呼ばれ，これが 0 でないことは E の任意の点で接線が存在することを保証する．2 番目のうそは，E が「無限遠に」もう 1 つの点を持つと述べていないことである．

$$E(\mathbb{F}_{17}) = \{(0,6), (0,11), (1,2), (1,15), (3,7), (3,10), (4,6), (4,11), (5,8),$$
$$(5,9), (9,3), (9,14), (10,3), (10,14), (11,1), (11,16),$$
$$(12,5), (12,12), (13,6), (13,11), (15,3), (15,14), (16,0)\}.$$

14.8.2 楕円曲線上の群法則

E/F を楕円曲線とし，$P, Q \in E(F)$ を E の点とする．もしあなたが幾何学者で，誰かが2つの点をくれたなら，まずこれらの点を結ぶ直線 $\overline{PQ}$ を引こうとするだろう．曲線 E は次数3の方程式で与えられているから，直線 $\overline{PQ}$ は（一般には）E と3点で交わる．交点のうち2つは P と Q である．第3の交点のために記号を用意する．

定義 14.116（予備的なバージョン） $P, Q \in E(F)$ を楕円曲線上の点とする．このとき $P \star Q \in E$ で，$\overline{PQ}$ が E と交わる第3の交点[55]を表す．つまり，

$$\overline{PQ} \cap E = \{P, Q, P \star Q\}$$

である．図51の左側を見よ．

定義14.116には潜在的な瑕疵がいくつもある．第一に，もし $P = Q$ ならどうするのだろう．というのも，1つの点を通る直線は無数にあるのだから．しかし，図51の左側に注目し，Q が曲線に沿って動いて P に到達する様子を想像すると，直線 $\overline{PQ}$ は P における E の接線に近づく．よって，$P \star P$ を定義するには，E と P における E の接線の交点とすればよい．これは図51の右側にある通りである．この場合も，E の接線は E と3点で交わるということにする．というのは，接点 P を重複度2で数えるからである．

より深刻な問題は，直線 $\overline{PQ}$ が垂直線の場合，つまり P と Q が次の形の場合である：

$$P = (a, b) \quad かつ \quad Q = (a, -b).$$

すると交点は，

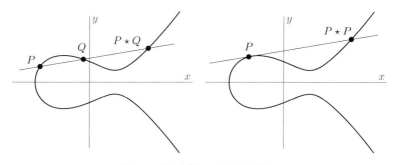

図51　2点から第3の点を作り出す．

---

[55] ここでもう1つうそである．というのは，交点が2点のみの場合があるからである．この問題とその他のいくつかの問題の解決には，次のいくつかの段落を費やさなければならない．

$$\overline{PQ} \cap E = \{(a,y) \in F^2 : y^2 = a^3 + Aa + B\} = \{P, Q\}$$

で，2点 P, Q しか含まない．このジレンマの解決法は，単に，E にもう1つの点を付け加えることである[56]．したがって，「無限の彼方に住み」，すべての垂直線の上にある点 $\mathcal{O} \in E(F)$ があると宣言するのである．記号を簡単にするために，折り返し写像を次のように定義する：

$$\rho : F^2 \cup \{\mathcal{O}\} \longrightarrow F^2 \cup \{\mathcal{O}\} \quad \text{を} \quad \rho(x,y) = (x,-y) \quad \text{かつ} \quad \rho(\mathcal{O}) = \mathcal{O}. \tag{14.29}$$

これらの準備のもと，E 上の点のペアを E の点に移すことができる．つまり，演算法則を得た．我々の定義はやや変更されたので，この機にさきのいくつかのうそを訂正したい．

定義 14.117 F を標数が2でも3でもない体とする．楕円曲線 E は次の形の方程式で与えられる：

$$E : y^2 = x^3 + Ax + B, \quad A, B \in F \text{ かつ } 4A^2 + 27B^2 \neq 0. \tag{14.30}$$

任意の拡大 K/F に対して，

$$E(K) = \{(x,y) \in K^2 : y^2 = x^3 + Ax + B\} \cup \{\mathcal{O}\}$$

とする．ここで $\mathcal{O}$ は「無限遠にある」もう1つの点である．$E(K)$ 上の合成則 $\star$ は次の

$$E(K) \times E(K) \longrightarrow E(K) \quad \text{で定められる}[57]: \quad \overline{PQ} \cap E = \{P, Q, P \star Q\}.$$

やった！これで $E(K)$ の2点 P, Q から3番目の点 $P \star Q \in E(K)$ を構成する幾何的な方法を得た．これはなじみ深く見える．というのは，以前に第2章で導入した群での仕方と似ているからである．しかし，$\star$ は群演算だろうか？残念ながら，かすってすらいない．実際，単位元が存在しないことが，

$$P \star Q = Q \iff \overline{PQ} \text{ が } E \text{ の } Q \text{ での接線} \iff Q \star Q = P$$

からわかる．おもしろいことに，$\star$ にちょっとした変更を1つ加えるだけで $E(K)$ を群に変えることができる．

定義 14.118 E と $\star$ を定義 14.117 と同じとし，ρ を式 (14.29) で定義した折り返し写像とする．$\star$ と ρ を使い，$E(K)$ 上の合成則 $\oplus$ を次のように定義する：

---

[56] これを，数学における2歳児法と呼ぼう．我々は単にかんしゃくを起こして叫ぶのである：「$\overline{PQ} \cap E$ が第3の点を含んでいてほしい．」すると激高した親が，「もうわかりました．これが3つめの点です．これで遊んでいて．」☺もう少し散文的にいうと，ここで行ったのは射影平面 $\mathbb{P}^2$ を作り始めたということで，これは各方向にもう1点を含んでいる．14.10 節を見よ．

[57] もし $P = Q$ で，さらに P における E の接線が E と1点でのみ交わるなら，接線は E と3重に交わっており，このとき $P \star P = P$ とすることに注意せよ．

$$E(K) \times E(K) \longrightarrow E(K), \quad P \oplus Q = \rho(P \star Q).$$

すなわち，最初に E と直線 $\overline{PQ}$ を交差させて第 3 の点 $P \star Q \in E$ を得て，さらに $P \star Q$ を x 軸に関して折り返す．図 52 を見よ．

定理 14.119 E を，定義 14.117 で述べたように体 F 上の楕円曲線とする．このとき，任意の体の拡大 K/F とすべての点 $P, Q, R \in E(K)$ に対して，定義 14.118 で述べた合成則 $\oplus$ は次の性質を持つ：

(1) $P \oplus \mathcal{O} = \mathcal{O} \oplus P = P$.
(2) $P \oplus \rho(P) = \rho(P) \oplus P = \mathcal{O}$.
(3) $(P \oplus Q) \oplus R = P \oplus (Q \oplus R)$.
(4) $P \oplus Q = Q \oplus P$.

言い換えると，$(E(K), \oplus)$ はアーベル群である．$E(K)$ の単位元は点 $\mathcal{O}$ であり，点 $P \in E(K)$ の逆元は $\rho(P)$ である．

証明 主張 (1), (2) と (4) を示すことから始める．

(1) $\mathcal{O}$ の定義から，直線 $\overline{P\mathcal{O}}$ は垂直線であり，よって

$$\overline{P\mathcal{O}} \cap E = \{P, \mathcal{O}, \rho(P)\}.$$

したがって，

$$P \oplus \mathcal{O} = \rho(\rho(P)) = P.$$

(2) 直線 $\overline{P\rho(P)}$ は垂直線だから，

$$\overline{P\rho(P)} \cap E = \{P, \rho(P), \mathcal{O}\}.$$

よって，

$$P \oplus \rho(P) = \rho(\mathcal{O}) = \mathcal{O}.$$

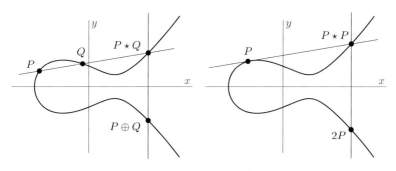

図 52　楕円曲線上の点を加える．

536 第 14 章 追加の話題を手短に

(4) $P \star Q$ を計算するために，直線 $\overline{PQ}$ を E と交差させ，第 3 の交点をとる．同様に，$Q \star P$ を計算するために，直線 $\overline{QP}$ と E を交差させ，第 3 の交点をとる．しかし，直線 $\overline{PQ}$ と直線 $\overline{QP}$ は同じ直線である！ したがって $P \star Q = Q \star P$ であり，ρ を施せば $P \oplus Q = Q \oplus P$ である．

(3) これまで出会ってきた群のほとんどすべてが本質的には集合上の写像を元とするものだった．そして，そのような写像のなす群について，結合則 $f \circ (g \circ h) = (f \circ g) \circ h$ は，写像の合成からの自明な帰結だった．したがって，楕円曲線は結合則の検証が非自明な仕事である最初の例である．結合則の証明はたくさんあるが，易しいものはない．よってここでは証明しない．演習問題 14.51 (f) で，非常に煩雑な場合分けと計算による証明を与える．　□

注意 14.120 $E(K)$ のようなアーベル群ではいつもの通り，nP により n 回の和 $P \oplus \cdots \oplus P$ を表す．すなわち，$E(K)$ を $\mathbb{Z}$ 加群と見なし，加法群としての記法を用いる．

例 14.121 例 14.114 の楕円曲線 $E/\mathbb{Q}$ と，その上にある点の研究を続ける．

$$E : y^2 = x^3 - 112x + 400, \quad P = (4,4), \quad Q = (1,17), \quad R = (9,11). \tag{14.31}$$

$P \oplus Q$ の計算をして，異なる点の和についての加法則を説明しよう．

$\overline{PQ}$ **の傾き** $\quad m = \frac{17-4}{1-4} = -\frac{13}{3}$.

直線 $\overline{PQ}$ $\quad L : y - 4 = -\frac{13}{3}(x-4),$
$$L : y = -\frac{13}{3}x + \frac{64}{3}.$$

$E \cap \overline{PQ}$ $\quad \left(-\frac{13}{3}x + \frac{64}{3}\right)^2 = x^3 + 3x + 1,$
$$x^3 - \frac{169}{9}x^2 + \frac{656}{9}x - \frac{496}{9} = 0,$$
$$(x-4)(x-1)\left(x - \frac{124}{9}\right) = 0.$$

P と Q は $E \cap \overline{PQ}$ に含まれることがアプリオリにわかっているから，3 次式が因数分解できることに注意しよう．よって $x = 4$ と $x = 1$ は自動的に 3 次式の根である．

したがって，$E \cap \overline{PQ}$ の第 3 の点は x 座標が $x = \frac{124}{9}$ である．$\overline{PQ}$ の方程式に代入して，y 座標が $y = -\frac{1036}{27}$，そして x 座標に関して折り返して，

$$P \oplus Q = (4,4) \oplus (1,17) = \rho\left(\frac{124}{9}, -\frac{1036}{27}\right) = \left(\frac{124}{9}, \frac{1036}{27}\right) \in E(\mathbb{Q}).$$

例 14.122 引き続き曲線と点は例 14.121 の式 (14.31) のものとして，$2R = R \oplus R$ を計算することで，1 つの点とそれ自身の和の計算法を説明する．E の方程式を陰関数微分して接線の傾きを見いだす方法に注目してほしい．

$$\overline{PQ} \text{ の傾き} \qquad m = \left.\frac{dy}{dx}\right|_{(9,11)} = \left.\frac{3x^2 - 112}{2y}\right|_{(9,11)} = \frac{131}{22}.$$

$$\text{直線 } \overline{PQ} \qquad L\colon y - 9 = \frac{131}{22}(x - 11),$$

$$L\colon y = \frac{131}{22}x - \frac{937}{22}.$$

$$E \cap \overline{PQ} \qquad \left(\frac{131}{22}x - \frac{937}{22}\right)^2 = x^3 + 3x + 1,$$

$$x^3 - \frac{17161}{484}x^2 + \frac{95643}{242}x - \frac{684369}{484} = 0,$$

$$(x - 9)^2\left(x - \frac{8449}{484}\right) = 0.$$

L は E の点 $P = (9,11)$ における接線だから当然そうなるように，3次式は $x = 9$ で重根を持つことに注意してほしい．$E \cap \overline{PQ}$ の他の点は x 座標が $x = \frac{8449}{484}$ である．直線 $\overline{PQ}$ の式に代入して，y 座標が $y = \frac{653311}{10648}$ とわかる．最後に，x 軸に関して折り返して，

$$R \oplus R = (9,11) \oplus (9,11) = \rho\left(\frac{8449}{484}, \frac{653311}{10648}\right) = \left(\frac{8449}{484}, -\frac{653311}{10648}\right) \in E(\mathbb{Q}).$$

例 14.123 他の体上の楕円曲線での加法則もまったく同じ手続きである．例 14.115 の，$\mathbb{F}_{17}$ 上の楕円曲線

$$E\colon y^2 = x^3 + x + 2, \quad P = (5,8) \in E(\mathbb{F}_{17})$$

で点を 2 倍する例を説明する．$P \oplus P$ を計算するのだが，つねに $\mathbb{F}_{17}$ 上で計算していることを念頭に置かねばならない[58]．

$$\overline{PQ} \text{ の傾き} \qquad m = \left.\frac{dy}{dx}\right|_{(5,8)} = \left.\frac{3x^2 + 1}{2y}\right|_{(5,8)} = \frac{76}{16} = 9 \in \mathbb{F}_{17}.$$

$$\text{直線 } \overline{PQ} \qquad L\colon y - 8 = 9(x - 5),$$

$$L\colon y = 9x + 14.$$

$$E \cap \overline{PQ} \qquad (9x + 14)^2 = x^3 + x + 2,$$

$$x^3 + 4x^2 + 4x + 10 = 0,$$

$$(x - 5)^2(x - 3) = 0.$$

3次式は $x = 5$ で重根を持ち，また持つべきである．というのは，直線 L は E の点 $P = (5,8)$ における接線であるのだから．$E \cap \overline{PQ}$ における他の点は，x 座標が $x = 3$ で，直線 $\overline{PQ}$ の式に代入して y 座標を計算すると，$y = 7$ である．最後に x 軸に関して折り返すと，

---

[58] 環 $\mathbb{F}_{17}[x,y]$ において陰関数微分をどのように使っているかに注意してほしい．通常の定義である，極限としての微分には意味がない．しかし，8.3.1 節で見たように，極限は存在しなくても，任意の多項式環で形式的な微分を計算できて，ここで行っているのはそれである．

538　第 14 章　追加の話題を手短に

$$R \oplus R = (5,8) \oplus (5,8) = \rho(3,7) = (3,10) \in E(\mathbb{F}_{17}).$$

14.8.3　$\mathbb{Q}$ 上の楕円曲線

楕円曲線の有理点の群 $E(\mathbb{Q})$ は，実数点の群 $E(\mathbb{R})$ の部分群である．次の重要な定理は，$E(\mathbb{Q})$ が特別な種類の群であることを述べている．

定理 14.124（モーデル–ヴェイユ (Mordell–Weil) の定理）　$E/\mathbb{Q}$ を $\mathbb{Q}$ 上の楕円曲線とする．その有理点の群 $E(\mathbb{Q})$ は有限生成アーベル群である[59]．

モーデル–ヴェイユの定理と有限生成アーベル群の構造定理，つまり $\mathbb{Z}$ 加群に対する定理 11.50 を組み合わせると

$$E(\mathbb{Q}) \cong E(\mathbb{Q})_{\text{tors}} \times \mathbb{Z}^{\text{rank } E(\mathbb{Q})},$$

ここでねじれ部分群 $E(\mathbb{Q})_{\text{tors}}$ は $E(\mathbb{Q})$ の有限位数の元からなり，また $E(\mathbb{Q})$ の階数は非負整数である．

例 14.125　階数が 0, 1 そして 2 であり各種のねじれ部分群を持つ楕円曲線の例を挙げる．これらの主張を証明するのは，残念ながら本書の範囲を超える．

E	$E(\mathbb{Q})_{\text{tors}}$	rank $E(\mathbb{Q})$	生成系
$y^2 = x^3 - 43x + 166$	$\mathcal{C}_7$	0	$(3,8)$
$y^2 = x^3 - 24003x + 1296702$	$\mathcal{C}_2 \times \mathcal{C}_6$	0	$(111,0), (39,648)$
$y^2 = x^3 - 16x + 16$	$\mathcal{C}_1$	1	$(0,4)$
$y^2 = x^3 - 3024x + 46224$	$\mathcal{C}_1$	2	$(12,108), (48,108)$
$y^2 = x^3 - 13392x + 637200$	$\mathcal{C}_5$	1	$(84,324), (48,324)$

例 14.126　2021 年現在で知られている，最も階数が高い楕円曲線は rank $E(\mathbb{Q}) \geq 28$ を満たす．これはエルキース (Elkies) により 2006 年に発見された．この曲線の係数 A, B はそれぞれ，56 桁，85 桁である[60]．

次の定理により，ねじれ部分群は非常によく理解されていることがわかる．しかし，証明は本書の範囲を大きく超える．

定理 14.127（メイザー (Mazur) の定理）　$E/\mathbb{Q}$ を楕円曲線とする．このとき，

$$\#E(\mathbb{Q})_{\text{tors}} \leq 16.$$

より正確に，ねじれ部分群 $E(\mathbb{Q})_{\text{tors}}$ は位数 N の巡回群で，$1 \leq N \leq 12$（しかし $N = 11$ で

---

[59] より一般に，これは $K/\mathbb{Q}$ が任意の有限次拡大のときに，$E(K)$ に対して正しい．

[60] 訳注：2024 年 8 月に，Elkies–Klagsbrun により $E(\mathbb{Q})$ の階数が 29 以上である $\mathbb{Q}$ 上の楕円曲線の存在が報告された．

はない），もしくは $\mathcal{C}_2 \times \mathcal{C}_{2N}$ で $1 \leq N \leq 4$ である．

階数は極めて謎めいている．実際，次の相容れない予想がある！

予想 14.128（階数予想） (a) 任意の $R \geq 0$ に対して，楕円曲線 $E/\mathbb{Q}$ で $\operatorname{rank} E(\mathbb{Q}) \geq R$ を満たすものが存在する．

(b) 任意の楕円曲線 $E/\mathbb{Q}$ に対して $\operatorname{rank} E(\mathbb{Q}) \leq R$ となる R が存在する．

(c) $\operatorname{rank} E(\mathbb{Q}) \geq 23$ を満たす楕円曲線 $E/\mathbb{Q}$ は有限個しか存在しない．

明らかに (c) は (b) を導くが，同じように明らか[61]に，(a) と (b) のどちらか一方のみが真である．(a) と (b) のどちらがよりありそうなことであるかについての合意は，まだ流動的である．

14.8.4 $\mathbb{F}_q$ 上の楕円曲線

さて，有限体上の楕円曲線に関する疑問に移ろう．$\mathbb{F}_q^2$ には有限個の点しかないから，$E(\mathbb{F}_q)$ が有限群であることに注意しよう．x の値として可能なのは q 個しかなく，それぞれの x に対して，方程式 $y^2 = x^3 + Ax + B$ から，y の値は高々 2 通りであるという，もう少しましな注意ができる．よって，点 $\mathcal{O}$ を考慮して，自明な評価

$$\#E(\mathbb{F}_q) \leq 2q + 1$$

を得る．しかし，$\#E(\mathbb{F}_q)$ がこのように大きくなることはありそうにない．直観的には，無作為な $x \in \mathbb{F}_q$ を $x^3 + Ax + B$ に代入すると，この値は五分の見込みで $\mathbb{F}_q$ で平方である．これが正しいことは[62]，$\alpha \mapsto \alpha^2$ で与えられる写像 $\mathbb{F}_q^* \to \mathbb{F}_q^2$ が 2 対 1 写像であることからわかる．したがって，各 $x \in \mathbb{F}_q$ に対し，$E(\mathbb{F}_q)$ の点を得る見込みも，得られない見込みも五分五分である．x には q 通りの選択肢があり，もう 1 つの点 $\mathcal{O}$ もあるから，以上の発見的な議論から，

$$\#E(\mathbb{F}_q) \approx q + 1$$

が推測される．次の定理は，最初にハッセ (Hasse) により証明され，後にヴェイユとドリーニュ (Deligne) により大幅に拡張されたものだが，以上の直観を正当化するものである．

定理 14.129（ハッセの定理） $E/\mathbb{F}_q$ を有限体上の楕円曲線とする．このとき，

$$\left| q + 1 - \#E(\mathbb{F}_q) \right| \leq 2\sqrt{q}.$$

例 14.130 例 14.115 の曲線でハッセの定理を確認できる．この曲線は $\mathbb{F}_{17}$ 上で定義され，$\#E(\mathbb{F}_{17}) = 24$ を満たすのだった．（この例では $\mathcal{O}$ を数えていなかったことに注意せよ．）比較すると，次のようになる：

---

[61] 排中律が正しいという視点を採用している！

[62] 我々の体は標数 2 ではないことを思い出してほしい．

540 第 14 章 追加の話題を手短に

$$p + 1 - \#E(\mathbb{F}_p) = 17 + 1 - 24 = -6 \quad \text{かつ} \quad 2\sqrt{p} = 2\sqrt{17} \approx 8.25.$$

14.9 代数的整数論

> **注意**：この節は大部分が概説である．たくさんの結果を述べるが，
> 証明は与えない．

古典的な数論は整数環 $\mathbb{Z}$ の，また加法と乗法の間のあまたの関係の研究と言える．環 $\mathbb{Z}$ は，その分数体 $\mathbb{Q}$ の中にある．現代的な整数論は，$\mathbb{Q}$ をその有限次拡大 $K/\mathbb{Q}$ に置き換えるが，すると，K の部分環で $\mathbb{Z}$ のよい類似物となるものは何か，という疑問が生じる．答えは，この節の最初の定義により与えられる．

定義 14.131 $K/\mathbb{Q}$ が有限次拡大のとき，K を**代数体**という．$\mathbb{Z}$ の K における整閉包を K の整数環と呼び，R_K と書くことにする．

$$R_K = \{\alpha \in K : \alpha \text{ は} \textbf{モニック}な \mathbb{Z}[x] の根\}.$$

定理 14.45 により，R_K は K の部分環である．

例 14.132 $\mathbb{Q}$ の整数環は $\mathbb{Z}$ である．これは命題 14.48 からわかる．

例 14.133 2 次体 $\mathbb{Q}(\sqrt{D})$ の整数環のよい特徴づけがある．ここで $D \neq 0, 1$ は無平方な整数である．

$$R_{\mathbb{Q}(\sqrt{D})} = \begin{cases} \mathbb{Z}[\sqrt{D}] & D \equiv 2 \text{ または } 3 \pmod 4 \text{ のとき,} \\[2mm] \mathbb{Z}\left[\frac{1+\sqrt{D}}{2}\right] & D \equiv 1 \pmod 4 \text{ のとき.} \end{cases}$$

証明は演習問題とする．演習問題 14.52 を見よ．

例 14.134 $\mathbb{Q}(\zeta)$ を円分体（9.14 節を見よ），ここで ζ は 1 の原始 n 乗根とする．このとき，$\mathbb{Q}(\zeta)$ の整数環は，

$$R_{\mathbb{Q}(\zeta)} = \mathbb{Z}[\zeta]$$

である．

14.9.1 代数体のイデアル類群

$\mathbb{Z}$ で数論を研究していたときには，素数 2, 3, 5, 7, ... が基本的な役割を担っていた．素数がそれほど重要である理由は，次の 2 つの重要な性質による：

- 素数 $p \in \mathbb{Z}$ は既約である．つまり，もし $p = ab$ なら，a もしくは b が単数である．
- イデアル $p\mathbb{Z}$ が素イデアルである．つまり，もし $ab \in p\mathbb{Z}$ なら，$a \in p\mathbb{Z}$ もしくは

$b \in p\mathbb{Z}$ が成り立つ[63].

一般に，同値関係

$$\pi \in R \text{ は既約元} \iff \pi R \text{ は素イデアル}$$

は PID では成立するが，しかし整数環 R_K では必ずしも成立しない．というのは，R_K はしばしば PID ではないからである．したがって，既約元 $\pi \in R_K$ と素イデアル $\mathfrak{p} \subset R_K$ を区別しなければならない．

とくに，R_K の非零元が既約元の積に分解されるというのは正しいが，分解は一般には一意ではない．おもしろいことに，イデアルの研究に切り替えれば，R_K の任意の非零イデアルは素イデアルの積に一意に分解されるのである！

定理 14.135 $K/\mathbb{Q}$ を代数体とし，$0 \neq \mathfrak{a} \subseteq R_K$ を K の整数環の非零イデアルとする．このとき，R_K の素イデアル $\mathfrak{p}_1, \ldots, \mathfrak{p}_n$ が順番を除いて一意に存在し，

$$\mathfrak{a} = \mathfrak{p}_1 \mathfrak{p}_2 \cdots \mathfrak{p}_n$$

を満たす．（慣習として，$n = 0$ のとき空の積を単位イデアル $(1) = R_K$ と約束する．）

例 14.136 $K = \mathbb{Q}(\sqrt{10})$ の整数環は $R_K = \mathbb{Z}[\sqrt{10}]$ である．元 $2, 5, \sqrt{10} \in R_K$ は R_K の既約元であり，よって，等式

$$10 = 2 \cdot 5 = \sqrt{10} \cdot \sqrt{10} \tag{14.32}$$

は R_K が PID ではないことを意味する．イデアル

$$\mathfrak{p} = 2R_K + \sqrt{10}R_K \quad \text{と} \quad \mathfrak{q} = 5R_K + \sqrt{10}R_K$$

は素イデアルである．というのは，次の矛盾なく定義された同型写像が存在するからである：

$$R_K/\mathfrak{p} \longrightarrow \mathbb{Z}/2\mathbb{Z}, \qquad\qquad R_K/\mathfrak{q} \longrightarrow \mathbb{Z}/5\mathbb{Z},$$

$$a + b\sqrt{10} \bmod \mathfrak{p} \longmapsto a \bmod 2, \quad a + b\sqrt{10} \bmod \mathfrak{q} \longmapsto a \bmod 5.$$

式 (14.32) は，元 $10 \in R_K$ が既約元の積に 2 通り以上に分解できることを示しているが，イデアル $10R_K$ は素イデアルの積に一通りの分解を持つ：

$$10R_K = \mathfrak{p}^2 \mathfrak{q}^2.$$

演習問題 14.54 では，この例で無頓着に主張した事実を証明してもらう．

環 R の最も簡単なイデアルは単項イデアルである．環が PID からどれほど隔たっているかをどのようにして測れるだろうか？ 次のような何かを研究したい：

---

[63]これは，もし $p \mid ab$ なら $p \mid a$ もしくは $p \mid b$ という，よりなじみ深い性質と同値である．

542　第 14 章　追加の話題を手短に

{非零イデアル $\mathfrak{a} \subseteq R$ 全体} の {非零単項イデアル $\alpha R \subseteq R$ 全体} を法とした剰余.

しかし，この剰余が何を意味しているのかはまったく明らかではない．問題は，イデアルの集合が群ではないことである．イデアルの積をとることはできるが，一般にイデアルは乗法に関する逆元を持たない．解決策は，イデアルの概念を拡張することである[64]：

定義 14.137　$K/\mathbb{Q}$ を代数体とする．**K の分数イデアル**とは，K 内の非零有限生成 R_K 加群のことである．つまり，分数イデアルとは，ある $\alpha_1, \ldots, \alpha_n \in K$ に対する，次の形の K の部分集合である[65]：

$$\mathfrak{a} = \mathrm{Span}_{R_K}\{\alpha_1, \ldots, \alpha_n\} = \{c_1\alpha_1 + \cdots + c_n\alpha_n : c_1, \ldots, c_n \in R_K\}.$$

分数イデアルで，1 つの元で生成されるものを **K の単項分数イデアル**と呼び，αR_K と表す．

$$\mathcal{I}_K = \{K \text{ の分数イデアル}\},$$
$$\mathcal{P}_K = \{K \text{ の単項分数イデアル}\}$$

とする.

定理 14.138　$K/\mathbb{Q}$ を代数体とし，$\mathfrak{a}, \mathfrak{b} \in \mathcal{I}_K$ を K の分数イデアルとする.

(a) 積

$$\mathfrak{a}\mathfrak{b} = \mathrm{Span}_{R_K}\{\alpha\beta : \alpha \in \mathfrak{a}, \ \beta \in \mathfrak{b}\} \in \mathcal{I}_K.$$

(b)

$$\mathfrak{a}^{-1} = \{\gamma \in R_K : \gamma\mathfrak{a} \subseteq R_K\}$$

と定義する．このとき $\mathfrak{a}^{-1} \in \mathcal{I}_K$，かつ，$\mathfrak{a}\mathfrak{a}^{-1} = (1)$.

(c) 分数イデアルの集合 $\mathcal{I}_K$ は，(a) で定義した積を群演算とするアーベル群である.

(d) 単項分数イデアルの集合 $\mathcal{P}_K$ は $\mathcal{I}_K$ の部分群である.

定義 14.139　$K/\mathbb{Q}$ を代数体とする．**K のイデアル類群**とは，次の剰余群を指す：

$$\mathcal{C}_K = \mathcal{I}_K / \mathcal{P}_K.$$

K の類数とは，イデアル類群の位数である．

　K の類数は，R_K が PID であることに失敗している度合いを測る量と見なせる．したがって，次の結果は，代数的整数論における 2 つの基本的な有限性定理の 1 つであり重要

---

[64] これも，数学における 2 歳児のかんしゃく法の別の例である．誰かが我々の望んでいるものを与えてくれるまで，「イデアルに逆元があってほしい」と叫ぶのである．☺

[65] 興味深い，しかしめったに使われない事実として，代数体の分数イデアルは 2 つの元で生成される，ということがある．

である.

定理 14.140（イデアル類群の有限性） $K/\mathbb{Q}$ を代数体とする．このとき，K のイデアル類群 $\mathcal{C}_K$ は有限アーベル群である．

例 14.141 例 14.136 の記号を引き続き用いるので，とくに $K = \mathbb{Q}(\sqrt{10})$ である．K のイデアル類群は位数 2 の巡回群と示すことができ，よってとくに $\mathfrak{a} \in \mathcal{I}_K$ を任意の分数イデアルとすると，$\mathfrak{a}^2$ は単項である．たとえば，

$$\mathfrak{p}^2 = (2R_K + \sqrt{10}R_K)^2 = 4R_K + 2\sqrt{10}R_K + 10R_K = 2(\underbrace{2R_K + \sqrt{10}R_K + 5R_K}_{\text{このイデアルは 2 と 5 を含む.}}).$$

括弧内のイデアルは 2 と 5 を含み，よって $-2 \cdot 2 + 5 = 1$ を含むから，単位イデアル R_K に等しい．したがって，$\mathfrak{p}^2 = 2R_K$ は 2 が生成する単項イデアルである．同様に，$\mathfrak{p}\mathfrak{q}$ や $\mathfrak{q}^2$ も単項イデアルであることが示せる．演習問題 14.54 を見よ．

イデアル類群や類数については極めて多くのことが知られているが，しかし，答えられることのないままの有名な問題もたくさんある．$\mathbb{Q}$ の 2 次拡大についての定理を 1 つと，予想を 1 つ述べよう．

定理 14.142 $D \geq 1$ を無平方な整数とする．次は同値である：
  (a) $\mathbb{Q}(\sqrt{-D})$ は類数 1 である．つまり，$\mathbb{Q}(\sqrt{-D})$ の整数環は PID である．
  (b) D は以下の 9 つの数のいずれかである：

$$D \in \{1, 2, 3, 7, 11, 19, 43, 67, 163\}.$$

予想 14.143 無平方な整数 $D \geq 2$ で，体 $\mathbb{Q}(\sqrt{D})$ が類数 1 であるものが無数に存在する．

注意 14.144 予想 14.143 と関連して，無平方な整数 $2 \leq D \leq 100$ で $\mathbb{Q}(\sqrt{D})$ の類数が 1 であるものは，次の通り：

$$2, 3, 5, 6, 7, 11, 13, 14, 17, 19, 21, 22, 23, 29, 31, 33, 37, 38, 41, 43,$$

$$46, 47, 53, 57, 59, 61, 62, 67, 69, 71, 73, 77, 83, 86, 89, 93, 94, 97.$$

何か興味深いパターンが見えただろうか？

14.9.2 代数体の単数群

「代数体の単数群」はいくぶんか誤称である．実際にいいたいのは，代数体の整数環の単数群である．まず有限位数の元から，つまり 1 の冪根から始めよう．

命題 14.145 $K/\mathbb{Q}$ を代数体とし，R_K をその整数環とする．このとき，単数群のねじれ部分群

544 第 14 章 追加の話題を手短に

$$(R_K^*)_{\text{tors}} = \{\alpha \in R_K^* : \text{ある整数 } n \geq 1 \text{ に対して } \alpha^n = 1\}$$

は有限巡回群である.

証明 $\zeta \in K$ を 1 の n 乗根とし,よって ζ は $x^n - 1$ の根である. ζ の $\mathbb{Q}$ 上の最小多項式 $\Phi_{\mathbb{Q},\zeta}(x) \in \mathbb{Q}[x]$ はモニック既約多項式で, $\mathbb{Q}[x]$ において $x^n - 1$ を割り切る.

$$\text{ある } F(x) \in \mathbb{Q}[x] \text{ が存在して } x^n - 1 = \Phi_{\mathbb{Q},\zeta}(x) \cdot F(x). \tag{14.33}$$

$x^n - 1$ は $\mathbb{Z}[x]$ の元で, $\Phi_{\mathbb{Q},\zeta}(x)$ はモニックであることから,ガウスの補題(定理 8.31)を用いて,

$$\Phi_{\mathbb{Q},\zeta}(x) \in \mathbb{Z}[x].$$

式 (14.33) から, $\Phi_{\mathbb{Q},\zeta}(x)$ の任意の根は 1 の n 乗根である.

埋め込み $K \hookrightarrow \mathbb{C}$ を 1 つ固定する. これによって,次の因子分解が可能である:

$$\zeta_i \in \mathbb{C} \text{ かつ } \zeta_i^n = 1 \text{ に対して, } \Phi_{\mathbb{Q},\zeta}(x) = (x - \zeta_1)(x - \zeta_2)\cdots(x - \zeta_d)$$

ここで $\zeta_1 = \zeta$ とする. 次のことに注意する:

$$d = \deg \Phi_{\mathbb{Q},\zeta} = [\mathbb{Q}(\zeta) : \mathbb{Q}] \leq [K : \mathbb{Q}]$$

は ζ によらずに押さえられている. また, $\zeta_i^n = 1$ だから,

$$\text{任意の } 1 \leq i \leq d \text{ に対して } |\zeta_i| = 1 \tag{14.34}$$

である.

$\Phi_{\mathbb{Q},\zeta}(x)$ の係数の大きさを評価しよう. 積を展開して,

$$\Phi_{\mathbb{Q},\zeta}(x) = \sum_{k=0}^{d} (-1)^k s_k(\zeta_1, \ldots, \zeta_d) x^{d-k}, \tag{14.35}$$

ここで $s_0, s_1, \ldots, s_d$ は $\zeta_1, \ldots, \zeta_d$ の基本対称式である. 定義 7.40 と命題 7.41 を見よ. 式 (14.35) の係数の非常に粗い上限を計算する:

$$|s_k(\zeta_1,\ldots,\zeta_d)| = \left| \sum_{\substack{e_1,\ldots,e_d\geq 0 \\ e_1+e_2+\cdots+e_d=k}} \zeta_1^{e_i}\cdots\zeta_d^{e_d} \right| \quad s_k \text{ の定義から,}$$

$$\leq \sum_{\substack{e_1,\ldots,e_d\geq 0 \\ e_1+e_2+\cdots+e_d=k}} |\zeta_1^{e_i}\cdots\zeta_d^{e_d}| \quad \text{3 角不等式から,}$$

$$= \sum_{\substack{e_1,\ldots,e_d\geq 0 \\ e_1+e_2+\cdots+e_d=k}} 1 \quad \text{式 (14.34) から } |\zeta_i| = 1 \text{ がすべての } i \text{ について成り立つから,}$$

$$= \#\{(e_1,\ldots,e_d) \in \mathbb{Z}^d : e_1,\ldots,e_d \geq 0, \ e_1+e_2+\cdots+e_d = k\}$$

$$\leq \#\{(e_1,\ldots,e_d) \in \mathbb{Z}^d : 0 \leq e_1,\ldots,e_d \leq k\} \quad \text{これは粗い評価だが十分である,}$$

$$= (k+1)^d$$

$$\leq (d+1)^d \quad 0 \leq k \leq d \text{ だから.}$$

$\Phi_{\mathbb{Q},\zeta}(x)$ の係数が整数であることは知っていることを思い出そう. よって我々は, 次のことを示した. すなわち, $\zeta \in K$ が 1 の冪根なら, ζ は次の多項式の集合に含まれるある多項式の根である:

$$\bigcup_{d=1}^{[K:\mathbb{Q}]}\left\{\sum_{k=0}^d c_k x^k \in \mathbb{Z}[x] : c_d = 1 \text{ かつ } |c_k| \leq (d+1)^d \text{ がすべての } 0 \leq k < d \text{ で成立}\right\}. \quad (14.36)$$

しかし, 式 (14.36) の多項式の集合は K の $\mathbb{Q}$ 上の次数 $[K : \mathbb{Q}]$ にのみよっていて, この集合の多項式はそれぞれ, 有限個の根しか持たない. したがって, K は有限個の 1 の冪根しか持たず, よって $(R_K^*)_{\text{tors}}$ は有限群である[66]. 最後に, 体の乗法群の有限部分群は巡回群であると主張する系 8.10 を適用する. $\qquad\square$

体 $\mathbb{C}$ は $\mathbb{Q}$ の拡大体で, 代数閉体である. よってちょうど $[K : \mathbb{Q}]$ 個の相異なる埋め込みが存在する[67].

$$\sigma : K \hookrightarrow \mathbb{C}.$$

これらを 2 つに分類する. σ が**実埋め込み**とは, $\sigma(K) \subset \mathbb{R}$ となることである. そうでないなら, σ を虚な埋め込みという. 虚な埋め込みはペアになっていることに注意する. というのは, σ が虚な埋め込みなら, その複素共役 $\bar\sigma$ が定義できるからである[68].

---

[66] 実際には, より強いことを証明した. つまり, $K_{\text{tors}}^* = (R_K^*)_{\text{tors}}$ かつ, K_{tors}^* の位数は $[K : \mathbb{Q}]$ にしか依存しない定数で押さえられる.

[67] これは演習問題 9.20 から従うが, 証明を素描しておこう. $K/\mathbb{Q}$ は標数 0 の体の有限次拡大だから, 原始元定理 (定理 9.39) により $K = \mathbb{Q}(\gamma)$ と書ける. $\mathbb{C}$ が代数閉体だから, その最小多項式 $\Phi_{\mathbb{Q},\gamma}(x) \in \mathbb{Q}[x]$ は $\mathbb{C}$ で完全に分解する. 同様に, $\Phi_{\mathbb{Q},\gamma}(x)$ の根は相異なる. つまり, $\Phi_{\mathbb{Q},\gamma}(x)$ は分離的である. というのは $\mathbb{Q}[x]$ で既約で, かつ $\mathbb{Q}$ は標数 0 だからである. 補題 9.31 により, 各根は埋め込みを与え, よってちょうど $\deg \Phi_{\mathbb{Q},\gamma}$ 個の埋め込み $K = \mathbb{Q}(\gamma) \hookrightarrow \mathbb{C}$ が存在する. 最後に, 定理 9.10 (c) により, $\deg \Phi_{\mathbb{Q},\gamma} = [\mathbb{Q}(\gamma) : \mathbb{Q}]$ である.

[68] ここで, 複素共役に対する標準的な記号 $\overline{x+iy} = x - iy$ を用いた. より手の込んだ用語だと, $z \to \bar z$ はガロア群 $G(\mathbb{C}/\mathbb{R})$ の非自明な写像である.

546　第 14 章　追加の話題を手短に

$$\overline{\sigma} \colon K \longhookrightarrow \mathbb{C}, \quad \overline{\sigma}(\alpha) = \overline{\sigma(\alpha)}.$$

複素共役は $\mathbb{C}$ の体の自己同型写像であり，よって写像 $\overline{\sigma}$ は埋め込みである．また，$\sigma(K) \not\subset \mathbb{R}$ だから，$\overline{\sigma}$ は σ とは異なる．

$$r_1(K) = 実埋め込み\ K \hookrightarrow \mathbb{C}\ の個数,$$

$$r_2(K) = 共役な虚な埋め込み\ K \hookrightarrow \mathbb{C}\ の個数$$

とする．$[K : \mathbb{Q}]$ 個の相異なる埋め込み $K \hookrightarrow \mathbb{C}$ が存在するから，

$$r_1(K) + 2r_2(K) = [K : \mathbb{Q}]$$

である．

代数的整数論の，2 番目の基本定理を述べるのに必要な定義が揃った．

定理 14.146（ディリクレ (Dirichlet) の単数定理）　$K/\mathbb{Q}$ を代数体とする．R_K の単数群は，階数 $r_1(K) + r_2(K) - 1$ の有限生成アーベル群である．すなわち，

$$R_K^* \cong (有限巡回群) \times \mathbb{Z}^{r_1(K)+r_2(K)-1}.$$

例 14.147　$r_1(\mathbb{Q}) = 1$ かつ $r_2(\mathbb{Q}) = 0$ であり，よってディリクレの単数定理から $\mathbb{Z}^*$ は有限巡回群である．$\mathbb{Z}^* = \{\pm 1\}$ を知っているから，これは新しくない．

例 14.148　$K = \mathbb{Q}(\sqrt{D})$ を $\mathbb{Q}$ の 2 次拡大とする．つまり，$D \in \mathbb{Q}^*$ は平方元ではないとする．K の $\mathbb{C}$ への異なる埋め込みが 2 つある．すなわち，$\sqrt{D}$ を $\pm\sqrt{D}$ のどちらか一方に移すものである．また，K の $\mathbb{C}$ における像が $\mathbb{R}$ に収まっている必要十分条件は $D > 0$ である．したがって，

$$r_1(\mathbb{Q}(\sqrt{D})) + r_2(\mathbb{Q}(\sqrt{D})) - 1 = \begin{cases} 0 + 1 - 1 = 0 & D < 0 のとき, \\ 2 + 0 - 1 = 1 & D > 0 のとき. \end{cases}$$

よって，$\mathbb{Q}$ の虚 2 次拡大は有限の単数群を持つ一方で，$\mathbb{Q}$ の実 2 次拡大は，乗法に関して位数無限大の単数を持つ．もし無平方な整数 $D \geq 2$ に対して $K = \mathbb{Q}(\sqrt{D})$ をとれば，R_K^* の単数はおおよそ[69]ペル (Pell) 方程式の解に対応する：

$$R_{\mathbb{Q}(\sqrt{D})}^* = \{a + b\sqrt{D} \in \mathbb{Z}[\sqrt{D}] \colon a^2 - Db^2 = \pm 1\}.$$

古典的な定理から，次の方程式

$$x^2 - Dy^2 = 1, \quad x と y は正の整数$$

のすべての解は 1 つの解を種として得られる．この主張は $r_1 = 2$ かつ $r_2 = 0$ という特別な場合のディリクレの単数定理である．したがって，ディリクレの単数定理は数論の古典的な

---

[69]これは $D \equiv 2$ または $3 \pmod 4$ なら正しいが，$D \equiv 1 \pmod 4$ のとき答えはもう少し込み入っている．

結果を任意の次数へと著しく拡張した結果と見ることもできる.

例 14.149 ディリクレの単数定理により,整数環について何も知らなくても,K の簡単な不変量から単数群 R_K^* の階数を決めることができる.たとえば,次のようになる:

$$R_K^* \text{ は有限である} \iff K = \mathbb{Q} \text{ または,ある整数 } D > 0 \text{ について } K = \mathbb{Q}(\sqrt{-D}).$$

なぜかを見るために,ディリクレの単数定理を使って,

$$R_K^* \text{ は有限} \iff \text{rank } R_K^* = 0$$
$$\iff r_1(K) + r_2(K) = 1$$
$$\iff (r_1(K), r_2(K)) = (1, 0) \text{ または } (0, 1).$$

すでに知っているように

$$[K : \mathbb{Q}] = r_1(K) + 2r_2(K)$$

だから,$[K : \mathbb{Q}] = 1$ であって $K = \mathbb{Q}$,もしくは,$[K : \mathbb{Q}] = 2$ であってある平方数ではない D により $K = \mathbb{Q}(\sqrt{D})$,のいずれかであるといえる.しかし後者の場合,$r_1(K) = 0$ であることも知っているから,K は $\mathbb{R}$ には埋め込まれないはずで,よって $D < 0$ でなければならない.

例 14.150 $K = \mathbb{Q}(\sqrt[3]{2})$ とする.$x^3 - 2$ の $\mathbb{C}$ での根のうち 2 つは実数でないから,$r_1(K) = 1$ かつ $r_2(K) = 1$ がわかる.よって R_K^* は階数 1 である.埋め込み

$$R_K^* \subset K \hookrightarrow \mathbb{R}$$

から,R_K^* の 1 の冪根は実数であり,よって ± 1 のみである.次に,$\mathbb{Z}[\sqrt[3]{2}] \subseteq R_K$(実際にはこれらは等しい)から計算して

$$(\sqrt[3]{2} - 1) \cdot (\sqrt[3]{2}^2 + \sqrt[3]{2} + 1) = \sqrt[3]{2}^3 - 1 = 1$$

となり,$\sqrt[3]{2} - 1$ は R_K^* の元である.それを証明する道具立てを持ってはいないが,

$$R_K^* = \{\pm(\sqrt[3]{2} - 1)^n : n \in \mathbb{Z}\}$$

が成り立つ.

14.10 代数幾何学

代数幾何学は多変数多項式から定まる方程式系の解の研究である.多変数多項式環の導入については 7.6 節を見よ.この節では代数閉体 F を 1 つ固定し,座標がこの体に入るような解を考える.

548 第 14 章 追加の話題を手短に

14.10.1 アフィン多様体

定義 14.151 $n \in \mathbb{N}$ とする. **アフィン n 空間**を n タプルの集合

$$\mathbb{A}^n = \{(a_1, \ldots, a_n) \colon a_1, \ldots, a_n \in F\}$$

とし, $\mathbb{A}^n$ もしくは $\mathbb{A}^n(F)$ と書くことにする. とくに, $\mathbb{A}^1$ を**アフィン直線**, $\mathbb{A}^2$ を**アフィン平面**と呼ぶ.

アフィン代数的集合とは, いくつかの多項式 $f_1, \ldots, f_r \in F[x_1, \ldots, x_n]$ に対して決まる次の集合をいう:

$$\mathcal{V}(f_1, \ldots, f_r) = \{P \in \mathbb{A}^n \colon f_1(P) = \cdots = f_r(P) = 0\}.$$

例 14.152 代数的集合のいくつかの例として:

- $\{(x_1, x_2) \in \mathbb{A}^2 \colon x_1^2 + x_2^2 = 1\}$ は $\mathbb{A}^2$ 内の代数曲線である.
- $\{(x_1, x_2, x_3) \in \mathbb{A}^2 \colon x_1^2 + x_2^3 + x_3^4 = 1\}$ は $\mathbb{A}^3$ 内の代数曲面である.
- $\{(x_1, x_2, x_3) \in \mathbb{A}^2 \colon x_1^2 + x_2^2 = x_1^2 + x_3^2 = 1\}$ は $\mathbb{A}^3$ 内の代数曲線である.

f を $f_1, \ldots, f_r$ で生成されるイデアルの任意の元とすると, f は $\mathcal{V}(f_1, \ldots, f_r)$ の任意の点において消えることに注意する. 見方を変えて, 代数的集合から話を始めて, その集合の上で消える多項式に注目することもできる.

定義 14.153 $V \subseteq \mathbb{A}^n$ を代数的集合 (もしくはより一般に, $\mathbb{A}^n$ の任意の部分集合) とする. V の**イデアル**とは,

$$\mathcal{I}(V) = \{f \in F[x_1, \ldots, x_n] \colon 任意の P \in V に対し f(P) = 0\}.$$

$\mathcal{I}(V)$ がイデアルになることの確認は読者に委ねる. 演習問題 14.60 を見よ.

同様に, $I \subseteq F[x_1, \ldots, x_n]$ を任意のイデアル (もしくはより一般に, 多項式の任意の集合) とする. I に**付随する代数的集合**とは,

$$\mathcal{V}(I) = \{P \in \mathbb{A}^n \colon 任意の f \in I に対し f(P) = 0\}$$

である.

定理 14.154 $V \subseteq \mathbb{A}^n$ を代数的集合とし, $I \subseteq F[x_1, \ldots, x_n]$ をイデアルとする.

(a) イデアル $\mathcal{I}(V)$ は有限個の多項式で生成される.

(b) $\mathcal{V}(\mathcal{I}(V)) = V$.

(c) (零点定理)

$$\mathcal{I}(\mathcal{V}(I)) = \mathrm{Rad}(I) = \{f \in I \colon ある m \geq 1 に対し f^m \in I\},$$

ここで, 演習問題 3.42 で触れたイデアルの根基の定義を再度述べた.

証明 (a) ヒルベルトの基底定理 (系 11.44) により, 多項式環 $F[x_1, \ldots, x_n]$ の任意のイデ

アルは有限生成であり，よって，とくにイデアル $\mathcal{I}(V)$ に対してもそうである．

(b) 代数的集合 V が与えられているので，ある多項式のリストにより $V = \mathcal{V}(f_1, \ldots, f_r)$ である．$P \in \mathcal{V}(\mathcal{I}(V))$ とする．つまり $f(P) = 0$ が任意の $f \in \mathcal{I}(V)$ に対して成り立ち，よってとくに，任意の $1 \le i \le r$ に対して $f_i(P) = 0$ である．これは，定義から $P \in V$ を意味する．よって包含 $\mathcal{V}(\mathcal{I}(V)) \subseteq V$ が成り立つ．逆については，もし $P \in V$ なら，$\mathcal{I}(V)$ の定義から任意の $f \in \mathcal{I}(V)$ に対して $f(P) = 0$ である．

(c) この重要な定理の証明は本書の範囲を超える．演習問題 14.57 を見よ． $\qquad\square$

多項式が既約多項式の積に分解するのとちょうど同じく，代数的集合を多様体と呼ばれる既約な部分集合に分解できる．

定義 14.155 （アフィン代数）**多様体**とは，代数的集合 $V \subseteq \mathbb{A}^n$ であり，イデアル $\mathcal{I}(V)$ が $F[x_1, \ldots, x_n]$ の素イデアルとなるものをいう．多様体 V の**座標環**とは，剰余環

$$F[V] = F[x_1, \ldots, x_n]/\mathcal{I}(V)$$

を指す．$\boldsymbol{V}$ **上の有理関数体**とは，$F[V]$ の分数体のことで，$F(V)$ と書く[70]．

定理 14.156 $V \subseteq \mathbb{A}^n$ をアフィン代数的集合とする．アフィン代数多様体 $V_1, \ldots, V_r \subseteq \mathbb{A}^n$ であって，

$$V = V_1 \cup \cdots \cup V_r$$

となるものが存在する．多様体 $V_1, \ldots, V_r \subseteq \mathbb{A}^n$ は V により一意に定まる[71]．

$F[V]$ の元は V 上で矛盾なく定義された関数を与える．これを見るために

$$f_1, f_2 \in F[x_1, \ldots, x_n]$$

が $F[V]$ の同じ剰余類の元とする．つまり，ある元 $g \in \mathcal{I}(V)$ により $f_2 = f_1 + g$ となるということで，したがって，任意の $P \in V$ に対して，

$$f_2(P) = f_1(P) + g(P) = f_1(P) + 0 = f_1(P)$$

である．というのは，定義から $\mathcal{I}(V)$ の元は V の任意の点で消えるからである．同様にして，有理関数 $f \in F(V)$ は $f = f_1/f_2$ のように，ある $f_1, f_2 \in F[V]$ かつ $f_2 \ne 0$ によって書かれるから，$f(P)$ は V の「ほとんど」の点で矛盾なく定義される．より正確には，

$$f \colon \{P \in V : f_2(P) \ne 0\} \longrightarrow F, \quad f(P) = f_1(P)/f_2(P)$$

となる．

---

[70] $\mathcal{I}(V)$ が素イデアルなので，定理 3.43 (a) により $F[V]$ は整域であり，よって定理 7.30 により分数体が存在する．

[71] 一意性に関する通常の注意書きとともに．

550 第 14 章 追加の話題を手短に

14.10.2 射影多様体

平面上のユークリッド幾何学の基本的な性質から，次が成り立つ「べき」である：

> $\mathbb{A}^2$ 内の任意の 2 直線はちょうど 1 点で交わる．

残念ながら，この心地よく響く簡潔な主張は，異なる 2 つの理由から偽である：

- もし $L_1 = L_2$ なら，$L_1 \cap L_2$ は直線全体である．
- もし L_1 と L_2 が平行なら，$L_1 \cap L_2 = \emptyset$ であり，交点は存在しない．

主張を変更して，2 つの直線は相異なるものとすれば最初の問題は回避できる．しかし，第 2 の問題はどうすればよいだろうか？ 古典的な解決法は，$\mathbb{A}^2$ の各方向[72]に異なる点を付け加えて，平行な直線はそこで交わるとするものである．これらの異なる点は，「無限遠における」直線をなし，結果として得られる空間は**射影平面**と呼ばれ $\mathbb{P}^2$ と書かれる．

$\mathbb{P}^2$ の別の構成は，$\mathbb{A}^3$ 内の原点を通る直線全体の空間というものである．そのような各直線は，点 $(a, b, c) \neq (0, 0, 0)$ により指定され，直線はその倍元の全体 $\{(\lambda a, \lambda b, \lambda c) \colon \lambda \in F\}$ である．この別の構成の利点は，高次元へ自然に拡張できることである．

定義 14.157 $\mathbb{A}^{n+1}$ 上の点への F^* の作用を

$$\lambda \star (a_0, a_1, \ldots, a_n) = (\lambda a_0, \lambda a_1, \ldots, \lambda a_n)$$

により定める．**n 次元射影空間**を，この作用に関する軌道（つまり同値類）の集合，

$$\mathbb{P}^n = \frac{\mathbb{A}^{n+1} \setminus \{(0, \ldots, 0)\}}{F^*}$$

と定義し，$\mathbb{P}^n$ あるいは $\mathbb{P}^n(F)$ と書く．察しての通り，$\mathbb{P}^1$ を**射影直線**と呼び，$\mathbb{P}^2$ を**射影平面**と呼ぶ．

$\mathbb{P}^n$ の点を表すのに角括弧を使う．よって，形式的には

$$[a_0, \ldots, a_n] = \{(\lambda a_0, \ldots, \lambda a_n) \colon \lambda \in F^*\} \in \mathbb{P}^n$$

である．しかし，$\mathbb{P}^n$ の点は，本当に単なる点[73]と見なすべきである．

注意 14.158 点の集合

$$U_0 = \{[a_0, \ldots, a_n] \in \mathbb{P}^n \colon a_0 \neq 0\}$$

は次の写像により $\mathbb{P}^n$ 内の $\mathbb{A}^n$ の複製を与える：

$$\mathbb{A}^n \longrightarrow U_0, \qquad (a_1, \ldots, a_n) \longmapsto [1, a_1, \ldots, a_n],$$

$$U_0 \longrightarrow \mathbb{A}^n, \qquad [a_0, a_1, \ldots, a_n] \longmapsto \left(\frac{a_1}{a_0}, \ldots, \frac{a_n}{a_0}\right).$$

---

[72]形式的には，「方向」とは平行な直線の同値類である．

[73]念頭に置いてほしい類似がある．実数は本来は有理数からなるコーシー列の同値類である．しかしたぶん，これはあなたが内心で実数を認識している仕方とは違うだろう．実数は，そう，それはただの数である！

U_0 の補集合 $\mathbb{P}^n \setminus U_0$ は $\mathbb{P}^{n-1}$ の複製であり,したがって $\mathbb{P}^n$ は $\mathbb{A}^n$ の複製と $\mathbb{P}^{n-1}$ の複製の非交和である.

さらに,もし $U_j = \{a_j \neq 0\} \subset \mathbb{P}^n$ と定義すると,$\mathbb{P}^n$ は(非交和ではない)合併 $U_0 \cup U_1 \cup \cdots \cup U_n$ である.したがって,$\mathbb{P}^n$ は $n+1$ 個の $\mathbb{A}^n$ の複製で覆われる.演習問題 14.58 で,これらの主張を証明してもらう.

次に,$\mathbb{P}^n$ 上の関数を定義したいが,困難に出会ってしまう.なぜなら,$F[X_0, \ldots, X_n]$ の多項式や,$F(X_0, \ldots, X_n)$ の有理関数[74]は矛盾なく定義された関数にならないのである.この困難は,$[a_0, \ldots, a_n]$ と $[\lambda a_0, \ldots, \lambda a_n]$ が $\mathbb{P}^n$ では同じ点だが,多項式や有理関数が,これら 2 つの $(n+1)$ タプルで異なる値を持ってしまうかもしれないことによる.この問題を解決する鍵となるのは,斉次多項式を用いることである.

定義 14.159　多項式 $f(X_0, \ldots, X_n) \in F[X_0, \ldots, X_n]$ が**次数 d の斉次式**とは,

$$\text{任意の } b \in F \text{ に対して } f(bX_0, \ldots, bX_n) = b^d f(X_0, \ldots, X_n)$$

を満たすことである.演習問題 7.29 を見よ.

定義 14.160　$\mathbb{P}^n$ **上の有理関数体**とは,

$$F(\mathbb{P}^n) = \left\{ \frac{f}{g} \in F(X_0, \ldots, X_n) : f \text{ と } g \text{ は同じ次数の斉次式} \right\}$$

である.

注意 14.161　有理関数 $\phi = f/g \in F(\mathbb{P}^n)$ が,$\mathbb{P}^n$ の大きな部分で矛盾なく定義された関数を次の式により定めることに注意する:

$$\phi \colon \{P \in \mathbb{P}^n : g(P) \neq 0\} \longrightarrow F, \quad \phi(P) = \frac{f(P)}{g(P)}.$$

この写像が矛盾なく定義されていることは,

$$\frac{f(\lambda a_0, \ldots, \lambda a_n)}{g(\lambda a_0, \ldots, \lambda a_n)} = \frac{\lambda^{\deg f} f(a_0, \ldots, a_n)}{\lambda^{\deg g} g(a_0, \ldots, a_n)} = \frac{f(a_0, \ldots, a_n)}{g(a_0, \ldots, a_n)}$$

からわかる.

次に,$\mathbb{P}^n$ の代数的部分集合を定義したいが,ここでも,任意の多項式の零点を考えることはできない.なぜなら,多項式は $\mathbb{P}^n$ 上で矛盾なく定義された写像を定めないからである.しかしながら,もし $P \in \mathbb{P}^n$ で,かつ f が斉次式なら,$f(P) = 0$ か否かを問うことは意味を持つ.なぜなら,P の別の座標をとったとしても,f の値は零でない定数が掛けられるだけだからである.言い換えると,$\lambda \in F^*$ なら,

$$f(a_0, \ldots, a_n) = 0 \iff \lambda^{\deg f} f(a_0, \ldots, a_n) = 0 \iff f(\lambda a_0, \ldots, \lambda a_n) = 0.$$

この観察から,次の定義が意味をなすことがわかる.

---

[74]有理関数体 $F(X_0, \ldots, X_n)$ は $F[X_0, \ldots, X_n]$ の分数体である.定義 7.34 を見よ.

552 第 14 章 追加の話題を手短に

定義 14.162 **射影代数的集合**とは，いくつかの斉次式 $f_1, \ldots, f_r \in F[X_0, \ldots, X_n]$ に対する，次の形の集合をいう：

$$\mathcal{V}(f_1, \ldots, f_r) = \{P \in \mathbb{P}^n : f_1(P) = \cdots = f_r(P) = 0\}.$$

射影代数的集合に対応するイデアルの定義は，斉次性の要請により，アフィンな場合よりも少し込み入っている．

定義 14.163 V を射影代数的集合とする．**V の斉次イデアル**とは，
$$\mathcal{I}(V) = \begin{pmatrix} F[X_0, \ldots, X_n] \text{ のイデアルで，任意の } P \in V \text{ について } f(P) = 0 \text{ を} \\ \text{満たす斉次式 } f \in F[X_0, \ldots, X_n] \text{ の集合で生成されるもの} \end{pmatrix}.$$
$\mathcal{I}(V)$ は斉次式で生成されるものの，非斉次多項式をたくさん含んでいることを注意しておく．というのは，イデアルとは加法で閉じているものだからである．**（射影）代数多様体**とは，射影代数的集合 V であって，そのイデアル $\mathcal{I}(V)$ が素イデアルになるものをいう．

例 14.164 $\mathbb{P}^2$ 内の**次数 d の曲線**とは，代数的集合 $\mathcal{V}(f)$ で，f が次数 d の斉次式になっているものである．とくに，次数 1 の曲線は**直線**と呼ばれ，次数 2 の曲線は**円錐曲線**と呼ばれる[75]．より一般に，$\mathbb{P}^n$ 内の**次数 d の超曲面**とは，代数的集合 $\mathcal{V}(f)$ で，やはり f が次数 d の斉次式であるものである．次数 1 の超曲面は，**超平面**と呼ばれる．

14.10.3 射影空間における交叉

14.10.2 節で射影平面 $\mathbb{P}^2$ を構成した動機は，任意の異なる 2 直線がちょうど 1 点で交わるべきだ，という欲求だった．定義 14.157 で述べたように，$\mathbb{P}^2$ がこの性質を持つことを証明しよう．

命題 14.165 L_1 と L_2 を $\mathbb{P}^2$ 内の異なる直線とする．このとき，$L_1 \cap L_2$ はちょうど 1 点からなる．

証明 記号を簡単にするために，$F[X_0, X_1, X_2]$ の代わりに $F[X, Y, Z]$ を用いる．$\mathbb{P}^2$ 内の直線は，1 次斉次多項式で定義される多様体であるから，

$$L_1 = \mathcal{V}(a_1 X + b_1 Y + c_1 Z) \quad \text{と} \quad L_2 = \mathcal{V}(a_2 X + b_2 Y + c_2 Z)$$

とする．少なくとも a_1, b_1, c_1 の 1 つは零ではなく，よって必要なら X, Y, Z を入れ替えて，$c_1 \neq 0$ としてよい．これにより L_1 を定義する方程式を Z について解くことができ，よって L_1 の点を媒介変数で表せる：

---

[75]おそらく，幾何学を学んだ際に，円錐の切断面に現れる曲線，たとえば楕円，放物線，双曲線について習っただろう．これらの区別は $\mathbb{R}$ 上で考える場合には意味がある．しかし，代数閉体，たとえば $\mathbb{C}$ 上で考える場合には，区別は消え失せてしまう．というのは，$C \subset \mathbb{P}^2(\mathbb{C})$ が（滑らかな）円錐曲線なら，同型写像 $\mathbb{P}^1 \xrightarrow{\sim} C$ が存在する．したがって，$\mathbb{P}^2(\mathbb{C})$ では，楕円，放物線，双曲線は全部同じに見えるのである！

$$L_1 = \left\{ \left[x, y, \frac{-a_1 x - b_1 y}{c_1} \right] \in \mathbb{P}^2 : x, y \in F \text{ は同時に } 0 \text{ ではない} \right\}$$
$$= \{ [c_1 x, c_1 y, -a_1 x - b_1 y] \in \mathbb{P}^2 : x, y \in F \text{ は同時に } 0 \text{ ではない} \} \quad \text{斉次性により,}$$
$$= \{ [c_1 x, c_1 y, -a_1 x - b_1 y] \in \mathbb{P}^2 : [x, y] \in \mathbb{P}^1 \}. \tag{14.37}$$

L_1 の媒介変数表示を L_2 に代入して,共通部分 $L_1 \cap L_2$ を計算する:

$$a_2(c_1 x) + b_2(c_1 y) + c_2(-a_1 x - b_1 y) = 0.$$

少しの計算で,

$$(a_2 c_1 - a_1 c_2)x = (c_2 b_1 - c_1 b_2)y \tag{14.38}$$

を得る.もし式 (14.38) の少なくとも片方の係数が零でなければ,式 (14.38) を満たす $[x, y]$ $\in \mathbb{P}^1$ が存在し,

$$[c_2 b_1 - c_1 b_2, a_2 c_1 - a_1 c_2] \in \mathbb{P}^1, \tag{14.39}$$

式 (14.39) を L_1 の媒介変数表示 (14.37) に代入すれば,$L_1 \cap L_2$ のただ 1 つの点の明示的な公式

$$[c_1(c_2 b_1 - c_1 b_2), c_1(a_2 c_1 - a_1 c_2), -a_1(c_2 b_1 - c_1 b_2) - b_1(a_2 c_1 - a_1 c_2)]$$
$$= [c_1(c_2 b_1 - c_1 b_2), c_1(a_2 c_1 - a_1 c_2), c_1(b_2 a_1 - b_1 a_2)]$$
$$= [c_2 b_1 - c_1 b_2, a_2 c_1 - a_1 c_2, b_2 a_1 - b_1 a_2] \in L_1 \cap L_2$$

が得られる.

もし式 (14.38) の係数がどちらも消えてしまったらどうなるだろうか? そのときは,

$$a_2 c_1 = a_1 c_2 \quad \text{かつ} \quad c_2 b_1 = c_1 b_2 \tag{14.40}$$

となる.仮定から $c_1 \neq 0$ だから,式 (14.40) を解いて

$$a_2 = a_1 c_2 / c_1 \quad \text{かつ} \quad b_2 = c_2 b_1 / c_1 \tag{14.41}$$

を得る.式 (14.41) を L_2 の方程式に代入して,

$$\underbrace{a_2 X + b_2 Y + c_2 Z}_{\text{この多項式は } L_2 \text{ を与える.}} \overset{\overset{\text{式 (14.41) から}}{\downarrow}}{=} \frac{a_1 c_2}{c_1} X + \frac{c_2 b_1}{c_1} Y + c_2 Z = \frac{c_2}{c_1} (\underbrace{a_1 X + b_1 Y + c_1 Z}_{\text{この多項式は } L_1 \text{ を与える.}}).$$

したがって,もし式 (14.38) の係数がどちらも消えるなら,$L_1 = L_2$.これは L_1 と L_2 が異なるという仮定からあらかじめ排除されており,この場合は起きないのだった. $\square$

ベズーの有名な定理は命題 14.165 を任意の次数の 2 つの曲線に拡張する.しかし,ベズーの定理の主張を述べるには,高次の曲線が高い重複度を持って交わりうることの説

554 第 14 章 追加の話題を手短に

明が必要になる. たとえば, もし $P \in C_1 \cap C_2$ かつ, C_1 と C_2 が P で接するなら, $C_1 \cap C_2$ の交点を数える際に, P を 1 以上の重複度を持つとしなければならない. 重複度はいくつにすればよいだろうか？ 答えは環論と線形代数の組み合わせにより与えられる. $\mathbb{P}^2$ に限定せず, $\mathbb{P}^n$ の超曲面の交叉重複度の一般的な定義を与えよう.

定義 14.166 $P \in \mathbb{P}^n$ とする. **P における $\mathbb{P}^n$ の局所環**とは, 有理関数体の部分環で, 次で定義されるものである:

$$F[\mathbb{P}^n]_P = \{f/g \in F(\mathbb{P}^n) : g(P) \neq 0\}.$$

演習問題 14.62 で, $F[\mathbb{P}^n]_P$ が環になることと, 唯一の極大を持つことを示してもらう.

定義 14.167 $f_1, \ldots, f_n \in F[X_0, \ldots, X_n]$ を斉次多項式とし,

$$V_1 = \mathcal{V}(f_1), \ \ldots, \ V_n = \mathcal{V}(f_n)$$

を対応する $\mathbb{P}^n$ 内の超曲面として, さらに共通部分 $V_1 \cap \cdots \cap V_n$ が有限個の点からなると仮定する. $P \in V_1 \cap \cdots \cap V_n$ を共通部分の点として, j を P の X_j 座標が 0 ではないものとする. 局所環 $F[\mathbb{P}^n]_P$ のイデアルを

$$J[V_1, \ldots, V_n]_P = F[\mathbb{P}^n]_P \text{ の, } \{f_1/X_j^{\deg f_1}, \ldots, f_n/X_j^{\deg f_n}\} \text{ により生成されるイデアル}$$

とする[76]. このとき, **$V_1, \ldots, V_n$ の P での重複度**とは次の量である[77]:

$$\mu_P(V_1, \ldots, V_n) = \dim_F \left(\frac{F[\mathbb{P}^n]_P}{J[V_1, \ldots, V_n]_P} \right).$$

もし $\mu_P(V_1, \ldots, V_n) = 1$ なら, $V_1, \ldots, V_n$ は **P で横断的に交わる**という.

例 14.168 $\mathbb{P}^2$ 内の曲線の共通部分

$$C_1 = \mathcal{V}(X^3 - Y^2 Z) \quad \text{と} \quad C_2 = \mathcal{V}(X^2 - YZ) \tag{14.42}$$

は点 $P = [0, 0, 1]$ を含む.（$\mathbb{A}^2$ における図解については図 53 を見よ.）次のイデアルを考える:

$$J[C_1, C_2]_P = \frac{X^3 - Y^2 Z}{Z^3} \text{ と } \frac{X^2 - YZ}{Z^2} \text{ で生成されるイデアル.}$$

新しい変数 $x = X/Z$ と $y = Y/Z$ を使うと, P が点 $(0,0)$ となり, 局所環とイデアルが次のようになるので[78], 計算がより容易になる:

---

[76]イデアル $J[V_1, \ldots, V_n]_P$ が超曲面 $V_1, \ldots, V_n$ と点 P にのみよって決まることの確認は読者に委ねる. このイデアルは, 超曲面を定める特定の方程式 $f_1, \ldots, f_n$ や, 添え字 j の取り方にはよらない.

[77]$V_1 \cap \cdots \cap V_n$ が有限という仮定により, 重複度が有限であることがわかる. しかし, この事実は証明しない.

[78]この過程は**非斉次化**と呼ばれる.

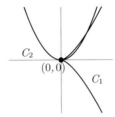

図 53 $C_1\colon y^2 = x^3$ と $C_2\colon y = x^2$ は $(0,0)$ で非横断的に交わる.

$$F[\mathbb{P}^2]_P = \left\{ \frac{f(x,y)}{g(x,y)} \in F(x,y) \colon g(0,0) \neq 0 \right\},$$
$$J[C_1, C_2]_P = x^3 - y^2 \text{ と } x^2 - y \text{ で生成されるイデアル}.$$

重複度は次の剰余環の次元である:

$$\mu_P(C_1, C_2) = \dim_F \left(\frac{\{f/g \in F(x,y) \colon g(0,0) \neq 0\}}{\langle x^3 - y^2, x^2 - y \rangle} \right)$$
$$= \dim_F \left(\frac{\{f/g \in F(x) \colon g(0) \neq 0\}}{\langle x^3 - x^4 \rangle} \right)$$

剰余環において $y = x^2$ を使い,y を消去する,

$$= \dim_F \left(\frac{\{f/g \in F(x) \colon g(0) \neq 0\}}{\langle x^3 \rangle} \right)$$

$x^3 - x^4 = x^3(1-x)$ であり,$1-x$ は考えている環で単数だから,$x^3 - x^4$ と x^3 が同じイデアルを生成する,

$$= 3 \quad \{1, x, x^2\} \text{ が基底だから}.$$

定理 14.169(ベズーの定理) $V_1, \ldots, V_n \subset \mathbb{P}^n$ を共通部分 $V_1 \cap \cdots \cap V_n$ が有限個の点からなるような超曲面とする.このとき[79],

$$\sum_{P \in V_1 \cap \cdots \cap V_n} \mu_P(V_1, \ldots, V_n) = (\deg V_1) \cdots (\deg V_n).$$

とくに,不等式

$$\#(V_1 \cap \cdots \cap V_n) \leq (\deg V_1) \cdots (\deg V_n) \tag{14.43}$$

が成り立ち,もし $V_1, \ldots, V_n$ が $V_1 \cap \cdots \cap V_n$ の任意の点で横断的に交わるなら,式 (14.43) は等式である.

例 14.170 例 14.168 に引き続き,次の曲線を考える.

$$C_1 = \mathcal{V}(X^3 - Y^2 Z) \quad \text{と} \quad C_2 = \mathcal{V}(X^2 - YZ).$$

---

[79]超曲面の次数 $V = \mathcal{V}(f)$ は斉次多項式 f の次数と定義する.

556 第 14 章 追加の話題を手短に

これらの共通部分は 3 点からなり，

$$C_1 \cap C_2 = \{[0,0,1], [1,1,1], [0,1,0]\} \subset \mathbb{P}^2.$$

C_1 と C_2 の交点での重複度は，

$$\mu_{[0,0,1]}(C_1, C_2) = 3, \quad \mu_{[1,1,1]}(C_1, C_2) = 1, \quad \mu_{[0,1,0]}(C_1, C_2) = 2.$$

これらの値の最初のものは，例 14.168 で計算した．他の 2 つは演習問題 14.63 とする．ベズーの定理が成り立つことを確認しよう：

$$\mu_{[0,0,1]}(C_1, C_2) + \mu_{[1,1,1]}(C_1, C_2) + \mu_{[0,1,0]}(C_1, C_2) = (\deg C_1) \cdot (\deg C_2)$$
$$\updownarrow \qquad\qquad \updownarrow \qquad\qquad \updownarrow \qquad\qquad \updownarrow \quad\ \updownarrow$$
$$3 \quad + \quad 1 \quad + \quad 2 \quad = \quad 3 \quad \cdot \quad 2.$$

14.11 ユークリッド格子

この節では，ユークリッド空間内の格子を考える．これは代数と幾何が絡まり合う話題である．格子はベクトル空間 $\mathbb{R}^n$ 内の（離散的な）部分群であるから，L は群構造を持つだけではなく，$\mathbb{R}^n$ の幾何学により長さや角度を測ることができる．

定義 14.171 $\mathbb{R}^n$ **の離散部分群**とは，部分群 $L \subset \mathbb{R}^n$ であって，$\epsilon > 0$ が存在し

$$\{v \in L : \|v\| < \epsilon\} = \{0\}$$

を満たすようなものをいう[80]．言い換えると，原点を中心とする小さな球体で，L とは原点でのみ交わるようなものが存在する．

注意 14.172 $\mathbb{R}^n$ のすべての部分群が離散的であるわけではない．たとえば，

$$\{a + b\sqrt{2} : a, b \in \mathbb{Z}\} = \mathrm{Span}_{\mathbb{Z}}(1, \sqrt{2}) \subset \mathbb{R}$$

は $\mathbb{R}$ 内の離散的ではない階数 2 の部分群である．

見た感じではおだやかそうな離散という条件が，驚くほど強い帰結をもたらすことを示そう．その証明は代数学と幾何学の心地よい混交である．

定理 14.173 $L \subset \mathbb{R}^n$ を離散部分群とする．このとき，L は階数が高々 n の有限生成自由アーベル群である．

証明 我々のいまの話題の核心に至る手前で長く脱線してしまうのを避けるため，定理 14.173 の証明はこの節の終わりまで延期する． $\qquad\square$

---

[80] $\mathbb{R}^n$ のベクトルの通常のユークリッドノルムを $\|v\|$ で表す．つまり，

$$\|(x_1, \ldots, x_n)\| = \sqrt{x_1^2 + \cdots + x_n^2}.$$

14.11 ユークリッド格子 **557**

定義 14.174 $\mathbb{R}^n$ 内の**格子**とは，離散部分群 $L \subset \mathbb{R}^n$ であって極大な階数を持つもの，つまり $\mathrm{rank}_{\mathbb{Z}}(L) = n$ を満たすものである[81].

自明だが非常に重要な観察として，格子 $L \subset \mathbb{R}^n$ はたくさんの異なる基底を持つ．理論的にも計算上の理由からも，ある基底は他のそれよりも「よりよい」．たとえば，短いベクトルからなる基底は通常，長いベクトルからなるものよりも「よりよい」．同様にして，それぞれがおおよそ直交しているベクトルからなる基底は，そのような性質を持たない基底よりも「よりよい」．

疑問 14.175 ここで，格子 L の短いベクトルの振る舞いについて，いくつか自然な問題と疑問を挙げておこう．

(a) 長さが高々 $B(L)$ 以下の非零ベクトルを L が持つことが保証されるような，値 $B(L)$ を簡単に計算できる公式を与えよ．

(b) 無作為な格子 L において，零でない最も短いベクトルのおおよその長さはどのくらいと期待できるだろうか？（演習問題 14.71 を見よ．）

(c) L の非零ベクトルで最も短いものを実際に見つけるのは，どのくらい難しいだろうか？

(d) L 内の，現実的な時間で計算できる，零でない最も短いベクトルの長さはどのくらいだろうか？

疑問 14.175 (a) と (b) に答えるために，格子の「サイズ」を測る 1 つの方法を提供してくれる，次の重要な量を使う．

定義 14.176 $L \subset \mathbb{R}^n$ とし，$\mathcal{B} = \{\boldsymbol{v}_1, \ldots, \boldsymbol{v}_n\}$ を L の $\mathbb{Z}$ 基底とする．**L の $\mathcal{B}$ に関する基本領域**[82]とは，集合

$$\mathcal{F}(\mathcal{B}) = \{t_1\boldsymbol{v}_1 + t_2\boldsymbol{v}_2 + \cdots + t_n\boldsymbol{v}_n : 0 \le t_i < 1\} \tag{14.44}$$

である[83]．L の**判別式**（もしくは**体積**）とは，

$$\mathrm{Disc}(L) = \mathrm{Volume}(\mathcal{F}(\mathcal{B})) = |\det \underbrace{(\boldsymbol{v}_1 \mid \boldsymbol{v}_2 \mid \cdots \mid \boldsymbol{v}_n)}_{\text{この行列は，各列がベクトル } \boldsymbol{v}_1, \ldots, \boldsymbol{v}_n \text{ である．}}|.$$

$\mathrm{Disc}(L)$ が L のみによること，つまり，基底の取り方によらないことの証明は，命題 14.189 と演習問題を見よ．図 54 は $\mathbb{R}^2$ 内の 2 つの基本領域を示している．

基本領域 $\mathcal{F}(\mathcal{B})$ の便利な性質として，$\mathbb{R}^n$ の任意のベクトルが L の元と $\mathcal{F}(\mathcal{B})$ の元の和に

---

[81]著者によっては，**格子**という単語を離散部分群の同義語として用い，L が極大階数を持つときに**極大格子**と呼ぶことを注意しておく．

[82]用語の誤用に注意せよ．基本領域 $\mathcal{F}(\mathcal{B})$ は，剰余群 $\mathbb{R}^n/L$ の剰余類の代表系の集合である．したがって，より正確には，$\mathbb{R}^n/L$ の基本領域と呼ばれるべきだろう．同様に，L の「体積」は，実際にはトーラス $\mathbb{R}^n/L$ の体積であり，L の余体積と呼ばれるのがより適切だろう．

[83]この形状の領域に対する，数学用語は**平行体**である．他の形状の基本領域については，14.11.3 節で議論した．

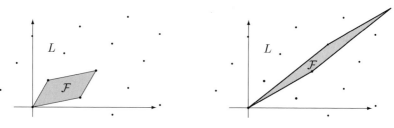

図 54 2 次元格子 L と，たくさんあるその基本領域のうちの 2 つ．

一意的に表される，ということがある．

補題 14.177 $L \subset \mathbb{R}^n$ とし，$\mathcal{B} = \{\boldsymbol{v}_1, \ldots, \boldsymbol{v}_n\}$ を L の $\mathbb{Z}$ 基底とする．さらに，$\mathcal{F}(\mathcal{B})$ を対応する基本領域 (14.44) とする．このとき，写像

$$\mathcal{F}(\mathcal{B}) \longrightarrow \mathbb{R}^n/L$$

は全単射である．言い換えると，任意のベクトル $\boldsymbol{v} \in \mathbb{R}^n$ は一意的に次のように表される：

$$\boldsymbol{u} \in \mathcal{F}(\mathcal{B}) \text{ と } \boldsymbol{w} \in L \text{ により，} \boldsymbol{v} = \boldsymbol{u} + \boldsymbol{w}.$$

証明 $\mathcal{B}$ のベクトルは $\mathbb{R}$ 線形独立であり，よって $\mathbb{R}^n$ の基底である．これは $\boldsymbol{v}$ を $\boldsymbol{v}_1, \ldots, \boldsymbol{v}_n$ の $\mathbb{R}$ 線形結合として

$$\text{ある } c_1, \ldots, c_n \in \mathbb{R} \text{ により，} \boldsymbol{v} = c_1 \boldsymbol{v}_1 + \cdots + c_n \boldsymbol{v}_n$$

と表せるということである．各 c_i を，整数と 0 以上 1 未満の小数部分との和に表す：

$$m_i \in \mathbb{Z} \text{ かつ } 0 \leq s_i < 1 \text{ により，} c_i = m_i + s_i$$

とすると，

$$\boldsymbol{v} = \underbrace{s_1 \boldsymbol{v}_1 + \cdots + s_n \boldsymbol{v}_n}_{\text{ここは } \mathcal{F}(\mathcal{B}) \text{ の元．}} + \underbrace{m_1 \boldsymbol{v}_1 + \cdots + m_n \boldsymbol{v}_n}_{\text{ここは } L \text{ の元．}},$$

これで $\boldsymbol{v}$ が $\mathcal{F}(\mathcal{B})$ のベクトルと L のベクトルの和で書けることが証明された．この分解が一意であることの証明が残っているが，これは演習問題とする．演習問題 14.64 を見よ． □

定理 14.178（エルミート–ミンコフスキー (Hermite–Minkowski)） $n \geq 1$ とする．次の条件を満たすような定数 c_n が存在する：任意の格子 $L \subset \mathbb{R}^n$ に対し，零でないベクトル $\boldsymbol{0} \neq \boldsymbol{v} \in L$ であって，

$$\|\boldsymbol{v}\| \leq c_n \operatorname{Disc}(L)^{1/n} \tag{14.45}$$

を満たすものが存在する．

証明 証明はしばし延期する．14.11.3 節と，別のやり方については演習問題 14.70 を見よ．

□

定理 14.178 に現れる定数 c_n の最良の値を知りたくなるのは言うまでもない．歴史的な理由からその平方根をとろう．

定義 14.179 $n \geq 1$ とする．n 次元格子の**エルミート定数**とは，次で定義される実数 $\gamma_n > 0$ である：

$$\gamma_n^{1/2} = \sup_{\text{格子 } L \subset \mathbb{R}^n} \frac{\min\{\|\boldsymbol{v}\| : \boldsymbol{v} \in L,\ \boldsymbol{v} \neq \boldsymbol{0}\}}{\mathrm{Disc}(L)^{1/n}}.$$

定理 14.178 の内容は，$\gamma_n < \infty$ であり，よって任意の格子 $L \subset \mathbb{R}^n$ は零でないベクトル $\boldsymbol{v}$ で，

$$\|\boldsymbol{v}\| \leq \gamma_n^{1/2} \mathrm{Disc}(L)^{1/n}$$

を満たすものを含む，というものである．

注意 14.180 次のことが知られている[84]：

$$\gamma_n \leq \frac{2}{\pi} \Gamma\left(2 + \frac{n}{2}\right)^{2/n} \approx \frac{n}{\pi e}. \tag{14.46}$$

γ_n の正確な値は $n \leq 8$ と $n = 24$ についてのみ知られている：

n	1	2	3	4	5	6	7	8	24
γ_n^n	1	$\frac{4}{3}$	2	4	8	$\frac{64}{3}$	64	2^8	2^{48}

格子 L が，2 つのベクトルがどれも直交するような基底を持てば，L の判別式は単にこれらのベクトルの長さの積である．（長方形を考えよ．）もちろん，L がそのようなよい基底を持つことはめったにないだろうが，この観察を，非常に有益な次の不等式を導くのに使える．

定理 14.181（**アダマール** (Hadamard) **の不等式**） $L \subset \mathbb{R}^n$ を格子として，$\boldsymbol{v}_1, \ldots, \boldsymbol{v}_n$ を L の基底とする．このとき，

$$\mathrm{Disc}(L) \leq \|\boldsymbol{v}_1\| \cdot \|\boldsymbol{v}_2\| \cdots \|\boldsymbol{v}_n\|, \tag{14.47}$$

ここで等式が成り立つ必要十分条件は，$\boldsymbol{v}_1, \ldots, \boldsymbol{v}_n$ がペアごとに直交することである．

証明 $1 \leq k \leq n-1$ に対して，H_k を $\mathbb{R}^n$ の部分空間で $\boldsymbol{v}_1, \ldots, \boldsymbol{v}_k$ により張られるものとする．つまり，

---

[84] ここで $\Gamma(z) = \int_0^\infty t^{z-1} e^{-t}\, dt$ はガンマ関数である．式 (14.46) の近似は，n が大きいときに成り立つもので，スターリング (Stirling) の公式 $\Gamma(z+1) \approx (z/e)^z \cdot \sqrt{2\pi z}$ から導かれる．c_n の評価にガンマ関数が現れるのは，$\mathbb{R}^n$ 内の単位球の体積が $\pi^{n/2}/\Gamma(1 + n/2)$ だからである．演習問題 14.71 を見よ．

$$H_k = \mathrm{Span}_{\mathbb{R}}(\boldsymbol{v}_1, \ldots, \boldsymbol{v}_k),$$

また，$\theta_k \in [0, \frac{1}{2}\pi]$ を H_k と $\boldsymbol{v}_{k+1}$ のなす角とする．すると，3 角関数の計算により

$$\mathrm{Disc}(L) = \mathrm{Volume}\,\mathcal{F}(\boldsymbol{v}_1, \ldots, \boldsymbol{v}_n) = \prod_{k=1}^{n} \|\boldsymbol{v}_k\| \cdot \prod_{k=1}^{n-2} \sin(\theta_k).$$

$|\sin(\theta)| \leq 1$ だから，アダマールの不等式が成り立つことがわかり，等式が成り立つ必要十分条件は，すべての k に対して $\theta_k = \frac{1}{2}\pi$ が成り立つことであり，これは基底のベクトルがペアごとに直交していることと同値である． □

アダマールの不等式 (14.47) を見ると，L の基底の非直交性を，基底のベクトルの長さの積と判別式を比較することで測ることができる．次の結果は，任意の格子が，少なくとも 1 つは，おおよそ直交している基底を含むことと，非直交性の量が次元でのみ押さえられることを示している．

定理 14.182（ミンコフスキー） $n \geq 1$ とする．任意の n 次元格子 L に，次を満たす基底 $\boldsymbol{v}_1$, $\ldots$, $\boldsymbol{v}_n$ が存在するような定数 C_n が存在する[85]：

$$\|\boldsymbol{v}_1\| \cdot \|\boldsymbol{v}_2\| \cdots \|\boldsymbol{v}_n\| \leq C_n \,\mathrm{Disc}(L). \tag{14.48}$$

証明 証明はしない． □

14.11.1 格子の簡約：格子における実際の計算

格子 L における基本的な計算上の 2 つの問題は，L 内の零でない最短ベクトルを求めることと，指定された目標ベクトルに最も近い L 内のベクトルを求めることである．これらの問題は，固有の頭字語を持つほどに遍在する．

定義 14.183 $L \subset \mathbb{R}^n$ を格子とする．

(a) **最短ベクトル問題** (Shortest Vector Problem, SVP) とは，L 内の零でない最も短いベクトル（最短ベクトル）を，すなわち，ベクトル $\boldsymbol{0} \neq \boldsymbol{w} \in L$ であって，

$$\|\boldsymbol{w}\| = \min_{\boldsymbol{v} \in L,\ \boldsymbol{v} \neq \boldsymbol{0}} \|\boldsymbol{v}\|$$

を満たすものを求める問題である．

(b) **最近ベクトル問題** (Closest Vector Problem, CVP) とは，与えられた目標ベクトル $\boldsymbol{t} \in \mathbb{R}^n$ に対して，L 内のベクトルで最も $\boldsymbol{t}$ に近いものを，すなわち，ベクトル $\boldsymbol{w} \in L$ であって，

$$\|\boldsymbol{w} - \boldsymbol{t}\| = \min_{\boldsymbol{v} \in L} \|\boldsymbol{v} - \boldsymbol{t}\|$$

---

[85]定理 14.178 とまったく同様に，C_n の明示的な値を計算できる．たとえば，もし n が大きければ $C_n \approx (n/\pi e)^{n/2}$ がとれる．

を満たすものを求める問題である.

L の離散性が，SVP も CVP も解を持つことを保証することを注意しておく．つまり，L のベクトルで，求める最小値を実現するものが存在する．演習問題 14.65 を見よ．

注意 14.184 理論的には，SVP も CVP も，つねに有限の計算回数で解くことができる．たとえば，CVP を解くには，勝手な非零ベクトル $v_0 \in L$ から始めて，$R = \|v_0 - t\|$ とし，L のベクトルで t からの距離が高々 R であるものを列挙する．そして最も近いものを選べばよい．この解法の問題は，実際上，半径 R の球内の格子点の個数はおおよそ R^n である，という点である．よって，もし n がほどほどの大きさ，たとえば $n = 50$ でも，この力ずくの解法は計算として実行不可能である．

L が $\mathbb{Z}$ 基底

$$\mathcal{B} = \{v_1, \ldots, v_n\}$$

で与えられているという利点を活かそう．$\mathcal{B}$ に対応する基本領域は商空間 $\mathbb{R}^n/L$ の剰余類の代表を与える．よって，与えられた目標ベクトル $t \in \mathbb{R}^n$ に対して，図 55 で示したように，$\mathcal{F}(\mathcal{B})$ を L の元でずらして t を含むようにできる．そして，ずらされた平行体の頂点で，t に最も近い頂点を選ぶことができる．これにより，CVP の少なくとも近似解を与えるだろうと期待できる次のアルゴリズムに至る．

アルゴリズム 14.185（ババイ (Babai) の近似 CVP アルゴリズム）

ステップ 1：**入力**：格子 $L \subset \mathbb{R}^n$.
　　　　　　L の基底 $\mathcal{B} = \{v_1, \ldots, v_n\}$.
　　　　　　目標ベクトル $t \in \mathbb{R}^n$.

ステップ 2：$v_1, \ldots, v_n$ は $\mathbb{R}^n$ の $\mathbb{R}$ 基底だから，

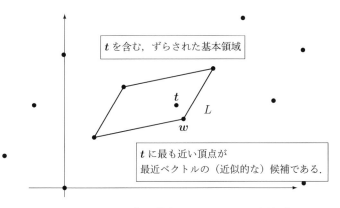

図 55　ババイのアルゴリズム：基底を用いて CVP を近似的に解く．

実数係数 $\alpha_1, \ldots, \alpha_n \in \mathbb{R}$ により $t = \alpha_1 v_1 + \cdots + \alpha_n v_n$

と書くことができる．

ステップ 3：各 α_i を最も近い整数に丸めて，それらの整数により

$$w = \lfloor \alpha_1 \rceil v_1 + \cdots + \lfloor \alpha_n \rceil v_n \in L$$

を求める[86]．

ステップ 4：**出力**：w が CVP のババイによる近似解である．

ババイのアルゴリズムは最短ベクトル問題を（近似的に）解くには理にかなった解法に見えるし，図 55 を信じれば，実際上とてもよく機能するように思われる．残念ながら，図 55 は紛らわしいものである．なぜなら，基本領域として非常に長方形に近いもの，つまり図 55 の基本領域 $\mathcal{F}(\mathcal{B})$ を作るための基底 $\mathcal{B}$ が，互いにかなり直交しているからである[87]．

我々が別の，それほど直交していない基底を選んでいたらどうなるだろうか？ 図 56 は格子の 2 つの基底，つまり，いくぶん直交している「よい」基底と，非常に非直交な「悪い」基底を表している．CVP を悪い基底で解こうとしたとき，図 57 は何がうまくいかないかを示している．基本領域内の最近格子点は，目標に最も近い格子点ではない．また，次元が増えるにつれ，CVP の近似解法が悪い基底により失敗する割合は次元に関して指数的に増大する．

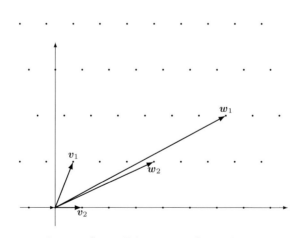

図 56　格子 L の「よい」基底 $\{v_1, v_2\}$ と「悪い」基底 $\{w_1, w_2\}$．

---

[86]ここで，$\lfloor \alpha \rceil$ は α に最も近い整数，つまり，$k - \frac{1}{2} \leq \alpha < k + \frac{1}{2}$ を満たす唯一の整数 $k \in \mathbb{Z}$ である．
[87]図 55 がもう 1 つ紛らわしいところがあって，それは 2 次元，3 次元の図では高次元の格子の複雑さを伝えることができない点である．

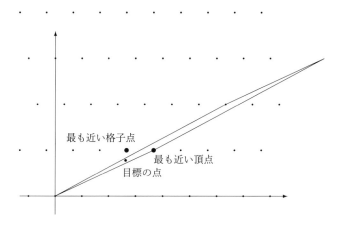

図 57 ババイのアルゴリズムは「悪い」基底に対して CVP を近似的に解くことに失敗する．

図 55–57 が示すように，ババイのアルゴリズムは基底 $\mathcal{B}$ のベクトルが互いに，おおよそ直交しているときに一番うまくいく．このことから，**格子簡約**という基本問題に到達する．これは，与えられた基底をできるだけ直交している基底へと変換する手続きである．SVP や CVP とちょうど同じように，次元に関して指数時間でよい基底を見つけることは可能である．しかし，次元が非常に小さいのでなければ，指数時間のアルゴリズムは現実問題としては役に立たない．現在知られている最も現実的な方法は，レンストラ (Lenstra)，レンストラ[88]，ロヴァース (Lovász) が 1980 年代に発見した有名なアルゴリズムの変種や派生である．

アルゴリズム 14.186（LLL アルゴリズム） $L \subset \mathbb{R}^n$ を格子とし，$\mathcal{B} = \{v_1, \ldots, v_n\}$ を L の基底，$\|\mathcal{B}\| = \max_{1 \leq i \leq n} \|v_i\|$ とする．このとき，実行時間が $n^6 (\log \|\mathcal{B}\|)^3$ に比例し，次の性質を満たす L の新しい基底

$$\{w_1, \ldots, w_n\}$$

を出力するアルゴリズムが存在する：

$$\|w_1\| \leq 2^{(n-1)/2} \min\{\|v\| : v \in L, \ v \neq 0\}, \tag{14.49}$$

$$\|w_1\| \leq 2^{(n-1)/4} \operatorname{Disc}(L)^{1/n}, \tag{14.50}$$

$$\|w_1\| \cdot \|w_2\| \cdots \|w_n\| \leq 2^{n(n-1)/4} \operatorname{Disc}(L). \tag{14.51}$$

証明 ここでは，LLL アルゴリズムもその拡張，とくに，実行時間が延びる代わりに L のよりよい基底を与える量的な方法である LLL-BKZ アルゴリズムも述べるだけの余白がない．実際のところ，LLL アルゴリズムやその変種は，示した上界よりもややよい基底を与

---
[88] これは誤植ではない．発見者のうちの 2 人，Arjen Lenstra と Hendrik Lenstra Jr. は兄弟である．

564 第 14 章 追加の話題を手短に

える傾向があることを指摘しておこう. □

CVP を解くのに, 格子簡約をどのように使うのだろうか？ 最初のステップは L の与えられた基底 $\mathcal{B}^{\mathrm{bad}}$ をとり, LLL の何らかの変種を適用してよりよい基底 $\mathcal{B}^{\mathrm{good}}$ を得る. そして, ババイのアルゴリズムを新しい改善された基底 $\mathcal{B}^{\mathrm{good}}$ に適用して, 近似的に CVP を解くのである.

注意 14.187 LLL アルゴリズムの効能を測る 1 つの方法は, その出力を期待される, あるいは望まれるものと比べることである. すなわち, 式 (14.49) により, LLL で出力される最短の非零ベクトルは実際の最短非零ベクトルより $2^{(n-1)/2}$ 倍以上長くはない. 同様に, 式 (14.50) と式 (14.51) を定理 14.178 と定理 14.182, さらに注意 14.180 と比較する. これらは, L の基底 $\boldsymbol{v}_1, \ldots, \boldsymbol{v}_n$ で, (大雑把に) 次を満たすのだった:

$$\|\boldsymbol{v}_1\| \le \sqrt{n/\pi e}\,\mathrm{Disc}(L)^{1/n}, \tag{14.52}$$

$$\|\boldsymbol{v}_1\| \cdot \|\boldsymbol{v}_2\| \cdots \|\boldsymbol{v}_n\| \le (n/\pi e)^{n/2}\,\mathrm{Disc}(L). \tag{14.53}$$

そのような素晴らしい基底を見つける, 最も知られたアルゴリズムは n に関して指数時間を要する. LLL アルゴリズムは n について多項式時間しか要しないし, このように非常によい基底を見つける. しかし, 式 (14.52) や式 (14.53) の線形近似因子 $n/\pi e$ が, 指数的な因子 2^{n-1} に置き換えられてしまう.

14.11.2 定理 14.173 の証明

証明（定理 14.173 の証明） L が有限生成かつ自由であることを証明し, その階数の評価は演習問題とする. 説明を簡単にするために, L は n 個の $\mathbb{R}$ 線形独立なベクトルを含むことを仮定する. つまり, L は $\mathbb{R}^n$ の基底を含むとして, 一般の場合はこちらも演習問題とする. 演習問題 14.66 と演習問題 14.67 を見よ.

よって,

$$\mathbb{R}^n \text{ の基底であるようなベクトル } \boldsymbol{u}_1, \ldots, \boldsymbol{u}_n \in L$$

が存在することを仮定する. $\boldsymbol{u}_1, \ldots, \boldsymbol{u}_n$ が $\mathbb{Z}$ 加群としての L を生成すると期待する理由はないが, いずれにせよ, それらが生成する L の部分格子

$$L_0 = \mathrm{Span}_{\mathbb{Z}}\{\boldsymbol{u}_1, \ldots, \boldsymbol{u}_n\} \subseteq L$$

に注目しよう. 我々の最初の目標は, 剰余群 L/L_0 が有限であると示すことである. そのために, $\boldsymbol{u}_1, \ldots, \boldsymbol{u}_n$ によって張られる L_0 に関する基本領域を考える. 記号を易しくするため, この基本領域を次のように表す:

$$\mathcal{P} = \mathcal{F}(\boldsymbol{u}_1, \ldots, \boldsymbol{u}_n) = \{t_1\boldsymbol{u}_1 + t_2\boldsymbol{u}_2 + \cdots + t_n\boldsymbol{u}_n : 0 \le t_i < 1\}.$$

ここまでは代数をやってきた. このあたりで幾何を追加するころあいなので, まず記号から始めよう. 任意のベクトル $\boldsymbol{c} \in \mathbb{R}^n$ に対して, $\boldsymbol{c}$ を中心とする $\mathbb{R}^n$ 内の半径 R の球を

$$B_R(\boldsymbol{c}) = \{\boldsymbol{v} \in \mathbb{R}^n : \|\boldsymbol{v} - \boldsymbol{c}\| < R\}$$

とする．$B_R(\boldsymbol{c})$ の体積は球の中心がどこにあるかには関係なく，$\mathbb{R}^n$ の体積要素は斉次だから[89]，

$$\mathrm{Vol}(B_R(\boldsymbol{c})) = R^n \, \mathrm{Vol}(B_1(\boldsymbol{0})). \tag{14.54}$$

離散的という仮定から，ある $\epsilon > 0$ で，$L \cap B_\epsilon(\boldsymbol{0}) = \{\boldsymbol{0}\}$ となるものが存在する．これを用いて次を結論する：

$$
\begin{aligned}
\boldsymbol{v} \in L \text{ かつ } \boldsymbol{w} \in L \cap B_\epsilon(\boldsymbol{v}) \;\Longrightarrow\;& \boldsymbol{v} - \boldsymbol{w} \in L \text{ かつ } \|\boldsymbol{v} - \boldsymbol{w}\| < \epsilon \\
\Longrightarrow\;& \boldsymbol{v} - \boldsymbol{w} \in L \cap B_\epsilon(\boldsymbol{0}) \\
\Longrightarrow\;& \boldsymbol{w} = \boldsymbol{v}.
\end{aligned}
$$

したがって，L の相異なる元は互いに，少なくとも ϵ の距離を持ち，適当に $0 < \delta < \frac{1}{2}\epsilon$ を固定すれば

$$\boldsymbol{v}, \boldsymbol{w} \in L \;\Longrightarrow\; B_\delta(\boldsymbol{v}) \cap B_\delta(\boldsymbol{w}) = \emptyset \tag{14.55}$$

となる．

L/L_0 が有限だと証明しようとしているのだった．よって

$$\boldsymbol{v}_1 + L_0, \; \boldsymbol{v}_2 + L_0, \; \ldots, \; \boldsymbol{v}_N + L_0 \in L/L_0$$

を L/L_0 の相異なる剰余類とし，N が有界であることを示したい．

補題 14.177 を L_0 とその基本領域 $\mathcal{P}$ に適用する．この補題により，$\mathbb{R}^n$ の任意のベクトルは L_0 のベクトルでずらして，$\mathcal{P}$ に入るようできる．したがって，$\boldsymbol{v}_1, \ldots, \boldsymbol{v}_N$ のそれぞれを L_0 のしかるべきベクトルでずらして，次のように仮定してよい：

$$\boldsymbol{v}_1, \ldots, \boldsymbol{v}_N \text{ は相異なる } L \cap \mathcal{P} \text{ の元である．} \tag{14.56}$$

このことから，各球 $B_\delta(\boldsymbol{v}_i)$ が $\mathcal{P}$ に含まれる，といいたいところだが，これはまったく正しくない．というのは，もし $\boldsymbol{v}_i$ が $\mathcal{P}$ の境界に近ければ，$\boldsymbol{v}_i$ の周りの δ 球は境界を越えてしまうかもしれないからである．この問題は，$\mathcal{P}$ を少しだけ大きくすることで解消できる．

$$\mathcal{P}_\delta = \{\boldsymbol{v} \in \mathbb{R}^n : \|\boldsymbol{v} - \boldsymbol{u}\| \leq \delta \text{ を満たす } \boldsymbol{u} \in \mathcal{P} \text{ が存在する}\}$$

と定義する．言い換えると，$\mathcal{P}$ の境界を距離 δ だけ押し広げた．これによって，

$$\text{任意の } \boldsymbol{v} \in \mathcal{P} \text{ に対して } B_\delta(\boldsymbol{v}) \subseteq \mathcal{P}_\delta \tag{14.57}$$

である．

集合 $\mathcal{P}_\delta$ は $\mathbb{R}^n$ のよい有界領域で，とくに体積有限である．次のように体積を計算でき

---

[89] $\mathrm{Vol}(B_1(\boldsymbol{0}))$ のよい公式があることを注意しておくが，この証明では必要ない．

る：

$$\mathrm{Vol}(\mathcal{P}_\delta) \geq \mathrm{Vol}\left(\bigcup_{i=1}^{N} B_\delta(\boldsymbol{v}_i)\right) \qquad \text{式 (14.57) により，} B_\delta(\boldsymbol{v}_i) \subseteq \mathcal{P}_\delta,$$

$$= \sum_{i=1}^{N} \mathrm{Vol}(B_\delta(\boldsymbol{v}_i)) \qquad \text{式 (14.55) により，} B_\delta(\boldsymbol{v}_i) \text{ は交わりがない，}$$

$$= N \cdot \delta^n \cdot \mathrm{Vol}(B_1(\boldsymbol{0})) \quad \text{式 (14.54) による.} \tag{14.58}$$

N を，L/L_0 が少なくとも N 個の相異なる元を持つようにとったから，式 (14.58) を使って

$$\#(L/L_0) \leq \mathrm{Vol}(\mathcal{P}_\delta)/\delta^n \,\mathrm{Vol}(B_1(\boldsymbol{0}))$$

と結論できる．とくに，L/L_0 が有限であることが証明された．

$\boldsymbol{v}_1, \ldots, \boldsymbol{v}_m \in L$ を L/L_0 の剰余類の代表系とし，

$$\mathcal{A} = \{\boldsymbol{v}_1, \ldots, \boldsymbol{v}_m, \boldsymbol{u}_1, \ldots, \boldsymbol{u}_n\} \subset L$$

とする．

主張：集合 $\mathcal{A}$ は L の $\mathbb{Z}$ 生成系であり，L は有限生成である．

この主張を証明するために，$\boldsymbol{v} \in L$ とする．$\boldsymbol{v}$ の L/L_0 における剰余類は $\boldsymbol{v}_1, \ldots, \boldsymbol{v}_m$ のどれかの剰余類と一致するから，

$$\boldsymbol{v} + L_0 = \boldsymbol{v}_j + L_0$$

としよう．このことから，

$$\boldsymbol{v} - \boldsymbol{v}_j \in L_0 = \mathrm{Span}_{\mathbb{Z}}(\boldsymbol{u}_1, \ldots, \boldsymbol{u}_n).$$

したがって，$\boldsymbol{v} \in \mathrm{Span}_{\mathbb{Z}}(\mathcal{A})$.

これで，任意の離散部分群 $L \subset \mathbb{R}^n$ が有限生成アーベル群であることの証明が済んだ．構造定理（定理 11.56）により

$$\text{ある整数 } r \geq 1 \text{ が存在して } L \cong (\text{有限群}) \times \mathbb{Z}^r$$

となる．しかし，$\mathbb{R}^n$ は有限位数の元を持たないから，L についても同様である．したがって $L \cong \mathbb{Z}^r$ は自由アーベル群である．つまり，L は基底を持つ． $\square$

14.11.3 基本領域：よい，悪い，そしてボロノイ

格子 L の基底 $\mathcal{B}$ に付随する基本領域 $\mathcal{F}(\mathcal{B})$ を，$\mathcal{B}$ のベクトルが張る平行体として式 (14.44) のように定義した．$\mathcal{F}(\mathcal{B})$ の重要な性質として，自然な写像 $\mathcal{F}(\mathcal{B}) \to \mathbb{R}^n/L$ が全単射だということがある．つまり，L の任意のベクトルは，L の元と $\mathcal{F}(\mathcal{B})$ の元の和として一意的に表される．補題 14.177 を見よ．この定義の一部を部分的に拡張する．

定義 14.188 $L \subset \mathbb{R}^n$ を格子とする．L の（弱）基本領域とは，（凸）開集合 $\mathcal{U} \subset \mathbb{R}^n$ で

あって，$\mathcal{U}$ とその位相的な閉包 $\overline{\mathcal{U}}$ が次の性質を持つものである：

> (1) $\mathcal{U} \longrightarrow \mathbb{R}^n/L$ は単射である．　　(2) $\overline{\mathcal{U}} \longrightarrow \mathbb{R}^n/L$ は全射である．

　格子 L はさまざまな異なる形の基本領域を持つ．しかし，ある性質を共有する．

命題 14.189　$L \subset \mathbb{R}^n$ を格子とする．L のすべての基本領域は同じ体積を持つ．この体積を **L の判別式**といい，$\mathrm{Disc}(L)$ と書く．

証明　$\mathcal{U}$ と $\mathcal{U}'$ を L の基本領域として，

$$\phi \colon \mathbb{R}^n \longrightarrow \mathbb{R}^n/L$$

を L を法として簡約する写像とする．$\mathcal{U}$ と $\mathcal{U}'$ が基本領域であるという仮定から，$\phi(\mathcal{U})$ と $\phi(\mathcal{U}')$ は $\mathbb{R}^n/L$ の開集合であり，閉包 $\overline{\phi(\mathcal{U})}$ は $\mathbb{R}^n/L$ 全体に等しい．これらの観察から，次の 2 つの事実が導かれる：

- $\phi(\mathcal{U}) \cap \phi(\mathcal{U}')$ は $\phi(\mathcal{U}')$ の開部分集合である．
- $\phi(\mathcal{U}) \cap \phi(\mathcal{U}')$ の閉包は $\phi(\mathcal{U}')$ の開部分集合を含む．

このことから，

$$\mathrm{Vol}(\phi(\mathcal{U}) \cap \phi(\mathcal{U}')) = \mathrm{Vol}(\phi(\mathcal{U}'))$$

である．$\mathcal{U}$ と $\mathcal{U}'$ の役割を入れ替えると，次のことがわかる：

$$\mathrm{Vol}(\phi(\mathcal{U})) = \mathrm{Vol}(\phi(\mathcal{U}')). \tag{14.59}$$

最後に，ϕ の $\mathcal{U}$ 上と $\mathcal{U}'$ 上での単射性から，

$$\mathrm{Vol}(\phi(\mathcal{U})) = \mathrm{Vol}(\mathcal{U}) \quad かつ \quad \mathrm{Vol}(\phi(\mathcal{U}')) = \mathrm{Vol}(\mathcal{U}') \tag{14.60}$$

がわかる．式 (14.59) と式 (14.60) を組み合わせると，$\mathrm{Vol}(\mathcal{U}) = \mathrm{Vol}(\mathcal{U}')$ であり，これで命題 14.189 が示された．　　　　　　　　　　　　　　　　　　　　　　　□

　基底に付随する基本領域 $\mathcal{F}(\mathcal{B})$ は，定義 14.188 の意味での基本領域である．ここで別の種類の基本領域を述べるが，その定義自身に最近ベクトル問題が含まれている．

定義 14.190　$L \subset \mathbb{R}^n$ を格子とし，$v \in L$ とする．v の周りの（開）**ボロノイ** (Voronoi) **細胞**とは，集合

$$\mathcal{V}(v) = \{ t \in \mathbb{R}^n : 任意の \ w \in L \smallsetminus \{v\} \ に対し \ \|t - v\| < \|t - w\| \}$$

のこととする．言い換えると，$\mathcal{V}(v)$ 内の点は，$\mathbb{R}^n$ 内の点 t であって，L と t についての CVP 問題が v を唯一の解として持つようなものである．

注意 14.191　ボロノイ細胞の境界は凸多面体（ポリトープ，超多面体としても知られる）

であり，その意味するところは，超平面の一部から構成されているということである．より具体的には，$v, w \in L$ を相異なる格子点で，ボロノイ細胞の境界を共有するものとする．v と w から等距離の点の集合は $\mathbb{R}^n$ 内の超平面 $H(v, w)$ をなす．この超平面は，v_1 から v_2 への線分を垂直に2等分し，2つのボロノイ細胞の共通の境界はこの超平面の一部になる．

$$\overline{\mathcal{V}(v)} \cap \overline{\mathcal{V}(w)} \subset H(v, w).$$

図58に，$\mathbb{R}^2$ 内の2つの異なる格子のボロノイ細胞を示した．隣接する細胞の格子点を結ぶ線分を想像すると，この線分が細胞の境界に直交していることがわかるだろう．

命題 14.192 $L \subset \mathbb{R}^n$ を格子とし，$v \in L$ とする．v の周りのボロノイ細胞 $\mathcal{V}(v)$ は，L の基本領域である．

証明 最初に，$t_1, t_2 \in \mathcal{V}(v)$ が $\mathbb{R}^n / L$ で同じ像を持つとしよう．我々の目標は $t_1 = t_2$ を示すこと，つまり $\mathcal{V}(v) \to \mathbb{R}^n / L$ が単射であると示すことである．仮定から，

$$ある u \in L により t_1 - t_2 = u$$

である．$u \neq 0$ と仮定して，次の計算を使って矛盾を導く：

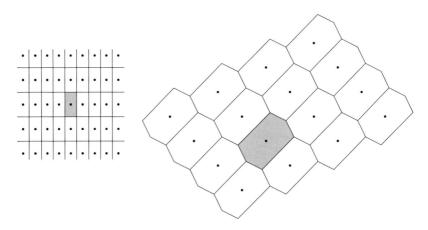

図58 2つの格子と，それらのボロノイ細胞，そのうちの1つ $\mathcal{V}(v)$ を強調した．

$$\|\boldsymbol{t}_1 - \boldsymbol{v}\| < \min_{\boldsymbol{w} \in L \smallsetminus \{\boldsymbol{v}\}} \|\boldsymbol{t}_1 - \boldsymbol{w}\| \qquad \boldsymbol{t}_1 \in \mathcal{V}(\boldsymbol{v}) \text{ だから,}$$

$$\leq \|\boldsymbol{t}_1 - (\boldsymbol{u} + \boldsymbol{v})\| \qquad \boldsymbol{u} \neq \boldsymbol{0} \text{ と仮定しているから,}$$
$$\boldsymbol{w} = \boldsymbol{u} + \boldsymbol{v} \text{ とできる,}$$

$$= \|\boldsymbol{t}_2 - \boldsymbol{v}\| \qquad \boldsymbol{t}_1 - \boldsymbol{t}_2 = \boldsymbol{u} \text{ だから,}$$

$$= \min_{\boldsymbol{w} \in L} \|\boldsymbol{t}_2 - \boldsymbol{w}\| \qquad \boldsymbol{t}_2 \in \mathcal{V}(\boldsymbol{v}) \text{ だから,}$$

$$= \min_{\boldsymbol{w} \in L} \|\boldsymbol{t}_1 - (\boldsymbol{u} + \boldsymbol{w})\| \qquad \boldsymbol{t}_1 - \boldsymbol{t}_2 = \boldsymbol{u} \text{ だから,}$$

$$= \min_{\boldsymbol{w} \in L} \|\boldsymbol{t}_1 - \boldsymbol{w}\| \qquad \boldsymbol{u} \in L \text{ だから, 最小値は一致し,}$$

$$= \|\boldsymbol{t}_1 - \boldsymbol{v}\| \qquad \boldsymbol{t}_1 \in \mathcal{V}(\boldsymbol{v}) \text{ だから.}$$

この真の不等式は矛盾であり, よって $\boldsymbol{u} = \boldsymbol{0}$ が示され, 同じく $\boldsymbol{t}_1 = \boldsymbol{t}_2$ も示された.

$\overline{\mathcal{V}(\boldsymbol{v})} \to \mathbb{R}^n/L$ が全射であると示すことが残っている. $\widehat{\boldsymbol{t}} \in \mathbb{R}^n/L$ を任意の点として, $\widehat{U} \subset \mathbb{R}^n/L$ を $\widehat{\boldsymbol{t}}$ の任意の (小さい) 開近傍とする. 写像 $\mathbb{R}^n \to \mathbb{R}^n/L$ は局所的な同型写像である (ここで L が離散的であることを使っている) から, 開集合 $U \subset \mathbb{R}^n$ と点 $\boldsymbol{t} \in \mathbb{R}^n$ で, $\boldsymbol{t} \mapsto \widehat{\boldsymbol{t}}$ かつ $U \xrightarrow{\sim} \widehat{U}$ であるようなものがとれる.

注意 14.191 で説明したように, $\mathbb{R}^n$ 内のボロノイ細胞の境界は超平面の一部であり, よって開集合 U を覆うことはできない. したがって, 点 $\boldsymbol{t}' \in U$ で, ある (開) ボロノイ細胞 $\mathcal{V}(\boldsymbol{w})$ に含まれるものがある. しかし,

$$\boldsymbol{t}' - \boldsymbol{w} + \boldsymbol{v} \in \mathcal{V}(\boldsymbol{v})$$

であり, したがって

$$\widehat{\boldsymbol{t}'} = (\text{点 } \boldsymbol{t}' \text{ の } \mathbb{R}^n/L \text{ における像}) \in \widehat{U}$$

である. まとめると, 任意の $\widehat{\boldsymbol{t}} \in \mathbb{R}^n/L$ と, $\widehat{\boldsymbol{t}}$ の任意の開近傍 $\widehat{U} \subset \mathbb{R}^n/L$ に対して, $\mathcal{V}(\boldsymbol{0})$ の $\mathbb{R}^n/L$ における像は $\widehat{U}$ と共有する点を持つ. したがって, $\mathcal{V}(\boldsymbol{0})$ の像は $\mathbb{R}^n/L$ で稠密であり, よってその閉包は $\mathbb{R}^n/L$ 全体である. $\qquad\square$

格子の最短非零ベクトルの上限を与えるエルミート–ミンコフスキの定理を証明するためにボロノイ細胞を使うことができる.

証明 (定理 14.178 の証明) 格子 $L \subset \mathbb{R}^n$ が与えられていて, その最短非零ベクトルを見つけようとしている. まず

$$\lambda = \min\{\|\boldsymbol{w}\| \colon \boldsymbol{w} \in L, \ \boldsymbol{w} \neq \boldsymbol{0}\}$$

を L の最短非零ベクトルの長さとする. 次の球

$$B_{\lambda/2}(\boldsymbol{0}) = \{\boldsymbol{t} \in \mathbb{R}^n \colon \|\boldsymbol{t}\| < \lambda/2\}$$

570 第14章 追加の話題を手短に

が $\mathbf{0}$ の周りのボロノイ細胞 $\mathcal{V}(\mathbf{0})$ にすっかり収まることを主張する．これがなぜかを見るために，

$$\text{ある } \boldsymbol{v} \in L \text{ に対して } \boldsymbol{t} \in B_{\lambda/2}(\mathbf{0}) \cap \overline{\mathcal{V}(\boldsymbol{v})}$$

と仮定する．このとき，

$$
\begin{aligned}
\|\boldsymbol{v}\| &\leq \|\boldsymbol{t}\| + \|\boldsymbol{t} - \boldsymbol{v}\| && \text{3角不等式,} \\
&= \|\boldsymbol{t}\| + \min_{\boldsymbol{w} \in L}\|\boldsymbol{t} - \boldsymbol{w}\| && \boldsymbol{t} \in \mathcal{V}(\boldsymbol{v}) \text{ より,} \\
&\leq \|\boldsymbol{t}\| + \|\boldsymbol{t}\| && \boldsymbol{w} = \mathbf{0} \text{ とした,} \\
&< \lambda && \boldsymbol{t} \in B_{\lambda/2}(\mathbf{0}) \text{ より.}
\end{aligned}
$$

この真の不等式と λ の定義から，$\boldsymbol{v} = \mathbf{0}$ である．したがって，球 $B_{\lambda/2}(\mathbf{0})$ はボロノイ細胞 $\mathcal{V}(\mathbf{0})$ の閉包に含まれ，球が開であるという事実から，閉包をとる必要がないことがわかる．
　まとめると，次を証明した：

$$B_{\lambda/2}(\mathbf{0}) \subseteq \mathcal{V}(\mathbf{0}). \tag{14.61}$$

体積を見ると，

$$
\begin{aligned}
\mathrm{Disc}(L) &= \mathrm{Vol}(\mathcal{V}(\mathbf{0})) && \text{命題 14.189 により,} \\
&\geq \mathrm{Vol}(B_{\lambda/2}(\mathbf{0})) && \text{式 (14.61) から,} \\
&= (\lambda/2)^n \mathrm{Vol}(B_1(\mathbf{0})).
\end{aligned}
$$

λ について解けば望む不等式

$$\min_{\boldsymbol{w} \in L,\ \boldsymbol{w} \neq 0}\|\boldsymbol{w}\| = \lambda \leq \underbrace{2\,\mathrm{Vol}(B_1(\mathbf{0}))^{-1/n}}_{\text{この量は } n \text{ のみによる.}} \mathrm{Disc}(L)^{1/n}$$

を得る．これで，任意の格子 $L \subset \mathbb{R}^n$ が零でない，長さが高々 $c_n\,\mathrm{Disc}(L)^{1/n}$ のベクトルを持つような定数 c_n の存在が証明された．この証明はさらに，定数 c_n の明示的な値を $\mathbb{R}^n$ 内の球の体積の言葉で与えていて，これが注意 14.180 で述べた値になっている．　　　$\square$

14.12　非可換環

　本書では，乗法が可換である環に集中してきたが，代数学それ自身の研究でも，数学の他の分野で現れる多くの代数構造においても，非可換環はつねに登場する．この節では，いくつか定義を与え，非可換環の4つの興味深い例を手短に議論する．この節を読み始める前に，環の公理を復習しておくとよい．定義 3.1 を見よ．

> **この 14.12 節での記号**：R で可換環を表し，A で可換とは限らない環を表す．

14.12 非可換環 **571**

定義 14.193 A を環とする.

(a) 空でない集合 $I \subseteq A$ で加法に閉じているものが **A の左イデアル**とは,任意の $a \in A$ に対して $aI \subseteq I$ が成り立つとき,また **A の右イデアル**とは,任意の $a \in A$ に対して $Ia \subseteq I$ が成り立つときとする.部分集合 I が**両側イデアル**とは,左イデアルかつ右イデアルのときをいう.

(b) $a \in A$ とする.**a の左逆元**とは,元 $b \in A$ で $ba = 1$ を満たすもの,**a の右逆元**とは,元 $b \in A$ で $ab = 1$ を満たすものである.a の左逆元かつ右逆元であるものを**両側逆元**という.

(c) **A の単元群**とは,

$$A^* = \{a \in A : a \text{ は両側逆元を持つ}\}$$

である.

注意 14.194 もし b が a の左逆元であり,かつ c が a の右逆元なら,必然的に $b = c$ である.演習問題 3.33 を見よ.しかしながら,左逆元を持つが右逆元を持たないような元が存在する環がある.例 10.50 と演習問題 10.25 を見よ.また,A^* は(非可換かもしれない)群であることも注意しておく.演習問題 3.33 を見よ.

注意 14.195 もし $I \subseteq A$ が両側イデアルなら,剰余類の集合 A/I は可換環の場合と同じく環になる.もし $\phi : A \to A'$ が準同型写像なら,$\ker(\phi)$ は A の両側イデアルであり,ϕ は自然な単射準同型写像 $\overline{\phi} : A/I \to A'$ を引き起こす.しかしながら,もし I が片側だけのイデアルなら,それによる剰余類全体の集合は A 加群にはなるが,普通は環にはならない.詳細は演習問題 14.73 を見よ.

定義 14.196 $c \in A$ とする.c により生成される,潜在的には異なる片側(単項)イデアルを次のように定義する:

$$c \text{ で生成された左イデアル} = Ac = \{ac : a \in A\},$$
$$c \text{ で生成された右イデアル} = cA = \{cb : b \in A\}.$$

しかしながら,c を含む両側イデアルが欲しいなら,積の全体の集合 $\{acb : a, b \in A\}$ を単に考えるだけでは十分ではない.というのは,この集合は加法で閉じているとは限らないからである.よって,積の和を考えなければならず,次の定義に到達する:

$$c \text{ で生成された両側イデアル} = AcA = \left\{ \sum_{i=1}^{n} a_i c b_i : a_i, b_i \in A \right\}.$$

14.12.1 行列の環と加群の自己準同型写像

我々の最初の非可換環の例は 11.5 節で研究しているからなじみ深いはずである.R を可換環とし,M を R 加群とする.このとき,集合

572 第 14 章 追加の話題を手短に

$$\mathrm{End}_R(M) = \{R\,\text{加群準同型写像}\,f\colon M \to M\}$$

は次の演算に関して環である：

$$(f+g)(m) = f(m) + g(m) \quad \text{と} \quad (fg)(m) = f(g(m)),$$

また，これは一般には非可換環である．

例 14.197 R^n の自己準同型環は n 行 n 列の行列環と，次のように同一視できる：

$$\mathrm{End}_R(R^n) \xrightarrow{\sim} \mathsf{Mat}_{n \times n}(R), \quad f \longmapsto (a_{ij}), \quad \text{ここで}\ f(\boldsymbol{e}_i) = \sum_{j=1}^{n} a_{ji}\boldsymbol{e}_j.$$

より一般に，もし M が有限生成自由 R 加群で階数 n なら，基底を選ぶことで同型写像 $M \cong R^n$ が定まり，これにより $\mathrm{End}_R(M)$ を行列の環と同一視できる．とくに，$n \geq 2$ なら，$\mathrm{End}_R(M)$ は非可換環である．

例 14.198 $\mathrm{End}_R(M)$ の両側単元は M の自己同型写像であり，よって

$$\mathrm{End}_R(M)^* = \mathrm{Aut}_R(M) = \{R\,\text{加群同型写像}\,f\colon M \to M\}$$

である．M を有限生成自由 R 加群で階数が n とする．例 14.197 により，$\mathrm{End}_R(M)$ を $\mathsf{Mat}_{n \times n}(R)$ と同一視する．このとき，群 $\mathrm{Aut}_R(M)$ は可逆な n 行 n 列行列の全体 $\mathrm{GL}_n(R)$ と同一視され，またこの群は

$$\mathrm{GL}_n(R) = \{\alpha \in \mathsf{Mat}_{n \times n}(R)\colon \det(\alpha) \in R^*\}$$

としても特徴づけられる．

次の命題は，もし有限次元ベクトル空間上の線形変換が右逆元を持てば左逆元も自動的に持つ，という事実を一般化する．

命題 14.199 R を PID とし，M を有限生成自由 R 加群とする．さらに $\alpha, \beta \in \mathrm{End}_R(M)$ が $\alpha\beta = 1$ を満たすとする．このとき $\beta\alpha = 1$ である．

証明 仮定の $\alpha\beta = 1$ は，任意の $m \in M$ について，

$$m = (\alpha\beta)(m) = \alpha(\beta(m)) \in \mathrm{Image}\,\alpha$$

であること，つまり α が全射であることをいっている．したがって次の R 加群の完全系列を得る：

$$0 \longrightarrow \ker(\alpha) \longrightarrow M \xrightarrow{\ \alpha\ } M \longrightarrow 0.$$

M は有限生成自由 R 加群である．演習問題 11.35 により，M の任意の部分加群，たとえば $\ker(\phi)$ は，やはり有限生成自由 R 加群である．よって系 14.34 が適用できて，

$$\operatorname{rank}_R \ker(\alpha) = \operatorname{rank}_R M - \operatorname{rank}_R M = 0$$

が導かれる．よって $\ker(\alpha) = \{0\}$，つまり α が単射であることが示された．したがって $\alpha\colon M \to M$ は全単射で，よって（集合論的な）逆写像 $\alpha^{-1}\colon M \to M$ が存在する．（実際には，写像 α^{-1} は自動的に加群の準同型写像になる．）$\alpha\beta = 1$ という仮定と，α^{-1} の存在から計算して，

$$\beta\alpha = (\alpha^{-1}\alpha)(\beta\alpha) = \alpha^{-1}(\alpha\beta)\alpha = \alpha^{-1}\alpha = 1.$$

以上で命題 14.199 が示された． $\qquad\qquad\qquad\qquad\qquad\qquad\qquad\qquad\square$

14.12.2 非可換多項式環

R を可換環とする．多項式環 $R[x, y]$ において，「変数」 x と y は可換，つまり $xy = yx$ であり，このことから $R[x, y]$ の任意の元は，$x^i y^j$ という形の単項式の R 線形結合である．もし我々が，x と y は可換ではないと仮定すると，$x^2 y, xyx, yx^2$ が異なるような非可換多項式環を得る．

定義 14.200 R を可換環とする．R に係数を持つ（**2 変数**[90]）**非可換多項式環**を，元が次のような式の R 線形結合である環とし，$R\langle x, y\rangle$ と書く：

$$x^{i_1} y^{j_1} x^{i_2} y^{j_2} \cdots x^{i_n} y^{j_n}, \tag{14.62}$$

ここで $n \geq 0$ であり，$i_1, \ldots, i_n, j_1, \ldots, j_n$ は非負整数である．（最初の x の冪か y の最後の冪もしくはその両方は，$i_1 = 0$ か $j_n = 0$ かもしくはその両方のときにはないかもしれない．）非可換多項式の加法や乗法は，可換な場合と同様だが，x と y が互いに可換とは仮定されていない点だけが異なる．

例 14.201 非可換多項式

$R\langle x, y\rangle$ における $f(x, y) = yx + xyx + yx^2 y$ と $g(x, y) = 1 + xy + yx^2$

の積は分配則を繰り返し適用することで計算できるだろう．したがって，

---

[90]定義 14.200 を，n 変数の非可換多項式環 $R\langle x_1, \ldots, x_n\rangle$ の定義に拡張することは読者に委ねる．

$$f(x,y)g(x,y) = (yx + xyx + yx^2y)(1 + xy + yx^2)$$

$$= (yx + \overbrace{yxxy}^{\text{これは } yx^2y.} + yxyx^2) + (xyx + \overbrace{xyxxy}^{\text{これは } xyx^2y.} + xyxyx^2)$$

$$+ (yx^2y + yx^2yxy + \underbrace{yx^2yyx^2}_{\text{これは } yx^2y^2x^2.})$$

$$= yx + 2yx^2y + yxyx^2 + xyx + xyx^2y + xyxyx^2$$

$$+ yx^2yxy + yx^2y^2x^2.$$

　非可換多項式の環 $R\langle x, y\rangle$ から可換な多項式環 $R[x, y]$ への自然な準同型写像が存在する. 単に, x と y を互いに可換であるようにすればよい. たとえば, 非可換多項式 $xy - yx \in R\langle x, y\rangle$ はこの準同型写像の核に属する. 次に我々は, $xy - yx$ がこの核を生成することを示そう.

命題 14.202　自然な準同型写像

$$\phi\colon R\langle x, y\rangle \longrightarrow R[x, y]$$

の核は, $xy - yx$ で生成された $R\langle x, y\rangle$ の両側イデアルである.

証明　記号を簡単にするために, 次のようにする:

$$A = R\langle x, y\rangle,$$
$$p(x, y) = xy - yx \in A,$$
$$ApA = p(x, y)\text{ で生成された } A \text{ の両側イデアル}.$$

最初に $ApA \subseteq \ker(\phi)$ を確認しよう. $p \in \ker(\phi)$ に注意する. なぜなら,

$$\phi(p(x, y)) = \phi(xy - yx) = \underbrace{xy - yx}_{\substack{\text{ここは } R[x,y] \text{ の元. したがって } x \text{ と } y \text{ は可換である.}}} = 0.$$

すると, 任意の非可換多項式 $g(x, y) = \sum a_k p b_k \in ApA$ に対して,

$$\phi(g) = \phi\left(\sum_{k=1}^{n} a_k p b_k\right) = \sum_{k=1}^{n} \phi(a_k) \underbrace{\phi(p)}_{\text{ここは } 0.} \phi(b_k) = 0.$$

したがって $g \in \ker(\phi)$ であり, $ApA \subseteq \ker(\phi)$ が示された.

　反対の包含関係 $\ker(\phi) \subseteq ApA$ の証明が残っている. A の任意の元は, 単項式に R の元を掛けたものの和であり, 単項式は次の形の元である:

整数 $i_1, \ldots, i_n, j_1, \ldots, j_n \geq 0$ に対して $M(x, y) = x^{i_1} y^{j_1} x^{i_2} y^{j_2} \cdots x^{i_n} y^{j_n}$

もし $M(x, y)$ が $x^i y^j$ の形でなければ, 積のどこかに y があって次が x である箇所があり,

たとえば

$$a(x,y) \text{ と } b(x,y) \text{ は } A \text{ の単項式で, } M(x,y) = a(x,y)yxb(x,y)$$

のようになる．これを，$p(x,y) = xy - yx$ を使って書き換えることができる．

$$
\begin{aligned}
M(x,y) &= a(x,y)yxb(x,y) \\
&= a(x,y) \cdot (xy - p(x,y)) \cdot b(x,y) \\
&= a(x,y)xyb(x,y) - a(x,y)p(x,y)b(x,y) \\
&\equiv a(x,y)xyb(x,y) \quad (\text{mod } ApA).
\end{aligned}
$$

したがって任意の単項式に対して，それが $x^i y^j$ の形でなければ，ApA を法として考えて積の中の yx を xy に書き換えられる．これを繰り返すと，任意の単項式が $x^i y^j$ の形の単項式と合同であることが示される．実際，x と y の総数は変わらないから，次を証明したことになる：

$$x^{i_1} y^{j_1} x^{i_2} y^{j_2} \cdots x^{i_n} y^{j_n} \equiv x^{i_1 + \cdots + i_n} y^{j_1 + \cdots + j_n} \quad (\text{mod } ApA). \tag{14.63}$$

$f(x,y) \in R\langle x,y \rangle$ を任意の非可換多項式とする．式 (14.63) を f の各単項式に適用すると，

$$\text{ある } r_{ij} \in R \text{ により, } f(x,y) \equiv \sum_{i \geq 0} \sum_{j \geq 0} r_{ij} x^i y^j \quad (\text{mod } ApA). \tag{14.64}$$

さらに $f(x,y) \in \ker(\phi)$ と仮定すると，式 (14.64) の両辺に ϕ を施し，前に示した $ApA \subseteq \ker(\phi)$ という事実を使うと，

$$\text{多項式環 } R[x,y] \text{ において, } 0 = \phi(f) = \sum_{i \geq 0} \sum_{j \geq 0} r_{ij} x^i y^j$$

がわかる．しかしこれは，すべての r_{ij} が 0 ということだから，式 (14.64) から

$$f(x,y) \equiv 0 \quad (\text{mod } ApA).$$

したがって $f \in ApA$ であり，これで $\ker(\phi) \subseteq ApA$ の証明が完了した． □

14.12.3 群環

（有限）群 G と可換環 R を使って，より大きい（一般には）非可換な環 $R[G]$ を構成できる．G の元は $R[G]$ を R 加群と見なしたときの R 基底を指し示すために用いられる．$R[G]$ の形式的な記述は次の通りである．

定義 14.203 G を有限群とし，R を可換環とする．**G の R 上の群環**とは，自由 R 加群

$$R[G] = \left\{ \sum_{g \in G} a_g \boldsymbol{e}_g : a_g \in R \right\}$$

であって，基底 $\{\boldsymbol{e}_g : g \in G\}$ は G の元でラベルづけされており，積は次のように定義されたものである：

$$g, h \in G \text{ に対して,} \quad \boldsymbol{e}_g \cdot \boldsymbol{e}_h = \boldsymbol{e}_{gh}. \tag{14.65}$$

また，R の元は基底の元とは可換とする．

注意 14.204 式 (14.65) と環のさまざまな公理が $R[G]$ の積を一意に決めることを注意しておく．したがって，

$$\left(\sum_{g \in G} a_g \boldsymbol{e}_g \right) \cdot \left(\sum_{h \in G} b_h \boldsymbol{e}_h \right) = \sum_{\substack{g \in G \\ h \in G}} a_g b_h \boldsymbol{e}_g \cdot \boldsymbol{e}_h = \sum_{\substack{g \in G \\ h \in G}} a_g b_h \boldsymbol{e}_{gh}.$$

注意 14.205 群環 $R[G]$ が可換である必要十分条件は G がアーベル群であることである．興味深い例は，巡回群 $\mathcal{C}_n$ の群環 $R[\mathcal{C}_n]$ である．$R[\mathcal{C}_n]$ は $R[x]/(x^n - 1)$ と同型であることが証明できる．演習問題 14.79 を見よ．

注意 14.206 群環 $R[G]$ は R と同型な環を包含写像

$$R \longrightarrow R[G], \quad a \longmapsto a\boldsymbol{e}_e$$

により含んでいる[91]．したがって，14.4.3 節の用語でいえば，群環 $R[G]$ は R 代数である．

注意 14.207 F を体とし，G を有限群とする．14.7 節で述べた G の表現論は群環 $F[G]$ と密接に関連する．1 つ例を挙げよう．$F[G]$ を有限次元ベクトル空間で基底 $\{\boldsymbol{e}_g : g \in G\}$ を持つものと見なす．G の元はこのベクトル空間に左からの積で作用し，群準同型写像

$$\rho: G \longrightarrow \mathrm{GL}(F[G]),$$

$$\rho(h) \left(\sum_{g \in G} a_g \boldsymbol{e}_g \right) = \boldsymbol{e}_h \cdot \left(\sum_{g \in G} a_g \boldsymbol{e}_g \right) = \sum_{g \in G} a_g \boldsymbol{e}_{hg}$$

を与える．これはまさに，定義 14.86 で述べた G の正則表現である．

$W \subseteq F[G]$ を F ベクトル空間 $F[G]$ の部分空間とする．このとき，

$$W \text{ は } \rho \text{ 不変部分空間} \iff W \text{ は } F[G] \text{ の左イデアル}. \tag{14.66}$$

これは表現 ρ が環 $F[G]$ の代数的な性質と関連する 1 つの仕方である．式 (14.66) の証明は演習問題とする．演習問題 14.76 を見よ．

---

[91] ここで $\boldsymbol{e}_e$ は $R[G]$ の元で G の単位元 $e \in G$ でラベルづけされたものである．紛らわしい 2 通りの小文字 e について陳謝する．しかし，太字の $\boldsymbol{e}$ は，そうでないもう片方と十分に見分けがつくものと思う．

14.12 非可換環 **577**

1つの構成を述べて締めくくりたい．その構成は，群環の元の和を操作する，便利なラベル貼り替え技法を説明してくれる．

命題 14.208 G を有限群とする．各部分群 $H \subseteq G$ について，群環 $\mathbb{Q}[G]$ の元 E_H を次の式で定義する：

$$E_H = \frac{1}{\#H} \sum_{h \in H} \boldsymbol{e}_h \in \mathbb{Q}[G].$$

(a) 元 E_H は公式[92]

$$E_H^2 = E_H$$

を満たす．

(b) H が G の正規部分群なら，E_H は $\mathbb{Q}[G]$ の任意の元と可換である[93]．

証明 (a) $n = \#H$ とする．次のように計算する：

$$
\begin{aligned}
n^2 E_H^2 = \left(\sum_{a \in H} \boldsymbol{e}_a \right)^2 &= \left(\sum_{a \in H} \boldsymbol{e}_a \right) \cdot \left(\sum_{b \in H} \boldsymbol{e}_b \right) \\
&= \sum_{a,b \in H} \boldsymbol{e}_{ab} \\
&= \sum_{b,c \in H} \boldsymbol{e}_c \quad c = ab \text{ と添え字を変更し，よって } a = cb^{-1} \text{ である，} \\
&= \sum_{b \in H} \sum_{c \in H} \boldsymbol{e}_c \\
&= \sum_{b \in H} n E_H \\
&= n^2 E_H.
\end{aligned}
$$

n^2 で割ると望む結果になる．ここで，n^2 で割ってもよいのは，n が単数である群環 $\mathbb{Q}[G]$ で考えているからである．

(b) この部分は演習問題とする．演習問題 14.77 を見よ． □

14.12.4 加法的多項式の環

この節では，正標数の環に係数を持つ多項式の，興味深い環を考える．

定義 14.209 R を標数 p の可換環とする．R に係数を持つ**加法的多項式**の環とは，集合

---

[92]任意の環 A に対し，元 $\epsilon \in A$ が**冪等元**であるとは，$\epsilon^2 = \epsilon$ を満たすことである．演習問題 3.26 を見よ．

[93]任意の環 A に対し，元 $\alpha \in A$ が，任意の元 $\beta \in A$ について $\alpha\beta = \beta\alpha$ を満たすとき，**中心元**と呼ばれる．演習問題 3.17 を見よ．

578 第 14 章 追加の話題を手短に

$$A = \{f(x) \in R[x] \colon R[x, y] \text{ において } f(x + y) = f(x) + f(y)\} \tag{14.67}$$

である．A での加法は通常の多項式の加法だが，しかし積は合成 $f \circ g$ である．つまり，$(f \circ g)(x) = f(g(x))$ である．

命題 14.210 式 (14.67) で定義された，加法 + と乗法 ∘ を持つ加法的多項式の集合 A は（非可換かもしれない）環をなす．

証明 $f, g \in A$ とする．最初のステップは A が加法と合成に関して閉じていると確認することである．つまり，$f + g \in A$ と $f \circ g \in A$ である．後者を行い，前者は演習問題とする．（演習問題 14.81 を見よ．）

$$\begin{aligned}
(f \circ g)(x + y) &= f(g(x + y)) \\
&= f(g(x) + g(y)) && g \text{ の加法性を使った，} \\
&= f(g(x)) + f(g(y)) && f \text{ の加法性を使った，} \\
&= (f \circ g)(x) + (f \circ g)(y).
\end{aligned}$$

最初に $(A, +)$ がアーベル群であることに注意する．というのは，これが $(R[x], +)$ の部分群だからである．乗法の結合性は関数の合成の結合性から導かれる．多項式 $i(x) = x$ が A の乗法の単位元である．分配則の確認が残っているが，積が非可換なので，確かめるべき分配則の式は 2 つある．一方を行い，他方は演習問題とする．$f, g, h \in A$ とする．このとき，

$$\begin{aligned}
(f \circ (g + h))(x) &= f((g + h)(x)) \\
&= f(g(x) + h(x)) \\
&= f(g(x)) + f(h(x)) && f \text{ の加法性を使う，} \\
&= (f \circ g)(x) + (f \circ h)(x) \\
&= (f \circ g + f \circ h)(x).
\end{aligned}$$

したがって $f \circ (g + h) = f \circ g + f \circ h$ である． $\square$

例 14.211 A を，式 (14.67) の加法的多項式の環とし，$a \in R$ とする．次の 2 つの元を考える：

$$r_1 = ax \in A \quad \text{と} \quad r_2 = x^p \in A.$$

A におけるこれらの積は，

$$r_1 \cdot r_2 = (ax) \circ (x^p) = ax^p \quad \text{と} \quad r_2 \cdot r_1 = (x^p) \circ (ax) = (ax)^p = a^p x^p$$

である．ここから興味深い結論，

$$r_1 \cdot r_2 = r_2 \cdot r_1 \iff ax^p = a^p x^p \iff a - a^p = 0 \iff a \in \mathbb{F}_p$$

が得られる.

　加法的多項式の環の，次のような明示的な記述は，とくに，この環が定数多項式ではない元を含んでいることを示す.

命題 14.212 R を標数 p の環とし，$f(x) \in R[x]$ とする．このとき，$f(x)$ が加法的多項式である必要十分条件は，この元が，ある $n \geq 0$ と $a_0, \ldots, a_n \in R$ により

$$f(x) = a_0 x + a_1 x^p + a_2 x^{p^2} + \cdots + a_n x^{p^n} \tag{14.68}$$

という形をしていることである.

証明 R は標数 p だから，定理 3.36 により，

$$\text{任意の } i \geq 0 \text{ に対して } (x+y)^{p^i} = x^{p^i} + y^{p^i} \tag{14.69}$$

である．したがって，式 (14.68) の形の多項式は

$$f(x+y) = \sum_{i=0}^{n} a_i (x+y)^{p^i} = \sum_{i=0}^{n} a_i (x^{p^i} + y^{p^i}) = f(x) + f(y)$$

を満たし，よって式 (14.68) の形の多項式はすべて加法的である.

　$g(x) = \sum c_k x^k \in A$ を任意の加法的多項式とする．このとき，

$$\underbrace{\sum_{k=0}^{n} c_k (x+y)^k}_{\text{これは } g(x+y).} = \underbrace{\sum_{k=0}^{n} c_k x^k + \sum_{k=0}^{n} c_k y^k}_{\text{これは } g(x) + g(y).} = \sum_{k=0}^{n} c_k (x^k + y^k).$$

したがって，

$$\sum_{k=0}^{n} c_k ((x+y)^k - x^k - y^k) = 0.$$

和の各項の $x^i y^j$ の冪乗を比較すると，任意の $k \geq 0$ に対して，次のどちらかである：

$$c_k = 0 \quad \text{または} \quad (x+y)^k = x^k + y^k.$$

　$c_k \neq 0$ とする．次のように書く：

$$\text{ある } i \geq 0 \text{ と，ある } m \geq 1 \text{ で } p \nmid m \text{ を満たすものにより } k = p^i m.$$

我々の目標は $m = 1$ を示すことで，このことから $c_k \neq 0$ なら k が p 冪であることがわかる．式 (14.69) を使って次のように計算する：

580 第 14 章 追加の話題を手短に

$$0 = (x + y)^k - x^k + y^k = (x + y)^{p^i m} - x^{p^i m} + y^{p^i m} = (x^{p^i} + y^{p^i})^m - (x^{p^i})^m - (y^{p^i})^m.$$

記号を簡単にするために，$X = x^{p^i}$ かつ $Y = y^{p^i}$ とする．このとき，多項式環 $R[X, Y]$ において，恒等式

$$0 = (X + Y)^m - X^m - Y^m$$

を得る．しかし，$m \geq 2$ なら，$p \nmid m$ という事実から R において $m \neq 0$ であり，したがって

$$(X + Y)^m - X^m - Y^m = mX^{m-1}Y + \cdots + mXY^{m-1} \neq 0.$$

よって，$m = 1$ で，これが望んだ結論だった． $\square$

14.13 数理暗号

　この節は，本書の他の部分とは趣が異なる．我々は公開鍵暗号という，抽象代数学の現実世界への重要な応用について議論する．題材はほとんどがアルゴリズム的な性質のものなので，しばしばコンピュータ科学の一部と見なされる．この素敵な話題への簡潔な導入を楽しんでほしい．

　暗号学はアリスとボブが，2人の一番大事な秘密を，敵役であるイブに知られないように通信する手段を提供する[94]．暗黒時代，つまり 1970 年代より前には，アリスとボブが通信を始める前に，鍵と呼ばれる情報の小片を共有する必要があった．その鍵を使ってメッセージを暗号化したり平文化したりするのである．この要請は，アリスとボブが会ったことがなかったり，たとえば無線や（まだ発明されていなかったが）インターネットのような安全でない経路でしか通信できなかったりすると問題になる．

　（公式には）ディフィー (Diffie) とヘルマン (Hellman) が，そして（長年にわたって秘密にされてきたが）イギリスの秘密情報部が，解答にたどり着いた．彼らのアイデアは，アリスが2つの異なる鍵を持ち，一方の秘密鍵は彼女が秘密にし，一方の公開鍵を世界に向けて公開し使ってもらうというものである[95]．ボブがメッセージを暗号化するのには公開鍵のみが必要だが，誰かがメッセージを平文に戻すにはアリスの秘密鍵を入手しなくてはならない．この**公開鍵暗号**の簡単な説明と，2つの鍵を暗号化と平文化に分けて使うというアルゴリズムが，図 59 に示されている．

　しかし，イブがボブのメッセージを平文化することをどうやって防ぐのだろうか？　答えは，ボブの暗号化アルゴリズムとアリスの平文化アルゴリズムは逆関数と考えられるが，次の3つの性質を持つ必要があるとすることである：(1) 暗号化は容易である．(2) 暗号化の逆は普通の人間にはほとんど不可能である．(3) しかし，追加の魔法の情報を持っている天

---

[94]暗号学では，アリスとボブが，セキュリティについての果てしない闘争を，盗聴者 (eavesdropper) イブ，敵対者 (opponent) オスカー，悪意ある攻撃者 (malicious attacker) マロリーその他の悪党一味と繰り広げているのである！

[95]読みやすいように，秘密情報は赤で，公開情報は青で記す．（訳注：翻訳版では該当箇所に脚注を入れた．）

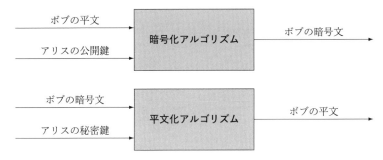

図 59 公開鍵暗号：暗号化と平文化に異なる鍵を使う．

人には暗号化の逆が簡単にわかる．

この空想的な説明の，より数学的に厳密な定式化を与えよう．

定義 14.213 落とし戸関数とは，単射な写像 $f\colon X \to Y$ で次の性質を満たすものである[96]：

- 与えられた $x \in X$ に対して，$f(x)$ の計算は容易である．
- 与えられた $y \in \mathrm{Image}(f)$ に対して，$f^{-1}(y)$ を計算するのは難しい．
- しかし，追加の情報（「落とし戸」）を知っていれば，$f^{-1}(y)$ は容易に計算できる．

この定式化では，関数 f が暗号化アルゴリズムであり，その逆 f^{-1} が平文化アルゴリズムであり，秘密鍵は，f^{-1} を効率よく計算するための落とし戸情報である．このように，公開鍵暗号は落とし戸関数の存在に依存しているので，厳密な意味で落とし戸関数を構成できた人はまだいないと知るとがっかりするかもしれない．実際，落とし戸関数の存在証明はコンピュータ科学と現代暗号学における聖杯の１つである．しかし，歳月は理論暗号学者を待たない．電子的な通信と商取引の世界は，現実的な公開鍵暗号をいま必要としている．よって人々は，さまざまな数学の問題を解くのに想定される困難性にその安全性が依拠する公開鍵暗号を構成した．それらの問題を述べることから始め，次いで，どのように暗号に使われるのかを議論しよう．

14.13.1 うわべは難しい数学の問題の動物園

落とし戸関数の構成に当たって適切な候補となる，いくつかの数学の問題を述べる．これらの関数の多くが，法 m での冪乗の計算が非常に速くできるという事実に依存していることを注意しておく．詳細については 14.13.4 節を見よ．

---

[96] この節では，「容易に」と「難しい」という単語についてやや非形式的な使い方をする．大まかにいうと，入力が n ビットである関数が**容易に**計算できるとは，n の多項式時間で計算できることで，**計算が難しい**とは，n の指数関数の計算時間がかかることである．実際には，現在「難しい」とされているのは 2^{120} 回程度の初等演算を要する場合である．比較のために考えてみると，2021 年現在の世界最速のコンピュータは，1 年間でおよそ $2^{85.7}$ 回の演算を行う．よって，2^{120} 回の演算には概算で 100 億年かかる．

582 第 14 章 追加の話題を手短に

整数因数分解問題 (The Integer Factorization Problem, IFP)

2 つの素数の積である整数 $m = pq$ が与えられたとして，その素因数 p と q を見つけよ[97]．もし p と q が大きければ，これは（ほどほどに）難しい問題と信じられている．

法 m での根を求める問題

与えられた（大きな合成）数 m と，指数 e，そして整数 b に対して，次の合同式を解け[98]：

$$x^e \equiv b \pmod{m}. \tag{14.70}$$

$m = pq$ が 2 つの大きな素数の積であり，もし素因数 p と q を知ることができれば，式 (14.70) を解くのは易しい．演習問題 14.84 を見よ．したがって，法 m で根を求める問題は IFP よりは難しくない．同じくらいの難しさかどうかは知られていない．

群 G に対する離散対数問題 (Descrete Log Problem, DLP-G)

与えられた有限群 G と，元 $g, a \in G$ で，a は g が生成する巡回部分群に属するものについて，指数 k で

$$a = g^k$$

を満たすものを見つけよ[99]．DLP-G の困難性は，群 G とその群演算がどのようなものかに依存する．たとえば：

G	DLP-G は……	注
$(\mathbb{Z}/m\mathbb{Z}, +)$	易しい	ユークリッドの互除法を使う（演習問題 1.27）．
$(\mathbb{F}_p^*, \cdot)$	ほどほどに難しい	準指数時間で解ける．
$(E(\mathbb{F}_p), \oplus)$	非常に難しい	楕円曲線の群構造については 14.8 節を見よ．既知の最良の解法でも指数時間を要する．

注意 14.214 標準的な用語では，有限体の乗法群 $\mathbb{F}_q^*$ の離散対数問題 (discrete logarithm problem) を単に DLP と書き，有限体上で定義された楕円曲線 (elliptic curve) の点の群 $E(\mathbb{F}_q)$ に関する**楕円曲線離散対数問題**を ECDLP と書く．

注意 14.215 $E(\mathbb{F}_p)$ での加法は $\mathbb{F}_p^*$ での乗法よりたくさんの努力が必要なのに，なぜわざわざ楕円曲線を使うのだろうか？　答えは，ECDLP を解くための最も有名なアルゴリズムでも，IFP や DLP を解くアルゴリズムよりずっと遅いからである．これは，ECDLP に基づく暗号の鍵と暗号文は小さくなることを意味する．したがって，楕円曲線暗号の発展は，暗号の矛盾した目標の間の決して終わらない争いの一部を表している：

---

[97]訳注：p, q が秘密情報，m が公開情報である．
[98]訳注：x, p, q が秘密情報，m, e, b が公開情報である．
[99]訳注：k が秘密情報，G, g, a が公開情報である．

> ● 最も効率的であれ！
> ● 最も安全であれ！

群 G に関するディフィー–ヘルマン問題 (DHP-G)

与えられた有限群 G と元 $g, a, b \in G$ で，a と b が g で生成される巡回部分群の元であるようなものについて，元 $c \in G$ で

$$a = g^i, \quad b = g^j, \quad \text{かつ} \quad c = g^{ij}$$

を満たすものを求めよ[100]．DLP-G を解くことができれば，i と j を見つけることができ，g^{ij} は容易に計算できる．したがって，DHP-G は DLP-G より難しくはない．同じ難しさかどうかは知られていない．

最近ベクトル問題 (CVP)

格子 $L \subset \mathbb{R}^n$ が，$\mathbb{Z}$ 基底 $\mathcal{B} = \{v_1, \ldots, v_n\}$ で与えられ，目標の点 $t \in \mathbb{R}^n$ が与えられたとき，t に最も近い格子点 $w \in L$ を求めよ[101]．つまり，

$$w \in L \quad \text{かつ} \quad \|w - t\| = \min_{v \in L} \|v - t\|.$$

既知の最速のアルゴリズムは CVP の一般的な問題を解くのに指数時間を要する．しかし，L の基底 $\mathcal{B} = \{v_1', \ldots, v_n'\}$ で相互に十分直交するようなものが与えられ，またターゲットのベクトル t が L のベクトルにほどほどに近ければ，CVP をババイのアルゴリズムで解くことは容易である（アルゴリズム 14.185）．CVP についてのさらなる議論については 14.11.1 節を見よ．

14.13.2 数学の難問から公開鍵暗号へ

14.13.1 節で述べたそれぞれの数学の問題は公開鍵暗号として広範囲で使われてきた．この節では，それらの応用のいくつかを簡潔に述べる[102]．各暗号システムについての記述は，最初に秘密鍵と公開鍵を列挙し，次いで暗号化と平文化の関数を説明して，そのシステムが機能することの証明で終わっている．

---

[100]訳注：c, i, j が秘密情報，G, g, a, b が公開情報である．

[101]訳注：$w, \mathcal{B}, v_1', \ldots, v_n'$ が秘密情報，$L, v_1, \ldots, v_n, t, v$ が公開情報である．

[102]注意 !!!　この節での理論的な記述は非常に魅力的だが，安全な暗号化製品を作れるようになるほどの準備にはならない．現実世界において暗号を実装しようとする人を待ち受けるたくさんの落とし穴を取り扱っている文献は膨大にある．

584　第 14 章　追加の話題を手短に

RSA 公開鍵暗号[103]（リベスト–シャミア–アドルマン (Rivest–Shamir–Adleman)）

- 秘密鍵：　2 つの大きな素数 p と q.
- 公開鍵：　積 pq と，暗号化の指数 e.
- 平文：　　元 $m \in \mathbb{Z}/pq\mathbb{Z}$.
- 暗号化：　元 $c \in \mathbb{Z}/pq\mathbb{Z}$ で $c \equiv m^e \pmod{pq}$ を満たすもの.
- 平文化：　d に関する合同式 $de \equiv 1 \pmod{(p-1)(q-1)}$ を解く.
　　　　　$c^d \in \mathbb{Z}/pq\mathbb{Z}$ を計算し m を復元する.

証明（RSA が機能することの証明）　7.4.1 節と演習問題 7.18 から，オイラーの ϕ 関数が次のように定義されていたことを思い出す：

$$\phi(N) = \#(\mathbb{Z}/N\mathbb{Z})^*.$$

ラグランジュの定理（系 2.50）から，

$$\text{任意の } a \in (\mathbb{Z}/pq\mathbb{Z})^* \text{ に対し, } a^{\phi(pq)} \equiv 1 \pmod{pq}. \tag{14.71}$$

系 7.29 を用いて次のように計算する：

$$\phi(pq) = \phi(p)\phi(q) = (p-1)(q-1),$$

よって平文化のための秘密の指数 d が平文化の過程で計算され，これは

$$de \equiv 1 \pmod{\phi(pq)}, \quad \text{つまり,} \quad \text{ある } k \in \mathbb{Z} \text{ により } de = 1 + \phi(pq)k$$

を満たす．したがって，平文化の計算では，

$$c^d \equiv (m^e)^d \equiv m^{ed} \equiv m^{1+\phi(pq)k} \equiv m \cdot (m^{\phi(pq)})^k \equiv m \cdot 1^k \equiv m \pmod{pq}.$$

よって，RSA の平文化関数は平文の復元に成功する. □

エルガマル公開鍵暗号[104]（エルガマル (Elgamal)）

- 公開パラメータ：　群 G と（大きな）素数位数の元 $g \in G$.
- 秘密鍵：　　　　（大きな）指数 k.
- 公開鍵：　　　　元 $g^k \in G$.
- 平文：　　　　　元 $m \in G$.
- 暗号化：　　　　（大きな）整数 r をランダムにとる.
　　　　　　　　暗号文は，次で計算されるペア $(c_1, c_2) \in G^2$
　　　　　　　　　　　$c_1 = g^r$　と　$c_2 = m \cdot (g^k)^r$.
- 平文化：　　　　$(c_1^k)^{-1} \cdot c_2$ と計算し，平文 m を復元する.

---

[103]訳注：p, q, m, d が秘密情報，pq, e, c が公開情報である.
[104]訳注：k, m, r が秘密情報，G, g, c_1, c_2 が公開情報である.

証明（エルガマル公開鍵暗号が機能することの証明）　次のように計算する:

$$(c_1^k)^{-1} \cdot c_2 = (g^{rk})^{-1} \cdot m \cdot (g^k)^r = m.$$

したがって，エルガマル公開鍵暗号の平文化関数は平文の復元に成功する．　□

GGH 公開鍵暗号[105]
（ゴールドライヒ–ゴールドワッサー–ハレヴィ (Goldreich–Goldwasser–Halevi)）

- **秘密鍵:** 格子 $L \subset \mathbb{R}^n$ のよい基底 $\mathcal{B} = \{\boldsymbol{v}_1, \dots, \boldsymbol{v}_n\}$.
- **公開鍵:** 格子 L の悪い基底 $\mathcal{A} = \{\boldsymbol{w}_1, \dots, \boldsymbol{w}_n\}$.
- **平文:** ビットの，つまり $m_i \in \{0,1\}$ の n タプル $\boldsymbol{m} = (m_1, \dots, m_n)$.
- **暗号化:** 短いベクトル $\boldsymbol{r} \in \mathbb{R}^n$ をランダムに選ぶ.
  暗号文は，ベクトル $\boldsymbol{c} = m_1\boldsymbol{w}_1 + \cdots + m_n\boldsymbol{w}_n + \boldsymbol{r}$.
- **平文化:** ババイのアルゴリズム（アルゴリズム 14.185）をよい基底 $\mathcal{B}$ に使って
  $\boldsymbol{c}$ に近い格子のベクトル $\boldsymbol{v}$ を見つける. $\boldsymbol{c}$ を悪い基底 $\mathcal{A}$ に関して書き，
  係数を読み取って $m_1, \dots, m_n$ を復元する.

証明（GGH 公開鍵暗号が機能することの証明）　目標のベクトルが格子 L の格子点に十分近い最近ベクトル問題を提示されたとしよう．すると，よい基底が与えられれば，ババイのアルゴリズムにより CVP を解ける．したがって，GGH の平文化のステップで格子のベクトル $\boldsymbol{v} \in L$ で，暗号文のベクトル $\boldsymbol{c}$ に最も近いものが見つかる．ここで，$\boldsymbol{c}$ は

$$\boldsymbol{c} = \underbrace{m_1\boldsymbol{w}_1 + \cdots + m_n\boldsymbol{w}_n}_{\text{これは } L \text{ の元.}} + \underbrace{\boldsymbol{r}}_{\text{これは短いベクトル.}}$$

と等しい．$\boldsymbol{r}$ は短いベクトルだから，CVP の解は

$$\boldsymbol{v} = m_1\boldsymbol{w}_1 + \cdots + m_n\boldsymbol{w}_n$$

である．$\boldsymbol{v}$ を基底で書いて，係数を読み取ると平文 $\boldsymbol{m} = (m_1, \dots, m_n)$ がわかる．したがって，GGH の平文化関数は平文の復元に成功する．　□

注意 14.216　GGH 公開鍵暗号は CVP を比較的直截に使って公開鍵暗号を構成している．残念ながらこのような暗号系は，たとえば $n \geq 500$ くらいに n が比較的大きくないと，格子簡約アルゴリズム，たとえば LLL-BKZ（アルゴリズム 14.186）により安全でなくなってしまう．公開鍵は n 個の座標を持つベクトルが n 個あるので，これでは公開鍵が巨大になる．追加の構造とともに格子を使うことで，より現実的な**格子暗号**が得られていて，そのうちの 1 つを演習問題 14.87 で述べる．

---

[105]訳注: $\boldsymbol{v}_1, \dots, \boldsymbol{v}_n, m_1, \dots, m_n, \boldsymbol{r}, \boldsymbol{v}$ が秘密情報，$L, n, \boldsymbol{w}_1, \dots, \boldsymbol{w}_n, \boldsymbol{c}$ が公開情報である．

586　第 14 章　追加の話題を手短に

14.13.3　難しい数学の問題はどれだけ難しいのか？

　RSA やエルガマル暗号，GGH 暗号などの公開鍵暗号の安全性は，基礎となる IFP や DLP, CVP を解く難しさに依存している．pq を因数分解する困難性は，p や q の大きさに依存すると期待され，$\mathbb{F}_q^*$ で DLP を解くことや，$E(\mathbb{F}_q)$ で ECDLP を解くことの困難性は q の大きさに，また L で CVP を解くことについては L の次元に依存すると思われている．これは大まかには真だが，探検するだけの時間がないたくさんの細かい問題点がある．

　難しい数学の問題への入力を，それに現れるビット数 N で測り，その問題を解くのにかかる時間を N の関数として測ることは標準的な習慣である．たとえば，IFP の入力 pq はおおよそ $N \approx \log_2(pq)$ ビットで，pq を因数分解するのに，汎用の最良アルゴリズムでおおよそ $C^{\sqrt[3]{N}}$ の時間がかかる．（$C > 1$ はここでは特定されない定数である．鍵となるのは，N が増大するにつれ，いかに速く困難さが増大するかを測りたいということである．）

　図 60 に，14.13.1 節で述べた 4 つの難しい数学の問題と，ビット数のパラメータ N，そして第 3 の列には（古典的な）コンピュータでその問題を解くのにかかる時間のおおよその見積もりをまとめた[106]．

　ところで，第 4 列の，「量子」とラベルづけされたものは何だろうか？　これは量子コンピュータによる理論的な対数的実行時間である．古典的なコンピュータでは，データは 0 または 1 のビットで保存され操作される．量子コンピュータでは，データは量子状態と呼ばれる確率密度として保存され操作される．したがって，古典ビットは 0 もしくは 1 だが，量子ビット (qubit) は 0 と 1 の間のすべての値をある確率で表す．1990 年代にショア (Shor) は，量子コンピュータ上で実行され，pq をおおよそ $(\log pq)^2$ に比例する時間で因数分解するアルゴリズムを記述した．同様の量子アルゴリズムは，DLP や ECDLP にも存在するが，CVP については現時点では見つかっていない．将来，1000 桁の整数を高速に因数分解するのに十分な量子ビットを持つ量子コンピュータを構築できるだろうか？　2021 年現在では，確かなことは誰にもわからない．しかし，現在の通信技術やインターネット商取引における公開鍵暗号の重要性を鑑みれば，可能性に備える方が賢明だろう．これは，現在

難しい数学の問題	ビット数	log(実行時間) の近似値	
		古典	量子
IFP-pq	$N = \log_2(pq)$	$c\sqrt[3]{N}$	$2\log N$
DLP-$\mathbb{F}_q^*$	$N = \log_2(q)$	$c\sqrt[3]{N}$	$2\log N$
ECDLP-$E(\mathbb{F}_q)$	$N = \log_2(q)$	$\frac{1}{2}N$	$2\log N$
CVP-L	$N = \dim L$	cN	$\frac{1}{2}cN$

図 60　難しい数学の問題を解くための時間の評価．

---

[106]ここで実際にいいたいのは，そこに述べられた問題を，そこに述べられた時間で解くアルゴリズムが存在するということである．より速いアルゴリズムがあるかどうかは未知である．たとえば，1990 年ころまでは，IFP を解く最速のアルゴリズムの対数的実行時間はおおよそ $c\sqrt{N}$ だったが，1990 年代に，新しい，改善された篩アルゴリズムが $c\sqrt[3]{N}$ に短縮した．

の IFP や DLP に基づいた公開鍵暗号の実装を，量子コンピュータによる攻撃にも安全なシステムに置き換える準備をすることを意味する．これらには，格子に基づく暗号だけでなく符号理論や楕円曲線の同種に基づく暗号も含まれるが，ここにそれらを議論する余白はない．

14.13.4　2つの実際上の問題

この節では，14.13.2 節で述べた公開鍵暗号を実装する際に持ち上がる2つの重要な問題点を簡潔に議論する．

14.13.4.1　いかしてに大きな冪を計算するか

現実の世界での公開鍵暗号の実装で使われる整数は，数百桁，あるいは数千桁である．また，RSA やエルガマル暗号では $(\mathbb{Z}/pq\mathbb{Z})^*$ や $\mathbb{F}_q^*$，もしくは $E(\mathbb{F}_q)$ のような群の元 g の冪乗 g^n の計算が必要になる．コンピュータ上では 10^{1000} くらいの大きさの数の計算は容易だから，この群の元が数百桁の数で表されていることは問題ではない．これらの数はせいぜい 3300 ビットの長さである．

しかし，$n \approx 10^{1000}$ に対して g^n を計算することは，潜在的には問題である．g^n を計算する素朴な方法は，単に $g, g^2, g^3, \dots, g^n$ を求めることである．言い換えると，$h = e$ から始めて，g^n を得るまで繰り返し g を掛けるのである．残念ながら，世界最速のコンピュータですら，1 年でせいぜい 10^{26} 回の掛け算しかできない．よって太陽が燃え尽きるまでに，10^{40} 回の掛け算が行えるが，10^{1000} よりはずいぶん少ない．定義 14.213 の脚注を見よ．

おもしろいことに，この憂鬱な見積もりに反して，n が数千桁，もしくは数万桁であっても g^n を計算することは実際には非常に容易である．以下にそのための方法を解説するが，これには多くの名前がついており，その原点は数世紀前にさかのぼる．新進の暗号研究者のために有益な教訓は，「この問題は解くのが難しい，というのは，簡単な解決方法を私は見つけられないからだ」という主張は，大いに懐疑的に見るべきであるということだ．

アルゴリズム 14.217（繰り返し2乗法） G を群とし，$g \in G$，また $n \geq 1$ を整数とする．次のアルゴリズムで g^n が求められる：

(1) n の2進展開を

$$\beta_i \in \{0,1\} \text{ かつ } \beta_t \neq 0 \text{ のもと，} n = \beta_0 + \beta_1 \cdot 2 + \beta_2 \cdot 2^2 + \dots + \beta_t \cdot 2^t$$

とする．

(2) $g_0 = g$ とし，$i = 0, 1, \dots, t-1$ に対して $g_{i+1} = g_i^2$ とする．

(3) $h_0 = e$ とし，$i = 0, 1, \dots, t$ に対して

$$h_{i+1} = \begin{cases} h_i & \beta_i = 0 \text{ のとき，} \\ g_i h_i & \beta_i = 1 \text{ のとき．} \end{cases}$$

(4) h_t を出力する．これは g^n に等しい．

588　第 14 章　追加の話題を手短に

演習問題 14.89 でアルゴリズム 14.217 が g^n を返すこと，またこのアルゴリズムが高々 $2 \log_2(n)$ 回の群演算を要することを確認してもらう[107]．よって，たとえば $n \approx 10^{1000}$ についても，このアルゴリズムにより g^n を高々 6644 回の群演算で求めることができ，これはコンピュータにとってはたやすい仕事である．

14.13.4.2　いかにして乱数を計算するか

多くの公開鍵暗号系が明示的に「ランダムな量」を用いる．たとえば，エルガマル暗号や GGH 暗号において[108]：

$$\text{エルガマル暗号文} = (g^r, g^{kr}) \quad \text{また，} \quad \text{GGH 暗号文} = m_1 \boldsymbol{w}_1 + \cdots + m_n \boldsymbol{w}_n + \boldsymbol{r}.$$

エルガマル暗号では，指数 r は大きな「ランダム」整数であり，GGH 暗号では，変位 $\boldsymbol{r}$ は，小さな「ランダム」座標を持つ高次元のベクトルだった．RSA 暗号においても，暗号化アルゴリズムは完全に決定的だが，公開鍵 pq を構成するには，2 つの大きな「ランダム」素数 p と q を選ぶ必要がある．さらに，暗号化アルゴリズムは見かけ上決定的だが，あるランダム性を導入することで，安全性をさらに向上させられることがわかる．注意 14.218 を見よ．

しかし，アリスとボブはどこから乱数を見つけてこられるだろうか？　実際，真にランダムなものはあるのだろうか？　この第 2 の問いは，我々がこれ以上は追求しない深い哲学的な問題である．現実問題として，実際の暗号の応用で用いられる乱数は次の 2 種類のものである：

真の乱数　物理的な世界には，真にランダムに見える量子効果から起きる現象がある．放射性崩壊がその例である．よって，ランダムな 1 ビットを生成する方法がある．2 つの原子 R_0 と R_1 を何らかの放射性元素からとり，どちらかが崩壊するまで観測する．もし R_k が先に崩壊したら，k を出力する．知られている限り，これは真にランダムなビットを生成する方法である．

物理的な世界では，現実の用途としてはランダムと見なしてよい非常に複雑な現象がいくつかある．気体中の分子の運動がその例である．この運動を量的に扱う 1 つの方法は，温度の微小変化によることだろう．わずかな温度の変動は，衝突する非常に多数の分子同士の速度ベクトルに依存する．これらの微小変化を測定する集積回路を構成できて，その測定値をビット列に変換できる．これはほとんどの意図と目的において，ランダムである．

これらの，または他の現実世界のデータに基づく方法を暗号に用いることはできるが，特殊な機械が必要なだけでなく，平均的なコンピュータの集積回路の実行速度に比べて非常にゆっくりとしかランダムビットを生成しない．この理由から，長いランダムビット列

---

[107] 繰り返し 2 乗法の最も基本的なバージョンを提示した．速さについても，また必要なメモリについても改善された，さまざまな変種がある．

[108] 訳注：以下，段落中では $r, k, m_1, \ldots, m_n, \boldsymbol{r}, p, q$ が秘密情報，$q, \boldsymbol{w}_1, \ldots, \boldsymbol{w}_n, pq$ が公開情報である．

の生成には，これらの方法はめったに用いられない．

疑似乱数 値の計算が容易な関数で，しかしその逆の計算が難しいものを**一方向性関数**という．落とし戸つき一方向性関数は公開鍵暗号を構成するために用いられるが，落とし戸を持たない一方向性関数も有益である．したがって，全単射な関数

$$R: \mathbb{Z}/N\mathbb{Z} \longrightarrow \mathbb{Z}/N\mathbb{Z}$$

であって，計算は容易だが，その逆関数の計算が極めて難しいものがあったとしよう．種となるランダムな値 $s \in \mathbb{Z}/N\mathbb{Z}$ を選び，この種を使って R を繰り返すことで[109]一連の「疑似乱数」

$$s, \ R(s), \ R^{\circ 2}(s), \ R^{\circ 3}(s), \ \ldots .$$

を生成できる．この種の関数を**疑似乱数生成器** (Pseudo-Random Number Generator, PRNG) と呼ぶ．さまざまな原理に基づく多くの異なる PRNG が提案されているが，インターネットで使われる暗号のために標準化されたコンピュータ向けの PRNG もいくつもある．

　もちろん種を知っている人は誰でも乱数列全部を計算できてしまうから，種 s が「ランダムに」選ばれることが本質的である．たとえば，量子効果もしくは微小温度効果を使って s を生成できるだろう．よくある別の方法は，CPU やメモリから内部の情報を十分に長く読み取って複雑に組み合わせ，「ランダムな」種を得るものである．適切に行われれば，これはほどほどに安全である．しかし，適切に行われなかった場合に，機械の基盤となる安全性を危険にさらした事例がある．

注意 14.218 暗号化のプロセスになぜランダム性を組み込みたいのかを説明するために思考実験を用いる[110]．ボブが彼のメッセージをビット列に変換し，2 進表記の数 m として見るとしよう．そして彼は RSA を用いて m を暗号化する．賢い敵であるイブは，ボブのメッセージの最初の数文字を推測できるだろう．たとえばイブは，ボブのメッセージが「親愛なるアリス」で始まるだろうと推測する．これによってイブは，m の最初の 80 ビットを得ることができ，m の残りを復元するのに活用できる．解決法はこうである．ボブは乱数 r をとってバイナリに変換する．彼は m と r のビットの XOR（排他的論理和）をとる．結果として得られるビット列を $m \veebar r$ と書く[111]．ボブは次に 2 つの RSA 暗号文を作る．一方は $m \veebar r$ に対応し，他方は r に対応する．このとき，アリスはそれらを平文化し，もとの平文を次のようにして復元できる：

$$(m \veebar r) \veebar r = m.$$

しかし，r はランダムなビット列だから，r も $m \veebar r$ も，それぞれ完全に乱数に見える．し

---

[109] ここで，R を n 回繰り返して施すことを $R^{\circ n}(s)$ と書いている．つまり，$R^{\circ n} = R \circ R \circ R \cdots \circ R$．

[110] 訳注：m, r は秘密情報である．

[111] もし δ と ϵ がビットなら，$\delta = \epsilon$ のとき $\delta \veebar \epsilon = 0$，$\delta \neq \epsilon$ のとき $\delta \veebar \epsilon = 1$ である．

590 第14章 追加の話題を手短に

かしながら，いつもそうだが，セキュリティを向上させることは，効率を下げることで釣り合いがとられている．というのは，暗号文の長さが2倍になり，また暗号化と平文化も2倍の時間がかかるのだから．

演習問題

14.1節 可算集合と非可算集合

14.1 S を集合とする．

(a) S が $\#S \le \#\mathbb{N}$ を満たすとする．S は有限集合であるか，もしくは $\#S = \#\mathbb{N}$ を満たすことを示せ．

(b) S が $\#\mathbb{N} \le \#S \le \#2^{\mathbb{N}}$ を満たすとする．このとき，$\#S$ は $\#\mathbb{N}$ もしくは $\#2^{\mathbb{N}}$ に等しい，という主張を証明もしくは反証せよ[112]．（集合 $2^{\mathbb{N}}$ は定理 14.7 の主張の中で定義された．）

14.2 (a) $\mathbb{N} \times \mathbb{N}$ が可算集合であることを証明せよ．

(b) $S_1, \ldots, S_k$ を有限，もしくは可算集合で，少なくとも1つは可算集合とする．このとき，積 $S_1 \times \cdots \times S_k$ が可算集合であることを示せ．これは (a) の一般化である．

(c) $\mathbb{Q}$ が可算集合であることを証明せよ．

(d) I を可算集合とし，各 $i \in I$ に対して S_i を有限もしくは可算集合とする．さらに，少なくとも1つの S_i が可算集合とする．$\prod_{i \in I} S_i$ が可算集合であることを証明せよ．

14.3 $\mathbb{R}$ が非可算集合であることを証明せよ．

14.4 この演習問題では，シュレーダー–ベルンシュタインの定理（定理 14.5）の証明を素描する．S と T を互いに交わりのない集合とし，単射な写像

$$f\colon S \longrightarrow T \quad \text{と} \quad g\colon T \longrightarrow S$$

が与えられているとする．目標は，S から T への全単射を構成することである．我々はグラフ理論を用いてこれを行う．14.6節を見よ．Γ を次のような頂点集合と辺集合を持つグラフとする．

$$V = S \cup T, \quad E = \{[s, f(s)]\colon s \in S\} \cup \{[t, g(t)]\colon t \in T\}.$$

（$[a, b]$ と $[b, a]$ は同じ辺になるから，この記述での辺には重複があるかもしれない点に注意せよ．）

(a) $W \subseteq \Gamma$ をグラフ Γ の連結成分とする．W が **T 源点**を含むとは，$t \in W \cap T$ で，$t \notin \mathrm{Image}(f)$ を満たす頂点が存在することをいう．T 源点を持つ連結成分を説明する図を描け．また T 源点を持たない連結成分のさまざまな可能性を説明する図を描け．

(b) $W \subseteq V$ をグラフ Γ の連結成分とする．全単射な関数

$$h\colon W \cap S \longrightarrow W \cap T$$

が存在することを証明せよ．（ヒント：W が T 源点を持たないなら，$h = f$ とする．もし W が T 源点を持つなら，g を逆にすることを試みよ．）

(c) 次の全単射が存在することを証明せよ：

$$V \cap S \longrightarrow V \cap T.$$

（ヒント：命題 14.74 を用いて，Γ をその連結成分の非交和で書く．そして (b) を使う．）なぜ

---

[112]これは引っかけ問題である！ 証明もしくは反証せよと問われた主張は**連続体仮説**と呼ばれるもので，コーエン (Cohen) の有名な定理は，集合論の標準的な公理はこれが真もしくは偽と証明するには不十分であると主張する！

演習問題　　**591**

これでシュレーダー–ベルンシュタインの定理が証明されたことになるか説明せよ．

14.5　この演習問題では，自身の部分集合であるような集合を作ることを試みる．まず $S_1 = \{x\}$ という 1 つの元からなる集合から始める．次いで，集合 $S_2, S_3, \ldots$ を帰納的に，

$$S_{n+1} = \{x\} \cup \{S_1\} \cup \cdots \cup \{S_n\}$$

とすることで定義する．$S_1, \ldots, S_n$ の周りの，もう 1 つの中括弧に注意せよ．これらが非常に重要である．最初のいくつかの S_n は，

$$S_1 = \{x\}, \qquad S_2 = \{x, \{x\}\}, \qquad S_3 = \{x, \{x\}, \{x, \{x\}\}\},$$

$$S_4 = \{x, \underbrace{\{x\}}_{S_1}, \underbrace{\{x, \{x\}\}}_{S_2}, \underbrace{\{x, \{x\}, \{x, \{x\}\}\}}_{S_3}\}.$$

(a) 任意の $n \geq 1$ に対して，$S_n \in S_{n+1}$ であることを証明せよ．

(b) 任意の $n \geq 1$ に対して，$S_n \subset S_{n+1}$ であることを証明せよ．

(c) $S_\infty = \bigcup_{n \geq 1} S_n$ を，(b) の包含を用いて，すべての S_n の合併集合とする．(a) から $S_\infty \in S_\infty$ を導けるように，つまり，S_∞ はそれ自身の元であるように思える．何がまずかったのだろうか？　$S_\infty \notin S_\infty$ を証明せよ．

14.2 節　選択公理

14.6　I を集合とし，各 $i \in I$ に対して S_i も集合とする．ペアの集合

$$\mathcal{U} = \{(J, f_J) : J \subseteq I \text{ かつ } f_J \text{ は } J \text{ の選択関数}\}$$

を考え，$\mathcal{U}$ 上の 2 項関係を次の規則で定める：

$$J \subseteq K \text{ かつ任意の } i \in J \text{ に対して } f_J(i) = f_K(i) \text{ のとき，そのときに限り } (J, f_J) \preceq (K, f_K).$$

$\preceq$ が $\mathcal{U}$ 上の半順序であることを証明せよ．つまり，反射的で，反対称的で，推移的である．（この事実は定理 14.18 の証明で必要だった．）

14.7　S と T を集合とする．

(a) T から S への単射が存在しないと仮定する．S から T への単射が存在することを証明せよ．（ヒント：$U \subset S$ かつ $f_U : U \longrightarrow T$ であるようなペア (U, f_U) の集合上に半順序を定義して，ツォルンの補題を使う．）

(b) S から T への全射が存在しないと仮定する．T から S への全射が存在することを証明せよ．

(c) $S \leq T$ もしくは $T \leq S$ を証明せよ．（これは $\leq$ という関係を持つ集合の族が全順序を持つことを示しているが，もちろんこれはポセットではない．というのは，集合全体の族は集合ではないからである！）

14.8　S と T を集合とする．定義 14.4 から，

$$(\#S \leq \#T \text{ かつ } \#S \neq \#T) \quad \text{なら} \quad \#S < \#T$$

だったことを思い出しておく．次が同値であることを証明せよ：

(a) $\#S < \#T$.

(b) $S \to T$ という全射は存在しない．

(c) $T \to S$ という単射は存在しない．

（ヒント：演習問題 14.7 を使う．）

14.9　F を体とし，V を F ベクトル空間，$\mathcal{L}_0 \subseteq V$ を線形独立系，$\mathcal{S}_0 \subseteq V$ を生成系とし，$\mathcal{L}_0 \subseteq \mathcal{S}_0$

592　第 14 章　追加の話題を手短に

と仮定する．ツォルンの補題が真であると仮定して，V の基底 $\mathcal{B}$ で次を満たすものが存在することを証明せよ：

$$\mathcal{L}_0 \subseteq \mathcal{B} \subseteq \mathcal{S}_0.$$

これは定理 14.20 をより強くしたもので，また定理 4.16 を無限次元ベクトル空間へ拡張したものでもある．

14.10　R を可換環とする．ツォルンの補題が真であると仮定する．R は極大イデアルを持つことを証明せよ．（いつもの通り，我々の環は乗法に関する単位元 $1 \in R$ を持ち，$1 \neq 0$ である．）

14.3 節　テンソル積と多重線形代数

14.11　この演習問題では，いかにしてテンソル積の存在を証明するかを説明する[113]．ここでは $M_1 \otimes M_2$ の場合に専念する．一般の場合も同様であるが，記号が繁雑になる！

基底が積 $M_1 \times M_2$ の元で添え字づけられた，巨大な自由 R 加群 Ω から始める．たとえば

$$\Omega = \mathrm{Span}_R\{\boldsymbol{e}_{m_1,m_2}: (m_1, m_2) \in M_1 \times M_2\}$$

とする．Ω の巨大な部分加群 Λ を，次の形をとる Ω の元がなす R スパンの全体として定義する：

$$\boldsymbol{e}_{a_1 m_1 + a_1' m_1', a_2 m_2 + a_2' m_2'} - a_1 a_2 \boldsymbol{e}_{m_1, m_2} - a_1' a_2 \boldsymbol{e}_{m_1', m_2} - a_1 a_2' \boldsymbol{e}_{m_1, m_2'} - a_1' a_2' \boldsymbol{e}_{m_1', m_2'}$$

ここで，元の組み合わせは

$$m_1, m_1' \in M_1, \quad m_2, m_2' \in M_2, \quad \text{かつ} \quad a_1, a_1', a_2, a_2' \in R$$

のすべてにわたる．

(a) 写像

$$\Phi: M_1 \times M_2 \longrightarrow \Omega/\Lambda, \quad \Phi(m_1, m_2) \equiv \boldsymbol{e}_{m_1, m_2} \pmod{\Lambda}$$

が R 双線形写像であることを示せ．

(b) Φ を (a) で定義した写像とする．$(\Omega/\Lambda, \Phi)$ が M_1 と M_2 のテンソル積であることを証明せよ．つまり，これがテンソル積の定義を満たすことを証明せよ．

(c) しばしば有益な次の事実を証明せよ：

$$M_1 \otimes M_2 = \mathrm{Span}_R\{\Phi(m_1, m_2): (m_1, m_2) \in M_1 \times M_2\}$$

つまり，$M_1 \otimes M_2$ の任意の元は Φ の像に含まれる元の R 線形結合である．

14.12　M, M_1, M_2, M_3 を R 加群とする．
(a) $M \otimes R \cong M$ を証明せよ．
(b) $R \otimes R \otimes \cdots \otimes R \cong R$ を証明せよ．
(c) $M_1 \otimes M_2$ が $M_2 \otimes M_1$ と同型であることを証明せよ．
(d) 次を証明せよ：

$$(M_1 \times M_2) \otimes M_3 \cong (M_1 \otimes M_3) \times (M_2 \otimes M_3).$$

14.13　R を整域，K を R の分数体とする．
(a) M をねじれ R 加群とする．つまり，$M = M_{\mathrm{tors}}$ を満たすものとする．$M \otimes_R K = 0$ を証明せ

---

[113]構成は極めて明示的にもかかわらず，テンソル積 $M_1 \otimes \cdots \otimes M_n$ の実際の構造についてはほとんど光を当てないという点を注意しておこう．

よ.

(b) R が PID で M が有限生成 R 加群と仮定する.

$$M \otimes_R K \cong K^{\operatorname{rank} M}$$

を証明せよ.（ヒント：(a) と定理 11.50 を使う.）

14.14 L/K を体の拡大として，V/K を K ベクトル空間とする．したがって，L も V も K 加群である.

(a) $V \otimes_K L$ は自然に L ベクトル空間としての構造を持つことを示せ．$V \otimes_K L$ は，V から**係数拡大**により得られたという．（ヒント：L による $V \otimes_K L$ へのスカラー倍演算を定義するには，テンソル積の普遍写像性を用いる.）

(b) $\dim_K(V)$ が有限と仮定する．このとき $\dim_L(V \otimes_K L) = \dim_K(V)$ を証明せよ.

(c) 自然な同型写像 $\operatorname{End}_K(V) \otimes_K L \cong \operatorname{End}_L(V \otimes_K L)$ が存在することを証明せよ.

14.15 $M_1, \ldots, M_n$ と N を R 加群とする．次の自然な同型を証明せよ：

$$\mathfrak{ML}_R(M_1 \times \cdots \times M_n, N) \cong \operatorname{Hom}_R(M_1 \otimes \cdots \otimes M_n, N),$$

ここで，左辺は式 (14.3) の多重線形写像の空間である.

14.4 節 可換代数

14.16 $m \geq 1$ かつ $n \geq 1$ を整数とする．次のアーベル群の完全系列を証明せよ.

$$0 \longrightarrow \mathbb{Z}/m\mathbb{Z} \xrightarrow{\ 1 \bmod m \mapsto n \bmod mn\ } \mathbb{Z}/mn\mathbb{Z} \xrightarrow{\ 1 \bmod mn \mapsto 1 \bmod n\ } \mathbb{Z}/n\mathbb{Z} \longrightarrow 0.$$

14.17 次の R 加群の短完全系列を考える：

$$0 \longrightarrow M \xrightarrow{\ f\ } N \xrightarrow{\ g\ } P \longrightarrow 0 \tag{14.72}$$

(a) M, N, P を集合と見なせば[114]$N \cong M \times P$ であることを証明せよ.

(b) N が有限である必要十分条件は，M と P の両方が有限であることである．さらに，もしこれらが有限なら，

$$\#N = \#M \cdot \#P$$

が成立する.

(c) 完全系列 (14.72) で，N と $M \times P$ が R 加群として同型ではない例を与えよ.

14.18 R を整域とし，

$$0 \longrightarrow M \xrightarrow{\ f\ } N \xrightarrow{\ g\ } P \longrightarrow 0$$

を R 加群の完全系列とする．次の完全系列の存在を証明せよ：

$$0 \longrightarrow M_{\operatorname{tors}} \xrightarrow{\ f\ } N_{\operatorname{tors}} \xrightarrow{\ g\ } P_{\operatorname{tors}}.$$

注意：P_{tors} の右には 0 を書いていない．なぜなら，一般には g が全射とは限らないからである．演習問題 11.34 を見よ．14.5 節の言葉を使えば，関手

---

[114]より形式的には，例 14.55 で述べた忘却関手 $\mathcal{F} \colon \mathsf{Mod}_R \longrightarrow \mathsf{Set}$ を施せば，示してほしいのは $\mathcal{F}(N) \cong \mathcal{F}(M) \times \mathcal{F}(P)$ である.

594　第14章　追加の話題を手短に

$$\mathrm{Mod}_R \longrightarrow \mathrm{Mod}_R, \quad M \longmapsto M_{\mathrm{tors}}$$

は左完全関手だが，右完全関手ではない．

14.19

$$M_0 \xrightarrow{\ f_1\ } M_1 \xrightarrow{\ f_2\ } M_2 \xrightarrow{\ f_3\ } \cdots \xrightarrow{\ f_n\ } M_n$$

を完全系列とする．任意の $1 \le i \le n-1$ に対して，短完全系列

$$0 \longrightarrow \mathrm{Image}(f_i) \xrightarrow[\text{包含写像}]{} M_i \xrightarrow{\ f_{i+1}\ } \mathrm{Image}(f_{i+1}) \longrightarrow 0$$

が存在することを証明せよ．これにより，長い完全系列を短完全系列の集まりに分けることができる．

14.20　R を PID とし，

$$0 \xrightarrow{\ f_1\ } M_1 \xrightarrow{\ f_2\ } M_2 \xrightarrow{\ f_3\ } \cdots \xrightarrow{\ f_n\ } M_n \longrightarrow 0 \tag{14.73}$$

を有限生成自由 R 加群の完全系列とする．このとき，次の等式が成り立つことを証明せよ[115]：

$$\sum_{i=1}^{n}(-1)^i \, \mathrm{rank}_R M_i = 0.$$

これは系 14.34 を拡張する．（ヒント：演習問題 14.19 と演習問題 11.36 (a) を用いて，問題を有限生成自由加群の場合に帰着し，その後で，系 14.34 を用いてすべての項が消えるような和を作る．）

14.21　定理 14.37 で，中央の写像 α_3 が単射であることを証明した．α_3 が全射でもあることを証明せよ．便利なように，可換図式 (14.11) を再掲しておこう．行は完全で，$\alpha_1, \alpha_2, \alpha_4, \alpha_5$ は同型写像である：

$$
\begin{array}{ccccccccc}
M_1 & \xrightarrow{f_1} & M_2 & \xrightarrow{f_2} & M_3 & \xrightarrow{f_3} & M_4 & \xrightarrow{f_4} & M_5 \\
\downarrow{\alpha_1}\wr & & \downarrow{\alpha_2}\wr & & \downarrow{\alpha_3} & & \downarrow{\alpha_4}\wr & & \downarrow{\alpha_5}\wr \\
N_1 & \xrightarrow{g_1} & N_2 & \xrightarrow{g_2} & N_3 & \xrightarrow{g_3} & N_4 & \xrightarrow{g_4} & N_5
\end{array}
$$

14.22　以下に並べた環 R と R 代数 A について，A が R 上有限か，また A が R 上有限型かを述べ，その主張を証明せよ．（ヒント：答えは図 42 に述べられているので，なすべきはそこにある答えが正しいと証明することである．）
  (a) $R = \mathbb{Z}$, $A = \mathbb{Z}[\sqrt{2}]$.　　(b) $R = \mathbb{Z}$, $A = \mathbb{Z}[x]$.　　(c) $R = \mathbb{Q}$, $A = \mathbb{Q}(\sqrt[3]{2})$.
  (d) $R = \mathbb{Z}$, $A = \mathbb{Q}$.　　　(e) $R = \mathbb{Q}$, $A = \mathbb{C}$.　　　(f) $R = \mathbb{R}$, $A = \mathbb{C}$.

14.23　(a) $\mathbb{Z}[\sqrt{2}]$ が整閉であることを証明せよ．
  (b) $\mathbb{Z}[\sqrt{5}]$ が整閉ではないことを証明せよ．

14.24　R を環とし，A を R 代数，$\alpha \in A$ とする．

$$\alpha \text{ は } R \text{ 上整} \iff R[\alpha] \text{ は } R \text{ 上有限}.$$

（$\Leftarrow$ の方の含意については，補題 14.46 を使わず，直接証明を与えることを試みよ．）

---

[115]式 (14.73) が完全系列ではないが，$f_{i+1} \circ f_i = 0$ を満たすような状況が数学では頻繁に起きる．このとき，交代和 $\sum (-1)^i \mathrm{rank}_R M_i$ は，系列が完全でない度合いを測る量であり，**オイラー標数**と呼ばれる．

演習問題　**595**

14.25　R を環とし，A を R 代数，$f(x), g(x) \in R[x]$ をモニックな多項式で $d = \deg(f)$ かつ $e = \deg(g)$ とする．さらに，$\alpha, \beta \in A$ が $f(\alpha) = 0$ と $g(\beta) = 0$ を満たすとする．

(a) 次を証明せよ：

$$R[\alpha] = \mathrm{Span}_R\{\alpha^i : 0 \le i < d\}.$$

(b) 次を証明せよ：

$$R[\alpha, \beta] = \mathrm{Span}_R\{\alpha^i \beta^j : 0 \le i < d,\ 0 \le j < e\}.$$

14.26　この演習問題では，演習問題 14.14 を一般化してもらいたい．R を環とし，A を R 代数，M を R 加群とする．したがって，A も M も R 加群である．

(a) $M \otimes_R A$ が自然に A ベクトル空間の構造を持つことを示せ．（ヒント：A による $M \otimes_R A$ へのスカラー倍演算を定義するには，テンソル積の普遍写像性を用いる．）$M \otimes_R A$ は M から**係数拡大**により得られたという．

(b) M が有限生成自由 R 加群なら，$M \otimes_R A$ は有限生成自由 A 加群であり，

$$\mathrm{rank}_A(M \otimes_R A) = \mathrm{rank}_R(M)$$

が成り立つことを証明せよ．

(c) 自然な同型写像 $\mathrm{End}_R(M) \otimes_R A \cong \mathrm{End}_A(M \otimes_R A)$ が存在することを証明せよ．

14.5 節　圏論

14.27　C を圏とし，$X, Y \in \mathrm{Obj}(\mathsf{C})$ とする．また $f \in \mathrm{Hom}_{\mathsf{C}}(X, Y)$ とし，$g \in \mathrm{Hom}_{\mathsf{C}}(Y, X)$ を f の左逆，$h \in \mathrm{Hom}_{\mathsf{C}}(Y, X)$ を f の右逆とする．$g = h$ を証明せよ．証明の各ステップを正当化するよう気をつけること．

14.28　対象 $Y \in \mathrm{Obj}(\mathsf{C})$ を圏 C において固定する．例 14.56 での構成と同様に，関手を

$$\mathcal{G}_Y : \mathsf{C} \longrightarrow \mathsf{Set}, \quad \mathcal{G}_Y(X) = \mathrm{Hom}_{\mathsf{C}}(X, Y)$$

と定義する．$\mathcal{G}_Y$ が C の矢印を Set の矢印へどのように移すかの規則を述べよ．さらに，$\mathcal{G}_Y$ が反変関手であることを証明せよ．

14.29　$S, X_1, X_2 \in \mathrm{Obj}(\mathsf{Set})$ を集合とし，$f_1 : X_1 \to S$ と $f_2 : X_2 \to S$ を写像とする．このとき，

$$X_1 \times_S X_2 = \{(x_1, x_2) : x_1 \in X_1,\ x_2 \in X_2,\ f_1(x_1) = f_2(x_2)\} \tag{14.74}$$

を，式 (14.74) の右辺のペアの集合が $X_1 \times_S X_2$ を記述する普遍写像性を満たすと確かめることで証明せよ．

14.30　$X \in \mathrm{Obj}(\mathsf{Set})$ を集合とし，$U_1, U_2 \subseteq X$ を X の部分集合とする．

ファイバー積 $U_1 \times_X U_2$ を構成するために，包含写像 $f_1 : U_1 \hookrightarrow X$ かつ $f_2 : U_2 \hookrightarrow X$ を用いた．

$$U_1 \times_X U_2 \cong U_1 \cap U_2$$

に対して，次のように 2 通りの証明を与えよ．

(a) $p_1 : U_1 \cap U_2 \hookrightarrow U_1$ と $p_2 : U_1 \cap U_2 \hookrightarrow U_2$ を包含写像とする．

$$(U_1 \cap U_2, p_1, p_2)$$

596 第 14 章　追加の話題を手短に

が積 $U_1 \times_X U_2$ を定義する普遍写像性を満たす.

(b) 演習問題 14.29 における $U_1 \times_X U_2$ の記述を用いる.

14.31 R 加群 $Q \in \mathrm{Obj}(\mathsf{Mod}_R)$ を固定し, 準同型写像

$$\mathcal{H}_Q \colon \mathrm{Obj}(\mathsf{Mod}_R) \longrightarrow \mathrm{Obj}(\mathsf{Mod}_R), \quad \mathcal{H}_Q(M) = \mathrm{Hom}_R(Q, M)$$

を例 14.63 で述べたものとする. 命題 11.30 により, $\mathcal{H}_Q(M)$ は自然な R 加群構造を持つ.

(a) M と N を R 加群とし, $f \colon M \to N$ を R 加群準同型写像とする. 次の自然な R 加群準同型写像をどのように定義するか説明せよ:

$$\mathcal{H}_Q(f) \colon \mathcal{H}_Q(M) \longrightarrow \mathcal{H}_Q(N).$$

(b) (a) の構成を用いて, $\mathcal{H}_Q$ が Mod_R からそれ自身への関手であることを証明せよ.

(c) $f \colon M \to N$ が単射 R 加群準同型写像と仮定する.

$$\mathcal{H}_Q(f) \colon \mathrm{Hom}_R(Q, M) \longrightarrow \mathrm{Hom}_R(Q, N)$$

も単射であることを証明せよ.

(d) より一般に, 関手 $\mathcal{H}_Q$ は左完全関手であることを証明せよ.

(e) $R = \mathbb{Z}$ とする. 全射準同型写像 $f \colon M \to N$ で, 誘導される写像

$$\mathcal{H}_Q(f) \colon \mathrm{Hom}_R(Q, M) \longrightarrow \mathrm{Hom}_R(Q, N)$$

が全射ではない例を挙げよ. $\mathcal{H}_Q$ が必ずしも右完全ではないことを導け.

14.32 $Q \in \mathrm{Obj}(\mathsf{Mod}_R)$ を R 加群とし, 次のように写像を定義する:

$$\mathcal{T}_Q \colon \mathrm{Obj}(\mathsf{Mod}_R) \longrightarrow \mathrm{Obj}(\mathsf{Mod}_R), \quad \mathcal{T}_Q(M) = M \otimes_R Q.$$

(a) M と N を R 加群とし, $f \colon M \to N$ を R 加群準同型写像とする. 次の自然な R 加群準同型写像をどう定義するか説明せよ:

$$\mathcal{T}_Q(f) \colon \mathcal{T}_Q(M) \longrightarrow \mathcal{T}_Q(N).$$

(b) (a) の構成を用いて, $\mathcal{T}_Q$ が Mod_R からそれ自身への関手であることを証明せよ.

(c) $z \colon M \to N$ を 0 写像とする. つまり, 任意の $m \in M$ に対して $z(m) = 0$ である. $\mathcal{T}_Q(z)$ が 0 写像であることを示せ.

(d) $\mathcal{T}_Q$ が右完全関手であることを証明せよ. (ヒント:示すべきことが 3 つある. 1 つは残りの 2 つと比べてずっと挑戦的である.)

14.6 節　グラフ理論

14.33 例 14.71 で述べた次のグラフそれぞれについて, 頂点は何個あり, また辺は何個あるか?
(図 48 も見よ.)

(a) 完全グラフ K_n は?

(b) 巡回グラフ C_n は?

(c) 路 P_n は?

(d) 完全 2 部グラフ $K_{m,n}$ は?

14.34 2 つのグラフ $\Gamma_1 = (V_1, E_1)$, $\Gamma_2 = (V_2, E_2)$ とグラフの射 $\phi \colon \Gamma_1 \to \Gamma_2$ であって, $\phi \colon V_1 \to V_2$ は全単射だが, Γ_1 が Γ_2 と同型でない例を与えよ.

14.35 G を群とし, $g \in G$ を位数 n の元とする. ケーリーグラフ $\Gamma_{\{g\}}$ が n 頂点の巡回グラフと同

演習問題　**597**

型であることを証明せよ.

14.36 $\rho \in \mathcal{D}_4$ を 90° 回転, つまり位数 4 の元とし, $\alpha, \beta \in \mathcal{D}_4$ を裏返し（折り返しともいう）, つまり位数 2 の元とする.

(a) $\mathcal{D}_4$ の集合 $\{\rho, \alpha\}$ に関するケーリーグラフを描け.

(b) $\mathcal{D}_4$ の集合 $\{\alpha, \beta\}$ に関するケーリーグラフを描け.（ヒント：実は, どちらの裏返しをとるかに応じて答えが 2 つある.）

14.37 $\mathcal{Q}$ を 4 元数群とする. 生成元の集合 $\{i, j\}$ に関する $\mathcal{Q}$ のケーリーグラフを描け.

14.7 節　表現論

14.38 $\mathcal{D}_3 = \{e, r, r^2, f, fr, fr^2\}$ を 2 面体群とする. ここで r は回転, f は裏返しである. また, $\rho\colon \mathcal{D}_3 \to \mathrm{GL}_2(F)$ を例 14.84 で述べた 2 次元表現とする. その例で, 行列 $\rho(r)$ と $\rho(f)$ を挙げた. $\mathcal{D}_3$ の他の 4 つの元の行列を書き下せ.

14.39 ρ を G の階数 n の表現とし, χ_ρ を ρ の指標, また $g \in G$ とする.

(a) $\rho(g)$ の固有値は 1 の冪根であることを証明せよ.

(b) 1 の冪根 $\zeta_1, \ldots, \zeta_n$ であって,

$$\chi_\rho(g) = \zeta_1 + \zeta_2 + \cdots + \zeta_n$$

を満たすものが存在することを証明せよ.

(c) (b) の記号で, 任意の $k \in \mathbb{Z}$ に対して,

$$\chi_\rho(g^k) = \zeta_1^k + \zeta_2^k + \cdots + \zeta_n^k$$

が成り立つことを証明せよ.

14.40 4 元数群 $\mathcal{Q}$ の既約表現と指標表を計算せよ.（ヒント：同型 $\mathcal{Q}/\{\pm 1\} \cong \mathcal{C}_2 \times \mathcal{C}_2$ を, 4 つの準同型写像 $\mathcal{C}_2 \times \mathcal{C}_2 \to \{\pm 1\}$ と合成したものが, $\mathcal{Q}$ の 4 つの 1 次元表現を与える. すると, 定理 14.111 (b) と $\mathcal{Q}$ の非可換性から, ちょうどもう 1 つの既約表現が存在することと, それが 2 次元であることがわかる.）

14.41 この演習問題では, マシュケの定理（定理 14.93）の証明を素描するので, 細部を埋めてほしい. G を有限群とし, $\rho\colon G \to \mathrm{GL}(V)$ を表現, さらに $W \subseteq V$ を不変部分空間とする. W の基底 $\{\boldsymbol{w}_1, \ldots, \boldsymbol{w}_r\}$ をとって, これを V の基底

$$\{\boldsymbol{w}_1, \ldots, \boldsymbol{w}_r, \boldsymbol{u}_1, \ldots, \boldsymbol{u}_s\}$$

に拡張する. $U = \mathrm{Span}\{\boldsymbol{u}_1, \ldots, \boldsymbol{u}_s\}$ とすると $V = W \times U$ となる. $\pi\colon V \to W$ をこれらの基底に関する射影, つまり,

$$\pi(a_1 \boldsymbol{w}_1 + \cdots + a_r \boldsymbol{w}_r + b_1 \boldsymbol{u}_1 + \cdots + b_s \boldsymbol{u}_s) = a_1 \boldsymbol{w}_1 + \cdots + a_r \boldsymbol{w}_r$$

とする. π と ρ を使って, 平均化された射影

$$P\colon V \longrightarrow V, \quad P(\boldsymbol{v}) = \frac{1}{\#G} \sum_{g \in G} (\rho(g) \circ \pi \circ \rho(g^{-1}))(\boldsymbol{v})$$

を定義する.

(a) 任意の $\boldsymbol{v} \in V$ に対して, $P(\boldsymbol{v}) \in W$ であり, よって P は線形写像

$$P: V \longrightarrow W$$

を定めることを証明せよ.

(b) $P: V \to W$ が全射であることを証明せよ.

(c) $\ker(P)$ が V の不変部分空間であることを証明せよ.

(d) $\ker(P) \cap W = \{\mathbf{0}\}$ を証明せよ.

(e) (a)–(d) を用いて，次の主張を証明せよ：

$$\left[\begin{array}{l} G \text{ を有限群とし，} \rho: G \to \mathrm{GL}(V) \text{ を表現，} W \subseteq V \text{ を不変部分空間とする.} \\ \text{このとき，不変部分空間 } W' \subseteq V \text{ であって，} V = W \times W' \text{ を満たすものが} \\ \text{存在する.} \end{array} \right] \tag{14.75}$$

(f) マシュケの定理を証明せよ．（ヒント：式 (14.75) と，$\dim V$ に関する帰納法を使う．）

14.42 G を有限群とし，$\rho: G \to \mathrm{GL}(V)$ を表現とする.

(a) $g \in G$ とする．線形変換 $\rho(g)$ は対角化可能であることを証明せよ．（ヒント：$\rho(g)$ がジョルダン標準形（定理 11.60）になるような基底をとり，$\mathrm{char}(F) = 0$ という事実を使う．）

(b) $F = \mathbb{C}$ と仮定する．次を証明せよ：

$$\chi_\rho(g^{-1}) = \overline{\chi_\rho(g)},$$

ここで，$\bar{z}$ は複素数 z の複素共役を表す．（ヒント：演習問題 14.39 (a) により，$\rho(g)$ の固有値は 1 の冪根である．）

14.43 この演習問題では，F は標数 p の代数閉体，たとえば $\mathbb{F}_p$ の代数閉包である．演習問題 9.33 を見よ．$G = \mathbb{F}_p$，つまり G は位数 p の巡回群とし，また，

$$\rho: G \longrightarrow \mathrm{GL}_2(F), \quad a \longmapsto \begin{pmatrix} 1 & a \\ 0 & 1 \end{pmatrix}$$

とする.

(a) ρ が表現であることを証明せよ.

(b) ρ の不変部分空間をすべて求めよ．とくに，ρ が可約であることを示せ.

(c) ρ が既約表現の直和と同型でないこと，つまり，マシュケの定理（定理 14.93）が ρ に対しては成り立たないことを示せ.

14.8 節　楕円曲線

14.44 次の曲線を $\mathbb{R}^2$ 内に描画せよ：

(a) $E: y^2 = x^3 - 16x$.

(b) $E: y^2 = x^3 + 16x$.

(c) $E: y^2 = x^3 - 3x + 2$.

(d) $E: y^2 = x^3$.

(a), (b), (c), (d) のどれが楕円曲線で，どれが楕円曲線ではないだろうか？

14.45 E を楕円曲線とし，$P, Q \in E$ とする．次を証明せよ：

$$(P \star Q) \star Q = P, \quad \text{しかし一般には} \quad P \star (Q \star Q) \neq P.$$

14.46 E を次の方程式で定義される楕円曲線とする：

$$E: Y^2 = X^3 + 17.$$

この曲線は次の点を含む：

$$P = (2,5) \in E(\mathbb{Q}) \quad \text{と} \quad Q = (-2,3) \in E(\mathbb{Q}).$$

(a) P と Q を通る直線を明示的に計算し，この直線が E と交わる第 3 の点を見つけて，それを X 軸に関して折り返すことで，$P \oplus Q$ を計算せよ．

(b) P における E の接線を明示的に計算し，この直線が E と交わるもう 1 つの点を見つけ，それを X 軸に関して折り返すことで，$2P$ を計算せよ．

(c) Q における E の接線を明示的に計算し，この直線が E と交わるもう 1 つの点を見つけ，それを X 軸に関して折り返すことで，$2Q$ を計算せよ．

(d) E 上の点で，座標が整数であるものをいくつ見つけられるだろうか[116]？（ヒント：たぶんこの探索にはコンピュータが必要になるだろう．というのは，非常に大きな X 座標，Y 座標を持つ点があるので！）

14.47 E を $\mathbb{Q}$ 上定義された，次の方程式で与えられる楕円曲線とする：

$$A, B \in \mathbb{Z} \text{ に対して，} \quad E: Y^2 = X^3 + AX + B.$$

$P \in E(\mathbb{Q})$ を E の点で座標が有理数であるものとする．整数 $a, b, d \in \mathbb{Z}, d \geq 1$ であって，次を満たすものが存在することを証明せよ：

$$P = \left(\frac{a}{d^2}, \frac{b}{d^3} \right) \quad \text{かつ} \quad \gcd(a,d) = \gcd(b,d) = 1.$$

14.48 体 $\mathbb{F}_7$ 上の楕円曲線 E と，$E(\mathbb{F}_7)$ のいくつかの点を次のように定義する：

$$E: y^2 = x^3 + 3x + 1, \quad P = (2,1) \in E(\mathbb{F}_7), \quad \text{また} \quad Q = (3,3) \in E(\mathbb{F}_7).$$

(a) 計算のすべての過程を示しつつ，和 $P \oplus Q \in E(\mathbb{F}_7)$ を計算せよ．

(b) $P \oplus P \in E(\mathbb{F}_7)$ を，やはりすべての過程を示しつつ計算せよ．

14.49 $E/\mathbb{Q}$ を，例 14.114 の楕円曲線

$$E: y^2 = x^3 - 112x + 400$$

とする．

(a) $(x,y) \in E(\mathbb{Q})$ で，$x, y \in \mathbb{Z}$ かつ $x \leq 100$ であるものを見つけるコンピュータプログラムを書け．

(b) $P = (4,4) \in E(\mathbb{Q})$ とし，また $R = (9,11) \in E(\mathbb{Q})$ とする．$P \oplus R$ を計算せよ．

(c) $P = (4,4) \in E(\mathbb{Q})$ とする．$2P$ を計算せよ．

(d) $Q = (1,17) \in E(\mathbb{Q})$ とする．$2Q$ を計算せよ．

注意：「計算せよ」という言葉は，計算のすべての過程を示せという意味である．

14.50 $E/\mathbb{F}_{19}$ を楕円曲線

$$E: y^2 = x^3 + x + 2$$

とする．（これは，例 14.115 にあるものと同じ方程式だがそこでは体 $\mathbb{F}_{17}$ 上で考えた．ここでは体 $\mathbb{F}_{19}$ で考えている．）

(a) $E(\mathbb{F}_{19})$ のすべての点を列挙せよ．

---

[116] ジーゲル (Siegel) の定理によれば，E 上には座標が整数である点は有限個しかない．しかしその証明はここまで展開してきたすべてをはるかに超える方法を必要とする．

600 第 14 章 追加の話題を手短に

(b) ハッセの評価（定理 14.129）が $E(\mathbb{F}_{19})$ に対しても成り立っていることを確かめよ．例 14.130 を見よ．

14.51 楕円曲線

$$E: y^2 = x^3 + Ax + B$$

を考え，$P_1 = (x_1, y_1)$ と $P_2 = (x_2, y_2)$ を E の点とする．

(a) $x_1 = x_2$ かつ $y_1 \neq y_2$ なら，$P_1 \oplus P_2$ は何か？

(b) $x_1 = x_2$ かつ $y_1 = y_2 = 0$ なら，$P_1 \oplus P_2$ は何か？

(c) $x_1 = x_2$ かつ $y_1 = y_2 \neq 0$ のとき，$P_1 \oplus P_2$ の，つまり $2P_1$ の x 座標を明示的に書き下せ．（x_1, A, B にのみ依存する公式を見つけることを試みよ．）

(d) $x_1 \neq x_2$ のとき，$P_1 \oplus P_2$ の x 座標の明示的な公式を書き下せ．

(e) (c) と (d) の場合に，$P_1 \oplus P_2$ の y 座標の明示的な公式を書き下せ．

(f) (a)–(e) の公式を使って，結合法則を確認せよ．（ヒント：たくさんの場合分けがあり，また計算が非常に面倒なので，計算機代数システムを使いたくなるだろう．そうだとしても，これは楽しい問題ではない！）

14.9 節　代数的整数論

14.52 D を無平方な整数で $D \neq 0, 1$ なるものとする．代数体 $\mathbb{Q}(\sqrt{D})$ の整数環が例 14.133 で述べた通りのものであることを証明せよ．

14.53 注意 9.65 で，次の事実を述べたが証明しなかった：ζ を 1 の原始 n 乗根とすると，

$$[\mathbb{Q}(\zeta):\mathbb{Q}] = \#(\mathbb{Z}/n\mathbb{Z})^*. \tag{14.76}$$

式 (14.76) が真だとして，代数体 $K/\mathbb{Q}$ は 1 の冪根を有限個しか含まないことを証明せよ．これは，命題 14.145 の別証明ではあるが，証明していない結果 (14.76) に依存している．

14.54 $K = \mathbb{Q}(\sqrt{10})$ とする．この演習問題では，例 14.136 と例 14.141 の主張のいくつかを証明してもらう．

(a) K の整数環が $R_K = \mathbb{Z}[\sqrt{10}]$ であることを証明せよ．（ヒント：演習問題 14.52 を済ませていれば，これはその特別な場合である．）

(b) 2, 5, $\sqrt{10}$ が R_K の既約元であることを証明せよ．そこから R_K が UFD ではないことを導け．

(c) 矛盾なく定義された全射準同型写像 $\phi: R_K \to \mathbb{Z}/2\mathbb{Z}$ が $\phi(a + b\sqrt{10}) = a \bmod 2$ で定義されることを証明せよ．（ϕ が加法と乗法を保つことを確かめること．）

$$\mathfrak{p} = \ker(\phi) = 2R_K + \sqrt{10}R_K$$

を証明し，そこから $\mathfrak{p}$ が R_K の素イデアルであることを導け．

(d) (c) と同じだが，2 を 5 に置き換え，$\mathfrak{q} = 5R_K + \sqrt{10}R_K$ が R_K の素イデアルであることを示せ．

(e) $\mathfrak{p}\mathfrak{q}$ と $\mathfrak{q}^2$ が単項イデアルであることを，生成元を明示的に見つけることで証明せよ．

(f) $10R_K = \mathfrak{p}^2\mathfrak{q}^2$ を証明せよ．

14.55 演習問題 14.54 では，$\mathbb{Q}(\sqrt{10})$ の類数が 1 より大きいことを，2, 5, $\sqrt{10}$ が $\mathbb{Z}[\sqrt{10}]$ の既約元であると確かめることで示した．このとき，因子分解 $10 = 2 \cdot 5 = \sqrt{10}^2$ から，$\mathbb{Z}[\sqrt{10}]$ は UFD ではないこともわかる．類数がいかに予測不可能であるかを説明するために，同じ論法が $\mathbb{Q}(\sqrt{6})$ に対してはなぜ成り立たないのかを述べよ．とくに，2, 3, $\sqrt{6}$ がどれも $\mathbb{Z}[\sqrt{6}]$ では可約な元であることを示せ．

演習問題　**601**

14.56　$K/\mathbb{Q}$ を代数体とし，R_K をその整数環とする．K のイデアル類群 C_K，単数群 R_K^*，分数イデアル群 I_K が，次のアーベル群の完全系列（定義 14.28）に収まることを証明せよ：

$$1 \longrightarrow R_K^* \longrightarrow K^* \xrightarrow{c \mapsto cR_K} I_K \longrightarrow C_K \longrightarrow 1.$$

14.10 節　代数幾何学

14.57　$I \subseteq F[x_1, \ldots, x_n]$ をイデアルとする．次の包含関係を証明せよ．これは零点定理（定理 14.154 (c)）の片方である：

$$\mathrm{Rad}(I) \subseteq \mathcal{I}(\mathcal{V}(I)).$$

（他方の包含も示せそうに思うかもしれないが，証明はずっと難しい．）

14.58　注意 14.158 で述べたように，$U_0 \subset \mathbb{P}^n$ を $a_0 \neq 0$ であるような点の全体とする．
- (a) 注意 14.158 の写像 $\mathbb{A}^n \to U_0$ と $U_0 \to \mathbb{A}^n$ が全単射であることを，これらが互いに逆写像だと示すことで証明せよ．
- (b) 補集合 $\mathbb{P}^n \setminus U_0$ が $\mathbb{P}^{n-1}$ と自然に同一視されることを証明せよ．
- (c) $\mathbb{A}^0$ は定義により 1 点集合とし，(a) と (b) を繰り返し適用し，$\mathbb{P}^n$ が次の非交和

$$\mathbb{P}^n = \mathbb{A}^n \cup \mathbb{A}^{n-1} \cup \mathbb{A}^{n-2} \cup \cdots \cup \mathbb{A}^1 \cup \mathbb{A}^0$$

で表されることを証明せよ．
- (d) すべての $0 \leq i \leq n$ に対して，$U_i = \{[a_0, \ldots, a_n] \in \mathbb{P}^n : a_i \neq 0\}$ とする．$\mathbb{P}^n$ が（非交和とは限らない）合併

$$\mathbb{P}^n = U_0 \cup U_1 \cup \cdots \cup U_n$$

で表されることを証明せよ．(a) を少し拡張することで $U_i \cong \mathbb{A}^n$ がわかり，よって $\mathbb{P}^n$ が $n+1$ 個の $\mathbb{A}^n$ の複製で覆われることが示される．

14.59　$\phi = f/g \in F(\mathbb{P}^n)$ を $\mathbb{P}^n$ 上の有理関数とする．注意 14.161 では，ϕ がどのようにして $\{P \in \mathbb{P}^n : g(P) \neq 0\}$ から F への写像を定義するかを説明した．これが矛盾なく定義された写像

$$\phi : \{P \in \mathbb{P}^n : f(P) \text{ と } g(P) \text{ の両方が } 0 \text{ ではない}\} \longrightarrow \mathbb{P}^1, \quad \phi(P) = [f(P), g(P)]$$

に拡張できることを示せ．

14.60　$S \subseteq \mathbb{A}^n$ を部分集合とする．たとえば S は代数的部分集合でもよい．次を証明せよ：

$$\mathcal{I}(S) = \{f \in F[x_1, \ldots, x_n] : \text{任意の } P \in S \text{ に対して } f(P) = 0\}$$

は $F[x_1, \ldots, x_n]$ のイデアルである．

14.61　$V \subseteq \mathbb{P}^n$ を射影多様体とする．
- (a)

$$\{f/g \in F(\mathbb{P}^n) : g \notin \mathcal{I}(V)\}$$

が $F(\mathbb{P}^n)$ の部分環であることを示せ．
- (b)

$$\{f/g \in F(\mathbb{P}^n) : f \in \mathcal{I}(V) \text{ かつ } g \notin \mathcal{I}(V)\}$$

が (a) で述べた環の極大イデアルであることを証明せよ．

602　第 14 章　追加の話題を手短に

(c) V **の有理関数体**とは，剰余体

$$F(V) = \frac{\{f/g \in F(\mathbb{P}^n): g \notin \mathcal{I}(V)\}}{\{f/g \in F(\mathbb{P}^n): f \in \mathcal{I}(V) \text{ かつ } g \notin \mathcal{I}(V)\}}$$

のこととする．$P \in V$ とする．$\phi \in F(V)$ が P **で有理型**とは，有理式 $f/g \in F(\mathbb{P}^n)$ で，$g \notin \mathcal{I}(V)$ を満たし，f/g の $F(V)$ での像が ϕ であり，かつ少なくとも $f(P)$ または $g(P)$ が零ではないようなものが存在することである．ϕ が矛盾なく定義された写像

$$\phi: \{P \in V: \phi \text{ は } P \text{ で有理型}\} \longrightarrow \mathbb{P}^1,$$

$$\phi(P) = [f(P), g(P)]$$

を定義することを証明せよ．（ヒント：証明しなければならない決定的な事実は，値 $\phi(P)$ が f や g の取り方によらないことである．また，異なる点 P に対しては，異なる f と g を選ぶ必要があることも注意しておく．）

14.62

$$F[\mathbb{P}^n]_P = \{f/g \in F(\mathbb{P}^n): g(P) \neq 0\}$$

を定義 14.166 で述べた集合とする．

(a) $F[\mathbb{P}^n]_P$ は $F(\mathbb{P}^n)$ の部分環であることを証明せよ．

(b) $F[\mathbb{P}^n]_P$ の部分集合

$$\mathfrak{M}[\mathbb{P}^n]_P = \{f/g \in F[\mathbb{P}^n]_P: f(P) = 0\}$$

を考える．$\mathfrak{M}[\mathbb{P}^n]_P$ は $F[\mathbb{P}^n]_P$ の極大イデアルであることを証明せよ．（ヒント：全射準同型写像 $F[\mathbb{P}^n]_P \to F$ で，核が $\mathfrak{M}[\mathbb{P}^n]_P$ であるものを定義せよ．）

(c) $\mathfrak{M}[\mathbb{P}^n]_P$ が $F[\mathbb{P}^n]_P$ の唯一の極大イデアルであることを証明せよ[117]．

14.63

$$C_1 = \mathcal{V}(X^3 - Y^2 Z) \quad \text{と} \quad C_2 = \mathcal{V}(X^2 - YZ)$$

を例 14.168 と例 14.170 の射影曲線とする．

(a)

$$C_1 \cap C_2 = \{[0, 0, 1], [1, 1, 1], [0, 1, 0]\}$$

を証明せよ．

(b) $\mu_{[0,1,0]}(C_1, C_2) = 2$ を証明せよ．

(c) $\mu_{[1,1,1]}(C_1, C_2) = 1$ を証明せよ．

14.11 節　ユークリッド格子

14.64　$\boldsymbol{u}_1, \ldots, \boldsymbol{u}_n$ を $\mathbb{R}^n$ の基底とし，

$$L = \mathrm{Span}_{\mathbb{Z}}\{\boldsymbol{u}_1, \ldots, \boldsymbol{u}_n\},$$

$$\mathcal{P} = \{t_1 \boldsymbol{u}_1 + t_2 \boldsymbol{u}_2 + \cdots + t_n \boldsymbol{u}_n: 0 \leq t_i < 1\}$$

とする．任意の $\boldsymbol{v} \in \mathbb{R}^n$ が，$\boldsymbol{u} \in \mathcal{P}$ と $\boldsymbol{w} \in L$ により $\boldsymbol{v} = \boldsymbol{u} + \boldsymbol{w}$ と一意に表されることを証明せよ．（ヒント：$\boldsymbol{u}$ との存在は補題 14.177 で証明したので，ここでの仕事は一意性を示すことである．）

---

[117]ちょうど 1 つの極大イデアルを持つ環を**局所環**と呼ぶ．演習問題 3.53 を見よ．

演習問題　　**603**

14.65　$L \subset \mathbb{R}^n$ を格子とする.

(a) 任意の $R \geq 0$ に対して,

$$集合 \{v \in L \colon \|v\| \leq R\} \text{ は有限集合である}$$

ことを証明せよ.（ヒント：定理 14.173 の証明と似た，体積を比較する議論を行え.）

(b) $t \in \mathbb{R}^N$ とする. ベクトル $0 \neq v_0 \in L$ で

$$\|v_0 - t\| = \min_{v \in L}\|v - t\|$$

を満たすものが存在することを証明せよ.

14.66　$L \subset \mathbb{R}^n$ を離散部分群とし,

$$r = \dim \operatorname{Span}_{\mathbb{R}}(L)$$

とする. $\operatorname{Span}_{\mathbb{R}}(L)$ は $\mathbb{R}$ ベクトル空間として $\mathbb{R}^n$ の部分空間だから，$r \leq n$ であることに注意する. 14.11.2 節で，定理 14.173 を $r = n$ の仮定のもとで証明した. この定理を使うか改造するかして，任意の r について L が有限生成アーベル群であることを証明せよ.

14.67　$L \subset \mathbb{R}^n$ を離散部分群とする. 定理 14.173（また演習問題 14.66）より，L は $\mathbb{R}^n$ 内の有限生成自由アーベル部分群である. この演習問題では，L の階級が高々 n であることの証明を素描する. 定理 14.173 の証明で定義した記号のいくつかを使う. とくに，$\epsilon > 0$ は $L \cap B_\epsilon(0) = \emptyset$ を満たすものとし，また $0 < \delta < \frac{1}{2}\epsilon$ とする.

(a) $R > 0$ とする. もし $v \in L \cap B_R(0)$ なら，$B_\delta(v) \subseteq B_{R+\delta}(0)$ であることを証明せよ.

(b) 球 $B_\epsilon(v)$ の，$v \in L \cap B_R(0)$ に関する合併の体積と，$B_R(0)$ の体積を比較し，次を導け:

$$\#(L \cap B_R(0)) \leq (R\delta^{-1} + 1)^n.$$

(c) $r = \operatorname{rank}_{\mathbb{Z}}(L)$ とし，L の $\mathbb{Z}$ 基底 $v_1, \ldots, v_r$ を固定する. 任意の整数 A に対して,

$$L(A) = \{a_1 v_1 + \cdots + a_r v_r \colon 任意の 1 \leq i \leq r に対して a_i \in \mathbb{Z} かつ |a_i| \leq A\}$$

とし，また $V = \max\{\|v_i\| \colon 1 \leq i \leq r\}$ を L の基底の中で最長のベクトルの長さとする.

$$\#L(A) = (2A + 1)^r \quad かつ \quad L(A) \subset B_{rAV}(0)$$

を証明せよ.

(d) (b) と (c) を用いて，A, r, n, V, δ を用いた評価を与えよ. $A \to \infty$ として $r \leq n$ を導け.

14.68　$L \subset \mathbb{R}^n$ を格子とする. この演習問題では，L の基底で張られる平行体のような形状の基本領域の体積が基底によらないことを証明してほしい. つまり，このような形状の基本領域に関する，命題 14.189 の別証明である.

(a) $\mathcal{B} = \{v_1, \ldots, v_n\}$ を L の基底とする. $\mathcal{M}(\mathcal{B}) \in \operatorname{Mat}_{n \times n}(\mathbb{R})$ を行列で，その列がベクトル v_1, $\ldots$, v_n からなるものとする. $\mathcal{B}$ に伴う基本領域の体積が次の公式で与えられることを証明せよ:

$$\operatorname{Volume}(\mathcal{F}(\mathcal{B})) = |\det \mathcal{M}(\mathcal{B})|.$$

(b) $\mathcal{B}' = \{v_1', \ldots, v_n'\}$ を L の別の基底とする. このとき，行列 $A \in \operatorname{GL}_n(\mathbb{Z})$ で，$\mathcal{B}$ を $\mathcal{B}'$ に変換するものの存在を証明せよ. つまり，A は整数成分の行列で，その逆列も整数成分であり，$\mathcal{M}(\mathcal{B}') = \mathcal{M}(\mathcal{B})A$ を満たす.

(c) $\operatorname{Volume}(\mathcal{F}(\mathcal{B})) = \operatorname{Volume}(\mathcal{F}(\mathcal{B}'))$ であり，したがって判別式 $\operatorname{Disc}(L)$ は L にのみ依存し，基

604 第 14 章 追加の話題を手短に

底の取り方には依存しない.

14.69 $L \subset \mathbb{R}^n$ を格子とし,$\mathcal{B} = \{\boldsymbol{v}_1, \ldots, \boldsymbol{v}_n\}$ を L の基底,さらに $\mathcal{M}(\mathcal{B}) \in \mathrm{Mat}_{n \times n}(\mathbb{R})$ を行列で,その各列が $\boldsymbol{v}_1, \ldots, \boldsymbol{v}_n$ であるものとする.

(a) $A \in \mathrm{Mat}_{n \times n}(\mathbb{Z})$ を整数成分の行列で $\det(A) \neq 0$ を満たすものとし,また L' を格子で $\mathcal{M}(\mathcal{B})A$ の列で張られるものとする.L' は L の部分格子であり,次を満たすことを証明せよ:

$$L/L' \cong \mathbb{Z}^n/A\mathbb{Z}^n \quad \text{かつ} \quad \#(L/L') = |\det A|.$$

(b) 次を証明せよ:

$$\mathrm{Disc}(L') = \det(A) \cdot \mathrm{Disc}(L).$$

(c) (a) での構成からすべての指数有限の部分格子 $L' \subseteq L$ が得られることを証明せよ.

14.70 ミンコフスキの定理は次のことを主張するものだった:

定理 14.219 $L \subset \mathbb{R}^n$ を格子とする.このとき,任意のコンパクト凸対称領域 $\mathcal{R} \subset \mathbb{R}^n$ で体積が少なくとも $2^n \mathrm{Disc}(L)$ のものは,零でない格子点を含む[118].

定理 14.219 を使い,次の条件を満たすような定数 c_n が存在することを証明せよ:任意の格子 $L \subset \mathbb{R}^n$ に対し,非零ベクトル $\boldsymbol{v} \in L$ であって,

$$\|\boldsymbol{v}\| \leq c_n \mathrm{Disc}(L)^{1/n}$$

を満たすものが存在する.言い換えると,定理 14.219 を使って定理 14.178 の別証明を与えよ.c_n としてどのような値を得ただろうか?

14.71 **ガウスの推測**は,もし $L \subset \mathbb{R}^n$ が「ランダムな」格子で,$U \subset \mathbb{R}^n$ が「ランダムな」(コンパクト凸)領域なら,次が成り立つと期待できるだろうというものである:

$$\mathrm{Vol}(U) < \mathrm{Disc}(L) \implies L \cap U = \emptyset,$$
$$\mathrm{Vol}(U) > \mathrm{Disc}(L) \implies L \cap U \neq \emptyset.$$

(a) $\mathcal{F}$ を L の基本領域とする.すると,演習問題 14.64 により,$\mathcal{F}$ は L のちょうど 1 点を含み,$\mathcal{F}$ を L の元でずらしたものは $\mathbb{R}^n$ を覆う.これらの事実を使って,ガウスの推測が妥当なものであることを説明せよ.

(b) ガウスの推測を仮定すれば,$L \subset \mathbb{R}^n$ がランダムな格子であり,$\boldsymbol{t} \in \mathbb{R}^n$ がランダムな点である場合,L と $\boldsymbol{t}$ に関する CVP の解は次を満たしそうなことを示せ:

$$\min_{\boldsymbol{v} \in L} \|\boldsymbol{v} - \boldsymbol{t}\| \approx \sqrt{n/2\pi e}\, \mathrm{Disc}(L)^{1/n}.$$

ヒント:$\boldsymbol{t}$ の周りの球が零でない格子点を含むと期待するには,どのくらいの大きさであればよいだろうか? 次の,$\mathbb{R}^n$ 内の球の体積の公式が便利だろう:

$$\mathrm{Vol}(B_R(\boldsymbol{c})) = R^n \mathrm{Vol}(B_1(\boldsymbol{0})),$$
$$\mathrm{Vol}(B_1(\boldsymbol{0})) = \pi^{n/2} \Gamma(1 + n/2)^{-1} \approx (2\pi e/n)^{n/2}.$$

(c) U が $\boldsymbol{0}$ の周りで対称であり,とくに $\boldsymbol{0}$ を含んでいるとする.U の体積と L の判別式を用いて,$L \cap U$ が 2 つめの点を含む条件としてガウスの推測の別バージョンを再定式化せよ.その推測

---

[118] 領域 $\mathcal{R} \subset \mathbb{R}^n$ が (1) **コンパクト**とは有界閉集合のことであり,(2) **凸**とは,任意のベクトル $\boldsymbol{v}, \boldsymbol{w} \in \mathcal{R}$ に対して,線分 $\overline{\boldsymbol{v}\boldsymbol{w}}$ が $\mathcal{R}$ に含まれることであり,(3) **対称**($\boldsymbol{0}$ の周りで)とは,任意の $\boldsymbol{v} \in \mathcal{R}$ に対して,加法の逆元 $-\boldsymbol{v}$ がやはり $\mathcal{R}$ に含まれることである.

を使って，L がランダムな格子なら，L に関する SVP が

$$\min_{v \in L, v \neq 0} \|\boldsymbol{v}\| \approx \boxed{} \mathrm{Disc}(L)^{1/n}$$

を満たすことを導け．上の空欄を n の簡単な式で埋めよ．
(d) (c) での評価と，注意 14.180 で述べた最短ベクトル問題への保証された上界とを比較するとどうだろうか？

14.12 節　非可換環

14.72　この演習問題では，定義 14.196 を拡張する．R を環とし，$S \subseteq R$ を部分集合とする．
(a)

$$I_S = \bigcap_{\substack{I \subseteq R \text{ は } R \text{ の両側イデアル} \\ \text{かつ } S \subseteq I \text{ を満たす.}}} I$$

とする．I_S は R の両側イデアルで，$S \subseteq I_S$ が成り立つことを証明せよ．I_S を **S で生成される R の両側イデアル**と呼ぶ．
(b) $J \subseteq R$ を両側イデアルで $S \subseteq J$ を満たすものとする．$I_S \subseteq J$ を証明せよ．（このことから，I_S が R の両側イデアルで S を含むもののうち最小である．）
(c) I_S は次のような積の和として明示的に記述できる：

$$I_S = \left\{ \sum_{i=1}^{n} a_i c_i b_i : n \geq 0,\ c_i \in S,\ a_i, b_i \in R \right\}.$$

注意：$c_1, \ldots, c_n \in S$ が相異なるとは限らない．

14.73　A を（非可換）環とし，$I \subseteq A$ をイデアルとする．I の剰余類の集合をいつもの通り

$$A/I = \{a + I : a \in A\}$$

とすると，$(A, +)$ はアーベル群だから，商 $(A/I, +)$ は通常の群演算 $(a + I) + (b + I) = a + b + I$ によりアーベル群である．
(a) I が両側イデアルなら，乗法の規則

$$A/I \text{ 上で }\quad (a + I) \cdot (b + I) = ab + I \tag{14.77}$$

が矛盾なく定義され，これにより A/I が環になることを証明せよ．
(b) $\phi\colon A \to A'$ を環準同型写像とする．$\ker(\phi)$ が A の両側イデアルであり，ϕ は自然な単射準同型写像

$$\overline{\phi}\colon A/\ker(\phi) \longrightarrow A', \quad \overline{\phi}(a + \ker(\phi)) = \phi(a)$$

を引き起こすことを証明せよ．
(c) I を左イデアルとすると，A/I が次の左乗法により A 加群になることを示せ．

$$a \cdot (b + I) = ab + I.$$

（同様に，I が右イデアルなら，$(b + I) \cdot a = ba + I$ という演算が使える．）
(d) I を左イデアルかつ，式 (14.77) の乗法規則で A/I を環にするとしよう．何が問題になるだろうか？

14.74　A を環とする．元 $e \in A$ が**冪等元**であるとは，$e^2 = e$ を満たすことである．
(a) $e \in A$ を冪等元とする．$1 - e$ も冪等元であることを証明せよ．

606 第14章 追加の話題を手短に

(b) $e \in A$ を冪等元とする．左イデアル eA は A から定まる和と積に関して環であることを証明せよ．（注意：$e \neq 1$ なら eA は A の部分環ではない．なぜなら A と eA は乗法の単位元が異なるから．）

(c) $e \in A$ が冪等元であり，e が A の中心に含まれるとする[119]．環の同型写像

$$A \xrightarrow{\sim} eA \times (1-e)A, \quad a \longmapsto (ea, (1-e)a)$$

が存在することを証明せよ．

(d) 逆に，$A \cong A_1 \times A_2$ が A から環の積への同型写像とする．このとき，冪等元 $e \in A$ が A の中心に存在して，$A_1 \cong eA$ かつ $A_2 \cong (1-e)A$ であり，同型写像が (c) で与えられたものに一致することを証明せよ．

14.75 非可換多項式環 $R\langle x, y \rangle$ において次のそれぞれの積を展開し，単項式の線形和として表示せよ．

(a) $(x+y)(x-y)$．

(b) $(xy - xy^2 + yx^2)(x + y + yx)$．

(c) $(x + y + yx)(xy - xy^2 + yx^2)$．（これは (b) の各因子を逆にしたものである．）

14.76 F を体とし，G を有限群とする．$\rho: G \to \mathrm{GL}(F[G])$ を左乗法で定まる正則表現とし，$W \subseteq F[G]$ を $F[G]$ の F 部分空間とする．注意 14.207 で，次を主張した：

$$W \text{ は } \rho \text{ 不変部分空間} \iff W \text{ は } F[G] \text{ の左イデアルである．}$$

この主張を証明せよ．

14.77 G を有限群とし，$H \subseteq G$ を G の正規部分群とする．$E_H = \sum_{h \in H} e_h \in \mathbb{Q}[G]$ を命題 14.208 で述べた元とする．E_H が $\mathbb{Q}[G]$ の任意の元と可換であることを証明せよ．つまり，E_H が，演習問題 3.17 で定義された，群環 $\mathbb{Q}[G]$ の中心の元であることを証明せよ．（ヒント：H が正規であるという事実が本質的である．）

14.78 R を，定義 14.209 で述べた，標数 p の加法的多項式の環とする．次の R での積を展開し，単項式の和として書け．

$$(a_0 x + a_1 x^p + a_2 x^{p^2})(b_0 x + b_1 x^p + b_2 x^{p^2}).$$

14.79 G を群とし，R を可換環とする．

(a) $R[G]$ が可換環である必要十分条件は G がアーベル群であることを示せ．

(b) $\mathcal{C}_n$ を位数 n の巡回群とする．次の同型写像が存在することを証明せよ：

$$R[\mathcal{C}_n] \cong R[x]/(x^n - 1).$$

14.80 G を有限群とし，R を可換環とする．

(a) $g \in G$ とし，$u \in R^*$ とする．ue_g は群環 $R[G]$ の両側単元であることを示せ．

(b) $R[G]$ に対して，(a) に挙げたもの以外の両側単元が存在しうることを例を挙げて示せ．

14.81 命題 14.210 の証明を，式 (14.67) で定義される加法的多項式環 A についての次の主張を証明することで完成させよ：

(a) A は加法に閉じている．つまり，$f, g \in A$ なら $f + g \in A$ を証明せよ．

---

[119] 演習問題 3.17 から，A の中心を思い出すと，これは A の任意の元と可換な元全体の集合だった．つまり，$A^{\mathrm{center}} = \{a \in A : \text{任意の } b \in A \text{ に対して } ab = ba\}$．

(b) $f, g, h \in A$ とする．分配則[120]

$$(f + g) \circ h = f \circ h + g \circ h$$

を証明せよ．

14.82 R を標数 p の可換環とする．環 $R\{\tau\}$ を，その元が τ に関する R 係数の標準的な多項式であるが，τ が R の元と可換ではないため，その乗法が非可換なものとする．その代わりに，積の演算を

$$\text{任意の } c \in R \text{ に対し} \quad \tau c = c^p \tau$$

で定める．

(a) $c \in R$ とし，$i \geq 0$ とする．$\tau^i c = c^j \tau$ と仮定する．j の値を p と i で記述せよ．

(b) $a, b, c, d, e \in R$ とする．次の等式が成り立つように，空欄を R の元で埋めよ：

$$(a + b\tau + c\tau^2)(d + e\tau) = \boxed{} + \boxed{}\tau + \boxed{}\tau^2 + \boxed{}\tau^3.$$

(c) A を定義 14.209 で述べた加法的多項式の環とする．次の環の同型を証明せよ：

$$R\{\tau\} \longrightarrow A, \quad \sum_{i=0}^{n} c_i \tau^i \longmapsto \sum_{i=0}^{n} c_i x^{p^i}.$$

14.83 R を標数 0 の可換環とし，A を定義 14.209 で述べた加法的多項式の環とする．次の写像

$$R \longrightarrow A, \quad c \longrightarrow cx$$

が同型写像であることを証明せよ．したがって，加法的多項式の環は，R が標数 0 ならあまりおもしろくはない．

14.13 節　数理暗号

14.84 $p, q \in \mathbb{Z}$ を素数とし，$e, b \geq 1$ を整数とする．

(a) $\gcd(e, p - 1) = 1$ かつ $\gcd(b, p) = 1$ と仮定する．すると，ユークリッドの互除法（演習問題 1.27）は，整数 $u \geq 1$ で

$$u \cdot e \equiv 1 \pmod{p - 1}$$

を満たすものを高速に求める方法である．次を証明せよ：

$$b^u \bmod p \quad \text{は合同式} \quad x^e \equiv b \pmod{p} \quad \text{の解である．}$$

(b) 次を仮定する：

$$\gcd(e, p - 1) = \gcd(e, q - 1) = \gcd(b, pq) = 1.$$

p と q の値を知っていれば，次の合同式を解く高速なアルゴリズムがあることを証明せよ：

$$x^e \equiv b \pmod{pq}.$$

14.85 もしディフィー–ヘルマン問題を解けるなら，エルガマル暗号を破ることもできると証明せよ．言い換えると，ディフィー–ヘルマン問題を魔法のように解いてしまうアルゴリズムを持っているなら，そのアルゴリズムでエルガマル暗号の暗号文を平文化できる．

---

[120] 興味深いことに，この左分配則は任意の多項式に対して，またある意味で任意の関数に対して正しい．しかし，右分配則 $f \circ (g + h) = f \circ g + f \circ h$ には A の多項式の加法性が必要である．

608　第 14 章　追加の話題を手短に

14.86　G を有限群とし，$g \in G$ を位数 n の元とし，a を g が生成する巡回群の元とする．離散対数問題を解く素朴な方法は，冪のリスト $g, g^2, g^3, \ldots$ を，a が現れるまで計算することである．平均的には，この方法は $\frac{1}{2}n$ ステップを必要とする．この演習問題では，シャンクス (Shanks) の**ベイビーステップ・ジャイアントステップ法**を述べる．この方法では，高々 $\sqrt{n}$ ステップを要するが，一方で G のおよそ $2\sqrt{n}$ 個の元を保存する必要がある[121]．

- $N = \lceil \sqrt{n} \rceil$ とする．つまり，N は $N \geq \sqrt{n}$ を満たす最小の整数である．
- 次の値のリストを作る（ベイビーステップ）：

$$\mathcal{L}_1 = \{ g^{-1}, g^{-2}, g^{-3}, \ldots, g^{-N} \}.$$

- $h = g^N$ として，次の値のリストを作る（ジャイアントステップ）：

$$\mathcal{L}_2 = \{ a^{-1}h, a^{-1}h^2, a^{-1}h^3, \ldots, a^{-1}h^N \}.$$

- **主張 A**：$\mathcal{L}_1 \cap \mathcal{L}_2 \neq \emptyset$．
- **主張 B**：主張 A により，整数 i と j で，$g^{-i} = a^{-1}h^j$ を満たすものが存在する．このとき，$a = g^{i+jN}$ だから，DLP が解けた．

主張 A，主張 B を証明せよ．

14.87　この問題と次の問題では，図 61 に示したような，NTRU と呼ばれる格子公開鍵暗号の簡易化版を探求する[122]．NTRU 公開鍵暗号の GGH に対する優位性は，その公開鍵が基底全体ではなく，1 つのベクトルからなることである．NTRU では 2 つの素数 N と q を用いる[123]．環を

$$R = \mathbb{Z}[X]/(X^N - 1) \quad \text{と} \quad R_q = \mathbb{F}_q[X]/(X^N - 1)$$

とし，$(R, +)$ を次のようにして格子 $\mathbb{Z}^N$ と同一視する：

$$a_0 + a_1 X + \cdots + a_{N-1} X^{N-1} \quad \longleftrightarrow \quad (a_0, a_1, \ldots, a_{N-1}).$$

これにより，R の多項式のノルム $\|f(X)\|$ を $R = \mathbb{Z}^N \subset \mathbb{R}^N$ という包含と $\mathbb{R}^N$ の標準的なノルムで考えることができる．

(a) $f(X) = 1 + 2F(X)$ と $g(X) = 2G(X)$ を図 61 のようにする．ここで F と G はバイナリ係数の多項式で，$m(X)$ と $r(X)$ もそうである．

$$g(X)r(X) + f(X)m(X) \in R$$

の係数が 0 以上，$5N$ 以下であることを示せ．

(b) 公開鍵を得るには R_q の元の逆元の計算が必要である．$\phi(X) \in \mathbb{F}_q[X]$ が R_q で逆元を持つ必要十分条件が，

$$\gcd_{\mathbb{F}_q[X]}(\phi(X), X^N - 1) = 1 \tag{14.78}$$

であることを示せ．さらに，もし式 (14.78) が真なら，逆元はユークリッド整域 $\mathbb{F}_q[X]$ におけるユークリッドの互除法で高速に計算できることを証明せよ．

(c) q が巡回群 $(\mathbb{Z}/N\mathbb{Z})^*$ の生成元と仮定する．$\phi(X) \in \mathbb{F}_q[X]$ が R_q で逆元を持つ必要十分条件は，

---

[121] ポラード (Pollard) による，$\boldsymbol{\rho}$ **法**と呼ばれるアルゴリズムがあることを注意しておく．これも DLP をおよそ $\sqrt{n}$ ステップで解くものだが，保存領域は少しで済む．もちろん，特定の群，たとえば $\mathbb{F}_q^*$ において DLP を解く，より洗練された高速なアルゴリズムも存在する．

[122] 訳注：$F(X), G(X), f(X), g(X), f(X)^{-1}, m(X), r(X), a(X), A(X)$ が秘密情報，$N, q, R, R_q, h(X), e(X)$ が公開情報である．

[123] 実際の用途では，素数 N を 500 から 5000 の間でとる．

演習問題　**609**

NTRU 公開鍵暗号

（ホフシュテイン–パイファー–シルヴァーマン (Hoffstein–Pipher–Silverman)）

- 公開パラメータ： 素数 N と q.
- 秘密鍵： 多項式 $F(X), G(X) \in R$ でバイナリ係数のもの.
  $f(X) = 1 + 2F(X)$ かつ $g(X) = 2G(X)$ とし,
  $f(X)^{-1} \in R_q$ を $f(X)$ の R_q での逆元とする.
- 公開鍵： 多項式 $h(X) = f(X)^{-1} \cdot g(X) \in R_q$.
- 平文： 多項式 $m(X) \in R$ でバイナリ係数のもの.
- 暗号化： ランダムに多項式 $r(X) \in R$ でバイナリ係数のものを選ぶ.
  暗号文は, 多項式
  $$e(X) = r(X)h(X) + m(X) \in R_q.$$
  $h(X)$ の係数は法 q で簡約されていることに注意せよ.
- 平文化： 多項式 $A(X) = f(X)e(X)$ を R_q で計算する.
  $a(X) \in R$ を 0 から $q-1$ の間の整数を係数とする多項式で
  $a(X) \bmod q = A(X)$ となるものとする.
  $m(X)$ の係数を法 2 で簡約し, $m(X)$ を復元する.

図 **61**　NTRU 公開鍵暗号の簡易版.

$$\phi(1) \neq 0 \quad \text{かつ} \quad \phi(X) \text{ は } X^{N-1} + \cdots + X + 1 \text{ の倍元ではない}$$

であることを証明せよ.（ヒント：演習問題 9.32 が助けになるだろう.）

(d) $q > 5N + 1$ と仮定する. 図 61 の平文化のステップが平文を復元すること, つまり, NTRU が正しく機能することを証明せよ.（ヒント：(a) を使う.）

14.88　図 61 と演習問題 14.87 で述べた NTRU 公開鍵暗号方式は多項式環の剰余環を用いるが, 格子が関わっているようには見えなかった. この演習問題では, NTRU 秘密鍵を公開鍵から復元する問題が, ある格子における SVP にどのように帰着できるかを述べ, また, 暗号文から平文を復元する問題が, 同じ格子での CVP にどのように帰着できるかを説明する.

再び,$(R, +)$ を格子 $\mathbb{Z}^N$ と同一視し, $h(X) \in R$ とする. h に対する NTRU 格子とは, 次で定義される, $R^2 \cong \mathbb{Z}^{2N}$ の部分格子 L_h である：

$$L_h = \mathrm{Span}_{\mathbb{Z}}\big(\{(X^i, X^i h(X)) \in R^2 : 0 \leq i < N\} \cup \{(0, qX^i) \in R^2 : 0 \leq i < N\}\big).$$

(a) L_h は R^2 の部分格子であることを示せ. つまり, L_h が $\mathbb{R}^{2N}$ の, 階数 $2N$ の離散部分群であることを証明せよ.

(b) $(f(X), g(X)) \in L_h$ を証明せよ. $f(X)$ と $g(X)$ の係数は非常に小さいので, このことから, L_h は, 座標がアリスの秘密鍵である短いベクトルを含んでいることがわかる.

(c) 演習問題 14.87 (d) で見たように, 平文化がつねに機能するために $q \approx 5N$ を仮定したうえで, 短い秘密鍵ベクトル $(f(X), g(X)) \in L_h$ の長さの上界を概算せよ.

(d) $\mathrm{Disc}(L_h) = q^N$ を証明せよ.

(e) L_h がランダムな格子なら, ガウスの推測[124]により, L_h の非零最短ベクトルの長さがおおよそ

---

[124] そう, ここで演習問題 14.71 (c) の答えを明かしてしまっている. しかし, なぜこの答えに至るのかの説明をしてほしい.

610 第 14 章 追加の話題を手短に

$$\min_{v \in L_h,\, v \neq 0} \|v\| \approx \sqrt{\dim L_h / 2\pi e}\, \mathrm{Disc}(L_h)^{1/\dim L_h}$$

である. (c) と $q \approx 5N$ を使って, この量を N の関数として表せ.

(f) (b) と (e) の答えを見比べて, $(f(X), g(X))$ がたぶん L_h の非零最短ベクトルであり, よって, L_h で SVP を解くことでアリスの秘密鍵を明らかにできることを導け.

(g) ボブが平文 $m(X)$ をアリスの公開鍵 $h(X)$ とランダムな多項式 $r(X)$ で暗号化し, ボブの暗号文が $e(X) \in R_q$ とする. イブが L_h での $(0, e(X))$ を目標ベクトルとする CVP を解くことで, ボブの平文をおそらく復元できることを説明せよ.

14.89 この演習問題では, アルゴリズム 14.217 で述べた繰り返し 2 乗法についての 2 つの主張を証明してもらう.

(a) 繰り返し 2 乗法アルゴリズムの出力が g^n に等しいことを証明せよ.

(b) 繰り返し 2 乗法アルゴリズムの群演算の回数が高々 $2\log_2(n)$ であることを証明せよ. (n を 2 進表記するための時間は無視してよい.)

シラバスの例

　週に3日開講の講義のために設計された，日ごとのシラバスの例を掲載する．1つめのシラバスは，代数学の基本的な対象の導入であり，この講義を著者が担当する際のスケジュールを反映している．第2章から第5章までの群，環，ベクトル空間，体の導入から始めて，第6章から第8章までの，これらの話題のもう少し詳しい研究に戻る．その過程で，いくつかの前奏曲的な，また間奏曲的な話題がある．

　2つめのシラバスは，体論，ガロア理論と加群の理論についてもう少し詳しく展開するものである．これは後期の開講に適していて，かなりな深さの数学を扱っているが，これは講師が従うたくさんの道のうちの1つにすぎない．別の道として，3つめのシラバスで述べたように，代数学のたくさんの分野を自由気ままに周遊するものもある．俯瞰的な視点の提供を優先させて，ガロア理論はまったく割愛している．

学期の例 1 の日ごとのスケジュール——群，環，体

講義	学習項目	節	主題
#1	前奏	1.1, 1.2, 1.4	数学とは何か？／集合論
#2	前奏	1.5	関数
#3	群 1	2.1, 2.2	導入，抽象群
#4	群 1	2.2, 2.3	抽象群と例
#5	群 1	2.3, 2.4	群準同型写像
#6	群 1	2.4, 2.5	部分群，剰余類，ラグランジュの定理
#7	群 1	2.5, 2.6	ラグランジュの定理，群の積
#8	間奏	1.7, 1.9.1	帰納法，組合せ論
#9	環 1	3.1, 3.2, 3.3	抽象的な環，例
#10	環 1	3.3, 3.4	例，性質
#11	環 1	3.5	単元群，環の積
#12	環 1	3.6	イデアル，剰余環
#13	環 1	3.6, 3.7	素イデアル，極大イデアル
#14	環 1	3.7	素／極大イデアル，整域／体
#15	ベクトル空間 1	4.1, 4.2, 4.3	ベクトル空間，線形写像
#16	ベクトル空間 1	4.3, 4.4	例，基底
#17	ベクトル空間 1	4.4	基底，次元
#18	体 1	5.1, 5.2, 5.3	抽象的な体，例
#19	体 1	5.4	部分体，体の拡大
#20	体 1	5.5	多項式
#21	体 1	5.6	体の拡大の構成
#22	体 1	5.7	有限体
#23	間奏	1.6	同値関係
#24	群 2	6.1	正規部分群と剰余群
#25	群 2	6.1	正規部分群と剰余群
#26	群 2	6.2	集合への群作用
#27	群 2	6.3	軌道固定部分群の数え上げ定理
#28	群 2	6.4	シローの定理
#29	群 2	6.4	シローの定理
#30	環 2	7.1, 7.2	ユークリッド整域，単項イデアル整域
#31	環 2	7.2, 7.3	既約性，一意分解整域
#32	環 2	7.5	分数体
#33	体 2	8.1	代数的数，超越数
#34	体 2	8.2	根と乗法的部分群
#35	体 2	8.3	分解体，分離性，既約性
#36	体 2	8.3, 8.4	有限体

シラバスの例 **613**

学期の例 2 の日ごとのスケジュール——ガロア理論と加群

講義	学習項目	節	主題
#1	体 2	8.1, 8.2	代数的数，単数
#2	体 2	8.3	分解体，分離性，既約性
#3	体 2	8.3, 8.4	有限体
#4	体 2	8.6	定規とコンパスによる作図
#5	体 2	8.6	定規とコンパスによる作図
#6	ガロア理論	9.1, 9.2, 9.3	代数的数の体
#7	ガロア理論	9.5, 9.6	自己同型写像，分解体 1
#8	ガロア理論	9.6	分解体 1
#9	ガロア理論	9.7	分解体 2
#10	ガロア理論	9.7	分解体 2
#11	ガロア理論	9.8	原始元定理
#12	環 2	7.6	対称式
#13	ガロア理論	9.9	ガロア拡大
#14	ガロア理論	9.10	ガロア理論の基本定理
#15	ガロア理論	9.11	代数学の基本定理
#16	ガロア理論	9.12	有限体
#17	ガロア理論	9.13	ガロア拡大の同値な条件
#18	ガロア理論	9.13	ガロア拡大の同値な条件
#19	ガロア理論	9.13	ガロア拡大の同値な条件
#20	ガロア理論	9.14	円分体とクンマー体
#21	ガロア理論	9.15	冪根による非可解性
#22	ガロア理論	9.15	冪根による非可解性
#23	ガロア理論	9.15	冪根による非可解性
#24	体 2	8.5	ガウスとアイゼンシュタインの判定法
#25	体 2	8.5	ガウスとアイゼンシュタインの判定法
#26	加群	11.1, 11.2	定義と例
#27	加群	11.3	部分加群と剰余加群
#28	加群	11.4	自由性と有限生成性
#29	加群	11.5	準同型写像，自己準同型写像と行列
#30	加群	11.6	ネーター環と加群
#31	加群	11.6	ネーター環と加群
#32	加群	11.7	ユークリッド整域上の行列
#33	加群	11.8	ユークリッド整域上の有限生成加群
#34	加群	11.8	ユークリッド整域上の有限生成加群
#35	加群	11.8	ユークリッド整域上の有限生成加群
#36	加群	11.9	応用

学期の例 3 の日ごとのスケジュール——加群と週間トピック

講義	節	主題
#1	1.4	集合論をほんの少し
#2	14.1	可算集合と非可算集合
#3	14.2	選択公理
#4	11.1, 11.2	加群とは何か？　加群の例
#5	11.3	部分加群と剰余加群
#6	11.4	自由性と有限生成性
#7	11.5	準同型写像，自己準同型写像，行列
#8	11.6	ネーター環と加群
#9	11.6	ネーター環と加群
#10	11.7	ユークリッド整域上の行列
#11	11.8	ユークリッド整域上の有限生成加群
#12	11.8	ユークリッド整域上の有限生成加群
#13	11.8	ユークリッド整域上の有限生成加群
#14	14.3	テンソル積と多重線形代数
#15	14.4	可換代数
#16	14.4	可換代数
#17	14.5	圏論
#18	14.5	圏論
#19	14.6	グラフ理論
#20	14.6	グラフ理論
#21	14.7	表現論
#22	14.7	表現論
#23	14.8	楕円曲線
#24	14.8	楕円曲線
#25	14.9	代数的整数論
#26	14.9	代数的整数論
#27	14.10	代数幾何学
#28	14.10	代数幾何学
#29	14.11	ユークリッド格子
#30	14.11	ユークリッド格子
#31	14.11	ユークリッド格子
#32	14.12	非可換環
#33	14.12	非可換環
#34	14.13	数理暗号
#35	14.13	数理暗号

訳者あとがき

　本書は，2022 年にアメリカ数学会から出版された，J. H. Silverman, *Abstract Algebra: An Integrated Approach* の全訳です．出版元のウェブページで公開されている正誤表の内容も採り入れ，それ以外の軽微な誤植についても訂正しています．

　原著者シルヴァーマンは，訳者にとっては何より楕円曲線論の大家です．楕円曲線論への導入として広く読まれているテイト (Tate) との共著があり，さらに，楕円曲線の数論的な側面を詳論した 2 冊の著書は，この分野における影響力から，AEC, AAEC という頭字語でよく知られています（3 冊とも邦訳がある）．

　純粋数学の範疇ではその他に，ディオファンタス幾何，数論力学系においてもその分野を代表する研究者であり，これらに関する多数の論文と著書があります．

　また，原著者は応用分野においても，数理暗号，とくに，代数学や数論の応用としての暗号研究でも長らく活躍してきました．本書の最後の章で（簡易版が）解説されている NTRU 暗号の共同開発者の 1 人でもあります．この暗号やその変種は，量子コンピュータが実現されても安全と期待される耐量子計算機暗号の 1 つとしてよく知られています．

　本書は，広い分野で長く活動してきた原著者が，代数学の基礎的なところから語り起こし，より専門的な主題まで，また集合論や圏論といった関連する基礎分野の他，数理暗号のような応用分野まで縦横に解説したものです．その魅力の 1 つは，自由闊達な語り口と思います．ときおり擬音が交じり，あるときは文学からの引用と洒落，あるときはミュージカルからの替え歌，そして大事なことは何度でも繰り返すという語り口は，序文にある「教科書であって，百科事典ではない」を通り越して，実は講義の筆記録では？とさえ思わせます．本訳書では，いくぶんか教科書としての面影を強調したつもりですが，原書の雰囲気を保ちえたかは大方のご判断を俟ちたいと思います．

　訳語の選定に当たっては，岩波数学辞典第 4 版の他，近い主題を扱ったいくつかの書籍を参考にしました．また，人名の片仮名表記については，オンラインで視聴できる講演動画なども助けにしました．

　丸善出版企画・編集部の皆様，とくに立澤正博氏には本翻訳企画の立ち上げから全面的にサポートしてもらいました．記して謝意を表します．最後に，いつもパソコンに向かって何かしているのを許してくれた家族に感謝します．

　2025 年 1 月

木村　巖

記号一覧

¬　否定, 3

∧　連言, 4

∨　選言, 4

⊻　排他的選言, ⊕ とも書く, 4

⇒　含意, 5

⇔　論理的同値, 5

∀　「全称」量化子, 8

∃　「存在」量化子, 8

ℕ　自然数全体 $\{1, 2, 3, \ldots\}$, 8

∃!　「唯一存在」量化子, 9

∈　対象が集合に属することを示す記号. たとえば $a \in S$, 11

∉　対象が集合に属さないことを示す記号. たとえば $a \notin S$, 11

∅　空集合, 11

#S　有限集合 S の元の個数, $|S|$ とも書く, 11

<　（自然）数の間の「より小さい」, 12

≤　（自然）数の間の「より小さいか等しい」, 12

⊆　集合の包含, たとえば $S \subseteq T$, 12

∪　集合の合併, たとえば $S \cup T$, 12

∩　集合の共通部分, たとえば $S \cap T$, 12

S^c　集合 S の補集合, $T \smallsetminus S$ とも書く, 12

∖　集合の差集合, たとえば $T \smallsetminus S$, 12

×　積集合, たとえば $S \times T$, 12

→　関数を表す矢印, たとえば $f: S \to T$, 13

∘　写像の合成, たとえば $g \circ f$, 14

∼　同値. たとえば $a \sim b$, 17

≁　同値ではない. たとえば $a \nsim b$, 17

S_a　元 $a \in S$ の同値類, 17

ℤ　整数全体 $\{\ldots, -2, -1, 0, 1, 2, \ldots\}$, 20

$b \mid a$　ℤ において b が a を割り切る, 20

gcd　最大公約数. たとえば $\gcd(a, b)$, (a, b) とも書く, 21

$\binom{n}{k}$　2 項係数, $_nC_k$ や $C(n, k)$ とも書く, 28

Δ　集合の対称差, たとえば $S \,\Delta\, T$, 32

$\lfloor \cdot \rfloor$　実数の床関数, 39

g^{-1}　群の元 g の逆元, 45

$\#G$　群 G の位数, $o(G)$ や $|G|$ とも書く, 47

$\mathcal{C}_n$　位数 n の巡回群, 48

$\mathcal{S}_X$　対称群, 集合 X 上の置換, 49

$\mathcal{S}_n$　対称群, 集合 $\{1, \ldots, n\}$ 上の置換, 49

GL_n　n 行 n 列の可逆な行列からなる一般線形群, 50

$\mathcal{D}_n$　2 面体群, 正 n 角形の対称性, 50

$\mathcal{Q}$　4 元数群, 50

$\langle g \rangle$　g が生成する巡回部分群, 54

gH　H の g に対する剰余類, 56

$(G : H)$　H の G における指数, 58

$G_1 \times G_2$　群 G_1 と G_2 の積, 60

SL_n　特殊線形群, 65

$\langle S \rangle$　群の部分集合 S が生成する部分群, 68

$G[m]$　G の元で位数が m を割り切るもの全体, 68

$\mathbb{Z}/m\mathbb{Z}$　m を法とする整数環, 75

≡　整数の合同 $a \equiv b \pmod{m}$, 76

$\mathbb{Z}[i]$　ガウスの整数環, 76

$R[x]$　R に係数を持つ多項式環, 76

E_c　c での評価写像 $E_c: R[x] \to R$, 77

ℍ　4 元数環, 78

$M_n(R)$　R に成分を持つ行列環, 78

$\mathbb{F}_p$　p 個の元を持つ有限体, 80

R^*　環 R の単元群, 80

$R_1 \times \cdots \times R_n$　環の積, 82

cR　c が生成する単項イデアル, 84

(c)　c が生成する単項イデアル, 84

$(c_1, \ldots, c_n)$　$c_1, \ldots, c_n$ で生成されるイデアル, $c_1 R + \cdots + c_n R$ とも書く, 84

$a + I$　a のイデアル I による剰余類, 85

$a \equiv b \pmod{I}$　イデアル I を法とした元の間の合同, 85

R/I　R の I よる剰余環, 85

R^{center}　環 R の中心, 97

$\mathrm{Rad}(I)$　イデアル I の根基, 102

ℚ　有理数体, 108

ℝ　実数体, 108

618 記号一覧

$\mathbb{C}$　複素数体, 108

0　零ベクトル, 109

F^n　n タプルのベクトル空間, 110

$\{e_1, \ldots, e_n\}$　ベクトル空間 F^n の標準基底, 112

$\mathrm{Span}(\mathcal{A})$　ベクトルの集合 $\mathcal{A}$ のスパン, 113

$\dim(V)$　ベクトル空間 V の次元, $\dim_F(V)$ とも記す, 115

K/F　体 K は体 F の拡大体, 126

$F(\alpha_1, \ldots, \alpha_n)$　$\alpha_1, \ldots, \alpha_n$ で生成される F の拡大体, 126

$[K:F]$　体の拡大 K/F の次数, 127

$g^{-1}Hg$　部分群 H の g 共役, 150

Gx　x の G の作用による軌道, 155

G_x　G の作用に関する x 固定部分群, 155

$Z(G)$　群 G の中心, 160

$Z_G(H)$　群 G の部分群 H の中心化群, $Z(H)$ とも, 163

$N_G(H)$　群 G の部分群 H の G における正規化群, $N(H)$ とも, 163

H_1gH_2　H_1 と H_2 による g の両側剰余類, 172

$\mathrm{Aut}(G)$　群 G の自己同型群, 179

$b \mid a$　b は a を割り切る（環 R において）, 182

$R[X_1, \ldots, X_n]$　R に係数を持つ多変数多項式環, 203

s_k　k 次の基本対称式, 206

$\Delta(X_1, \ldots, X_n)$　判別多項式, 207

$R[X_1, X_2, \ldots]$　無限個の変数の多項式環, 214

$F[\alpha]$　F 上で α が生成する環, 217

$f'(x)$　多項式 $f(x)$ の形式的な微分, 227

$L(P, Q)$　P と Q を通る直線, 240

$C(P, Q)$　P を中心として Q を通る円, 240

$\Phi_{F,\alpha}(x)$　α の F 上の最小多項式, 262

$G(K/F)$　体の拡大 K/F のガロア群, 265

K^H　H の固定体, 283

$G(K/E)$　中間体 $F \subseteq E \subseteq K$ のガロア群, 283

$\mathbb{F}_{p^d}$　p^d 個の元からなる体, 296

$\kappa(\sigma)$　ガロア群の元の, 1 の冪根への作用, $\sigma(\zeta) = \zeta^{\kappa(\sigma)}$, 307

$\lambda(\sigma)$　A の n 乗根へのガロア群の元の作用, $\sigma(\alpha) = \zeta^{\lambda(\sigma)}\alpha$, 311

$H_1 \star H_2$　H_1 と H_2 を含む最小の部分群, 338

$E_1 \star E_2$　E_1 と E_2 の合成体, 338

$\mathrm{Tr}_{K/F}$　K から F への跡, 339

$\mathrm{N}_{K/F}$　K から F へのノルム, 339

$\mathrm{Hom}_F(V, W)$　V から W への線形写像全体の空間, 343

$\mathrm{End}_F(V)$　ベクトル空間 V の自己準同型環, 線形変換の環, 344

$\mathrm{Aut}_F(V)$　ベクトル空間の自己同型の群, 344

$\mathrm{GL}_F(V)$　ベクトル空間の一般線形群, 自己同型群, 344

$\mathrm{Mat}_{m \times n}(F)$　m 行 n 列の行列で成分が F であるもの全体, 346

$\mathcal{M}_{L, \mathcal{B}_V, \mathcal{B}_W}$　L の, 基底 $\mathcal{B}_V$ と $\mathcal{B}_W$ に関する行列, 347

$\ker(L)$　線形写像 L の核, 353

$\mathrm{Image}(L)$　線形写像の像, 353

V/U　ベクトル空間 V の部分空間 U による剰余空間, 355

L^*　n 形式の空間に L が引き起こす写像, 363

$\det$　ベクトル空間の線形変換の行列式, 365

$P_L(\lambda)$　線形変換 L の特性多項式, 367

$\prod_{i \in I} V_i$　I に添え字づけられたベクトル空間の積, 371

F^∞　可算個の基底を持つベクトル空間, 371

$\sum_{i \in I} V_i$　I で添え字づけられたベクトル空間の直和, 372

Tr　線形変換の跡, 377

$\ker(\phi)$　加群の線形写像 ϕ の核, 380

R^n　n タプルの加群, 380

$M_1 \times \cdots \times M_n$　加群の積, 383

aM　a に対応する M の単項部分加群, 383

Rm　M の m により生成された巡回加群, 384

$\prod_{i \in I} M_i$　I で添え字づけられた加群の積, 385

$\sum_{i \in I} M_i$　I で添え字づけられた加群の直和, 385

$\mathrm{Span}(\mathcal{S})$　加群の部分集合のスパン, 385

$\langle m_1, \ldots, m_r \rangle$　加群の部分集合のスパン, 386

$Rm_1 + \cdots + Rm_r$　加群の部分集合のスパン, 386

$\mathrm{rank}_R M$　有限生成自由 R 加群の階数, 387

$\mathrm{Hom}_R(N, M)$　N から M への加群の準同型写像全体の空間, 387

$\mathrm{Mat}_{m \times n}(R)$　m 行 n 列の行列で成分を R に持つもの全体の集合, 388

$\mathcal{M}_{\phi, \mathcal{A}, \mathcal{B}}$　R 加群の準同型写像 ϕ の基底 $\mathcal{A}$ と $\mathcal{B}$ に関する行列, 389

$L(f)$　多項式 $f(x)$ の最高次係数, 396

N_{tors}　N のねじれ部分加群, 406

記号一覧　　**619**

$M(\pi)$　M の π 準素成分, 408

IM　M の部分加群で，積 $am, a \in I, m \in M$ で生成されたもの, 416

$\mathrm{Func}^{\mathrm{even}}$　偶関数のなす部分加群, 419

$\mathrm{Func}^{\mathrm{odd}}$　奇関数のなす部分加群, 419

$\mathrm{Bilinear}(M \times N, P)$　$M \times N$ から P への双線形写像全体の集合, 420

$\mathrm{BF}(M)$　M 上の双線形形式のなす集合　　, 420

$\mathrm{BF}^{\mathrm{sym}}(M)$　M 上の対称双線形形式全体の空間, 420

$\mathrm{BF}^{\mathrm{alt}}(M)$　M 上の交代双線形形式のなす空間, 420

$R[\alpha_1, \ldots, \alpha_n]$　$\alpha_1, \ldots, \alpha_n$ が生成する R 代数, 421

$\mathrm{ColSpan}_F(A)$　行列 A の列が生成する空間, 422

$\mathrm{RowSpan}_F(A)$　行列 A の行が生成する空間, 422

$E_{ij}^{n \times n}(\alpha, \beta, \gamma, \delta)$　4 つの元を明示した基本行列, 424

$\mathcal{S}_n$　対称群，集合 $\{1, \ldots, n\}$ 上の置換の全体, 431

$(a_1, a_2, \ldots, a_k)$　置換に対応するサイクル, 433

$\mathcal{A}_n$　交代群，$\mathcal{S}_n$ の偶置換全体のなす部分群, 440

$\mathrm{Aut}(G)$　群 G の自己同型群, 451

ϕ_a　群 G の内部自己同型写像，a による共役, 451

$\mathfrak{ML}(M_1 \times \cdots \times M_n, N)$　R 多重線形写像 $M_1 \times \cdots \times M_n \to N$ 全体の集合, 461

$\mathfrak{ML}^n(M)$　M 上の R 多重線形 n 形式全体の空間, 462

$\mathfrak{S}^n(M)$　M 上の対称 n 形式の空間, 463

$\mathfrak{A}^n(M)$　M 上の交代 n 形式の空間, 463

L^*　$\mathfrak{ML}^n(M)$ に自己準同型写像 $L \in \mathrm{End}(M)$ が引き起こす写像, 466

$a_i^{\mathcal{B}}(m)$　$m = \sum a_i e_i$ と書いたときの e_i の係数, 466

$D^{\mathcal{B}}$　階数 n の自由加群 M 上の交代 n 形式, 467

$\det$　自由加群上の行列式写像, 470

$\boldsymbol{L}^*$　多重線形写像の空間に自己準同型写像が引き起こす写像, 476

$\phi^{(n)}$　多重線形形式 ϕ の対称化, 476

$\#S$　集合 S の濃度, 481

$\#S = \#T$　集合 S と T が同じ濃度を持つ, 481

$\#S < \#T$　集合 S の濃度は集合 T の濃度より真に小さい, 481

T^S　S から T への写像全体, 481

2^S　S から $\{0, 1\}$ への写像全体, 481

$\mathcal{P}(S)$　集合 S の冪集合，S の部分集合全体の集合, 482

$M_1 \otimes \cdots \otimes M_n$　R 加群 $M_1, \ldots, M_n$ のテンソル積, 491

$R[\alpha_1, \ldots, \alpha_n]$　$\alpha_1, \ldots, \alpha_n$ で生成された R 代数, 502

$\mathrm{Obj}(\mathbf{C})$　圏 $\mathbf{C}$ の対象の族, 506

$\mathrm{Hom}_{\mathbf{C}}(X, Y)$　圏 $\mathbf{C}$ における，X から Y への矢印（写像，射）全体, 506

ι_X　圏の対象 X の単位元（恒等射）, 506

$\mathrm{Aut}_{\mathbf{C}}(X)$　圏 $\mathbf{C}$ の対象 X の自己同型群, 507

(V, E)　グラフ，V が頂点集合，E が辺の集合, 515

Γ_S　群 G の有限部分集合 S で生成されたケーリーグラフ, 519

(V, ρ)　群 G の表現 $\rho: G \to \mathrm{GL}(V)$, 521

ρ_V　群 G の表現 $\rho: G \to \mathrm{GL}(V)$, 521

V_X　基底のベクトルが X で添え字づけられたベクトル空間, 522

$\rho_1 \oplus \cdots \oplus \rho_n$　表現の直和, 523

$\mathrm{Mult}_W(V)$　既約表現 W の V における重複度, 526

$\mathrm{Mult}_{\rho_W}(\rho_V)$　既約表現 W の V における重複度, 526

χ_ρ　表現 ρ に付随する指標, 527

$X(G)$　群 G の指標で生成された自由アーベル群, 528

$\langle \chi, \psi \rangle_G$　G の指標 χ と ψ の内積, 529

$E(K)$　楕円曲線上の，座標が K の元である点の集合, 532

$P \star Q$　楕円曲線 E 上と直線 $\overline{PQ}$ の第 3 の交点, 533

$\mathcal{O}$　楕円曲線上の「無限遠」点, 534

ρ　楕円曲線上の折り返し写像, 534

$\oplus$　楕円曲線上の群演算, 534

nP　楕円曲線の群演算に関して P 自身との n 回の和, 536

$E(\mathbb{Q})_{\mathrm{tors}}$　楕円曲線の有理点群のねじれ部分群,

538

rank $E(\mathbb{Q})$　楕円曲線の有理点群の階数, 538

R_K　代数体 K の整数環, 540

αR_K　$\alpha \in K^*$ で生成された単項分数イデアル, 542

$\mathcal{I}_K$　K の分数イデアル群, 542

$\mathcal{P}_K$　K の単項分数イデアル群, 542

$\mathcal{C}_K$　代数体 K のイデアル類群, 542

$r_1(K)$　代数体 K の実埋め込みの個数, 546

$r_2(K)$　代数体 K の共役な虚な埋め込みの個数, 546

$\mathbb{A}^n$　アフィン n 空間, 548

$\mathbb{A}^n(F)$　体 F に座標を持つアフィン n 空間, 548

$\mathcal{V}(f_1,\ldots,f_r)$　$f_1,\ldots,f_r$ が消えるようなアフィン代数的集合, 548

$\mathcal{I}(V)$　アフィン代数的集合 V のイデアル, 548

$\mathcal{V}(I)$　イデアル I に付随するアフィン代数的集合, 548

$F[V]$　アフィン代数多様体 V の座標環, 549

$F(V)$　アフィン多様体 V の有理関数体, 549

$\mathbb{P}^n$　射影 n 空間, 550

$\mathbb{P}^n(F)$　射影 n 空間の, 座標が F の点の集合, 550

$[a_0,\ldots,a_n]$　射影空間の点の斉次座標, 550

$F(\mathbb{P}^n)$　射影空間上の有理関数体, 551

$\mathcal{V}(f_1,\ldots,f_r)$　$f_1,\ldots,f_r$ が消える射影代数的集合, 552

$\mathcal{I}(V)$　射影代数的集合 V の斉次イデアル, 552

$F[\mathbb{P}^n]_P$　$\mathbb{P}^n$ の点 P における局所環, 554

$\mu_P(V_1,\ldots,V_n)$　$V_1,\ldots,V_n$ の交叉の点 P での重複度, 554

$\|\boldsymbol{v}\|$　$\mathbb{R}^n$ 内のベクトルのノルム（長さ）, 556

$\mathcal{F}(\mathcal{B})$　基底 $\mathcal{B}$ で張られる格子の基本領域, 557

$\mathrm{Disc}(L)$　格子 L の判別式, 557

$\gamma_n^{1/2}$　エルミート定数, 559

$\Gamma(z)$　ガンマ関数, 559

$\lfloor \alpha \rceil$　α に最も近い整数, 562

$B_R(\boldsymbol{c})$　$\mathbb{R}^n$ 内の半径 R で中心 $\boldsymbol{c}$ の球, 565

$\mathrm{Disc}(L)$　格子 L の判別式, 567

$\mathcal{V}(\boldsymbol{v})$　格子の元 $\boldsymbol{v}$ の周りのボロノイ細胞, 567

$H(\boldsymbol{v},\boldsymbol{w})$　$\boldsymbol{v}$ から $\boldsymbol{w}$ への線分に垂直な超平面, 568

A^*　（非可換）環の単元群, 571

Ac　環 A において c が生成する左単項イデアル, 571

cA　環 A において c が生成する右単項イデアル, 571

AcA　環 A において c が生成する両側単項イデアル, 571

$R\langle x,y\rangle$　2 変数非可換多項式環, 573

$R[G]$　G の R 上の群環, 576

E_H　群環 $\mathbb{Q}[G]$ の冪等元, 577

I_S　S で生成された非可換環の両側イデアル, 605

図一覧

第1章　予備的な話題のポプリ

1　真理値表 4

2　$\neg(P \vee Q)$ と $(\neg P) \wedge (\neg Q)$ が論理的に同値であることを確かめるための真理値表 ... 7

3　XKCD #1856：存在証明 (https://xkcd.com/1856) 9

4　集合 R, S, T についての包除 30

5　$P \vee (Q \wedge R) \Longleftrightarrow (P \vee Q) \wedge (P \vee R)$ を確認するための真理値表 31

6　$au + bv = \gcd(a, b)$ を解く効率的なアルゴリズム 37

第2章　群——第1部

7　正 n 角形の回転と 2 つの裏返し．$n = 6$ の場合 50

8　$\mathcal{D}_3$：正 3 角形の回転と裏返し 57

9　演習問題 2.4 のための正方形の運動の図 63

10　正 6 角形の回転と裏返し 64

第3章　環——第1部

11　XKCD #410：数学論文 (https://xkcd.com/410) 76

第4章　ベクトル空間——第1部

12　ベクトルに数を掛けたときの矢印の図 107

13　2 つのベクトルを加える際の 3 角形の図 107

14　入れ替え補題をリアリティー番組風に述べたもの 116

第5章　体——第1部

15　$\mathbb{F}_4$ の加法と乗法の表 142

第6章　群——第2部

16　群 G は部分群 H の 3 つの剰余類の合併である 148

17　正 6 角形の回転と 2 つの裏返し 159

第7章　環——第2部

18　γ を，$\mathbb{Z}[i]$ の元で α/β に近いものとしてとる 187

第8章　体——第2部

19　2 点を用いた直線と円の作図 241

20　古い点から新しい点を作図する 242

21　コンパスと定規で可能な作図の例 242

22　定規とコンパスによる角の 2 等分 243

23　角 $\angle(P, Q, R)$ の 3 等分の失敗した試み 244

24　作図可能数アルゴリズム 247

25　与えられた角 θ に対して，長さ $\cos(\theta)$ の線分を作図する 248

622 図一覧

第 9 章　ガロア理論：体 + 群

26　いろいろな基礎体上の最小多項式の例 262

27　$G(\mathbb{Q}(\sqrt[4]{2}, i)/\mathbb{Q})$ の $\mathbb{Q}(\sqrt[4]{2}, i)$ への作用 272

28　F から $F(\alpha_1, \ldots, \alpha_d)$ までの体の塔 275

29　$\mathcal{D}_4 \cong \mathrm{Gal}(K/\mathbb{Q})$ の部分群とその固定体 289

30　$X^4 - 2$ の $\mathbb{Q}$ 上の分解体のガロア対応 290

31　$\mathbb{F}_{p^{30}}$ の $\mathbb{F}_p$ 上のガロア対応 299

32　分離性と正規性の比較と対比 300

33　定理 9.61 の証明の道順 301

第 10 章　ベクトル空間——第 2 部

34　行列の積における次元の関係 350

35　行列の積 $C = AB$ 352

36　交代多重形式という魔法のような空間 $\mathfrak{A}(V)$ 361

37　線形変換に付随する魔法のようなスカラー 362

第 11 章　加群——第 1 部：環 + ベクトルのようなものの空間

38　$b_1, \ldots, b_s$ を π 冪から再構成する 411

39　行列 $E_{ij}^{n \times n}(\alpha, \beta, \gamma, \delta)$ 424

第 12 章　群——第 3 部

40　添え字の入れ替えの $D(X_1, \ldots, X_n)$ の符号への影響 438

41　$\tau = (a, b)$ の $X_i - X_j$ への作用 439

第 14 章　追加の話題を手短に

42　R 代数の例とその性質 502

43　圏とその対象，射（写像）の例 506

44　関手 $\mathcal{F}_X = \mathrm{Hom}_{\mathsf{C}}(X, \cdot)$ に関わる写像たち 510

45　ファイバー積の普遍写像性 511

46　圏 C における群を定義する可換図式 513

47　例 14.70 に記述されたグラフ 516

48　異なる種類のグラフの例 516

49　2 つの生成系に関する $\mathcal{D}_3 = \{e, r_1, r_2, f_1, f_2, f_3\}$ のケーリーグラフ 519

50　楕円曲線 $E: y^2 = x^3 + Ax + B$ 532

51　2 点から第 3 の点を作り出す 533

52　楕円曲線上の点を加える 535

53　$C_1: y^2 = x^3$ と $C_2: y = x^2$ は $(0, 0)$ で非横断的に交わる 555

54　2 次元格子 L と，たくさんあるその基本領域のうちの 2 つ 558

55　ババイのアルゴリズム：基底を用いて CVP を近似的に解く 561

56　格子 L の「よい」基底 $\{\boldsymbol{v}_1, \boldsymbol{v}_2\}$ と「悪い」基底 $\{\boldsymbol{w}_1, \boldsymbol{w}_2\}$ 562

57　ババイのアルゴリズムは「悪い」基底に対して CVP を近似的に解くことに失敗する . . . 563

58　2 つの格子と，それらのボロノイ細胞，そのうちの 1 つ $\mathcal{V}(\boldsymbol{v})$ を強調した 568

59　公開鍵暗号：暗号化と平文化に異なる鍵を使う 581

60　難しい数学の問題を解くための時間の評価 586

61　NTRU 公開鍵暗号の簡易版 609

索 引

●人名

アーベル (Abel, Niels Henrik), 45

アイゼンシュタイン (Eisenstein, Gotthold), 232

アダマール (Hadamard, Jacques), 559

アドルマン (Adleman, Leonard), 584

アルティン (Artin, Emil), 224

ウィルソン (Wilson, John), 142

ヴェイユ (Weil, André), 538, 539

ウェダーバーン (Wedderburn, Joseph), 126

ヴェン (Venn, John), 30

エルガマル (Elgamal, Taher), 584

エルキース (Elkies, Noam), 538

エルミート (Hermite, Charles), 217

エレゴアーシュ (Hellegouarch, Yves), 326

オイラー (Euler, Leonhard), 32

ガウス (Gauss, Carl), 24, 224

カルダノ (Cardano, Girolamo), 123

ガロア (Galois, Évariste), 203

カントール (Cantor, Georg), 217

クロネッカー (Kronecker, Leopold), 310

クンマー (Kummer, Ernst), 311

ケーリー (Cayley, Arthur), 428

コーエン (Cohen, Paul), 590

コーシー (Cauchy, Augustin-Louis), 291

ゴールドバッハ (Goldbach, Christian), 32

ゴールドライヒ (Goldreich, Oded), 585

ゴールドワッサー (Goldwasser, Shafi), 585

ジーゲル (Siegel, Carl), 599

シャミア (Shamir, Adi), 584

シャンクス (Shanks, Dan), 608

シューア (Schur, Issai), 524

シュレーダー (Schröder, Ernst), 481

ショア (Shor, Peter), 230, 586

ジョルダン (Jordan, Camille), 382

シルヴァーマン (Silverman, Joseph), 609

シロー (Sylow, Ludwig), 163

スターリング (Stirling, James), 559

スミス (Smith, Henry), 398

ソンドハイム (Sondheim, Stephen), 181

チェビシェフ (Chebyshev, Pafnuty), 255

チェボタレフ (Chebotarev, Nikolai), 237

ツェルメロ (Zermelo, Ernst), 486

ツォルン (Zorn, Max), 484

ディオファンタス (Diophantus), 326

テイト (Tate, John), 615

ディフィー (Diffie, Whitfield), 583

ディリクレ (Dirichlet, Lejeune), 546

デカルト (Descartes, René), 244

デデキント (Dedekind, Richard), 291

ドリーニュ (Deligne, Pierre), 539

ネイピア (Napier, John), 52

ネーター (Noether, Emmy), 390

バーンサイド (Burnside, William), 442

パイファー (Pipher, Jill), 609

ハッセ (Hasse, Helmut), 539

ババイ (Babai, László), 561

ハミルトン (Hamilton, William), 78

ハレヴィ (Halevi, Shai), 585

ピタゴラス (Pythagoras), 186

ビネ (Binet, Jacques), 35

ヒルベルト (Hilbert, David), 208

フィールズ (Fields, John), 249

フィボナッチ (Fibonacci, Leonardo), 35

ブール (Boole, George), 479

フェルマー (Fermat, Pierre), 28

フライ (Frey, Gerhard), 326

フレンケル (Fraenkel, Abraham), 486

フロスト (Frost, Robert), 499

フロベニウス (Frobenius, Georg), 88

ペアノ (Peano, Giuseppe), 12

ベズー (Bezout, Étienne), 245

ペル (Pell, John), 546

ヘルダー (Hölder, Otto), 449

ヘルマン (Hellman, Martin), 583

ベルンシュタイン (Bernstein, Felix), 481

ホフシュテイン (Hoffstein, Jeffrey), 609

ポラード (Pollard, John), 608

ボロノイ (Voronoi, Georgy), 567

マシュケ (Maschke, Heinrich), 525

マンロー (Munroe, Randall), xi

ミンコフスキ (Minkowski, Hermann), 558

ムーファン (Moufang, Ruth), 64

メイザー (Mazur, Barry), 538

モーデル (Mordell, Louis), 538

ユークリッド (Euclid), 1, 22, 37

ラグランジュ (Lagrange, Joseph-Louis), 58

ラッセル (Russell, Bertrand), 483

リー (Lie, Sophus), 450

リベスト (Rivest, Ron), 584

リュービュ (Liouville, Joseph), 217

リュカ (Lucas, Édouard), 35

624 索 引

リンデマン (Lindemann, Ferdinand von), 217
レンストラ (Lenstra, Arjen), 563
レンストラ (Lenstra, Hendrik), 563
ロヴァース (Lovász, László), 563
ロス (Roth, Klaus), 249
ワイルス (Wiles, Andrew), 326

●数字・欧字
1 階論理, 486
1 の原始冪乗根, 307
1 の冪根, 307, → 円分体
　——で生成される体, 307
　指標は——の和, 528, 597
　有限位数の線形変換の固有値, 376
1 の冪乗根
　1 の原始冪乗根, 307
2 項関係, 33
　推移性, 34
　対称性, 34
　反射性, 34
2 項係数, 28
　$\binom{n}{k}$ が p で割り切れる, 38
　$\binom{p}{k}$ は p で割り切れる, 28
　$\binom{p^m}{p^n}$ は p で割り切れない, 165
2 項定理, 28, 88
2 次拡大
　イデアル類群, 543
　整数環, 540, 600
　単数群, 546
2 次式, 259
2 次式の根の公式, 123
2 次体
　円分体の中, 339
2 次方程式の解の公式, 257, 313
2 乗して掛けるアルゴリズム, 587, 610
2 倍して足すアルゴリズム, 587, 610
2 面体群, 50, 52
　——の共役類, 527
　——の表現, 522, 526, 597
　——は半直積, 456
　$\mathcal{C}_n \rtimes \mathcal{C}_m$ への一般化, 460
　$\mathcal{D}_4$, 45
　位数 12 の群, 460
　ガロア群, 272, 284, 288, 334, 335
　ケーリーグラフ, 519, 597
　指標表, 528

正規部分群, 150
組成列, 459
対称群と同型（でない）, 67
3 次式の根の公式, 123
3 次方程式の解の公式, 313
3 等分問題, 241
4 元数環, 78, 96, 97, 126, 141, 223, 250
4 元数群, 50
　ケーリーグラフ, 597
　指標表, 597
　組成列, 459
　内部自己同型写像, 460
4 次式の根の公式, 123
4 次方程式の解の公式, 314
α を掛ける写像, 338
ϕ 関数, 197, 211, 584
π サイクル, 432
π は超越数, 217
$\mathbb{A}^n$, 548, → アフィン空間
$au + bv = \gcd$ 定理, 21, 423
　ユークリッドのアルゴリズム, 37
Aut, 344, → 自己同型群
$\mathbb{C}$, 108, → 複素数体
char, 137, → 標数（環・体の）
$\mathcal{C}_n$, 48, → 巡回群
corps, 126
CVP, 560, → 最近ベクトル問題
DHP, 583, → ディフィー–ヘルマン問題
DLP, 582, → 離散対数問題
$\mathcal{D}_n$, 45, → 2 面体群
ECDLP, 582, → 楕円曲線離散対数問題
End, 347, → 自己準同型環
e は超越数, 217
$F[\alpha] = F(\alpha) \Leftrightarrow \alpha$ が代数的, 218, 258, 260
F^n, 110, → ベクトル空間（n タプルの）
fozzle, 10
$\mathbb{F}_p$, 80, → 有限体
$F[x]$ 加群, 381, 413
F 加群, 381, → 加群（体上の）
F ベクトル空間, 108
gcd, 21, → 最大公約数
GGH 暗号, 585, 588
$g^{-1}Hg$, 150, → 共役部分群
GL_n, 50, → 一般線形群
G_x, 155, → 固定部分群
Gx, 155, → 軌道
$\mathbb{H}$, 78, → 4 元数環
Hom, 118, → 準同型空間
Hom 関手, 596, → 準同型写像

関手
iff, 5, → 必要十分
IFP, 582, → 整数因数分解問題
Körper, 126
k サイクル, 432
LLL アルゴリズム, 563
M_n, 78, → 行列環
m を法とする還元, 76
m を法とする整数環, 75
　単数群, 81
$\mathbb{N}$, 8, → 自然数
$N_G(H)$, 163, → 部分群の正規化群
NTRU 暗号, 608
NTRU 格子, 609
n 形式, 462, → 多重線形形式, 交代形式
n 次円分多項式, 239, 253, 310
$\mathbb{P}^2$ 内の円錐曲線, 552
$\mathbb{P}^2$ 内の曲線, 552
$\mathbb{P}^2$ における直線の交叉, 552
$\mathbb{P}^n$, 550, → 射影空間
PID (principal ideal domain), 183, → 単項イデアル整域
PRNG, 589
p 群
　——の中心は非自明, 160
p 次円分多項式, 239, 310
p シロー部分群, 165, → シロー部分群
p 冪写像, 88, → フロベニウス準同型写像
$\mathcal{Q}$, 50, → 4 元数群
$\mathbb{Q}$, 125, → 有理数体
$\mathbb{Q}(\sqrt{2})$, 125, 127
$\mathbb{Q}(i)$, 125, 127
$\mathbb{Q}$ のアーベル拡大は円分体, 310
$\mathbb{R}$, 108, → 実数体
R/I, 85, → 剰余環
R^n, 380, → 加群（n タプルの）
RSA 暗号, 584
　ランダム性を組み込む, 589
$R[x]$, 76, → 多項式環
R 加群, 379, → 加群
R 基底, 386
R スパン, 386
R 線形独立, 386
R 代数, 501
R 多重線形写像, 461, → 多重線形写像
s_k, 206, → 基本対称式
SL_n, 65, → 特殊線形群
$\mathcal{S}_n$, 49, → 対称群
SVP, 560, → 最短ベクトル問題
$\mathcal{S}_X$, 49, → 対称群

UFD (unique factorization domain), 182, → 一意分解整域

wizzle, 10

xkcd, xi, 9, 76

$\mathbb{Z}$, 20, → 整数環

$Z(G)$, 160, → 群の中心

$Z_G(H)$, 163, → 部分群の中心化群

$\mathbb{Z}[i]$, 76, → ガウスの整数環

$\mathbb{Z}/m\mathbb{Z}$, 75, → m を法とする整数環

$\mathbb{Z}[x]$ 加群, 386, 417

Zyglx 理論, 1

$\mathbb{Z}$ 加群, 380
——はアーベル群, 380
必ずしも基底を持たない, 386

● あ行

アーベル, 45

アーベル群, 45
——の共役類, 527
——の自己準同型環, 101
——の表現, 526
——は $\mathbb{Z}$ 加群, 380
与えられた位数の群の個数, 427
位数 12 の群, 460
位数が p^2 の群は——, 161
逆元をとる操作は準同型, 66, 453
元の積の位数, 62, 223, 427
構造定理, 61, 411, 456, 566
すべての位数は最大の位数を割り切る, 223, 427
代数体の分数イデアルのなす——, 542
楕円曲線は——, 535
単純 ⇔ 素数位数, 442
内部自己同型写像を持たない, 451, 460
任意の部分群は正規, 150
有限——は巡回群の直積, 411
有限生成——は巡回群の直積, 411

アイゼンシュタインの既約性判定法, 232, 238, 310, 324

アダマールの不等式, 559

アフィン空間, 548
射影空間 $\mathbb{P}^n$ は $n+1$ 個の $\mathbb{A}^n$ で覆われる, 601

アフィン線形群, 460

アフィン代数多様体の座標環, 549

アフィン代数的集合, 548

——のイデアル, 548, 601
イデアルの——, 548

アフィン多様体, 548, 549
——の座標環, 549
——の有理関数体, 549
アフィン代数的集合は——の合併, 549

アフィン直線, 548

アフィン平面, 548

余り, 21

余りのある割り算, 21, 36, 102, 129, 184

アリス, 580

アルティン環, 421

アルティン予想, 224

暗号, 580
——に用いられる難問, 581
GGH, 585, 588
NTRU, 608
RSA, 584, 589
エルガマル——, 584, 607
疑似乱数, 589
公開鍵——, 580
格子——, 585, 608
効率か安全性か, 582
真の乱数, 588
ディフィー–ヘルマン問題, 583, 607
矛盾した目標, 582
乱数, 588

暗号学
落とし戸関数, 581

安定化, 391

位数
アーベル群での元の積の——, 62, 223, 427
群の——, 47
群の元の——, 47
元の位数は群の位数を割り切る, 59, 584
対称群の——, 62, 431
部分群の位数は群の位数を割り切る, 58

一意でない分解, 193

一意に存在する, 9

2 つの主張, 10

一意分解整域, 182
——でない環, 192
——は整閉, 505
$F[x]$ は——, 191
PID は——, 191
$\mathbb{Z}[i]$ は——, 191
$\mathbb{Z}$ は——, 191
多項式環は——, 183
ユークリッド整域は——, 191

一対一, 14, → 単射

一方向性関数, 589

一般線形群, 50, 65, 344, 521

イデアル, 83
——の根基, 102, 548
——の生成系, 605
——の積, 103
——の和, 103
——は R 加群, 381, 416, 417
アフィン代数的集合の——, 548, 601
核は——, 86
核は両側——, 605
既約元で生成された極大——, 189
既約元で生成された素——, 189
既約多項式で生成された——は極大——, 133, 258
極大——, 90
降鎖, 421
合同, 85
射影代数的集合の——, 552
集合で生成された——, 84, 605
剰余類, 85
生成された——, 84
素——, 89
素——の積への一意的な分解, 541
多項式環の——は単項イデアル, 131, 258
単位——, 84
単項——, 84, 131, 183
左——, 571
右——, 571
有限生成——, 391
両側——, 571
零——, 84
零化——, 406, 425

イデアルの降鎖, 421

イデアルの根基, 102, 548

イデアル類群, 540, 542
——は有限, 543
2 次拡大の——, 543
基本完全系列内の——と単数群, 601
類数, 542, 543

イブ, 580

入れ替え
行列の行もしくは列, 398

入れ替え補題, 115

陰関数微分, 536, 537

インド, 257

ウィルソンの公式, 142

ウェダーバーンの定理, 126
上への, 14, → 全射
ヴェン図, 30
エジプト, 257
エルガマル暗号
　ディフィー–ヘルマン問題で
　——を破る, 607
エルガマル公開鍵暗号, 584
エルミート定数, 559
　——の上界, 559
エルミート–ミンコフスキの定理,
　558, 569, 604
円, 240
　円積問題, 242
円分体, 306, 307
　——のガロア群, 308
　2 次体を含む, 339
　ガロア群, 600
　ガロア理論, 307
　整数環, 540
円分多項式, 239, 253, 310, 340
　——は分離的, 308
オイラーの φ 関数, 197, 211,
　584
オイラーの規準, 251
オイラー標数, 594
横断的な交叉, 554, 555
落とし戸関数, 581
同じ濃度, 481
折り返し写像, 534

●か行
階乗, 26
　——を割り切る p 冪, 39
　$0! = 1$, 28
階数
　加群の——, 387, 390, 403
　完全系列での——, 498
　行列の——, 422
　代数体の単数群の——, 546
　楕円曲線の——, 538
　楕円曲線の——は有界か非有
　　界か？, 539
　表現の——, 521
　表現の——は e での値, 529
階数・退化次数定理, 353, 426,
　498
外部自己同型写像, 180, 451
ガウスの推測, 604, 609
ガウスの整数環, 76
　——は PID, 186
　——は UFD, 191
　——はユークリッド整域, 186
　単数群, 81
ガウスの補題, 235, 544

可解群, 316, 443, 450
　——の剰余群, 317, 340
　——の部分群, 317, 340
　S_n は $n \geq 5$ で——ではない,
　319, 443
　冪根拡大のガロア群は——,
　317
可解性と作図可能性, 315
可換環, 74
　——上の加群, 379
可換群, 45
可換図式, 201, 499
　——としての結合則, 499
　5 項完全列, 500
　図式追跡による証明, 500
　テンソル積, 490
　ファイブレンマ, 594
可換則, 45
　環, 74
可換代数, 494
可換な正方形, 499
鍵 (秘密・公開), 580
可逆, 15
　⇔ 行列式が単数, 471
　⇔ 固有値が 0 でない, 358
　⇔ 全単射, 15
　線形変換, 344
核, 55, 75, 353, 380
　——が自明 ⇔ 単射, 55, 86,
　　353, 374, 383, 416
　——の階数, 426
　——はイデアル, 86
　——は正規部分群, 150
　——は部分加群, 416
　——は部分空間, 353, 374
　——は部分群, 55
　——は有限生成自由加群, 426
　——は両側イデアル, 605
　階数・退化次数定理, 353, 498
　環準同型写像の——, 75
　環の剰余写像の——, 86
　群準同型写像の——, 55
　剰余加群への写像の——, 383,
　　416
　剰余写像の——, 153
　線形写像の——, 353, 380
　部分加群, 383
拡大体, 126
　——の次数, 143
　原始元定理, 278
　無限次——, 127
　無限次代数拡大, 332
　有限次——, 127
角の 3 等分問題, 241
加群, 379

　——の基底の個数は一定, 387
　——の鎖, 494
　——の圏での関手, 514
　——の圏でのテンソル積関手,
　　514, 515
　——の圏における準同型写像
　　関手, 514, 515, 596
　——の圏におけるテンソル積
　　関手, 596
　——の次元, 387, 390
　——の部分加群, 382
　π 準素成分, 408, 426
End, 387, 461, 571
End の階数, 389, 418
　$F[x]$ 上の——, 381, 413
Hom, 387, 461
Hom の階数, 389, 418
　n タプルの——, 380, 383,
　　386, 415
　——はネーター, 395
　$\mathbb{Z}[x]$ 上の——, 386, 417
オイラー標数, 594
階数 1, 470
核は有限生成自由加群, 426
必ずしも基底を持たない,
　385–387, 417
完全関手, 515
完全系列, 494
奇関数, 418
基底であるのはスパンし線形
　独立のとき, 385
行列の加群 $\mathrm{Mat}_{r \times s}(R)$, 388
行列の加群は自由, 388
偶関数, 418
係数拡大, 595
結合則, 379
構造定理, 402, 407
自己準同型環, 387, 418, 571
自己準同型写像が多重線形形
　式に引き起こす写像, 465,
　476, 477
自己同型群, 572
自由, 498, 594
自由——, 385, 386
自由——上の行列式, 470
自由——上の行列式写像, 470
自由——の基底の取り替え,
　417, 419
集合で生成された部分——,
　382, 385, 417
巡回——, 386
巡回部分——, 383, 416
準同型写像, 379
準同型写像に伴う行列, 389
準同型写像の核は部分加群,

383, 416
準同型写像の合成の行列, 389, 418
剰余加群, 382, 416
剰余加群は剰余環上の加群, 384, 416
剰余写像, 383
生成系の取り替え, 419
積, 383
線形写像, 379
線形写像の核, 380
線形独立系, 385
線形変換の積, 387, 418
線形変換の和, 387, 418
双線形形式, 420, 421
双線形写像, 420
像は有限生成自由加群, 426
体上の加群はベクトル空間, 381
多重線形形式, 420, 421
多重線形写像, 420, 461, 489
単位元公理, 379
単因子, 403
短完全系, 417, 425
単項部分加群, 383, 416
テンソル積, 490
ネーター――, 390, 391
ネーター環上の有限生成加群はネーター加群, 395
ねじれ加群, 593
ねじれ部分――, 406, 425, 496
左完全関手, 514, 594
部分加群の族の極大元, 391
部分集合のスパン, 382, 385, 417
分配則, 379
右完全関手, 514
右逆元は左逆元, 572
無限個の――の直積, 418
無限個の――の直和, 385, 418
ユークリッド整域上の――, 402
有限生成, 498
有限生成――, 385, 386, 417, 594
有限生成――である代数, 501
有限生成――の階数, 403
有限生成部分――, 391
零化イデアル, 406, 425
加群の π 準素成分, 408, 426
可算集合, 479, 480
――の積は――, 590
$\mathbb{Q}$ は――, 590
可除環, 126
可除性, 20, 182

――と合同, 24
イデアルの包含, 182
型理論, 483
合併, 12
非交和, 16
補集合の――, 32
無限個の集合の――, 32
加法, 73
加法群, 48
加法的多項式, 577
可約元
環の――, 182
可約多項式, 132, 257
カルダノの公式, 123, 313
ガロア拡大, 273, 281
――に含まれる冪根拡大, 314
$\mathbb{Q}$ 上アーベル, 310
ガロア群, 265
――が可解 ⇔ 多項式が冪根で可解, 318, 341
――の位数は拡大 K/F の次数に等しい, 273
――の部分群の固定体, 283
――は群, 265
2 面体群, 272, 284, 288, 334, 335
$X^4 - 2$ の――, 272, 284, 288, 334, 335
円分体, 600
円分体の――, 308
共役な中間体の――, 336
共役な部分群の固定体, 336
合成体の――, 338
固定体の――は部分群, 285, 287
自明, 266, 333
巡回, 329
体の自己同型写像の線形独立性, 327
多項式の根の置換, 266
置換群としての――, 281
中間体の――, 283
半直積, 312, 340, 456
分解体の――, 273
冪根拡大の――, 317
ガロア理論, 257
――の基本定理, 287
$E = K^{G(K/E)}$, 285, 287
$H = G(K/K^H)$, 285
円分体, 307
クンマー体, 311, 456
正規部分群 ⇔ ガロア拡大, 287, 305
同値な定式化, 298, 300
包含を逆にする対応, 287

有限体, 295, 296
ガロア理論の基本定理, 287
環, 73
――上整な元, 503
――上の代数, 501
――上の有限生成代数, 502
――の積, 101
――の積の単元, 100
――の単元群, 83
――の単元群, 182
――の単数, 123
――の中心, 97
――の冪零根基, 104
4 元数――, 78, 96, 97, 126, 141, 223, 250
a, b が R を生成するなら a^m, b^n も R を生成する, 210, 408, 426
m を法とする還元, 76
m を法とする整数――, 75
$\mathbb{Z}$ からの, 79
アフィン代数多様体の座標環, 549
アルティン――, 421
イデアル, 83
――は R 加群, 416
イデアルの根基, 102, 548
イデアルの剰余類, 85
イデアルは R 加群, 381, 417
ガウス整数, 76
可換則, 74
加群, 379
可除――, 126
可除性, 182
加法, 73
加法的多項式の――, 577
環準同型写像, 75
環準同型写像の核はイデアル, 86
環上の有限生成代数, 421
簡約法則, 80
基礎の環上整な元のなす――, 503
既約元, 182
行列――, 78, 97
局所――, 104, 213, 602
極大イデアル, 90
極大イデアルでの剰余環, 90
群環, 575
群作用に関する不変式環, 208
結合則, 74
合同, 85
自己準同型――, 101
集合で生成されたイデアル, 84
準同型写像の核, 75

索 引

準同型写像の核は両側イデア
　ル, 605
乗法, 73
乗法的に閉な集合, 212
剰余, 85
剰余環は R 加群, 381, 417
剰余写像, 86
整域, 80
整性判定法, 503
整な元の和と積も整, 503
整閉, 505
整閉包, 503
積, 82
素イデアルでの剰余環, 90
体, 79, 123
多項式——, 76, 129
単位イデアル, 84
単元群, 80, 571
単項イデアル整域, 183
直積, 195
同型, 75
ネーター——, 390, 391
非可換, 78
非可換環, 570
非可換環の剰余, 605
左イデアル, 571
左単項イデアル, 571
左・右逆元, 101, 372, 374,
　378, 571
評価写像, 77, 94, 262
評価準同型写像, 415, 421, 502
標数, 87
部分——, 75
不変式——, 208
分配則, 74
冪単元, 98
冪等元, 98, 577, 605, 606
冪零元, 98, 213
右イデアル, 571
右逆元, 571
右単項イデアル, 571
唯一の極大イデアルを持つ
　——, 104, 213
ユークリッド整域, 184
有限生成イデアル, 391
両側イデアル, 571
両側逆元, 571
両側逆元は等しい, 100, 571
両側単項イデアル, 571
零イデアル, 84
零因子, 80
含意, 5
関手, 508
　Hom, 596, → 準同型写像関手
　加群の圏での——, 514

完全, 515
共変, 508
準同型, 509
準同型写像——, 595, 596
テンソル積, 514, 515, 596
反変, 508
左完全——, 514, 594
忘却, 508, 593
右完全, 514
環準同型写像
　$\mathbb{Z}$ からの, 79
　核はイデアル, 86
　環, 75
　剰余環への, 86
　多項式環の——, 95
環上の有限代数, 501
関数
　一方向性——, 589
　落とし戸, 581
　可逆, 15
　可逆 ⇔ 全単射, 15
　奇, 418
　偶, 418
　形式的な定義, 14
　圏における関数の合成, 506
　合成, 14
　サイズが等しい有限集合では
　　全射 ⇔ 単射, 14, 34
　全射, 14, 480
　全単射, 14, 42
　全単射 ⇔ 可逆, 15
　単射, 14, 480
　値域, 14
　定義域, 14
完全 2 部グラフ, 516, 596
完全関手, 515
完全グラフ, 516, 596
完全系列, 417, 425, 494
　——での階数の加法性, 498
　——での加群の有限生成性,
　　498
　——での自由加群, 498
　——内のイデアル類群, 601
　——内の単数群, 601
　——の加群の有限生成性, 417
　——の自由加群, 498
　——のねじれ部分加群, 426
　——の零化イデアル, 426
　オイラー標数, 594
　加群の有限生成性, 594
　完全関手, 515
　長——, 594
　ねじれ部分加群の——, 593
　左完全関手, 514, 594
　ファイブレンマ, 500, 594

右完全関手, 514
完全に分解する, 225, 259
カントールの対角線論法, 482
カンドル, 64
環の積, 82, 101
　単元群, 83, 100
ガンマ関数, 559, 604
簡約法則, 78, 80
奇関数, 418
疑似乱数生成器, 589
奇置換, 439, 464
基底, 111, 112
　⇔ $\delta(\boldsymbol{v}_1,\ldots,\boldsymbol{v}_n) \neq 0$, 363
　——に付随する基本領域, 557
　——の個数は同じ, 115, 387,
　　390
　自由加群の——の取り替え,
　　417, 419
　スパンし線形独立, 113, 370,
　　385
　すべての加群が——を持つと
　　は限らない, 385–387, 417
　多項式環の——, 377
　直積の——, 378
　直和の——, 378
　無限——, 115
　有限——, 111
基底の取り替え, 417, 419
　基本変形, 404
基底の変換
　公式, 352, 374
軌道, 155
　等しいか交わりがない, 156
軌道固定部分群公式, 156, 302,
　434
軌道固定部分群の数え上げ定理,
　158
帰納法, 19
　すべての馬は同じ色であるこ
　　との証明, 35
　整列原理を使った証明, 19
基本対称式, 206, 214, 285, 320,
　544
　根の——は係数を与える, 206,
　　285
基本変形
　——でスミス標準形に簡約,
　　399, 425
基本領域, 557
　——の体積, 557, 567, 603
　格子のベクトルと——のベク
　　トルの和, 558, 602
　弱——, 566
　ボロノイ細胞, 567, 568
逆

圏の射の——, 507, 595
　左, 571
　右, 571
　両側, 571
既約元, 182
　——が積を割り切る, 190
　環の——, 182
　極大イデアルの生成元, 189
　素イデアルの生成元, 189
逆元, 45
　公理, 45
既約指標, 527
　直交関係式, 530
既約多項式, 132, 258
　——は極大イデアルを生成する, 133, 258
　アイゼンシュタインの既約性判定法, 238
　根で生成された体の拡大次数, 134, 219, 258
　最小多項式は——, 262
　すべての——の積, 140
　微分が零でなければ——, 231, 259
　非分離拡大の例, 277, 337
　非分離の例, 232
　標数 0 なら分離的, 231, 259, 278
　有限体上の——, 138
既約表現, 524
　——の重複度, 526
　アーベル群, 526
　次元の和, 526
　シューアの補題, 524
　正則表現における重複度, 526, 530
　マシュケの定理, 525, 597
　有限群, 526
球の体積の公式, 604
行階数, 422
行スパン, 422
　列スパンと同じ次元, 422
共通部分, 12
　部分集合の——はファイバー積, 595
　ベズーの定理, 555
　補集合の——, 32
　無限個の集合の——, 32
行ならびに列簡約, 398, 424
　体上, 399
　単項イデアル整域における——, 425
　ユークリッド整域上の——, 399
共変関手, 508

Hom, 509
共役作用, 160
共役自己同型写像, 451
共役な虚な埋め込み, 546
共役な部分体, 336
共役部分群, 149
　——は部分群, 151
　——はもとの部分群と同型, 151
共役類
　2 面体群, 527
　アーベル群, 527
　共役類の個数と既約表現の個数は等しい, 527
行列, 346, 388
　——環, 97
　——環は整域ではない, 95
　——の共役, 353
　——の積の公式, 350
　$\mathrm{Mat}_{m \times n}$ の階数, 388, 389, 418
　$\mathrm{Mat}_{m \times n}$ の基底, 373, 388
　$\mathrm{Mat}_{m \times n}$ の次元, 347, 349, 373
　階数, 422
　可換なペア, 428
　可換なら同時対角化可能, 375
　加群の準同型写像に伴う——, 389
　環, 78
　環に成分を持つ——, 388
　基底に関する線形写像の——, 347, 389
　基底の変換公式, 352, 374
　基本変形, 398, 424
　行スパン, 422
　行ならびに列簡約, 398, 424
　行列に対応する自己準同型写像, 347, 389, 418
　ケーリー–ハミルトンの定理, 428
　ジョルダン細胞, 413
　ジョルダン標準形, 412, 413, 428
　スミス標準形, 398, 399, 425
　跡, 377
　線形回帰数列に対応する——, 428
　対角——, 358
　対角化, 412
　対角化可能, 357
　体に成分を持つ——, 346, 399
　単項イデアル整域に成分を持つ——, 398, 399, 425
　置換, 458, 522

特性多項式の根, 428
　冪零, 428
　ユークリッド整域に成分を持つ——, 398, 399
　余因子, 478
　列スパン, 422
行列群, 50, → 一般線形群
行列式, 360, 367, 470, 471
　——が単数 ⇔ 自己準同型写像が可逆, 471
　——の定義, 365
　——は乗法的, 365
　$\mathfrak{A}^n(M)$ の作用による定義, 471
　乗法公式, 471
　零でない ⇔ 可逆, 365
　和の展開, 376
　和への展開, 467, 471
行列の基本変形, 398, 424
行列の共役, 353
行列の積, 50, 65, 66, 78, 350, 390
　——は線形写像の合成, 351
　恐ろしい公式の起源, 350
　図を用いた記憶法, 352
極小元, 485
局所環, 104, 213
　射影空間の——, 602
　点での $\mathbb{P}^n$ の——, 554, 602
極大イデアル, 90
　⇔ 剰余環が体, 90
　——は素イデアル, 92
　既約元で生成された——, 189
　既約多項式で生成された——, 133, 258
　存在, 92, 592
　唯一の——, 104, 213
極大元, 391, 485
　鎖の——, 486
極大正規部分群, 449, 459
　剰余群は単純, 449, 459
虚な埋め込み, 545
　——の共役, 546
ギリシャ, 257
偶関数, 418
空集合, 11
　——はすべての集合の部分集合, 12
　任意の集合への写像, 487
偶置換, 439, 464
鎖, 485
　加群の——, 494
　極大元, 486
　降鎖, 421
　上界, 486

部分加群の——が安定化, 391
鎖の上界, 486
組合せ, 27
組合せ論, 25
グラフ, 515
　可換図式は有向——, 499
　完全, 516, 596
　完全 2 部——, 516, 596
　経路, 516, 517
　射, 518
　巡回, 516, 596
　頂点の集合, 515
　同型, 518
　同型問題, 518
　部分——, 518
　辺の集合, 515
　路, 596
　無向——, 515
　有向——, 515
　連結, 517
　連結成分, 517, 590
　連結成分の非交和, 517
グラフの経路, 517
グラフの成分, 517
グラフの連結成分, 590
繰り返し 2 乗法, 587, 610
クロネッカーの定理, 310
　2 次体の場合, 339
群, 45
　——のケーリーグラフ, 519
　——の自己同型群, 451
　——の指標群, 528
　——の推移的な作用, 177
　——の積, 453
　——の表現, 521
　2 面体——, 50, 52
　4 元数——, 50
　アーベル——, 45
　与えられた位数の群の個数, 427
　アフィン線形——, 460
　位数, 47
　位数 10 の——, 166
　位数 12 の——, 460
　位数 p^n, 165, → シロー部分群
　位数 p^n の——の中心は非自明, 160
　位数 pq の——, 168, 459
　位数が p^2 の——はアーベル群, 161
　イデアル類, 542, 543
　大きな冪乗の計算, 587, 610
　外部自己同型写像, 451
　可解——, 316, 443, 450
　可換, 45

加法, 48
　ガロア——, 265
　軌道固定部分群の数え上げ定理, 158
　逆元をとる操作が準同型写像 ⇔ アーベル群, 66, 453
　既約表現, 524
　共役作用, 160
　共役類の個数と既約表現の個数は等しい, 527
　行列, 50
　極大正規部分群, 449, 459
　群から正規部分群の自己同型群への準同型写像, 452
　群作用に関する不変式環, 208
　圏における——, 513
　元の位数, 47
　元の位数は群の位数を割り切る, 59, 584
　公理, 45
　散在型有限単純群, 450
　自己同型, 179
　指数 2 の部分群は正規部分群, 176
　指数の乗法公式, 69
　指標, 341
　自明, 54
　シューアの補題, 524
　巡回——, 48
　巡回部分群, 54
　準同型写像の核, 55
　乗法, 48
　剰余写像, 153
　剰余類, 56, 147
　ジョルダン–ヘルダーの定理, 449, 459
　シローの定理, 163, 294, 323
　シロー部分群, 165
　推移的作用, 158
　正規部分——, 150
　正規部分群による剰余——, 153
　生成された部分群, 67
　正則表現, 522
　積, 60
　素数位数の群は巡回群, 59
　素数冪位数の単純群は巡回群, 442
　組成因子, 449
　組成列, 448, 449, 459
　対称, 49
　代数体の単数——, 543
　代数体の分数イデアル——, 542
　楕円曲線, 533–535

楕円曲線離散対数問題, 582
　単純——, 150, 442
　単純アーベル群, 442
　置換, 431
　中心, 69, 160
　中心化群, 69
　同型写像, 53
　内部自己同型写像, 451
　半直積, 312, 340, 453
　部分群, 54
　部分群で生成される群, 458
　部分群の共役の個数, 169
　部分群の正規化群, 163, 169
　部分群の積, 171
　部分群の中心化群, 162, 452
　部分群の半直積に等しい, 455
　部分集合が生成系 ⇔ ケーリーグラフが連結, 519
　部分集合で生成された部分群, 519
　マシュケの定理, 525, 597
　無限, 48
　モンスター, 450
　有限単純群の分類, 450
　ラグランジュの定理, 58, 584
　リー型の——, 450
　離散対数問題, 582, 608
　両側剰余類, 172
群環, 575
　——がアーベル ⇔ 群がアーベル, 576, 606
　群の正則表現, 576, 606
　巡回群の——, 576, 606
　乗法公式, 576
　正規部分群に伴う中心元, 577, 606
　左イデアルは不変部分空間, 576, 606
　部分群に伴う冪等元, 577, 606
群環の中心元, 577, 606
群作用, 155
　——の軌道, 155
　固定部分群, 155
　置換表現, 522
群準同型写像, 51
　——の核は正規部分群, 150
群の表現, 521, → 表現
クンマー拡大, 311, 456
クンマー準同型写像, 312
クンマー体, 306, 311, 456
　ガロア理論, 311, 456
形式
　——の対称化, 476
　交代——, 463
　対称——, 463

か 行　　**631**

多重線形——, 462
形式的な微分, 96, 227
　　——が零, 228
　　——の計算規則, 227
　　陰関数, 537
係数拡大, 593, 595
経路グラフ, 516
ケーリーグラフ, 519
　　——が連結 ⇔ 生成系, 519
　　2 面体群の——, 519, 597
　　4 元数群の——, 597
　　群の——, 519
ケーリーの定理, 441, 458
ケーリー–ハミルトンの定理,
　　339, 428
結合公理, 507
結合則, 45
　　可換図式として, 499
　　加群, 379
　　環, 74
　　ベクトル空間での——, 109
結合律公理, 155
圏, 505, 506
　　——での自己同型射, 507
　　——における群, 513
　　——における同型, 507, 595
　　関手, 508
　　結合公理, 507
　　合成写像, 506
　　自己同型群, 507
　　射, 506
　　写像, 506
　　射の逆, 507, 595
　　準同型関手, 509
　　準同型写像関手, 595, 596
　　小——, 506
　　対象, 506
　　単位元公理, 506
　　テンソル積関手, 506
　　ファイバー積, 511, 595
　　部分圏, 507
　　矢印, 506
原始元定理, 278, 285, 299, 303,
　　334
原始根, 224
賢者の石, 151
圏での対象, 506
圏での矢印, 506
公開鍵, 580
公開鍵暗号, 580
　　——に用いられる難問, 581
　　GGH, 585, 588
　　NTRU, 608
　　RSA, 589
　　エルガマル——, 584, 607

落とし戸関数, 581
疑似乱数, 589
格子, 585, 608
効率か安全性か, 582
真の乱数, 588
ディフィー–ヘルマン問題,
　　583, 607
矛盾した目標, 582
乱数, 588
公開鍵暗号方式
　　RSA, 584
　　格子, 585
高階論理, 483
交叉
　　——の重複度, 554
　　横断的, 554, 555
交叉理論, 552
格子, 557
　　——は短いベクトルを持つ,
　　558
　　LLL 簡約アルゴリズム, 563
　　NTRU, 609
　　$SL_n(\mathbb{Z})$ の元で関連づけられ
　　る, 603
　　アダマールの不等式, 559
　　エルミート定数, 559
　　ガウスの推測, 604, 609
　　基本領域, 557, 566
　　基本領域の体積, 557, 567, 603
　　基本領域のベクトルと——の
　　ベクトルの和, 558
　　球との共通部分は有限, 603
　　格子のベクトルと——のベク
　　トルの和, 602
　　最近ベクトル問題, 560, 583
　　最短ベクトル問題, 560
　　ババイの最近ベクトルアルゴ
　　リズム, 561, 583, 585
　　判別式, 557, 567, 603
　　ボロノイ細胞, 567, 568
　　短いベクトルを持つ, 560, 569,
　　604
　　ミンコフスキの定理, 560
　　ユークリッド——, 556
　　余体積, 557, 567, 603
格子暗号, 585, 608
　　GGH, 585
　　NTRU, 608
格子簡約, 563
　　LLL アルゴリズム, 563
合成, 14
合成写像, 506
合成体, 338
　　——のガロア群, 338
構造定理

有限アーベル群, 61
有限生成, 566
　　有限生成アーベル群の——,
　　411
　　有限生成加群, 402, 407, 538
交代群, 440, 464
　　——は $n \geq 5$ なら単純, 442
　　——は $\mathcal{S}_n$ の指数 2 の部分群,
　　440
　　——は $\mathcal{S}_n$ の正規部分群, 440
　　位数 12 の群, 460
交代形式, 362, 375, 464
　　1 次元, 376
　　D^B は R 基底, 468
　　R^n 上で階数が 1, 466, 477
　　自己準同型写像が引き起こす
　　写像, 466, 477
　　線形変換により誘導される写
　　像, 363, 375
　　双線形, 420, 421
　　取り替えると符号が変わる,
　　363, 375
　　非自明最高次空間は階数が 1,
　　466, 477
　　和の展開, 376
　　和への展開, 467
交代性, 362
合同, 24, 76, 85
　　線形, 25
恒等置換, 42
公理
　　——とは何か, 1
　　加群, 379
　　環, 73
　　群, 45
　　体, 123
　　ベクトル空間, 108
ゴールドバッハ予想, 32
互換, 435
　　——とサイクルが $\mathcal{S}_n$ を生成す
　　る, 323, 458
　　積の互換の個数の偶奇, 436
　　置換は——の積, 435, 464
固定体, 283
　　——のガロア群, 285, 287
　　ガロア群の——は中間体, 285,
　　287
　　ガロア群の——は底の体, 300
固定部分群, 155
　　軌道の数え上げ定理, 158
固定部分群軌道公式, 156, 302,
　　434
固有値, 355, 356, 367
　　——は特性多項式の根, 368
　　0 に等しい——, 356, 358

相異なる固有値の固有ベクト
ルは線形独立, 375
逆変換の——, 376
異なる——は高々 $\dim(V)$ 個,
368, 375
ジョルダン細胞の——, 413
対角行列, 375
置換行列, 458
有限位数の線形変換の——は 1
の冪根, 376
和が跡, 377
固有ベクトル, 355, 356
——からなる基底, 357, 375,
412
——は零でないベクトル, 356
相異なる固有値の固有ベクト
ルは線形独立, 375
線形変換は代数閉体で固有ベ
クトルを持つ, 359, 525
対角行列, 375
根
ガロア群の元による——の置
換, 266
個数は次数で押さえられる,
221
重根を持てば非分離, 229, 259
コンパスと定規による作図, 240

●さ行
差, 12
鎖, 485
加群の——, 494
極大元, 486
降鎖, 421
上界, 486
部分加群の——が安定化, 391
最近ベクトル問題, 560, 583
NTRU 平文を見つけるため,
609
解を持つ, 603
ガウスの推測, 604
ババイの最近ベクトルアルゴ
リズム, 561, 583, 585
サイクル, 433
——と互換が $\mathcal{S}_n$ を生成する,
323, 458
——の積の符号, 440
——の長さ, 432
——の符号, 440
互換, 435
互いに素, 432, 457
互いに素なサイクルは可換,
434, 457
置換の——, 432
置換は互いに素な——の積に

等しい, 434
冪乗のサイクルの個数, 457
サイクルの長さ, 432
最高次係数, 396, 421
最小元, 13
最小公倍数, 62
最小多項式, 262
——の次数, 263
——は既約, 262
分離的, 278, 334
サイズ関数, 184, 400
$F[x]$ 上の——, 185
$\mathbb{Z}[i]$ 上の——, 186
$\mathbb{Z}$ 上の——, 185
最大公約因子
$au + bv$ に等しい, 423
多項式環での——, 334
単項イデアル整域での——,
423
最大公約数, 21
1 に等しい, 21
$au + bv$ に等しい, 21
ユークリッドのアルゴリズム,
36
最短ベクトル問題, 560
NTRU 秘密鍵を見つけるため
の, 609
ガウスの推測, 604, 609
作図可能数, 244, 315
——は代数的, 244
1 の 17 乗根は——, 340
作図可能性と可解性, 315
作図可能点, 244, 315
作図不可能性と非可解性, 315
鎖の上界, 486
座標, 112
作用
——が推移的, 177
共役, 160
群——, 155
推移的, 158
散在型有限単純群, 450
算術の基本定理, 181
次元
階数・退化次数定理, 353, 498
加群の——, 387, 390
ジョルダン細胞の——, 413
表現の——, 521
表現の——は e の値, 529
ベクトル空間の——, 115
無限, 370
自己準同型環, 101
——が可換 ⇔ 1 次元, 373
——の階数, 389, 418
——の次元, 347, 374

階数 1 の加群の——, 470
加群の——, 387, 418, 461,
571
行列環と同型, 389, 418
単元, 572
ベクトル空間の——, 119, 344,
372
自己準同型写像
可逆 ⇔ 行列式が単元, 471
多重線形写像の空間に引き起
こされる写像, 465, 476, 477
余因子変換, 478
自己同型群, 179
$\mathbb{Z}^n$ の——, 459
加群の——, 572
群からの準同型写像, 453
群の——, 451
圏における, 507
巡回群の——, 452, 460
対称群の——, 452
ベクトル空間, 344
自己同型射
圏での——, 507
自己同型写像
外部——, 180, 451
共役, 451
体の——の線形独立性, 327
多項式環の——, 267
内部——, 180, 451
指数, 58
乗法公式, 69
——の乗法規則, 258
——の乗法規則, 128, 261
——は根の個数を押さえる,
221
2 つの多項式の次数, 129
拡大体の——が 1, 143
拡大体の——が素数, 143
既約多項式の根で生成された
体の——, 134, 219, 258
最小多項式の——, 263
乗法性, 276, 287
斉次多項式の——, 551
体の拡大の——, 127
多項式の——, 97, 129
多項式の積の——, 143
超曲面の——, 552, 555
分解体の——, 225, 259
零多項式の——, 129
自然数, 8, 479
帰納法, 19
公理的な定義, 12
整列原理, 13, 19, 21
より小さい, 12
実埋め込み, 545

さ 行　　**633**

実数体, 108, 125
実ベクトル空間
　　——内の格子, 557
　　最大階数の離散部分群, 557
　　離散部分群, 556
　　離散部分群は有限生成アーベ
　　　ル群, 556
　　離散部分群は有限生成自由
　　　アーベル群, 603
指標
　　——の線形独立性, 341
　　——の内積, 529
　　——は 1 の冪根の和, 528, 597
　　——表, 528
　　1 次元, 341
　　e での値は階数, 529
　　既約, 527
　　共役で不変, 528
　　群の——, 528
　　準同型写像とは限らない, 527
　　正則表現の——, 529
　　直和の——は和, 528
　　直交関係式, 530
　　内積は重複度に等しい, 530
　　表現の——, 527
　　冪乗での値, 597
指標群, 528
　　——における内積, 529
　　内積は重複度に等しい, 530
指標表, 528
　　2 面体群の——, 528
　　4 元数群の——, 597
シフト変換, 371, 378
自明な不変部分空間, 524
射, 506, → 準同型写像
　　グラフの——, 518
　　圏での——, 506
　　圏での逆——, 507
　　圏における逆, 595
射影, 14
射影空間, 550
　　——の点, 550
　　——の有理関数体, 551
　　——はアフィン空間で覆われ
　　　る, 601
　　——はアフィン空間の非交和,
　　　551, 601
　　$\mathbb{P}^n$ は $n+1$ 個の $\mathbb{A}^n$ で覆われ
　　　る, 601
　　交叉理論, 552
　　超曲面, 552, 554
　　超曲面の交叉における重複度,
　　　554
　　超平面, 552
　　点での局所環, 554, 602

ベズーの定理, 555
　　有理関数は——上の関数, 551,
　　　601
射影空間の点, 550
射影代数的集合, 552
　　——のイデアル, 552
射影代数的集合の斉次イデアル,
　　552
射影代数多様体, 552
射影多様体
　　——上の有理関数, 602
　　有理型関数, 602
射影直線, 550
射影平面, 550
　　——内の円錐曲線, 552
　　——内の曲線, 552
　　——内の直線, 552
　　直線は点で交わる, 552
写像, 14
　　S から T への写像全体の, 481
　　圏での——, 506
　　写像を写像の写像に移す, 465,
　　　477
斜体, 126, 141
シューアの補題, 524
自由加群, 385, 386, 498, 594
　　⇔ ねじれ部分加群が自明, 425
　　——上の多重線形写像, 462,
　　　476
　　——の階数, 387, 390
　　——の基底の個数は一定, 387
　　n タプルの有限生成——, 386
　　階数は完全系列で加法的, 498
　　基底の取り替え, 417, 419
　　行列式, 470, 471
集合, 11
　　——の元, 11
　　——の元ではない, 11
　　——の集合, 483
　　——の対称群, 49, 155
　　——の非交和, 16
　　——のファイバー積, 595
　　——はそれ自身の部分集合, 12
　　$\#S = \#T \Leftrightarrow \#S \le \#T$ かつ
　　　$\#T \le \#S$, 481, 590
　　2 項関係, 33
　　S から T への写像全体の, 481
　　与えられた大きさの部分集合
　　　の個数, 27
　　与えられた長さの順序つきリ
　　　ストの個数, 27
　　可算, 479, 480
　　可算集合の積は可算集合, 590
　　合併, 12
　　カントールの対角線論法, 482

共通部分, 12
共通部分はファイバー積, 595
空, 11
空集合はつねに部分集合, 12
群作用の軌道, 155
群の——への作用, 155
群作用の固定部分群, 155
差, 12
集合の——, 147, 483–485
シュレーダー–ベルンシュタイ
　　ンの定理, 481, 590
順列の——, 25
すべての集合の——, 483
整列, 486
積, 12
積の射影, 14
積は非空, 485
全射な写像, 480
全順序, 12, 485
選択公理, 485
対称差, 32
単射な写像, 480
同値関係, 17, 34
濃度, 481
半順序, 34, 485
非可算, 479, 480
非可算集合の存在, 482
等しくない, 591
等しくない濃度, 481, 482
部分集合, 12
部分集合全体の——, 481
部分集合の集合, 482
冪集合, 482
補集合, 12
無限, 480
有限, 11, 480
集合差, 12
集合の元, 11
集合論, 11, 479
　　整列可能定理, 486
　　ツェルメロ–フレンケルの公理
　　　系, 486
　　ツォルンの補題, 486
　　ラッセルの逆理, 483
　　連続体仮説, 590
シュレーダー–ベルンシュタイン
　　の定理, 481, 590
巡回加群, 386
巡回ガロア群, 329
巡回グラフ, 516, 596
巡回群, 48
　　——の群環, 576, 606
　　——の自己同型群, 452, 460
　　——の積, 427
　　——の半直積, 456, 460

索引

——の表現, 521, 526
生成元, 48, 54, 64
　素数位数, 59
　単純 ⇔ 素数位数, 442
　有限アーベル群は——の直積, 411, 456
　有限生成アーベル群は——の直積, 411
巡回群の生成元, 48, 54, 64
巡回部分加群, 383, 416
　$R = \mathbb{Z}$ なら巡回群, 384
順序集合, 12, 485
　半——, 485
順序対, 12
順序つきリスト, 25
準同型空間
　——の階数, 389, 418
　加群の——, 387, 461
　行列環と同型, 389
　行列の空間と同型, 418
　ベクトル空間, 118
準同型写像
　——の核は部分加群, 383, 416
　——の行列, 389
　埋め込み, 61
　核はイデアル, 605
　加群, 379
　群, 51
　群の——の核は正規部分群, 150
　合成の行列, 389, 418
　射影, 61
　剰余加群への——, 416
　剰余環への——, 605
　剰余群への——, 153, 383
　対数, 52
　体の——は単射, 124
　表現の——, 523
　フロベニウス, 579
　フロベニウス準同型写像, 88, 296
　ベクトル空間の——, 109, 343
準同型写像関手, 509, 595, 596
　加群の圏では左完全, 596
　加群の圏における, 514, 515, 596
　共変, 509
　反変, 595, 596
　左完全, 515
順列, 25
　n 元集合の順列は $n!$ 個, 26
商, 21
定規とコンパスによる作図, 240
小圏, 506
乗法, 73

乗法群, 48
　大きな冪乗の計算, 587, 610
　体の——は巡回群, 545
　体の有限——は巡回群, 223, 308
乗法的に閉た集合, 212
証明, 1
　——とは何か, 1
　技巧, 3
　帰納法による——, 19
　背理法, 4, 31
　魔法の種明かし, 200
剰余加群, 382, 416
　——は剰余環上の加群, 384, 416
　——への写像の核, 416
　写像の核, 383
　ネーター加群の——もネーター, 393
剰余環, 85
　——とのテンソル積, 492
　——は R 加群, 381, 417
　——は体, 133, 189, 258
　整域 ⇔ 素イデアルでの——, 90
　体 ⇔ 極大イデアルでの——, 90
　非可換, 605
剰余群, 153
　単純 ⇔ 極大正規部分群, 449, 459
剰余写像
　加群の——, 383
　環の——, 86
　群の——, 153
剰余ベクトル空間, 355, 374
剰余類, 56, 85, 147
　——の積のアルゴリズム, 148
　g が H の元 ⇔ $gH = H$, 69
　すべて同数の元からなる, 57
　等しいか交わりがない, 57
　両側——, 172
ジョルダン細胞, 413
　——の固有値はただ 1 つ, 428
　——は対角行列と冪零行列の和, 428
　固有ベクトルの向きはただ 1 つ, 428
ジョルダン細胞行列, 413
ジョルダン標準形, 412, 413, 428
　——定理, 413
　ジョルダン細胞は一意, 428
ジョルダン–ヘルダーの定理, 449, 459
シローの定理, 163, 166, 173,

294, 323, 441
シロー部分群, 165
　——の個数, 166, 173
　——は互いに共役, 166, 173
　対称群の——, 441
真理値, 3
真理値表, 3, 6
推移性, 485
推移的
　群作用が——, 158, 177
　置換, 433, 457
推移律, 17, 34
数学果物の冗談, 45, 486
数学的帰納法, 19
数理暗号, 580
　——に用いられる難問, 581
数理論理学, 3
数論, 20
　代数的, 540
スカラー, 108
図式
　可換——, 201
図式追跡, 500
スターリングの公式, 559, 604
スパン
　——の記法, 386
　加群の元の部分集合の——, 385, 417
　加群の部分集合の——, 382
　ベクトル空間の——, 112
　ベクトルの集合の——, 370
スミス標準形, 398
　基本変形でスミス標準形に簡約, 399, 425
整域, 80
　⇔ 素イデアルでの剰余環, 90
　一意分解, 182, 505
　一意分解整域は整閉, 505
　可除性, 182
　簡約法則, 80
　単項イデアル——, 183
　分数体, 198, 505
　ユークリッド——, 184
　有限整域は体, 97
整拡大
　環の——, 503
　体の——は代数拡大, 503
正規拡大, 300
正規部分群, 150
　⇔ 中間体がガロア拡大, 287, 305
　——による剰余群, 153
　核は——, 150
　極大 ⇔ 剰余群が単純, 449, 459
　群から——の自己同型群への

さ 行　　**635**

準同型写像, 452
指数 2 の部分群は正規部分群,
　176
　対称群の——, 443
　非自明な——を持たないなら
　単純群, 442
整元
　判定法, 503
斉次座標, 550
斉次多項式, 215, 551
整数, 48
　——の環, 20, 73
　$au + bv = \gcd$ 定理, 21
　m を法とした——, 24, 48
　余りのある割り算, 21, 36
　可除性, 20
　合同, 24, 76
　最大公約数, 21
　素数, 22
　素数が積を割り切る, 23
　互いに素, 21
　法 m, 24, 48
　無平方, 230
整数因数分解問題, 582
整数環, 20, 73
　——は PID, 185
　——は UFD, 191
　——はユークリッド整域, 185
　2 次拡大の——, 540, 600
　2 次拡大のイデアル類群, 543
　2 次拡大の単数群, 546
　イデアルの一意分解性, 541
　イデアル類群, 542
　イデアル類群は有限, 543
　円分体, 540
　代数体の——, 540
　ディリクレの単数定理, 546
　ねじれ部分群, 543, 600
　分数イデアル, 542
　分数イデアル群, 542
　類数, 542, 543
生成系
　——は線形独立系より大きい,
　116
　——は基底を含む, 113, 371
　イデアルの——, 84, 605
　群の——, 67, 519
　群の生成系 ⇔ ケーリーグラフ
　が連結, 519
　ベクトル空間, 112, 370
生成系の取り替え, 419
整性判定法, 503
正則表現, 522
　既約因子の重複度, 526
　既約表現の重複度, 530

群環との関係, 576, 606
　指標の値, 529
整な元
　和と積も整, 503
整閉環, 505
　UFD は——, 505
整閉包, 503
　——は環, 503
　代数体, 540
正方形の対称性, 45
整列可能定理, 484, 486
整列原理, 13, 19, 21
積, 12
　イデアルの——, 103
　埋め込み, 61
　加群, 383
　可算集合の——は可算集合,
　590
　環, 82
　環の——, 101
　既約元で割り切れる——, 190
　行列の——, 350, 389, 418
　群, 60
　群の（直）積, 453
　射影, 14, 61
　集合の——, 12, 484
　集合の——は非空, 485
　巡回群の——, 427
　素数で割り切れる, 23
　ツォルンの補題, 484
　テンソル, 490
　任意個数の集合の積, 484
　半直積, 312, 453
　ファイバー——, 511, 595
　無限個の集合の——, 32
跡, 338, 377, 527
　——は固有値の和, 377
　——は線形, 377
　行列の——, 377
　跡は共役不変, 377
　線形変換の——, 377
　対角成分の和, 377
　体の拡大における——, 338
　半直積, 340
　表現の——, 527
積公式, 228
積分は線形変換, 111
接線, 533
全型, 15, → 全射
線形回帰数列
　——に対応する行列, 429
　閉じた公式, 429
線形形式
　交代——, 362, 420, 463
　双線形, 420

対称——, 420, 463
多重線形, 362, 462
線形結合, 112
線形合同式, 25
線形作用素, 119
線形写像, 343
　——の行列, 347, 389
　——の合成が行列の積を定義
　する, 351
　——のスカラー倍, 343, 372
　——の和, 343, 372
　$\ker = \{\mathbf{0}\} \Leftrightarrow$ 単射, 374
　核, 353, 380
　核は部分空間, 374
　加群, 379
　基底の変換公式, 352, 374
　合成の行列, 350
　像は部分空間, 374
　零空間, 353
線形写像の空間
　——の次元, 347, 374
　行列空間と同型, 347
　ベクトル空間, 343, 372
線形漸化式, 428
線形独立
　体の自己同型写像の——, 327
線形独立系, 385
　——は生成系より大きくない,
　116
　相異なる固有値の固有ベクト
　ルは線形独立, 375
　加群, 385
　基底に含まれる——, 113, 371
　ベクトル空間, 370
線形独立性, 370, 385
　指標の——, 341
線形変換, 109, 344, 372
　⇔ 固有値が 0 でない, 358
　——のスカラー倍, 118, 387
　——の特性多項式は一意, 376
　——の和, 118, 387, 418
　1 次元ベクトル空間上の——,
　360
　相異なる固有値が $\dim(V)$ 個
　存在すれば対角化可能, 375
　可換なら同時対角化可能, 375
　可逆, 344
　可逆 ⇔ 行列式が 0 でない,
　365
　片側逆元, 372, 378
　逆写像も線形変換, 346, 372
　逆変換の固有値, 376
　逆変換の特性多項式, 376
　行列式, 365
　行列式は乗法的, 365

636　索　引

ケーリー–ハミルトンの定理, 428
交代 n 形式の空間に誘導される写像, 363, 375
固有値, 356
固有ベクトル, 356
シフト変換, 371, 378
ジョルダン標準形, 412, 413, 428
積分, 111
線形変換は代数閉体で固有ベクトルを持つ, 359, 525
全射だが単射ではない——, 372, 378
対角化, 412
対角化可能, 357
単射 ⇔ 全射, 355
単射だが全射ではない——, 372, 378
特性多項式の根, 428
内積, 418
非可逆, 344
微分, 111
有限位数 ⇒ 固有値は 1 の冪根, 376
有限次元なら左逆元 ⇔ 右逆元, 374
選言, 4
選言の分配則, 6
全射, 14, 480
⇔ 単射, 62
サイズが等しい有限集合では全射 ⇔ 単射, 14, 34
全順序集合, 12, 485
選択公理, 264, 371, 390, 480, 484, 485
極大イデアルの存在, 92, 592
ベクトル空間の基底の存在, 115, 371, 488, 592
全単射, 14
⇔ 可逆, 15
全単射関数, 42
素イデアル, 89
⇔ 剰余環が整域, 90
——の積への一意的な分解, 541
既約元で生成された——, 189
像
——の階数, 426
——は部分空間である, 374
——は有限生成自由加群, 426
線形写像の——, 353
双線形形式
——の加群, 420, 421
交代——, 420, 421

対称——, 420, 421
双線形写像, 492
——の加群, 420
素数, 22
イデアル, 89
階乗を割り切る素数冪, 39
積を割り切る, 23
無数にある, 22, 37
論理式で定義された, 9
組成因子は群を一意に決めない, 450, 459
組成列, 448
——は群を一意に決めない, 450, 459
1 つより多く組成列を持つ群, 449
2 面体群, 459
4 元数群, 459
剰余, 449
ジョルダン–ヘルダーの定理, 449, 459
素数冪位数の群の——, 459
対称群, 459
長さ, 449
存在, 存在する, 8
孫子算経, 193

●た行
ダーレク (Dalek), 9
体, 79, 108, 123
⇔ 極大イデアルでの剰余環, 90
——の拡大の次数, 143
——に成分を持つ行列, 399
——の代数閉包, 263, 333
——は整域, 97
$\alpha_1, \ldots, \alpha_n$ で生成される拡大——, 126
$\mathbb{Q}(\sqrt{2})$, 125, 127
$\mathbb{Q}(i)$, 125, 127
拡大——, 126
拡大次数, 127
拡大における次数の乗法性, 261, 276, 287
拡大をベクトル空間と見る, 127
既約元による剰余環は——, 189
既約多項式による剰余環は——, 133, 258
既約多項式の根で生成された——, 134, 219, 258
固定——, 283
根で生成される体, 314
次数の乗法規則, 128, 258

実数——, 108, 125
斜——, 126
準同型写像は単射, 124
乗法群の有限部分群は巡回群, 223, 308, 545
対称有理関数の——, 320, 321
代数体, 540
代数的数, 217, 261
代数的に閉, 145, 263, 333, 359, 413
超越数, 217
非分離拡大, 232, 277, 278, 337
標数 0 での分解, 277, 334
複素数——, 108, 125
複素数体は代数閉体, 263, 292
部分——, 126
分解, 145, 225, 259
分数, 198, 505
冪根拡大, 314
無限次代数体, 332
有限——, 80, 81, 108, 125, 137, 140, 232, 270, 295
有理関数
射影空間上の——, 551
有理関数——, 202, 203, 320, 321, 333
アフィン多様体上の——, 549
射影多様体上の——, 602
有理数——, 108, 125
対角化, 412
対角化可能, 357
相異なる固有値が $\dim(V)$ 個存在すれば——, 375
可換な変換, 375
対角行列, 358
固有値, 375
固有ベクトル, 375
スミス標準形, 398
対称関数体, 320, 321
対称群, 49, 155, 431
——の位数, 431
——の自己同型群, 452
——のシロー部分群, 441
——の正規部分群, 443
——の表現, 521
——の有理関数体への作用, 320, 321
——は $n \geq 5$ なら非可解, 319, 443
——はサイクルと互換で生成される, 458
——は非アーベル群, 431
2 面体群と同型（でない）, 67

た　行　637

$\mathcal{S}_n$ の n サイクル, 433, 457
位数, 62
奇置換, 439, 464
偶置換, 439, 464
ケーリーの定理, 441
交代群, 440, 464
交代群は——の正規部分群, 440
互換, 435
サイクル, 433
サイクルと互換で生成される, 323
サイクルの積の符号, 440
推移的な置換, 433, 457
組成列, 449, 459
互いに素なサイクルは可換, 434, 457
多変数多項式環への作用, 204, 436
置換の符号, 438, 464
置換は互換の積, 435, 464
置換は互いに素なサイクルの積, 434
任意の群はある——の部分群, 441
符号は準同型写像, 439
対称形式, 463
自己準同型写像が引き起こす写像, 466, 477
対称差, 32
対称式, 204, 437
——は基本対称式の多項式, 207
対称双線形式, 420, 421
対称有理関数, 320, 321
対称律, 17, 34
対数, 52
離散, 582
代数
可換, 494
環上の——, 501
環上有限, 501
環上有限型, 502
係数拡大, 595
整性の判定法, 503
整な元の和と積も整, 503
ヒルベルトの基底定理, 502
部分環上で整な元, 503
有限生成, 421, 502
代数拡大, 257, 259
無限次——, 332
代数学の基本定理, 291, 292
代数幾何学, 547
ベズーの定理, 555
零点定理, 548, 601

代数体, 540
2 次拡大のイデアル類群, 543
2 次拡大の単数群, 546
イデアルの一意分解性, 541
イデアル類群, 540, 542
イデアル類群は有限, 543
虚な埋め込み, 545
実埋め込み, 545
整数環, 540
単数群, 543
ディリクレの単数定理, 546
ねじれ部分群, 543, 600
分数イデアル, 542
分数イデアル群, 542
類数, 542, 543
代数多様体, 549
——上の有理関数体, 549
——の座標環, 549
——の有理関数体, 602
代数的集合
アフィン, 548
射影——, 552
多様体の合併, 549
代数的数, 217
⇔ $\dim F[\alpha]$ が有限, 260
⇔ $F[\alpha] = F(\alpha)$, 218, 258, 260
——の最小多項式, 262
——の集合は体, 261
有理数近似, 249
代数的整数論, 540
基本完全系列, 601
代数閉体, 145, 263, 333, 337, 413
⇔ 多項式が完全に分解する, 263, 332, 359
線形変換は固有値を持つ, 525
線形変換は固有ベクトルを持つ, 359
複素数体 $\mathbb{C}$ は——, 263, 292
代数閉包, 263, 333
$\mathbb{Q}$ の——, 264
有限体 $\mathbb{F}_p$ の——, 264, 337
体積
$\mathbb{R}^n$ における球の——, 604
格子の——, 557, 567, 603
立方体の——を倍にする, 242
体の拡大
——における同型写像の拡張, 267
——のガロア群, 265
円分拡大, 306, 307
ガロア——, 273, 281
共役な部分体, 336
クンマー, 456

クンマー拡大, 306, 311
原始元定理, 278
合成体, 338
次数, 127
巡回ガロア群を持つ——, 329
正規, 300, 334
跡, 338
代数的, 257, 259
中間体, 283
中間体のガロア群, 283
同型写像の拡張, 267
ノルム, 338
標数 0 なら——は分離的, 277, 278, 281, 334
分離的, 278
冪根拡大, 314
有限個の元で生成された——, 143
有限次なら代数的, 260
有限生成, 277
体の拡大でのノルム, 338
体の自己同型写像の線形独立性, 327
体の分離拡大, 278
体の有限次拡大
——は代数的, 260
楕円曲線, 531, 534, 582
n 倍写像, 536
$\mathcal{O}$, 534
$\mathbb{Q}$ 上定義された——, 538
$\mathbb{Q}$ 有理点の群, 538
大きな倍元の計算, 587, 610
折り返し写像, 534
階数が少なくとも 28, 538
階数は一様に有界か？, 539
階数は非有界か？, 539
群演算, 533–535
結合法則の証明は難しい, 536
垂直線との交点, 533
接線, 533
接線との交点, 533
点は $\oplus$ に関してアーベル群, 535
ねじれ部分群, 538
ねじれ部分群の一様有界性, 538
ハッセの定理, 539, 600
無限遠点, 534
メイザーの定理, 538
モーデル–ヴェイユの定理, 538
有限体上定義された——, 539
有限体上の点の個数, 539, 600
有理点群の階数, 538
離散対数問題, 582
楕円曲線離散対数問題, 582

638 索 引

互いに素, 21
互いに素なサイクル, 432
可換, 434
多項式
　——の係数は根の基本対称式, 285
　——の根を含む体, 134, 219, 258
　——の次数, 97
　——の分解体, 225, 259
　2 次——, 259
　相異なる根を持つ——, 229, 259
　アイゼンシュタインの既約性判定法, 238
　余りのある割り算, 36, 102, 129
　陰関数の形式的な微分, 537
　加法的, 577
　可約, 132, 257
　基本対称式, 206, 214, 285, 320, 544
　既約, 132, 133, 258
　既約で微分が零でなければ——, 231, 259
　既約で標数 0 なら分離的, 231, 259, 278
　形式的な微分, 96, 227
　係数は根の基本対称式, 206
　根による因子分解, 221
　根の個数は高々次数, 221
　最高次係数, 396, 421
　次数, 129
　次数 5 以上なら一般には冪根で非可解, 321
　次数より多くの根を持つ——, 223, 250
　重根, 229, 259
　斉次, 215, 551
　整数係数での因子, 235
　積の次数, 98, 143
　対称式, 204, 437
　体の自己同型による——の根の置換, 266
　置換された, 204, 436
　判別式, 207, 437, 457
　非可換, 573
　微分が零の——, 228
　非分離既約多項式の例, 232, 277, 337
　非分離的, 229, 259
　分離——, 229, 259, 273
　分離的 ⇔ f と f' が互いに素, 230
　冪根により可解 ⇔ ガロア群が

可解, 341
冪根により可解 ⇔ ガロア群が可解, 318
冪根による解, 313, 315
無限個の根を持つ多項式, 250
モニック, 129, 503
多項式環, 76, 129
　——の既約元, 138
　——の自己同型写像, 267
　——の準同型写像, 95
　——は PID, 131, 186, 258
　——は UFD, 183, 191
　——はベクトル空間, 110
　——は無限次元, 115, 371, 377
　既約多項式による——の剰余環は体, 133, 258
　最大公約因子, 334
　対称群の作用, 204, 436
　体上の——はネーター環, 393, 398, 548
　多変数——, 203, 436, 548
　置換の作用は準同型写像, 204, 214, 437
　ネーター環上の——はネーター, 395, 398, 502, 548
　非可換, 573
　評価環準同型写像, 104
　評価写像, 77, 95, 110, 262
　評価準同型写像, 415, 421, 502
　ベクトル空間としての基底, 377
　無限変数の——, 214, 393
多項式環は無限次元ベクトル空間, 121
多項式の冪根による解, 315
多重形式
　交代——, 463
多重線形形式, 462
　——の加群, 420, 421
　——の対称化, 476
　交代形式の符号変化の公式, 464
　対称——, 463
多重線形形式の対称化, 476
多重線形写像, 461, 489
　——の加群, 420
　——の空間, 461, 490
　——の空間の階数, 462, 476
　——の空間は R 加群, 462
　——の空間は準同型写像空間のテンソル積, 593
　自己準同型写像により引き起こされる写像, 465, 476, 477
　自由加群上の——空間は自由, 462, 476

準同型写像ではない, 476
多重線形性, 362
多重線形代数, 489
多変数多項式環, 203, 548
　——は UFD, 183
　対称群の作用, 204, 436
　対称式, 204
　無限変数の——, 214, 393
多面体, 568
多様体, 548, 549, 552
　代数的集合は——の合併, 549
単位イデアル, 84
　冪が生成する——, 210, 408, 426
単位元, 45
単位元公理, 155, 506
　加群, 379
単位元則, 108
単因子, 403
短完全系列, 417, 425, 495
　R/I と短完全系列のテンソル積, 495
　剰余加群の——, 495
　中央に積, 495
　長完全系列からできる——, 594
　同値な 4 条件, 495
単型, 15, → 単射
単元, 80, 81, 181
　自己準同型環の——, 572
単元群, 80, 182, 571
　環の積, 83, 100
単項イデアル, 84, 131, 183
　多項式環の——, 131, 258
　左, 571
　分数——, 542
　右, 571
　両側, 571
単項イデアル整域, 183
　——に成分を持つ行列, 398, 399, 425
　——の既約元での剰余環は体, 189
　——は整域, 505
　$au + bv = \gcd$ 定理, 423
　$F[x]$ は——, 186
　$\mathbb{Z}[i]$ は——, 186
　$\mathbb{Z}$ は——, 185
　既約元, 189
　既約元が積を割り切る, 190
　積は既約元で割り切れる, 190
　任意の元は既約元の積, 210
　ネーター環, 393
　ねじれ部分加群が自明 ⇔ 自由, 425

た　行　**639**

ユークリッド整域は――, 184,
　191
列ならびに行変形, 424
単項部分加群, 383, 416
$M = R$ なら単項イデアル,
　384
単射, 14, 480
　⇔ 全射, 62
　サイズが等しい有限集合では
　全射 ⇔ 単射, 14, 34
単純群, 150, 442
　――が素数冪位数なら巡回群,
　442
　――の位数が $p^i q^j$ となること
　はない, 442
　アーベル群, 442
　交代群は――, 442
　散在型有限――, 450
　組成列, 449
　有限単純群の分類, 450
単数, 123
　両側――, 100, 344
単数群, 123
　2 次拡大の――, 546
　$\mathbb{Z}/m\mathbb{Z}$ の――, 81
　ガウス整数, 81
　基本完全系列内の――とイデ
　アル類群, 601
　代数体の――, 543
値域, 14
チェビシェフ多項式, 255
チェボタレフの密度定理, 237
置換, 41, 42, 49
　――に付随する行列, 458, 522
　――は互換の積, 435, 464
　奇, 439, 464
　逆――, 42
　偶, 439, 464
　元のサイクル, 432
　互換, 435
　サイクル, 433
　サイクルの積の符号, 440
　サイクルの長さ, 432
　推移的, 433, 457
　積の互換の個数の偶奇, 436
　互いに素なサイクルの積に等
　しい, 434
　多項式環への作用は準同型写
　像, 204, 214, 437
　単位元, 42
　表現, 522
　符号, 438, 464
置換行列, 458, 522
　――の行列式は符号, 458
　固有値は 1 の冪根, 458

置換群, 49, 431, → 対称群
　ガロア群は――, 281
　ケーリーの定理, 441
　サイクルの冪乗のサイクルの
　個数, 457
　置換行列による GL_n への単射
　準同型写像, 458
　中心が自明, 457
　任意の群はある――の部分群,
　441
置換された多項式, 204, 436
中間体, 283
　――のガロア群, 283
　$X^4 - 2$ の――, 289, 334, 335
　ガロア群の固定体は――, 285,
　287
　共役な――のガロア群, 336
　正規部分群 ⇔ ガロア拡大,
　287, 305
中間値の定理, 291
中国, 257
中国の剰余定理, 60, 193, 195,
　211, 408, 410
　オイラーの ϕ 関数への応用,
　198
　歴史, 193
中心
　p 群の――は非自明, 160
　環の――, 97
　群環の――, 577, 606
　群の――, 69, 160
　置換群の――は自明, 457
超越数, 217, 249
　e, 217
　π, 217
　非可算個, 217
長完全系列, 594
超曲面, 554
　――の次数, 552, 555
　横断的な交叉, 554, 555
　交叉の重複度, 554
　ボロノイ細胞の境界は――,
　568
超多面体, 568
頂点, 515
重複度
　既約表現の――, 526
　射影空間における交叉の点の
　――, 554
　表現の――公式, 530
超平面, 552
直積
　――の基底, 378
　群の――, 453
　テンソル積は――について分

　配則を満たす, 592
　無限個の加群の直積, 385, 418
　無限個のベクトル空間の――,
　371, 378
直積環
　中国の剰余定理, 195, 408, 410
直線, 1, 240
　$\mathbb{P}^2$ 内の――, 552
　アフィン, 548
　射影, 550
　射影平面での交叉, 552
　直線と円, 240
直和
　――の基底, 378
　表現の――, 523
　無限個の加群の――, 385, 418
　無限個のベクトル空間の――,
　372, 378
ツェルメロ–フレンケルの公理系,
　486
ツォルンの補題, 484, 486
　極大イデアルの存在, 592
　選択公理を導く, 486
　ベクトル空間の基底の存在,
　488, 592
月は生チーズでできている, 5
ディオファンタス近似, 249
定義域, 14
定義とは何か, 1
底上の群, 513
ディフィー–ヘルマン問題, 583
　エルガマル暗号を破るために
　使える, 607
ディリクレの単数定理, 546
テンソル積, 489, 490
　――関手は右完全, 515, 596
　――は可換, 592
　――は直積について分配則を
　満たす, 592
　可換図式, 490
　加群の圏における関手, 514,
　515, 596
　係数拡大, 593, 595
　準同型写像空間は多重線形写
　像の空間, 593
　剰余環との――, 492
　存在して一意, 491
　存在と一意性, 592
　短完全系列の R/I との――,
　495
　普遍写像性, 490, 492
テンソル積関手, 596
　加群上で右完全, 596
　反変, 596
同型, 15, → 全単射

環, 75
　グラフの——, 518
　圏における——, 507, 595
　表現の——, 523
同型写像
　群, 53
　自然な——, 470
　体の拡大, 267
同値関係, 17, 34
　グラフの連結成分, 517
　合同は——, 24
　集合を非交和に分ける, 18, 434
　推移性, 17
　対称性, 17
　同値類, 17
　反射性, 17
　等しいか互いに素, 434
　両側剰余類, 172
同値類, 17
　等しいか互いに素, 18
特異値, 356, → 固有値
特殊線形群, 55, 65
特性多項式, 367
　——の根は固有値, 368
　——は一意, 376
　逆変換の——, 376
　ケーリー–ハミルトンの定理, 428
　跡は最高次の次の係数, 377
特性値, 356, → 固有値
凸開集合, 566
取り替え, 435

●な行
内積
　指標の——, 529
　重複度に等しい, 530
内部自己同型写像, 180, 451
　4 元数群, 460
　アーベル群には——はない, 451, 460
二重否定, 6
任意の, 8
ネーター加群, 391
　⇔ 部分加群も剰余加群もネーター, 393
　ネーター環上の有限生成加群は——, 395
ネーター環, 391
　——上の多項式環はネーター, 395, 398
　——上の有限生成加群, 395
　体上の多項式環は——, 393, 398, 548

単項イデアル整域は——, 393
ネーター環上の多項式環は——, 502, 548
非ネーター環の例, 393
ヒルベルトの基底定理, 395, 502
ユークリッド整域は——, 393
ねじれ部分加群, 406, 425, 496
　——が自明 ⇔ 自由, 425
　——の完全系列, 593
ねじれ部分群
　整数環の単数群の——, 543, 600
　代数体の——, 543, 600
　楕円曲線の——, 538
　楕円曲線の——は一様有界, 538
濃度, 481, 482, 591
　同じ, 481
　真に小さい, 481, 482, 591
　等しくない, 481, 482, 591

●は行
バーンサイドの位数 $p^i q^k$ となる群についての定理, 442
排中律, 4, 31
ハッセの定理, 539, 600
羽のある豚, 5
ババイの最近ベクトルアルゴリズム, 561, 583, 585
バビロニア, 257
半群, 63
反射性, 485
反射律, 17, 34
半順序, 34
半順序集合, 34, 485
　極小元, 485
　極大元, 485, 486
　鎖, 485
　鎖の上界, 486
　推移性, 485
　反射性, 485
　反対称性, 485
　比較可能性, 485
反対称性, 485
反対称律, 34
半直積, 312, 340, 453
　——は群, 454
　2 面体群は——, 456
　アフィン線形群, 460
　位数 12 の群, 460
　群演算は逆を持つ, 460
　群演算は結合的, 454
　群を——に分解, 455
　巡回群の——, 456, 460

判別式
　格子の——, 557, 567, 603
　多項式, 207, 437, 457
反変関手, 508
　Hom, 595
非可解性と作図不可能性, 315
非可換環, 78, 570
　——の中心, 97
　加群の自己準同型環, 571
　群環, 575
　集合で生成されたイデアル, 605
　準同型写像の核は両側イデアル, 605
　多項式, 573
　単元群, 571
　単項イデアル, 571
　左イデアル, 571
　左逆元, 571
　冪等元, 605
　右イデアル, 571
　右逆元, 571
　右逆元は左逆元, 572
　無限個の根を持つ多項式, 250
　両側イデアル, 571
　両側イデアルによる剰余, 571, 605
　両側逆元, 571
　両側逆元は等しい, 100, 571
　両側単数, 344
非可換多項式環, 573
非可逆な線形変換, 344
比較可能性, 485
非可算集合, 479, 480
　——の存在, 482
　ℝ は——, 590
　カントールの対角線論法, 482
非交和, 16
　同値関係を与える, 18, 434
非順序対, 515
非剰余, 250
非斉次化, 554
微積分学, 110
微積分学の基本定理, 111
ピタゴラスの定理, 186
左イデアル, 571
左完全関手, 514, 594
　準同型写像関手は——, 515, 596
左逆元, 101, 372, 374, 378, 571
　——は右逆元, 100
　圏の射の——, 595
　右逆元と等しい, 571, 572
左逆射
　圏の射の——, 507

は 行 **641**

左シフト変換, 371, 374, 378
左剰余類, 56, → 剰余類
左単項イデアル, 571
必要十分, 5
否定, 4
　選言への分配, 6
　二重——, 6
　連言への分配, 6
等しくない濃度, 481, 482, 591
非ネーター環, 393
ビネの公式, 35, 430
微分
　——が零, 228
　陰関数の形式的な——, 537
　形式的——, 96, 227
微分は線形写像である, 111
非分離
　既約多項式で非分離的, 232,
　　277, 337
　体の拡大, 232
非分離的, 229, 259
　体の拡大が——, 277, 278, 337
秘密鍵, 580
非ユークリッド幾何学, 2
評価写像, 77, 94, 95, 110, 262,
　502
　——の像, 217
評価準同型写像, 104, 415, 421
表現, 521
　——における既約表現の重複
　　度, 526
　1 次元——, 521
　2 面体群の——, 522, 526, 597
　アーベル群, 526
　階数, 521
　階数が 1, 521
　既約, 524
　既約指標の直交関係式, 530
　既約表現の次元の和, 526
　既約表現は有限個, 526
　群, 521
　次元, 521
　指標, 527
　　——は 1 の冪根の和, 597
　　共役で不変, 528
　　準同型写像ではない, 527
　　正則表現の——の値, 529
　　直和の——, 528
　指標群, 528
　指標の内積, 529
　指標の内積は重複度に等しい,
　　530
　指標は 1 の冪根の和, 528
　指標表, 528
　シューアの補題, 524

巡回群の——, 521, 526
準同型写像, 523
正則, 522
正則表現における既約因子の
　重複度, 526
正則表現における既約表現の
　重複度, 530
対称群の——, 521
単位, 521
置換, 522
直和, 523
同型, 523
標数 p の体上の——, 598
不変部分空間, 524
不変部分空間は群環の左イデ
　アル, 576, 606
不変部分空間への射影, 597
マシュケの定理, 525, 597
表現の次元公式, 530
表現論, 521
標準基底, 112
　——に関する座標, 112
標準的な同型写像, 470
標数
　0, 88
　環の——, 87
　有限体の——, 137
標数 0 の体の拡大は分離的, 277,
　278, 281, 334
ヒルベルトの基底定理, 395, 502,
　548
ヒルベルトの既約性定理, 322
ヒルベルトの定理 “90”, 329
ヒルベルトの有限性定理, 208
ファイバー積, 511
　集合の——, 595
　集合の——は共通部分, 595
　普遍写像性, 511, 595
ファイブレンマ, 500, 594
フィールズメダル, 249
フィボナッチ数列, 35, 428, 430
フェルマーの最終定理, 325
フェルマーの小定理, 29, 70, 99
複素数
　——体, 108, 125
　——の平方根, 336
複素数の平方根, 293
符号, 438, 464
　——は準同型写像, 439
　——は全射, 439
　——は置換行列の行列式, 458
　サイクルの——, 440
　サイクルの積の——, 440
部分加群, 382
　——の族の極大元, 391

核は——, 383, 416
鎖が安定化, 391
集合で生成された——, 382,
　385, 417
巡回——, 383, 416
単項——, 383, 416
ネーター加群の——もネー
　ター, 393
ねじれ——, 406, 425, 496,
　593
有限生成, 391
部分環, 75, 501
部分グラフ, 518
　同型問題, 518
部分群, 54
　——による剰余類, 147
　——の剰余類, 56
　——の半直積, 455
　2 つの——の積, 171
　位数は群の位数を割り切る, 58
　共役, 149
　共役の個数, 169
　元で生成された, 54
　指数, 58
　指数 2 の部分群は正規部分群,
　　176
　自明, 54
　正規——, 150
　ラグランジュの定理, 58
　両側剰余類, 172
部分群の正規化群, 163, 169
部分群の中心化群, 69, 162, 452
部分圏, 507
部分集合, 12
　——の集合, 481, 482
　共通部分はファイバー積, 595
部分順序集合
　極大元, 391
部分体, 126
普遍写像性
　集合のファイバー積の——,
　　595
　テンソル積, 490, 492
　ファイバー積, 511
不変部分空間, 524
　——は群環の左イデアル, 606
　——は左イデアル, 576
　——への射影, 597
　自明, 524
フロベニウス準同型写像, 88,
　296, 579
分解体, 145, 225, 259, 300
　——は一意, 270
　——は存在する, 225, 259
　$X^4 - 2$ の——, 271, 284, 288,

334, 335
ガロア群の位数と――の次数
は等しい, 273
次数, 225, 259
標数 0 ならガロア拡大, 277
標数 0 なら分離的, 334
分数イデアル, 542
――の群, 542
単項――, 542
分数体, 198, 505
一般化された――, 212
分配則
and/or の――, 6
加群, 379
環, 74
否定の――, 6
ベクトル空間での――, 108
分母の有理化, 125
分離拡大, 334
標数 0 の体の拡大は――, 277,
278, 281
既約で標数 0 なら――, 231,
259
分離的, 229, 259
f と f' が互いに素, 230
既約で微分が零でなければ
――, 231, 259
分離的多項式, 229, 259
ガロア群, 273
分解体, 273
ペアノ算術, 12
平行線公準, 1
ベイビーステップ・ジャイアン
トステップ法, 608
閉包
整, 503
代数――, 263
平方根
n の平方根が無理数, 38
p の平方根が無理数, 23
複素数の――, 293
複素数の――, 336
平方剰余, 250
平面, 1
――でのベクトル, 107
アフィン, 548
射影, 550
冪が単位イデアルを生成, 426
冪根拡大, 314
――のガロア群は可解, 317
ガロア拡大に含まれる――,
314
冪根では一般に非可解な 5 次式,
321
冪根による可解性, 315

⇔ ガロア群が可解, 318, 341
冪根による非可解性, 315
⇔ ガロア群が可解でない,
318, 341
次数 ≥ 5 なら一般に, 321
冪集合, 482
冪乗アルゴリズム, 587, 610
冪乗元が単位イデアルを生成す
る, 210, 408
冪単, 98
冪等, 98
冪等元, 100, 577, 606
群環の――, 577, 606
元, 605
冪零, 98, 103, 213
行列, 428
冪零根基, 104
ベクトル, 108
――の線形結合, 112
標準基底に関する座標, 112
零――, 109
ベクトル空間, 108
――の基底の個数は一定, 115,
390
――の次元, 115
――は n タプルの空間と同型,
120
――は基底を持つ, 115, 488
――は体上の加群, 381
1 次元――, 360
F^n の標準基底, 112
Hom, 343
n タプルの――, 110
$\mathbb{R}^n$ 内の格子, 557
$\mathbb{R}^n$ 内の離散部分群, 556
一般線形群, 344, 521
入れ替え補題, 115
階数・退化次数定理, 353, 426,
498
可換な行列, 428
可逆な線形変換, 344
核は部分空間, 374
基底, 111
基底 ⇔ $\delta(\boldsymbol{v}_1, \ldots, \boldsymbol{v}_n) \neq 0$,
363
基底であるのはスパンし線形
独立のとき, 113, 370
基底と生成系と独立系, 120
基底を持つ, 592
行列式が零でない, 365
行列の行スパン, 422
行列の列スパン, 422
係数拡大, 593
結合則, 109
交代形式, 362, 375

固有値, 356
固有ベクトル, 356
固有ベクトルからなる基底,
357, 375, 412
最大ランクの離散部分群, 557
自己準同型環, 119, 344, 372
シフト変換, 371, 378
準同型写像, 109, 343
剰余, 355, 374
スカラー, 108
生成系, 112, 370
線形結合, 112
線形作用素, 119
線形写像, 343
線形独立系, 370
線形変換, 109, 344, 372
線形変換の行列式, 365
線形変換のジョルダン標準形,
412, 413
線形変換は代数閉体で固有ベ
クトルを持つ, 359, 525
像は部分空間, 374
対角化可能な線形変換, 375,
412
多項式の――, 110
単位元則, 108
非可逆な線形変換, 344
部分空間, 353
分配則, 108
ベクトルの集合の――, 370
無限個のベクトル空間の――,
371, 372, 378
無限次元――, 115, 370, 377,
378
無限次元――の線形変換, 378
有限次元――の線形変換, 355
離散部分群の階数は高々――
の次元, 603
離散部分群は有限生成自由
アーベル群, 556, 603
ベクトル空間の部分空間, 353
――による剰余, 355, 374
ベズーの定理, 245, 555
ペルシア, 257
ペル方程式, 546
辺, 515
法, 24
法 m の冪根問題, 582
包含を逆にする対応, 287
忘却関手, 508, 593
帽子からウサギ式の証明, 200
包除原理, 29, 30
2 つの集合の, 29
3 つの集合の, 30
包除の組合せ論, 140

補集合, 12
　合併の, 32
　共通部分の, 32
ポセット, 34, → 半順序集合
ボブ, 580
ボロノイ細胞, 567
　――は基本領域, 568
　境界は多面体, 568
　境界は超平面に含まれる, 568

●ま行

マグマ, 64
マシュケの定理, 525, 597
　標数 p の体上では成り立たない, 598
マトリョーシカ, 125
マトロイド, 64
魔法
　――のような証明, 199
　既約性判定法, 238
　交代形式のベクトル空間, 360
　多項式の根を含む体, 131
　ネーター環の性質, 394
　微分, 230
　普遍写像性, 492
右イデアル, 571
右完全関手, 514
　テンソル積は――, 515, 596
　テンソルは――, 596
右逆元, 101, 372, 374, 378, 571
　――は左逆元, 100
　圏の射の――, 595
　左逆元と等しい, 571, 572
右逆射
　圏の射の――, 507
右シフト変換, 371, 374, 378
右剰余類, 56, → 剰余類
右単項イデアル, 571
路グラフ, 596
ミンコフスキーの定理, 558, 560, 569
　コンパクト凸対称領域の格子点, 604
ムーファン・ループ, 64
無限個の変数, 393
無限次拡大
　代数的――, 332
無限次拡大体, 127
無限次元ベクトル空間, 115, 370
　片側逆元, 372, 378
　シフト変換, 371, 378
　全射だが単射ではない線形変換, 372, 378
　単射だが全射ではない線形変換, 372, 378

無限集合, 480
　可算, 480
　非可算, 480
無限変数, 214
無向グラフ, 515
矛盾による証明, 4, 31
無平方
　――整数, 230
無理数
　$\sqrt{n}$ が――, 38
　$\sqrt{p}$ は――, 23
メイザーの定理, 538
モーデル–ヴェイユの定理, 538
モニック多項式, 129, 503
モノイド, 63, 73
モンスター群, 450

●や行

ユークリッド幾何学, 550
ユークリッド格子, 556
ユークリッド整域, 184
　――に成分を持つ行列, 398, 399
　――は PID, 184
　――はネーター, 393
　$F[x]$ は――, 185
　$\mathbb{Z}[i]$ は――, 186
　$\mathbb{Z}$ は――, 185
　サイズ関数, 184, 400
　すべての元が既約元の積, 191
　ねじれ部分加群が自明 ⇔ 自由, 425
　有限生成加群の構造定理, 402, 407
ユークリッドのアルゴリズム, 21, 36, 582, 607, 608
　$au + bv = \gcd$ 定理, 37
ユークリッドの互除法, 21, 193, 230
有限アーベル群
　――は巡回群の積, 456
　構造定理, 61
有限基底, 111
有限群
　アーベル群は巡回群の直積, 411
　散在型単純――, 450
　単純群の分類, 450
有限型, 502
有限次拡大体, 127
有限次元ベクトル空間
　線形変換が単射 ⇔ 全射, 355
　左逆元 ⇔ 右逆元, 374
有限集合, 11, 480
　サイズが等しい有限集合では

全射 ⇔ 単射, 14, 34
有限生成アーベル群
　構造定理, 411, 566
　代数体の単数群は――, 546
　楕円曲線上の点のなす――, 538
有限生成イデアル, 391
有限生成加群, 385, 386, 417, 498, 594
　――上の多重線形写像, 462, 476
　――である代数, 501
　――の階数, 403
　n タプルの自由加群, 386
　構造定理, 402, 407, 538
　生成系の取り替え, 419
有限生成自由加群
　――の階数, 387, 390
　――の基底の個数は一定, 387
　右逆元は左逆元, 572
有限生成代数, 421, 502
　ネーター環上の――はネーター, 502
　ヒルベルトの基底定理, 502
有限体, 80, 81, 108, 125, 137
　――上定義された楕円曲線, 539
　――の位数は素数冪, 137
　――のガロア理論, 295, 296
　――の乗法群は巡回群, 223
　――の代数閉包, 264, 337
　――の平方元, 250
　――は $\mathbb{F}_p$ を含む, 137
　――は位数が等しければ同型, 140, 232, 270, 295
　原始根, 224
　乗法群は巡回群, 545
　多項式環の既約元, 138
　任意の素数冪について――が存在する, 140, 232, 295
　標数, 137
　零でない元すべての積, 142
有限単純群の分類定理, 450
有向グラフ, 515
　可換図式は――, 499
有理関数
　――体, 202, 333
　――は射影空間上の関数を与える, 551, 601
　アフィン多様体の体, 549
　射影空間上の――の体, 551
　射影多様体上の――の体, 602
　多変数――, 203, 320, 321
有理型関数, 602
有理数体, 108, 125

——の代数閉包, 264
床関数, 39
余因子, 478
より小さい, 12

● ら行
ラグランジュの定理, 58, 146,
　158, 584
ラッセルの逆理, 483
乱数, 588
　疑似——, 589
　真の——, 588
離散対数問題, 582
　ベイビーステップ・ジャイア
　　ントステップ法, 608
離散部分群, 556
　——は有限生成自由アーベル
　　群, 556, 603
　階数が高々ベクトル空間の次
　　元, 603
　最大階数の——, 557
立方倍積問題, 242
リュービユ数, 217, 249
リュカ数列, 35, 430
量化子, 7, 8
　順序が重要, 10
両側イデアル, 571

両側逆元, 571
両側剰余類, 172
　同値関係, 172
両側単項イデアル, 571
両側単数, 100, 344
量子計算機, 230
量子コンピュータ, 230, 586
類数, 542, 543
　2 次拡大の——, 543
類体論, 310
ループ, 64
零イデアル, 84
零因子, 80
零化イデアル, 406, 425
零空間, 353
　——が自明 ⇔ 単射, 353
　——は部分空間, 353
　階数・退化次数定理, 353, 498
零点定理, 548, 601
零ベクトル, 109
列階数, 422
列スパン, 422
　行スパンと同じ次元, 422
列ならびに行簡約, 398, 424
連結グラフ, 517
連結成分
　グラフの——, 517, 590

グラフは——の非交和, 517
連言, 4
　連言の分配則, 6
連鎖公式, 228
連続体仮説, 590
ローズの歌, 181
論理, 3
論理演算, 3
論理操作
　一意に存在して, 9
　含意, 5
　選言, 4
　存在する, 8
　任意の, 8
　必要十分, 5
　否定, 4
　連言, 4
　論理的同値, 5, 6
論理的同値, 5, 6

● わ行
和
　イデアルの——, 103
　微分の計算規則, 228
　平方の——, 19
　立方数の——, 35

著　者

ジョセフ・H・シルヴァーマン (Joseph H. Silverman)

訳　者

木村　巖（きむら　いわお）
富山大学学術研究部理学系准教授

シルヴァーマン　代数学
代数学への統一的入門

令和 7 年 3 月 30 日　発　行

訳　者　　木　村　　　巖

発行者　　池　田　和　博

発行所　　丸善出版株式会社

〒101-0051 東京都千代田区神田神保町二丁目 17 番
編集：電話 (03) 3512-3266／FAX (03) 3512-3272
営業：電話 (03) 3512-3256／FAX (03) 3512-3270
https://www.maruzen-publishing.co.jp

ⓒ Iwao Kimura, 2025

組版印刷・製本／大日本法令印刷株式会社

ISBN 978-4-621-31101-1　C 3041　　　　　Printed in Japan

本書の無断複写は著作権法上での例外を除き禁じられています.